基础兽医实验室建设与管理

（修订版）

康文彪　主编

甘肃科学技术出版社

图书在版编目（CIP）数据

基础兽医实验室建设与管理 / 康文彪主编. --（修订版）. -- 兰州：甘肃科学技术出版社，2021.8
ISBN 978-7-5424-2860-8

Ⅰ. ①基… Ⅱ. ①康… Ⅲ. ①兽医学 - 实验室管理 Ⅳ. ①S854.4

中国版本图书馆 CIP 数据核字（2021）第 158587 号

基础兽医实验室建设与管理（修订版）
康文彪　主编

责任编辑　陈　槟
封面设计　坤灵文化传媒

出　版　甘肃科学技术出版社
社　址　兰州市读者大道 568 号　730030
网　址　www.gskejipress.com
电　话　0931-8125103（编辑部）　0931-8773237（发行部）
京东官方旗舰店　https://mall.jd.com/index-655807.html

发　行　甘肃科学技术出版社　　印　刷　兰州万易印务有限责任公司
开　本　880mm×1230mm　1/16　　印　张　50.25　插　页　2　字　数　1450 千
版　次　2021 年 9 月第 1 版
印　次　2021 年 9 月第 1 次印刷
印　数　1~1 000
书　号　ISBN 978-7-5424-2860-8　　定　价　128.00 元

图书若有破损、缺页可随时与本社联系：0931-8773237
本书所有内容经作者同意授权，并许可使用
未经同意，不得以任何形式复制转载

《基础兽医实验室建设与管理（修订版）》

编辑委员会

主 任 委 员：杜永清

副主任委员：何其健　周生明　倪鸿韬　卢旺银

委　　　员：岳　魁　康文彪　彭　程　韩庆彦
梁　斌

编写人员

主　　　编：康文彪

参　　　编：张登基　曹丽萍　豆　玲　张　莉
王雪莹　李昱辉　卡召加　张　梅
刘剑鹏　康新华　高小红　贺　文
郝永玲　张灵芝

前　言

为了提高甘肃省兽医实验室的建设和管理水平，2016年，我们出版了《基础兽医实验室建设与管理》，该书出版以来，为甘肃省兽医实验室建设和管理水平提升发挥了指导性作用。随着时间的推移，兽医实验室检测技术不断进步，实验室管理相关法规和技术标准也有了较大更新。为了适应甘肃省兽医实验室发展的需求和满足广大读者的要求，我们组织相关人员对《基础兽医实验室建设与管理》进行了修订，形成了《基础兽医实验室建设与管理（修订版）》。

《基础兽医实验室建设与管理（修订版）》共分为七章。第一章介绍了基础兽医实验室的选址和设计要求。第二章介绍了基础兽医实验室设施。第三章介绍了基础兽医实验室主要设备。第四章介绍了基础兽医实验室检测技术。第五章简单介绍了实验动物与实验动物设施。第六章介绍了基础兽医实验室运行管理。第七章摘录了基础兽医实验室建设管理相关法规标准和农业农村部发布的动物疫病防治技术规范。

由于编者水平有限，书中难免有疏漏和不足之处，恳请广大读者批评指正。

编　者

2021年8月

目 录

第一章
基础兽医实验室的选址和设计要求

世界卫生组织(WHO)于2004年出版的《实验室生物安全手册》(第三版)中,将生物安全实验室划分为基础实验室——一级生物安全水平、基础实验室——二级生物安全水平、防护实验室——三级生物安全水平和最高防护实验室——四级生物安全水平。由此可见,一级生物安全水平的实验室和二级生物安全水平的实验室均属于基础实验室。因此本章主要描述基础兽医实验室,也就是一级生物安全水平和二级生物安全水平兽医实验室的选址和设计。

第一节 基础兽医实验室的选址

基础兽医实验室的选址应符合环境保护和建设管理部门的要求,也就是说,要在法律法规规定的范围内进行。在环境保护方面,要遵守《中华人名共和国环境保护法》和2006年5月1日起施行的《病原微生物实验室生物安全环境管理办法》的规定,要根据实验室所从事的活动,结合当地的人口、交通、动物、地理地貌、流行病、传染病等因素,进行环境危害风险评估,编制环境影响报告书。例如,不能污染空气和水资源,不能建在人口密集的居民区,不能造成传染病的传播,对排放的废气、废水和废物要做到无害化排放等。

实验室选址不仅要符合国家环境保护和建设主管部门的规定和要求,还要符合当地环境保护和建设主管部门的规定和要求。由于地区的差异,各个地方都有相关的补充规定或特殊规定。实验室的建设单位要了解这些规定和要求,要事先得到这些部门的同意和批准,方可进行实质性的设计和建设,不要盲目选址和建设。

当实验室与办公区处于同一建筑物内时,实验区与办公区要分开,实验室内宜划分污染区与清洁区。

二级生物安全实验室应设在耐火等级不低于二级的建筑物内。实验室的能开启的窗户必须安装防昆虫进入的纱窗,下水道和排风管道应安装防啮齿类动物进入的铁网。

二级生物安全实验室应设在抗震不低于当地抗震设防烈度的建筑物内。

第二节 基础兽医实验室设计基本要求

一、需要特别关注的问题

在设计基础兽医实验室时,对于那些可能造成安全问题的情况要加以特别关注,这些情况包括:

1. 气溶胶的形成
2. 处理大容量和/或高浓度微生物

3. 仪器设备过度拥挤和过多

4. 啮齿动物和节肢动物的侵扰

5. 未经允许人员进入实验室

6. 工作流程:一些特殊标本和试剂的使用。

二、实验室的设计原则和要求

1. 实验室的消防和安全通道设置应符合国家的消防规定和要求,同时要考虑生物安全的要求,必要时,应事先征询消防主管部门的建议。

对实验室来说,消防安全和生物安全同样重要,实验室的设计和建造必须符合国家消防规定和要求,例如,使用的建筑材料不能为可燃或易燃材料,而应使用阻燃或难燃性材料;建筑材料在高温或燃烧时不能产生有毒有害气体;应在不同区域设置烟感报警器;要设置足量的有效的消防器材;消防器材应方便取得和适用于生物安全实验室等。

基础兽医实验室具有一定的特殊性,如:实验室保存了可传染性病原体或饲养了带病原体的动物;实验室内的工作人员较少;实验室设备大多为用电设备;实验室内的易燃物有限等。因此,在设计和建造时,应事先征询消防主管部门的建议。

一级和二级生物安全水平实验室的设计实例分别见图1-1和图1-2。

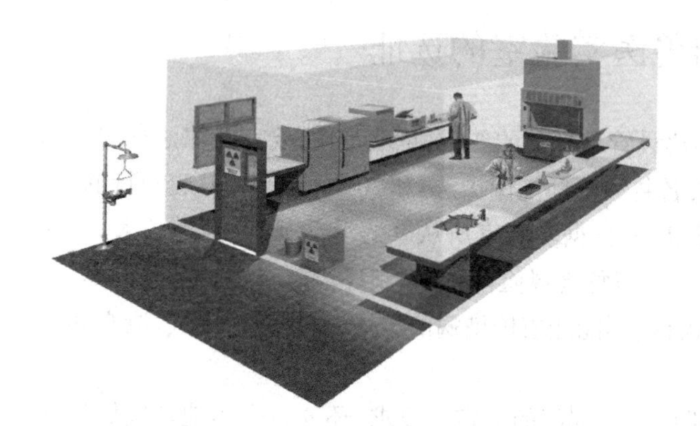

图1-1 典型的一级生物安全水平实验室

(图片来源:WHO生物安全手册 第三版)

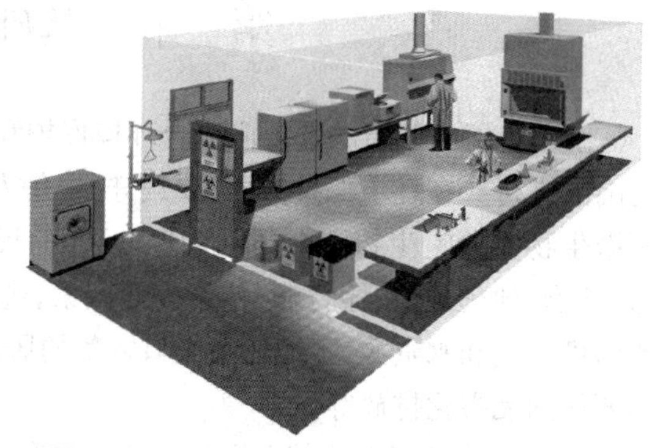

图1-2 典型的二级生物安全水平实验室

(图片来源:WHO生物安全手册 第三版)

在生物安全柜中进行可能发生气溶胶的操作程序。

门保持关闭并贴上适当的危险标志。

潜在被污染的废弃物同普通废弃物隔开。

2. 实验室的安全保卫应符合国家相关部门对该类设施的安全管理规定和要求。

生物安全实验室的安全应包括实验室生物安全(biosafety)和实验室安保(biosecurity)两层含义。因此,基础兽医实验室在做好生物安全管理的同时,还要做好实验室的安保工作。

国务院发布的《病原微生物实验是生物安全管理条例》中规定了病原微生物的分类和管理、实验室的建立与管理、实验室感染控制、监督管理、法律责任等。之后,农业部出台了相关配套文件:《动物病原微生物分类名录》《高致病性动物病原微生物菌(毒)种和者样本运输包装规范》和《高致病性动物病原微生物实验室生物安全管理审批办法》。从以上文件可以看出,生物安全实验室不仅要保证病原体在本实验室使用操作过程中的安全,还要保证病原体从引入——保藏——使用——销毁全过程的安全,任何一个环节都不能失控。

实验室在安保方面还应参考国家对危险品和有毒有害物品的管理规定,如《危险化学品安全管理条例》、GB 15603《常用化学危险品储存通则》、GB 17916《毒害性商品储藏养护技术条件》等。同时要注意,涉及安保的材料不仅限于危险物质,还应包括技术资料等。

3. 实验室的建筑材料和设备等应符合国家相关部门对该类产品生产、销售和使用的规定和要求。

这是对实验室所用建材和设备等的要求。生物安全实验室使用的建筑材料和设备等的质量和性能规格直接关系到实验室的安全,应使用符合国家要求和标准的材料和设备。除了考虑材料、设备本身的技术要求外,还要从节能、环保、安全和经济性等多方面综合考虑。生物安全实验室对地面、墙面、顶板、管道、橱柜等在消毒、防滑、防渗漏、防积尘等方面有特殊的要求,建设单位应结合上述要求认证筛选、严格把关。

目前,我国生物安全实验室中最常用设备的一些标准有:

(1)生物安全柜:JG 170 生物安全柜;YY 0569 Ⅱ级生物安全柜。

(2)高压灭菌器:《压力容器安全监察规程》(质技监局锅发[1999]154 号);YY 0085.1 脉动真空压力蒸汽灭菌器;YY 0085.2 预真空压力蒸汽灭菌器;YY 0504 手提式蒸汽灭菌器;YY/T 1007 立式蒸汽灭菌器;YY/T 0646 小型蒸汽灭菌器 自动控制型。

(3)离心机:GB 19815 离心机 安全要求;JB 8525 离心机 安全要求;YY 91046 医用低速离心机;YY 91100 高速冷冻离心机。

(4)针头:GB 15811 一次性使用无菌注射针;GB 18671 一次性使用静脉输液针。

(5)废物包装:GB 2894 安全标志及其使用导则;GB 12463 危险货物运输包装通用技术条件;GB 18484 危险废物焚烧污染控制标准;GB 18597 危险废物贮存污染控制标准;GB 18598 危险废物填埋污染控制标准;GB 19218 医用废物焚烧炉技术要求(试行);HJ 421 医疗废物专用包装袋、容器和警示标志标准。

(6)个体防护用品标准:GB 2626 呼吸防护 自吸过滤式防颗粒物呼吸器;GB 2811 头部防护安全帽;GB 7543 橡胶医用手套;GB 10213 一次性使用医用橡胶检查手套;GB/T 12624 手部防护 通用技术条件及测试方法;GB/T 12903 个人防护装备术语;GB 14866 个人用眼护具技术要求;GB/T 18664 呼吸防护用品的选择、使用与维护;GB 19082 医用一次性防护服技术要求;GB/T 20097 防护服 一般要求;GB 21147 个体防护装备 防护鞋;GB 21148 足部防护;LD 6 电动送风过滤式防尘呼吸器通用技术条件;YY 0469 医用外科口罩。

4. 实验室的设计应保证对生物、化学、辐射和物理等危险源的防护水平控制在经过评估的可接受程度,为关联的办公区和邻近的公共空间提供安全的工作环境,及防止危害环境。

实验室的设计应保证建筑设施内部与本实验室相关联的区域、邻近的公共空间的安全。

控制生物污染对环境的影响是生物安全实验室设计的中心,也是重点,因为该类实验室的危险源主要是生物性材料,控制生物污染是该类实验室的主要任务。

在保证生物安全的同时,对化学、辐射和物理等危险源要同时考虑。这是因为生物安全实验室中或多或少地要使用这些有潜在风险的物品,例如化学试剂、放射性标记物。以及水、电、气、汽、暖等各种保障性和辅助性的设施、设备和材料等。在设计阶段应充分考虑今后可能使用的种类、数量、频率等因素,应该进行专门的风险评估,必要时,应经过相关部门的批准。特别需要指出的是,生物安全实验室不是专业的化学、辐射和物理实验室,应尽量减少这类有害物质使用的数量、种类和频率,可以不在生物安全实验室从事的工作尽量避免使用生物安全实验室。

5. 实验室的走廊和通道应不妨碍人员和物品通过。

一是建筑设计时要考虑人员和物品的可通过性和通过的便利性。既要考虑搬动频繁的小型物品，也要考虑不需要频繁移动、甚至极少移动的大型物品（如生物安全柜等）的进出问题。可在合理的位置设置需要时可以打开的设备门，避免设备进出时破坏实验室的整体结构。设置设备门时需要考虑大型设备的高度、宽度和转弯的可能性，同时考虑对其所在区域严密性的要求。人员进出通道应尽量便捷，并且有明显的方向标识。二是放置在实验室的物品不能随意堆放和乱堆乱放，不应阻塞人员和物品的可通过性。

6. 应设计紧急撤离路线，紧急出口应有明显的标识。

实验室应事先设计并规定紧急撤离路线和出口，需要考虑撤离路线的合理性和出口的安全性。考虑到在紧急撤离时可能出现的慌乱、恐惧和紧张，撤离路线和出口的标识必须醒目、易懂、易于其他标识区别。需要注意的是，其他出口可以兼作紧急出口，但应符合紧急出口的要求。

7. 房间的门根据需要安装门锁，门锁应便于内部快速打开。

是指实验室内部房间通常没有必要都安装门锁，如果需要安装门锁，应可及时开启，不得妨碍人员逃生。在实际应用中，有的设置电子门锁和电动开关门装置；有的设置脚动开关；有的设置充气式气密门。对于用电动装置控制的门，不得因开关机制故障或停电而无法开启，也不得因故障（如：停电、失压等）造成意外开启（特别是在高风险区域）。

8. 需要时（如：正当操作危险材料时），房间的入口处应有警示和进入限制。

实验室可以有多个功能不同的房间，有些房间需要进一步限制非授权人员的进入；还有，房间或实验间在不同状态时（如：在用、停用、消毒、维护等），需要临时限制人员的进入。实验室应根据需要和风险评估，采取适当的警示和进入限制措施，如警示牌、警示灯、警示线、门禁等。

9. 应评估生物材料、样本、药品、化学品和机密资料等被误用、被偷盗和被不正当使用的风险，并采取相应的物理防范措施。

实验室须高度重视材料、样本、药品、化学品等危险品和机密资料的安全问题，从严管控，这些材料一旦被恶意使用，将对社会造成极为严重的后果。因此，要对这些材料被误用、被偷盗和被不正当使用的风险进行评估，根据其危害程度采取不同级别的防范措施。由于事关重大，且防范的是人，须采取有效的物理措施。同时，实验室须建立严格的管理措施，有时严格的管理其效果不亚于物理措施。

10. 应有专门设计以确保存储、转运、收集、处理和处置危险物料的安全。

为确保安全，实验室应根据危险物料的特性以及对其收集、运输、使用、存储、处理或处置过程的特点，依据相关法规、标准的要求，进行专门设计。

实验室应了解《病原微生物实验室生物安全管理条例》《动物病原微生物分类名录》《高致病性动物病原微生物菌（毒）种或者样本运输包装规范》《农业部关于进一步规范高致病性动物病原微生物实验活动审批工作的通知》《关于运输动物菌毒种样本病料等有关事宜的通知》《危险化学品安全管理条例》《中华人民共和国监控化学品管理条例》《危险化学品重大危险源辨识（GB 18218）》《常用化学危险品储存通则（GB 15603）》等法律、规定和标准。

11. 实验室内温度、湿度、照度、噪声和洁净度等室内环境参数应符合工作要求和卫生等相关要求。

有两个方面的要求：一是工作环境要求。应根据实验活动的需要进行参数设计，如：在进行动物实验时，应根据不同动物对饲养环境条件的要求和实验的要求进行设计，不能因为环境因素影响动物的生存条件和实验结果。二是卫生学要求。对于无特殊要求的实验活动，应满足一般卫生学要求，在具体设计时，可参照GB 50346《生物安全实验室建筑技术规范》中环境参数的要求进行设计。

12. 实验室设计还应考虑节能、环保及舒适性要求，应符合职业卫生要求和人机工效学要求。

实验室设计在满足工作要求和卫生要求的条件下,还应考虑节能、环保及舒适性要求。节能、环保、舒适不仅是国家对建筑的基本要求,也是人类可持续发展的基本要求。按全新风设计的实验室耗能量大,运行费用高,在气候较极端的地区和季节会更甚,良好的设计会为使用单位节约可观的运行费用。生物安全实验室从事的活动危险程度高、复杂性强、技术精细、对操作人员心理压力大,要求操作人员必须专心致志、精力充沛、一丝不苟。良好的职业卫生学和人机工效学设计可有效提高工作效率,降低或避免人员的压力、疲劳程度或被伤害的风险。

13. 实验室应有防止节肢动物和啮齿动物进入的措施。

人类的很多疾病是人畜共患病,动物是病原体的携带者和传播媒介,特别是节肢动物和啮齿动物与人的关系更加密切,防止这些动物进入实验室引起实验动物感染,或将实验室操作的病原体传播至自然环境引起广泛的扩散或疾病流行,对于保证实验结果的准确性和环境安全是非常重要的。

14. 动物实验室的生物安全防护设施还应考虑对动物呼吸、排泄、毛发、抓咬、挣扎、逃逸、动物实验(如:染毒、医学检查、取样、解剖、检验等)、动物饲养、动物尸体及排泄物的处置等过程产生的潜在生物危险的防护。

动物实验室发生的感染事故屡见不鲜。感染动物呼出的气体、动物的体表和器官、尸体、排泄物和实验废弃物等都是严重的污染源;动物在受到限制或威胁时往往具有攻击性、破坏性和逃逸性;因此,进行动物实验的危险性也就更大。所以,在动物实验室设计时,要充分考虑实验室设施的要求,包括平面布局、结构、材料、限制装置(如:动物房护栏等)、毛发及排泄物污染的处理系统、水电气系统、通风空调系统、监控报警系统、通讯系统等。

15. 应根据动物的种类、身体大小、生活习性、实验目的等选择具有适当防护水平的、适用于动物的饲养设施、实验设施、消毒灭菌设施和清洗设施等。

由于实验动物的种类、身体大小、生活习性、实验目的等不同,实验室在选用相关设备时应关注两个问题,一是生物安全防护水平,二是适用于所操作的实验动物。需要注意的是:不仅要考虑各个独立的设施,还要考虑设施的配套性和系统性,以确保整个实验过程的安全。

16. 不得循环使用动物实验室排出的空气。

动物生物安全实验室使用的动物一旦染毒以后,就是一个危险的污染源,因为微生物可在动物的体内增殖,可以随着动物的呼吸、分泌物、排泄物等进入室内环境,不仅有安全问题,也不利于保证实验动物的质量。现在可以用于实验室的空气处理技术或不足以保证滤除所有的病毒或可操作性不强,此外,还有清除气味、过敏原等问题。所以,规定不得循环使用动物实验室排出的空气是安全的、经济的且可行的措施。

17. 动物实验室的设计,如:空间、进出通道、解剖室、笼具等应考虑动物实验及动物福利的要求。

因为在动物生物安全实验室进行的动物实验,其最终目的是保证科学研究、检测等结果的准确性,如果动物实验室保证不了动物实验和动物福利要求的条件,也就保证不了研究和检测结果的准确性。那这样的实验室就没有存在的价值。

18. 适用时,动物实验室还应符合国家实验动物饲养设施标准的要求。

就是在确保与安全要求不冲突的情况下,应保证动物的质量和满足动物福利的要求,否则,试验结果不但得不到承认,而且还涉嫌违反相关法规和标准。

实验动物的使用与管理受到了各国政府以及科技界人士的高度重视,迄今已形成一系列比较完整的、相配套的法律法规、技术规范以及标准体系,基本涵盖了实验动物的饲养、遗传、育种、质量、管理、使用、监测、动物福利等各方面的内容。在1963年,美国多家学术研究委员会、生命科学专业委员会和实验动物资源研究所制定了《实验动物设施和饲养管理手册》,后更名为《实验动物饲养管理与使用手册》,1965、1968、1972、1978、1985和1996年六次修订。英国内务部颁布了《繁育和供应单位动物居住和管理操作规程》《动物设施中的健康与安全规定》《废弃物的管理操作规程》等。此后,意大利、法国、芬兰、比利时等国也发布了类似的法规和标准。日本自20世纪70年代开始,从不同层次和和侧面先后颁布了多种实验动物管理法规,20世纪80年代颁布了《实验动物饲养与保育基本准则》等。

20世纪80年代后期开始,我国的实验动物管理工作发展迅速。1988年,经国务院批准,由当时的国家科委以2号令发布了我国第一部实验动物管理法规《实验动物管理条例》,共八章、三十五条,从管理模式、实验动物饲育管理、检疫与传染病控制、实验动物的应用、实验动物的进口与出口管理、实验动物工作人员、以及奖惩等方面明确了国家管理准则,标志着我国实验动物管理开始纳入法制化管理轨道。1997年由国家科委、国家技术监督局联合发布了《实验动物质量管理办法》(国科发财字[1997]593号)。2001年,科技部与卫生部等七部(局)联合发布了《实验动物许可证管理办法(试行)》(国科发财字[2001]545号),共五章三十二条,规定了申请许可证的主体、条件、标准、审批和发放程序,强调了许可证的管理和监督。在标准体系建设方面,陆续出台了有关实验动物质量等级、饲养、环境与设施、遗传监测等国家标准,如GB 14926《实验动物环境及设施》、GB 50447《实验动物设施建筑技术规范》等。

在实验动物保护与福利方面,西方一些发达国家起步较早,要求更细致。英国早在1876年就通过国会立法禁止虐待动物;美国在1966年由农业部制定了动物福利法,其中包括有实验动物或动物实验的条款,20世纪80年代颁布了《实验动物保护与管理法规》;加拿大与日本分别于1966年和1973年颁布了有关法律规定,要求在实验过程中不准虐待动物,要正确使用麻醉术、安死术以减少动物的痛苦;1986年,欧共体成员国共同签署了《欧洲实验和科研用脊椎动物保护公约》。

我国实验动物立法虽然较晚,但进步迅速。在国家和地方的有关实验动物的法规性文件中逐步渗透了对实验动物的爱护和关心,体现了动物福利的理念。2006年国家科技部发布的《国际科技计划实施中不端行为处理办法(试行)》第一章第三条中明确了"违反实验动物保护规范"属不端行为;同年发布了《善待实验动物的指导性意见》,明确了科研生产和实验中应关注动物福利。2006年北京市发布实施了《北京市实验动物福利伦理审查指南》,加强了对动物福利及伦理审查的管理。

第二章
基础兽医实验室设施

基础兽医实验室是兽医科学研究、检测、检验检疫、临床检验等工作中应用最广泛的兽医实验室。在其设施设计和规划时，要充分考虑未来实验室的使用方向和可能的发展。应根据实际用途和潜在用途及工作流程进行平面布局设计，配备相应的设备和设施。

第一节　生物安全一级(BSL-1)兽医实验室设施

生物安全一级(BSL-1)兽医实验室设施应符合以下要求。

1. 实验室的门应有可视窗并可锁闭，门锁及门的开启方向应不妨碍室内人员逃生。

一般而言，如果不涉及工作人员隐私或有技术要求时，均应在门上设置观察窗。目的是便于观察实验室内部情况。

实验室入口的门应可锁闭，门窗的可靠性应满足安全保卫的要求。门锁及门的开启方向应考虑逃生的需要，门锁在有逃生需要时应易于打开，门的开启应无障碍。

2. 应设洗手池，宜设置在靠近实验室的出口处。

洗手是实验室最基本的良好行为，洗手池是实验室最基本的个人清洁设施。洗手池设置在靠近实验室的出口处，便于人员离开实验室时洗手。洗手池水龙头的开关宜为非手动式，可选择自动感应式，或肘动、膝动、脚动式等，最好选用肘动、膝动或脚动式，以防临时停电造成不便。应使用流水洗手。

3. 在实验室门口处应设存衣或挂衣装置，可将个人服装与实验室工作服分开放置。

实验室人员应穿着实验室工作服进入实验室，脱下实验室工作服离开实验室。个人服装与实验室工作服应分开放置，以避免实验室工作服污染个人服装。

存衣或挂衣装置应按洁污分开的原则设置，可设置墙壁挂衣钩、分层的存衣架或存衣柜。

4. 实验室的墙壁、天花板和地面应易清洁、不渗水、耐化学品和消毒灭菌剂的腐蚀。地面应平整、防滑，不应铺设地毯。

实验室的工作表面需要定期消毒或按需要消毒，故实验室的墙壁、天花板和地面应易清洁、不渗水、耐化学品和消毒灭菌剂的腐蚀。

由于地毯具有吸附性，容易为病原微生物提供存活、滋生、繁殖的条件，且不利于消毒，也不符合防火要求，故在实验室中不得铺设地毯。

5. 实验室台柜和座椅等应稳固，边角应圆滑。

实验室台柜和座椅等应稳固，以防止人员摔倒和台面物品洒落破损而造成人员受伤、被感染或造成实验室环境污染。

实验室台柜和座椅的边角应圆滑，以防止造成手套、防护服等个体防护装备的意外破损而导致人员的受伤和被感染。

6. 实验室台柜等和其摆放应便于清洁，实验台面应防水、耐腐蚀、耐热和坚固。

从污染控制的角度讲，实验台不应设置抽屉和箱柜。实验台柜的摆放应方便清洁。实验台面应用防水、耐腐蚀、耐热而坚固的材料制成，以避免不必要的破损，造成不必要的事故。

7. 实验室应有足够的空间和台柜等摆放实验室设备和物品。

实验室应有足够的空间，用来摆放实验台柜、仪器设备和相关物品。实验室应有足够的台柜摆放应该放在实验台柜的设备和物品。

8. 应根据工作性质和流程合理摆放实验室设备、台柜、物品等，避免相互干扰、交叉污染，并应不妨碍逃生和急救。

实验室设备、台柜和物品的摆放应符合实验室的工作性质和工作流程，以避免工作时相互干扰、交叉污染，并应不妨碍逃生和急救。

9. 实验室可以利用自然通风。如果采用机械通风，应避免交叉污染。

生物安全一级（BSL-1）兽医实验室可以利用门窗自然通风，也可以采用机械通风，但在采用机械通风时，应考虑气流与污染控制的关系，应避免气流流向导致的污染和避免污染气流在实验室之间或与其他区域之间串通而造成交叉感染。

10. 如果有可开启的窗户，应安装可防蚊虫的纱窗。

生物安全一级（BSL-1）兽医实验室如果有可开启的窗户，应安装可防蚊虫的纱窗。

11. 实验室内应避免不必要的反光和强光。

实验室内光线的强度和角度应利于工作和人体健康，除考虑光源因素外，还应考虑工作面、设备、墙面、天花板等对光的反射作用。

12. 若操作刺激或腐蚀性物质，应在30m内设洗眼装置，必要时应设紧急喷淋装置。

如果实验室使用酸、苛性碱、腐蚀性、刺激性等化学危险品，应设置洗眼装置，是否需要设置紧急喷淋装置应根据风险评估的结果确定。紧急喷淋一般为普通自来水。

洗眼装置应是符合要求的固定设施或是以软管连接于水源或等渗盐水源的简易型装置，在特定情况下，如仅使用刺激性较小的物质，洗眼瓶也是可接受的替代装置。

通常每周要测试喷淋装置和与水供应连接的装置，并冲掉死腔内积水，以确保功能正常和水质要求。

要定期更换洗眼瓶和储水容器内的水，应尽可能提供舒适的水温。

应保证每个使用危险化学品地点的30m以内有可供使用的紧急洗眼装置，当危险化学品溅入眼内的风险较大时，要就近设置洗眼装置，争分夺秒是应急的原则。

13. 若操作有毒、刺激性、放射性挥发物质，应在风险评估的基础上，配备适当的负压排风柜。

负压排风柜也叫通风柜或通风橱，是实验室中最常用的一种局部排风设备，通常可有效控制并排出有毒、刺激性和放射性挥发物质，对人员及实验室内环境起到保护作用。

通风柜的排风量不宜过大，如果风量过大，不仅造成能源的浪费，而且会给柜内的实验过程带来不利的影响（例如影响电炉正常加热，加快溶液蒸发等）。通风柜的排风量由操作口开启面积与操作口的吸入风速之积确定。通常，操作口的可开启高度设为0.8m；操作口的吸入风速一般为：操作口全部开启时，风速 $v \geq 0.3$ m/s，操作口半开启时，风速 $v \geq 0.5$ m/s。

通风柜形式多样，在实验室中常见而可靠的通风柜有以下几种：

（1）上部排风通风柜

对于以散发余热为主的热态实验过程,宜选用上部排风通风柜,参见图2-1所示。

(2)下部排风通风柜

对于散发有害物比重大的冷态实验过程,宜选用下部排风通风柜,参见图2-2所示。

(3)上下部同时排风通风柜

对于热量不稳定及散发有害物比重较大的实验过程,宜选用上下部同时排风通风柜,参见图2-3所示。这种通风柜集合了上述两种柜型的特点,增大了冷、热两态的通用性,是迄今使用的通风柜中最常见的一种形式。

(4)下补风式通风柜

这种下补风式通风柜出现于2002年,是在传统通风柜形式的基础上进行优化而开发出来的新型通风柜。它的特点是室外空气从操作台面下方近操作口端向上进入操作口,形成风幕,阻挡柜内有害气体外逸,同时为通风柜提供空气,将有害物带走排出。进入通风柜的室外空气还可以根据需要进行净化或加热等处理。如在北方冬季,由于室内外空气温差很大,若直接将室外空气送进通风柜,会对实验过程造成不利的影响,因此可将室外空气进行加热处理后再送进通风柜。室外空气的进风口不需设于楼顶,可设在侧墙上,空气就近进入通风柜。图2-4为下补风式通风柜示意图。

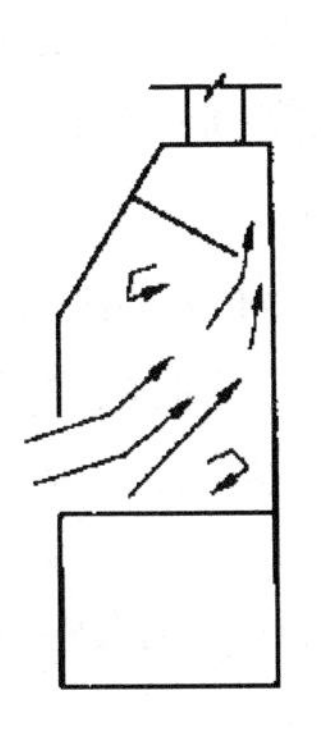

图2-1 上部排风通风橱示意图

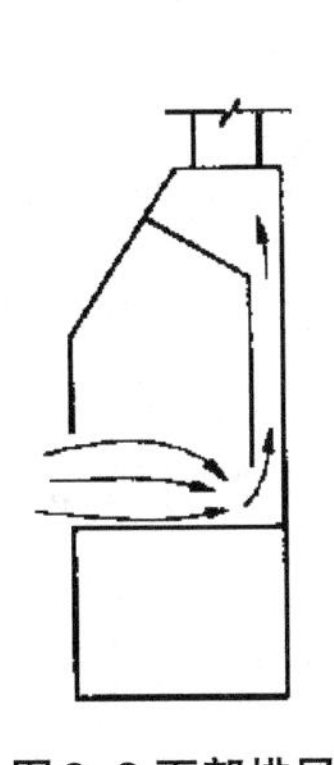

图2-2 下部排风通风橱示意图

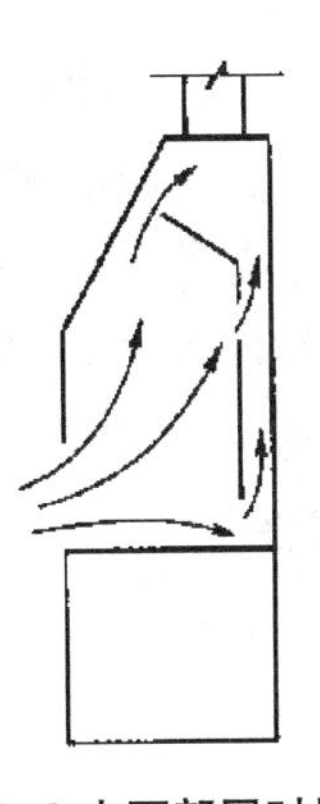

图2-3 上下部同时排风通风橱示意图

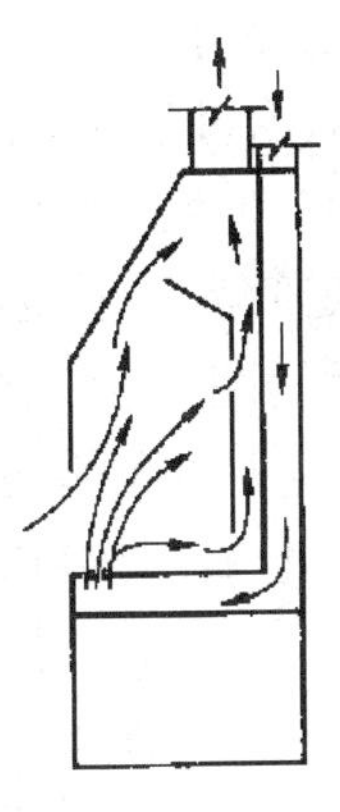

图2-4 下补风式通风橱示意图

传统通风柜是将室内空气吸入通风柜而将有害气体带走排出,因此对于有暖气或空调系统的实验室,包括空气净化、恒温恒湿等特殊条件实验室,为了弥补由于通风柜造成的负荷损失,需要相应增加匹配空气调节系统的处理量,因此能源浪费很大。下补风式通风柜是将室外空气送进通风柜而将有害气体带走排出,由于这种通风柜排走室内空气很少,因此可以节约可观的能源,是与传统通风柜相比具有的显著优点。下补风式通风柜分为有动力补风式和无动力补风式两种:

有动力补风式,是通过专用送风机将占总风量95%左右的室外空气送进通风柜,供排风使用,其余5%左右的空气由室内空气补充。这种通风柜的优点是补风量稳定,运行可靠、效果显著。缺点是一次投资大、运行费用高。

无动力补风式,顾名思义,这种通风柜未设专用送风机,是靠排风机排风时所造成的柜内负压,将室外空气自然吸入通风柜而形成补风量。柜内负压随操作口开启度的减小而增大,当一操作口完全关闭时,柜内负压最大,补风量可达90%左右。这种通风柜的优点是结构简单、造价低、运行费用少;缺点是补风量不稳定,因此,比较适用于时间较长,并且在过程中不需频繁操作的实验,如硝化、蒸馏等。

由于通风柜的结构不同,使用的条件不同,其排风效果也不相同。实验室应在风险评估的基础上,配备适当的负压排风柜。

通常,负压排风柜的排风口不带过滤器,不能滤除有害物质。如果排放不符合环保要求时,应采取有效措施,加装适用的过滤装置。当负压柜用于生物安全实验室时,其排风口是否需要加装空气高效过滤器,应按GB 19489-2008的相关要求执行。如果GB 19489-2008无明确要求,则应以风险评估的结果为依据。

14. 若使用高毒性、放射性等物质,应配备相应的安全设施、设备和个体防护装备,应符合国家、地方的相关规定和要求。

这里的设施是指实验室的整体设计和规格,如对辐射的防护性能、合理布局等。放射性活性区与非活性区应分开。活性区通常根据辐射水平的高低分为低、中、高活性室,高活性室是进行放射性核素分装、淋洗、标记的场所,高活性区一般应设在实验室建筑平面的末端。

设备包括安全防护设备和适用的实验设备,如辐射防护、暴露剂量监测、负压柜、清洗、污物存放等设备。通风柜的排风管口应高出建筑物约3m,通风柜设置铅砖和铅玻璃等防护屏蔽材料。实验室地面及操作台应便于去污染,活性区应设专用的衰变池和专用的下水道,经衰变符合排放标准后方能排入下水道。

辐射照射包括外照射和内照射两大类。外照射是放射源在体外对人体导致的照射;内照射是放射性核素通过某种途径摄入体内后对人体导致的辐射照射。实验室放射安全主要是减少或避免外照射,保护人员免受电离辐射或放射性物质的照射和保持放射源的安全,使个体暴露剂量和风险保持在低于规定的水平,防止事故的发生或降低事故的后果。

外照射主要有三种防护手段:时间防护、距离防护和屏蔽防护。对于实验室而言,防护特点主要是避免、防护放射性污染和放射性气溶胶。工作场所控制放射性污染扩散的专用设施包括:通风橱、手套箱和屏蔽工作箱等。对放射性气溶胶防护的基本原则是封闭和稀释,以封闭为主,稀释为辅。封闭有两类:

(1)把放射性物质封闭起来,不使它散布或泄漏到大气中,如使用手套箱、工作箱、热室以及设备、容器等。

(2)把人体全部或局部屏蔽起来,阻止气溶胶的侵入,如穿气衣、戴面具或过滤口罩等。稀释则是通过通风换气降低气溶胶的浓度。工作场所必须有良好的通风设施,气流必须由低放射性区流向高放射性区,由非放射性区流向放射性区,严防污染空气的倒流。

我国有关辐射安全的法规和标准主要包括:

中华人民共和国职业病防治法〔国家主席令第60号)

放射性同位素与射线装置安全和防护条例(国务院第449号令)

放射诊疗管理规定〔卫生部46号部长令)

GB 18871 电离辐射防护与辐射源安全基本标准

GBZ 114 密封放射源及密封γ放射源容器的放射卫生防护标准

GBZ 113 核与放射事故干预及医学处理原则

GBZ 115 X射线衍射仪和荧光分析仪卫生防护标准

GBZ 120 临床核医学放射卫生防护标准

GBZ 125 含密封源仪表的卫生防护标准

GBZ 128 职业性外照个人监测规范

GBZ 129 职业性内照射个人剂量监测规范

GBZ 133 医用放射性废物管理卫生防护标准

GBZ 136 生产和使用放射性免疫试剂(盒)卫生防护标准

GBZ 134 放射性核素敷贴治疗卫生防护标准

15. 若使用高压气体和可燃气体,应有安全措施,应符合国家、地方的相关规定和要求。

要求使用高压气体和可燃气体的实验室应有相应的安全保障措施,并达到国家、地方的相关规定和要求。

例如,应满足GB 16912—2008《深度冷冻法生产氧气及相关气体安全技术规程》《气瓶安全监察规定》(国家质量监督检验检疫总局令第46号)等标准和法规的要求。高压气体和可燃气体钢瓶的安全使用要求主要有以下几点:

(1)应该安全地固定(如:用铁链锁住)在墙上或坚固的实验台上,以确保钢瓶不会因为自然灾害而移动;

(2)运输时必须戴好安全帽,并用手推车运送;

(3)大储量钢瓶应存放在与实验室有一定距离的适当设施内,存放地点应上锁并适当标识;在存放可燃气体的地方,电气设备、灯具、开关等均应符合防爆要求;

(4)不应放置在散热器、明火或其他热源或会产生电火花的电器附近,也不应置于阳光下直晒;

(5)气瓶必须联接压力调节器,经降压后,再流出使用,不要直接联接气瓶阀门使用气体;

(6)易燃气体气瓶,经压力调节器后,应装单向阀门,防止回火;

(7)每瓶气体在使用到尾气时,应保留瓶内余压在0.5MPa,最小不得低于0.25 MPa余压,应将瓶阀关闭,以保证气体质量和使用安全。

(8)应尽量使用专用的气瓶安全柜和固定的送气管道。需要时,应安装气体浓度监测和报警装置。

16. 应设应急照明装置。

应急照明是任何实验室均应设置的,应使用符合规定的产品,同时考虑合适的安装位置。

17. 应有足够的电力供应。

实验室一般有很多大功率、需长时间运转的设备,足够的电力供应是确保避免因过载导致安全隐患的基本要求。

18. 应有足够的固定电源插座,避免多台设备使用共同的电源插座。应有可靠的接地系统,应在关键节点安装漏电保护装置或监测报警装置。

实验室应有可靠的接地系统,宜采用三相插头,电气设备应按说明书的要求接地。生物安全柜、负压排风柜、培养箱、冰箱、冰柜等功率较大的设备使用专用的电源插座。插座应接近设备以缩短电线的明拉长度,同时利于维修,并且可以不必移动设备可以进行电器安全测试。

在低压电网中安装剩余电流动作保护器是防止人身触电、电气火灾及电气设备损坏的一种有效的防护措施。世界各国和国际电工委员会通过制定相应的电气安装规程和用电规程在低压电网中大力推广使用剩余电流动作保护器。对于插座回路、安装在潮湿环境的电气设备、直接接触人体的电气设备、消防设备的电源、防盗报警的电源等应考虑安装剩余电流动作保护器或监测报警装置,同时,应注意评估其频动和拒动带来的风险。具体要求可参见GB/T 13955-2017《剩余电流动作保护装置安装和运行》。

19. 供水和排水管道系统应不渗漏,下水应有防回流设计。

管道泄漏是实验室最可能出现的问题之一,须特别重视。管道材料可分为金属和非金属两类,非金属材料密封性好,但强度可能不如金属材料好。在选用管材时,需特别考虑材料的耐腐蚀性。

防回流装置,是指能自动防止因回压和(或)虹吸产生的不期望的水流逆流的机械装置,也称作防倒流装置，在给排水系统中可单独使用或与其他控制机制结合使用。实验室的供水通常由市政供水提供，为防止实验室的水进入市政供水系统，按有关供水要求须加装防回流装置。防回流装置有多种类型，应选用符合相关标准要求的防回流装置。通过为实验室设置独立的供水水箱，也可实现实验室与市政供水管网之间的有效隔离。

下水包括地漏、各种水池（包括洗手池）等的排水，为防止排出的污水返回实验室，应采取有效的防倒流措施和装置，防回流设计同时应考虑排水管的坡度、反水弯的深度等因素。

20. 应配备适用的应急器材，如消防器材、意外事故处理器材、急救器材等。

通常，消防器材、意外事故处理器材、急救器材是实验室常规配置的应急器材，实验室还应根据风险评估的结果，配备适用实验室自身的应急器材。

应依据实验室可能失火的类型选择、放置和维护适当的灭火器材，如灭火器、沙子、消防毡等，并符合消防主管部门的要求。GB 19489-2008附录C.2.1建议了基础的溢洒处理工具包，可供实验室参考。

实验室急救是指人员发生意外伤害、突发疾病时的现场救治措施，不包括专业的治疗。急救器材通常包括：(1)急救箱；(2)冲洗装置；(3)专用的解毒药、配套装置及使用说明；(4)实施急救人员使用的防护设备；(5)人员搬运和固定设备；(6)医疗救助呼叫及需要时立即转送医院的设备等。

21. 应配备适用的通信设备。

常用通信设备包括电话、传真、对讲机、计算机网络等，实验室应根据实际情况选配以上通信设备，以便与外界保持联络及传输实验数据等资料。

22. 必要时，应配备适当的消毒灭菌设备。

尽管BSL-1实验室的操作对象为一般不致病的生物因子，对人员的危害有限，但实验室还应考虑环境保护的要求和实验的技术要求。实验室应根据人员保护、环境保护和实验质量的要求，根据实际情况选用适用的消毒灭菌设备。实验室常用的消毒灭菌设备主要包括化学灭菌设备和物理灭菌设备（高压蒸汽灭菌器、紫外线消毒装置、红外线消毒装置等）两大类，也有组合使用不同的消毒方式的装置。为减少对排放物的进一步处理，从环保角度考虑，宜采用高压蒸汽灭菌等物理方式。

第二节　生物安全二级（BSL-2）兽医实验室设施

生物安全二级（BSL-2）兽医实验室设施应符合以下要求。

1. 适用时，应符合生物安全一级（BSL-1）兽医实验室设施的要求。

只要生物安全一级（BSL-1）兽医实验室设施的要求适用，生物安全二级（BSL-2）兽医实验室设施应满足生物安全一级（BSL-1）兽医实验室设施的相应要求。

2. 实验室主入口的门、放置生物安全柜实验间的门应可自动关闭；实验室主入口的门应有进入控制措施。

实验室是一个集合概念，可能包括多个房间。实验室主入口的门、放置生物安全柜实验间的门应安装闭门器，可实现门的自动关闭，尽量减少与外部空气交换的机会。BSL-2兽医实验室主入口的门应设置门锁或门禁，采取控制措施，确保只有经批准的人员可以进入实验室。

3. 实验室工作区域外应有存放备用物品的条件。

备用物品通常是清洁的，不应与实验中的物品混放。此外，大量的备用物品如果随意堆放，还可能影响实验活动、妨碍逃生和增加火灾、人员绊倒等风险。实验室应在工作区外设固定的存储空间，存放备用物品。

4. 应在实验室工作区配备洗眼装置。

BSL-2兽医实验室的工作区须配备洗眼装置，而且BSL-2兽医实验室可能由多个实验间组成，需要时，应在每个工作间配备洗眼装置。

5. 应在实验室或其所在的建筑内配备高压蒸汽灭菌器或其他适当的消毒灭菌设备，所配备的消毒灭菌设备应以风险评估为依据。

实验室应首先考虑选用高压蒸汽灭菌器，多个实验室可以共用高压蒸汽灭菌器，高压蒸汽灭菌器应设置在实验室所在的建筑内，宜在同一楼层，并靠近BSL-2实验室。如果选用其他的消毒灭菌设备（化学或其他物理消毒设备等），应以风险评估为依据。

6. 应在操作病原微生物样本的实验间内配备生物安全柜。

BSL-2兽医实验室可能由多个不同功能的实验间组成，应在直接操作病原微生物样本的实验间配备生物安全柜。

7. 应按产品的设计要求安装和使用生物安全柜。如果生物安全柜的排风在室内循环，室内应具备通风换气的条件；如果使用需要管道排风的生物安全柜，应通过独立于建筑物其他公共通风系统的管道排出。

生物安柜是最重要的一级防护屏障，实验室不得擅自改装或违反使用规定，应遵循制造商的建议。生物安全柜的HEPA过滤器有泄漏的风险，且过滤效率并非100%，因此，当生物安全柜的排风在室内循环时，生物安全柜排出的气体需要通过室内的通风换气来稀释，可利用开窗通风或机械通风实现通风换气。当生物安全柜用于进行以微量挥发性有毒化学品和痕量放射性核素为辅助剂的微生物实验时，安全柜的排风必须排至室外。

如果生物安全柜的排风需排至实验室外部时，应通过独立于建筑物其他公共通风系统的管道排出。不同类型的生物安全柜的排风口与排风管道的连接方式有不同的要求。生物安全柜的工作原理和Ⅰ级、Ⅱ级以及Ⅲ级生物安全柜之间的差异等详见第三章第一节。

8. 应有可靠的电力供应。必要时，重要设备（如：培养箱、生物安全柜、冰箱等）应配置备用电源。

实验室的电力供应需要保证供电的持续性、稳定性、载荷及冗余。

生物安全柜、培养箱、冰箱等是BSL-2兽医实验室重要的设备，直接关系到安全、实验质量和实验成本，需要持续、稳定和足够载荷的电力供应。实验室需根据当地的供电情况，综合考虑安全、实验质量和实验成本因素，为重要设备和精密仪器配备适宜的备用电源或稳压装置。

第三章
基础兽医实验室设备

处理生物安全危害时,使用安全设施设备并结合规范的操作将有助于降低危险。本章阐述了适用于基础兽医实验室相关设备的基本原理、使用和使用注意事项。

第一节　安全防护设备

一、生物安全柜

1. 生物安全柜及其工作原理

生物安全柜(Biological safety cabinets,BSC)是为操作原代培养物、菌毒株以及诊断性标本等具有感染性的实验材料时,用来保护操作者本人、实验室环境以及实验材料,使其避免暴露于上述操作过程中可能产生的感染性气溶胶和溅出物而设计的。当操作液体或半流体,例如摇动、倾注、搅拌,或将液体滴加到固体表面上或另一种液体中时,均有可能产生气溶胶。在对琼脂板划线接种、用吸管接种细胞培养瓶、采用多道加样器将感染性试剂的混悬液转移到微量培养板中、对感染性物质进行匀浆及涡旋振荡、对感染性液体进行离心以及进行动物操作时,这些实验室操作都可能产生感染性气溶胶。由于肉眼无法看到直径小于5 μm的气溶胶以及直径为5 ~ 100 μm的微小液滴,因此实验室工作人员通常意识不到有这样大小的颗粒在生成,并可能吸入或交叉污染工作台面的其他材料。已经表明,正确使用生物安全柜可以有效减少由于气溶胶暴露所造成的实验室感染以及培养物交叉污染。生物安全柜同时也能保护环境。

多年以来,生物安全柜的基本设计已经历了多次改进。主要的变化是在排风系统增加了HEPA过滤器。对于直径0.3 μm的颗粒,HEPA过滤器可以截留99.97%,而对于更大或更小的颗粒则可以截留99.99%。HEPA过滤器的这种特性使得它能够有效地截留所有已知传染因子,并确保从安全柜中排出的是完全不含微生物的空气。生物安全柜设计中的第二个改进是将经HEPA过滤的空气输送到工作台面上,从而保护工作台面上的物品不受污染。这一特点通常被称为实验对象保护(product protection)。这些基本设计上的变化使得三种级别的生物安全柜都得到了改进,表3-1列出了各种安全柜所能提供的保护。但需注意水平和垂直方向流出气流的工作柜(超净工作台)不属于生物安全柜,也不能应用于生物安全操作。

世界各国对生物安全柜都有相应的标准,国际上应用较多的有美国的NSF49和欧盟的EN12459,还有日本的JISK3800以及澳大利亚的AS2252。我国SFDA(YY0569-2011)和建设部(JG170-2005)分别发布了生物安全柜的行业标准,分别适用于生物安全柜的生产、销售以及安装使用。按照中华人民共和国建设部行业标准(JG170-2005 生物安全柜),生物安全柜分类见表3-2。

表3-1　不同保护类型及生物安全柜的选择

保护类型	生物安全柜的选择
个体防护，针对危害等级Ⅰ～Ⅲ级微生物	Ⅰ级、Ⅱ级、Ⅲ级生物安全柜
个体防护，针对危害等级Ⅳ级微生物，手套箱型实验室	Ⅲ级生物安全柜
个体防护，针对危险度4级微生物，防护服型实验室	Ⅰ级、Ⅱ级生物安全柜
实验对象保护	Ⅱ级生物安全柜，柜内气流是层流的Ⅲ级生物安全柜
少量挥发性放射性核素/化学品的防护	Ⅱ级B1型生物安全柜，外排风式Ⅱ级A2型生物安全柜
挥发性放射性核素/化学品的防护	Ⅰ级、Ⅱ级B2型、Ⅲ级生物安全柜

表3-2　生物安全柜分类

级别	类型	排风	循环空气比例%	柜内气流	工作窗口进风平均风速m/s	保护对象
Ⅰ级	—	可向室内排风	0	乱流	≥0.40	使用者和环境
Ⅱ级	A1型	可向室内排风	70	单向流	≥0.40	使用者、受试样本和环境
	A2型	可向室内排风	70	单向流	≥0.5	
	B1型	不可向室内排风	30	单向流	≥0.5	
	B2型	不可向室内排风	0	单向流	≥0.5	
Ⅲ级	—	可向室内排风	0	单向流或乱流	无工作窗进风口，当一只手套筒取下时，手套口风速≥0.7	主要是使用者和环境，有时兼顾受试样本

下面就适用于基础兽医实验室的Ⅰ级生物安全柜和Ⅱ级生物安全柜做简单介绍。

(1) Ⅰ级生物安全柜

图3-1为Ⅰ级生物安全柜的原理图。房间空气从前面的开口处以≥0.40m/s的低速率进入安全柜，空气经过工作台表面，并经排风管排出安全柜。定向流动的空气可以将工作台面上可能形成的气溶胶迅速带离实验室而被送入排风管内。操作者的双臂可以从前面的开口伸到安全柜内的工作台面上，并可以通过玻璃窗观察工作台面的情况。安全柜的玻璃窗还能完全抬起来，以便清洁工作台面或进行其他处理。

安全柜内的空气可以通过HEPA过滤器按下列方式排出：(a)排到实验室中，然后再通过实验室排风系统排到建筑物外面；(b)通过建筑物的排风系统排到建筑物外面；(c)直接排到建筑物外面。HEPA过滤器可以装在生物安全柜的压力排风系统(the exhaust plenum)里，也可以装在建筑物的排风系统里。有些Ⅰ级生物安全柜装有一体式排风扇，而其他的则是借助建筑物排风系统的排风扇。

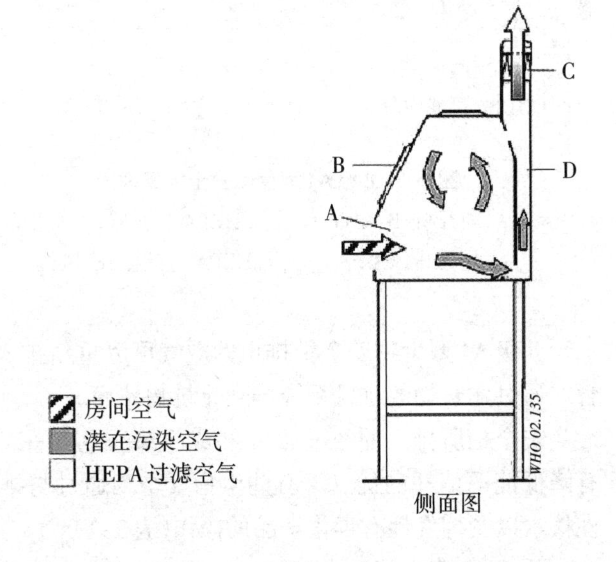

图3-1　Ⅰ级生物安全柜原理图

A：前开口；B：窗口；C：排风HEPA过滤器；D：压力排风系统

Ⅰ级生物安全柜是最早得到认可的，并且由于其设计简单，目前仍在世界各地广泛使用。Ⅰ级生物安全柜能够为人员和环境提供保护，也可用于操作放射性核素和挥发性有毒化学品。但因未灭菌的房间空气通过生物安全柜正面的开口处直接吹到工作台面上，因此Ⅰ级生物安全柜对操作对象不能提供切实可靠的保护。

（2）Ⅱ级生物安全柜

在应用细胞和组织培养物来进行病毒增殖或其他培养时，未经灭菌的房间空气通过工作台面是不符合要求的。Ⅱ级生物安全柜在设计上不但能提供个体防护，而且能保护工作台面的物品不受房间空气的污染。Ⅱ级生物安全柜有四种不同的类型（分别为A1、A2、B1和B2型），它们不同于Ⅰ级生物安全柜之处为，只让经HEPA过滤的（无菌的）空气流过工作台面。Ⅱ级生物安全柜可用于操作危害等级Ⅱ级和Ⅲ级的感染性物质。在使用正压防护服的条件下，Ⅱ级生物安全柜也可用于操作危害等级Ⅳ级的感染性物质。

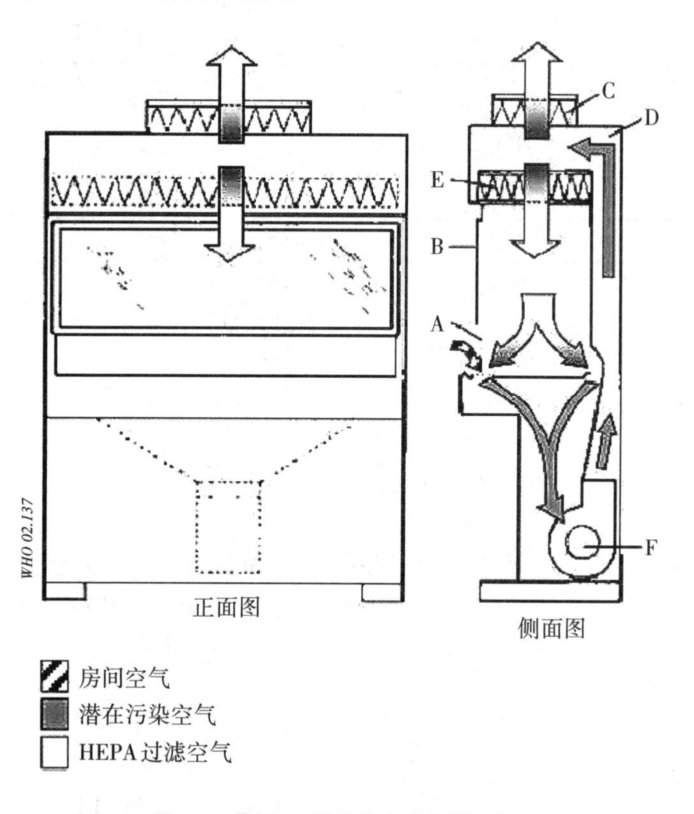

图3-2 Ⅱ级A1型生物安全柜原理图

A:前开口;B:窗口;C:排风HEPA过滤器;D:后面的压力排风系统;E:供风HEPA过滤器;F:风机

①Ⅱ级A1型生物安全柜　Ⅱ级A1型生物安全柜如图3-2所示。内置风机将房间空气（供给空气）经前面的开口引入安全柜内并进入前面的进风格栅。在正面开口处的空气流入速度至少应该达0.40m/s。然后，供气先通过供风HEPA过滤器，再向下流动通过工作台面。空气在向下流动到距工作台面大约6～18cm处分开，其中的一半会通过前面的排风格栅，而另一半则通过后面的排风格栅排出。所有在工作台面形成的气溶胶立刻被这样向下的气流带走，并经两组排风格栅排出，从而为实验对象提供最好的保护。气流接着通过后面的压力通风系统到达位于安全柜顶部、介于供风和排风过滤器之间的空间。由于过滤器大小不同，大约70%的空气将经过供风HEPA过滤器重新返回到生物安全柜内的操作区域，而剩余的30%则经过排风过滤器进入房间内或被排到外面。

Ⅱ级A1型生物安全柜排出的空气可以重新排入房间里，也可以通过连接到专用通风管道上的套管或通过建筑物的排风系统排到建筑物外面。

安全柜所排出的经过加热和/或冷却的空气重新排入房间内使用时，与直接排到外面环境相比具有降低能源消耗的优点。有些生物安全柜通过与排风系统的通风管道连接，还可以进行挥发性放射性核素以及挥发性有毒化学品的操作（表3-1）。

Ⅱ级A2型生物安全柜的工作原理和Ⅱ级A1型生物安全柜工作原理相同，只是工作窗口进风平均风速≥0.5m/s。

②Ⅱ级B1型和Ⅱ级B2型生物安全柜 Ⅱ级B1型和Ⅱ级B2型生物安全柜都是由Ⅱ级A1型生物安全柜变化而来，只是排风经过高效过滤器后直接排至室外。

这些不同类型的Ⅱ级生物安全柜，连同Ⅰ级和Ⅲ级生物安全柜的特点见表3-2。生物安全柜设计上的每一种变化可以使不同的类型适用于特定的目的（参见表3-1）。这些生物安全柜相互间都有一定的差异，包括从前面的开口吸入空气的速度、在工作台面上再循环空气的量以及从安全柜中排出空气的量、安全柜的排风系统（是通过专门的排风系统还是通过建筑物的排风系统？是排到房间内还是排到建筑物的外面？）以及压力设置（安全柜是负压状态下的生物学污染管道和压力通风系统，还是由负压管道和压力通风系统所包围的生物学污染管道和压力通风系统）。Ⅱ级B1型生物安全柜工作原理见图3-3。

2．生物安全柜的使用

由于空气通过前窗操作口进入安全柜的速度大约为0.5m/s，这样速度的定向气流是极易受到干扰的，包括人员走近生物安全柜、打开窗户、开关门等产生的气流都会造成对生物安全柜定向气流的影响。因此，生物安全柜应放置于远离人员活动、物品流动以及可能会扰乱气流的地方。在安全柜的后方及每一个侧面，要尽可能留有30 cm的空间，以利于对安全柜进行维护。在安全柜的上面应留有30～35 cm的空间，以便准确测量空气通过排风过滤器的速度，并便于排风过滤器的更换。

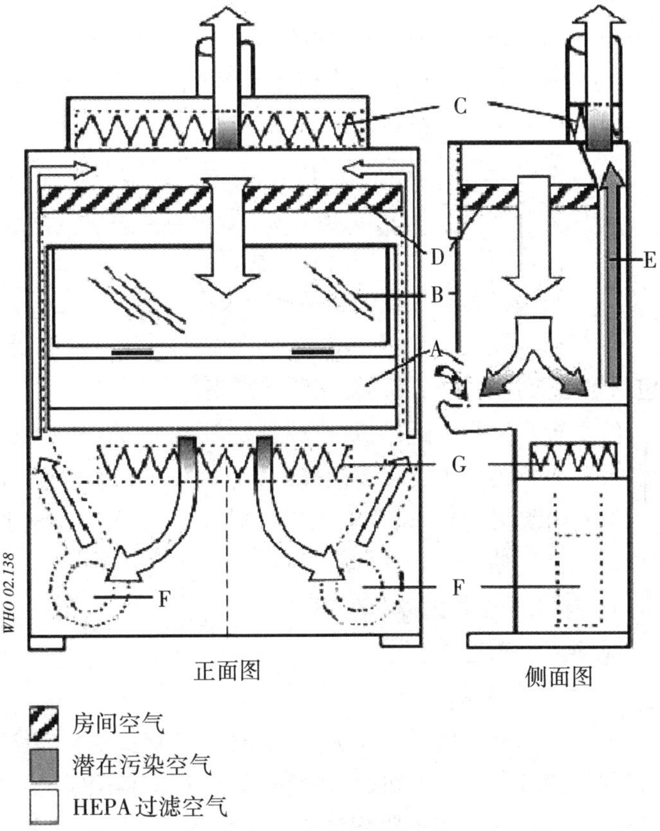

图3-3 Ⅱ级B1型生物安全柜原理图

A：前开口；B：窗口；C：排风HEPA过滤器；D：供风HEPA过滤器；E：负压压力排风系统；F：风机；G：送风HEPA过滤器。

安全柜需要有与建筑物排风系统相连接的排风接口。

（1）工作前，使用生物安全柜应遵循以下程序：

①关闭紫外灯，使观察面板处于适当位置。

②打开日光灯和送风机。

③检查进风口和排风口是否有障碍物。

④若安装了警报器，检查警报器，并使其处于“开”的状态。

⑤在观察面板的中央边缘处手持薄纸来确认气流流向是否向内，保证气流向内。

⑥内表面用合适的无腐蚀的消毒剂消毒。

⑦准备好操作程序所需要的所有物品，包括必要的消毒用品以及用于盛放生物危害废弃物的包装袋或容器，放进安全柜；但不要阻碍排风口；工作台面用有塑料背衬的吸水纸覆盖；划分相对干净区域和污染区域。

⑧等待5min以便净化降落在工作区域的污染物。

(2)工作中,使用安全柜应遵循以下程序:

①穿着适当的个体防护装备(一般最低要求穿防护服,戴手套和帽子)。

②尽可能在操作区域的后部操作。

③避免通过前面开放的入口移动物品,或将手或胳膊频繁出入前面入口;确实需要将手或物品进出安全柜时,应和开口面板垂直并缓慢进出;在继续工作之前,应等待大约1min使安全柜内气流稳定。

④要丢弃的、污染的物品应暂时放在安全柜的后部;操作过程中避免将要丢弃的物品放到安全柜外的容器内。

⑤安全柜内不能用明火。

⑥有污染物溢洒时,不要关闭安全柜,按下面的"生物安全柜内溢洒处理"操作。

(3)操作结束时,生物安全柜按照下面的程序进行处理:

①操作结束后,继续让安全柜运行5 min。

②必要时脱下外层手套,用适当方法消毒处理后,带上干净手套。

③将所有需要丢弃的物品放入生物安全袋或废弃物容器内,包装完毕。

④盖上或关闭安全柜内所有容器盖。

⑤对与污染材料接触的物品进行表面消毒。

⑥用适当的无腐蚀性的消毒剂(如70%的酒精)消毒安全柜内表面;分步清理、消毒工作台表面(包括接触面板),用消毒剂擦拭紫外灯表面。

⑦关掉日光灯和送风机(有些安全柜必须一直开着;如果不能确定,可以与安全柜的检定人、安全官员或建筑物维护人员一起检查)。

⑧打开紫外灯(房间内有人工作时,不要打开);紫外灯必须定期检测以确保其杀菌能力(请安全柜检定人做这项检测)。

3. 生物安全柜内溢洒处理

见第六章第三节。

二、高压灭菌器

基础兽医实验室的消毒和灭菌,对于实验室生物安全是至关重要的。每一位实验室工作人员都应该掌握消毒和灭菌的知识,掌握所操作病原体不同条件下消毒和灭菌的基本方法。

实验室要在适当位置配备能够满足消毒灭菌需要的、足够数量的高压灭菌器。在高压灭菌器的使用中,要遵守国家压力容器使用管理的法规(《中华人民共和国特种设备安全法》《特种设备安全监察条例》,《压力容器安全技术监察规程》以及有关产品质量标准,如GB 8599-2008《大型蒸汽灭菌器技术条件自动控制型》),属于受监察的高压灭菌器应定期接受监察部门的监察,并保存相关记录。实验室使用的高压灭菌器要符合生物安全的要求,要确保灭菌过程中所产生的废水、冷凝水、废气在排放之前符合安全要求,推荐使用不排蒸汽的高压灭菌器。

1. 高压灭菌原理

热力消毒灭菌是最为常用的杀灭微生物的物理手段,因为高温对细菌有明显的致死作用。高温使菌体变性或凝固,酶失去活性,从而使细菌死亡。其实,更细微的变化发生于细菌凝固之前,细菌的蛋白质、核酸等化学结构是由氢键连接的,而氢键的键能不够大,介于化学键与分子键力之间,当菌体受热时,氢键遭到破坏,蛋白质、核酸、酶等结构随之被破坏,从而失去其生物学活性。此外,高温亦可导致细胞膜功能损伤,使小分子物质及降解的核糖体漏出。热力灭菌是最可靠、最成熟的普遍使用的灭菌法,通常有湿热灭菌和干热灭菌两种方法。但干热的致死作用与湿热不尽相同,干热的致死作用一般属于蛋白质变性、氧化作用受损和电解质水平增高的毒力效应。

压力蒸汽灭菌器采用湿热灭菌法，在同样温度下，湿热的杀菌效果比干热好，原因是：①蛋白质凝固所需的温度与其含水量有关，含水量越大，发生凝固所需的温度越低。湿热灭菌时，菌体蛋白质可以吸收水分，因此比在同一温度的干热空气中更易于凝固。②湿热灭菌中蒸汽放出大量潜热，进一步提高温度。在同一温度下，湿热灭菌所用时间比干热灭菌短。③湿热气体的穿透力比干热气体强，故湿热比干热收效好。压力蒸汽灭菌法是目前效果最好的湿热灭菌方法，它利用高温高压蒸汽进行灭菌。高压蒸汽可以杀死一切微生物，甚至包括细菌的芽孢、真菌的孢子等耐高温个体。灭菌的蒸汽温度随蒸汽压力增加而升高，通过增加蒸汽压力，可大大缩短灭菌的时间。对于大多数情况，下列组合可以确保正确装载的高压灭菌器的灭菌效果：134℃、3min，126℃、10min，121℃、15min，115℃、25min。

2. 高压灭菌器分类

(1)下排气压力蒸汽灭菌器 下排气压力蒸汽灭菌器下部有排气孔，灭菌时利用冷热空气的比重差异，借助容器上部的蒸汽压迫使冷空气自底部排气阀(装有HEPA过滤器)排出。灭菌所需的温度、压力和时间根据灭菌器类型、物品性质、包装大小而有所差别。当压力在102.97 ~ 137.30 kPa时，温度可在121℃ ~ 126℃，15 ~ 30min可达到灭菌目的(各种物品灭菌参数见表3-3)。下排气压力蒸汽灭菌器使用管理中要注意以下事项：①高压物品的选择以及物料装载时，要考虑空气置换问题，要尽可能利于柜腔内和待高压物品内的空气迅速、全部被蒸汽置换。②由于空气置换，物料温度上升需要一个过程，要注意灭菌循环开始计时的时间，必须要物料全部达到灭菌要求的温度后才开始计时。③置换排出的空气要经过可靠的无害化处理(如HEPA过滤或收集后进行消毒处理)。

(2)预真空压力蒸汽灭菌器，预真空压力蒸汽灭菌器配有真空泵，在通入蒸汽前先将内部抽成真空，形成负压，以利蒸汽穿透。在灭菌结束时，蒸汽自动排除。预真空压力蒸汽灭菌器在压力105.95 kPa时，温度达132℃，4 ~ 5 min即可灭菌。因此可以缩短灭菌周期，节约灭菌时间。预真空压力蒸汽灭菌器对于多孔性物品的灭菌效果很理想，但由于要抽真空而不能用于液体的高压灭菌。由于预真空压力蒸汽灭菌器通常是由内置程序来控制灭菌循环，因此对待高压物品的处理必须符合设备厂家的要求。预真空时，排除的空气要经过可靠的无害化处理(如HEPA过滤或收集后进行消毒处理)，以实现生物安全。

表3-3 各种物品灭菌参数对照表

灭菌物	保温时间(min)	蒸汽相对温度(℃)	蒸汽相对压力(MPa)
橡胶类	15	121	0.1
敷料类	30~45	121~126	0.105
器皿类	15	121~126	0.105
器械类	10	121~126	0.105
溶液类	20~40	121~126	0.105

(3)双扉高压灭菌器 既可以是下排气式，也可以是预真空式，其特点是高压灭菌器有两道门，通常一侧处于相对污染区，另一侧处于相对洁净区。双扉高压灭菌器既是污染物品的消毒工具，也可以作为物品的传递通道。在使用管理中，双扉高压灭菌器除了要符合下排气式或预真空式灭菌器的要求以外，还要注意以下两点：①生物密封性(三级以下生物安全实验室可以不要求)。由于双扉高压灭菌器具有联通不同清洁程度空间的功能，因此，在穿墙安装时必须保证与墙体连接的生物密封性。②双门互锁。一方面是双扉高压灭菌器两侧的门不能同时打开；另一方面相对污染区一侧的门打开以

后，只有经过一个有效的灭菌循环后，相对清洁区一侧的门才能打开。

（4）可移动式高压灭菌器 一般用于实验室内的现场消毒，可分为立式、卧式、台式等多种类型。应根据实验工作产生待污染物品的特点，选择适当大小和型号的灭菌器。建议使用不排蒸汽的可移动式高压灭菌器。

3．高压灭菌器使用注意事项

（1）实验室应有高压灭菌器使用的标准操作规程和维护程序，应由受过良好培训的人员负责高压灭菌器的操作和日常维护。

（2）高压灭菌器上应有检查合格证明的标示，至少包括设备编号、状态、检查时间、下次检查时间、设备负责人。对不合格的设备应在明显位置贴禁用标示。

（3）每次灭菌操作均需要进行灭菌监控，并保留完整的记录，实验室安全主管应制定检测验证计划，保存完整的检查记录和任何功能性测试的结果。

（4）预防性的维护程序应包括：由有资质人员定期检查灭菌器柜腔、门的密封性以及所有的仪表和控制器。

（5）应使用饱和蒸汽，并在其中不含腐蚀性抑制剂或其他化学品，这些物品可能污染正在灭菌的物品。

（6）所有要高压灭菌的物品都应放在空气能够排除，并具有良好的热渗透性的容器中；灭菌包不宜过大过紧（体积不应大于30cm×30cm×30cm），灭菌器内物品的放置总量不应超过灭菌器柜室容积的85%。各包之间留有空隙，以便于蒸汽流通、渗入包裹中央。这点在实际操作中最容易出问题，因此，实验室应定期在待高压物品中放置灭菌指示卡（最好放在容器中）来监测灭菌效果。

（7）布类物品放在金属、搪瓷类物品之上。

（8）当灭菌器内部加压时，互锁安全装置可以防止门被打开，而没有互锁装置的高压灭菌器，应当关闭主蒸汽阀并待温度下降到80℃以下时再打开门。

（9）在高压灭菌液体时，由于取出液体时可能因过热而沸腾，故应采用慢排式设置。

（10）即使温度下降到80℃以下，操作者打开门时也应当戴适当的手套和面罩来进行防护。

（11）进行高压灭菌效果常规监测，生物指示剂和热电偶计应置于每件高压灭菌物品的中心。最好在最大装载时用热偶计和记录仪进行定期监测，已确定灭菌程序是否恰当。

（12）灭菌器的排水过滤器（如果有）每次使用后都应拆下清洗。

（13）应当注意保证高压灭菌器的安全阀没有被高压灭菌物品中的纸等堵住。

三、洗眼装置

《实验室生物安全通用要求》GB 19489-2008第6.2.4款规定：应在实验室工作区配备洗眼装置。《生物安全实验室建筑技术规范》GB 50346-2011第6.2.5款规定：二级、三级和四级生物安全实验室应设紧急冲眼装置。一级生物安全实验室内操作刺激或腐蚀性物质时，应在30 m内设紧急冲眼装置，必要时应设紧急淋浴装置。

洗眼装置（图3-4）可分为固定式洗眼器和移动式洗眼器。外源供水式洗眼器水头大于1 m时，应具有可靠的缓冲水压功能，以免使用时过强的水压对眼睛造成伤害。具体可采取节流管、孔板和减压阀减压等措施。目前小口径减压阀最低的阀后压力为0.05MPa，故在设计中要进行联合减压。如在减压阀后加设多孔减压板，既可降低给水压力，又增加了用水的安全性。多孔减压板总孔径须经计算确定，减压版安装于技术夹道洗眼器支管上，采用快装接头安装较好。实验室在安装后应对洗眼器进行调试，一般以水柱超过冲水眼罩上缘2～3cm为最适水压。自带水源的移动式洗眼器应保持外部清洁，并定期更换水源，以防细菌滋生。

实验室洗眼器的使用规程，包括外源水压式洗眼器的调试和定期清洗检查程序，自带水源式洗眼器的定期维护程序。实验室应保留洗眼器调试、检查、维护记录。实验室应急培训应包括洗眼器的使用维护培训内容。

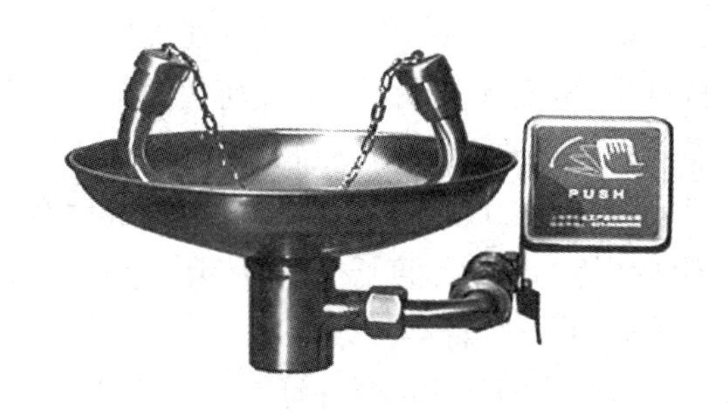

图 3-4　台式双口洗眼器示意图

洗眼器使用及注意事项：使用时握住洗眼器手柄，向上提拉至所需长度后，打开防尘盖，将冲水眼罩套住眼眶部位，按下洗眼器手柄，进行冲洗。

松开洗眼器手柄可停止冲洗；如需连续冲洗，则需要按下洗眼器手柄的同时用拇指将定位固定开关向上推入，之后，松开洗眼器手柄则可；如欲解除连续冲洗，则轻按洗眼器手柄，用拇指将定位固定开关向下推回，即可解除连续冲洗(具体请参考产品说明书)。

为防止洗眼器过强的水压对眼睛造成伤害，应设多层缓压滤网以缓冲水压，一般以水柱超过冲水眼罩上缘 2 ~ 3 cm 为最适水压，若水压过强或水压过低则需改善水源压力。

应定时清洗紧急洗眼器的喷头滤网，以免喷头阻塞；使用时请勿使力过大而造成洗眼器手柄损坏；应定期检查伸缩软管于抽拉时有无障碍；清洗时使用布沾中性清洁剂或水擦拭。

紧急洗眼器用于紧急情况下，可暂时减缓有害物质对身体的进一步损害，而进一步的处理和治疗要遵从医生的指导。

四、紧急喷淋装置

生物安全实验室内的喷淋装置分为两类，一类是紧急喷淋装置，一类是化学淋浴装置。化学淋浴装置一般配合正压防护服使用，适用于高等级生物安全实验室，这里不做详细介绍。

紧急喷淋装置用于实验室人员在出现意外事故(严重的病原微生物暴露、危害化学品暴露、衣物着火等)时使用。实验室应在风险评估的基础上，选择安装适当类型的紧急喷淋装置，并选择喷淋液体的种类。推荐使用可靠的商品化紧急喷淋装置。商品化的紧急喷淋装置通常包含洗眼器，构成复合型(图 3-5)。紧急喷淋装置应能实现非动力操作。实验室应有紧急喷淋装置的使用规程，至少应包括喷淋液体的配置、检测和更换程序，以及紧急喷淋装置的验证程序。实验室安全主管应制定紧急喷淋装置的检测、验证和培训计划，保存完整的检查、验证和培训记录。

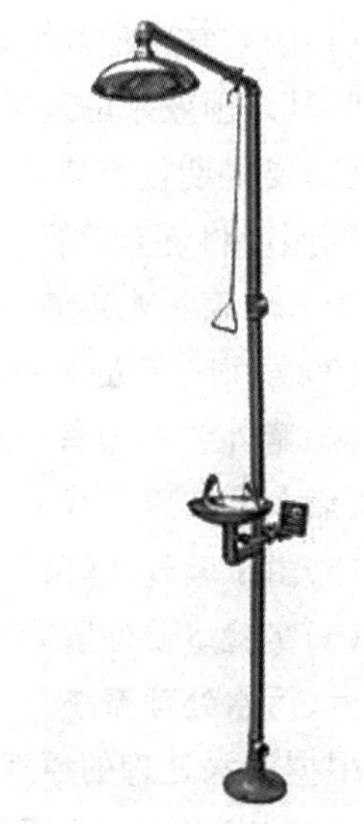
图 3-5　复合式喷淋洗眼器

紧急喷淋装置使用：用手轻拉阀门拉杆，水从喷淋头自动喷出；用后将阀门拉杆复位。

五、紫外灯

1. 紫外线来源

与可见光和红外线相同，都是由于原子外层电子受到激发而产生的。例如以电能激发汞蒸气中的汞原子，即可发出紫外光。为了增加有效距离，需要使用石英玻璃作为灯管材料。

2. 紫外线杀菌原理

当有机污染物经过紫外线照射区域时，紫外线会穿透生物的细胞膜和细胞核，紫外线被 DNA 或 RNA 的碱基对吸收，发生光化作用，使细胞的遗传物质发生变化，从而使细胞遗传物质的活性丧失，微生物不能繁殖或是不久就会死亡。紫外线可以杀灭各种微生物，包括细菌繁殖体、芽孢、病毒、真菌、立克次氏体和支原体等，凡被上述微生物污染的表面、水和空气均可采用紫外线消毒。紫外线杀菌的特点是：速度快，效率高，无任何化学有害物质产生，无任何污染。但紫外线辐射能量低，穿透力弱，仅能杀灭直接照射到的微生物，因此，消毒时必须使消毒部位充分暴露于紫外线下。紫外线消毒的最适温度范围为20℃～40℃，温度过高过低均会影响消毒效果，可适当延长消毒时间。用于空气消毒时，消毒环境的相对湿度低于80%为好，否则应适当延长照射时间。

3. 紫外灯种类

目前我国使用的紫外灯有以下几种：

（1）普通直管热阴极低压汞紫外线消毒灯：灯管采用石英玻璃或其他对紫外线透过率高的玻璃制成，功率为40 W、30 W、20 W、15 W等。要求出厂新灯辐射253.7 nm紫外线的强度（在距离1米处测定，不加反光罩）为：功率＞30 W灯，≥90 μW/cm²；功率＞20 W灯，≥60 μW/cm²；功率＞15 W灯，≥20 μW/cm²。由于这种灯在辐射253.7 nm紫外线的同时，也辐射一部分184.9 nm紫外线，故可产生臭氧。

（2）高强度紫外线消毒灯：要求辐射253.7 nm紫外线的强度（在距离1米处测定）为：功率30 W灯，＞180 μW/cm²；功率11 W灯，＞30 μW/cm²。

（3）低臭氧紫外线消毒灯：也是热阴极低压汞灯，可为直管型或H型，由于采用了特殊工艺和灯管材料，故臭氧产量降低，要求臭氧产量＜1 mg/h。

（4）高臭氧紫外线消毒灯：由于采用了特殊工艺，这种灯产生较大比例的波长184.9 nm的紫外线，故臭氧产量较大。

4. 紫外灯使用注意事项

（1）因空气中的灰尘颗粒、油污等会影响紫外线的消毒能力，故应每周进行清洁，以去除灯管上可能影响其杀菌效果的灰尘和污垢。

（2）要定期检查紫外线强度，以确保有适当的光发射量。随着使用时间的延长，紫外线灯管发出光线的照度将逐步降低。在正常情况下，一支紫外线灯管的寿命大约在7500 h。当紫外线灯管的照度低于40 μW/cm²，或者使用时间超过7500 h时，应对其进行更换。

（3）房间中有人时一定要关闭紫外线灯，以保护眼睛和皮肤，避免因不慎暴露而造成伤害。

（4）紫外线在空气中产生臭氧，而臭氧对人体有害，，轻则是呼吸加快、变浅、胸闷，重则脉快、疲乏、头痛。人在紫外线下持续停留1 h以上，可发生肺水肿。

（5）由于紫外线灯管中有汞，故在紫外线灯管破裂时应谨慎处理。

（6）实验室要保留紫外灯检查、更换的记录。

六、污水处理系统

根据污水处理的原理，可分为化学消毒污水处理系统、热力消毒污水处理系统及混合性污水处理系统，实验室应在风险评估的基础上选择适当的污水处理系统，并对污水处理系统的处理效果进行风险再评估。

实验室污水处理系统最好选择经过效果验证的商品化设备，否则实验室应对污水处理系统的消毒效果进行验证。实验室污水处理系统与实验室污水源要实现可靠连接，要尽可能减少连接系统内残留的污水量，并有效控制污水收集系统对实验室的可能影响。实验室污水处理系统在消毒处理时，不得影响实验室的正常功能。经污水处理系统处理完毕的污水，应符合《病原微生物实验室污染物排放标准》中规定的污水排放限值，并按要求定期进行监测。

实验室对污水处理系统的运行状况和运行效果，应每年进行评估，并适当进行验证。实验室应有污水处理系统运行的标准操作规程。实验室安全主管应制订检测、验证计划，保存污水处理系统评估、运行、监测、验证的完整记录。污水处理系统应张贴检查合格证明的标示，至少包括系统编号、状态、检查验证时间、下次检查验证时间、设备负责人。对不合格的设备应立即停止使用。对于商品化的污水处理系统，实验室不得擅自进行改装；改装后的系统要进行验证。

七、急救箱

实验室必须配备急救箱。应在实验室活动风险评估的基础上，确定急救箱的配置。急救箱内至少应包括：消毒剂、消毒药棉、一次性橡胶手套、无菌创伤敷料纱布、胶布、绷带、镊子、安全别针、剪刀、不同大小的黏性消毒敷料、三角绷带。急救箱内应附有急救物品一览表，以便查核。急救箱应优先放置在核心工作区。应指定专人定期检查、更新急救箱内的物品，急救箱内物品使用后要及时补充。实验室工作人员要接受应急培训以及急救箱使用的培训。应对急救箱的物品配置定期进行再评估。急救箱每次使用后都需进行报告。

八、溢出处理工具箱

实验室必须配备溢出处理工具箱。不同生物安全防护等级的实验室，从事不同实验活动的生物安全实验室，以及在生物安全实验室内不同区域，出现溢洒的情况均可能不一样。实验室要根据实际情况，并在风险评估的基础上，确定溢洒处理工具箱的配置。需要考虑的要素包括但不限于：

(1)警示标识　如“禁止进入”“生物危险”等警示牌，必要时配备警戒围护工具。

(2)适用于溢洒处理的个体防护用品　如手套、面罩、护目镜、口罩、鞋套等。

(3)对感染性物质有效的消毒剂　要注意消毒剂的种类、浓度、效期，要符合现场使用时对感染性物质消毒的要求。必要时配备用于稀释消毒剂的容器。

(4)清洁工具　包括用于覆盖、吸收溢洒物的足量的吸收材料〈可以用布巾、纸巾或其他适宜的替代品〉；必要的收集工具，如镊子或钳子、一次性刷子、可高压的扫帚和簸箕，以及其他处理锐器的装置；用于盛放感染性溢洒物及清理工具的专用收集袋或容器。

溢出处理工具箱内应附有物品一览表，以便查核。溢出处理工具箱可以放在核心工作区，或尽可能靠近并便于运送到工作区的其他地方。应指定专人定期检查，并更新溢出处理工具箱内的物品。实验室工作人员要接受溢出处理以及溢出处理工作箱使用的培训，要知道溢出处理工具箱的位置和使用方法。

应对溢出处理工具箱的物品配置定期进行再评估。溢出处理工具箱的每次使用都需进行报告，并在使用后及时补充相应物品。

九、消防器材

实验室内应配备适用的消防器材，如灭火器。应依据实验室可能失火的类型，在风险评估的基础上，选择放置适当的灭火器材和消防毡，并符合消防主管部门的要求。

实验室人员要接受消防器材的使用培训。实验室安全主管应制定消防安全检查制度，以确保消防装备的功能及状态正常。实验室要建立消防器材的配置、使用、更换档案。

第二节　科学研究设备

一、光学显微镜

1. 光学显微镜的分类

光学显微镜可分为普通光学显微镜、暗视野显微镜、相差显微镜、荧光显微镜、倒置显微镜、体视显微镜、偏光显微镜、万能研究型显微镜等10多种，其用途各有侧重。

普通光学显微镜主要供常规检验、教学，用于观察切片、涂片等。暗视野显微镜用于观察细微物体的存在、运动、外形轮廓。荧光显微镜用于荧光染色观察。倒置显微镜用于从透明的容器底部向上观察,如培养细胞的观察。体视显微镜用于生物体立体结构的观察。相差显微镜用于观察透明结构。偏光显微镜用于区分双折射物质的细微结构。万能研究型显微镜结构复杂,集以上多种功能于一体。

对于光学显微镜,首先要认识其构造及各部件的功能,同时要掌握正确的调试、使用和维护方法,才能在实际应用中面对各种要求采用不同的显微镜检方法,充分发挥显微镜应有的功能,提高常规检验工作效率,同时又能获得明确的结果。

2. 显微镜的光学技术参数

显微镜的光学技术参数包括:数值孔径、分辨率、放大率、焦深、视场宽度、覆盖差、工作距离和图像亮度与视场亮度等。这些参数并不都是越高越好,它们之间是既相互联系又相互制约的,每个参数都有它本身一定的合理界限。在使用时,应根据镜检的目的和实际情况来协调各参数之间的关系,但应以保证分辨率为准。

(1)数值孔径　数值孔径又称"镜口率""开口率",简写成 NA 或 A。数值孔径是物镜和聚光镜的主要技术参数,是判断两者(尤其对物镜而言)性能高低的重要标志。其数值的大小,分别标刻在物镜和聚光镜的外壳上。

数值孔径是物镜前透镜与被检物体之间介质(如空气、水、香柏油等)的折射率(η)和孔径角(μ)半数的正弦之乘积。数值孔径越大,分辨率越高。干燥系物镜的 NA 值一般在0.05～0.95。水的折射率为1.333,水浸系物镜的 NA 值最大可达1.25;油浸系物镜所使用的浸油为香柏油,荧光显微镜用的是无荧光油,它们的折射率都在1.515左右,因而油浸系物镜的 NA 值可在0.85～1.4。

数值孔径与其他技术参数有着密切的关系,它几乎决定和影响着其他各项技术参数。它与分辨率成正比,与放大率(有效放大率)成正比,与焦深成反比;NA 值的平方与图像亮度成正比;NA 值增大,视场宽度与工作距离都会相应地变小。

(2)分辨率　分辨率是衡量显微镜性能的又一个重要技术参数。显微镜的分辨率(最小分辨距离δ)等于光线波长(λ)与物镜数值孔径(NA)之比。可见物镜的分辨率是由物镜的 NA 值与照明光源的波长这两个因素所决定。NA 值越大,照明光线波长越短,则δ值越小,分辨率就越高。

(3)放大率　放大率就是放大倍数,是指被检物体经物镜放大再经目镜放大后,人眼所看到的最终图像的大小与原物体大小的比值,是物镜和目镜放大倍数的乘积。物镜和目镜的放大倍数均标刻在其外壳上。

显微镜的放大率也是有限度的。显微镜的最适当的总放大率,原则上是所使用物镜NA值的500～1000倍,这个范围内的总放大率称为"有效放大率"或"合理放大率";把超过这个范围的放大率则称为"无效放大"或"空虚放大"。观察时应在有效放大率的范围内选择物镜和目镜的配合。例如,使用NA为1.25(100X)的物镜时,应在625～1250倍的范围内选用目镜的放大倍数,即6～12X的目镜较适宜。如用5X目镜则达不到人眼所能分辨的大小;用20X目镜则为无效放大。因此,目镜和物镜若配合不当,目镜放大率愈高,则物镜的残留像差也同时被放大,造成图像模糊,视场变暗。因此,在观察时,一般使用10X目镜为好,愈是高级的研究用显微镜常只配一对10X目镜,可以说,10X目镜为"标准目镜"。做高倍镜检时,首先应考虑更换物镜,而不要盲目地更换过高倍率的目镜。

(4)视场直径　视场直径也称视场范围,是指在显微镜下看到的圆形视场内所能容纳被检物体的实际范围。视场直径愈大,愈便于观察。

视场直径等于目镜的视场数(FN)与所使用的物镜放大倍率之比。因此视场直径与视场数成正比,视场数愈大,视场直径愈大。视场数是各制造厂家公布的数字,标刻在目镜的镜筒外侧或端面上。不同厂家制做的目镜和不同类型的目镜,其视场数不同,而且倍率高的目镜,视场数则小。

增大物镜的放大倍率,则视场直径减小。因此,若在低倍镜下看到物体的全貌,而换成高倍物镜(如100X物镜),就只能看到被检物体的很小一部分。为了在高倍镜下看到被检物体的全貌,只有慢慢移动载玻片,使被检物体的不同部位依次进入视场进行观察。

3. 显微镜的光学部件

显微镜的光学部件包括物镜、目镜、聚光镜及照明装置几个部分。各光学部件都直接决定和影响光学性能的优劣。

(1)物镜　物镜是显微镜的核心光学部件,显微镜的放大率、分辨率、色差与像差的校正状况、工作距离等,都直接由物镜来决定,是衡量一台显微镜质量的首要标准。

根据物镜放大率的高低,原则上可将物镜分为:

低倍物镜:1X ~ 6X,NA 0.04 ~ 0.15;

中倍物镜:6X ~ 25X,NA 0.15 ~ 0.40;

高倍物镜:25X ~ 63X,NA 0.35 ~ 0.95;

油浸物镜:90X ~ 100X,NA 1.25 ~ 1.40。

(2)目镜　目镜的作用是把物镜放大的图像(中间像)再放大一次,并把物像映入观察者的眼中,实质上就是一个放大镜。因为显微镜的分辨能力是由物镜的数值孔径所决定的,而目镜只是起放大作用,因此,对于物镜不能分辨出的细微结构,目镜放得再大,也仍然不能分辨出来。

目镜的结构较物镜简单,一般由2 ~ 5片透镜分两组或三组构成。上端的一块(组)透镜称"接目镜",下端的透镜称"场镜"。从目镜透射出来的光线,在目镜的接目镜以上相交,这个相交点称为"眼点"。观察时眼睛应处在眼点的位置上,这样才能接受从目镜射出的全部光线,看到最大的视场,否则会造成图像的晃动和不适应感,影响观察效果。

(3)聚光镜　聚光镜又名聚光器,装在载物台的下方。小型的显微镜往往无聚光镜,在使用数值孔径0.40(约20X)以上的物镜时,则必须具有聚光镜。聚光镜不仅可弥补光量的不足和适当改变从光源射来的光线性质,而且可将光线聚焦在被检物体上,以得到最强的照明光线。

4. 光学显微镜的维护与使用

显微镜是一种精密的光学仪器,价格普遍较高。从结构上看,显微镜由许多光学部件和较精密的金属零件组成,在使用过程中要注意做好维护工作:

(1)低倍镜的使用准备　①检查:右手握紧镜臂,左手托住底盘,轻轻放在实验桌上。先检查显微镜各部件有无缺损,如发现有损坏或性能不良者,立即报告实验室管理者请求处理。②准备:将显微镜置于操作者前方略偏左侧,转动粗调焦钮,将载物台略下降(或镜筒略升高),使物镜与载物台距离略拉开。再旋转物镜转换器,将低倍镜对准载物台中央的通光孔(可听到"咔哒"声)。③对光:打开光圈,上升聚光器,双眼向目镜内观察,同时调节反光镜的方向(电光源显微镜无反光镜,应调节亮度调节柄),直到视野内光线明亮均匀为止。由于反光镜的平面镜易把其他景物映入视野,因此一般用凹面镜对光。④放标本片:标本片的盖片向上,将标本片放到载物台前方,然后推到物镜下面,用压片夹压住,并用弹簧夹夹住标本片,然后把要观察的部分移到通光孔的正中央。⑤调节焦距:从显微镜侧面注视物镜镜头,同时旋转粗调焦钮,使载物台缓慢上升(或镜筒下降),使低倍镜头与玻片间的距离约5 mm时,再从目镜里观察视野,左手慢慢转动粗调焦钮,使载物台缓慢下降(或镜筒缓缓上升),直至视野中出现物像为止。如物像不太清晰,可转动细调焦钮,使物像更加清晰。调节焦距时,要认清物镜的放大倍数,因不同放大倍数物镜的工作距离不同。⑥如果按上述操作步骤仍看不到物像时,可能由以下原因造成:a、转动调焦钮太快,超过焦点。应按上述步骤重新调节焦距。b、物镜没有对正,重新对正后再观察。c、标本没有放到视野内,应移动标本片,重新寻找观察对象。d、光线太强,尤其是观察比较透明的标本片或没有染色的标本时，易出现这种现象，应将光线略调暗一些，再观察。在调节光线时，应重视聚光器的重要作用。一般地说，所用物镜的放大倍数越小，聚光器的位置越低。

(2)高倍镜的使用准备　①依照上述操作步骤，先用低倍镜找到清晰物像。②眼睛从侧面注视物镜，用手移动物镜转换器，换高倍镜。③眼睛向目镜内观察，同时微调细调焦钮，直至视野内看到清晰的物像为止。④如按上述操作仍看不到物像时，可能由下列原因造成：a、拟观察的部分不在视野内，应在低倍镜下寻找到观察目标后，移到视野中央，再换高倍镜观察。b、标本片放反（玻片的物面应向上），应把标本片放正后，再按上述步骤操作。c、焦距调节不准确，应仔细调节焦距。

有的显微镜的高倍镜与低倍镜不够配套，从低倍镜转换至高倍镜时，往往转不过来或撞坏标本（物镜松动时，也有此现象），如遇到这种情况，可把载物台略下降（或镜筒略升高），直接用高倍镜调焦。方法是：从侧面注视物镜，调节粗调焦钮，使高倍镜头下降至与标本片最短距离，再观察目镜视野，慢慢调节细调焦钮，使镜头缓缓上升，直至物像清晰为止。

如需要更换标本片时，应该先将载物台下降（或镜筒升高），然后把标本片移到载物台前方，再拨开压片夹，取出玻片。

(3)油镜的使用准备　①先从低倍镜到高倍镜的操作步骤，找到清晰的物像，把要放大观察的部分移到视野中央。②将高倍镜移开，在标本片的中央滴1滴香柏油，眼睛从侧面注视镜头，轻轻转换油镜，使油镜头浸在油滴中。一般情况下，转到油镜即可看到物像，如不清楚，可来回调动细调焦钮，即可看清物像。如仍看不清，应按上述步骤重新操作。③找到物像后，再调节聚光器和光圈，选择最适光线（聚光器应上升到最高处，光圈适当调大）。④油镜使用完毕后，下降载物台（或上升物镜）约10 mm，把物镜转到一边，用擦镜纸把镜头擦净。油镜的正确擦拭是：先用干净擦镜纸（通常用双层）擦去镜头上的香柏油，再用蘸少许二甲苯（或乙醚7:乙醇3混合液）的擦镜纸轻擦，再用干净的擦镜纸擦拭1～2次。⑤带加盖玻片的标本片的擦拭方法同油镜。无盖片的标本片，可用拉纸法擦油。方法是：先用1小块擦镜纸覆盖在标本片油滴上，再滴1滴二甲苯（或乙醚7:乙醇3混合液），平拉擦镜纸，反复几次即可擦净。也可直接在二甲苯中把标本片上的油洗去。⑥汞灯使用注意事项　荧光显微镜的光源通常使用50 W超高气压汞灯，灯管内通常有一对钨电极和液态汞（室温下附在管壁上）。未点燃时，管内气压很低。在灯管的两电极间施加电压触发点燃后，汞汽化为汞蒸气形成汞弧而产生强光，温度升高，管内气压迅速升到10个大气压。由于是高气压的气体放电，必须了解其特性才能安全地使用汞灯。汞灯接通电源后需要10～15 min预热时间，汞才能充分汽化并形成汞弧，产生高亮度而稳定的激发光。因此，观察前要提早通电。汞灯在使用过程中，不要随意开关汞灯的电源。关闭汞灯电源后，必须等待15～20 min，待汞灯自然冷却后才可再次接通电源，违反这一操作规定时，将会造成严重后果。由于汞灯内的汞蒸气未完全液化，汞蒸气内阻很小，一旦通电，在两电极间施加电压，汞灯内形成强大的电流，轻则烧断保险丝或烧毁汞灯电源中的扼流圈，重则汞灯爆炸，汞蒸气弥漫整个实验室，造成工作人员中毒，不仅损失了汞灯，还会炸毁灯室内的集光-聚光部件。汞灯的使用寿命一般只有300 h，使用得当可达600 h，使用寿命与开关的次数成反比，应集中一批样品作2～3 h的观察。汞灯价格昂贵，应珍惜使用。汞灯寿命终结的标志是点燃困难，灯管发黑。

(4)显微镜使用与维护注意事项　①移动显微镜时必须右手握紧镜臂，左手托底盘，切勿一手斜提、前后摆动，以防镜头或其他零件跌落。②观察标本时，显微镜离实验台边缘应保持一定距离（约5 cm），以免显微镜翻倒落地。③使用时要严格按步骤操作，熟悉显微镜各部件性能，掌握粗、细调焦钮的转动方向与载物台或物镜的关系。转动粗调焦钮时，眼睛必须注视物镜头。④观察带有液体的临时标本时要加盖片，应将显微镜充分放平，以免液体污染镜头和显微镜。⑤粗、细调焦钮要配合使用，细调焦钮不能单方向过度旋转。调节焦距时，要从侧面注视物镜下降，以免压坏标本和损坏镜头。⑥

用单筒显微镜观察标本，应双眼同时睁开，左眼观察物像，右眼用以绘图。左手调节焦距，右手移动标本或绘图。⑦禁止随意拧开或调换目镜、物镜和聚光器等零件。⑧显微镜的光学部件不可用手指、纱布、手帕或其他粗糙物擦拭，以免磨损镜面。需要时只能用擦镜纸擦拭。⑨凡有腐蚀性和挥发性的化学试剂和药品，如碘、乙醇溶液、酸类、碱类等都不可与显微镜接触，如不慎污染时，应立即擦干净。⑩实验完毕，要将标本片取出，用擦镜纸将镜头擦拭干净后移开（通常转换4×物镜于镜下），不能与通光孔相对（把物镜转离聚光器上方）。将电源线收好，放回镜箱。切不可把显微镜放在直射光线下暴晒。

实验室应有显微镜的使用规程和记录，并保存完整的采购、安装、检修和使用记录。

二、电子天平

1. 电子天平的用途

用于实验室药品、试剂的准确称量。基础兽医实验室常用的电子天平精度为10 ~ 0.01 mg。

2. 电子天平的操作和使用

以AE 500为例加以说明。

（1）校准　天平开机预热1 h后，在进行首次称量前应进行校准。为提高称量的准确性，以后应定期用标准砝码进行检查，如有误差应立即进行校准。校准方法：清零，按去皿键，使天平显示值为0.00 g，按校准键，此时天平显示“C”和占用符“O”（如果显示CE表示出错，则须按去皿键重新开始进行校准）。将500 g标准砝码置于秤盘上，等待天平显示500.00 g，并发出“嘟”声，天平校准完毕，并自动回复到称重状态，取下校准砝码即可进行称量。

（2）称量　放上称量容器（或称量纸），按去皿键，加入待称量物品，显示值即为物品的重量；按去皿键显示值即回复到0.00 g，再将第二种物品放在称量容器（纸）上，显示值即为第二种物品的重量。以此类推，可重复操作。天平可在称量范围内连续去皿，当秤盘上的总重量超过520 g时，天平显示超载报警符号“H”，此时应将物品拿去。当稳定指示信号“g”出现时，表示读数已进入稳定状态。天平显示占用符号“0”表示天平内电脑正在进行处理工作，请耐心等候。

（3）信号输出 天平可带有标准的RS232C数据输出接口，可与计算机、打印机等外围设备联用。

3. 电子天平的维护

（1）经常使用天平时，应使天平连续通电以减少预热时间，使天平处于相对稳定状态。如果天平长期不用，应关闭电源。

（2）称量时应从侧门取放物质，读数前应关闭箱门以免空气流动引起天平摆动。前门仅在检修或清除残留物质时使用。称量结束应及时除去称量瓶（纸），作好清洁工作，然后关上侧门，切断电源，并做好使用情况登记。

（3）天平应保持清洁，谨防灰尘等物钻入，每次称量完毕，应及时清洁。天平不应该放在有腐蚀性气体和空气流动大的环境中。

（4）根据天平的使用程度，应作周期性的检查校准。

（5）在搬动天平、安装和擦卸外围设备前，一定要关掉显示开关，拔掉电源插头，以免损坏天平。

（6）天平具有自动故障检测功能，故障是以代码形式显示（CH 1，8），一旦出现故障代码表示天平已不能正常工作，应通知有关部门进行维修。

（7）实验室应有天平的使用规程和记录，并保存完整的采购、安装、检修和使用记录。

三、离心机

1. 离心机的用途和分类

离心机是借离心力分离液相非均一体系的设备，可根据物质的沉降系数、质量、密度等的不同，应用强大的离心力使物质分离、浓缩和提纯。离心技术，特别是超速离心技术是分子生物学、生化研究和工业生产中不可缺少的手段。离心机作为一种实验仪器设备,具有许多优点和用途。例如,超速离心机可在低温下操作,保护了生物大分子的活性。制备型的离心机负载量大,一次可分离提纯几克样品,比层析、电泳样品量大得多。分析离心机不仅可测出物质的分子量,还可检验物质的纯度、构象、沉降系数等。因此,离心技术在生物学研究中占有重要的地位,是分离、纯化细胞、病毒、蛋白、核酸和酶的最方便最有效的工具。

离心机的种类繁多,一般实验室常见以下几种:

普通离心机　分台式或落地式,一般为中、低速(转速小于6000 r/min),无冷冻功能,因此,只适宜对温度要求不严格的样品的中、低速离心。

冷冻离心机　根据转速(或离心力)的高低,可分为高速冷冻离心机(转速一般小于20000 r/min)和超速冷冻离心机(转速大于20000 r/min)。根据离心机体积的大小,又可分为台式和落地式两种。冷冻离心机的用途非常广泛,可进行各种情况下样品的低速、高速、超速离心、分离、分析、制备等工作,是目前各检测实验室必不可少的通用设备。

2. 离心原理和结构

当含有细小颗粒的悬浮液静止不动时,由于重力场的作用使得悬浮的颗粒逐渐下沉。粒子越重,下沉越快,反之密度比液体小的粒子就会上浮。微粒在重力场下移动的速度与微粒的大小、形态和密度有关,并且又与重力场的强度及液体的黏度有关。像红细胞大小的颗粒,直径为数微米,就可以在通常重力作用下观察到它们的沉降过程。

离心就是利用离心机转头高速旋转产生的强大离心力,加快液体中颗粒的沉降速度,把样品中不同沉降系数和浮力密度的物质分离开。离心力(F)的大小取决于离心转头的角速度(ω,r/min)和物质颗粒距离心轴的距离(r,cm)。它们的关系是:$F=\omega^3r$。

为方便起见,F常用相对离心力,也就是用地心引力的倍数表示。即把F值除以重力加速度g(约等于9.8 m/sec^2)得到离心力是重力的多少倍,称作多少个g。例如离心机转头平均半径是6 cm,当转速是60000 r/min时,离心力是240000×g,表示此时作用在被离心物质上的离心力是日常地心引力的24万倍。

因此,转速和离心力值之间并不是成正比关系,还和半径有关。同样的转速,半径大一倍,离心力(g值)也大一倍。高速离心机常备有各转头的转速与离心力对照表。现在较高级的离心机常配有转速和离心力自动转换功能,离心时,根据需要既可设定转速,又可设定离心力,较为方便。

3. 转头和离心管

(1)转头　离心机的转头是放样品容器的固定结构。有以下四种类型:①水平转头:也称吊篮式转头。静止时离心管垂直挂在转头上,当转头转速达600r/min后达到水平位置,通常一个转头挂3个或6个吊篮。②角转头:转头的离心管腔与转轴保持20～30度的固定角度。由于结构稳定,故可装载较多的样品和使用较高的转速。③区带转头:为一空腔,没有离心管,样品液直接放在腔内。适用于大量样品连续离心分离浓缩。④分析转头:是分析小室,专用于分析。

转头都有一定的使用极限,在说明书里可以查到。所以必须建立使用档案,记录使用的时间和次数,到一定时限后(根据使用说明)最高使用转速必须降低10%。若使用又达期限,可依次再降低10%转速使用。

(2)超速离心管　由于超速离心产生巨大的离心力,离心管不能用玻璃制作,有塑料和不锈钢两种,可根据实验需要选配。

4. 离心机使用及注意事项

各种型号的离心机操作程序稍有不同,这里主要强调样品的装载和平衡。由于离心时产生很大的离心力，当转头所带的样品处于不平衡状态时，会产生很大的力矩。轻者引起机器发抖和震动，重者会扭断转轴造成事故。因此离心样品的平衡装载是要特别注意的问题。

离心管至少要二二平衡，放在转头的对称位置，装管数是6、12、18的转头可3个一批平衡。最好是所有的离心管一样重。水平转头不允许有空档(即不挂吊篮的现象)，否则会损坏转头。

选用离心转头时主要考虑的是样品的容量及离心的条件。通常有水平转头和角转头各一个，或大容量(相对较低速)的转头和小容量高速转头各一个即可满足工作中的不同需要，不可追求越全越好。由于转头转速的不同价格相差很大，从转速上讲不宜追求越高越好，但应有离心机允许的最高转速的转头，否则对离心机而言是个浪费。有两台离心机的单位可考虑转头型号互补，以节省经费。离心机的使用应依照以下步骤进行。

(1)由于离心机工作处于高、超速运转状态，因此一定要安放在坚固、平稳的地面上，并力求使机器处于水平位置以免离心时造成机器震动。

(2)离心机使用前后，应检查转子是否损坏、破裂或腐蚀。

(3)打开电源开关，按要求装上所需的转头，将预先以托盘天平平衡好的样品放置于转头样品架上(离心筒须与样品同时平衡)，然后关闭机盖。

(4)按功能选择键，设置各项要求:温度、速度、时间、加速度及减速度，带电脑控制的机器还需按储存键，以便记忆输入的各项信息。

(5)按启动键，离心机将执行上述参数进行运作，到预定时间自动关机。

(6)待离心机完全停止转动后打开机盖，取出离心样品。离心结束后用柔软干净的布擦净转头和机腔内壁，待离心机腔内温度与室温平衡后方可盖上机盖。如果发生离心管、离心杯等破裂或泄漏，应重新评估离心操作规范，必要时更换更加安全的离心设备并及时清洁消毒，定期清洁离心杯。

(7)实验室应制订离心机内溢洒事件的处理程序。因为次氯酸钠溶液对金属具有腐蚀性，因此要尽量避免使用。如果使用次氯酸钠溶液，在用后要用大量水彻底清洗。

(8)每次操作完毕应作好使用情况记录，并定期对机器各项性能进行检修。要特别加强离心机持续使用过程中的维护保养。

(9)离心过程中若发现异常现象，应立即关闭电源，报请有关技术人员检修。

(10)实验室应有离心机的使用规程和记录，并保存完整的采购、安装、检修和使用记录。

5. 离心机维护

(1)离心机外壳和腔体要定期用中性溶液清洗，防止残余物质的污染。

当离心机被污染后，用户要负责清洁去污。打开盖子，断开电源，卸下转子。只能使用中性溶液去污(如Extran®中性液，RBS中性液，70%异丙醇溶液或乙醇类去污剂)，腔体只能用湿布擦洗。用去污剂清洁后，橡胶密封圈要用水清洗，用甘油润滑。为了保障仪器免受损害，如果客户选择其他未经推荐的方法清洁仪器，请务必提前咨询相关工程师.为了延长仪器寿命，要当心腐蚀性的化学试剂损伤仪器，请定期检查。

(2) 转子和吊篮必须定期清洁以防止残余物质的污染，要每月检查有无残余物质或生锈，特别是对于转子的孔。请用中性溶液清洁，每运行200次后，仪器会显示信息“CLEAn ro”。转子基座上的磁性环用来识别转子和转速检测，一旦损坏，必须由专业工程师更换。不要使用损坏的转子。

(3)安装/拆卸转子

安装转子前请注意用擦布清洁马达轴与转子插孔。

将转子装于转轴上，确保转子和转轴的温度在10°C~30°C。

用内六角扳手右旋转子上的插孔将其拧紧。未拧紧前不能开始离心。转子装载后装上转子盖。

离心过程中转子盖必须装上。

取下转子时,反时针旋转插孔(与安装时相反)。

当气密性转子盖上转子盖时可从离心机上整体拆卸下来,只需插入六角扳手开启转子螺丝。这对于在清洁的房间中取出管子是非常有用的。

请停止使用已腐蚀或有机械损伤的转子

(4)装载转子

转子应对称装载,适配器只适用于装载推荐的试管。

装样管子的重量的差别应尽可能低,以延长马达的寿命和降低运行噪音。相对的试管应相同并重量相当。

每个转子上已标注装样吊篮允许的最大载重量。当吊篮完全装满后不得超过这个重量。

(5)气密性转子

气密性转子FA-45-30-11和F-45-24-11的盖子在破损或过度磨损时应更换,请定期保养密封环。

储存转子时请避免将气密性转子的旋盖拧至最紧。

(6)转子灭菌

所有转子都可以高压灭菌(121 °C, 20 min),气密性转子最多灭菌10次以后,盖子和密封环必须更换。

四、酶标仪

1. 酶标仪的原理和结构

酶标仪由一个分光光度计和一个微处理机构成,因而它也叫酶标判读仪或酶标分光光度计。分光光度计包括光源、不同波长的滤光片、放置微孔板的读板室和接收器等;微处理机则由微电脑和键盘组成。另外,许多酶标仪都带有打印机或与打印机连用,使各种测定的数据能直接打印出来。其光学原理与分光光度计的原理相同。它主要是用于测定酶联免疫吸附试验(ELISA)的微量反应板上各孔的光吸收值(OD值)。通过测量各孔的光吸收值,测定出各孔中溶液的浓度,以说明试验反应中抗原抗体的结合反应情况。由于与微处理机联用,不但能完成光谱数据的测定和计算,而且提高了仪器的自动化程度。例如自动调零、自动筛选和设置参数、设置上下限、自动记录和自动打印等。

2. 酶标仪的用途

酶标仪主要用于酶联免疫吸附试验中的比色测定、数据计算及结果输出。早期的酶标仪只能对酶标板进行逐个单孔测定。目前的新型酶标仪可以进行多通道自动连续测定,有的还能实现取样、加试剂、洗涤、比色计算、结果输出等全自动化操作功能。

3. 酶标仪的调试和使用(现以BioTek Elx800酶标仪为例)

(1)调试　酶标仪是由分光光度计和微处理机构成。分光光度计包括光源、不同波长的滤光片、放置微孔板的读板室和接收器等;微处理机则由微电脑和键盘组成。另外,许多酶标仪都带有打印机或与打印机连用,使各种测定的数据能直接打印出来。由于各种型号的酶标仪的操作程序和功能都略有不同,因而调试和使用前一定要仔细阅读该型号的酶标仪的使用说明书。

首先,要看使用的电压是否与酶标仪所需的电压相符。然后,检测各个键的功能是否符合要求。

①与打印机连接:酶标仪后方有3个接口,从边缘向中间依次为电源接口、并行接口、串行接口。并行接口与打印机相连,该并行接口有25-pin的D-sub插头。

A 将打印机紧靠酶标仪放置。

B 将电缆的一端连接打印机的并行接口。

C 将电缆的另一端连接酶标仪的并行接口。

D上紧电缆两端。

②与计算机连接：酶标仪后面第3个接口为25-pin串行接口，通过标准信息输送软件或RS232档案与计算机相连。(注：每一个酶标仪有一个对应的输送软件，不支持混用。)

A关闭电脑与酶标仪电源。

B将电脑和酶标仪接上电缆，仪器的串行接口是DTF线路接法，为25-pin的D-sub插头。

C接通电脑和酶标仪电源。

D确定电脑和酶标仪是用相同的信息传送设置进行运行。

E信息传送参数的设置：在串行输送装置运行前，必须保证输送参数与酶标仪和电脑的参数匹配，包括：波特率、数据位、奇偶性。

(2)使用

①酶标仪正面键盘上CLEAR-清除、ENTER-进入、Main Menu-主菜单、Previous Screen-先前屏幕、Options-选择。

②酶标仪在接通电源后在主菜单下从左到右依次显示：READ、DEFINE、REPORT、UTIL。在主菜单下选择UTIL→SETUP→MORE→EDIT SETUP/RS232 →RS232进入波特率选择菜单。

③其他功能选择设置

A在主菜单下，键入UTIL，进入选择功能菜单。

B SETUP：设定时间和日期。

C OUTPUT：设定报告及其格式、曲线配合的打印输出，电脑的显示。

D READ：设定有效酶标板鉴别测试法，取样鉴别测试法，取样数目及快速读书功能。

④程序编辑

A计算机安装Gen5 CHS2.07及以上版本软件。

B打开进入软件，在对话框点击“立即检测”→点击“新建”，此时屏幕上竖向有“操作”“动力学”“暂停”“处理模式”“其他”。横向有“板类型”“选择孔”。

C点击“检测”，进入后“检测方法”“检测类型”“光学元件类型”。可根据实验的具体要求进行设置。

D以检测吸收光为例：点击“检测”，进入对话框在“检测方法”中选择“吸收光”，点击“确定”，进入“检测步骤”，“步骤标签”可以命名不同的检测步骤，“波长”中一般实验都检测一种波长，如果是有多重波长检测，在数字“1、2、3……”，右上角“全板”可以选出需要检测的样品的位置。设定好后点击“确定”，屏幕弹出提示“将板置于载板台上”点击“确定”。检测完成后，关闭软件退出。

E接通电源开关，然后按模式键(MODE)，选择你需要的模式，例如双波长、单波长等。按下报告键(REPORT)，选择你需要的格式，例如原始资料或光吸收值。光吸收值报告是经空白校正过来的光吸收值，因为微处理机能够将每一个空白对照孔的吸收值都予以平均，样品孔的原始数值都各自减去平均空白对照值。这样就得出了光吸收值报告。待各种程序选择好，则按下输入键(ENTRE)，使一切的设定都固定下来。检查所用的滤光片波长是否正确，然后把所需读的微孔板放在读板室的板架上，并把门关妥，按下开始键(START)。这时，显示屏上就展示出读数的进程，读数完成后，即可自行把数据打印出来。

4.保养

仪器一定要放在一个干净、平整的工作台上，要注意防尘、防潮、防晒、防震、防撞。一定要使用符合仪器需要的电压，电压不稳定的则要使用稳压器，使输入酶标仪的电压保持稳定。使用读板之前，仪器有15 min的温热过程，以使仪器工作稳定。

5．酶标仪使用注意事项

(1)在酶标仪接通电源前,一定要将打印机连接酶标仪,不要在测量过程中关闭电源。

(2)确定酶标仪和电脑是用相同的信息传送设置进行运作。

(3)酶标仪波长最大支持900nm。

(4)波特率应在1200~2400或9600间选择,输送软件在与电脑相连运作是应设为8、2或0。

(5)试验结束后,按顺序先关闭电脑程序,再关闭酶标仪。

(6)对酶标仪进行清洁工作或需开盖查看和更换零件时,一定要先切断电源才可以进行,使用后盖好防尘罩。

(7)出现技术故障时应及时与厂家联系,切勿擅自拆卸酶标仪。

(8)填写仪器使用记录。

五、洗板机

1．洗板机的用途和类型

主要用于ELISA实验96孔反应板的洗涤、加液。适用于ELISA、FS、化学发光、细胞试验等。根据工作方式可分为手动洗板机和自动洗板机两种。

2．洗板机的原理和结构

手动洗板机由储洗液瓶和8或12通道分液器组成,结构简单。全自动洗板机由微电脑控制系统、水泵、控制阀门和8或12通道、96通道加样头组成,可以编写、储存多个程序,可设置流速、流量、洗涤方式,自动加液和吸弃废液,实现洗板、低精度分配液体的自动化。

3．洗板机的使用

洗板机型号很多,现以Elx 50全自动洗板机为例,介绍使用方法。

(1)开机前应检查仪器电源线是否连接正常,再打开仪器开关,仪器自动进行初始化和系统自检,自检结束后,检查废液余量,洗涤剂余量以及吸液针、放液针的通畅情况,正常后方可运行。

(2)自检结束后,仪器屏幕自动显示“Main Menu”界面。

(3)洗板前,先进性仪器冲洗程序,清洗管道,按主屏的“MAIN”键,进入子菜单“DAY RINSE”再按“ENTER”键,按“START”键开始冲洗。冲洗完毕,回到主屏。

(4)如需建立一个“Wash”(洗板)程序,依次按下“DEFINE”(定义)→“CREATE”(新建)→“Wash”(洗板)进行定义。出现“NAME”(名称),自定义名称,按“ENTER”键,出现“Method”(方式)、“Dispence”(分液)和“Aspiration”(吸液),可根据试验需要更改。

(5)在Method选项中,设置以下参数

选择	程序值
Number of Cycles(洗板次数)	设置洗板循环次数,1~10次。
Wash Format(洗板格式)	定义洗板方式,Plate(板)或者Strip(条)。
Soak/Shake(浸泡/振荡)	如果要浸泡就选择YES,可进一步编辑以后程序;选择NO,编辑完成。
Soak Duration(浸泡时间)	浸泡时间范围0~600s,一般选择30或60s。
Shake Before Soak(浸泡前是否振荡)	选择是否在浸泡前振荡,选择YES,可进一步设定以后参数;选择NO完成洗板程序并退回主菜单。
Shake Duration(振荡时间)	设置振荡时间。
Shake Intensity(振荡强度)	设定板震动强度,1~5级渐强。
Prime After Soak(浸泡后是否灌注)	选择是否在浸泡完成后填充液体。
Prime Volume(灌注体积)	选择填充体积,一般设定为300μL。
Prime Flow Rate(灌注速度)	选择真空泵抽吸速度。1~9逐渐加快,一般设定为5。

根据要求设定完成后，按“Main Menu”可提示保存，显示“OK to save Program”，选择YES，保存成功。

(6)调用程序：按“MAIN”回到主菜单，选择“RUN”→“Wash”→“SELECT WASH PROGRAM”(选择洗板程序)，选择编辑好的相应程序。

(7)用12孔洗板，“SELECT WASH PROGRAM”(选择洗板程序)→“LIRST STRIP”(起始列)，1～8可选→“NUMBER OF STRIPS”(洗涤列数)，1～8可选→将酶标板置于载板台上，按“START”开始运行洗板程序。在洗板过程中可按“STOP”退出程序。洗板结束后屏幕显示“WASH PROGRAM COMPLETE”(程序完成)，按“ENTER”结束。

(8)用8孔洗板，“SELECT WASH PROGRAM”(选择洗板程序)→“SELECT REAGENT BOTTLE”(选择试剂瓶)，根据试验要求选择“A、B、C”→“NUMBER OF STRIPS”(洗涤列数)，1～12可选，将酶标板置于载板台上，按“START”开始运行洗板程序。在洗板过程中可按“STOP”退出程序。洗板结束后屏幕显示“WASH PROGRAM COMPLETE”(程序完成)，按“ENTER”结束。

(9)洗板结束，按“Main Menu”键返回主菜单，按“MAIN”键，进入子菜单“DAY RINSE”程序，进行清洗。

4. 洗板机的维护

洗板机应随时保持干燥，擦拭前先切断电源，以防触电。应避免使用次氯酸钠等腐蚀性液体。日常维护通常用去离子水，在使用后当天清洗，防止阻塞。清洗时可选用MAINT程序中的前三种方式。如果Elx50洗板机长期放置不用，应使用MAINT下的”LONG SHUT DOWN”进行去污洗涤、清洗和晾干。该程序启动时需50 mL去污剂和100 mL去离子水，按提示信息接入。

5. 洗板机使用注意事项

(1)操作前：①必须严格按照使用手册提供的仪器安装说明安装仪器，保证正确连接管路，以免出现渗漏；②洗板机长期不用后再度使用时，需预洗整个系统四次。

(2)操作中：①按下运行键前，需确认：a已装上正确清洗头；b酶标板已正确放置；c已选择适当的程序及参数值。②为防止液体进入泵内，及时倾倒废液。③如果仪器表面有生物危险物质污染，用中性消毒液清洁。④保持滑道的清洁干燥，避免堵塞；若有液体溅出，及时擦干。⑤在洗板过程中，如需仪器停止运行，请按键盘上的复位键，不要用手或物体强制仪器停止运行。

(3)仪器消毒　仪器正常工作状态下不需要消毒。在转移、运输仪器(如把仪器从一个实验室转移到另一个实验室)前须对仪器进行全面消毒。①消毒试剂：a甲醛溶液10%；b酒精70%；c戊二醛溶液4%。②消毒步骤：a消毒准备：准备10%甲醛溶液200 mL，4%的戊二醛溶液200 mL，70%的酒精一瓶，若干医用棉球。b清洗仪器：给仪器注入蒸馏水；抬起清洗头，用戊二醛溶液注满托盘预洗槽；用清洗头抽干托盘预洗槽，再用蒸馏水注满托盘预洗槽，抽干；移走酶标板板架和清洗头，将它们浸泡在戊二醛溶液中24 h；清空液体瓶；切断电源，拔掉电源线。c仪器消毒：用浸透70%酒精的棉花球为仪器外壳消毒；拆离主机和液体瓶，并打开液体瓶瓶盖，将仪器放入一个大的塑料袋中；把在10%甲醛溶液中浸透的棉花球放入塑料袋，并确认棉花球不接触到仪器；密封塑料袋至少24 h。注意：甲醛用于对仪器进行熏蒸消毒，勿使甲醛溶液直接接触仪器。因为即使微量的甲醛也会对微孔ELISA测试中使用的酶产生不良影响，导致不正确的实验结果。③消毒后期处理：a从袋中取出仪器；b用中性清洗液清洁仪器；c用70%酒精擦去污染物质；d把清洗头和酶标板架从戊二醛溶液中取出并用蒸馏水漂清，把它们重新安装在仪器上；e在试剂瓶内注入蒸馏水并执行预洗程序，以冲洗系统的液体流动通路；f在仪器上贴上注有日期的已消毒标识。

注意：消毒须在通风环境下进行，并穿戴防护性外衣和手套。在使用各种型号的洗板机时有些共同的注意事项，如开机前检查洗液瓶、废液瓶、喷水针、吸水针等各部件是否工作正常，若有问题应及时解决。

(4)实验室应有洗板机的使用规程和记录，并保存完整的采购、安装、检修和使用记录。

六、恒温培养箱

1. 培养箱的用途和分类

培养箱是培养微生物的主要设备，可用于细菌、细胞的培养繁殖。目前使用的培养箱主要分为4种：直接电热式培养箱、电热隔水式培养箱、生化培养箱和二氧化碳培养箱。

2. 培养箱的原理和结构

其原理是应用人工的方法在培养箱内造成微生物和细胞生长繁殖的人工环境，如控制一定的温度、湿度和气体浓度等。其结构分述如下：

(1)直接电热式和电热隔水式培养箱　直接电热式和电热隔水式培养箱的外壳通常用石棉板或铁皮喷漆制成。隔水式培养箱内层为紫铜皮制的贮水夹层，直接电热式培养箱的夹层是用石棉或玻璃棉等绝热材料制成，以增强保温效果。培养箱顶部设有温度计，用温度控制器自动控制，使箱内温度恒定。隔水式培养箱采用电热管加热水的方式加温，直接电热式培养箱采用的是用电热丝直接加热，利用空气对流，使箱内温度均匀。

(2)生化培养箱　这种培养箱同时装有电热丝加热和压缩机制冷装置，一年四季均可保持在恒定温度，因此适用范围很大，逐渐得到普及。在培养箱的正面或侧面，有指示灯和温度调节旋钮，当电源接通后，红色指示灯亮，按照所需温度转动旋钮至所需刻度，待温度达到后，红色指示灯熄灭，表示箱内已达到所需温度，此后箱内温度依靠温度控制器自动控制。

(3)二氧化碳培养箱　二氧化碳培养箱的三个工作原理：①温度的控制：二氧化碳培养箱温度控制器由Pt100铂电阻作为传感器与数字控制电路、LED数字显示电路等组成，当传感器输出与温度成正比的电阻信号转换成电压信号经电路放大后，一路送至显示电路显示实测温度。另一路送至比较器与设定值比较。当二者产生偏差时，触发可控硅功率管输出功率使加热管产生热量。当偏差减小直至为零时，其加热管发出的热量亦随之减小，直至停止加热。控制线路中有超温及水位报警功能。当显示温度超过设定值2.0℃时，温度控制器发出声光报警信号，同时切断输出，停止加热，防止温度继续上升；当水箱内水位过高或过低时，水位控制器发出声光报警信号，同时切断加热输出。仅水套式CO_2箱具有水位报警功能！②气路的控制　气路由高浓度的CO_2钢瓶、气泵、稳压阀、针型阀，电磁阀、流量计及储气瓶等组成。当输入一定压力的高浓度CO_2气体，通过调节阀、针阀及电磁阀的流量、时间控制，保证一定量的CO_2气体进入工作室，达到自动控制工作室内的CO_2浓度值。该值同时通过显示电路显示，便于观察了解。在CO_2箱的后背面装有采样、监视口。有的产品采用了快慢速双重充气法，使CO_2箱在开、关门后，工作室内的CO_2浓度能快速恢复且无过冲现象。在CO_2箱工作过程中，由储气瓶对工作室内进行补气，以保持稳定的CO_2浓度值。③湿度的控制　因培养物需工作室内保持一定的湿度，二氧化碳培养箱配有水盘。可在培养时将水盘放入工作室内，水盘加上适量的蒸馏水让其在工作室内自然蒸发，一般相对湿度可达95%。

3. 培养箱的使用和维护

(1)使用

①接通电源：将插头插入电源插座后，消息灯（“ON/OFF”上方）绿灯亮起，并发出“嘀嘟”声，随后熄灭。设备进入工作状态。

②按“ON/OFF”键，键上方绿灯亮起，设备进入待命状态，显示屏显示当前时间。按“▲”选择程序(P1～P6)之一，再按“◀▶”键设定需要的温度和时间。

③按“Start/Stop”键启动选定的程序。运行过程中,按“Start/Stop”可停止运行的程序,按“▲”键选择更换另一程序,然后再按该键启动再次选定的程序。

④运行结束后,按“ON/OFF”键关闭电源,并从电源插座拔出插头。

(2)注意事项

①搬运时必须小心,箱体与水平面的夹角不得小于60°。

②为了保持设备的美观,不得用酸或碱及其他腐蚀性物品来擦箱体表面,箱内可以用干抹布定期擦干。

③当培养箱在停止使用时,应拔掉电源插头。

④培养箱距墙壁的最小距离应大于10cm,以确保制冷系统散热良好。

⑤所用电源必须具有可靠地线,确保培养箱地线与网电源的地线接触可靠,防止漏电或网电源意外造成的危害。

七、生化培养箱

1. 生化培养箱用途

在基础兽医实验室,生化培养箱主要适用于细菌、霉菌、微生物的培养、保存。多在培养温度低于环境温度时使用。

2. 生化培养箱原理

温度传感器电路采用新型温度传感器集成电路ICl。电压比较器电路由电阻器Rl-R7、温度设定电位器RPl、RP2和电压比较器集成电路IC2(Nl、N2)组成。控制执行电路由晶体管Vl、V2、继电器Kl、K2和二极管VDl、VD2等组成。电位器RPl用来设定温度的上限,RP2用来设定温度的下限。继电器Kl通过加热中间继电器控制加热器件,继电器K2通过制冷中间继电器控制生化培养箱的制冷系统。IC2的5脚和2脚分别接RPl和RP2的中心插头上,IC2的6脚、3脚通过电阻器R3与ICI的输出端相连。在IC2的2脚电压值减去5脚电压值约等于0.OlV时,对应的温度为1℃。当生化培养箱内的温度在设定的温度范围内时,IC2的2脚电压高于5脚电压,3脚、6脚电压与2脚电压相等(或低于2脚电压而高于5脚电压),1脚和7脚均输出低电平,V1和V2均截止,继电器Kl、K2均不吸合,制冷与制热电路均不工作。

当箱内温度超过设定温度的上限时,IC2的3脚、6脚电压将高于2脚电压和5脚电压,IC2的1脚由低电平变为高电平,使V2导通,继电器K2吸合,其常开触点接通,制冷系统工作。当箱内温度低于设定温度的下限时,IC2的3脚和6脚电压低于2脚电压和5脚电压,IC2的7脚由低电平变为高电平,使Vl导通,继电器Kl吸合,其常开触点接通,加热电路工作。元器件选择Rl-R5均选用1/4W金属膜电阻器,其精度应为±1%;R6-R9可选用1/4W的碳膜电阻器。RPl和RP2均选用精度较高的线绕式电位器。C选用独石电容器。VDl和VD2均选用1N4148型硅开关二极管。Vl和V2选用S9013或C8050型硅NPN晶体管。ICl选用LM35DZ或LM36、TMP36型温度传感器集成电路;IC2选用LM393运算放大集成电路。Kl和K2均选用l2V的直流继电器。

3. 生化培养箱的使用(以SPX-80BSH-Ⅱ型生化培养箱为例)

(1)接通电源:将插头插入电源插座,将机器背面的“断路器”置“通”的位置。把面板右方的电源开关置“开”的位置,此时仪表出现数字显示,表示设备进入工作状态。

(2)用手按触摸屏“参数选择”键或用小改锥调节“温度设定”孔内的电位器,将其调节为所需温度值。

(3)按“参数选择”键,使仪表显示在“测温内”以观察箱内温度。

(4)该设备具有“测温外”指示,以观察环境温度。

(5)“照明”开关为箱内照明灯开点,需要时置“开”的位置。

(6)打开箱门,将待处理物件放入箱内搁板上,关上箱门。

(7)仪器开始工作,箱内温度逐渐达到设定值,经过所需的处理时间后,处理工作完成。

(8)关闭电源,待箱内温度接近环境温度后,打开箱门,取出物件

4. 生化培养箱使用注意事项

(1)生化培养箱尽可能地安装于温湿度变化较小的地方,使用三脚插头时,插座应妥善接地并确保培养箱地线与网电源的地线接触可靠,防止漏电或网电源意外造成的危害。

(2)生化培养箱启动前应全面熟悉和了解各组成配套仪器、仪表的说明书,掌握正确的使用方法。

(3)当使用温度较低时,培养箱内会有冷凝水产生,应定期倒掉位于箱内底部积水盘内的积水。

(4)严禁含有易挥发性化学溶剂、爆炸性气体和可燃性气体置于箱内,培养箱附近不可使用可燃性喷雾剂,以免电火花引燃。

(5)经常检查气路有无漏气现象。

(6)生化培养箱有断电保护功能,因此压缩机停机后再次启动要达一分半钟左右,从而更好的保护好压缩机。

(7)生化培养箱的冷凝器与墙壁之间距离应大于100 mm,箱体侧面应有50 mm间隙,箱体顶部至少应有300mm空间,保证良好的散热性。

(8)生化培养箱在搬运、维修、保养时应避免碰撞和摇晃震动,最大倾斜度应小于45度。

(9)长时间停止使用时应关闭总电源及设备后部的电源开关。同时生化培养箱工作时应避免频繁开门以保持温度稳定,同时防止灰尘污物进入工作室内。

(10)箱内外应每日保持清洁,每次使用完毕应当进行清洁。长期不用也要经常擦拭箱壁内胆和设备表面以保持清洁增加玻璃的透明度。请勿用酸、碱或其他腐蚀性溶液来擦拭外表面。

(11)培养结束后把电源开关关闭,如不立刻取出实验样品,请勿打开箱门。

(12)生化培养箱不宜在高电压、大电流、强磁场等反常环境下使用,严格按照电气安全操作守则执行。

八、移液器

1. 移液器的用途和分类

移液器用于液体的精确取样和转移,是一种取液量连续可调的精密计量器具,是各类实验室进行定量加液必不可少的工具。

移液器根据取液时的驱动方式可分为手动移液器和电动移液器;根据每次取液的数量可分为单道移液器和多道移液器;而每种移液器都有不同的取液量程和规格,不同生产厂家的产品其量程范围也不尽相同。目前生产的移液器大多为连续可调式移液器,如芬兰雷勃连续可调式移液器(FINNPIPETTE)有0.2~2μL、0.5~10μL、5~50μL、20~200μL、l00~1000μL、1~5mL等不同量程。

2. 移液器的原理和结构

移液器是采用空气置换原理,利用可拆卸的一次性管嘴转移液体。移液器由调液旋钮、操作按钮、手柄、数字显示窗、移液杆和管嘴推顶杆等组成。

3. 移液器的使用

现以芬兰雷勃(FINNPIPETTE)单道连续可调式移液器为例说明移液器的使用方法。

(1)数字显示　移液器的移液量在移液器把柄的显示窗上可清楚的显示。

(2)设定移液量

①转动按钮进行移液量的设定。

②确认所要求的移液量调整到位,并完全在数字显示窗内的可见位置。

③设定的移液量不能超出该移液器标定的移液范围,过度用力试图把按钮转至额定范围之外的行为,将会造成移液器损坏。

(3)管嘴推顶　每支移液器都有管嘴推顶装置可退除用过的管嘴,排除交叉污染的危险。操作时先把移液管正对着废液接收容器,然后用大拇指按住管嘴推顶杆下压,即可安全退除管嘴。

(4)移液技术　移液器的操作由操作按钮进行控制。为得到最好的使用精度,应注意:

按下按钮或松开按钮的操作必须循序渐进,尤其是作处理高黏度液体时更应如此,决不允许让操作按钮急速弹回。移液前应确保洁净的管嘴牢固地装入移液器的管嘴嘴锥。

移液前先将溶液吸入新装的管嘴,然后排空、吸入反复2~4次后进行实际操作。当移液器和管嘴温度与溶液温度相一致时再进行操作。

根据不同的要求,可有以下几种移液方法:

①前进法

在洁净的试剂溶液中注入待转移的溶液。

a 将按钮压至第一停点位置。

b 将移液器管嘴置于液面以下1 cm 深度并慢慢松开按钮,待管嘴吸入溶液后,将管嘴撤出液面并斜贴在试剂瓶壁上淌走多余的液体。

c 轻轻压下操作按钮至第一停点位置。约一秒钟后继续将操作按钮向下压至第二停点,此作用是为了排尽管嘴内的溶液。

d 将移液器管嘴移出液面,松开按钮使之返回按钮起点位置。需要时,可更换管嘴继续移液操作。

②倒退法

倒退法适用于高黏度液体或易起泡沫液体的移液,此方法也推荐用于极微量液体的转移。在洁净的试剂容器中注入待转移溶液。

a 将按钮下压至第二停点。

b 将管嘴置于试剂液面以下1 cm 深处,缓慢松开按钮吸液。待管嘴吸满液体后将管嘴撤出液面并斜贴在试剂瓶壁上淌走多余的液体。

c 轻轻压下按钮至第一停点位置,放出预设定的液体。将操作按钮保持在第一停点位置,使不包括移液量内的少量液体仍在管嘴内。

d 剩余在管嘴内的液体随管嘴一起废弃或者移至原容器中。

③重复移液法

重复移液法提供了快速、简单地重复转移相同容量的液体。在洁净的试剂容器中注满待转移的溶液。

a 将操作按钮下压至第二停点位置。

b 将移液管嘴置于试剂液面以下1 cm 处,然后缓慢松开操作按钮。该操作可以将液体吸入管嘴。待操作按钮回至起点位置后,将管嘴撤出液面并贴在试剂瓶壁上淌走多余的液体。

c 轻轻压下按钮至第一停点位置,放出预设定液体。将操作按钮保持在第一停点位置,使少量不包括在移液设定量的液体仍留在管嘴内。

d 重复步骤2和步骤3的移液操作,可重复转移相同容量的液体。

④全血移液法

应用于血糖测试中等脱蛋白质步骤。用前进法步骤1和步骤2使管嘴吸入血液。

a 将管嘴浸入试剂，然后按下按钮至第一停点位置，操作时应确认管嘴浸入液面之下。

b 缓慢松开按钮，使按钮回到起点位置，此时管嘴已吸入试剂。操作时注意不可让管嘴离开液面。

c 按下按钮至第一停点位置，然后慢慢松开按钮。重复此项操作直至管嘴内壁液体放干净为止。

d 最后，压下按钮至第二停点将管嘴内的液体彻底排尽。

4. 移液器的维护和保养

要清洁并消毒移液器，需在移液器表面喷上专用的消毒剂或酒精，再用软布擦干。建议定期清洁并消毒移液器吸液嘴连件。

(1)吸液嘴推出器向下推到底；

(2)将拆卸工具销插在吸液嘴推出杆和推出轴中间部分，拨开锁定装置；

(3)仔细松开吸液嘴推出器，取下吸液嘴推出轴；

(4)将拆卸工具的扳手端卡在吸液嘴连件上，逆时针旋转。切莫使用其他工具。5mL吸液嘴连件不需工具，直接逆时针旋下即可；

(5)取下吸液嘴连件、活塞、弹簧，如有滤芯也取下；

(6)将吸液嘴连件、吸液嘴推出器、吸液嘴推出轴、活塞、O-形环及弹簧放在盛有专用消毒剂的烧杯中，至少放置30 min以保证彻底消毒；

(7)取出上述零件并用蒸馏水冲洗，热空气下干燥1 h以上可以酒精代替专用消毒剂，用酒精和一块无纤维布擦拭活塞、O-形环和吸液嘴连件；有些10 mL的移液器中，O-形环无法取下保养；

(8)装上吸液嘴连件前，建议用配送的硅油润滑活塞及O-形环。注意：过多使用硅油会造成活塞堵塞；

(9)重组装好后多次按动按钮，确保硅油润滑均匀。

九、干热灭菌器

1. 干热灭菌器的用途

用于洗涤后物品的干燥、干热灭菌。

2. 干热灭菌器的原理和结构

干热灭菌器外壳体均采用优质钢板表面烘漆，工作室采用不锈钢板，室内设有二至五层由不锈钢丝制成的搁板，中间层充填超细玻璃棉隔热。台式箱门采用双层钢化玻璃门，立式箱门中上方设有双层钢化玻璃观察窗，能清晰观察到箱内加热物品。工作室与箱门连接处装有耐热硅橡胶密封圈，以保证工作室与箱门之间密封。干热灭菌器电源开关、电源指示灯、风门调节旋钮、控温仪等操作部件均集中于箱体前面的控制面板处。

箱内加热恒温系统主要由装有离心式叶轮的电动机、电加热器、合适的风道结构和控温仪组成。当接通干热灭菌器电源时，电动机即同时运转，将直接置于箱内底部的电加热器产生的热量通过风道向上排出，经过工作室内需干燥物品再吸入风机，如此不断循环使温度达到均匀。

控温仪具有控温、设定温度和箱内温度数字显示功能，设定温度带有保护装置，还具有跟踪报警功能。当箱内温度超过设定温度5℃时，跟踪报警切断加热器电源，并发出声光报警。风门调节器可通过开启风门调节旋钮，调节箱内进出空气量。

3. 干热灭菌器的使用

(1)把需干燥处理的物品放入干燥箱内，注意不要放得过于拥挤，不要紧靠箱体，箱体内应留有通风空间。关好箱门，把风门调节旋钮旋到“Z”处。

(2)把电源开关拨至“开”处，此时电源指示灯亮，控温仪上有数字显示。

(3)把控温仪的温度调节旋钮按下不放,此时数字显示温度为设定温度。同时旋转温度调节旋钮选择所需设定温度。松开温度调节旋钮,此时显示温度为箱内温度,加热指示灯亮,开始进入加热升温状态。过一段时间,当显示温度接近设定温度时,加热指示灯忽亮忽熄,反复多次。一般情况下,加热90 min后温度控制进入恒温状态。

(4)当所需工作温度较低时,可采用二次设定方法,如所需工作温度80℃,第一次可先设定70℃,等温度过冲开始回落后,再第二次设定80℃,这样可降低甚至杜绝温度过冲现象,使箱内尽快进入恒温状态。

(5)根据不同物品不同的潮湿程度,选择不同的干燥时间,如被干燥的物品比较潮湿,可旋转风门调节旋钮至"三"处,使箱内湿空气排出。

(6)干燥结束后,如不马上取出物品,应先旋转风门调节旋钮把风门关上,否则仍将风门打开,再把电源开关拨至"关"处,打开箱门。取出物品时小心烫伤(高温干燥灭菌时,严禁立即取出灭菌物品,必须待温度降至50℃以下时方能进行操作)。

4. 干热灭菌器的维护

(1)干热灭菌器外壳必须有效接地,以保证使用安全。

(2)干热灭菌器应放置在具有良好通风条件的室内,在其周围不可放置易燃易爆物品。

(3)干热灭菌器无防爆装置,不得放入易燃易爆物品干燥。

(4)箱内物品放置切勿过挤,必须留出空间,以利热空气循环。

十、湿热灭菌器(高压蒸汽灭菌器)

1.高压蒸汽灭菌器的用途

湿热灭菌常用的方法有常压蒸汽灭菌和高压蒸汽灭菌,主要以高温高压的形式达到灭菌消毒的目的。

2. 高压蒸汽灭菌器的原理与结构

(1)高压蒸汽灭菌的原理

在密闭容器里蒸汽不能扩散到外面去,而聚集在容器中,随着蒸汽的增加,压力升高,温度也相应增加,易使蛋白质变性。多数细菌和真菌的营养细胞在60℃左右处理15min后即可杀死,酵母菌和真菌的孢子要耐热些,要用80℃以上的温度处理才能杀死,而细菌的芽孢更耐热,一般要在120℃下处理15min才能杀死。为达到良好的灭菌效果,一般要求温度应达到121℃(压力为0.1MPa),时间维持15~30min。也可采用在较低的温度(115℃,即0.075MPa)下维持35min的方法。

(2)灭菌器的结构

①内外锅 外锅或称"套层",供贮存蒸汽用,连有用电加热的蒸汽发生器,并有水位玻管以标志盛水量。内锅也叫灭菌室,是放置灭菌物的空间。可配制铁箅架以分放灭菌物。目前大多数灭菌器内外锅是一体的。

②压力表 内外锅各装一只,老式的压力表上标明三种单位:公斤压力单位(kg/cm^2),英制压力单位($1b/in^2$)和温度单位(℃),便于灭菌时参照。现在的压力表用MPa表示。

③温度计 可分为两种,一种是直接插入式的水银温度计,装在密闭的铜管内,焊插在内锅中;另一种是感应式仪表温度计,其感应部分安装在内锅的排气管内,仪表安装于锅外顶部,便于观察。

④排气阀 一般外锅、内锅各一个,用于排除空气。新型的灭菌器多在排气阀外装有汽液分离器(或称疏水阀),内有由膨胀盒控制的活塞。利用空气、冷凝水与蒸汽之间的温差控制开关,在灭菌过程中,可不断地自动排出空气和冷凝水。

⑤安全阀 或称保险阀. 利用可调弹簧控制活塞,超过额定压力即自动放气减压。通常调在额

定压力之下，略高于使用压力。安全阀只供超压时安全报警之用，不可在保温时用作自动减压装置。

⑥加热源　除直接引入锅炉蒸汽灭菌外，都具有加热装置。近年来的产品以电热为主，即底部装有调控电热管，使用比较方便。有些产品无电热装置，则附有打气煤油炉等，手提式灭菌器也可用煤炭炉作为热源。

3. 高压蒸汽灭菌器的使用

(1)设置排气箱

①从本产品中取出排气箱，拆下密封垫圈；

②将水注入到[低]位(最低水位)，将密封垫圈插入排气箱的插孔中后连接排气软管；

③检查确认排气软管的密封垫圈是否插入排气箱的插孔中；

④将排气箱安装在本产品中，检查排气软管上没有折断或弯曲之处否则难以排出灭菌处理室内的空气而会出现错误信号。

(2)电源插头插入到插座上(MLS-3751L-PC)、电源开关置于[I(ON)]

控制盘上的数字显示部分会点亮(开始后经“2秒钟”，在数字显示部分I与数字显示部分II处分别显示出沸点的设定温度和时间的记号。)

(3)打开盖子

①打开上盖之前，应确认下列事项。如果强行打开上盖，会导致故障；

A 电源开关置于[I(ON)]位置

B 压力表处于0MPa状态

C 上盖锁定指示灯熄灭

②边往下按压把手；

③边朝前拉出可动把手；

④打开上盖。

(4)注入加热用水

①确认排气阀处于关闭状态；

②将加热器盖安装在灭菌处理室内；

③进行注水，直至加热器盖尖端的水位处渗出水来为止。每次做灭菌处理，就会减少加热用水，因此，运转前必须确认水位状态；

(5)放入被灭菌物

①将附带的不锈钢提篮层叠使用时，必须将小的提篮放在上面；

②将提篮轻轻地放在灭菌处理室内的导轨上；

③将把手往横向放倒。

(6)关闭盖子

①通过数字显示部分I确认灭菌处理室内的温度低于60℃.

②检查上盖密封垫与灭菌处理室开口部是否脏污或有无灰尘等的附着。如果有脏污或沾有灰尘等时，就会导致漏出蒸气，故请经常加以清洁保养。

③朝下按压把手后关闭上盖。(发出[哔-]的蜂鸣声，在数字显示部分I显示出灭菌设定温度，在数字显示部分II交替显示出灭菌时间或溶解时间与步骤)

(7)按下步骤 程序选择按钮

根据使用目的可选择四种步骤。

各步骤可根据使用条件存录三种类的设定值。按下 ▼ 按钮或 ▲ 按钮，就可变更设定值。

(8)设定内容的变更

根据需要可变更设定值(灭菌温度·灭菌时间·溶解温度·溶解时间·保温温度·排气温度·排气率)。及时将电源开关置于[O(OFF)],变更的设定值也会被存录。(开始运转后,不能变更灭菌温度和溶解温度。虽然可变更灭菌时间等,但是不能存录。)

①按下 设定/确认 按钮,以使设定项目闪烁,每按下一次,设定项目会移动。

②按下 ▼ 按钮或 ▲ 按钮,即可进行设定值的变更。

③按下 设定/确认(↑↓)按钮,即可使下一个设定项目闪烁。

按下 ▼ 按钮或 ▲ 按钮,即可进行设定值的变更。反复按下 设定/确认(↑↓)按钮。

按下 ▼ 按钮或 ▲ 按钮,即可进行设定值的变更。对不需变更的项目,只要按下 设定/确认 按钮即可

④最后按下 设定/确认(↑↓)按钮。(如闪烁状态持续1 min左右后,就不能更新变更的内容,而置于待机状态。)

(9)按下“启动”按钮

①选择液体灭菌、灭菌/保温、器具灭菌步骤并开始运转时

A 灭菌时间的设定值超过下表所示的温度维持时间时,按下“开始”按钮

B 灭菌时间的设定值不超过下表所示的温度维持时间时

②按下“开始”按钮(在数字显示部分I显示出灭菌设定温度,在数字显示部分II交替显示出设定时间与工序,便于确定所设定的内容)

③按下“开始”按钮

A 关于灭菌设定时间

灭菌设定温度℃	液体灭菌维持时间分钟	器具灭菌维持时间
115	37	30
121	27	20
126	22	15
132	12	5
135	10	3

B 选择溶解/保温工序并开始运转时

④按下“开始”按钮。(在数字显示部分I显示出溶解设定温度,在数字显示部分II交替显示出设定时间与工序)

⑤按下“开始”按钮。(步骤开始运转)

(10)运转结束

①液体灭菌步骤·器具灭菌步骤

发出(哔—哔—哔)的蜂鸣声,在数字显示部分II显示出步骤结束的符号。

A 液体灭菌步骤到达64℃,就会显示出步骤结束的符号。

B 器具灭菌步骤到达74℃,就会显示出步骤结束的信号。

②灭菌/保温步骤·溶解/保温步骤

A 进入保温状态,就会发出[哔—]的蜂鸣声,接着在步骤显示指示灯上的[保温]条件信号会闪烁,并在数字显示部分II显示出保温经过时间。

B 保温时间经过72h后,运转会结束,与其同时,发出(哔—哔—哔)的蜂鸣声,并在数字显示部分II显示出步骤结束的符号。

(11)打开盖子

①打开上盖之前,应先确认下列事项。(强行打开上盖,就会导致故障。)

A 确认压力表是否降至0MPa。

B 确认上盖锁定指示灯是否熄灭。(点亮时,灭菌处理室内变为高温或加压状态,所以无法将可动把手拉到前面。)

②边往下按压把手

③边朝前拉出可动把手,即可解除上盖的锁定状态

④将把手朝上拉,稍微打开上盖,等到蒸汽喷完为止。

⑤慢慢地打开上盖。

(12)取出被灭菌物

请务必先排出灭菌处理室内的蒸气,然后再取出被灭菌物品。

培养基和器具类等的灭菌处理完毕后,务请立即取出并放在专用保管箱内保管。

在保温模式下取出被灭菌物时:

A 要停止保温时,按下“停止”按钮,就可停止运转。选择溶解/保温步骤时,步骤·程序就会自动地被设定与液体灭菌步骤1-1程序中。不按下“停止”按钮,就可持续原有状态继续进行保温72 h。

B 只需保温时,通过[溶解/保温步骤]变更溶解时间为[0],按下“停止”按钮即可。

(13)将电源插头置于[O(OFF)],打开上盖,拔掉插头,打开排水阀排出加热用水,排水后必须关闭排水阀。

4.高压蒸汽灭菌器注意事项

(1)请务必将电源线连接到专用接线端:(MLS-3781L-PC:单相AC220 V 30 A以上)请将电源线连接到单相、当地AC电压的专用接端,否则会因着火或出现异常操作而导致受伤的原因。

(2)运转结束后取出被灭菌物时,请注意避免烫伤:请务必戴上耐热性皮手套进行取出。因液体温度的下降需要一段时间,取出时请多加小心。运转结束后,赤手触摸可能会造成烫伤。

(3)切勿湿手拔插电源插头和电源开关:否则会导致触电,以免发生事故。

(4)拔插电源线时,请拿着电源插头的前端:把插电源插头时,不能拿着电源线,必须拿着插头的前端进行拔插。以免发生触电,或因短路而引起火灾。

(5)请务必将电源开关置于[O(OFF)]后再进行清洁保养:将电源开关置于[O(OFF)],并使本产品充分冷却后再进行清洁保养。否则会导致触电或烫伤。

(6)使用附带的排气箱,将排气软管的密封垫圈确实地插入排气箱的插孔中:必须使用本产品附带的排气箱,将箱内软管插入排气箱深处的插孔中。如果为充分插入排气软管密封垫,则在运行中会因蒸汽泄露而导致烫伤。

(7)使用一天后应排出加热用水:经过2 h以上的运转之后,将附带的排水软管插入排水口进行排水处理。匆忙地进行排水处理,容易使热水喷出而导致烫伤或破损地板。如果反复使用加热用水,可能会导致灭菌处理室腐蚀或堵塞配管。

(8)切勿放入腐蚀不锈钢的物质:切勿将腐蚀不锈钢的培养基等放入本产品内。否则会因爆炸而导致受伤、火灾或故障。

(9)检查上盖密封垫:由于动物性油脂(BSE检查后的处理物质)的灭菌作用,不仅会加快上盖密封垫的损耗速度,而且还会造成裂纹或破裂。若在损耗状态下继续使用时,会因蒸汽迅猛喷出而导致烫伤或事故。

(10)切勿改造使用:除了维修技术人员以外,切勿擅自分解或修理。否则会因着火或出现异常操

作而导致受伤。

(11)确认灭菌性能:灭菌性能因被灭菌物的种类、数量、放入方法、容器种类而有差异,故请用OK卡等的灭菌指示器来进行确认。否则会导致事故或灭菌效果不良。

(12)切勿将被灭菌物放入不透气的容器或袋子里进行灭菌处理:否则会导致事故或灭菌效果不良。

(13)切勿完全密封被灭菌物的容器盖:请使用有通气性的盖子,或者充分松开盖子。否则会导致事故或灭菌效果不良。

(14)切勿用被灭菌物堵塞灭菌处理室内的插孔或温度传感器。否则会导致控制不能或灭菌效果不良。

(15)切勿用被灭菌物压住灭菌处理室内的温度传感器。否则会导致控制不能或灭菌效果不良。

(16)只对烧杯、烧瓶、试管等容器进行灭菌处理时,必须将其开口部朝下或横向放置。将开口部朝上放置时,不仅难以排气,而且不容易将蒸汽渗透到其内部,以导致灭菌效果不良的出现。

(17)对废弃物进行灭菌处理时,必须将300ml左右的水注入灭菌袋中,在开口部保持打开之状态下进行灭菌处理:否则会导致灭菌效果不良。

(18)使用灭菌袋时,必须将它放入附带的不锈钢提篮内再置于灭菌处理室内进行灭菌处理:如果将灭菌袋直接放入灭菌处理室内,可能会堵塞温度传感器或夹在灭菌处理器的开口部与上盖密封垫之间而导致故障。

十一、纯水仪

1. 纯水仪用途

用于实验室一般工作用水制备。

2. 纯水仪的工作原理

实验室纯水仪一般采用先进的反渗透技术制造纯水。纯水仪的工作原理是对水施加一定的压力,使水分子和离子态的矿物质元素通过反渗透膜,而溶解在水中的绝大部分无机盐(包括重金属),有机物以及细菌、病毒等无法透过反渗透膜,从而使渗透过的纯净水和无法渗透过的浓缩水严格的分开。反渗透膜上的孔径只有0.0001 μm,而病毒的直径一般有0.02 ~ 0.4 μm,普通细菌的直径有0.4 ~ 1 μm。纯水机流出的水达到饮用水标准。

3. 纯水仪的使用

(1) 先打开自来水管的放水开关,排水约5 min。确保自来水为正常水,不得让发红的锈水或污水进入纯水仪。

(2) 打开自来水管进纯水仪开关。

(3) 打开纯水仪主机开关。

(4) 检测出来的纯水是否合格。

(5) 制完纯水后,请再检测储水箱中的纯水,合格后方可使用。

(6) 使用完毕应关闭电源开关及自来水开关,并记录。

4. 纯水仪使用注意事项

(1) 前滤过器:滤水芯如变黑,请立即更换(柱芯寿命约1 ~ 2个月)。

(2) 前级多层媒介碳滤过机:每隔1 ~ 2周须再生一次(只需通电并转动再生开关、再生须2 h)。

(3) 全自动软水机:每隔1 ~ 2周须再生一次(通电后,需要饱和的氯化钠溶液并转动再生开关,再生须2 h)。

(4) 以上再生不能同时进行,也就二次再生共需4 h。

(5) 全自动软水机再生时绝对不能开启纯水仪的主开关。如全自动软水机再生时断电失败应重新再生并不得开启纯水仪的主开关,以免氯化钠进入纯水仪的主机中,产生毁灭性破坏。

(6) 再生完毕后方可开启纯水仪的主开关,制水。

十二、超纯水仪

1. 超纯水仪用途

超纯水仪主要用于细胞培养用水、生化分析仪、酶标仪、PCR仪等仪器用水、分析试剂及药品配置稀释用水、生理、病理、毒理学实验用水等实验室用水的制备。

2. 超纯水仪工作原理

超纯水仪一般可以将水的纯化过程大致分为4大步,预处理(初级净化)、反渗透(生产出纯水),离子交换(可生产出18.2 MΩ.cm超纯水)和终端处理(生产出符合特殊要求的超纯水)。

(1)预处理:由于预处理后的水将通过反渗透进行再一步的净化,所以一定要尽量去除对反渗透膜有影响的杂质;主要包括大颗粒物质、余氯以及钙离子镁离子。在此要说明的一点是必须要根据进水水质的差异针对性地配备不同的处理单元。多数纯水机生产厂家并不能很好帮助客户解决这个问题,这会导致后续的纯化无法达到理想结果并缩短反渗透膜、超纯化柱等主要部件的寿命。为很好的解决这一问题,设计精密过滤器、活性炭吸附过滤器以及软化树脂针对性地去除水中大颗粒物质、余氯以及钙离子镁离子达到最佳的预处理效果。预处理耗材(价格相对低很多)的及时更换对超纯机的长期稳定运行,保护核心部件相当重要。

(2)反渗透:反渗透是使用一个高压泵对高浓度溶液提供比渗透压差大的压力,水分子将被迫通过半透膜到低浓度的一边,反渗透可以滤除90%~99%的包括无机离子在内的绝大多数污染物,因为它出众的纯化效率,反渗透是水纯化系统的一个非常有效的技术,因为反渗透能去除大部分的污物,所以它经常被用作为前道处理手段,能显著地延长去离子交换柱的使用时间。鉴于反渗透在水质纯化过程中是非常关键并且反渗透膜的更换价格较高,我们建议用户一定要选择对反渗透膜有保护功能的超纯水仪。反渗透膜的质量对其寿命以及对超纯化柱的使用寿命影响很大,所以我们建议用户一定要关注反渗透膜的品牌,如陶氏、GE。

(3)离子交换:离子交换即是水中的正离子与离子交换树脂中的H^+离子交换,水中的负离子与离子交换树脂上的OH^-离子交换,从而达到纯化水的目的。通过离子交换去除离子,理论上几乎能除去所有的离子物质,在25℃时,出水电阻率达到18.2MΩ.cm。经离子交换出水水质的高低主要取决于离子交换树脂的质量和交换柱内水与树脂的交换效率。离子交换树脂的质量对超纯水仪的出水水质及使用寿命有直接的影响,所以我们建议用户一定要关注树脂的品牌,如陶氏、罗门哈。同时离子交换树脂的装填量的多少对其使用寿命成正比关系。

(4)终端处理主要根据客户的特殊要求生产出超低有机型、无菌型、无热源型等的超纯水。针对不同要求有多种处理方式,如超滤过滤法用于去除热源,双波长紫外氧化法用于降低水中总有机碳(TOC),微滤去除细菌等。超滤(UF)薄膜则是一个分子筛,它以尺寸为基准,让溶液通过极细微的滤膜,以达到分离溶液中不同大小分子的目的,可将超纯水中的热源含量降至0.001EU/mL以下。双波长紫外氧化法可利用光氧化有机化合物,将超纯水中的总有机碳浓度降低至5ppb以下。

3. 超纯水仪的使用

以MILLI-Q型超纯水仪为例说明使用方法如下:

(1)仪器的定置与工作环境

①置超纯水仪于稳定、平坦的平面上;

②不要将仪器安装在阳光直接照射的地方,不要安装在暖气附近,以避免受热;

③当不需用水时，应将机器停在“PRE OPERATE”状态，即预操作状态。平常水箱里至少有4~5升的原水。若想停机1周以上，则应将Q-Gard柱，Quantum柱，Millipark-40取下，放到4℃~7℃的冷藏箱中保存，以防止长菌。但注意不要使柱子受冻。UF柱在停机前应做一次清洗。

④MilliPak的更换时与Q-Gard Pack and Quantum Cartridge同时更换，或是当MilliPak提前阻塞（出水量减少），需更换时，由厂家专业人员更换。

⑤按“OPERATE/STANDY”键2 s，大约10 s后再按该键2 s，当LCD上显示“START SANT”，黄色的LED灯会同时闪动，表示提醒消毒清洗UF膜组。将Milli-Q切换至STANDBY模式，可以听到排水电磁阀打开的声音，并看到排水管有水排出；在STANDBY模式，将POU的开关向下推，取出协助工具，利用协助工具将Milli-Q系统上方的投药口栓旋转下来，放置3grams颗粒状的NaOH于投药口内，将投药口栓锁回。

⑥按“CLEAN”键2 s，系统显示“CLEANING：1”。

⑦等待10 s，10 s后，系统将自动确认您的选择，并显示“CLEANING：1 OPEN THE VALVE”。

⑧将水枪扳手扳下，则启动该清洗程序，且显示“CLEANING：421 min”，即清洗时间为421 min，并开始倒计时。

⑨当倒计时间到400 min时，系统出现显示“CLEANING：400 min CLOSE THE VLAVE”。

⑩将水枪开关扳起。清洗结束后，系统自动进入“PRE OPERATE”状态或“STANDBY”状态。

十三、PCR仪

1. PCR仪用途

用于病原微生物的分子生物学检测。

2. PCR仪工作原理

利用升温使DNA变性，用限制性内切酶使DNA双链解链，在聚合酶的作用下使单链复制成双链，进而达到基因复制的目的。

3. PCR仪分类

（1）普通PCR仪

把一次PCR扩增只能运行一个特定退火温度的PCR仪，叫传统的PCR仪，也叫普通PCR仪。如果要做不同的退火温度需要多次运行。所以普通PCR仪主要是做简单的，对目的基因退火温度的扩增。该仪器主要应用于科研研究，教学，医学临床，检验检疫等机构。

（2）梯度PCR仪

把一次性PCR扩增可以设置一系列不同的退火温度条件（温度梯度），通常有12种温度梯度，这样的仪器就叫梯度PCR仪。因为被扩增的不同DNA片段，其最适退火温度不同，通过设置一系列的梯度退火温度进行扩增，从而一次性PCR扩增，就可以筛选出表达量高的最适退火温度，进行有效的扩增。主要用于研究未知DNA退火温度的扩增，这样节约成本的同时也节约了时间。主要用于科研，教学机构。梯度PCR仪，在不设置梯度的情况下也可以做普通PCR扩增。

（3）原位PCR仪

用于从细胞内靶DNA的定位分析的细胞内基因扩增仪，如病源基因在细胞的位置或目的基因在细胞内的作用位置等。是保持细胞或组织的完整性，使PCR反应体系渗透到组织和细胞中，在细胞的靶DNA所在的位置上进行基因扩增，不但可以检测到靶DNA，又能标出靶序列在细胞内的位置，于分子和细胞水平上研究疾病的发病机理和临床过程及病理的转变有重大的实用价值。

（4）实时荧光定量PCR仪

在普通PCR仪的基础上增加一个荧光信号采集系统和计算机分析处理系统，就成了荧光定量

PCR仪。其PCR扩增原理和普通PCR仪扩增原理相同，只是PCR扩增时加入的引物是利用同位素、荧光素等进行标记，使用引物和荧光探针同时与模板特异性结合扩增。扩增的结果通过荧光信号采集系统实时采集信号连接输送到计算机分析处理系统得出量化的实时结果输出。把这种PCR仪叫作实时荧光定量PCR仪（qPCR仪）。荧光定量PCR仪有单通道，双通道，和多通道。当只用一种荧光探针标记的时候，选用单通道，有多荧光标记的时候用多通道。单通道也可以检测多荧光的标记的目的基因表达产物，因为一次只能检测一种目的基因的扩增量，需多次扩增才能检测完不同的目的基因片段的量。该仪器主要用于医学临床检测，生物医药研发，食品行业，科研院校等机构。

（5）数字荧光PCR仪

应用：用于动物疫病检测，如：猪瘟、非洲猪瘟、口蹄疫、猪蓝耳、禽流感、新城疫等病毒核酸检测，也应用于依靠CT值也不能很好分辨的时候，例如：由于DNA/RNA提取时环境有污染、提取操作过程有污染或者配液过程的污染等，造成荧光PCR扩增曲线出现翘尾进而影响试验数据分析的时候，数字PCR仪可以很直接的数出这一部分的核酸数量，让试验员可以更好更容易的判断出到底是样品阳性还是污染，从而快速高效的完成检测工作。

特点：与荧光PCR相似，都是用来估计样品中的核酸量，从而判断样品的阴阳性，但荧光PCR仪的相对定量是依靠标准曲线来测定核酸数量，而数字PCR可以直接数出样品中DNA或RNA的个数属于绝对定量

4. PCR仪使用

以Biometra T1 PCR仪为例简述操作程序如下：

（1）编辑一个程序

①创建各级目录程序名的预先设置

按[C programs] 进入编辑模式后，先按[D enter]在主目录中输入字母代号，命名创建一个程序名称。再按"← → ↑ ↓"键移动光标，选择并创建一个子目录，按[D enter]进入选择的子目录。按[A list]浏览并用按↑↓键在列表中滚动，选择该目录下的空文档列表。然后用[D enter]确认其中一个记忆库，最后输入热盖的温度（盖子温度要求高于程序中最高温度10℃）。

②设置循环参数。

按下图格式，逐项操作

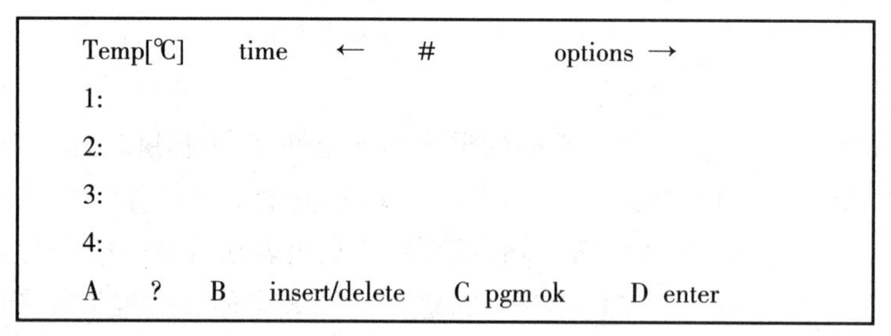

每一个参数输入后，按[D　enter]或向下一步移动光标键来确认设置的参数；时间输入按"h.m.s"格式和顺序进行。

循环次数的设置是通过用"←"选择返回循环的目标和返回循环的次数来定义的。"#"表示循环的次数。设定循环值（#）=总循环值-1，最后用[C　pgm ok]来存储一个完整的程序。

（2）运行程序

①系统自检后，下方显示主菜单：

A　info　　B　start/stop　　C　programs　　D　+

②按"B　start/stop"，屏幕显示主目录main direct和9个subdirect，用"→← ↑ ↓"选择要进入的

"subdirect",按"D　enter"进入下一界面,屏幕显示:

Directory　?

Program　no　?　name

Startblock　signal　on

A　list　B　C　quit　D　start

③ 按"A　list",屏幕显示:已经编好的9个子目录subdirect中的程序

A　back　B　forward　C　quit　D　enter

④按"D　enter",屏幕显示:

Directory　?

Program　no　?　name

preheating　on

Startblock　signal　on

A　list　B　C　quit　D　start

⑤按"D　start"选定的程序开始运行。

(3)查看运行状态

程序开始后可通过按[A　inf]来查看程序的运行步骤和剩余时间。

(4)样品检测操作

①编制程序

A 将仪器面板的电源开关打开,系统启动并开始自检。

B 系统自检后,下方显示主菜单:

A　info　B　start/stop　C　programs　D　+

用"→←↑↓"选择要进入的"subdirect",主菜单:在显示的菜单中按"D　enter"进入下一界面,按"A　list"后用"→"键将光标移至"PROG"项,按"ENTER"键进入程序控制主菜单:EDIT:编制

CORY:拷贝

VIEW:检查

ERASE:删除

C 用"→"键将光标移至"EDIT"项,按"ENTER"键进入程序编制主菜单:

EXISTING:已存在的,NEW:新的

D 用"→"键将光标移至"NEW"项,按"ENTER"键进入"NEW"菜单:

NEW　PROG

NEW　DIR

R "→"键将光标移至"NEW　PROG"项,按"ENTER"键进入"NEW　PROG"菜单:

F 选"A:ANITA"项,按"ENTER"键进入"A"目录。

G 用数字及字母复合键为即将要编制的程序取一个名字:

例如:A:04 ZGG

H 按"ENTER"键进入此程序的编制:

a 设置第一层反应,既预变性反应温度及时间:

例:STAGE(层) 01　STEP(步) 1

TEMP(温度)　95.00

TIME(时间)　00:05:00

按“ENTER”键进入此层反应循环数设定：

NUMBER OF CYCLES(循环数)　01

HOLD　TEMP (循环后保持温度)00.0

b 按“ENTER”键，继续设置第二层反应，既3步循环反应程序：

例：STAGE　02　　STEP　1

TEMP　95.0

TIME　0:00:30

按“↓”键，继续设置此层反应的第二步：

STAGE　02　　STEP　2

TEMP　60.0

TIME　0:00:30

按“↓”键，继续设置此层反应的第三步：

STAGE　02　　STEP　3

TEMP　72.0

按“ENTER”键进入此层反应循环数的设定：

NUMBER OF CYCLES(循环数)　30

HOLD　TEMP (循环后保持温度)00.0

c 按“ENTER”，继续设置第三层反应，既延伸反应温度及时间：

例：STAGE　3　　STEP　1

TEMP　72.0

TIME　00:05:00

按“ENTER”键进入此层反应循环数设定：

NUMBER OF CYCLES(循环数)　01

HOLD　TEMP (循环后保持温度)04.0

最后一步的保持温度若不设，系统便自动降到室温，按“ENTER”键，进入保存页面，再按“ENTER”键，将所编程序保存。

(5)注意事项

①盖上热盖后，顺时针旋转，听到咔嗒声即可。试验结束开盖时请先逆时针旋转两圈，释放压力后再扳开关。

②在BLOCK的四个角放入四个PCR管以保证热盖压力均衡。

③务必确保PCR仪底部(网格部分)的清洁，没有被灰尘或其他物质堵塞。

④使用结束，待仪器降到室温后再将电源关闭(风扇自动关闭)。

以ABI 7500型荧光PCR仪为例为例简述操作程序如下：

(1)启动电脑，打开PCR仪电源，点击“Software V2.0.5”启动软件。

A 点击“Set up”进入“Advanced Set up”进行实验程序设计。

B 在“Experiment Name”对应栏中输入实验名称，在“Use Name” 对应栏中输入使用者名字。

C 在“Experiment type”对话框中点击选择实验“Quantitation-Standard Curve”为绝对定量法，“Quantitation-Relative-Standard Curve”为相对定量法，“Quantitation-Comparation Ct(ΔΔCt)为ΔΔ定量法，“Melt Curve”为熔点曲线法，“Genutyping”为等位基因分型法，“Prensence/Absence”为阴阳性法。

D 点击“which Reagents …”选择试剂是TaqMan®Reagent或SYBR®GeenReagent或other。

E 点击“ramp”对话框选择运行速度。

F 点击“plate Set up”设计反应板样品、标准品的位置。

G 在“Define Targets and Samples Set up”对话框中点击选择目标荧光色，包括“Reporter”和“Quencher”，并逐个添加所有样品。

H 点击“Assign Targets and Samples”设置目标荧光、标准品和样品在“Plate”中的位置。（“U”为样品，“N”为阴性对照，“IPC”为临界阳性对照、“S”为标准品）

I 点击“Run Method”设计运行的扩增条件。

J 点击“Add Stage”设置前置条件“Holding stage”。

K 依次点击“Add Step”设置循环的时间和温度。

L 点击“Delete Sselected”删除不需要的循环步骤。

M 点击“Cvollect Data Sselected”选择数据收录点。

N 在“Cycling Stage”对应栏“Number of Cycle”中设置循环次数。

O 点击“Save”将设置的反应程序保存在D盘根目录下。

P 点击“Run”开始运行选择或建立的反应程序。

Q 点击“Analysis”进行扩增结果分析。

R 关闭程序 运行完毕后在弹出的对话框中点击“OK”。关闭程序后在切断仪器电源，关闭电脑。

(2)注意事项

A 对提供电源的UPS每三月放电一次(断开供电电源)。

B 每半年用标准品对荧光PCR仪进行准确性校正(包括空间校正、背景校正、光路均一性校正和荧光染料颜色校正4个)。

十四、电泳仪

1. 电泳仪用途

电泳仪主要用途是分离，鉴定，也可以纯化(将我们需要的条带割下来，进一步处理得到我们需要的核酸或蛋白)。在基础兽医实验室中，电泳仪主要用于核酸和蛋白质的分离。

2. 电泳仪工作原理

物质分子一般情况下不带电，即所带正负电荷量相等，故不显示带电性。但是在一定的物理作用和化学反应条件下，某些物质分子会成为带电的离子(或粒子)，不同的物质，由于其带电性质、颗粒形状和大小不同，因而在一定的电场中它们的移动方向和移动速度也不同，因此可使它们分离。

3. 电泳仪分类

电泳技术的不断发展，电泳仪应用的领域也越来越广泛，根据资料电泳仪有以下三种分类方法：

(1)从应用的领域电泳仪可分为：化工工业用的电泳仪，生命科学(生物技术)领域用电泳仪。工业化工用电泳仪：主要用于金属，货塑胶表镀金用电泳仪，不属于生命科学分子研究领域的电泳仪。生命科学领域用电泳仪：主要用于生命科学领域多糖类蛋白大分子，小蛋白分子和核酸分子的电泳的电泳仪。

(2)根据电泳分子的大小，又可以将电泳仪分为：凝胶电泳和毛细管电泳。毛细管电泳主要用于大多糖类蛋白大分子的电泳；凝胶电泳主要用于小蛋白电泳，核酸分子的电泳。凝胶电泳又可以分为：蛋白质电泳和核酸电泳，一般情况下，蛋白质电泳使用垂直电泳槽，核酸电泳使用水平电泳槽。

(3)电泳仪的其他分类方法：

①毛细管电泳仪：其主要部件有0～30 kV可调稳压稳流电源，内径小于100 μm(常用50～75 μm)、长度一般为30～100 cm的弹性石英毛细管、电极槽、检测器和进样装置。检测器有紫外／可见

分光检测器、激光诱导荧光检测器和电化学检测器,前者最为常用。进样方法有电动法(电迁移)、压力法(正压力、负压力)和虹吸法。成套仪器还配有自动冲洗、自动进样、温度控制、数据采集和处理等部件。

②常规电泳仪:其组成部件为可调稳压稳流电源,垂直电泳槽,水平电泳槽,电极连接线,支持体(非凝胶性支持体区带电泳(支持体有:淀粉、纤维素粉、玻璃粉、硅胶等);凝胶支持体区带电泳支持体有:淀粉液、聚丙烯酰胺凝胶、琼脂糖凝胶);陶瓷板,抽水泵,输水管,冰水曹等部件组成。

③其他电泳仪:Tiselius或微量电泳、显微电泳、等电点聚焦电泳技术、等速电泳技术、密度梯度电泳等。是一种非支持体的电泳仪也称为自由电泳法的发展并不迅速,因为其电泳仪构造复杂、体积庞大,操作要求严格,价格昂贵等很少使用。

基础兽医实验室所用电泳仪为凝胶电泳,一般情况下,蛋白质电泳使用垂直电泳槽,核酸电泳使用水平电泳槽。

4. 电泳仪使用方法

(1)首先用导线将电泳槽的两个电极与电泳仪的直流输出端连接,注意极性不要接反。

(2)电泳仪电源开关调至关的位置,电压旋钮转到最小,根据工作需要选择稳压稳流方式及电压电流范围。

(3)接通电源,缓缓旋转电压调节钮直到达到的所需电压为止,设定电泳终止时间,此时电泳即开始进行。

(4)工作完毕后,应将各旋钮、开关旋至零位或关闭状态,并拨出电泳插头。

5. 电泳仪使用注意事项

(1)电泳仪通电进入工作状态后,禁止人体接触电极、电泳物及其他可能带电部分,也不能到电泳槽内取放东西,如需要应先断电,以免触电。同时要求仪器必须有良好接地端,以防漏电。

(2)仪器通电后,不要临时增加或拔除输出导线插头,以防短路现象发生,虽然仪器内部附设有保险丝,但短路现象仍有可能导致仪器损坏。

(3)由于不同介质支持物的电阻值不同,电泳时所通过的电流量也不同,其泳动速度及泳至终点所需时间也不同,故不同介质支持物的电泳不要同时在同一电泳仪上进行。

(4)在总电流不超过仪器额定电流时(最大电流范围),可以多槽关联使用,但要注意不能超载,否则容易影响仪器寿命。

(5)某些特殊情况下需检查仪器电泳输入情况时,允许在稳压状态下空载开机,但在稳流状态下必须先接好负载再开机,否则电压表指针将大幅度跳动,容易造成不必要的人为机器损坏。

(6)使用过程中发现异常现象,如较大噪音、放电或异常气味,须立即切断电源,进行检修,以免发生意外事故。

十五、凝胶成像系统

1. 凝胶成像系统用途

凝胶成像系统可以用于蛋白质、核酸、多肽、氨基酸、多聚氨基酸等其他生物分子的分离纯化结果作定性分析。在基础兽医实验室中,主要用于蛋白质和核酸分子分离纯化结果定性分析。

2. 凝胶成像系统工作原理

样品在电泳凝胶或者其他载体上的迁移率不一样,以标准品或者其他的替代标准品相比较就会对未知样品作一个定性分析。这个就是图像分析系统定性的基础。根据未知样品在图谱中的位置可以对其作定性分析,就可以确定它的成分和性质。

样品对投射或者反射光有部分的吸收,从而照相所得到的图像上面的样品条带的光密度就会有差异。光密度与样品的浓度或者质量呈线性关系。根据未知样品的光密度，通过与已知浓度的样品条带的光密度值相比较就可以得到未知样品的浓度或者质量。这就是图像分析系统定量的基础。采用最新技术的紫外透射光源和白光透射光源使光的分布更加均匀，最大限度的消除了光密度不均造成的对结果的影响。

3. 凝胶成像系统种类

(1)普通凝胶成像分析系统：可以对蛋白电泳凝胶，DNA凝胶样品进行图像采集并进行定性和定量分析，样品包括：EB、SYBR Green、SYBR Gold、Texas Red、GelStar、Fluoroscecin、Radiant Red等染色的核酸监测；以及Coomassie Blue、SYPRO Orange、各种染色的蛋白质凝胶如考染等。(或UV，EB和有色及可见样品成像)；

(2)化学发光成像分析系统：成像范围涵盖UV，EB，化学发光、紫外-荧光、有色及可见样品成像；

(3)多色荧光成像分析系统：成像范围涵盖UV，EB，化学发光、多色荧光荧光、有色及可见样品成像；

(4)多功能活体成像分析系统：UV，EB，化学发光、多色荧光荧光、有色及可见样品成像和离体组织和小型动物，及大型动物。

4. 凝胶成像系统的使用

(1)打开凝胶成像系统开关。

(2)打开电脑，打开并进入成像软件。

(3)ECL拍摄：将拍摄模式切换为"ECL模式"，将滤光轮转到ECL位。选择合适拍摄分辨率(有像素合并功能的机器都有这个功能)，点击"启动"。将样品放置在样品台正中间，调整镜头的焦距使样品占据窗口约80%左右，，然后点击"自动曝光"，勾掉"负片"并调整聚焦使预览窗口中的样品图像清晰.(光圈越大，自动曝光所需时间越短。)并先用单帧拍摄，拍摄一张Mark照片。关闭反射白光后给放置在化学发光成像板上的硝酸纤维素膜均匀加上发光液。将拍摄方式设置为"规则积分"，勾上"负片"，并设置的时间和张数，点击"拍摄"按钮即可。

(4)普通凝胶拍摄

①将拍摄模式切换为"普通模式"，将滤光轮转到UV位(无绿光镜轮的无需调整)。

②选择合适拍摄分辨率(机器有像素合并功能)，点击"启动"。

③DNA胶拍摄：将DNA胶放置在紫外台正中间，调整焦距使样品占据窗口约80%，然后点击"自动曝光"，并调整聚焦使预览窗口中的样品图像清晰.然后关闭反射白光，开启透射紫外，并微调，确保在紫外下处于清晰状态。

(5)蛋白质胶拍摄：将蛋白质胶放在折叠白光板的中间，关闭反射白光，开启透射白光，然后点击"自动曝光"，并调整聚焦使预览窗口中的样品图像清晰。

(6)在软件界面点击"拍摄"按钮即可。

5. 凝胶成像系统使用注意事项

(1)接触成像仪必须带一次性薄膜手套，而在电脑上操作时必须脱掉手套。

(2)较长时间的电脑操作时关闭凝胶成像系统的紫外灯。

十六、超声波裂解器

1. 超声波裂解器用途

超声波裂解器具有破碎组织、细菌、病毒、孢子及其他细胞结构，匀质、乳化、混合、脱气、崩解和分散、浸出和提取，加速反应等功能，故广泛应用于生物、医学、化学、制药、食品、化妆品、环保等实验室研究及企业生产。在基础兽医实验室中，其主要用途是破碎组织、细菌、病毒、孢子及其他细胞结构，达到均质和乳化的目的。

2. 超声波裂解器工作原理

超声波裂解器的原理就是将电能通过换能器转换为声能,这种能量通过液体介质而变成一个个密集的小气泡,这些小气泡迅速炸裂,产生的像小炸弹一样的能量,从而起到破碎细胞等物质的作用。

超声波是物质介质中的一种弹性机械波,它是一种波动形式,因此它可以用于探测人体的生理及病理信息,既诊断超声。同时,它又是一种能量形式,当达到一定剂量的超声在生物体内传播时,通过它们之间的相互作用,能引起生物体的功能和结构发生变化,即超声生物效应。超声对细胞的作用主要有热效应,空化效应和机械效应。热效应是当超声在介质中传播时,摩擦力阻碍了由超声引起的分子震动,使部分能量转化为局部高热(42℃~43℃),因为正常组织的临界致死温度为45.7℃,而肿瘤组织比正常组织敏感性高,故在此温度下肿瘤细胞的代谢发生障碍,DNA、RNA、蛋白质合成受到影响,从而杀伤癌细胞而正常组织不受影响。空化效应是在超声照射下,生物体内形成空泡,随着空泡震动和其猛烈的聚爆而产生出机械剪切压力和动荡,使肿瘤出血、组织瓦解以致坏死。另外,空化泡破裂时产生瞬时高温(约5000℃)、高压(可达500104Pa),可使水蒸气热解离产生OH自由基和H原子,由OH自由基和H原子引起的氧化还原反应可导致多聚物降解、酶失活、脂质过氧化和细胞杀伤。机械效应是超声的原发效应,超声波在传播过程中介质质点交替地压缩与伸张构成了压力变化,引起细胞结构损伤。杀伤作用的强弱与超声的频率和强度密切相关。

3. 超声波裂解器使用

(1)按样品量的多少选择适当的容器(试管或各种烧杯及离心管),固定或安放好,调节振动系统位置,使变幅杆末端插入样品液面10~15 mm并使其在容器的中心位置,不得让变幅杆与容器相接触。变幅杆末端离容器一般应大于30mm。量小时,功率开小情况下可大于10 mm。

(2)将功率调节旋钮向逆时针方向转至最小位置,工作次数、超声时间、间隙时间调至所需的合适时间。(一般工作时间不宜开得过长,在1~10s内选用,且间隙时间应大于工作时间)。上述准备就绪即可按开关开机。

(3)开机后电源指示灯亮,再按一次保护复位按钮及工作复位按钮,待设定的间隙时间过后,即进入振荡状态,显示屏开始显示工作时间、间隙时间及工作次数,将功率调节旋钮慢慢向顺时针方向转动,调至所需的功率位置上,以达到理想的工作效果,待设定的工作次数过后,显示屏显示为零,仪器处于停振状态。

(4)如需重复上述实验,可再按工作复位键,如不需要重复,应关机,并切断电源。(注:显示屏显示的数值是0~9,如设定值为5,则显示值为4,如设定值为10,则显示值为9。)

(5)如在工作时保护指示灯亮,说明仪器的功率开得太大,而进入保护状态,用旋钮减低功率,按一次保护复位键及工作复位键,即开始工作。

(6)调换探头时,按探头的规格,相应调节变幅杆选择开关(在机箱背面)。

4. 超声波裂解器使用注意事项

(1)液面高度最好有30 mm以上,探头末端离液面10~15 mm。

(2)盛样品的容器为玻璃容器,不可为其他容器。

(3)探头不能碰到容器壁和底。

(4)样品须为水相而非有机相。

(5)使用微探头时,振幅调节不得超过70%,否则会造成探头损坏。

(6)切记空载,间隙时间应大于或等于超声时间。

(7)超声时间每次最好不要超越5s。以便于热量散发。

十七、组织匀浆机

1. 组织匀浆机用途

组织捣碎匀浆机旋转速度极高，每分钟达到12000转，物料在玻璃杯中通过电机旋转驱动旋刀同时进行劈裂、碾碎、掺合等过程，使物料搅拌捣碎。机器体积小，消耗功率少，工作效率高，但对黏度高的液体同质料硬的物性（如骨头等）均不可用。在基础兽医实验室中，组织匀浆机主要用于组织样品的破碎、匀浆等。

2. 组织匀浆机使用方法及注意事项

(1) 先将刀轴和机轴配合好，后将连接器弹簧性元件向下移动至尺槽内，（向下移足与台阶碰牢）机器才好运转。

(2)开机之前，注意电源与电机上的电压是否相符。

(3)碳刷经常要检查，如太短要更换新碳刷，如发现碳刷火花不正常应立即停止使用，检查障碍原因，修理好后方可使用，以免整流器和线圈烧坏。

(4)由于电机转速高，如连续使用会使电机烧坏，因此使用时间以3 min为限，停止5 min后方可使用。

(5)玻璃杯装置时需与机上圆轴心对准，居中，四面无摇动，方可开机。

(6)机器不宜空转，使用时必须放入少量液体或油脂。

(7)放入物料时须缓缓加入，先开慢档，后开快档，但慢档只能作起步作用，不宜常用。

十八、漩涡混合器

1. 漩涡混合器用途

漩涡混合器作为化验分析的得力辅助工具，广泛用于环境监测、医疗卫生、石油化工、食品、冶金等各类大专院校、科研和生产企业的实验室、化验室作混合匀和、萃取之用；作生物、生化、细胞、菌种等各种样品振荡培养之用。

2. 漩涡混合器工作原理

漩涡混合器是利用偏心旋转使试管等容器中的液体产生涡流，从而达到使溶液充分混合之目的。该仪器特点是混合速度快、彻底、液体呈旋涡状能将附在管壁上的试液全部混均，适用于一般试管、烧杯、烧瓶、分液漏斗内液体的混合均匀，对于一些难溶解的药物如红霉素，染色液等也甚易混匀，效果显著，混合液体无需电动搅拌和磁力搅拌，所以混合液体不受外界污染和磁场影响。

3. 漩涡混合器的使用

(1)接通电源。

(2)拿住要震荡混匀的样品置于振荡器中央。

(3)打开仪器工作按钮，开始震荡。

(4)震荡完毕后，依次关闭工作按钮和电源。

4. 漩涡混合器使用注意事项

(1)使用前请将速度旋钮指示调到最左边，速度指数最小处，请逐步增加转速。

(2)使用后，请认真擦拭和保养仪器。

(3)长时间使用后，接触仪器时小心操作面板变得很热。

(4)使用时，小心由于速度过高使容器内容物飞溅出来。

(5)使用标准垫片时，操作只适用于单个试管。使用多个试管时，请将容器均匀分布在垫片周围。

(6)根据需要选择垫片，必要时可重新打孔。

(7)如果在使用仪器时，自身产生共振，机身晃动严重、运行不平衡时，马上降低转速。

(8)操作仪器时,小心混合液体飞溅造成的身体损害。

十九、恒温金属浴

1.恒温金属浴的用途

恒温金属浴是采用微电脑控制和半导体制冷技术制造的一款恒温金属浴产品,仪器可配置多种模块,可广泛应用于样品的保存、各种酶的保存和反应、核酸和蛋白质的变性处理、PCR反应、电泳的预变性和血清凝固等。

2.恒温金属浴原理

恒温金属浴是采用半导体材质,通过电加热形式,达到恒温效果;两者在导热模式上有了一定的转变。但恒温金属浴比起水浴恒温,用量小,但加热制冷效果速度快,满足于一些快速加热或制冷的恒温实验。

恒温金属浴相对传统的恒温水浴,区别在于:①介质不一样,金属浴介质一般为铝模块,在上面打孔;水浴就是个水槽,里面放水;②温度范围不一样,金属浴可以温度范围大,-10℃到130℃都有,水浴冰点沸点范围小;③适用范围不一样,金属浴一般受限于模块的尺寸,太大的试过或者容器就没法放置,水浴可以大容器放置,但也有浮力的问题,若放置的容器封闭不严密水浴可能会造成其他污染。

3.恒温金属浴的使用

(1)开机前检查

开机前,务必先检查所用的电源适配器是否符合要求:输入要求:100~240VAC,50/60HZ;输出要求:DC24±0.5V,≤90W(单加热型HB)/≤120W(加热制冷型CHB)。

(2)启动仪器

将电源适配器的插头插入仪器相应的接口,按下机身后的电源开关,机器处于通电状态。显示面板上的指示灯、显示窗口数码管全亮,2~3s后,仪器显示运行模式:S-H:HB型单点工作模式。SCH:CHB型单点工作模式。PRO:多点工作模式。约2~3s后,仪器进入工作状态,温度显示窗口显示即时温度,相应指示灯亮起。

(3)指示灯说明

白灯为模块状态指示灯,指示灯为红色时,表明仪器正在进行加热;指示灯为黄色时,表明仪器正在恒温;指示灯为绿色时,表明仪器正处于自然降温状态。绿灯为热盖指示灯,该灯亮表明热盖处于正常工作状态;该灯熄灭表明热盖未工作或处于故障状态。(设置状态指示灯,设置温度时,白灯呈红灯闪烁;时间设置时,绿灯闪烁。)

(4)仪器按键说明

①当仪器在运行状态下,按"▲"或"▼"键进入温度设置状态;同时按下"▲"和"▼"键小于2s查看运行剩余时间;当剩余时间为0时,仪器停止工作,温度显示窗口显示即时温度,工作指示灯熄灭。

②同时按下"▲"和"▼"键大于3s进入时间设置状态。在设置状态下,按"▲"或"▼"键对设置值进行修改。

③按键仅在未连接电脑时才可以操作。

(5)温度、时间设定

①未连接电脑运行状态下,数码管显示为实时的温度值,按下"▲"或"▼"键进行温度调节。设置完成,不对仪器进行任何操作,等待3~5s,仪器将自动退出设置状态,仪器保存设置温度,窗口显示即实时温度。从设置状态返回后,无论仪器是多点运行还是单点运行,都会切换到单点运行。

②未连电脑运行状态下,数码管显示为实时的温度值,同时按下"▲""▼"键大于3s,看到最后一位数码管闪烁,就可按"▲"或"▼"键进行时间调节。设置完成后,请等待3~5s,不要对仪器有任何操

作,仪器将自动退出设置状态,保存设置时间。时间设置范围0~999min,- - -表示无穷。

③在连接电脑的情况下,通过电脑软件设置温度、时间,点击“run”仪器将保存设置的文件。

(6)停止仪器工作

仪器在未连接电脑的工作状态下,剩余时间为0时,仪器停止工作。在连接电脑的状态下,在操作界面按下“STOP”或运行完相应程序,仪器将停止工作,此时,相应的工作指示灯熄灭,仪器处于待机状态。

4.注意事项

(1)有液体洒落进仪器内;仪器工作不正常,特别是有任何不正常的声音或气味出现;仪器功能异常时。应立即将仪器的电源插头从电源插座上拔掉,并与供应商联系或请持证的维修人员进行处理。

(2)在仪器运行程序时或程序运行刚结束后的一段时间内,严禁用身体的任何部位接触,以免烫伤。

(3)仪器应放置在干燥、灰尘较少,室内通风良好的地方。

(4)仪器两侧及底部为通风孔利于仪器散热,严禁阻塞或覆盖通风孔;不要在松软的表面上使用仪器,否则可能会仪器散热不良,造成仪器性能不稳或发生故障,另外不要在阳光直射的地方使用仪器,并远离暖气以及其它一切热源。

输入要求:100—240VAC,50/60HZ;

输出要求:DC24±0.5V,≤90W(单加热型HB)/≤120W(加热制冷型CHB)。

最大循环数:99。

程序段设置功能:有。

程序自动功能:有。

热盖工作温度:大于±10℃;模块温度低于15℃时热盖不加热。

热盖升温时间:热盖升温速率较模块快,从室温升至100℃小于10 min。

报警:传感器异常蜂鸣报警等,工作状态灯红色闪烁。

超温保护:模块和热盖均有超温保护。

二十、全自动核酸提取仪/工作站

1.全自动核酸提取仪的用途

是一款先进灵活、精确的自动化移液系统,以磁珠分离技术完成核酸的自动分离纯化,完全摆脱了常规方法中核酸提取、分离、纯化所必需的离心、过滤等手工操作,省时省力;同时,也可以结合PCR反应体系的自动化,可直接对核酸提取物进行处理(PCR管可以直接手动拿到位于扩增区定量PCR仪上进行扩增。)在提取过程中不仅可以降低交叉污染的风险,还可以有效提高批量处理能力、样品提取的一致性和重复性。

2.全自动核酸提取仪的原理

核酸提取仪现主要用于磁珠法提取,分为抽吸法和磁棒法两种。以抽吸法为例;

抽吸法是通过固定磁珠、转移液体来实现核酸的提取,一般通过操作系统控制机械臂来实现转移。提取过程如下:

(1)裂解:在样品中加入裂解液,通过机械运动及加热实现反应液的混匀及充分反应,细胞裂解,释放核酸。

(2)吸附:在样品裂解液中加入磁珠,充分混匀,利用磁珠在高盐低pH值下对核酸具有很强亲和力的特点,吸附核酸,在外加磁场作用下,磁珠与溶液分离,利用吸头将液体移出弃至废液槽,吸头弃掉。

(3)洗涤:撤去外加磁场,换用新吸头加入洗涤缓冲液,充分混匀,去除杂质,在外加磁场作用下,将液体移出。

(4)洗脱:撤去外加磁场,换用新吸头加入洗脱缓冲液,充分混匀,结合的核酸即与磁珠分离,从而得到纯化的核酸。

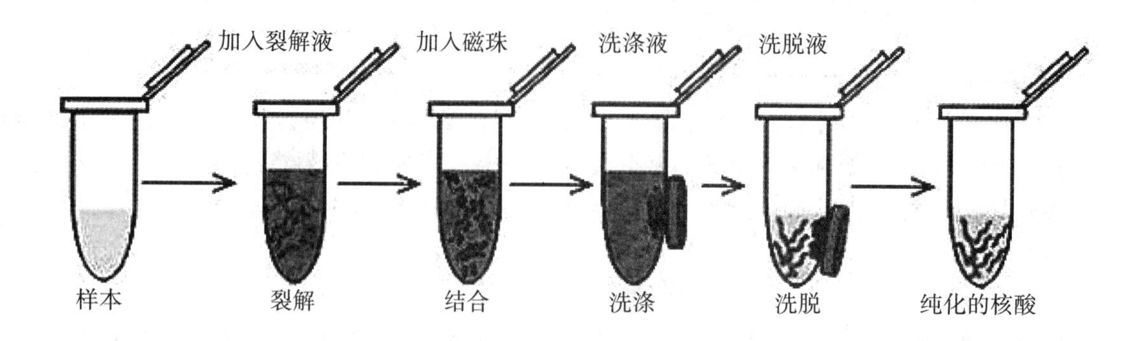

3.全自动核酸提取仪使用(以欧罗拉Versa 10 NAP为例)

(1)软件安装,将电源和数据连线接好,并与电脑端USB通讯口连接后,安装VERSAware软件,并在随附光盘文件中安装驱动程序。完成安装后COM端口在通常情况下会自动分配并正确配置。

(2)为减少仪器在使用过程中出现中断操作的情况,应关闭电脑的屏保、休眠和待机时间。

(3)打开VERSAware软件,(弹出Shell Status对话框,请勿关闭此对话,否则将影响仪器正常使用。)

(4)在VERSAware软件中选择Tool→Aurora Station,在此界面下定位机械臂,同时仪器机械臂应在左上角。设置X、Y、Z轴运行范围,X和Y轴是机械臂的水平位置,Z轴表示机械臂垂直高度,同时设置机械臂使用步数,使机械臂在使用过程中可以精确到达每个空位中心。

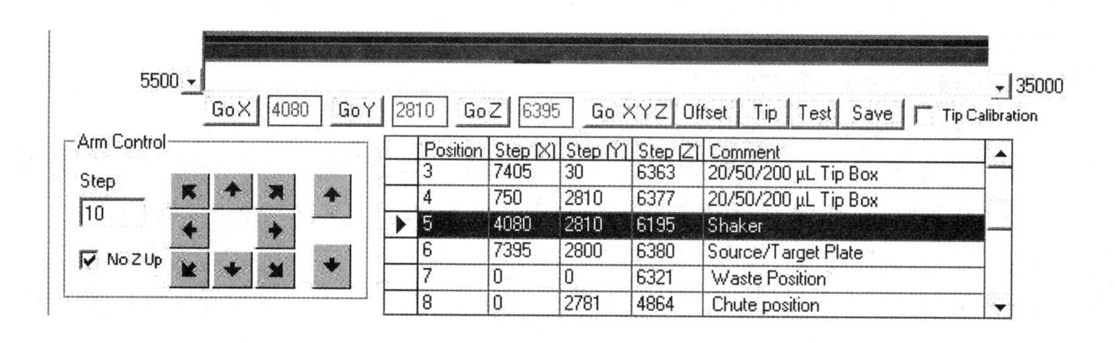

(5)Versa 10工作站台面有6个盘位,用于96孔盘的定位,可兼容多种类型的器皿、移液器枪头、离心管、加样槽等,7号和8号分别为废液排放和废弃枪头位置。定位完毕后,可以进入Aurora Station Setting,点击Advanced Options选项中的<click >,在页面左下角可以选择要检查的盘的类型和位置;点击Plate types选项里的<click >,选择要检查的盘的类型并可以调整参数。

(6)校准活塞泵,使每次吸液精准,喷液彻底。

(7)VERSAware软件中各按键功能

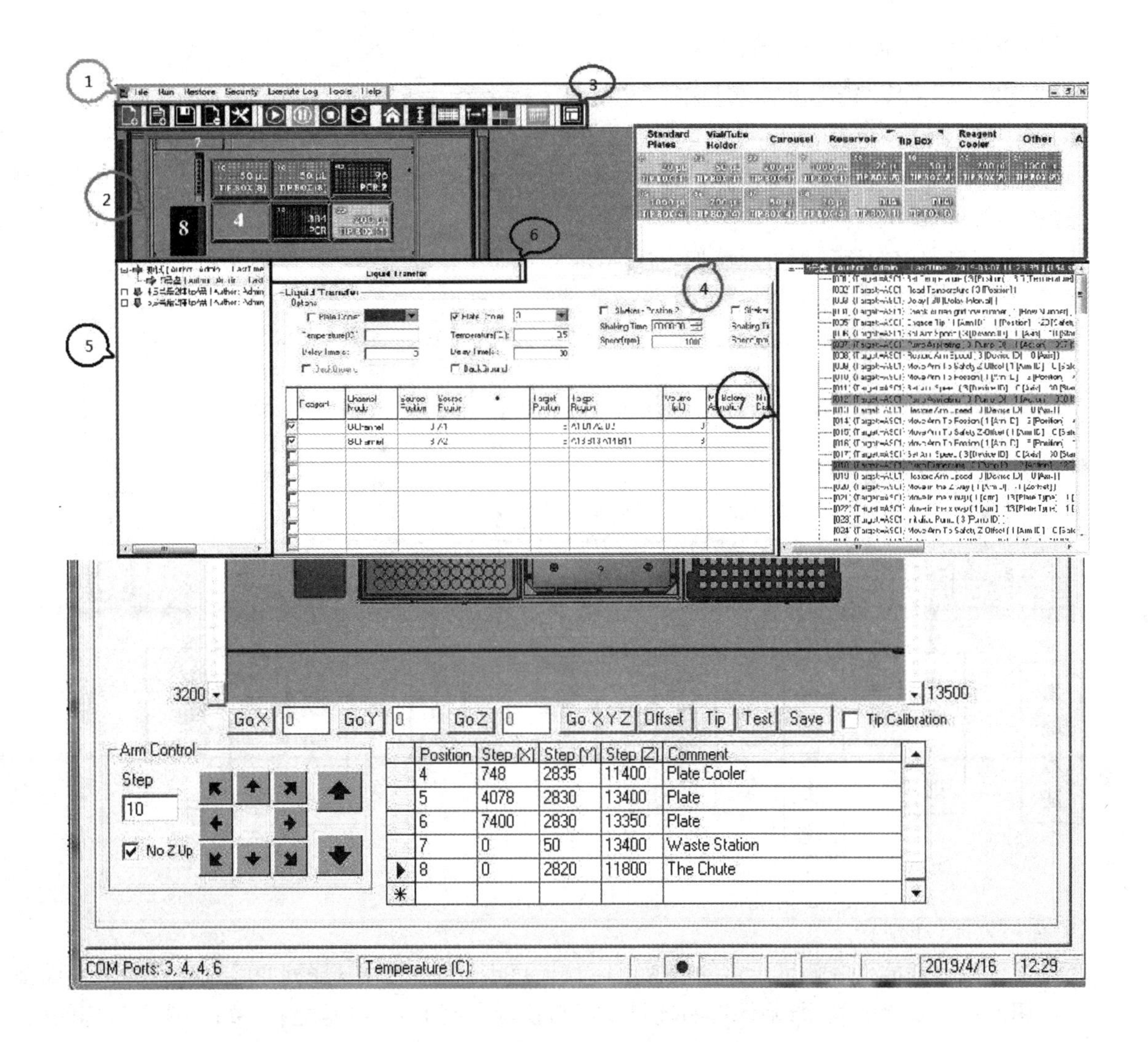

①下拉菜单--包含File，Run，Tools与Help功能选项。

②盘面部件--盘面部件如96，384孔盘和试剂冷却槽。

③快捷键图标--快捷键图标可以直接添加，删除和保存方法/序列，开始，中断和停止运行方法/序列和更换Tips。

④耗材库--包含各种盘类型，Tips盒，适配器和小瓶/管。

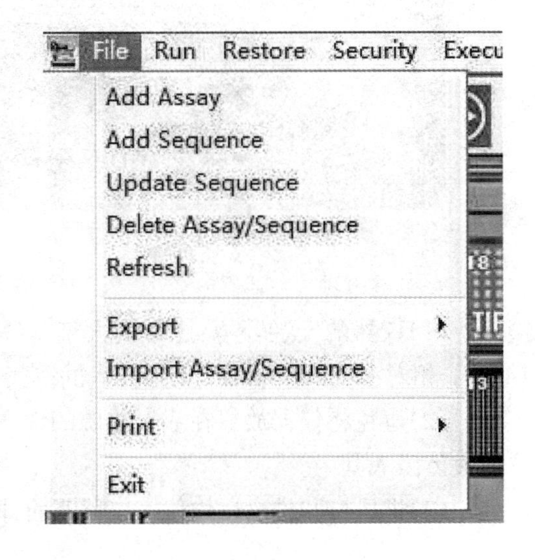

⑤保存方法/序列一所有保存的方法/序列都被列出来，可以随时调用这些方法。

⑥应用栏--包含稀释，系列稀释，盘面重整，池化（合并），随机挑选，PCR体系建立和试剂添加。

⑦序列运行步骤--机器运行序列时按部就班，按照操作指令逐步执行。

（8）VERSAware 10下拉菜单

①“File”可以用于添加、更新或删除方法（序列）、从其他格式文件中导入方法（序列）、输出保存为TXT或者bmp格式及打印。

②“RUN”启动、暂停或停止运行。

③“Restore”用于还原删除的方法(序列)。

④“Security”用来设置用户名、登录密码。

⑤“Tool”用于编辑不同的系统设置、打开其他子菜单及“Device Manager”界面(用来设置或改变冷却液、振荡盘的位置等)。

(8)在下拉菜单中的选项也可以添加为快捷图标,从而更快的编辑和操作程序。如:

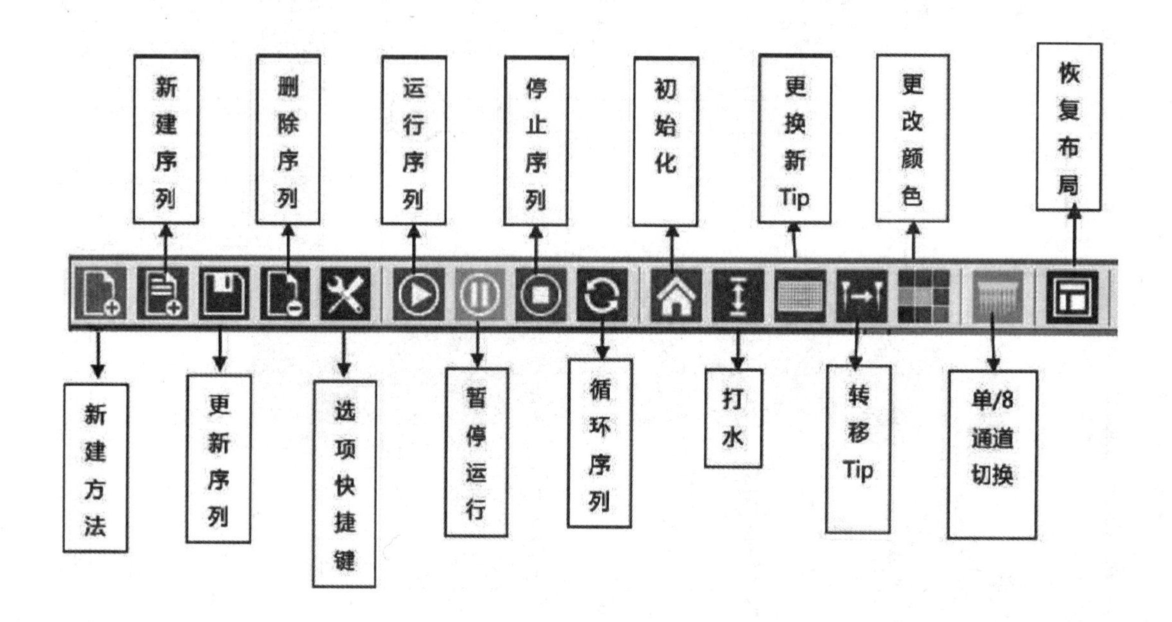

(9)运行方法(序列)

在保证机械臂和活塞泵调试正常的前提下①首先点击保存的方法(序列);②在软键盘面界面拖放需要使用的耗材及盘的类型,确保选的耗材及盘与仪器盘面上放置的类型一致;③选中目标区域;④在快捷图标点击开始运行方法(序列)。

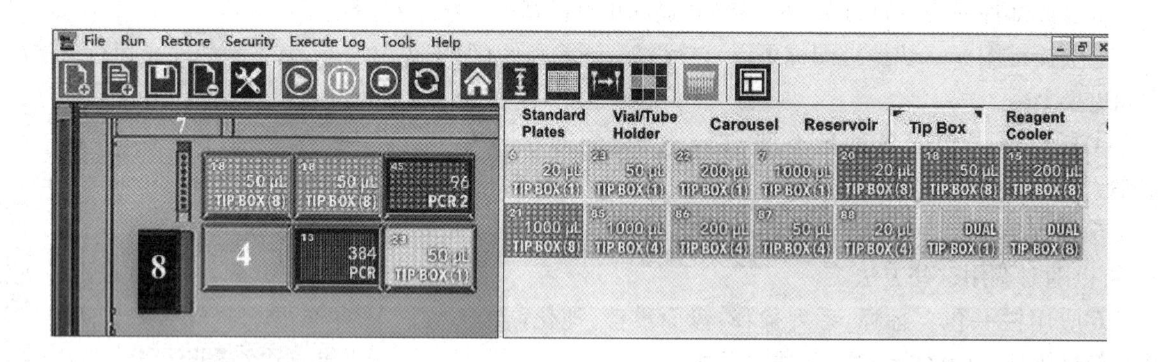

4.注意事项

(1)仪器的安装环境:正常的大气压(海拔高度应该低于3000m)、温度20℃~35℃、典型使用温度25℃、相对湿度10%~80%、畅通流入的空气为35℃或以下。

(2)避免将仪器放置在靠近热源的地方,如电暖炉;同时为防止电子元件的短路,应避免水或者其他液体溅入其中。

(3)进风口和排风口均位于仪器背面,同时避免灰尘或纤维在进风口聚集,保持风道的畅通。

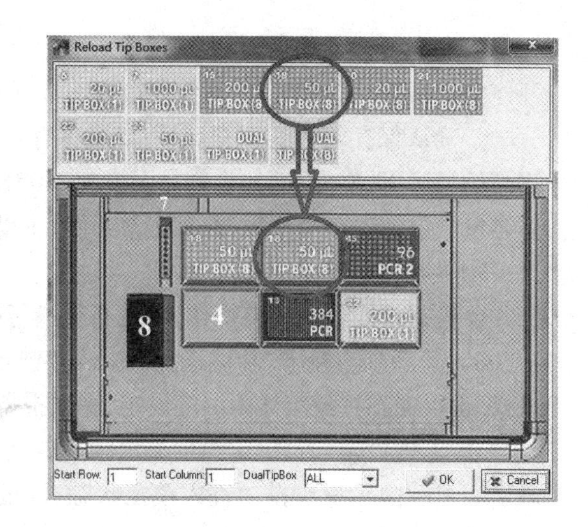

(4)核酸提取仪离其他竖直面至少10cm，

(5)仪器接地：为了避免触电事故，仪器的输入电源线必须接地。

(6)远离带电电路：操作人员不得擅自拆解仪器，更换元件或进行机内调节，必须有持证的专业维修人员完成，不要在接通电源的情况下更换元件。

二十一、超低温冰箱冰柜（海尔DW-86L388）

1.超低温冰箱冰柜用途

适用于保存细菌、病毒、生物制品、红细胞、白细胞等及低温试验。

2.超低温冰箱冰柜设计与原理

(1)超低温冰箱有着低噪音的设计，是采用专门的降噪机舱设计和碳氢系统设计，采用进口超静音碳氢压缩机和进口超低噪声节能风机，使它的噪音分贝更低，冰箱有着独特的五层密封结构加隔热系统设计，不结霜，更高效清除结霜现象，超低温冰箱微电脑控制的采用的USB数据存储功能可以存储温度、电压、开门次数和报警灯数据，同时可以下载数据并通过电脑查询记录，保证用户的样本存储更加安全可靠，为箱内物品的安全保存提供了完善无空缺的条件。它采用了全新超静音碳氢制冷系统，绿色环保无污染，节能50%，有效节约用户的样本存储成本；提升存储量；窄门设计，易进门，有效利用内部空间，能够提高内部的储存量和保温效率，高度特殊的柜口设计结合优化VIP保温技术，保温效率比普通的超低温冰箱提高了20%，这体现了超低温冰箱更节能环保的设计理念。

(2)超低温冰箱的制冷系统基本采用复叠式制冷的工作原理，选用两台全封闭压缩机作为高、低温级压缩机使用。低温级蒸发器的紫铜管以盘管形式直接盘附于内箱体外侧，并用导热胶泥填堵于盘管与箱壁之间的缝隙中，以增加热交换效果。冷凝蒸发器为壳管式结构，内部为四管螺纹型紫铜管，采用逆流式热交换方式。

低温级系统中还加配有气热交换器，可使从蒸发器出来的低压气体同进入冷凝蒸发器前的高压气体进行热交换，这样不但减少了冷凝蒸发器的热负荷，而且充分利用了热量。过滤器多采用除蜡型过滤器，其目的是有效去除冷冻油中的石蜡，以降低系统“油堵”的可能性。

根据不同的使用用途还可以选配一些附件，例如，温度记录仪，便于永久记录运行参数；二氧化碳备用系统，用于特殊情况下，保证保存环境的气体保持正常状态；电压增压器，可保证压缩机在低压状态下正常工作。

3.超低温冰箱冰柜使用（以海尔DW-86L388型为例）

(1)工作环境及设置

①温度：10℃~28℃，最理想的温度18℃~25℃，最高不超过32℃。湿度：低于80%RH，如果最大温度在32℃，湿度应该低于57%RH。避免大量灰尘、避免机械摇摆或震动。

②保存箱四周应该留出至少30cm的间隙，便于通风散热；通风良好，避免阳光直射。

③首次使用调试。

④保存箱安装后必须静止至少24 h以上才能通电；在空箱情况下，将电源线连接到合适的专用插座。

⑤打开保存箱右侧电控箱上的电源开关，再打开电池开关。不打开该开关，测试时会有电池电量低报警；若安装了辅助冷却系统则先关闭其开关；若听到报警声则按下蜂鸣取消键来停止鸣叫。

⑥设定所需要的保存箱温度:空箱不放入物品,通电开机,分阶段使保存箱先降温至-60℃,正常开停8 h后再调到-80℃,观察保存箱有正常开停24 h以上。证明保存箱性能正常。

⑦确认保存箱性能正常后,可以向保存箱内存放物品。原则上应将保存箱温度设置在高于存放物品的温度3℃左右(即如果物品温度为-60℃,则将保存箱温度设定在-57℃),存放物品不超过1/3箱体容量。保证保存箱停机,并有正常开停8 h以上。

④温度调整及设定

要进行设定值的调整操作,首先必须进行解锁。先按△或▽,温度设定值闪烁,按△或▽,输入数字"06",然后一直按下"功能选择"键5 s,"锁定"灯灭,进入解锁状态,可进行一下各项设定,按"功能选择"键可循环选择箱体内温度设定、高温报警设定、低温报警设定,相应指示灯亮。

⑤"温度设定"时,设定温度显示区闪烁显示温度设定值。此时按"△或▽"键可改变温度设定值。调定后10 s内不操作自动进入锁定状态,温度显示闪烁停止,表示数值已输入电脑,否则设定无效。温度设定范围为:-10℃到-86℃。

⑥在"高温报警"设定时,设定温度显示区闪烁显示温度设定值,此时按移位及调节键可调整报警设定值。调定后不操作10 s后自动进入锁定状态,温度显示闪烁停止,表示数值已输入电脑,否则设定无效。设定高温报警时设置温度不得高于最高限制温度,不得低于设定温度+5℃。

⑦在"低温报警"设定时,设定温度显示区闪烁显示温度设定值。此时按"△或▽"键可调整报警设定值。调定后不操作10 s后自动进入锁定状态,温度显示闪烁停止,表示数值已输入电脑,否则设定无效。设定低温报警时设置温度不得低于最低限制温度,不得高于设定温度-5℃。否则,无法设置。

⑧密码纸设定:当低温柜初次使用时,解锁密码为"06",解锁后,同时按住"功能选择"与"蜂鸣取消"键5 s钟,显示屏显示06,然后通过按"△或▽"键,来调节密码值。密码值可在05、06、07—29、30之间选择。密码值设定后5 s内不操作,自动进入锁定状态,设定密码值有效。

⑨开机延时时间设定:为了降低断电后恢复电力的情况下的电源负载,冰箱能够更改压缩机额延时启动的时间。在解锁状态下,一直同时按下"功能选择"键和"△或▽"键5 s,屏幕显示设备刚上电时,高温压缩机的开启延时时间01(1 min),可通过按"△或▽"键,设定延时时间01、02—09、10(1 min到10 min),默认延时1 min。如果设定延时启动时间超过5 min,设备再冷却下来可能会花比较长的时间。当整个电源容量足够的时候,没有必要更改延时启动时间。

⑩开机报警测试以及电池电量测试:低温保存箱通电后,同时按下"△和蜂鸣取消"键5 s,蜂鸣器蜂鸣报警,则电池电量低指示灯将闪烁六下,如果电池电量正常,则电池电量低指示灯不会点亮和闪烁;6 s后,为开机报警测试,这时所有的指示灯将不闪烁点亮6 s,所有的数码管线上"8"六秒钟,这说明显示板上的所有显示部件是正常的。

(2)显示和报警

①显示面板工作状态提示:"锁定"指示灯,灯亮表示所有设定均被锁定,以防止误操作;"网络"灯亮表示网络系统处于工作状态;"运行"灯亮,表示低温压缩机在工作;"稳压"指示灯亮表示电压增压器在进行增、减压工作;"后背系统"灯亮表示后备制冷系统处在工作状态。

②高温报警和低温报警:当箱体内温度高于或低于报警设置温度时,报警指示灯亮,蜂鸣器延迟15 min发出间断报警音。

③断电报警:设备断电时,报警指示灯闪烁,屏幕温度不显示与显示交替出现,延迟1 min发出间断报警声。

④电压超标报警:电压低或高于正常,报警指示灯闪烁,延迟1 min发出间断报警音。

⑤冷凝器脏:当冷凝器过滤网堵塞时,或环境温度过高引起冷凝器温度过高时,报警指示灯闪烁,发出间断报警音。

⑥环境温度过高:环境温度高于32℃,报警指示灯闪烁,当环境温度超过38℃时,发出间断报警音。

⑦传感器异常:当箱内主传感器出现故障时,报警指示灯闪烁,交替显示

E 2和保存室温度,发出间断报警音;当冷凝器传感器出现故障时,报警指示灯闪烁,交替显示E 1和保存室温度,发出间断报警音,当环境温度传感器出现故障时,报警指示灯闪烁,交替显示E 0和保存室温度,发出间断报警音;当热交换器传感器出现故障,报警指示灯闪烁,交替显示E 3和保存室温度,发出间断报警音。

⑧电池电量低:蓄电池电量不足或电池开关没打开,测试时报警指示灯烁。

⑨灯光闪烁报警无法取消,直到故障排除;而蜂鸣器声音报警,均可按"蜂鸣取消"键来静音,静音时间为30 min,30 min后如故障仍然存在,则报警重新开始。

⑩正常开机前都要打开蓄电池开关,只要接通符合设备要求的交流电,设备就进入正常工作状态,在交流电正常供电时,设备可以给蓄电池充电,当意外出现交流电断电时,蓄电池就给显示屏供电,是显示正常,当蓄电池放电到电压小于一定值时,蓄电池停止工作,显示屏不再显示。在蓄电池可以正常供电的情况下,若想彻底断电,只要拔下交流电源线,然后关闭设备上的蓄电池开关即可。此时屏幕不显示。为了延长保存箱的寿命,箱内温度设定后,当环境温度高于35℃,如果设定温度低于-82℃,则自动调回到-82℃,如果环温低于30℃,则返回到原设定值。

⑪报警自动恢复时间设置:在有报警的情况下,按显示板上的蜂鸣器取消键可停止蜂鸣器报警,如果报警条件仍然存在,蜂鸣器报警在暂停30 min后将会自动恢复。

(2)日常使用注意事项

①冰箱应由专人负责,每天检查运行情况并记录(每隔2~4 h记录检查一次),遇到机器故障或停机时冰箱内温度会上升,如果短时内不能修复,取出所存放物品,转移到符合储存物品温度要求的地方存储;将物品放入冰箱前,确认物品锁要求的温度和冰箱的温度范围相符合;冰箱的实际显示温度与设置温度有一定的差异。

②严禁一次性放入过多的相对太热的物品,会造成压缩机长时间不停机,温度不下降很容易烧毁压缩机,物品要分批放入,分阶梯温度降温。

③冰箱对设定值有记忆功能,当断电再来点后,设备将继续按照上次断电前的设定参数运行。

④清洁保存箱:保存箱每月清扫一次;使用干布擦拭掉保存箱外壳和内室及所有附体上的少量灰尘。如果保存箱很脏,则使用浸过中性洗涤剂的清洁布将赃物清掉并用湿布拭去残留的洗涤剂,然后用干布擦拭;不得将水倾倒于保存箱外壳上火保存室内,否则可能损坏电器绝缘而导致故障发生;压缩机和其他机械零件处于完全密封状态,不需润滑;每月除去一次内壁上的霜以及清洗一次冷凝器过滤网。

⑤清洗冷凝器过滤网:当保存箱显示板上"冷凝器脏"报警灯闪烁时,需要清洗过滤网。即使灯不亮的情况下也该每月清洗一次过滤网。若过滤网堵塞,则会缩短压缩机寿命,降温也慢。请按照以下步骤清洗过滤网:先向外拉出机仓前护罩,拿出过滤网,用清水清洗过滤网,然后把过滤网放回原处并装上机仓前护罩,如果清理过滤网之前"冷凝器脏"报警灯亮,则清理后检查灯是否熄灭。

⑥内壁除霜:结霜一般在箱体上部和内门上,霜可能会使箱体和门封条之间出现缝隙,然后引起制冷效果不良。用设备附带的除霜铲对内门进行除霜。注意:不要用小刀或螺丝刀等尖锐的工具除霜。步骤:取出箱内的物品(若有辅助冷却装置,关闭装置),关闭电源开关,打开外门和内门,让冰箱

外门自然敞开一段时间以便化霜,用一块干布把箱体底部的积水擦干,清洁完箱体和内门后,重新启动设备,最后把物品放回箱体内。

⑦电池维护:在低温冰箱持续工作时,每隔15 d检测电池电量,当检测电池电量低的时候,请确保电池开关处于打开状态,此时电池被充电,当电池持续充电一周后,请重新测试电池电量,正常情况下,此时电池电量应是充足的,如果依然出现电池电量不足的情况,建议更换充电电池;断电报警电池是消耗品,电池的寿命约为3年。如果电池使用超过3年以上,当报警时可能不动作,而且存储的设定可能会受影响。

⑧当出现冷却不良时,考虑环境温度是否太高、内门是否关严、外门是否关严、冷凝器过滤网是否脏、温度设置是否正确、保存箱是否远离直射阳光、保存箱是否靠近热源、测试用通孔的橡胶孔盖和绝热材料是否正确安放、保存室内是否几小时内放入了太多的未冷冻物品。

⑨填写《DW-86L388A型超低温冰箱运行记录》,放样品/物品后填写《DW-86L388A型超低温冰箱使用记录》。

第四章
基础兽医实验室检测技术

基础兽医实验室检测技术主要有实验室常用试剂的配制、储存与使用，实验材料的处理与准备，样品的采集、处理、保存与运输，血清学检测技术，病原学检测技术等内容。

第一节　实验室常用试剂的制备与使用

一、有关化学试剂简介

1．无机分析试剂　是用于化学分析的常用的无机化学物品。其纯度比工业品高，杂质少。

2．有机分析试剂　是在无机物分析中供元素的测定、分离、富集用的沉淀剂、萃取剂、螯合剂以及指示剂等专用的有机化合物，而不是指一般的溶剂、有机酸和有机碱等。这些有机试剂必须要具有较好的灵敏度和选择性。

3．基准试剂　是纯度高、杂质少、稳定性好、化学组分恒定的化合物。在基准试剂中有容量分析、pH测定、热值测定等分类。每一分类中均有第一基准和工作基准之分。凡第一基准都必须由国家计量科学院检定，生产单位则利用第一基准作为工作基准产品的测定标准。目前，商业经营的基准试剂主要是指容量分析类中的容量分析工作基准[含量范围为99.95%~100.05%(重量滴定)]。一般用于标定滴定液。

4．标准物质　是用于化学分析、仪器分析中作对比的化学物品，或是用于校准仪器的化学品。其化学组分、含量、理化性质及所含杂质必须已知，并符合规定获得公认。微量分析试剂(Micro-analytical reagent)适用于被测定物质的许可量仅为常量百分之一(重量约为1~15mg，体积约为0.01~2mL)的微量分析用的试剂。

5．有机分析标准品　是测定有机化合物的组分和结构时用作对比的化学试剂。其组分必须精确已知。也可用于微量分析。

6．农药分析标准品　适用于气相色谱法分析农药或测定农药残留量时作对比物品。其含量要求精确。有由微量单一农药配制的溶液，也有多种农药配制的混合溶液。

7．折光率液　为已知其折光率的高纯度的稳定液体，用以测定晶体物质和矿物的折光率。在每个包装的外面都标明了其折光率。

8．当量溶液　为一升溶液中含有一克当量溶质的水溶液，即指浓度是1N的溶液。

9．指示剂　是能由某些物质存在的影响而改变自己颜色的物质。主要用于容量分析中指示滴定的终点。一般可分为酸碱指示剂、氧化还原指示剂、吸附指示剂等。指示剂除分析外，也可用来检验气体或溶液中某些有害有毒物质的存在。

10．试纸　是浸过指示剂或试剂溶液的小干纸片，用以检验溶液中某种化合物、元素或离子的存在,也有用于医疗诊断。

11. 仪器分析试剂　是利用根据物理、化学或物理化学原理设计的特殊仪器进行试样分析的过程中所用的试剂。

12. 原子吸收光谱标准品　是在利用原子吸收光谱法进行试样分析时作为标准用的试剂。

13. 色谱用试剂　是指用于气相色谱、液相色谱、气液色谱、薄层色谱、柱色谱等分析法中的试剂和材料,有固定液、单体、溶剂等。

14. 电子显微镜用试剂　是在生物学、医学等领域利用电子显微镜进行研究工作时所用的固定剂、包埋剂、染色剂等的试剂。

15. 核磁共振测定溶剂　主要是氘代溶剂(又称重氢试剂或氘代试剂),是在有机溶剂结构中的氢被氘(重氢)所取代了的溶剂。在核磁共振分析中,氘代溶剂可以不显峰,对样品作氢谱分析不产生干扰。

16. 极谱用试剂　是指在用极谱法作定量分析和定性分析时所需要的试剂。

17. 光谱纯试剂　通常是指经发射光谱法分析过的、纯度较高的试剂。

18. 分光纯试剂　是指使用分光光度分析法时所用的溶液,有一定的波长透过率,用于定性分析和定量分析。

19. 生化试剂　是指有关生命科学研究的生物材料或有机化合物,以及临床诊断、医学研究用的试剂。由于生命科学面广、发展快,因此该类试剂品种繁多、性质复杂。

20. 生物碱　为一类含氮的有机化合物,存在于自然界(一般指植物,但有的也存在于动物)。有似碱的性质,所以过去又称为赝碱。大多数生物碱均有复杂的环状结构,氮素多包括在环内,具有光学活性。但也有少数生物碱例外。如麻黄碱是有机胺衍生物,氮原子不在环内;咖啡因虽为含氮的杂环衍生物,但碱性非常弱,或基本上没有碱性;秋水仙碱几乎完全没有碱性,氮原子也不在环内……。由于生物碱的种类很多,各具有不同的结构式,因此彼此间的性质会有所差异。

21. 氨基酸　为分子结构中含有氨基($-NH_2$)和羧基(-COOH)的有机化合物。通式是$H_2NRCOOH$。根据氨基连结在羧酸中碳原子的位置,可分为α、β、γ、δ……的氨基酸(C……C-C-C-C-COOH)。α-氨基酸是组成蛋白质的基本单位。氨基酸及其衍生物品种很多,大多性质稳定,要避光、干燥贮存。

22. 抗菌素　又名抗生素,是各种生物体(植物、动物和微生物,特别是土壤微生物)生命代谢活动的产物,具有在低浓度时也能选择性地抑制它种微生物、病毒以及组织细胞的性能。目前抗菌素已发展到2000多种,但实际广泛应用的尚不多。抗菌素的化学结构各异、性质不一,按其化学结构可分为32类,如肽类、核苷类、蛋白质类、大环内酯类等。

23. 糖　又称碳水化合物,广泛存在于动植物中,是多羟基醛或多羟基酮以及它们的缩合物和某些衍生物的总称。按缩合结构的不同可分为:

(1)单糖　其通式为$(CH_2O)n$的多羟基醛或酮的化合物。天然单糖n=5-7,即五碳糖,如阿拉伯糖、木糖等,六碳糖,如葡萄糖、甘露糖等,七碳糖,如景天庚糖等。单糖多为白色结晶。有甜味。易溶于水,难溶于乙醇,不溶于乙醚等极性小的有机溶剂。由于有不对称碳原子,故具旋光性,而且有D及L立体异构体。天然的单糖多为D型。

(2)低糖类　又称寡糖类、或低聚糖类,是由2-10分子单糖所组成(单糖之间以缩醛链方式结合)。如蔗糖、乳糖、棉子糖等。低糖类均是无色结晶,易溶于水,难溶于或不溶于有机溶剂,有甜味。

(3)多糖类　是指10个分子以上的或更多单糖缩合而成的化合物,如纤维素、淀粉、菊粉等。多糖类已失去一般糖的性质,大多为无定形化合物,无甜味,难溶于水,不溶于有机溶剂,有的与水共同加热能生成糊状化合物。糖类可产生多种衍生物。多糖的衍生物有树胶、果胶、琼脂、肝素等，苷也可算为糖的衍生物。糖类可用于配制培养基以及医药研究和治疗等。

糖类的物理化学性质比较稳定，一般不需特殊贮存保管，但长期贮藏应防止受潮、发霉、变质。

24. 酶　为具有特殊催化能力的蛋白质。它由生物体（动物、植物、微生物）产生，也可说酶是一种生物催化剂。它在生物体内持续地促进大量复杂的化学反应。如淀粉酶催化淀粉和糖原水解成糊精和麦芽糖；蛋白酶催化蛋白质水解成肽；脂肪酶催化油脂水解成脂肪酸和甘油。酶作为生物催化剂的特点有：(1)催化作用的专一性很高，一种酶往往只能作用于一类物质，甚至只有对某一物质有催化作用；(2)催化效力高，如在0℃时，一个分子的过氧化氢酶1 min能催化分解500万个过氧化氢分子；(3)大多数酶的催化反应都在常温常压下进行。高温反而引起酶的破坏；(4)酶的催化作用易受环境中pH值的影响。至今已发现一、二千种的酶，它们的催化反应过程多种多样。根据催化反应的过程大致可分为：氧化还原酶、转移酶、水解酶、裂合酶、异构酶、连接酶六类。酶在生理学、医药、农业、工业等方面都有重大意义。酶制剂的品种日新月异，应用也日益广泛。酶的性质不很稳定，易受各种因素的影响而被破坏，丧失活力。要较好地保存酶，关键在于水分和温度，水分越高，越不稳定；温度越高，越易被破坏。一般需在4℃以下，有的要求在-20℃以下保存，但即使干燥冷藏，长期贮存后仍能逐渐降低或丧失其活性而变质。所以酶制剂大多规定一定的贮存期。

25. 甘油酯及磷脂

甘油酯　通常是指甘油和脂肪酸（饱和的和不饱和的）经酯化所生成的酯类，根据结合脂肪酸的分子数目可分为甘油一脂肪酸酯$C_3H_5(OH)_2(OCOR)$，甘油二脂肪酸酯$C_3H_5(OH)(OCOR)_2$和甘油三脂肪酸酯$C_3H_5(OCOR)_3$。高碳数的脂肪酸甘油酯广泛存在于动植物的组织中。甘油酯是中性物质，不溶于水，能溶于有机溶剂，能被氢氧化钠水解，水解后生成脂肪酸的钠盐和甘油。多数甘油酯性质稳定，在正常贮存中不易发生变质。

磷脂　为含一分子或多分子磷酸基团的类酯状物质，是生物体内主要成分，存在于脑、肝、蛋黄和大豆等组织中参加生化活动，磷脂中主要有卵磷脂和脑磷脂。磷脂极易溶于有机溶剂（乙醚、苯、三氯甲烷等），部分溶于乙醇，极难溶于丙酮和乙酸乙酯。所有磷脂有亲水胶体的特性，接触水时就膨胀。易被碱性甚至被酸性的水溶液所水解。磷脂在工业上广泛的用于乳化剂，脑磷脂可用于肝功能试验。科学上主要用于生化研究。磷脂的理化性质不稳定，受潮受热易分解变质。大多数磷脂应防潮、冷冻保存。

碱基、核苷及核苷酸　碱基是核酸水解所产生的含氮杂环化合物。主要是嘧啶或嘌呤的衍生物。核苷是由碱基、戊糖（D-核糖或2-脱氧-D-核糖）组成的化合物。通常为无色结晶，熔点较高，大多易溶于热水，在冷水中较难溶解。

核苷酸　是由核苷、磷酸组成的化合物，是核酸的组成单位，可由核酸水解而得，也可以单体形式存在于生物体内。通常为无色结晶，熔点甚高，熔化前就可能分解。溶于水，但不溶于有机溶剂。除5′-鸟嘌呤核苷酸和肌苷酸有鲜味外，其他核苷酸均有酸味。核苷及核苷酸少数品种用于食品工业及医药外，大多品种用于生化合成及研究。核苷及核苷酸品种繁多，要求不一，稳定性各异，一般以防潮、阴凉或冷冻处保存为宜。

26. 多肽物质

多肽　是由很多分子的氨基酸通过酰胺键（即肽键）缩合而成的化合物，一般以10个以上氨基酸分子缩合的称为多肽（也有3个以上氨基酸分子缩合称为多肽的）。由蛋白质水解制得，也可人工合成。多肽大多性质不稳定，长期贮存宜防潮，放在4℃以下的地方。

蛋白质　是细胞组成的基本物质，为各种α-氨基酸借酰胺键（即肽键）连接起来，形成一类高分子量多肽(蛋白质与多肽至今还没有明确的界线)。分子量很大可以达到数百万,甚至在千万以上,结构复杂,官能团性质多样。少数蛋白质也可以制成结晶状态。多数蛋白质可溶于水,而生成胶体溶液。不过,各种蛋白质的性质不同,在溶剂中溶解度也会不同。蛋白质的水溶液,振摇后能产生肥皂样的泡沫。一般煮沸蛋白质的水溶液,蛋白质即被凝固,浓乙醇也会使蛋白质凝固。蛋白质一般不溶于有机溶剂。蛋白质可以酶解或水解成为氨基酸。蛋白质易受潮受热而分解、发霉、变质,一般均应防潮,对一些极易受温度影响而变质的蛋白质制品,需贮存于4℃的环境。

27. 激素及甾族化合物

激素　激素具有能维持动物体内各种生理机能活动和代谢过程的协调,以及促进生长和繁殖等作用。激素在化学结构上可分为三大类:(1)含氮激素,包括氨基酸衍生物(如甲状腺素等),蛋白质类化合物(如胰岛素等),胺类衍生物(如肾上腺素等);(2)甾族化合物,主要是性激素和肾上腺皮质激素;(3)前列腺素,是不饱和脂肪酸类。最初,激素都由生物体内提取,现在大多数激素的化学结构都已知道,而且还可以人工合成。对激素原来只限于动物,目前已发展到植物,称为植物激素,也有称为植物生长调节剂,如脱落酸、赤霉素等。植物激素绝大部分是从微生物或动物的尿中分离出来,而其结构及化学活性也简单得多。

甾族化合物　又称类固醇,范围很广,如胆甾醇、麦角甾醇,胆酸、维生素D、雄性激素、雌性激素、肾上腺皮质激素、皂素等均为甾族化合物,广泛分布于动植物中。激素与甾族化合物品种很多,在贮存上,一般需防潮避光。对有些激素,特别对蛋白质一类的激素,还需在4℃以下保存。

28. 维生素及辅酶

维生素　维生素为生物生长和代谢所必需的微量有机物。大致可分为脂溶性维生素和水溶性维生素,前者能溶于脂肪,如A、D、E、K维生素等,后者能溶于水,如B族维生素和维生素C。B族维生素包括B_1、B_2、B_6、B_{12}、烟酸、叶酸、泛酸、胆碱等,它们大多数是某些辅酶的组成部分。现在许多维生素都可人工合成。

辅酶　辅酶是某些酶催化作用中所必需的非蛋白质小分子有机物质。同辅基的区别是,通常与酶蛋白没有紧密结合。许多辅酶是维生素的衍生物,有些辅酶(如辅酶Ⅰ、Ⅱ等)可改用化学名。维生素及辅酶,化学结构各异、物理性状不一。有些纯的维生素及辅酶需要避光冷藏。

29. 培养基　是供微生物、植物和动物组织生长和维持用的人工配制的养料,一般都含有碳水化合物、含氮物质、无机盐(包括微量元素)以及维生素和水等。有的培养基还含有抗菌素和色素。按所用原料不同,可分为两类:应用肉汤、马铃薯汁等天然成分配制的,称为天然培养基;应用化学药品配成并标明成分的,称为合成培养基或综合培养基。化学试剂中的培养基,大多为合成培养基。由于液体培养基不易长期保管,现在均改制成粉末。培养基由于配制的原料不同,使用要求不同,而贮存保管方面也稍有不同。一般培养基在受热、吸潮后,易被细菌污染或分解变质,因此一般培养基必须防潮、避光、阴凉处保存。对一些需严格灭菌的培养基(如组织培养基),较长时间的贮存,必须放在2℃~6℃的冰箱内。

30. 生物缓冲物质　又称为生物缓冲剂,为供生物学和生化学方面在分离、分析、合成等研究中调节、控制以及减少在其他化学反应中发生的氢离子浓度的变化用。生物缓冲物质的质量要求严格,如pKa值在6~8;在水系中要有较好的溶解性,在有机溶剂中要有极小的溶解性;对生物膜要无渗透性;受浓度、温度,以及介质中离子的影响要极小;能与阳离子形成可溶性络合物;干燥或溶液状态有极好的稳定性,能抗酶或非酶的降解;对可见光和紫外光有极小的吸收值等。生物缓冲物质大多为固体粉末,在贮存上一般无特别要求。

二、实验室常用玻璃器皿的洗涤液

所有化学实验必须使用清洁的玻璃仪器。应该养成实验用过的玻璃器皿立即洗涤的习惯。由于污垢的性质在当时是清楚的，用适当的方法进行洗涤是容易办到的，若时间长了，则会增加洗涤的难度。洗涤的一般方法是用水、洗衣粉、去污粉刷洗，刷子是特制的，如瓶刷、烧杯刷、冷凝管刷等，但用腐蚀性洗液时则不用刷子。若难以洗净时，则可根据污垢的性质选用适当的洗液进行洗净，如果是酸性的污垢用碱性洗液洗净，反之亦然；有机污垢用碱性或有机溶剂洗涤。下面是几种常用玻璃器皿洗液的配制方法。

1. 铬酸洗液　这种洗液氧化性很强，对有机污垢破坏力很强。倾去器皿内的水，慢慢倒入洗液，转动器皿，使洗液充分浸润不干净的器壁，数分钟后把洗液倒回洗液瓶中，用自来水冲洗器皿。若器壁上粘有少量炭化残渣，可加入少量洗液，浸泡一段时间后在小火上加热，直至冒出气泡，炭化残渣可被除去。

重铬酸钾清洁液

此液去污力强，配制方法较多，可按需要选择，常用配方如下：

成　　分	配方一	配方二	配方三
重铬酸钾	79g	60g	100g
硫酸（浓）	100mL	460mL	800mL
自来水	1000mL	300mL	200mL

制法：

（1）将重铬酸钾与自来水混合，加热溶化。

（2）待冷却后倒入酸缸，徐徐加入硫酸（切勿将水倒入硫酸中），加硫酸时需作好防护。

清洁液配制与使用注意事项：

（1）配制时应注意安全，必要时戴上耐酸手套和穿上耐酸围裙，并注意保护面部和身体裸露部位。

（2）先将重铬酸钾溶解于自来水中（可稍为加热），待冷却至室温后，徐徐加入浓硫酸，否则容易爆沸及造成意外事故。

（3）清洁液有很强的酸性和氧化能力，当玻璃器皿内残留大量有机物时，清洁液中的铬酸盐将迅速破坏而失效，因此，各类玻璃器皿需用肥皂水或洗洁精擦洗、自来水冲洗晾干后方可浸入清洁液中。

（4）当附有Hg++、Pb++、Ba++离子的玻皿浸于清洁液时，会形成不溶的沉淀物附着在玻壁上而难以除去，因此若玻皿内壁附有上述离子，应先用稀盐酸或稀硝酸处理后方可浸入硫酸清洁液。

（5）新配制的清洁液为红褐色，反复多次使用后逐渐变成绿色，表明清洁液已失效，不能再倒回洗液瓶中而应倒在指定地点。

2. 盐酸　浓盐酸可洗去附着在器壁上的二氧化锰，碳酸盐等污垢。

3. 碱性和合成洗涤剂　配成浓溶液即可。用于洗涤油脂等一些有机物。

4. 有机溶剂洗涤剂　当胶状或焦油状的有机污垢如用上述方法不能洗去时，可选用丙酮、乙醚、苯等有机溶剂浸泡，同时应加盖以避免溶剂挥发或用含NaOH的乙醇溶液亦可。用有机溶剂作洗涤剂时，使用后可回收重复利用。若用于精制或有机分析的器皿，除用上述方法处理外，还必须用去离子水冲洗。

5. 5%~10%磷酸三钠溶液　常用于洗涤玻璃器皿上的油污，但经常使用会使玻璃表面模糊不清。

6. 3%~10%乙二胺四乙酸二钠（EDTA钠）盐溶液

可洗脱附着于玻璃器皿内壁的白色沉淀。

器皿是否清洁的标志是：加水倒置，水顺着器壁流下，内壁被均匀湿润着一层薄的水膜，且不挂水珠。

器皿烘干后，包扎封口于干烤箱中放置或倒置于玻璃柜中。

三、真菌检验常用试剂的配制与储存

1. 溶液浓度常用的几种表示方法

(1)物质的量浓度(或简称物质的浓度) 某物质的物质的量浓度为某物质的物质的量除以混合物的体积。符号为cB或c(B)，B指某物质。cB的常用单位为mol/L。

(2)质量分数 某物质的质量分数是某物质的质量与混合物的质量之比。符号为wB，下角标写明具体物质的符号。如：HCl的质量分数为10，表示为wHCl=10%。

(3)质量浓度 符号为ρ，用下角标写明具体物质的符号，如物质B的质量浓度表示为ρB。它的定义是物质B的质量除以混合物的体积。单位为kg/L。

2. 标准碱溶液的配制

标准碱溶液可用氢氧化钠、氢氧化钾、氢氧化钡等溶液，用得最多的是氢氧化钠溶液。氢氧化钠有很强的吸湿性，也易吸收空气中的二氧化碳，因此不能用直接法配制标准溶液，而应先配成大致浓度的溶液，然后标定准确浓度。常用于标定氢氧化钠溶液的基准物质有邻苯二甲酸氢钾(或草酸)和标准酸溶液。用邻苯二甲酸氢钾作基准物时，称取在100℃～125℃下干燥过的分析纯邻苯二甲酸氢钾0.4 g(准确到小数点后第四位)，加入250 mL锥形瓶中，加蒸馏水20mL～30mL溶解。溶解后滴加1～2滴酚酞指示剂，再用待标定的碱液滴定，直到溶液刚好出现粉红色，并在摇动下保持半分钟不褪色就是终点。最后根据耗用碱液的体积(V碱)，按下式计算碱液的准确浓度(C碱)。

$$C_{碱}=\frac{m}{V_{碱}\frac{KHC_8H_4O_4}{1000}}=\frac{m}{V\times0.2042}$$

式中m是邻苯二甲酸氢钾的质量(g)。以标准酸作基准物时，从滴定管(或移液管)里放出25 mL标准酸液于250 mL锥形瓶中，加酚酞指示剂1～2滴，用待标定碱液滴定，直到溶液刚出现粉红色(摇动，半分钟不褪色)就是终点。最后根据耗用碱液体积(V碱)，按下式计算碱液的准确浓度(C碱)。

$$C_{碱}=\frac{C_{酸}\times V_{酸}}{V_{碱}}$$

3. 标准酸溶液的配制

标准酸溶液一般用分析纯盐酸配制，有时也用分析纯硫酸和分析纯硝酸等配制。盐酸标准溶液比较稳定，据实验证明，0.1mol/L盐酸煮沸1 h，没有明显的损失。硝酸标准溶液比较不稳定，因此只在必要时才用。标定酸的基准物质，最常用的是无水碳酸钠(或硼砂)和标准碱液。用碳酸钠作基准物，优点是容易制得纯品。碳酸钠强烈地吸湿，使用前必须在180℃的电炉内加热2~3h。然后放在干燥器中冷却后称取0.15g～0.2g(称到小数点后第四位)，加入250 mL锥形瓶中，用20～30mL蒸馏水溶解，加入甲基红指示剂2滴，用待标定的酸液滴定，直到溶液由黄色刚好变为红色为止。最后根据耗用酸液的毫升数(V酸)，按下式计算它的准确浓度(C酸)。

$$C_{酸}=\frac{m}{V_{酸}\times\frac{Na_2CO_3}{2\times1000}}=\frac{m}{V_{酸}\times0.053}$$

式中的m是碳酸钠的质量(g)。以标准碱液作基准物时，从滴定管里放出(或用移液管吸取)25 mL标准碱液于250 mL的锥形瓶中，加入甲基红指示剂1~2滴，用待标定的酸液滴定，直到溶液由黄色刚好变为红色就是终点。然后根据耗用酸液的体积(V酸)，按下式计算它的准确浓度(C酸)。

$$C_{酸}=\frac{C_{碱}\times V_{碱}}{V_{酸}}$$

4．检验真菌常用培养基的配制

马铃薯葡萄糖琼脂（PDA）

成分	配方
马铃薯（去皮切块）	300 g
葡萄糖	20 g
琼脂	20 g
蒸馏水	1000 mL

制法 将马铃薯去皮切块，加1000mL蒸馏水，煮沸10~20 min。用纱布过滤，补加蒸馏水至1000 mL。加入葡萄糖和琼脂，加热溶化，分装，121℃高压灭菌20 min。

用途 分离培养霉菌。

高盐察氏培养基

成分	配方
硝酸钠	2 g
磷酸二氢钾	1 g
硫酸镁（$MgSO_4 \cdot 7H_2O$）	0.5 g
氯化钾	0.5 g
硫酸亚铁	0.01 g
氯化钠	60 g
蔗糖	30 g
琼脂	20 g
蒸馏水	1000 mL

制法 加热溶解，分装后，115℃高压灭菌30 min。必要时，可酌量增加琼脂。

马铃薯琼脂

成分	配方
马铃薯（去皮切块）	200 g
琼脂	20 g
蒸馏水	1000 mL

制法 同马铃薯葡萄糖琼脂。

用途 鉴定霉菌用

察氏培养基

成分 硝酸钠3g，磷酸二氢钾1 g，氯化钾0.5 g，硫酸镁（$MgSO_4 \cdot 7H_2O$）0.5 g，硫酸亚铁0.01 g，蔗糖30 g，琼脂15~20 g，蒸馏水1000 mL。

制法 加热溶解，校正pH 6.6，分装三角瓶及试管，0.68MPa 10 min高压灭菌。如将糖量增至200~400 g，再加入硫酸锌（$ZnSO_4 \cdot 7H_2O$）0.01 g，硫酸铜（$CuSO_4 \cdot 5H_2O$）0.005 g，即成高糖察氏培养基，适用于培养高渗透压的霉菌。

乳酸—苯酚溶液

成分	配方
苯酚	10 g

乳酸(比重1.21) 10 g
甘油 20 g
蒸馏水 10 mL
制法 将苯酚在水中加热溶解,然后加入乳酸及甘油。
用途 检验真菌形态时用。
乳酸酚棉蓝染色液
成分 石炭酸20 g,乳酸20 g,甘油40 g,蒸馏水20 mL。
制法 上述乳酸酚各成分配完后,徐徐加热溶解,再加入棉蓝0.05 g,必要时可过滤。
用途 检验真菌形态时用。此种染色法使真菌染成蓝色。

四、常用缓冲溶液的配制

1. 磷酸盐缓冲液

磷酸氢二钠-磷酸二氢钠缓冲液的配制见表4-1。

表4-1 磷酸氢二钠-磷酸二氢钠缓冲液(0.2 mol/L)

pH	0.2 mol/L Na_2HPO_4(mL)	0.2 mol/L NaH_2PO_4(mL)	pH	0.2 mol/L Na_2HPO_4(mL)	0.2 mol/L NaH_2PO_4(mL)
5.8	8.0	92.0	7.0	61.0	39.0
5.9	10.0	90.0	7.1	67.0	33.0
6.0	12.3	87.7	7.2	72.0	28.0
6.1	15.0	85.0	7.3	77.0	23.0
6.2	18.5	81.5	7.4	81.0	19.0
6.3	22.5	77.5	7.5	84.0	16.0
6.4	26.5	73.5	7.6	87.0	13.0
6.5	31.5	68.5	7.7	89.5	10.5
6.6	37.5	62.5	7.8	91.5	8.5
6.7	43.5	56.5	7.9	93.0	7.0
6.8	49.0	51.0	8.0	94.7	5.3
6.9	55.0	45.0			

$Na_2HPO_4 \cdot 2H_2O$分子量=178.05;0.2 mol/L溶液为35.61 g/L。
$Na_2HPO_4 \cdot 12H_2O$分子量=358.22;0.2 mol/L溶液为71.64 g/L。
$NaH_2PO_4 \cdot H_2O$分子量=138.01;0.2 mol/L溶液为27.6 g/L。
$NaH_2PO_4 \cdot 2H_2O$分子量=156.03;0.2 mol/L溶液为31.21 g/L。

2. 邻苯二甲酸-盐酸缓冲液(0.05 mol/L)

X mL 0.2 mol/L邻苯二甲酸氢钾+Y mL 0.2 mol/L HCl,再加水稀释至20 mL。见表4-2。

表4-2　邻苯二甲酸-盐酸缓冲液（0.05 mol/L）

pH（20℃）	X	Y	pH　（20℃）	X	Y
2.2	5	4.670	3.2	5	1.470
2.4	5	3.960	3.4	5	0.990
2.6	5	3.295	2.6	5	0.597
2.8	5	2.642	3.8	5	0.263
3.0	5	2.032			

邻苯二甲酸氢钾分子量＝204.23。

0.2 mol/L邻苯二甲酸氢钾溶液含40.85g/L。

3．磷酸氢二钠-柠檬酸缓冲液

磷酸氢二钠-柠檬酸缓冲液的配制见表4-3。

表4-3　磷酸氢二钠-柠檬酸缓冲液的配制

pH	0.2 mol/L Na_2HPO_4（mL）	0.1 mol/L 柠檬酸（mL）	pH	0.2 mol/L Na_2HPO_4（mL）	0.1 mol/L 柠檬酸（mL）
2.2	0.40	19.60	5.2	10.72	9.28
2.4	1.24	18.76	5.4	11.15	8.85
2.6	2.18	17.82	5.6	11.60	8.40
2.8	3.17	16.83	5.8	12.09	7.91
3.0	4.11	15.89	6.0	12.63	7.37
3.2	4.94	15.06	6.2	13.22	6.78
3.4	5.70	14.30	6.4	13.85	6.15
3.6	6.44	13.56	6.6	14.55	5.45
3.8	7.10	12.90	6.8	15.45	4.55
4.0	7.71	12.29	7.0	16.47	3.53
4.2	8.28	11.72	7.2	17.39	2.61
4.4	8.82	11.18	7.4	18.17	1.83
4.6	9.35	10.65	7.6	18.73	1.27
4.8	9.86	10.14	7.8	19.15	0.85
5.0	10.30	9.70	8.0	19.45	0.55

Na_2HPO_4分子量＝141.98；0.2 mol/L溶液为28.40 g/L。

$Na_2HPO_4·2H_2O$分子量＝178.05；0.2 mol/L溶液为35.61 g/L。

$Na_2HPO_4·12H_2O$分子量＝358.22；0.2 mol/L溶液为71.64 g/L。

$C_6H_8O_7·H_2O$分子量＝210.14；0.1 mol/L溶液为21.01 g/L。

4. 柠檬酸-氢氧化钠-盐酸缓冲液

柠檬酸-氢氧化钠-盐酸缓冲液的配制见表4-4。

表4-4 柠檬酸-氢氧化钠-盐酸缓冲液

pH	钠离子浓度（mol/L）	柠檬酸（g）$C_6H_8O_7 \cdot H_2O$	氢氧化钠（g）NaOH 97%	盐酸（mL）HCl（浓）	最终体积（L）
2.2	0.20	210	84	160	10
3.1	0.20	210	83	116	10
3.3	0.20	210	83	106	10
4.3	0.20	210	83	45	10
5.3	0.35	245	144	68	10
5.8	0.45	285	186	105	10
6.5	0.38	266	156	126	10

使用时可以每升中加入1g酚，若最后pH值有变化，再用少量50%氢氧化钠溶液或浓盐酸调节，冰箱保存。

5. 柠檬酸-柠檬酸钠缓冲液（0.1 mol/L）

柠檬酸-柠檬酸钠缓冲液（0.1 mol/L）的配制见表4-5。

表4-5 柠檬酸-柠檬酸钠缓冲液（0.1 mol/L）

pH	0.1mol/L 柠檬酸（mL）	0.1mol/L 柠檬酸钠（mL）	pH	0.1 mol/L 柠檬酸（mL）	0.1 mol/L 柠檬酸钠（mL）
3.0	18.6	1.4	5.0	8.2	11.8
3.2	17.2	2.8	5.2	7.3	12.7
3.4	16.0	4.0	5.4	6.4	13.6
3.6	14.9	5.1	5.6	5.5	14.5
3.8	14.0	6.0	5.8	4.7	15.3
4.0	13.1	6.9	6.0	3.8	16.2
4.2	12.3	7.7	6.2	2.8	17.2
4.4	11.4	8.6	6.4	2.0	18.0
4.6	10.3	9.7	6.6	1.4	18.6
4.8	9.2	10.8			

柠檬酸：$C_6H_8O_7 \cdot H_2O$ 分子量=210.14；0.1 mol/L溶液为21.01 g/L。

柠檬酸钠：$Na_3C_6H_5O_7 \cdot 2H_2O$ 分子量=294.12；0.1 mol/L溶液为29.41 g/L。

6．乙酸-乙酸钠缓冲液（0.2 mol/L）

乙酸-乙酸钠缓冲液（0.2 mol/L）的配制见表4-6。

表4-6　乙酸-乙酸钠缓冲液（0.2 mol/L）

pH（18℃）	0.2 mol/L NaAc （mL）	0.2 mol/L HAc （mL）	pH（18℃）	0.2 mol/L NaAc （mL）	0.2 mol/L HAc （mL）
3.6	0.75	9.35	4.8	5.90	4.10
3.8	1.20	8.80	5.0	7.00	3.00
4.0	1.80	8.20	5.2	7.90	2.10
4.2	2.65	7.35	5.4	8.60	1.40
4.4	3.70	6.30	5.6	9.10	0.90
4.6	4.90	5.10	5.8	6.40	0.60

$NaAc\cdot 3H_2O$分子量＝136.09；0.2 mol/L溶液为27.22 g/L。

冰乙酸11.8 mL稀释至1 L（需标定）。

7．磷酸二氢钾-氢氧化钠缓冲液（0.05 mol/L）

X mL 0.2 mol/L KH2PO4+Y mL 0.2 mol/L NaOH 加水稀释至20 mL。见表4-7。

表4-7　磷酸二氢钾-氢氧化钠缓冲液（0.05 mol/L）

pH （20℃）	X（mL）	Y（mL）	pH（20℃）	X（mL）	Y（mL）
5.8	5	0.372	7.0	5	2.963
6.0	5	0.570	7.2	5	3.500
6.2	5	0.860	7.4	5	3.950
6.4	5	1.260	7.6	5	4.280
6.6	5	1.780	7.8	5	4.520
6.8	5	2.365	8.0	5	4.680

8．甘氨酸-盐酸缓冲液（0.05 mol/L）

X mL 0.2 mol/L甘氨酸＋Y mL 0.2 mol/L HCl，再加水稀释至200 mL。详见表4-8。

表4-8　甘氨酸-盐酸缓冲液（0.05 mol/L）

pH	X	Y	pH	X	Y
2.2	50	44.0	3.0	50	11.4
2.4	50	32.4	3.2	50	8.2
2.6	50	24.2	3.4	50	6.4
2.8	50	16.8	3.6	50	5.0

甘氨酸分子量＝75.07。

0.2 mol/L甘氨酸溶液含15.01 g/L。

9．巴比妥钠-盐酸缓冲液

巴比妥钠-盐酸缓冲液的配制见表4-9。

表4-9 巴比妥钠-盐酸缓冲液

pH（18℃）	0.04 mol/L 巴比妥钠(mL)	0.2 mol/L HCl（mL）	pH（18℃）	0.04 mol/L 巴比妥钠(mL)	0.2 mol/L HCl（mL）
6.8	100	18.4	8.4	100	5.21
7.0	100	17.8	8.6	100	3.82
7.2	100	16.7	8.8	100	2.52
7.4	100	15.3	9.0	100	1.65
7.6	100	13.4	9.2	100	1.13
7.8	100	11.47	9.4	100	0.70
8.0	100	9.39	9.6	100	0.35
8.2	100	7.21			

巴比妥钠分子量＝206.18；0.04 mol/L溶液为8.25 g/L。

10．Tris-HCl缓冲液(0.05 mol/L)

50 mL 0.1mol/L三羟甲基氨基甲烷(Tris)溶液与X mL 0.1mol/L盐酸混匀并稀释至100 mL。见表4-10。

表4-10 Tris-HCl缓冲液(0.05 mol/L)

pH （25℃）	X （mL）	pH （25℃）	X （mL）
7.10	45.7	8.10	26.2
7.20	44.7	8.20	22.9
7.30	43.4	8.30	19.9
7.40	42.0	8.40	17.2
7.50	40.3	8.50	14.7
7.60	38.5	8.60	12.4
7.70	36.6	8.70	10.3
7.80	34.5	8.80	8.5
7.90	32.0	8.90	7.0
8.00	29.2		

Tris分子量＝121.14 ；0.1 mol/L溶液为12.114 g/L。Tris溶液可从空气中吸收二氧化碳，使用时注意将瓶盖严。

11．硼酸-硼砂缓冲液（0.2 mol/L硼酸根）

硼酸-硼砂缓冲液（0.2 mol/L硼酸根）的配制见表4-11。

表4-11 硼酸-硼砂缓冲液（0.2 mol/L硼酸根）

pH	0.05 mol/L 硼砂（mL）	0.2 mol/L 硼酸（mL）	pH	0.05 mol/L 硼砂（mL）	0.2 mol/L 硼酸（mL）
7.4	1.0	9.0	8.2	3.5	6.5
7.6	1.5	8.5	8.4	4.5	5.5
7.8	2.0	8.0	8.7	6.0	4.0
8.0	3.0	7.0	9.0	8.0	2.0

硼砂：$Na_2B_4O_7 \cdot 10H_2O$分子量＝381.43；0.05 mol/L溶液（等于0.2 mol/L硼酸根）含19.07 g/L。

硼酸：H_3BO_3分子量＝61.84；0.2 mol/L的溶液为12.37 g/L。

硼砂易失去结晶水，必须在带塞的瓶中保存。

12．甘氨酸-氢氧化钠缓冲液（0.05 mol/L）

X mL 0.2 mol/L甘氨酸＋Y mL 0.2 mol/L NaOH加水稀释至200 mL。见表4-12。

表4-12 甘氨酸-氢氧化钠缓冲液（0.05 mol/L）

pH	X （mL）	Y （mL）	pH	X （mL）	Y （mL）
8.6	50	4.0	9.6	50	22.4
8.8	50	6.0	9.8	50	27.2
9.0	50	8.8	10	50	32.0
9.2	50	12.0	10.4	50	38.6
9.4	50	16.8	10.6	50	45.5

甘氨酸分子量＝75.07；0.2 mol/L溶液含15.01 g/L

13、硼砂-氢氧化钠缓冲液（0.05 mol/L硼酸根）

X mL 0.05 mol/L硼砂＋Y mL 0.2 mol/L NaOH加水稀释至200 mL。见表4-13。

表4-13 硼砂-氢氧化钠缓冲液（0.05 mol/L硼酸根）

pH	X（mL）	Y（mL）	pH	X（mL）	Y（mL）
9.3	50	6.0	9.8	50	34.0
9.4	50	11.0	10.0	50	43.0
9.6	50	23.0	10.1	50	46.0

硼砂$Na_2B_4O_7 \cdot 10H_2O$分子量＝381.43；0.05 mol/L硼砂溶液（等于0.2 mol/L硼酸根）为19.07 g/L。

14．碳酸钠-碳酸氢钠缓冲液（0.1 mol/L）

碳酸钠-碳酸氢钠缓冲液（0.1 mol/L）的配制见表4-14。

表4-14　碳酸钠-碳酸氢钠缓冲液（0.1 mol/L）

pH		0.1 mol/L Na_2CO_3（mL）	0.1 mol/L $NaHCO_3$（mL）
20℃	37℃		
9.16	8.77	1	9
9.40	9.22	2	8
9.51	9.40	3	7
9.78	9.50	4	6
9.90	9.72	5	5
10.14	9.90	6	4
10.28	10.08	7	3
10.53	10.28	8	2
10.83	10.57	9	1

$Na_2CO_3 \cdot 10H_2O$分子量＝286.2；0.1 mol/L溶液为28.62 g/L。

$NaHCO_3$分子量＝84.0；0.1 mol/L溶液为8.40 g/L。

五、寄生虫检验常用试剂的配制与储存

目前，寄生虫病还是危害动物健康的重要疾病。因此对寄生虫的检验工作是一项非常重要和基本的技术。对寄生虫的检验不仅要能熟悉各种寄生虫的生活史及它们各个时期的形态特征，而且要求掌握对各种标本的处理技术（如取材、制片、染色、镜检）及必要的免疫学等检验方法。寄生虫检验常用试剂包括漂浮剂、固定剂、透明剂、染色液、保存液等。

1．漂浮剂

（1）饱和盐水　在1000 mL水中加食盐380 g，煮沸溶解放凉后用棉花滤过即成。比重约1.18。适合于样本较少或半小时出结果时。

（2）饱和糖溶液　在1000 mL水中煮沸加白糖至不再溶解为止。

（3）饱和硫酸锌溶液　在1000 mL水中加硫酸锌至不再溶解为止。

（4）硫代硫酸钠溶液　在1000 mL水中加硫代硫酸钠17.50 g，比重约1.4。

（5）50%甘油水溶液　在50 mL水中加纯甘油50 mL，混匀。

2．染色液和透明剂

（1）姬姆萨染液　取市售姬氏染色粉0.5 g，中性纯甘油25 mL，无水中性甲醇25 mL。先将姬氏染色粉置研钵中，加少量甘油充分研磨，再加再磨，直到甘油全部加完为止，倒入棕色玻瓶中。然后分几次用少量甲醇冲洗钵中的甘油染粉，倒入玻瓶，直至25 mL甲醇用完为止，塞紧瓶塞，充分摇匀，置65℃温箱内24 h或室温内一周过滤。

（2）瑞氏染液　瑞氏染剂（Wright）粉0.1~0.5 g，甲醇97 mL，甘油3 mL。将瑞氏染剂加入甘油中充分研磨，然后加入少量甲醇，研磨后倒入瓶内，再分几次用甲醇冲洗研钵中的甘油溶液，倒入瓶内，直至用完为止，摇匀，24 h后过滤待用。一般1~2周后再过滤。

(3)明矾苏木素 由甲乙二液合成,甲液以苏木素1.0 g,无水乙醇12 mL配成;乙液以明矾1.0 g溶于240 mL蒸馏水内。使用前临时以甲液2~3滴加入乙液数毫升内,即成。

(4)苏木素染液 将苏木素1 g溶于10 mL无水乙醇内,再加蒸馏水200 mL,放置3~4周。

(5)1%伊红 称取1 g伊红,加入99 mL蒸馏水内。

(6)0.42%盐酸 蠕虫幼虫染色时脱色用。

(7)碘酒精 加碘到70%酒精中使呈深琥珀色。

(8)碘液 以碘片2 g,碘化钾4 g和蒸馏水100 mL配成。

(9)美蓝染液 以美蓝在95%酒精中的饱和溶液(约为1.48%)1份,加pH 11的缓冲液9份。pH 11的缓冲液是用0.53%的碳酸钠(Na_2CO_3)溶液97.3 mL,加1.91%的硼砂($Na_2B_4O_7 \cdot 10H_2O$)溶液2.7 mL。

(10)德氏苏木素染液 先将苏木素4 g溶于95%酒精25 mL中,再向其中加入400 mL和饱和铵明矾(Ammonium Alum)溶液(约含铵明矾11%)。将此混合液暴露于日光及空气中3~7 d(或更长时间),待其充分氧化成熟,再加入甘油100 mL和甲醇100 mL保存,并待其颜色充分变暗,滤纸过滤,装于密闭的瓶中备用。

(11)盐酸卡红染色液 在15 mL蒸馏水中加入盐酸2 mL,煮沸,趁热加入卡红染料粉4 g,再加入85%酒精95 mL,再滴加浓氨水以中和,待出现沉淀,放冷,过滤,滤液即为盐酸卡红染色液。用于染色吸虫标本。

(12)硼砂卡红染色液 以4%硼砂($Na_2B_4O_7$)溶液100 mL,加卡红染料粉1g,加热使溶解,再加入70%酒精100 mL,过滤,滤液即为硼砂卡红染色液。用于染色吸虫标本。

(13)乳酚透明剂 系由甘油2份,乳酸1份,石炭酸1份和蒸馏水1份混合而成。用来透明线虫。

(14)石炭酸透明剂 系指含水10%的纯石炭酸溶液。

(15)10%氢氧化钠 在检查螨虫时对皮屑的溶解透明。

(16)绦虫透明液 配方:蒸馏水50 mL,阿拉伯胶30 g,水合氯醛200 g,甘油20 mL。配法:先将蒸馏水和阿拉伯胶混合,放置水洛中加热,不断用玻棒搅动,待胶完全溶解后,加入水合氯醛,最后加入甘油。全溶后,用纱布过滤,装瓶备用。日久变浓,加少量蒸馏水仍可使用。

3. 固定剂

(1)甲醇 市售分析纯,用来固定血片。

(2)邵氏固定液 氯化高汞饱和水溶液2份,95%乙醇1份,混匀。使用前在每100 mL中加冰醋酸5~10 mL。用来固定原虫玻片。

(3)福尔马林固定液 有4%福尔马林液、10%福尔马林液、20%福尔马林液等。取1份市售40%甲醛(福尔马林)1份与9份蒸馏水混合即得4%福尔马林液。

(4)劳氏固定液 适用于小型吸虫。取饱和升汞水溶液(约含升汞7%)100mL加冰醋酸2 mL,混合即成。

(5)酒精-福尔马林-醋酸(A.F.A.)固定液 本液以95%乙醇50份,福尔马林(市售40%甲醛)10份,醋酸2份,蒸馏水40份混合而成。

(6)70%酒精 向500 mL无水酒精中加入蒸馏水214 mL,或向95%酒精500mL中加入蒸馏水178.3 mL。用于固定绦虫虫体、线虫虫体和蜱螨等。

(7)Bovin氏液 苦味酸饱和水溶液(1.22%)75 mL,福尔马林(市售40%甲醛)25 mL,冰醋酸5 mL,三者混合即成。用于固定线虫虫体。

(8)原色标本固定液 福尔马林(市售40%甲醛)200 mL,硝酸钾15 g,醋酸钾30 g,蒸馏水1000 mL。

4. 标本保存液

(1)5%甘油　用来保存小型吸虫。

(2)加有5%甘油的70%酒精　将5 mL甘油加入70%酒精95 mL内混匀即成。用来保存小型虫体。

(3)4%福尔马林液　用来保存小型虫体。

(4)加有5%甘油的80%酒精　将5 mL甘油加入80%酒精95 mL内混匀即成。用来保存线虫虫体。

(5)巴氏液　用市售40%甲醛(福尔马林)30 mL,氯化钠7.5 g,水1000mL混合而成。用来保存线虫虫体或虫卵。

(6)虫卵沉淀保存液　福尔马林10 mL,95%酒精30 mL,甘油40 mL,蒸馏水56 mL,混合而成。用来保存虫卵。

(7)甘油明胶　用甘油100 mL,明胶(Gelatin)20 g,蒸馏水125 mL,石炭酸2.5 g配成,用来封存虫卵玻片。

(8)洪氏液　以鸡蛋白50 mL,福尔马林40 mL,甘油10 mL三者混匀于瓶中,加塞振荡,彻底均匀后待其中气泡上升逸去,最后倒入平皿中,置干燥器内吸去其中水分,待液体仅占原容量的一半时,即可取出装入瓶中,密封待用。用来封存虫卵玻片。

(9)原色标本保存液　甘油200 mL,醋酸钾100 g,麝香草酚蓝2.5 g,蒸馏水1000 mL,混合即成。

六、常用染色液的配制

1. 番红水液　番红0.1 g溶入蒸馏水,定容至100 mL。

2. 番红酒液　番红0.5 g或1 g溶入50%酒精,定容至100 mL。

3. 固绿染液　固绿0.1 g溶入95%酒精,定容至100 mL。

4. 碘-碘化钾染液　碘化钾溶入100 mL蒸馏水,再加入1 g碘,溶解后即可使用。

5. 苏丹Ⅲ(或Ⅳ)染液　将0.1 g苏丹Ⅲ或Ⅳ溶解在50 mL丙酮中,再加入70%酒精50 mL。

6. 改良苯酚品红染液

原液A:将3 g碱性品红溶入100 mL 70%酒精,此液可长期保存。

原液B:将10 mL A液加入到90 mL 5%苯酚水溶液中。

原液C:将55 mLB液加入到6 mL的冰醋酸和6 mL的38%的甲醛中。

染色液:取C液20 mL,加45%冰醋酸80 mL,充分混匀,再加入1 g山梨醇,放置14 d后使用,可保存3年。

7. 间苯三酚染液　将5 g间苯三酚溶入100 mL 95%酒精(若溶液呈黄色,即为失效)。

8. 中性红染液　将0.1 g中性红溶入100 mL蒸馏水,用时稀释10倍。

9. 龙胆紫染液　将0.2 g龙胆紫溶入100 mL蒸馏水。现常用结晶紫代替。必要时可将医用紫药水稀释5倍后代用。

10. 铁醋酸洋红染液　先将100 mL 45%醋酸水溶液置入200 mL的锥形瓶中煮沸,移去火苗,然后慢慢地分多次加入1 g洋红粉末(切记不可一次倒入)。待全部倒入后,再煮沸1~2 min,并悬入一生锈的小铁钉于染液中,过1 min后取出,使染色剂略含铁质,以增加染色性能。静置12 h后过滤于棕色瓶中备用(置于避光处)。

11. 苏木精染液　苏木精的配方很多,常用的有如下3种:

配方Ⅰ:苏木精水溶液

0.5 g苏木精溶入100 mL煮沸的蒸馏水中,静置24 h后可使用。

配方Ⅱ:代氏苏木精

甲液:苏木精1 g + 无水酒精6 mL

乙液:硫酸铝铵(铵矾)10 g + 蒸馏水100 mL

丙液:甘油25 mL + 甲醇25 mL

分别配制甲、乙两液,将甲液一滴滴地加入乙液中,充分搅拌后,放入广口瓶中用纱布蒙住瓶口,置于温暖和光线充足处7 ~ 10 d,再加入丙液,混匀后静置1 ~ 2月,至颜色变为深紫色后,过滤备用,可长期保存。

配方Ⅲ:爱氏苏木精(Ehrlich's haematoxylin)

苏木精1 g + 无水或95%酒精50 mL + 蒸馏水50 mL + 甘油50 mL + 冰醋酸5 mL + 硫酸铝钾(钾矾)3 ~ 5 g。配制时,先将苏木精溶于酒精中,然后依次加入蒸馏水、甘油和冰醋酸,最后加入研细的钾矾,边加边搅拌,直到瓶底出现钾矾结晶为止。混合后溶液颜色呈淡红色,放入广口瓶中,用纱布封口,自然氧化1 ~ 2月,至颜色变为深红色时即可过滤备用,可长期保存。

12. 席夫试剂(Schiff's regent) 将0.5 g碱性品红溶入煮沸的蒸馏水,搅拌使其充分溶解。冷却至50℃时,过滤于棕色细口瓶中,加入10 mL 1 mol/L盐酸。冷却至25℃左右,加入1 g偏亚硫酸钾或钠($K_2S_2O_5$或$Na_2S_2O_5$),振荡使其溶解,密封瓶口,置于黑暗低温处过夜。次日检查,若染色液透明无色或呈淡茶色,即可使用。若染色较深,可加入少量优质活性炭(0.5-2 g),振荡1 min,置于4℃冰箱中过夜,过滤使用。此液配好后,应塞紧瓶塞,外包黑纸,贮藏于冰箱中。

13. 硫堇染液 将0.25 g硫堇粉末,溶于100 mL蒸馏水中,即可使用。使用此液时,需用微碱性自来水封片或用1%$NaHCO_3$水溶液封片,能产生多色反应。

14. 亚甲基蓝染液 0.1 g亚甲基蓝溶入100 mL蒸馏水即可。

15. 詹纳斯绿B(Janus green B)染液 5.18 g詹纳斯绿溶入100 mL蒸馏水,配成饱和水溶液。用时需稀释,稀释倍数应视材料而异。

16. 苏木精-曙红(HE)染液

曙红(Eosin),酸性染料,为最优良的动物细胞染料,与苏木精配合使用(复染)对动物组织进行对比染色。

苏木精的染液的配方同上。曙红有以下配制方法:

配方Ⅰ:曙红0.5 g + 95%酒精100 mL

配方Ⅱ:曙红0.5 g + 蒸馏水100 mL

配方Ⅲ:曙红0.5 g + 95%酒精25 mL +蒸馏水75 mL

17. 石碳酸复红染色剂 碱性复红(basic fuchsin)0.5 g,溶于95%酒精10 mL;石碳酸5 g,溶于蒸馏水95 mL,两液混合,摇匀,用滤纸过滤。保存原液,用时稀释5 ~ 10倍。

18. 吕氏美蓝染色剂 美蓝酒精饱和液,美蓝(methylene blue)5g溶于95%酒精30 mL;0.01% KOH水溶液100 mL,二液混合,过滤。

19. 革兰氏染色剂

结晶紫(crystal violet)染液:

甲液 结晶紫2 g,95%乙醇20 mL。

乙液 草酸铵0.8 g,蒸馏水80 mL。

结晶紫与酒精混匀,搅拌至溶解;草酸铵溶于蒸馏水中,二液混合,摇匀,静置48h后使用。此液置棕色瓶中可保存数月。亦常用于简单染色。

卢戈(Lugol)氏碘液:碘片(I_2)1 g,碘化钾(KI)2 g,蒸馏水300 mL。先用少量蒸馏水溶解碘化钾,再投入碘片，溶解后，加入余下的蒸馏水，置棕色瓶中。可保存数月。

0.5%番红　番红O(safraninO，藏红O)0.5 g，溶于95%酒精20 mL，再加蒸馏水80 mL。

20. 芽孢染色剂　孔雀绿染液：孔雀绿(malachita green)5 g，加少量蒸馏水搅拌溶解，稀释至100 mL，静置半小时，过滤后保存。

21. 鞭毛染色剂

甲液　单宁酸5 g，三氯化铁($FeCl_3$)1.5g，福尔马林(15%)2 mL，1%氢氧化钠(NaOH)1 mL，蒸馏水100 mL。用蒸馏水溶解单宁酸、三氯化铁，再加入福尔马林、氢氧化钠。

乙液　硝酸银($AgNO_3$)2 g，蒸馏水100 mL，搅拌至溶解，取出10 mL备用；向其余90 mL硝酸银中滴加浓氨水(NH_4OH)，即形成浓厚的沉淀，继续加至沉淀刚刚消失，成为澄清溶液。向此澄清液中缓缓滴入备用的硝酸银液，可出现薄雾，轻轻摇动，直至薄雾经摇后不消失为止。注意切勿过量!

第二节　实验材料的处理与准备

实验前的准备工作相当重要，对顺利、及时、准确完成兽医诊断检测工作起决定性作用。因此，实验前准备工作是提高诊断检测速度、保证诊断检测质量的有效手段，做好实验前准备工作，能获得事半功倍的效果。

实验前准备工作包括实验前仪器准备、试剂准备、玻璃器皿准备和样品准备等四个方面。兽医实验操作中会涉及一系列实验仪器，任何仪器使用不当均可导致实验失败或仪器使用寿命缩短、仪器损坏等。因此在进行操作前细致地了解各种仪器的使用方法及注意事项，做好实验前仪器设备的维修、调试和保养，对诊断检测工作能起到事半功倍的效果。关于实验室仪器的调试和准备等请参考第三章仪器设备相关内容。本节重点叙述试剂、玻璃器皿和样品的准备等内容。

一、实验前试剂准备

对样品的检验首先要考虑该样品的检验应该使用哪种检验方法。对已知的检验方法，要有一个整体的思考：方法有哪些步骤，每个步骤需要哪些试剂，这些是否已经准备完善；实验室没有但必须要用的试剂要及时去准备；在购置试剂时，首先要查看生产厂家的有关证件及产品合格证，保证试剂的质量，注意有效期，一次购买量最好在有效期内用完为宜。试剂按照瓶签说明的保存条件保存。没有或者过期的试剂要及时配制或处理。试验前根据检测标本数量确定所需试剂的量(数量、体积)，并按说明书将所用试剂平衡至室温，配制所需试剂。试验所用自备试剂最好在实验前现配，以保持其新鲜度。如ELISA试验中配制新鲜的缓冲液就对试验是否成功起着至关重要的作用。公用的试剂第一次用时要做质检，并注明配制时间和配制人，实验室中每个人都应该有个单字母缩写的名字。配液体时要记录试剂的批号、生产厂家、保质期等相关内容。所有的试剂都要及时详细标记好，如日期、名称、浓度等。加入试剂之前，事先混匀一下，以免放置时间长了浓度不均。由于绝大多数试剂在每批试剂盒中是特异的，因此注意不能混用不同试剂盒或不同批号的试剂，商品化的试剂盒所需加入的标本体积是优化的，应按说明书操作，不建议更改所加标本的体积。试验完毕，参照说明书要求保存试剂盒和其中的组份。

二、实验前玻璃器皿准备

为确保实验顺利地进行，要求实验前把实验所用的玻璃器皿清洗干净。为保持灭菌后的无菌状态，需要对培养皿、吸管等进行包扎，对试管和三角瓶等加塞棉塞。这些工作看起来很普通简单，但如操作不当或不按操作规定去做，则会影响实验结果，甚至会导致试验的失败。

1．玻璃器皿的清洗

(1)新购玻璃器皿的洗涤

①将器皿先用洗衣粉水洗净，放入2%盐酸溶液中浸泡数小时，以除去游离的碱性物质，用流水冲净，最后用蒸馏水冲洗2～3次后晾干备用。

②对容量较大的器皿，如大烧瓶、量筒等，洗净后注入浓盐酸少许，转动容器使其内部表面均沾有盐酸，数分钟后倾去盐酸，用流水冲净，再用蒸馏水冲洗2～3次后倒置于洗涤架上晾干，备用。

(2)常用旧玻璃器皿的洗涤

①确实无病原菌或未被带菌物污染的器皿，使用前后，可按常规用洗衣粉水进行刷洗。

②吸取过化学试剂的吸管，先浸泡于清水中，待达到一定数量后再集中进行清洗，方法同上。

(3)带菌玻璃器皿的洗涤

凡实验室用过的菌种以及带有活菌的各种玻璃器皿，必须经过高温灭菌或消毒后才能进行刷洗。

①带菌培养皿、试管、三角瓶等物品，做完实验后放入消毒桶内，用0.1 MPa灭菌20～30 min后再刷洗。含菌培养皿的灭菌，底、盖要分开放入不同的桶中，再进行高压灭菌。

②带菌的吸管、滴管，使用后不得放在实验台上，应立即分别放入盛有3%~5%来苏尔或5%石炭酸或0.25%新洁尔灭溶液的玻璃缸(筒)内消毒24 h后，再经0.1 MPa灭菌20 min，取出冲洗。

③带菌载玻片及盖玻片，使用后不得放在实验台上，应立即分别放入盛有3%~5%来苏儿或5%石炭酸或0.25%新洁尔灭溶液的玻璃缸(筒)内消毒24 h后，用夹子取出经清水冲干净。

如用于细菌染色的载玻片，要放入50 g/L肥皂水中煮沸10 min，然后用肥皂水洗，再用清水洗干净。

最后将载玻片浸入95%酒精中片刻，取出用软布擦干或晾干，保存备用。

若用肥皂液不能洗净的器皿，可用洗液浸泡适当时间后再用清水洗净。

④含油脂带菌器皿，应先单独高压灭菌，用0.1 MPa灭菌20～30 min→趁热倒去污物→倒放在铺有吸水纸的篮子上→用100℃烘烤0.5 h→用5%的碳酸氢钠水煮两次→再用肥皂水刷洗干净。

2．玻璃器材的晾干或烘干

(1)不急用的玻璃器材

可放在实验室中自然晾干。

(2)急用的玻璃器材

把器材放在托盘中(大件的器材可直接放入烘箱中)，再放入烘箱内，用80℃~120℃烘干，当温度下降到60℃以下后再打开取出器材使用。

3．器皿的包扎

要使灭菌后的器皿保持无菌状态，需在灭菌前进行包扎。

(1)培养皿

洗净的培养皿烘干后每10套(或根据需要而定)叠在一起，用牢固的纸卷成一筒，或装入特制的铁桶中，然后进行灭菌。

(2)吸管

洗净、烘干后的吸管，在吸口的一头塞入少许脱脂棉花，以防在使用时造成污染。塞入的棉花量要适宜，多余的棉花可用酒精灯火焰烧掉。每支吸管用一条宽约4～5 cm的纸条，以30°～50°的角度螺旋形卷起来，吸管的尖端在头部，另一端用剩余的纸条打成一结，以防散开，标上容量，若干支吸管包扎成一束进行灭菌。使用时，从吸管中间拧断纸条，抽出吸管。

(3)试管和三角瓶

试管和三角瓶都需要做合适的棉塞，棉塞可起过滤作用，避免空气中的微生物进入容器。制作棉塞时，要求棉花紧贴玻璃壁，没有皱纹和缝隙，松紧适宜。过紧易挤破管口和不易塞入；过松易掉落和污染。棉塞的长度不小于管口直径的2倍，约2/3塞进管口。

采用塑料试管塞时，可根据所用的试管的规格和试验要求来选择和采用合适的塑料试管塞。

若干支试管用绳扎在一起，在棉花部分外包裹油纸或牛皮纸，再用绳扎紧。三角瓶加棉塞后单个用油纸包扎。

4．玻璃器材的灭菌

常用的灭菌方法有干热灭菌法和湿热灭菌法。

(1)干热灭菌法

①将包扎好的玻璃器皿摆入电热烘箱中，相互间要留有一定的空隙，以便空气流通。

②关紧箱门，打开排气孔，接上电源。

③待箱内空气排出到一定程度时，关闭上排气孔，加热至灭菌温度后，固定温度进行灭菌：160℃～165℃保持2 h。2 h后切断电源。

④待烘箱内温度自然降温冷却到60℃以下后，再开门取出玻璃器皿，避免由于温度突然下降而引起玻璃器皿碎裂。

(2)高压蒸汽灭菌法(湿热灭菌法)

①关好排水阀门，放入纯净水或蒸馏水至标度。注意水量一定要加足，否则容易造成事故。

②将需要灭菌的器材装入灭菌锅中，加盖密封。旋紧螺旋时，先将每个螺旋旋转到一定程度(不要太紧)，然后再旋紧相对的两个螺旋，以达到平衡旋紧，否则易造成漏气，达不到彻底灭菌的目的。

③通电加温，打开排气阀，排尽锅内的冷空气。通常当压力表指针升至5磅或0.05 MPa时，打开排气阀放气，待压力表指针降至0点一小段时间后，再关闭排气阀。即排气阀冲出的全部是蒸汽时则表示冷空气排放彻底，此时可关闭排气阀，如果过早关闭排气阀，排气不彻底，就达不到彻底灭菌的目的。

④恒温灭菌，0.1 MPa或15磅压力保持20～30 min。压力表的指针上升时，锅内温度也逐渐升高，当压力表指针升至0.1 MPa时或15磅时，锅内温度相当于120℃～121℃，此时开始计算灭菌时间，控制热源，使处于0.1MPa或15磅压力保持30 min，即能达到完全灭菌的目的，然后停止加温。

⑤降温，自然降温或打开排气阀排气降温。稍微打开一点排气阀，使锅内蒸汽缓慢排除，然后逐渐开大排气阀，气压徐徐下降，注意勿使排气过快，否则会使锅内的培养基沸腾而冲脱或沾染棉花塞，但排气太慢又使培养基在锅内，受高温处理时间过长，对培养基也是不利的。一般从排气到打开锅盖以10 min左右为好。

⑥当锅内蒸汽完全排尽时即压力表指针降到0时，要立即打开锅盖。

⑦取出灭菌物品，当锅内温度下降到60℃左右时取出器材。

⑧最后将高压灭菌器内的剩余水排出。

三、实验前样品准备

兽医实验中提到的样品一般分为四大类，有病毒学检测样品：脑、肺、脾脏、肝脏、扁桃体、淋巴结等样品；血清学检验样品；细菌学检测样品：脾脏、肝脏、心脏、肾脏、血涂片等材料；寄生虫学检测样品：肠道、粪便、皮肤、血液等。实验样品的处理主要指病毒分离前样品的处理。

1．病毒分离前样品的处理方法

病毒含量较高的样品如浸出液或体液，可不经过病毒分离直接用于诊断鉴定。病毒含量较少的样品，则需通过病毒的分离增殖来提高诊断的准确性和鉴定的可靠性。病毒分离首先要对样品进行适当的处理，然后接种实验动物或培养的组织细胞。

(1)组织样品的处理

①用无菌操作取一小块样品，充分剪碎，置乳钵中加玻璃砂研磨或用组织捣碎机制成匀浆，随后加1～2 mL Hank's平衡盐溶液制成组织悬液，再加1～2mL继续研磨，逐渐制成10%～20%的悬液；

②加入复合抗生素；

③以800×g离心15 min；

④取上清液用于病毒分离。必要时可用有机溶剂去除杂蛋白和进行浓缩。

(2)粪便样品的处理

①加4 g的粪便于16 mL Hank's平衡盐溶液中制成20%的悬液；

②于密闭的容器中强烈振荡30 min，如果可能则加入玻璃球；

③以6000×g低温离心30 min，取上清液再次重复离心；

④用450 nm的微孔滤膜过滤；

⑤加二倍浓度的复合抗生素。然后直接用于病毒分离或进行必要的浓缩后再行病毒分离。

(3)无菌的体液(腹水、脊髓液、脱纤血液、水泡液等)和鸡胚液样品

可不做处理，直接用于病毒分离。

(4)样品的特殊除菌处理

样品经过上述一般处理即可用于病毒分离，但对某些样品用一般方法难以去除的污染，则应考虑配合如下方法进行处理。

①乙醚除菌　对有些病毒(如肠道病毒、鼻病毒、呼肠孤病毒、腺病毒、小RNA病毒等)对乙醚有抵抗力，可用冷乙醚对半加入样品悬液中充分振荡，置4℃过夜。取用下层水相分离病毒。

②染料普鲁黄除菌　由于其对肠道病毒和鼻病毒很少或没有影响，常用作粪或喉头样品中细菌的光动力灭活剂。将样品用0.0001 mol/L pH 9.0的普鲁黄于37℃作用60 min，随后用离子交换树脂除去染料，将样品暴露于白光下，即可使其中已经被光致敏的细菌或霉菌灭活。

③过滤除菌　可用陶土滤器、瓷滤器、石棉滤器或者200 nm孔径的混合纤维素酯微孔滤膜等除菌，但对病毒有损失。

④离心除菌　用低温高速离心机以1800r/min(15.24 cm)离心20 min，可沉淀除去细菌，而病毒(小于100 nm)保持在上清液中。必要时转移离心管重复离心1次。

(5)待检样品中病毒的浓缩

对病毒含量很少的病毒样品一般普通方法不易检测或分离出病毒，必须经过浓缩。常用浓缩方法如下：

①聚乙二醇(PEG)浓缩法　将分子量6000的PEG逐步加入经一般处理的样品溶液中，使终浓度为8%，置4℃过夜。以3000×g离心15 min，用少量含复合抗生素的Hank's平衡盐溶液重悬，必要时用450 nm微孔滤器除去真菌孢子。

②硫酸铵浓缩法　将等量饱和硫酸铵溶液缓慢加入经过上述一般处理的样品溶液中边加边搅拌，置4℃过夜。离心同上。

③超滤器浓缩法　是一种高效率的浓缩法，特别适合大体积的样品浓缩。

④超速离心浓缩法　以40000 r/min(15.24 cm)离心60～120 min，绝大多数病毒将沉于管底。用少量Hank's平衡盐溶液悬浮病毒。这种方法回收效率很高，但仅适用于小体积的样品。

(6)病毒分离样品脂类物质的去除

有些病毒样品(如组织样品)脂类和非病毒蛋白含量很高，必要时在浓缩病毒样品之前可用有机

溶剂抽提。常用的有机溶剂有正丁醇、三氯乙烯、氟里昂等。方法是将预冷的等量有机溶剂对半加入样品中，强烈振荡后，1000×g离心5 min，脂类和大量非病毒蛋白将保留在有机相中，病毒保留在水相中。应当注意的是，病毒必须对这些有机溶剂有抗性。

2. 血清样品的处理

作血清学检验的血液，在实验室分离、保存血清过程中，应避免溶血，以免影响检验结果。

由于许多动物血清中存在着一些非特异性的血凝抑制因子，会引起一定数量假阳性，因此，在血凝抑制试验(HI)试验前需要除去非特异性血凝抑制因子。常用的处理方法有受体破坏酶(RDE，即霍乱滤液)法、过碘酸钠法和加热灭活法。

(1)受体破坏酶(RDE)霍乱滤液处理法

1份血清，加4份RDE，37℃水浴16～18 h，然后，置56℃水浴50 min(以破坏残余的RDE活性)；置4℃保存待用，不可冻存。经此法处理后，血清稀释度已为1:5。经此法处理的鸡和山羊血清对甲、乙型流感病毒的非特异性抑制素均可完全去除，而对大白鼠、豚鼠、部分兔，有蹄类动物血清中的非特异性抑制素无法去除干净。RDE处理对特异性抗体无影响。但有时经处理的血清对测定的红细胞有特异性凝集。如发现时应在处理后血清中加入终浓度为10%的浓的测定红细胞，摇匀，置室温60 min或4℃过夜，1000 r/min离心5 min，收存上清。可加入5/10000的NaN_3，4℃长期保存。

(2)过碘酸钠法

①方法一　1份血清加入3份去离子水配制的1/90 mol/L的过碘酸钾/钠溶液，混匀后室温下15 min，再加入3份生理盐水配制的1%甘油(以中和剩余的过碘酸钠)；最后，再加入3份生理盐水，即成1：10稀释的血清。

②方法二　1份血清加1份生理盐水，再加1份1/40 mol/L的过碘酸盐，混匀，37℃作用2 h，再加2份生理盐水配制的5%葡萄糖，处理后的血清为1:5稀释。

处理方法中以RDE法最好，过碘酸盐法对流感B型及部分A型毒株无效。胰酶处理也可以，但会破坏部分抗体。

(3)加热灭活法

加热可以灭活补体系统。激活的补体参与溶解细胞事件，刺激平滑肌收缩，细胞和血小板释放组胺，激活淋巴细胞和巨噬细胞。在免疫学研究，培养ES细胞，昆虫细胞和平滑肌细胞时，推荐使用热灭活血清。

实验显示，经过正确处理的热灭活血清，对大多数的细胞而言是不需要的。经此处理过的血清对细胞的生长只有微小的促进，或完全没有任何作用，甚至通常因为高温处理影响了血清的质量，而造成细胞生长速率的降低。而经过热处理的血清，沉淀物的形成会显著的增多，这些沉淀物在倒置显微镜下观察，像是“小黑点”，常常会让研究者误以为是血清遭受污染，而把血清放在37℃环境中，又会使此沉淀物增多，使研究者误认为是微生物的分裂扩增。

因此，若非必须，可以不做热处理这一步。如此一来，不但节省时间，更确保血清的质量。

(4)使用血清的时候，注意下列的操作

①解冻血清时，请按照所建议的逐步解冻法(-20℃至4℃至室温)，若血清解冻时改变的温差太大(如-20℃至37℃)，实验显示非常容易产生沉淀物。

②解冻血清时，请随时将之摇晃均匀，使温度及成分均一，减少沉淀的发生。

③请勿将血清置于37℃太久。若在37℃放置太久，血清会变得混浊，同时血清中许多较不稳定的成分也会因此受到损害，而影响血清的质量。

④血清的热灭活非常容易造成沉淀物的增多，若非必要，可以无须做此步骤。

⑤若实验要求必须做血清的热灭活，请遵守56℃，30 min的原则，并且随时摇晃均匀。温度过高，时间过久或摇晃不均匀，都会造成沉淀物的增多。

第三节　样品的采集、处理、保存和运输

样品的采集、处理、保存和运送是检验工作顺利开展的基础，样品决定了实验结果的可靠性。检验结果能否反映疾病的主要病原、病因，一定程度上依赖于样品的代表性和质量。所以，样品或者病料的采集、处理、保存和运送是十分重要的，是实验室检验工作质量控制的重要组成部分。“动物疫病实验室检验采样方法(NY/T541-2002)”是农业部2002年8月颁布的、指导采集病理材料的规范之一，建议在实践工作中参考、应用。

采集样品时，凡发现患畜(包括马、牛、羊及猪等)有急性死亡时，如怀疑是炭疽，则不可随意解剖，应采取患畜的血液，万不得已时局部解剖作脾脏触片的显微镜检查。只有在确定不是炭疽后，方可进行剖检。

采取样品的种类，应根据不同的疾病或检验目的，采其相应的脏器、内容物、分泌物、排泄物或其他材料；进行流行病学调查、抗体检测、动物群体健康评估或环境卫生检测时，样本要有代表性，样品的数量应满足统计学的要求。采样时应小心谨慎，以免对动物产生不必要的刺激或损害和对采样者构成威胁。在无法估计病因时，可进行全面的采集。检查病变与采集病料应统筹考虑，所采集的各种分泌物或渗出液应立即分别加入已灭菌的玻璃瓶内密封，贴上标签，冷藏，迅速送实验室。

疑似发生重大动物疫病时，应当按照国家法律、农业部颁发的有关规范采集、保存和运送病料。目前对病料采集做出规定的条例规范有《病原微生物实验室生物安全管理条例》《口蹄疫防治技术规范》《高致病性禽流感防治技术规范》《高致病性猪蓝耳病防治技术规范》《新城疫防治技术规范》《猪瘟检疫技术规范》等。

一、采集样品的原则

实验样品的合格与否，直接影响实验诊断检测结果的准确性和可靠性，因此检测样品采集工作是诊断检测工作的重要内容。实验样品采集应遵循以下原则。

1. 适时采样　由于检测对象和检测项目的不同，样品的采集是有时间要求的，应严格按检测对象和项目所要求的时间及时采样。

2. 合理采样　按检测对象和项目要求采样，检测对象和项目不同，所要求采集的样品数量和种类不同，应有所侧重。暂时无法确定时，为了提高病原微生物的阳性分离率，采取的病料要尽可能齐全，除了内脏、淋巴结和局部病变组织外，还应采取脑组织。

3. 典型采样　采样应根据发病动物典型临床症状、病变、是否治疗和有无并发症等情况，选择未治疗、病变明显、兼顾并发症等准确采样。

4. 无菌采样　对于准备病原学及血清学检测的样品，所用工具和容器必须经过灭菌处理，采样操作必须无菌，同时注意样品和环境的污染。

5. 适量采样　采集样品的数量要满足诊断检测的需要，并留有余地，以备必要的复检使用。

6. 安全采样　采样时做好个人防护、防止病原污染、外来病的扩散，避免事故发生。对重大动物疫病和人畜共患病，在采病料时应特别注意个人防护，戴手套、口罩等。如疑似炭疽则不能剖检，而应采取局部皮肤或耳尖送检，如确实需要剖检，一定要严格做好消毒和防护，防止病原扩散。病料采集后要及时对尸体进行无害化处理，被污染的场地要进行彻底消毒。

7. 样品处理　原则上讲，采集的样品应一种样品一个容器，立即密封，根据样品性状及检验要

求，作暂时的冷藏、冷冻和其他处理。病毒学检验的若在数小时内无法送到实验室，必须做冷冻处理；做细菌学检验的样品冷藏即可。需要注意的是所有盛装送检样品的容器，应贴上能防止因各种可能原因（冷冻、挤碰等）脱落的标签，同时应标明采样时间、地点、编号和样品名称，并附疫情相关资料一并送实验室。

8．样品包装　装载样品的容器可选择玻璃的或塑料的，可以是瓶式、试管式或袋式。容器必须完整无损，密封不漏出液体。装供病原学检验样品的容器，用前应彻底清洁干净，必要时经清洁浸泡，冲洗干净以后以干热或高压灭菌并烘干。如选用塑料容器，能耐高压的经高压灭菌，不能耐高压的经环氧乙烷熏蒸消毒或紫外线距离20 cm直射2 h灭菌后使用。根据检验样品性状及检验目的选择不同的容器，一个容器装量不可过多，尤其液态样品不可超过容量的80%，以防冻结时容器破裂。装入样品后必须加盖，然后用胶布或封箱胶带固封。如是液态样品，在胶布或封箱胶带外还须用熔化的石蜡加封，以防液体外泄。如果选用塑料袋，则应用两层袋，分别用线结扎袋口，防止液体漏出或水污染样品。

9．样品的运送　样品经包装密封后，必须尽快送往实验室，延误送检时间，会严重影响诊断结果。因此，在送样品过程中，要根据样品的保存要求及检验目的，妥善运送。供细菌检验、寄生虫检验及血清学检验的冷藏样品，必须在24 h内送到实验室；供病毒检验的冷藏处理样品，须在数小时内送达实验室，经冻结的样品须在24 h内送到，24 h内不能送到实验室的，需要在运送过程中保持样品温度处于-20℃以下。送检样品过程中，为防止样品容器破损，样品装入冷藏箱后应妥善包装，防止碰撞，保持尽可能地平稳运输。用飞机运送时，样品应放在增压仓内，以防压力改变，样品受损。

二、采样准备、记录和样品运送

采样人员应当是兽医技术人员，熟悉采样器具的使用，掌握正确采样方法。采样前应做好认真细致的准备。

1．常用器具　根据采集样品的不同准备动物检疫器械箱、保温箱或保温瓶、解剖刀、剪刀、镊子、酒精灯、酒精棉、碘酒棉和/或注射器及针头。并准备样品容器（如西林瓶，平皿，1.5 mL塑料离心管，10 mL玻璃离心管及易封口样品袋或塑料包装袋等）。有时还需准备试管架、铝饭盒、瓶塞、无菌棉拭子、胶布、封口膜、封条及冰袋。

2．记录和防护材料　不干胶标签、签字笔、圆珠笔、记号笔、采样单、记录本等；口罩、一次性手套、乳胶手套等，有时还需准备防护服、防护帽、胶靴、护目镜等。

3．使用器械的消毒　刀、剪、镊子等用具煮沸消毒30 min，使用前用酒精擦拭，用时进行火焰消毒。器皿（玻制、陶制等）经125℃高压30 min，或经160℃干烤2 h灭菌；或放于0.5%~1%的碳酸氢钠（NaHCO3）水中煮沸10~15min，水洗后，再用清洁纱布擦干，保存于酒精、乙醚等溶液中备用。注射器和针头放于清洁水中煮沸30 min。一般要求使用“一次性”针头和注射器。采取一种病料，使用一套器械与容器，不可用一套器械再采其他病料或用同一容器容纳其他脏器材料。采过病料的用具应先消毒后清洗。

4．送检样品的记录　送往实验室的样品应有一式三份的送检报告，一份随样品送实验室，一份随后寄去，一份备案。样品记录至少应包括以下内容：(1)畜主的姓名和畜禽场的地址；(2)畜（禽）场里饲养的动物品种及其数量；(3)被感染的动物种类；(4)首发病例和继发病例的日期及造成的损失；(5)感染动物在畜群中的分布情况；(6)死亡动物数、出现临床症状的动物数量及其年龄；(7)临床症状及其持续时间，包括口腔、眼睛和腿部的情况，产奶或产蛋的记录，死亡情况和时间，免疫和用药情况等；(8)饲养类型和标准，包括饲料种类；(9)送检样品清单和说明，包括病料的种类、保存方法等；(10)动物治疗史；(11)要求做何种试验；(12)送检者的姓名、地址、邮编和电话；(13)送检日期。

5．样品的运送　所采集的样品以最快最直接的途径送往实验室。如果样品能在采集后24h内送达实验室,则可放在4℃左右的容器中运送。只有在24h内不能将样品送往实验室并不致影响检验结果的情况下,才可把样品冷冻,并以此状态运送。根据试验需要决定送往实验室的样品是否放在保存液中运送。要避免样品泄漏。装在试管或广口瓶中的病料密封后装在冰瓶中运送,防止试管和容器倾倒。如需寄送,则用带螺口的瓶子装样品,并用胶带或石蜡封口。将装样品的并有识别标志的瓶子放到更大的具有坚实外壳的容器内,并垫上足够的缓冲材料。空运时,将其放到飞机的加压舱内。制成的涂片、触片、玻片上注明号码,涂片自然干燥,在玻片之间垫上半节火柴棒,层层叠加,避免磨擦,将最外的一张倒过来使涂面朝下,然后捆扎,用纸包好。在保证不被压碎的条件下运送。所有样品都要贴上详细标签,并另附说明。

三、血液样品的采集、保存

采血部位,大的哺乳动物可选用颈静脉或尾静脉采血,也可采胫外静脉和乳房静脉血。毛皮动物小量采血可穿刺耳尖或耳廓外侧静脉,多量采血可在隐静脉采集,也可用尖刀划破趾垫0.5 cm深或剪断尾尖部采血。啮齿类动物可从尾尖采血,也可由眼窝内的血管丛采血;兔可从耳背静脉、颈静脉或心脏采血。禽类通常选择翅静脉采血,也可通过心脏采血。

采血方法,对动物采血部位的皮肤先剃毛(拔毛),75%的酒精消毒,待干燥后采血,采血可用针管、针头、真空管或用三棱针穿刺,将血液滴到开口的试管内。禽类等的少量血清样品的采集,可用塑料管采集。用针头刺破消毒过的翅静脉,将血液滴到直径为3~4 mm的塑料管内,将一端封口。

1. 病毒检验样品　应在动物发病初体温升高期间采集。血液样品必须是脱纤血或是抗凝血。抗凝剂可选肝素或EDTA,枸橼酸钠对病毒有轻微毒性,一般不宜采用。采血前,在真空采血管或其他容器内每10 mL血液加入0.1%肝素1 mL或EDTA 20 mg,牛、马、羊从静脉或尾静脉真空采血,猪从前腔静脉真空采血或用注射器抽取,用量少时也可以从耳静脉抽取,家禽从翅静脉或颈静脉用注射器抽取血液。采集的血液立即与抗凝剂充分混合,防止凝固。采脱纤血液时,先在容器内加入适量小玻璃珠,加入血液后,反复振荡,以便脱去血液纤维。采集的血液经密封后贴上标签,以冷藏状态立即送实验室。必要时,可在血液中按每毫升加入青霉素和链霉素各500 IU -1000 IU,以抑制血源性或采血中污染的细菌。

2. 细菌检验样品　应在动物发病初体温升高,未经治疗期间采集。血液应脱纤或加肝素抗凝剂,但不可加入抗菌素。密封后贴上标签,冷藏尽快送实验室,否则须置4℃冰箱内暂时保存,但时间不宜过久,以免溶血。

3. 血清学检验样品　全血用真空采血管或注射器由动物颈静脉或其他静脉采集,用作血清学检验的血液不加抗凝剂或脱纤处理。为保障血清质量,一般情况下,空腹采血较好,采得的血液贴上标签,室温静置待凝固后送实验室,并尽快将自然析出的血清或经离心分离出的血清吸出,按需要分装若干小瓶密封,再贴上标签冷藏保存备检或冷藏送检。作血清学检验的血液,在采血、运送、分离血清过程中,应避免溶血,以免影响检验结果。中和试验用的血清,数天内检验的可在4℃左右保存。较长时间才能检验的,应冻结保存,但不能反复冻融,否则抗体效价下降。供其他血清学检验的血清,一般不必加入防腐剂或抗生素,若确有需要时也可加入抗生素(每毫升血清加青霉素、链霉素500-1000 IU),亦可加入终浓度为0.01%硫柳汞或0.08%叠氮钠。加入防腐剂时,不宜加入过量的液态量,以免血清被稀释。加入防腐剂的血清可置4℃下保存,但存放时间过长亦宜冻结保存。

采集双份血清检测比较抗体效价变化的,第一份血清采于病的初期并作冻结保存,第二份血清采于第一份血清后3~4周,双份血清同时送实验室。

四、组织样品的采集、保存

组织样品一般由扑杀动物或扑杀垂死的动物和病死尸体剖检中采集,也可从活动物体内采集。

从尸体采样时，先剥去动物胸腹部皮肤，以无菌器械将腹腔、胸腔打开，根据检验目的和生前疫病的初步诊断，无菌采集不同的组织。从活动物体采取组织样品，一般须使用特殊的器械。

1. 病毒检验样品

作病毒检验的组织，必须以无菌技术采集，组织应分别放入灭菌的容器内并立即密封，贴上标签，放入冷藏容器立即送实验室。如果途中时间较长，可作冻结状态运送，也可以将组织块浸泡在pH7.4左右的乳酸或磷酸缓冲肉汤保护液内，并按每毫升保护液加入青霉素、链霉素各1000 IU，然后放入冷藏瓶内送实验室，也可以将采取的组织块保存于50%甘油生理盐水或鸡蛋生理盐水中，容器加塞封固。

病料保存液的配制

50%甘油生理盐水的配制：中性甘油500 mL，氯化钠8.5 g，蒸馏水500 mL，混合后分装，高压灭菌后备用。

鸡蛋生理盐水的配制：先将新鲜鸡蛋表面用碘酒消毒，然后打开，将内容物倾入灭菌的容器内，按全蛋9份加入灭菌生理盐水1份，摇匀后用消毒纱布滤过，然后加热至56℃，持续30 min，第二天和第三天各按上法加热1次，冷却后即可使用。

2. 细菌检验样品

供细菌检验的组织样品，应新鲜并以无菌技术采集，应采用未使用过治疗药物的病畜。如遇尸体已经腐败，某些疫病的致病菌仍可采集于长骨或肋骨，从骨髓中分离细菌。采集的所有组织应分别放入灭菌的容器内或灭菌的塑料袋内，贴上标签，立即冷藏送实验室。必要时，对计划分离产芽孢等抗逆性强的细菌的样品，也可以作暂时冻结送实验室，但冻结时间不宜过长。

3. 病理组织学检验样品

作病理组织学检验的组织样品必须保证新鲜，采样时，应选取病变最典型最明显的部位，并应连同部分健康组织一并采集。若同一组织有不同的病变，应同时各取一块。切取组织样品的刀具应十分锋利。采取的病理组织材料，要包括各器官的主要结构，如肾应包括皮质、髓质、肾乳头及被膜。选取病料时，切勿挤压（可使组织变形）、刮抹（使组织缺损）、冲洗（水洗易使红细胞和其他细胞成分吸水而胀大，甚至破裂）。

选取的组织不宜太大，一般为3 cm×2 cm×0.5 cm或1.5 cm×1.5 cm×0.5 cm。尸检取标本时可先切取稍大的组织块，待固定一段时间（数小时至过夜）后，再修整成适当大小，并换固定液继续固定。常用的固定液是10%福尔马林，固定液量为组织体积的5～10倍。容器可以用大小适宜的广口瓶。将采取的组织块立即浸泡在95%酒精或10%中性甲醛缓冲固定液内固定（10%中性甲醛缓冲固定液：40%甲醛溶液100 mL，无水磷酸氢二钠6.5 g，磷酸二氢钾4.0 g，蒸馏水加至1000 mL）。固定液容积应是组织块体积的10倍以上，样品密封后加贴标签即可送往实验室。若实验室不能在短期内检验，或不能在2 d内送出，经24 h固定后，最好更换一次固定液，以保持固定效果。将固定好的病理组织块，用浸渍固定液的脱脂棉包裹，放置于广口瓶或塑料袋内，并将口封固，再用棉花包装入木盒内寄送。此时，应将整理好的尸检记录及有关材料一同寄出，并在送检单中说明送检的目的和要求。

作狂犬病的尼格里氏体检查的脑组织，取量应较大，一部分供在载玻片上作触片用，另一部分供固定，固定用Zenker氏固定液固定（重铬酸钾36 g、氯化高汞54 g、氯化钠60 g、冰醋酸50 mL、蒸馏水950 mL）。作其他包涵体检查的组织用氯化高汞甲醛固定液（氯化高汞饱和水溶液9份、甲醛溶液1份）固定。

固定组织样品时，为了简便，一般一头动物的组织可在同一容器内固定。如有数头动物的组织样品，可用纱布分别包好并附上用铅笔书写的标签后投入一个较大的容器内固定后送检。

五、其他样品的采集、保存

1. 毒物检验样品

(1)采样　毒物检验的成败及其结果的准确与检材的采取是否得当关系很大。作为毒物检验的样品,应收集病畜槽内剩下的饲料、饲草及饮水,可能食入的可疑物质。采样时要注意代表性,固体样品要分别在上、中、下三层采集,混合后取样;液体样品要充分摇匀后采取。还必须采集病畜的呕吐物、粪、尿、胃肠内容物或脏器;并最好从中毒死亡的尸体中采集检材。取样时不得用水冲洗尸体或脏器,以防毒物流失。也不要使用消毒药品,以免混入检材内而影响检验结果。

从尸体中采取何种检材,应根据毒物的种类、中毒的时间及染毒的途径来选择。经消化道急性中毒死亡的动物,应以胃、肠内容物为主;慢性中毒则应以脏器及排泄物为主;经皮肤染毒的应取染毒部位的皮肤。但因事前不易预测为何种中毒,故现场取样应尽可能全面,数量要足够,以免遗漏而事后无法弥补。

表4-15　检验材料的采集数量

检材名称	适宜数量	检材名称	适宜数量
胃内容物	500 g	肝脏	1/3或全部
剩余饲料	500 g	肾脏	一个
呕吐物	全部	骨	500 g
可疑饲料	1000 g	被毛	至少10 g
发霉饲料	1000～1500 g	土壤	1000 g
饮　水	至少1000 mL	尿	1000 mL
血　液	50～100 mL		

(2)检材的装送　要求容器清洁,无化学杂质,要洗刷干净,不能随便用药瓶盛装,病料中更不能放入防腐消毒剂,因为化学药品可能发生反应而妨碍检验。各种检材应分别盛于洁净的广口瓶,瓷罐或塑料袋内(不要用金属器皿),注明检材名称,不能混合。瓶口要塞紧,袋口要扎牢,以防外漏。采好的样品最好当天送检,送检材料要低温保存,夏天可放在冷藏瓶中送检,以减少毒物损失和防止检材腐败。检材中勿加防腐剂,在缺乏冷藏条件时,可加入无水酒精防腐,并同时送检所用酒精样品(500～1250 mL),以供对照检验用。

专人保管、送检,须提供剖检材料,提供可疑的毒物范围。送检材料时必须附送检单。在送检单上应认真填写畜禽的饲养情况、饲喂情况、中毒发生的时间、发病家畜、中毒症状、治疗和预防的措施及效果,死亡日期、剖检日期及剖检变化,检材采取的时间和送检要求等,以便为检验人员在拟定检验计划时提供参考。

2. 粪样的采集

肠内容物或粪便,只需选择病变最明显的部分肠道,烧烙肠壁表面,用吸管扎穿肠壁,从肠腔内吸取内容物,将肠内容物放入盛有灭菌的30%甘油盐水缓冲保存液中送检。或者,将带有粪便的肠管两端结扎,从两端剪断直接送检。

从体外采集粪便,应力求新鲜。将消毒拭子插入动物肛门或泄殖腔中,采取直肠黏液或粪便,放入装有缓冲液的试管或玻瓶中,尽快送到实验室;若检查消化系统寄生虫,则需采取5～10g新鲜粪便。或者,用拭子小心地插到直肠黏膜表面采集粪便,然后将拭子放入盛有灭菌的30%甘油盐水缓冲保存液中送检。

3. 子宫阴道内分泌物或外生殖器包皮内分泌物的采集

将消毒好的特制吸管插入子宫颈口或阴道内,向内注射少量营养液或生理盐水,用吸耳球反复抽吸几次后吸出液体,注入培养液中。用软胶管插入公畜的包皮内,向内注射少量的营养液或生理盐水,多次揉搓,使液体充分冲洗包皮内壁,收集冲洗液注入无菌容器内。

4. 皮肤样品的采集

产生水泡或皮肤病变的疾病,应直接从病变部位采样。采集病变皮肤的碎屑以及未破裂水泡液作为样品。

5. 奶样的采集

先将乳房、乳头作清洗消毒后,用手挤取乳汁,最初挤出的乳汁弃去,收集后挤的乳汁,装入无菌试管。

6. 胚胎的采集

选取完整、无腐败的胚胎置于冰桶中尽快送抵实验室。如果在24 h内不能将样品送达实验室,只能冷冻运送。

7. 分泌液和渗出液的采集

分泌液和渗出液包括眼分泌液、鼻腔分泌液、口腔分泌液、咽食道分泌液、乳汁、尿液、脓汁、阴道(包括子宫和宫颈)渗出液、皮下水肿渗出液、胸腔渗出液、腹腔渗出液、关节囊(腔)渗出液等。采集这些分泌液或渗出液时,必须无菌操作。

眼、口腔、鼻腔、阴道的分泌液或渗出液,以灭菌的拭子蘸取。脓汁的采集,作病原菌检验的应在药物治疗之前采取。采集已破口的化脓灶脓汁,宜用棉拭子蘸取;未破口的化脓灶脓汁,用注射器抽取;咽食道分泌物,可用食道探杯从已扩张的口腔伸入咽、食道处反复刮取;尿液样品可在动物排尿时收集,也可以用导管导尿或膀胱穿刺采集;皮下水肿液和关节囊(腔)渗出液,用注射器从积液处抽取;胸腔渗出液的采集,用注射器在牛右侧第五肋间或左侧第六肋间刺入抽取,马在右侧第六肋间或左侧第七肋间刺入抽取;牛腹腔积液采集,在最后肋骨的后缘右侧腹壁作垂线,再由膝盖骨向前引一水平线,两线交点至膝盖骨的中点为穿刺部位,用注射器抽取;马的腹腔积液穿刺抽取部位与牛不同的是在左侧。

8. 脑、脊髓液的采集

采样前应准备特制的专用穿刺针或用长的封闭针头(将针头稍磨钝,并配以合适的针芯),术部及用具均按常规消毒。

颈椎穿刺法　穿刺点为环枢孔。将动物实施站立或横卧保定,使其头部向前下方屈曲,术部经剪毛消毒,穿刺针与皮肤面呈垂直缓慢刺入。将针体刺入蛛网膜下腔,立即拔出针芯,脑脊髓液自动流出或点滴状流出,盛入消毒容器内。

腰椎穿刺法　穿刺部位为腰荐孔。实施站立保定,术部剪毛消毒后,用专用的穿刺针刺入,当刺入蛛网膜下腔时,即有脑脊髓液滴状滴出或用消毒注射器抽取,盛入消毒容器内。

采样数量　大型动物颈部穿刺一次采集量35 ~ 70 mL,腰椎穿刺一次采集量15 ~ 30 mL。

下表为动物部分疫病病原检测取样样品,供参考。采取病料的部位应根据疫病情况而定。一般应采肝、脾、肾、淋巴结、脑、脊髓等组织,如怀疑为口蹄疫则应采蹄部水疱皮或水疱液,分别装在灭菌容器内;作病理组织学检查的则放在甲醛固定液中保存。血液如要做血清学检查,则应让其自然凝固后分离出血清;如作病原学检查需全血,应预先加入抗凝剂。小家畜则可送全尸到实验室后依具体情况采取病料。

表4-16　一些疾病检验中应当采集的样品

病　名	样　品
口蹄疫	水泡皮、水泡液、食道-咽分泌物、扁桃体、淋巴结
非洲猪瘟	全血、脾脏、扁桃体
猪水泡病	全血、水泡皮、水泡液
猪瘟	全血、骨髓、淋巴结、扁桃体、肾、脾
牛瘟	眼结膜分泌物、粪便、肠黏膜
小反刍兽疫	全血、眼鼻分泌物、淋巴结、脾、肺、扁桃体
蓝舌病	全血、脾、肝
痒病	脑
牛海绵状脑病	脑
非洲马瘟	全血、脾
禽流感	脑、鼻、咽、气管分泌物、肺、胰腺、粪便、咽喉和泄殖腔拭子
新城疫	眼分泌物、泄殖腔拭子、脾、气管黏膜、脑
鸭瘟	全血、鼻、咽分泌物、粪便、病变组织
牛肺疫	肺、胸、腹积液
牛结节性疹	病变皮肤、肿大的淋巴结
炭疽	全血(涂片)、脾、耳部皮肤
伪狂犬病	脑、脊髓液、扁桃体、淋巴结、流产胎儿、胎盘(猪)
心水病	全血、脑、肺巨噬细胞
狂犬病	唾液、脑
Q热	全血、唾液、乳、粪便、胎盘、胎水
裂谷热	全血、肝
副结核病	粪便、盲肠黏膜、肠系膜淋巴结
巴氏杆菌病	全血(涂片)、肝、肾、脾、肺
布氏杆菌病	流产胎儿、胎盘、乳汁、精液
结核病	乳汁、痰液、粪便、尿、病灶分泌物、病变组织
鹿流行性出血热	全血、脾、骨髓
细小病毒病	牛,黏膜、局部淋巴结;猪,流产胎儿、胎盘、鼻咽、气管分泌物、气管黏膜;犬,小肠及内容物、粪便
梨形虫病	全血(涂片)、脑、肝、肾、肺
锥虫病	全血(涂片)、脾、淋巴结
鞭虫病	全血(涂片)
牛地方流行性白血病	全血、病变组织
牛传染性鼻气管炎	全血、眼、鼻、气管分泌物、气管黏膜、肺淋巴结、流产胎儿、胎盘
牛病毒性腹泻-黏膜病	全血、粪便、肠黏膜、淋巴结、耳部皮肤
牛生殖道弯曲杆菌病	流产胎儿、胎盘、阴道分泌物、包皮、阴道冲洗液、精液
赤羽病	脑组织、脊髓、脊髓液、脾
水泡性口炎	全血、水泡皮、水泡液、病变淋巴结
牛流行热	全血、脾、肝、肺
绵羊痘和山羊痘	全血、新鲜病变组织及水泡液、淋巴结

表4-16续

病　名	样　品
衣原体病	阴道、子宫分泌物、流产胎儿、胎盘、粪、乳汁
梅迪-维斯纳病	全血、唾液、脊髓液
边界病	脑、脊髓、脾
绵羊肺腺瘤病	肺、鼻分泌物
山羊关节炎/脑炎	关节液、关节软骨、滑膜细胞
猪传染性脑脊髓炎	脑、脊髓、唾液、粪便
猪传染性胃肠炎	粪便、小肠及内容物
猪流行性腹泻	粪便、小肠及内容物
猪密螺旋体痢疾	粪便、病变肠段及内容物
猪传染性胸膜肺炎	鼻、气管分泌物、肺、支气管黏膜、肝、脾
猪繁殖与呼吸障碍综合征	全血、肺
马传染性贫血	全血、脾
马脑脊髓炎	全血、脑、脊髓液
委内瑞拉马脑脊髓炎	全血、脑、脊髓液
马鼻疽	鼻、咽、气管分泌物、病灶分泌物、病变组织
马流行性淋巴管炎	新破溃结节的脓汁、淋巴结
马沙门氏杆菌病	流产胎儿、胎盘、阴道或子宫分泌物
类鼻疽	鼻、咽、气管分泌物、胸腔淋巴结化脓灶、肺、肝、脾
马传染性动脉炎	全血、眼、鼻分泌物、脾
马鼻肺炎	流产胎儿、胎盘、鼻咽气管分泌物、气管黏膜、局部淋巴结
鸡传染性喉气管炎	鼻气管分泌物、气管黏膜
鸡传染性支气管炎	肺、气管黏膜
鸡传染性法氏囊病	法氏囊、肾
鸭病毒性肝炎	全血、肝
禽伤寒	全血、粪便、肝、脾、胆囊
禽痘	水泡皮、水泡液
鹅螺旋体病	全血、肝、脾
马立克氏病	全血、皮肤、皮屑、羽髓、脾
住白细胞原虫病	全血
鸡白痢	全血、粪便、肝、脾
家禽支原体病	鼻、咽、气管分泌物、肺、气管黏膜
鹦鹉热	全血、眼结膜分泌物、粪便、气囊、肝、脾、心包、肾、腹水
鸡病毒性关节炎	水肿的腱鞘、胫跗关节、脾、胫股关节的滑液
禽白血病	全血、病变组织
兔出血性败血症	全血、肾、肺、唾液
兔粘液瘤病	病变皮肤、眼鼻分泌物
野兔热	全血、肾、肺、唾液
犬瘟热	实质气管、分泌物

六、实验室检验样品的处理

1. 病毒学检验样品的处理

(1)实质器官组织样品的处理　无菌采取一组织块,用无菌剪刀剪碎后,加5-10倍的pH 7.2 ~ 7.4含抗生素的营养液,研磨制成组织悬液冻融2 ~ 3次或超声波裂解,离心后取上清液做接种培养。

(2)胚胎样品的处理同上。

(3)分泌物和渗出物的处理　将所采样品用pH 7.3 ~ 7.4含抗生素的稀释液作3 ~ 5倍稀释,室温感作60 min后离心取上清液。

(4)各种拭子的处理:将所采的拭子立即放入2 ~ 5 mL pH 7.2~7.4含抗生素的营养液中,充分涮洗拭子后,置于灭菌的离心管中室温感作30 ~ 60 min,离心后取上清液。

2. 细菌学检验样品的处理

(1)无菌采集的组织病料,接种前无需作特别处理;如果分离的病原菌在组织细胞内,则需在无菌状态下将组织剪碎、研磨,加入5 ~ 10倍的缓冲液制成悬液,或加入适量的酶、酸或碱,使组织消化,细菌释出,离心取沉淀接种。

(2)有杂菌污染的样品,可选用接种选择性培养基的方法来抑制杂菌的生长。

(3)用加热法杀死非芽胞杂菌以分离芽胞菌。

(4)奶、尿等样品含菌量少,要用离心法或过滤法作集菌处理。

第四节　血清学检测技术

一、概述

血清学检测技术是畜禽传染病实验室诊断的一种重要检查方法。由于病原微生物(包括细菌和病毒及其他微生物)的作用,可以刺激肌体产生相应的抗体,这种抗体与其相应的抗原可发生特异性反应,所以在临床上根据这一原理,可利用已知抗原来鉴定病畜禽血液中相应的抗体,或用特异性诊断血清(已知抗体)来鉴定其相应的病原体(抗原)。因此常应用血清学方法来协助对细菌性传染病、病毒性传染病和某些寄生虫病的诊断。在实际工作中,常用的血清学诊断方法有凝集试验、沉淀试验、补体结合试验、酶标记技术和荧光抗体检查等。在具体操作过程中,各种细菌和病毒血清学试验的要求不完全一样,但基本原理相同。

二、传统血清学检测技术

传统血清学检测技术是指在兽医实验室中曾经和正在使用的技术。根据抗原抗体反应中是否使用生物和化学标记物,可将传统血清学检测技术分为非标记免疫技术和标记免疫技术。

(一)非标记免疫技术

非标记免疫技术是利用抗原抗体反应后的理化性质变化对抗原抗体进行测定的方法,起源于19世纪,具有高度的特异性,但也存在着灵敏度不高、缺乏可供测定的信号等缺点。虽然非标记免疫技术灵敏性低于标记免疫技术,但一些方法仍然在兽医实验室检测工作中发挥着重要作用,如:凝集试验、沉淀试验、补体结合试验、中和试验、变态反应试验、血凝抑制试验等。

1. 凝聚性试验

抗原与相应抗体结合形成复合物,在有电解质存在下,复合物相互凝聚形成肉眼可见的凝集小块沉淀物,根据是否产生凝集现象来判定相应抗体或抗原,称为凝聚性试验。为最简单的一类血清学试验。根据参与反应的抗原性质不同,分为由颗粒性抗原参与的凝集试验和由可溶性抗原参与的沉淀试验二大类,根据反应条件不同,凝集试验又分为直接凝集试验和间接凝集试验,沉淀试验又分为液相沉淀试验、琼脂扩散试验和免疫电泳试验。

(1)凝集试验

某些微生物颗粒抗原(如细菌、红细胞等),或吸附在乳胶、白陶土、离子交换树脂和红细胞的抗原与含有相应的特异性抗体的血清混合,在有适当电解质存在下,抗原与抗体结合,经过一定时间,形成肉眼可见的凝集团块,这种现象称为凝集(agglutination)。凝集中的抗原称为凝集原(agglutinogen),抗体称为凝集素(agglutinin)。

凝集反应用于测定血清中抗体含量时,将血清连续稀释(一般用倍比稀释)后,加定量的抗原;测抗原含量时,将抗原连续稀释后加定量抗体。抗原抗体反应时,出现明显反应终点的抗血清或抗原制剂的最高稀释度称为效价或滴度(titer)。

凝集试验的操作方法有平板凝集反应、乳胶凝集反应、试管凝集反应、微量凝集反应、间接血凝试验、反向间接血凝试验等。

①直接凝集试验(简称凝集试验)

指颗粒型抗原与抗体直接结合所出现的凝集现象,可分为微生物凝集试验和同种红细胞凝集试验两种类型。微生物凝集试验是指细菌、螺旋体、立克次氏体均可作为抗原,与相应抗体发生凝集。肥达氏反应(widal test)就是将伤寒杆菌作为抗体,与伤寒患者血清中所含的相应抗体相结合,能出现凝集反应,常作为临床上诊断伤寒的实验室检查方法之一;同种红细胞凝集试验是指一个人的红细胞(含抗原)与另一个含相应抗体的血清混合后,可出现凝集反应现象,称为同种红细胞凝集反应。按照人的红细胞中抗原的不同,可以将人的血液区分为不同的血型系统。

常见的直接凝集试验是平板凝集试验和试管凝集试验。

A 平板凝集试验

平板凝集反应手续简便,结果迅速,适用于现地操作。试验在玻板或载玻片上进行。取适当稀释的抗血清(或被检血清)与抗原悬液各1滴在玻板上混合,轻轻摇动玻板,阳性者数分钟后出现团块状或絮片状凝集。此法通常用于未知菌的鉴定,如沙门氏杆菌、痢疾杆菌等的鉴定;亦可用于某些传染病的诊断,如布氏杆菌病、鸡白痢等病的诊断。

在试验的同时,需作抗原对照、阴、阳性血清对照。实验结果在3 min之内判定。

平板凝集实验操作方法

实验准备:包括抗原、阳性血清、阴性血清和稀释液,使用前应轻轻摇匀。在2℃~8℃冷暗处保存,有效期1年。

被检血清:按常规方法采血及分离血清,要求无腐败。

实验器材:玻片、吸头;

使用方法:

a 定性试验:取检测样品(血清)、阳性血清、阴性血清、稀释液各1滴,分置于玻璃片上,各加抗原1滴,用牙签混匀,搅拌并摇动1-2 min,于3-5 min内观察结果。

b 定量试验:先将血清作连续稀释,各取1滴依次滴加于凝集反应板上,另设对照同上,随后再各加抗原1滴,同A法混匀,摇动并判定结果。

结果判定

a 对照试验:出现如下结果试验方可成立,否则应重试;阳性血清加抗原呈“++++”;阴性血清加抗原呈“-”;抗原加稀释液呈“-”。

b 判定标准:

“++++”全部凝集,颗粒聚于液滴边缘,液体完全透明;“+++”大部分凝集,颗粒明显,液体稍混浊;

“++”约50%凝集，但颗粒较细，液体较混浊；“+”有少许凝集，液体呈混浊；“-”液滴呈原有的均匀乳状；以出现“++”以上凝集者判为阳性凝集。

B 试管凝集试验

试管凝集反应较平板凝集反应手续复杂，但结果较准确，一般在实验室内进行，基本操作方法：

试验准备：

a 诊断抗原：由兽医生物制品厂生产。

b 被检血清：采取的血清必须新鲜、没有明显的蛋白凝固和溶血现象，如需要可加入0.5%石炭酸溶液防腐，自采血日开始，不超过15天。

c 0.5%石炭酸生理盐水：含0.85%化学纯氯化钠的灭菌蒸馏水溶液，加入0.5%石炭酸防腐。

d 阳性血清：一般由兽医生物制品厂生产，使用前需用抗原检定效价。

e 阴性血清：采自健康动物，一般由兽医生物制品厂生产。使用前用抗原进行鉴定，证明确为阴性反应者方可使用。

操作步骤：

a 按血清稀释要求加入相应数量的生理盐水。

b 加被检血清，摇匀或用吸管吹吸混匀，依次递增稀释至最后一管，并弃去0.5 mL。

c 每管内各加适当稀释的抗原液，充分摇动混匀。

d 置37℃温箱中24 h后，观察结果。

e 每次试验时，应作抗原对照；阳、阴性血清对照及生理盐水对照。

判定结果：用“＋”号记录凝集反应程度。

目前，本实验主要用于动物布鲁氏杆菌病抗体的检测。

②间接凝集试验

将可溶性抗原（或抗体）先吸附于一种与免疫无关的、一定大小的不溶性颗粒（统称为载体颗粒）的表面，然后与相应抗体（或抗原）作用在有电解质存在的适宜条件下，所出现的特异性凝集反应称为间接凝集反应。

间接凝集反应由于载体颗粒增大了可溶性抗原的反应面积，因此当颗粒上的抗原与微量抗体结合后，就足以出现肉眼可见的凝集反应。间接凝集反应的优点是敏感性高，它一般要比直接凝集反应敏感2~8倍。但特异性较差。

A 正向间接凝集试验（又称正向被动间接凝集反应） 指抗原先吸附在载体（主要是红细胞和聚苯乙烯乳胶颗粒），然后与相应抗体结合产生凝集现象。如以红细胞（聚苯乙烯颗粒）作为载体，则称为正向红细胞（乳胶）凝集反应。

举例：正向间接血凝试验（IHA，以猪瘟为例说明）

试验准备：

a 实验试剂

猪瘟血凝抗原，

猪瘟阴性、阳性对照血清，4℃保存；

稀释液，4℃保存；

待检血清（每头约0.5mL血清即可）。

b 实验器材

96孔110° V型医用血凝板，与血凝板大小相同的玻板。

微量移液器（50μL、25μL）、100μL吸嘴。

微量振荡器。

c 试验方法:

加稀释液

在血凝板上1-6排的1-9孔;第7排的1-4孔第6孔;第8排的1-12孔各加稀释液50微升。

稀释待检血清

取1号待检血清50微升加入第1排第1孔,并将吸头插入孔底,右手拇指指轻压弹簧1-2次混匀(避免产生过多的气泡),从该孔取出50微升移入第2孔,混匀后取出50微升移入第3孔……直至第9孔混匀后取出50微升丢弃。此时第1排1-4孔待检血清的稀释度(稀释倍数)依次为:1:2(1)、1:4(2)、1:8(3)、1:16(4)、1:32(5)、1:64(6)、1:128(7)、1:256(8)、1:512(9)。

取2号待检血清加入第2排:取3号待检血清加入第3排……均按上法稀释,注意每取1份血清时,必须更换吸头。

稀释阴性对照血清

在血凝板上的第7排第1孔加阴性血清50微升,对倍稀释至第4孔,混匀后从该孔取出50微升丢弃。此时阴性血清的稀释倍数依次为1:2(1)1:4(2)1:8(3)1:16(4)。第6孔为稀释液对照。

稀释阳性对照血清

在血凝板上的第8排第1孔加阳性血清50微升,对倍稀释至第12孔,混匀后从该孔取出50微升丢弃。此时阳性血清稀释倍数依次为1:2-1:4096。

加血凝抗原

被检血清各孔、阴性对照血清各孔、阳性对照血请各孔、稀释液对照孔均各加血凝抗原(充分摇匀,瓶底应无血球沉淀)25微升。

振荡混匀

将血凝板置于微量振荡器上振荡1~2 min,如无振荡器,用手轻轻摇匀亦可。然后将血凝板放在白纸上观察各孔红血球是否混匀,不出现血球沉淀为合格。盖上玻板,室温下或37℃下静置1.5~2 h判定结果,也可延至翌日判定。

判定标准

移去玻板,将血凝板放在白纸上,先观察阴性对照血清1 : 16孔,稀释液对照孔,均应无凝集(血球全部沉入孔底形成边缘整齐的小圆点),或仅出现凝集(血球大部分沉于孔底,边缘稍有少量血球悬浮)。阳性血清对照、1:2-1:256各孔应出现“++ ~ ++++”凝集为合格,(少量血球沉入孔底,大部分血球悬浮于孔内)。

在对照孔合格的前提下,再观察待检血清各孔,以呈现“++”凝集的最大稀释倍数为该份血清的抗体效价。接种猪瘟疫苗的猪群免疫抗体效价达到1:32(即第5孔)呈现“++”凝集为免疫合格。

B 反向间接凝集反应(又称反向被动间接凝集反应)　是将特异性抗体吸附在载体表面,再与相应抗原结合,在适当电解质存在下,产生肉眼可见的凝块。因此它与正向凝集反应以抗原来鉴定抗体正好相反,它是以抗体来鉴定抗原。正向间接凝集反应所采用的抗原可以是多糖类或蛋白质,而反向间接凝集反应所采用的抗体都是免疫球蛋白。多糖类抗原可以直接吸附在红细胞或乳胶颗粒表面,但蛋白质仅可直接吸附在乳胶颗粒表面却不能直接吸附在红细胞表面,因此,须先用结合剂处理红细胞。结合剂有鞣酸双偶氮联苯胺(简称B.D.B)、二氟二硝基苯、碳化二乙胺、氯化铬和戊二醛(称之为双醛化)连续固定红细胞后再吸附蛋白质的方法。

C 间接凝集抑制反应　指先将可溶性抗原(指未吸附在载体表面的可溶性抗原)加到相应抗体(经过稀释的血清)中,使抗体先和该可溶性抗原结合,则抗体不在凝集致敏的颗粒,这种反应称为间接凝集抑制反应。

D 影响间接血凝试验的因素

被检血清的影响：

血清处理不当

被检血清分离时混入红细胞或血清在分离前所采血样溶血，导致抗体滴度下降；

血清变质或受细菌污染

纠正办法：重新采集血样，待血样完全凝固血清析出后，小心分离血清（最好用移液枪吸出）

建议：采血样分离血清时，进行备份。

被检标本稀释可能造成的影响：

被检标本稀释时，每排吹吸次数不一致，不小心移液排枪触及V型板孔的边缘。

纠正办法：保证各排、各板吹吸次数一致，用移液枪稀释时，吹吸次数不少于10次（建议15次左右），同时使用同一型号的吸头。吹打稀释时，注意V型板与移液枪之间的角度，避免V型板孔内和吸头内产生气泡，造成稀释不充分。同时小心，防止孔内的液体溅出。

吸头用毕，用自来水冲洗干净后，置水中煮沸消毒（吸头2min内、稀释棒15min），然后用蒸馏水冲洗后，吸头置干洁纱布晾干，稀释棒用干洁纱布将水吸干，置37℃温箱烘干备用。

温度和作用时间对实验结果的影响：

一般要求实验在室温25℃~37℃的环境中进行，作用时间不低于1.5h，当实验温度低于4℃时红细胞有时会发生自凝现象。

96孔V型板的影响：

板洗不干净或者不光滑，常造成抗体效价滴度降低，不用酸处理会造成非特异性凝集发生。

纠正办法：板用完后，用大水将板冲洗干净，然后置2%~3%的盐酸中浸泡12h以上，取出后先用自来水冲净盐酸，再用蒸馏水冲洗完，甩掉水滴，置37℃温箱烘干备用。

使用时间过长的反应板V型板，由于底部磨损较大，致使反应时图像不清，判断失误。因此微量反应板和吸头使用一段时间后要淘汰，及时更新。

结果判定方法与时间可能造成的影响：

试验时必须要做阳性血清对照和阴性血清对照。一般来说，阳性血清对照的时间相对长些，在阳性对照结果出来后5 min内判定试验结果较好。判断结果时，注意把握“50%”凝集（即：“++”）的尺度。

试剂保存（4℃）不当造成的影响：

保存温度过低，致敏红细胞破碎。造成诊断抗原浓度不够；温度过高使标准阳性血清效价下降，致使阳性对照不成立。或稀释的诊断抗原长期不用，造成诊断抗原凝集价下降。

试剂本身的影响（系统影响，具有一致性）：

诊断抗原纯化不好，会导致非特异性凝集发生；

致敏红细胞浓度过高，则效价降低，致敏红细胞浓度过低，则效价升高。

（2）沉淀试验

沉淀试验由Kraus于1897年发现，是免疫检测中最早使用的方法。环状沉淀试验由Ascoli于1902年建立；琼脂扩散试验由Oudin等人于1946年首先报道，1965年Mancini等人提出了在水平板上进行扩散试验的方法；双向双扩散由Elek和Ouchterlony于1948年在同一时期分别建立；免疫电泳试验由Crabar与Williams于1953年创立。

①液相沉淀试验

A 原理：可溶性抗原与相应抗体结合，在适量电解质存在下，形成肉眼可见的白色沉淀。

B 操作步骤:以环状沉淀试验为例。将试验抗原(或抗体)和待检样品加入到小口径试管内混匀,一段时间后在液面处出现环状沉淀现象,即为阳性反应。

②琼脂扩散试验

A 原理:琼脂或琼脂糖在凝胶状态下,内部形成一种多孔的网状结构,该结构孔径大,可允许分子量在20万以下的抗原和抗体等大分子量的物质通过,当抗原和相应抗体在该凝胶中经自由扩散相遇后形成抗原抗体复合物,当抗原抗体在相遇处比例相当时,形成复合物的分子量和颗粒不断增大,结果扩散停止而形成沉淀出现线状或条状特异性屏障(抗原抗体复合物)。

目前,该试验主要用于鸡马立克氏病、禽流感、鸡传染性支气管炎、鸡传染性喉气管炎、禽白血病、鸡传染性法氏囊炎、鸡传染性鼻炎和鸡白痢等病的诊断和抗体检测。

B 实验方法(以鸡马立克氏病为例说明)

试验材料

标准抗原和标准阳性血清均由试剂厂家购得,置低温冰箱中保存备用。

器械、药品:塑料采血管、打孔器、滴管、平皿、烧杯、镊子、酒精灯、带盖瓷盘、试管、琼脂、含8%氯化钠的pH7.2~7.4磷酸盐缓冲液。

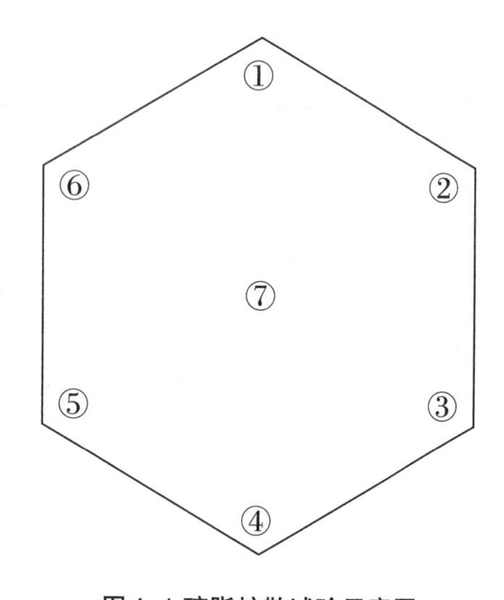

图4-1 琼脂扩散试验示意图

琼脂板的制备:用含有8%氯化钠的0.01MpH7.4磷酸盐缓冲液配制的1%琼脂溶液,置水浴中加温,使其充分溶化后,经脱脂棉滤过,稍凉后,加入到灭菌培养皿内。每个直径9 cm的培养皿,大约加15 mL。平放在室温下凝固,而后倒置放入冰箱中保存3~5 d备用。

操作方法

用打孔器在琼脂平板上打7个孔,其中中央1个孔,孔径为4mm,外周6个孔,孔径均为3mm,孔距为3mm。

用已知标准抗原测定未知抗体(被检鸡血清):

用滴管将被检血清按顺序逐个地滴加于周边1、3、5孔内,每孔加满不溢出为度。每加一份血清前,必须把滴管洗净、拭干。用另一滴管向中心孔内滴加标准抗原,每孔加满不溢出为度。再用另一支滴管向空下的周边孔,即2、4、6孔内加入标准阳性血清(见左图)。

将加完样的琼脂平板加盖后,在室温静置片刻,待被检样品稍微扩散而液面下陷后,平放于带盖的湿盒内,置37℃温箱中,于24 h内观察并记录结果。

用已知的标准阳性血清,测定未知的病毒抗原〈被检鸡的羽髓浸液〉:选择被检鸡含羽髓丰满的翅羽或身体其他部位的大羽数根,将含有羽髓的羽根部分按排号分别剪下,收集于试管内。再于每管内滴入2~3滴蒸馏水(羽髓丰满时也可不加)。用玻棒将羽根挤压于管底,并用适当的压力转动玻棒,倾斜试管,并用玻棒导流,使羽髓浸液流至管口,另一人用滴管将其吸出,滴加到周边1、3、5孔内。

洗涤玻棒并擦干,用同样操作方法浸提另一样品。用另一支滴管向中心孔滴加标准阳性血清,再用一支滴管向2、4、6的周边孔滴加标准抗原。以上均以加满不溢出为宜。加样完毕后,将琼脂平板加盖后,在室温静置片刻,待被检样品稍微扩散而液面下陷后,平放于带盖的湿盒内,置37℃温箱中,于24 h内观察结果。

结果判定

被检材料孔与标准抗原孔之间形成清晰的沉淀线。并与周边已知抗原和阳性血清孔的沉淀线相互融合者，判为阳性。不出现沉淀线的则判为阴性。

标准阳性血清孔和抗原孔产生的沉淀线末端弯向被检样品孔内侧时，被检样品判为弱阳性。

有的被检材料可能产生一条以上沉淀线，其中一线与已知抗原，阳性血清的沉淀线融合者，则属于阳性反应。

结果分析

第一孔与第二孔沉淀线完全吻合，故第二孔为强阳性反应。

第三孔与第四孔沉淀线出现交叉，说明第四孔的被检血清与第三孔不一样，可能是另一型抗体。

第五孔与第四孔毗邻的沉淀线向外侧弯曲，说明第四孔为阴性反应。

第五孔与第六孔毗邻的沉淀线向内侧偏弯，说明第六孔为弱阳性反应。

注意事项

加样完毕后，应将血清、羽髓等待检材料，应将被检样品放入冰箱中，待结果判断无误后，再行废弃。

在琼脂孔打完后，注意将琼脂板底面放在酒精灯上稍微加热封底。

标准抗原和阳性血清用后如有剩余，则应冻结保存。阴性血清应避免多次重复冻融，以防抗体效价降低而影响反应结果。

被检鸡的编号和采样试管号，必须相互一致，以免造成人为的错误。

试验注意事项

本实验操作中，需要注意的是：不同畜禽疫病琼脂扩散试验所用琼脂板的琼脂浓度、琼脂配制所用的PBS浓度和pH值不同，因此在制板时要严格按照不同实验的具体要求进行制板并试验。制板之前一定要按要求加氯化钠，在加样时，先加被检样品，后加标准抗原和阳性血清。加完后及时于-20℃保存标准抗原和阳性血清。

③免疫电泳试验

A 原理：不同带电颗粒在同一电场中，其迁移率不同。蛋白质是一种两性电解质，每种蛋白质都有自己的等电点。在pH大于等电点的溶液中，羟基解离多，此时蛋白质带负电荷，带负电荷的蛋白质在电场中向正极移动。反之，在pH小于等电点的溶液中，氨基解离多，此时蛋白质带正电荷，带正电荷的蛋白质在电场中向负极移动。pH离等电点越远，所带净电荷越多，蛋白质泳动速度越快，因此，可以通过电泳将复合的蛋白质分开。

B 实验方法

实验材料

电泳仪：一般要求电泳仪的电压能为0～500V，而电流从0～100mA即可。

电泳槽：电泳槽宜用闭合式，防止由于电泳过程中产热，而使其琼脂凝胶中水分过度蒸发。作为电泳板的白金丝，必须与电泳槽等长，而槽中的缓冲液必须充分盖过电极，量要足够。

电泳缓冲液：常用pH8.6、离子强度为0.075mol/L的巴比妥缓冲液。其配法如下：

巴比妥	2.76 g
巴比妥钠	15.45 g
蒸馏水加至	1000 mL

先将巴比妥放于已盛有300 mL蒸馏水的三角烧瓶中加热熔化，再加入700 mL蒸馏水，并加入巴比妥钠，溶后即可使用。

1.5%缓冲琼脂：称取琼脂粉1.5 g放入100 mL巴比妥缓冲液中，高压或煮沸溶化。

操作方法

操作方法:取玻片一张,做好标记,然后按下图(图4-2)式样放上细玻璃棒(70×2mm)1根;把已溶化的1.5%巴比妥缓冲琼脂浇注在玻片上,每张2.5~3.0 mL。注意勿使玻棒全部埋入琼脂中,应露1/3,浇注时不要使玻棒移动;打孔加样,按图形(图4-2)打孔(孔径1~2 nm),孔离玻棒不宜太远或太近,以4 mm为宜,用毛细滴管把抗原滴入孔中,然后进行电泳;电泳,把琼脂板放入电泳槽的支架上,两端分别贴上用2~4层已浸透缓冲液的滤纸或滤布,同槽内的缓冲液架桥相连。滤纸的宽度要同琼脂板的宽度一致,不宜过窄或过宽。加样的一端接负极,另一端接正极。电压按玻片长度3~6V/cm为准(也可按电流计算,即玻片宽度2~4 mA /cm),一块2.6×7.6的玻片,用42~45V的端电压,端电压是用万用电表测量琼脂板两端所得的实际工作电表压,并不是电泳仪表指针所示的电压。电泳时间为1~2h;加入抗体,电泳完毕,用柳叶刀沿玻璃棒两侧划开琼脂,取出玻棒(用小镊子取出),即成为抗体槽,用毛细管滴加抗体,注意勿使抗体溢出;加毕抗体后,将琼脂板放入有盖浸有湿纱布的搪瓷盘中,置37℃恒温箱中扩散24h之后,取出,观察结果;染色,将琼脂板放生理水中浸泡24h,中间换液数次,取出后,用0.05%氨基黑10B染色5~10min,然后以1mol/L冰醋酸脱色至背景无色为止;保存标本的染色方法,取出琼脂板,浸泡于生理盐水中1~2 d,以除去未起反应的蛋白质,再放置蒸馏水中脱盐4~5 h,放固定液(60%酒精98mL、冰醋酸2mL)中2h,然后用绸布或滤纸打湿后,覆盖于琼脂板上,置37℃ 24 h干燥后,再以蒸馏水打湿绸布,揭去。再放在氨基黑10B染色液(氨基黑10B 0.5g,1mol/L醋酸500mL、0.1mol/L醋酸钠500mL)或偶氮胭脂红染色液中染色10~30min,取出以5%~10%冰醋酸脱色,至背景无色为止,用水冲几次,吸干水分,保存备用。

结果判定

常见的沉淀弧形:由于经电泳后,分离的各抗原成分在琼脂中呈放射状扩散,而相应的抗体呈直线扩散,因此形成的沉淀线一般多呈弧形,常见的弧形如下:交叉弧,表示两个抗原成分的迁移率相近,但抗原性不同;平行弧,表示两个不同的抗原成分,它们的迁移率相同,但扩散率不同;加宽弧,一般是由于抗原过量所致;分枝弧,一般是由于抗体过量所致;沉淀线中间逐渐加宽,并接近抗体槽,一般由于抗原过量,在白蛋白位置处形成;其他还有弯曲弧、平坦弧、半弧等。

沉淀弧的曲度:匀质性的物质具有明确的迁移率,能生成曲度较大的沉淀弧。反之有较宽迁移范围的物质,其沉淀弧曲度较小。

沉淀线的清晰度:沉淀线的清晰度与抗原抗体的特异性程度有关,也与抗体的来源有关。抗血清多来源于兔、羊、马。兔抗血清的特点是形成沉淀线宽而淡,抗体过量对沉淀线影响较小,而抗原过量时,沉淀线发生部分溶解。马抗血清所形成的沉淀线致密,清晰,抗原或抗体过量时,沉淀线易溶解、消失,而且易产生继发性的非特异性沉淀线,因此,使用的抗原和抗体的比例要适当。

沉淀弧的位置:高分子量的物质扩散慢,所形成的沉淀线离抗原孔较近,而分子量较小的物质,扩散速度快,沉淀弧离抗体槽近一些。抗原浓度高沉淀弧偏近抗体槽。反之,抗体浓度高,沉淀弧偏近抗原孔。

注意事项

免疫电泳法较其他电泳的优点在于具有特异性沉淀弧,即使电泳迁移率相同的组分也能检出,因此抗原数目可用独立弧来断定,缺点是免疫血清不能包括所有组分的抗体,其实这也是免疫化学方法的共性。

在加入抗原时,为了观察方便起见,可于样品中加一滴电泳指示剂(聚蔗糖0.25mL,巴比妥缓冲液10mL,偶氮胆脂红0.05g),这样便于随时掌握电泳的位置而决定结束电泳的时间。

在观察免疫电泳结果时要注意,有些沉淀出现较早,消失很快。由于琼脂的质量与规格不同,将影响标定各抗原的位置。为此,最好用标准抗原或国际通用琼脂定位,作为鉴定时的参考指标。

2. 有补体参与的试验

(1)原理 补体是机体非特异性免疫的重要体液因素,当被抗原抗体复合物或其他激活物质激活后,可表现为杀菌及溶菌,起到辅助和加强吞噬细胞和抗体等防御能力的作用。补体结合试验中有5种成分参与反应,分属3个系统:反应系统(抗原与抗体)、补体系统(补体)、指示系统(绵羊红细胞与溶血素)。其中反应系统与指示系统争夺补体系统。测定时先加入反应系统和补体,给其以优先结合补体的机会,如果反应系统中存在待测的抗体(或抗原),则抗原、抗体发生反应后可结合补体,再加入指示系统,由于反应中无游离的补体而不出现溶血,为补体结合试验阳性。

(2)操作步骤 试验分两步进行。①反应系统作用阶段,由倍比稀释的待检血清加最适浓度的抗原和补体。混合后37℃水浴作用30~90 min或4℃冰箱过夜。②溶血系统作用阶段,在上述管中加入致敏红细胞,置37℃水浴作用30~60 min,观察是否有溶血现象。若不溶血,说明待检的抗体与相应的抗原合了,反应结果是阳性;若溶血,则说明待检的抗体不存在或与抗原不相对应,反应结果为阴性。

(3)注意事项 ①参与反应的各试剂的量必须比例恰当,特别是补体和溶血素的用量。在正式试验前,必须准确测定溶血素效价、溶血系统补体价、溶菌系统补体价等,以确定用量。②补体结合试验中某些血清等有非特异性结合补体的作用,称抗补体作用。引起抗补体作用的原因很多,如血清中变性的球蛋白及某种脂类、陈旧血清或被细菌污染的血清,器皿不干净,带有酸、碱等。因此,本试验要求血清等样品及诊断抗原、抗体应防止细菌污染,玻璃器皿必须洁净。如出现抗补体现象可采用增加补体用量、提高灭活温度和延长灭活时间等方法加以处理。③补体结合试验操作烦琐,操作应仔细准确。参与试验的各项已知成分必须预先滴定其效价,配制成规定浓度后使用。④不同动物的血清补体浓度差异很大,甚至同种动物中不同的个体也有差异。动物中以豚鼠的补体浓度最高,一般采血前停食12h,用干燥注射器自心脏采血,立即放于4℃,在2~3h内分离血清,小量分装,冻干后可保存数年。防止反复冻融,以免影响其活性。

(4)特点 补体结合试验是一种传统的免疫学技术,能够沿用至今说明其本身有一定的优点:①灵敏度高。补体活化过程有放大作用,比沉淀反应和直接凝集反应的灵敏度高得多,能测定0.05μg/mL的抗体,与间接凝集法的灵敏度相当。②特异性强。各种反应成分事先都经过滴定,选择了最佳比例,出现交叉反应的概率较小。③应用面广。可用于检测多种类型的抗原或抗体,还可用于抗原分型的研究。④易于普及。试验结果显而易见,试验条件要求低,不需要特殊仪器或只用光电比色计即可。但是补体结合试验参与反应的成分多,影响因素复杂,操作步骤烦琐并且要求十分严格,稍有疏忽便会得出不正确的结果。

(5)应用 补体结合反应是用免疫溶血机制作指示系统,来检测另一反应系统抗原或抗体的一种定量试验,还可用于疫病定型,是动物传染病常用的血清学诊断方法之一。世界动物卫生组织将其作为水泡性口炎、牛布鲁菌病、马媾疫、马鼻疽等动物疫病的指定诊断方法,作为口蹄疫、马传染性贫血、牛边虫病等动物疫病的替代诊断方法。我国将其作为放线杆菌胸膜肺炎、流行性乙型脑炎、副结核病等动物疫病的检测方法,作为口蹄疫型鉴定的试验方法。

3. 中和试验(Neutralization test NT)

(1)原理与分类 病毒可刺激机体产生中和抗体,它与病毒结合后使病毒失去吸附细胞的能力或抑制其侵入和脱壳,因而丧失感染力。

根据中和作用后病毒感染力的不同,主要有两种中和试验。①测定使病毒感染力减少50%的血清中和效价,即终点法中和试验(Endpoint neutralization),有固定病毒稀释血清(病毒中和试验 Virus neutralization test, VNT)和固定血清稀释病毒(血清中和试验)两种方法。②测定使空斑数减少50%的血清中和效价,即空斑减少试验(Plaque reduction neutralization, PRN)。

(2)操作步骤　中和试验是以病毒对宿主或细胞的毒力为基础,首先需要根据病毒的特性选择合适的细胞、鸡胚或实验动物,测定病毒效价,然后将抗血清和病毒混合,经适当时间作用,接种于宿主系统以检测混合液中的病毒感染力,最后根据其产生的保护效果的差异,判断该病毒是否已被中和,并根据规定方法计算中和抗体的效价。

(3)注意事项　①中和试验现大多在细胞上进行,采用24孔或96孔细胞培养板,试验过程需严格无菌。②待检血清需要灭菌和灭活处理。灭菌通常采用0.22μm滤膜过滤除菌。灭活一般需经56℃ 30min处理。③每天都应记录实验动物的临床症状和死亡情况、鸡胚死亡情况、细胞病变。④试验需要用感染性的活病毒,有散播病毒的危险,试验完毕后要进行彻底消毒灭菌。

(4)特点　中和试验极为特异和敏感,具有严格的种、型特异性,利用同一病毒的不同型的毒株或不同型标准血清,即可测知相应血清或病毒的型。该试验与攻毒保护试验高度相关,中和抗体的水平可显示动物抵抗病毒的能力。其不足之处在于重复性不理想、试验周期长、操作烦琐、不适用于大规模监测,细胞培养技术相对复杂,需要一定的设备和技术支持。

(5)应用　中和试验是定量试验,可以用于检测抗原或抗体,还可用于疫病定型。中和试验在病毒学研究中十分重要,应用广泛,其主要用于病毒感染的血清学诊断、病毒分离株鉴定、不同病毒株抗原关系研究、疫苗免疫原性评价、免疫血清质量评价等。世界动物卫生组织将病毒中和试验作为口蹄疫、狂犬病、牛传染性鼻气管炎等动物疫病的指定诊断方法,作为蓝舌病、牛瘟、禽传染性支气管炎等动物疫病的替代诊断方法。将空斑减少试验作为马脑脊髓炎的替代诊断方法。我国将病毒中和试验作为口蹄疫、伪狂犬病、猪瘟等动物疫病的检测方法,作为蓝舌病型鉴定的试验方法。

4. 变态反应

(1)原理　变态反应(Allergy)是免疫系统对再次进入机体的抗原做出过于强烈或不适当而导致组织器官损伤的一类反应。

兽医临床应用较多的是迟发型变态反应。迟发型变态反应是指所有在12h或更长时间产生的变态反应,在该型反应中抗体不起作用,也无补体参与,而由致敏淋巴细胞(T细胞)、单核-巨噬细胞等聚集于反应局部引起损伤。在动物疫病诊断和检疫中,常用的方法有皮内反应法、点眼法等,根据皮肤肿胀面积和肿胀厚度,可作出判定。

(2)操作步骤　将动物注射部位的毛剪干净,消毒。用卡尺量取剪毛部位的皮肤厚度。在剪毛部位皮内注射试剂。注射48～72h后,根据试验操作规程,观察局部炎性反应,计算皮肤肿胀厚度判定结果。

(3)注意事项　①本试验存在一定的非特异性,如动物发生某些细菌或病毒感染时或使用某些药物治疗时,会造成假阳性或假阴性结果。②注射用试剂需无菌配制,冷藏保存,应当天用完。

(4)特点　某些传染源引起的传染性变态反应,具有很高的特异性,可用于传染病的诊断。但该试验工作量大,检出时间长,操作麻烦,被检动物个体差异、注射剂量和试剂批号等因素都可以降低试验的敏感性和特异性。

(5)应用　世界动物卫生组织将迟发型变态反应作为副结核病的替代诊断方法。我国将其作为动物结核病、副结核病、马鼻疽等动物疫病的检测方法。

5. 血凝和血凝抑制试验

(1)原理　一些动物的红细胞(如鸡、豚鼠等)以及人O型红细胞上有某些病毒血凝素基因的受体,遇病毒时可产生红细胞凝集现象,简称血凝(Haemagglutionation, HA),这是病毒的一种生物学特性，是非特异性的，可以此来推测被检材料中有无病毒存在。但病毒凝集红细胞的能力可以被相应的特异性抗体所抑制，即血凝抑制（Haemagglutionation inhibition，HI），这一过程是抗原抗体的特异性反应。

（2）操作步骤　测定动物血清中的血凝抑制抗体，首先要滴定病毒对相应红细胞的血凝效价，然后将配制为一定浓度的抗原与倍比稀释的待检血清混合，经适当时间作用后加入红细胞，当红细胞对照出现100%沉淀时判定结果，通常以能完全抑制红细胞凝集的血清最高稀释度为该血清的血凝抑制效价。

（3）注意事项

①每次血凝试验所用抗原均要现配现用，配好后还应做校对试验，以确定抗原配制是否准确。

②一些动物血清中经常存在非特异性血凝或血凝抑制物质，掩盖特异性抗体的抑制效价，甚至造成假阳性或假阴性反应。因此在进行血凝和血凝抑制试验前，要消除被检血清中的非特异性物质。在试验中，鸡血清极少出现非特异性阳性反应，没有必要在试验前进行血清处理。但水禽血清可能对鸡红细胞产生非特异性的凝集。世界动物卫生组织手册推荐用鸡红细胞对待检血清进行吸附，可以去除非特异性凝集素；另外可以配制与被检血清同源的家禽红细胞做血凝和血凝抑制试验。可以利用受体破坏酶和胰酶-加热-高碘酸盐处理法去除非特异性凝集抑制因素。

③试验时要根据病毒的血凝特性来选择适宜的红细胞，供血动物有个体差异，一般采用3～4只动物的混合血液，每次试验所使用的红细胞浓度要尽可能保持一致，无菌采集的抗凝血保存在阿氏液在4℃贮存不能超过1周。

④洗涤红细胞时，首先3000r/min离心10min，去除阿氏液与白细胞层，然后用PBS洗涤，3000 r/min离心10min，洗3次。洗涤时吹洗动作要轻柔，避免溶血。吸管勤更换，避免污染。最后一次洗涤后将离心后的上清液尽量吸干净，用移液器准确吸取血细胞，加入PBS液混匀，放置于4℃保存，最好现用现配。通常使用浓度为1%的红细胞。

⑤加PBS液时可以采用倒吸法，吸液时按到1档和2档之间，加液时打到1档，这种吸液方式可以避免漏液溢液的现象发生。进行倍比稀释时，吹打4～8次，同时避免产生气泡，每孔混匀完毕，将吸头内液体排尽。加红细胞时要先将红细胞混匀，单板加样时，加样顺序为先对照、再高稀释倍数、最后低稀释倍数；多板加样时，要进行悬空操作。

⑥判定结果要在规定的时间观察，作用时间短会使反应不充分、效价低；时间过长会导致红细胞全部沉积，使结果无法判读。每次试验应在一定的温度下进行。温度过高会加速反应的进行，可以将血凝板放在恒温箱里反应。此外，试验器材、操作及判定方法等都会影响到最终的试验结果。

（4）特点　血凝和血凝抑制试验不需应用活的试验宿主系统，而且可在几十分钟到几小时内获得结果，具有操作简便、快捷、成本低的特点，但在实际应用中许多因素都会影响其结果的准确性。

（5）应用　血凝和血凝抑制试验是定量试验，可以用于检测抗原或抗体，还可用于疫病定型。血凝试验可用于病毒的检测和初步鉴定、病毒的血凝效价初步鉴定；血凝抑制试验可用于测定血清的抗体效价，鉴定未知病毒，评价疫苗免疫效果等方面。世界动物卫生组织将血凝抑制试验作为禽流感、新城疫、禽支原体病、兔出血热等动物疫病的替代诊断方法。我国将其作为禽流感、新城疫、流行性乙型脑炎、鸡产蛋下降综合征等动物疫病的检测方法。

（二）免疫标记技术

免疫标记技术是使用化学或生物发光剂等作为示踪物，对抗原或抗体标记后进行的抗原抗体反应，通过化学或物理的手段使不可见的反应放大，转化为可见的、可测知的、可描记的光、色、电、脉冲等信号，使得灵敏度极大提高，同时检测的方法和类型也有了更多的变化。因此，免疫标记技术在敏感性、特异性、精确性及应用范围等方面超过一般免疫血清学方法。根据试验中所用标记物和检测方法不同,免疫标记技术分为免疫荧光技术、放射免疫分析技术、免疫酶技术、胶体金标记免疫技术等,以及近年来开始应用的化学免疫发光免疫技术。

1. 免疫荧光技术

(1)原理　基本原理是将抗原抗体反应的特异性和敏感性与显微示踪的精确性相结合。荧光素是具有共轭双键体系结构的化合物,当受到紫外光照射时,由低能量级基态向高能量级跃迁,形成电子能量较高的激发态,当电子从激发态恢复至基态时,发出荧光。以异硫氰酸荧光素、四乙基罗丹明等荧光素作为标记物,与已知的抗体结合,但不影响其免疫学特性;然后将荧光素标记的抗体作为标准试剂,用于检测和鉴定未知的抗原;在荧光显微镜下,可以直接观察呈特异荧光的抗原抗体复合物及其存在部位。根据染色过程中抗原抗体反应的不同组合,经典的免疫荧光技术有直接法、间接法和双标记法等。后来又在经典免疫荧光技术基础上,发展了可用于定量测定体液中抗原或抗体的荧光偏振免疫技术和时间分辨荧光技术。

(2)操作步骤

①制片　常见的临床标本主要有组织、细胞和细菌三大类。按不同的标本可制作涂片、印片和切片。组织材料可制备成冷冻切片或石蜡切片;细菌培养物、感染动物的组织或血液、脓汁、粪便、尿沉淀等,可用涂片或压印片;细胞培养物可制备成涂片。

②染色　在已固定的标本上滴加经适当稀释的荧光抗体,置湿盒内,在一定温度下孵育一定时间,一般为25℃~37℃ 30min。用PBS液充分洗涤、干燥。应同时设立标本自发荧光对照(标本+PBS)、荧光抗体对照(标本+荧光抗体)、阴性血清对照和阳性血清对照。

③结果判定　经荧光抗体染色的标本,需要在荧光显微镜下观察。最好染色当天做镜检。检测样本可见特异性荧光,即为阳性。观察时,应将形态学特征和荧光强度相结合。进行病毒检测时,针对不同特征的病毒,应观察荧光所在的部位,即有的病毒呈细胞质荧光,有的病毒呈细胞核荧光,有的在细胞质和细胞核均可见荧光。荧光强度在一定程度上可反映抗体或抗原的含量。在各种对照成立的前提下,待检样品特异性荧光染色强度达"++"以上,即可判定为阳性。

(3)注意事项

①制作标本片时应尽量保持抗原的完整性,减少形态变化,力求抗原位置保持不变。同时还必须使抗原-标记抗体复合物易于接收激发光源,以便观察,这就要求标本要相当薄,并要有适宜的固定处理方法。

②为了保证荧光染色的正确性,避免出现假阳性,必须设置标本自发荧光对照、阳性对照与阴性对照。只有在对照成立时,才可对检测样本进行判定。观察时,应将形态学特征和荧光强度相结合。

③荧光素标记抗体浓度要适宜,荧光抗体浓度过高容易产生非特异荧光,荧光抗体浓度过低产生荧光过弱,影响结果的观察。

④染色的温度和时间需要根据不同的标本及抗原调整。染色时间一般以30min为宜。染色温度多采用室温,但37℃可加强抗原抗体反应和染色效果。

⑤由于荧光素和抗体分子的稳定性都是相对的,因此,随着保存时间的延长,在各种因素的影响下,荧光素标记的抗体可能变性解离,失去其应有的亮度和特异性。因此,经荧光染色的标本最好当天观察,随时间延长,荧光强度会逐渐下降。

⑥一般标本在高压汞灯下照射时间超过3min有荧光减弱的现象,因此镜下观察时间应小于3min。

(4)特点　免疫荧光技术有敏感性高(与放射免疫相当,高于酶标免疫方法)、特异性强、应用范围广的优点。但是也存在需要使用较为昂贵的荧光显微镜,结果判定存在一定的主观性,对操作人员有一定要求,结果存在荧光淬灭无法长期保存的缺点。

(5)应用

免疫荧光技术应用范围广泛,常用于测定细胞表面抗原和受体,各种病原微生物的快速检查和鉴定,组织抗原的定性和定位研究。因此,可供检查的标本种类很多,包括细胞、细菌涂片、组组切片以及感染病毒的单层培养细胞等。

免疫荧光技术作为一种经典的血清学检测技术,由于其具有高敏感性和特异性,目前仍是世界动物卫生组织规定国际贸易中猪繁殖与呼吸综合征、非洲猪瘟、心水病、锥虫病、马媾疫等多种动物疫病的指定诊断方法。我国猪繁殖与呼吸综合征诊断方法的国家标准中也将免疫荧光技术列入其中。由于免疫荧光技术的敏感性高于ELISA,通常在ELISA试剂盒的研发和结果确证中将免疫荧光技术作为“金标准”进行比较。

2. 放射免疫分析技术

(1)原理　该方法是用竞争性结合的原理,应用放射性同位素标记抗原(或抗体),与相应抗体(或抗原)结合,通过测定抗原-抗体结合物的放射性判断结果。它将放射性核素具有的高灵敏性和抗原-抗体反应的特异性相结合,可进行超微量分析,敏感性高,可用于测定抗原、抗体、抗原抗体复合物。

(2)操作步骤

①抗原抗体反应　将抗原(标准品和受检样本〉、标记抗原和抗血清按顺序定量加入到小试管中,在一定的温度下进行一定时间的反应后,使竞争抑制反应达到平衡。

②标记抗原-抗体复合物与游离的标记抗原的分离　标记的抗原与未标记的抗原和抗体结合后,均形成抗原抗体复合物。由于标记抗原-抗体复合物含量很低不能自行沉淀,需要合适的沉淀剂使其彻底沉淀,完成与游离标记抗原的分离。根据抗原的特性、待测样品的体积、测定需要的灵敏度和精确度进行分离技术的选择,较常用的分离法有盐析法、双抗体法、聚乙二醇法、活性炭吸附法等。

③放射性强度的测定　标记抗原-抗体复合物与游离的标记抗原分离后,可进行放射性强度测定。测定仪器有两类,液体闪烁计数仪和晶体闪烁计数仪。

(3)注意事项　操作过程要按照规定做好防护,放射源、放射性废弃物应有专人进行处理,放射性物质的贮存要符合防护的要求。

(4)特点　放射免疫分析技术具有灵敏度高,检出极限可达pg级水平;抗原-抗体免疫反应特异性强;应用范围广,可广泛用于生物活性物质、激素、各类抗原和小分子物质检测的优点。但由于其过程中存在放射线辐射和污染的问题,对实验室条件和操作人员有严格的要求,限制了该方法的使用推广。

(5)应用　放射性免疫分析技术能用于各种蛋白质、肿瘤抗原、病毒抗原、细菌抗原、寄生虫抗原以及一些小分子物质,还能应用于几乎所有激素的分析(包括多肽类和固醇类激素〉,另外也建立了检测上百种生物活性物质的放射性免疫分析方法。放射免疫分析技术主要应用于60-70年代对抗原或抗体进行检测,如1979年,Crowther利用放射免疫分析技术,用^{125}I标记抗非洲猪瘟病毒多抗血清来检测细胞培养物中的非洲猪瘟病毒。

3. 酶免疫技术

(1)原理　酶免疫技术将抗原抗体反应的特异性与酶的高效催化作用相结合,其原理和操作程序与免疫荧光技术相似,不同的是用酶代替荧光素作为标记物,并以底物被酶分解后的显色反应进行抗原或抗体的示踪。ELISA是酶免疫技术中应用最广泛的一项技术。

ELISA的基础是抗原或抗体的固相化及抗原或抗体的酶标记。结合在固相载体表面的抗原或抗体仍保持其免疫学活性,酶标记的抗原或抗体既保留其免疫学活性,又保留酶的活性。在测定时,受检标本(测定其中的抗体或抗原)与固相载体表面的抗原或抗体起反应。用洗涤的方法使固相载体上形成的抗原抗体复合物与液体中的其它物质分开。再加入酶标记的抗原或抗体,也通过反应而结合在固相载体上。此时固相上的酶量与标本中受检物质的量呈一定的比例。加入酶反应的底物后,底物被酶催化成为有色产物,产物的量与标本中受检物质的量直接相关,故可根据呈色的深浅进行定性或定量分析。由于酶的催化效率很高,间接地放大了免疫反应的结果,使测定方法达到很高的敏感度。

(2)酶联免疫吸附试验的类型

ELISA可用于测定抗原,也可用于测定抗体。在这种测定方法中有三个必要的试剂:a 固相的抗原或抗体,即"免疫吸附剂"(immunosorbent);b 酶标记的抗原或抗体,称为"结合物"(conjugate);c 酶反应的底物。

根据试剂的来源和标本的情况以及检测的具体条件,可设计出各种不同类型的检测方法。用于动物疫病检测的ELISA主要有以下几种类型:

①双抗体夹心法测抗原　双抗体夹心法是检测抗原最常用的方法,操作步骤如下:

A 将特异性抗体与固相载体联结,形成固相抗体。洗涤除去未结合的抗体及杂质。

B 加受检标本,保温反应。标本中的抗原与固相抗体结合,形成固相抗原抗体复合物。洗涤除去其他未结合物质。

C 加酶标抗体,保温反应。固相免疫复合物上的抗原与酶标抗体结合。彻底洗涤未结合的酶标抗体。此时固相载体上带有的酶量与标本中受检抗原的量相关。

D 加底物显色。固相上的酶催化底物成为有色产物。通过比色,测知标本中抗原的量。

在临床检验中,此法适用于检验各种蛋白质、微生物病原体等二价或二价以上的大分子抗原,但不适用于测定半抗原及小分子单价抗原,因其不能形成两位点夹心。例如猪瘟病毒检测ELISA、禽流感病毒抗原捕获ELISA,就是根据这种原理设计的。而猪的瘦肉精检测则不能按这种原理设计。

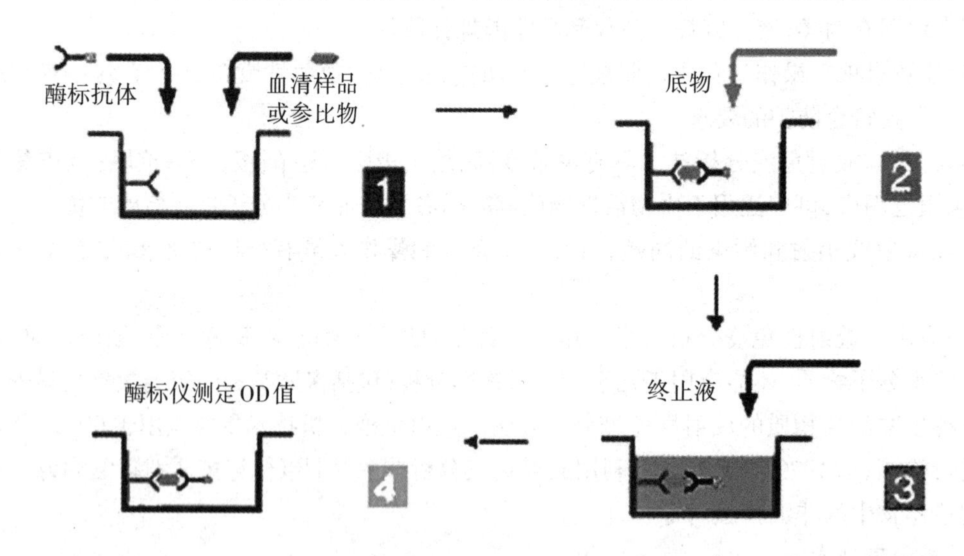

图4-1　双抗体夹心法测抗原原理图

②双抗原夹心法测抗体　反应模式与双抗体夹心法类似。用特异性抗原进行包被和制备酶结合物,以检测相应的抗体。与间接法测抗体的不同之处为以酶标抗原代替酶标抗抗体。人乙肝HBs的

检测常采用本法。本法关键在于酶标抗原的制备,需要根据抗原结构的不同,寻找合适的标记方法。

此法中受检标本不需稀释,可直接用于测定,因此其敏感度相对高于间接法。此外,该方法不受被检动物种属差异的限制。目前该方法在兽医领域应用少,中国动物疫病预防控制中心兽医诊断室用该方法检测猪戊型肝炎病毒感染,效果良好。

③间接法测抗体 间接法是检测抗体常用的方法。其原理为利用酶标记的抗抗体(抗免疫球蛋白抗体),检测与固相抗原结合的受检抗体,故称为间接法。操作步骤如下:

A 将特异性抗原与固相载体联结,形成固相抗原。洗涤除去未结合的抗原及杂质。

B 加稀释的受检血清,保温反应。血清中的特异抗体与固相抗原结合,形成固相抗原抗体复合物。经洗涤后,固相载体上只留下特异性抗体,血清中的其他成分在洗涤过程中被洗去。

C 加酶标抗抗体可用酶标抗人Ig以检测总抗体,但一般多用酶标抗人IgG检测IgG抗体。固相免疫复合物中的抗体与酶标抗抗体结合,从而间接地标记上酶。洗涤后,固相载体上的酶量与标本中受检抗体的量正相关。

D 加底物显色

本法主要用于对病原体抗体的检测而进行传染病的诊断。间接法的优点是变换包被抗原就可利用同一酶标抗抗体建立检测相应抗体的方法。但对于间接法,抗原纯度是影响试验特异性的关键。重组抗原中含有的E.Coli成分,很可能与血清中的抗E.Coli抗体发生反应。间接法中另一种干扰因素为正常血清所具有的非特异性吸附。IgG的吸附性很强,血清中受检的特异性IgG只占总IgG中的一小部分,非特异IgG可直接吸附到固相载体或包被抗原的表面。因此,除了提高试剂盒工艺以外,在检测过程中标本须先行稀释(一般1:20-1:200),而且洗涤过程要彻底。

间接法在动物疫病抗体检测中应用广泛,例如禽流感的间接ELISA,用禽流感病毒NP蛋白包被成抗原板,待检血清中的抗体与之结合,再加入酶标二抗反应,可以检测所有A型禽流感病毒抗体。

此外,中国动物疫病预防控制中心兽医诊断室研制的禽流感H_5、H_7血凝素抗体、猪圆环病毒II型(PCV-2)抗体、牛口蹄疫非结构蛋白抗体检测ELISA亦为相同原理。

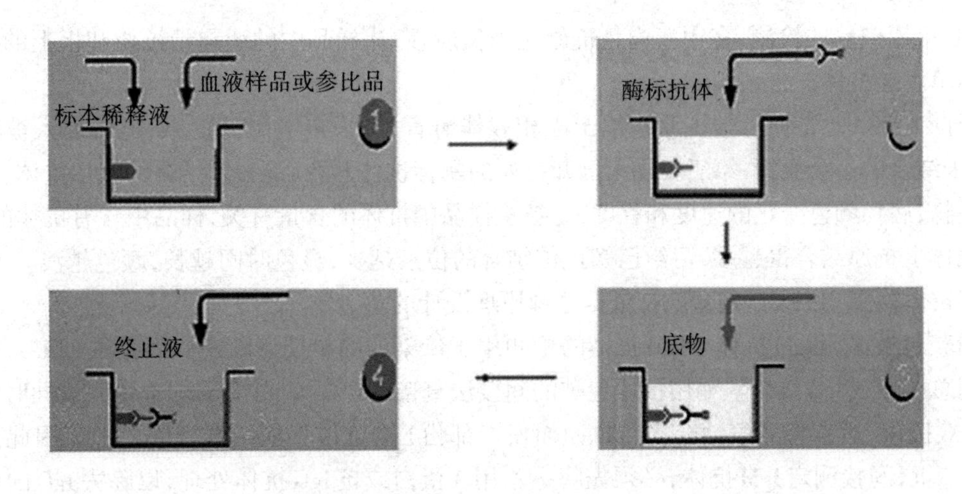

图4-3 间接法测抗体原理图

④竞争法测抗体 当抗原材料中的干扰物质不易除去,或不易得到足够的纯化抗原时,可用此法检测特异性抗体。其原理为标本中的抗体和一定量的酶标抗体竞争固相抗原。标本中抗体量越多,结合在固相上的酶标抗体愈少,因此阳性反应呈色浅于阴性反应。

竞争法测抗体有多种模式,常见的方式是把抗原包被到反应板上,待检血清和酶标抗体与固相抗原竞争结合。如伪狂犬的gpI抗体检测即采用此法,板上包被抗原,让待检血清与酶标gpI抗体竞争。

另一种模式先将抗体包被在反应板上,将待检血清和酶标抗原一起加入到固相抗体中,进行竞争结合。如马传贫病毒抗体检测ELISA试剂盒,即采用此法,板上包被单抗,让待检血清与酶标抗原竞争。

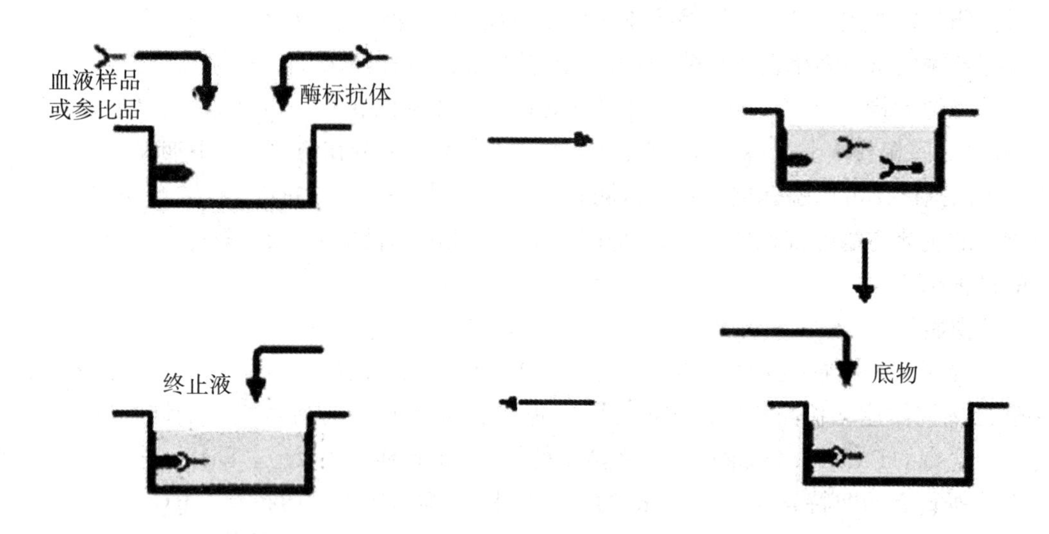

图4-4 竞争法测抗体原理图

⑤竞争法测抗原　小分子抗原或半抗原因缺乏可作夹心法的两个以上的位点,因此不能用双抗体夹心法进行测定,可以采用竞争法模式。其原理是标本中的抗原和固相抗原共同竞争一定量的酶标抗体。标本中抗原量含量愈多,结合到固相上的酶标抗体愈少,最后的显色也愈浅。小分子激素、药物等ELISA测定多用此法。

例如,猪瘦肉精的检测,多用瘦肉精抗原包被反应板,让样品中的瘦肉精抗原和板上的抗原共同竞争酶标单克隆抗体。

⑥阻断ELISA　先将已知抗原包被于固相载体孵育,洗去未吸附的抗原;随后加入被检血清孵育,洗去未结合的多余血清;第三步加入已知抗原的酶标抗体孵育,洗去未结合的酶标抗体;第四步加入酶标底物,底物颜色变化的速度和程度,与被检样品中抗体的含量有关,样品中含有抗体的量越多,与固相载体上抗原结合得越多,留给已知抗体结合的位点越少,显色时间越长,颜色越浅。Asia-Ⅰ口蹄疫免疫抗体检测ELISA试剂盒就是依据这种原理设计的。

⑦捕获包被法测IgM抗体　IgM抗体的检测用于传染病的早期诊断中。间接法ELISA一般仅适用于检测总抗体或IgG抗体。如用抗原包被的间接法直接测定IgM抗体,因标本中一般同时存在较高浓度的IgG抗体,后者将竞争结合固相抗原而使一部份IgM抗体不能结合到固相上。因此如用抗人IgM作为二抗,间接测定IgM抗体,必须先将标本用A蛋白或抗IgG抗体处理,以除去IgG的干扰。在临床检验中测定抗体IgM时多采用捕获包被法。先用抗人IgM抗体包被固相,以捕获血清标本中的IgM(其中包括针对抗原的特异性IgM抗体和非特异IgM)。然后加入抗原,此抗原仅与特异性IgM相结合。继而加酶标记针对抗原的特异性抗体。再与底物作用,呈色即与标本中的IgM成正相关。此法常用于感染的早期诊断。弓形虫IgM抗体的检测就是按此方法设计的。

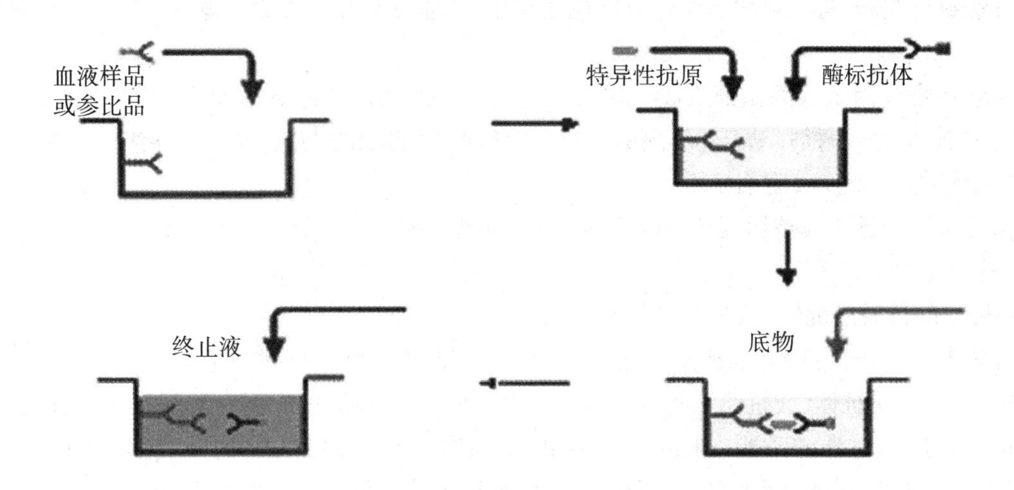

图4-5　捕获包被法测IgM抗体

⑧ABS-ELISA法　ABS为亲和素-生物素系统(avidin-biotin system)的略语。亲和素是一种糖蛋白,每个分子由4个能和生物素结合的亚基组成。生物素为小分子化合物,可与蛋白质和糖等形成生物素标记产物。生物素与亲和素的结合具有很强的特异性,且极为稳定。可用生物素标记的抗体(或抗原)代替原ELISA系统中的酶标抗体(抗原),由于一个亲和素可与4个生物素分子结合,因此如把ABS与ELISA法相结合,固相生物素先与不标记的亲和素反应,然后再加酶标记的生物素,可以进一步提高敏感度。但步骤多,系统复杂。

(3)酶联免疫吸附试验的优缺点及试剂组成

①酶联免疫吸附试验的优缺点　ELISA利用酶对底物的催化反应特性,将酶与抗体偶联并使之参与到抗原抗体反应中,依据酶催化底物所发生的变色反应程度,来指示和量化抗原抗体的反应水平。与普通的免疫沉淀、凝集实验和金颗粒、乳胶颗粒、同位素标记的检测技术相比,酶联免疫吸附试验有以下优点:

A 灵敏度高　由于该试验采用酶促反应,一分子的酶,可以催化多次反应,因此可以放大检测信号,提高检测的灵敏度。ELISA的反应模式基本上都是抗原/抗体/抗抗体-酶的方式进行的联级放大,大幅度提高了反应信号的强度。

B 特异性强　每一步反应都是抗原抗体的特异性识别过程,每一步都进行一次“纠偏”:通过控制酶联免疫吸附试验的溶液环境,可以去除非特异凝集、沉淀、非特异吸附作用的影响,增强反应体系的特异性。

C 方法快速、简便　ELISA的整个反应过程,一般不超过3 h。所用的试剂可以完全商品化,不需额外配制,操作简单,容易掌握。

D 重复性好　所用材料试剂系批量生产或制备,具有良好的均一性,无生物学实验中经常出现的个体差异现象。

E 自动化程度高,适合大批量标准化检测　ELISA检测过程,除了加入待测样品需要手工操作外,其他步骤均可用自动仪器来完成。在自动化条件下,平均每人每天可进行1000余份检测。检测过程易于自动化、标准化,受主观因素的影响较小,便于对检测工作进行质量控制。

F 安全　试验不需动用活毒,无散毒的危险。目前,国际粮农组织(FAO)和原子能机构(IAEA)已在世界各国推行和推荐该方法,以部分替代补体结合试验和血清中和试验。

该方法缺点在于，与免疫酶组织化学染色法相比，不能直观反映抗原抗体复合物在组织细胞中的定位。

②酶联免疫吸附试验的试剂组成　在临床检验中一般采用商品试剂盒进行测定，ELISA中有三个必要的试剂：免疫吸附剂、结合物和酶的底物。完整的ELISA试剂盒包含以下各组分：

A 酶标反应板（免疫吸附剂）

酶标反应板指已包被抗原或抗体的固相载体（免疫吸附剂），在低温（2℃~8℃）干燥的条件下一般可保存6个月。

B 酶标记的抗原或抗体（结合物）

结合物即酶标记的抗体（或抗原），是ELISA中最关键的试剂。良好的结合物应该是即保有酶的催化活性，也保持了抗体（或抗原）的免疫活性。在ELISA中，常用的酶为辣根过氧化物酶（horseradish peroxidase，HRP）和碱性磷酸酶（alkaline phosoMUse，AP）。国产ELISA试剂一般都用HRP制备结合物。国外很多ELISA试剂采用碱性磷酸酶（AP）作为标记酶，敏感度一般高于HRP系统，空白值也较低，但AP价格昂贵。

部分ELISA试剂盒中的结合物，在使用前需要用试剂盒配备的专用稀释液按要求比例稀释成工作液。较先进的ELISA试剂盒均已用合适的缓冲液配成工作液，使用时不需再行稀释，在4℃~8℃保存期可达6个月，应避免冻融。

C 酶的底物

HRP的底物

HRP的底物有邻苯二胺（OPD）、四甲基联苯胺（TMB）和ABTS。

OPD氧化后的产物呈橙红色，用酸终止酶反应后，在492nm处有最高吸收峰，是HRP结合物最常用的底物。OPD见光易变质，与过氧化氢混合成底物应用液后更不稳定，须现配置现用。在先进的ELISA试剂盒中，则直接配成含保护剂的工作浓度为0.02%H_2O_2的应用液，只需加入OPD后即可作为底物应用液。

TMB经HRP作用后产物显蓝色，目视对比鲜明。TMB性质较稳定，可配成溶液试剂，只需与H_2O_2溶液混和即成应用液，可直接作底物使用。因此在ELISA中应用日趋广泛。酶反应用HCl或H_2S0_4终止后，TMB产物由蓝色呈黄色，最适吸收波长为405nm。

ABTS虽不如OPD和TMB敏感，但空白值极低，也为一些试剂盒所采用。

AP的底物

AP为磷酸酯酶，一般采用对硝基苯磷酸酯（p-nitropheny lphosphate，p-NPP）作为底物，可制成片剂，使用方便。产物为黄色的对硝基酚，在405nm波长处有吸收峰。用NaOH终止酶反应后，黄色可稳定一段时间。

AP也有发荧光底物（磷酸4-甲基伞酮），可用于ELISA作荧光测定，敏感度高于用显色底物的比色法。

D 阳性对照品和阴性对照品

阳性对照品（positive control）和阴性对照品（negative control）是检验试验有效性的控制品，同时也作为判断结果的对照。以对照品的检测值为基准来计算Cut-Off值，能部分抵消不同批次检测的偏差，结果往往比固定判界更客观。

E 结合物及标本的稀释液

被检标本在使用前一般都要按一定比例稀释，稀释液在使用前一定要恢复到室温。对于稀释液中有晶体析出的，采用震荡或加热的方式，待晶体完全溶解后方可使用。

F 洗涤液

在板式ELISA中，常用的稀释液为含0.05%吐温-20磷酸盐缓冲液。试剂盒提供的多为浓缩液，使用前作相应稀释。

G 酶反应终止液

常用的HRP反应终止液为硫酸，其浓度按加量及比色液的最终体积而异，在板式ELISA中一般采用2mol/L，有强腐蚀性。

H 参考标准品

定量测定的ELISA试剂盒（例如药物测定等）应含有制作标准曲线用的参考标准品，应包括覆盖可检测范围的4-5个浓度。

(4)酶联免疫吸附试验的操作要领

优质的试剂，良好的仪器和正确的操作是保证ELISA检测结果准确可靠的必要条件。ELISA的操作因固相载体的形成不同而有所差异，国内动物疫病检测一般均用板式。本文将叙述板式ELISA各个操作步骤的注意要点。国外试剂均与特殊仪器配合应用，两者均有详细的使用说明，严格遵照规定操作，才能得出准确的结果。

①标本的采取和保存　可用作ELISA测定的标本十分广泛，体液（如血清）、分泌物（唾液）和排泄物（如尿液、粪便）等均可作标本以测定其中某种抗体或抗原成分。有些标本可直接进行测定（如血清、尿液），有些则需经预处理（如粪便和某些分泌物）。大部分ELISA检测均以血清为标本。在以HRP为标记的ELISA测定中，血清标本应注意避免溶血，红细胞溶解时会释放出具有过氧化物酶活性的物质，溶血标本可能会增加非特异性显色。

血清标本宜在新鲜时检测。如有细菌污染，菌体中可能含有内源性HRP，也会产生假阳性反应。如在冰箱中保存过久，其中的蛋白可发生聚合，在间接法ELISA中可使本底加深。一般说来，在5 d内测定的血清标本可放置于4℃，超过一周测定的需低温冰存。冻结血清溶解后，蛋白质局部浓缩，分布不均，应充分混匀，操作宜轻缓，避免气泡，可上下颠倒混合，不要在混匀器上强烈振荡。反复冻融会使抗体效价下降。

②试剂的准备　按试剂盒说明书的要求准备实验中所需的试剂。ELISA中用的蒸馏水或去离子水，包括用于洗涤的，应为新鲜的和高质量的。自配的缓冲液应用pH计测量较正。从冰箱中取出的试验用试剂，应待温度与室温平衡后使用。试剂盒中本次试验不需用的部分应及时放回冰箱保存。

注意：为避免试验中阴、阳性对照不成立，建议不同批次、不同厂家的试剂不要混用；为避免试剂中阴、阳性对照品因多次做少量样品，导致阴、阳性对照不足，建议尽量收集样品进行集中检测。

(5)酶联免疫吸附试验操作方法

①加样　在ELISA中一般有3次加样步骤，即加标本，加酶结合物，加底物。加样时应将所加物加在ELISA板孔的底部，避免加在孔壁上部，并注意不可溅出，不可产生气泡。

需要强调的是：受检标本在加样之前均需要稀释，稀释倍数一般在20-200倍之间。加标本一般用微量加样器，按规定的量加入板孔中。每次加标本应更换吸头，以免发生交叉污染，也可用一次性的定量塑料管加样。如此测定（如间接法ELISA）需用稀释的血清，可在试管中按规定的稀释度稀释后再加样。也可在板孔中加入稀释液，再在其中加入血清标本，然后在微型震荡器上震荡1 min以保证混匀。加酶结合物应用液和底物应用液时可用定量多道加液器，使加液过程迅速完成。

②保温温育　在ELISA中一般有两次抗原抗体反应，即加标本和加酶结合物后。抗原抗体反应的完成需要有一定的温度和时间，这一保温过程称为温育（incubation），有人称之为温育。

ELISA属固相免疫测定，抗原、抗体的结合只在固相表面上发生。以抗体包被的夹心法为例，加入板孔中的标本,其中的抗原并不是都有均等的和固相抗体结合的机会,只有最贴近孔壁的一层溶液中的抗原直接与抗体接触。这是一个逐步平衡的过程,因此需经扩散才能达到反应的终点。在其后加入的酶标记抗体与固相抗原的结合也同样如此。这就是为什么ELISA反应总是需要一定时间的温育。

温育常采用的温度有43℃、37℃、室温和4℃(冰箱温度)等。37℃是实验室中常用的保温温度,也是大多数抗原抗体结合的合适温度。所需时间为0.5~2 h,产物的生成可达顶峰。

保温的方式,一般均采用水浴,可将ELISA板置于水浴箱或置于温箱中的带盖湿盒,ELISA板底应贴着水面,使温度迅速平衡。要强调的是为避免蒸发,板上一定要加盖。现在一般都采用塑料贴封纸或保鲜膜覆盖板孔。用保温箱时,湿盒要选用传热性良好的材料如金属等,在盒底垫湿的纱布,最后将ELISA板放在湿纱布上。湿盒应先放在保温箱中预温至规定的温度,特别是在气温较低的时候更应如此。无论是水浴还是湿盒温育,反应板均不宜叠放,以保证各板的温度都能迅速平衡。室温温育的反应,操作时的室温应严格限制在规定的范围20℃~25℃内,标准室温温度是指25℃,但具体操作时可根据说明书的要求控制温育。室温温育时,ELISA板只要平置于操作台上即可。应注意温育的温度和时间应按规定力求准确。为保证这一点,一个人操作时,一次不宜多于两块板同时测定。

目前,随着酶标技术的进一步成熟,温育环境发展到37℃和室温两种,无论是哪一种都不需要水浴或湿盒,只需用封板膜封板置相应环境作用即可。

③洗涤　洗涤在ELISA过程中虽不是一个反应步骤,但却也决定着实验的成败。

ELSIA就是靠洗涤来达到分离游离的和结合的酶标记物的目的。通过洗涤以清除残留在板孔中没能与固相抗原或抗体结合的物质,以及在反应过程中非特异性地吸附于固相载体的干扰物质。聚苯乙烯等塑料对蛋白质的吸附是普遍性的,而在洗涤时又应把这种非特异性吸附的干扰物质洗涤下来。可以说在ELISA操作中,洗涤是最主要的关键技术,应引起操作者的高度重视,操作者应严格按要求洗涤。洗涤的方式除某些ELISA仪器配有特殊的自动洗板机外,手工操作有浸泡式和流水冲洗式两种,过程如下:

A 浸泡式　操作程序包括:

a 洗板机洗板。甩干孔内反应液后,将板置于洗板机内,启动洗板机即可,洗完后甩干孔内反应液即可。

b 手工洗板程序:

吸干或甩干孔内反应液;

用洗涤液过洗一遍(将洗涤液注满板孔后,即甩去);

浸泡,即将洗涤液注满板孔,放置3s;

甩干孔内反应液。甩干应彻底,必要时在吸水纸上拍干;

重复操作c和d,洗涤3~4次(或按说明规定)。

在间接法中如本底较高,可增加洗涤次数或延长浸泡时间。

B 流水冲洗式　流水冲洗法最初用于小珠载体的洗涤,洗涤液为蒸馏水甚至可用自来水。目前主要应用于ELISA试剂盒的开发和科研中,实验室检测中一般不用。

④显色和比色

A 显色　显色是ELISA中的最后一步温育反应,此时酶催化无色的底物生成有色的产物。反应的温度和时间仍是影响显色的因素。在一定时间内,阴性孔可保持无色,而阳性孔则随时间的延长而呈色加强。适当提高温度有助于加速显色进行。在定量测定中,加入底物后的反应温度和时间应按规定力求准确。定性测定的显色可在室温进行,时间一般不需要严格控制,有时可根据阳性对照孔和阴性对照孔的显色情况适当缩短或延长反应时间,及时判断。

OPD底物显色(为橙黄色)一般在室温或37℃反应20-30 min后即可。延长反应时间,会使本底值增高。由于OPD底物液受光照会自行变色,显色反应需避光进行,显色反应结束时加入终止液终止反应。OPD产物用硫酸终止后,显色由橙黄色转向棕黄色。

TMB(显色为蓝色)受光照的影响不大,可在室温中置于操作台上,边反应观察结果。但为保证实验结果的稳定性,宜在规定的时间加终止液阅读结果。酸性终止液则会使蓝色转变成黄色,此时可用特定的波长(450nm)测读吸光值。

B 比色 比色前应先用洁净的吸水纸拭干板底附着的液体,然后将板正确放入酶标比色仪的比色架中。

比色结果的表达以往通用光密度(oplical density,OD),现按规定用吸光度(absorberlce,A),两者含义相同。通常的表示方法是,将吸收波长写于A字母的右下角,如OPD的吸收波长为492nm,表示方法为"A_{492nm}"或"OD_{492nm}"。

C 酶标比色仪 酶标比色仪简称酶标仪,通常指专用于测读ELISA结果吸光度的光度计。优良的酶标仪的读数一般可精确到0.001,准确性为±1%,重复性达0.5%。举例说,若某孔测得的A值为1.083,则该孔相对于空气的真实A值应为1.083±0.01(1.073-1.093),重复测定数次,其A值均应在1.078-1.088 (1.083±0.05)之间。酶标仪的可测范围视各酶标仪的性能而不同。

酶标仪不应安置在阳光或强光照射下,操作时室温宜在15℃~30℃,使用前先预热仪器15~30 min,测读结果更稳定。测读OD值时,要选用产物的敏感吸收峰,如OPD用492nm波长。有的酶标仪可用双波长式测读,即每孔先后测读两次,第一次在最适波长(W1),第二次在不敏感波长(W2),两次测定间不移动ELISA板的位置。例如OPD用492nm为W1,630nm为W2,最终测得的OD值为两者之差(W1-W2)。双波长式测读可减少由容器上的划痕或指印等造成的光干扰。

各种酶标仪性能有所不同,使用中应详细阅读操作说明书。

⑤结果判断 ELISA结果测定分定性测定和定量测定两种。

A 定性测定 定性测定的结果判断是对受检标本中是否含有待测抗原或抗体作出"有"或"无"的简单回答,分别用"阳性""阴性"表示。"阳性"表示该标本在该测定系统中有反应。"阴性"则为无反应。用定性判断法也可得到半定量结果,即用滴度来表示反应的强度,其实质仍是一个定性试验。在这种半定量测定中,将标本作一系列稀释后进行试验,呈阳性反应的最高稀释度即为滴度。根据滴度的高低,可以判断标本反应性的强弱,这比观察不稀释标本呈色的深浅判断为强阳性、弱阳性更具定量意义。

在间接法和夹心法ELSIA中,阳性孔呈色深于阴性孔。在竞争法ELISA中则相反,阴性孔呈色深于阳性孔。两类反应的结果判断方法不同,分述于下。

a 间接法和夹心法

这类反应的定性结果可以用肉眼判断。目视标本也无色或近于无色者判为阴性,显色清晰者为阳性。但在ELSIA中,正常血清反应后常可出现呈色的本底,此本底的深浅因试剂的组成和实验的条件不同而异,因此实验中必须加测阴性对照。阴性对照的组成应为不含受检物的正常血清或类似物。在用肉眼判断结果时,更宜用显色深于阴性对照作为标本阳性的指标。

测完后根据标本(sample,S)、阳性对照(P)和阴性对照(N)的吸光值进行计算。计算方法有多种,大致可分为阳性判定值法和标本与阴性对照比值法两类。具体计算方法详见所用试剂说明书。

b 竞争法

在竞争法ELISA中,阴性孔呈色深于阳性孔。竞争法ELISA不易用目视判断结果,因肉眼很难辨别弱阳性反应与阴性对照的显色差异，一般均用比色计测定，读出S、P和N的吸光值。计算方法主要也有两种，即阳性判定值法和抑制率法，具体计算方法详见所用试剂说明书。

B 定量测定　ELSIA操作步骤复杂，影响反应因素较多，特别是固相载体的包被难达到各个体之间的一致，因此在定量测定中，每批测试均须用一系列不同浓度的参考标准品在相同的条件下制作标准曲线。

测定大分子最物质的夹心法ELISA，标准曲线的范围一般较宽；测定小分子量物质常用竞争法，如检测瘦肉精，其标准曲线中吸光度与受检物质的浓度呈负相关。标准曲线的形状因试剂盒所用模式的差别而略有不同。

(6)影响ELISA试验结果的常见问题原因分析及解决办法

ELISA试验以灵敏度较高、特异性较好的特点在临床上得到了广泛的应用，但操作中的各个环节对试验的检测效果影响较大，如不注意，有可能导致显色不全、花板等结果。现将操作中各个环节常出现问题的原因及解决办法总结于下，以期给同行带来一些启发，提高试验质量。

①试剂　选择质量优良的检测试剂，严格按照试剂说明书进行操作，操作前将试剂在室温下平衡30～60min。

②加样

A 原因

a 血清或血浆标本分离不好即进行加样；

b 手工操作中，加样板过多造成加样后放入温箱前等待时间过长(特别是室内温度较高时)；

c 加完标本再加酶试剂时酶溅出孔外。

B 解决办法

a 标本为血清：最好将血液先自然存放1～2h后，再用3000r/min离心15min；标本为血浆：必须使用含抗凝剂的血液标本收集管，采血后必须立即颠倒采血管混合5~10次，放置一段时间后，3000r/min离心15min；若在几天内检测，可放在2℃~8℃冰箱中，若要贮存，则置于-20℃的低温冰箱内。

b 加样后及时放入温箱。

c 加酶试剂后用吸水纸在酶标板表面轻拭吸干。

d 如果采用AT或其他全自动加样，最好选择FAME或其他后处理仪器加酶试剂。

e 标本较多时，请分批操作。

③温育

A 原因

a 温育时未贴封片或加盖，使标本或稀释液蒸发，吸附于孔壁，难于清洗彻底；

b 温育时间人为延长，导致非特异性结合紧附于反应孔周围，难以清洗彻底。

B 解决办法

a 贴封片或加盖；

b 按说明步骤严格控制操作时间。

④洗板

A 原因

a 采用手工洗板，孔与孔之间液体交叉。

b 采用半自动洗板机洗板时，洗液量不足，导致洗板不彻底；洗板针堵塞，抽吸不完全；洗板不畅，导致洗板效果差。

c 反应板过多造成洗板等待时间长。

B 解决办法

a 保证洗液注满各孔，洗板针畅通，洗完板后最好在吸水纸（选择干净、无尘或少尘的吸水材料）上轻轻拍干；

b 合理安排，或多用几台洗板机。

⑤显色

A 原因

a 显色剂配制后放置时间过长或使用过期显色剂；

b 加显色剂时溅出孔外造成液体回流。

B 解决办法

a 显色剂尽量在临用前配制，坚持不用过期显色剂，肉眼可见浅蓝色的TMB显色剂不用；

b 加样时保持显色剂不外流；

c A、B液应避免接触金属器械。

⑥终止

A 原因

加终止液时产生较多气泡，导致假阳性增加。

B 解决办法

加终止液时应避免产生气泡。

⑦读板

A 原因

读板时板底不清洁。

B 解决办法

应保证酶标板清洁。

⑧全过程

A 整个操作过程中保证酶标板不接触次氯酸；

B 实现ELISA检测标准自动化，有效提高检测质量。

在实际操作中，除了选择优良试剂外，必须严格按照操作步骤进行操作，同时作好室内质控、室间质评，以严谨的工作作风检测每一份标本，才能保证检测质量。现在国内已有相当数量的单位拥有全自动酶标仪，这对于实现ELISA标准化检测、提高检测质量起到了重要作用。

(7)ELISA技术在动物疫病检测中的应用

目前ELISA实验技术已经广泛用于动物疫病的检测。根据各种疫病的不同检验需要，已经研究成功的ELISA检测方法及其特点如下。

①ELISA检测病原微生物抗体　常用的检测抗体的方法主要有间接ELISA、双抗原夹心ELISA和抗体竞争ELISA。目前，大部分动物病原微生物抗体，都有相应的ELISA检测方法可供使用。对于未接种疫苗的群体，抗体检测可以判断是否感染过该疫病。对于已经接种过疫苗的群体，可以评估群体的免疫抗体水平，判断疫苗接种后的效果和群体的免疫状态。比如鸡新城疫、猪瘟等病的抗体检测。对于接种过灭活疫苗的群体，采用某些检测病毒非结构蛋白抗体、基因缺失和标记疫苗的靶抗原、细菌毒素抗体的间接ELISA试剂盒，可以排除疫苗抗体的干扰，能判断动物是否感染过该病。例如口蹄疫病毒非结构蛋白ELISA抗体检测，可以区分口蹄疫灭活疫苗接种的动物和病毒感染动物。

对于接种活疫苗的群体，如果接种的是基因缺失或标记疫苗，可以用相应的检测试剂作鉴别检测，比如伪狂犬的gpI抗体检测：也可以寻找活疫苗与野毒株的抗原差异，研究相应的鉴别检测方法，如猪瘟强弱毒抗体的鉴别检测,就是依靠特异性单克隆抗体介导的。

②ELISA检测病原微生物抗原和药物残留　常用的检测抗原的方法主要有双抗体夹心ELISA(抗原捕捉ELISA)和抗原竞争ELISA。

双抗体夹心ELISA多用于检测病原微生物抗原,可以判断动物是否携带或排出病原体。目前仅有少数检测抗原的ELISA方法可供使用,如猪瘟抗原检测ELISA和沙门氏菌快速检测ELISA等。

抗原竞争ELISA多用于残留药物等小分子半抗原的检测。例如ELISA检测猪瘦肉精。

目前临床上常用此法检测口蹄疫、猪圆环病毒病、猪繁殖与呼吸综合征、猪伪狂犬病、猪瘟等病病原或抗体。

近年来,ELISA技术发展十分迅速、成熟,在动物疫病诊断中应用十分广泛。目前,以中国动物疫病预防控制中心兽医诊断室和中国动物疫病诊断检测试剂制备中心为主的全国各大兽医科研单位,已经研究开发出口蹄疫、猪圆环病毒病、猪繁殖与呼吸综合征、猪伪狂犬病、猪瘟、猪喘气病、猪弓形体病、牛布氏杆菌病、牛病毒性腹泻、牛白血病、牛传染性鼻气管炎、牛副结核、禽流感、新城疫、传染性支气管炎、传染性法氏囊病、病毒性关节炎、禽脑脊髓炎、禽滑液囊支原体、禽败血支原体、禽滑液囊/败血支原体、禽霍乱、禽网状内皮组织增殖病、禽肠炎沙门氏菌病、禽肿头综合征、禽白血病和鸡传染性贫血等近40多种动物疫病诊断或检测的ELISA试剂盒。

由于ELISA试验是将抗原、抗体的特异性反应与酶对底物的高效催化作用相结合起来的一种敏感性很高的试验技术。通过近年在生物学和医学科学的许多领域的广泛运用。该项技术十分成熟,它将是今后一段时期动物疫病诊断中除PCR技术以外,运用最广、结果最准确、速度快捷的实验室诊断方法。

4. 胶体金标记免疫技术

(1)原理　以胶体金作为示踪标志物应用于抗原抗体反应。它主要利用了金颗粒具有高电子密度的特性,在显微镜下金标蛋白结合处可见黑褐色颗粒,当这些标记物在相应的配体处大量聚集时,肉眼可见红色或粉红色斑点,因而可用于定性或半定量的快速免疫检测。目前在动物疫病诊断中应用最广泛的是基于膜基础上的斑点金免疫渗滤技术和胶体金免疫层析技术。

①斑点金免疫渗滤技术　原理是以硝酸纤维素膜为载体,在包被了抗原或抗体的渗滤装置中,依次滴加标本、免疫金及洗涤液,因微孔滤膜贴置于吸水材料上,故溶液流经渗滤装置时与膜上的抗原或抗体快速结合并起到浓缩作用,达到快速检测的目的(5min左右)。阳性反应在膜上呈现红色斑点。斑点金免疫渗滤技术的试验方法分为:双抗体夹心法,用于检测大分子抗原;间接法,用于检测抗体等。

②胶体金免疫层析技术　是将胶体金标记技术与蛋白质层析技术结合,以硝酸纤维素膜(NC膜)为载体的快速固相膜免疫分析技术。利用微孔膜的毛细作用,使滴加在膜条一端(样品垫)的液体慢慢向另一端(吸水垫)渗移,如同层析一般。免疫金复合物干片粘连在近NC膜条下端(G区),膜条检测区〈T区)包有特异抗体,当试纸条下端进入液体标本样中,下端吸水材料吸取液体向上端移动,流经G处时,使干片上的免疫金复合物复溶,并带动其向膜条渗移,若标本有特异性抗原时,可与免疫金复合物的抗体结合,形成的金标抗原-抗体复合物固定在检测区(T区);被固相抗体所捕获,在膜上T处出现红色线条;多余的金标记特异性抗体移至质控区(C区)被抗金标IgG的抗体捕获,呈现红色质控线条。胶体金免疫层析技术分为:双抗体夹心法,用于检测大分子抗原;间接法,用于检测抗体等。

(2)操作步骤

①斑点金免疫渗滤技术　A将渗滤装置平放于实验台面上,于小孔内滴加待测样本1~2滴,待完全渗入。B于小孔内滴加免疫金试剂1~2滴,待完全渗入。C于小孔内滴加洗涤液2~3滴,待完全

渗入。D在膜中央显示清晰的红色斑点者判为阳性，反之为阴性。

②胶体金免疫层析技术　A将试剂条标记线一端浸入待测样本中2～5s或样本加样处加一定量的待测样品，平放于水平桌面上。B 5～20min内观察结果。C出现一条棕红色质控线为阴性，出现两条棕红色条带为阳性，无棕红色质控线结果无效。

(3)注意事项　①胶体金免疫层析技术中必须在质控线成立的前提下试验结果才有效。②对一些组织或体液样本的检测，需要按照说明书对其进行前处理，处理之后才可用于试剂盒检测。③需在规定时间内做出结果判定，超出时间结果判定无效。

(4)特点　胶体金标记免疫技术具有操作简便、检测快速、无需特殊设备、结果判断直观等优点，特别适用于现场和基层实验室的快速检测。但是胶体金标记免疫技术不能准确定量，敏感性不及酶免疫技术和荧光测定法，主要限于检测正常体液内不存在的物质（如病原微生物）以及正常含量极低而特殊情况下异常升高的物质（如某些激素）。

(5)应用　胶体金标记免疫技术既用于检测抗原，也可用于检测抗体。广泛应用于动物疫病快速诊断和兽药残留快速检测等领域。但由于出现较晚，尚未大规模应用推广，其效果需要通过时间进一步验证，因此该方法目前尚未被世界动物卫生组织列为国际贸易指定方法，我国国家标准也未将其纳入。以胶体金标记免疫技术为基础的各类动物疫病胶体金快速诊断试剂盒，正快速发展并逐渐应用于畜禽疫病诊断。目前市场上已有用于禽流感、新城疫、猪口蹄疫、猪瘟、猪繁殖与呼吸综合征等多种动物疫病抗原或抗体诊断检测的商品化试剂。

尽管随着新材料、新技术的不断出现并使用，新的血清学技术不断涌现，但是很多经过大量实践验证的传统血清学诊断技术，在未来相当长的时间里仍将继续发挥重要的作用。表4-3列出了各种血清学检测技术的灵敏性和用途。

表4-3　各类血清学试验的敏感性和用途

反应类型	反应名称及建立时期	敏感性（μg/mL）	用途		
			定性	定量	定位
凝集试验	直接凝集试验（1896）	0.01-	+	+	-
	间接血细胞凝集试验（1953）	0.005-	+	+	-
	间接乳胶凝集试验（1973）	1.0-	+	+	-
	间接胶体金凝集试验（1981）	0.25-	+	+	+
沉淀试验	絮状沉淀试验（1897）	3-	+	+	-
	琼脂扩散试验（1946）	0.2-	+	-	-
	免疫电泳	3-	+	-	-
标记抗体技术	酶标记抗体测定（1971）	0.0001-			
中和试验	病毒中和试验	0.01-	+	+	-

二、新型血清学检测技术

(一)化学发光免疫测定

化学发光免疫测定（Cherniluminescent immmunoassay，CLIA）是将抗原与抗体特异性反应与敏感性的化学发光反应相结合而建立的一种免疫检测技术，最初建立于1976年。

1. 原理

化学发光免疫测定属于标记抗体技术的一种，它以化学发光剂、催化发光酶或产物间接参与发光反应的物质等标记抗体或抗原，当标记抗体或标记抗原与相应抗原或抗体结合后，发光底物受发光剂、催化酶或参与产物作用，发生氧化还原反应，反应中释放可见光或者该反应激发荧光物质发光，最后用发光光度计进行检测。

2. 标记物

(1)发光剂直接标记　常用鲁米诺及其衍生物等，它们属环肼类化合物，能与很多氧化物如氧、次氯酸、碘、过氧化物等反应而发光。因此可直接将鲁米诺或其衍生物标记抗体或抗原进行CLIA。这类方法特异性强，但往往会因交联影响发光物特性，降低敏感性。

(2)发光催化酶标记　常用辣根过氧化物酶、丙酮酸激酶、葡萄糖氧化酶等标记抗体或抗原。与酶标抗体测定基本相同，差别在于CLIA是用发光性底物指示反应，有人称为发光酶免疫测定。

(3)标记物产物参与反应　标记物不直接催化发光反应，而其反应产物能使反应系统发光。如用草酸类标记抗体或标记抗原，在有H_2O_2作用下，生成二噁二酮，后者可使红荧稀(RUbrene)激化发光。

3. 应用

CLIA特异性强、敏感性高，可检测到10～15mmol/L的抗原量。快速，一般几十分钟或1～3h内完成。操作简便，可进行固相和均相分析。试验重复性好，试剂易标准化和商品化。目前已用于多种药物、激素、病原微生物及其代谢产物、抗体及其他生物活性物质的测定。

(二)SPA免疫检测技术

SPA免疫检测技术(SPA-mediated　immunoassay)是根据葡萄球菌A蛋白(SPA)能与多种动物IgG的Fc端结合的原理，用SPA标记物(酶、荧光素、放射性物质等)显示抗原与抗体结合反应的各种免疫检测试验。最早于1982年建立了酶标SPA的ELISA试验。

1. 原理

SPA可从金黄色葡萄球菌细胞壁中提取，为395个氨基酸组成的多肽，有四个能与IgG的Fc结合的位点，即一个SPA分子可结合4个IgG分子。SPA可与人、猪、狗、小鼠、豚鼠、成年牛、绵羊等20多种动物lgG结合，而与兔IgG的结合力报道不一，鸡、马、山羊、犊牛IgG不能与SPA结合。因此，制备SPA标记物后，可应用于多种动物，不受种属限制，可应用于同一种动物的各种免疫检测(如猪的各种传染病的酶标检测)。有了SPA标记物，就不需标记各种抗体或抗原，即SPA标记物可作为一个通用试剂，它使免疫检测方法向更简便、更商品化进了一大步。

2. 应用

(1)SPA放射免疫分析　在固相放射免疫分析中，可利用I^{125}-SPA代替标记的抗抗体。先将抗原包被于固相载体，然后加入被检血清作用洗涤后，加入I^{125}-SPA作用，洗去未结合的部分，计数测定管中的放射活性。此法灵敏度高，可测出ng/mL的抗体含量，需时短，重复性好。同样也可建立检测抗原的SPA放射免疫分析。

(2)SPA酶标检测技术　用辣根过氧化物酶标记的SPA(HRP-SPA)可用于酶免疫组化法染色。由于HRP-SPA比HRP-IgG分子小，能更好地穿过细胞膜，使在免疫电镜亚细胞水平定位分析中，具有更好的辨析力。用HRP-SPA建立的ELISA则具更多的优越性，即它可作为多种动物，以及同一种动物多种抗原抗体检测的通用试剂，已经得到了广泛的应用。

(3)SPA荧光抗体技术　荧光SPA主要用于淋巴细胞表面标志研究，亦可代替荧光抗体进行病毒抗原、肿瘤抗原等的检测。

(4)SPA其他标记技术　如SPA胶体金、SPA-发光免疫技术等。

（三）生物素-亲和素免疫检测技术

生物素-亲和素免疫检测技术（Biotinav-idinmediated　immunoassay）是利用生物素与亲和素专一性结合，以及生物素-亲和素既可标记抗原或抗体，又可被标记物所标记的特性，建立标记物、生物素-亲和素系统来显示抗原抗体特异性反应的各种免疫检测技术。

1. 原理

生物素（biotin）是一种广泛分布于动植物体内的生长因子，亦称辅酶R或维生素H，尤以蛋黄、肝、肾等组织中含量较高，分子量244.31。亲和素（avidin）是一种存在于鸡蛋清中的碱性糖蛋白，分子量68000，它为四聚体，即每个亲和素可结合4个生物素分子，它们为高敏感性、高特异性和高稳定性结合，一旦结合后难以解离。生物素和亲和素既可偶联抗体等一系列大分子生物活性物质，又可被多种标记物所标记，其标记物和被标记物的特性不受影响。

2. 检测技术类型

（1）BAB法　即利用4个结合价的亲和素（A）将生物素标记的抗体（B）和生物素标记物，如酶（B）桥联起来，达到检测抗原的目的。由于可通过亲和素联接多个酶标生物素，它比常规ELISA的敏感性更高。

（2）BA法　利用亲和素标记物，如酶标亲和素（A）与生物素标记抗体（B）结合，以检测抗原的方法。

（3）ABC法　先将亲和素与生物素标记物，如酶标生物素作用，使之形成复合物（即ABC），然后借此复合物中亲和素未饱和的结合部位，与生物素标记抗体上的生物素结合，达到检测抗原目的。由于ABC复合物为含多个酶分子的络样复合物结构，大大提高了检测敏感性。

根据标记物不同，生物素-亲和素免疫检测技术又分为：生物素-亲和素酶免疫检测技术、生物素-亲和素铁蛋白免疫检测技术、生物素-亲和素放射性免疫检测技术、生物素-亲和素荧光免疫检测技术、生物素-亲和素血凝检测技术等。已用于细胞表面组分的检测和定位，可溶性抗原及其抗体的检测中。

第五节　病原学检测技术

一、细菌学检测技术

用人工培养的方法将病原体从病料里分离出来，进行体外培养，如细菌、真菌、螺旋体等可选择适宜的人工培养基，然后对得到的病原体通过形态学、培养特性观察和动物接种及免疫学试验等做出鉴定。该方法是细菌性疾病确诊的主要方法。病原分离、鉴定是一种传统的诊断畜禽疾病的方法，该方法的敏感性在有些疾病的诊断中比较低（病原分离率低，一般病原分离率不高于50%），所以即使病原分离失败也不能定性疾病不存在，而且许多疾病病原还没有适宜的体外培养技术。

（一）培养基的制备

1. 培养基的概念

培养基是将多种物质按照各类微生物生长的需要而合成的一种混合营养材料，一般用以分离和培养菌类。常用的培养基有基础培养基、增菌培养基、选择培养基、鉴别培养基等。培养基的主要成分有包括水分、碳源、氮源、生长因子、无机盐在内的营养物以及凝固物质和抑菌剂、指示剂等。

2. 培养基的分类

微生物培养基的种类繁多，一般常以培养基的组分、物理性状、用途和性质来区分。

（1）依培养基的组成成分分类　根据培养基营养组成的差异，可将培养基分为天然培养基和合成培养基、半合成培养基三大类。

①天然培养基　天然培养基含有化学成分不完全明了的天然物质，如蛋白胨、牛肉膏、肉浸液、玉米浆、血液、血清、马铃薯等。用此类材料配制的培养基很难保证质量的稳定性。因此，在选用原料时务必标明其商品的名称与批号。对不同来源的商品应先做小试。尽管天然培养基存在上述缺点，但因其成品低廉、营养丰富、配制方便、微生物繁殖好，故通常培养细菌所用的培养基仍以天然培养基为主。

②合成培养基　合成培养基由已知化学成分的营养物质组成。由于微生物对营养要求的差异，其可以完全由无机盐或无机盐加有机化合物（氨基酸、糖、嘌呤、嘧啶、维生素等）组成。由于培养基的配方成分都是已知的，所以只要配置过程严格操作，各批培养基的质量可以稳定一致。但合成培养基的缺点是成本较高，其价格相当于同类天然培养基的几倍至几十倍，因此，合成培养基一般只用于实验室研究。

③半合成培养基　用已知化学成分的试剂配成，同时又添加了某些未知天然成分的培养基。此种培养基价格低廉、配制方便、微生物生长良好。

（2）依培养基的物理性状进行分类　根据培养基不同形态，可以分为液体培养基、流体培养基、固体培养基和半固体培养基，主要取决于培养基中有无凝固剂或凝固剂添加量。

①液体培养基　即不加凝固剂的培养基。常用的液体培养基是营养肉汤。

②流体培养基　在液体培养基中加入0.03%～0.07%的琼脂粉，即配制成流体培养基。由于加入的琼脂粉增加了培养基的黏度，降低了空气中氧气进入培养基的速度，可使培养基保持较长时间的厌氧条件，有利于一般厌氧菌的生长繁殖。如硫乙醇酸盐培养基、改良马丁培养基等。

③半固体培养基　在液体培养基中加入0.3%～0.5%的琼脂粉，则为半固体培养基。半固体培养基一般可做穿刺试验，观察细菌的动力及短期保藏菌种等。如双糖铁培养基，可用来观察细菌有无动力。

④固体培养基　在液体培养基中加入1%～2%的琼脂，即成为遇热融化、冷却后凝固的固体培养基。固体培养基多用于细菌的分离、纯化、生物活性检测以及生物制品生产中的菌苗检验等。正是采用了固体培养基，才得以区分和鉴定种类繁多的各种细菌。如，肉汤琼脂、营养琼脂、SS琼脂等。

（3）依培养基的用途和性质进行分类

①基础培养基　基础培养基含有多数细菌生长繁殖所需的基本营养物质，前述肉汤培养基和肉汤琼脂均属此类。

②营养培养基　在基础培养基中加入葡萄糖、血液生长因子等特殊成分，供营养要求较高的细菌和需要特殊生长因子的细菌生长。最常用的有血琼脂培养基、巧克力培养基等。

③选择培养基　根据某种微生物的特殊营养要求或其对某种化学、物理因素的抗性，在培养基中加入某种化学物质，对不同细菌分别产生抑制或促进作用，从而将所需的细菌从混杂的标本中分离出来的培养基即为选择培养基。常用的抑制剂有孔雀绿、煌绿、亚硒酸钠、胆酸盐等，例如，培养肠道致病菌的SS琼脂，其中的胆盐能抑制革兰阳性菌；枸橼酸钠和煌绿能抑制大肠埃希氏菌，因而使致病的沙门氏菌和志贺菌容易分离到。若在培养基中加入抗生素，也可以起到选择的作用。需要注意的是加入抑菌剂的量要准确，有的抑制剂有毒性且不耐高热，如亚硒酸钠，配制时需谨慎。

④鉴别培养基　有些细菌由于对培养基中某一成分的分解能力不同，其菌落通过指示剂显示不同的颜色而被区分开，这种起鉴别和区分不同细菌作用的培养基称为鉴别培养基。利用各种细菌分解糖类和蛋白质的能力及其代谢产物不同，在培养基中加入特定的作用底物和指示剂，一般不加抑菌剂，观察细菌在其中生长后对底物的作用如何，从而鉴别细菌。如常用的伊红-美蓝琼脂，其配方中

含有乳糖、伊红、美蓝，用以鉴别肠道病原菌及其他杂菌；亚硫酸铋琼脂培养基配方中含有葡萄糖、亚硫酸铋和煌绿，它们既是抑菌剂，又是指示剂，用来分离伤寒沙门氏菌和副伤寒沙门氏菌，在此培养基中能形成黑色菌落，其周围有黑色环，对光观察可见有金属光泽。

⑤厌氧培养基　专供分离、培养和鉴别厌氧菌用的培养基，称为厌氧培养基。进行厌氧培养的方法，一是将培养基放在无氧环境中培养；另一个方法是在培养基中加入还原性物质，降低培养基的氧化还原电势，并在培养基表面用凡士林或石蜡封闭，使培养基与外界空气隔绝，让培养基本身成为无氧的环境。常用的有疱肉培养基、硫乙醇酸盐肉汤培养基等，并在液体培养基表面加入凡士林或液体石蜡以隔绝空气。

3. 制备培养基的原则和方法

(1)制作培养基应掌握的原则和要求

①培养基必须含有细菌生长所需要的营养物质；

②必须彻底灭菌，不得含有任何活细菌；

③培养基的材料和盛培养基的容器上，没有抑制细菌生长的物质；

④所制备的培养基应该是透明的，以便观察细菌生长性状和其他代谢活动所产生的变化；

⑤培养基的酸碱度应该符合细菌的生长要求，多数细菌生长适宜弱碱，pH范围是pH7.1 ~ 7.6。

(2)培养基制备的一般过程

不同的培养基其制备方法不同，一般按如下步骤：

①根据不同的菌类和用途，选择适宜的培养基；

②精确称量各种成分；

③将各种成分按规定加热溶解，调整pH值到适宜的范围内，再加热煮沸10 ~ 15 min，加热过程中注意补加液体的损耗；

④过滤(用滤袋或纱布夹棉花)、分装、灭菌，不同的培养基灭菌温度和时间不同，通常为718帕(15磅每平方英尺)压力下15 ~ 30 min；

⑤培养基中的某些成分，像血清、腹水、糖类、尿素、氨基酸、酶等，在高温下易分解、变性，故应用滤菌器过滤，再按规定的温度和量加入培养基中；

⑥无菌检验，取做好的培养基数管，置37℃恒温箱内24 h，若无细菌和霉菌生长即可使用。

(3)常用培养基的制作方法

以下介绍常用的部分培养基配方与制作方法，仅供参考。培养基的成分和制作方法并不是固定不变的，在实际工作中，可以根据需要，依据培养基制作原则和计划分离培养细菌的营养要求，自行设计和制作适合工作需要的培养基。如果细菌检验样品多，制作培养基数量大，经济的办法是按配方，自行制作需要的培养基。如果检验样品的数量少，制作的培养基不多，更便捷、更节约的办法是从经营生物试剂的公司购买配制好的培养基干粉，使用前按说明取适量加入蒸馏水、加热溶解、高压后分装，备用。目前市场上可以买到常用的大部分培养基。

4. 部分培养基的制作

(1)肉浸液肉汤

成分	绞碎牛肉	500 g
	氯化钠	5 g
	蛋白胨	10 g
	磷酸氢二钾	2 g
	蒸馏水	1000 mL

制法　将绞碎之去筋膜无油脂牛肉500 g加蒸馏水1000 mL，混合后放冰箱过夜，除去液面之浮油，隔水煮沸半小时，使肉渣完全凝结成块，用纱布过滤，并挤压收集全部滤液，加水补足原量。加入蛋白胨、氯化钠和磷酸盐，溶解后校正酸碱度，使其达到pH7.4～7.6，煮沸并过滤，分装烧瓶，121℃高压灭菌30 min。

用途　供制作基础培养基用，营养比肉膏汤好，一般营养要求不高的细菌均可生长。

(2)营养肉汤

成分	蛋白胨	10 g
	牛肉膏	3 g
	氯化钠	5 g
	蒸馏水	1000 mL

制法　按上述成分混合，溶解后校正酸碱度，使其达到pH7.4，分装烧瓶，每瓶225 mL，121℃高压灭菌15 min。

(3)半固体培养基

成分	普通肉汤培养基	100 mL
	琼脂	0.5～0.7 g

制法　取普通肉汤培养基，加入琼脂，加热溶化。调整pH为7.6，分装于小试管内，每管1～5 mL，高压灭菌20 min，待冷后放入4℃冰箱备用。

用途　保存一般菌种用，并可观察细菌的动力及生化反应。

(4)营养琼脂

成分	蛋白胨	10 g
	牛肉膏	3 g
	氯化钠	5 g
	琼脂	15～20 g
	蒸馏水	1000 mL

制法　将除琼脂以外的各成分溶解于蒸馏水内，加入15%氢氧化钠溶液约2 mL，校正pH为7.2～7.4。加入琼脂，加热煮沸，使琼脂溶化。分装烧瓶，121℃高压灭菌15 min。此培养基可供一般细菌培养之用，高压后待温度降到56℃左右，倾注平板或制成斜面，作平板培养基时每个平皿中加入约20 mL即可。如用于菌落计数，琼脂量为1.5%；如做成平板或斜面，琼脂量则应为2%。

用途　供一般细菌培养用。

(5)血液琼脂培养基

制法　将高压灭菌后的普通琼脂培养基，冷至45℃～50℃时以无菌操作、加入5%～10%的绵羊或兔等动物脱纤维无菌血液。根据需要制成血平板或血斜面。

用途　供营养要求较高的细菌分离培养用，亦可观察细菌的溶血特征。

(6)麦康凯琼脂

成分	蛋白胨	20 g
	猪胆盐(或牛、羊胆盐)	5 g
	氯化钠	5 g
	琼脂	17 g
	蒸馏水	1000 mL
	乳糖	10 g

	0.01%结晶紫水溶液	10 mL
	0.5%中性红水溶液	5 mL

制法 蛋白胨、胆盐和氯化钠溶解于400 mL蒸馏水中，校正酸碱度至pH7.2，将琼脂加入600 mL蒸馏水中，加热溶解，将两液合并，分装于烧瓶内，121℃高压灭菌15 min备用；临用时加热溶化琼脂，趁热加入乳糖，冷至50℃～55℃时，加入经高压灭菌的结晶紫和中性红水溶液，摇匀后倾注平板。

用途 主要通过乳糖发酵鉴别肠道致病菌，还能抑制革兰氏阳性菌生长，发酵乳糖的细菌能使培养基变红，这是因为细菌发酵乳糖产酸而使培养基的pH变成酸性。不发酵乳糖的细菌没有颜色的变化。

(7)三糖铁琼脂

成分	蛋白胨	20 g
	牛肉膏	5 g
	乳糖	10 g
	蔗糖	10 g
	葡萄糖	1 g
	氯化钠	5 g
	硫酸亚铁铵($6H_2O$)	0.2 g
	硫代硫酸钠	0.2 g
	琼脂	12 g
	酚红	0.025 g
	蒸馏水	1000 mL

制法 将除琼脂和酚红以外的各成分溶解于蒸馏水中，校正酸碱度至7.4。加入琼脂，加热煮沸，以溶化琼脂。再加入0.2%酚红水溶液12.5 mL，摇匀。分装试管，装量宜多些，以便得到较高的底层。121℃高压灭菌15 min。放置高层斜面备用。

用途 从选择性培养基上挑可疑菌落接种于三糖铁琼脂上作纯培养，观察葡萄糖、乳糖、蔗糖的发酵反应，并可观察硫化氢的产生。

(8)匹克氏肉汤

成分	牛心浸液	200 mL
	胰蛋白胨	2 g
	1∶25000结晶紫盐水溶液	10 mL
	1∶800三氮化钠溶液	10 mL
	脱纤维兔血(或羊血)	10 mL

制法 将上述已灭菌的各种成分，用无菌手续依次混合，再加入脱纤维兔血(或羊血)，分装于无菌试管内，每管约2 mL，保存于冰箱内备用。

(9)糖发酵培养基

成分	牛肉膏	5 g
	蛋白胨	10 g
	氯化钠	3 g
	磷酸氢二钠($12H_2O$)	2 g
	0.2%溴麝香草酚蓝溶液	12 mL
	蒸馏水	1000 mL

制法　以葡萄糖发酵管为例说明，按上述成分配好后，加入10%葡萄糖50 mL，分装于有一个倒置小管的小试管内，调节酸碱度至pH7.4，121℃高压灭菌15 min。其他各种糖发酵管可按上述成分配好后分装，每瓶100 mL，121℃高压灭菌15 min。由于糖类每次用的数量不多，可以另将各种糖类分别配成10%的溶液，高压灭菌，保存备用，每次将5 mL糖溶液加入于100 mL培养基内，以无菌操作分装小试管。

试验方法　从琼脂斜面上挑取小量培养物接种，于36±1℃培养，一般观察2～3 d。迟缓反应的细菌需观察14～30 d。

(10)马丁氏肉汤

成分	蛋白胨液	500 mL
	肉浸液	500 mL
	冰乙酸	6 g
	葡萄糖	10 g

制法　蛋白胨液的制备，取新鲜猪胃，去脂绞碎。称取350 g加50℃左右蒸馏水1000 mL，充分摇匀。再加盐酸（化学纯，比重1.19）10 mL，经充分混合后，置56℃温箱中消化24 h（每小时搅拌1～2次），消化完毕后，加热，用滤纸过滤，备用。

将蛋白胨液500 mL与肉浸液500 mL混合，加热至80℃，加冰乙酸1 mL，摇匀，再煮沸5 min；加15%氢氧化钠溶液约20 mL，校正pH至7.2；加乙酸钠6 g，再校正至pH7.2；继续煮沸10 min，用滤纸过滤。在每1000 mL肉汤内，再加葡萄糖10 g。然后装瓶，每瓶50 mL。放置高压灭菌器内经121℃灭菌15 min，备用。

(11)蛋白胨水培养基

成分	蛋白胨	10 g
	氯化钠	5 g
	蒸馏水	1000 mL

制法　先用少量蒸馏水将蛋白胨和氯化钠相混合溶解，再加足蒸馏水量。调节至pH7.6、用滤纸过滤。分装中试管，每管约3-4ml，加塞灭菌后备用。

用途　供吲哚试验用。

(12)葡萄糖蛋白胨水培养基

成分	蛋白胨	5 g
	葡萄糖	5 g
	蒸馏水	1000 mL

制法　将上述成分溶解于蒸馏水中。调节至pH7.6，用滤纸过滤除渣。分装中试管，每管约3～4 mL，灭菌后备用。

用途　供甲基红及V-P试验用。

(二)细菌的形态结构观察

1. 显微镜油镜头的使用与保护

用油镜观察细菌标本，是在使用高倍镜的基础上，采用同玻璃折光率相似的油状物（如香柏油、液体石蜡等），滴加在标本与油镜头中间，以避免光线散射，提高显微镜的清晰度和分辨能力。使观察物象更加清楚明了。操作方法如下。

调试　打开电源，先采用低倍镜，使视野达到清晰光亮。

加油　双手向上转动粗螺旋，使镜筒上升，将标本片固定于载物台上，使染色面对准集光器中央，加镜油于标本面，调换油镜头对准标本面。

调焦点　用左手向下轻转粗螺旋，使镜筒下降，同时眼睛从右侧观察下降程度，待镜头入油后接触上玻片，用眼观目镜，反转粗螺旋，使镜筒慢慢上升，待看到模糊物象时，改用细螺旋上下调节，使物像达到完全清晰为宜（一般转动细调节前后半圈）。

观察　观察时只使用细调。需改换视野时，一手操纵推进器，另一手转动细螺旋，做到配合自如。并养成左眼观察，右眼绘图的习惯。

油镜头的保护　油镜头使用完结后，必须用擦镜纸滴加少量二甲苯将油擦洗干净（二甲苯用量宜少，以免镜片间粘胶溶解）。下降集光器，把接物镜转成"八"字，再下降镜筒，轻触镜台表面，避免直射日光，置于干燥处，以防受潮。

2．细菌不染色标本

不染色的细菌和标本镜检，虽可观察细菌在自然生活状态下的大小、形态、活动等，但主要用于观察细菌动力。

悬滴法　取凹玻片一张，于凹窝周围涂少许凡士林。用接种环蘸取8～12h培养物，置于盖玻片中央。反转凹玻片，使凹窝对准盖玻片中央，盖于其上，轻压后，迅速翻转玻片，使盖玻片面向上。标本片置于显微镜载物台上，先用弱光线，低倍镜找物象，再改换高倍镜观察，密切注意，勿压破盖玻片。观察可见，细菌在镜下为灰色半透明体，并呈现真运动，如在明亮的海洋中，深入浅出游来动去。

压滴法　用法同悬滴法。取无油污物玻片1张，用接种环蘸取8～12h肉汤培养物置于载物玻片中央；加盖玻片于菌液表面，观察方法同悬滴法。

3．细菌染色标本片的制备

由于细菌个体微小，基本上无色透明，故将其用适当染料染色观察，方能显示它的形态、大小、构造及染色特性等，在细菌和鉴别上有重要意义。制作方法如下。

涂片　取清洁无油污载物玻片1张，接种环蘸取生理盐水1～2环置于玻片中央，再将接种环火焰灭菌待冷后，蘸取培养的菌落少许，混于生理盐水中，轻轻涂成均匀薄膜。

干燥　室温自然干燥，也可将涂面向上，远离火焰上方微加温干燥（切勿加热过度，以防将标本烧枯）。

固定　标本干燥后，通过酒精灯火焰三次（共2～3s），以杀死细菌并使之固定于玻片上。

染色　可根据不同的染色要求，用相应染色液进行染色。

4．常用细菌染色方法

由于细菌在中性环境下一般带负电荷，所以通常采用一种碱性染料如美蓝、碱性复红、结晶紫进行染色。美蓝染料是美蓝的盐酸盐，可解离为带正电荷的美蓝，故使细菌着色。染色的基本程序是：制片→固定→染色→媒染→脱色→复染→水洗→干燥→镜检。

革兰氏染色法　革兰氏染色法是1884年由丹麦病理学家C.Gram所创立的，革兰氏染色应用四种不同的溶液，碱性染料是结晶紫，碘液是媒染剂，其作用是增强染料与细菌的亲和力，更好地加强染料与细胞的结合。常用的脱色剂是丙酮或乙醇，这里所用的是95%的乙醇，脱色剂帮助染料从被染色的细胞中脱色，利用细菌对染料脱色的难易程度不同，而将细菌加以区分，革兰氏阳性细菌不易被脱色剂脱色，而革兰氏阴性细菌则易被脱色。蕃红花红溶液是复染液，也是一种碱性染料，目的是使脱色的细菌重新染上另一种颜色，以便与未脱色菌进行比较。

革兰氏染色法一般包括初染、媒染、脱色、复染等四个步骤，具体操作方法是：涂片固定；结晶紫染1～3min；自来水冲洗；加碘液覆盖涂面染1～3min；水洗，用吸水纸吸去水分；加95%酒精数滴，并轻轻摇动进行脱色，30s后水洗，吸去水分；蕃红染色液染30s后，自来水冲洗；干燥；镜检。

芽孢染色　芽孢壁较厚，染料不易透过，但着色后亦不易脱色。芽孢染色一般需用培养24～48h的菌株，涂片风干后，加5%孔雀绿染液3～5滴，用酒精灯微火加热至出现蒸气（不断补充染液，使其保持不干，也不沸腾），染色5～10min，冷却后，用水冲洗，再用0.5%番红液复染1min，水洗，风干后镜检。菌体红色，芽孢绿色。

荚膜染色　荚膜对染料的亲和力较差，不易着色。用简单染色法可使菌体着色，荚膜呈浅色或无色，镜检时可见，但不易与背景区分。若经简单染色后（石碳酸复红染1min，水洗，风干），在载片的一侧加墨汁1滴，再用吸水纸条吸引，使墨汁经涂菌面引向另一侧，风干后镜检，菌体红色，背景黑色，菌体周围不着色的一圈即荚膜。荚膜染色用培养24～48h的产荚膜菌株。因荚膜较薄且易变形或脱落，故制片时要轻轻涂抹，不加热，自然风干固定，以免荚膜变形。

鞭毛染色　细菌的鞭毛直径仅0.02～0.03 μm，经特殊方法染色处理后，可在光学显微镜下观察。染色方法各有不同，但主要原理都是用不稳定的胶体溶液为媒染剂，使其沉淀在鞭毛上，经染色后，鞭毛加粗。鞭毛染色所用菌种需在新制备的斜面培养基上培养16～20h。如菌种长期未用，需在新鲜培养基上连续移种2～3次，使其活化。

（三）细菌的培养分离技术

由于细菌感染而致病的各种标本及带菌者所需检查的各种标本，往往并非单一的细菌，而混有其他非致病菌（常在菌群和污染的环境中的细菌）。从标本中分离出致病菌，称为细菌分离培养技术。对已得到的可疑病菌进行细菌鉴定及菌种保存等培养，称为纯培养接种技术。

1．接种的一般顺序

用肥皂将双手洗净，擦干，再用酒精（体积分数为75%）棉球擦拭双手。当手上的酒精挥发完毕后，点燃酒精灯。注意一定要等手上的酒精挥发完毕后，再点燃酒精灯，否则，容易将手烧伤。

接种，操作程序见图4-6。注意整个实验操作过程都要非常小心，不要发生碰翻酒精灯等意外。

检测时用过的培养基，必须经高压蒸汽灭菌锅灭菌后方能倒掉；最后，将所接菌种、接种日期、接种者姓名填写在标签上。

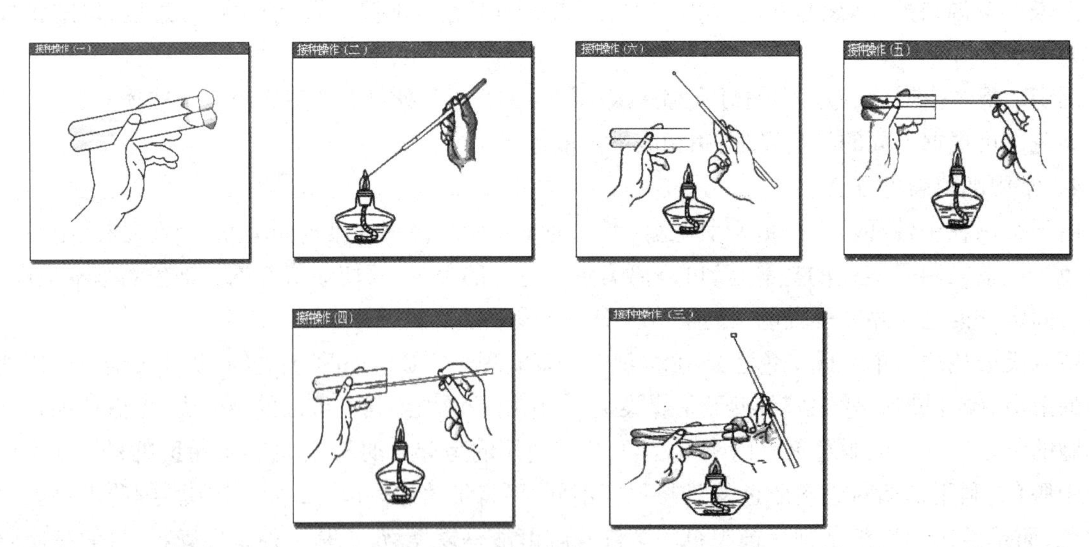

图4-6　细菌接种操作程序示意图

2．平板划线接种法（又称分离培养法）

平板分离划线的方法较多，其中以分区划线法与曲线划线法较为常用。其目的是使细菌呈现单个菌落生长，便于同杂菌菌落鉴别。现只介绍分区划线法。所需材料是分离的细菌、普通琼脂平板等培养基和酒精灯、接种环等。

(2)右手持接种环，经火焰灭菌，待凉后，挑取分离菌培养物少许。

(2)左手持琼脂平板和皿盖，并使两者保持45°角，呈打开状态。

于火焰近处将材料涂于琼脂平板上端，来回划线，涂成薄膜(约占平板总表面积的1/10)，划线时接种环与平板表面成30°～40°角，轻轻接触，以腕力在平板表面行轻快地滑移动作，接种环不应划破培养基表面。

(3)烧灼接种环，杀灭环上残留细菌，待冷(是否冷却，可先在培养基边缘处试触，若琼脂溶化，表示未凉，稍等再试)，从薄膜处取菌作连续平行划线(见图4-7)，约占平板表面1/5，再次烧灼接种环，以同样方法做五次划线，将平板表面划完。

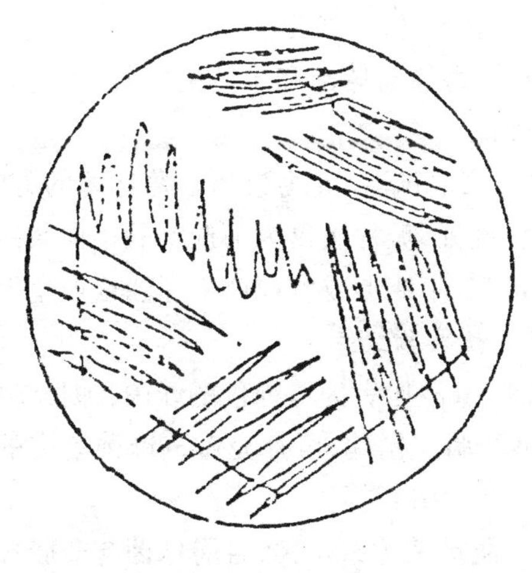

图4-7　平板划线接种法

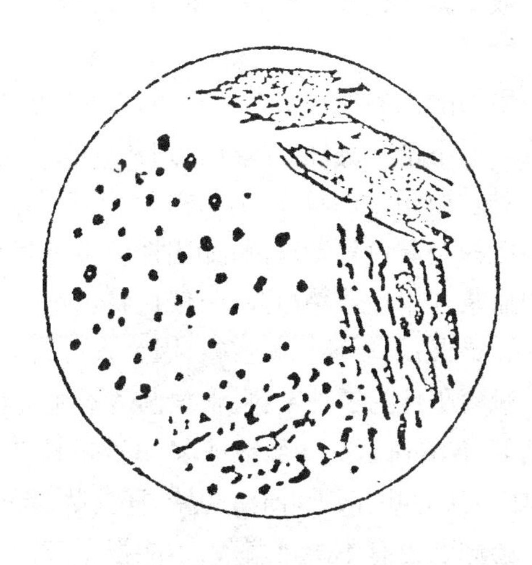

图4-8　孵育后菌落的散布情况

4)划线完毕，盖上平皿盖，底面向上，用标签或蜡笔注明菌名检验号码，接种者姓名，组别等，置37℃孵育培养24h后观察结果(见图4-8)。

3．斜面培养基接种法

用于培养，保存菌种及其他实验用。

(1)取一支斜面培养基及一支菌种管，并排倾斜放在左手四指中拇指压住并以手掌支住两试管底部。右手将接种环于火焰上灭菌、冷却。并拔起两试管的棉塞。(勿放置桌上，如棉塞太紧时应预先松动)。

(2)试管口部于火焰上往返通过2～3次灭菌，将灭菌接种环伸入有菌试管中，从斜面底部蘸取少量细菌，然后小心移至准备接种的试管中。

(3)接种方法是自管底向上连续平划线，若以保存菌为目的时可自管底上划一粗直线即可。

(4)取出接种环，将试管上部再经火焰灭菌，塞好棉塞，接种环灭菌后放回原处。

(5)若自平皿培养物中取菌时，只应蘸取一个单独的菌落。

(6)接种菌应作好标记，标明菌株名称，日期等，置37℃温箱中培养，次日观察结果。

4．半固体培养基穿刺培养法

用于保存菌种及间接观察细菌之动力。无动力之细菌仅沿穿刺线生长，清晰可见；有动力的细菌使培养基呈现混浊样，穿刺线甚至难以看出。

用无菌操作技术，灭菌穿刺针蘸取细菌后，垂直刺入半固体培养基中央直达近管底处，再沿原穿刺线抽出即可，置37℃温箱培养，次日观察结果。

（四）生化试验

微生物生化反应是指用化学反应来测定微生物的代谢产物，生化反应常用来鉴别一些在形态和其他方面不易区别的微生物。因此微生物生化反应是微生物分类鉴定中的重要依据之一。

1．触酶试验

试验方法　挑取固体培养基上菌落1接种环，置于洁净试管内，滴加3%过氧化氢溶液2mL，观察结果。于半分钟内发生气泡者为阳性，不发生气泡者为阴性。

操作触酶试验应尽量避免用铂金环（针）在过氧化氢溶液上涂菌，而应先涂菌，再滴过氧化氢溶液，步骤不能颠倒。因为铂金可以和过氧化氢溶液产生假阳性反应。过氧化氢溶液必须新鲜，若放置过久或暴露于光线下容易分解，必须保存于4℃冰箱。实验所用菌须大量，不可挑到琼脂，否则会产生假阳性。

用触酶试验对所有革兰阳性球菌鉴别　通常触酶阳性为葡萄球菌和微球菌，阴性为链球菌科的细菌。但不排除例外，气球菌为弱阳性。粪肠球菌偶有阳性。

对触酶阳性的革兰阳性球菌，应继续做玻片法血浆凝固酶试验，此为检出葡萄球菌的方法，如阳性一般为金黄色葡萄球菌；如阴性应做试管法凝固酶实验确证，玻片法仅为筛选实验。血浆凝固酶实验的血浆须用兔或猪血浆，新鲜血浆不稳定，可能发生自我凝集或形成颗粒产生浑浊或产生沉淀而导致判读错误；不可使用人血浆，因为人血浆的抑制物质会干扰实验结果。

触酶阴性为链球菌科，根据菌落溶血进行下一步鉴定。α溶血者为草绿色链球菌，肺炎链球菌，肠球菌等；β溶血者为A群链球菌，B群链球菌，部分D群链球菌。据此，可补充做链球菌鉴定的主要实验，如胆汁七叶苷，七叶苷，菊糖，杆菌肽，高盐，奥朴托辛，胆盐溶解等。

肠球菌也有不溶血菌落，不能根据溶血判断肠球菌。肠球菌为致病菌，且肠球菌与非肠球菌耐药机制不同，应进行鉴别，肠球菌分为粪肠球菌和屎肠球菌；非肠球菌分为牛链球菌和马链球菌。肠球菌对青霉素耐药，非肠球菌对青霉素敏感。

肺炎链球菌与草绿色链球菌的进一步鉴别　肺炎链球菌可分解奥朴托辛、菊糖，胆盐溶解实验皆为阳性。但这3个实验都非特异，需联合应用方为最佳。肺炎链球菌的青霉素药敏实验应注意，当青霉素的抑菌圈直径大于或等于19mm时为敏感，当小于19mm时不能确定是否中敏或耐药。

2．氧化酶试验

试剂　1%盐酸二甲基对苯二胺溶液，少量新鲜配制，于冰箱内避光保存；1%α-萘酚-乙醇溶液。

试验方法　取白色洁净滤纸蘸取菌落。加盐酸二甲基对苯二胺溶液1滴，阳性者呈现粉红色，并逐渐加深；再加α-萘酚溶液1滴，阳性者于30 s内呈现鲜蓝色。阴性于2 min内不变色。以毛细吸管吸取试剂，直接滴加于菌落上，其显色反应与以上相同。

用氧化酶对包括肠杆菌科、非发酵菌和弧菌科的革兰阴性杆菌鉴别，氧化酶阴性为肠杆菌科，阳性为非发酵菌和弧菌科。

肠杆菌科包括大肠杆菌、变形杆菌、普罗菲登斯菌及摩根菌属、克雷伯菌属、肠杆菌属、多源菌属、沙雷菌属、耶尔森菌属。非发酵菌包括铜绿假单孢菌、黄单孢菌、不动杆菌等。

氧化酶实验注意事项　需用铜绿假单孢菌做阳性对照；60 s内判读结果有效，而以10 s内最佳；不要用含微量铁的取菌环或针，可用棉棒替代。

3．尿素酶试验

试验方法　挑取18～24 h待试菌培养物大量接种于液体培养基管中，摇匀，于36±1℃培养10、60

和120 min,分别观察结果。或涂布并穿刺接种于琼脂斜面,不要到达底部,留底部作变色对照。培养2、4和24 h分别观察结果,如阴性应继续培养至4d,作最终判定,变为粉红色为阳性。

有些细菌能产生尿素酶,将尿素分解、产生2个分子的氨,使培养基变为碱性,酚红呈粉红色。尿素酶不是诱导酶,因为不论底物尿素是否存在,细菌均能合成此酶。其活性最适pH为7.0。

4. 糖酵解试验

试验方法 以无菌操作,用接种针或接种环移取纯培养物少许,接种于发酵液体培养基管,若为半固体培养基,则用接种针作穿刺接种。接种后,置36±1.0℃培养,每天观察结果,检视培养基颜色有无改变(产酸),小导管中有无气泡,微小气泡亦为产气阳性,若为半固体培养基,则检视沿穿刺线和管壁及管底有无微小气泡,有时还可看出接种菌有无动力,若有动力、培养物可呈弥散生长。

不同微生物分解利用糖类的能力有很大差异,或能利用或不能利用,能利用者,或产气或不产气。可用指示剂及发酵管检验。本试验主要是检查细菌对各种糖、醇和糖苷等的发酵能力,从而进行各种细菌的鉴别,因而每次试验,常需同时接种多管。一般常用的指示剂为酚红、溴甲酚紫和溴百里蓝。

5. 淀粉水解试验

试验方法 以18～24 h的纯培养物,涂布接种于淀粉琼脂斜面或平板(一个平板可分区接种,试验数种培养物)或直接移种于淀粉肉汤中,于36±1℃培养24～48 h,或于20℃培养5d。然后将碘试剂直接滴浸于培养基表面,若为液体培养物,则加数滴碘试剂于试管中。立即检视结果,阳性反应(淀粉被分解)为琼脂培养基呈深蓝色、菌落或培养物周围出现无色透明环,肉汤颜色无变化。阴性反应则无透明环或肉汤呈深蓝色。

某些细菌可以产生分解淀粉的酶,把淀粉水解为麦芽糖或葡萄糖。淀粉水解后,遇碘不再变蓝色。淀粉水解系逐步进行的过程,因而试验结果与菌种产生淀粉酶的能力、培养时间,培养基含有淀粉量和pH等均有一定关系。培养基pH必须为中性或微碱性,以pH 7.2最适。淀粉琼脂平板不宜保存于冰箱,因而以临用时制备为妥。

6. V-P试验

将0.5%肌酸溶液2滴放于小试管中、挑取产酸反应的三糖铁琼脂斜面培养物一接种环,接种于其中,乳化,加入5%α-萘酚3滴,40%氢氧化钠水溶液2滴,振动后放置5 min,判定结果。

5%α-萘酚:α-萘酚 6 g　　95%酒精 100 mL

本试验一般用于肠杆菌科各菌属的鉴别。在用于芽孢杆菌和葡萄球菌等其他细菌时,通用培养基中的磷酸盐可阻碍乙酰甲基醇的产生,故应省去或以氯化钠代替。

7. 甲基红试验

试验方法 挑取新的待试纯培养物少许,接种于通用培养基,于30℃培养3～5 d,从第二天起,每日取培养液1 mL,加甲基红指示剂1～2滴,阳性呈鲜红色,弱阳性呈淡红色,阴性为黄色。迄至发现阳性或至第5 d仍为阴性,即可判定结果。

甲基红试剂的配制 甲基红 0.04 g,95%酒精60 mL,蒸馏水40 mL。先使甲基红溶解于酒精中,再加入蒸馏水,混合,摇匀即成。

甲基红为酸性指示剂,pH范围为4.4～6.0,通常为5.0。故在pH 5.0以下,随酸度而增强红色,在pH 5.0以上,则随碱度而增强黄色,在pH 5.0或上下接近时,可能变色不够明显,此时应延长培养时间,重复试验。

肠杆菌科各菌属都能发酵葡萄糖,在分解葡萄糖过程中产生丙酮酸,进一步分解中,由于糖代谢的途径不同,可产生乳酸,琥珀酸、醋酸和甲酸等大量酸性产物,可使培养基pH值下降至pH 4.5以下,使甲基红指示剂变红。

8. 硝酸盐还原试验

有些细菌具有还原硝酸盐的能力，可将硝酸盐还原为亚硝酸盐、氨或氮气等。亚硝酸盐的存在可用硝酸试剂检验。

试验方法　临试前将试剂的A（磺胺酸冰醋酸溶液）和B（α-萘胺乙醇溶液）试液各0.2 mL等量混合、取混合试剂约0.1 mL、加于液体培养物或琼脂斜面培养物表面，立即或于10 min内呈现红色即为试验阳性，若无红色出现则为阴性。

用α-萘胺进行试验时，阳性红色消退很快、故加入后应立即判定结果。进行试验时必须有未接种的培养基管作为阴性对照。α-萘胺具有致癌性、故使用时应加注意。

9. 明胶液化试验

有些细菌具有明胶酶（亦称类蛋白水解酶），能将明胶先水解为多肽，又进一步水解为氨基酸，失去凝胶性质而液化。

试验方法　挑取18～24 h待试菌培养物，以较大量穿刺接种于明胶高层约2/3深度或点种于平板培养基。于20℃～22℃培养7～14 d。明胶高层亦可培养于36±1℃。每天观察结果，若因培养温度高而使明胶本身液化时应不加摇动、静置冰箱中待其凝固后、再观察其是否被细菌液化，如确被液化，即为试验阳性。平板试验结果的观察为在培养基平板点种的菌落上滴加试剂，若为阳性，10～20 min后，菌落周围应出现清晰带环。否则为阴性。

10. 硫化氢试验

有些细菌可分解培养基中含硫氨基酸或含硫化合物，而产生硫化氢气体，硫化氢遇铅盐或低铁盐可生成黑色沉淀物。

试验方法　在含有硫代硫酸钠等指示剂的培养基中，沿管壁穿刺接种，于36±1℃培养24～28 h，培养基呈黑色为阳性。阴性应继续培养至6 d。也可用醋酸铅纸条法：将待试菌接种于一般营养肉汤，再将醋酸铅纸条悬挂于培养基上空，以不会被溅湿为适度；用管塞压住置36±1℃培养1～6 d。纸条变黑为阳性。

11. 三糖铁琼脂试验

试验方法　以接种针挑取待试菌可疑菌落或纯培养物，穿刺接种并涂布于斜面，置36±1℃培养18～24 h，观察结果。

本试验可同时观察乳糖和蔗糖发酵产酸或产酸产气（变黄）；产生硫化氢（变黑）。葡萄糖被分解产酸可使斜面先变黄，但因量少，生成的少量酸，因接触空气而氧化，加之细菌利用培养基中含氮物质，生成碱性产物，故使斜面后来又变红，底部由于是在厌氧状态下，酸类不被氧化，所以仍保持黄色。

12. 枸橼酸盐利用试验

试验方法　将分离菌穿刺接种于枸橼酸盐斜面培养基。置37℃恒温培养24 h后观察结果。

枸橼酸盐培养基系一综合性培养基，其中枸橼酸钠为唯一碳源，磷酸二氢铵为唯一氮源。一般细菌能利用磷酸二氢铵作为氮源，但不一定能分解枸橼酸盐取得碳源。因此，根据可否利用枸橼酸盐来鉴别细菌，如产气杆菌可利用枸橼盐作为碳源，细菌生长繁殖，形成菌苔，分解枸橼酸盐生成碱性碳酸盐，使培养基上升到pH7.0以上，由绿色变为深蓝色，为枸橼酸盐利用试验阳性；而大肠杆菌则不能分解枸橼酸盐，得不到碳源，不能生长，无菌苔形成，培养基颜色不发生变化，为枸橼酸盐利用试验阴性。

13. 对CO_2需求试验

培养物分离后立即测定，用菌悬液接种4支血清琼脂斜面，2支置于普通培养箱，2支置于5%～10% CO_2培养箱，37℃培养2~3d，观察比较4支斜面生长情况。

14. 对硫堇、复红染料的敏感性试验

用无菌棉拭子浸蘸菌悬液，在分别含硫堇、复红染料的培养基（染料浓度为20μg/mL）上划一横线，置于37℃培养箱培养，3~4d后观察菌落生长情况。每个平皿上的不同菌悬液横线不得交叉、接触。

（五）细菌的药敏试验与毒力测定

1. 药物敏感试验

用接种环分别密涂分离菌于琼脂平板培养基表面。用小镊子以无菌操作技术先夹取一无菌不含抗生素的滤纸片平贴于平板中央，再分别夹取含抗生素的各种滤纸片平贴于各相应区中央，盖上皿盖，注明日期等。置37℃培养18～24 h，观察各种抗生素的抑菌情况。

抑菌程度判定　抑菌程度的判定是依照滤纸片周围细菌的生长与抑菌圈直径（如表4-18）大小来判定。

表4-18　抑菌程度判定表

对药物的敏感程度	抑菌圈直径（mm）
不敏感	无抑菌圈
轻度敏感	<10
中度敏感	10～15
高度敏感	>15

2. 抗生素滤纸片的制备方法

取直径2mm圆形滤纸片，每100片置于一小平皿中，15磅灭菌20 min，再置于烤箱（60℃～100℃）烘干。取一定浓度的不同抗生素（见表4-19）分别注入装有无菌滤纸片的小平皿内，每100片加入1 mL抗菌素，浸泡半小时后，再置37℃温箱中2～3 h干燥。干燥后冰箱中保存备用。有效期约一年。

表4-19　几种抗生素的浓度表

抗生素名称	浓度（每毫升）	标记字样/符号
青霉素	200μ	青（P）
链霉素	1mg	链（S）
红霉素	1mg	红（E）
卡那霉素	200μ	卡（K）
庆大霉素	40μ	庆（G）

3. 毒力测定

细菌检验过程中，分离到细菌后，需要接种试验动物确定其毒力，一般给试验动物皮下或腹腔注射18～24 h肉汤（厌氧菌用厌氧肝汤培养物）培养物0.2 mL，每株细菌接种5～10只试验动物（如小白鼠、兔、鸡等），并设对照。观察试验动物死亡情况。不致病的菌株则为环境中存在的细菌，与疾病无关，放弃鉴定。供试验动物进入接种区后必须饲养一定的时间，同时检测抗体种类及水平；试验动物必须健康、无怀疑病原体抗体。试验动物接种后必须按照相应的生物安全要求进行管理。

（六）细菌的分子生物学鉴定方法

随着生物技术和分子生物学的不断进步和发展，细菌的分类鉴定技术也有了很大突破，尤其是分子水平上发展起来的检测方法，如聚合酶链反应（PCR）等为细菌分类鉴定提供了相对于表型分析更可靠的依据。另外，还可以从分子水平上，通过研究和比较微生物乃至整个生物界的基因型特征来探讨生物的进化、系统发育和进行分子鉴定。

核酸序列分析方法包括：碱基序列组成（G+C）、DNA-DNA杂交、DNA-RNA杂交、核酸探针、cDNA指纹细菌图谱、质粒图谱、16SrDNA全序列测定等方法。

1.碱基序列组成

DNA碱基组成是各种生物一个稳定的特征，即使个别基因突变，碱基组成也不会发生明显变化。分类学上，用G+C占全部碱基的分子百分数（G+C mol%）来表示各类生物的DNA碱基组成特征。

每个生物种都有特定的G+C%范围，因此作为分类鉴定的指标。细菌的G+C%范围为25%~75%，变化范围最大，因此更适合于细菌分类鉴定。G+C%测定主要用于对表型特征难区分的微生物作出鉴定，并可检验表型特征分类的合理性，从分子水平上判断物种的亲缘关系。同一个种内的不同菌株G+C含量差别应在4%~5%以下；同属不同种的差别在5%~15%；15%以上为不同属。

G+C含量已经作为建立新的微生物分类单元的一项基本特征，在疑难菌株鉴定、新种命名、建立一个新的分类单元时，G+C含量是一项重要的，必不可少的鉴定指标，它对于种、属甚至科的分类鉴定有重要意义。

2.核酸的分子杂交

不同生物DNA碱基排列顺序的异同直接反映生物之间亲缘关系的远近，碱基排列顺序差异越小，他们之间的亲缘关系就越近，反之亦然。

（1）DNA-DNA杂交

在双链DNA经热变性成为单链状态以后，放在适当的盐类浓度和温度的条件下由于碱基间重新形成氢键，两条单链的DNA又会恢复成原来的Watson- Crick型的双链结构。不同种类的DNA由于链与链之间碱基排列不同，放在一起因为对应的部分没有互补的碱基顺序，所以不能形成双链结构。因此采用适当的方法，鉴定双链结构的形成可以了解DNA分子间的碱基顺序的相同程度。

常用于亲缘关系相对近的微生物之间的亲缘关系比较。

（2）DNA-RNA杂交

将具有互补的碱基对的DNA单链与RNA单链混合，给予适当的温度条件和盐类浓度，则碱基间形成氢键，如DNA双链一样，形成DNA—RNA双链。所以，通过用适当的方法来测定双链的形成，就可以检查DNA与RNA间碱基排列的相同性。此外，也可用某基因DNA来分离和浓缩相对应的mRNA，或相反地用分离的mRNA以分离对应的基因DNA。

常用于亲缘关系相对远的微生物之间的亲缘关系比较。

（3）核酸探针

核酸探针是指带有标记物的已知序列的核酸片段，它能和与其互补的核酸序列杂交，形成双链，所以可用于待测核酸样品中特定基因序列的检测。核酸探针技术是目前分子生物学中应用最广泛的技术之一，是定性或定量检测特异RNA或DNA序列的有力工具。核酸探针可用以检测任何特定病原微生物，并能鉴别密切相关的菌（毒）株。但该项技术的操作比常规方法复杂，费用较高，在动物检疫中尚未推广。

3.16s rRNA寡核苷酸序列分析

16s rRNA是细菌上编码rRNA相对应的DNA序列，存在于所有细菌的基因组中。16s rRNA具有高度的保守性和特异性以及序列较长(包含约50个功能域)。随着PCR技术的出现及核酸研究技术的不断完善,16s rRNA基因检测技术已成为病原菌检测和鉴定的一种强有力工具。

通过分析原核或真核细胞中的rRNA寡聚核苷酸序列同源性程度,以确定不同生物间的亲缘关系和进化谱系。16sRNA基因序列同源性在97%以上的菌株为同一个种。

4.基因芯片技术

基因芯片(DNA chip)又称为DNA微阵列(DNA microarray)或DNA芯片,是生物芯片的一种,是核酸分子杂交技术发展延伸而来的。通过微加工技术,将数以万计甚至百万计的基因探针即DNA片段有规律地排列成二维DNA探针阵列,固定到硅片、玻片等固态支持物上,与标记的样品分子进行核酸杂交,用于基因检测工作。

此外,现在还有将几种方法结合的方法,如将表型分析、基因型分析和以分类学为目的的系统发育特征分析结合在一起的方法,这样的方法被看作是"多相分类方法"。在细菌学分类中,表型鉴定和分子生物学鉴定综合分析才能得出更为可靠的结论,但有时二者得出的分类系统结果是不一致的,无法统一,目前学术界尚不能解决这个问题,分子生物学鉴定试验尚不能在临床实验室普遍开展,有待于进一步研究探索。

(七)细菌的细胞化学成分分类鉴定

细菌微生物分类中,根据微生物细胞的特征性化学组分对微生物进行分类的方法称化学分类法。目前,采用化学和物理技术来研究细菌细胞的化学组成,已获得相关的分类和鉴定资料。

表4-20　细菌的化学组分分析及其在分类水平上的应用

细胞成分	分析内容	分类
细胞壁	肽聚糖	种和属
	多糖	
	胞壁酸	
膜	脂肪酸	种和属
	极性类脂	
	类异戊二烯苯醌	
蛋白质	氨基酸序列分析	属和属以上单位
	血清学比较	
	电泳图	
	酶谱	
代谢产物	脂肪酸	种和属
全细胞成分分析	热解-气液色谱分析	种和亚种
	热解-质谱分析	

1.细胞壁的化学组分

利用细胞壁组分进行细菌化学分类。

2.全细胞水解液的糖型

以放线菌为例,其糖型可分四类,分别代表不同属。

3.磷酸类脂成分的分析

位于细菌、放线菌的细胞膜上的磷酸类脂成分，在不同属中有所不同，可用于鉴别放线菌属的重要指标之一。

4.枝菌酸的分析

枝菌酸存在于诺卡氏菌属、分枝杆菌属和棒杆菌属中，它们在形态、结构和细胞壁上难以区分，但它们所含的枝菌酸却差别明显，分别含有80、50、30个碳原子，可对它们分属。

5.醌类的分析

在细菌和放线菌中所含有甲基萘醌(VK)和泛醌(辅酶Q)。在放线菌分类鉴定上有重要价值。

6.气相色谱技术用于微生物鉴定

气相色谱技术可分析微生物细胞组分和代谢产物中的脂肪酸和醇类等成分，可用于厌氧菌的鉴定。

(八)细菌的数值分类法

依据数值分析的原理、借助现代计算机技术对拟分类的微生物对象依表型性状的相似程度进行统计、归类的方法。现代数值分类学须借助于电子计算机，因此又称电子计算机分类学。

在工作开始时，必须先准备好待研究菌株和有关典型菌种的菌株，称作OTU(操作分类单位，operational taxonomic units)。要用50个以上甚至几百个特征进行比较，且所用特征越多，其结果也就越精确。在比较不同菌株时，都要采用相同的可比特征，包括形态、生理、生化、遗传、生态和免疫等特征。

数值分类的基本步骤：①计算两菌株间的相关系数；②列出相似度矩阵；③将矩阵图转换成树状谱。

细菌的化学成分鉴定方法在基础实验室较少开展，除以上几种较为普遍的细菌分类鉴定方法外，遗传重组、质粒及转座子的基因转移在细菌分类中的意义也值得注意。此外，随着微电子、计算机、分子生物学、物理、化学等先进技术向微生物学的渗透和多学科的交叉，使得许多快速、敏感、准确、简易、自动化的技术方法逐步应用于微生物的分类鉴定中。

(九)PCR技术在动物细菌学疫病诊断中的应用

1.布鲁菌病(Brucellosis)，简称布病，是由布鲁氏菌属(*brucellosis*)细菌导致人畜共患的传染病。世界动物卫生组织(OIE)将该病列为法定报告的动物疫病，我国《一、二、三类动物疫病病种名录》将该病列为多种动物共患二类动物疫病。布鲁菌是一种细胞内寄生的病原菌，对人和哺乳动物具有高度感染性和致病性，多种动物对布鲁氏菌易感，羊、牛、猪易感最强，母畜比公畜易感，成年畜比幼年畜易感，临床上动物以流产、胎衣不下、睾丸炎、附睾炎、关节炎等为特征。人感染表现为长期发热、多汗、生殖系统疾病、关节痛、肝脾肿大以及肌肉-骨骼系统和中枢神经系统的严重并发症等，至今尚无根治方法，严重危害公共卫生安全，威胁人类健康和畜牧业经济健康发展。目前，布鲁氏菌病的分子生物学诊断技术中最常用PCR、AMOS-PCR、荧光PCR等分子生物技术，不仅提高了检测的特异性，也增加了检测的灵敏性，适用于基础实验室。其PCR诊断技术详见如下。

(1)AMOS-PCR　主要是根据IS711在各个菌株中的插入位置不同和拷贝不同而进行鉴别分型。该方法可以鉴别牛种生物型1,2,4，羊种生物型1,2,3，猪种生物型1和绵羊附睾种。

(2)多重PCR　可以鉴别绵羊附睾种外的牛种、羊种、猪种、沙林鼠种、犬种布鲁菌。其缺陷是有时将犬种布鲁菌鉴别为猪种布鲁菌。

(3)荧光PCR　主要用于布鲁菌的早期快速诊断，作为布鲁菌病诊断的一个补充。

(4)数字PCR　数字PCR技术为绝对定量技术，检测灵敏度优于荧光定量PCR技术，在各实验室之间具有高度可重复性，在国外已被作为HIV和HBV病毒载量临床检测技术。韩冰等(2019年)建立用于布鲁菌检测的数字PCR技术，比较数字PCR和荧光定量PCR作为急性期布鲁菌病诊断技术的灵敏度差异，数字PCR检测灵敏度高于荧光定量PCR，但也存在一定局限性，尚需进一步扩大样本。

2. 魏氏梭菌病（Clostridiosis welchii）又称产气荚膜梭菌病，根据产生外毒素的种类差别，分为A、B、C、D、E五个血清型。羊魏氏梭菌病主要由D型、B型产气荚膜梭菌感染引起，猪魏氏梭菌病主要由A型、C型引起，兔魏氏梭菌病主要由A型引起。我国《一、二、三类动物疫病病种名录》将该病列为二类动物疫病。下面介绍近几年报道的魏氏梭菌病PCR诊断技术。

（1）PCR检测　李燕平等从病死兔胃内容物中分离培养病原微生物，根据GenBank数据库针对16S rDNA设计一对特异性引物，通过PCR的方法，扩增得到大小为500bp的16S rDNA基因的片段，与NCBI上其他魏氏梭菌参考株的16s rDNA基因进行比对，证实分离株为魏氏梭菌。

（2）多重PCR　王豪举等发明了一种同时检测山羊痘病毒、山羊魏氏梭菌、山羊支原体的山羊病原三重PCR检测引物及检测方法，缩短检测时间，操作简便。

3. 猪链球菌病（Swine streptococcosis）是链球菌属中的猪链球菌、马链球菌兽疫亚种、马链球菌类马亚种、类猪链球菌等链球菌引起的猪疫病的总称，根据荚膜多糖的抗原性，将猪链球菌分为35个血清型（1~34型及1/2型），在所有血清型中1、2、1/2、7、9、14型为猪群中的主要致病血清型，2、14型为人群中的主要致病血清型。猪链球菌是世界范围内导致猪链球菌病最主要的病原，人亦可感染该菌。近年来猪链球菌病PCR诊断技术发展如下：

（1）多重荧光PCR　吴静波等以猪链球菌的保守基因*gdh*和2型特异性基因*cps2J*为靶基因设计引物和TaqMan探针，建立猪链球菌通用型和2型特异性的双重荧光定量PCR检测方法，并与常规PCR方法一起对临床样品进行检测。为快速区分检测猪链球菌血清型2型和其他血清型提供新途径。

（2）微滴数字PCR（droplet digital PCR，dd PCR）　与实时荧光定量PCR检测方法进行比较分析，dd PCR具有敏感性高、特异性好等优点，能对qPCR检测的可疑样品进行精确定量。dd PCR在精准医疗方面检测无乳链球菌（GBS），是一种更有意义的检测方法。

4. 炭疽

炭疽（Bacillus anthracis）是由革兰阳性芽孢杆菌引起人畜共患的炭疽病，世界动物卫生组织（OIE）将该病列为必须通报的动物疫病。炭疽杆菌抵抗力强，形成芽孢后可在动物皮毛和土壤等环境中长期存在。炭疽杆菌具有高致病性，对人和动物的健康和生命构成极大威胁，其快速而精确的检测一直备受关注。目前炭疽杆菌检测的常用方法，主要是对病原体进行培养、染色镜检、血清学（抗原或抗体）检测等，但这些检测方法耗时较长，难以适应快速诊断和控制疫情的需要。基于PCR及各种改进型的基因检测技术快速、灵敏、准确，适应当前疫情快速诊断的需要，如常规PCR、LAMP、数字PCR等已经应用于炭疽杆菌的检测。由于各种细菌芽孢的相似性，常规PCR检测炭疽杆菌的特异性低；LAMP技术易受到污染而产生假阳性，以及在产物的回收鉴定、克隆方面逊色于传统的PCR方法；数字PCR虽具有更高的敏感性、特异性和精确性，但是仪器设备和耗材昂贵，难以推广应用。TaqMan荧光定量PCR检测技术具有引物序列和探针序列的特异性，保证了所扩增基因的特异性，因其特异性高、敏感性强、安全省时，已经在医学检测和其他各个领域广泛应用。

二、家畜寄生虫病检测技术

（一）蠕虫病的检测技术

家畜体内的蠕虫大多数寄生于消化道，还有一些寄生于与消化道相连的器官（肝、胰），这类蠕虫的虫卵、幼虫和某些虫体断片通常随粪便一同排出，因此粪便检查法是寄生虫病学检验的重要手段之一。粪便检查包括粪便虫体检查、粪便幼虫检查和粪便虫卵检查三个内容。其中的蠕虫虫卵检查法最为常用。

1．粪便样品的采集

蠕虫虫卵粪便检查所用粪便样品必须新鲜，因为陈旧粪便往往干燥、腐败或被污染，从而影响诊断的准确性，因此除了见到畜禽正在排粪可以从地面采集样品以外，在大家畜应直接从直肠采集，在小家畜如羔羊，可将湿润的手指插入直肠，并轻轻按摩使其外括约肌松弛，常能引起排粪，然后用容量100 mL（小家畜30 mL）的带螺旋盖的广口玻璃瓶（塑料瓶更好）盛装后，送到实验室检查。

目前，采集和运送粪便样品最简便的一种方法是采用一次性手套，将粪便样品采集到手套的手心部分，然后将手套从里向外翻转过来，压出空气，将手套的腕部扎紧，带回实验室备检。

采集粪便样品的注意事项：

①如果用瓶子装运粪便样品时，在可能的条件下，应将样品装满至瓶子的顶部，以尽量多排出一些空气，减慢虫卵发育和孵化速度。

②从畜禽活动过的现场采集粪便样品，对于诊断用处不大，但在无法采到直肠粪便样品的地方，应予以检查，这时应挑选最近排出的粪便为样品。

③草食家畜的粪便样品必须多于肉食家畜，且在采集已排出的粪便样品时应采集内外各层。

④对于当日不能检查的粪便样品应放在普通冰箱或阴冷处保存；如需转送他处检查，应将其浸入5%~10%的福尔马林中固定病原体，使其丧失生活力。

2．常用蠕虫虫卵检查法

蠕虫虫卵检查法分为直接涂片法和集卵法（浓集法），后者又包括沉淀法、漂浮法和沉淀漂浮法三种。下面就直接涂片法和漂浮法作以详细介绍。

（1）直接涂片法　这是一种十分简便常用的虫卵检查方法。

直接涂片法操作程序：

①在干净玻片上滴几滴甘油与水的等量混合物；

②用火柴棍挑取少量粪便加入其中，混匀；

③夹去较大或过多的粪渣，使玻片上的粪液成一层均匀的液膜，液膜的浓度以能辨认置于玻片下面报纸上的字迹为宜；

④在液膜上盖上干净盖玻片，置显微镜下检查，常用放大倍数是40 ~ 60倍，即用10倍物镜和6倍目镜或3 ~ 4倍物镜和10倍目镜，有经验的人使用25倍的放大率，不多久就可找到虫卵。

直接涂片法有以下缺点：①检查粪便数量少，故检出率较低；②当粪便虫卵荷量低时，不能检出虫卵；③由于虫卵被碎屑覆盖，造成识别困难；④无法得到定量的结果。

（2）漂浮法　此方法是集卵法中的一种，其原理是根据所用介质（即漂浮液或沉淀液，通常为食盐的水溶液）的比重比虫卵的比重大，从而使虫卵漂浮在漂浮液表面并附着在盖玻片上的一种集卵法。由于线虫卵的比重一般较漂浮液的比重小，故常用此法来检查线虫卵。试验室通常使用硫酸盐、食盐、蔗糖等介质，其中饱和蔗糖溶液漂浮集卵法的操作规程如下：

饱和蔗糖溶液漂浮集卵法操作程序：

①称取粪便样品 3 g，用量筒量取自来水 15 mL；

②将称好的粪便样品放在乳钵中，加适量量好的自来水，用乳锤研细（不可过于用力）粪便样品并混匀，然后再加少量量好的自来水，混匀后用粪筛滤去粪渣，粪液收集在 250 mL 的小烧杯中，再将粪液移入干净的 50 mL 的量筒中；

③用剩余的自来水反复冲洗乳钵，直至洗净乳钵，将全部洗液倒入盛有粪便液体的 50 mL 量

筒中；

④加自来水(或漂浮液)于粪便液体中，将总量调至 30 mL为准，混匀；

⑤用吸管吸取 2.5 mL加入到 10 mm×130 mm 或 15 mm×150 mm 的试管中，加漂浮液至试管口 1～2 cm；

⑥在管口垫 20～30 mm×20～30 mm 大小的纸片，用拇指垫住管口，用中指和无名指夹住试管，上下颠倒摇匀粪液；

⑦用吸管继续滴加漂浮液，直到液面高于试管口而不溢出为准，从管口一侧轻轻覆以盖玻片，静置 20 min 至 1 h；

⑧取下盖玻片放在载玻片上置于显微镜下检查；

⑨对发现的虫卵进行计数；

⑩倒去试管中的粪液少许，重复操作 6～9 步骤，直至发现 2～3 个虫卵为止。

(二)螨病的检测技术

螨病又叫疥癣，俗称癞病，是指疥螨科或痒螨科的螨寄生于家畜的体表或皮内而引起的慢性寄生性皮肤病。对螨病的诊断，根据剧痒、患部皮肤病变等明显的症状及发病季节确诊不难。但症状不明显时，则需要采取健康与病患交界部的痂皮，检查有无虫体，才能确诊。

1. 病料的采取

疥螨、痒螨大多寄生于家畜的体表或皮内，因此应刮取皮屑置于显微镜下观察。

刮取皮屑的方法和注意事项：

①选择患病皮肤和健康皮肤交界处刮取，此处螨较多；

②刮取时先剪毛，取凸刃小刀，在酒精灯上消毒；

③用手握刀，使刀刃与皮肤表面垂直刮取皮屑，直到皮肤轻微出血；

④在野外工作时，为避免刮下的皮屑被风吹去，可在刀上先蘸一些水、煤油或 5 %的氢氧化钠溶液，可使皮屑粘附在刀上。

⑤将刮下的皮屑集中在培养皿或试管内带回实验室检查。

2. 常用的螨病检查方法

(1)直接检查法

将刮下的皮屑，放于培养皿内或黑纸上，在日光下暴晒，或用热水或炉火对皿底黑纸底面给以 40℃～50℃的加热，30～40 min后移去皮屑，用肉眼观察(在培养皿中观察时应在皿底衬以黑色背景)，可见白色虫体在黑色背景上移动。此法仅用于痒螨。

(2)显微镜直接检查法

将刮下的皮屑，放于载玻片上，滴加煤油或10%氢氧化钠溶液等于病料上，覆以另一张载玻片。搓压玻片使病料散开，分开玻片置显微镜下检查。煤油可透明皮屑，使虫体易被发现，但虫体容易死亡；滴加10%氢氧化钠等溶液，可使虫体短期内不会死亡，可以观察虫体活动。

3. 虫体浓集法

此法为了在较多的病料中检出较少的虫体，而提高检出率。

刮取较多的皮屑，置于试管中，加入 10%氢氧化钠溶液浸泡过夜，使皮屑溶解，虫体自皮屑中分离。自然沉淀或以2000转/分钟的速度离心沉淀5 min，虫体即沉于管底，弃去上层液，吸取沉渣检查。

(三)动物原虫病的检测技术

寄生于动物的病原原虫，根据寄生部位不同，可分为血液原虫、生殖道原虫、消化道原虫和组织内原虫等，它们的病料采集和检查方法各不相同。动物血液原虫病较常见，血液原虫的检查法比较常用。

动物血液原虫病是以高温、贫血、黄疸和呼吸困难为特征的一类疾病。该类疾病的发生有一定的季节性和不同的传播媒介。

症状　病初体温升高，呈稽留热，精神萎顿，食欲减退，脉搏，呼吸加快。随着病势的发展，可视黏膜由轻度充血转变为苍白色以至发黄。病势加重时，步态不稳，四肢和躯体下部浮肿、并有溢血现象。当心脏出现极度衰弱和呼吸困难时，可使病畜死亡。

病理变化　解剖病变为全身发黄，黏膜苍白，溢血，皮下蜂窝组织浸润，各脏器（特别是心肌）的萎缩性变化，肩前淋巴结肿大，脾脏肿大，肺水肿。

诊断　血液涂片检出虫体，是确诊本病主要的依据。

血液涂片检查法　对疑似有血液原虫病的家畜进行采血涂片检查。检查方法有

1. 鲜血压滴标本检查

采出的血液→洁净的载玻片上→加等量的生理盐水→覆以盖玻片→立即放显微镜下用低倍镜下检查，发现有运动的可疑虫体时，可再高倍镜检查。由于虫体未染色，检查时光线弱些。主要用于伊氏锥虫、动物附红细胞体等的检查。

2. 涂片染色标本检查

（1）血片制作

采血，滴于载玻片之一端，按常规推制成血片，晾干。滴甲醇2～3滴于血膜上，使其固定，尔后用姬氏或瑞氏液染色，油镜检查。本法用于各种血液原虫检查。具体如下：

①用剪毛剪剪去家畜耳尖静脉血管处的毛；

②先用碘酊消毒，再用75%乙醇消毒，稍待乙醇挥发干净；

③用12#针头刺破血管，用涂片蘸取第一滴血液，以45°角将血液均匀涂于载玻片上；

④将血片置于阴处，待其阴干后，马上用甲醇固定，防止红细胞破溃。

（2）血片染色

①染液配制。用姬姆萨染色原液与蒸馏水按1∶10比例配制；

②在实验室进行染色时，再用甲醇固定一次；

③待甲醇挥发干净后，用配制好的染液染色；

④染色时间依据室内温度而定。30℃以上，染色时间不要超过30 min；25℃～30℃，40 min；若在20℃～25℃，则需50 min。然后用水将染色血片冲洗干净，以一定角度倾斜放置，外加一张报纸，以防尘土落于玻片上，待血片干后，进行镜检。

（3）血片镜检

①先滴加香柏油，调好焦距；

②从血涂片末端看起，因为血球中有虫体，在涂片时必然向末端移行，因此在血涂片末端最易见到虫体；

（4）判断标准

①一般要看20个视野，在视野范围内看到1～2个虫体，判定为有虫；

②看到5个以下虫体，判定为虫体较少；

③看到10个以下虫体，判定为虫体较多；

④平均每个视野有2～3个虫体，要计算染虫率；

染虫率=（所看视野的虫体数总和/所看视野红细胞的总和）×100%，注意所看视野红细胞的总和必须过千，这样计算的染虫率较为准确。

⑤若20个视野看不到虫体,可继续看至50个视野,若见到典型虫体方可定种。

(四)动物寄生虫学完全剖检法

采集剖检动物的全部寄生虫标本并进行鉴定和计数,对动物寄生虫病的诊断和了解动物寄生虫的流行情况具有重要意义。常用的动物寄生虫学完全剖检法操作如下:

1. 将动物捕杀,制血片,染色检查血液中有无寄生虫。

2. 仔细检查动物体表,观察有无寄生虫。主要检查虱、蜱、疥螨等。

3. 剥皮,检查皮下组织中有无虫体寄生,主要检查疥螨、痒螨、蠕形螨等;牛还需检查皮下是否有牛皮蝇幼虫。

4. 剖开腹腔,先收集胸水,腹水,沉淀后观察有无寄生虫。

5. 依次取出各内部脏器检查。先取出全部消化器官及其所附的肝、胰等腺体。而后取出呼吸系统、泌尿系统、和生殖系统、心脏和大的动脉和静脉血管。

6. 劈开颅骨对脑进行检查,检查脊髓,眼和结膜腔;检查鼻腔和额窦;检查唇,颊和舌;采全身有代表性的肌肉进行检查。

7. 各系统的检查法(主要进行消化系统检查)

消化器官　分别结扎之后,将食道、胃、小肠、大肠、盲肠、肝、胰等分离,并分置于器皿中。

食道　用剪刀沿纵轴剪开,仔细检查浆膜和黏膜,有肿瘤时应单独检查,然后用刮搔法检查食道黏膜,放在两块玻片之间,加以压挤,使变薄透明,然后放于带支架的放大镜下检查。当发现蠕虫时,应小心地揭开上层玻片,用毛笔或解剖针将虫体挑出。

胃　沿大弯剪开,将所有内容物都倒在一个玻璃缸中,加水,并将胃壁在玻璃缸里洗净,取出胃壁,静置沉淀。然后胃壁平铺于搪瓷盘中,刮取胃黏膜(即刮搔法),将刮下物装入小搪瓷盆中,加水,用木棒或玻璃棒搅拌,然后静置沉淀。以上两种沉淀物、胃内容物的沉淀物和胃黏膜的沉淀物,都要在静置一定时间以后,倒去上层液体,再加水搅拌,重新静置,然后重新倒去上层液,再行静置。如是反复进行数次,直到上层液完全透明为止。这样的方法叫反复冲洗法(或反复沉淀法)。最后弃取上层液,将胃内容物的沉渣倒入暗色胶体盘中,用肉眼检查,然后再倒入培氏皿中,在带支架的放大镜下检查。

小肠和大肠　要分别处理,用膝状剪刀沿肠系膜附着部的对侧将肠管沿纵轴剪开,剪时要留心,不要剪断虫体。肠道的内容物用反复冲洗法(反复沉淀法)处理,肠黏膜用刮搔法处理。

肝　放搪瓷盘中,割下胆囊,单放在培氏皿中,胆囊内容物胆汁用反复冲洗法检查。肝组织用刀切或切成几个大块,浸入水中,用动脉剪将胆管沿纵轴剪开,然后用手将肝组织撕成小块,并用手压榨,按挤每一个肝块,最后静置沉淀即施行反复冲洗法。

胰　与肝的处理方法同。

呼吸器官　用剪刀将喉、气管和支气管剪开,先用肉眼检查,再用刮搔法处理黏膜,所有肺组织应当剪成小块,放入玻璃缸内,加水,用反复冲洗法处理。

泌尿器官　切开肾脏,先将肾盂作肉眼检查,再用刮搔法处理,最后将肾脏切成薄片,压于两玻片中,在带支架的放大镜下检查压片,将输尿管和膀胱放在盘里,用剪刀剪开,黏膜用刮搔法处理,尿液用反复冲洗法处理。

生殖器官　用压片法处理。

脑　切成薄片用压片法处理。

眼　眼睑黏膜和结膜用刮搔法处理。剖开眼球将前房液收容在培氏皿里,在放大镜下检查。

心脏和大血管　要在生理盐水中进行解剖。它们的内容物用反复冲洗法检查。注意有无吸虫的幼虫(Metacercaride)和绦虫的幼虫(囊尾蚴和棘球蚴)。

血液和其他液体　自胸腔和腹腔收集来的血液和其他液体,用反复冲洗法处理。

膈膜　检查有无旋毛虫。方法,将膈脚切成24小块,放在专门用于检查旋毛虫的玻璃间,扭紧玻板上的螺旋,在低倍显微镜下检查。

附注　如果器官内容物中的蠕虫很多,无法在短时间内查找完的时候,可将内容物用反复冲洗法处理后,在沉渣中加入3%的福尔马林液,这样就可以保存很久,使我们能有充分的时间将其中的蠕虫找出。

上述各器官的处理方法仅是剖检哺乳动物的一般方法。由于各种哺乳动物的器官的大小、内容物的多寡和寄生虫的种类等不尽相同,因此,在剖检不同种类的哺乳动物时,在操作细节上也不尽相同。

三、病毒的分离与鉴定技术

病毒的分离与鉴定是病毒性疾病检测、诊断和流行病学调查的重要方法之一,其主要目的是:

1. 对患病的个体或群体进行准确的诊断,以便及时采取正确的处理措施;
2. 对动物进行检疫,以确定是否带有某种病毒病原;
3. 对病毒引起的疫病进行流行病学调查、追踪调查或回顾性调查;
4. 对未知新病毒进行分类鉴定等基础研究。

(一)临床样品的采集与保存

用于病毒分离的样品最理想的采集时期,是在动物机体尚未产生抗体之前的疾病急性发生期。濒死动物的样品,或死亡之后立即采集的样品也有利于病毒分离,其原则是尽可能采集新鲜样品。采集样品的选择一般是:呼吸道疫病采集咽喉分泌物;中枢神经系统疫病采集脑脊髓液;消化系统疫病采集粪便;发热性疫病和非水泡性疫病采集咽喉分泌物、粪便及全血;水泡性疫病采集水泡皮和水泡液。若是死尸剖检后采集样品,一般采集有病理变化的器官或组织。不同的病毒病采集的样品各有不同。

1. 样品的现场处理

(1)喉、鼻咽或直肠拭子

将采集的棉拭子放入灭菌试管中,加入2 mL Hank's平衡盐溶液(pH 7.2),其中含蛋白稳定剂(0.5%的明胶或牛血清白蛋白)和复合抗生素(见组织培养抗生素的配制)。

(2)粪便样品直接放入灭菌试管中或对半加入含复合抗生素的Hank's平衡盐溶液。

(3)尿或腹水等体液直接收入灭菌瓶中。

(4)血液样品

小家畜和家禽每头/只抽取3～5 mL全血,中家畜每头抽取5～10 mL全血,大家畜每头抽取10 mL全血,使其自然凝固分离血清,将血清置灭菌瓶中于低温冰箱中保存。有时也用柠檬酸钠或肝素抗凝血或脱纤血进行病毒分离或血细胞分类。

(5)组织器官样品

在动物死后立即采集,直接放入灭菌瓶中,不加防腐剂。若样品不能当天使用,有些可用50%的缓冲甘油(pH 7.2的Hank's平衡盐溶液或PBS配制,含复合抗生素)保存。绝大多数病毒是不稳定的,样品一经采集要尽快冷藏。现场采集样品要尽快用冷藏瓶(加干冰或水冰),将样品送到实验室检验或置低温冰箱保存。如使用干冰应特别注意将样品严密封好,以防二氧化碳窜入样品,因为有的病毒(如口蹄疫病毒)对酸很敏感。如无法获得干冰或水冰,可用冷水加氯化铵按3∶1的比率倒入冷藏瓶中,溶解后将密封好的样品放入其中。不能及时检验的样品,一般要保存于-70℃以下。一般忌放于-20℃条件下(该温度对有些病毒活力有影响)。

2. 病毒分离前样品的实验室处理方法

病毒含量较高的样品浸出液或体液,可不经过病毒分离直接用于诊断鉴定。病毒含量较少的样品,则需通过病毒的分离、培养来提高诊断的准确性和鉴定的可靠性。病毒分离首先要对样品进行适当的处理,然后接种实验动物或培养的组织细胞。

(1)组织器官样品的处理

①无菌采取一小块样品,充分剪碎,置乳钵中加玻璃砂研磨或用组织捣碎机制成匀浆,随后加1~2mL Hank's平衡盐溶液制成组织悬液,再加1~2 mL继续研磨,逐渐制成10%~20%的悬液;

②加入复合抗生素;

③以8000×g 离心15 min;

④取上清液用于病毒分离。必要时可用有机溶剂去除杂蛋白和进行浓缩。

(2)粪便样品的处理

①加4 g 的粪便于16 mL Hank's平衡盐溶液中制成20%的悬液;

②于密闭的容器中强烈振荡30 min,如果可能则加入玻璃球;

③以6000×g 低温离心30 min,取上清液再次重复离心;

④用450 nm 的微孔滤膜过滤;

⑤加二倍浓度的复合抗生素,然后直接用于病毒分离或进行必要的浓缩后再行病毒分离。

(3)无菌的体液(腹水、脊髓液、脱纤血液、水泡液等)和鸡胚液样品可不做处理,直接用于病毒分离。

(4)样品的特殊除菌处理

样品经过上述一般处理即可用于病毒分离,但对某些样品用一般方法难以去除的污染,则应考虑配合如下方法进行处理。

①乙醚除菌 对有些病毒(如肠道病毒、鼻病毒、呼肠孤病毒、腺病毒、症病毒、小RNA病毒等对乙醚有抵抗力)可用冷乙醚对半加入样品悬液中充分振荡,置4℃过夜,取下层水相用于分离病毒。

②染料普鲁黄(Proflavin)除菌 由于其对肠道病毒和鼻病毒很少或没有影响,常用作粪或喉头样品中细菌的光动力灭活剂。将样品用0.0001 mo1/L pH 9.0的普鲁黄于37℃作用60 min,随后用离子交换树脂除去染料,将样品暴露于白光下,即可使其中已经被光致敏的细菌或霉菌灭活。

③过滤除菌 可用陶土滤器、瓷滤器、石棉滤器或200 nm 孔径的混合纤维素酯微孔滤膜等除菌,但对病毒有损失。

④离心除菌 用低温高速离心机以18000 r/min(15.24 cm 转子)离心20 min,可沉淀除去细菌,而病毒(小于100 nm)保持在上清液中。必要时转移离心管重复离心一次。

(5)待检样品中病毒的浓缩

对病毒含量很少的样品用普通方法不易检测或分离出病毒,必须经过浓缩。常用浓缩方法如下:

①聚乙二醇(PEG)浓缩法 将分子量6000的 PEG 逐步加入经一般处理的样品溶液中,使终浓度为8%,置4℃过夜。以3000×g离心15 min,用少量含复合抗生素的Hank's 平衡盐溶液重悬,必要时用450 nm 微孔滤器除去真菌孢子。

②硫酸铵浓缩法 将等量饱和硫酸铵溶液缓慢加入经过上述一般处理的样品溶液中,边加边搅拌,置4℃过夜。离心同上。

③超滤器浓缩法 是一种高效率的浓缩方法,特别适合大体积的样品浓缩。

④超速离心浓缩法 以40000 r/min(15.24 cm转子)离心60~120 min,绝大多数病毒将沉于管底。

用少量Hank′s平衡盐溶液悬浮病毒。这种方法回收效率很高，但仅适用于小体积的样品。

(二)常用的病毒分离技术

病毒分离工作常依靠接种实验动物和动物组织细胞进行。临床上可根据不同的病毒特性选择适宜的实验动物(或细胞)进行病毒分离。

1．实验动物

(1)实验动物在病毒学中的应用

①分离病毒，通过实验动物来扩增样品中的病毒，使其能够用普通方法鉴定病毒。

②借助感染范围鉴定病毒。

③繁殖病毒制备诊断抗原或疫苗。

④病毒的免疫学和血清学试验。

⑤制备免疫血清。

⑥病毒感染实验研究。

(2)实验动物的分级(详见实验动物章节)

①实验动物的选择　兽医学上常用于分离病毒的实验动物有家兔、小鼠、大鼠、豚鼠、鸡胚等，也常用自然易感动物如家畜、家禽等。选择用于分离病毒的实验动物的原则，是要确认选择的实验动物的种类、年龄、性别对拟检查的病毒有最高的敏感性。实验动物的级别选择可根据实验性质而定。

②实验动物的接种　实验动物的接种必须选择对拟检查的病毒最敏感的途径，否则，即使接入大量病毒也有可能造成感染失败。分离不同病毒选择的实验动物及接种途径各有所不同，可参考有关专业书籍加以选择。

2．动物组织培养

动物组织培养，原来是指小块动物组织的体外培养，现在泛指组织、器官和细胞的体外培养。组织和器官培养，是指将组织、整个的或部分的器官在体外培养或生长，并保持组织或器官的分化、结构和(或)功能。由于操作和应用上的限制，在病毒学诊断中组织和器官培养应用很少，而广泛采用的是细胞培养技术。细胞培养分为单层细胞培养和悬浮细胞培养。单层细胞培养包括静止培养和使用转瓶旋转培养，使细胞在器皿的表面生长出单层或数层细胞，单层细胞常用来分离和繁殖病毒。悬浮细胞培养，是指细胞悬浮于营养液中繁殖的一种培养方法，它可进行连续培养，便于工业化生产，常用来繁殖病毒生产疫苗。根据细胞株的不同，细胞培养又分为原代细胞培养、继代细胞培养、二倍体细胞培养和传代细胞培养。原代细胞培养，是指直接从组织消化分散的细胞所进行的第一代体外培养；继代细胞是指将原代细胞消化下来还能继续培养的细胞；二倍体细胞是指染色体的数目和形态正常的继代细胞，其中至少有75%细胞的核型与其动物获得的正常细胞核型相同；传代细胞系是指癌变的异倍体细胞，其特点是可无限地传代培养。

动物组织培养，主要取决于四方面因素，即培养液、血清、辅助试剂及环境。动物病毒分离主要使用细胞单层，下面介绍常用细胞单层培养方法及与之有关的液体配制。

3．细胞培养常见问题及解决的方法(详见表4-21)

表4-21 细胞培养常见问题及解决的方法

问题	可能的原因	预防措施及解决的方法
pH快速下降	1.CO_2含量不正常； 2.培养瓶盖子过紧； 3.碳酸氢盐缓冲液缓冲能力不足； 4.培养基盐浓度有误； 5.细菌污染。	1.根据培养基中$NaHCO_3$的浓度，增加或减少培养箱中CO_2的百分浓度，若$NaHCO_3$浓度为2.0～3.7g/L，CO_2浓度应分别为5%～10%； 2.松1/4个螺旋； 3.加HEPES缓冲液至终浓度为10～25mol/L； 4.在CO_2环境下使用Earle's基础盐培养基，在普通空气环境下使用Hank's基础盐溶液； 5.弃掉或采用除污染技术。
pH无变化，培养基中出现沉淀	1.用去污剂洗瓶后磷酸盐残留，从而引起培养基中某些成分的沉淀； 2.培养基被低温冻结。	1.去污剂洗瓶后，用去离子水、蒸馏水充分刷洗，而后灭菌； 2.加温至37℃，搅拌至完全溶解；若仍不溶解则弃掉。
pH无变化，培养基中出现沉淀	1.细菌或真菌污染； 2.pH值太高，使某些成分析出。	1.弃掉培养基； 2.瓶塞塞紧，防止CO_2溢出，pH值上升，已出现沉淀时弃去。
细胞不贴壁	1.胰酶消化过分； 2.培养瓶不干净。	1.缩短消化时间或降低胰酶浓度； 2.用重铬酸钾洗液浸泡，常规冲洗。
细胞生长过慢	1.使用了不同批号或不同产品代号的培养基或血清； 2.重要的促生长成分如谷胺酰氨或一些生长因素缺乏或耗尽； 3.轻微的细菌或霉菌污染； 4.试剂贮存不当； 5.细胞接入量少； 6.细胞衰老； 7.支原体污染。	1.比较不同批次产品的成分说明，可能葡萄糖、氨基酸或其它成分有所不同；用新血清与旧血清进行对比试验；增加细胞接种量； 2.换新培养基或加入带有促生长成分的补充培养基； 3.补加抗生素培养，如果污染则弃掉；采用除污染技术； 4.将血清贮存于-5℃～20℃，培养基和细胞生长液贮存于2℃～8℃，并在有效期内使用；血清和培养基尽量避光； 5.加大活细胞的接入量； 6.弃掉，换新细胞种； 7.将细胞培养与感染试验分别在不同实验室进行；用消毒剂消毒工作环境和培养箱；如已污染则弃掉。
细胞死亡	1.培养箱中无CO_2； 2.培养箱温度不稳定； 3.抗生素浓度过高； 4.细胞冻伤或溶化过程中细胞损伤； 5.培养基渗透压不正确； 6.毒性代谢物积累。	1.监测培养箱中CO_2的使用速度以确定更换气瓶的时间；检验管道是否漏气；避免频繁开门； 2.及时检测并调整好； 3.按抗生素配制配方的参考剂量使用； 4.换新细胞种； 5.检验细胞生长液的渗透压、哺乳动物细胞能经受260～350mOsm/kg的渗透压；另外HEPES和一些药物可能影响渗透压； 6.换新培养基。
细胞悬液凝结	1.有钙、镁离子； 2.支原体污染； 3.溶蛋白酶消化过度而引起细胞溶解和DNA释放。	1.用无钙、镁离子的平衡盐溶液洗细胞； 2.将细胞培养与感染试验分别在不同实验室进行；用消毒剂消毒工作环境和培养箱；如已污染则弃掉； 3.用DNA酶Ⅰ(Dnase-1)消化处理。
原代细胞污染	原始组织污染	用含高浓度抗生素的平衡盐溶液洗几次组织块，然后消化培养。

4．利用抗生素消除细胞中的污染

当一个重要的无法取代的组织细胞被污染后，要想方设法控制或消除污染。首先应清楚污染物是细菌、真菌、酵母菌还是支原体，然后有针对性地选用消毒工作环境、培养箱消毒和细胞培养用的抗生素。抗生素的浓度过高对某些细胞会产生毒性，所以，在使用抗生素消除污染物之前，要进行药物安全剂量试验，以测定出某一种抗生素对某一种细胞的毒性剂量，特别是两性霉素B和泰乐菌素。测定毒性剂量和消除细胞中的污染物的方法如下：

（1）用无抗生素的细胞生长液分散、稀释细胞，将细胞稀释至正常细胞传代的浓度。

（2）将细胞悬液加至细胞培养板的各个孔中（或几个培养瓶），按梯度浓度将选择的抗生素加到各个细胞孔中。比如两性霉素B可按0.25、0.50、1.0、2.0、4.0和8.0 μg/mL的量分别加入各细胞孔中。

（3）每日观察对细胞的毒性作用，比如细胞脱落、出现空泡或生长减缓等。

（4）当抗生素剂量测定后，以低于毒性剂量1～2倍的剂量加入细胞生长液中，用这种抗生素细胞生长液将细胞培养2～3代。

（5）用无抗生素的细胞生长液培养1代。

（6）重复第4步。

（7）用无抗生素的细胞生长液培养4～6代，以观察污染是否被去除。

5．细胞的保存与复苏

（1）细胞短期保存

①细胞单层长满后，更换新细胞生长液，置于比该细胞最适生长温度低5℃~8℃环境下保存，可存放1～4周（根据不同细胞而定）。

②细胞单层长满后，更换新细胞生长液，静置于4℃，可存放2～6周（根据不同细胞而定）。

经过以上存放的细胞会有部分细胞死亡，一般通过二代传代培养，可恢复细胞的正常生长状态。

（2）细胞的长期保存

①用Versene膜蛋白酶溶液常规消化细胞单层，离心收集细胞2次（500×g，10 min）。

②将沉淀的细胞通过离心管上的刻度定其容量，按每0.5 mL沉淀细胞加8.5 mL细胞生长液和1 mL二甲基亚砜（DMSO）的比例，将三者混匀，每1 mL分装1只安瓶。

③将安瓶集中放在盒中，分以下三步缓慢降温。

置4℃ 2 h；

置-20℃ 2 h或至安瓶中的液体冻结为止；

置-70℃超低温冰箱或液氮中，放在液氮中可保存数年。

（4）从冷冻状态复苏细胞

①要迅速解冻，取出安培瓶后立即投入37℃水浴中。这一过程应做好人身防护，因为安培瓶有时会炸开。

②用70%酒精浸泡消毒，然后打开安培瓶，将细胞悬液转入离心管中，补加细胞生长液，以500×g离心10 min去掉DMSO，这一过程要快，因为DMSO在室温下对细胞有毒性。

③加细胞生长液使细胞浓度由保存时期的5%变为0.2%。

④分装于培养瓶中，分装量因培养瓶不同而不同。

⑤贴壁后（常约24 h），轻轻倾出旧液，换新的细胞生长液继续培养。

6．利用动物细胞培养分离病毒

自从人们发现能够利用动物细胞复制脊髓灰质炎病毒以来，细胞培养物已成为分离病毒最简便、应用最广泛的一种方法。由于不同的病毒适应的细胞不同，所产生的细胞病变也不同，所以，这里只介绍一般方法。

(1)选择新长满的细胞单层(36 h 内长满80%以上单层),要求无污染,形态正常。老化的细胞通常对病毒感染不敏感。

(2)弃掉旧的细胞生长液,每个细胞瓶(或管、或孔)加入样品溶液,以浸没细胞单层为宜。置37℃吸附60 min 。若样品溶液很少以至不能浸没细胞单层时,可将细胞瓶置于摇床上,缓慢摇动,使样品不断浸润全部细胞单层。

(3)补加5倍或10倍于样品溶液的细胞维持液(其中犊牛血清要保证不含某种特异性病毒抗体或不加血清),于37℃培养。对毒性物质含量较高的样品(如粪便样品),在加维持液之前可将样品溶液去掉。

(4)每天观察细胞病变(CPE),当发生 CPE 时,再重复接种另一批同样的细胞培养物,以获得更充足的鉴定材料。CPE 的判定一定要以健康对照细胞成立为前提。

(5)对48 h或72 h(其他病毒依照CPE出现时间而定,通常在7 d以内)仍不出现 CPE 的细胞瓶,将其冻融一次,用其收获液按上述方法盲传2～3代,若仍不出现 CPE ,视为阴性。但必要时要继续传代。

注:吸附过程是必要的,特别是分离病毒初代接种,可提高分离病毒的效果。当病毒含量很少时,若不经吸附直接加入细胞维持液,等于稀释病毒,减少病毒与质膜的结合几率,这样即使有病毒也可能不产生 CPE ,从而被误认为是病毒阴性。

7. 半数细胞培养感染量($TCID_{50}$)的测定

$TCID_{50}$本身反映的是病毒的数量,是血清学实验之前获得的数据。不同的病毒产生CPE的时间和类型有很大不同,主要取决于使用的细胞培养系统、病毒株自身的特征和样品中病毒的含量。当系列稀释的病毒悬液接种于某一细胞培养物中,一旦出现 CPE ,即可能根据50%细胞培养物出现 CPE 的终点感染剂量,按Reed-Muench 方法计算出病毒悬液在某一特定细胞培养物上的 $TCID_{50}$,下面以使用细胞培养板为例阐述 $TCID_{50}$的测定。将待测病毒悬液10倍系列稀释,每个病毒稀释度接种4孔细胞,每孔接种0.1mL 病毒悬液。结果如表4-22。

表4-22　$TCID_{50}$的测定

病毒稀释度	每组产生CPE孔数与每组接种孔数比	累计产生CPE孔数	累计不产生CPE孔数	累计CPE孔数与CPE孔数和无CPE孔数之和的比	
				比　率	百分比
10^{-3}	4/4	9	0	9/9	100
10^{-4}	3/4	5	1	5/6	83
10^{-5}	2/4	2	3	2/5	40
10^{-6}	0/4	0	7	0/7	0

从表中可见,50%感染终点在10^{-4}至10^{-5}之间,50%感染细胞的确切稀释倍数可按下列方法计算:

(超过50%感染的百分比-50%)/(超过50%感染的百分比-低于50%感染的百分比)=(83-50)/(83-40)=0.7

所以,该病毒悬液的$TCID_{50}$值为$10^{-4.7}$(0.1 mL)。即在此稀释度下,接种0.1 mL病毒液的细胞培养物将有50%被感染。每0.1 mL $10^{-2.7}$稀释的病毒悬液就含有100个 $TCID_{50}$的病毒。

8．蚀斑法定量病毒和纯化病毒

如果将感染了病毒的细胞单层用琼脂或甲基纤维素等固态培养基覆盖，病毒从细胞游离出来后不能自由扩散，而将CPE局限在四周，形成可见的局限性坏死病灶，此病灶即为蚀斑，亦称空斑。以蚀斑数的多少来定量病毒，或通过挑选蚀斑来纯化病毒。

（三）常用的病毒鉴定技术

病毒的鉴定包括理化特性鉴定、生物学特性鉴定、分子生物学鉴定以及血清学鉴定等。有关具体病毒鉴定的实验方法因病毒不同而异，下面介绍常用的病毒基本理化特性等一般病毒特征的鉴定方法。

1．氯仿敏感性试验

（1）将1mL病毒样品液加入一密封容器内。另取1 mL作对照。

（2）加1 mL氯仿，对照加1 mL Hank's液于室温下间歇振荡10 min。

（3）将氯仿处理样品及病毒对照样品同时于1000×g离心5 min。

（4）测定处理样品和对照样品的病毒滴度。

注：在本试验中必须设立对脂溶液敏感和不敏感两种病毒（如弹状病毒与呼肠孤病毒）作为对照。

2．酸敏感性试验

用0.1mol/L的HCI调细胞维持液至pH 2.5，备用；用0.1 mol/L的NaOH调细胞维持液至pH 9.2，备用。敏感试验方法如下：

（1）将500 μL待检病毒液加入2 mL pH 2.5维持液中，每个样品做2份，溶液的最终pH值约为3.0。

（2）将500μL待检病毒液加入2 mL pH7.2维持液中，每个样品做2份；

（3）置37℃水浴。于1 h和3 h各收取其中的一份样品，做如下处理：

①在酸处理样品中加入pH 9.2碱性细胞维持液，使最终pH为7.2。

②在对照样品中加入等量pH 7.2细胞维持液，使其稀释度与试验样品一致。

③测定两组样品的病毒滴度，与对照比较以观察对酸的敏感性。

注：在本试验中必须设立对酸敏感性和非酸敏感性两种病毒对照。

3．热敏感性试验

此试验一般在37℃或56℃下，根据不同病毒的稳定性，以几小时、几天或几周的间歇期进行。

（1）在装有维持液的薄壁瓶中加入500 μL病毒液；

（2）将其中一瓶冷冻保存，其余置所需温度的水浴中；

（3）按预定的时间分别间歇收获病毒液，迅速冰冻保存；

（4）溶化所有病毒样品，测定各样品病毒滴度以观察热灭活率。

4．阳离子稳定性试验

这是肠道病毒、呼肠孤病毒和一些鼻病毒的特征。

（1）用双蒸水配制2 mol/L $MgC1_2$溶液，过滤除菌。

（2）加一小分量的病毒液于等量的2mol/L $MgC1_2$溶液中，另一小分量加到等量的灭菌双蒸水中。

（3）将各种处理的病毒液分成3份，保留1份作培养对照。

（4）每种处理的其余2份病毒液置50℃水浴。

（5）1h后收获其中1份，另1份3 h后收获。收获后的病毒应尽快冰冻保存。

（6）测定病毒液，2mol/L $MgCl_2$与病毒混合液和灭菌水与病毒液的混合液在50℃水浴前和水浴1～

3 h 后的病毒滴度。

(7)阳离子稳定性病毒在 $MgCl_2$ 2 h 后仅出现微小的滴度下降。

5. 电子显微镜观察

(1)样品制备

①粪便　用蒸馏水将粪便制成10%悬液,加入灭菌玻璃珠打匀,对半加入氟利昂,混匀,以1000×g 离心10 min,取水相按上述的方法浓缩病毒。用几滴蒸馏水重悬沉淀作为观察样品。

②病毒细胞培养物　当细胞出现细胞病变(CPE)时,冻融1～3次,以1000×g 离心10 min 去渣,上清液按上述方法进行病毒浓缩。用几滴蒸馏水重悬沉淀作为观察样品。

③脓汁或细胞外样品　将样品在载玻片上制成抹片,自然干燥。以少量蒸馏水重新悬浮样品材料。在制备样品时加入 Bacey Tracey 去污剂,能使染料均匀分散。

(2)载网的制备

加1滴准备好的样品于防护膜的小方格上。取一碳面载网,以碳面向下置于样品滴上,静置5 min。用滤纸吸去多余液体,然后滴加2%–4%的磷钨酸钠,染色10～60 s,再用滤纸吸干。

至此样品制备完毕,可作电镜观察。

(3)免疫复合物的电镜观察

①选择高滴度的病毒作为抗原,最好使用滴度为 10^7TCID_{50}/mL 以上的病毒。当75%的细胞出现 CPE 时,收获细胞,冻融1～3次后,离心去渣,上清即为病毒液。

②用等量经适当稀释的抗血清对少量病毒进行处理,置于一密封容器中,37℃感作1 h,以同法对另一份病毒用等量PBS或阴性血清处理。

③加一滴处理过的病毒样品于载网上,用2%的磷钨酸钠染色,电镜观察。

④通过观察免疫血清与病毒粒子的特异性凝集而形成的大颗粒复合物以鉴定病毒。盐水对照和阴性对照虽然有时可见到个别病毒粒子的聚合,但主要表现为单个分散的颗粒。

注:如果只能得到低滴度的病毒,使用上述方法处理前应浓缩以增加病毒量。然后以14000×g 离心1 h 使血清病毒复合物沉淀,将凝集物进行负染后,电镜观察。

四、其他病原微生物的检验技术

(一)衣原体的检测技术

衣原体(CHlamydia)是一类专性严格的细胞内寄生生活的微生物,不能在细菌培养基上生长繁殖;在光学显微镜下可以被观察到;因其所处发育阶段不同,大小可不同。这类微生物既含有DNA又含有RNA两种核酸;有核糖体;可以以二分裂方式繁殖;对磺胺、四环素族、红霉素和青霉素等抗生素敏感。

在衣原体属中与动物有病原关系的主要为鹦鹉热衣原体,它可引起畜禽的多种疾病。要确诊其病原,需进行病原体的分离培养及对分离物作鉴定。分离病原体,采集标本最为重要,在一些严重的全身性疾病,从病畜的血、分泌物和大多数器官均能检查和分离到病原体。但对大多数动物衣原体病来说最合适的检查材料,要从有症状或有病变的部位采集,如流产病例为流产胎儿的器官、胎盘和子宫分泌物;关节炎病例为滑液;脑炎病例为大脑与脊髓;肺炎病例为肺、支气管淋巴结;肠炎病例为肠黏膜、粪便等。严重感染的病例,如羊的衣原体性流产的子叶,其涂片常用姬姆萨(Giemsa)、史丁普(Stamp)或吉姆尼氏(Gemenez)等方法染色镜检,即可确诊。对一些可疑病例,仅用显微镜检查是得不出结论的,还必须进行病原体的分离及鉴定。最常用的分离培养方法有:(1)鸡胚卵黄囊接种法;(2)小鼠接种法;(3)细胞培养法等。

1. 衣原体接种培养材料的处理

(1)血液　血凝块在灭菌乳钵中研细，加入肉汤(pH7.2～7.4，含链霉素和卡那霉素)，配成10%悬液。

(2)液体　或分泌物用原液，如黏稠，可加2～10倍体积的肉汤(pH7.2～7.4，含链霉素和卡那霉素)，装在加有玻璃球的灭菌瓶内，盖好瓶塞用力摇动，使成悬液，置于冰箱备用。

(3)粪便　粪便样品用加有链霉素和卡那霉素的肉汤制成悬液，其浓度为20%，4℃放置4 h，600 r/min 离心10 h，吸取上清液备用。

(4)组织　用剪刀剪碎后在灭菌乳钵中加玻璃砂研细，用含有链霉素和卡那霉素肉汤稀释，使成10%悬液，600 r/min 离心10 h，吸取上清液备用。

2. 衣原体的接种培养方法

(1)鸡胚卵黄囊接种

鸡蛋需选自未喂过抗生素的鸡群，且为白壳蛋，孵育温度为38℃~39℃，湿度为70%。鸡蛋孵育7 d后进行照蛋划出气室和胚位。用碘酊擦洗气室上方表面的蛋壳，再用70%酒精涂擦，然后用套有软木塞的针头在鸡胚后面的气室上方的蛋壳上钻一小孔，用7号针头以垂直方向从小孔全部插入，注射0.5 mL。注射完后用融化的石蜡将小孔封闭，将接种鸡胚置36℃孵育箱内，每天照蛋一次，观察到鸡胚失去活力或死亡为止。大多数鸡胚一般在接种后4~8 d死亡，鸡胚和卵黄囊充血，并常有出血。接种后48 h内死亡者常由于污染或损伤所致，应予以废弃。如接种后13 d鸡胚仍然存活，则再行盲目传代，如连续3代阴性，判为阴性结果。

对较规律死亡的鸡胚，可按下述方法收获鸡胚卵黄囊。用酒精、碘酊涂擦气室部，用灭菌剪沿气室边缘将蛋壳剥开，剪破壳膜，将蛋内容物倾注于灭菌的平皿内，再将卵黄囊自鸡胚剥离，并将其剪破，用灭菌盐水冲洗卵黄囊膜除去卵黄，夹取卵黄囊膜，取一小块涂片，染色镜检，其余的卵黄囊膜，可接种另一批鸡胚或低温保存备用。

(2)小鼠接种

①腹腔接种选用3～5周龄小鼠，用70%酒精或碘酊涂擦鼠腹部，用24号针头的1 mL注射器，腹腔注射0.2 mL，每天观察发病和死亡情况。如小鼠在2～3 d内死亡，剖检肉眼变化不多，特征的变化是十二指肠肥大，上覆一层黏性分泌物，其中含有大量的上皮细胞，细胞内可检查到原生小体；如小鼠在5～15 d死亡，脾肿大，肝有早期坏死灶，肝和脾细胞里有大量的衣原体，腹腔积有纤维性渗出物。恢复的或感染后3周剖杀的小鼠，肉眼变化仅见腹腔有渗出物，脾显著增大，组织涂片中可见有衣原体散在。

可按下述方法收获小鼠的肝、脾、肾。体表用消毒药涂擦(3%来苏儿、0.1%新洁尔灭)。用大头针将小鼠四肢钉于解剖板上，用灭菌剪刀和镊子采取脾、肝、肾，置于灭菌平皿内。取上述脏器切面制作涂片，染色镜检。同时作分离培养或冰冻保存。

②鼻内接种选用3～5周龄小鼠，用乙醚适度麻醉，以免小鼠打喷嚏而影响吸入，将接种材料滴数滴于鼻孔内，剂量为0.3～0.5 mL。每天观察小鼠，如接种物毒力强，可迅速发生感染，小鼠表现拱背，精神不振，呼吸困难等症状，于2～20 d内死亡。毒力较弱者，几乎未见有临诊症状，剖检可见肺的全叶或一部分硬实、灰色、半透明，感染10 d以上的肺涂片中的衣原体较少，但再传代即可导致致死性感染。

收获死亡或存活小鼠(不论有无症状)的肺脏，方法与上述脾、肝、肾者相同，自肺切面涂片，染色镜检。如果需要，肺组织作分离培养或冰冻保存。

(3)细胞培养

①衣原体可在多种细胞中增殖、分离或培养，最常用是Mc-Coy和L_{929}细胞，其他传代细胞如

BHK_{21}、FL、Vero 等传代细胞均可供选用。

②用细胞培养法分离衣原体所用的感染材料比用鸡胚、小鼠分离要求严格,采集标本时应无菌操作,标本应及时低温保存或放在适宜保存液中,以防止细菌污染或丧失衣原体活性,在处理标本时也应注意温度条件。

③为了便于在细胞培养过程中检查衣原体,可在培养瓶中加一盖玻片,在不同的时间取出染色镜检,观察衣原体在细胞内生长发育情况。

3. 衣原体的分类与鉴定

1989 年版的 Baerge's 系统细菌学手册,将衣原体列为一个目--衣原体目(Chiamydiales),其下设衣原体科(CHamydaceae),科下设衣原体属(CHamydiae)。在衣原体属下分3个种:沙眼衣原体、肺炎衣原体、鹦鹉热衣原体。根据沙眼衣原体的自然宿主、致病性和生物学特性,将其分为3个生物变种,经过免疫学试验又分为15个血清型;肺炎衣原体尚未发现有生物变种和亚种的存在;鹦鹉热衣原体虽有广泛的宿主范围、致病性不同等特点,但目前尚缺乏人们能普遍接受的划分型别的统一标准,因而在新版细菌学手册中,仍将鹦鹉热衣原体归在一个种内。在衣原体属下的3个种内,引起畜禽不同疾病的主要为鹦鹉热衣原体。

对从各种病料中分离培养出来的疑似衣原体,可作以下各项鉴定:

(1)在细菌培养基上不能生长;

(2)在感染细胞的细胞质内可查见衣原体原生小体和始体,感染细胞破裂后衣原体释放于细胞外;

(3)碘染色反应:沙眼热衣原体为阳性,鹦鹉热衣原体为阴性;

(4)在鸡胚卵黄囊内生长,鹦鹉热衣原体不为磺胺嘧啶钠抑制,沙眼衣原体可被磺胺嘧啶钠抑制;

(5)用补体结合试验检查衣原体的耐热类属共同抗原。

根据上述鉴定要点,只要明确分离物具有严格细胞内寄生的特性,在光学显微镜下可以观察到衣原体的原生小体或始体;又能在鸡胚卵黄囊内生长;再结合其分离的来源,便可基本上确定为衣原体。然后根据其碘染色反应和对磺胺的敏感性,即能鉴定到衣原体属的种。

(二)立克次氏体的检测技术

立克次氏体(Rickettsiae)是介于细菌和病毒之间的一类微生物。立克次氏体目(Rickettsiales)下分3个科,有60余种。在兽医上有重要意义的立克次氏体属于立克次氏体科(Rickettsiaceae)及无浆体科(Anaplasmataceae)。其中引起人类疾病和人畜共患病的10余种,引起动物不同程度感染的共约20余种。除少数成员外,立克次氏体大多为严格的细胞寄生性微生物;一般比细菌小,大小多在0.3~0.5 μm,可在普通光学显微镜下看见,一般不能通过滤器。立克次氏体呈多形性,有球状、球杆状以及杆状等。革兰氏染色阴性。一般多用姬姆萨(Gemsa)氏法、马基阿韦洛(Macchiavello)氏法染色,着色较好。致人和动物疾病的立克次氏体,多寄生于网状内皮细胞、血管内皮细胞或红细胞等,常常天然寄生于一些节肢动物(蜱、螨、虱、蚤等)体内,这些节肢动物是许多立克次氏体病的重要传播媒介。

动物立克次氏体病微生物学诊断,是以病原检查和动物血清中特异性抗体的检测为依据,二者单独或配合应用。病原的分离鉴定是最确切的诊断方法,但需用较长的时间和较多的人力、物力,故一般多为有重点有选择的应用。但在发现了新的未知立克次氏体感染,首次证实新发现的疫区或病例,或有必要对立克次氏体感染株作进一步鉴定时,则必须进行分离鉴定。

由于某些立克次氏体如Q热立克次氏体等,对人有很强的传染性,在进行有关活立克次氏体操作的实验室应有完善的隔离防护设施和条件,操作人员应严格遵守各项规章制度,防止人为感染和病原散播。

立克次氏体分离与鉴定的方法主要包括:

1. 病料的采集与检查

(1)病料采集

根据所怀疑的疾病或检疫要求,采取立克次氏体含量较多、无杂菌污染或污染较少的适宜材料,并按无菌方法采取。供立克次氏体分离培养的病料,应采自未应用抗生素的急性期或发热期患病动物,已死亡的动物,应尽早采取。病料应置-70℃低温保存,及时检查。

根据需要可采取急性期或发热期患病动物的血液;适时采集剖杀或病死动物的脾、肝、肺、肾、脑、脊髓等;胎盘、胎儿、阴道排泄物、乳汁等。检查血清抗体时,应采取血液分离血清。为了检测抗体效价的变化,应分别采取急性期和恢复期血清。

必要时采集蜱等节肢动物样品,其中一部分保存于70%酒精,供分类鉴定用,其余应冷藏供立克次氏体分离培养。

(2)显微镜检查

对原始病料进行涂片染色镜检,根据形态学特性,对病料中立克次氏体作出初步辨识。对某些动物立克次氏体感染,可结合流行病学、临诊症状以及病理变化等,作出诊断或初步诊断。

将原始病料制成血片或组织涂片,有时需制成压片,即将小块组织置于两玻片间用力挤压制成。涂片或压片自然干燥后,用甲醇或无水乙醇固定,以姬姆萨氏法或马基阿韦洛氏法染色,然后进行显微镜检查。镜检时应注意观察立克次氏体感染的细胞种类、形态表现、染色特性、存在部位(胞质内、核内等)以及集落形成等特性。这些特性是立克次氏体鉴定的形态学主要依据。

由于原始病料中立克次氏体含量一般较少,故镜检的阴性结果并不能排除立克次氏体感染的可能。但若对某些病料经过适当处理,则可能提高镜检阳性率。如某些寄生于白细胞的立克次氏体感染时,直接血液涂片检查结果为阴性,而当用加抗凝剂的血液白细胞层制片检查时,可能查出病原。

2. 分离培养

立克次氏体的分离培养方法有动物或鸡胚接种、细胞培养等。

从原始病料进行立克次氏体初代分离时,一般多用易感实验动物接种,也可用鸡胚接种,一般原始病料的初代分离较少应用细胞培养。

(1)动物接种

常选用易感性较高的实验动物,如豚鼠、小鼠、仓鼠、大鼠等。因感染某些动物的立克次氏体不能引起实验动物感染或发病,需接种易感的同类动物。

一般病料组织,可研磨制成10%-20%的悬液,低速离心后取用上清液;新鲜的血液或抗凝血可直接应用;血凝块应去血清后研磨制成20%-50%悬液。若病料有杂菌污染,可加青霉素100-1000IU/mL,室温下作用0.5 h后应用。对于媒介蜱,可先用灭菌盐水洗涤,再用0.1%硫柳汞浸泡1~2 h进行体表消毒,然后用灭菌生理盐水充分洗去药液,以含青霉素100~1000 IU/mL的灭菌生理盐水研磨制成悬液备用。

动物接种常采用腹腔内接种,有的需静脉接种。一般每份材料需同时接种数只动物,豚鼠至少需接种2只,小鼠可接种4~6只。接种后每天定期测量体温。潜伏期随立克次氏体种类、接种剂量、接种途径等不同而有差异。在实验动物体温升高的高峰期或发病死亡时剖检,采取血液、脾、肝、肺等作涂片染色镜检。若接种感染的实验动物未出现体温升高,也未发病或死亡,或虽有发病但其血液及脏器涂片未发现立克次氏体时,一般可再盲传2~3代,以增加立克次氏体的繁殖量。

在实验动物接种传代时,可用感染的组织悬液或血液,同时应将其接种细菌培养基作无菌检查。在动物接种感染和传代中,对已有立克次氏体繁殖的材料,再接种鸡胚卵黄囊分离培养,一般在鸡胚传数代后便可适应，有的第一代即可致死鸡胚并在卵黄囊膜涂片中发现立克次氏体。

(2)鸡胚培养

引起人类疾病和人畜共患病的立克次氏体，除五日热病原体等外，一般均能在鸡胚卵黄囊良好繁殖。但某些立克次氏体，至今尚未在鸡胚培养成功。鸡胚培养一般为卵黄囊接种，可用于立克次氏体的大量繁殖，也可用于初代分离。对于不易直接从原始病料获得初代分离物的，一般可先通过实验动物接种，再进行鸡胚分离培养。

选用 6～7 日龄鸡胚，按常法接种卵黄囊，剂量一般为 0.2～0.5 mL，每份材料应同时接种数只鸡胚，一般不少于5只。接种后置较低温度，如32℃～35℃继续孵育 7～12 d。弃去接种后 3 d 内死亡的鸡胚，剖检第 4～12 d 死亡的鸡胚和至孵育后期仍存活的鸡胚，用洗去卵黄的卵黄囊膜作涂片染色镜检观察，挑选立克次氏体含量较多又无细菌污染的卵黄囊膜，制成悬液接种鸡胚传代，获得纯分离物。在卵黄囊膜涂片镜检未观察到立克次氏体时，可再盲传 2～3 代，以使其能得到大量繁殖。

鸡胚传代适应的立克次氏体分离株，感染的卵黄囊膜，-20℃～-70℃低温保存。

(3)细胞培养

立克次氏体的细胞培养法与病毒的细胞培养相似。立克次氏体对细胞的选择性并不严格，但在不同细胞中的繁殖和感染程度可能有差异。现多用单层细胞培养法。原代细胞可用多种动物组织制备，如常用的鸡胚细胞，豚鼠、家兔和仓鼠肾细胞等。传代细胞中如 Hela 细胞、Vero 细胞、RK_{13}、BHK_{21} 细胞、DH_{82} 细胞以及纤维母细胞 L 株等多种传代细胞均可供选用。

接种材料应不加或少加青霉素、链霉素。细胞培养中加入立克次氏体后，低速离心吸附可增加细胞感染，比静置法的效果好。接种后的培养温度多为32℃～35℃。在单层细胞培养中，除某些立克次氏体种和株外，一般不引起明显的细胞病变。

细胞培养一般较少用于初代分离，必要时可用鸡胚培养物或实验动物感染组织材料再进行细胞培养，供进一步试验检查或其他专项试验。但在动物的某些艾希氏体感染，常用感染动物血液分离出的白细胞作为接种材料，用细胞培养进行病原体的初代分离。

3. 立克次氏体的鉴定

立克次氏体的鉴定包括：

形态学鉴定；

对感染动物恢复期血清(或待检免疫血清)和分离的立克次氏体，用免疫荧光染色法作特异性快速鉴定；

对恢复期血清(或待检免疫血清)与已知抗原进行补体结合试验等血清学试验，作立克次氏体群或种的鉴定。

(1)形态学检查

以接种实验动物或同类动物的血液和脾、肝、肺等组织，感染的卵黄囊膜或细胞培养物进行涂片染色镜检，注意观察形态特性，对立克次氏体作初步辨识，明确鉴定的形态学依据。在动物的某些立克次氏体感染，如感染动物白细胞的艾希氏体病以及心水病等，可根据感染的细胞种类、存在部位以及特征的形态学表现等，结合有关资料作出鉴定。

(2)血清学试验

常用的血清学试验方法有免疫荧光染色法、补体结合试验以及微量凝集试验等。

①免疫荧光染色法

以感染动物组织材料、鸡胚培养物或细胞培养物制备抗原标本片，用丙酮、甲醇固定(室温 10～15 min，低温下 30 min 以上)后，按常规方法，与已知血清进行间接法免疫荧光染色检查；或用已知立克次氏体制备抗原标本片，与感染实验动物恢复期血清（或待检免疫血清）进行间接法免疫荧光染色检查。每批染色试验均需设置必要的对照。阳性结果可对分离的立克次氏体作出特异性快速鉴定。

②补体结合试验

补体结合试验所用抗原分为可溶性抗原和颗粒性抗原。前者为用乙醚处理后制成，具群特异性，可用于立克次氏体群的鉴定；后者用洗涤纯净的立克次氏体悬液制成，具种特异性，可用于立克次氏体种的鉴定。抗原一般用含大量立克次氏体的鸡胚卵黄囊膜制成。试验用血清包括感染实验动物的恢复期血清以及用已知或未知立克次氏体免疫实验动物制得的免疫血清。免疫动物多用豚鼠。试验可用试管法，总量 1 mL（每种成分 0.2 mL）；也可用微量法，在微量反应板上进行，总量为 0.125 mL（每种成分 0.025 mL）。试验用血清、抗原、补体在4℃下的冷结合法的敏感性较 37℃ 下的热结合法者为高。抗体滴度达 1∶8 或以上即可判为阳性反应。

在立克次氏体分离株的鉴定中，有时需进行交叉补体结合试验，即用已知抗原检测分离株抗血清，并用分离株抗原检测已知株的抗血清，根据反应结果作出鉴定。

③微量凝集试验

在进行立克次氏体鉴定时，可用已知凝集抗原检测感染实验动物恢复期血清（或待检免疫血清）中的特异抗体，从而对分离立克次氏体作出鉴定；也可用已知血清检查立克次氏体分离株，作出鉴定。凝集试验可用于立克次氏体种的鉴定。

试验在微量反应板上进行。抗原应用高纯度立克次氏体制得，常用经苏木素染色的染色抗原，以便观察结果。Q 热立克次氏体染色抗原，一般不用自然Ⅱ相（鸡胚适应Ⅱ相株）制备，因其一般难以提纯，在抗原染色时极易发生自身凝集。若用Ⅰ相抗原经三氯醋酸或高碘酸钾处理后制得的Ⅱ相抗原，则比较稳定，染色后仅能与特异性血清发生凝集反应。若将Q热立克次氏体自然Ⅱ相菌株经多法纯化处理而制成高度纯净染色抗原，也可用于微量凝集试验。试验结果以能引起“++”凝集的最高血清稀释度为凝集滴度。通常凝集滴度在 1∶8 或以上为阳性。

其他血清学试验如酶联免疫吸附试验、间接血凝试验和放射性同位素沉淀试验等均有研究的报道。

第六节　诊断检测新技术

免疫检测技术最基本的原理是利用抗原抗体的特异性反应，在此基础上结合一些新的生物化学或物理学方法建立了酶标抗体、荧光抗体、放射性免疫测定等技术。在这两因子（抗原抗体系统与标记系统）结合的基础上，再叠加一些新的因子，可建立三因子，甚至四因子的新的免疫检测方法。随着现代生物化学和物理学的进展，可以找到越来越多这样的因子，它使免疫检测新技术层出不穷，日新月异，充满无限的活力。下面仅简单介绍其中一些常用的新技术。

一、化学发光免疫测定

化学发光免疫测定（Cherniluminescent immmunoassay，CLIA〉是将抗原与抗体特异性反应与敏感性的化学发光反应相结合而建立的一种免疫检测技术，最初建立于1976年。

（一）原理

化学发光免疫测定属于标记抗体技术的一种，它以化学发光剂、催化发光酶或产物间接参与发光反应的物质等标记抗体或抗原，当标记抗体或标记抗原与相应抗原或抗体结合后，发光底物受发光剂、催化酶或参与产物作用，发生氧化还原反应，反应中释放可见光或者该反应激发荧光物质发光，最后用发光光度计进行检测。

（二）标记物

1. 发光剂直接标记　常用鲁米诺及其衍生物等，它们属环肼类化合物，能与很多氧化物如氧、次氯酸、碘、过氧化物等反应而发光。因此可直接将鲁米诺或其衍生物标记抗体或抗原进行CLIA。这类方法特异性强，但往往会因交联影响发光物特性，降低敏感性。

2. 发光催化酶标记　常用辣根过氧化物酶、丙酮酸激酶、葡萄糖氧化酶等标记抗体或抗原。与酶标抗体测定基本相同，差别在于CLIA是用发光性底物指示反应，有人称为发光酶免疫测定。

3. 标记物产物参与反应　标记物不直接催化发光反应，而其反应产物能使反应系统发光。如用草酸类标记抗体或标记抗原，在有H_2O_2作用下，生成二噁二酮，后者可使红荧稀（RUbrene）激化发光。

（三）应用

CLIA特异性强、敏感性高，可检测到10～15 mmol/L的抗原量。快速，一般几十分钟或1～3 h内完成。操作简便，可进行固相和均相分析。试验重复性好，试剂易标准化和商品化。目前已用于多种药物、激素、病原微生物及其代谢产物、抗体及其他生物活性物质的测定。

二、SPA免疫检测技术

SPA免疫检测技术（SPA-mediated　immunoassay）是根据葡萄球菌A蛋白（SPA）能与多种动物IgG的Fc端结合的原理，用SPA标记物（酶、荧光素、放射性物质等）显示抗原与抗体结合反应的各种免疫检测试验。最早于1982年建立了酶标SPA的ELISA试验。

（一）原理

SPA可从金黄色葡萄球菌细胞壁中提取，为395个氨基酸组成的多肽，有四个能与IgG的Fc结合的位点，即一个SPA分子可结合4个IgG分子。SPA可与人、猪、狗、小鼠、豚鼠、成年牛、绵羊等20多种动物lgG结合，而与兔IgG的结合力报道不一，鸡、马、山羊、犊牛IgG不能与SPA结合。因此，制备SPA标记物后，可应用于多种动物，不受种属限制，可应用于同一种动物的各种免疫检测（如猪的各种传染病的酶标检测）。有了SPA标记物，就不需标记各种抗体或抗原，即SPA标记物可作为一个通用试剂，它使免疫检测方法向更简便、更商品化进了一大步。

（二）应用

1. SPA放射免疫分析　在固相放射免疫分析中，可利用I^{125}-SPA代替标记的抗抗体。先将抗原包被于固相载体，然后加入被检血清作用洗涤后，加入I^{125}-SPA作用，洗去未结合的部分，计数测定管中的放射活性。此法灵敏度高，可测出ng/mL的抗体含量，需时短，重复性好。同样也可建立检测抗原的SPA放射免疫分析。

2. SPA酶标检测技术　用辣根过氧化物酶标记的SPA（HRP-SPA）可用于酶免疫组化法染色。由于HRP-SPA比HRP-IgG分子小，能更好地穿过细胞膜，使在免疫电镜亚细胞水平定位分析中，具有更好的辨析力。用HRP-SPA建立的ELISA则具更多的优越性，即它可作为多种动物，以及同一种动物多种抗原抗体检测的通用试剂，已经得到了广泛的应用。

3. SPA荧光抗体技术　荧光SPA主要用于淋巴细胞表面标志研究，亦可代替荧光抗体进行病毒抗原、肿瘤抗原等的检测。

4. SPA其他标记技术　如SPA胶体金、SPA-发光免疫技术等。

三、生物素-亲和素免疫检测技术

生物素-亲和素免疫检测技术（Biotinav-idinmediated　immunoassay）是利用生物素与亲和素专一性结合，以及生物素-亲和素既可标记抗原或抗体，又可被标记物所标记的特性，建立标记物、生物素-亲和素系统来显示抗原抗体特异性反应的各种免疫检测技术。

(一)原理

生物素(biotin)是一种广泛分布于动植物体内的生长因子,亦称辅酶R或维生素H,尤以蛋黄、肝、肾等组织中含量较高,分子量244.31。亲和素(avidin)是一种存在于鸡蛋清中的碱性糖蛋白,分子量68000,它为四聚体,即每个亲和素可结合4个生物素分子,它们为高敏感性、高特异性和高稳定性结合,一旦结合后难以解离。生物素和亲和素既可偶联抗体等一系列大分子生物活性物质,又可被多种标记物所标记,其标记物和被标记物的特性不受影响。

(二)检测技术类型

1. BAB法　即利用4个结合价的亲和素(A)将生物素标记的抗体(B)和生物素标记物,如酶(B)桥联起来,达到检测抗原的目的。由于可通过亲和素联接多个酶标生物素,它比常规ELISA的敏感性更高。

2. BA法　利用亲和素标记物,如酶标亲和素(A)与生物素标记抗体(B)结合,以检测抗原的方法。

3. ABC法　先将亲和素与生物素标记物,如酶标生物素作用,使之形成复合物(即ABC),然后借此复合物中亲和素未饱和的结合部位,与生物素标记抗体上的生物素结合,达到检测抗原目的。由于ABC复合物为含多个酶分子的络样复合物结构,大大提高了检测敏感性。

根据标记物不同,生物素-亲和素免疫检测技术又分为:生物素-亲和素酶免疫检测技术、生物素-亲和素铁蛋白免疫检测技术、生物素-亲和素放射性免疫检测技术、生物素-亲和素荧光免疫检测技术、生物素-亲和素血凝检测技术等。已用于细胞表面组分的检测和定位,可溶性抗原及其抗体的检测中。

四、胶体金免疫检测技术

胶体金免疫检测技术(Colloidal gold imnunoassay,GIA)是20世纪80年代发展起来的一项新技术。它是利用胶体金颗粒标记抗原或抗体,进行抗体或抗原的检测或定位分析。

(一)原理

胶体金颗粒是将氯金酸($HAuC1_4$)用还原法(白磷、抗坏血酸、枸橼酸三钠等)制成的。它为带负电荷的疏水胶,其颗粒是单个散在的,根据需要可制成直径几纳米到几十纳米大小,呈橘红色。抗原或抗体蛋白质借助表面电荷,很容易包被到胶体金颗粒表面,形成标记颗粒,用于检测相应的抗体或抗原。

(二)试验类型

1. 胶体金免疫凝集试验　具有试剂稳定、用量少、反应快、易于肉眼判定反应结果(红色)的特点,优于红细胞凝集试验和乳胶凝集试验。

2. 胶体金免疫光镜染色　用标记有抗体的胶体金颗粒与组织切片反应,在光学显微镜下观察胶体金颗粒的结合部位,可进行抗原定位分析。方法简便,与荧光抗体染色法的符合率在97%以上。

3. 胶体金免疫电镜染色　电镜铜网制样上的病毒等抗原,加上抗体作用后,再与SPA包被的胶体金颗粒反应,在电镜下观察胶体金结合部位,可用于抗原或抗体的检测。用抗体包被的胶体金颗粒处理超薄切片样品,在电镜下还可进行抗原的亚细胞水平定位分析。

五、免疫电镜技术

免疫电镜技术(Immune electron microscopy,IEM)是将抗原抗体反应的特异性与电镜的高分辨能力相结合的检测技术,最初于1941年建立该技术。

(一)原理

在检样中加入已知抗血清或抗原(病毒),使形成抗原抗体复合物,经过超速离心或琼脂-滤纸浓缩过滤系统后将此抗原抗体复合物浓集于电镜铜网的 Formar 膜上,负染色后进行电镜观察。由于抗体将病毒浓缩在一起,比直接观察散在病毒粒子的方法大大提高了敏感性。目前有几种方法:

(1)经典的免疫电镜法　是指将待检样品与抗血清混合反应后,超速离心,吸取沉淀物染色观察;

(2)快速法　是在琼脂糖凝胶上打孔,下垫滤纸,孔中加入待检样品与抗血清混合液,然后将铜网膜漂浮于孔中的免疫反应液滴上,待液滴被滤纸吸干后取出铜网膜,染色观察;

(3)抗体捕捉法　是先用抗血清包被铜网膜,然后将次包被有抗体的铜网膜悬浮于待测病毒溶液的液滴上,作用一定时间后,染色铜网膜并观察。

(二)应用

免疫电镜技术主要用于病毒诊断。20世纪70年代以来,国内在人的甲型肝炎、乙型肝炎的免疫学诊断以及肠道病毒、呼吸道病毒、轮状病毒等研究方面,借助 IEM 技术做了很多工作。IEM 技术既可用已知抗血清检查未知病毒颗粒进行早期诊断,也可用已知病毒检测血清抗体效价进行血清学诊断与流行病学调查。此外,IEM 技术还包括利用酶、铁蛋白、胶体金等标记抗体进行抗原或抗体的定位研究,在免疫病理学研究中应用较多。

六、免疫传感技术

免疫传感技术(Immune sensor technique)是将抗原抗体特异性反应与电极技术相结合而建立的免疫检测技术,是在1973年开始研究的。

(一)原理

将抗体分子共价结合到疏水聚合物薄膜上(传感膜),并与金属导体如铂丝一起构成免疫电极,电极的聚合物薄膜上的电荷变化,可通过电极传导并指示出来。薄膜上分子界面的电荷量取决于抗体分子的净电荷的多少,将此电极置于含有相应抗原的溶液中,由于抗体分子与抗原分子的结合,分子构型发生改变,使界面电荷数下降,这种下降与抗原含量呈线性关系。如果将此免疫传感膜与酶免疫分析法结合起来,则构成酶免疫传感技术,它利用酶催化反应的放大作用,可进行超微量抗原或抗体测定。

(二)应用

医学上已用免疫传感技术分析抗原抗体反应、梅毒诊断、血型判定等。用酶免疫传感技术进行妊娠诊断、超微量激素等分析。但均只在实验室进行试验,还未达到实用化程度。主要的难点是传感器材料要求高,以及如何使电极微型化。

七、免疫转印技术

免疫转印技术(Immunoblotting technique)又称蛋白质转印技术或 Western blotting,1979年创建。它是将蛋白质凝胶电泳、膜转移电泳与抗原抗体反应相结合的一项新的免疫分析技术。

(一)原理

蛋白质经 SDS-聚丙烯酰胺凝胶电泳(SDS-PAGE),根据分子量大小分成区带,然后通过转移电泳将 SDS-PAGE 上的蛋白质转印到硝酸纤维素膜上,在转印膜上加上相应的标记抗体(如酶标记抗体或放射性标记抗体等),通过对结合抗体上的标记物的(酶底物或放射性同位素)检测,以分析特异性的抗原蛋白区带。

(二)应用

免疫转印技术是蛋白质组分分析和蛋白多肽分子量分析的主要方法,已广泛用于病毒蛋白和基因表达蛋白多肽的分析,是基因工程研究中不可缺少的方法之一。

八、核酸探针技术

化学及生物学意义上的探针(probe),是指与特定的靶分子发生特异性相互作用,并可被特殊的方法探知的分子。抗体-抗原、生物素-抗生物素蛋白、生长因子-受体的相互作用都可以看作是探针与靶分子的相互作用。

核酸探针技术原理是碱基配对。互补的两条核酸单链通过退火形成双链，这一过程称为核酸杂交。核酸探针是指带有标记物的已知序列的核酸片段，它能和与其互补的核酸序列杂交，形成双链，所以可用于待测核酸样品中特定基因序列的检测。每一种病原体都具有独特的核酸片段，通过分离和标记这些片段就可制备出探针，用于疾病的诊断等研究。

核酸探针的种类有:

1．按来源及性质划分　可将核酸探针分为基因组 DNA 探针、CDNA 探针、RNA 探针和人工合成的寡核苷酸探针等几类。

作为诊断试剂，较常使用的是基因组 DNA 探针和 CDNA 探针。其中，前者应用最为广泛，它的制备可通过酶切或聚合酶链反应(PCR)，从基因组中获得特异的 DNA 后将其克隆到质粒或噬菌体载体中，随着质粒的复制或噬菌体的增殖而获得大量高纯度的 DNA 探针。将 RNA 进行反转录，所获得的产物即为 cDNA。cDNA 探针适用于 RNA 病毒的检测。cDNA 探针序列也可克隆到质粒或噬菌体中，以便大量制备。

将信息 RNA(MRNA)标记也可作为核酸分子杂交的探针。但由于来源极不方便，且 RNA 极易被环境中大量存在的核酸酶所降解，操作不便，因此应用较少。

用人工合成的寡聚核苷酸片段作为核酸杂交探针应用十分广泛，可根据需要随心所欲合成相应的序列，可合成仅有几十个 bp 的探针序列，对于检测点突变和小段碱基的缺失或插入尤为适用。

2．按标记物划分　Rt 有放射性标记探针和非放射性标记探针两大类。放射性标记探针用放射性同位素作为标记物。放射性同位素是最早使用，也是目前应用较广泛的探针标记物之一。常用的同位素有 ^{32}P、^{3}H、^{35}S 。其中，以 ^{32}P 应用最普遍。放射性标记的优点是灵敏度高，可以检测到 pg 级；缺点是易造成放射性污染，同位素半衰期短，不稳定，成本高等。因此，放射性标记的探针不能实现商品化。目前，许多实验室都致力于发展非放射性标记的探针。

目前应用较多的非放射性标记物是生物素(biotin)和地高辛(digoxigenin)。二者都是半抗原。生物素是一种小分子水溶性维生素，对亲和素有独特的亲和力，两者能形成稳定复合物，通过连接在亲和素或抗生物素蛋白上的显色物质(如酶、荧光素等)进行检测。地高辛是一种类固醇半抗原分子，可利用其抗体进行免疫检测，原理类似于生物素的检测。地高辛标记核酸探针的检测灵敏度可与放射性同位素标记的相当，而特异性优于生物素标记，其应用日趋广泛。

九、聚合酶链反应

聚合酶链反应(Polymerase chain reaction，PCR)是由美国 Cetus 公司的 Kary B. Mullis 于1983年利用当时已经发现并分离获得的DNA聚合酶大肠杆菌DNA聚合酶I的Klenow片段，首先建立了体外DNA扩增法。该方法于1985年由 Saiki 等在 Science 杂志上首次报道的一种在体外快速扩增特定基因和DNA序列的方法。通过PCR方法可以特异性、简便、快速地从微量生物材料中以体外扩增的方式获得大量特定的核酸，并且有很高的灵敏度、特异性、重复性，可在动物疫病诊断检测中用于微量样品的检测。

(一) PCR 的基本原理和过程

1.PCR技术的基本原理

DNA的半保留复制是生物进化和传代的重要途径。双链DNA在多种酶的作用下可以变性解旋成单链，在DNA聚合酶的参与下，根据碱基互补配对原则复制成同样的两分子拷贝。PCR技术是体外酶促合成特异DNA片段的新方法，即在模板DNA、上下游引物和4种脱氧核糖核苷三磷酸dTTP、 dATP、dCTP、dGTP存在的条件下，依赖于耐高温的DNA聚合酶，有高温变性、低温退火和适温延伸三个步骤反复的热循环构成的酶促合成反应。

2.PCR过程

PCR扩增的特异性是由与靶序列两端互补的寡核苷酸引物决定的，即以欲扩增的DNA作为模板，以和模板正链和负链末端互补的两种寡聚核苷酸作为引物，以引物3'端为合成起点，以单核苷酸为原料，沿模板以5'→3'方向延伸，合成DNA新链。整个过程经过模板DNA变性、模板引物复性结合，并在DNA聚合酶作用下发生引物链延伸反应来合成新的模板DNA。模板DNA变性、引物结合（退火）、引物延伸合成DNA这三步构成一个PCR循环。每一循环的DNA产物经变性又成为下一个循环的模板DNA。这样，目的DNA片段数量将以2n的指数形式增加，在2h内可扩增30（n）个循环，DNA量达原来的上百万倍。PCR三步反应中，变性反应在高温中进行，目的是通过加热使模板DNA双链或者是经PCR扩增形成的双链PCR产物双螺旋的氢键断裂而解离形成单链；第二步反应又称退火反应，在较低温度中进行，经加热变性成单链的模板DNA与引物以碱基互补配对形成杂交链而结合形成单链DNA模板-模板复合物；第三步为延伸反应，是在4种dNTP底物和Mg2+存在的条件下，由DNA聚合酶催化以引物为起始点的DNA链的延伸反应。对扩增产物可通过凝胶电泳、Southern杂交、文库构建或基因组测序等进行检测。

（二）PCR反应体系与反应条件

1.PCR反应体系的组成

一个完整的PCR反应包括以下几种物质（如表4-23所示）：欲扩增的DNA或RNA作为模板、人工合成的待扩增目的基因的特异性寡核苷酸上下游引物、耐高温的DNA聚合酶、4种脱氧核糖核苷三磷酸dNTPs（dTTP、dATP、dCTP、dGTP）、二价金属Mg^{2+}、特定的双极化离子缓冲液（Tris-HCl）PCR操作有两个要点：准确与快速。由于PCR反应是一种微量反应，反应体系体积较小，每种组分的用量限于微量级别，因此要求加样要准确。

表4-23 PCR反应体系的组成

组分	用量
缓冲液	5～10μl
4种dNTP混合物	20～200μmol/L
引物	0.1～0.5μmol/L
模板DNA/RNA	0.1～2μg
Taq DNA聚合酶	2～5U
Mg2+（终浓度）	1～3mmol/L
补加双蒸水	5～10 μl

另外PCR反应是酶促反应，因此各个试剂混合后，反应即开始进行，因此只有尽量快速加完所有样品才能最大限度地保证各个反应管的一致性。

①引物

引物（primer）是根据预扩增的目的基因片段人工设计合成的特异性结合靶序列的DNA序列。PCR产物的特异性取决于引物与模板DNA特异性识别和结合的程度。一般情况下任何一段已知序列的DNA片段，都能按照碱基互补配对的原则设计出特异性的引物，再利用PCR技术对其在外进行大规模的扩增。引物包括上游和下游，设计引物时以一条DNA单链为基准，5′端引物与位于待扩增片段5′端上的一小段DNA序列相同，3′端引物与位于待扩增片段3′端的一小段DNA序列互补设计的原则一般包括以下几方面：

a.引物长度：大小一般在18~25bp，常为20bp左右。

b.引物碱基：G+C含量以40%-60%为宜，G+C含量太低常导致扩增效率下降，G+C过多易出现非特异扩增，出现非特异性条带。ATGC最好随机分布，避免5个以上相同的嘌呤或嘧啶核苷酸成串排列。

c.避免引物内部形成二级的发夹结构和上下游引物间形成反向互补序列，尤其是避免3 ′端的互补重叠，会造成引物二聚体的形成几率，从而降低目的基因扩增的效率。

d.引物3′末端的碱基，尤其是最末及倒数第二个碱基，应与靶向序列完全配对，最佳选择是G和C否则会造成碱基的错配，从而导致PCR扩增的失败。

e.引物与非特异扩增区的序列的同源性不要超过70%，引物3′末端连续8个碱基在待扩增区以外不能有完全互补序列，否则易导致非特异性扩增。

f.引物的5′端可以修饰。可附加限制酶切位点，引入突变位点，用生物素、荧光物质、地高辛标记，加入其他短序列，包括起始密码子、终止密码子等。

②DNA聚合酶

目前常用的耐热性DNA聚合酶为大肠菌合成的基因工程酶，能耐受95℃以上的高温而不失活性，无需再每轮循环中补加，但其催化的最佳反应温度为70℃~80℃，此时引物与模板DNA结合的特异性最好，产物纯度高。

③反应底物dNTP

dNTP即腺嘌呤脱氧核苷三磷酸dATP、鸟嘌呤脱氧核苷三磷酸dGTP、胞嘧啶脱氧核苷三磷酸dCTP和胸腺嘧啶脱氧核苷的三磷酸dTTP 4种物质混合物，4种dNTP的浓度须等摩尔配制，也是PCR反应中合成靶序列的必须物质。dNTP的质量与浓度决定PCR扩增的效率，终浓度为0.02~0.2mmol/L。

④镁离子Mg^{2+}

二价镁离子是DNA发挥作用的激活剂，Mg^{2+}离子浓度是PCR反应一个至关重要的因素，直接影响核苷酸的稳定和Taq DNA酶活性的提高，也对PCR扩增效率影响很大，浓度过高可降低PCR扩增的特异性，非特异性扩增增强；浓度过低则影响Taq DNA聚合酶的催化活性，PCR扩增产量降低，甚至使PCR扩增失败而不出扩增条带。

⑤反应缓冲体系

PCR的反应需要在一个相对稳定的酸碱度和离子强度的环境中进行，包括pH值、盐离子浓度等。目前常用的缓冲液为10~50mmol/LTris-HCl（pH8.4）。缓冲液体系中还需加入50mmol/L以内的KCl促进引物退火，若大于50mmol/L则会抑制Taq DNA聚合酶活性。另外还需加入浓度为100μg/L的Taq DNA聚合酶保护剂BSA（牛血清白蛋白）、0.01%明胶、0.05%Tween-20、5mmol/L二硫苏糖醇等。

⑥模板DNA

模板DNA的浓度应维持在1~5μL，若模板浓度过高，非特异性扩增条带增加，若浓度太低，会影响目的片段的产量。模板DNA的纯度、完整度也是影响PCR成败的关键因素。核酸纯度越高，杂质越少，PCR反应效果就越好。

2.PCR反应条件

在PCR标准反应中常用三个温度控制点，双链DNA在90℃~95℃变性30s，再迅速冷却至40℃~60℃，低于引物Tm值5℃左右，此时引物退火并结合到靶序列上，然后快速升温至70℃~75℃，在Tag

DNA聚合酶的作用下，使引物链沿模板延伸，速度为1min/kb（10kb内）。如果是以RNA为模板，还需经42℃的反转录。

Tm值=4（G+C）+2（A+T）

循环次数一般为25～30次，循环数的设置决定PCR扩增的产量。模板初始浓度低，可增加循环数以便达到有效的扩增量。但循环数并不是可以无限增加的。一般循环数为30个左右，循环数超过30个以后，DNA聚合酶活性逐渐达到饱和，产物的量不再随循环数的增加而增加，出现了平台期。

（三）PCR技术发展分类

常规PCR对终产物的分析是通过凝胶电泳检测而实现的，是对扩增反应的终产物进行定性或半定量分析，而PCR反应终产物的量受到诸多因素的影响，并不能直观反映起始模板的量，随之定量PCR技术应运而生。

1.逆转录PCR（Reverse transcription PCR，RT-PCR）

逆转录PCR也称反转录PCR，是在逆转录酶的作用下，以一条RNA单链转录为互补DNA（cD-NA），再以此cDNA为模板通过PCR进行DNA扩增。RT-PCR扩增是一种很灵敏的技术，可以检测很低拷贝数的RNA。作为模板的RNA可以是总RNA、mRNA或体外转录的RNA产物。RT-PCR技术用途广泛，可用于检测细胞中基因表达水平、细胞中RNA病毒的含量、克隆特定基因的cDNA序列，在动物疫病诊断中如猪瘟、高致病猪繁殖与呼吸综合征、高致病禽流感，口蹄疫等疫病的检测技术已经列入国家标准中。

2.实时荧光PCR技术

实时荧光定量PCR是一种将PCR扩增和对扩增结果的检测有机地结合在一起的现代分子生物学技术，系在PCR反应体系中加入能够指示DNA扩增进程的荧光报告基团和淬灭基团，随着PCR反应的进行，荧光信号强度也按特定的规律随PCR产物不断累积而增加。同时，每经过一个热循环，定量PCR仪收集一次荧光信号，通过计算机软件实时监测反应体系荧光强度的变化来实时监测PCR扩增过程，最终得到荧光强度随PCR循环数的变化曲线。目前常用的检测方法有以下两种：

（1）SYBR荧光法

在PCR反应体系中，加入适量SYBR荧光染料，该染料可特异性地掺入DNA双链后，发射荧光信号，而不掺入DNA链中的SYBR染料分子不会发射任何荧光信号，从而保证荧光信号的增加与PCR产物量的增加完全同步，呈指数增长。

（2）TaqMan探针法

将标记有荧光素的Taqman探针，该探针为一段寡核苷酸，两端分别标记一个报告荧光基团和一个淬灭荧光基团。将其与模板DNA加入统一反应体系中混合后，探针完整时，报告基团发射的荧光信号被淬灭基团吸收；在PCR扩增过程中完成高温变性，低温复性，适温延伸的热循环，在此过程中Taq酶的5′-3′外切酶活性将与模板DNA互补配对的Taqman探针切断，使报告荧光基团和淬灭荧光基团分离，荧光素游离于反应体系中，在特定光源激发下发出荧光，随着循环次数的增加，被扩增的目的基因片段呈指数规律增长，通过实时检测与之对应的随扩增而变化荧光信号强度，求得Ct值（Ct值即循环阈值：每个反应管内的荧光信号到达设定阈值时所经历的循环数），即每扩增一条DNA链，就有一个荧光分子形成，实现了荧光信号的累积与PCR产物的形成完全同步。同时利用数个已知模板浓度的标准品作对照，即可得出待测目的基因的拷贝数。从而荧光监测系统可接收到荧光信号。

从理论上分析，在反应体系和条件完全相同的情况下，PCR的扩增呈指数增长，样本核酸含量与扩增产物的对数成正比，其荧光信号积累与扩增产物量亦成正比，因此通过荧光信号积累量的检测就可以测定样本DNA含量。荧光定量PCR的扩增曲线可以分为三个阶段：荧光背景信号阶段、荧光信号指数增长阶段和荧光信号平台期阶段。目前,荧光定量PCR具有特异性强、灵敏度高、重复性好、定量准确、速度快无污染、无需后期处理等优点广泛应用于禽流感、口蹄疫、新城疫、猪瘟、沙门氏菌、胸膜肺炎放线杆菌、寄生虫病、炭疽芽孢杆菌等多种动物疫病诊断中。

3.原位PCR技术

原位PCR是Hasse等于1990年建立的技术,是一种组织细胞内的定位的原位杂交技术与PCR的高灵敏度相结合的技术,通过PCR技术以DNA为起始物,对靶序列在染色体上或组织细胞内进行原位扩增,从而对靶核酸进行定性定量定位分析。原位PCR既能分辨鉴定带有靶序列的细胞,又能标出靶序列在细胞内的位置。随着PCR技的发展,出现了以mRNA为起始物,通过反转录合成目的序列的cDNA,然后以cDNA为模板进行PCR扩增,以检测细胞内mRNA靶序列。原位PCR按检测方法不同分为:直接原位PCR、间接原位PCR、原位反转录PCR、原位再生式序列复制反应。

原位PCR的步骤:

(1)新鲜组织、石蜡包埋组织、脱落细胞等样品的制备。

(2)PCR前处理,包括石蜡切片、去石蜡、染色体变性和细胞穿透,用蛋白酶和胰酶消化组织,PCR反应试剂到达靶目标,防止扩增后产物漏出。

(3)用原位PCR仪上进行PCR扩增,病毒RNA的扩增需用反转录PCR。

(4)原位杂交及检测。

4.反向PCR技术

反向PCR技术是对已知序列两端未知序列进行扩增。即在已知序列的核心区边侧设计一对反向引物,即3′端相反,用适当的限制性内切酶酶切含核心区的DNA,然后用DNA连接酶将含有已知序列核心区的DNA片段的末端连接形成环状分子,通过反向PCR扩增引物的上游片段和下游片段,即从两引物分别向未知序列区域延伸到限制性内切酶切割位点的未知序列。其特点是PCR的引物同源于环上核心区的末端序列,但其方向相反,使链的延伸经过环上的未知区而不是核心区,即扩增的产物含有已知核心区序列两端的未知序列。

5.巢式PCR技术

巢式PCR亦称为嵌合PCR,是一种变异的聚合酶链反应,通过设计两对引物进行两次PCR扩增出完整的DNA片段,外侧引物的互补序列在模板的外侧,内侧引物的互补序列在同一模板的外侧引物的内侧。先用一对外侧引物扩增含有目的靶序列的较大DNA片段,然后用另一对内侧引物以第一次PCR扩增产物(含有内侧引物扩增的靶序列)为模板扩增,使目的靶序列得到第二次扩增,从而获取目的靶序列。这样两次连续的放大,明显地提高了PCR检测的灵敏度,保证了产物的特异性。巢式PCR的好处在于,如果第一次扩增产生了错误片断,则第二次能在错误片段上进行引物配对并扩增的概率极低。对于极其微量的靶序列,应用巢式PCR技术可以获得满意的结果。

巢式PCR技术主要是用来提高扩增的灵敏度和特异性,是为进一步提高检测的敏感性而设计的。用两对引物扩增,其结果较一对引物扩增的结果敏感100倍,特别适合于微量靶序列的扩增。病毒、钩端螺旋体等病原微生物的检测常选用套式PCR技术,该方法能对血清型为H_8N_4(火鸡)、H_9N_2(火鸡)、H_8N_6((鸭)、H_5N_3(天鹅)、H_7N_7(鸡)、$H_{13}N_6$(鹅)的AIV均能扩增出特异性的阳性结果,而对新城疫Lasota株的扩增结果为阴性。此外,线粒体测序时测序片段的制备,可用套式PCR技术。对于样本中极其微量的靶序列,可以有效地提高扩增效率。

6.多重PCR技术

多重PCR技术是在同一PCR反应体系里加上针对不同病原的两对及两对以上引物,同时扩增出多个核酸片段的PCR技术,实现一次反应可以检测多种病原的目的。由于每一对引物扩增的是位于模板DNA上的不同序列的DNA片段，因此，扩增片段的长短不同，可以据此来检测特定基因片段，检测其大小、缺失、突变是否存在。多重PCR技术可应用于生物学研究的多个领域，如病原体鉴别、性别筛选、遗传性疾病诊断、法医学研究以及基因缺失、突变和多态性分析等。

多重PCR主要有以下3个显著特点：①高效性，即在同一PCR反应管内可同时对多种病原微生物进行检测或鉴定。②系统性，多重PCR很适宜于成组病原体的检测，如肝炎病毒、肠道致病性细菌、性病、无芽孢厌氧菌等。③经济简便性，多种基因在同一反应管内同时检出，节省检测时间与试剂消耗，降低加样工作强度，效率高，可更快捷地为临床提供更多诊断信息，尤其是在混合感染的鉴别诊断方面具有很高的价值。

7.数字PCR技术

数字PCR即Digital PCR（dPCR），是一种对核酸分子绝对定量的分子生物学检测技术。该方法采用当前分析化学热门研究领域的微流控或微滴化方法，将大量稀释后的核酸溶液分散至芯片的微反应器或微滴中，根据大数据统计分析每个反应器的核酸模板数少于或者等于1个。这样经过PCR循环之后，有一个核酸分子模板的反应器就会给出荧光信号，没有模板的反应器就没有荧光信号。根据相对比例和反应器的体积，就可以推算出原始溶液的核酸浓度。

相对于普通PCR及荧光PCR技术而言，数字PCR可直接读出DNA分子的拷贝数，是对起始样品浓度的绝对定量。因此，特别适用于依靠Ct值分析结果的领域，例如拷贝数变异、突变检测、基因相对表达研究、二代测序结果验证、miRNA表达分析、单细胞基因表达分析等领域。

目前，核酸分子的定量有三种方法，即光度法、实时荧光定量PCR、数字PCR。光度法是基于核酸分子的吸光度来定量，其准确率欠佳；实时荧光定量PCR（Real Time PCR）基于Ct值；数字PCR是最新的定量技术，基于单分子PCR方法对核酸分子的拷贝数进行定量，是一种绝对定量的方法。

（四）PCR技术的用途

1.传染病的早期诊断和不完整病原检疫

在传染病的早期诊断和不完整病原检疫方面，应用微生物学、生化、免疫学等常规技术难于查出病原体而获得确切结果，甚至漏检，而用PCR技术可使未形成病毒颗粒的DNA或RNA或样品中病原体破坏后残留核酸分子迅速扩增而测定，且只需提取微量DNA分子就可能得出结果。例如各型肝炎、艾滋病、结核、禽流感、性病等传染病诊断和疗效评价；地中海贫血、血友病、智力低下综合症、性别发育异常、胎儿畸形等优生优育检测；遗传基因检测实现遗传病诊断；肿瘤标志物及瘤基因检测实现肿瘤病诊断等。

2.快速、准确、安全检测病原体

PCR技术可以对微量的DNA或RNA病毒进行快速检测，一个PCR反应一般只需几十分钟至2h就可完成。从样品处理到扩增产物检测，短时间内可以出结果。由于PCR对检测的核酸有扩增作用，理论上即使仅有一个分子的模板，也可进行特异性扩增，故特异性和灵敏度都很高，远远超过常规的检测技术，包括核酸杂交技术，PCR可检出fg水平的DNA，而杂交技术一般在pg水平。PCR技术适用于检测慢性感染、隐性感染，对于难于培养的病毒的检测尤其适用。由于PCR操作的每一步都不需活的病原体，不会造成病原体逃逸，在传染病防疫意义上是安全的。

3.制备探针和标记探针

PCR可为核酸杂交提供探针和标记探针，方法是：

（1）DNA探针是以病原微生物DNA或RNA的特异性片段为模板，用PCR直接扩增某特异的核酸片段，经分离提取后人工合成的带有放射性或生物素标记的单链DNA片段，可用来快速检测病原体。DNA探针将一段已知序列的多聚核苷酸用同位素、生物素或荧光染料等标记后制成的探针。可与固定在硝酸纤维素膜的DNA或RNA进行互补结合,经放射自显影或其他检测手段就可以判定膜上是否有同源的核酸分子存在,PCR可为核酸杂交提供探针和标记探针。

(2)在反应液中加入标记的dNTP,经PCR将标记物掺入到新合成的DNA链中,从而制得放射性和非放射性标记探针。

4.在病原体分类和鉴别中的应用

病原体鉴定是动物种质交换基础,在许多不同的动物组织和各种器官上包括在细胞内、细胞间和动物体表面都存在大量的病菌体。用PCR技术不需要经过分离培养和富集病原体,通过PCR扩增出疑似的核酸序列,再通过GeneBank将其与动物同源性序列进行比较,可以准确鉴定出未知的病原体。此外,用PCR技术可准确鉴别某些比较近似的病原体,如蓝舌病病毒与流行性出血热病毒、牛巴贝斯虫、二联巴贝斯虫等。PCR结合其他核酸分析技术,在精确区分病毒不同型、不同株、不同分离物的相关性方面具有独特的优势,可从分子水平上区分不同的毒株并解释它们之间的差异。

除以上用途以外,PCR技术还广泛应用于分子克隆、基因突变、核酸序列分析、癌基因和抗癌基因以及抗病毒药物等研究中。

(五)PCR技术在常见动物疫病诊断中的应用

1.PCR技术在禽流感诊断中的应用

禽流感(Avian Influenza,AI)是由正黏病毒科流感病毒属A型流感病毒引起的一种发生于多种禽类为主的人与动物共患的病毒性传染病,被世界动物卫生组织(OIE)和世界卫生组织(WHO)列为A类严重传染病,我国将其列为一类动物疫病,目前已遍布世界许多国家,对养禽业造成巨大的经济损失。近年来禽流感病毒(AIV)突破种间障碍,直接感染人并且致人死亡,对社会公共卫生安全带来严重的威胁。AIV为单股负链RNA,由8个独立的RNA节段组成,显著特征之一是亚型众多,变异频繁。禽类感染AIV后,易与新城疫(ND)、传染性支气管炎(IB)、传染性法氏囊(IBD)、产蛋下降综合征(EDS-76)等相混淆,也易发生混合感染,给防制该病带来了很大困难。AI的诊断可以根据流行病学接触史、临床症状、剖检变化等做出初步诊断。实验室确诊需要依靠:①病原分离和鉴定;②检测感染鸡的抗体,包括血凝(HA)和血凝抑制(HI)试验、琼脂扩散试验(AGP)、病毒中和试验、神经氨酸酶抑制试验(NI)和酶联免疫吸附试验(ELISA)等;③RT-PCR或者荧光RT-PCR技术的快速诊断。OIE对AIV的确定,先对病料进行鸡胚病毒分离,再鉴定血凝素(HA)和神经氨酸酶(NA),最后进行人工感染鸡的致病力测定。常规的诊断方法不适应AI快速检测及防制,迫切需要建立一种快速、敏感、特异的诊断方法,禽流感RT-PCR、荧光RT-PCR等分子生物学诊断技术已例入国家标准,这些技术即可以对病原进行快速检测,也可以分型。

(1)应用常规RT-PCR方法对AIV进行诊断

这是一个普遍应用的AIV诊断方法,利用RT-PCR方法对病毒核酸扩增,通过琼脂糖凝胶电泳方法直接检测病毒的基因。

①病料的处理:病死或扑杀动物,取喉气管、脑、胸肌、心肌和肺等组织;待检活动物,用棉拭子取咽喉拭子、泄殖腔拭子、鼻拭子等,置于50%甘油生理盐水中(拭子留在管中)。2℃~8℃保存,送实验室检测。(要求送检病料新鲜,严禁反复冻融。)

A.组织样品处理:每份组织分别从三个不同的位置称取样品约1g,用手术剪剪碎混匀后取0.01g于研磨器中研磨,加入1.5mL生理盐水继续研磨,待匀浆后转至1.5mL灭菌离心管中,8000rpm离心2min,取上清液100μL于1.5mL灭菌离心管中备用。

B.拭子样品处理:样品在振荡器上充分混匀,取上清液100μL,置1.5mL灭菌离心管中备用。

②RNA提取与扩增:根据各实验室情况选择已取得兽药证书的商品化的试剂盒,按照说明书提

取，并配置反应体系，加入提取核酸模板，在PCR以上按照说明书要求的方法进行扩增。每次试验应设置阴性、阳性、空白对照。

③结果判定：经琼脂糖凝胶电泳分析，出现372bp条带判定为H_5亚型流感病毒检测阳性，出现501bp条带定为H7亚型流感病毒检测阳性，出现732bp条带定为H_9亚型流感病毒检测阳性出现否则判为阴性。如果条带极弱，需重做。再次出现极弱372bp/501 bp/732 bp带判为H5/H7/H9亚型流感病毒阳性，否则定为阴性。

④实验室污染处理：所有接触病料的物品均应合理处理，及时清理PCR产物和电泳后的废胶，以避免其污染试验环境，造成假阳性结果。

A.PCR整个试验分配液区、模板提取区、扩增区、电泳区。流程顺序为配液区→模板提取区→扩增区→电泳区。严禁器材和试剂倒流。

B.所有试剂应在规定的温度储存，-20℃保存的各试剂使用前应放于室温完全融化，使用后立即放回-20℃。

C.染色液低毒，应于室温条件避光保存，操作时应戴上手套。

D.注意防止试剂盒组分受污染。使用前将各管试剂8000 rpm离心15 s，使液体全部沉于管底，吸取液体时移液器吸头尽量在液体表面层吸取。

E.不要使用超过有效期限的试剂，不同批号的检测试剂盒之间的成分不要混用。

F.在RNA提取过程中，避免RNA酶污染，尽量缩短操作时间。

G.严格遵守操作说明可以获得最好的结果。操作过程中移液、定时等全部过程必须精确。

H.反复冻融试剂将减低检测灵敏度，建议在3次内用完，请严格按试剂盒说明书操作。

(2)荧光RT-PCR

荧光RT-PCR是将荧光素标记的探针与禽流感H_5/H_7/H_9引物一起，在荧光PCR仪中反应，电脑对整个反应进行实时监测，避免了交叉污染，大大提高了检测的敏感性。本方法灵敏度可达0.1TCID50。

①病料的处理：病死或扑杀动物，取喉气管、脑、胸肌、心肌和肺等组织；待检活动物，用棉拭子取咽喉拭子、泄殖腔拭子、鼻拭子等，置于50%甘油生理盐水中(拭子留在管中)。采集或处理好的样品在2℃～8℃条件下保存应不超过24 h；若需长期保存，须放置-70℃冰箱，但应避免反复冻融(冻融不超过3次)。

采集方法如下：

——取咽喉拭子时将拭子深入喉头及上颚裂来回刮2次～3次并旋转，取分泌液；

——取泄殖腔拭子时将拭子深入泄殖腔旋转一圈并蘸取少量粪便；

——取鼻拭子时将拭子深入鼻腔来回刮2次～3次并旋转，取分泌物；

将采样后的拭子分别放入盛有1.0mL PBS(含青霉素和链霉素)的采样管中，编号。

A.组织样品处理：每份组织分别从三个不同的位置称取样品约1g，用手术剪剪碎混匀后取0.01g于研磨器中研磨，加入1.5mL生理盐水继续研磨，待匀浆后转至1.5mL灭菌离心管中，8000rpm离心2min，取上清液100μL于1.5mL灭菌离心管中。

B.拭子样品处理：样品在振荡器上充分混匀，取上清液100μL，置1.5mL灭菌离心管中。

②RNA提取与扩增：按照说明书提取，并配置反应体系，加入提取核酸模板，在荧光PCR以上按照说明书要求的方法进行扩增，每个循环第二步要求收集荧光信号，并设置报告集团和淬灭集团。每次试验应设置阴性、阳性、空白对照。

③结果判定：

A.阈值设定原则：阈值线设定于刚好超过阴性对照扩增曲线的最高点。不同仪器可根据仪器噪音情况进行调整。

B.阳性对照Ct值≤检测试剂盒要求的数值,并出现特定的扩增曲线,阴性对照无Ct值并且无特定扩增曲线,实验结果成立;被检样品Ct值≤检测试剂盒要求的数值,并出现特定的扩增曲线为AIV阳性;被检样品Ct值要求在检测试剂盒规定的范围之内,并出现特定的扩增曲线,需重新取样提取RNA,扩增后进行结果判定,如仍是可疑,可判定为阳性;被检样品Ct值≥检测试剂盒规定的数值时,超过本方法检测灵敏度范围,判定为阴性;对于某些未呈现S型曲线,但本底较高的样品,应为阴性。

④荧光RT-PCR优点:荧光RT-PCR技术通过连接电脑分析PCR过程中产生的荧光信号,实现了实时、在线检测PCR扩增过程而无需对PCR扩增产物进行后处理,从而彻底克服了传统PCR技术易污染的缺点,因而成为检测领域上越来越重要的一种检测手段。

(3)多重PCR(multiplex PCR)

以H7N9亚型禽流感病毒荧光RT-PCR检测方法为例,是指在一个PCR反应体系中同时设立H7和N9两对引物,用于扩增H7和N9两种不同的目的片段,用于禽流感病毒H7N9亚型(AIV-H7N9)的检测、诊断和流行病学调查。

①病料的处理:病死或扑杀动物,取喉气管、脑、胸肌、心肌和肺等组织;待检活动物,用棉拭子取咽喉拭子、泄殖腔拭子、鼻拭子等,置于50%甘油生理盐水中(拭子留在管中)。2℃~8℃保存,送实验室检测。(要求送检病料新鲜,严禁反复冻融。)

A.组织样品处理:每份组织分别从三个不同的位置称取样品约1g,用手术剪剪碎混匀后取0.02g于研磨器中研磨,加入1.5mL生理盐水继续研磨,待匀浆后转至1.5mL灭菌离心管中,8000rpm离心2min,取上清液100μL于1.5mL灭菌离心管中。

B.拭子样品处理:样品在振荡器上充分混匀,取上清液100μL,置1.5mL灭菌离心管中。

②RNA提取与扩增:按照说明书提取,并配置反应体系,加入提取核酸模板,在荧光PCR以上按照说明书要求的方法进行扩增,并设置报告集团和淬灭集团。其中AIV-H_7荧光报告基团为FAM,AIV-N_9为HEX,淬灭基团均为None(如果仪器没有HEX校正过,可暂时用VIC代替),此步骤可根据具体检测试剂盒具体设置。在每个循环第二步收集荧光信号。每次试验应设置阴性、阳性、空白对照。

③结果分析条件设定:

A.阈值设定原则:阈值线设定于刚好超过阴性对照扩增曲线的最高点。不同仪器可根据仪器噪音情况进行调整。

B.结果描述及判定:阳性对照Ct值≤检测试剂盒要求的数值,并出现特定的扩增曲线,阴性对照无Ct值并且无特定扩增曲线,实验结果成立;被检样品若FAM荧光信号Ct值≤检测试剂盒要求的数值,并出现特定的扩增曲线为H7阳性;被检样品若Hex荧光信号Ct值≤检测试剂盒要求的数值,并出现特定的扩增曲线为N9阳性;被检样品Ct值在检测试剂盒可疑范围内,并出现特定的扩增曲线,需重新取样提取RNA,扩增后进行结果判定,如仍是可疑,可判定为阳性;对于某些未呈现S型曲线,但本底较高的样品,应为阴性。

C.多重PCR的优点:多重PCR在同一PCR反应管内同时检出多种病原微生物,或对有多个型别的目的基因进行分型。该方法的高效性、系统性和经济简便性大大为病原学的诊断提供了有力的技术支撑。

(4)RT-PCR-ELISA　这是丹麦学者Munch M. 等(2001年)为了提高检测AIV的敏感性,建立了RT-PCR-ELISA方法。该法比常规RT-PCR敏感10~100倍。

(5)套式RT-PCR(nested RT-PCR)　该方法又称做巢式RT-PCR,是为进一步提高检测的敏感性而设计的。该方法能对血清型为H_8N_4(火鸡)、H_9N_2(火鸡)、H_8N_6(鸭)、H_5N_3(天鹅)、H_7N_7(鸡)、$H_{13}N_6$

(鹅)的AIV均能扩增出特异性的阳性结果,而对新城疫Lasota株的扩增结果为阴性。

(6)禽流感分子检测各类标准的采用情况如表4-24

表4-24　分子检测技术的标准采纳情况

亚型分子检测技术	国家标准/农业行业标准/团体标准	靶基因	目　的
RT-PCR	NY/T 772-2013	H_5、H_7、H_9血凝素(HA)基因和N_1、N_2神经氨酸酶(NA)基因	H_5、H_7、H_9亚型特异性和N_1、N_2亚型特异性
H5亚型荧光RT-PCR	GB/T19438.2-2004	H_5 HA基因	H_5亚型特异性
H7亚型荧光RT-PCR	GB/T19438.3-2004	H_7 HA基因	H_7亚型特异性
H9亚型荧光RT-PCR	GB/T19438.4-2004	H_9 HA基因	H_9亚型特异性
H7N9亚型双重实时荧光RT-PCR	T/CVMA 13-2018	H_7 HA基因和N_9 NA基因	H_7 N_9特异性
H5亚型RT-PCR	NY/T 772-2004	H_5 HA基因	H_5亚型特异性
禽流感病毒荧光RT-PCR	GB 19438.1-2004	血凝素(HA)基因和神经氨酸酶(NA)基因	HA和NA

2.PCR技术在口蹄疫诊断中的应用

口蹄疫(Foot and Mouth Disease,FMD)是由口蹄疫病毒引起的以猪、牛、羊等主要家畜和其他家养、野生偶蹄动物共患的一种急性、热性、高度接触性传染疫病,其特征为口腔黏膜、蹄部和乳房皮肤发生水疱。世界动物卫生组织(OIE)将其列为必须报告的动物传染病,我国将其列为一类动物疫病。该病传播途径多、速度快,曾多次在世界范围内流行,对养殖业和畜牧业带来巨大的经济损失。口蹄疫病毒基因组为单股正链RNA分子,基因组全长约8.5kb,由5'端和3'端的非编码区和中间一个大的开放阅读框(ORF)组成,约为7000bp。口蹄疫目前已发现7个血清型:即A型、O型、Asia Ⅰ型、南非1型、南非2型、南非3型。FMD的诊断可以根据流行病学特点、临床症状、剖检变化等做出初步诊断。实验室确诊需要依靠:①病原分离和鉴定;②间接夹心酶联免疫吸附试验,检测阳性(ELISA OIE标准方法)③反向间接血凝试验(RIHA),检测阳性④RT-PCR或者荧光RT-PCR技术的快速诊断⑤血清学检测包括:中和试验、液相阻断酶联免疫吸附试验、非结构蛋白3ABC ELISA试验、正向间接血凝试验(IHA)等。口蹄疫病毒多重RT-PCR、荧光RT-PCR、定型RT-PCR等分子生物学诊断技术相比病毒分离鉴定、血清学更方便、快速、敏感、所检样品类型也更加广泛,已例入国家标准,这些技术即可以对病原进行快速检测,也可以分型。

(1)应用多重反转录RT-PCR方法对FMDV进行诊断

该方法可用于鉴别诊断与口蹄疫临床症状相似的水泡性病毒病,例如口蹄疫病毒、猪水泡病病毒、脑心肌炎病毒和牛病毒性腹泻病毒4种病毒,或者口蹄疫病毒的分型,参照GB/T 18935-2018进行口蹄疫A型、O型、Asia Ⅰ型。

①病料的处理:病死或扑杀的动物,取动物淋巴结、脊髓、心脏肌肉、扁桃体、肉品等组织;活动物用牛羊O-P液,2℃～8℃保存,送实验室检测。被检动物在采样前禁食(可饮水)12 h。食道探杯在使

用前经 0.2% 柠檬酸或 2% 氢氧化钠浸泡 5 min 消毒，再用洁净水充分冲洗。每采完一头(只)动物，探杯都要进行消毒并充分清洗。采样时动物站立保定，将探杯随吞咽动作送入被检动物食道上部 10~15cm 处，轻轻来回移动 2 ~ 3 次，然后将探杯拉出。如采集的 O-P 液被胃内容物严重污染，用水冲洗被检动物口腔后重新采样。在 10mL 离心管中加 3 ~ 5 mL O-P 液保存液，将采集到的 O-P 液倒入离心管中，密封后充分摇匀，冷冻保存。

A. 组织样品处理：取待检病料置组织研磨器充分研磨，加入青霉素 1000IU/mL、链霉素 500IU/mL，0.04mol/L pH7.4 的 PBS 或生理盐水制成 1:5 的组织悬液，3000rpm 离心 10min，取上清 100μL 置 1.5 mL 灭菌离心管中备用。

B.O-P 液样品处理：将 O-P 液倒入塑料离心管中，再加入样品 1/3 体积量的氯仿，用高速匀浆机以 10000r/min 搅拌 3min，然后以 3000rpm 离心 10min，取上清液备用。

②RNA 提取与扩增：根据各实验室情况选择已取得兽药证书的商品化的试剂盒或按照《口蹄疫诊断技术》GB/T 18935-2018，对病毒 RNA 进行提取，并配置反应体系，加入提取核酸模板，在 PCR 仪上按照说明书要求的方法进行扩增。每次试验应设置阴性、阳性、空白对照。

③结果判定：经琼脂糖凝胶电泳分析，在阳性对照出现 634bp、483bp 和 278bp 扩增带，阴性对照无带出现(引物带除外)时，实验结果成立。被检样品出现至少一条与阳性对照大小相符的条带，该样品即可判定为口蹄疫病毒阳性，否则为阴性。

(2)荧光 RT-PCR

在运用荧光 RT-PCR 对 FMDV 进行检测时，参照 GB/T 18935-2018 进行，下列两个引物和探针组合中，任一个都可以用于 FMDV 的荧光定量 RT-PCR：

5′UTR 正向引物：CACYTYAAGRTGACAYTGRTACTGGTAC；反向引物：CAGAT YCCRAGTGW-CICTTGTTA；TaqMan 探针：CCTCGGGTACCTGAAGGGCATCC。

3D 正向引物：ACTGGGTTTTACAAACCTGTGA；反向引物 GCGAGTCCTGCCACGG A；TaqMan 探针：TCCTTTGCACGCCGTGAC。

其中，Y、R、W 为简并碱基，Y 对应 C/T，R 对应 A/G，W 对应 A/T；I 为修饰碱基。

①适用所有的 FMD 病原样品种类，包括水泡皮、水泡液、O-P 液、扁桃体、淋巴结、骨髓、肌肉、病毒接种乳鼠与细胞培养物等。

②RNA 提取与扩增：根据各实验室情况选择已取得兽药证书的商品化的试剂盒或按照《口蹄疫诊断技术》GB/T 18935-2018，对病毒 RNA 进行提取，并配置反应体系，加入提取核酸模板，在荧光 PCR 仪上按照说明书要求的方法进行扩增。每次试验应设置阴性、阳性、空白对照。

③结果判定：阳性对照扩增曲线应呈标准的 S 曲线，且 Ct 值应小于 25。阴性对照扩增曲线应为基线下的水平线。若样品曲线呈标准的 S 形曲线，且 Ct 值小于 35 为阳性；Ct 值大于或等于 35 为阴性。

(3)定型 RT-PCR 用于检测区分 FMDV 7 个血清型病毒。

下列为下游引物和分别检测 FMDV 7 个血清型的上游引物：

下游引物(通用)5′-AGCTTGTACCAGGGTTTGGC-3′

上游引物(O 型)5′-GCTGCCYACYTCYTTCAA-3′

上游引物(A 型)5′-GTCATTGACCTYATGCAVACYCAC-3

上游引物(C 型)5′-GTTTCTGCACTTGACAACACA-3

上游引物(Asia Ⅰ型)5′-GACACCACHCARRACCGCCG-3

上游引物(SAT 1 型)5′-AGGATTGCHAGYGAGACVCACAT-3

上游引物(SAT 2 型)5′-GGCGTYGARAAACARYTBTG-3

上游引物(SAT 3型)5′-TTCGGDAGAYTGTTGTGTG-3

其中Y、R、H、V、D为简并碱基,Y对应C/T,R对应A/G,H对应A/T/C,V对应G/A/C,D对应A/T/G。

①适用所有的FMD病原样品种类,包括水泡皮、水泡液、O-P液、扁桃体、淋巴结、骨髓、肌肉、病毒接种乳鼠与细胞培养物等。

②RNA提取与扩增:根据各实验室情况选择已取得兽药证书的商品化的试剂盒或按照《口蹄疫诊断技术》GB/T 18935-2018,对病毒RNA进行提取,并配置反应体系,加入提取核酸模板,在荧光PCR仪上按照说明书要求的方法进行扩增。每次试验应设置阴性、阳性、空白对照。

③结果判定:经琼脂糖电泳结束后,取出凝胶板置于凝胶成像仪(或紫外透射仪)上观察。阳性对照扩增产物电泳结果应分别为O型400bp,A型730 bp,C型600 bp,Asia1型300 bp,SAT1型430 bp,SAT2型260 bp, SAT 3 型 380 bp,阴性对照应无扩增条带。样品扩增产物的DNA条带与某型阳性对照条带分子量大小一致,则该待检样品为某型FMDV。如被检样品无扩增条带,则该样品为FMDV核酸阴性。

(4)病毒VP1基因序列分析 VP1为非糖基化蛋白,决定了病毒抗原性的主要成分,是病毒感染机体后产生中和抗体的主要靶蛋白。VP1基因可用于分型诊断和分子流行病学分析。FMDV O型、A型、Asia 1型通用VP1扩增引物:VP1F:5′-GCGCTGGCAAAGACTTTGA-3′; VP1R:5′-GACATGTCCTCCTGCATCTGGTTGA-3′。

①适用所有的FMD病原样品种类,包括水泡皮、水泡液、O-P液、扁桃体、淋巴结、骨髓、肌肉、病毒接种乳鼠与细胞培养物等。

②RNA提取与扩增:根据各实验室情况选择已取得兽药证书的商品化的试剂盒或按照《口蹄疫诊断技术》GB/T 18935-2018,对病毒RNA进行提取,或用全自动核酸提取仪提取核酸RNA,并配置反应体系,加入提取核酸模板,在梯度PCR仪上按照说明书要求的方法进行扩增。每次试验应设置阴性、阳性、空白对照。

③经琼脂糖凝胶电泳,阳性对照扩增产物目标条带大小应为810 bp,阴性对照应无扩增条带。样品扩增产物的DNA条带大小与阳性对照条带分子量大小一致,则表明扩增出该样品FMDV VP1基内。扩增DNA片段测序:RT-PCR产物纯化后,可用于DNA序列测定。测序引物与RT-PCR扩增引物相同。应用DNA序列分析软件进行序列分析。通过序列同源性分析,即可以确定病毒的基因型,可建立系统进化树,进行遗传关系分析。

(5)环介导等温扩增技术是新发展的恒温扩增技术,敏感性等同于荧光RT-PCR,且检测结果肉眼可以判定,不需要特殊设备,适合于现场检测,方便快捷。

(6)原位杂交 该技术主要用于检测组织样品中的病毒RNA。

3.PCR技术在非洲猪瘟诊断中的应用

非洲猪瘟(African swine fever:ASF)是由非洲猪瘟病毒引起的一种急性、发热、出血性疾病,是世界动物卫生组织(OIE)法定报告的动物传染病,我国将其列为一类动物疫病。该病发病病程短,死亡率达100%,以高热、食欲废绝、皮肤和内脏器官出血、高死亡率为特征。其病毒基因组为一条线性双链DNA分子,170-190 Kb,可编码约200种蛋白。病毒粒子的直径为175-215 nm,呈20面体对称,有囊膜。主要入侵单核巨噬细胞不能诱导产生中和抗体或中和抗体水平低下。ASF的诊断可以根据流行病学特点、临床症状、剖检变化等做出初步诊断。非洲猪瘟病毒通用检测技术:①非洲猪瘟病毒分离鉴定,包括红细胞吸附试验、猪接种试验②血清诊断,包括间接ELISA抗体检测、阻断ELISA抗体检测、夹心ELISA抗体检测、间接免疫荧光③病毒抗原检测,包括间接ELISA抗原检测、高敏荧光免疫分析法、直接免疫荧光试验④检测病毒DNA,包括普通PCR、荧光PCR、荧光RAA方法。PCR方法更快速、敏感,并且不涉及感染性病毒,适用于非疫区国家的疫情监测和进口猪及其产品的检疫。

(1)普通PCR

普通PCR分子基础是应用非洲猪瘟病毒的相对保守的序列B646L,引物针对这一保守序列设计。上游引物PPA-1:5′-AGTTATGGGAAACCCGACCC-3′;下游引物PPA-2:5′-CCCTGAATCGGAG-CATCCT-3′。

①病料的处理:PCR检测可选择用组织样品、全血血清、口鼻拭子。采集病死猪或扑杀发病猪的组织样品。首选脾脏,其次为扁桃体、淋巴结、肾脏、骨髓等。脾脏、肾脏采集约3 cm×3cm大小,扁桃体整体采集,淋巴结选取出血严重的整体采集,骨髓采集长度约3cm。将所采集样品放入50%甘油-PBS保存液中。在发病猪群中,使用真空采血管(含EDTA抗凝剂)采集一定数量发病猪、同群猪全血各5mL,密封后冷藏或冷冻保存或在每一发病猪群中,采集发病猪、同群猪全血各5mL,室温放置12~24h,分离血清,装入离心管中,密封后冷藏或冷冻保存。采集病死猪或发病猪、同群猪的口鼻拭子样品。

A.组织样品处理:取适量采集的组织样品置于组织匀浆器中充分研磨,加入终浓度为1000 IU/mL的青霉素、1000μg/mL的链霉素,灭菌的0.1 mol/LPBS(pH7.4)制备10%组织匀浆液。2000r/min离心处理10 min。取上清液,标记编号,立即进行ASF病原检测或冷冻储存备用。

B.血清样品:直接分离采集的血清,冷冻或冷藏备用。

C.全血、口鼻拭子:直接用于PCR病原学检测。

②DNA提取与扩增:根据各实验室情况选择已取得兽药证书的商品化的试剂盒或按照《非洲猪瘟诊断技术》GB/T 18648-2020,对各样本中的病毒DNA进行提取或用全自动核酸提取仪进行DNA的提取,并配置反应体系,加入提取核酸模板,在梯度PCR仪上按照说明书要求的方法进行扩增。每次试验应设置阴性、阳性、空白对照。

③结果分析:阳性对照出现257bp的特异性扩增条带,阴性对照或空白对照无扩增条带。被检样品有大小为257 bp的特异性扩增条带,且与阳性对照条带分子量大小相符,则该样品判为ASFV核酸阳性;被检样品无特异性的扩增条带,为ASFV核酸阴性。

(2)实时荧光PCR

目前建立了B646L的TaqMan荧光PCR方法,其特异性更强、灵敏度高、重复性好、定量准确。在运用荧光RT-PCR对ASFV进行检测时,参照GB/T 18648-2020,进行其引物和探针针对ASFV B646L基因的保守序列设计。

上游引物VP72-F1:5′-GCTTTCAGGAT- AGAGATACAGCTCT-3′;

下游引物VP72-R1:5′-CCGTAGTGGAAGGGTATGTAAGAG-3′;

TaqMan探针VP72-T1:FAM-CCGTAACTGCTCATGGTATCAATCTTATCG-BHQ1。

①适用所有的ASF病原样品种类,包括全血、血清、口鼻拭子、脾脏、扁桃体、淋巴结、肾脏、骨髓等。

②DNA提取与扩增:根据各实验室情况选择已取得兽药证书的商品化的试剂盒或按照《非洲猪瘟诊断技术》GB/T 18648-2020,对各样本中的病毒DNA进行提取或用全自动核酸提取仪进行DNA的提取,并配置反应体系,加入提取核酸模板,在荧光PCR仪上按照说明书要求的方法进行扩增。每次试验应设置阴性、阳性、空白对照。

③结果分析:参照GB/T 18648-2020方法提取、扩增结果若阳性对照的Ct值<30且出现特异性扩增曲线,阴性对照无Ct值或阴性对照Ct值≥40且无特异性扩增曲线,试验结果有效;否则应重新进行试验。被检样品Ct值≤38且出现特异性扩增曲线,则判为ASFV核酸阳性;当无Ct值或Ct值≥40,则判

为 ASFV 核酸阴性；当38<Ct值<40且出现特异性扩增曲线，则判为疑似。对疑似样品，模板量加倍(4μL DNA模板)进行1次复检，做3个重复；有2个重复Ct值<40且出现特异性扩增曲线即判为 ASFV 核酸阳性，否则判为 ASFV 核酸阴性。若选用商品化的试剂盒提取、配置反应体系、扩增后按照试剂盒说明书判定结果。

(3)环介导等温扩增技术是新发展的恒温扩增技术，敏感性等同于荧光RT-PCR，且检测结果肉眼可以判定，不需要特殊设备，适合于现场检测，方便快捷。针对非洲猪瘟病毒靶基因的6个不同的区域设计4条特异性的引物建立该技术，检测时间只需要30min，敏感性比普通PCR高出10~1000倍，对病原的快速现场检测非常适用。

(4)入侵检测法(Invader assay)检测非洲猪瘟病毒基因组 DNA 的敏感性可达到10^3个拷贝，比普通PCR特异性高，且不易污染。与实时荧光 PCR方法相比在材料和仪器上更为经济和普及，适用于经济不发达国家、地区实验室在非洲猪瘟暴发时的现场诊断。

(5)原位杂交技术可精确定位组织中病毒 DNA，用以研究非洲猪瘟病毒在感染猪体组织和细胞中的分布。由于原位杂交技术敏感性低且操作烦琐，需要一定的条件，要3 d左右才能出结果，因此原位杂交技术并不适合用于常规诊断。

4.PCR 技术在小反刍兽疫诊断中的应用

小反刍兽疫(Peste des petits ruminants，PPR)，是由小反刍兽疫病毒引起的小反刍动物的一种急性接触性传染病，该病感染包括野生动物，临床病症为发热、腹泻、肺炎等。小反刍兽疫病毒为单股负链RNA，全长约16kb。小反刍兽疫病毒的N基因和F基因比较保守，在分子诊断中可用于这两个基因片段进行诊断。小反刍兽疫病毒的检测必须在生物安全三级实验中进行：方法包括①病毒的分离鉴定②病毒抗原的方法包括琼脂凝胶免疫扩散试验、免疫捕获ELISA、对流免疫电泳③血清诊断，包括中和试验、竞争ELISA、间接ELISA④检测病毒RNA，包括普通RT-PCR、荧光RT-PCR、RT-LAMP、PCR-ELISA。小反刍兽疫的分子生物学检测方法被广泛应用于病毒核酸的诊断中，其中《小反刍兽疫诊断技术》GB/T 27982-2011已纳入国标，且商品化的试剂盒已广泛使用于小反刍兽疫的病毒检测和流行病学调查。

(1)普通RT-PCR

该方法以小反刍兽疫病毒的N基因设计引物引物NP3／NP4如下：

正向引物NP3：5′-TCTCGGAAATCGCCTCACAGACTG-3′；

反向引物NP4：5′-CCTCCTCCTGGTCCTCCAGAATCT-3′

普通RT-PCR可在5h内得出试验结果。与病毒分离相比，RT-PCR技术更为方便、快捷、准确，于感染后24h即可检测到病毒，可用于感染的早期诊断。缺点是引物位点如果发生变异，可能导致漏检。

①病料的处理：每个发病羊群最少选择5只病畜采集样品，选择处于发热期(体温40℃～41℃)、排出水样眼分泌物、出现口腔溃疡、无腹泻症状的活畜采集样品。采集结膜棉拭子2个、鼻黏膜棉拭子2个、颊部黏膜棉拭子1个，分别放在300 μL灭菌的0.01 mol／L pH7.4磷酸盐缓冲液(PBS)中。

A.组织样品处理：选择刚被扑杀或者死亡时间不超过24 h的病畜采集组织样品。无菌采集肠系膜和支气管淋巴结各3～4个，脾、胸腺、肠膜和肺等组织各约25～50 g，分别置于50 mL离心管中。

B.血清样品：无菌采集血液10 mL，用常规方法分离血清，冷冻或冷藏备用。

C.口鼻拭子：直接用于RT-PCR病原学检测。

②RNA提取与扩增：根据各实验室情况选择已取得兽药证书的商品化的试剂盒或按照《小反刍兽疫诊断技术》GB/T 27982-2011，对各样本中的病毒RNA进行提取或用全自动核酸提取仪进行RNA的

提取，并配置反应体系，加入提取核酸模板，在梯度PCR仪上按照说明书要求的方法进行扩增。每次试验应设置阴性、阳性、空白对照。

③结果分析：取PCR产物5 μL在1.5%琼脂糖凝胶中进行电泳，凝胶成像系统中观察结果。小反刍兽疫病毒RT-PCR标准阳性对照有大小为351 bp的特异性阳性扩增条带，标准阴性对照和空白对照无任何扩增条带，样品有大小为351 bp的特异性阳性扩增条带判为RT-PCR结果阳性，表述为检出小反刍兽疫病毒核酸。

（2）实时荧光RT-PCR

目前国家标准采用的是建立的TaqMan荧光RT-PCR方法，主要是针对N蛋白。荧光RT-PCR具有快速、灵敏、准确、低污染等优点，在小反刍兽疫病毒的早期检测、进出境检疫及基础研究中均广泛应用。引物和探针针对小反刍兽疫病毒N基因保守序列区段设计，如下：

正向引物PPRN8a：5′-CACAGCAGAGGAAGCCAAACT-3′；

反向引物PPRN9b：5′-TGTTTTGTGCTGGAGGAAGGA-3′；

探针PPRN10P：FAM-5′-CTCGGAAATCGCCTCGCAGGCT-3′-TAMRA

①病料的处理：每个发病羊群最少选择5只病畜采集样品，选择处于发热期（体温40℃～41℃）、排出水样眼分泌物、出现口腔溃疡、无腹泻症状的活畜采集样品。采集结膜棉拭子2个、鼻黏膜棉拭子2个、颊部黏膜棉拭子1个，分别放在300 μL灭菌的0.01 mol / L pH7.4磷酸盐缓冲液（PBS）中。

A.组织样品处理：选择刚被扑杀或者死亡时间不超过24 h的病畜采集组织样品。无菌采集肠系膜和支气管淋巴结各3～4个，脾、胸腺、肠膜和肺等组织各约25～50 g，分别置于50 mL离心管中。

B.血清样品：无菌采集血液10 mL，用常规方法分离血清，冷冻或冷藏备用。

C.口鼻拭子：直接用于RT-PCR病原学检测。

②RNA提取与扩增：根据各实验室情况选择已取得兽药证书的商品化的试剂盒或按照《小反刍兽疫诊断技术》GB/T 27982-2011，对各样本中的病毒RNA进行提取或用全自动核酸提取仪进行RNA的提取，并配置反应体系，加入提取核酸模板，在荧光PCR仪上按照说明书要求的方法进行扩增。每次试验应设置阴性、阳性、空白对照，标准阳性用阳性对照RNA作为模板，标准阴性用Vero细胞RNA作为模板，空白对照用DEPC处理过的水作为模板。

③结果分析：标准阳性对照样品有特异性扩增曲线而且Ct值≤30，标准阴性对照和空白对照无特异性扩增曲线，样品有特异性扩增曲线而且Ct值≤40判为实时荧光RT-PCR扩增阳性，表述为检出小反刍兽疫病毒核酸，样品Ct值>40或者无特异性扩增曲线判为实时荧光RT-PCR扩增阴性，表述为未检出小反刍兽疫病毒核酸。

（3）RT-LAMP　小反刍兽疫病毒RT-LAMP技术是针对小反刍兽疫病毒N基因设计引物建立的，检测时间只需1h。与常规RT-PCR相比，敏感性增加100倍，且检测结果可肉眼判定，具有简便、快速、准确、安全等特点，且无需特殊设备，非常适合口岸、基层或野外快速检测，实现检验检疫技术新突破，为小反刍兽疫的有效防控、保障进出口食品安全提供了重要的技术储备。

（4）PCR-ELISA　小反刍兽疫病毒的PCR-ELISA是一种高灵敏度的基于小反刍兽疫病毒N基因的检测方法。这种方法的灵敏度与传统的RT-PCR相比高10^4倍。临床试验中，比免疫捕获ELISA更适于检测早期感染的病毒。同时能够有效区分小反刍兽疫病毒与牛瘟病毒。

第五章
实验动物与实验动物设施

第一节　实验动物概述

实验动物的定义是随着生命科学的发展和要求，对实验动物的认识提高和实验动物学的建立而逐步加深的。实验动物是指经人工饲养，对其携带的微生物实行控制，遗传背景明确或者来源清楚的，用于科学研究、教学、生产、检定及其他科学实验的动物。常用的实验动物有：小鼠、大鼠、豚鼠、地鼠、兔、狗、猴、鸡等十余种。家畜中还有猪、牛、羊、马等。野生动物中如松鼠、旱獭、鸟、蛙、蛇、鱼等。

从科学实验的角度讲，实验动物必须遗传背景清楚，微生物控制明确、动物个体间具有均一性，使实验结果重复性可靠。实验动物按照微生物学控制标准分为四级，即：(1)普通级动物(Conventional Animal，CV)；(2)清洁动物(Clean Animal，CL)；(3)无特定病原体动物(Specific Pathogen Free Animal，SPF)；(4)无菌动物(Germ Free Animal，GF)和悉生物物(Gnotobiotic Animal，GN)。我国实验动物等级划分可参照中华人民共和国国家标准《实验动物微生物学等级及监测》(GB 14922.2-2011)和中华人民共和国国家标准《实验动物寄生虫学等级及监测》(GB 14922.1-2001)执行。根据微生物控制要求不同，其饲养环境亦不相同。普通级动物常饲养于普通环境中，清洁动物和无特定病原体动物饲养于屏障环境中，无菌动物和悉生动物饲养于隔离环境。我国实验动物设施标准可参照中华人民共和国国家标准《实验动物 环境与设施》(GB 14925-2010)执行。

实验动物科学包括五个内容：实验动物育种、实验动物饲养管理、实验动物医学、比较医学和实验动物技术等。

一、普通级动物

普通级动物(CV)是在微生物学控制上要求最低的动物，它要求不携带所规定的人畜共患病病原和动物烈性传染病的病原。

为了预防人和动物共患病及动物中烈性传染病的发生，普通动物在饲养管理中必须采取一定的防护措施，如饲料、垫料要消毒，并防止野鼠的污染；饮水要符合城市饮水卫生标准；外来动物必须严格隔离检疫；房屋要有防野鼠、防昆虫的设备；要坚持经常性的环境卫生及笼器具的清洗消毒，严格处理淘汰及死亡动物；限制无关人员进入动物室。

由于普通级动物是实验动物微生物学质量控制中的“起码”要求，对实验结果的反应性较差，因而国际上普遍认为仅可用作示教，或作为某些科学研究为探索方法而从事的预试验，不可供科研、生产和鉴定之用。我国2001年新颁布的实验动物国家标准中规定，取消实验大、小鼠普通级。

二、清洁动物

除普通级动物应排除的病原外，不携带对动物危害大和对科学研究干扰大的病原，这类动物称做清洁动物(CL)。清洁动物是根据我国国情而设定的等级动物,目前在我国已成为应用最多的实验动物,其种群来源于SPF动物或剖腹产动物。

清洁动物饲养于温、湿度恒定的半屏障系统中,其所用的饲料、垫料、笼器具等都要经过消毒灭菌处理,饮用水除用高压灭菌外,也可采用pH 2.5~2.8的酸化水,工作人员需换无菌工作服、鞋、帽、口罩等进入动物室进行操作。

国际上普遍认为清洁动物仅适合于短期或部分科研实验。但针对我国目前的实际情况,可应用于生物医学的各个领域。

三、无特定病原体动物

无特定病原体动物(SPF)除普通级动物和清洁动物应排除的病原外,不携带主要潜在感染或条件致病和对科研实验干扰大的病原。SPF动物来源于无菌动物,必须饲养在屏障系统中,实行严格的微生物学控制。

国际上公认SPF动物适用于所有科学实验,是目前国际标准级别的实验动物。各种疫苗生产所采用的动物应为SPF动物。

四、无菌动物

无菌动物(GF)是指无可检出的一切生命体的动物。无菌动物一般饲养在无菌隔离器内,而进入隔离器的一切物品(包括饮水、垫料、饲料、塑料盒等)均经高压灭菌柜消毒二次,进入隔离器的空气也经过高效过滤,以防止细菌、病毒的污染。无菌动物要定期进行无菌检查,以确保无菌的饲养状态。

五、悉生动物

悉生动物是指动物体内所携带的其他生命体是已知的,并在屏障系统内饲养的动物。悉生动物来自无菌动物,在生物学特性及应用方面与无菌动物有许多相似之处,但又可弥补无菌动物的某些缺点。无菌动物抵抗力差,饲养管理较困难,而悉生动物抵抗力增强,饲养较容易。

第二节 实验动物设施概述

实验动物的饲养设施和动物试验中观察场所的要求,基本是一致的。只有达到基本一致的条件,才能使动物的生理和心理不致受到影响而影响实验结果。在设计建造实验动物设施时,应注意动物自身的要求与人工控制的方便。

一、建筑的基本要求

(一)实验动物设施的选址

实验动物设施选择地址,应注意以下问题:

1. 实验动物的繁育场应建在远离繁华的居民区、屠宰场、禽畜饲养场和工厂等地方,避免疫源威胁和公害污染。

2. 环境力求清洁安静,周围地区应强调绿化,达到植被覆盖良好,避免或减少尘土飞起,影响室内卫生。据以上两条要求,有些国家将实验动物繁殖场建在人烟稀少的山林中,如日本的农协实验动物繁殖场和日本库来阿(CIEA)公司的饲养场都建在离市区较远的山林中,周围无污染源。

3. 地势应高而干燥,易于排水,在炎热与潮湿地区应特别注意通风。

4. 供水、供电方便,饲料与垫料易得等因素也需考虑。

5. 工作人员的生活条件也是不能忽视的因素。

实验动物设施应成为单独一个区,与其他设施有一定距离,以免互相影响。

（二）实验动物设施的设计与施工中应注意的问题

1．不同种类的动物应分室饲养，特别是所谓噪音动物，如：猴、狗、猫等，应与胆小的小鼠、豚鼠、兔等动物有一定距离，或有隔音措施。

2．室内应有上下水装置，特别是采用自动冲洗粪便的笼架，更需注意排水。在设置地面排水孔或地面排水沟时，要防止水气的逆流和野鼠从水道爬到室内，使用完毕后，应立即按上盖。排水管口径应较粗，并保持一定的坡度。

3．在设计室内面积时，不宜过小，也不宜设置固定的饲养设施，以便在需要改变时，可更换笼架改养它种动物。

4．室内高度：视人工空调通风还是自然通风等设备而定，一般的标准高度为2.7 m，但为了减轻空调的负荷，也可按2.4 m设计。无人工通风设备的饲养间可再高些，在3 m以上。

5．地面、壁面应防止龟裂，能耐受冲洗与消毒。

6．天花板应严密。噪音大时，天花板是吸音的部位。

7．饲养室与外界的屏障措施，应视动物的级别而定。人流与物流，清洁物品与废弃物品的分流，空气的过滤程度，进入物品的消毒，工作人员进室操作前准备等，均需细致安排。

8．通往外界的门窗，应有防鼠、防昆虫的措施。

9．应有外来动物的隔离观察检疫室。该检疫室应与饲养室分开。

10．应有一定比例的辅助用房，如工作人员休息间，洗刷消毒间、库房、厕所等。

除以上因素应考虑外，设施还须满足一般建筑的要求。

二、实验动物设施的分类

实验动物设施是指进行实验动物生产和从事动物实验研究的场所。实验动物设施从不同角度分类如下：

（一）按微生物控制程度分

1．开放系统

实验动物的生存环境直接与外界大气相通。饲料、饮水要符合卫生要求，垫料要消毒，有防野鼠、防虫设施。开放系统是饲养普通级实验动物的场所，亦称普通级实验动物设施。

2．屏障系统

实验动物生存在与外界隔离的环境内。进入实验动物生存环境的空气须经净化处理，其洁净度相当于万级。进入屏障内的人、动物和物品如饲料、水、垫料及实验用品等均需有严格的微生物控制，亦称SPF级实验动物设施。

3．隔离系统

实验动物生存在与外界完全隔离的环境内。进入实验动物生存环境的空气须经净化处理，其洁净度相当于百级。人不能直接接触动物。进入隔离系统内的人和动物须净化，物品要经过严格的灭菌处理。隔离系统是饲养无菌级、SPF级实验动物或进行同级动物实验的场所，亦称无菌动物设施。

（二）按设施功能分

1．实验动物生产设施

主要用于各种实验动物品种（品系）的保种、育种、繁殖、生产、育成、供应的设施。

2．动物实验设施

主要是指以动物实验或以动物为原材料进行临床前药物研究，药品、生物制品等的检定，以及特殊品系的培育、保种、繁殖的设施。

3．特殊动物实验设施

包括感染动物实验设施和应用放射性物质或其他特殊化学物质等进行动物实验的设施。

(三)按设施的平面布局分类

1. 无走廊式

此类设施面积较小,能最大限度地利用空间,用于饲养品种单一或以动物实验为主的设施。由于人流、物流交叉,进出路线交叉,一般用作普通级动物设施。

2. 单走廊式

能充分利用有效面积,为实验动物的生产、实验提供最大空间。缺点是无法分隔污染区和清洁区,使动物粪便、废弃物与清洁物品交叉,人流、物流交叉,易受到污染。国内外已经广泛采用此类设计,但必须加强管理,方能安全运行。

3. 双走廊式

是常用的一种实验动物屏障设施类型,可有效地分割清洁区和污染区,作为屏障设施使用,比较容易控制生物的危害。缺点是有效利用面积减小。

4. 三走廊式

动物隔离良好,人员、动物、物品进入有专门通道,可有效避免污物和洁净物品交叉行走,人员、物品进出互不影响,可以长期饲养大量实验动物,但空间利用率低,投资大,维持费用高。

三、实验动物设施的组成和设备

实验动物设施一般应有以下各个部分组成。

(一)饲养室

为繁殖、饲养动物的房间。在较大繁殖场应分设保种室、育种室、生产繁殖室和育成供应室等。

饲养室的面积因动物的种类、饲养量以及饲育目的之不同而有差别。

饲养室的窗户是否设置,像屏障系统设施和感染或防射线的动物设施,其建筑不宜用开闭窗户进行换气,原则上,不安置窗户。但一般性动物房有必要设置窗户。门应向内开,特别是保持室内正压的饲养室,以免室内气压把门吹开。但向里开,门占室内的面积,其门框要完全密封,设窥视窗。有的饲育室设有前室,前室可作为堆放饲育用具的场所。

(二)隔离检疫室

检疫饲育期间,不仅是为了检测疫病,而且为了使动物适应新的环境,便于饲养。

(三)仓库

凡物品仓库(外来物品的保管),清洁仓库(保管洗净或消毒过的器具和垫料、饲料等)均有防火、防鼠、防虫设备,还须充分注意通风防潮(清洁仓库应用空调)。

(四)管理办公室

应与饲养室隔离,但必须保持一定的清洁要求。

(五)洗刷消毒室

一般洗刷与消毒合并一室,也可单独分设(两室相邻)。其大小能安置高压灭菌器,药物消毒槽,笼具自动洗涤机,洗净台等。室内除上下水外,还须有热水龙头,并有排风扇,排水沟。

(六)废弃物处理室

室内须有能处理潮湿污物和固型污物以及尸体的高性能焚烧炉。饲养室流出的污物,必须经消毒净化的化粪池才能流出。

(七)机械室

包括空调机室和消毒用的蒸气锅炉室等。

(八)一般屏障系统

设施有两条走廊,即清洁走廊和污物走廊,以减少污染机会,维持动物的健康。清洁走廊是已消毒过的物品和器材的通道,污物走廊是使用过的物品,器材和粪便等污物的通道。走廊的宽度宜在1.5~2.4 m。为了防止搬运器材时撞坏墙壁,应有保护板,走廊拐角部位应呈圆角。

(九)电梯

楼层高时,应用电梯或货梯;较大规模的动物楼,应分设清洁电梯和污物电梯。

(十)在各实验室或辅助室都应配备有相应的必需设备

(十一)饲料加工间

凡繁殖量大的单位,饲料一般由自己加工,因此需要有饲料加工间,该室应与动物饲养室分开。饲料室应备有饲料加工的粉碎机,搅拌机,颗粒机,烘干和分包装设备等。成品饲料应当包装严密谨防污染,贮存在凉爽、干燥、通风的地方。为保持饲料的营养,饲料应防热,防潮和防光。目前我国通常用50 kg装的带盖塑料桶包装,存放于10℃以下冷藏室。饲料加工间和饲料库应选择地势较高,通风良好的地点,房屋结构应便于清洁和清理,切实做好防鼠防虫,以免受鼠虫的污染。

成型后的颗粒料,其烘烤温度不宜过高,防止营养损失过多,最好用微波进行烘干,微波烘料的温度适宜,时间短,同时有杀灭一般微生物的效果。

四、屏障设施

屏障设施是指一个相对密闭的实验动物设施环境,设有恒温、恒湿和除菌换气系统。要求送入空气的洁净度达万级,室内保持正压,具有严格的微生物控制系统,用以饲养清洁级或SPF级动物。

屏障设施一般分为清洁区、污染区和外部。凡是进入该设施内的物品均需经过消毒灭菌处理,人员经过专门培训,进入清洁区前经淋浴,更换无菌衣帽,遵循严格的操作规程和管理制度,保证屏障内不被污染。同时,设施内产生的污染气体和尘埃也不能污染外部。一般应根据设施内产生的污染物的特点,采取行之有效的方法。如用水洗法可除去气体中的氨、细菌和尘埃,用酸碱洗净法或用活性炭、硅胶等吸附剂可以除去恶臭成分。

五、感染动物实验设施

所谓感染动物实验设施是指用病原体对动物进行实验感染的一种特殊屏障设施。一般的屏障设施设计建造和运行管理时主要考虑如何避免人和外界环境对实验动物和设施内部造成污染。而感染动物设施主要考虑如何防止感染动物传染人、动物间的交叉感染,以及防止动物携带的病原微生物泄漏后对人和外界造成生物灾害。

目前,国内外根据病原微生物对人和动物的危害程度把感染动物实验设施分为ABSL-1、ABSL-2、ABSL-3、ABSL-4四个级别:

ABSL-1级:进行普通微生物实验的动物实验室,对工作人员的进出要求不严,一般在实验台上操作,不要求使用或经常使用专用封闭设备。实验人员经过与该室有关工作的培训,并由经微生物学或有关学科培训的科技人员监督管理。

ABSL-2级:适用于那些对人及环境有中度潜在危险的微生物工作。正在工作时限制外人进入实验室,工作人员应经过操作病原因子的专门训练,并由能胜任的科技人员监督管理,可能发生气溶胶扩散的实验应在Ⅱ级生物安全柜中进行。

ABSL-3级:适用于进行通过吸入途径或暴露后,能引起严重或致死性疾病的本国或外来传染因子工作,实验人员需接受过致病或可能致死因子操作专门训练,并由具有上述工作经验的能胜任的科技人员监督管理。有双重密封门或气闸室(缓冲隔离室)和外界隔离的实验区。外部空气通过高效过滤器送入室内,向外排出的空气亦需经高效过滤器过滤。传染材料的所有操作应在生物安全柜内或其他封闭设备内进行。所有传染性液体或固体废弃物在处理前应先去除污染。

ABSL-4级:适用于能引起致命疾病的,对个人有高度风险的危险因子及外来传染因子的工作。实验人员应经过非常危险传染因子操作的专门培训,并由能胜任的经过上述传染因子工作训练、有经验的科技人员监督管理。采用独立的建筑物内用隔离区和外部隔断的构造。根据相应的隔离等级使室内保持负压。在密封型(即Ⅲ级)生物安全柜进行实验,工作人员并穿上通过维持生命装置换气的整体式正压个人防护服。非本区的工作人员严禁入内。

第三节　实验动物屏障设施的设计

一、选址

实验动物屏障设施的选址应注意远离人群聚居点、供水源地、矿山、工厂、铁路和环境污染源(包括放射性本底过高地区),远离畜禽养殖场等,减少外界环境干扰,同时还应注意:

1. 应考虑供水、供电、人员、动物及物品进出的便利;

2. 选址应考虑该类设施自身排污,动物尸体处理,特殊污染物的处理及对外界环境的影响;

3. 条件允许时选址应考虑在常年高频率上风向处;

4. 实验动物设施周围应绿化、尽量减少设施周围的露土面积,宜铺植草坪,种植对大气不产生有害影响的树木。

二、设计

1. 实验动物屏障设施的工艺布局

实验动物屏障设施,根据使用功能一般分为三个区域:

前区　包括办公室、隔离检疫区、库房、饲料加工室、饲料库、维修室走廊和工作人员卫生设施等。

控制区(饲育区)　包括育种室、种群扩大室、繁育室、待发室、清洁物品贮藏室和清洁走廊等。

后勤区　包括洗刷消毒间(含洗刷消毒设备等)、环境调控设施(含温度、湿度、压差显示记录、仪器设备、闭路电视监视平台、空调及送排风风机、电话交换台及报警系统装置等)、废弃物品存放、动物尸体处理和病理解剖间、污染走廊等。

2. 总体设计要求

(1)总体要求

应严格遵守国家和地方对建筑物要求的有关法律、法规和规定;在城市规划、消防安全、环境保护、卫生防疫、建筑要求等方面均应综合考虑。此外还应考虑自然灾害状态下对建筑的特殊要求。总体设计时还应考虑近期打算和远期规划,对建筑标准、结构、面积、等级等改变时的连续性,做到近期打算和长远发展相结合。

(2)组织要求

首先成立设施设计、建造的筹备组织。该组织的成员构成应该是设施的使用者(动物生产、研究单位的负责人等)、设施的管理者(动物管理者、机械设备管理者、运营管理者)、施工责任者(负责施工预算计划者、工程技术要求者等)。

(3)一般技术要求

建筑场地环境条件、总投资额、建筑面积的限额;

主要用途和面积:净化面积、辅助面积以及其他功能区面积的确认;

最佳环境条件(等级标准,确定不同等级标准的技术参数和指标);

人员数额:即经常使用和进出的人数和频度;

实验动物总量:确定在该建筑内饲育实验动物的品种(系)、数量、饲育方式、饲育周期等;

物流量:即常用物品的种类和占有空间,消耗性物品的数量和种类;

空气调节设备:空气调节的方式、水平;

卫生设备:即有无供应自来水、开水、蒸馏水、气体管道、供热管道、淋浴设备、排水管道等;

自动化设备:自动报警、闭路电视监视系统、空调环境指标显示和自动调节、计算机网络等。

供电设备:照明方式、光照度、光照时间、开关方式、动力容量、供电途径、应急状态的供电方式以及仪器动力供应方式等;

废弃物:确定废弃物数量、种类以及处理方式等。

3. 设计的注意事项

(1)使用目的　根据本单位目前的需要和发展趋势、设施的用途、建筑标准等情况进行广泛的调查和咨询,征求实验动物和动物实验及有关方面专家的意见,最后制定设计草案。将该草案再进行充分论证、咨询和审定,确定总体方案。

(2)质量标准　设计实验动物屏障设施时,根据需要制定相应的净化标准和环境最适参数。包括温度、湿度范围、换气次数、风速、气流方式、各区域压力趋向、噪音限度、选用的建筑材料、设备、照度限值、供排水系统等。具体可参照中华人民共和国国家标准《实验动物环境及设施》(GB 14925-2010)的要求执行。

(3)设施的连续性问题　新建或改建的设施应充分考虑建筑结构和建筑容量以及标准提高等连续性问题。如空气调节的负荷、能源供给的容量、供排水的容量、内部结构的调整、改造、扩充的可能性、设备仪器的安全以及今后添置、更换时的通道等。

(4)应急系统的配置问题　主要指紧急状态下应急系统的配置问题,如双路供电的同时应采用相应的应急措施,确保必要设备的运转及在发生自然灾害时的保护作用。

(5)节能问题　如建筑物隔热保温处理、热交换方式处理、自然能源的利用、采用不同的空气调节方式等。

(6)电力设计问题　实验动物屏障设施的动力配线应以充分保障该设施的用电为前提,为防止万一停电的情况,应设计双线路供电。有条件的单位应配置一套小型发电机,其容量应能保证供应风机、隔离(层流架)鼓风机、动物实验中维持生命的仪器、设备以及安全灯等必需的用电。

(7)给、排水布局问题　实验动物洁净区内应不设或少设上、下水设备。在建筑平面布局上,在符合工艺流程的前提下,不同层次的用水设备应尽量布置在上下重叠的位置上。不宜设置地漏,非设不可的(如兔),应设有水封装置。有生物污染实验区域的,还应考虑消毒灭菌的可能性。

第四节　实验动物屏障设施的运行管理

一、实验动物屏障设施人员的配置

(一)实验动物屏障设施负责人

1. 实验动物屏障设施负责人是指对整个洁净设施运行负有全部责任的人,是完成全过程管理核心者之一。负责落实各个岗位的人员配置,资金、设施、仪器的使用。保证实验动物屏障设施的正常运行。

2. 每项实验开始前,该负责人应调配相应操作者配合课题负责人来完成实验。

3. 每个项目被确定进入洁净区之前,该负责人应对项目计划进行技术审核(主要是洁净技术要求),并对不符合要求的内容提出修改意见。

4．组织实施对实验动物屏障设施管理人员的资格认定和对洁净区所有操作人员的教育和培训。

(二)屏障设施质量监督人员

1．质量监督人员是指在实验动物繁育、实验过程中对各环节和不同阶段操作全过程实施标准化监督，并对实验动物质量加以确认的管理人员。

2．屏障设施质量监督人员对已确认的文字化的各项操作标准进行监督执行。

3．屏障设施质量监督人员必须对全部动物繁育、实验的计划、操作步骤、操作过程的各种资料、结果、实验动物屏障设施运行状态记录等资料加以保管。

4．在实验动物屏障设施质量监督过程中，如果发现对实验动物质量有影响或可能有影响的因素时，要给予警示并向屏障设施负责人报告。

(三)各部门、岗位、后勤保障操作人员

清净动物饲育管理操作人员要严格执行标准操作规范。

净化灭菌人员应在正常洁净运行状态下，对洁净区内环境定期消毒灭菌，对进入洁净区的所有物品、动物和人员进行净化或灭菌。

机房运行操作人员应确保实验动物屏障设施的空调、净化、电、气、水等系统的正常运转，提出维(检)修计划和负责实施。

二、实验动物屏障设施制度的制定

实验动物屏障设施运行的全过程必须制定一系列的实验动物屏障设施运行规程(以下简称《规程》和各岗位标准操作规范(以下简称《岗位SOP》)。

(一)《规程》及其主要内容

《规程》是保证实验动物屏障设施安全运行的基本要求，是各部门各岗位都必须遵循的大纲。《规程》的编写由实验动物屏障设施负责人完成，并由有关方面专家审查，经主管部门批准后颁布执行。《规程》应有实验动物屏障设施负责人签字及批准执行日期。《规程》的修改和补充一般不超过两年。

《规程》的主要内容包括：

1．实施实验动物屏障设施运行计划的规程；

2．实验动物屏障设施运行技术的管理规程；

3．实验动物屏障设施运行文件资料管理规程；

4．实验动物屏障设施(洁净区、非洁净区)物品、仪器使用管理规程；

5．实验动物屏障设施设备使用、维护管理规程；

6．实验动物屏障设施人员培训管理规程。

除上述《规程》外，不同单位可根据具体情况制定其他《规程》。

(二)《岗位SOP》及其主要内容

《岗位SOP》是对各部门具体操作内容的书面要求。《岗位SOP》由各岗位负责人编写，并由实验动物屏障设施负责人审查，经主管部门批准后颁布执行，《岗位SOP》应有岗位负责人签字及批准执行日期。《岗位SOP》的修改和补充一般不超过一年。

《岗位SOP》的主要内容包括：

1．岗位名称；

2．编写、颁发部门、执行日期；

3．岗位责任；

4．操作方法及步骤；

5．使用动物、物品的名称、规格；

6．采用仪器、设备、工具的名称、规格；

7．操作时间和附录等。

三、实验动物屏障设施物品净化、灭菌的技术管理

（一）实验动物进出屏障设施的净化

1．在动物进入洁净区前，应将动物在层流超净台上装入密封式容器，并严格将容器密封好。

2．洁净区内接纳人员应将饲养室内的笼架准备齐，确认洁净区内温度、湿度、压差正常。准备好无菌铺垫物、饲料和饮用水。

3．将动物密封容器的外表面彻底清扫干净后，用2% 过氧乙酸擦拭干净。

4．将动物密封容器浸入盛有2% 过氧乙酸溶液的灭菌渡槽内，传入无菌洁净准备区。也可将动物密封容器通过传递窗传入无菌洁净准备区。动物传出洁净区按反方向进行。

5．洁净准备区内接纳人员将密封容器擦干后迅速移入饲养观察区，并打开密封的容器，将动物按无菌操作分笼饲养。

6．动物放入笼盒前应将灭菌好的垫料垫在笼盒底部，垫料的量以盖满笼盒底为准。

（二）物品进入屏障设施的净化

进入实验动物屏障设施内所涉及的物品范围广、品种多、数量大、无菌技术要求严格。负责灭菌工作的操作人员必须严格执行净化操作规程。

1．常用物品的灭菌方法

（1）高温干燥灭菌　是指在干燥空气中用加热方式进行灭菌的方法。灭菌条件是：160℃ 2 ~ 4 h，或135℃ ~ 145℃ 3~5h。

（2）高压蒸气灭菌　是指采用饱和水蒸气加热方式进行灭菌处理的方法。一般条件是：115℃（0.7 kg/cm^2）30 min 、121℃（1.0 kg/ cm^2）20 min 、126℃（1.4 kg/cm^2）15 min 。对特殊的物品应调整温度和时间。每次灭菌必须使用生物指示剂检查灭菌效果。

（3）气体灭菌　是指用产生气体的物质对微生物杀灭作用的方法。如甲醛熏蒸、环氧乙烷气体灭菌等。甲醛熏蒸灭菌条件是10 ~ 15 mL/m^3，环氧乙烷灭菌条件是900 mg/L 8h（26℃ ~ 32℃）。

（4）过滤除菌　是选用适当的过滤材料对液体或空气进行过滤除菌的方法。常用初、中、高效过滤器进行空气过滤。

（5）辐射灭菌　采用放射线杀死微生物的方法。常用Co^{60}、紫外线。

（6）其他灭菌方法　除上述常用灭菌方法外，可根据具体情况实施煮沸灭菌、化学药物灭菌等。

2．常用大型、特殊物体的净化方法

（1）液体方法净化　用液体对污染物进行溶解后，再用机械方法清除。净化处理应按照粗洗、中洗、精洗的过程逐步提高水的质量。

（2）气体方式净化　采用喷吹（吸纳）气流方式吹（吸）掉在物品表面的污染物。喷吹方式应在洁净区外进行，洁净区内多采用吸纳方式，如密封式吸尘机。

大体积物品的净化在洁净区外采用喷吹方式进行粗净化，再用液体方式净化包括使用灭菌液体擦拭，以达到净化要求。

（3）动物笼架具的净化　动物笼架具应定期更换和洗刷，除每天用消毒液擦拭，每一项试验结束后都应进行彻底清洗消毒。特殊动物实验时，笼盒禁用消毒液浸泡。洁净区内清扫用具每天都用过氧乙酸液浸泡，并定期进行高压灭菌。

第六章
基础兽医实验室运行管理

基础兽医实验室的运行管理主要有生物安全管理和质量管理两个主要方面，二者既相对独立又相互关联，共同作用来保障实验室的生物安全和质量控制。

在生物安全管理方面，《实验室　生物安全通用要求》(GB 19489-2008)对生物安全实验室，在组织管理、管理责任、个人责任、废物处理、危险材料运输应急措施和消防安全等方面，从多种可能影响实验室生物安全的要素进行了规定，并对安全管理体系文件建立、文件控制、安全计划、安全检查、不符合项识别和控制、纠正预防措施、持续改进等体系的建立和运行明确了要求。《兽医实验室生物安全要求通则》(NY/T 1948-2010)对兽医实验室在生物安全管理体系的建立、生物安全管理体系的运行、应急处置预案、安全保卫、生物安全报告、持续改进等方面提出了明确要求。每一个基础兽医实验室在实验室生物安全管理中，务必按两个标准要求建立和运行自己的生物安全管理体系。

在质量控制方面，《实验室资质认定评审准则》中对实验室从管理要求和技术要求两个方面，共19个要素进行了规定。

本章主要介绍基础兽医实验室质量管理、生物安全管理、内务管理、去污染和消毒、危险材料溢洒处理、实验室危险材料转运等内容。

第一节　基础兽医实验室质量管理

质量管理是确定质量方针、目标和职责并在管理体系中通过诸如质量策划、质量控制、质量保证和质量改进使其实施全部管理职能的所有活动。质量管理的所有活动是通过质量管理体系的建立和有效运行来实现的。

一、质量管理体系的建立与运行

(一)管理体系的概念与构成

1. 管理体系的含义

体系是“相互关联或相互作用的一组要素”。“体系”是对相互联系、相互制约的各方面通过系统性的优化整合为相互协调的整体，以增强其整体的系统性、部门间的协调性和运行的有效性。实验室管理体系是把影响检测质量的所有要素综合在一起，在质量方针的指导下，为实现质量目标而形成集中统一、步调一致、协调配合的有机整体，使总体的作用大于各分系统作用之和。

实验室建立质量管理体系是为了实施质量管理，并使其达到质量方针和质量目标，以便以最好、最实际的方式来指导实验室的工作人员、设备及信息的协调活动，从而保证顾客对质量满意和降低成本。

2. 管理体系的构成

实验室管理体系包含了基础资源和管理系统两部分。首先对于一个实验室必须具备相应的检测条件,包括必要的、符合条件的检测仪器设备、试验场地和办公设施、合格的检测人员等资源;然后通过与其相适应的组织机构,分析确定各检验工作的过程,分配协调各项检验工作的职责和接口,指定检验工作的工作程序及检测依据方法,使各项检验工作能有效、协调的进行,成为一个有机的整体。并通过采用管理评审、内外部的审核、实验室之间验证、比对等方式,不断使实验室管理体系完善和健全,以保证实验室有信心、有能力为社会出具准确、可靠的检验报告。

从本质上说,体系是过程的复合体。系统可以有子系统构成,构成系统的子系统称为要素。管理体系是由组织机构、程序、过程和资源4个基本要素组成的。要理解管理体系,必须先理解管理体系这些基本组成要素。

(1)组织机构

组织机构是实验室为实施其职能按一定的格局设置的组织部门、职责范围、隶属关系和相互联系方法,是实施质量方针和目标的组织保证,实验室应建立与管理体系相适应的组织机构。一般要做以下几方面的工作:

①设置与检测工作相适应的部门;

②确立综合协调部门;

③确定各个部门的职责范围及相应关系;

④配备开展工作所需的资源;

⑤由于实验室的性质、检验对象、规模不同,必须根据自己的具体情况进行设计。

(2)职责

规定实验室各个部门和相关人员的岗位职责,在管理体系和工作中应承担的任务和责任,以及对工作中的失误应负的责任。实验室必须以过程为主线,通过协调把各个过程的责任逐级落实到各职能部门和各层次的人员(管理、执行、核查),做到全覆盖、不空缺、不重叠和界定清楚、职责明确。

(3)程序

为完成某项工作所需要遵循的规定。主要规定按顺序开展所承担活动的细节,包括应做的工作的要求,即5W1H,何事、何人、何时、何处、何故、如何控制;规定如何控制和记录,即5W1H以及对人员、设备、材料、环境和信息等进行控制和活动。

要求明确输入、输出、和整个流程中各个环节的转换内容,要做到规范性、科学性、强制性和稳定性。

(4)过程

过程是将输入转化为输出的一组彼此相关的资源和活动。一个复杂的大过程可以分解为若干个简单的小过程,上一个过程的输出即可成为下一个或几个小过程的输入。

过程特点:

①任何一个过程,均有输入和输出。输入是实施过程的基础,输出是完成过程的结果;

②完成过程,必须有资源和活动;

③在各个环节要进行检查、评价、测量,对过程质量进行控制;

④过程是增值的,其价值的来源就是过程投入的资源和活动所应产生的结果,当然,我们需要的是正增长,在进行检验工作中,成本核算是一个不可缺少的重要环节。

评价管理体系时,必须对每一个被评价的过程,提出如下3个基本问题:

①过程是否被否定?过程程序是否被恰当地形成文件?

②过程是否被充分展开并按文件要求贯彻实施?

③在提供预期的结果方面,过程是否有效?

(5)资源

资源包括人力资源、物质资源和工作环境，是管理体系运行的物质基础，没有资源实验室建立管理体系就是“无米之炊”，为了实施实验室的质量方针、质量目标，实验室的领导应采取有效措施，提供适宜的资源，以确保各类检测人员的工作能力适应和满足检验工作的需要，仪器设备得到正常维护，并能根据开展检验工作的需要更新、添置必要的仪器设备，以及对新标准、规范和测试方法的研究。

3. 管理体系要素间相互关系

“管理体系”包括两大部分：管理要求和技术要求。进行质量管理，首先要根据质量目标的要求，准备必要的条件（人力资源、物质资源和工作环境等）；然后，通过设置组织机构，分析确定实现检测的各项质量过程。分配、协调各项过程的职责和接口，通过过程的制定规定从事各个质量过程的工作方法，使各项质量过程能经济、有效、协调的进行。这样组成的有机整体就是实验室的管理体系。

4. 管理体系功能

(1)能够对所有影响实验室质量的活动进行有效的和连续的控制；

(2)能够注重并且能够及时采取预防措施，减少或避免问题的发生；

(3)一旦发现问题能够及时作出反应并加以纠正。

实验室只有充分发挥管理体系的功能，才能不断完善健全和有效运行管理体系，才能更好的实施质量管理，达到质量目标的要求，所以说管理体系是实现质量管理的核心。

5. 管理体系特性

(1)系统性

实验室建立的管理体系是对质量活动中的各个方面综合起来的一个完整的系统。管理体系各要素之间具有一定的相互依赖、相互配合、相互促进和相互制约的关系，形成了具有一定活动规律的有机整体。在建立管理体系时必须树立系统的观念，才能确保实验室质量方针和目标的实现。

(2)全面性

管理体系应对质量各项活动进行有效地控制。对检验报告质量形成进行全过程、全要素（硬件、软件、物资、人员、报告质量、工作质量）控制。

(3)有效性

实验室管理体系的有效性，体现在管理体系应能减少、消除和预防质量缺陷的产生，一旦出现质量缺陷能及时发现和迅速纠正，并使各项质量活动都处于受控状态。体现了管理体系要素和功能上的有效性。

(4)适应性

管理体系能随着所处内外环境的变化和发展进行修订补充，以适应环境变化的需求。

(二)实验室管理体系的意义和要求

1. 建立管理体系的意义

实验室重视检测工作，满足社会对检验数据的质量要求，必须要“苦练内功”，引入实验室管理体系概念，对影响检验数据的诸多因素进行全面控制，将检测工作的全过程以及涉及的其他方面，作为一个有机的整体，系统地、协调地把影响检验质量的技术、人员、资源等因素及其质量形成过程中各个活动的相互联系和相互关系加以有效的控制，解决管理体系运行中的问题，探索和掌握实验室管理体系的运作规律，使管理体系不断完善，适应内外环境，持续有效的运行，才能保证检验数据的真实可靠、准确公正。

建立完善的管理体系并保持其有效运行，是实验室质量管理的核心，是贯彻质量管理和质量保证国家（国际）标准的关键，也是一项复杂和具有相当难度的系统工程。

2. 总体要求

(1)实验室建立、实施和维持其管理体系，使其达到确保检测和(或)校准结果质量所需程序的目的。这是所有检测和(或)校准实验室管理体系共性的目的。

(2)各实验室在遵循评审准则的要求，建立管理体系时，应充分地应用自身各项资源，建立起与其工作范围、工作类型、工作量相适应的管理体系。

(3)实验室应将管理体系所涉及的政策、制度、计划、程序以及各类指导书制定成文件，即形成管理体系文件。

(4)为了管理体系有效实施，有必要将体系文件传达到有关人员，并使其获得、理解和认真执行。

实验室建立管理体系是为了实施质量管理并使其实现和达到质量方针和质量目标，因此，实验室建立管理体系首先要确定自身质量方针和目标。

3. 建立实验室管理体系的要点

实验室为实施质量管理建立的管理体系时应注意以下问题：

(1)《实验室资质认定评审准则》的适用范围

新的《实验室资质认定评审准则》适用范围是实验室。实验室是指从事科学实验、检验检测和校准活动的技术机构。实验室是特殊的技术群体，其服务范围广、人员素质高、专业性强、一般都建有适合本实验室运行的管理机制，不同于企业集团或团体。

(2)实验室的输出

实验室的输出是向社会出具具有证明作用的数据和结果，必须符合相关法律、法规、技术规范或者标准要求和规定的程序。实验室的“产品”是数据和结果(载体为结果报告)。

(3)实验室的特点

实验室管理体系应反映本实验室特点：

①实验室工作类型：检查机构，检测、校准或是两种兼存的实验室；基础兽医实验室属于检测机构；

②实验室专业领域：农业、机械、电子、冶金、石油、化工等；基础兽医实验室属于农业行业兽医专业实验室，其性质更加接近医学检测实验室。

③实验室工作对象：基础兽医实验室的工作对象主要是检测畜禽及其产品；

④实验室工作量：每年做多少项目，出具多少份报告或证书；

⑤实验室能力：包括人员、仪器设施、工作业绩和经验等。

(4)建立并保持管理体系

一个实验室只应建立并保持一个管理体系，并应覆盖该实验室的所有管理体系情况。

(5)形成文件

管理体系应形成文件，即编制与本组织管理体系相适应的管理体系文件，体系文件应在总体上满足相关要求(如GB/T 27025-2019/ISO/IEC 17025:2017等相关标准要求)，要有利于本实验室所有员工的理解和贯彻。

(6)持续改进

管理体系是在不断改进中得到完善的，而这种改进是永无止境的。一个组织的最高管理者应确信任何情况下，本组织的管理体系都有不足和有待改进的，应通过经常性的质量监督、内部审核和管理评审等手段，不断地改进管理体系。

(三)实验室管理体系建立的步骤

实验室初次建立管理体系一般包括以下几个阶段，每个阶段又可分为若干具体步骤。

1. 领导的认识阶段

实验室领导(包括最高领导者和领导层成员)是实验室的领导核心和决策者。实验室建立管理体系的最终目的是建立一套科学合理的管理机制,提高产品的质量和服务的质量,进而提高实验室在社会上的竞争力,取得最好的社会和经济效益,保证实验室的持续发展和提高。实验室建立管理体系涉及实验室内部诸多部门,是一项全面性的工作。因此,领导对管理体系的建立、改进资源的配备等方面发挥着决策作用。领导的作用不容忽视,特别是领导层要统一思想,统一认识,步调一致。

2. 宣传培训、全员参与

各级人员是实验室组织的根本,只有他们充分参与才能发挥他们的智慧,才能为实验室带来收益。实验室在建立管理体系时,要向全体工作人员进行相关知识和管理体系方面的宣传教育,使实验室的全体人员包括管理、技术、操作、执行和核查工作人员了解建立管理体系的重要性,并很好地理解相关的内容和要求,理解他们在建立管理体系工作中的职责和作用,认识到建立健全实验室管理体系的工作中人人有责,而并非实验室领导者或个别人员的事情。使实验室全体人员无论在思想认识上,还是实际行动上都能做到积极响应和参与,不能是一名旁观者,而必须是一名参与者。

管理体系建立和完善的过程是始于教育终于教育的过程,也是提高认识和统一认识的过程,教育培训要分层次,循序渐进地进行。

(1)第一层次为决策层。重点是管理和技术部门的负责人,以及建立管理体系的工作人员。主要培训:

①通过学习相关资料提高对实验室质量管理体系建立工作重要性和迫切性的认识;

②通过对相关标准和本单位的经验教训的讲解和分析,提高按国家(国际)标准建立管理体系的认识;

③通过管理体系要素讲解(重点应讲解"管理职责"等总体要素),明确决策层领导在管理体系建设中的关键地位和主导作用。

(2)第二层次为管理层,管理层人员建设、完善管理体系的骨干力量,起着承上启下的作用。方法上可采取讲解与研讨结合,注意理论与实践相结合。

(3)第三层次为执行层,即与完成检测工作全过程有关的作业人员。对这一层次人员主要培训与本岗位质量活动有关的内容,包括在质量活动中应承担的任务,完成任务应赋予的权限,以及造成质量过失应承担的责任等。

3. 组织落实,拟定计划

对多数单位来说,成立一个精干的工作班子是必不可少的,根据一些单位的做法,这个班子也可分3个层次。

(1)第一层次:成立以最高管理者(主任)为组长,质量主管领导为副组长的管理体系建设领导小组(或委员会)。其主要任务包括:

①体系建设的总体规划;

②制定质量方针和目标;

③按职能部门进行质量职能的分解。

(2)第二层次:成立由各职能部门领导(或代表)参加的工作班子。这个工作班子一般由质量部门和计划部门的领导共同牵头,其主要任务是按照体系建设的总体规划具体组织实施。

(3)第三层次:成立要素工作小组。根据各职能部门的分工明确管理体系要素的责任单位。例如,“文件控制”一般应由办公室负责,“采购”要素由物资采购部门负责。

组织和责任落实后,按不同层次分别制定工作计划,在制定工作计划时应注意:

①目标要明确。要完成什么任务,要解决哪些主要问题。要达到什么目的?

②要控制进程。建立管理体系的主要阶段要规定完成任务的时间表、主要负责人和参与人员以及他们的职责分工及相互协作关系。

③要突出重点。重点主要是体系中的薄弱环节及关键的少数。这少数可能是某个或几个要素,也可能是要素中的一些活动。

4. 确定质量方针和质量目标

质量方针是由实验室最高领导者正式发布的质量宗旨和质量方向。质量目标是质量方针的重要组成部分。同时,质量方针又是实验室各部门和全体人员检验工作中遵循的准则。因此,实验室的领导要尽快结合实验室的工作内容、性质、要求,主持制定符合自身实际情况的质量方针、质量目标,以便指导管理体系的设计、建设工作。

实验室领导要组织由既熟悉实验室业务工作,又熟悉管理工作,能很好理解相关标准及文字表达能力的实验室有关人员参加建立管理体系的工作班子。

5. 分析现状,确定过程和要素

实验室的最终目标是提供合格的检验报告,这是由各个检验过程来完成的。因此,对各管理体系要素必须作为一个有机的整体去考虑,了解和掌握各要素要达到的目标,按照相关标准的要求,结合自身的检验工作及实施要素的能力进行分析比较。确定检验报告形成过程中的质量环节并加以控制。现状调查和分析的目的是合理地选择体系要素。内容包括:

(1)体系情况分析。即分析本组织的管理体系情况,以便根据所处的管理体系情况选择管理体系要素的要求。

(2)样品特点分析。即分析样品的技术密集程度、安全特性等,以确定要素的采用程度。

(3)组织机构分析。组织的管理机构设置是否适应管理体系的需要。应建立与管理体系相适应的组织结构并确立各机构间隶属关系、联系方法。

(4)生产设备和检测设备能否适应管理体系的有关要求。

(5)技术、管理和操作人员的组成、结构及水平状况的分析。

(6)管理基础工作情况分析。即标准化、计量、质量责任制、质量教育和质量培训等工作的分析。

对以上内容可采取将标准的要求与本实验室质量管理的经验、教训相对照,比对分析。把符合标准或基本符合标准的做法及其规章、制度、经过必要的修改、补充,纳入到编制的质量手册或程序文件中去。

6. 确定机构,分配职责,配备资源

为了做好质量职责的落实工作,实验室应根据自身的实际情况,筹划设计组织机构的设置。前面已经谈到由于各个实验室的性质、工作内容不同,不可能存在一种普遍适用的组织机构模式,但有一个共同的原则,就是机构的设置必须有利于实验室检验工作的顺利开展,有利于实验室各环节与管理工作的衔接,有利于质量职能的发挥和管理。将各个质量活动分配落实到有关部门,根据各部门承担的质量活动确定其质量职责和各个岗位的职责以及赋予的相应权限。同时注意规定各项质量活动之间的接口和协调的措施,一般地讲,一个质量职能部门可以负责或参与多个质量活动,但不要让一项质量活动由多个职能部门来负责,避免出现职能重叠谁都不负责任或职能空缺,造成无人管理的现象。

在活动展开的过程中,必须涉及相应的硬件、软件和人员配备。根据需要应进行适当的调配和充实。

7. 管理体系文件化

管理体系很大程度上是通过文件化的形式表现出来的,或者叫作建立文件化的管理体系。文件化的管理体系是管理体系文件,是管理体系存在的基础和证据,是规范实验室工作和全体人员行为,达到质量目标的质量依据。因此,制定管理体系文件成为实验室的质量立法。

管理体系文件一般包括4方面的内容:质量手册、程序文件、作业指导书、记录。这一阶段应该对以上各个层次文件的编排方式、编写格式、内容要求以及之间的衔接关系做出设计。并要制定编制管理体系文件的编写实施计划,做到每个项目有人承担,有人检查,按时完成。

质量管理体系文件是描述质量管理体系的一整套文件,是质量管理体系的具体体现和质量管理体系运行的法规,也是质量管理体系审核的依据。管理体系文件的编制内容和要求将在之后介绍,这里仅从管理体系的建设角度。强调几个问题:

(1)体系文件一般应在第一阶段工作完成后再正式制定,必要时也可交叉进行。如果第一阶段工作不做,直接编制体系文件就容易产生系统性、整体性不强,以及脱离实际等弊病。

(2)除质量手册需统一组织制定外。其他体系文件应按分工由归口职能部门分别制定,先提出草案,再组织审核。这样有利于今后文件的执行。

(3)管理体系文件的编制应结合本单位的质量职能分配进行。按所选择的管理体系要素,逐个展开为各项质量活动(包括直接质量活动和间接质量活动)。将质量职能分配落实到各职能部门。质量活动项目和分配可采用矩阵图的形式表述,质量职能矩阵图也可作为附录附于质量手册之后。

(4)为了使所编制的管理体系文件做到协调、统一,在编制前应制定“管理体系文件明细表”,将现行的质量手册(如果已编制)、相关标准、规章制度、管理办法以及记录表式收集在一起,与管理体系要素进行比较。从而确定新编、增编或修订管理体系文件项目。

(5)为了提高管理体系文件的编制效率,减少返工。在文件编制过程中要加强文件的层次间,文件与文件间的协调。尽管如此,一套质量好的管理体系文件也要经过自上而下和自下而上的多次反复。

(6)编制管理体系文件的关键是讲求实效,不走形式。既要从总体上和原则上满足GB/T 27025-2019/ISO/IEC 17025:2017等相关标准的要求,又要在方法上和具体做法上符合本单位的实际情况。

通过以上6个步骤后,体系文件经批准和向实验室全体工作人员进行宣贯,管理体系就可以进入试运行阶段。

(四)实验室管理体系试运行

1. 管理体系的试运行

管理体系文件编制完成后,管理体系将进入试运行阶段,其目的是通过试运行,考验管理体系文件的有效性和协调性。并对暴露出的问题采取改进措施和纠正措施,以达到进一步完善管理体系文件目的。

在管理体系试运行过程中,要重点抓好以下工作:

(1)有针对性地宣贯管理体系文件。使全体职工认识到建立质量管理体系是实验室规范管理和提高实验室工作效率的必须,要认真学习、贯彻管理体系文件。

(2)实践是检验真理的唯一标准。体系文件通过试运行必然会出现一些问题,全体职工应将在实践中出现的问题和改进意见如实反映给有关部门,以便采取纠正措施。

(3)将管理体系试运行中暴露出的问题,如体系设计不周、项目不全等进行协调、改进。

(4)加强信息管理,不仅是体系试运行本身的需要,也是保证试运行成功的关键。所有与质量活动有关的人员都应按体系文件要求,做好质量信息的收集、分析、传递、反馈、处理和归档等工作。

2. 管理体系的审核与评审

管理体系审核在体系建立的初始阶段往往更加重要。在这一阶段,管理体系审核的重点,主要是验证和确认体系文件的适用性和有效性。

(1)审核与评审的主要内容一般包括:

①规定的质量方针和质量目标是否可行;

②体系文件是否覆盖了所有主要质量活动,各文件之间的接口是否清楚;

③组织结构能否满足管理体系运行的需要,各部门、各岗位的质量职责是否明确;

④管理体系要素的选择是否合理;

⑤规定的记录是否能起到见证作用;

⑥所有职工是否养成了按体系文件操作或工作的习惯,执行情况如何。

(2)该阶段体系审核的特点是:

①体系正常运行时的体系审核,重点在符合性,在试运行阶段,通常是将符合性与适用性结合起来进行;

②为使问题尽可能地在试运行阶段暴露无遗,除组织审核组进行正式审核外,还应有广大职工的参与,鼓励他们通过试运行的实践,发现和提出问题;

③在试运行的每一阶段结束后,一般应正式安排一次审核,以便及时对发现的问题进行纠正,对一些重大问题也可根据需要,适时地组织审核;

④在试运行中要对所有要素审核一遍;

⑤充分考虑对产品(检测结果)的保证作用;

⑥在内部审核的基础上,由最高管理者组织一次体系评审。

应当强调,管理体系是在不断改进中得以完善的,管理体系进入正常运行后,仍然要进行内部审核、管理评审等。

3. 试运行工作步骤与要求

文件化的管理体系就是实验室的法规性文件,必须符合GB/T 27025-2019、ISO/IEC 17025:2017等相关标准的要求,必须适应实验室的具体情况。只有经过试运行,才能发现问题、改进问题,建立一套行之有效的质量管理体系文件。试运行或试点运行一般步骤与要求是:

(1)编制试运行计划。

(2)文件批准发放。所有的文件均要按文件控制程序的要求进行审核批准,按批准的范围进行发放。

(3)宣讲培训。按照岗位职责要求,对管理人员、执行人员、操作人员等进行管理体系文件培训,包括:

①本实验室质量管理体系文件介绍;

②本实验室质量手册、程序文件、作业文件要点;

③试运行应注意的问题;

④试运行记录要求。

(4)记录文件、表格准备。

(5)试运行开始。试运行期间,至少进行一次内部审核,按评审准则要求制订审核计划、审核清单、审核报告、不合格项的跟踪和监督等有关活动记录和文件,同时至少安排一次管理评审,以评价管理体系的有效性和适用性。要注意保存内部审核和管理评审活动记录,以便以认证检查。

(6)体系文件修改、补充、完善。试运行期间体系文件修改、补充、完善是边运行、边实施的,但要记录并保存好以提供证据。

(五)实验室管理体系正式运行

1. 管理体系的运行含义

管理体系的运行实际上是执行管理体系文件、贯彻质量方针、实现质量目标、保持管理体系持续有效和不断完善的过程。

试运行期间,对体系文件中不切合实际或规定不合适之处进行了及时的修改,在一系列修改后,发布第二版质量手册、程序文件进行正式运行。

2. 管理体系运行有效的主要体现

(1)各质量活动都处于受控状态;

(2)依靠管理体系的组织机构进行组织协调;

(3)通过质量监控、管理体系评审和审核、验证实验等方式自我完善和自我发展,具备减少、预防和纠正质量缺陷的能力,并处于一种良性循环的状态。

3. 管理体系运行中的要求

(1)领导重视

领导的作用,即最高管理者具有决策和领导一个实验室的关键作用。最高管理者要确保建立和实施一个有效的质量管理体系,确保应有的资源,并随时将组织运行的结果与目标比较,根据情况决定实现质量方针、目标及持续改进的措施。同时,制定激励措施,保证管理体系运行的有效性和效率。最高管理者应在管理人员中指定质量主管,但丝毫不减少其所承担的责任。

(2)全员参与

体系是由一系列相互联系的过程组成的,不同的过程由不同的人来完成,各级人员是组织之本,只有他们的充分参与,才能使各个过程的实施处于受控状态,达到预期的目标。所有人员要有履行本岗职责的能力、自觉性、责任感;要加强道德、质量、技能的培养;要制定激励措施,提高员工参与的积极性。现场考核时,将对人员进行抽查考核。

(3)建立监督机制,保证工作质量

管理体系的运行过程中,各项质量活动及其结果可能会发生偏离规定的现象。因此,必须加强对各项质量活动的监控。可以在质量管理部门设置质量监督职能,按《实验室资质认定评审准则》要求,在各科室设立专(兼)职质量监督员,形成质量监督系统。

其主要任务是在职责范围内依据管理体系文件监督各项质量活动,形成审核和质量考核的材料。

实验室可以通过采用《实验室资质认定评审准则》中规定的"校核方法"对质量结果进行控制。实验室根据自身情况和特点选用这些方法,编制实施计划或相应的规定,定期对采用的"校核方法"进行有效的评审,以便从中得到改进和提高质量。

(4)认真开展审核活动,促进管理体系不断完善

管理体系审核是对管理体系文件是否按体系文件运行的评价,以确定管理体系的有效性,对运行中存在的问题采取纠正措施,是组织管理体系自我完善、自我提高的重要手段。

负责审核的部门要按要求编制管理体系审核计划,安排各要素的审核内容、顺序、要求、进度和频次。对不合格项的责任部门规定其改进时间和要求,并实施跟踪检查。

(5)加强纠正措施落实,改善管理体系运行水平

纠正措施是改善和提高管理体系运行水平的一项重要活动,是管理体系自我完善的重要手段。不论在管理体系审核中还是在日常监督和用户抱怨中暴露的问题,实验室应及时对这些问题产生的原因进行调查,分析相关的因素,有针对性地制定和落实纠正措施,并验证纠正后的效果。对于纠正效果不明显的,要进一步采取措施,直至有明显改进。必要时将这种措施编入管理体系程序文件中,

防止类似问题的重复出现，达到改善和提高管理体系运行水平的目的。

(6)适应市场，不断壮大，提高能力

随着动物疫病的变化，新的检测标准及测试方法的更新，各实验室必须根据新形势的需求，制定和实施技术发展规划，计划包括仪器设备更新和添置、环境条件改善、人员培训提高，以满足新技术、新方法、新项目所要达到的目标，提高检验水平。另外，实验室全体员工要按照体系文件的规定指导和规范自己的行为，并要建立有效的监督机制。

二、编制管理体系文件

(一)管理体系文件概论

1．文件的含义

一个实验室的质量管理就是通过对实验室内各种过程进行管理来实现的，因而就需明确对过程管理的要求、管理的人员、管理人员的职责、实施管理的方法以及实施管理所需要的资源，把这些用文件形式表述出来，就形成了该实验室的管理体系文件。

2．文件的作用

管理体系文件的作用表现在以下几个方面：

(1)规范性文件

给出了最好的、最实际的达到质量目标的方法；界定了职责和权限，处理好了接口，使管理体系成为职责分明、协调一致的有机整体；"该说的一定要说到，说到的一定要做到"，组织通过认真地执行文件要求而达到预期的目的。

(2)审核的依据

证明过程已经确定；证明程序已被认可，并已展开和实施；证明程序处于更改控制中。

(3)质量改进的保障

依据文件确定如何实施工作及如何评价业绩；增强了更改效果的测量结果的可比性和可信度；当把质量改进成果纳入文件，变成标准化程序时，成果可得到有效巩固。

(4)文件和培训

文件作为培训全体员工的教材；寻求文件内容与技能和培训内容之间的适宜平衡；保持被展开和实施的程序的协调性取决于文件与人员的技能和培训的有机结合。

3．文件层次结构

管理体系文件主要由质量手册、管理体系程序和作业程序、表格、报告等质量文件构成。管理体系文件采用金字塔构架，层次可根据实验室的具体情况和习惯进行划分，通常习惯划分为三或四个层次〈把质量文件中的作业程序作为第三层次，把表格、报告、记录等作为第四层次〉。文件层次从上到下越来越具体详细，从下到上每一层都是上面一层的支持文件，上下层文件要相互衔接、前后呼应，内容要求一致，不能有矛盾。

4．对管理体系文件的基本要求

(1)规范性

质量手册及其支持文件都是实验室的规范性文件，必须经过审批才能生效执行。批准生效的文件必须认真执行，不得违反。如果要修改则必须按规定的程序进行。任何时候都不能使用无效版本的文件。

(2)系统性

实验室应对其管理体系中采用的全部要素、要求和规定，有系统、有条理地制定成各项方针和程序；所有的文件应按规定的方法编辑成册；层次文件应分布合理。

(3)协调性

体系文件的所有规定应与实验室的其他管理规定相协调;体系文件之间应相互协调、互相印证;体系文件之间应与有关技术标准、规范相互协调;应认真处理好各种接口,避免不协调或职责不清。

(4)唯一性

一个实验室,其管理体系文件是唯一的;一般每一项活动只能规定唯一的程序;每一个程序文件或操作文件只能有唯一的理解;一项任务只能由一个部门(或人)总负责。

(5)适用性

没有统一的标准化文件格式,注意其适用性和可操作性,编写任何文件都应依据标准的要求和实验室的现实;所有文件的规定都应保证在实际工作中能完全做到;遵循"最简单、最易懂"原则编写各类文件。

(二)管理体系文件的编写

1. 基本原则

(1)系统协调

管理体系文件应从检测机构的整体出发进行设计、编制。对影响检测质量的全部因素进行有效的控制,接口严密、相互协调,构成一个有机的整体。

(2)科学合理

管理体系文件不是对管理体系的简单描述,而是对照ISO/IEC 17025等相关标准,结合检验工作的特点和管理的现状,做到科学合理,这样才能有效地指导检验工作。

(3)便于实施

编写管理体系文件的目的在于贯彻实施,指导机构的检验工作,所以编写管理体系文件时始终要结合本机构的实际情况,确保所制定的文件都是可操作的,便于实施、检查、记录、追溯。

(4)职责分明

语气肯定,避免"大致上""基本上""可能""也许"之类词语;结构清晰,文字简明;格式统一,文风一致。

2. 管理体系文件的编写方法

(1)自上而下依次展开的编写方法

按质量方针、质量手册、程序文件、作业程序(规范)、记录的顺序编写。此方法利于上一层次文件与下一层次文件的衔接。此方法对文件编写人员,特别是手册编写人员对相关标准和实验室业务知识要求较高,文件编写所需时间较长,必然会伴随着反复修改的情况。

(2)自下而上的编写方法

按基础性文件、程序文件、质量手册的顺序编写。此方法适用于原管理基础较好的实验室。因无文件总体方案设计指导易出现混乱。

(3)从程序文件开始,向两边扩展的编写方法

先编写程序文件,再开始手册和基础性文件的编写;此方法的实质是从分析活动,确定活动程序开始。此方法有利于相关标准要求与组织的实际紧密结合,可缩短文件编写时间。

3. 管理体系文件的编写过程

编写管理体系文件是一项系统工程,具体编写过程和组织形式由实验室根据自己单位的实际情况确定。一般管理体系文件是由实验室的管理体系编写小组负责初稿的编写工作,过程包括:

(1)学习培训阶段

①培训人员:实验室管理体系编写小组成员及有关岗位工作人员。

②培训目的:使编写人员掌握文件编写方法,初步掌握结合本实验室的实际如何编制有关文件的基本知识。

③学习内容:

A.相关法律、法规和技术标准文件、规定,计量、标准化、产品质量基础知识,《实验室资质认定评审准则》等;

B.质量手册、程序文件、作业指导书、质量计划、记录的编写知识,包括实施阶段、主要任务和工作内容、分工。

(2)调查策划阶段

以编写小组成员为主对实验室进行调查,了解组织机构的现状、各部门职能权限的现状、各部门提出需解决的接口问题、现有的管理制度及执行状况、现有的各项标准、仪器设备等情况,写出对比分析报告。

(3)管理体系文件编写阶段

①拟订管理体系编写格式。

②制定编写计划。对各个层次文件的编排方式、编写格式、内容要求以及它们之间的衔接关系做出设计,并要制定编制管理体系文件的编写实施计划,做到每个项目有人承担,有人检查,按时完成。

③编写组按照相关标准和实验室实际情况分工合作进行编写。

④编写组对草稿反复进行研讨、协调、修改、完善。

⑤文件的批准、发布。

(4)管理体系文件的宣贯、试运行阶段

①文件下发、宣讲

体系文件是描述管理体系的一整套文件,包括方针、目标、政策、制度、计划、程序、指导书等,它是开展各项质量活动的依据,也是评价管理体系、进行质量改进不可缺少的依据。其作用是便于沟通意图,统一行动。体系文件应向有关人员宣贯,通过培训使他们理解并贯彻执行,以达到确保实验室检测质量的目的。

②贯彻实施

要求实验室人员“强行”执行管理体系文件,并将发现的问题进行整理和记录,为管理体系文件的修改、补充和完善提供证据。

③组织内部审核

对实验室管理体系的管理活动和实验室的检测活动进行全面的内部审核,以验证所编制的管理体系文件是否符合相关标准的要求,是否符合实验室的具体情况。

④根据管理体系试运行,修订管理体系文件

以GB/T 27025-2019、ISO/IEC 17025:2017等相关标准为标准,对管理体系文件进行符合性审核,对不符合要求的文件进行修改、补充。

⑤正式运行阶段

编写过程框图见图6-1所示。

质量手册是实验室根据相关标准规定的质量方针、质量目标,描述与之相适应管理体系的基本文件,提出了对过程和活动的管理要求。

管理体系程序是针对质量手册所提出的管理与控制要求,规定如何达到这些要求的具体实施办法。程序文件为完成管理体系中所有主要活动提供了方法和指导,分配具体的职责和权限,包括管理、执行、验证活动。

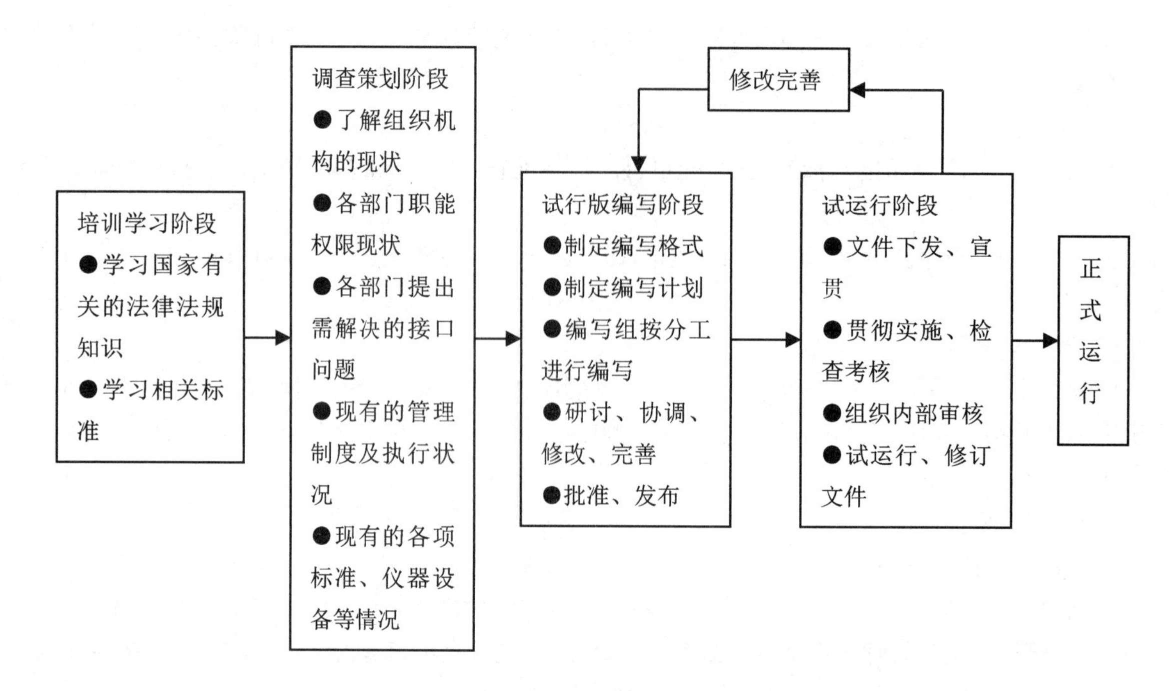

图6-1 编写过程框图

作业指导书是表达管理体系程序中每一步更详细的操作方法，指导员工执行具体的工作任务。作业指导书和程序文件的区别是，一个作业指导书只涉及一项独立的具体任务，而一个程序文件涉及管理体系中某个过程的整个活动。

记录是为了使管理体系有效运行，而设计的一些实用的表格和给出活动结果的报告，作为管理体系运行的证据。

三、质量手册的编写

（一）概述

1．要求

质量手册是实验室根据规定的质量方针、质量目标，描述与之相适应管理体系的基本文件，提出了对过程和活动的管理要求。包括：

（1）说明实验室总的质量方针以及管理体系中全部活动的政策；

（2）规定和描述管理体系；

（3）规定对管理体系有影响的管理人员的职责和权限；

（4）明确管理体系中的各种活动的行动准则及具体程序。

2．质量手册的目的

实验室质量手册可以是作为指导内部实施质量管理的法规性文件；也可以是代表实验室对外做出承诺的证明性文件。编制质量手册的主要目的是：

（1）传达实验室的质量方针、程序和要求；

（2）促进管理体系有效运行；

（3）规定改进的控制方法及促进质量保证活动的活动；

（4）环境改变时保证管理体系及其要求的连续性；

（5）为内部管理体系审核提供依据；

(6)作为有关人员的培训教材;

(7)对外展示、介绍本实验室的管理体系;

(8)证明本实验室的质量管理体系与顾客或认证机构所要求的质量管理体系标准完全符合,且有效;

(9)作为承诺,向顾客提出能保证得到满意的产品或服务。

3. 质量手册的作用

(1)作为对质量管理体系进行管理的依据;

(2)作为质量管理体系审核或评价的依据;

(3)作为质量管理体系存在的主要证据。

(二)质量手册的结构

质量手册的结构和形式没有统一的标准化规定,各实验室可根据具体情况自行安排章节结构,但必须清楚、准确、全面、简要地阐明质量方针和控制程序,保证必要的事项得以合理安排。通常结构为:

1. 封面

手册的名称、版本号、发布日期、单位名称;手册的适用范围亦可列在封面,但更多在前言中注明。

2. 批准页

实验室的最高领导对手册发布的简短声明及签名。

3. 目次

在目次页中列出手册所含各章节的题目及页码。

4. 修订页

用修订记录表的形式说明手册中各部分的修改情况,表达手册的修改状态,显示最新有效版本。

5. 发放控制页

用发放记录表的形式说明质量手册的发放情况与分布情况。

6. 定义(术语)

设立本章的目的是实现对质量手册的内容的一致理解。一般可编入特有术语和概念的定义,也可列入依据的主要术语标准。

7. 实验室概况

本实验室概况介绍:实验室名称、地点及通讯方法,机构沿革、主要业务范围、技术能力、工作业绩等。

8. 质量方针和目标

组织的质量方针、组织的质量目标、最高领导签名。

9. 机构、职责和权限

描述本组织中层以上机构的设置;阐述影响质量管理、操作和验证等各职能部门的职责、权限及隶属工作关系。

10. 管理体系要素描述

质量管理手册在描述质量管理体系结构上应尽可能与GB/T 27025-2019、ISO/IEC 17025:2017等相关标准的分布保持一致,结合实验室实情对各要素按顺序分章叙述;在内容上应覆盖标准的全部要素及要求。删除要素或增加要素应作说明。对某一具体要素的描述,是在有关的质量管理体系程序文件的基础上摘要形成,不应与程序文件相矛盾,其详细程度应覆盖所选定的质量保证标准中对该要素的全部要求。与各章节有关的管理体系程序的编号和名称可作为附录列出,以便阅读者能迅速查阅所需部分的内容。

11．质量手册阅读指南

需要时可以设立本章，其目的是便于查阅质量手册。

12．支持性文件附录

附录可能列入的支持性文件资料有：程序文件、作业文件、技术标准及管理标准等。

（三）编制质量手册的工作步骤

由于各实验室原有的管理基础会有很大的差异，各实验室的管理目标和要求也会有所不同。因此，编制质量手册的具体做法不可强求一致。但在实验室初次编写质量手册时，可采用下列工作步骤：

1．成立组织

一旦本实验室的决策者做出编写质量手册的决定后，一般应成立以下组织：

（1）质量手册编写领导小组

由实验室最高管理者（或代表）、各有关业务部门主管领导、手册编写办公室负责人参加。负责质量手册编写的指导思想，质量方针、目标，手册的整体框架的编写进度计划，手册编写中重大事项的确定和协调。

（2）质量手册编写办公室

一般规模较大、实验室机构较复杂的实验室由质量管理部门为基础，吸收各有关职能部门的适当人员组成。质量手册编写办公室负责手册的具体编写工作。

2．明确和制定质量方针

由实验室最高管理者明确或制定适用的管理体系方针后，由质量手册编写小组进行质量手册的编写和校对。

3．学习相关标准

首先是实验室的管理者、质量手册编写领导小组的人员要深入学习，较系统、全面地掌握GB/T 27025-2019、ISO/IEC 17025:2017的要求，确定与所选用的管理体系标准相对应的管理体系要素。

4．确定格式和结构

确定待编手册的格式和结构，列出相应的编制计划。

5．收集涉及管理体系的资料

初次编写的实验室要采取各种方法，如调查表、访问的资料，收集原始文件或参考资料；将相关标准的要求与本实验室质量管理的经验、教训相对照，把符合标准或基本符合标准的做法及其规章、制度、经过必要的修改、补充，纳入到编制的质量手册或程序文件中去。

6．落实质量职能

把采用的质量管理体系模式标准中规定的职能，具体落实到各职能部门。有些要素涉及多个部门，应确定哪个部门是主办单位，哪个部门是配合单位。在落实职能过程中必须明确建立符合标准要求的质量管理体系是全实验室各个部门、单位的共同职责，不应看成是质量部门一家的事，从而把很多应当由其他职能部门承担的要素或分要素都推到质量部门来负责。这是当前编写手册落实质量职能时一个值得重视的方向。

7．编写质量手册草案

实际工作中首先由手册编写办公室提出一份手册编写的框架（包括颁发令、前言、目次、手册正文、手册管理使用规定、支持性文件目录的具体编写提纲、分工、进度等），经手册编写领导小组同意后，分工编制，办公室组织集体讨论、协调，经过几次讨论修改，形成草案。在草案编写过程中，遇到难以解决的问题,如请示主管领导能较快解决的应及时汇报解决;有些重大的涉及面较广的复杂问题,也可集中在一起,提请手册领导小组审查手册草案时解决。

为了避免质量手册篇幅过长,可在手册中直接引用现行有效的标准或各种文件。体系文件改版或转版的实验室要保持文件内容或编写风格的连续性。

8. 质量手册的批准、发布

质量手册发布前,应由实验室负责人员对其进行最后审查,以保证其清晰、准确、适用和结构合理。也可以请预定的使用者对手册的适用性进行评定。然后由最高管理者批准发行。

(四)质量手册的格式及内容

1. 封面

应清楚表明手册的名称、文件编号,编写、审核、批准人员,发布日期,实施日期,受控章识别和发布单位的全称。

人员签名手写体具有法律效力,但有的手写体很难辨认,建议档案版应同时保留正体和手写体,作为该文件签署人履行职责的依据,但在发放版中可以仅有正体签名。另外受控章中所表明的文件编号和持有人或部门一定要与受控文件发放/回收登记表相一致。

2. 批准页

由实验室最高管理者作为批准人签名发布颁发令,阐明该文件的基本内容、适用范围、性质和作用及要求。

3. 修订页

体系文件是在实验室管理体系建立和运行中不断完善和修改的,而文件的版本一般要续用一段时间后才能改版,用修订表的形式说明质量手册各部分完善和修订的状态,显示最新版本。修订页实例见表6-1。

表6-1　修订页实例

修订序号	对应的章、节、条号	修订内容	批准人	批准日期

注意:

(1)受控质量手册的持有者应负责在收到修订页次后立即将旧页换下。

(2)在认证时发现有的实验室文件修订页在运行一段时间后仍然是空的,并不证明该实验室所制定的文件没有问题,一般是该单位并未按体系文件运行。

4. 目次

按照GB/T 27025-2019、ISO/IEC 17025:2017等标准章节顺序来编写手册的章、节、条号和页码(包括总页码),有助于审核员按照标准的要求来审查实验室的管理体系。

5. 正文内容

一般包括以下基本内容:

(1)概述

①简介。主要内容包括:

A.单位成立的依据、法律地位、单位的性质、历史和背景;

B.主要职能;

C.编制、规模、人员、检测仪器设备、场地、设施、能力,所取得的业绩,其中重点要阐述检测设施、检测手段和技术力量;

D.管理体系描述;

E.附件,主要包括:法律地位证明文件、机构内部部门设置与人员任命文件、检测报告授权签字人任命文件、人员配备情况一览表、仪器设备一览表、房屋平面图等;

F.单位信息:名称、地址、联系方法、业务往来及地点等。

②公正性声明。主要内容包括:

A.独立法人实验室

实验室负责人是法定代表人。单位法人公正性声明和承诺的内容要点:

a 接受监督与指导,欢迎提出改进意见和建议;

b 绝不在任何利益驱动下偏离国家法律法规和技术标准;

c 信守协议,优质服务,确保质量;

d 恪守第三方公正立场,保证不受任何内部和外部的商务、财务和其他压力的影响和干预;

e 作为最高管理者,本人坚守检测数据应公正、准确和可靠的原则,决不干预业务部门及其实验室按照有关法律法规和技术标准独立开展检测活动;

f 检测人员将严格履行职业道德和工作人员守则,严守机密;

g 承担所提供社会公证数据的法律责任。

B.非独立法人实验室

实验室是其所在的独立法人组织(母体法人机构)的组成部分,有法人单位及法定代表人的书面授权书,公正性声明和承诺的内容要点:

a 母体法人机构及其法人代表人要公开发表书面性声明。承诺支持实验室的工作和发展,杜绝行政干预,切实维护其第三方公正地开展各项工作的科学性、公正性和权威性。

b 实验室授权法人公开发表书面性声明。非独立法人机构的授权法人是母体法人机构法人以正式文件任命的,是该实验室的最高管理者并负全责。非独立法人机构能独立对外开展检测业务,能独立行文,有独立财务账号或独立核算。

c 其他要点参见独立法人单位法人代表人的公正性声明。

(2)标准及术语

①范围。

②引用文件和标准。

③术语和缩写语。国家标准中已有明确定义的不必再重复了。仅对在本实验室使用的有特殊含义的术语给出其定义,所使用的缩略语给出它们的全称。

(3)《质量手册》管理

①手册的编制:简要说明负责部门和人员;

②手册的审批和发布:说明手册的审核和发放人员;

③手册的发放与回收:手册的管理方式——受控和非受控;

④手册的更改:手册中的局部条款和文字需要更改时,必须履行的程序和审批手续;

⑤手册的宣贯:手册的宣传、培训、贯彻和检查;

⑥手册的管理:归口管理部门、解释部门、存档要求、复印和评审规定;

⑦支持性文件。

(4)质量方针和质量目标

质量方针应采用十分简练的语言,明确本组织及其最高管理者对质量的承诺,具体采用什么样的语言文字形成,应根据自己的实际,从有利于员工理解的角度来加以考虑。如果使用口号式的表述方式,最好附有必要的解释,以便于理解和实施。

质量总目标是质量方针的具体化。质量目标确定后既要有与质量方针使用期限相当的质量总目标,属于中长期(3~5年)的目标,也要有年度目标。质量总目标属于中长期(3~5年)的目标,年度质量目标属于短期目标,可不在质量手册中出现,而是在年度计划中出现,量化的质量目标要有科学的评价方法。

本部分还应证明该质量方针如何为所有职工熟悉和理解,如何得到各级人员的贯彻和保持。各项具体工作的方针可在相应的体系中做进一步的阐述。

(5)组织和管理结构

①岗位职责的文字描述

应分别逐条阐述实验室管理部门、业务部门、支持部门的职责及与对影响质量的管理、执行和核查的各个岗位的主要职责、权力和相互关系。要求简单明确地指出该管理岗位〈职务)的工作内容、职责和权力、与实验室中其他部门和职务的关系,担任某项职务者所必须拥有的基本素质、技术知识、工作经验、处理问题的能力等任职条件。

②职能分配表

采用表6-2《实验室管理体系要素要求的岗位职能分配表》的形式表明质量管理、技术运作、和支持服务之间的关系。横排是实验室的重要岗位或部门;竖列是《实验室资质认定评审准则》所提出的管理体系的所有要求;并通过适当的符号,将管理体系的要求分解落实到不同的部门或岗位上的关系。

所有从事抽样、检测、签发检测报告、操作设备的人员都必须持证上岗,上岗的授权必须明确、具体,如授权进行某一项抽样/检测工作、签发某范围内的报告、操作某一台设备等。但上岗前的资格确认方式可以根据工作的复杂程度、个人的学历、经验水平等而有所差异。有些岗位或人员可能需要经过专门培训、见习、考核合格后方可授权;有些岗位或人员可能仅需要简单的确认后就可授权。

表6-2 实验室管理体系要素要求岗位职能分配表

职能部门 管理体系要素	最高管理者	技术负责人	质量负责人	办公室	质量监督组	综合技术组	××分析组	××调查组
质量方针与目标管理								
组织								
管理体系								
文件控制								
分包								
服务与供应品采购								
合同评审								

表6-2续

管理体系要素 \ 职能部门	最高管理者	技术负责人	质量负责人	办公室	质量监督组	综合技术组	××分析组	××调查组
申诉与投诉								
偏离反馈与纠正措施管理								
记录								
内部审核								
管理评审								
人力资源控制								
设施与环境控制								
检测与校准方法								
仪器设备管理								
量值溯源								
样品采集控制								
样品管理								
结果质量控制								
证书和报告控制								

■表示主管人员　◆表示主管部门　□表示协办部门

③组织机构框图

为明确表示实验室的隶属关系和各部门间的相互关系，实验室应绘制内、外组织机构框图，用方框图表示各种管理职务或相应的部门，箭头表示权力的指向，通过箭头线将各方框连接，标明各种管理职务或部门在组织机构中的地位及它们之间的关系。下级（箭头指向）必须服从上级（箭头发出）指示，下级必须向上级报告工作。

内部组织机构框图应根据实验室的功能、特点、大小等因素来确定，该框图架构应与岗位责任制的设定一致，包括实验室名称、最高管理者、技术主管、质量主管、业务管理部门、技术检测部门、监督管理部门（必要时）的组织结构关系。

外部机构框图应当正确显示实验室的外部关系，对于独立法人实验室，实线表明与上级行业主管部门的关系；虚线表明与其注册的工商行政管理部门、市场监管部门的关系（见图6-2）。对于非独立法人实验室，实线表明实验室与母体的组织关系，表明母体与上级行业主管部门的关系；虚线表明母体与其注册的工商行政管理部门、市场监管部门的关系；虚线表明母体内部对实验室起支持服务作用的职能部门与实验室的关系（见图6-3）。

在绘制实验室的组织机构图时，应把实验室的质量管理、技术运作、支持服务工作尽量表示清楚，表示不出的可以以检测校准过程为基础的质量管理体系模式文字进行补充说明。

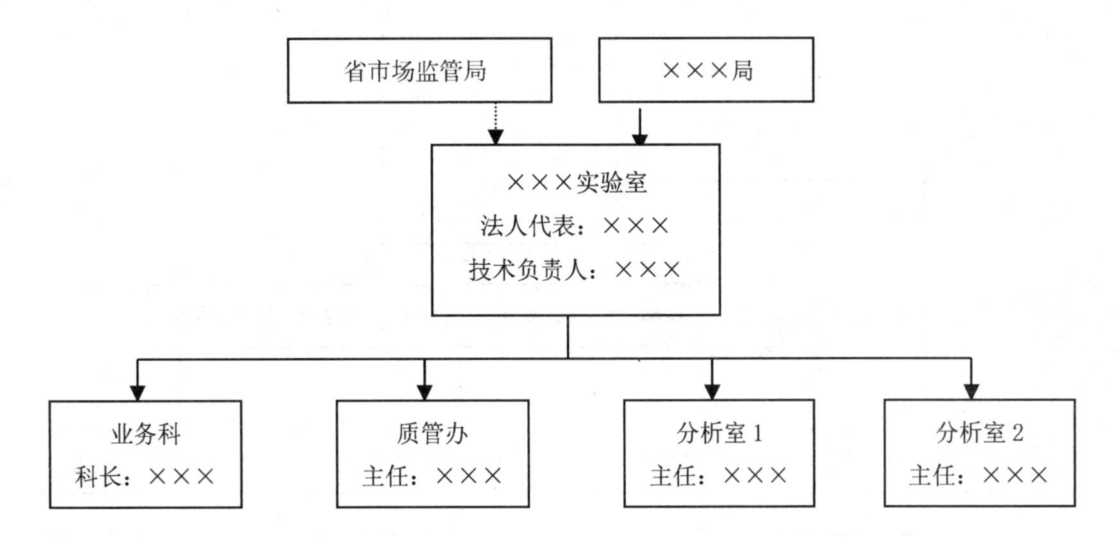

图6-2　独立法人实验室组织机构框图

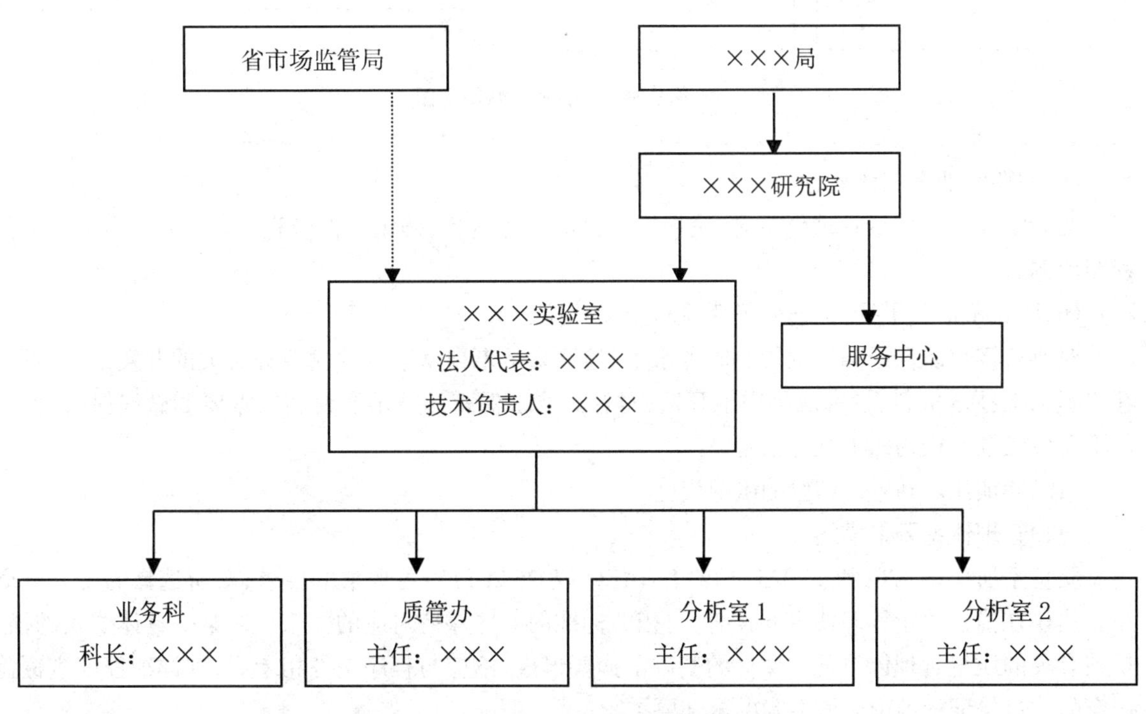

图6-3　非独立法人实验室组织机构框图

④监督网框图

监督网框图和监督人员的任职条件、职责、权力及人员任命依据(见图6-4)。

(6)岗位职责

对影响质量的管理、执行和核查的各个岗位应分别地逐条阐述其主要职责，可以在本章中阐述，也可在引用的程序文件中阐述。

(7)内审和管理评审

明确内审和管理评审的目的和范围、评审职责、评审内容、评审频次、评审结果的报告和改进管理体系的程序。

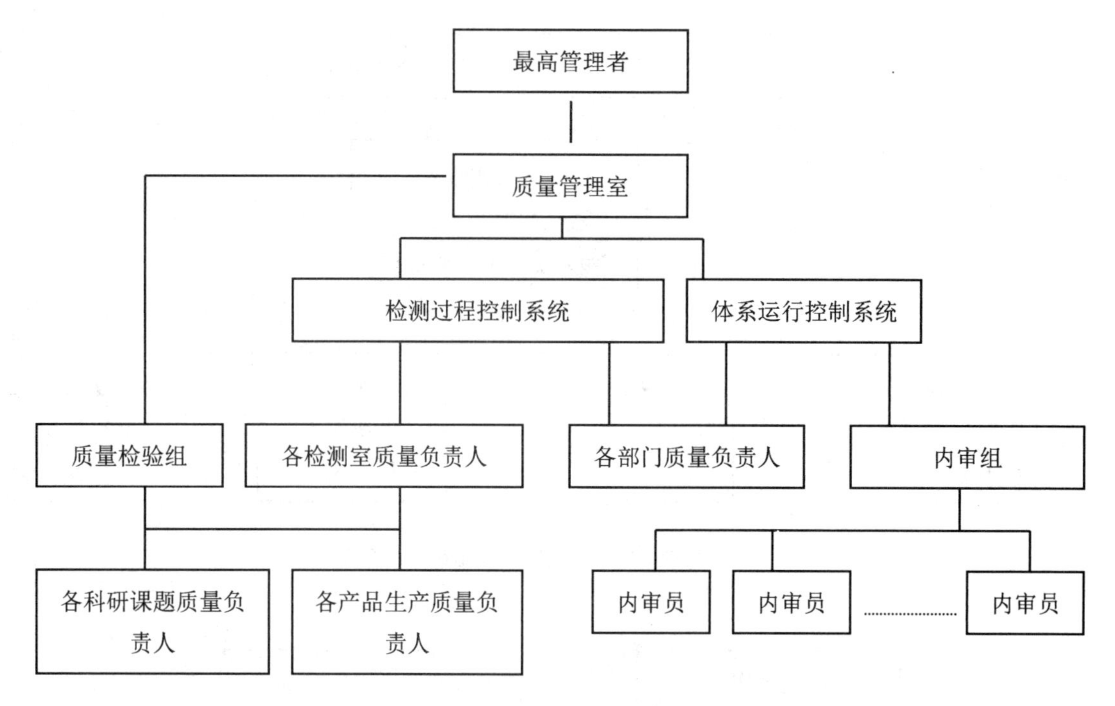

图6-4 实验室监督网框图

(8)实验室业务工作流程

实验室在策划质量管理体系时,应根据自己的业务过程,确定工作流程图。图6-5为检测工作流程图示例。

(9)防止不恰当干扰,保证公正性、独立性的措施

对所有客户能保证同样的检测服务水平;检测人员不得从事与检测业务有关的开发工作,不得将客户提供的技术资料、技术成果用于开发;对客户要求保密的技术资料和数据要能做到保密;检测工作不受各级领导机构的干扰等措施。

(10)参加比对和验证试验的组织措施

(11)管理体系要素描述

质量手册应根据GB/T 27025-2019/ISO/IEC 17025:2017对各要素的要求,对所选择的要素分章编写。建议在描述质量管理体系要素时,与相关标准的顺序保持对应的关系。对某一具体要素的描述,是在有关的质量管理体系程序文件的基础上摘要形成,不应与程序文件相矛盾,其详细程度应覆盖所选定的质量保证标准中对该要素的全部要求。

质量手册一般只做原则性的描述,内容包括:

①目的范围;

②负责和参与部门;

③达到要素要求所规定的程序;

④开展活动的时机、地点及资源保证;

⑤支持文件。

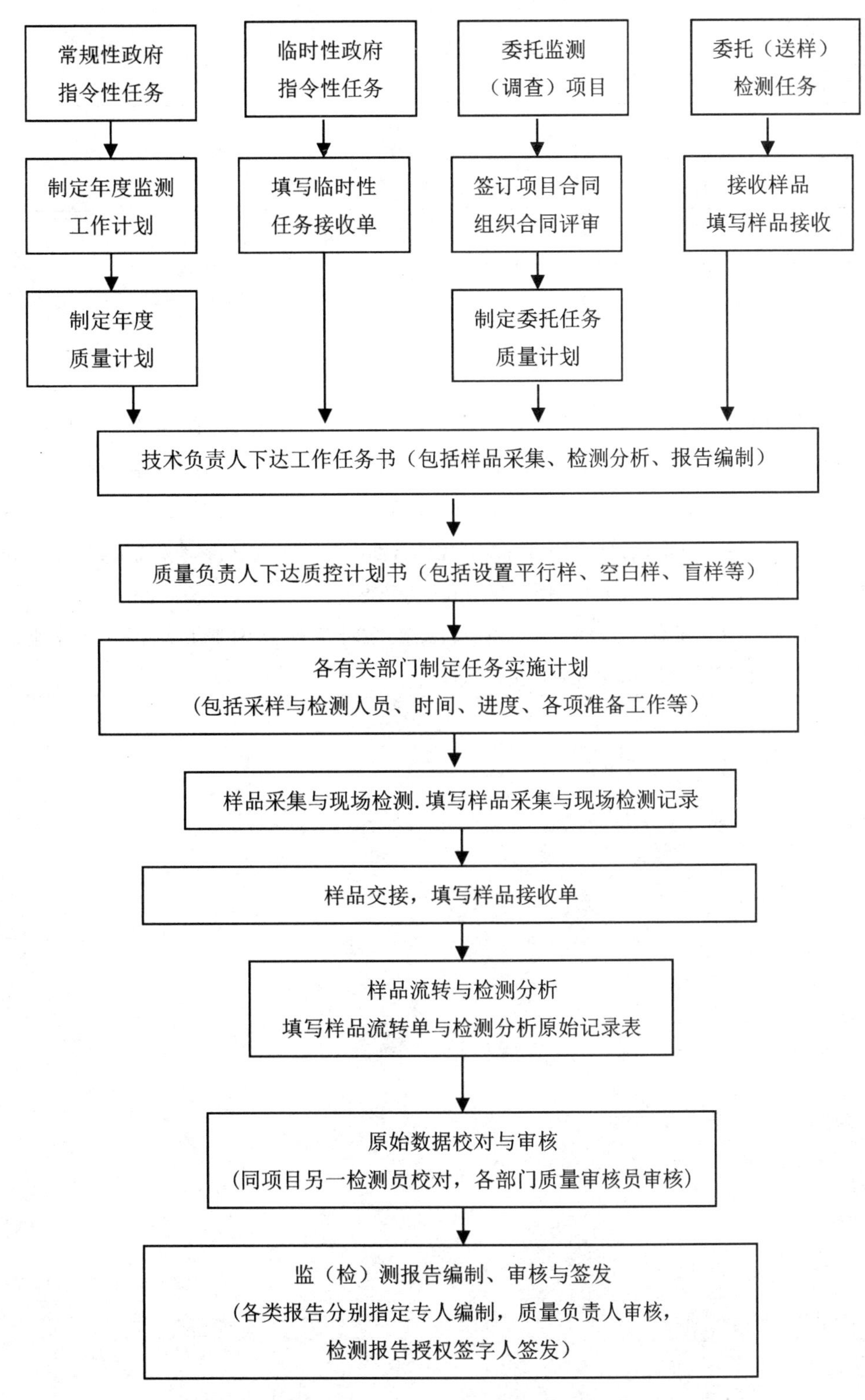

图6-5　×××实验室检测工作流程图

此外，管理体系要素描述还包括：用表格的形式表述所开展检测项目具备的能力。

支持性资料目录：包括质量手册所需列出的附录（如实验室平面布置图）和支持性文件目录（如程序性文件、技术标准等）。

6. 要素描述实例

×××××实验室质量手册	文件编号:×××××××
	第×页 共×页
主题:批准	第A版 第X次修订
	颁布日期:××××年××月××日

批　准

遵照我国有关法律、法规和《实验室资质认定评审准则》的规定,根据国家、(××省、××市主管部门)对本实验室管理和业务工作的要求,为确保××××××数据的质量,履行为××管理、资源开发利用及有关科学研究等提供准确、可靠的社会公证基础数据的职能任务,我实验室结合实际工作情况,编制了《××××实验室质量手册》。

本手册阐明了本实验室的质量方针,描述了本实验室的管理体系文件。其内容涉及本实验室管理和技术活动。它是指导本实验室全体人员工作的法规性、纲领性文件和重要依据。

本手册现已批准,并予以发布,自××××年××月××日起实施。望本实验室全体职工认真学习理解,坚决贯彻执行,确保质量管理体系有效运行,以实现本实验室质量目标。

主任:

××××年××月××日

<table>
<tr><td>×××××实验室质量手册</td><td>文件编号:×××××××</td></tr>
<tr><td rowspan="3">主题:修订页</td><td>第×页 共×页</td></tr>
<tr><td>第A版 第X次修订</td></tr>
<tr><td>颁布日期:××××年××月××日</td></tr>
</table>

序号	对应的章、节、条号	修订内容	批准人	批准日期

<table>
<tr><td>×××××实验室质量手册</td><td>文件编号:×××××××</td></tr>
<tr><td rowspan="3">主题:目录</td><td>第×页 共×页</td></tr>
<tr><td>第A版 第X次修订</td></tr>
<tr><td>颁布日期:××××年××月××日</td></tr>
</table>

目 录

×××××实验室质量手册	文件编号:×××××××
	第×页 共×页
主题:文件控制与维护	第A版 第X次修订
	颁布日期:××××年××月××日

6.1 目的

对质量管理体系所要求的文件(包括资料数据及需要控制的外来文件及标准)进行控制与维护,以确保本实验室及有关场所使用的文件及资料为最新有效版本。

6.2 范围适用于本实验室质量管理体系所有文件、资料和外来文件的控制与维护。

6.3 职责

(1)质量负责人负责管理体系文件的控制和维护,包括外来的技术标准、技术法规、计量检定规程及实验室的质量手册、程序文件和作业文件的管理。

(2)业务室负责外来文件的管理。

(3)各职能部门的专用文件及其资料由各职能部门自行控制保管。

(4)档案室负责所有文件的存档。

6.4 控制要点

6.4.1 文件的编制

(1)本实验室质量手册、程序文件、作业文件等管理体系文件由质量负责人组织编制。

(2)其他管理性文件由技术负责人组织编制。

(3)一般性技术文件(资料)由形成文件的部门编制。

6.4.2 文件批准发布

(1)质量手册由质量负责人审核,中心主任批准发布。

(2)程序文件、作业文件、专项质量计划或质量保证大纲由质量负责人组织,质监组编制,质量负责人审核,技术负责人批准发布。

(3)其他管理性文件、一般性技术文件(资料)由技术负责人审核并批准发布。

6.4.3 文件管理

(1)在与管理体系有关的重要场合,必须使用现行有效的管理体系文件版本(包括质量手册、程序文件、作业文件和记录等)。

(2)文件保持清晰、易于识别,并按实验室的分类系统进行编号和管理,确定受控文件的目录清单。

(3)受控文件应有受控标识,并按规定的制度和规定的范围进行发放,发放或回收时要填写《文件发放回收记录表》。

(4)根据需要而保留的已作废的文件,必须有“作废”和“仅作参考”的标识。

(5)对外来文件亦要进行识别和登记,并控制其分发。

(6)按规定时间和要求将所有体系文件和技术文件分别汇集成册,并交资料信息管理员归档。

6.4.4 文件更改

(1)如发现管理体系在运作中需改进时,管理体系文件内容必须做相应的更改。

(2)一般性文件的更改由该文件原编制部门按原程序进行申请、起草、审核和批准。如有特殊情况,文件更改须由指定的部门审批,该部门应获得原审批所依据的背景材料。

(3)所有文件更改后,应将更改单由被更改文件的控制部门按规定的发放范围及时分发到位。

(4)文件更改条款较多或内容有重大更改时应改版。改版版本的审批同原文件程序。

6.5 支持性文件

《文件控制与维护程序》　　Q/SH002.006

四、程序文件的编写

(一)程序文件的作用与意义

管理体系文件中的程序文件是规定实验室质量活动方法和要求的文件,是质量手册的支持性文件。管理体系所选定的每个要素或一组相关的要素一般都应该形成书面程序。

在整个质量管理体系文件中,质量管理体系程序文件是质量手册的下一层次的文件。质量手册的主要目的是对质量管理体系做充分的阐述,是实施管理体系时应长期遵循的文件。

因此,质量手册中应包括或涉及质量管理活动的管理体系程序文件,要包括本单位所选用的质量管理体系标准中所有适用的要素。由于程序文件可能构成手册的组成部分或为其支撑性文件,所以程序文件的内容与质量手册不应有任何矛盾。在某些场合,有关的管理体系程序文件与质量手册可能是相同的,但在此时对程序文件需要经过某种程度的剪裁,以适应所编写的质量手册具体目的的需要(如选择适用的程序文件和某一程序文件中的一部分章节)。有些程序文件可能在单位所选定的质量管理体系标准中没有涉及,但对有关的活动还需要进行适当的控制时,也可以引用到手册中来,或引用为手册的参考文件。对于一些涉及不便对外的信息,则由该单位视手册的应用场合自行处理。

从质量手册构成的角度来说,可以将一部分质量管理体系程序文件直接摘录编成手册。质量手册也可以是一组质量管理体系文件或其中一部分,也可以针对特定设施、职能、过程或合同要求选择的一组程序文件。

总之,程序文件是编制质量手册的基础,一个实验室在确定了质量方针和质量目标,并落实了各职能部门和各类人员的质量职责以后,要通过制定各类程序文件对影响产品质量和服务质量直接的或间接的质量活动进行控制,从而保证方针和目标的落实。因此,可以说程序文件是实验室实施质量管理的基础。程序文件对单位各项活动的覆盖程度以及程序文件的适用性直接影响质量手册的适用性和质量管理工作的实效。

(二)程序文件的编制要求

编制程序文件应遵循管理体系文件编制的一些基本原则。在编制程序文件中要注意其内容必须与质量手册的规定相一致,特别要强调的是程序文件的协调性、可行性和可检查性。程序的内容必须符合质量手册的各项规定,并与其他的程序文件协调一致。

在编制程序文件时,可能会发现质量手册和其他程序文件的不足之处,这时应做相应的更改,以保证文件之间的统一。程序文件中所叙述的活动过程应就过程中的每一个环节做出细致、具体的规定,应具有较强的可操作性,以便于基层人员的理解、执行和检查。

程序文件应是质量活动实践中的经验的结晶。因此,编制程序的过程应该也是总结经验教训进行质量管理优化的过程。在编制质量程序时应注意如下几点:

(1)按照管理体系文件化的原则,一般对本实验室管理体系所选定的每个体系要素的各项质量活动都应建立其程序。对一些主要的和复杂的活动,还需形成书面程序。

(2)每个程序文件都应包括管理体系的一个逻辑上独立的部分,诸如一个完整的管理体系要素或其中一部分,或(涉及)一个以上管理体系要素并相互有关的一组活动。

(3)一个实验室究竟需要编制多少程序文件,通常因实验室规模、产品特点、工艺和管理的复杂程度而异。

(4)程序文件一般不应涉及纯技术性的细节,需要时可引用技术程序或作业指导书。

一般成立多年的实验室,都已制定大量的有关质量的管理性文件,如规章、制度、工作流程等。但由于未经管理体系的总体设计,原有的规章制度难免不够系统,如有的重复,有的衔接处存在空白,有的相互矛盾,有的可操作性不强等。但原有文件毕竟应用多年,必有可取之处。因此,质量程序一般是在原有文件基础上修改、补充所成。

(三)程序文件的结构设计及编写方法

1. 结构设计

每个程序文件在编写前应先进行结构的设计,设计的方法是:

(1)列出每个程序中涉及的活动对应的要素要求;

(2)按活动的逻辑顺序展开;

(3)将实验室的具体活动方法进行分析,并写入相应的结构内容中。

2. 编写方法

(1)根据上述类似的程序文件结构的流程图进行展开;

(2)流程图中内容作为文件中主要考虑的大构架即大条款;

(3)根据上述的构架增加具体的内容细则即结构内容,将结构内容作为大条款中的分条款;

(4)结构内容中应主要描述谁实施这些工作,如何实施的步骤及实施后应留下的记录等;

(5)程序文件还可以包括为规定某项活动所制定的专门工作制度。

(四)程序文件的基本结构和内容

程序文件的格式和内容由编写的组织自行确定。但是,一个组织的所有程序文件应规定统一的内容编制和格式,以便使用者熟悉、适应按固定方法编写的程序文件。

对于原有的程序文件不规范,以及在贯标中要初次设计程序文件格式的组织,在编制程序文件前,管理部门要认真设计并规定文件内容编排的格式,要求程序文件的起草者切实按规定编写,确保写出的程序文件在一个组织内部达到格式上标准化,内容上规范化,并便于检索阅读和有可操作性。

1. 程序文件的基本结构

程序文件的基本格式主要是指对文件的版面规格和文头、文尾的规范化设计。

(1)版面一般可采用A4幅面,太大和太小不利于保管和使用。

(2)文头:程序文件的文头一般要包括:实验室标志(名称)、程序名称、文件编号、版次(含次数)、页码、文件层次或级别、文件发布或实施日期、编制者和批准者(也可放在文尾)及日期等内容。程序文件文头示例见表6-3。

一份程序文件往往由数页构成,可以每页都有文头,也可以只在第一页出现文头,在后续页上只在上部标志文件编号和页码。

表6-3　程序文件文头示例

×××××实验室程序文件	文件编号:×××××××
程序文件名称	第×页 共×页
	第A版 第X次修订
	颁布日期:××××年××月××日

(3)文尾:如果文头上的内容不能全部列出时,余下部分可在文尾中列出。当需要修改信息能在程序文件中体现时,可在文尾设计修改记录。在许多情况下,采取简化的文尾,将内容直接放在文头中,不另设计文尾。

2. 程序文件的内容编排

作为管理体系文件主体的管理体系程序,其范围和详略程度取决于活动的复杂程度、所用的方法以及这项活动涉及的人员所需的技能和培训。

程序文件可以用不同形式表达，有文字形式的、图表形式的，亦可图文并茂的，只要是按规定正式发布的都具有同等效力。文字形式的程序文件可按以下大纲进行编写。

程序名称由管理对象和业务特性两部分组成。如文件控制程序，对象是“文件”，业务特性是“控制程序”。

程序文件还可以包括为规定某项活动所制定的专门工作制度。

(五)程序文件的格式和内容

1. 程序文件的格式

程序文件格式通常包括：封面、刊头、刊尾、修改控制页、正文。

(1)封面(根据需要选用)。可在单份或整套文件前加封面，便于控制文件和进行文件控制。封面应包括如下信息：

①实验室标志、名称；

②文件编号、文件名；

③拟制人、审核人、批准人及日期，颁布、生效日期；

④修改状态/版号；

⑤修改记录(可专设修改页)；

⑥受控状态/保密等级；

⑦发文登记号等。

(2)刊头。在每页文件的上部加刊头，便于文件控制和管理。刊头应包括如下信息：

①实验室标志、名称；

②文件编号、文件名称；

③生效日期；

④修改状态/版号；

⑤受控状态；

⑥发文登记号；

⑦页码等，如果是合订本，建议除在每个程序文件的刊头上表明第X页共X页外，为使用方便，还应在程序文件的下端也注明其在合订本中的总页次。

(3)刊尾(需要时采用】。在每页文件或每份文件的末页底部加刊尾说明文件的起草审批、会签情况。刊尾应包括如下信息：

①拟制人、批准人及日期；

②会签人及日期；

③其他说明性文字(如本程序文件解释部门)。

(4)修改页。可与封面或其他附页合并说明文件修改的历史情况。修改页应包括如下信息：

①修改单编号；

②修改标识；

③修改人/日期；

④审批人/日期；

⑤修改内容等。

2. 正文部分内容

(1)目的：说明程序所控制的活动及控制目地。

(2)适用范围：

①程序所涉及的有关部门和活动；
②程序所涉及的相关人员、产品。
(3)职责：
①规定负责实施该项程序的部门或人员及其责任和权限；
②规定与实施该项程序相关的部门或人员及其责任和权限。
(4)工作程序：
①按活动的逻辑顺序写出开展该项活动的各个细节；
②规定应做的事情(What)；
③明确每一活动的实施者(Who)；
④规定活动的时间(When)；
⑤说明在何处实施(Where)；
⑥规定具体实施办法(How)；
⑦所采用的材料、设备、引用的文件等；
⑧如何进行控制；
⑨应保留的记录；
⑩例外特殊情况的处理方式等。
(5)引用文件及相关的记录
①涉及的相关程序文件；
②引用的作业指导书、操作规程及其他技术文件；
③涉及的其他管理性文件；
④所使用的记录、表格等。
(六)程序文件的基本要求
1. 符合标准的要求
(1)审查程序文件清单,看所列程序文件是否覆盖了适用要素及有关质量活动；
(2)审查各程序文件,看是否覆盖了对质量活动的控制要求。
2. 与其他管理体系文件协调一致
(1)与手册内容保持一致；
(2)与其他管理性文件不相矛盾；
(3)与相关的技术性文件不相矛盾；
(4)相互引用程序内容协调统一。
3. 适合于管理体系运作
(1)程序文件规定的质量活动方式应适合现行管理体系运作；
(2)人员的职责明确,权限清楚；
(3)各项活动所需的资源应得到保证；
(4)程序规定的要求在实际运作中都能够达到。
4. 逻辑上完整
(1)程序文件涉及管理体系中一个逻辑上独立的部门；
(2)按逻辑顺序对质量活动展开描述；
(3)对各项活动的描述须有始有终,形成闭环。
5. 具有可操作性

(1)目的明确,方法清楚,切实可行;

(2)规定各项工作的责任人或责任部门,并规定工作的接口方式;

(3)按活动顺序清楚地规定工作步骤;

(4)规定应保留的记录,为事后监督检查提供依据;

(5)措辞准确严谨,实现"唯一理解",执行时不易引起混淆。

6. 程序文件内容的掌握

(1)可不涉及具体的技术问题及操作细节,这些技术问题和细节可在支持性文件中进一步具体化;

(2)对需要保密的内容可在下一层次文件中引出;

(3)对现有行之有效的管理文件,在适当之处将其引入程序,不必重复描述,但应注意引用的文件须纳入受控文件范围。

程序文件是对某项活动所规定的途径进行描述的,但并非所有的活动都要制定程序文件。是否需要制定程序文件有两个原则:一是当相关标准中明确提出要建立程序文件时,必须制定;二是当活动的内容复杂且涉及的部门较多,使得该项活动在质量手册中无法表示清楚时,必须制定相应的支持性程序文件。

7. 常见的程序文件的名称

根据《实验室资质认定评审准则》中评审条文解释,需制定的程序文件包括:

(1)保证公正性和保护客户机密及所有权的程序;

(2)文件控制和管理程序;

(3)服务和供应品的选择、购买、验收和储存等程序;

(4)评审客户要求、标书和合同的程序;

(5)处理客户申诉和投诉的程序;

(6)不符合工作控制的程序;

(7)预防措施控制程序(可以与纠正措施控制程序合一编写);

(8)记录管理程序;

(9)内部审核程序;

(10)管理评审程序;

(11)人员培训程序;

(12)安全作业管理程序;

(13)环境保护程序;

(14)数据保护的程序;

(15)应用不确定度的评定程序

(16)允许偏离的程序;

(17)仪器设备维护、保养程序;

(18)仪器设备(参考标准和标准物质)期间核查程序;

(19)参考标准和标准物质的管理程序;

(20)样品的抽取和处置管理程序;

(21)结果质量控制程序;

(22)结果报告管理程序。

(七)程序文件的格式及内容

1. 内部审核程序实例

Q/S

X X X X实验室管理体系文件

Q/SH0022.007

程序文件

内部审核程序

版次:A/1　　　　　　　　　页次:1～5

编制:　　　　　　　　　　　日期:××××年××月××日

审核:　　　　　　　　　　　日期:××××年××月××日

批准:　　　　　　　　　　　日期:××××年××月××日

受控印章:

持有人:

××××年××月××日发布　　　　　　　　××××年××月××日实施

×××××实验室　　　　　　　　　　　　　　　　发布

××××实验室程序文件	文件编号:×××××××
内部审核程序	第×页 共×页
	第×版 第×次修订
	颁布日期:××××年××月××日

1 目的

内部审核是由验证本机构质量管理体系所有规定和要求的适宜性,以及体系运行的可行性及其效果,为改进质量管理体系及管理评审提供依据。本程序是为实施内部审核而编制的程序。

2 范围

本程序适用于本机构内部管理体系的审核活动。

3 职责

(1)质量负责人组织年度和特需的质量审核工作,包括组织编制《管理体系审核(内审和管理评审)年度计划表》,确定内审组人员并任命组长,批准内审组的《内部质量审核实施计划表》,并监督内部质量审核实施计划的实施和审核《内部质量审核报告》;

(2)内审组,编制和实施《内部质量审核实施计划表》、编写《内部质量审核报告》;

(3)受审核的部门按《管理体系审核(内审和管理评审)年度计划表》的要求接受审核,负责对审核中涉及本部门责任的不合格项制定纠正计划和实施计划;

(4)内审员负责内部质量审核资料和记录的整理,并组织对纠正措施进行跟踪验证。限期改进后填写《不合格项及纠正措施跟踪单》;

(5)《内部质量审核报告》及内审资料记录,由质量负责人保存和归档。

4 工作流程

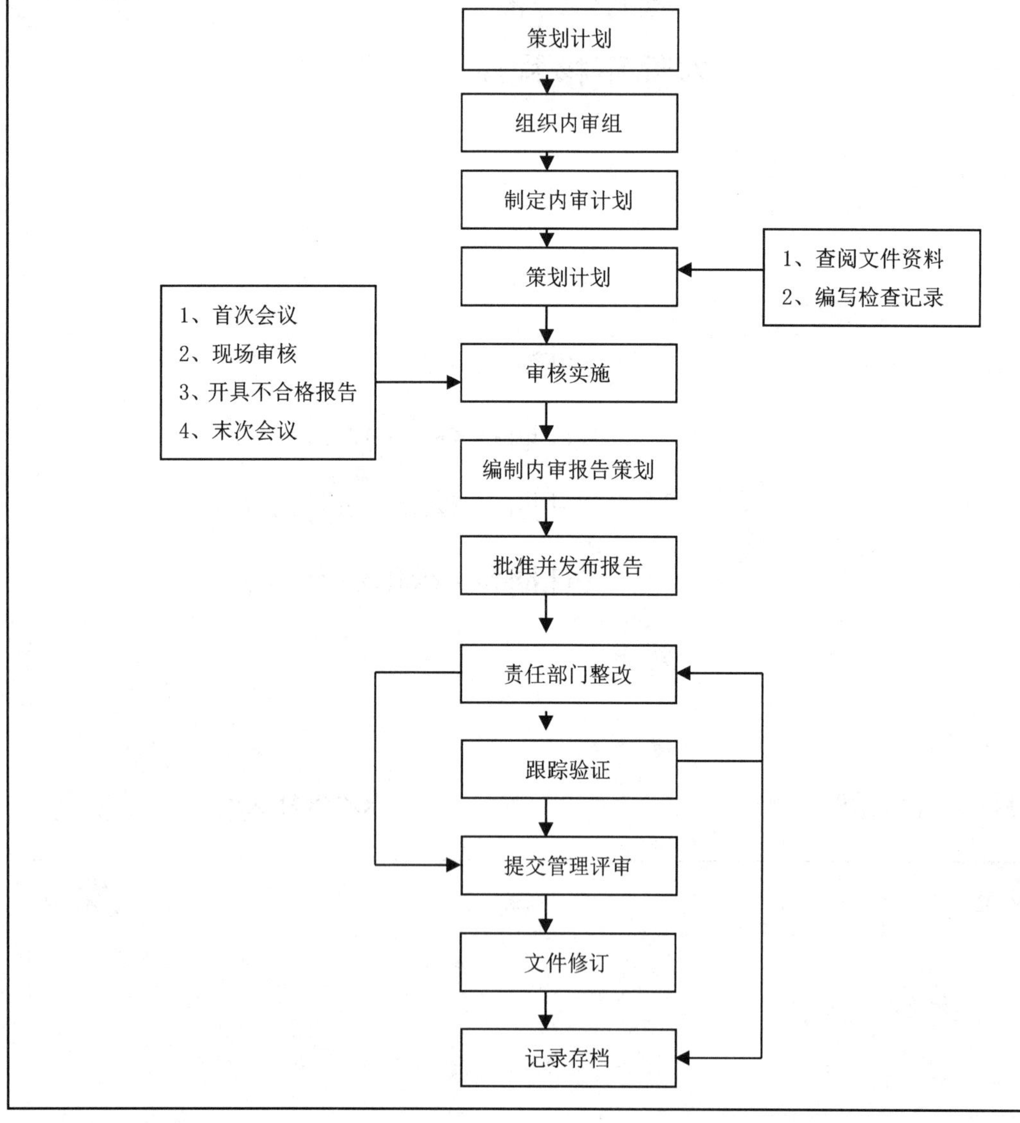

××××实验室程序文件	文件编号:×××××××
内部审核程序	第×页 共×页
	第×版 第×次修订
	颁布日期:××××年××月××日

5 程序要点

5.1 策划和编制审核计划

质量负责人组织质监组策划和编制《管理体系审核(内审和管理评审)年度计划表》,经技术负责人批准后实施。一般每年至少审核一次,特殊情况可适当增加审核频次。

5.2 组织内审组

质量负责人依据管理体系审核年度计划的审核内容和审核对象组织内审组。内审组人员名单由技术负责人审批。而内审员必须具备下列条件:

(1)中专以上学历,3年以上的监测和检测工作经验;

(2)诚实、公正,有较强的工作责任心;

(3)经培训考核合格,取得内部质量审核员资格;

(4)应与被审核部门无直接责任关系。

5.3 内审员任命及培训

(1)质量负责人召开内审组组员会议,任命内审组组长和宣读内审员守则;

(2)质量负责人依据《管理体系审核(内审和管理评审)年度计划》提出本次评审目的、范围内容和要求;

(3)本实验室有证内审员培训本次内审员,考核合格后上岗。

5.4 审核准备

内审组编制《内部质量审核实施计划表》,由组长签批实施。

《内部质量审核实施计划表》内容包括:

(1)审核的目的、范围;

(2)审核的依据、标准和文本;

(3)审核人员;

(4)审核日程安排;

(5)受审核部门和涉及的要求、内容;

(6)实施计划应在正式审核前一周由内审组长发至各有关部门和人员。

5.5 审核的实施

内审组长召开并主持首次会议。质量负责人、受审核部门负责人、内审组成员及相关人员出席。首次会议内容包括:

(1)向受审核方负责人介绍内审组成员及分工;

(2)说明审核的目的、范围、依据和所采用的方法及解释实施计划中不明确的内容。

5.6 现场审核

(1)内审员根据《内部质量评审检查记录表》规定的检查内容,通过交谈、查阅文件、现场检查、调查验证等方法收集客观证据并逐项做好记录;

(2)如提供的证据证明符合规定要求,则由内审员在《内部质量评审检查记录表》上填写符合;

(3)如提供的证据证明不符合规定要求,则由内审员在《内部质量评审检查记录表》上填写不符合,并及时与受审核部门联系、交换意见和得到确认。

<table>
<tr><td>××××实验室程序文件</td><td>文件编号:×××××××</td></tr>
<tr><td rowspan="3">内部审核程序</td><td>第×页 共×页</td></tr>
<tr><td>第×版 第×次修订</td></tr>
<tr><td>颁布日期:××××年××月××日</td></tr>
</table>

(4)现场审核结束后,内审组会议应对全部审核情况进行综合分析,填写《评审记录表》,并对不合格项提出纠正措施。

(5)当审核中发现检测结果的正确性和有效性可疑时,应立即采取纠正措施并书面通知可能受到影响的所有委托方。

5.7 召开末次会议

(1)内审组组长组织内审组及有关人员(同首次会议)召开末次会议;

(2)重申审核的目的、范围和依据;

(3)做出审核评价和结论;

(4)提出纠正措施和要求。

5.8 编写审核报告

内审组长在末次会议后的一周内完成《内部审核报告》的编写,由全体内审员签字,经质量负责人审核批准后,由内审组发至各部门,并作为管理评审的依据之一。

5.9 制定并实施纠正措施

各部门根据《内部审核报告表》,在一周内对不合格项进行分析研究,找出原因,并制定纠正计划,明确完成日期和组织实施。

5.10 跟踪验证纠正措施

(1)对各部门的纠正措施应进行跟踪、检查和验证,将跟踪结果填写《不合格项及纠正措施跟踪单》并提交管理评审。

(2)如涉及管理体系文件的修改,按《文件控制程序》执行,如纠正措施达不到预期目标和效果应重新研究,制定新的纠正计划,采用新的纠正措施,并执行《偏离的反馈和纠正程序》。

5.11 资料存档

内审结束后,内审组长应将本次审核的全部资料和记录移交给质量负责人,质量负责人将内审和管理评审资料一起建档,资料信息管理员存档,并执行《记录管理程序》。

5.12 内审员守则

(1)遵守本机构工作人员守则;

(2)以本实验室质量方针为指导,为实施本机构的质量目标和管理体系持续改进和有效的运行,做到工作认真负责,实事求是,客观和公正;

(3)以《实验室资质认定评审准则》为准则和以委托方的需求为关注点,进行评审和验收;

(4)评审记录做到清晰和完整、以备查考;

(5)涉及委托方的需求应及时向负责人反映,要认真处理委托方的反馈意见;

(6)以本机构和受审部门(人)负责的态度认真协助受审部门(人)分析不正常工作或结果的原因,并商讨处理措施;

(7)当需要适时的保密时,保管好文件和资料,并不可在不合适场合议论和泄密。

6 相关文件

(1)《管理评审程序》 Q/SH002.008

(2)《偏离的反馈和纠正程序》 Q/SH002.013

(3)《记录管理程序》 Q/SH002.028

<table>
<tr><td>××××实验室程序文件</td><td>文件编号:×××××××</td></tr>
<tr><td rowspan="3">内部审核程序</td><td>第×页 共×页</td></tr>
<tr><td>第×版 第×次修订</td></tr>
<tr><td>颁布日期:××××年××月××日</td></tr>
</table>

7 记录

(1)管理体系审核(内审和管理评审)年度计划表 Q/SH002.007A

(2)内部质量审核实施计划表 Q/SH002.007B

(3)内部质量审核检查记录表 Q/SH002.007C

(4)评审记录表 Q/SH002.007D

(5)内部审核报告表 Q/SH002.007E

(6)不合格报告及纠正措施跟踪 Q/SH002.007F

五、作业指导书的编写

(一)概述

实验室如果缺少作业指导书可能影响检测结果,实验室应制定相应的作业指导书。

1. 基本概念

(1)含义

作业指导书是规定质量基层活动的途径的操作性文件,其针对的对象是具体的作业活动;程序文件描述的对象是某项系统性的质量活动,作业指导书是程序文件的细化。作业指导书也属于程序文件范畴,只是层次较低,内容更具体。

(2)分类

实验室至少应制定以下4方面的作业指导书:

①方法方面:用以指导检测过程的(如检测细则、大纲、指南);

②设备方面:设备的使用、操作规范(如自校、在线仪表的特殊管理方法等);

③样品方面:包括样品的准备、处置和制备规则;

④数据方面:检测的有效位数、修约、异常值的剔除以及测量不确定度的表征规范等。

对常识性的操作技能则不需要编制作业指导书,如对使用游标卡尺,千分尺,玻璃量器,万用表等操作,属于检测人员“应知应会”范围。

此外,还特别说明,检测细则的编写应以“检测标准”或“检测方法标准”为依据。如果这些标准已详细地规定了检测的步骤、方法和顺序,且实验室按照这些标准执行检测时,实验室可以保证检测活动的有效性和一致性,那么实验室技术主管可以考虑将这些检测标准直接转化为检测细则。

2. 作业指导书的内容

作业指导书是检测活动的技术作业指导文件。包括了检测检验方法、抽样标准和方法(必要时)测量不确定度评定范围或仪器设备的操作规程、期间核查方法等技术作业文件。常用的作业指导书通常应包含的内容:

(1)作业内容;

(2)使用的材料;

(3)使用的设备;

(4)使用的专用工艺装备;

(5)作业的质量标准和技艺标准,以及判定质量符合标准的准则,质量标准和技艺标准应通过文字、图片或标样来规定应达到的质量要求;

(6)检验方法;

(7)对关键工序应编制更加详细的作业指导书。

(二)作业指导书的编写

1. 基本要求

(1)内容应满足:

①在什么时间使用该作业指导书;

即在哪里使用此作业指导书;

什么样的人使用该作业指导书;

此项作业的名称及内容是什么;

此项作业的目的是干什么;

如何按步骤完成作业。

②“最好，最实际”原则

最科学、最有效的方法；良好的可操作性和良好的综合效果。

(2)数量应满足：

①并非每一项工作、需要或每份程序文件都要细化为若干指导书，只有在缺少指导书可能影响检测结果，才有必要编制指导书。

②描述质量管理体系的质量手册之中究竟要引用多少个程序文件和作业指导书，应根据各实验室的要求来确定；培训充分有效时，作业指导书可适量减少。当需要对某一特定产品或特定岗位有具体的特殊要求，就可用指导书来做出详细的规定。

(3)格式应满足：

①应满足培训要求为目的，不拘一格；

②简单、明了、可获唯一理解；

③美观、实用。

2. 编写步骤

编制作业流程图，按照作业顺序编写作业指导书。作业指导书的编写任务一般由具体部门承担。明确编写目的是编写作业指导书的首要环节。当作业指导书涉及其他过程(或工作)时，要认真处理好接口。编写作业指导书时应吸收操作人员参与，并使他们清楚作业指导书的内容。

(三)作业指导书的管理

1. 作业指导书的批准

作业指导书应按规定的程序批准后才能执行，一般由部门负责人批准。未经批准的作业指导书不能生效。

2. 作业指导书的使用

作业指导书是受控文件，经批准后只能在规定的场合使用。严禁执行作废的作业指导书。如有变化应按规定的程序进行更改和更换。如果使用进口的仪器设备其操作规程应翻译成中文，并经审核批准后使用。

上述指导书中除了工作指导书外，其余都属于技术文件的范畴。

(四)作业指导书格式及内容

1. ××××实验室作业指导书目录

第1页 共3页

序号	文件名称	文件编号
1	O型口蹄疫正向间接血凝试验操作规程	Q/SH003.001
2	口蹄疫病毒3ABC-ELISA检验操作规程	Q/SH003.002
3	口蹄疫病毒通用RT-PCR检验操作规程	Q/SH003.003
4	口蹄疫病毒通用荧光RT-PCR检测试验操作规程	Q/SH003.004
5	口蹄疫病毒抗体 LpB-ELISA试验操作规程	Q/SH003.005
6	猪瘟病毒RT-PCR试验操作规程	Q/SH003.006
7	猪瘟正向间接血凝试验操作规程	Q/SH003.007
8	猪瘟单克隆抗体酶联免疫吸附试验操作规程	Q/SH003.008

第2页　共3页

序号	文件名称	文件编号
9	猪瘟抗原双抗体夹心ELISA试验操作规程	Q/SH003.009
10	猪瘟病毒荧光RT-PCR试验操作规程	Q/SH003.010
11	猪瘟荧光抗体检测试验操作规程	Q/SH003.011
12	高致病性禽流感血凝(HA)和血凝抑制(HI)试验操作规程	Q/SH003.012
13	禽流感病毒RT-PCR试验操作规程	Q/SH003.013
14	H5亚型禽流感病毒荧光RT-PCR试验操作规程	Q/SH003.014
15	禽流感琼脂凝胶免疫扩散试验操作规程	Q/SH003.015
16	新城疫病毒RT-PCR检测试验操作规程	Q/SH003.016
17	新城疫病毒中强毒株荧光RT-PCR法检验操作规程	Q/SH003.017
18	鸡新城疫血凝(HA)和血凝抑制(HI)试验操作规程	Q/SH003.018
19	猪繁殖与呼吸综合征抗体ELISA检验操作规程	Q/SH003.019
20	猪繁殖与呼吸综合征RT-PCR检验操作规程	Q/SH003.020
21	猪繁殖与呼吸综合征病毒(变异株)RT-PCR检验操作规程	Q/SH003.021
22	猪繁殖与呼吸综合征病毒(变异株)荧光RT-PCR检验操作规程	Q/SH003.022
23	狂犬病毒IgG抗体ELISA试验操作规程	Q/SH003.023
24	狂犬病RT-PCR检测试验操作规程	Q/SH003.024
25	狂犬病直接免疫荧光(dFA)检测操作规程	Q/SH003.025
26	布鲁氏菌病虎红平板试验操作规程	Q/SH003.026
27	布鲁氏菌病试管凝集试验操作规程	Q/SH003.027
28	布鲁氏菌病RT-PCR检验操作规程	Q/SH003.028
29	动物炭疽病环状沉淀试验操作规程	Q/SH003.029
30	动物炭疽病细菌学检验操作规程	Q/SH003.030
31	流行性乙型脑炎血凝抑制试验操作规程	Q/SH003.031
32	流行性乙型脑炎乳胶凝集试验操作规程	Q/SH003.032
33	猪传染性萎缩性鼻炎病理解剖学检验操作规程	Q/SH003.033
34	猪传染性萎缩性鼻炎细菌学检验操作规程	Q/SH003.034
35	猪传染性萎缩性鼻炎乳胶凝集试验操作规程	Q/SH003.035
36	猪细小病毒病PCR试验操作规程	Q/SH003.036
37	猪Ⅱ型圆环病毒核酸PCR检验操作规程	Q/SH003.037

序号	文件名称	文件编号
38	猪Ⅱ型圆环病毒病荧光PCR检测试验操作规程	Q/SH003.038
39	猪传染性胸膜肺炎间接血凝试验操作规程	Q/SH003.039
40	伪狂犬病乳胶凝集试验操作规程	Q/SH003.040
41	猪伪狂犬病酶联免疫吸附试验操作规程	Q/SH003.041
42	猪伪狂犬病PCR试验操作规程	Q/SH003.042
43	猪痢疾蛇样螺旋体(Sh)显微镜检查操作规程	Q/SH003.043
44	猪巴氏杆菌病细菌学检验操作规程	Q/SH003.044
45	猪链球菌2型溶血素基因PCR检验操作规程	Q/SH003.045
46	猪流行性腹泻直接荧光抗体试验操作规程	Q/SH003.046
47	猪流行性腹泻双抗体夹心ELISA试验操作规程	Q/SH003.047
48	猪传染性胃肠炎双抗体夹心ELISA试验操作规程	Q/SH003.048
49	猪传染性胃肠炎间接ELISA试验操作规程	Q/SH003.049
50	鸡传染性支气管炎琼脂扩散试验操作规程	Q/SH003.050
51	鸡传染性支气管炎RT-PCR试验操作规程	Q/SH003.051
52	鸡传染性喉气管炎琼脂扩散试验操作规程	Q/SH003.052
53	鸡马立克氏病病理解剖学诊断操作规程	Q/SH003.053
54	鸡马立克氏病琼脂扩散试验操作规程	Q/SH003.054
55	鸡传染性贫血检验操作规程	Q/SH003.055
56	禽J-亚群禽白血病p27抗原ELISA检验操作规程	Q/SH003.056
57	鸡传染性法氏囊病琼扩试验检验操作规程	Q/SH003.057
58	鸡传染性法氏囊病ELISA检验操作规程	Q/SH003.058
59	禽痘琼扩试验检验操作规程	Q/SH003.059
60	动物球虫病球虫形态学检验操作规程	Q/SH003.060
61	动物棘球蚴病棘球蚴形态学检验操作规程	Q/SH003.061
62	动物棘球蚴病酶联免疫吸附试验(ELESA)操作规程	Q/SH003.062
63	牛皮蝇蛆病皮蝇蛆形态学检验操作规程	Q/SH003.063
64	减蛋下降综合征血凝(HA)和血凝抑制(HI)试验操作规程	Q/SH003.064
65	禽支原体病快速快速血清凝集试验(RSA)操作规程	Q/SH003.065

2. 作业指导书实例

作业指导书 检验操作规程	文件编号：Q/SH003.001
	第 1 页 共 1 页
O型口蹄疫正向间接血凝试验操作规程	第 1 版 第0次修订
	××××年××月××日发布/××××年××月××日实施

1目的

建立一个O型口蹄疫正向间接血凝试验操作规程。

2适用范围

主要用于本实验室O型口蹄疫动物血清抗体效价检测。

3操作程序

3.1试验试剂：O型口蹄疫血凝抗原、阴性对照血清、阳性对照血清、稀释液和待检血清（每头约0.5 mL血清，56℃水浴灭活30min）

3.2操作过程

3.2.1在血凝板上1–6排的1–9孔；第7排的1–4孔第6–7孔；第8排的1–12孔各加稀释液50mL。

3.2.2取1号待检血清50mL加入第1排第1孔，对倍稀释至第10孔，此时第1–10孔待检血清的稀释度（稀释倍数）依次为：1∶2(1)、1∶4(2)、1∶8(3)、1∶16(4)、1∶32(5)、1∶64(6)、1∶128(7)、1∶256(8)、1∶512(9)、1∶1024（10）。按此法稀释其他待检血清（每稀释1份更换1个枪头）。

3.2.3阴性血清50μL，对倍稀释至第4孔，混匀后从该孔取出50μL丢弃。此时稀释倍数依次为1∶2(1)、1∶4(2)、1∶8(3)、1∶16(4)。第6～7孔为稀释液对照。

3.2.4阳性血清50μL，对倍数稀释至第12孔，混匀后从该孔取出50μL丢弃。此时阳性血清的稀释倍数依次为1∶2～1∶4096。

3.2.5在被检血清各孔、阴性对照血清各孔、阳性对照血清各孔、稀释液对照孔均各加O型血凝抗原（充分摇匀，瓶底应无血球沉淀）25μL。

3.2.6将血凝板置于微量振荡器上1～2 min，如无振荡器，用手轻拍混匀亦可，然后将血凝板放在白纸上观察各孔红血球是否混匀，不出现血球沉淀为合格。盖上玻板，室温下或37℃下静置1.5～2 h判定结果。

3.3判定结果

观察阴性对照血清1:16孔，稀释液对照孔，均应无凝集，或仅出现"+"凝集；阳性血清对照1∶2～1∶256各孔出现"++"—"+++"凝集的条件下，被检血清呈现"++"凝集（50%凝集）的最大稀释倍数为该份血清的抗体效价。

4注意事项

4.1严重溶血或严重污染的血清样品不宜检测，以免发生非特异性反应。

4.2每次检测只做一份阴性、阳性和稀释液对照。

4.3勿用90°和130°血凝板，严禁使用一次性血凝板，以免误判结果。

4.4用过的血凝板应及时在水龙头冲净。置2%～3%盐酸中浸泡过夜，取出后先用自来水冲净盐酸，再用蒸馏水或去离子水冲洗2次，甩干水分置37℃恒温箱内干燥备用。

5标准依据

口蹄疫防治技术规范。（NY/SY150–2000）

六、记录的编写

(一)概述

1. 含义

根据ISO 9000《质量管理体系　基础和术语》对“记录”的定义:阐明所取得的结果或提供所完成活动的证据的文件。

注1:记录可用于为可追溯性提供文件,并提供验证预防措施和纠正措施的证据。

注2:通常记录不需要控制版本。

2. 作用

记录应贯穿于产品质量形成的全过程,能完整地反映管理体系的运行状况和产品质量状况,是质量活动的见证性文件,是体系文件的组成部分。记录作为实验室质量管理体系文件的有机组成部分,在质量管理体系运行过程中发挥着极其重要的作用。它如实地记录了产品(服务)质量形成过程和最终状态,为正确、有效地控制和评价产品(服务)质量提供了客观证据。同时,记录也如实地反映了质量管理体系中每一要素、过程和活动的运行状态和结果,为评价管理体系的有效性,进一步建立健全质量管理体系提供了客观的证据。记录保证了产品(服务)的可追溯性得以实现,为采取预防和纠正措施提供了重要的依据,同时也为评价和验证质量改进活动提供了信息。

3. 形式

记录大量地以表格形式出现,此外也有文字形式,必要时还有实物样品、照片、录像、计算机磁盘等,可以是任何一种媒体形式。

(二)记录的编制要求

1. 记录的充分性和有效性

记录应尽可能全面地反映产品(服务)形成过程和结果以及质量管理体系的运行状态和效果,为质量管理和质量保证工作提供必要的信息。但这并不意味着记录越多越好。原则是“做有痕、追有踪、查有据”,体现客观、规范、准确及时的原则。

在编制记录时,既要从总体上评价记录的充分性,也要对每一记录的必要性进行评审。确保全面、有效地记录质量信息。

2. 记录应标准化

标准化的记录的格式统一,便于填制,也便于统计和分析,同时也为进一步使用计算机进行信息管理打下基础。记录的填写必须规范、正确、清楚,以满足证实与质量改进的需要。

3. 记录的实用性

在确定每一记录的内容时,应考虑记录的实用性,归档和保存要符合规定要求,保证记录,检索方便,信息共享对那些不能为质量管理和质量保证提供依据的信息,不应体现在记录中。

4. 记录的真实性和准确性

只有记录真实准确的记载质量信息,才能为开展质量管理和质量保证提供科学的依据。

记录的失真、失实、模糊不清都将失去使用价值,甚至会造成产品质量失控和领导决策的失误。为此,在确定记录的格式和内容时,应考虑填写的方便性并保证在现有条件下能准确地获取所需质量信息。在填写记录时,应严肃认真,实事求是,能再现检测过程。必要时,可对有关人员进行培训。

5. 记录应利于管理

不论使用何种载体记录质量信息,都应易于贮存、查阅、分析和控制。应对记录的标识做出明确规定,必要时,应制定记录的管理程序。

(三)记录的内容及编写

1．记录的内容

记录一般分为管理记录和技术记录两大类，管理记录指实验室管理体系活动中所产生的记录，技术记录是进行检测所得的数据和信息的累积，也是检测是否达到规定的质量或过程参数所表明的信息。任务委托、合同评审、质量内审、管理评审、文件发放、会议签到等均属记录，不应仅指检测的原始记录。原始记录中应包含足够的信息，以便能再现检测过程。

具体信息一般应包括时间、地点、项目、仪器设备、环境设施、采用方法、实施过程、相关人员、样品描述等。通常情况下，记录包含以下内容：

(1)管理体系评审记录；

(2)合同评审记录；

(3)设计评审记录；

(4)合格的分供方记录；

(5)需方提供物资的丢失、损坏或不适用记录；

(6)产品标识记录；

(6)工序、设备和人员的鉴定记录；

(7)进货检验和试验记录；

(8)紧急放行物资记录；

(9)工序检验和试验记录；

(10)最终检验和试验记录；

(11)检验、测量和试验设备的校准记录；

(12)试验硬件和软件检验记录；

(13)检验和试验状态记录；

(14)不合格品记录；

(15)不合格品评审和处置记录；

(16)内部质量审核记录；

(17)培训记录；

(18)文件修改记录。

2．编制过程

(1)编制记录的总体要求的文件

根据质量手册和程序文件以及质量可追溯性要求，应对管理体系中所需要的记录进行规划，同时对表卡的标记、编目、表式、表名内容、审批程序以及记录要求做出统一。

(2)表格设计

在编制程序文件的同时，分别制定与各程序相适应的记录表格。必要时可将表格附在程序文件后面。

(3)校审和批准

汇总所有记录表，组织有关部门进行校审，校审的重点，应从管理体系的整体性出发在各表格间的内在联系和协调性、表式的统一性和内容的完整性。校审并作相应修改后，报主管领导批准。

(4)汇编成册

将所有表格统一编号，汇编成册发布执行。必要时，对某些较复杂的记录表格要规定填写说明。

3．记录的管理

(1)应建立并保持有关记录的标识、收集、编目、查阅、归档、贮存、保管、收回处理的文件化程序;

(2)记录应在适宜的环境中贮存,以减少变质或损坏并防止丢失。保管方式应便于查询,应制定顾客和分包方查阅和索取所需记录的有关规定;

(3)应明确记录所采用的方式(如文字填写、缩微胶卷、磁带、磁盘或其他媒介);

(4)按规定表式填写或输入记录,做到纪录内容准确,填写(输入)及时,字迹清晰整齐;

(5)应根据需要规定记录的保存期限。记录保存期限一般应遵循的原则是:

有永久保存价值的记录,应整理成档案,长期保管;合同要求时,记录的保存期应征得顾客的同意或由顾客确定;无合同要求时,产品记录的保存期一般不得低于产品的寿命期或责任期。此外,还应规定对过期或作废记录的处理方法。

4. 记录的实施

记录的方式、格式、载体、用笔、装订、字体等均应标准化、表格化、规范化。记录更改应统一按规定进行。记录应明确责任,具有唯一性、连续性标识。

关于记录的格式和内容很难给出一个统一的模式。在符合上述要求的基础上,主要应结合实验室的实际情况来确定记录的格式和内容。记录的数量,因实验室的规模不同,也会存在差异。

一旦出现误记,应遵循记录的更改原则(如采用“杠改法”;),不要涂擦,也不能用涂改液,被更改的原记录内容仍需清晰可见,不允许消失或不清楚,改正后的值应在被更改值的附近,并有更改人的签名或盖章,更改人一般为直接检测人。

七、内部审核及管理评审

(一)管理体系内部审核

1. 内部审核概述

(1)定义

内部审核是实验室自身必须建立的评价机制,对所策划的体系、过程及其运行的符合性、适宜性和有效性进行系统的、定期的审核,保证管理体系的自我完善和持续改进过程。

内部审核简称"内审",是实验室自己进行的,用于内部目的的审核,也称第一方审核,是一种自我约束、自我诊断和自我完善的活动。

(2)目的

质量管理体系内部审核是检查本单位各项质量活动是否符合《实验室资质认定评审准则》与质量管理体系文件的一项重要工作。通过内审,能自我发现问题、分析原因、采取措施解决问题,以实现质量管理体系的持续改进。内审活动必须得到最高管理者的全面支持,否则无法顺利开展,也不会产生预期的效果。审核结果报告需经最高管理者审批,不符合项需由质量负责人组织纠正行动,并制定预防措施。其目的如下:

①确定满足审核准则的程度:

A.确定受审核部门的质量管理体系对规定要求的符合性;B.评价对客户、法律机构和认可组织要求的符合性;C.确定所实施的质量管理体系满足规定目标的有效性。

②管理者将根据内审情况做出改进和完善质量管理体系目标的决策。

③管理者可以通过内审了解质量管理体系的活动情况与结果,为改进质量管理体系创造机会和条件。

(3)范围

审核活动的范围是指在固定的设施、离开固定设施的场所、移动的或临时的设施以及部门、要素等审核活动所涉及的领域或范围。

(4)依据

内部审核的依据(又称审核准则):

①实验室的质量方针、目标和管理体系文件(包括质量手册、程序文件、作业指导书、质量监控计划等);

②客户的要求、标书和合同条款;

③国家或行业的有关法律、法规或标准;

④实验室资质认定评审准则。

(5)审核的原则

①审核的客观性:依据客观证据;形成审核发现;审核过程形成文件。

②审核的独立性:审核是被授权的活动;审核过程公正、客观;审核员不能审核与自己直接相关的活动。

③审核的系统性:审核活动有程序可依;对审核活动先行策划,制定活动计划,依计划进行;有规范的步骤和技巧。

(6)审核频次

①常规审核:按年度计划进行。每年至少一次,覆盖质量管理体系的所有要素。

②特殊情况下审核:当出现下列情况时,增加内审频次:

A.出现质量事故或客户对某一环节连续投诉;

B.内部监督连续发现质量问题;

C.实验室组织结构、人员、技术、设施发生较大变化;

D.第二方或第三方现场评审前。

2. 内审过程中各部门和人员的职责

(1)人员职责

①最高管理者

A.支持内审员的工作;

B.认识内审工作的意义和作用;

C.及时了解内审结果为改进提供依据。

②质量负责人

A.批准并组织年度内审计划;

B.指定组成内审组及任命组长;

C.将内审计划通知组长和受审核部门;

D.负责不符合项追踪;

E.负责内审质量和内审员的培训;

F.批准内审总结报告。

③内审组长

A.编制内审实施计划;

B.组织内审组实施内审;

C.负责与被审核部门沟通与反馈信息;

D.主持内审首次与末次会议;

E.向质量负责人报告内审实施进程中遇到的重大问题;

F.清晰明确地报告内审结论;

G.签发不符合项通知书;

H.编写内审报告。

④内审员

A.编制内审检查表;

B.向受审核方传达和阐明审核要求;

C.有效地执行内审实施计划;

D.记录审核发现;

E.报告审核结果并形成不符合项通知书;

F.负责对内审发现的不符合项的跟踪和验证;

G.收存与审核有关的文件(通称"内审记录")。

(2)各部门职责

①质量管理部门

A.编制内审计划并通知相关人员和部门;

B.协调内审工作;

C.准备内审文件;

D.收集内审记录;

E.分析内审结果;

F.组织跟踪验证纠正措施;

G.管理内审员;

H.起草内审总结;

I.完成内审材料归档。

②受审部门

A.了解审核计划并在审核前进行自查;

B.配合审核组确认并实施审核计划;

C.将审核的目的和范围通知有关员工;

D.指定陪同内审组的联络员;

E.当内审员要求时,为其使用有关设施、证明材料提供便利;

F.确认或提供有力证据反对内审员提出的不足或缺陷;

G.提出并组织落实审核发现的不符合项纠正措施。

3. 内部审核步骤

质量管理体系内部审核的步骤一般分为5个阶段:内部审核的策划与准备、内审的实施、编写内审报告、跟踪审核验证、内审总结。

(1)内部审核的策划与准备

按照内审程序文件的规定,每年年初,质量负责人要组织质量管理部门及有关人员策划并编制《年度内审计划》(内容包括内审的目的、性质、依据、范围、审核组人员、日程安排)。每次内审前质量负责人授权成立内审组,由质量管理部门或审核组长制定《内审实施计划》,准备审核工作文件,工作文件主要是指审核所依据的《质量手册》《程序文件》《作业指导书》、国家有关法律法规等文件以及编制《现场审核检查记录表》《不符合项报告表》《内部审核结果表》等。所准备的文件必须是有效版本,且已在实验室得到实施。

《内审实施审核计划》内容包括:审核组人员、分组情况、职能分配、时间安排、提交内审结果报告的时间等具体事项,《专项审核计划》报质量负责人审批后,由质量管理部门在正式审核前5～10 d发至有关部门和人员。

《现场审核检查记录表》是内审员实施内审的重要证据,应认真填写并保存。为提高内审的效率,内审员应根据分工准备现场审核用的检查记录表。检查记录表内容的多少,取决于受审部门的工作范围、职能、审核要求及方法。检查记录表的类型分过程(或要素)检查记录表和部门检查记录表两种,需根据本单位的具体情况,选择其中适合的一种并应根据各部门实际情况认真填写。

(2)内审的实施

内审的实施按照首次会议、现场审核、碰头会、开具不符合项报告及召开末次会议的程序进行。

以首次会议开始现场审核,内审员依据《质量手册》《程序文件》《现场审核检查记录表》等进入现场检查、核实,在现场审核时,内审员可运用各种审核方法和技巧,通过与受审核部门负责人及有关人员交谈、查阅文件、现场检查、调查验证等方法,收集符合或不符合的客观证据,并做好详细记录,对发现的不合格(不符合)项应当场向受审核方指出,取得受审核方确认后,收集审核证据,对照《实验室资质认定评审准则》等找出问题,并对审核情况进行综合分析,经受审方确认后开具不合格项报告,得出审核结论,并以末次会议结束现场审核。末次会上,由内审组长宣读《不符合项报告》,做出审核评价和结论,提出建议的纠正措施要求。

现场审核是整个内部审核中的关键环节。内部审核工作的大部分时间用于现场审核,最后的内审报告也是依据现场审核的结果形成的。因此,对现场审核的控制以及审核技巧的应用就成为审核成功的关键。

(3)编写内审报告

内审报告是内审组结束现场审核后必须编制的重要文件。内审组长在末次会后应尽快完成内审报告的编写,报告对审核中发现的问题(不符合项)做出统计、分析、归纳和评价,

内审报告应规范化、定量化、具体化。内审报告经内审组全体成员通过,并签名报质量负责人批准后由质量管理部门发至各部门。内审报告作为管理评审内容的输入之一,内审报告提交后,内审工作即告结束。大型实验室应组成多个内审组,最终由质量管理部门按照被审核部门汇总编制《××××年度内审不符合项分布表》。

(4)跟踪审核验证

跟踪审核验证是内审工作的延伸,同时也是对受审方采取的纠正措施进行审核验证,对纠正结果进行判断和记录的一系列活动。内审组长应指定一名或几名内审员对不符合项的纠正、对纠正措施有效性进行跟踪验证并确认完成及合格后,做好跟踪验证记录,将验证记录等材料整理归档(纠正措施完成情况及纠正措施的验证情况可在不符合项报告表中一并体现)。质量管理体系内部审核工作流程见表6-4。

(5)内审的总结

本年度的内审全部完成后,尤其是滚动内审或多场所内审全部完成后,质量管理部门或质量负责人应对本年度的内审工作进行全面的评价。包括年度计划是否合适、组织是否合理、内审人员是否适应内审工作、经验教训及今后的打算。

表6-4　管理体系内部审核流程表

序号	工作步骤	负责人/部门	工作内容及要求
1	审核策划	质量负责人 质量负责部门	①编制年度内审计划;②最高管理者审批计划;③指定内审组长
2	成立内审组	内审组长或质量管理部门	①确定内审组成员、分组、编制检查表;②质量负责人确认;③通知有关人员准备
3	制定内审实施计划	内审组长	①质量负责人批准;②召开内审组会,明确分工;③准备审核工作文件;④分发
4	首次会议	内审组长	①明确要求;②与会人员签到
5	现场审核	内审组	收集、记录证据
6	碰头会	内审组	①汇总分析审核结果;②开具不合格项报告;③受审核方确认、拟定纠正措施
7	末次会议	内审组长	①通报审核情况;②宣读不合格项报告、结论;③提出建议纠正措施要求;④分发不合格项报告
8	编制审核报告	内审组长	①内审员签字;②质量负责人审批;③分发
9	纠正措施实施	责任部门	①制定纠正措施计划,包括完成时间;②内审员认可
10	跟踪验证	内审员	①验证纠正措施实施情况;②向组长报告;③提出建议
11	内审报告	内审组长	①内审过程;②内审结论;③不符合项及整改情况
12	内审总结	责任部门	①年度计划完成情况;②主要工作成绩;③不足及改进方向

(二)管理体系管理评审

1. 概述

(1)定义

ISO/IEC 17025:2017将(实验室的)管理评审规定为:“实验室管理层应按照策划的时间间隔对实验室的管理体系进行评审,以确保其持续的适应性、充分性和有效性,包括本准则的相关方针和目标。”换言之,管理评审目的是确保检测机构质量管理体系的适宜性、充分性、有效性和效率以达到检测机构质量目标所进行的活动,是为质量管理体系持续改进提供依据。

(2)分类与频次

质量管理体系管理评审分为定期评审与不定期评审。定期评审一年一次(在不超过12个月的周期内),一般可安排在质量管理体系内部审核后进行。当发生重大质量事故或质量管理体系发生重大变化时应组织不定期的管理评审。管理评审事前有计划,往往在岁末或年初,结合检测机构年度工作总结或任务开展。

(3)管理评审的输入

管理评审的输入通常包括15个方面:与实验室相关的内外部因素的变化;目标实现;政策和程序的适应性;以往管理评审所采取措施的情况;近期内部审核的结果;纠正措施;由外部机构进行的评审;工作量和工作类型的变化或实验室活动范围的变化;客户和员工的反馈、投诉;实验改进的有效性;资源的充分性;风险识别的结果;保证结果有效性的输出;其他相关因素,如监控活动和培训。但这15个方面并非每次管理评审都千篇一律,面面俱到。要结合实验室的不同发展阶段,所面临和所要解决的问题,即使每次管理评审能解决自身的一个问题就可以。应联系检测机构的实际情况,有的放矢，对症下药，以求实效。

2. 管理评审的步骤

(1)策划与准备

质量负责人根据内审报告以及收集到的“管理评审的输入”的信息制定《管理评审计划》，评审计划要说明评审目的和依据、参加评审的人员、评审的内容、时间和方法与其他事项。《管理评审计划》提交最高管理者审批，评审计划经最高管理者批准后应在评审会召开前将评审计划和有关文件分发给参加评审的人员，并通知有关人员做好准备。

(2)评审的实施

管理评审是以评审会议的形式进行，评审会议由最高管理者主持(或委托代理人主持)，质量负责人组织最高管理层成员、各部门负责人、质量管理员参加。参会人员按照评审计划对本单位质量管理体系的有效性和实用性进行充分的讨论、认真评审，对存在或潜在的不符合项提出纠正措施、预防措施，确定责任人和完成期限。随时性的评审会议由组织者决定参会人员，评审会议需对涉及的评审内容做出结论性意见(包括拟采取的纠正措施)。

(3)编写管理评审报告

管理评审会议结束后，由质量负责人根据管理评审结果及结论，在规定的时间内，编写管理评审报告。报告无统一格式，可以设计成表格形式(可在程序文件引用的表格中给出〉，也可以用文字表述。管理评审报告包括以下5个内容：

①实施管理评审计划的全过程情况；

②对质量管理体系内审报告中提及的整改措施的落实情况进行的评价；

③对《质量手册》和相关质量管理体系文件的适用性提出的意见；

④对质量管理体系运行及适用性等情况做出综合性的评价；

⑤提出改进目标。

管理评审报告经最高管理者批准后监控执行，与评审有关的资料、材料、记录等由质量负责人委托质量管理部门归档，以备复查评审时检查。

(4)监督与确认

管理评审报告经最高管理者审批后，由质量负责人或质量管理部门分发到最高管理层和各部门负责人，由相关的主管领导及职能部门组织落实，管理评审决定的各项改进措施应反映在本年度的工作目标、计划及质量管理体系文件的修订等方面，质量负责人对改进措施的完成情况进行监督和控制，并将其作为下次管理评审的输入信息。

第二节　基础兽医实验室生物安全管理

一、组织机构

组织是职责、权限和相互关系得到安排的一组人员及设施。这种安排通常是有序的。组织机构是指“人员的职责、权限和相互关系的安排”。组织机构的表述通常在管理手册或项目的计划中提供其范围包括与外部组织的接口。在建立生物安全管理体系时，应合理设计生物安全实验室的组织机构，落实岗位责任制，确保实验室处于“事事有人管，时时有人管”的安全高效运作状态，保证实验室安全。

实验室的组织和管理机构一般用组织机构图结合岗位职责的文字表述来描述。组织机构图最好用两张图来表述，一张是表述生物安全实验室内部组织机构的图，用方框表示各种管理职务或在组织机构中的地位以及它们之间的关系，下级(图中箭头指向)必须服从上级(图中箭头发出)指示，下级必须向上级报告工作。岗位职责的文字描述要求简单明确的指出该管理岗位(职务)的工作内容、职责和权力、与组织中其他部门和职务的关系，以及担任某项职务者所必须具备的基本素质、技术知识、工作经验、处理问题的能力等任职条件；另一张图主要是用来描述实验室在母体组织中的地位，重点是描述实验室与外部组织之间的接口。两张图也可以合二为一，尤其是在实验室内部组织机构不多、外部接口少的情况下，可以用一张图来描述实验室的组织机构。在组织机构图的绘制过程中，应把组织机构图的安全管理部门、技术工作部门和支持服务部门之间的相互关系尽量表示出来，必要时可用文字补充说明。

绘制实验室的组织机构图及编制岗位职责描述时，要紧紧围绕样品进入实验室、样品的制备、样品的流转、安全工作的监控记录、消耗性材料采购的控制、人员的监督与控制、消毒灭菌方法的选择与确认、废弃物的处置以及研究、检测过程的控制等工作全过程的岗位职责分配。此外，还必须按照《实验室生物安全认可准则》的要求，逐条逐款将安全管理职能分解到有关部门和岗位上。要尽量做到分工清晰、职责明确。职责界限应清楚，职责内容应具体并要做出明文规定，只有这样才可以把职责分清，便于执行与检查考核。另外，职责中还应包括横向联系的内容，即在规定某个岗位职责的同时，必须规定同其他部门、其他岗位协同配合的要求，只有这样才能提高整个体系的功效。职责规定好后，一定要落实到每个人，没有分工的共同负责实际上是无人负责，其后果必然导致管理上的混乱，就容易出现实验室安全事故。

为实施实验室生物安全管理建立起来的生物安全管理体系，必须与实验室的活动相适应，包括实验室的工作类型(是研究型的、还是检测型的，或者两种类型兼存)、工作范围(专业领域范围)、工作量(每年做多少研究/检测项目、出多少检测报告)等。要注意的是，管理体系建立后，重在实施，要保持体系的持续运行与改进。建立体系时，要将实验室生物安全管理的方针、体系、计划、程序和指导书适当的文件化，也就是要建立一个文件化的管理体系，以便于管理并达到实验室工作安全的目的。

根据《实验室生物安全认可准则》要求，实验室或其所在组织应是一个能够承担法律责任的实体。明确实验室的法律地位，目的在于确保实验室有能力承担法律责任。

在我国，实验室的法律地位有两种体现形式：一种实验室本身是独立法人单位，它在国家有关管理部门依法设立、登记注册，获得政府的批准，具有明确的法律身份，独立承担相应的法律责任；另一种实验室本身不是独立法人单位，而其母体是独立法人单位，为实验室承担相应的法律责任。

实验室应确定实验室的组织和管理机构，如果不是独立法人，则应清楚描述其在母体组织中的地位，并确定安全管理、技术运作和支持服务之间的关系。实验室建立的生物安全管理体系，应覆盖实验室在固定建筑内及离开其固定建筑的场所中执行的工作，确保实验室生物安全。

二、实验室生物安全管理体系的建立

(一)管理体系的概念

任何组织都有管理体系，只是与国际接轨的程度或科学性、有效性不同而已。所谓体系，是指相互关联或相互作用的一组要素，也就是说，体系是由要素组成的，离开了要素就谈不上体系。要素是体系的基本组成部分，是体系存在的基础。评价一个体系，重要的就是研究要素之间的关联性或相互作用。

(二)建立生物安全管理体系的一般步骤

为了建立符合GB 19489-2008《实验室 生物安全通用要求》和国务院《病原微生物实验室生物安全管理条例》要求的管理体系，组织可以采取以下“通用步骤”：

(1)统一管理层思想，明确建立符合标准要求的管理体系的目的、意义，以及最高管理者在建立体系过程中的关键地位和主导作用。

(2)组建领导小组、生物安全委员会和工作小组。领导小组由最高管理者亲自负责,或由其任命的有一定职权的管理者负责。

(3)开展分层次的培训。要求管理层(如部门负责人、生物安全负责人)全面掌握管理体系的标准和内容,实验室工作人员着重明确各自岗位的活动要求。

(4)对照标准要求,评价组织的现状,找出差距和不足。

(5)拟定工作计划,包括时间进度、资源需求,报最高管理者审批。

(6)制定方针、目标和管理方案。

(7)编制管理体系文件——生物安全管理体系手册、程序文件、作业指导书、记录表格、以及购置标识等。

(8)发布体系文件,并进行分层次、有目的的培训。

(9)试运行管理体系。

(三)实验室建立管理体系的参考程序

1. 成立领导小组

必须有最高领导者或最高管理层中有职权人员的有效介入,以便解决重大问题和跨部门的问题,激发参与人员的积极性、主动性。

2. 成立生物安全委员会

负责咨询、指导、评估和监督实验室的生物安全相关事宜。成员应有相应的生物安全实验室相关背景,包括生物安全负责人、医学顾问、兽医专家、生物安全专家(如果本单位没有,也可以从其他单位聘用)、技术人员代表、管理人员代表,必要时还应包括建筑、空调等专业专家。此外,也可能包括不同部门和专业的安全主管,如辐射防护、电气安全、消防等方面的专家。成员背景的多样性有助于实验室的安全运行,并且在讨论解决特别有争议的问题或敏感问题的研究方案时,也将起到积极作用。在所在机构的生物安全委员会中,实验室生物安全负责人应至少是其中有职权的成员。

3. 确定方针和目标

实验室对生物安全管理的态度和对安全的承诺,一般至少包括实验室遵守国家及地方相关法规和标准的承诺、实验室遵守良好职业规范和安全管理体系的承诺、实验室安全管理的宗旨。实验室安全管理的目标,应包括针对实验室工作范围、管理活动和技术活动制订的安全指标。

4. 识别风险因素,确定控制对象

根据风险评估结果,确定风险可能存在的环节,制订相应的预防和控制措施。

5. 外部培训

培训对象包括领导小组成员、生物安全委员会成员以及编写组成员。培训内容包括管理的基本理论、方法,文件编写要求和注意事项,生物安全认可准则,以及生物安全相关的法律法规和标准等。

6. 组织编写体系文件

拟编制文件的详略程度与手册、程序文件或作业指导书的人员的培训程度有关,没有一个固定的标准。人员素质较高,文件可以适当简单些;人员素质较低或人员流动性较大,则文件需要编写得详细些,但不可过多,只要能达到确保安全的目的即可。生物安全管理体系文件应传达至有关人员,并使之容易被有关人员获取,还应保证他们能正确的理解和贯彻实施。

体系文件有三个层次:

①纲领性文件——手册。

②支持性文件——程序文件、SOP、作业指导书、制度、法规。

③证实文件——记录、表格、报告等。

体系文件编写的程序：

①落实编写人员——成立编写领导小组，由最高管理者或其授权人员负责，进行管理体系文件的决策、协调和审定。编写组负责文件的具体编写。

②培训——培训对象包括领导班子成员、编写组成员；培训内容包括管理的基本理论、方法，文件编写要求和注意事项，认可准则，生物安全相关法律法规，以及拟操作病原的背景知识等。

③制定文件编写指导书——规定文件的分类、编号、格式、编写要求，规定文件的起草、批准和修改权限等。

④制定编写计划——根据目录，分工编写，确定具体人员、完成期限。

⑤起草草稿。

⑥编辑加工——-修改草稿文件，注意系统、协调。

⑦评审——体系文件是否覆盖了认可准则的全部要求，是否适用于本实验室的实际情况，是否满足安全要求，是否切实可行。

⑧试运行——根据编写的文件资料，进行完整的实验室活动及应急模拟演练，通过反复自我核查，找到体系的不足，并进一步修订、完善。

⑨批准发布——最高管理者批准发布手册，程序文件由安全负责人或最高管理者授权者批准，其他文件由相关管理者发布实施。

(1)生物安全管理手册

生物安全管理手册是实验室安全活动的纲领性文件，对如何描述、详细程度如何以及总体编排格式，没有统一规定。实验室可以根据自身特点以及从事的工作性质决定。但在手册编写过程中，应尽量反映《实验室生物安全认可准则》要求的全部内容，也可以进行必要的删减，但是法规中明确规定的内容不得删减。对《实验室生物安全认可准则》中每一项要求的描述，重点应突出实现准则要求所采取的控制方法，即达到准则要求需要干什么、何人干、怎么干以及监控措施。手册编写时，应对组织结构、人员岗位及职责、安全及安保要求、体系文件架构等进行规定和描述。应明确规定管理人员的权限和责任，包括保证其所管人员承担安全管理体系要求的责任。涉及的安全要求和操作规程，应以国家主管部门和世界卫生组织、世界动物卫生组织、国际标准化组织等机构或行业权威机构发布的指南或标准等为依据，并符合国家相关法规和标准的要求。此外，要规定生物安全领域的任何新技术，在使用前必须经过充分验证。

①生物安全管理体系手册的结构

A 概述部分：封面；前言；手册修改控制页；目录；实验室简介；授权[如果实验室不具备独立法人资格，应有其上级(具备法人资格)单位授权书；编制说明；批准发布令；手册的管理。

B 正文：范围；适用领域；术语和缩写；管理职责；管理体系。

正文部分严格按照CNAS-CL05《实验室生物安全认可准则》内容编写，对于不适用内容，在手册编制说明中应阐述理由。

C 附录或附表：支持性文件、资料清单，如组织机构图、实验室管理人员有关的授权书、工作人员情况表等。

②手册的内容及编写说明

A 封面：要求包括组织名称；手册标题、发行版次；文件发放控制编号；文件编号；生效和实施日期。

B 实验室联系方式：实验室名称、地址、通讯方法等，也可以结合实验室简介部分一起写。

C 前言:简单介绍体系文件编写的背景。

D 手册修改控制页:以记录表形式说明手册中各部分的修改情况,使手册内容修改情况一目了然。

E 目录。

F 实验室简介:隶属关系、实验室性质、实验室提供的服务、规模或占地面积、人员结构、设备状况以及历史沿革等。

G 授权书:如果实验室不具备独立法人资格,应有其上级(具备法人资格)单位授权书。

H 编制说明:编写依据,条款不能覆盖或不适用时的说明。

I 批准发布令:由最高管理者签署的手册发布令。

J 手册的管理:阐明手册是如何管理的,包括编制、批准、分发控制、更改控制、使用与保管。

K 范围:手册所涵盖的范围。

L 适用领域:手册适用的区域。

M 术语和缩写:实验室特有的术语、定义,目的是帮助理解手册的内容。

N 组织机构、职责和权限:描述实验室机构设置,可能影响安全的职能部门的职责、权限及隶属关系。

O 管理体系各要素描述:严格按照《实验室生物安全认可准则》内容编写,对于不适用内容,在手册编制说明中应阐述理由。

P 支持性资料:以附录、附表或附图的形式给出。内容包括:实验室平面布置图、实验室管理人员有关的授权书、工作人员情况表、程序文件目录、SOP 目录、主要仪器设备一览表等。

(2)程序文件

程序是为进行某项活动或过程所规定的途径。可以形成文件,也可以不形成文件。含有程序的文件即称为程序文件。实验室需要书写的程序文件既包括标准或准则中明确要求的,也包括标准或准则中隐含要求的。应明确规定实施具体安全要求的责任部门、责任范围、工作流程、责任人,以及任务安排及对操作人员能力的要求、与其他责任部门的关系、应使用的工作文件等。还应满足实验室实施所有安全要求和管理要求的需要。内容应简明、易懂,通常包括活动的目的、范围,做什么,谁来做,何时何地做,如何做,以及如何对活动进行控制和记录等。

程序文件的内容和编排次序、编写要求如下:

①封面 实验室标志、名称,文件编号和名称,编写人,审核人,批准人及日期,版本号/修订状态,受控号。

②程序文件发布令。

③目录。

④表头　实验室名称,文件编号和名称,版本号,文件发布和实施日期,编写者,批准人及日期,页数和页码。

⑤目的　简单说明为什么要开展这项活动或过程。

⑥适用范围　开展此项活动或过程所涉及的有关部门及其活动,所涉及的相关人员,必要时注明禁止事项。

⑦职责　明确由哪个部门实施此项程序,谁来负责,并明确其职责和权限。

⑧工作流程　明确该项活动各环节输入、转换和输出所需的资源,明确对每个环节内转换过程中各个因素的要求,即由谁做(Who)、什么时间作(When)、什么地方(Where)做、做到什么程度、达到什么要求、怎样做(How)、如何控制、需要形成什么样的记录或报告,以及相应的签发手续。同时,要注

明需要注意的任何例外或特殊情况,必要时辅以流程图。

⑨相关文件。

⑩记录表格。

(3)标准操作规程(SOP)

可分为实验操作规范、设施设备使用规程、管理类规程等。编写SOP时,应详细说明使用者的权限及资格要求、潜在危险、设施设备的功能、活动目的和具体操作步骤、防护和安全操作方法、应急措施、文件制定的依据等。

(4)安全手册

实验室应以安全管理体系文件为依据,制定出可供实验室内快速阅读的文件,即安全手册。安全手册应简明、易懂、易读,应根据实验室的具体性质、规模和风险种类确定。宜包括(但不限于)以下内容:

①紧急电话、联系人。

②实验室平面图、紧急出口、撤离路线。

③实验室标识系统。

④生物危险。

⑤化学品安全。

⑥辐射。

⑦机械安全。

⑧电气安全

⑨低温、高热。

⑩消防。

⑪个体防护。

⑫危险废物的处理和处置。

⑬事件、事故处理的规定和程序。

⑭从工作区撤离的规定和程序。

(5)记录和标识

记录是阐明所取得的结果或提供所完成活动的证据的文件。生物安全实验室的记录应客观地反映实验活动的水平,成为生物安全危害追踪和预防的依据。记录大部分以表格形式出现,可以是书面的,也可以是电子媒体形式等。所有记录应易于阅读,便于检索。基础兽医实验室常用的记录表格见第七章中《基础兽医实验室生物安全管理常用表格范例》。

实验室安全标识是指在实验室出、入口及实验室内,用以表达特定安全信息的标志,包括生物危害、火险、易燃、有毒、放射、有害材料、腐蚀性、刺伤、电击、易燃、易爆、高温、低温、强光、振动、噪声、动物咬伤及砸伤等安全提示。通常由图形符号、安全色、几何形状(边框)或文字构成。实验室标识制作与设置应符合相关法规和规范的要求,见第七章中的《兽医实验室生物安全要求通则》(NY/T 1948-2010)。

三、人员培训

对于基础兽医实验室的管理者而言,要安全、成功地管理实验室,需要采取一种系统的、透明的方式对实验室进行管理,针对国家、社会等所有相关方的要求和需求,实施并保持持续改进实验室的生物安全管理体系,做到职责明确、策划周全、培训到位,确保人员健康、环境安全。

实验室负责人应保证针对实验室所有相关人员(包括运输和清洁等工作人员)的安全培训计划的

实施。一项全面的培训计划始于书面的规划，应包括对新员工的培训，以及对有经验员工的周期性再培训。应要求员工在某一领域工作前，阅读适用的安全手册。员工应书面确认其已接受适当的培训，阅读并理解了安全手册，包括其执行日期，有证据表明其具备胜任所承担工作的能力。人员培训计划应包括上岗培训（包括对较长期离岗或下岗人员的再上岗培训）；实验室管理体系培训；安全知识及技能培训；实验室设施设备（包括个体防护装备）的安全使用；应急措施与现场救治；定期培训与继续教育；人员能力的考核与评估。

（一）培训的策划

为了实现生物安全实验室的安全运行，以及新颁布政策法规的及时执行，每个实验室都要根据具体情况，对工作人员的安全培训工作进行周密策划。生物安全培训的效果取决于管理实施、充分的岗前培训、良好的沟通和最终的组织目标与目的。在进行培训策划时，应注意重点考虑以下要素：对培训需求的评估、确定培训目的、规定培训的内容和方法、不同培训对象的差异、针对不同的学习要求强调的不同内容，以及培训的评估和培训调整。

1．培训计划

每年年底，实验室有关部门提出下年度培训工作计划。生物安全负责人根据各有关部门的意见和最高管理者（实验室主任）的指示，编制全年培训工作计划，经批准后组织实施。基础兽医实验室年度培训计划编制方法见表6-5。

表6-5　XXX实验室年度培训计划

序号	培训内容	培训对象	培训方式	学时	培训教师
1					
2					
3					
4					

2．培训对象

实验室各级管理人员、生物安全委员会成员、实验人员、运输工、清洁工、修理工。此外，还包括对新员工进行培训和指导，对老员工开展周期性再培训。

3．培训目的

使所有相关人员熟悉工作环境，熟悉所从事的病原微生物的危害、预防措施，熟悉相关实验活动的操作程序，掌握所使用仪器设备的性能和操作程序，了解生物安全知识，掌握一旦发生意外事故时的相关处理程序。

4．培训内容

培训内容应包括使受培训者掌握实现安全实验操作目标所必需的知识或技术，以及意外情况下的应对措施等。由实验室各个部门负责人确定生物安全培训计划和内容，报安全负责人审批。内容一般包括但不限于以下内容：

（1）基本实验室操作规程培训。

（2）实验室管理制度。

（3）实验操作　包括如何减少气溶胶生成，如何正确使用生物安全柜，如何正确使用高压灭菌器和灭菌消毒设备，如何正确使用离心机，安全工作行为，等等。

（4）应急措施　包括在实验室内急救；溢出、破损以及火灾、水灾、生物安全事故等的处理。

(5)实验室的基本维护。

(6)良好微生物学操作技术培训。

(7)实验室各种废弃物的安全处理。

(8)化学品、电和火、热和冷的危害。

(9)消防知识。

(10)放射安全。

(11)针对所操作病原体出现意外情况下的急救培训等。

5. 培训方法

有效的培训一定要考虑培训对象的特点,同时也要结合不同的学习要求,做到重点突出。实验室可以根据培训对象和培训目的,选择最行之有效的教学方法,如专题讲座、计算机辅助教学以及更直观的或"手把手"的操作教授、模拟演练等各种方式。新员工上岗后应由有经验的技术负责人或员工带领一段时间,以充分熟悉工作程序。此外,要考虑被培训对象的专业背景和知识背景。

6. 培训后的考核、评估

培训后,要对培训内容进行考核,考核合格后方具备上岗资格。对于考核合格后上岗的新进人员,实验室应安排部门负责人监督其在岗的工作情况,并给予正确的指导。实验室人员应保证在某一领域工作前,阅读并理解了适用的安全手册,包括其执行日期。每一项培训,由工作人员的书面确认来证明被培训者已接受了相应的培训。

培训评估有助于判断培训是否达到预期效果,通常包括下列4种方式:

(1)检查培训对象对所进行培训的反应。

(2)考核培训对象对所培训内容的记忆和操作执行情况。

(3)评估培训对象在工作中的行为变化。

(4)按培训目的或目标来考查是否已有明确的效果。

7. 待岗培训

对在管理体系审核、安全负责人或安全委员会的监督等过程中,发现的实际操作或者工作程序严重不符合其岗位要求的人员,应责令其认真整改。对短时间内难以达到安全工作要求的,应建议其脱产待岗培训,培训时间可以依培训内容及培训对象的现状为依据。待培训后进行考核,达到了规定要求,方可再回原岗位工作。

8. 对培训计划的评估

每年应由实验室最高管理者组织安全委员会(若没有,也可以由其他类似机构进行)负责对实验室的培训计划、培训内容及培训效果等项目进行评估。当经评估,不适合实验室生物安全及业务开展需要时,应及时调整培训项目及计划,确保符合要求。

9. 培训工作的归档管理

实验室负责人负责建立培训档案,记录被培训者的培训经历。包括培训内容、培训时间、培训教师以及考核或评估结果等信息。所有的安全培训资料、考核资料和记录,以及每个岗位人员的相关的授权、能力、资格证,均需要存档保存。保存期一般为20年。在岗人员的培训档案等材料,保存至离开本单位后,随其他档案一起转离。

(二)培训的组织和实施实例

培训举例:实验室污染对人体健康的危害

1. 培训时间

年　　月　　日。

2. 地点

3. 主讲人

4. 课时

5. 培训要求

掌握BSL-2实验室常见的污染种类、侵入人体的途径和危害,结合自己的分工工作,进一步掌握防护措施和注意事项。

6,培训内容

(1)实验室污染物分类　大致可以分为以下6类。

①致病性微生物。

②有机污染物。

③无机污染物。

④重金属污染物。

⑤电磁辐射、放射性辐射。

⑥噪声。

(2)污染物侵入人体的途径

①直接接触有毒有害物质。

②通过食入、皮肤吸收、呼吸道侵入人体。如用口吸移液器;实验时,加热、粉碎、燃烧等过程中释放的污染物,使用空气清新剂、杀虫剂或消毒剂等瞬间散发的污染物,释放至环境中,有的脂溶性很强,如苯、汞等,可以通过皮肤吸收侵入人体,还可以通过呼吸道侵入人体。感染性气溶胶也可通过呼吸道进入体内。

③意外的针头刺伤,或被锋利的物品或碎玻璃割伤。

④动物或体表寄生虫咬伤及抓伤。

(3)污染物对人体健康的危害

①致病性微生物　如在BSL-2实验室操作的三类病原微生物污染空气、水源和食品,会导致疾病传播和流行。

②有机污染物　主要指碳氢化合物及其衍生物,如烃类、酯类、胺类等对人体有害的化合物。这些物质极易侵入脂肪组织,通过皮肤吸收侵入机体,或通过呼吸道侵入机体,导致肿瘤、癌症等。实验室常见的有毒有机污染物有苯、甲苯、二甲苯、氯苯、三氯乙烯、甲醛、乙醇、甲醇及二恶英等。

③无机污染物　主要有二氧化硫、一氧化碳、氰化物、氟化物、硫化氢等,对人体健康产生严重危害。

④重金属污染物　主要指铬、汞、镉、铅等金属。重金属的毒性以离子态形式最严重,在释放到环境中后,会在微生物作用下转化为毒性更大的金属有机化合物。此外,释放到环境中的重金属会通过各种途径,如食物链进行富集、食入等途径侵入机体。

⑤电磁辐射、放射性辐射

A 辐射对人体健康的危害与其强度、人体接受的剂量和对人体作用的时间有关。电磁波对人的中枢神经系统、免疫系统、心血管系统、血液系统和生殖系统等都可能造成伤害。

B 放射性辐射穿透力极强,能杀死细胞或引起身体或胚胎发生畸变。例如,1986年苏联切尔诺贝利核电站发生爆炸,导致周围环境中的放射剂量达2008Bq,是人体允许剂量的2万倍,造成13万居民急性暴露,31人死亡,233人受伤。3年后发现,距核电站80km的地区,皮肤癌、舌癌、口腔癌及其他癌症的发病率明显增高,畸形家畜数量也明显增多。

C 噪声。基础兽医实验室噪声污染的来源主要与实验室所用设备有关。噪声对环境污染的特点是具有局限性,一般不会直接令人致命或致病,其危害是间接的和慢性的。

实验室污染的综合防治措施结合各自实验室涉及的具体污染源,采取相应的综合防治措施。

四、员工健康管理

基础兽医实验室所有工作人员应根据可能接触的生物因子(主要是人畜共患病的病原微生物)接受免疫,以预防感染,并应按有关规定保存免疫记录。对某一特定实验室的免疫计划,应根据文件化的实验室传染危害评估和地方公共卫生部门的建议制定。此外,对所有实验室人员,应有文件证明其对工作及实验室全部设施中潜在的风险,接受过培训。

对员工的健康管理,《病原微生物实验室生物安全管理条例》中进行了如下规定:“第三十五条 从事高致病性病原微生物相关实验活动,应当有2名以上的工作人员共同进行。进入从事高致病性病原微生物相关实验活动的实验室的工作人员或者其他有关人员,应当经实验室负责人批准。实验室应当为其提供符合防护要求的防护用品,并采取其他职业防护措施。从事高致病性病原微生物相关实验活动的实验室,还应当对实验室工作人员进行健康监测,每年组织对其进行体检,并建立健康档案;必要时,应当对实验室工作人员进行预防接种”。

相对BSL-3及以上级别实验室,虽然基础兽医实验室操作的病原微生物风险较低,但是基础兽医实验室操作《病原微生物实验室生物安全管理条例》中规定的第三类病原微生物(能够引起人类或者动物疾病,但一般情况下对人、动物或者环境不构成严重危害,传播风险有限,实验室感染后很少引起严重疾病,并且具备有效治疗和预防措施的微生物),以及卫生部制定的《人间传染的病原微生物名录》(2006年)中的一类或二类病原微生物灭活材料或未经培养的感染材料,仍然存在一定的生物风险。

为了保障实验室操作人员的身体健康和安全,防止生物安全事故发生,实验室所在单位有责任通过实验室最高管理者,确保对实验室工作人员实施适当的健康监测。

(一)BSL-2实验室对工作人员的健康要求

实验室工作人员必须在身体状况良好的情况下,方可进入BSL-2(ABSL-2)实验室工作。凡高度疲劳者、怀孕及哺乳期妇女、手或身体其他可能暴露部位有伤口者、皮肤病患者、发热性疾病患者等不适合进行高危险性生物因子实验的人员,以及免疫耐受和正在接受免疫抑制剂的人员,均不得在BSL-2实验室工作。

(二)健康管理与监测

1. BSL-2或ABSL-2实验室工作人员必须有录用前或上岗前的体检。记录个人病史,并由实验室组织进行一次有目的的职业健康评估。

2. 实验室要保存工作人员的疾病和缺勤记录。

3. 怀孕妇女应知道某些微生物(如风疹病毒)的职业暴露对胎儿的危害。

4. 每个实验室必须指定专人或部门负责对员工的健康监护,制定健康监护计划并适时评审。

5. 如可能,实验人员在进入实验室开展实验工作前,应采集各自血液,分离血清,留存,以便于以后使用。

6. 实验室运行过程中,可以指定专人或部门负责实验室人员的健康体检事宜,负责安排实验室操作人员进行必要的免疫预防,建立健康档案。

7. 所有员工,包括实验室操作人员、管理人员、后勤保障人员等,根据自身工作性质接受岗前培训。培训内容包括工作过程及实验室全部设施中各种潜在的风险,生物安全常识,以及目前实验活动中出现的或可能出现的生物安全风险。

8. 全体职员每年定期进行一次健康检查，检查结果存档。对新进员工，在进入岗位前首先进行健康体检，及时建立健康记录。以后，每年进行一次体检。

(三)员工身体出现异常情况的处理

1. 实验室人员患病时，应及时报告相关负责人。负责人要详细了解疾病症状，尤其有发烧症状的呼吸道传染性疾病，根据病情做出该人员是否可以继续工作的判断，并及时报告安全负责人。填写《实验室人员疾病管理记录表》，并注明姓名、症状、可能原因、治疗情况等资料，存档保管。

2. 员工不明原因缺勤，负责人必须与其联络，问明原因。

五、文件控制

(一)基础兽医实验室的文件类型

基础兽医实验室的文件有以下5种类型：

1. 手册　向实验室内部和外部提供关于管理体系的一致信息的文件，属于纲领性文件。

2. 程序文件、作业指导书、标准操作规范(SOP)和安全手册　提供如何完成活动和过程信息的文件。

3. 标准、规范　阐明要求的文件。

4. 指南　阐明推荐的方法或建议的文件。

5. 记录　为完成的活动或达到的结果提供客观证据的文件。

实验室所需文件的多少和复杂程度，取决于实验室规模和过程的复杂程度、适用的法规要求等。

(二)文件控制的基本要求

1. 文件发布前必须得到批准，以确保其准确性

任何文件在发布前必须得到批准，根据文件性质、适用范围等的不同可以由不同的人批准。一般来说，批准人应是实验室领导成员。在批准文件前的每一个环节(如起草、校核、审核、会签)，以及批准过程，都应签名并保存记录。

2. 文件须进行评审，必要时进行修改并再次得到批准

重要的文件需要组织专门的评审会进行评审。文件出台后执行中出现问题较多或较重要时，应对文件进行修改。

3. 确保对文件的更改及现行修订状态加以标识

在文件更改处必须加以标识，以引起使用者注意，防止误用。同一文件无论在任何地方以任何形式存在，其修订状态必须相同，同一时间一个实验室只能使用同一版本的同一个文件。

4. 确保在使用处可获得适用文件的有关版本

5. 确保文件保持清晰，易于识别和检索

安全管理体系文件应具备唯一识别性，文件中应包括以下信息：

(1)标题。

(2)文件编号、版本号、修订号。

(3)页数。

(4)生效日期。

(5)编制人、审核人、批准人。

(6)参考文献或编制依据。

6. 确保外来文件得到识别，并控制其发放

实验室的外来文件，主要是指有关的国际标准或国家标准、行业标准、法规文件等。这些文件对实验室管理具有重要作用。

外来文件的控制，需要实验室严格执行，控制其分发，可以将外来文件转化为内部文件加以控制。

7．防止作废文件的误用

对于已经到期的文件，应做自然作废处理，并及时回收。为防止作废文件的误用，应建立换领制度，凭旧文件换领新文件，同时回收旧文件并盖作废章。对于因文件出现重大差错而作废的文件，必须及时全部收回，如有遗失的，应采取应急措施，以免误用。

（三）文件的管理

应对实验室所从事的实验活动和管理的全过程做详细的记录。所有的记录，包括实验技术和安全过程记录均应存档。对于记录等档案资料的建立、管理应制订专门的程序。

1．文件的归类

（1）实验记录

实验记录是对实验过程真实、详细的描述。实验记录主要有书面记录和计算机记录两种形式，主要包括在实验过程中的文字叙述、表格、统计数据、录音和各种图像等内容。

一份完整的实验记录应包括：实验目的、人员、时间、材料、方法、结果和分析等。在科研工作中，通常采用文献提供或自主研制的方法进行实验工作，因此，对于各种方法的使用有较为广泛的选择性；而在紧急疫情和突发公共卫生事件的处理过程中，根据疫情的需要，主要使用国家或行业的标准方法对疾病进行诊断，以便及时获得可靠的结果。但应注意，凡是涉及感染性物质的实验方法，均应经过单位批准并形成SOP。对于各种实验结果，则主要依靠统计数据、表格和图像的形式来记录。

（2）职业性疾病、伤害和不利事件记录

应有机制记录并报告职业性疾病、伤害、不利事件或事故，以及所采取的相应行动，同时应尊重个人机密。

应保持人员培训记录，包括对每一位员工的安全培训记录，并及时更新。

（3）危害评估记录

应有正式的危害评估体系。可利用安全检查表对危害评估过程记录，并使其文件化。安全审核记录和事件趋势分析记录，有助于制定和采取补救措施。

（4）危险废弃物记录

危险废弃物处理和处置记录应是安全计划的一个组成部分。危险废弃物处理和处置记录、危害评估记录、安全调查记录和所采取相应行动的记录，应按有关规定的期限保存并可查阅。

（5）危险标识

应系统而清晰地标识出危险区，且适用于相关的危险。在某些情况下，宜同时使用标记和物质屏障标识出危险区。

在实验室或实验室设备上，应清楚地标识出使用的具体危险材料。

通向工作区的所有进出口，都应标明存在其中的危险，尤其应注意火险，以及易燃、有毒、放射性、生物危险材料等的危害。实验室管理层应负责定期评审和更新危险标识系统，以确保其适用现有的危险。该活动每年应至少进行一次。

应使涉及的非实验室员工（如维护人员、合同方等）知道其可能遇到的任何危险。员工应接受培训，有并熟悉关于紧急程序专用书面指导。应标识和评审影响孕妇和易感人员健康的潜在危险。应进行危害评估并记录。

（6）事件、伤害、事故和职业性疾病的报告

实验室应有程序报告实验室事件、事故、职业性疾病以及潜在危险。

所有事件（包括伤害）报告应形成文件，包括事件的详细描述、原因评估、预防类似事件发生的建

议及为实施建议所采取的措施。

事件报告(包括补救措施)应经高层管理者、安全委员会或实验室安全负责人评审。

(7)安全管理体系手册、程序文件、标准操作规范

包括过期作废留存档的旧文件、在用文件的最新版本。

(8)标准、规范和指南类文件

主要为生物安全实验室有关的法规、标准等文件。

2. 文件的整理和归档保存

实验室内的文件可分为两类,一类是基本文件,另一类是参考文件。基本文件包括原始记录及进入实验室后的所有鉴定记录,以数字和简单的文字描述反映。实验室书面记录通常以表格的形式为主,应根据实验工作的性质,保存于相应的实验室内,供查询。实验室有关高致病性病原微生物实验活动的实验档案,其保存期不得少于20 a。实验室负责人应定期检查实验室的个人工作记录。

将各种实验记录和资料进行系统整理,并采用项目分类保管的方式保存。文字资料分阶段或题目进行装订,并附上所有表格和图像。

计算机资料需要定期备份,存入光盘,编号保存。光盘文件不允许修改或删除,日后如发现错误,重新刻入修正文件,说明修改原因和修改责任人,并保留原始的记录。刻入光盘的实验记录编号入档,长期保存。

实验室资料应按照档案管理的要求进行整理,主要包括任务来源、目的、内容、方法、结果、附件等。根据工作需要,定期将档案中有关内容打印成表格,分类归档,专人负责,长期保存。借阅、查询实验记录要经过批准并履行登记,注意保密,妥善保管,不得转借、损毁、污染和涂改。

六、实验室安全管理体系的运行与控制

(一)监督管理机制

完善监督机制是关系基础兽医实验室安全运行的一个很重要的方面。建立与完善实验室的监督机制,特别是实验室管理层合理运用权力、工作人员遵守SOP、废弃物处置等关键环节的监督机制,是消除安全隐患、保持实验室生物安全的重要途径。

实验室的监督管理可分为外部监督和内部监督。

外部监督又可分为国家主管部门依据法定程序实施的监督和第三方认可机构实施的实验室运行监督(包括定期监督评审和不定期监督评审〉。这两类监督是不以实验室的意志为转移的,属于国家强制性监督管理工作的一部分。外部监督一方面可以规范实验室的安全工作行为,防止实验室从事可能导致生物安全隐患活动如操作需要在更高级别实验室操作的病原体等;另一方面通过对实验室运行中的实验室安全管理体系、人员能力维持情况、实验室设施/设备定期验证和维护情况、投诉/事故记录、实验室环境和污染物控制、人员的持续培训、废弃物处置、健康监督及安全管理记录等的认定,确定是否维持实验室现行状态,从而促进实验室持续改进。

内部监督是实验室运行过程中的重要内容,建立、健全实验室内部监督管理机制是生物安全实验室安全运行的重要保障。完善监督机制可以从以下几个方面考虑:

首先,赋予监督职能,以权力约束权力。以权力约束权力,这是一个具有哲学理念的权力监督思路。赋予监督部门或监督员独立的监督职能,使其能以监督主体的地位独立行使监督权力,保证监督部门或监督员能独立行使对生物安全实验室涉及的各级部门领导、项目负责人、实验人员及后勤保障人员等的监督职能。

其次,强化监督手段,实现有效监督。实施有效监督,应坚持民主、公开、赏罚分明的原则。对监督过程发现的问题,及时在实验室内部会上通报,明确责任。对引起重大问题的责任人或屡犯同类问

题的责任人，除了上报领导外，同时应给予经济处罚。

第三，采取灵活多变的监督方式。实验室可以根据本单位的特点、工作性质和人员分工，采取互相监督工作行为、查看记录等多种方式，使实验室生物安全监督工作做到及时、高效。

（二）监督内容

基础兽医实验室除了涉及用于科学研究及检验检测的危害性生物因子外，还可能有潜在放射性、化学性、重金属等危害。因此，要确保具体工作中，环境、工作人员以及周围人员的安全，除了具备符合国家或行业有关法规、标准的设施，具备能有效实现一级防护屏障的仪器设备和个人防护用品外，还要有能持续改进的实验室生物安全管理体系。BSL-2实验室，既承担着国家规定的第三类、第四类病原微生物的基础性研究工作，又涉及需要在BSL-3或BSL-4实验室操作的第一类和第二类高致病性病原微生物的部分前期操作项目（如高致病性禽流感病毒、口蹄疫病毒等为危害程度第一类的高致病性病原微生物，其病毒培养、动物感染试验必须在BSL-3实验室中进行）。这就要求BSL-2实验室运行管理中，不仅要有生物安全管理体系，保证实验室各个环节严格按照规章制度执行，而且要有完善的监督管理机制来保障，避免高风险材料的误用导致灾难发生。

监督的内容主要有：

（1）员工是否严格按照实验室建立的管理体系正确操作，是否有违背管理体系的情况，违背的原因。

（2）是否有年度安全计划，计划是否按时实施。

（3）安全计划内容是否全面，通常包括但不限于下列要素：安全和健康规定；书面的工作程序，包括安全工作行为；教育及培训；对工作人员的监督；常规检查；危险材料和物质；健康监护；急救服务及设备；事故及病情调查；健康和安全委员会评审；记录及统计。

（4）实验室管理层是否确保了安全检查的执行，是否对工作场所实施了检查。包括：用于危险物质漏出控制的程序和物品（包括紧急淋浴装置和洗眼器）状态；对可燃易燃性、传染性、放射性和有毒物质的存放，进行适当的防护和控制；去污染和废弃物处理程序的状态；实验室设施、设备、人员的状态。

（5）记录是否及时、完善并安全存档。

（6）是否按照计划进行了培训。

（7）是否保持了良好的内务行为。

（8）废弃物是否得到了安全处置，记录是否真实全面。

（三）监督方式

生物安全管理体系建立之后，通过外部评审和或体系运行，可能会发现某些不完善的环节或不适应环境的变化。体系的建立是为了能持续稳定地满足实验室生物安全的要求。通过外部审核和建立自身评价机制，定期对所有策划的安全管理体系、过程和运行程序进行系统、全面评审，从而保证实验室管理体系的自我发展、自我完善和持续改进。常用的监督方式有日常监督、管理体系的内部审核和管理评审三大类。

1. 日常监督

日常监督是实验室控制生物安全、研究/检测活动及结果质量的一种管理活动，也是生物安全管理体系内部审核、管理评审的一种补充。日常监督作为实验室自我改进、自我完善的机制，是通过一定的监督系统，把握实验室研究检测活动中，各个影响生物安全的环节和控制点，及时发现、分析、解决管理体系运行中存在的问题，从而达到及时发现安全隐患并及时消除，进而实现实验室生物安全管理体系的持续有效运行和改进，确保实验室的生物安全。

实验室的生物安全监督管理工作一般由生物安全委员会负责，也可以根据实验室分工由安全负责人负责。为保证管理体系的有效运行，可以根据不同工作岗位，设立安全监督员。对实验室活动的各个环节进行监督

2. 内部审核

实验室是一个复杂而动态的环境，需要不断调整，以应付新发病、突发病或重新出现的传染性疾病的挑战。基础兽医实验室必须能够快速适应不断发展的公共卫生需要。为了确保实验室的环境、人员能持续适应并维持在适当的和安全的状态，生物学研究、检测和临床实验室，应该定期由权威机构或实验室组织的内部审核组，对实验室的安全状况进行合格评定。生物安全实验室合格评定工作，有助于确保达到以下要求，以使实验室的实际能力得到法定主管部门乃至全社会的认可。

(1)具有适当的专门用于控制现场和操作规程的管理系统。

(2)个人防护装备能满足所进行工作的要求。

(3)充分考虑对废弃物和用过材料的消毒处理，废弃物管理程序到位。

(4)常规实验室安全程序到位。

获得权威机构的认可是实验室依法管理的需求，但是从确保生物安全的目的出发，实验室应建立有效的内部审核机制，以发现日常运行中各方面对要求的不符合(或潜在的不符合)，以便采取有效的纠正或预防措施，确保实验室的生物安全。

①内部审核的目的

内部审核的目的是确定建立的安全管理体系各要素对规定的目标是否有效和适宜。内部审核(简称内审)是管理层改进和完善安全管理体系的有效手段，也是实验室迎接外部审核之前的重要活动，其目的大致包含以下四个方面：

A 确定体系要素是否符合要求

a 通过内审检查安全管理体系要素(过程)是否符合文件要求。

b 通过内审检查体系要素(过程)是否符合实施的要求。

c 要素(过程)实施的适宜性等。

B 确定已实施安全管理体系的有效性

a 通过内审检查实施的情况。

b 通过对实施情况的检查确定实施效果。

C 为改进生物安全管理体系创造机会

a 通过内审发现体系的不足。

b 针对不足采取改进措施(纠正措施和预防措施)。

c 内审报告提交给管理层，并作为管理评审的输入内容之一(管理者将根据内审情况和其他输入信息做出改进和完善安全管理体系目标的决策)。

D 有助于外部审核

a 在外审之前进行内审，有利于及早发现不足或薄弱环节。

b 在外审之前改进不足，有利于外审获得较好结果和较好评价。

②内部审核的时机

实验室除定期实施内部审核外，因下列原因可随时开展生物安全管理体系的附加内审。

A 建立合同关系(包括投标)时

a 实验室与潜在的用户有建立合同意向时应进行内审。

b 内审可以使实验室处于良好的安全管理状态，有利于合同关系的建立。

c 在接受新的研究或检测任务时，需要在风险评估的基础上组织内审。

d 即使建立了合同关系，仍须定期内审，以提供证据证实实验室具有持续满足规定要求和保证实验室生物安全的能力。

B 实验室组织机构及职能发生变化时

a 证实变化的部分能够达到预期的目的必须进行内审。

b 内审也可以验证变化的结果(无论好坏结果)。

C 需验证纠正措施实施情况及效果时

a 对纠正措施实施情况进行跟踪审核，确保纠正措施得到实施。

b 验证纠正措施的实施是否达到预期的效果。

③内部审核的作用

A 管理者可以通过内审了解安全管理体系的活动情况与结果

a 内审将提供体系各方面[要素(过程)的实施和/或部门的运作情况]较全面、系统的状况。

b 内审将提供体系的有效性情况，有利于管理层了解体系运行的实际情况，了解实验室操作的安全状况。

c 内审有助于管理者了解目标是否适宜及实施的情况。

B 管理者可根据内审情况做出改进和完善体系目标的决策

a 根据内审情况，管理者可对部分薄弱环节[部门和/或要素(过程)]进行重点管理和改进。

b 根据内审结果，管理者可调整计划安排和目标。

c 内审结果有助于管理者进行体系有效性的判断，从而对体系的改进做出决策。

④内部审核的依据

A 标准(准则)，如GB 19489-2008等。

B 生物安全管理体系手册(安全手册)。

C 程序文件。

D 国家有关的法律法规和行政规章。

E 记录。

⑤内部审核的范围

A 应包括实验室生物安全体系的各个要素(过程)。

B 应包括体系要素(过程)涉及的各个部门和岗位　实验室建立的生物安全体系所有涉及的部门，都应纳入内部审核的范围，包括保卫、环境监测、样品转移运输等部门。

C 应包括体系相关的重要的活动和区域

a 涉及体系所有相关活动的组织结构(部门、隶属关系、职责及权限等)。

b 体系相关活动的管理、运作程序涉及的区域。

c 与体系运作相关的资源，如人员、方法、设备、设施等。

d 各类相关文件、报告、记录等。

⑥内部审核的频次

A 安排内审频次应考虑的方面

a 根据研究/检测项目的特点

Ⅰ 项目和参数变化大、更新快时，内审频次应适当多些。

Ⅱ 实验室处于高速发展时期，机构变动较频繁时，内审频次应多些。

Ⅲ 进行不明原因疾病检测的频率大时，应增加内审频次。

b 实验室使用频率大时，应增加内审频次。

c 刚开始运行的实验室，人员工作不熟练时，应适当增加内审频次。

d 根据实验室内部管理的特点

Ⅰ 实验室员工有较高的素质，各项日常管理制度能较好地被员工理解、执行时，内审频次可少些。

Ⅱ 实验室管理层管理力度较大时，内审频次可少些。

e 根据实验室外部环境的特点

Ⅰ 有较多的外部机构审核时，应增加内审频次。

Ⅱ 社会要求较多时（如法律、法规或行业惯例有要求时），应增加内审频次。

此外，可根据要素（过程）、部门、区域或活动的重要性考虑内审频次。对部分重要的要素（过程）、部门、区域或活动，可适当增加内审频次；对安全体系执行状况不佳的部分，可适当增加内审频次；对管理中的薄弱环节，可适当增加内审频次；安全设备更换时，可适当增加内审频次。

B 安排内审频次的总原则　安排内审频次应遵循“适当”的总原则。

a 内部审核的周期通常为12个月。

b 在全面内审的基础上，增加重要部分的内审。

c 在特殊情况下，及时进行附加评审。

⑦实验室内部审核流程（按下列程序进行）

审核准备→组建审核组→编写审核计划→编写检查表→通知受审核方→首次会议→审核实施→收集客观证据→审核组会议→编写不符合报告→汇总分析、评价安全体系→末次会议→审核报告→实施纠正和预防措施→跟踪纠正和预防措施→验证实施效果→不符合项关闭。

⑧内审检查表的准备

A 内审检查表准备的方法

a 内审检查表准备应考虑的内容：本次审核的目的和范围，审核计划的安排，以及上次审核、审核文件和审核员的情况等。

b 根据责任人或审核组长分配的工作，每个审核员分别准备自己内审的检查表。

c 准备内审检查表时，应考虑是否充分、适用，是否方便现场使用。

d 注意考虑预计审核的时间、抽样的计划和方法。

e 可与审核组成员及时沟通。

f 由安全负责人或审核组长统一检查确定各个审核员的检查表。

B 内审检查表的内容

a 审核是否强调实验室的生物安全。

b 是否将受审核区域的主要活动列入检查范围。

c 部门的主要职责是否列入检查表。

d 检查方法是否恰当，寻找的客观证据是否可靠。

e 有无交叉重叠的检查内容，有无遗漏的内容，如缺少某要素或条款。

f 审核抽样是否有代表性，覆盖面如何。

g 时间安排是否合理等。

⑨不符合报告

A 不符合报告的编制

a 应以正式的书面形式向被评审部门报告不符合情况，审核员在每天审核结束或现场审核结束之前，整理出书面报告。当内审时间安排较紧，而且内审员熟练程度有限时，也可以在现场口头表达不符合情况。

b 书面报告经审核组长确认后，正式递交给受审核方及相关人员（部门负责人），审核组应保存副本或做好记录以便跟踪。

c 不符合报告应经受审核方的负责人确认，此处确认是为了使受审核方了解不符合的情况以便纠正。

d 如有争议或疑问，可重复审核或由审核组长掌握判断原则。

B 不符合报告编制应注意的问题

a 语言简单明了，不要做详细的情景描述。

b 引用的客观证据要清楚确切、可追溯（取决于审核记录是否清楚）。

c 结果要明确，且说明不符合的依据。

d 实验室如有要求，还应对不符合的性质（严重/轻微）做出判断。

3．管理评审

实验室管理层应根据预定的日程表和程序，对实验室生物安全管理体系进行定期评审，并持续改进，以确保研究/检测工作及其环境的生物安全。

管理评审的周期一般为12个月。但是，如果实验室发生重大变化或出现重大生物安全事故，则应随时进行管理评审。

①管理评审采取的方式

管理评审采取的方式一般有以下两种，实验室可以根据自身的情况及运行阶段选择使用，或结合使用。最终目的是要解决当前出现的问题，确认体系是否持续适宜、充分和有效。

A 会议讨论法　在召开评审会议前2周，由安全负责人制订安全工作评审计划，列出需要评审的议题，分发给相关部门和人员作准备。这些议题可以由相关人员以工作总结报告的形式提出。在评审会议上，由部门或项目负责人汇报之前工作的情况，与会人员对其所做的工作广泛讨论，并将讨论、分析、评价和确认的结果形成管理评审报告。

B 专题讨论　将需要评审的项目和要求分成若干专题，指定专题负责人组织人员进行讨论，将讨论结果编写成专题报告，汇总后报告给实验室最高管理者审定，最后形成管理评审报告。

②管理评审需要输入的材料

应包括但不限于以下内容：

A 上次管理评审的结果及后续改进措施执行情况。

B 所采取纠正措施的实施情况和所需的预防措施。

C 管理或监督人员的报告，即各部门管理人员或监督人员的工作总结报告。

D 上次管理评审以来的内部审核结果。

E 外部机构的评价，主要指由实验室相关方或由其他人员以相关方的名义进行的评审，以及中国合格评定国家认可委员会组织的评审，农业部组织的专家组对其进行的资格评审，消防、环保等部门的检查和评价等。

F 使用的频次及工作类型的变化。

G 反馈信息，指来自环境、周围居民及其他相关方的投诉和相关信息，包括实验室主动采取的面向工作人员、周围居民的问卷调查。

H 对供应商的评价，包括供应商提供的服务等。

I 实验室设施设备的运行、维护和变化情况。

J 实验室消毒效果验证报告。

K 废弃物处置情况报告。

L 人员状态、培训情况及能力评估报告。

M 年度安全计划落实情况。

N 安全检查报告。

O 管理职责的落实情况。

P 员工健康状况报告。

Q 风险评估及再评估报告。

③管理评审结果的处理

将管理评审的结果形成文件,包括实验室下一阶段的目标及相应计划和措施,以及对已出现问题或可能出现问题的环节进行改进的目标及相应计划和措施。管理评审的结果以及应采取的措施是实验室管理方面重要的材料,对实验室下一步管理工作具有重要指导意义。因此,管理评审过程中的所有记录应归档保存。管理评审结果应向实验室全体人员通报,对存在的问题指定责任人并限定时间完成整改。

4. 不符合工作的纠正与预防

(1)纠正与纠正措施

纠正是为消除已发现的不合格所采取的措施。纠正措施是实验室为满足安全管理体系要求并不断完善,所采取的纠正偏离与清除不符合的措施。纠正和纠正措施是完全不同的两个概念,其区别在于纠正是一种应急的、补救的措施;而纠正措施则需要查找出发生问题的根本原因,并通过采取活动杜绝该问题的再次发生。

基础兽医实验室应建立纠正措施控制程序,以保证在识别出生物安全危害或管理体系、技术运作中的问题时,及时进行原因分析,并采取纠正措施。原因分析是纠正措施程序中最关键、有时也是最困难的部分。原因分析工作的质量和深度,直接影响纠正措施的有效性,如果没有发现问题的根本原因,仅对表面原因进行纠正,则可能无法保证消除问题并防止问题再次发生。

纠正措施程序应从确定问题的根本原因开始。这种根本原因通常并不明显,因此,需要仔细分析产生问题的所有潜在原因。包括:样品采集、运输传递、废弃物处置方法和程序、员工的技能和培训及设备设施等。

采取的纠正措施应与问题的严重程度和风险大小相适应,以能解决问题为目的,避免不必要的行动,防止资源浪费。对纠正措施所要求的任何变更,应制定成文件并加以实施。纠正措施的结果应提交实验室管理层进行评审。

实施纠正措施后,当发现实验室与其制订的政策和程序存在不符合或偏离,或对是否符合《实验室生物安全认可准则》产生怀疑时,应进行附加审核,以确定纠正措施是否有效。附加审核一般仅在实验室可能出现严重生物安全问题,或对研究检测工作有严重影响时进行。

内部审核中,纠正措施实施的一般程序为:

A 内审组开具不符合项报告(或是提出改进要求的观察项报告〉。

B 内审员向受审核方讲解不符合项或需要改进方面的情况。

C 受审核方理解不符合项或需要改进方面的真实情况。

D 落实纠正措施的实施主体(责任部门/责任人〉。

E 进行不符合原因或潜在不符合原因的调查。

F 进行不符合原因或潜在不符合原因的分析。

G 针对所分析的原因制订相应的纠正措施。

H 落实纠正措施计划。其中,包括相关责任部门/责任人(有时一项纠正措施可能会涉及多个部门,此时则应落实主管部门和配合部门责任)、时间进度安排、检查人员责任、验证方法和手段等。

I 评审纠正措施计划。

J 责任部门实施纠正措施计划。

K 跟踪纠正措施计划的实施情况。

L 验证纠正措施的实施效果,并向管理层有关人员报告。

M 对验证效果满意的,应采取巩固措施(形成文件)。

N 对验证效果不满意的,可进入新一轮循环或上升一个级别,如提交管理层评审。

(2)预防措施

预防措施是为消除潜在不合格,或其他潜在不期望情况的发生原因所采取的措施。预防措施是事先主动识别改进机会的过程,而不是对已发现问题或投诉的反应。实验室应努力识别潜在不符合或可能产生生物安全事故的原因和所需的改进。当识别出改进机会,或需采取预防措施时,应制订、执行和监控这些措施计划,以防范生物安全事故发生,减少类似不符合情况发生的可能性并借机改进。

内部审核中,预防措施的一般实施程序为:

A 内审组开具不符合项报告(或是提出改进要求的观察项报告〕。

B 内审员向受审核方讲解不符合项或需要改进方面的情况。

C 受审核方理解不符合项或需要改进方面的真实情况。

D 落实预防措施的实施主体(责任部门/责任人〉。

E 进行不符合原因或潜在不符合原因的调查。

F 进行不符合原因或潜在不符合原因的分析。

E 针对所分析的原因制订相应的预防措施。

G 落实预防措施计划。其中包括相关责任部门/责任人(有时一项预防措施可能会涉及多个部门,此时则应落实主管部门和配合部门责任〉、时间进度安排、检查人员责任、验证方法和手段等。

H 评审预防措施计划。

I 责任部门实施预防措施计划。

J 跟踪预防措施计划的实施情况。

K 验证预防措施的实施效果,并向管理层有关人员报告。

(3)纠正或预防措施的验证

A 内部审核中验证活动的目的

a 防止纠正或预防措施在执行中走过场。

b 确保内部审核提出的纠正或预防措施的实施效果。

c 保证体系的持续改进。

B 验证的方法

a 验证活动与审核活动同样需要寻找客观证据。

b 通过观察、测量、试验或其他方法,获得纠正或预防措施实施效果的证据。

c 验证活动的抽样范围要比发现不符合的区域大,抽样量也更大。

C 验证的程序

a 纠正或预防措施的责任部门提出申请(也可由负责验证人员按计划实施验证)。

b 负责验证的人员制定验证计划(验证活动范围较小时,可不做计划)。

c 验证人员收集客观证据。

d 整理分析所得客观证据。

e 根据客观证据,判断纠正或预防措施的有效性。

f 提出验证报告,并向管理层报告结果。

g 如验证未达到要求,可能将延续跟踪、验证活动。

D 验证结果的判断

a 纠正或预防措施达到预期效果　消除了不符合的原因或潜在的原因,不再出现类似问题或不再发生不希望出现的问题,则可判断纠正或预防措施的效果有效。

b 纠正或预防措施未达到预期效果　不符合的原因或潜在的原因仍然存在,类似问题仍重复出现或不希望产生的问题仍发生,则可判断纠正或预防措施的效果无效,需重新采取措施。

c 另一种可能是,客观证据不足以判断纠正或预防措施是否有效,这种情况需要继续跟踪验证,收集进一步的证据。

5、管理体系的不断完善和发展

建立、健全符合《实验室生物安全认可准则》要求、又适合本实验室实际情况的生物安全管理体系,是所建体系能有效运行的重要前提。体系建立后,需要根据实验室从事的科研或检测工作,结合生物安全领域不断涌现的最新科研成果和新颁布政策法规的落实执行,不断修订、完善体系。自始至终坚持"领导重视、全员参与"的原则,严格遵循体系文件规定并进行完整记录,使所有影响安全的隐患都处于受控状态。同时,建立和健全快速、高效反馈机制,适时开展内部审核与管理评审,切实杜绝实验室生物安全隐患。

实验室应通过实施自身制定的方针和目标,以及应用审核结果、纠正和预防措施、管理评审,来持续改进安全管理体系的有效性。生物安全实验室持续改进的主要途径是,通过定期对所有运行程序进行系统评审,进而采取改进措施。这种评审是全面的,既包括生物安全管理体系所有的程序,也包括检测程序等技术方面的内容。此外,将认可机构的监督评审、复评审,以及主管机构的每一次监督、检查或访问,作为实验室安全管理体系改进的机会,从不同角度促进实验室安全管理体系的不断完善和发展。

要做到持续改进,必须做到以下几个方面的基础工作:

(1)使实验室安全工作持续改进制度化。要使实验室研究/检测工作持续安全进行,必须做到:

①在实验室发展年度计划中,增加安全工作和质量改进目标,并分层落实到员工的工作岗位上,成为岗位安全职责的一部分。

②实验室最高管理者在进行管理评审时,除平时的评审输入、输出外,还要增加评审质量改进及安全工作的进度和效果。

③将职务、工资、奖励制度与员工的质量改进和安全工作绩效挂钩。

④对安全工作的成果进行宣传、表彰。

(2)实验室最高管理者要自觉参加,实验室最高管理者必须重视实验室生物安全管理工作,自觉参与质量改进和安全工作管理活动。只制定目标,而不关心过程是不可取的。

(3)经常检查,实验室主要管理者要按照安全负责人制定的年度计划,定期对实验室生物安全工作绩效进行检查。实验室最高管理者的持续的检查,可使员工对实验室生物安全活动提高重视。

(4)表彰、报酬和培训,表彰能使员工感到有成就感,并以此为荣,得到赏识,受人尊重。

实验室生物安全作为实验室工作的一项新的要求,对每个员工都提出了新任务,要承担这些新任务,必须具备实验室生物安全和持续改进的概念、知识和方法。因此,要加强员工的培训,通过培训,使员工具备参与安全工作和确保实验室生物安全的能力，为生物安全体系的正常运行打下必要的基础。

一个生物安全管理体系是否有效运行，可用三个标志衡量：①所有与生物安全有关的过程及其相互作用已经被确定；②这些过程均已按照确定的程序和方法运行，并处于受控状态；③安全管理体系通过组织协调、监控、体系审核和评审，以及验证实验等方式进行自我完善、自我发展，具备了预防和纠正安全隐患的能力，并使之处于持续改进和不断完善的良好状态。

第三节 实验室危险材料溢洒处理

基础兽医实验室涉及的溢洒是指生物危险物质、有毒有害化学物质、放射性液态或固态物质意外地与容器或包装材料相分离的过程。实验室人员或样品运送、接收人员，应熟悉生物危险物质或有毒有害危险化学品等的溢洒处理程序，以及溢洒处理工具包应准备的物品、使用方法和存放地点，以降低溢洒意外产生的危害。

一、危险材料溢洒处理的原则及工具

（一）一般原则

1. 戴手套，穿防护服，必要时需要进行面部和眼睛防护。防护用品选择时，应充分考虑拟处理的溢洒物品性质。

2. 用棉布或纸巾覆盖并吸收溢出物。

3. 向纸或布上倾倒适当的消毒剂（如0.5%次氯酸钠溶液），并立即覆盖周围区域。

4. 使用消毒剂时，从溢出区域的外围开始，向中心区域处理。

5. 作用适当时间后，将所处理物质处理掉。如果含有碎玻璃或其他锐器，则使用簸箕或硬的厚纸板或其他板型硬质物品来收集处理过的物品，并将其置于可防刺透的容器中等待处理。

6. 对溢出区域再次清洁并消毒，必要时重复2–5步骤。

7. 将污染材料置于防漏、防穿透的废弃物处理容器中。

8. 危险化学品处理应考虑其酸碱性，选择能抵抗或消除其作用切对环境危害程度最小的试剂进行作用处理。

9. 在成功消毒后，通知主管人员或部门目前溢洒区域的清除污染工作已经完成。

（二）溢洒处理工具

基础的溢洒处理工具包括：

（1）对感染性物质有效的消毒灭菌液，消毒灭菌液需要按使用要求定期配制，确保消毒液处于有效期内。

（2）能中和处理或防止实验室危险化学品扩散的试剂。

（3）消毒灭菌液盛放容器。

（4）镊子或钳子、一次性刷子、可高压的扫帚和簸箕，或其他处理锐器的装置。

（5）足够的布巾、纸巾或其他适宜的吸收材料。

（6）用于盛放感染性溢洒物及清理物品的专用收集袋或容器。

（7）橡胶手套、耐腐蚀手套。

（8）面部防护装置，如面罩、护目镜、一次性口罩等。

（9）溢洒处理警示标识，如“禁止进入”“化学品危害”“放射性危害”等。

（10）其他专用的工具。

二、危险材料溢洒的处理

(一)实验室内危险材料溢洒的处理

1. 撤离房间

(1)发生生物危害物质溢洒时,立即通知房间内的无关人员迅速离开,在撤离房间的过程中注意防护气溶胶。关闭并张贴"禁止进入""溢洒处理"的警告标识。至少30 min后方可进入现场处理溢洒物。

(2)撤离人员按照离开实验室的程序脱去个体防护装备,用适当的消毒灭菌剂和水清洗所暴露皮肤。

(3)如果同时发生了针刺或扎伤,可以用消毒灭菌剂和水清洗受伤区域,挤压伤处周围以促使血往伤口外流;如果发生了黏膜暴露,至少用水冲洗暴露区域15 min 。

(4)立即通知实验室主管人员。必要时,由实验室主管人员安排专人清除溢洒物。

2. 溢洒区域的处理

(1)感染性材料的溢洒处理

①准备清理工具和物品,穿着适当的个体防护装备(如鞋、防护服、口罩、双层手套、护目镜、呼吸保护装置等)后进入实验室。至少需要两人共同处理溢洒物,必要时,还需配备一名现场指导人员。

②判断污染程度,用消毒灭菌剂浸湿的纸巾(或其他吸收材料)覆盖溢洒物,小心地从外围向中心倾倒适当量的消毒灭菌剂,使其与溢洒物混合并作用一定时间。应注意按消毒灭菌剂的说明确定使用浓度和作用时间。

③到作用时间后,小心地将吸收了溢洒物的纸巾(或其他吸收材料)连同溢洒物收集到专用的收集袋或容器中,并反复用新的纸巾(或其他吸收材料)将剩余物质吸净。破碎的玻璃或其他锐器要用镊子或钳子处理。用清洁剂或消毒灭菌剂清洁被污染的表面。所处理的溢洒物以及处理工具(包括收集锐器的镊子等)全部置于专用的收集袋或容器中并封好。

④用消毒灭菌剂擦拭可能被污染的区域。

⑤按程序脱去个体防护装备,将暴露部位向内折,置于专用的收集袋或容器中并封好。

⑥按程序洗手。

⑦按程序处理清除溢洒物过程中形成的所有废物。

(2)危险化学品的溢洒处理

基础兽医实验室中常用的危险化学品主要有以下几类:具有腐蚀性的强酸或强碱,如氢氧化钠、氢氧化钾、硫酸、盐酸、硝酸等;具有腐蚀性的氧化剂和过氧化剂,如高氯酸(50%~72%)、过氧化氢(≥40%)、次氯酸钙等;易燃易爆物质,如氢气、乙炔气等;低闪点的易燃液体,如乙醛、乙醚、二硫化碳、丙酮、环己烷等;此外,还有有毒物质,如氯苯类、苯酚、砷酸钠等。由于危险化学品具有易燃性和易反应性,对人体健康危害极大。一旦在实验室内意外溢洒,应按照以下程序,正确处理。

①化学品溢洒于台面、地面或设备表面

A 划定溢洒区域。

B 通过关闭门或锁门,并放置适当标识将溢洒区域隔离。

C 警示同实验室或周围工作的人员。如果化学品溢洒量很大或溢洒材料为剧毒品,则应让实验室人员紧急撤离。

D 从储存柜中取出清洁处理用物品,如个人防护装备、吸附性材料或中和试剂,铲子、簸箕或类似容器,以及处理用的指导书。

E 处理溢洒物质。

F 将污染材料弃置于适当标记的废弃物容器中等待处理。

G 向实验室负责人或安全负责人报告。

H 通知实验室物品管理人员向储藏柜中补充新的污染物处理用品。

②个人受到化学品污染

A 警示同实验室人员。

B 脱下污染的工作服。

C 用大量水冲洗污染部位 15 ~ 20 min，或根据受污染的身体部位可选用洗眼器、淋浴或水池浸泡。

D 必要时，进行急救。

E 按照实验室报告程序向实验室负责人或安全负责人报告。

F 如果同时有台面、地面或设备表面受污染时，告知安全负责人或实验室负责人安排处理。

③如果发现着火或/和烟雾

A 警示同实验室人员。

B 立即关闭门，并按下离自己最近的火警装置。

C 电话告知实验室负责人或安全负责人。

D 火势小的情况下，试着用灭火器灭火。

E 清理、清洁着火区域。

(3)放射性物质的溢洒处理　当放射性物质溢洒于台面、地面或设备表面时，应立即按照以下程序清理。

①划定溢洒区域。

②通过关闭门或锁门，并放置适当标识将溢洒区域隔离。

③警示同实验室工作人员，穿上适当的防护服，拿取放射性材料溢洒处理工具包。

④用吸收性材料覆盖溢洒区域以防止散播。如果同时伴有生物性材料溢出，应用消毒液浸泡溢洒区域 30 min 。

⑤将用于清理溢出的吸附材料放入适当的废弃物容器，必要时再用吸附材料处理一遍，处理时由外及内。

⑥将所有用于处理溢洒的污染物品放入适当标记的废弃物容器中等待处理。

⑦如果需要中途离开溢洒区域或清理完成后，须脱下防护服或污染的工作服并将其存放入适当标记的废弃物处理容器中等待处理。

⑧用自来水彻底清洗受污染的皮肤部位，然后局部浸泡 5 ~ 10 min 。最好使用放射性材料检测设备检测皮肤是否仍有残留，若有，可以重复上述步骤。

⑨彻底清理、处理完毕后，方可离开溢洒区域。

⑩按照实验室报告程序向实验室负责人或安全负责人报告。

(二)生物安全柜内溢洒的处理

1. 处理溢洒物时，不要将头伸入安全柜内，也不要将面部直接面对前操作口，而应处于前视面板的后方。选择消毒灭菌剂时，需要考虑其对生物安全柜的腐蚀性。

2. 如果溢洒的量不足 1 mL 时，可直接用消毒灭菌剂浸湿的纸巾(或其他材料)擦拭。

3. 如溢洒量大或容器破碎，建议采取如下操作。

(1)使生物安全柜保持开启状态。

(2)在溢洒物上覆盖浸有消毒灭菌剂的吸收材料，作用一定时间以发挥消毒灭菌作用。必要时，用消毒灭菌剂浸泡工作表面以及排水沟和接液槽。

(3)在安全柜内对所戴手套消毒灭菌后,脱下手套。如果防护服已被污染,脱掉所污染的防护服后,用适当的消毒灭菌剂清洗暴露部位。

(4)穿戴好适当的个体防护装备,如双层手套、防护服、护目镜和呼吸保护装置等。

(5)小心地将吸收了溢洒物的纸巾(或其他吸收材料)连同溢洒物收集到专用的收集袋或容器中,并反复用新的纸巾(或其他吸收材料)将剩余物质吸净;破碎的玻璃或其他锐器要用镊子或钳子处理。

(6)用消毒灭菌剂擦拭或喷洒安全柜内壁、工作表面以及前视窗的内侧,作用一定时间后,用洁净水擦净消毒灭菌剂。

(7)如果需要浸泡接液槽,在清理接液槽前要先报告主管人员。可能需要用其他方式消毒灭菌后再进行清理。

4. 如果溢洒物流入生物安全柜内部,需要评估后采取适用的措施。

(三)离心机内溢洒的处理

1. 在离心感染性物质时,要使用密封管及密封的转子或安全桶。每次使用前,检查并确认所有密封圈都在位并状态良好。

2. 离心结束后,至少再等候5 min 打开离心机盖。

3. 如果打开盖子后发现离心机已经被污染,立即小心关上。如果离心期间发生离心管破碎,立即关机,不要打开盖子。切断离心机的电源,至少30 min后开始清理工作。

4. 穿着适当的个体防护装备,准备好清理工具。必要时,清理人员需要佩戴呼吸保护装置。

5. 消毒灭菌后,小心地将转子转移到生物安全柜内,浸泡在适当的非腐蚀性消毒灭菌液内,建议浸泡60 min 以上。

6. 小心地将离心管转移到专用的收集容器中。一定要用镊子夹取破碎物,可以用镊子夹着棉花收集细小的破碎物。

7. 通过用适当的消毒灭菌剂擦拭和喷雾的方式消毒灭菌离心转子舱室和其他可能被污染的部位,空气晾干。

8. 如果溢洒物流入离心机的内部,需要评估后采取适用的措施。

(四)运输途中溢洒的处理

样品运送过程中,若发生感染性物质或潜在感染性物质溢出,应采用下列溢出清除程序。

1. 戴手套,穿防护服,必要时需进行面部和眼睛防护。

2. 用布或纸巾覆盖并吸收溢出物。

3. 向纸巾上倾倒5%漂白剂(但在飞机上发生溢出时,则应该使用季铵盐类消毒剂),并立即覆盖周围区域。

4. 使用消毒剂时,从溢出区域的外围开始,向中心进行处理。

5. 消毒剂作用30 min 或规定时间后,将所处理物质清理掉。如果含有碎玻璃或其他锐器,则要使用簸箕或硬的厚纸板来收集处理过的物品,并将它们置于可防刺透的容器中以待处理。

6. 对溢出区域再次清洁并消毒(如有必要,重复消毒步骤)。

7. 将污染材料置于防漏、防穿透的废弃物处理容器中。

8. 在成功消毒后,通知主管部门目前溢出区域的清除污染工作已经完毕。

第四节 实验室去污染和消毒

实验室生物和化学品安全的基本原则是:对所有污染的材料在丢弃之前必须经无害化处理。无害化处理经常包括灭菌(彻底破坏所有微生物,包括细菌芽孢)、消毒(破坏和清理特定类型的微生物)、中和(酸碱处理)处理等措施。在基础兽医实验室工作的人员的重要职责之一,就是如何有效地使用这些措施对污染的生物材料、样本、设备、操作台面及房间等,进行清洁、消毒和灭菌。去污染的方式应视待处理材料的特征以及污染物而定。不同物品、不同污染源应采取适当的处理方式。例如,对于溅有潜在感染材料的实验台,应在当天工作结束之后,清楚台面及其周围可能的污染,对实验室和大型仪器也可能需要进行去污染(如在维修、保养、设置更换或安装之前)。实验室应对不同情况下采取的去污染措施,制定详细的标准操作规范,并根据工作需要,对实验室人员进行各种去污染培训。

一、选择合适的消毒剂

去除污染和消毒都是指减少部分或全部由病原微生物引起的疾病,杀灭物体表面或内部的致病微生物,以确保它们不再有传染性。

对于设施、设备表面的污染和不能高压的设备(如溅有传染材料的物体的表面、房间、动物笼具以及各种不适于加热的物品),化学消毒剂的选择由待处理的微生物的耐受性决定。大多数有活性的细菌、真菌和有囊膜病毒,对化学消毒剂都很敏感;结核杆菌和非囊膜病毒次之;细菌芽孢和原生动物包囊最不敏感。此外,对材料的实用性、稳定性、兼容性,对人体健康的危害,以及对实验室拟操作病原体的风险评估结果也应有所考虑。

选择消毒剂时,重点应考虑影响灭菌效果的因素,很多因素会影响灭菌效果。如:化学品的浓度、是否存在有机物、化学试剂生效所需的时间、在什么温度和pH值下化学试剂有效、污染程度、污染类型及污染的表面或物体的物理特征。应对当前使用的消毒剂进行效力测试,并对其在相应领域的效能进行评估。

理想的消毒剂应是广谱、高效的,能有效消除各种生物危害,而且作用快速,不容易失活,对使用人员无毒、无腐蚀。当然,这种消毒剂也是经济型的,容易使用,容易销毁,使用寿命长。常用的消毒剂有以下几种,实验室可以根据不同目的和不同作用对象选择使用。

1. 酒精

酒精通常在70%~85%的浓度下使用。酒精可以使蛋白质变性,对脂溶性病毒、被膜病毒和植物细菌具有有效地消毒效果,但其杀菌作用有点慢。用酒精长期处理真菌和分枝杆菌会有有效的杀灭作用。对于非被膜病毒,酒精的杀灭作用有不确定性,而对细菌芽孢则不能起到杀灭作用。酒精具有使用简便、无腐蚀性等优点。其缺点是容易挥发、极易燃烧,易被有机物质失活、没有去污的特性。

酒精忌与强氧化剂、酸类、酸酐、碱金属、胺类混合。其蒸气与空气可以形成爆炸性混合物,遇明火、高热能引起燃烧爆炸。其蒸气比空气重,能在较低处扩散到较远的地方,遇明火会引着回燃。若遇高温,容器内压增大,有开裂和爆炸的危险。

灭火方法:实验室内一旦出现酒精燃烧,可用泡沫或干粉灭火器、二氧化碳、沙土进行灭火。用水灭火无效。

健康影响:可引起头痛、头晕、易激动、乏力、恶心、震颤等;皮肤反复接触可引起干燥、脱屑、皲裂和皮炎。

泄漏急救措施:皮肤接触时,脱去污染的衣物,用肥皂水及清水彻底冲洗。眼睛接触时,立即翻开上、下眼睑,用流动清水和生理盐水冲洗至少15 min,然后就医。吸入时,迅速离开现场至空气新鲜处,保暖并休息,必要时进行人工呼吸,呼吸困难时给吸氧,并及时就医。食入时,误服者立即漱口饮足量温水。

泄漏处置:疏散泄漏污染区人员至安全区,禁止无关人员进入污染区,切断火源。应急处理人员带好防毒面具,在确保安全的情况下堵漏、清理。

防护措施:工作时穿工作服,工作场所严禁吸烟。

2. 甲醛

甲醛作为消毒剂,通常用市售甲醛浓度37%的水溶液(即福尔马林),或者是一种聚合物,称之为多聚甲醛。甲醛的浓度达到含5%的活性成分(即每升溶液含18.5 g甲醛)时,便可作为一种有效的液体消毒剂,但是需要延长处理时间,至少30 min,当达到3 h,则可以杀灭细菌芽孢。甲醛的浓度为0.2%~0.4%时,通常在疫苗制作中用于灭活病毒。它可以灭活所有的微生物,是一种广谱消毒剂,而且有机组织对其杀菌作用影响不大。它的缺点是冷藏条件下会失去大部分消毒活性。它的刺激性气味提醒我们在实验室使用时要倍加小心。

操作注意事项:密闭操作,提供充分的局部通风。操作人员必须经过专门培训,严格遵守操作规程。建议操作人员佩戴自吸过滤式防毒面具(全面罩),戴橡胶手套。防止蒸汽泄漏到工作场所空气中。避免与氧化剂、酸类、碱类接触。搬运时要轻装轻卸,防止包装与容器损坏。配备相应品种和数量的消防器材及泄漏应急处理设备。倒空的容器可能残留有害物。

储存注意事项:储存于阴凉、通风的库房。远离火种、热源。库温不宜超过30℃,冬季应保持库温不低于10℃,包装要求密封,不可与空气接触。应与氧化剂、酸类、碱类分开存放,切忌混储。采用防爆型照明、通风设施。禁止使用易产生火花的机械设备和工具。储存区应备有泄漏应急处理设备和合适的收容材料。

3. 酚类化合物

苯酚不常用作消毒剂,因为它的气味难闻,在处理过的表面会留下粘性的残余物,特别是蒸汽消毒时。虽然苯酚本身不能被广泛使用,但是其他酚类化合物(结合去污剂)是常用的消毒剂的本类型,酚类化合物对被膜病毒和细菌消毒有效,对真菌和分枝杆菌的杀灭效果不确定,对无囊膜病毒的作用是有限的,常规使用时对细菌芽孢无活性。此外,酚类化合物有毒性,存在烧伤皮肤的可能性,一旦接触皮肤,可用大量的水稀释。

泄漏应急处理:隔离泄漏污染区,限制出入。建议应急处理人员戴自给式呼吸器,穿防毒工作服。小量泄漏时,用干石灰、苏打灰覆盖。大量泄漏时,收集回收或运至废弃物处理场所处置。

急救措施:①皮肤接触时,立即脱去被污染的衣着,用甘油、聚乙烯乙二醇或聚乙烯乙二醇和酒精混合液(7:3)抹洗,然后用水彻底清洗。或用大量流动清水冲洗,至少15 min,然后及时就医。②眼睛接触时,立即提起眼睑,用大量流动清水或生理盐水彻底冲洗至少15 min,之后及时就医。③吸入时,迅速离开现场至空气新鲜处。保持呼吸道通畅。如呼吸困难,需输氧。如呼吸停止,立即进行人工呼吸,尽快就医。④食入时,立即饮植物油15~30 mL,催呕,尽快就医。

灭火方法:消防人员须佩戴防毒面具、穿全身消防服。

灭火剂:水、抗溶性泡沫、二氧化碳。

防护措施:①呼吸系统防护:可能接触其粉尘时,佩戴自吸过滤式口罩。紧急事态抢救或撤离时,应佩戴自给式呼吸器。②眼睛防护:戴化学安全防护眼镜。③身体防护:穿透气型防毒服。④手防护:戴防化学品手套。⑤其他:工作场所严禁吸烟、进食和饮水。工作完毕,沐浴更衣。被毒物污染的衣服需单独存放,清洗备用。保持良好的卫生习惯。

4. 季铵盐类化合物

尽管对该类消毒剂已经应用了很多年,但对季铵盐类化合物作为消毒剂的功效依然存在争议。这些阳离子去污剂有很强的表面活性,这个特性是他们成为出色的表面清洁剂。季铵盐类化合物能与蛋白质结合,因此,在有蛋白质存在时,将使其溶液失效。低浓度的季铵盐类化合物能抑制细菌生长,如结核杆菌、芽孢、真菌和海藻等。中等浓度时,能够杀灭细菌、真菌、亲脂性病毒。该类化合物的优点是无味、无污染、对金属无腐蚀、稳定、廉价、无毒。缺点是这类化合物已被阴离子去污剂和有机质(蛋白质)抑制失活,对革兰氏阴性细菌、芽孢、分枝杆菌和许多病毒无效。

5. 含氯化合物

卤素是普遍使用的对所有微生物(包括细菌芽孢)都有活性的消毒剂。氯能与蛋白质结合而使自身浓度迅速降低,游离的有效氯才是活性成分。氯是强氧化剂,能腐蚀金属。次氯酸钠是含氯化合物消毒剂的基础成分。好的消毒剂来源于漂白粉家族。漂白粉一般含有5.25%的有效氯,如果被稀释100倍。再加入0.7%的不电离的去污剂就成了一种很有效的消毒液。这种消毒剂还能做成片剂。含氯化合物的主要缺点是有腐蚀性,有效期短,遇有机物失活,能烧伤皮肤和眼睛,稀释液不稳定,因此,需要经常配制新鲜溶液使用。

6. 碘化合物

碘和氯的特性非常相似。在实验室里常用的是碘伏。与分子载体结合后能够增强其溶解度,并持续不断地释放出卤素。溶液中活性碘的推荐浓度范围是0.0025%~0.0075%。游离碘的浓度是0.0075%时,碘可以被溶液中过量的蛋白质吸收。0.0075%的碘液可以用于处理干净的表面和干净的水。作为洗手液,推荐的溶液浓度为0.16%,溶于50%的酒精中。这个浓度的碘液可以快速灭活所有的微生物。有一种颜色指示剂可以检测是否有碘离子的存在,当溶液不在有活性了,它的颜色会由褐色转为黄色。碘化合物的缺点是具有轻度的腐蚀性,能被外来的有机物灭活,频繁使用能在物体表面着色。

7. 戊二醛

通常供应的戊二醛是2%的溶液,使用前要加入重碳酸盐的复合物进行活化。该化合物使用范围广,对很多种微生物有效,包括无囊膜病毒和分枝杆菌(作用时间最少需要20 min),以及细菌芽孢(作用时间最少需要3 h)。戊二醛的优点是无腐蚀性,能快速杀菌。缺点是有活性的产品保存期限很短;对有机物不敏感,不容易穿透有机物;不利于身体健康,如刺激黏膜,以及引起接触性皮炎和典型性哮喘等。

戊二醛遇明火、高热可燃,与强氧化剂接触可发生化学反应。其蒸气比空气重,能在较低处扩散到相当远的地方,遇火源会着火回燃。容易自聚,聚合反应随着温度的上升而急骤加剧。若遇高温,容器内压增大,有开裂和爆炸的危险。

健康危害:吸入、摄入或经皮肤吸收有害。对眼睛、皮肤和黏膜有强烈的刺激作用。吸入可引起喉、支气管的炎症、化学性肺炎、肺水肿等。本品可引起过敏反应。因此,操作时应佩戴呼吸器或自吸过滤面具(全面罩)。

急救措施:①皮肤接触后,立即脱去污染的衣着,用大量流动清水冲洗,就医。②眼睛接触时,立即提起眼睑,用大量流动清水或生理盐水彻底冲洗至少15 min,就医。③吸入后,迅速离开现场至空气新鲜处,保持呼吸道通畅。如呼吸困难,输氧。如呼吸停止,立即进行人工呼吸,就医。④食入:用水漱口。必要时,就医。

泄漏应急处理:迅速撤离泄漏污染区人员至安全区,并进行隔离,严格限制出入。建议应急处理人员戴自给式呼吸器,穿一般作业工作服。不要直接接触泄漏物,尽可能切断泄漏源,防止流入下水道、排洪沟等限制性空间。小量泄漏时,用沙土、蛭石或其他惰性材料吸收。工作现场禁止吸烟、进食和饮水。工作完毕,淋浴更衣。保持良好的卫生习惯。

废弃处置方法:建议用控制焚烧法或安全掩埋法处置。在能利用的地方重复使用容器或在规定场所掩埋。

8. 过氧化氢

供应的过氧化氢是30%浓度的水溶液,使用前必须稀释到6%。这个浓度的溶液对繁殖细菌、分枝杆菌、真菌、病毒有效,还具有一定的杀灭芽孢的活性。过氧化氢可以用于消毒铝、铜、锌或黄铜等金属制品表面。

过氧化氢遇到光和热时不稳定,为爆炸性强氧化剂。过氧化氢本身不燃烧,但能与可燃物反应放出大量热量而引起爆炸。过氧化氢在pH 3.5~4.5时最稳定,在碱性溶液中极易分解。过氧化氢遇强光,特别是短波射线照射时,也能发生分解。当加热到100℃以上时,开始急剧分解。它与许多有机物,如糖、淀粉、醇类、石油产品等形成爆炸性混合物。在撞击、受热和电火花作用下能发生爆炸。过氧化氢与许多无机化合物或杂质接触后会迅速分解而导致爆炸,放出大量的热量、氧和水蒸气。大多数重金属(如铜、银、铅、汞、锌、钴、镍、铬、锰等)及其氧化物和盐类都是过氧化氢的活性催化剂。尘土、香烟灰、碳粉、铁锈等能加速过氧化氢的分解。浓度超过74%的过氧化氢,在具有适当的点火源或温度的密闭容器中会产生气相爆炸。

健康危害:吸入本品蒸气或雾对呼吸道有强烈刺激性。眼直接接触本品液体可致不可逆损伤甚至失明。口服中毒出现腹痛、胸口痛、呼吸困难、呕吐、一时性运动和感觉障碍、体温升高等。个别病例出现视力障碍、癫痫样痉挛、轻瘫。

应急处理处置方法:泄漏时,迅速撤离泄漏污染区人员至安全区,并进行隔离,严格限制出入。建议应急处理人员戴自给正压式呼吸器,穿防酸碱工作服。小量泄漏时用沙土、蛭石或其他情性材料吸收,也可以用大量水冲洗,稀释后放入废水系统。

废弃物处置方法:废液经水稀释后发生分解,放出氧气,待充分分解后,把废液冲入下水道。

急救措施:①皮肤接触时,脱去被污染的衣着,用大量流动清水冲洗。②眼睛接触时,立即提起眼睑,用大量流动清水或生理盐水彻底冲洗至少15 min,就医。③吸入时,迅速离开现场至空气新鲜处,保持呼吸道通畅。如呼吸困难,输氧。如呼吸停止,立即进行人工呼吸,及时就医。④食入:饮足量温水,催吐,就医。

9. 双氯苯双胍己烷复合物

供应的产品有两种,一是浓度4%的双氯苯双胍己烷的葡萄糖酸盐类化合物溶液(用时不必稀释);另一种是溶于酒精的浓缩液,用时需要稀释。含有酒精的溶液比水溶液有更强的活性。此类化合物对真菌、分枝杆菌、无包膜病毒有效。对芽孢无杀灭作用。双氯苯双胍己烷类(洗必泰)被普遍用作皮肤的消毒剂和洗手液。

二、消毒方法

1. 消毒剂溶液擦拭消毒法

(1)适用范围　设备设施表面的消毒。

(2)操作方法及注意事项　用布浸消毒液依次往复擦拭被消毒物品表面。必要时,在作用至规定时间后,用清水擦净以减轻可能引起的腐蚀作用。

2. 消毒剂溶液喷雾消毒法

(1)适用范围　室内空气、设施设备表面、操作台面的消毒。

(2)操作方法及注意事项

①普通喷雾消毒法　用喷雾消毒器进行消毒剂溶液喷雾,以使物品表面全部湿润为度,作用至规

定时间。喷雾顺序为先上后下、先左后右。喷洒有刺激性或腐蚀性消毒剂时,消毒人员应戴防护口罩和眼镜。

②气溶胶喷雾消毒法 喷雾时,关好门窗,使消毒液均匀覆盖在物品表面为度,作用30~60 min后,打开门窗,驱除空气中残留的消毒剂颗粒。应特别防止消毒剂气溶胶进入呼吸道。

3. 环氧乙烷简易熏蒸消毒法

(1)适用范围 纸质材料、电器设备等怕湿、怕热和易被腐蚀物品的消毒。

(2)操作方法及注意事项 将物品放入消毒袋中排净袋中空气,扎紧袋口,通入环氧乙烷气体,待作用至规定时间(16~24 h)后,于通风处打开消毒袋,取出物品,使残留环氧乙烷自然消散。

环氧乙烷为易燃易爆药品,使用过程中室内不能有明火或产生电火花。

环氧乙烷法不得用于房间的消毒。

4. 过氧化氢蒸气消毒法

(1)适用范围 缓冲间或房间内、建筑物内、隔离器、生物安全柜和实验室设备的消毒。

(2)操作方法及注意事项 用辅助设备将过氧化氢液体蒸发,使过氧化氢蒸气快速进入灭菌空间并达到饱和,待作用规定时间后,过氧化氢在催化剂作用下分解为水和氧气。

过氧化氢蒸气消毒法具有环保、无残留(消毒作用完毕后,可将过氧化氢分解为水蒸气和氧气)、快速、可重复而又易于验证等优点,适用于广泛的材料消毒,包括电子产品。

5. 高压蒸汽灭菌

高压灭菌器能对实验室废弃物,如培养皿、吸头、试管、玻璃器皿等进行有效的消毒。高压蒸汽灭菌的效率与填载的物品有关,凡是影响待高压物品的温度和接触时间的因素都能影响灭菌效果。因此,对灭菌器内物品的包装,包括容积大小和摆放都需要特别注意。高压灭菌器内物品的摆放必须能允许蒸汽对流和穿透,紧密堆积在一起的物品不利于蒸汽穿透。高压灭菌器内物品的紧密堆放和填载过多均能导致灭菌失败。

高压灭菌器的有效操作参数应根据标准装载量及处理时间确定。高压时,应在填载物的中间(如装载物中间很难灭菌的位置)放置生物指示剂。生物指示剂能对灭菌过程进行实时监控,建议经常使用(如每周或根据使用频率确定)。生物指示剂是专用于演示灭菌性能的标准化的细菌芽孢。因用途不同,高压灭菌器的设计和制造也不同,因此,选择指示剂时应特别小心。一些化学指示剂只有在和生物指示剂以及物理监控(如压力和温度读数)联合使用时才有意义。鉴于指示剂只是对当日装载物监控提供的一种瞬时结果,因此并不能作为无菌的唯一标志。生物指示剂测试的结果应存档。

高压物品的包装宜使用通透蒸汽的布或纸包装,不得使用有盖密封的金属、陶瓷、玻璃和耐热塑料容器。必须使用不透气容器时,容器的上下应开有小孔,以利于蒸汽与空气流通。

6. 辐射消毒

γ-辐射(如^{60}Co)是用于耐热材料消毒、从污染设备中清除化学制品和溶剂的一种非常有效的方法。处理的效率在技术上与γ-射线在待处理物品中的穿透力、待处理物质的密度和放射源的强度有关。

也可利用微波辐射对污染设备进行消毒,但并不常用。根据高压蒸汽灭菌原理,热量是清除活微生物的关键因素。因此,影响微波处理的因素有:辐射频率和波长、待消毒材料的湿度以及处理时间等。

紫外辐射(UV)并不能作为对污染设备进行消毒的唯一方法。UV的穿透能力较弱,主要对没有任何保护的、或者空气中的微生物才有效。正确地对紫外灯管进行清洁、维护和检查,确保其发射一定强度的紫外光,对于减少空气中滋生的、设备表面存在的微生物还是有效的。在用紫外线照射进行室内消毒时，在灯管距地面约2.0~2.5 m高处，按≥1.5 W/m³安装灯管。灯管用铝制灯罩作反射或侧向照射，可用于有人在时消毒空气，照射时间不少于30 min 。用于污染地面消毒时，灯管距地面不超过1 m，灯管周围约1.5 ~ 2 m处为消毒有效区照射时间不少于30 min。

紫外消毒应注意：①紫外线穿透力弱，灯管上的灰尘和油垢会妨碍穿透，需要经常用酒精棉球擦拭。②紫外线直接照射可引起眼结膜和皮肤损伤，要注意保护。③影响紫外线杀菌的因素多，实际照射消毒时，紫外线照射的剂量和强度应根据具体情况设定和测定。

7. 焚烧

焚烧一直用于解剖的生物医学废弃物和动物尸体的处理。多数情况下待焚烧的废弃物应包装好后，才能送往指定地点进行焚烧。一般情况下待焚烧废弃物在送往指定地点焚烧前应进行预处理(首选高压灭菌)。焚烧效率与设备设计及设置的时间、温度、搅动等因素有关。

8. 消毒处理新技术

由于很多部门对焚烧炉空气污染的日益关注，焚烧标准要求也越来越高。为此产生了许多可替代的处理系统，如利用微波、电磁波、热油、热水、蒸汽或超热气体进行加热；化学药品处理(如次氯酸盐、二氧化氯、氢氧化钠等)将废弃物与加热的化学药品混合；用放射源照射医学废弃物。这些技术各有优缺点，应根据各实验室的具体情况选择使用。

三、房间空气消毒效果的评价

1. 平皿沉降方法

(1)采样时间　选择消毒处理后、开展检测工作之前采样。

(2)采样高度　与地面垂直高度80 ~ 150 cm 。

(3)布点方法　室内面积≤30 m³时，设一条对角线上取3点，即中心1点、两端距墙1 m处各取1点；室内面积>30 m³时，设东、西、南、北、中各1点，其中东、西、南、北点均距墙1 m 。

(4)采样方法　消毒前、后分别用9 cm普通营养琼脂平板在采样点暴露5 ~ 10 min后送检培养。同时取2个未经采样的普通营养琼脂平板作阴性对照，一同放在37℃培养48 h后计数。

(5)结果计算

空气中总菌数(cfu/m³)=50000N/AT

式中：A——平板面积(cm²)；

T——平板暴露空气中的时间；

N——平均菌落数(cfu)。

$$消亡率 = \frac{消毒前样本平均菌数 - 消毒后样本平均菌数}{消毒前样本平均菌数} \times 100\%$$

(6)消毒效果评价　重复试验3次，每次的自然菌消亡率均≥90%者为合格。

2. 筛孔式采样器采样法

(1)现场的选择　根据使用的实际情况，选择有代表性的房间，并在室内无人情况下进行消毒效果的观察。

(2)采样点设置　采样器置室中央1.0 m高处，房间>10 m²者，每超过10 m²增设1点。

(3)试验方法　在消毒处理前用筛孔式采样器进行空气中自然菌的采样，作为消毒前样本(阳性对照)。

①按要求进行消毒处理，作用一定时间。

②再用同样方法作一次采样，作为消毒后的试验样本。

(4)试验采样完成后，应将未用的同批培养基，与上述试验样本同时进行培养作为阴性对照。

37℃培养48 h后计数。如阴性对照组有菌生长，说明所用培养基有污染，试验无效，更换后重新进行。

(5)试验重复3次或以上，计算出每次的消亡率。

(6)结果计算

$$消亡率=\frac{消毒前样本平均菌数-消毒后样本平均菌数}{消毒前样本平均菌数}\times 100\%$$

(7)消毒效果评价　除有特殊要求者外，对无人室内进行的空气消毒，以每次的自然菌消亡率均≥90%为合格。此外，还应使室内空气中细菌总数不超过国家容许标准。

四、实验室化学品污染的避免

实验室所有人员都应该了解工作场所存在的所有危险化学品。实验室管理层或实验室负责人应向实验室工作人员提供工作场所存储或使用的危险化学品信息，以及避免化学品暴露、降低暴露风险、受化学品污染后的紧急处理等的措施。

1. 对管理者的要求

管理者应在危险化学品存储、处理或使用地点提供以下信息：

(1)危险化学品目录。

(2)对所有危险化学品作出适当标识。

(3)工作区域存放所有危险化学品的安全数据单。

(4)告知实验室人员危险化学品存放地点。

(5)告知实验室人员危险品处理程序、化学品目录以及材料数据单等文件的存放地点。

此外，管理者还应对员工如何在工作区域使用危险化学品进行培训，培训内容包括但不限于下面三方面内容：①危险化学品的类型：根据物理性状分为易爆化学品、易燃性化学品和反应性化学品。根据危险化学品对人体的危害分为：有毒化学品和腐蚀性化学品。②危险化学品的暴露途径：接触暴露(经皮肤、眼睛或嘴)、食入、吸入及刺伤或切割伤。③做好自我防护：收集危险化学品的有关信息，包括在盛装容器或包装外表面的标识和生产厂家安全数据单；定期回顾检查工作程序；尽可能减少各种可能的化学品暴露。

2. 防止化学品污染

(1)提前做好使用危险化学品的计划

①有适当设备和个人防护装备以便安全处理化学品。

②尽可能用低毒或无毒化学品替代。

③尽可能将购买危险化学品的量降到最小。

④事先评估潜在危害。

⑤有应急处理方案。

(2)不要低估化学品的危害，事先阅读化学品标签以及MSDS。

(3)降低暴露风险

①尽可能降低危险化学品的使用量。

②对未知毒性的化学品不要轻易嗅闻。

③在毒气柜或其他通风设备中操作。

④使用运输容器。

⑤不要在实验室内饮食。

(4)做好对意外暴露事件的应急防备

①熟知洗眼器、淋浴装置、灭火器以及紧急出口的位置。

②在实验室存放基本的急救用品。

③预测可能发生的其他危害。

④不要穿戴珠宝首饰等饰品。

3. 操作危险化学品时应遵守的原则

(1)基本原则　避免暴露于任何化学品！避免化学品与皮肤直接接触。操作时穿防护服(防护围裙、长罩衫等)、戴手套和面罩或眼罩。尽可能在通风橱或其他防护设施内操作,以防止吸入化学品的蒸气、气溶胶、烟、灰尘或粉末。

(2)任何人(包括全体工作人员、参观者)进入化学品存放或使用地点,都需要做好眼睛防护,穿着适当的个人防护装备。

(3)在操作危险化学品时,限制其他无关人员进入。

(4)存放危险化学品的实验室或试剂室入口应有危险标识,注明管理人。

(5)存放危险化学品的实验室或试剂室应保持整洁、有序。

(6)禁止在危险化学品操作区域饮食、吸烟、处理隐形眼镜、使用化妆品。

(7)禁止口吸移液。

(8)实验室内穿防护服,根据操作类型,适时穿戴其他防护装备。

(9)要按照化学品之间的相容性分类存放。不能将化学品存放于地面或通风橱。

(10)化学品存放地点应有化学品存放清单。

(11)过期和废弃化学品及时按照化学废弃物处理要求处理。醚类和其他降解成不稳定化合物的化学品,须在打开后存放6个月再处理。

(12)出现化学品溢出后,应尽快清理,并按照上节中“实验室危险材料溢洒处理”对污染区域去除污染。

(13)所有废弃的或溢出的化学废弃物,都必须放入适当标记的容器中等待处理。

(14)紧急出口、应急设施(灭火器、紧急洗眼器、紧急淋浴装置)周围禁止存放阻挡物品。

(15)工作台面应保持整洁、有序。

(16)压缩气体钢瓶应始终安全放置。

第五节　基础兽医实验室内务管理

基础兽医实验室是从事病原微生物操作的实验室。其内务管理包括实验室的常规清洁和整理,良好的实验室内务规范对保证实验室生物安全至关重要。

生物安全实验室的内务不同于普通实验室的,需要对从事内务的人员进行培训,使其了解实验室内存在的风险、危险的位置和性质、个体防护方法、工作的范围、工作要求和方法、废物的包装及处置、意外事故的处理及报告等。

在很多实验室,内务是由没有生物安全知识的临时人员完成,存在很大的安全隐患。

GB 19489《实验室　生物安全通用要求》对BSL-2实验室内务管理的要求为:“实验室应有对内务管理的政策和程序,包括内务工作所用清洁剂和消毒灭菌剂的选择、配制、效期、使用方法、有效成分检测及消毒灭菌效果监测等政策和程序,应评估和避免消毒灭菌剂本身的风险;不应在工作面放置过多的实验室耗材;应时刻保持工作区整洁有序;应指定专人使用经核准的方法和个体防护装备进行内务工作;不应混用不同风险区的内务程序和装备;应在安全处置后,对被污染的区域和可能被污染的区域进行内务工作;应制定日常清洁(包括消毒灭菌)计划和清场消毒灭菌计划,包括对实验室设备和工作表面的消毒灭菌和清洁;应指定专人监督内务工作,应定期评价内务工作的质量;实验室的内务规程和所用材料发生改变时,应通知实验室负责人;实验室规程、工作习惯或材料的改变可能对内务人员有潜在的危险时,应通知实验室负责人并书面告知内务管理负责人;发生危险材料溢洒时,应启用应急处理程序。

根据标准、规范的要求,实验室在日常工作和危险材料操作过程中,应在对实验室有关人员充分培训的基础上,监督工作人员严格遵守实验室指定的良好内务行为规范。

一、食物和饮用品的储存与使用

将食品、饮料等食用物品与有毒有害危险材料分开放置,能大大降低意外食人的潜在风险。实验人员不能将食物、饮料等与饮食有关的物品存放于有毒和潜在危险的实验室,或在这类实验室食用。也不能在这类实验室使用微波炉加热食物或饮料。实验室负责人应考虑为工作人员提供合适的、清洁的用于存放食品、饮料等的场所。

实验人员应将食品和饮料存放于非实验室区域内指定的专用地点处,并在指定的区域中准备和食用。存放这些物品的冰箱应适当标记以明确其规定用途。

二、个人内务管理

在实验室内佩戴或摘卸隐形眼镜或使用唇膏等,都可能将危险材料带入眼睛或口腔,因此,此类行为必须在实验室外清洗手后进行。

实验服和手套会被放射性材料、生物材料或化学试剂污染,因此,不能穿着实验服或戴着手套到咖啡厅、教室或者会议室等共公共场所活动。一般情况下,也不能将实验服带回家洗涤。在实验室有洗衣机等洗衣设施时,如果不能为实验服洗涤专用,至少应在洗涤时将实验服和其他物品分开洗涤。实验服洗涤完毕,应再用热水加洗涤剂空洗一次。

由于戴手套操作也不能保证手部不被污染,因此在离开实验室时要彻底洗手,以降低放射性、生物性或其他危险材料带至清洁场所的风险。在工作区洗手池旁边应提供肥皂和毛巾。

个人物品、服装和化妆品不应放在有规定禁放的和可能发生污染的区域。

在实验室内各类有毒有害物品、放射性、感染性和易燃性材料,都可能使吸烟成为食入各种危害和火灾的潜在隐患。因此,实验室内严禁吸烟。

此外,应始终保持工作区域整洁有序。实验设备维护或运出修理前应进行消毒。实验室在下班后不使用时应锁闭等。

三、非实验室人员的安全管理

非实验室有关人员和物品不得进入实验室,外来参观、进修或合作人员进入实验室前应征得负责人允许。应禁止未经授权人员在处理有毒化学品、生物危险材料或放射性材料实验室或场所活动。所谓授权,是指在实验室负责人允许下,非雇佣人员在操作现场观摩学习或从事其他活动,意味着其在进入该区域前接受了有关有毒有害危险物防护的培训,了解了可能产生的危害,并采取了适当的防护措施。

第六节 实验室危险材料的转运

生物危险材料是指已知或可能含有传染性致病原的物质,包括各种菌(毒)种、寄生虫种和待检测样本等。在工作过程中,由于各种感染性物质处于不同的状态,实验室工作人员应根据具体情况对其进行相应的管理,避免疏忽,保证工作质量和实验室生物安全。

一、危险材料的接收、领用和存储

(一)风险评估

细菌、病毒、真菌或其他感染性病原因能导致疾病,多年以来成为兽医学、微生物学等领域广泛研究的对象。由于这些病原体对动物或其他生命形式具有致病性,所以,不同病原体及其不同使用方式都有可能带来风险。WHO《生物安全手册》、GB 19489-2008《实验室　生物安全通用要求》以及农业农村部《兽医实验室生物安全管理规范》,均对实验室操作的病原微生物进行了分级。病原体的风险是由多种因素决定的。这些因素包括病原体引起疾病的严重程度、感染途径、毒力以及感染性等。其他尚需要考虑的因素,包括是否具有有效治疗方法、能否通过免疫预防、传播媒介、所操作病原体的数量、病原体是否为本土疾病,以及对其他物种(包括植物、昆虫等)的可能影响,同时也要考虑可能产主的经济、环境影响。此外,还要考虑实验室应用感染性病原的形式,在培养基上大量培养和收获高浓度的病原体所引起的风险,比用同样病原体仅在载玻片涂片、染色、镜检所产生的风险要大得多。不正常使用或未经试验证实的异常操作,也会对风险程度产生影响。WHO和国家相关标准根据病原体的危害程度,将病原体分为4类。各实验室应根据自身所操作的病原体种类和数量对病原体可能产生的风险做出正确评估。

进行风险评估是选用适当防护水平开展微生物研究工作的关键环节。实验室应通过详细、全面的风险评估决定所操作的病原体是否需要在更高级别防护设施中进行。因此基础兽医实验室中在开展工作前应根据实验室拟操作的病原体和实验活动,由对操作病原体特性、设备和操作程序、动物模型、屏障设备和设施等最熟悉且有适当经验的专业人员进行风险评估。

风险评估应考虑的内容有:生物因子已知或未知的特性,如生物因子的种类、来源、传染性、传播途径、易感性、潜伏期、剂量-效应(反应)关系、致病性(包括急性与远期效应)、变异性、在环境中的稳定性、与其他生物和环境的交互作用、相关实验数据、流行病学资料、预防和治疗方案等;拟从事活动的风险评估,包括对化学、物理等的风险进行评估;实验室本身或相关实验室已发生的事故分析;实验室常规活动和非常规活动过程中的风险(不限于生物因素),包括所有进入工作场所的人员和可能涉及的人员(如合同方人员)的活动;设施、设备等相关的风险;适用时,实验动物相关的风险;人员相关的风险,如身体状况、能力、可能影响工作的压力等意外事件、事故带来的风险被误用和恶意使用的风险;风险的范围、性质和时限性;危险发生的概率评估;可能产生的危害及后果分析;确定可接收的风险;适用时,消除、减少或控制风险的管理措施和技术措施及采取措施后残余风险或新带来风险的评估;适用时,运行经验和所采取的风险控制措施的适应程度评估;适用时,应急措施及预期效果评估;适用时,为确定设施设备要求、识别培训需求、开展运行控制提供的输入信息;适用时,降低风险和控制危害所需资料、资源(包括外部资源)的评估;对风险、需求、资源、可行性、适用性等的综合评估。

此外,应对从事实验活动的危险性和工作人员的素质状况进行分析,提出相应的预防和处置措施。

(二)材料的接收

实验室应明确规定危险材料的接收地点,制订危险材料接收、储存和管理的标准操作规范(SOP)、规章制度等。实验室应设立专人负责危险样品的接收。接收人应在相应的生物安全条件下,清点复核样品的名称、数量、内容和包装的完整性等,填写样品接收单,样品接收单内容应尽可能全面,样单见表6-6。然后,接收人签字,并出具收据证明。样品接收后应按照程序对所有样本重新进行统一编号,建立人库和发放登记。

应建立危险样品的基础档案制度,尽可能地搜集与样本有关的背景资料。

实验室负责人或其指定代表要定期对样本的使用、保存状态和销毁情况进行检查并做记录。

（三）生物危险材料的领用

实验室应建立明确的程序，并制订相应的记录表格。感染性物质保管部门应根据具有审批权限的机构/人员的批文，核实领取部门的使用权限和目的；根据样品中可能含有病原微生物的种类、危险等级及所进行的实验内容，负责按照运输要求进行包装，并与负责运输的人员核对签字、交接，方可发放。对于内部转运，也应规定明确的领用程序。

（四）生物危险材料的存储

实验室根据感染性物质的种类及国家有关规定，设定专门的冰箱，库房或划定专用区域来保存样品。应根据其可能进行的检验目的和要求，分装成若干小份，置适当的温度条件下保存，避免反复冻融样品。要制定感染性物质储存的SOP和记录表格，对于储存库房、冰箱以及储存物质的标识。应有统一规范和标记，尤其是为防止样品混淆、误用等，应有详细的规定。

表6-6 实验室检测样品接收单

<table>
<tr><td>样品名称</td><td></td><td>生产日期或批号</td><td colspan="2"></td><td>商标</td><td></td></tr>
<tr><td>生产企业</td><td></td><td>采样地点</td><td colspan="4"></td></tr>
<tr><td>送样数量</td><td></td><td colspan="5">分包□</td></tr>
<tr><td>承检部门</td><td colspan="6"></td></tr>
<tr><td>样品状态描述</td><td colspan="6">内包装：完好□ 破损□ 样品状态：固态□ 液态□ 半固态□ 粉末□
样品性质：清澈□ 混浊□ 腐败□ 新鲜□ 冷冻良好□ 甲醛固定良好□</td></tr>
<tr><td>检验项目</td><td colspan="6"></td></tr>
<tr><td>检测依据</td><td colspan="6"></td></tr>
<tr><td>时间要求</td><td colspan="2">加急□ 普通□</td><td>报告领取方式</td><td colspan="3">自取□ 代邮□</td></tr>
<tr><td>送检单位</td><td colspan="6"></td></tr>
<tr><td>通讯地址</td><td colspan="6"></td></tr>
<tr><td>邮政编码</td><td colspan="2"></td><td>电话</td><td colspan="3"></td></tr>
<tr><td>送样人</td><td colspan="2"></td><td>送样日期</td><td colspan="3"></td></tr>
<tr><td colspan="2">客户检测项目明确□</td><td colspan="5">检测费： 已交□ 未交□ 统交□</td></tr>
<tr><td colspan="2">样品检测评价合格□</td><td colspan="5">本合同评审合格□</td></tr>
<tr><td>送样须知</td><td colspan="6">1、送样人应逐项认真填写本单，选择项用"√"划定，无内容划"/"或填"不详"，并提供有关技术资料。
2、仅对送检样品负责。若对检验结果有异议，应在接到检验报告后15日内向本实验室提出，逾期不再受理。
3、本单同时作为领取报告凭证，请妥善保管。</td></tr>
<tr><td>接样人</td><td></td><td>取报告日期</td><td colspan="4">年 月 日</td></tr>
<tr><td>备 注</td><td colspan="6"></td></tr>
</table>

（五）感染性物质的中间产物或病原微生物成分的管理

在进行感染性物质的实验活动中，还涉及所产生的中间产物和病原微生物某些成分的使用和管理，如核酸、蛋白质等。要对病原微生物的提取、灭活方法，以及使用的试剂、中间产物等，建立确认其安全性的可靠检验方法和标准，并通过一定比例的随机抽样检查，保证提取物和带出实验室的产物中不含有病原微生物。对于方法管理应有专门的程序，应根据所从事的实验活动制订全面的安全操作规范。对于可产生潜在感染性微生物的重组DNA操作，应有专门的管理制度。

二、危险材料的安全处置

实验室产生的废弃物品含有感染性物质的风险非常大，应按照规定妥善处理。基础兽医实验室涉及的危险材料主要有：生物危险废弃物、生物医学废弃物、病理学废弃物、分子生物学废弃物以及固形废弃物（如尖锐物品、玻璃制品和非玻璃的化学试剂瓶等）。这些废弃物的处理应遵循《医疗废弃物管理条例》（2011年修订）。此外，实验室还有化学腐蚀性废弃物、放射性废弃物等。（图6-6）。

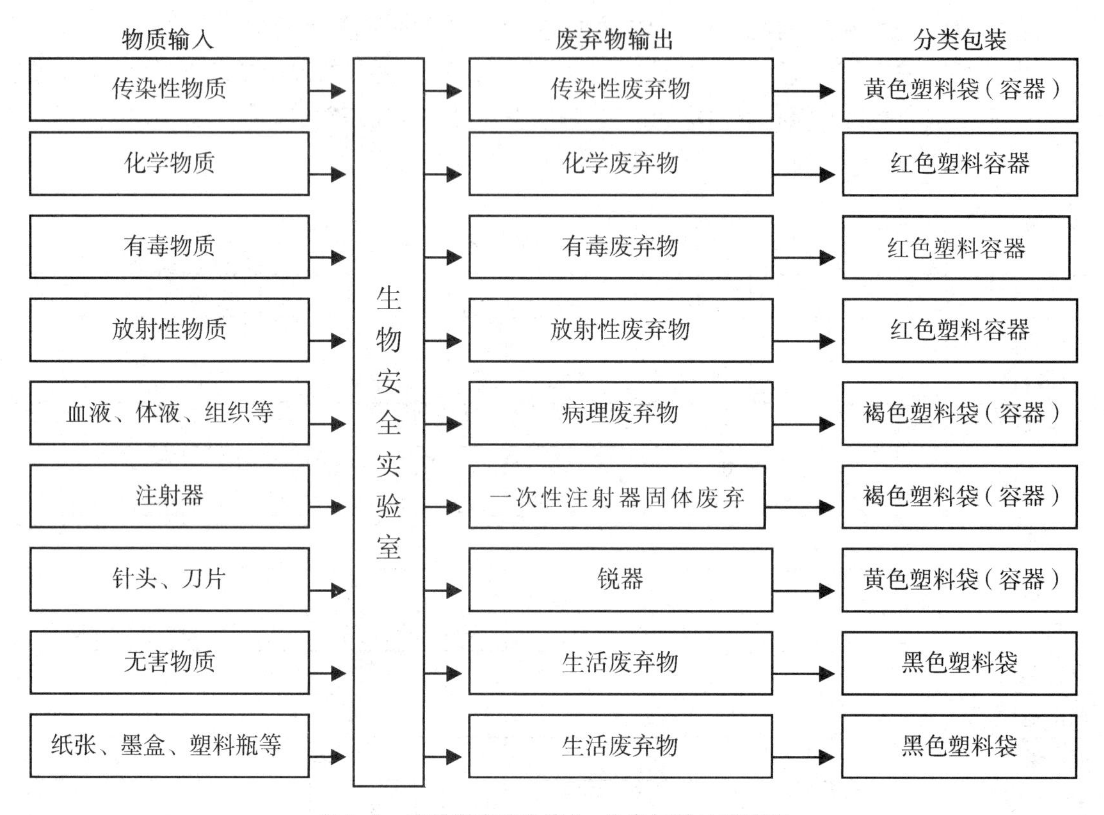

图6-6 实验室废弃物产生、分类包装处置流程

感染性物质可通过多种途径进入体内造成感染，其中包括食入、吸入、黏膜接触（如用污染了的手触摸眼睛可引起结膜感染）或皮肤破损。常导致感染的类型有：暴露于感染性气溶胶中，感染物质溅出、意外的针头刺伤、由锋利的物品或破碎玻璃割伤、动物或体表寄生虫咬伤及抓伤、用口吸移液器、离心操作时产生的事故及感染材料对非实验区域的二次扩散。其中，对实验人员危害最大的是感染性气溶胶的暴露。吸入、食入及黏膜接触气溶胶等，都会造成风险。因此，实验操作中，需利用操作规范或相关技术最大限度地降低气溶胶产生。

实验室应当制定废弃物处置相关规定和应急方案，及时检查、督促、落实废弃物管理工作。同时，配备经过适当培训有资格的人员和必要的个人防护用品。

如果某废弃物中混合了危险性废弃物，那么所有的废弃物都必须按照最危险的情况处理。毒性分级要求废弃物必须按照其中最危险的废物的要求进行处理。

（一）生物危险废弃物

生物危险废弃物是指经实验分析后被丢弃的含有已知或未知微生物的材料。健康动物监测的检验材料即使证明无污染也不应作为生活垃圾丢弃。实验室中一次性使用的污染材料可高压灭菌后焚烧或直接焚烧；可反复利用的已被污染的材料应选择先消毒再高压灭菌或直接高压灭菌。灭菌后的材料经洗涤、干燥、包扎、再灭菌后使用,不提倡用干热法处理生物危险废物,用微波、紫外线、离子辐射等方法处理也不合适。每个实验室的工作台上或角落中应有盛放实验废弃材料的防漏容器。根据需要,有的容器中含规定浓度的新鲜配制的消毒液(如次氯酸钠、石炭酸复合物、表面活性剂等),将需要消毒的物品作用一段时间后再放入转送容器中,送去高压灭菌或焚烧。盛放生物废弃物的容器应加盖、防渗、可消毒、可清洗。

应制定生物危险废弃物处置程序,避免有害物质的暴露。对生物危险废弃物处置不当,会给保管及废弃物处理人员带来危险,同时对将废弃物运送至废物转运站的过程构成危害。管理者、技术人员及其他工作人员都应熟悉各自领域中现行的针对生物危害因子、化学品、病原因子及放射性物质的废弃物处置程序。

实验室操作人员应能方便地得到废弃物处置操作手册。管理者负责确保其所有员工受过培训、熟知处置程序,且所有实验室的废弃物处置步骤都需符合该废弃物处置程序。

(二)医学废弃物

在基础兽医实验室中,医学废弃物包括动物解剖废弃物、动物的血液及体液等。

处置生物医学废弃物的程序如下:

(1)生物医学废弃物需用双层黄色生物安全垃圾袋装。

(2)清楚地填写废弃物识别标签,表明袋中物品并标明特定实验室。

(3)在废弃物处理部门来收取前,将袋子高压灭菌处理后置于冷冻柜或储藏室内,或由实验室专门人员负责收集后,在符合条件下进行焚烧或深埋等无害化处理。

致病性废弃物(如动物尸体或动物组织)应用较厚的生物安全垃圾袋装。应从动物身上取下所有的插管、导管、塑料夹、标签等物品,将其放入垃圾中经高压后处理,每个装好物品的包装袋的重量不可超过20 kg。要清楚地填写废弃物识别标签,表明袋中物品并标明特定实验室,将标签贴在废弃物袋上。在实验室专人或废弃物处理部门来收取前,将袋子冷藏或冷冻。如果将废弃物处理分包给第三方,那么按照合同要求,合格的分包方(如环保部门)会定期前来收取。

(三)分子生物学废弃物

1. 固体状溴化乙锭或溴化乙锭(EB)污染的固体废弃物(如凝胶废弃物)

溴化乙锭凝胶废弃物、溴化乙锭接触物(如手套、抹布、枪头)必须以较厚红色塑料袋装。清楚地填写废弃物识别标签,表明袋中物品并标明特定实验室。将标签贴在装废弃物的袋上,贮藏在指定废弃物收取地点,定期进行焚烧处理或与环保部门安排废弃物收取事宜。

2. 溴化乙锭溶液

溴化乙锭溶液是基础兽医实验室中BSL-2实验室,尤其分子生物学实验室经常要接触的强致癌性物质,不仅能诱导有机体突变,而且有中度毒性,易挥发。因此,严禁实验室随便丢弃溴化乙锭溶液。未经处理的溴化乙锭溶液不允许排放。取用含有溴化乙锭的溶液时务必戴上手套。此种废液安全排放前,可用下述方法处理。

(1)溴化乙锭溶液(即浓度>0.5 mg/mL的溴化乙锭溶液)的净化处理。

①方法一

A 加入足量的水使溴化乙锭的浓度降低至0.5 mg/mL以下。

B 在所得的溶液中加入0.2体积的新配置的5%次磷酸和12体积的新鲜配制的0.5 mol/L的亚硝酸钠,小心混匀。

切记:检测该溶液的PH应<3.0。市售次磷酸一般为50%溶液,具有腐蚀性,应小心操作。必须在临用前现用现稀释。亚硝酸钠溶液(0.5 mol/L)的配法:用水溶解34.5 g亚硝酸钠并定容至终体积

500 mL，现用现配。

C 于室温温育24 h后，加入过量的1 mol/L的碳酸钠。该溶液可予丢弃。

②方法二

A 加入足量的水使EB的浓度降低至0.5 mg/mL以下。

B 加入1倍体积的0.5 mol/L $KMnO_4$，小心混合后再加入1倍体积的2.5 mo1/L HCI，小心混匀，于室温放置数小时。

C 加入1倍体积的2.5 mol/L NaOH，小心混合后，可丢弃该溶液。

（2）溴化乙锭稀溶液（如含有0.5 μg/mL溴化乙啶的电泳缓冲液）的净化处理

①方法一

A 每100 mL溶液中加入2.9 g AmberliteXAD-16，这是一种非离子型多聚吸附剂，可向Rohm & Haas公司购置。

B 于室温放置12 h，并不时摇动。

C 用Whatman 1号滤纸过滤溶液，丢弃滤液。

D 用塑料袋封装滤纸和Amberlite树脂，作为有害废弃物予以丢弃。

②方法二

A 每100 mL溶液中加100 mg粉状活性炭。

B 于室温放置1 h，并不时摇动。

C 用Whatman 1号滤纸过滤溶液，丢弃滤液。

D 用塑料袋封装滤纸和活性炭。

注：用次氯酸（漂白剂）处理溴化乙锭稀释液并不可取；溴化乙锭在262℃分解，在标准条件进行焚化后不可能再有危害性；AmberliteXAD 16或活性炭可用于净化被溴化乙锭污染的物体表面。

（四）固形废弃物

不要将玻璃碎片、破裂或废弃的玻璃器具、用过的尖锐器具（如针头、注射器、手术刀片等）、废旧电池、荧光灯管和高强度放电灯以及化学废弃物投放到生活垃圾桶内。荧光和高强度放电灯一般含有15～75 mg水银，如果被随意丢弃，这些水银会流出并污染地下水或其他物品。实验室内产生的固形废弃物应妥善处置。

1.利器与针头的处置　利器与针头（手术刀片与注射器针头）都具有潜在的感染危害。为控制此类危害，利器及针头必须放置于金属器具或坚硬、无透性塑料容器中。盛放不可回收的利器或针头的容器需耐压耐热并可进行焚烧（如非PVC制品）。此容器建议最好采用红颜色，如非红色则应是其他易于辨认的颜色，并能在其表面清晰标注"利器"字样。

（1）处置利器与针头可参考如下操作（以不可回收利器为例）：

①将所有利器、针头收起，放入利器容器中。

②在放入容器前将所有感染物品化学去污，或装满容器后将其整个进行高压消毒。

③确认关紧盖子。

④清楚地填写废弃物识别标签，表明内装物品为利器，使用条状编码标明特定实验室。将标签贴在装袋的废物上。将整个容器存放在指定废弃物收取地点。

⑤不论是经过高压还是未经高压的利器容器，都需存放在指定危害性废弃物处理场所。

（2）简单说来，应遵循如下三点要求：

①将尖锐器具、物品存放于耐扎器具或容器中，盛放的器具或容器外表面应贴有标识，如注明"该容器仅用于存放利器"。

②容器满后,封口或扎紧袋口。

③通知实验室负责处理锐器的负责人取走处理。通知时,告知其姓名、电话、存放地点。

2.注射器的处置　因其特殊的外观,不允许将任何注射器进行填埋。因此,对塑料注射器来说,无论其有无危害性,都应分别收集焚烧。

处置废弃的小剂量塑料注射器,可将包括针头、塑料管、活塞在内的整个注射器收集在利器容器中。处置大剂量塑料注射器,可将注射器的针头从塑料管上取下,单独放入利器容器中;将去掉针头的塑料管放在塑料袋内,将其放入结实的纸盒内。在盒子上标明"用于焚烧的塑料废弃物"字样,并写清处置人姓名及电话号码。将此纸盒放在指定废弃物收取地点。

注意:对感染性或生物危害性注射器,必须经高压或使用适当化学去污品消毒。

3.玻璃废弃物的处置　实验室人员有责任保证玻璃废弃物已经过安全包装,整个容器存放在指定收取地点并由专人专门处置。玻璃废弃物必须放在经许可的"仅存玻璃废弃物"容器中。所有此类容器都必须标注"仅存玻璃废弃物"字样,以免其他物品被放入其中。每个容器都需内衬干净塑料袋,保证将所有玻璃废弃物包裹在盒子中。所有装入容器中的玻璃废弃物必须已用适当方法消毒。当容器装到3/4时,应将袋子排除空气并封紧。不允许玻璃废弃物超过容器顶部。在袋子上加标签标明处置人房间及电话号码。将容器存放在指定收取地点。

简单说来,有以下三点:

①将破碎的玻璃器具存放于耐扎容器中,容器上标识"破碎玻璃"。

②容器盛满后,密封好容器口。

③通知负责处理玻璃废弃物的管理人转移并作适当处理。

4.巴斯德移液器的处置 可用"仅装玻璃废弃物"的容器存放经消毒或干净的玻璃巴斯德移液器。保证移液器头不能超出容器顶部或戳出袋壁。如此种移液器可能污染了有毒化学品或病原因子,装入容器前需经消毒去污。

5.玻璃制化学/溶液瓶或容器的处置　标准细长玻璃瓶与其他装盛溶液或化学品的玻璃瓶必须在装人前进行去污处理。装过溶液的玻璃瓶必须在通风橱中放置至少1d,以使少量水蒸气蒸发。在将空瓶放在指定垃圾收取点前,务必进行清洗。瓶子必须开盖放在一带有内衬干净塑料袋的容器中。瓶子上原有的化学品标记必须去除或涂掉,放到指定收取点。加标签标明废弃物名称及处置人电话号码。

6.非玻璃制化学试剂瓶的处置　未经污染的空塑料瓶不得放在装玻璃废弃物的容器中。非玻璃化学试剂瓶需洗净,取下盖子,放在常规垃圾中,原有的化学品标签需去除。

7.用后废弃的荧光灯管和高强度放电灯具的处理

(1)将荧光和高强度放电灯具或灯管放在指定地点,并标明"已用过的荧光灯管"、"已用过的灯泡"等字样。

(2)告知负责人处理

8.废旧电池的处理

(1)从设备或仪器上取下电池,电池可能是铅、碱性、汞、银、镍镉、氢化锂或其他类型的。

(2)将电池送环保部门。如果电池在实验室已经泄露,自己无法处理时,应尽快与环保部门或就近厂家专业人员联系处理,联系时应告知其联系人姓名、电话、事由、地址,以便专业人员能及时到达现场。

(五)化学废弃物

化学废弃物的处理:

(1)产生废弃物的部门或个人、负责处理化学废弃物的责任人应负责处理化学废弃物。

(2)容器外面标注所存放化学品的名称、日期,并标识“化学废弃物”。

(3)不相容材料必须分开放置,以免产生爆炸事故。

(4)容器上应有系带或提手,以方便前来处理人员转移。

(5)通知有关负责人前来处理,并告知其姓名、电话、存放地点。

三、生物危险材料的包装、运送与转移

生物病原体包括人类、植物和动物的感染性病原体,微生物产生的毒素,以及本身可能有危险或插入合适的载体后有危险的遗传物质产生的毒素。生物病原体可以纯化或浓缩培养物的形式存在,也可存在于体液、组织和土壤样本等物质中。生物病原体和已知或怀疑含有生物病原体的物质属于危险性物质,其运输和转移受到法律法规的约束。

实验室为了安全、及时、有效地将感染性及潜在感染性样本从采集的地方运送到分析的地方,同时也是为了确保样品运送过程中人员、环境和样品的安全,需要对其进行安全运输和转移。运输是指通过航空、陆地、海洋等途径包装和转运这些生物危险性物质。转移是指在实验室内、机构间交换这些生物危险性材料的过程。多数实验室设计的生物危险材料的运输或转移,不仅包括实验室送出和接收感染性及具有潜在感染性的生物样品,同时也包括感染性物质在建筑物内的运送。实验室应根据国家有关法规、条例要求制定相应规范,明确职责,确保生物危险材料的安全转移。

基础兽医实验室,尤其动物疫病预防控制机构的二级生物安全实验室,需要频繁的收集和运输大量的生物危险材料,这些材料包括动物组织和/或尸体、微生物培养物和悬液、实验研究材料等。在实验室内拿着培养瓶走动,或从一个实验室到另一个实验室,或者从一个实验室、饲养单位到另一个单位是常有的事。然而,每种情况下病原体潜在暴露的危险是存在的。为此,传染性物质的运输必须受到严格管理。

(一)安全职责

1. 实验室应任命安全负责人,负责检查确认送出样品包装的安全性和最外层包装上标识的完整性。

2. 实验人员负责需送出样品的包装,接收样品的安全拆包。

3. 样品的运送人负责运送过程中的安全。

(二)样品种类

样品分为液体样品和固体样品,应列出自己实验室涉及的样品及其状态。

(三)样品的包装和运输

样品的包装和运输应满足铁路、民航以及公路运输相关法律法规的要求。与BSL-2实验室操作病原体及使用危险化学品等有关的法律法规主要有《铁路危险货物运输管理规则》(铁总运[2017]164号)、国际民用航空组织的《危险物品航空安全运输技术细则》、国际航协《危险物品规则》《中国民用航空法》《中国民用航空危险品运输管理规定》(中国民用航空局令第216号CCAR-276-R1)、《国务院关于特大安全事故行政责任追究的规定》以及《中国民用航空安全检查规则》等。

一般情况下,危险物品的包装、运输应符合下列要求。

1. 外部运送时

可以参照国家有关运输高致病性原微生物菌(毒)种或者样本的规定,适当降低要求,但仍应该满足以下条件:

(1)内包装

①具有不透水、防泄漏、能完全密封的主容器。

②有结实、不透水和防泄漏的辅助包装。

③在主容器和辅助包装之间填充吸附材料。吸附材料必须充足，能够吸收所有的内装物。多个主容器装入一个辅助包装时，必须将它们分别包装。

④主容器的表面贴上标签，表明菌（毒）种或样本类别、编号、名称、数量等信息。

⑤相关文件，如菌（毒）种或样本数量表格、危险性声明、信件、菌（毒）种或样本鉴定资料、发送者和接收者的信息等，应当放入一个防水的袋中，并贴在辅助包装的外面。

（2）外包装

①外包装的强度应当充分满足对于其容器、重量及预期使用方式的要求。

②外包装应当印上生物危险标识，并标注"高致病性病原微生物，非专业人员严禁拆开！"的警告语。

2．致病微生物及其毒素在实验室之间的传递

同一单位内部实验室与其他部门的样品转移，涉及的样品包括：外单位送检样品、工作人员采集的样品、灭活处理后需要在开放实验室操作的样品，以及需要在BSL-2实验室外存放的感染性材料等。需要传递时，应事先申请，并经实验室安全负责人批准。

（1）对外单位送检样品、工作人员采集的样品需要登记后方能移入BSL-2实验室。

（2）灭活处理后需要在开放实验室操作的样品　在生物安全柜包装完毕后，对其外表面进行消毒，然后方能传出BSL-2实验室。

（3）需要在BSL-2实验室外存放的感染性材料　包装完毕贴标签，并在醒目位置贴上生物安全警示标志。

3．包装完毕后，根据不同运输要求，填写样品运输包装单

运输包装单可以根据危险品航空运输、铁路运输或公路运输的具体要求填写。

4．对主容器的包装要求

（1）冻干样本　主容器必须是火焰封口的玻璃安瓿瓶或者是用金属封口的胶塞玻璃瓶。

（2）液体或者固体样本

①在环境温度或者较高温度下运输的样本：只能用玻璃、金属或者塑料容器作为主容器，向容器中灌装液体时须保留足够的剩余空间，同时采用可靠的防漏封口，如热封、带缘的塞子或者金属卷边封口。如果使用旋盖，必须用胶带加固。

②在制冷或者冷冻条件下运输的样本：冰、干冰或者其他冷冻剂必须放在辅助包装周围，或者按照规定放在由一个或者多个完整包装件组成的合成包装件中。内部要有支撑物，当冰或者干冰消耗掉以后，仍可以把辅助包装固定在原位置上。如果使用冰，包装必须不透水；如果使用干冰，外包装必须能排出二氧化碳气体；如果使用冷冻剂，主容器和辅助包装必须能保持良好的性能，在冷冻剂消耗完以后，应能仍承受运输中的温度和压力。

5．样品运送目的地不同，所要办理的各种批准手续不同

（1）国际运输，需要将感染性物质运往国外时，首先要经过地方人民政府兽医主管部门进行初审后，再报国务院兽医主管部门批准。

（2）国内跨省运输，首先要经过省人民政府兽医主管部门进行初审后，再报国务院兽医主管部门批准。

（3）省内运输，经省人民政府主管部门进行审核批准后即可。

（4）同一城市内不同单位之间的运送，经市人民政府兽医主管部门进行审核批准后即可。

（5）同一单位不同建筑物之间的运送，需要向生物安全负责人递交详细的说明，经生物安全负责

人批准后，方可运送。

(6)同一建筑物不同区域之间的运送，需要经实验室负责人同意。

6．样品运送人

(1)无论样品是液体还是固体，无论目的地的远近，所有感染性的样品的运送都要有不少于2人的专人护送。

(2)每个实验室都要指定2个专门的样品护送人。

(3)要有专门的对样品护送人的培训，培训要全面。

四、危险化学品的转运

危险化学品是指属于易爆炸品、压缩气体和液化气体、易燃液体、易燃固体、自燃物品和遇湿易燃物品、氧化剂和有机过氧化物、有毒品和腐蚀品的化学品。危险化学品的储存和转运应满足《危险化学品安全管理条例》(2002年1月发布，2011年2月修订)的要求。一般情况下，基础兽医实验室涉及的危险化学品的数量并不多。在BSL-2实验室进行化学品处理，应遵循以下步骤与注意事项，避免危险化学品对实验人员产生危害。

(一)操作步骤

1．在转运危险化学品前，检查是否所有要转运的化学品均已包装好。

2．各实验室自行包装和拿取危险化学品。

3．在包装和转运危险化学品前，重新温习危险化学品溢出清理程序。

4．工作前，穿适当的个人防护装备，如工作服、手套、眼罩等并熟悉拟操作危险化学品的材料安全数据单(MSDS)。

5．将化学品按照种类分组，如有机试剂、无机试剂、酸、碱、氧化剂、还原剂、易燃试剂等。

6．使用厚纸板、塑料等物品将玻璃瓶装试剂分开以防碰撞破碎。

7．盛装压缩气体的钢瓶的移动或运输，须使用专门的钢瓶运输车转运。

8．剩余不再需要的化学品应及时按照废弃化学品处理。

(二)安全操作注意事项

1．不能让文职员工或其他未经培训的人员包装待转运的化学品。

2．要掌握危险化学品溢出突发事件的处理程序。

3．不要将不相容的化学品混合在一起使用。

4．超过1年以上没有使用的化学品应视为超期，并按照废弃化学品处理程序处理。

第七章
附 录

第一部分 生物安全管理相关法律法规、标准

中华人民共和国生物安全法

(2020年10月17日中华人民共和国主席令第五十六号公布,2020年10月17日第十三届全国人民代表大会常务委员会第二十二次会议通过,自2021年4月15日起施行。)

第一章 总 则

第一条 为了维护国家安全,防范和应对生物安全风险,保障人民生命健康,保护生物资源和生态环境,促进生物技术健康发展,推动构建人类命运共同体,实现人与自然和谐共生,制定本法。

第二条 本法所称生物安全,是指国家有效防范和应对危险生物因子及相关因素威胁,生物技术能够稳定健康发展,人民生命健康和生态系统相对处于没有危险和不受威胁的状态,生物领域具备维护国家安全和持续发展的能力。

从事下列活动,适用本法:

(一)防控重大新发突发传染病、动植物疫情;

(二)生物技术研究、开发与应用;

(三)病原微生物实验室生物安全管理;

(四)人类遗传资源与生物资源安全管理;

(五)防范外来物种入侵与保护生物多样性;

(六)应对微生物耐药;

(七)防范生物恐怖袭击与防御生物武器威胁;

(八)其他与生物安全相关的活动。

第三条 生物安全是国家安全的重要组成部分。维护生物安全应当贯彻总体国家安全观,统筹发展和安全,坚持以人为本、风险预防、分类管理、协同配合的原则。

第四条 坚持中国共产党对国家生物安全工作的领导,建立健全国家生物安全领导体制,加强国家生物安全风险防控和治理体系建设,提高国家生物安全治理能力。

第五条 国家鼓励生物科技创新,加强生物安全基础设施和生物科技人才队伍建设,支持生物产

业发展，以创新驱动提升生物科技水平，增强生物安全保障能力。

第六条　国家加强生物安全领域的国际合作，履行中华人民共和国缔结或者参加的国际条约规定的义务，支持参与生物科技交流合作与生物安全事件国际救援，积极参与生物安全国际规则的研究与制定，推动完善全球生物安全治理。

第七条　各级人民政府及其有关部门应当加强生物安全法律法规和生物安全知识宣传普及工作，引导基层群众性自治组织、社会组织开展生物安全法律法规和生物安全知识宣传，促进全社会生物安全意识的提升。

相关科研院校、医疗机构以及其他企业事业单位应当将生物安全法律法规和生物安全知识纳入教育培训内容，加强学生、从业人员生物安全意识和伦理意识的培养。

新闻媒体应当开展生物安全法律法规和生物安全知识公益宣传，对生物安全违法行为进行舆论监督，增强公众维护生物安全的社会责任意识。

第八条　任何单位和个人不得危害生物安全。

任何单位和个人有权举报危害生物安全的行为；接到举报的部门应当及时依法处理。

第九条　对在生物安全工作中做出突出贡献的单位和个人，县级以上人民政府及其有关部门按照国家规定予以表彰和奖励。

第二章　生物安全风险防控体制

第十条　中央国家安全领导机构负责国家生物安全工作的决策和议事协调，研究制定、指导实施国家生物安全战略和有关重大方针政策，统筹协调国家生物安全的重大事项和重要工作，建立国家生物安全工作协调机制。

省、自治区、直辖市建立生物安全工作协调机制，组织协调、督促推进本行政区域内生物安全相关工作。

第十一条　国家生物安全工作协调机制由国务院卫生健康、农业农村、科学技术、外交等主管部门和有关军事机关组成，分析研判国家生物安全形势，组织协调、督促推进国家生物安全相关工作。国家生物安全工作协调机制设立办公室，负责协调机制的日常工作。

国家生物安全工作协调机制成员单位和国务院其他有关部门根据职责分工，负责生物安全相关工作。

第十二条　国家生物安全工作协调机制设立专家委员会，为国家生物安全战略研究、政策制定及实施提供决策咨询。

国务院有关部门组织建立相关领域、行业的生物安全技术咨询专家委员会，为生物安全工作提供咨询、评估、论证等技术支撑。

第十三条　地方各级人民政府对本行政区域内生物安全工作负责。

县级以上地方人民政府有关部门根据职责分工，负责生物安全相关工作。

基层群众性自治组织应当协助地方人民政府以及有关部门做好生物安全风险防控、应急处置和宣传教育等工作。

有关单位和个人应当配合做好生物安全风险防控和应急处置等工作。

第十四条　国家建立生物安全风险监测预警制度。国家生物安全工作协调机制组织建立国家生物安全风险监测预警体系，提高生物安全风险识别和分析能力。

第十五条　国家建立生物安全风险调查评估制度。国家生物安全工作协调机制应当根据风险监测的数据、资料等信息，定期组织开展生物安全风险调查评估。

有下列情形之一的，有关部门应当及时开展生物安全风险调查评估，依法采取必要的风险防控措施：

（一）通过风险监测或者接到举报发现可能存在生物安全风险；

（二）为确定监督管理的重点领域、重点项目，制定、调整生物安全相关名录或者清单；

（三）发生重大新发突发传染病、动植物疫情等危害生物安全的事件；

（四）需要调查评估的其他情形。

第十六条　国家建立生物安全信息共享制度。国家生物安全工作协调机制组织建立统一的国家生物安全信息平台，有关部门应当将生物安全数据、资料等信息汇交国家生物安全信息平台，实现信息共享。

第十七条　国家建立生物安全信息发布制度。国家生物安全总体情况、重大生物安全风险警示信息、重大生物安全事件及其调查处理信息等重大生物安全信息，由国家生物安全工作协调机制成员单位根据职责分工发布；其他生物安全信息由国务院有关部门和县级以上地方人民政府及其有关部门根据职责权限发布。

任何单位和个人不得编造、散布虚假的生物安全信息。

第十八条　国家建立生物安全名录和清单制度。国务院及其有关部门根据生物安全工作需要，对涉及生物安全的材料、设备、技术、活动、重要生物资源数据、传染病、动植物疫病、外来入侵物种等制定、公布名录或者清单，并动态调整。

第十九条　国家建立生物安全标准制度。国务院标准化主管部门和国务院其他有关部门根据职责分工，制定和完善生物安全领域相关标准。

国家生物安全工作协调机制组织有关部门加强不同领域生物安全标准的协调和衔接，建立和完善生物安全标准体系。

第二十条　国家建立生物安全审查制度。对影响或者可能影响国家安全的生物领域重大事项和活动，由国务院有关部门进行生物安全审查，有效防范和化解生物安全风险。

第二十一条　国家建立统一领导、协同联动、有序高效的生物安全应急制度。

国务院有关部门应当组织制定相关领域、行业生物安全事件应急预案，根据应急预案和统一部署开展应急演练、应急处置、应急救援和事后恢复等工作。

县级以上地方人民政府及其有关部门应当制定并组织、指导和督促相关企业事业单位制定生物安全事件应急预案，加强应急准备、人员培训和应急演练，开展生物安全事件应急处置、应急救援和事后恢复等工作。

中国人民解放军、中国人民武装警察部队按照中央军事委员会的命令，依法参加生物安全事件应急处置和应急救援工作。

第二十二条　国家建立生物安全事件调查溯源制度。发生重大新发突发传染病、动植物疫情和不明原因的生物安全事件，国家生物安全工作协调机制应当组织开展调查溯源，确定事件性质，全面评估事件影响，提出意见建议。

第二十三条　国家建立首次进境或者暂停后恢复进境的动植物、动植物产品、高风险生物因子国家准入制度。

进出境的人员、运输工具、集装箱、货物、物品、包装物和国际航行船舶压舱水排放等应当符合我国生物安全管理要求。

海关对发现的进出境和过境生物安全风险，应当依法处置。经评估为生物安全高风险的人员、运输工具、货物、物品等，应当从指定的国境口岸进境，并采取严格的风险防控措施。

第二十四条 国家建立境外重大生物安全事件应对制度。境外发生重大生物安全事件的，海关依法采取生物安全紧急防控措施，加强证件核验，提高查验比例，暂停相关人员、运输工具、货物、物品等进境。必要时经国务院同意，可以采取暂时关闭有关口岸、封锁有关国境等措施。

第二十五条 县级以上人民政府有关部门应当依法开展生物安全监督检查工作，被检查单位和个人应当配合，如实说明情况，提供资料，不得拒绝、阻挠。

涉及专业技术要求较高、执法业务难度较大的监督检查工作，应当有生物安全专业技术人员参加。

第二十六条 县级以上人民政府有关部门实施生物安全监督检查，可以依法采取下列措施：

（一）进入被检查单位、地点或者涉嫌实施生物安全违法行为的场所进行现场监测、勘查、检查或者核查；

（二）向有关单位和个人了解情况；

（三）查阅、复制有关文件、资料、档案、记录、凭证等；

（四）查封涉嫌实施生物安全违法行为的场所、设施；

（五）扣押涉嫌实施生物安全违法行为的工具、设备以及相关物品；

（六）法律法规规定的其他措施。

有关单位和个人的生物安全违法信息应当依法纳入全国信用信息共享平台。

第三章 防控重大新发突发传染病、动植物疫情

第二十七条 国务院卫生健康、农业农村、林业草原、海关、生态环境主管部门应当建立新发突发传染病、动植物疫情、进出境检疫、生物技术环境安全监测网络，组织监测站点布局、建设，完善监测信息报告系统，开展主动监测和病原检测，并纳入国家生物安全风险监测预警体系。

第二十八条 疾病预防控制机构、动物疫病预防控制机构、植物病虫害预防控制机构（以下统称专业机构）应当对传染病、动植物疫病和列入监测范围的不明原因疾病开展主动监测，收集、分析、报告监测信息，预测新发突发传染病、动植物疫病的发生、流行趋势。

国务院有关部门、县级以上地方人民政府及其有关部门应当根据预测和职责权限及时发布预警，并采取相应的防控措施。

第二十九条 任何单位和个人发现传染病、动植物疫病的，应当及时向医疗机构、有关专业机构或者部门报告。

医疗机构、专业机构及其工作人员发现传染病、动植物疫病或者不明原因的聚集性疾病的，应当及时报告，并采取保护性措施。

依法应当报告的，任何单位和个人不得瞒报、谎报、缓报、漏报，不得授意他人瞒报、谎报、缓报，不得阻碍他人报告。

第三十条 国家建立重大新发突发传染病、动植物疫情联防联控机制。

发生重大新发突发传染病、动植物疫情，应当依照有关法律法规和应急预案的规定及时采取控制措施；国务院卫生健康、农业农村、林业草原主管部门应当立即组织疫情会商研判，将会商研判结论向中央国家安全领导机构和国务院报告，并通报国家生物安全工作协调机制其他成员单位和国务院其他有关部门。

发生重大新发突发传染病、动植物疫情，地方各级人民政府统一履行本行政区域内疫情防控职责，加强组织领导，开展群防群控、医疗救治，动员和鼓励社会力量依法有序参与疫情防控工作。

第三十一条 国家加强国境、口岸传染病和动植物疫情联合防控能力建设，建立传染病、动植物

疫情防控国际合作网络，尽早发现、控制重大新发突发传染病、动植物疫情。

第三十二条　国家保护野生动物，加强动物防疫，防止动物源性传染病传播。

第三十三条　国家加强对抗生素药物等抗微生物药物使用和残留的管理，支持应对微生物耐药的基础研究和科技攻关。

县级以上人民政府卫生健康主管部门应当加强对医疗机构合理用药的指导和监督，采取措施防止抗微生物药物的不合理使用。县级以上人民政府农业农村、林业草原主管部门应当加强对农业生产中合理用药的指导和监督，采取措施防止抗微生物药物的不合理使用，降低在农业生产环境中的残留。

国务院卫生健康、农业农村、林业草原、生态环境等主管部门和药品监督管理部门应当根据职责分工，评估抗微生物药物残留对人体健康、环境的危害，建立抗微生物药物污染物指标评价体系。

第四章　生物技术研究、开发与应用安全

第三十四条　国家加强对生物技术研究、开发与应用活动的安全管理，禁止从事危及公众健康、损害生物资源、破坏生态系统和生物多样性等危害生物安全的生物技术研究、开发与应用活动。

从事生物技术研究、开发与应用活动，应当符合伦理原则。

第三十五条　从事生物技术研究、开发与应用活动的单位应当对本单位生物技术研究、开发与应用的安全负责，采取生物安全风险防控措施，制定生物安全培训、跟踪检查、定期报告等工作制度，强化过程管理。

第三十六条　国家对生物技术研究、开发活动实行分类管理。根据对公众健康、工业农业、生态环境等造成危害的风险程度，将生物技术研究、开发活动分为高风险、中风险、低风险三类。

生物技术研究、开发活动风险分类标准及名录由国务院科学技术、卫生健康、农业农村等主管部门根据职责分工，会同国务院其他有关部门制定、调整并公布。

第三十七条　从事生物技术研究、开发活动，应当遵守国家生物技术研究开发安全管理规范。

从事生物技术研究、开发活动，应当进行风险类别判断，密切关注风险变化，及时采取应对措施。

第三十八条　从事高风险、中风险生物技术研究、开发活动，应当由在我国境内依法成立的法人组织进行，并依法取得批准或者进行备案。

从事高风险、中风险生物技术研究、开发活动，应当进行风险评估，制定风险防控计划和生物安全事件应急预案，降低研究、开发活动实施的风险。

第三十九条　国家对涉及生物安全的重要设备和特殊生物因子实行追溯管理。购买或者引进列入管控清单的重要设备和特殊生物因子，应当进行登记，确保可追溯，并报国务院有关部门备案。

个人不得购买或者持有列入管控清单的重要设备和特殊生物因子。

第四十条　从事生物医学新技术临床研究，应当通过伦理审查，并在具备相应条件的医疗机构内进行；进行人体临床研究操作的，应当由符合相应条件的卫生专业技术人员执行。

第四十一条　国务院有关部门依法对生物技术应用活动进行跟踪评估，发现存在生物安全风险的，应当及时采取有效补救和管控措施。

第五章　病原微生物实验室生物安全

第四十二条　国家加强对病原微生物实验室生物安全的管理，制定统一的实验室生物安全标准。病原微生物实验室应当符合生物安全国家标准和要求。

从事病原微生物实验活动，应当严格遵守有关国家标准和实验室技术规范、操作规程，采取安全

防范措施。

第四十三条 国家根据病原微生物的传染性、感染后对人和动物的个体或者群体的危害程度，对病原微生物实行分类管理。

从事高致病性或者疑似高致病性病原微生物样本采集、保藏、运输活动，应当具备相应条件，符合生物安全管理规范。具体办法由国务院卫生健康、农业农村主管部门制定。

第四十四条 设立病原微生物实验室，应当依法取得批准或者进行备案。

个人不得设立病原微生物实验室或者从事病原微生物实验活动。

第四十五条 国家根据对病原微生物的生物安全防护水平，对病原微生物实验室实行分等级管理。

从事病原微生物实验活动应当在相应等级的实验室进行。低等级病原微生物实验室不得从事国家病原微生物目录规定应当在高等级病原微生物实验室进行的病原微生物实验活动。

第四十六条 高等级病原微生物实验室从事高致病性或者疑似高致病性病原微生物实验活动，应当经省级以上人民政府卫生健康或者农业农村主管部门批准，并将实验活动情况向批准部门报告。

对我国尚未发现或者已经宣布消灭的病原微生物，未经批准不得从事相关实验活动。

第四十七条 病原微生物实验室应当采取措施，加强对实验动物的管理，防止实验动物逃逸，对使用后的实验动物按照国家规定进行无害化处理，实现实验动物可追溯。禁止将使用后的实验动物流入市场。

病原微生物实验室应当加强对实验活动废弃物的管理，依法对废水、废气以及其他废弃物进行处置，采取措施防止污染。

第四十八条 病原微生物实验室的设立单位负责实验室的生物安全管理，制定科学、严格的管理制度，定期对有关生物安全规定的落实情况进行检查，对实验室设施、设备、材料等进行检查、维护和更新，确保其符合国家标准。

病原微生物实验室设立单位的法定代表人和实验室负责人对实验室的生物安全负责。

第四十九条 病原微生物实验室的设立单位应当建立和完善安全保卫制度，采取安全保卫措施，保障实验室及其病原微生物的安全。

国家加强对高等级病原微生物实验室的安全保卫。高等级病原微生物实验室应当接受公安机关等部门有关实验室安全保卫工作的监督指导，严防高致病性病原微生物泄漏、丢失和被盗、被抢。

国家建立高等级病原微生物实验室人员进入审核制度。进入高等级病原微生物实验室的人员应当经实验室负责人批准。对可能影响实验室生物安全的，不予批准；对批准进入的，应当采取安全保障措施。

第五十条 病原微生物实验室的设立单位应当制定生物安全事件应急预案，定期组织开展人员培训和应急演练。发生高致病性病原微生物泄漏、丢失和被盗、被抢或者其他生物安全风险的，应当按照应急预案的规定及时采取控制措施，并按照国家规定报告。

第五十一条 病原微生物实验室所在地省级人民政府及其卫生健康主管部门应当加强实验室所在地感染性疾病医疗资源配置，提高感染性疾病医疗救治能力。

第五十二条 企业对涉及病原微生物操作的生产车间的生物安全管理，依照有关病原微生物实验室的规定和其他生物安全管理规范进行。

涉及生物毒素、植物有害生物及其他生物因子操作的生物安全实验室的建设和管理，参照有关病原微生物实验室的规定执行。

第六章　人类遗传资源与生物资源安全

第五十三条　国家加强对我国人类遗传资源和生物资源采集、保藏、利用、对外提供等活动的管理和监督，保障人类遗传资源和生物资源安全。

国家对我国人类遗传资源和生物资源享有主权。

第五十四条　国家开展人类遗传资源和生物资源调查。

国务院科学技术主管部门组织开展我国人类遗传资源调查，制定重要遗传家系和特定地区人类遗传资源申报登记办法。

国务院科学技术、自然资源、生态环境、卫生健康、农业农村、林业草原、中医药主管部门根据职责分工，组织开展生物资源调查，制定重要生物资源申报登记办法。

第五十五条　采集、保藏、利用、对外提供我国人类遗传资源，应当符合伦理原则，不得危害公众健康、国家安全和社会公共利益。

第五十六条　从事下列活动，应当经国务院科学技术主管部门批准：

（一）采集我国重要遗传家系、特定地区人类遗传资源或者采集国务院科学技术主管部门规定的种类、数量的人类遗传资源；

（二）保藏我国人类遗传资源；

（三）利用我国人类遗传资源开展国际科学研究合作；

（四）将我国人类遗传资源材料运送、邮寄、携带出境。

前款规定不包括以临床诊疗、采供血服务、查处违法犯罪、兴奋剂检测和殡葬等为目的采集、保藏人类遗传资源及开展的相关活动。

为了取得相关药品和医疗器械在我国上市许可，在临床试验机构利用我国人类遗传资源开展国际合作临床试验、不涉及人类遗传资源出境的，不需要批准；但是，在开展临床试验前应当将拟使用的人类遗传资源种类、数量及用途向国务院科学技术主管部门备案。

境外组织、个人及其设立或者实际控制的机构不得在我国境内采集、保藏我国人类遗传资源，不得向境外提供我国人类遗传资源。

第五十七条　将我国人类遗传资源信息向境外组织、个人及其设立或者实际控制的机构提供或者开放使用的，应当向国务院科学技术主管部门事先报告并提交信息备份。

第五十八条　采集、保藏、利用、运输出境我国珍贵、濒危、特有物种及其可用于再生或者繁殖传代的个体、器官、组织、细胞、基因等遗传资源，应当遵守有关法律法规。

境外组织、个人及其设立或者实际控制的机构获取和利用我国生物资源，应当依法取得批准。

第五十九条　利用我国生物资源开展国际科学研究合作，应当依法取得批准。

利用我国人类遗传资源和生物资源开展国际科学研究合作，应当保证中方单位及其研究人员全过程、实质性地参与研究，依法分享相关权益。

第六十条　国家加强对外来物种入侵的防范和应对，保护生物多样性。国务院农业农村主管部门会同国务院其他有关部门制定外来入侵物种名录和管理办法。

国务院有关部门根据职责分工，加强对外来入侵物种的调查、监测、预警、控制、评估、清除以及生态修复等工作。

任何单位和个人未经批准，不得擅自引进、释放或者丢弃外来物种。

第七章 防范生物恐怖与生物武器威胁

第六十一条 国家采取一切必要措施防范生物恐怖与生物武器威胁。

禁止开发、制造或者以其他方式获取、储存、持有和使用生物武器。

禁止以任何方式唆使、资助、协助他人开发、制造或者以其他方式获取生物武器。

第六十二条 国务院有关部门制定、修改、公布可被用于生物恐怖活动、制造生物武器的生物体、生物毒素、设备或者技术清单,加强监管,防止其被用于制造生物武器或者恐怖目的。

第六十三条 国务院有关部门和有关军事机关根据职责分工,加强对可被用于生物恐怖活动、制造生物武器的生物体、生物毒素、设备或者技术进出境、进出口、获取、制造、转移和投放等活动的监测、调查,采取必要的防范和处置措施。

第六十四条 国务院有关部门、省级人民政府及其有关部门负责组织遭受生物恐怖袭击、生物武器攻击后的人员救治与安置、环境消毒、生态修复、安全监测和社会秩序恢复等工作。

国务院有关部门、省级人民政府及其有关部门应当有效引导社会舆论科学、准确报道生物恐怖袭击和生物武器攻击事件,及时发布疏散、转移和紧急避难等信息,对应急处置与恢复过程中遭受污染的区域和人员进行长期环境监测和健康监测。

第六十五条 国家组织开展对我国境内战争遗留生物武器及其危害结果、潜在影响的调查。

国家组织建设存放和处理战争遗留生物武器设施,保障对战争遗留生物武器的安全处置。

第八章 生物安全能力建设

第六十六条 国家制定生物安全事业发展规划,加强生物安全能力建设,提高应对生物安全事件的能力和水平。

县级以上人民政府应当支持生物安全事业发展,按照事权划分,将支持下列生物安全事业发展的相关支出列入政府预算:

(一)监测网络的构建和运行;

(二)应急处置和防控物资的储备;

(三)关键基础设施的建设和运行;

(四)关键技术和产品的研究、开发;

(五)人类遗传资源和生物资源的调查、保藏;

(六)法律法规规定的其他重要生物安全事业。

第六十七条 国家采取措施支持生物安全科技研究,加强生物安全风险防御与管控技术研究,整合优势力量和资源,建立多学科、多部门协同创新的联合攻关机制,推动生物安全核心关键技术和重大防御产品的成果产出与转化应用,提高生物安全的科技保障能力。

第六十八条 国家统筹布局全国生物安全基础设施建设。国务院有关部门根据职责分工,加快建设生物信息、人类遗传资源保藏、菌(毒)种保藏、动植物遗传资源保藏、高等级病原微生物实验室等方面的生物安全国家战略资源平台,建立共享利用机制,为生物安全科技创新提供战略保障和支撑。

第六十九条 国务院有关部门根据职责分工,加强生物基础科学研究人才和生物领域专业技术人才培养,推动生物基础科学学科建设和科学研究。

国家生物安全基础设施重要岗位的从业人员应当具备符合要求的资格,相关信息应当向国务院有关部门备案,并接受岗位培训。

第七十条 国家加强重大新发突发传染病、动植物疫情等生物安全风险防控的物资储备。

国家加强生物安全应急药品、装备等物资的研究、开发和技术储备。国务院有关部门根据职责分工，落实生物安全应急药品、装备等物资研究、开发和技术储备的相关措施。

国务院有关部门和县级以上地方人民政府及其有关部门应当保障生物安全事件应急处置所需的医疗救护设备、救治药品、医疗器械等物资的生产、供应和调配；交通运输主管部门应当及时组织协调运输经营单位优先运送。

第七十一条　国家对从事高致病性病原微生物实验活动、生物安全事件现场处置等高风险生物安全工作的人员，提供有效的防护措施和医疗保障。

第九章　法律责任

第七十二条　违反本法规定，履行生物安全管理职责的工作人员在生物安全工作中滥用职权、玩忽职守、徇私舞弊或者有其他违法行为的，依法给予处分。

第七十三条　违反本法规定，医疗机构、专业机构或者其工作人员瞒报、谎报、缓报、漏报，授意他人瞒报、谎报、缓报，或者阻碍他人报告传染病、动植物疫病或者不明原因的聚集性疾病的，由县级以上人民政府有关部门责令改正，给予警告；对法定代表人、主要负责人、直接负责的主管人员和其他直接责任人员，依法给予处分，并可以依法暂停一定期限的执业活动直至吊销相关执业证书。

违反本法规定，编造、散布虚假的生物安全信息，构成违反治安管理行为的，由公安机关依法给予治安管理处罚。

第七十四条　违反本法规定，从事国家禁止的生物技术研究、开发与应用活动的，由县级以上人民政府卫生健康、科学技术、农业农村主管部门根据职责分工，责令停止违法行为，没收违法所得、技术资料和用于违法行为的工具、设备、原材料等物品，处一百万元以上一千万元以下的罚款，违法所得在一百万元以上的，处违法所得十倍以上二十倍以下的罚款，并可以依法禁止一定期限内从事相应的生物技术研究、开发与应用活动，吊销相关许可证件；对法定代表人、主要负责人、直接负责的主管人员和其他直接责任人员，依法给予处分，处十万元以上二十万元以下的罚款，十年直至终身禁止从事相应的生物技术研究、开发与应用活动，依法吊销相关执业证书。

第七十五条　违反本法规定，从事生物技术研究、开发活动未遵守国家生物技术研究开发安全管理规范的，由县级以上人民政府有关部门根据职责分工，责令改正，给予警告，可以并处二万元以上二十万元以下的罚款；拒不改正或者造成严重后果的，责令停止研究、开发活动，并处二十万元以上二百万元以下的罚款。

第七十六条　违反本法规定，从事病原微生物实验活动未在相应等级的实验室进行，或者高等级病原微生物实验室未经批准从事高致病性、疑似高致病性病原微生物实验活动的，由县级以上地方人民政府卫生健康、农业农村主管部门根据职责分工，责令停止违法行为，监督其将用于实验活动的病原微生物销毁或者送交保藏机构，给予警告；造成传染病传播、流行或者其他严重后果的，对法定代表人、主要负责人、直接负责的主管人员和其他直接责任人员依法给予撤职、开除处分。

第七十七条　违反本法规定，将使用后的实验动物流入市场的，由县级以上人民政府科学技术主管部门责令改正，没收违法所得，并处二十万元以上一百万元以下的罚款，违法所得在二十万元以上的，并处违法所得五倍以上十倍以下的罚款；情节严重的，由发证部门吊销相关许可证件。

第七十八条　违反本法规定，有下列行为之一的，由县级以上人民政府有关部门根据职责分工，责令改正，没收违法所得，给予警告，可以并处十万元以上一百万元以下的罚款：

（一）购买或者引进列入管控清单的重要设备、特殊生物因子未进行登记，或者未报国务院有关部门备案；

（二）个人购买或者持有列入管控清单的重要设备或者特殊生物因子；

（三）个人设立病原微生物实验室或者从事病原微生物实验活动；

（四）未经实验室负责人批准进入高等级病原微生物实验室。

第七十九条 违反本法规定，未经批准，采集、保藏我国人类遗传资源或者利用我国人类遗传资源开展国际科学研究合作的，由国务院科学技术主管部门责令停止违法行为，没收违法所得和违法采集、保藏的人类遗传资源，并处五十万元以上五百万元以下的罚款，违法所得在一百万元以上的，并处违法所得五倍以上十倍以下的罚款；情节严重的，对法定代表人、主要负责人、直接负责的主管人员和其他直接责任人员，依法给予处分，五年内禁止从事相应活动。

第八十条 违反本法规定，境外组织、个人及其设立或者实际控制的机构在我国境内采集、保藏我国人类遗传资源，或者向境外提供我国人类遗传资源的，由国务院科学技术主管部门责令停止违法行为，没收违法所得和违法采集、保藏的人类遗传资源，并处一百万元以上一千万元以下的罚款；违法所得在一百万元以上的，并处违法所得十倍以上二十倍以下的罚款。

第八十一条 违反本法规定，未经批准，擅自引进外来物种的，由县级以上人民政府有关部门根据职责分工，没收引进的外来物种，并处五万元以上二十五万元以下的罚款。

违反本法规定，未经批准，擅自释放或者丢弃外来物种的，由县级以上人民政府有关部门根据职责分工，责令限期捕回、找回释放或者丢弃的外来物种，处一万元以上五万元以下的罚款。

第八十二条 违反本法规定，构成犯罪的，依法追究刑事责任；造成人身、财产或者其他损害的，依法承担民事责任。

第八十三条 违反本法规定的生物安全违法行为，本法未规定法律责任，其他有关法律、行政法规有规定的，依照其规定。

第八十四条 境外组织或者个人通过运输、邮寄、携带危险生物因子入境或者以其他方式危害我国生物安全的，依法追究法律责任，并可以采取其他必要措施。

第十章　附则

第八十五条 本法下列术语的含义：

（一）生物因子，是指动物、植物、微生物、生物毒素及其他生物活性物质。

（二）重大新发突发传染病，是指我国境内首次出现或者已经宣布消灭再次发生，或者突然发生，造成或者可能造成公众健康和生命安全严重损害，引起社会恐慌，影响社会稳定的传染病。

（三）重大新发突发动物疫情，是指我国境内首次发生或者已经宣布消灭的动物疫病再次发生，或者发病率、死亡率较高的潜伏动物疫病突然发生并迅速传播，给养殖业生产安全造成严重威胁、危害，以及可能对公众健康和生命安全造成危害的情形。

（四）重大新发突发植物疫情，是指我国境内首次发生或者已经宣布消灭的严重危害植物的真菌、细菌、病毒、昆虫、线虫、杂草、害鼠、软体动物等再次引发病虫害，或者本地有害生物突然大范围发生并迅速传播，对农作物、林木等植物造成严重危害的情形。

（五）生物技术研究、开发与应用，是指通过科学和工程原理认识、改造、合成、利用生物而从事的科学研究、技术开发与应用等活动。

（六）病原微生物，是指可以侵犯人、动物引起感染甚至传染病的微生物，包括病毒、细菌、真菌、立克次体、寄生虫等。

（七）植物有害生物，是指能够对农作物、林木等植物造成危害的真菌、细菌、病毒、昆虫、线虫、杂草、害鼠、软体动物等生物。

（八）人类遗传资源，包括人类遗传资源材料和人类遗传资源信息。人类遗传资源材料是指含有人体基因组、基因等遗传物质的器官、组织、细胞等遗传材料。人类遗传资源信息是指利用人类遗传资源材料产生的数据等信息资料。

（九）微生物耐药，是指微生物对抗微生物药物产生抗性，导致抗微生物药物不能有效控制微生物的感染。

（十）生物武器，是指类型和数量不属于预防、保护或者其他和平用途所正当需要的、任何来源或者任何方法产生的微生物剂、其他生物剂以及生物毒素；也包括为将上述生物剂、生物毒素使用于敌对目的或者武装冲突而设计的武器、设备或者运载工具。

（十一）生物恐怖，是指故意使用致病性微生物、生物毒素等实施袭击，损害人类或者动植物健康，引起社会恐慌，企图达到特定政治目的的行为。

第八十六条 生物安全信息属于国家秘密的，应当依照《中华人民共和国保守国家秘密法》和国家其他有关保密规定实施保密管理。

第八十七条 中国人民解放军、中国人民武装警察部队的生物安全活动，由中央军事委员会依照本法规定的原则另行规定。

第八十八条 本法自2021年4月15日起施行。

病原微生物实验室生物安全管理条例

（2004年11月12日中华人民共和国国务院令第424号公布
根据2016年2月6日《国务院关于修改部分行政法规的决定》修订
根据2018年3月19日《国务院关于修改和废止部分行政法规的决定》修正）

第一章 总 则

第一条 为了加强病原微生物实验室（以下称实验室）生物安全管理，保护实验室工作人员和公众的健康，制定本条例。

第二条 对中华人民共和国境内的实验室及其从事实验活动的生物安全管理，适用本条例。

本条例所称病原微生物，是指能够使人或者动物致病的微生物。

本条例所称实验活动，是指实验室从事与病原微生物菌（毒）种、样本有关的研究、教学、检测、诊断等活动。

第三条 国务院卫生主管部门主管与人体健康有关的实验室及其实验活动的生物安全监督工作。

国务院兽医主管部门主管与动物有关的实验室及其实验活动的生物安全监督工作。

国务院其他有关部门在各自职责范围内负责实验室及其实验活动的生物安全管理工作。

县级以上地方人民政府及其有关部门在各自职责范围内负责实验室及其实验活动的生物安全管理工作。

第四条 国家对病原微生物实行分类管理，对实验室实行分级管理。

第五条 国家实行统一的实验室生物安全标准。实验室应当符合国家标准和要求。

第六条 实验室的设立单位及其主管部门负责实验室日常活动的管理,承担建立健全安全管理制度,检查、维护实验设施、设备,控制实验室感染的职责。

第二章 病原微生物的分类和管理

第七条 国家根据病原微生物的传染性、感染后对个体或者群体的危害程度,将病原微生物分为四类:

第一类病原微生物,是指能够引起人类或者动物非常严重疾病的微生物,以及我国尚未发现或者已经宣布消灭的微生物。

第二类病原微生物,是指能够引起人类或者动物严重疾病,比较容易直接或者间接在人与人、动物与人、动物与动物间传播的微生物。

第三类病原微生物,是指能够引起人类或者动物疾病,但一般情况下对人、动物或者环境不构成严重危害,传播风险有限,实验室感染后很少引起严重疾病,并且具备有效治疗和预防措施的微生物。

第四类病原微生物,是指在通常情况下不会引起人类或者动物疾病的微生物。

第一类、第二类病原微生物统称为高致病性病原微生物。

第八条 人间传染的病原微生物名录由国务院卫生主管部门商国务院有关部门后制定、调整并予以公布;动物间传染的病原微生物名录由国务院兽医主管部门商国务院有关部门后制定、调整并予以公布。

第九条 采集病原微生物样本应当具备下列条件:

(一)具有与采集病原微生物样本所需要的生物安全防护水平相适应的设备;

(二)具有掌握相关专业知识和操作技能的工作人员;

(三)具有有效的防止病原微生物扩散和感染的措施;

(四)具有保证病原微生物样本质量的技术方法和手段。

采集高致病性病原微生物样本的工作人员在采集过程中应当防止病原微生物扩散和感染,并对样本的来源、采集过程和方法等作详细记录。

第十条 运输高致病性病原微生物菌(毒)种或者样本,应当通过陆路运输;没有陆路通道,必须经水路运输的,可以通过水路运输;紧急情况下或者需要将高致病性病原微生物菌(毒)种或者样本运往国外的,可以通过民用航空运输。

第十一条 运输高致病性病原微生物菌(毒)种或者样本,应当具备下列条件:

(一)运输目的、高致病性病原微生物的用途和接收单位符合国务院卫生主管部门或者兽医主管部门的规定;

(二)高致病性病原微生物菌(毒)种或者样本的容器应当密封,容器或者包装材料还应当符合防水、防破损、防外泄、耐高(低)温、耐高压的要求;

(三)容器或者包装材料上应当印有国务院卫生主管部门或者兽医主管部门规定的生物危险标识、警告用语和提示用语。

运输高致病性病原微生物菌(毒)种或者样本,应当经省级以上人民政府卫生主管部门或者兽医主管部门批准。在省、自治区、直辖市行政区域内运输的,由省、自治区、直辖市人民政府卫生主管部门或者兽医主管部门批准;需要跨省、自治区、直辖市运输或者运往国外的,由出发地的省、自治区、直辖市人民政府卫生主管部门或者兽医主管部门进行初审后,分别报国务院卫生主管部门或者兽医主管部门批准。

出入境检验检疫机构在检验检疫过程中需要运输病原微生物样本的,由国务院出入境检验检疫部门批准,并同时向国务院卫生主管部门或者兽医主管部门通报。

通过民用航空运输高致病性病原微生物菌(毒)种或者样本的,除依照本条第二款、第三款规定取得批准外,还应当经国务院民用航空主管部门批准。

有关主管部门应当对申请人提交的关于运输高致病性病原微生物菌(毒)种或者样本的申请材料进行审查,对符合本条第一款规定条件的,应当即时批准。

第十二条 运输高致病性病原微生物菌(毒)种或者样本,应当由不少于2人的专人护送,并采取相应的防护措施。

有关单位或者个人不得通过公共电(汽)车和城市铁路运输病原微生物菌(毒)种或者样本。

第十三条 需要通过铁路、公路、民用航空等公共交通工具运输高致病性病原微生物菌(毒)种或者样本的,承运单位应当凭本条例第十一条规定的批准文件予以运输。

承运单位应当与护送人共同采取措施,确保所运输的高致病性病原微生物菌(毒)种或者样本的安全,严防发生被盗、被抢、丢失、泄漏事件。

第十四条 国务院卫生主管部门或者兽医主管部门指定的菌(毒)种保藏中心或者专业实验室(以下称保藏机构),承担集中储存病原微生物菌(毒)种和样本的任务。

保藏机构应当依照国务院卫生主管部门或者兽医主管部门的规定,储存实验室送交的病原微生物菌(毒)种和样本,并向实验室提供病原微生物菌(毒)种和样本。

保藏机构应当制定严格的安全保管制度,作好病原微生物菌(毒)种和样本进出和储存的记录,建立档案制度,并指定专人负责。对高致病性病原微生物菌(毒)种和样本应当设专库或者专柜单独储存。

保藏机构储存、提供病原微生物菌(毒)种和样本,不得收取任何费用,其经费由同级财政在单位预算中予以保障。

保藏机构的管理办法由国务院卫生主管部门会同国务院兽医主管部门制定。

第十五条 保藏机构应当凭实验室依照本条例的规定取得的从事高致病性病原微生物相关实验活动的批准文件,向实验室提供高致病性病原微生物菌(毒)种和样本,并予以登记。

第十六条 实验室在相关实验活动结束后,应当依照国务院卫生主管部门或者兽医主管部门的规定,及时将病原微生物菌(毒)种和样本就地销毁或者送交保藏机构保管。

保藏机构接受实验室送交的病原微生物菌(毒)种和样本,应当予以登记,并开具接收证明。

第十七条 高致病性病原微生物菌(毒)种或者样本在运输、储存中被盗、被抢、丢失、泄漏的,承运单位、护送人、保藏机构应当采取必要的控制措施,并在2小时内分别向承运单位的主管部门、护送人所在单位和保藏机构的主管部门报告,同时向所在地的县级人民政府卫生主管部门或者兽医主管部门报告,发生被盗、被抢、丢失的,还应当向公安机关报告;接到报告的卫生主管部门或者兽医主管部门应当在2小时内向本级人民政府报告,并同时向上级人民政府卫生主管部门或者兽医主管部门和国务院卫生主管部门或者兽医主管部门报告。

县级人民政府应当在接到报告后2小时内向设区的市级人民政府或者上一级人民政府报告;设区的市级人民政府应当在接到报告后2小时内向省、自治区、直辖市人民政府报告。省、自治区、直辖市人民政府应当在接到报告后1小时内,向国务院卫生主管部门或者兽医主管部门报告。

任何单位和个人发现高致病性病原微生物菌(毒)种或者样本的容器或者包装材料,应当及时向附近的卫生主管部门或者兽医主管部门报告;接到报告的卫生主管部门或者兽医主管部门应当及时组织调查核实,并依法采取必要的控制措施。

第三章 实验室的设立与管理

第十八条 国家根据实验室对病原微生物的生物安全防护水平,并依照实验室生物安全国家标准的规定,将实验室分为一级、二级、三级、四级。

第十九条 新建、改建、扩建三级、四级实验室或者生产、进口移动式三级、四级实验室应当遵守下列规定:

(一)符合国家生物安全实验室体系规划并依法履行有关审批手续;

(二)经国务院科技主管部门审查同意;

(三)符合国家生物安全实验室建筑技术规范;

(四)依照《中华人民共和国环境影响评价法》的规定进行环境影响评价并经环境保护主管部门审查批准;

(五)生物安全防护级别与其拟从事的实验活动相适应。

前款规定所称国家生物安全实验室体系规划,由国务院投资主管部门会同国务院有关部门制定。制定国家生物安全实验室体系规划应当遵循总量控制、合理布局、资源共享的原则,并应当召开听证会或者论证会,听取公共卫生、环境保护、投资管理和实验室管理等方面专家的意见。

第二十条 三级、四级实验室应当通过实验室国家认可。

国务院认证认可监督管理部门确定的认可机构应当依照实验室生物安全国家标准以及本条例的有关规定,对三级、四级实验室进行认可;实验室通过认可的,颁发相应级别的生物安全实验室证书。证书有效期为5年。

第二十一条 一级、二级实验室不得从事高致病性病原微生物实验活动。三级、四级实验室从事高致病性病原微生物实验活动,应当具备下列条件:

(一)实验目的和拟从事的实验活动符合国务院卫生主管部门或者兽医主管部门的规定;

(二)通过实验室国家认可;

(三)具有与拟从事的实验活动相适应的工作人员;

(四)工程质量经建筑主管部门依法检测验收合格。

第二十二条 三级、四级实验室,需要从事某种高致病性病原微生物或者疑似高致病性病原微生物实验活动的,应当依照国务院卫生主管部门或者兽医主管部门的规定报省级以上人民政府卫生主管部门或者兽医主管部门批准。实验活动结果以及工作情况应当向原批准部门报告。

实验室申报或者接受与高致病性病原微生物有关的科研项目,应当符合科研需要和生物安全要求,具有相应的生物安全防护水平。与动物间传染的高致病性病原微生物有关的科研项目,应当经国务院兽医主管部门同意;与人体健康有关的高致病性病原微生物科研项目,实验室应当将立项结果告知省级以上人民政府卫生主管部门。

第二十三条 出入境检验检疫机构、医疗卫生机构、动物防疫机构在实验室开展检测、诊断工作时,发现高致病性病原微生物或者疑似高致病性病原微生物,需要进一步从事这类高致病性病原微生物相关实验活动的,应当依照本条例的规定经批准同意,并在具备相应条件的实验室中进行。

专门从事检测、诊断的实验室应当严格依照国务院卫生主管部门或者兽医主管部门的规定,建立健全规章制度,保证实验室生物安全。

第二十四条 省级以上人民政府卫生主管部门或者兽医主管部门应当自收到需要从事高致病性病原微生物相关实验活动的申请之日起15日内作出是否批准的决定。

对出入境检验检疫机构为了检验检疫工作的紧急需要,申请在实验室对高致病性病原微生物或者疑似高致病性病原微生物开展进一步实验活动的，省级以上人民政府卫生主管部门或者兽医主管部门应当自收到申请之时起2小时内作出是否批准的决定；2小时内未作出决定的，实验室可以从事相应的实验活动。

省级以上人民政府卫生主管部门或者兽医主管部门应当为申请人通过电报、电传、传真、电子数据交换和电子邮件等方式提出申请提供方便。

第二十五条 新建、改建或者扩建一级、二级实验室，应当向设区的市级人民政府卫生主管部门或者兽医主管部门备案。设区的市级人民政府卫生主管部门或者兽医主管部门应当每年将备案情况汇总后报省、自治区、直辖市人民政府卫生主管部门或者兽医主管部门。

第二十六条 国务院卫生主管部门和兽医主管部门应当定期汇总并互相通报实验室数量和实验室设立、分布情况，以及三级、四级实验室从事高致病性病原微生物实验活动的情况。

第二十七条 已经建成并通过实验室国家认可的三级、四级实验室应当向所在地的县级人民政府环境保护主管部门备案。环境保护主管部门依照法律、行政法规的规定对实验室排放的废水、废气和其他废物处置情况进行监督检查。

第二十八条 对我国尚未发现或者已经宣布消灭的病原微生物，任何单位和个人未经批准不得从事相关实验活动。

为了预防、控制传染病，需要从事前款所指病原微生物相关实验活动的，应当经国务院卫生主管部门或者兽医主管部门批准，并在批准部门指定的专业实验室中进行。

第二十九条 实验室使用新技术、新方法从事高致病性病原微生物相关实验活动的，应当符合防止高致病性病原微生物扩散、保证生物安全和操作者人身安全的要求，并经国家病原微生物实验室生物安全专家委员会论证；经论证可行的，方可使用。

第三十条 需要在动物体上从事高致病性病原微生物相关实验活动的，应当在符合动物实验室生物安全国家标准的三级以上实验室进行。

第三十一条 实验室的设立单位负责实验室的生物安全管理。

实验室的设立单位应当依照本条例的规定制定科学、严格的管理制度，并定期对有关生物安全规定的落实情况进行检查，定期对实验室设施、设备、材料等进行检查、维护和更新，以确保其符合国家标准。

实验室的设立单位及其主管部门应当加强对实验室日常活动的管理。

第三十二条 实验室负责人为实验室生物安全的第一责任人。

实验室从事实验活动应当严格遵守有关国家标准和实验室技术规范、操作规程。实验室负责人应当指定专人监督检查实验室技术规范和操作规程的落实情况。

第三十三条 从事高致病性病原微生物相关实验活动的实验室的设立单位，应当建立健全安全保卫制度，采取安全保卫措施，严防高致病性病原微生物被盗、被抢、丢失、泄漏，保障实验室及其病原微生物的安全。实验室发生高致病性病原微生物被盗、被抢、丢失、泄漏的，实验室的设立单位应当依照本条例第十七条的规定进行报告。

从事高致病性病原微生物相关实验活动的实验室应当向当地公安机关备案，并接受公安机关有关实验室安全保卫工作的监督指导。

第三十四条 实验室或者实验室的设立单位应当每年定期对工作人员进行培训，保证其掌握实验室技术规范、操作规程、生物安全防护知识和实际操作技能，并进行考核。工作人员经考核合格的，方可上岗。

从事高致病性病原微生物相关实验活动的实验室，应当每半年将培训、考核其工作人员的情况和实验室运行情况向省、自治区、直辖市人民政府卫生主管部门或者兽医主管部门报告。

第三十五条 从事高致病性病原微生物相关实验活动应当有2名以上的工作人员共同进行。

进入从事高致病性病原微生物相关实验活动的实验室的工作人员或者其他有关人员，应当经实验室负责人批准。实验室应当为其提供符合防护要求的防护用品并采取其他职业防护措施。从事高致病性病原微生物相关实验活动的实验室，还应当对实验室工作人员进行健康监测，每年组织对其进行体检，并建立健康档案；必要时，应当对实验室工作人员进行预防接种。

第三十六条 在同一个实验室的同一个独立安全区域内，只能同时从事一种高致病性病原微生物的相关实验活动。

第三十七条 实验室应当建立实验档案，记录实验室使用情况和安全监督情况。实验室从事高致病性病原微生物相关实验活动的实验档案保存期，不得少于20年。

第三十八条 实验室应当依照环境保护的有关法律、行政法规和国务院有关部门的规定，对废水、废气以及其他废物进行处置，并制定相应的环境保护措施，防止环境污染。

第三十九条 三级、四级实验室应当在明显位置标示国务院卫生主管部门和兽医主管部门规定的生物危险标识和生物安全实验室级别标志。

第四十条 从事高致病性病原微生物相关实验活动的实验室应当制定实验室感染应急处置预案，并向该实验室所在地的省、自治区、直辖市人民政府卫生主管部门或者兽医主管部门备案。

第四十一条 国务院卫生主管部门和兽医主管部门会同国务院有关部门组织病原学、免疫学、检验医学、流行病学、预防兽医学、环境保护和实验室管理等方面的专家，组成国家病原微生物实验室生物安全专家委员会。该委员会承担从事高致病性病原微生物相关实验活动的实验室的设立与运行的生物安全评估和技术咨询、论证工作。

省、自治区、直辖市人民政府卫生主管部门和兽医主管部门会同同级人民政府有关部门组织病原学、免疫学、检验医学、流行病学、预防兽医学、环境保护和实验室管理等方面的专家，组成本地区病原微生物实验室生物安全专家委员会。该委员会承担本地区实验室设立和运行的技术咨询工作。

第四章　实验室感染控制

第四十二条 实验室的设立单位应当指定专门的机构或者人员承担实验室感染控制工作，定期检查实验室的生物安全防护、病原微生物菌(毒)种和样本保存与使用、安全操作、实验室排放的废水和废气以及其他废物处置等规章制度的实施情况。

负责实验室感染控制工作的机构或者人员应当具有与该实验室中的病原微生物有关的传染病防治知识，并定期调查、了解实验室工作人员的健康状况。

第四十三条 实验室工作人员出现与本实验室从事的高致病性病原微生物相关实验活动有关的感染临床症状或者体征时，实验室负责人应当向负责实验室感染控制工作的机构或者人员报告，同时派专人陪同及时就诊；实验室工作人员应当将近期所接触的病原微生物的种类和危险程度如实告知诊治医疗机构。接诊的医疗机构应当及时救治；不具备相应救治条件的，应当依照规定将感染的实验室工作人员转诊至具备相应传染病救治条件的医疗机构；具备相应传染病救治条件的医疗机构应当接诊治疗，不得拒绝救治。

第四十四条 实验室发生高致病性病原微生物泄漏时，实验室工作人员应当立即采取控制措施，防止高致病性病原微生物扩散，并同时向负责实验室感染控制工作的机构或者人员报告。

第四十五条 负责实验室感染控制工作的机构或者人员接到本条例第四十三条、第四十四条规定的报告后，应当立即启动实验室感染应急处置预案，并组织人员对该实验室生物安全状况等情况进行调查;确认发生实验室感染或者高致病性病原微生物泄漏的,应当依照本条例第十七条的规定进行报告,并同时采取控制措施,对有关人员进行医学观察或者隔离治疗,封闭实验室,防止扩散。

第四十六条 卫生主管部门或者兽医主管部门接到关于实验室发生工作人员感染事故或者病原微生物泄漏事件的报告,或者发现实验室从事病原微生物相关实验活动造成实验室感染事故的,应当立即组织疾病预防控制机构、动物防疫监督机构和医疗机构以及其他有关机构依法采取下列预防、控制措施:

(一)封闭被病原微生物污染的实验室或者可能造成病原微生物扩散的场所;

(二)开展流行病学调查;

(三)对病人进行隔离治疗,对相关人员进行医学检查;

(四)对密切接触者进行医学观察;

(五)进行现场消毒;

(六)对染疫或者疑似染疫的动物采取隔离、扑杀等措施;

(七)其他需要采取的预防、控制措施。

第四十七条 医疗机构或者兽医医疗机构及其执行职务的医务人员发现由于实验室感染而引起的与高致病性病原微生物相关的传染病病人、疑似传染病病人或者患有疫病、疑似患有疫病的动物,诊治的医疗机构或者兽医医疗机构应当在2小时内报告所在地的县级人民政府卫生主管部门或者兽医主管部门;接到报告的卫生主管部门或者兽医主管部门应当在2小时内通报实验室所在地的县级人民政府卫生主管部门或者兽医主管部门。接到通报的卫生主管部门或者兽医主管部门应当依照本条例第四十六条的规定采取预防、控制措施。

第四十八条 发生病原微生物扩散,有可能造成传染病暴发、流行时,县级以上人民政府卫生主管部门或者兽医主管部门应当依照有关法律、行政法规的规定以及实验室感染应急处置预案进行处理。

第五章 监督管理

第四十九条 县级以上地方人民政府卫生主管部门、兽医主管部门依照各自分工,履行下列职责:

(一)对病原微生物菌(毒)种、样本的采集、运输、储存进行监督检查;

(二)对从事高致病性病原微生物相关实验活动的实验室是否符合本条例规定的条件进行监督检查;

(三)对实验室或者实验室的设立单位培训、考核其工作人员以及上岗人员的情况进行监督检查;

(四)对实验室是否按照有关国家标准、技术规范和操作规程从事病原微生物相关实验活动进行监督检查。

县级以上地方人民政府卫生主管部门、兽医主管部门,应当主要通过检查反映实验室执行国家有关法律、行政法规以及国家标准和要求的记录、档案、报告,切实履行监督管理职责。

第五十条 县级以上人民政府卫生主管部门、兽医主管部门、环境保护主管部门在履行监督检查职责时,有权进入被检查单位和病原微生物泄漏或者扩散现场调查取证、采集样品,查阅复制有关资料。需要进入从事高致病性病原微生物相关实验活动的实验室调查取证、采集样品的,应当指定或者委托专业机构实施。被检查单位应当予以配合,不得拒绝、阻挠。

第五十一条 国务院认证认可监督管理部门依照《中华人民共和国认证认可条例》的规定对实验室认可活动进行监督检查。

第五十二条 卫生主管部门、兽医主管部门、环境保护主管部门应当依据法定的职权和程序履行职责,做到公正、公平、公开、文明、高效。

第五十三条 卫生主管部门、兽医主管部门、环境保护主管部门的执法人员执行职务时,应当有2名以上执法人员参加,出示执法证件,并依照规定填写执法文书。

现场检查笔录、采样记录等文书经核对无误后,应当由执法人员和被检查人、被采样人签名。被检查人、被采样人拒绝签名的,执法人员应当在自己签名后注明情况。

第五十四条 卫生主管部门、兽医主管部门、环境保护主管部门及其执法人员执行职务,应当自觉接受社会和公民的监督。公民、法人和其他组织有权向上级人民政府及其卫生主管部门、兽医主管部门、环境保护主管部门举报地方人民政府及其有关主管部门不依照规定履行职责的情况。接到举报的有关人民政府或者其卫生主管部门、兽医主管部门、环境保护主管部门,应当及时调查处理。

第五十五条 上级人民政府卫生主管部门、兽医主管部门、环境保护主管部门发现属于下级人民政府卫生主管部门、兽医主管部门、环境保护主管部门职责范围内需要处理的事项的,应当及时告知该部门处理;下级人民政府卫生主管部门、兽医主管部门、环境保护主管部门不及时处理或者不积极履行本部门职责的,上级人民政府卫生主管部门、兽医主管部门、环境保护主管部门应当责令其限期改正;逾期不改正的,上级人民政府卫生主管部门、兽医主管部门、环境保护主管部门有权直接予以处理。

第六章 法律责任

第五十六条 三级、四级实验室未经批准从事某种高致病性病原微生物或者疑似高致病性病原微生物实验活动的,由县级以上地方人民政府卫生主管部门、兽医主管部门依照各自职责,责令停止有关活动,监督其将用于实验活动的病原微生物销毁或者送交保藏机构,并给予警告;造成传染病传播、流行或者其他严重后果的,由实验室的设立单位对主要负责人、直接负责的主管人员和其他直接责任人员,依法给予撤职、开除的处分;构成犯罪的,依法追究刑事责任。

第五十七条 卫生主管部门或者兽医主管部门违反本条例的规定,准予不符合本条例规定条件的实验室从事高致病性病原微生物相关实验活动的,由作出批准决定的卫生主管部门或者兽医主管部门撤销原批准决定,责令有关实验室立即停止有关活动,并监督其将用于实验活动的病原微生物销毁或者送交保藏机构,对直接负责的主管人员和其他直接责任人员依法给予行政处分;构成犯罪的,依法追究刑事责任。

因违法作出批准决定给当事人的合法权益造成损害的,作出批准决定的卫生主管部门或者兽医主管部门应当依法承担赔偿责任。

第五十八条 卫生主管部门或者兽医主管部门对出入境检验检疫机构为了检验检疫工作的紧急需要,申请在实验室对高致病性病原微生物或者疑似高致病性病原微生物开展进一步检测活动,不在法定期限内作出是否批准决定的,由其上级行政机关或者监察机关责令改正,给予警告;造成传染病传播、流行或者其他严重后果的,对直接负责的主管人员和其他直接责任人员依法给予撤职、开除的行政处分;构成犯罪的,依法追究刑事责任。

第五十九条 违反本条例规定,在不符合相应生物安全要求的实验室从事病原微生物相关实验活动的,由县级以上地方人民政府卫生主管部门、兽医主管部门依照各自职责,责令停止有关活动,监督其将用于实验活动的病原微生物销毁或者送交保藏机构,并给予警告;造成传染病传播、流行或者其他严重后果的,由实验室的设立单位对主要负责人、直接负责的主管人员和其他直接责任人员,依法给予撤职、开除的处分;构成犯罪的,依法追究刑事责任。

第六十条　实验室有下列行为之一的，由县级以上地方人民政府卫生主管部门、兽医主管部门依照各自职责，责令限期改正，给予警告；逾期不改正的，由实验室的设立单位对主要负责人、直接负责的主管人员和其他直接责任人员，依法给予撤职、开除的处分；有许可证件的，并由原发证部门吊销有关许可证件：

（一）未依照规定在明显位置标示国务院卫生主管部门和兽医主管部门规定的生物危险标识和生物安全实验室级别标志的；

（二）未向原批准部门报告实验活动结果以及工作情况的；

（三）未依照规定采集病原微生物样本，或者对所采集样本的来源、采集过程和方法等未作详细记录的；

（四）新建、改建或者扩建一级、二级实验室未向设区的市级人民政府卫生主管部门或者兽医主管部门备案的；

（五）未依照规定定期对工作人员进行培训，或者工作人员考核不合格允许其上岗，或者批准未采取防护措施的人员进入实验室的；

（六）实验室工作人员未遵守实验室生物安全技术规范和操作规程的；

（七）未依照规定建立或者保存实验档案的；

（八）未依照规定制定实验室感染应急处置预案并备案的。

第六十一条　经依法批准从事高致病性病原微生物相关实验活动的实验室的设立单位未建立健全安全保卫制度，或者未采取安全保卫措施的，由县级以上地方人民政府卫生主管部门、兽医主管部门依照各自职责，责令限期改正；逾期不改正，导致高致病性病原微生物菌（毒）种、样本被盗、被抢或者造成其他严重后果的，责令停止该项实验活动，该实验室2年内不得申请从事高致病性病原微生物实验活动；造成传染病传播、流行的，该实验室设立单位的主管部门还应当对该实验室的设立单位的直接负责的主管人员和其他直接责任人员，依法给予降级、撤职、开除的处分；构成犯罪的，依法追究刑事责任。

第六十二条　未经批准运输高致病性病原微生物菌（毒）种或者样本，或者承运单位经批准运输高致病性病原微生物菌（毒）种或者样本未履行保护义务，导致高致病性病原微生物菌（毒）种或者样本被盗、被抢、丢失、泄漏的，由县级以上地方人民政府卫生主管部门、兽医主管部门依照各自职责，责令采取措施，消除隐患，给予警告；造成传染病传播、流行或者其他严重后果的，由托运单位和承运单位的主管部门对主要负责人、直接负责的主管人员和其他直接责任人员，依法给予撤职、开除的处分；构成犯罪的，依法追究刑事责任。

第六十三条　有下列行为之一的，由实验室所在地的设区的市级以上地方人民政府卫生主管部门、兽医主管部门依照各自职责，责令有关单位立即停止违法活动，监督其将病原微生物销毁或者送交保藏机构；造成传染病传播、流行或者其他严重后果的，由其所在单位或者其上级主管部门对主要负责人、直接负责的主管人员和其他直接责任人员，依法给予撤职、开除的处分；有许可证件的，并由原发证部门吊销有关许可证件；构成犯罪的，依法追究刑事责任：

（一）实验室在相关实验活动结束后，未依照规定及时将病原微生物菌（毒）种和样本就地销毁或者送交保藏机构保管的；

（二）实验室使用新技术、新方法从事高致病性病原微生物相关实验活动未经国家病原微生物实验室生物安全专家委员会论证的；

（三）未经批准擅自从事在我国尚未发现或者已经宣布消灭的病原微生物相关实验活动的；

（四）在未经指定的专业实验室从事在我国尚未发现或者已经宣布消灭的病原微生物相关实验活

动的；

（五）在同一个实验室的同一个独立安全区域内同时从事两种或者两种以上高致病性病原微生物的相关实验活动的。

第六十四条 认可机构对不符合实验室生物安全国家标准以及本条例规定条件的实验室予以认可，或者对符合实验室生物安全国家标准以及本条例规定条件的实验室不予认可的，由国务院认证认可监督管理部门责令限期改正，给予警告；造成传染病传播、流行或者其他严重后果的，由国务院认证认可监督管理部门撤销其认可资格，有上级主管部门的，由其上级主管部门对主要负责人、直接负责的主管人员和其他直接责任人员依法给予撤职、开除的处分；构成犯罪的，依法追究刑事责任。

第六十五条 实验室工作人员出现该实验室从事的病原微生物相关实验活动有关的感染临床症状或者体征，以及实验室发生高致病性病原微生物泄漏时，实验室负责人、实验室工作人员、负责实验室感染控制的专门机构或者人员未依照规定报告，或者未依照规定采取控制措施的，由县级以上地方人民政府卫生主管部门、兽医主管部门依照各自职责，责令限期改正，给予警告；造成传染病传播、流行或者其他严重后果的，由其设立单位对实验室主要负责人、直接负责的主管人员和其他直接责任人员，依法给予撤职、开除的处分；有许可证件的，并由原发证部门吊销有关许可证件；构成犯罪的，依法追究刑事责任。

第六十六条 拒绝接受卫生主管部门、兽医主管部门依法开展有关高致病性病原微生物扩散的调查取证、采集样品等活动或者依照本条例规定采取有关预防、控制措施的，由县级以上人民政府卫生主管部门、兽医主管部门依照各自职责，责令改正，给予警告；造成传染病传播、流行以及其他严重后果的，由实验室的设立单位对实验室主要负责人、直接负责的主管人员和其他直接责任人员，依法给予降级、撤职、开除的处分；有许可证件的，并由原发证部门吊销有关许可证件；构成犯罪的，依法追究刑事责任。

第六十七条 发生病原微生物被盗、被抢、丢失、泄漏，承运单位、护送人、保藏机构和实验室的设立单位未依照本条例的规定报告的，由所在地的县级人民政府卫生主管部门或者兽医主管部门给予警告；造成传染病传播、流行或者其他严重后果的，由实验室的设立单位或者承运单位、保藏机构的上级主管部门对主要负责人、直接负责的主管人员和其他直接责任人员，依法给予撤职、开除的处分；构成犯罪的，依法追究刑事责任。

第六十八条 保藏机构未依照规定储存实验室送交的菌（毒）种和样本，或者未依照规定提供菌（毒）种和样本的，由其指定部门责令限期改正，收回违法提供的菌（毒）种和样本，并给予警告；造成传染病传播、流行或者其他严重后果的，由其所在单位或者其上级主管部门对主要负责人、直接负责的主管人员和其他直接责任人员，依法给予撤职、开除的处分；构成犯罪的，依法追究刑事责任。

第六十九条 县级以上人民政府有关主管部门，未依照本条例的规定履行实验室及其实验活动监督检查职责的，由有关人民政府在各自职责范围内责令改正，通报批评；造成传染病传播、流行或者其他严重后果的，对直接负责的主管人员，依法给予行政处分；构成犯罪的，依法追究刑事责任。

第七章 附 则

第七十条 军队实验室由中国人民解放军卫生主管部门参照本条例负责监督管理。

第七十一条 本条例施行前设立的实验室，应当自本条例施行之日起6个月内，依照本条例的规定，办理有关手续。

第七十二条 本条例自公布之日起施行。

《生物安全实验室建筑技术规范》GB 50346-2011

主编部门：中华人民共和国住房和城乡建设部
批准部门：中华人民共和国住房和城乡建设部
施行日期：2012年5月1日

1　总则

1.0.1 为使生物安全实验室在设计、施工和验收方面满足实验室生物安全防护要求，制定本规范。

1.0.2 本规范适用于新建、改建和扩建的生物安全实验室的设计、施工和验收。

1.0.3 生物安全实验室的建设应切实遵循物理隔离的建筑技术原则，以生物安全为核心，确保实验人员的安全和实验室周围环境的安全，并应满足实验对象对环境的要求，做到实用、经济。生物安全实验室所用设备和材料应有符合要求的合格证、检验报告，并在有效期之内。属于新开发的产品、工艺，应有鉴定证书或试验证明材料。

1.0.4 生物安全实验室的设计、施工和验收除应执行本规范的规定外，尚应符合国家现行有关标准的规定。

2　术语

2.0.1　一级屏障　primary barrier

操作者和被操作对象之间的隔离，也称一级隔离。

2.0.2　二级屏障　secondary barrier

生物安全实验室和外部环境的隔离，也称二级隔离。

2.0.3　生物安全实验室　biosafety laboratory

通过防护屏障和管理措施，达到生物安全要求的微生物实验室和动物实验室。包括主实验室及其辅助用房。

2.0.4　实验室防护区　laboratory containment area

是指生物风险相对较大的区域，对围护结构的严密性、气流流向等有要求的区域。

2.0.5　实验室辅助工作区　non-contamination zone

实验室辅助工作区指生物风险相对较小的区域，也指生物安全实验室中防护区以外的区域。

2.0.6　主实验室　main room

是生物安全实验室中污染风险最高的房间，包括实验操作间、动物饲养间、动物解剖间等，主实验室也称核心工作间。

2.0.7　缓冲间　buffer room

设置在被污染概率不同的实验室区域间的密闭室。需要时，可设置机械通风系统，其门具有互锁功能，不能同时处于开启状态。

2.0.8　独立通风笼具　individually ventilated cage (IVC)

一种以饲养盒为单位的独立通风的屏障设备，洁净空气分别送入各独立笼盒使饲养环境保持一定压力和洁净度，用以避免环境污染动物（正压）或动物污染环境（负压），一切实验操作均需要在生物安全柜等设备中进行。该设备用于饲养清洁、无特定病原体或感染（负压）动物。

2.0.9　动物隔离设备　animal isolated equipment

是指动物生物安全实验室内饲育动物采用的隔离装置的统称。该设备的动物饲育内环境为负压和单向气流，以防止病原体外泄至环境并能有效防止动物逃逸。常用的动物隔离设备有隔离器、层流柜等。

2.0.10 气密门 airtight door

气密门为密闭门的一种，气密门通常具有一体化的门扇和门框，采用机械压紧装置或充气密封圈等方法密闭缝隙。

2.0.11 活毒废水 waste water of biohazard

被有害生物因子污染了的有害废水。

2.0.12 洁净度7级 cleanliness class 7

空气中大于等于0.5μm的尘粒数大于35200粒/m^3到小于等于352000粒/m^3，大于等于1μm的尘粒数大于8320粒/m^3到小于等于83200粒/m^3，大于等于5μm的尘粒数大于293粒/m^3到小于等于2930粒/m^3。

2.0.13 洁净度8级 cleanliness Class 8

空气中大于等于0.5μm的尘粒数大于352000粒/m^3到小于等于3520000粒/m^3，大于等于1μm的尘粒数大于83200粒/m^3到小于等于832000粒/m^3，大于等于5μm的尘粒数大于2930粒/m^3到小于等于29300粒/m^3。

2.0.14 静态 at-rest

实验室内的设施已经建成，工艺设备已经安装，通风空调系统和设备正常运行，但无工作人员操作且实验对象尚未进入时的状态。

2.0.15 综合性能评定 comprehensive performance judgment

对已竣工验收的生物安全实验室的工程技术指标进行综合检测和评定。

3 生物安全实验室的分级、分类和技术指标

3.1 生物安全实验室的分级

3.1.1 生物安全实验室可由防护区和辅助工作区组成。

3.1.2 根据实验室所处理对象的生物危害程度和采取的防护措施，生物安全实验室分为四级。微生物生物安全实验室可采用BSL-1，BSL-2，BSL-3，BSL-4表示相应级别的实验室；动物生物安全实验室可采用ABSL-1，ABSL-2，ABSL-3，ABSL-4表示相应级别的实验室。生物安全实验室应按表3.1.1进行分级。

表3.1.1 生物安全实验室的分级

分级	生物危害程度	操作对象
一级	低个体危害，低群体危害	对人体、动植物或环境危害较低，不具有对健康成人、动植物致病的致病因子
二级	中等个体危害，有限群体危害	对人体、动植物或环境具有中等危害或具有潜在危险的致病因子，对健康成人、动物和环境不会造成严重危害。有有效的预防和治疗措施
三级	高个体危害，低群体危害	对人体、动植物或环境具有高度危害性，通过直接接触或气溶胶使人传染上严重的甚至是致命疾病，或对动植物和环境具有高度危害的致病因子。通常有预防和治疗措施
四级	高个体危害，高群体危害	对人体、动植物或环境具有高度危害性，通过气溶胶途径传播或传播途径不明，或未知的、高度危险的致病因子。没有预防和治疗措施

3.2　生物安全实验室的分类

3.2.1　生物安全实验室根据所操作致病性生物因子的传播途径可分为a类和b类。a类指操作非经空气传播生物因子的实验室;b类指操作经空气传播生物因子的实验室。b1类生物安全实验室指可有效利用安全隔离装置进行操作的实验室;b2类生物安全实验室指不能有效利用安全隔离装置进行操作的实验室。

3.2.2　四级生物安全实验室根据使用生物安全柜的类型和穿着防护服的不同,可分为生物安全柜型和正压服型两类,并可符合表3.2.2的规定。

表3.2.2　四级生物安全实验室的分类

类　型	特　　点
生物安全柜型	使用Ⅲ级生物安全柜
正压服型	使用Ⅱ级生物安全柜和具有生命支持供气系统的正压防护服

3.3　生物安全实验室的技术指标

3.3.1　二级生物安全实验室宜实施一级屏障和二级屏障,三级、四级生物安全实验室应实施一级屏障和二级屏障。

3.3.2　生物安全主实验室二级屏障的主要技术指标应符合表3.3.2的规定。

3.3.3　三级和四级生物安全实验室其他房间的主要技术指标应符合表3.3.3的规定。

3.3.4　当房间处于值班运行时,在各房间压差保持不变的前提下,值班换气次数可低于本规范表3.3.2和表3.3.3中规定的数值。

3.3.5　对有特殊要求的生物安全实验室,空气洁净度级别可高于本规范表3.3.2和表3.3.3的规定,换气次数也应随之提高。

表3.3.2　生物安全主实验室二级屏障的主要指标

<table>
<tr><th>级　别</th><th>相对于大气的最小负压</th><th>与室外方向上相邻相通房间的最小负压差(Pa)</th><th>洁净度级别</th><th>最小换气次数(次/h)</th><th>温度(℃)</th><th>相对湿度(%)</th><th>噪声[dB(A)]</th><th>平均照度(lx)</th><th>围护结构严密性(包括主实验室及相邻缓冲间)</th></tr>
<tr><td>BSL-1/ ABSL-1</td><td>—</td><td>—</td><td>—</td><td>可开窗</td><td>18～28</td><td>≤70</td><td>≤60</td><td>200</td><td>—</td></tr>
<tr><td>BSL-2 / ABSL-2中的a类和b1类</td><td>—</td><td>—</td><td>—</td><td>可开窗</td><td>18～27</td><td>30～70</td><td>≤60</td><td>300</td><td>—</td></tr>
<tr><td>ABSL-2 中的b2类</td><td>－30</td><td>－10</td><td>8</td><td>12</td><td>18～27</td><td>30～70</td><td>≤60</td><td>300</td><td>—</td></tr>
<tr><td>BSL-3中的a类</td><td>－30</td><td>－10</td><td rowspan="3">7或8</td><td rowspan="3">15或12</td><td rowspan="3">18～25</td><td rowspan="3">30～70</td><td rowspan="3">≤60</td><td rowspan="3">300</td><td rowspan="3">所有缝隙应无可见泄漏</td></tr>
<tr><td>BSL-3中的b1类</td><td>－40</td><td>－15</td></tr>
<tr><td>ABSL-3 中的a类和b1类</td><td>－60</td><td>－15</td></tr>
</table>

级 别	相对于大气的最小负压	与室外方向上相邻相通房间的最小负压差(Pa)	洁净度级别	最小换气次数(次/h)	温度(℃)	相对湿度(%)	噪声[dB(A)]	平均照度(lx)	围护结构严密性(包括主实验室及相邻缓冲间)
ABSL-3 中的b2类	-80	-25							房间相对负压值维持在-250 Pa时,房间内每小时泄漏的空气量不应超过受测房间净容积的10%
BSL-4	-60	-25							房间相对负压值达到-500 Pa,经20min自然衰减后,其相对负压值不应高于-250 Pa
ABSL-4	-100	-25							

注:1. 三级和四级动物生物安全实验室的解剖间应比主实验室低10 Pa

2. 本表中的噪声不包括生物安全柜、动物隔离设备等的噪声,当包括生物安全柜、动物隔离设备的噪声时,最大不应超过68dB(A)

3. 动物生物安全实验室内的参数尚应符合现行国家标准《实验动物设施建筑技术规范》GB 50447 的有关规定。

表3.3.3 三级和四级生物安全实验室其他房间的主要技术指标

房间名称	洁净度级别	最小换气次数(次/h)	与室外方向上相邻相通房间的最小负压差(Pa)	温度(℃)	相对湿度(%)	噪声[dB(A)]	平均照度(lx)
主实验室的缓冲间	7或8	15或12	-10	18~27	30~70	≤60	200
隔离走廊	7或8	15或12	-10	18~27	30~70	≤60	200
准备间	7或8	15或12	-10	18~27	30~70	≤60	200
防护服更换间	8	10	-10	18~26	—	≤60	200
防护区内的淋浴间	—	10	-10	18~26	—	≤60	150
非防护区内的淋浴间	—	—	—	18~26	—	≤60	75
化学淋浴间	—	4	-10	18~28	—	≤60	150
ABSL-4的动物尸体处理设备间和防护区污水 处理设备间	—	4	-10	18~28	—	—	200
清洁衣物更换间	—	—	—	18~26	—	≤60	150

注:当在准备间安装生物安全柜时,最大噪声不应超过68dB(A)

4 建筑、装修和结构

4.1 建筑要求

4.1.1 生物安全实验室的位置要求应符合表4.1.1的规定。

表4.1.1 生物安全实验室的位置要求

实验室级别	平面位置	选址和建筑间距
一级	可共用建筑物,实验室有可控制进出的门	无要求
二级	可共用建筑物,与建筑物其他部分可相通,但应设可自动关闭的带锁的门	无要求
三级	其他实验室可共用建筑物,但应自成一区,宜设在其一端或一侧	满足排风间距要求
四级	独立建筑物. 或与其他级别的生物安全实验室共用建筑物,但应在建筑物中独立的隔离区域内	宜远离市区。主实验室所在建筑物离相邻建筑物或构筑物的距离不应小于相邻建筑物或构筑物高度的1.5倍

4.1.2 生物安全实验室应在入口处设置更衣室或更衣柜。

4.1.3 BSL-3中a类实验室防护区应包括主实验室、缓冲间等,缓冲间可兼作防护服更换间;辅助工作区应包括清洁衣物更换间、监控室、洗消间、淋浴间等;BSL-3中bl类实验室防护区应包括主实验室、缓冲间、防护服更换间等。辅助工作区应包括清洁衣物更换间、监控室、洗消间、淋浴间等。主实验室不宜直接与其他公共区域相邻。

4.1.4 ABSL-3实验室防护区应包括主实验室、缓冲间、防护服更换间等,辅助工作区应包括清洁衣物更换间、监控室、洗消间等。

4.1.5 四级生物安全实验室防护区应包括主实验室、缓冲间、外防护服更换间等,辅助工作区应包括监控室、清洁衣物更换间等;设有生命支持系统四级生物安全实验室的防护区应包括主实验室、化学淋浴间、外防护服更换间等. 化学淋浴间可兼作缓冲间。

4.1.6 ABSL-3中的b2类实验室和四级生物安全实验室宜独立于其他建筑。

4.1.7 三级和四级生物安全实验室的室内净高不宜低于2.6m,三级和四级生物安全实验室设备层净高不宜低于2.2m,

4.1.8 三级和四级生物安全实验室人流路线的设置,应符合空气洁净技术关于污染控制和物理隔离的原则。

4.1.9 ABSL-4的动物尸体处理设备间和防护区污水处理设备间应设缓冲间。

4.1.10 设置生命支持系统的生物安全实验室,应紧邻主实验室设化学淋浴间。

4.1.11 三级和四级生物安全实验室的防护区应设置安全通道和紧急出口,并有明显的标志。

4.1.12 三级和四级生物安全实验室防护区的围护结构宜远离建筑外墙;主实验室宜设置在防护区的中部。四级生物安全实验室建筑外墙不宜作为主实验室的围护结构。

4.1.13 三级和四级生物安全实验室相邻区域和相邻房间之间应根据需要设置传递窗,传递窗两门应互锁,并应设有消毒灭菌装置,其结构承压力及严密性应符合所在区域的要求;当传递不能灭活的样本出防护区时,应采用具有熏蒸消毒功能的传递窗或药液传递箱。

4.1.14 二级生物安全实验室应在实验室或实验室所在建筑内配备高压灭菌器或其他消毒灭菌设备;三级生物安全实验室应在防护区内设置生物安全型双扉高压灭菌器,主体一侧应有维护空间;四级生物安全实验室主实验室应设置生物安全型双扉高压灭菌器,主体所在房间应为负压。

4.1.15 三级和四级生物安全实验室的生物安全柜和负压解剖台应布置于排风口附近,并应远离房间门。

4.1.16 ABSL-3，ABSL-4产生大动物尸体或数量较多的小动物尸体时，宜设置动物尸体处理设备。动物尸体处理设备的投放口宜设置在产生动物尸体的区域。动物尸体处理设备的投放口宜高出地面或设置防护栏杆。

4.2 装修要求

4.2.1 三级和四级生物安全实验室应采用无缝的防滑耐腐蚀地面，踢脚宜与墙面齐平或略缩进不大于2mm-3mm。地面与墙面的相交位置及其他围护结构的相交位置，宜作半径不小于30mm的圆弧处理。

4.2.2三级和四级生物安全实验室墙面、顶棚的材料应易于清洁消毒、耐腐蚀、不起尘、不开裂、光滑防水，表面涂层宜具有抗静电性能。

4.2.3 一级生物安全实验室可设带纱窗的外窗；没有机械通风系统时，ABSL-2中的a类、b1类和BSL-2生物安全实验室可设外窗进行自然通风，且外窗应设置防虫纱窗；ABSL-2中b2类、三级和四级生物安全实验室的防护区不应设外窗，但可在内墙上设密闭观察窗，观察窗应采用安全的材料制作。

4.2.4 生物安全实验室应有防止节肢动物和啮齿动物进入和外逃的措施。

4.2.5 二级、三级、四级生物安全实验室主入口的门和动物饲养间的门、放置生物安全柜实验间的门应能自动关闭，实验室门应设置观察窗，并应设置门锁。当实验室有压力要求时，实验室的门宜开向相对压力要求高的房间侧。缓冲间的门应能单向锁定。ABSL-3中b2类主实验室及其缓冲间和四级生物安全实验室主实验室及其缓冲间应采用气密门。

4.2.6 生物安全实验室的设计应充分考虑生物安全柜、动物隔离设备、高压灭菌器、动物尸体处理设备、污水处理设备等设备的尺寸和要求，必要时应留有足够的搬运孔洞，以及设置局部隔离、防振、排热、排湿设施。

4.2.7 三级和四级生物安全实验室防护区内的顶棚上不得设置检修口。

4.2.8 二级、三级、四级生物安全实验室的入口，应明确标示出生物防护级别、操作的致病性生物因子、实验室负责人姓名、紧急联络方式等，并应标示出国际通用生物危险符号（图4.2.8）。生物危险符号应按图4.2.8绘制，颜色应为黑色，背景为黄色。

图4.2.8 国际通用生物危险符号

4.3 结构要求

4.3.1 生物安全实验室的结构设计应符合现行国家标准《建筑结构可靠度设计统一标准》GB 50068的有关规定。三级生物安全实验室的结构安全等级不宜低于一级，四级生物安全实验室的结构安全等级不应低于一级。

4.3.2 生物安全实验室的抗震设计应符合现行国家标准《建筑抗震设防分类标准》GB 50223的有关规定。三级生物安全实验室抗震设防类别宜按特殊设防类，四级生物安全实验室抗震设防类别应按特殊设防类。

4.3.3 生物安全实验室的地基基础设计应符合现行国家标准《建筑地基基础设计规范》GB 50007的有关规定。三级生物安全实验室的地基基础宜按甲级设计，四级生物安全实验室的地基基础应按甲级设计。

4.3.4 三级和四级生物安全实验室的主体结构宜采用混凝土结构或砌体结构体系。

4.3.5 三级和四级生物安全实验室的吊顶作为技术维修夹层时，其吊顶的活荷载不应小于 $0.75kN/m^2$，对于吊顶内特别重要的设备宜做单独的维修通道。

5 空调、通风和净化

5.1 一般规定

5.1.1 生物安全实验室空调净化系统的划分应根据操作对象的危害程度、平面布置等情况经技术经济比较后确定，并应采取有效措施避免污染和交叉污染。空调净化系统的划分应有利于实验室消毒灭菌、自动控制系统的设置和节能运行。

5.1.2 生物安全实验室空调净化系统的设计应考虑各种设备的热湿负荷。

5.1.3 生物安全实验室送、排风系统的设计应考虑所用生物安全柜、动物隔离设备等的使用条件。

5.1.4 生物安全实验室可按表5.1.4的原则选用生物安全柜。

表5.1.4 生物安全实验室选用生物安全柜的原则

防护类型	选用生物安全柜类型
保护人员，一级、二级、三级生物安全防护水平	Ⅰ级、Ⅱ级、Ⅲ级
保护人员，四级生物安全防护水平，生物安全柜型	Ⅲ级
保护人员，四级生物安全防护水平，正压服型	Ⅱ级
保护实验对象	Ⅱ级、带层流的Ⅲ级
少量的、挥发性的放射和化学防护	Ⅱ级B1，排风到室外的Ⅱ级A2
挥发性的放射和化学防护	Ⅰ级、Ⅱ级B2. Ⅲ级

5.1.5 二级生物安全实验室中的a类和b1类实验室可采用带循环风的空调系统。二级生物安全实验室中的b2类实验室宜采用全新风系统，防护区的排风应根据风险评估来确定是否需经高效空气过滤器过滤后排出。

5.1.6 三级和四级生物安全实验室应采用全新风系统。

5.1.7 三级和四级生物安全实验室主实验室的送风、排风支管和排风机前应安装耐腐蚀的密闭阀，阀门严密性应与所在管道严密性要求相适应。

5.1.8 三级和四级生物安全实验室防护区内不应安装普通的风机盘管机组或房间空调器。

5.1.9 三级和四级生物安全实验室防护区应能对排风高效空气过滤器进行原位消毒和检漏。四级生物安全实验室防护区应能对送风高效空气过滤器进行原位消毒和检漏。

5.1.10 生物安全实验室的防护区宜临近空调机房。

5.1.11 生物安全实验室空调净化系统和高效排风系统所用风机应选用风压变化较大时风量变化较小的类型。

5.2 送风系统

5.2.1 空气净化系统至少应设置粗、中、高三级空气过滤，并应符合下列规定：

1 第一级是粗效过滤器，全新风系统的粗效过滤器可设在空调箱内，对于带回风的空调系统，粗效过滤器宜设置在新风口或紧靠新风口处。

2　第二级是中效过滤器，宜设置在空气处理机组的正压段。

3　第三级是高效过滤器，应设置在系统的末端或紧靠末端，不应设在空调箱内。

4　全新风系统宜在表冷器前设置一道保护用的中效过滤器。

5.2.2　送风系统新风口的设置应符合下列规定：

1　新风口应采取有效的防雨措施。

2　新风口处应安装防鼠、防昆虫、阻挡绒毛等的保护网，且易于拆装。

3　新风口应高于室外地面2.5m以上，并应远离污染源。

5.2.3　BSL-3实验室宜设置备用送风机。

5.2.4　ABSL-3实验室和四级生物安全实验室应设置备用送风机。

5.3　排风系统

5.3.1　三级和四级生物安全实验室排风系统的设置应符合下列规定：

1　排风必须与送风连锁，排风先于送风开启，后于送风关闭。

2　主实验室必须设置室内排风口，不得只利用生物安全柜或其他负压隔离装置作为房间排风出口。

3　bl类实验室中可能产生污染物外泄的设备必须设置带高效空气过滤器的局部负压排风装置，负压排风装置应具有原位检漏功能。

4　不同级别、种类生物安全柜与排风系统的连接方式应按表5.3.1选用。

5　动物隔离设备与排风系统的连接应采用密闭连接或设置局部排风罩。

6　排风机应设平衡基座，并应采取有效的减振降噪措施。

5.3.2　三级和四级生物安全实验室防护区的排风必须经过高效过滤器过滤后排放。

表5.3.1　不同级别、种类生物安全柜与排风系统的连接方式

生物安全柜级别		工作口平均进风速度（m/s）	循环风比例（%）	排风比例（%）	连接方式
Ⅰ级		0.38	0	100	密闭连接
Ⅱ级	A1	0.38～0.50	70	30	可排到房间或套管连接
	A2	0.50	70	30	可排到房间或套管连接或密闭连接
	B1	0.50	30	70	密闭连接
	B2	0.50	0	100	密闭连接
Ⅲ级		—	0	100	密闭连接

5.3.3　三级和四级生物安全实验室排风高效过滤器宜设置在室内排风口处或紧邻排风口处，三级生物安全实验室防护区有特殊要求时可设两道高效过滤器。四级生物安全实验室防护区除在室内排风口处设第一道高效过滤器外，还应在其后串联第二道高效过滤器。防护区高效过滤器的位置与排风口结构应易于对过滤器进行安全更换和检漏。

5.3.4　三级和四级生物安全实验室防护区排风管道的正压段不应穿越房间，排风机宜设置于室外排风口附近。

5.3.5　三级和四级生物安全实验室防护区应设置备用排风机，备用排风机应能自动切换．切换过程中应能保持有序的压力梯度和定向流。

5.3.6　三级和四级生物安全实验室应有能够调节排风或送风以维持室内压力和压差梯度稳定的措施。

5.3.7　三级和四级生物安全实验室防护区室外排风口应设置在主导风的下风向，与新风口的直线距离应大于12m，并应高于所在建筑物屋面2m以上。三级生物安全实验室防护区室外排风口与周围建筑的水平距离不应小于20m。

5.3.8　ABSL-4的动物尸体处理设备间和防护区污水处理设备间的排风应经过高效过滤器过滤。

5.4　气流组织

5.4.1　三级和四级生物安全实验室各区之间的气流方向应保证由辅助工作区流向防护区，辅助工作区与室外之间宜设一间正压缓冲室。

5.4.2　三级和四级生物安全实验室内各种设备的位置应有利于气流由被污染风险低的空间向被污染风险高的空间流动，最大限度减少室内回流与涡流。

5.4.3　生物安全实验室气流组织宜采用上送下排方式，送风口和排风口布置应有利于室内可能被污染空气的排出。饲养大动物生物安全实验室的气流组织可采用上送上排方式。

5.4.4　在生物安全柜操作面或其他有气溶胶产生地点的上方附近不应设送风口。

5.4.5　高效过滤器排风口应设在室内被污染风险最高的区域，不应有障碍。

5.4.6　气流组织上送下排时，高效过滤器排风口下边沿离地面不宜低于0.1m，且不宜高于0.15m；上边沿高度不宜超过地面之上0.6m。排风口排风速度不宜大于1m/s。

5.5　空调净化系统的部件与材料

5.5.1　送、排风高效过滤器均不得使用木制框架。三级和四级生物安全实验室防护区的高效过滤器应耐消毒气体的侵蚀，防护区内淋浴间、化学淋浴间的高效过滤器应防潮。三级和四级生物安全实验室高效过滤器的效率不应低于现行国家标准《高效空气过滤器》GB/T 13554中的B类。

5.5.2　需要消毒的通风管道应采用耐腐蚀、耐老化、不吸水、易消毒灭菌的材料制作，并应为整体焊接。

5.5.3　排风机外侧的排风管上室外排风口处应安装保护网和防雨罩。

5.5.4　空调设备的选用应满足下列要求：

1　不应采用淋水式空气处理机组。当采用表面冷却器时，通过盘管所在截面的气流速度不宜大于2.0m/s。

2　各级空气过滤器前后应安装压差计，测量接管应通畅，安装严密。

3　宜选用干蒸汽加湿器。

4　加湿设备与其后的过滤段之间应有足够的距离。

5　在空调机组内保持1000Pa的静压值时，箱体漏风率不应大于2%。

6　消声器或消声部件的材料应能耐腐蚀、不产尘和不易附着灰尘。

7　送、排风系统中的中效、高效过滤器不应重复使用。

6　给水排水与气体供应

6.1　一般规定

6.1.1　生物安全实验室的给水排水干管、气体管道的干管，应敷设在技术夹层内。生物安全实验室防护区应少敷设管道，与本区域无关管道不应穿越。引入三级和四级生物安全实验室防护区内的管道宜明敷。

6.1.2　给水排水管道穿越生物安全实验室防护区围护结构处应设可靠的密封装置，密封装置的严密性应能满足所在区域的严密性要求。

6.1.3 进出生物安全实验室防护区的给水排水和气体管道系统应不渗漏、耐压、耐温、耐腐蚀。实验室内应有足够的清洁、维护和维修明露管道的空间。

6.1.4 生物安全实验室使用的高压气体或可燃气体，应有相应的安全措施。

6.1.5 化学淋浴系统中的化学药剂加压泵应一用一备，并应设置紧急化学淋浴设备，在紧急情况下或设备发生故障时使用。

6.2 给水

6.2.1 生物安全实验室防护区的给水管道应采取设置倒流防止器或其他有效的防止回流污染的装置，并且这些装置应设置在辅助工作区。

6.2.2 ABSL-3和四级生物安全实验室宜设置断流水箱，水箱容积宜按一天的用水量进行计算。

6.2.3 三级和四级生物安全实验室防护区的给水管路应以主实验室为单元设置检修阀门和止回阀。

6.2.4 一级和二级生物安全实验室应设洗手装置，并宜设置在靠近实验室的出口处。三级和四级生物安全实验室的洗手装置应设置在主实验室出口处，对于用水的洗手装置的供水应采用非手动开关。

6.2.5 二级、三级和四级生物安全实验室应设紧急冲眼装置。一级生物安全实验室内操作刺激或腐蚀性物质时，应在30m内设紧急冲眼装置，必要时应设紧急淋浴装置。

6.2.6 ABSL-3和四级生物安全实验室防护区的淋浴间应根据工艺要求设置强制淋浴装置。

6.2.7 大动物生物安全实验室和需要对笼具、架进行冲洗的动物实验室应设必要的冲洗设备。

6.2.8 三级和四级生物安全实验室的给水管路应涂上区别于一般水管的醒目的颜色。

6.2.9 室内给水管材宜采用不锈钢管、铜管或无毒塑料管等，管道应可靠连接。

6.3 排水

6.3.1 三级和四级生物安全实验室可在防护区内有排水功能要求的地面设置地漏，其他地方不宜设地漏。大动物房和解剖间等处的密闭型地漏内应带活动网框，活动网框应易于取放及清理。

6.3.2 三级和四级生物安全实验室防护区应根据压差要求设置存水弯和地漏的水封深度；构造内无存水弯的卫生器具与排水管道连接时，必须在排水口以下设存水弯；排水管道水封处必须保证充满水或消毒液。

6.3.3 三级和四级生物安全实验室防护区的排水应进行消毒灭菌处理。

6.3.4 三级和四级生物安全实验室的主实验室应设独立的排水支管，并应安装阀门。

6.3.5 活毒废水处理设备宜设在最低处，便于污水收集和检修。

6.3.6 ABSL-2防护区污水的处理装置可采用化学消毒或高温灭菌方式。三级和四级生物安全实验室防护区活毒废水的处理装置应采用高温灭菌方式。应在适当位置预留采样口和采样操作空间。

6.3.7 生物安全实验室防护区排水系统上的通气管口应单独设置，不应接入空调通风系统的排风管道。三级和四级生物安全实验室防护区通气管口应设高效过滤器或其他可靠的消毒装置，同时应使通气管口四周的通风良好。

6.3.8 三级和四级生物安全实验室辅助工作区的排水，应进行监测．并应采取适当处理措施，以确保排放到市政管网之前达到排放要求。

6.3.9 三级和四级生物安全实验室防护区排水管线宜明设，并与墙壁保持一定距离便于检查维修。

6.3.10　三级和四级生物安全实验室防护区的排水管道宜采用不锈钢或其他合适的管材、管件。排水管材、管件应满足强度、温度、耐腐蚀等性能要求。

6.3.11　四级生物安全实验室双扉高压灭菌器的排水应接入防护区废水排放系统。

6.4　气体供应

6.4.1　生物安全实验室的专用气体宜由高压气瓶供给，气瓶宜设置于辅助工作区，通过管道输送到各个用气点，并应对供气系统进行监测。

6.4.2　所有供气管穿越防护区处应安装防回流装置，用气点应根据工艺要求设置过滤器。

6.4.3　三级和四级生物安全实验室防护区设置的真空装置，应有防止真空装置内部被污染的措施；应将真空装置安装在实验室内。

6.4.4　正压服型生物安全实验室应同时配备紧急支援气罐，紧急支援气罐的供气时间不应少于60min/人。

6.4.5　供操作人员呼吸使用的气体的压力、流量、含氧量、温度、湿度、有害物质的含量等应符合职业安全的要求。

6.4.6　充气式气密门的压缩空气供应系统的压缩机应备用，并应保证供气压力和稳定性符合气密门供气要求。

7　电气

7.1　配电

7.1.1　生物安全实验室应保证用电的可靠性。二级生物安全实验室的用电负荷不宜低于二级。

7.1.2　BSL-3实验室和ABSL-3中的a类和b1类实验室应按一级负荷供电，当按一级负荷供电有困难时，应采用一个独立供电电源，且特别重要负荷应设置应急电源；应急电源采用不间断电源的方式时，不间断电源的供电时间不应小于30min；应急电源采用不间断电源加自备发电机的方式时，不间断电源应能确保自备发电设备启动前的电力供应。

7.1.3　ABSL-3中的b2类实验室和四级生物安全实验室必须按一级负荷供电，特别重要负荷应同时设置不间断电源和自备发电设备作为应急电源，不间断电源应能确保自备发电设备启动前的电力供应。

7.1.4　生物安全实验室应设专用配电箱。三级和四级生物安全实验室的专用配电箱应设在该实验室的防护区外。

7.1.5　生物安全实验室内应设置足够数量的固定电源插座，重要设备应单独回路配电，且应设置漏电保护装置。

7.1.6　管线密封措施应满足生物安全实验室严密性要求。三级和四级生物安全实验室配电管线应采用金属管敷设，穿过墙和楼板的电线管应加套管或采用专用电缆穿墙装置，套管内用不收缩、不燃材料密封。

7.2　照明

7.2.1　三级和四级生物安全实验室室内照明灯具宜采用吸顶式密闭洁净灯，并宜具有防水功能。

7.2.2　三级和四级生物安全实验室应设置不少于30min的应急照明及紧急发光疏散指示标志。

7.2.3　三级和四级生物安全实验室的入口和主实验室缓冲间入口处应设置主实验室工作状态的显示装置。

7.3　自动控制

7.3.1　空调净化自动控制系统应能保证各房间之间定向流方向的正确及压差的稳定。

7.3.2　三级和四级生物安全实验室的自控系统应具有压力梯度、温湿度、连锁控制、报警等参数的历史数据存储显示功能,自控系统控制箱应设于防护区外。

7.3.3 三级和四级生物安全实验室自控系统报警信号应分为重要参数报警和一般参数报警。重要参数报警应为声光报警和显示报警,一般参数报警应为显示报警。三级和四级生物安全实验室应在主实验室内设置紧急报警按钮。

7.3.4 三级和四级生物安全实验室应在有负压控制要求的房间入口的显著位置,安装显示房间负压状况的压力显示装置。

7.3.5 自控系统应预留接口。

7.3.6 三级和四级生物安全实验室空调净化系统启动和停机过程应采取措施防止实验室内负压值超出围护结构和有关设备的安全范围。

7.3.7 三级和四级生物安全实验室防护区的送风机和排风机应设置保护装置,并应将保护装置报警信号接入控制系统。

7.3.8 三级和四级生物安全实验室防护区的送风机和排风机宜设置风压差检测装置,当压差低于正常值时发出声光报警。

7.3.9 三级和四级生物安全实验室防护区应设送排风系统正常运转的标志,当排风系统运转不正常时应能报警。备用排风机组应能自动投入运行,同时应发出报警信号。

7.3.10 三级和四级生物安全实验室防护区的送风和排风系统必须可靠连锁,空调通风系统开机顺序应符合本规范第5.3.1条的要求。

7.3.11 当空调机组设置电加热装置时应设置送风机有风检测装置,并在电加热段设置监测温度的传感器,有风信号及温度信号应与电加热连锁。

7.3.12 三级和四级生物安全实验室的空调通风设备应能自动和手动控制,应急手动应有优先控制权,且应具备硬件连锁功能。

7.3.13 四级生物安全实验室防护区室内外压差传感器采样管应配备与排风高效过滤器过滤效率相当的过滤装置。

7.3.14 三级和四级生物安全实验室应设置监测送风、排风高效过滤器阻力的压差传感器。

7.3.15 在空调通风系统未运行时,防护区送风、排风管上的密闭阀应处于常闭状态。

7.4 安全防范

7.4.1 四级生物安全实验室的建筑周围应设置安防系统。三级和四级生物安全实验室应设门禁控制系统。

7.4.2 三级和四级生物安全实验室防护区内的缓冲间、化学淋浴间等房间的门应采取互锁措施。

7.4.3 三级和四级生物安全实验室应在互锁门附近设置紧急手动解除互锁开关。中控系统应具有解除所有门或指定门互锁的功能。

7.4.4 三级和四级生物安全实验室应设闭路电视监视系统。

7.4.5 生物安全实验室的关键部位应设置监视器,需要时,可实时监视并录制生物安全实验室活动情况和生物安全实验室周围情况。监视设备应有足够的分辨率,影像存储介质应有足够的数据存储容量。

7.5 通信

7.5.1 三级和四级生物安全实验室防护区内应设置必要的通信设备。

7.5.2 三级和四级生物安全实验室内与实验室外应有内部电话或对讲系统。安装对讲系统时,宜采用向内通话受控、向外通话非受控的选择性通话方式。

8 消防

8.0.1　二级生物安全实验室的耐火等级不宜低于二级。

8.0.2　三级生物安全实验室的耐火等级不应低于二级。四级生物安全实验室的耐火等级应为一级。

8.0.3　四级生物安全实验室应为独立防火分区。三级和四级生物安全实验室共用一个防火分区时,其耐火等级应为一级。

8.0.4　生物安全实验室的所有疏散出口都应有消防疏散指示标志和消防应急照明措施。

8.0.5　三级和四级生物安全实验室吊顶材料的燃烧性能和耐火极限不应低于所在区域隔墙的要求。三级和四级生物安全实验室与其他部位隔开的防火门应为甲级防火门。

8.0.6　生物安全实验室应设置火灾自动报警装置和合适的灭火器材。

8.0.7　三级和四级生物安全实验室防护区不应设置自动喷水灭火系统和机械排烟系统,但应根据需要采取其他灭火措施。

8.0.8　独立于其他建筑的三级和四级生物安全实验室的送风、排风系统可不设置防火阀。

8.0.9　三级和四级生物安全实验室的防火设计应以保证人员能尽快安全疏散、防止病原微生物扩散为原则,火灾必须能从实验室的外部进行控制,使之不会蔓延。

9　施工要求

9.1　一般规定

9.1.1　生物安全实验室的施工应以生物安全防护为核心。三级和四级生物安全实验室施工应同时满足洁净室施工要求。

9.1.2　生物安全实验室施工应编制施工方案。

9.1.3　各道施工程序均应进行记录,验收合格后方可进行下道工序施工。

9.1.4　施工安装完成后,应进行单机试运转和系统的联合试运转及调试,作好调试记录,并应编写调试报告。

9.2　建筑装修

9.2.1　建筑装修施工应做到墙面平滑、地面平整、不易附着灰尘。

9.2.2　三级和四级生物安全实验室围护结构表面的所有缝隙应采取可靠的措施密封。

9.2.3　三级和四级生物安全实验室有压差梯度要求的房间应在合适位置设测压孔,平时应有密封措施。

9.2.4　生物安全实验室中各种台、架、设备应采取防倾倒措施,相互之间应保持一定距离。当靠地靠墙放置时,应用密封胶将靠地靠墙的边缝密封。

9.2.5　气密门宜直接与土建墙连接固定,与强度较差的围护结构连接固定时,应在围护结构上安装加强构件。

9.2.6　气密门两侧、顶部与围护结构的距离不宜小于200mm。

9.2.7　气密门门体和门框宜采用整体焊接结构,门体开闭机构宜设置有可调的铰链和锁扣。

9.3　空调净化

9.3.1　空调机组的基础对地面的高度不宜低于200mm。

9.3.2　空调机组安装时应调平,并作减振处理。各检查门应平整,密封条应严密。正压段的门宜向内开,负压段的门宜向外开。表冷段的冷凝水排水管上应设置水封和阀门。

9.3.3　送、排风管道的材料应符合设计要求,加工前应进行清洁处理,去掉表面油污和灰尘。

9.3.4　风管加工完毕后,应擦拭干净,并应采用薄膜把两端封住,安装前不得去掉或损坏。

9.3.5　技术夹层里的任何管道和设备穿过防护区时,贯穿部位应可靠密封。灯具箱与吊顶之间的孔洞应密封不漏。

9.3.6 送、排风管道宜隐蔽安装。

9.3.7 送、排风管道咬口连接的咬口缝均应用胶密封。

9.3.8 各类调节装置应严密,调节灵活,操作方便。

9.3.9 三级和四级生物安全实验室的排风高效过滤装置,应符合国家现行有关标准的规定,直到现场安装时方可打开包装。排风高效过滤装置的室内侧应有保护高效过滤器的措施。

9.4 实验室设备

9.4.1 生物安全柜、负压解剖台等设备在搬运过程中,不应横倒放置和拆卸,宜在搬入安装现场后拆开包装。

9.4.2 生物安全柜和负压解剖台背面、侧面与墙的距离不宜小于300mm,顶部与吊顶的距离不应小于300mm。

9.4.3 传递窗、双扉高压灭菌器、化学淋浴间等设施与实验室围护结构连接时,应保证箱体的严密性。

9.4.4 传递窗、双扉高压灭菌器等设备与轻体墙连接时,应在连接部位采取加固措施。

9.4.5 三级和四级生物安全实验室防护区内的传递窗和药液传递箱的腔体或门扇应整体焊接成型。

9.4.6 具有熏蒸消毒功能的传递窗和药液传递箱的内表面不应使用有机材料。

9.4.7 生物安全实验室内配备的实验台面应光滑、不透水、耐腐蚀、耐热和易于清洗。

9.4.8 生物安全实验室的实验台、架、设备的边角应以圆弧过渡,不应有突出的尖角、锐边、沟槽。

10 检测和验收

10.1 工程检测

10.1.1 三级和四级生物安全实验室工程应进行工程综合性能全面检测和评定,并应在施工单位对整个工程进行调整和测试后进行。对于压差、洁净度等环境参数有严格要求的二级生物安全实验室也应进行综合性能全面检测和评定。

10.1.2 有下列情况之一时,应对生物安全实验室进行综合性能全面检测并按本规范附录A进行记录:

1 竣工后,投入使用前。

2 停止使用半年以上重新投入使用。

3 进行大修或更换高效过滤器后。

4 一年一度的常规检测。

10.1.3 有生物安全柜、隔离设备等的实验室,首先应进行生物安全柜、动物隔离设备等的现场检测,确认性能符合要求后方可进行实验室性能的检测。

10.1.4 检测前应对全部送、排风管道的严密性进行确认。对于b2类的三级生物安全实验室和四级生物安全实验室的通风空调系统,应根据对不同管段和设备的要求,按现行国家标准《洁净室施工及验收规范》GB 50591的方法和规定进行严密性试验。

10.1.5 三级和四级生物安全实验室工程静态检测的必测项目应按表10.1.5的规定进行。

表10.1.5 三级和四级生物安全实验室工程静态检测的必测项目

项 目	工 况	执行条款
围护结构的严密性	送风、排风系统正常运行或将被测房间封闭	本规范第10.1.6条
防护区排风高效过滤器原位检漏——全检	大气尘或发人工尘	本规范第10.1.7条
送风高效过滤器检漏	送风、排风系统正常运行(包括生物安全柜)	本规范第10.1.8条
静压差	所有房门关闭,送风、排风系统正常运行	本规范第3.3.2、3.3.3和10.1.10条
气流流向	所有房门关闭,送风、排风系统正常运行	本规范第5.4.2和10.1.9条
室内送风量	所有房门关闭,送风、排风系统正常运行	本规范第3.3. 2、3. 3. 3和10.1.10条
洁净度级别	所有房门关闭,送风、排风系统正常运行	本规范第3.3.2, 3.3.3和10.1.10条
温度	所有房门关闭,送风、排风系统正常运行	本规范第3.3.2, 3.3.3和10.1.10条
相对湿度	所有房门关闭,送风、排风系统正常运行	本规范第3.3.2, 3.3.3和10.1.10条
噪声	所有房门关闭,送风、排风系统正常运行	本规范第3.3.2, 3.3.3和10.1.10条
照度	无自然光下	本规范第3.3.2, 3.3.3和10.1.10条
应用于防护区外的排风高效过滤器单元严密性	关闭高效过滤器单元所有通路并维持测试环境温度稳定	本规范第10.1.11条
工况验证	工况转换、系统启停、备用机组切换、备用电源切换以及电气、自控和故障报警系统的可靠性	本规范第10.1.12条

10.1.6 围护结构的严密性检测和评价应符合下列规定:

1 围护结构严密性检测方法应按现行国家标准《洁净室施工及验收规范》GB 50591和《实验室 生物安全通用要求》GB 19489的有关规定进行,围护结构的严密性应符合本规范表3.3.2的要求。

2 ABSL-3中b2类的主实验室应采用恒压法检测。

3 四级生物安全实验室的主实验室应采用压力衰减法检测,有条件的进行正、负压两种工况的检测。

4 对于BSL-3和ABSL-3中a类、bl类实验室可采用目测及烟雾法检测。

10.1.7 排风高效过滤器检漏的检测和评价应符合下列规定:

1 对于三级和四级生物安全实验室防护区内使用的所有排风高效过滤器应进行原位扫描法检漏。检漏用气溶胶可采用大气尘或人工尘,检漏采用的仪器包括粒子计数器或光度计。

2 对于既有实验室以及异型高效过滤器,现场确实无法扫描时,可进行高效过滤器效率法检漏。

3 检漏时应同时检测并记录过滤器风量,风量不应低于实际正常运行工况下的风量。

4 采用大气尘以及粒子计数器对排风过滤器直接扫描检漏时,过滤器上游粒径大于或等于0.5μm的含尘浓度不应小于4000pc/L,可采用的方法包括开启实验室各房门,保证实验室与室外相通,并关闭送风,只开排风,或关闭送排风系统,局部采用正压检漏风机。此时对于第一道过滤器,超过

3pc/L，即判断为泄漏。具体方法应符合现行国家标准《洁净室施工及验收规范》GB50591的有关规定。

5 当大气尘浓度不能满足要求时，可采用人工尘，过滤器上游采用人工尘作为检漏气溶胶时，应采取措施保证过滤器上游人工尘气溶胶的均匀和稳定，并应进行验证，具体验证方法应符合本规范附录D的规定。

6 采用人工尘光度计扫描法检漏时，应按现行国家标准《洁净室施工及验收规范》GB 50591的有关规定执行。且当采样探头对准被测过滤器出风面某一点静止检测时，测得透过率高于0.01%，即认为该点为漏点。

7 进行高效过滤器效率法检漏时，在过滤器上游引入人工尘，在下游进行测试，过滤器下游采样点所处断面应实现气溶胶均匀混合，过滤效率不应低于99.99%。具体方法应符合本规范附录D的规定。

10.1.8 送风高效过滤器检漏的检测和评价应符合下列规定：

1 三级生物安全实验中的b2类实验室和四级生物安全实验室所有防护区内使用的送风高效过滤器应进行原位检漏，其余类型实验室的送风高效过滤器采用抽检。

2 检漏方法和评价标准应符合现行国家标准《洁净室施工及验收规范》GB 50591的有关规定，并宜采用大气尘和粒子计数器直接扫描法。

10.1.9 气流方向检测和评价应符合下列规定：

1 可采用目测法，在关键位置采用单丝线或用发烟装置测定气流流向。

2 评价标准：气流流向应符合本规范第5.4.2条的要求。

10.1.10 静压差、送风量、洁净度级别、温度、相对湿度、噪声、照度等室内环境参数的检测方法和要求应符合现行国家标准《洁净室施工及验收规范》GB 50591的有关规定。

10.1.11 在生物安全实验室防护区使用的排风高效过滤器单元的严密性应符合现行国家标准《实验室 生物安全通用要求》GB 19489的有关规定，并应采用压力衰减法进行检测。

10.1.12 生物安全实验室应进行工况验证检测，有多个运行工况时，应分别对每个工况进行工程检测，并应验证工况转换时系统的安全性，除此之外还包括系统启停、备用机组切换、备用电源切换以及电气、自控和故障报警系统的可靠性验证。

10.1.13 竣工验收的检测可由施工单位完成，但不得以竣工验收阶段的调整测试结果代替综合性能全面评定。

10.1.14 三级和四级生物安全实验室投入使用后，应按本章要求进行每年例行的常规检测。

10.2 生物安全设备的现场检测

10.2.1 需要现场进行安装调试的生物安全设备包括生物安全柜、动物隔离设备、IVC、负压解剖台等。有下列情况之一时，应对该设备进行现场检测并按本规范附录B进行记录：

1 生物安全实验室竣工后，投入使用前，生物安全柜、动物隔离设备等已安装完毕。

2 生物安全柜、动物隔离设备等被移动位置后。

3 生物安全柜、动物隔离设备等进行检修后。

4 生物安全柜、动物隔离设备等更换高效过滤器后。

5 生物安全柜、动物隔离设备等一年一度的常规检测。

10.2.2 新安装的生物安全柜、动物隔离设备等，应具有合格的出厂检测报告，并应现场检测合格且出具检测报告后才可使用。

10.2.3 生物安全柜、动物隔离设备等的现场检测项目应符合表10.2.3的要求，其中第1项～5项中有一项不合格的不应使用。对现场具备检测条件的、从事高风险操作的生物安全柜和动物隔离设备应进行高效过滤器的检漏,检漏方法应按生物安全实验室高效过滤器的检漏方法执行。

10.2.4 垂直气流平均风速检测应符合下列规定:

检测方法:对于II级生物安全柜等具备单向流的设备,在送风高效过滤器以下0.15m处的截面上,采用风速仪均匀布点测量截面风速。测点间距不大于0.15m,侧面距离侧壁不大于0.lm,每列至少测量3点,每行至少测量5点。

评价标准:平均风速不低于产品标准要求。

表10.2.3生物安全柜、动物隔离设备等的现场检测项目

<table>
<tr><th>项 目</th><th>工 况</th><th>执行条款</th><th>适用范围</th></tr>
<tr><td>垂直气流平均速度</td><td rowspan="11">正常运转状态</td><td>本规范第10.2.4条</td><td>Ⅱ级生物安全柜、单向流解剖台</td></tr>
<tr><td>工作窗口气流流向</td><td>本规范第10.2.5条</td><td rowspan="2">Ⅰ、Ⅱ级生物安全柜、开敞式解剖台</td></tr>
<tr><td>工作窗口气流平均速度</td><td>本规范第10.2.6条</td></tr>
<tr><td>工作区洁净度</td><td>本规范第10.2.7条</td><td>Ⅱ级和Ⅲ级生物安全柜、动物隔离设备、解剖台</td></tr>
<tr><td>高效过滤器的检漏</td><td>本规范第10.2.10条</td><td>三级和四级生物安全实验室内使用的各级生物安全柜、动物隔离设备等必检,其余建议检测</td></tr>
<tr><td>噪声</td><td>本规范第10.2.8条</td><td rowspan="2">各类生物安全柜、动物隔离设备等</td></tr>
<tr><td>照度</td><td>本规范第10.2.9条</td></tr>
<tr><td>箱体送风量</td><td>本规范第10.2.11条</td><td>Ⅲ级生物安全柜、动物隔离设备、IVC、手套箱式解剖台</td></tr>
<tr><td>箱体静压差</td><td>本规范第10.2.12条</td><td>Ⅲ级生物安全柜和动物隔离设备</td></tr>
<tr><td>箱体严密性</td><td>本规范第10.2.13条</td><td>Ⅲ级生物安全柜、动物隔离设备、手套箱式解剖台</td></tr>
<tr><td>手套口风速</td><td>人为摘除一只手套</td><td>本规范第10.2.14条</td><td></td></tr>
</table>

10.2.5 工作窗口的气流流向检测应符合下列规定:

检测方法:可采用发烟法或丝线法在工作窗口断面检测,检测位置包括工作窗口的四周边缘和中间区域。

评价标准:工作窗口断面所有位置的气流均明显向内,无外逸,且从工作窗口吸入的气流应直接吸入窗口外侧下部的导流格栅内,无气流穿越工作区。

10.2.6 工作窗口的气流平均风速检测应符合下列规定:

检测方法:1. 风量罩直接检测法:采用风量罩测出工作窗口风量,再计算出气流平均风速。2. 风速仪直接检测法:宜在工作窗口外接等尺寸辅助风管,用风速仪测量辅助风管断面风速,或采用风速仪直接测量工作窗口断面风速,采用风速仪直接测量时,每列至少测量3点,至少测量5列,每列间距不大于0.15m。3. 风速仪间接检测法:将工作窗口高度调整为8cm高,在窗口中间高度均匀布点,每点间距不大于0.15m,计算工作窗口风量,计算出工作窗口正常高度(通常为20cm或25cm)下的平均风速。

评价标准:工作窗口断面上的平均风速值不低于产品标准要求。

10.2.7 工作区洁净度检测应符合下列规定:

检测方法:采用粒子计数器在工作区检测。粒子计数器的采样口置于工作台面向上0.2m高度位置对角线布置,至少测量5点。

评价标准:工作区洁净度应达到5级。

10.2.8 噪声检测应符合下列规定:

检测方法:对于生物安全柜、动物隔离设备等应在前面板中心向外0.3m,地面以上1.1m处用声级计测量噪声。对于必须和实验室通风系统同时开启的生物安全柜和动物隔离设备等,有条件的,应检测实验室通风系统的背景噪声,必要时进行检测值修正。

评价标准:噪声不应高于产品标准要求。

10.2.9 照度检测应符合下列规定:

检测方法:沿工作台面长度方向中心线每隔0.3m设置一个测量点。与内壁表面距离小于0.15m时,不再设置测点。

评价标准:平均照度不低于产品标准要求。

10.2.10 高效过滤器的检漏应符合下列规定:

检测方法:在高效过滤器上游引入大气尘或发人工尘,在过滤器下游采用光度计或粒子计数器进行检漏,具备扫描检漏条件的,应进行扫描检漏,无法扫描检漏的,应检测高效过滤器效率。

评价标准:对于采用扫描检漏高效过滤器的评价标准同生物安全实验室高效过滤器的检漏;对于不能进行扫描检漏,而采用检测高效过滤器过滤效率的,其整体透过率不应超过0.005%.

10.2.11 Ⅲ级生物安全柜和动物隔离设备等非单向流送风设备的送风量检测应符合下列规定:

检测方法:在送风高效过滤器出风面10cm-15cm处或在进风口处测风速,计算风量。

评价标准:不低于产品设计值。

10.2.12 Ⅲ级生物安全柜和动物隔离设备箱体静压差检测应符合下列规定:

检测方法:测量正常运转状态下,箱体对所在实验室的相对负压。

评价标准:不低于产品设计值。

10.2.13 Ⅲ级生物安全柜和动物隔离设备严密性检测应符合下列规定:

检测方法:采用压力衰减法,将箱体抽真空或打正压,观察一定时间内的压差衰减,记录温度和大气压变化,计算衰减率。

评价标准:严密性不低于产品设计值。

10.2.14 Ⅲ级生物安全柜、动物隔离设备、手套箱式解剖台的手套口风速检测应符合下列规定:

检测方法:人为摘除一只手套,在手套口中心检测风速。

评价标准:手套口中心风速不低于0.7m/s。

10.2.15 生物安全柜在有条件时,宜在现场进行箱体的漏泄检测,生物安全柜漏电检测,接地电阻检测。

10.2.16 生物安全柜的安装位置应符合本规范第9.4.2条中的相关要求。

10.2.17 有下列情况之一时,需要对活毒废水处理设备、高压灭菌锅、动物尸体处理设备等进行检测。

1 实验室竣工后,投入使用前,设备安装完毕。

2 设备经过检修后。

3　设备更换阀门、安全阀后。

4　设备年度常规检测。

10.2.18　活毒废水处理设备、高压灭菌锅、动物尸体处理设备等带有高效过滤器的设备应进行高效过滤器的检漏，且检测方法应符合本规范第10.1.7条的规定。

10.2.19　活毒废水处理设备、动物尸体处理设备等产生活毒废水的设备应进行活毒废水消毒灭菌效果的验证。

10.2.20　活毒废水处理设备、高压灭菌锅、动物尸体处理设备等产生固体污染物的设备应进行固体污染物消毒灭菌效果的验证。

10.3　工程验收

10.3.1　生物安全实验室的工程验收是实验室启用验收的基础，根据国家相关规定，生物安全实验室须由建筑主管部门进行工程验收合格，再进行实验室认可验收，生物安全实验室工程验收评价项目应符合附录C的规定。

10.3.2　工程验收的内容应包括建设与设计文件、施工文件和综合性能的评定文件等。

10.3.3　在工程验收前，应首先委托有资质的工程质检部门进行工程检测。

10.3.4　工程验收应出具工程验收报告。生物安全实验室应按本规范附录C规定的验收项目逐项验收，并应根据下列规定作出验收结论：

1　对于符合规范要求的，判定为合格；

2　对于存在问题，但经过整改后能符合规范要求的，判定为限期整改；

3　对于不符合规范要求，又不具备整改条件的，判定为不合格。

附录A

生物安全实验室检测记录用表

A.0.1　生物安全实验室施工方自检情况、施工文件检查情况、生物安全柜检测情况、围护结构严密性检测情况应按表A.0.1进行记录。

A.0.2　生物安全实验室送风、排风高效过滤器检漏情况应按表A.0.2进行记录。

A.0.3　生物安全实验室房间静压差和气流流向的检测应按表A.0.3进行记录。

A.0.4　生物安全实验室风口风速或风量的检测应按表A.0.4进行记录。

A.0.5　生物安全实验室房间含尘浓度的检测应按表A.0.5进行记录。

A.0.6　生物安全实验室房间温度、相对湿度的检测应按表A.0.6进行记录。

A.0.7　生物安全实验室房间噪声的检测应按表A.0.7进行记录。

A.0.8　生物安全实验室房间照度的检测应按表A.0.8进行记录。

A.0.9　生物安全实验室配电和自控系统的检测应按表A.0.9进行记录。

表A.0.1 生物安全实验室检测记录(一)

第 页 共 页

委托单位					
实验室名称					
施工单位					
监理单位					
检测单位					
检测日期		记录编号		检测状态	
检测依据					
施工单位自检情况					
施工文件检查情况					
生物安全设备检测情况					
三级和四级生物安全实验室围护结构严密性检查情况					

校核　　　　　　记录　　　　　　检验

表A.0.2　生物安全实验室检测记录(二)

第　页　共　页

高效过滤器的检漏					
检恻仪器名称		规格型号		编号	
检测前设备状况			检测后设备状况		
送风高效过滤器的检漏					
排风高效过滤器的检漏					

校核　　　　　　　　　　记录　　　　　　　　　　检验

表A.0.3　生物安全实验室检测记录(三)

第　页　共　页

<table>
<tr><td colspan="6">静压差检测</td></tr>
<tr><td>检测仪器名称</td><td></td><td>规格型号</td><td></td><td>编号</td><td></td></tr>
<tr><td>检测前设备状况</td><td colspan="2">正常(　)不正常(　)</td><td>检测后设备状况</td><td colspan="2">正常(　)不正常(　)</td></tr>
<tr><td colspan="2">检测位置</td><td colspan="2">压差值(Pa)</td><td colspan="2">备　注</td></tr>
<tr><td colspan="2"></td><td colspan="2"></td><td colspan="2"></td></tr>
<tr><td colspan="6">气流流向检测</td></tr>
<tr><td colspan="6"></td></tr>
<tr><td>方　法</td><td colspan="5"></td></tr>
</table>

校核　　　　　　　　记录　　　　　　　　检验

表A.0.4 生物安全实验室检测记录(四)

第 页 共 页

<table>
<tr><td colspan="6">风口风速或风量</td></tr>
<tr><td>检测仪器名称</td><td colspan="2"></td><td>规格型号</td><td>编号</td><td></td></tr>
<tr><td>检测前设备状况</td><td colspan="2">正常( )不正常( )</td><td>检测后设备状况</td><td colspan="2">正常( )不正常( )</td></tr>
<tr><td>位 置</td><td>风 口</td><td>测 点</td><td colspan="2">风速(m/s)或风量(m³/h)</td><td>备 注</td></tr>
<tr><td></td><td></td><td></td><td colspan="2"></td><td></td></tr>
</table>

校核 记录 检验

表A.0.5　生物安全实验室检测记录(五)

第　页　共　页

<table>
<tr><td colspan="6">含尘浓度</td></tr>
<tr><td>检测仪器名称</td><td></td><td>规格型号</td><td></td><td>编号</td><td></td></tr>
<tr><td>检测前设备状况</td><td colspan="2">正常(　)不正常(　)</td><td>检测后设备状况</td><td colspan="2">正常(　)不正常(　)</td></tr>
<tr><td>位置</td><td>测点</td><td>粒径</td><td colspan="2">含尘浓度(pc/　　)</td><td>备注</td></tr>
<tr><td></td><td></td><td></td><td colspan="2"></td><td></td></tr>
</table>

校核　　　　　　　　　　　　　　记录　　　　　　　　　　　　　　检验

表A.0.6 生物安全实验室检测记录(六)

第 页 共 页

<table>
<tr><td colspan="8">温度、相对湿度</td></tr>
<tr><td colspan="2">检测仪器名称</td><td></td><td>规格型号</td><td colspan="2"></td><td>编号</td><td></td></tr>
<tr><td colspan="2">检测前设备状况</td><td colspan="2">正常( )不正常( )</td><td colspan="2">检测后设备状况</td><td colspan="2">正常( )不正常( )</td></tr>
<tr><td colspan="3">房间名称</td><td colspan="2">温度(℃)</td><td colspan="2">相对湿度(%)</td><td>备 注</td></tr>
<tr><td colspan="3"></td><td colspan="2"></td><td colspan="2"></td><td></td></tr>
<tr><td colspan="3">室 外</td><td colspan="2"></td><td colspan="2"></td><td></td></tr>
</table>

校核 记录 检验

表A.0.7　生物安全实验室检测记录(七)

第　页 共　页

<table>
<tr><td colspan="6">噪　　声</td></tr>
<tr><td>检测仪器名称</td><td></td><td>规格型号</td><td></td><td>编　号</td><td></td></tr>
<tr><td>检测前设备状况</td><td colspan="2">正常(　)不正常(　)</td><td>检测后设备状况</td><td colspan="2">正常(　)不正常(　)</td></tr>
<tr><td>房间名称</td><td>测　点</td><td colspan="3">噪声[dB(A)]</td><td>备　注</td></tr>
<tr><td></td><td></td><td colspan="3"></td><td></td></tr>
</table>

校核　　　　　　　　　　记录　　　　　　　　　　检验

表A.0.8 生物安全实验室检测记录(八)

第 页 共 页

照 度					
检测仪器名称		规格型号		编 号	
检测前设备状况	正常( )不正常( )		检测后设备状况	正常( )不正常( )	
房间名称	测 点	照度(lx)			备 注

校核　　　　　　　　　　记录　　　　　　　　　　检验

表A.0.9 生物安全实验室检测记录(九)

第 页 共 页

不同工况转换时系统安全性验证
备用电源可靠性验证
压差报警系统可靠性验证
送、排风系统连锁可靠性验证
备用排风系统自动切换可靠性验证

校核 记录 检验

附录B

生物安全设备现场检测记录用表

B.0.1 厂家自检情况、安装情况的检测应按表B.0.1进行记录。

B.0.2 工作窗口气流流向情况、风速(或风量)的检测应按表B.0.2进行记录。

B.0.3 工作区含尘浓度、噪声、照度的检测应按表B.0.3进行记录。

B.0.4 排风高效过滤器的检漏、生物安全柜箱体的检漏、生物安全柜漏电检测、接地电阻检测等的检测应按表B.0.4进行记录。

B.0.5 Ⅲ级生物安全柜或动物隔离设备的压差、风量、手套口风速的检测应按表B.0.5进行记录。

B.0.6 Ⅲ级生物安全柜或动物隔离设备箱体密封性的检测应按表B.0.6进行记录。

表B.0.1　设备现场检测记录(一)

第　页　共　页

委托单位			
实验室名称			
检测单位			
检测日期		记录编号	
设备位置		生产厂家	
级别		型号	
出厂日期		序列号	
检测依据			
生产厂家自检情况			
安装情况			

校核　　　　记录　　　　检验

表B.0.2 设备现场检测记录(二)

第 页 共 页

工作窗口气流流向										
检测方法										
风速( ) 风量( )										
检测仪器名称			规格型号				编号			
检测前设备状况	正常( ) 不正常( )				检测后设备状况		正常( ) 不正常( )			
工作窗口气流平均风速										
窗口上沿										
测点	1	4	7	10	13	16	19	22	25	28
风速(m/s)										
测点	2	5	8	11	14	17	20	23	26	29
风速(m/s)										
测点	3	6	9	12	15	18	21	24	27	30
风速(m/s)										
窗口下沿										
工作窗口风量					工作窗口尺寸					
工作区垂直气流平均风速										
工作区里侧										
测点	1	4	7	10	13	16	19	22	25	28
风速(m/s)										
测点	2	5	8	11	14	17	20	23	26	29
风速(m/s)										
测点	3	6	9	12	15	18	21	24	27	30
风速(m/s)										
工作区外侧										

校核　　　　　　　　记录　　　　　　　　检验

表 B.0.3 设备现场检测记录(三)

第 页 共 页

工作区含尘浓度					
检测仪器名称		规格型号		编号	
检测前设备状况	正常( ) 不正常( )	检测后设备状况	正常( ) 不正常( )		
测 点	粒 径	含尘浓度(pc/)	备注		
1	≥0.5μm				
	≥5μm				
2	≥0.5μm				
	≥5μm				
3	≥0.5μm				
	≥5μm				
4	≥0.5μm				
	≥5μm				
5	≥0.5μm				
	≥5μm				

噪 声					
检测仪器名称		规格型号		编号	
检测前设备状况	正常( ) 不正常( )	检测后设备状况	正常( ) 不正常( )		
噪声[dB(A)]		背景噪声[dB(A)]			

照 度						
检测仪器名称		规格型号		编号		
检测前设备状况	正常( ) 不正常( )	检测后设备状况	正常( ) 不正常( )			
测 点	1	2	3	4	5	6
照度(lx)						

校核　　　　　　记录　　　　　　检验

表B.0.4 设备现场检测记录(四)

第 页 共 页

高效过滤器和箱体的检漏
漏电检测
接地电阻检测
其 他

校核 记录 检验

表B.0.5 设备现场检测记录(五)

第 页 共 页

<table>
<tr><td colspan="11">Ⅲ级生物安全柜或动物隔离设备压差</td></tr>
<tr><td>检测仪器名称</td><td colspan="3"></td><td colspan="2">规格型号</td><td colspan="2"></td><td>编号</td><td colspan="2"></td></tr>
<tr><td>检测前设备状况</td><td colspan="4">正常( ) 不正常( )</td><td colspan="3">检测后设备状况</td><td colspan="3">正常( ) 不正常( )</td></tr>
<tr><td>压差值</td><td colspan="10"></td></tr>
<tr><td colspan="11">Ⅲ级生物安全柜或动物隔离设备风量</td></tr>
<tr><td>检测仪器名称</td><td colspan="3"></td><td colspan="2">规格型号</td><td colspan="2"></td><td>编号</td><td colspan="2"></td></tr>
<tr><td>检测前设备状况</td><td colspan="4">正常( ) 不正常( )</td><td colspan="3">检测后设备状况</td><td colspan="3">正常( ) 不正常( )</td></tr>
<tr><td colspan="11">送风过滤器平均风速</td></tr>
<tr><td>测点</td><td>1</td><td>2</td><td>3</td><td>4</td><td>5</td><td>6</td><td>7</td><td>8</td><td>9</td><td>10</td></tr>
<tr><td>风速(m/s)</td><td></td><td></td><td></td><td></td><td></td><td></td><td></td><td></td><td></td><td></td></tr>
<tr><td>测点</td><td>11</td><td>12</td><td>13</td><td>14</td><td>15</td><td>16</td><td>17</td><td>18</td><td>19</td><td>20</td></tr>
<tr><td>风速(m/s)</td><td></td><td></td><td></td><td></td><td></td><td></td><td></td><td></td><td></td><td></td></tr>
<tr><td>过滤器尺寸</td><td colspan="4"></td><td colspan="2">风 量</td><td colspan="4"></td></tr>
<tr><td>箱体尺寸</td><td colspan="4"></td><td colspan="2">换气次数</td><td colspan="4"></td></tr>
<tr><td colspan="11">Ⅲ级生物安全柜或动物隔离设备手套口风速</td></tr>
<tr><td>检测仪器名称</td><td colspan="3"></td><td colspan="2">规格型号</td><td colspan="2"></td><td>编号</td><td colspan="2"></td></tr>
<tr><td>检测前设备状况</td><td colspan="4">正常( ) 不正常( )</td><td colspan="3">检测后设备状况</td><td colspan="3">正常( ) 不正常( )</td></tr>
<tr><td>手套口位置</td><td colspan="10"></td></tr>
<tr><td>中心风速(m/s)</td><td colspan="10"></td></tr>
</table>

校核　　　　　　　　记录　　　　　　　　检验

表B.0.6　设备现场检测记录(六)

第　页　共　页

<table>
<tr><td colspan="9">Ⅲ级生物安全柜或动物隔离设备箱体严密性:压力衰减法</td></tr>
<tr><td colspan="2">检测仪器名称</td><td colspan="2"></td><td colspan="2">规格型号</td><td></td><td>编号</td><td></td></tr>
<tr><td colspan="2">检测前设备状况</td><td colspan="2">正常(　)　不正常(　)</td><td colspan="2">检测后设备状况</td><td colspan="3">正常(　)　不正常(　)</td></tr>
<tr><td>测点</td><td>1</td><td>2</td><td>3</td><td>4</td><td>5</td><td>6</td><td>7</td><td>8</td></tr>
<tr><td>时间</td><td></td><td></td><td></td><td></td><td></td><td></td><td></td><td></td></tr>
<tr><td>压力(Pa)</td><td></td><td></td><td></td><td></td><td></td><td></td><td></td><td></td></tr>
<tr><td>大气压</td><td></td><td></td><td></td><td></td><td></td><td></td><td></td><td></td></tr>
<tr><td>温度</td><td></td><td></td><td></td><td></td><td></td><td></td><td></td><td></td></tr>
<tr><td>测点</td><td>9</td><td>10</td><td>11</td><td>12</td><td>13</td><td>14</td><td>15</td><td>16</td></tr>
<tr><td>时间</td><td></td><td></td><td></td><td></td><td></td><td></td><td></td><td></td></tr>
<tr><td>压力(Pa)</td><td></td><td></td><td></td><td></td><td></td><td></td><td></td><td></td></tr>
<tr><td>大气压</td><td></td><td></td><td></td><td></td><td></td><td></td><td></td><td></td></tr>
<tr><td>温度</td><td></td><td></td><td></td><td></td><td></td><td></td><td></td><td></td></tr>
<tr><td>测点</td><td>17</td><td>18</td><td>19</td><td>20</td><td>21</td><td>22</td><td>23</td><td>24</td></tr>
<tr><td>时间</td><td></td><td></td><td></td><td></td><td></td><td></td><td></td><td></td></tr>
<tr><td>压力(Pa)</td><td></td><td></td><td></td><td></td><td></td><td></td><td></td><td></td></tr>
<tr><td>大气压</td><td></td><td></td><td></td><td></td><td></td><td></td><td></td><td></td></tr>
<tr><td>温度</td><td></td><td></td><td></td><td></td><td></td><td></td><td></td><td></td></tr>
<tr><td>测点</td><td>25</td><td>26</td><td>27</td><td>28</td><td>29</td><td>30</td><td>31</td><td>32</td></tr>
<tr><td>时间</td><td></td><td></td><td></td><td></td><td></td><td></td><td></td><td></td></tr>
<tr><td>压力(Pa)</td><td></td><td></td><td></td><td></td><td></td><td></td><td></td><td></td></tr>
<tr><td>大气压</td><td></td><td></td><td></td><td></td><td></td><td></td><td></td><td></td></tr>
<tr><td>温度</td><td></td><td></td><td></td><td></td><td></td><td></td><td></td><td></td></tr>
<tr><td colspan="9">泄漏率计算</td></tr>
<tr><td colspan="9"></td></tr>
</table>

校核　　　　　　　　　　记录　　　　　　　　　　检验

附录C

生物安全实验室工程验收评价项目

C.0.1 生物安全实验室建成后,必须由工程验收专家组到现场验收,并应按本规范列出的验收项目,逐项验收。

C.0.2 生物安全实验室工程验收评价标准应符合表C.0.2的规定。

表C.0.2 生物安全实验室工程验收评价标准

标准类别	严重缺陷数	一般缺陷数
合格	0	<20%
限期整改	1～3	<20 %
	0	≥20 %
不合格	>3	0
	一次整改后仍未通过者	

注:表中的百分数是缺陷数相对于应被检查项目总数的比例。

C.0.3 生物安全实验室工程现场检查项目应符合表C.0.3的规定。

表C.0.3 生物安全实验室工程现场检查项目

章	序号	检查出的问题	评价		适用范围		
			严重缺陷	一般缺陷	二级	三级	四级
建筑装修和结构	1	与建筑物其他部分相通,但未设可自动关闭的带锁的门		√	√		
	2	不满足排风间距要求:防护区室外排风口与周围建筑的水平距离小于20m	√			√	
	3	未在建筑物中独立的隔离区域内	√				√
	4	未远离市区		√			√
	5	主实验室所在建筑物离相邻建筑物或构筑物的距离小于相邻建筑物或构筑物高度的1.5倍		√			√
	6	未在入口处设置更衣室和更衣柜		√	√	√	√
	7	防护区的房间设置不满足工艺要求	√		√	√	√
	8	辅助区的房间设置不满足工艺要求		√	√	√	√
	9	ABSL-3中的b2类实验室和四级生物安全实验室未独立于其他建筑		√		√	√
	10	室内净高低于2.6m或设备层净高低于2.2m		√		√	√
	11	ABSL-4的动物尸体处理设备间和防护区污水处理设备间未设缓冲间		√			√

续表C. 0.3

章	序号	检查出的问题	评价		适用范围		
			严重缺陷	一般缺陷	二级	三级	四级
建筑、装修和结构	12	设置生命支持系统的生物安全实验室，紧邻主实验室未设化学淋浴间	√			√	√
	13	防护区未设置安全通道和紧急出口或没有明显的标志	√			√	√
	14	防护区的围护结构未远离建筑外墙或主实验室未设置在防护区的中部		√		√	√
	15	建筑外墙作为主实验室的围护结构		√			√
	16	相邻区域和相邻房间之间未根据需要设置传递窗。传递窗两门未互锁或未设有消毒灭菌装置；其结构承压力及严密性不符合所在区域的要求；传递不能灭活的样本出防护区时，未采用具有熏蒸消毒功能的传递窗或药液传递箱	√			√	√
	17	未在实验室或实验室所在建筑内配备高压灭菌器或其他消毒灭菌设备	√		√		
	18	防护区内未设置生物安全型双扉高压灭菌器	√			√	√
	19	生物安全型双扉高压灭菌器未考虑主体一侧的维护空间		√		√	√
	20	生物安全型双扉高压灭菌器主体所在房间为非负压		√			√
	21	生物安全柜和负压解剖台未布置于排风口附近或未远离房间门		√		√	√
	22	产生大动物尸体或数量较多的小动物尸体时，未设置动物尸体处理设备。动物尸体处理设备的投放口未设置在产生动物尸体的区域。动物尸体处理设备的投放口未高出地面或未设置防护栏杆		√		√	√

续表C.0.3

章	序号	检查出的问题	评价		适用范围		
			严重缺陷	一般缺陷	二级	三级	四级
建筑、装修和结构	23	未采用无缝的防滑耐腐蚀地面；踢脚未与墙面齐平或略缩进大于2mm～3mm；地面与墙面的相交位置及其他围护结构的相交位置，未作半径不小于30mm的圆弧处理		√		√	√
	24	墙面、顶棚的材料不易于清洁消毒、不耐腐蚀、起尘、开裂、不光滑防水，表面涂层不具有抗静电性能		√		√	√
	25	没有机械通风系统时，ABSL-2中的a类、bl类和BSL-2生物安全实验室未设置外窗进行自然通风或外窗未设置防虫纱窗；ABSL-2中b2类实验室设外窗或观察窗未采用安全的材料制作		√	√		
	26	防护区设外窗或观察窗未采用安全的材料制作	√			√	√
	27	没有防止节肢动物和啮齿动物进入和外逃的措施	√		√	√	√
	28	ABSL-3中b2类主实验室及其缓冲间和四级生物安全实验室主实验室及其缓冲间应采用气密门	√			√	√
	29	防护区内的顶棚上设置检修口	√			√	√
	30	实验室的入口，未明确标示出生物防护级别、操作的致病性生物因子等标识		√	√	√	√
	31	结构安全等级低于一级		√		√	
	32	结构安全等级低于一级	√				√
	33	抗震设防类别未按特殊设防类		√		√	
	34	抗震设防类别未按特殊设防类	√				√
	35	地基基础未按甲级设计		√		√	
	36	地基基础未按甲级设计	√				√
	37	主体结构未采用混凝土结构或砌体结构体系		√		√	√
	38	吊顶作为技术维修夹层时，其吊顶的活荷载小于$0.75kN/m^2$	√			√	√

续表C. 0.3

章	序号	检查出的问题	评价		适用范围		
			严重缺陷	一般缺陷	二级	三级	四级
建筑、装修和结构	39	对于吊顶内特别重要的设备未作单独的维修通道		√		√	√
	40	空调净化系统的划分不利于实验室消毒灭菌、自动控制系统的设置和节能运行		√	√	√	√
	41	空调净化系统的设计未考虑各种设备的热湿负荷		√	√	√	√
	42	送、排风系统的设计未考虑所用生物安全柜、动物隔离设备等的使用条件	√		√	√	√
	43	选用生物安全柜不符合要求	√		√	√	√
	44	b2类实验室未采用全新风系统		√	√		
	45	未采用全新风系统	√			√	√
	46	主实验室的送、排风支管或排风机前未安装耐腐蚀的密闭阀或阀门严密性与所在管道严密性要求不相适应	√			√	√
	47	防护区内安装普通的风机盘管机组或房间空调器	√			√	√
	48	防护区不能对排风高效空气过滤器进行原位消毒和检漏	√			√	√
	49	防护区不能对送风高效空气过滤器进行原位消毒和检漏	√				√
	50	防护区远离空调机房		√	√	√	√
	51	空调净化系统和高效排风系统所用风机未选用风压变化较大时风量变化较小的类型		√	√	√	√
	52	空气净化系统送风过滤器的设置不符合本规范第5.2.1条的要求		√	√	√	√
	53	送风系统新风口的设置不符合本规范第5.2.2条的要求		√	√	√	√
	54	BSL-3实验室未设置备用送风机		√		√	
	55	ABSL-3实验室和四级生物安全实验室未设置备用送风机	√			√	√
	56	排风系统的设置不符合本规范第5.3.1条中第1款~第5款的规定	√			√	√

续表C. 0.3

章	序号	检查出的问题	评价		适用范围		
			严重缺陷	一般缺陷	二级	三级	四级
建筑、装修和结构	57	排风未经过高效过滤器过滤后排放	√			√	√
	58	排风高效过滤器未设在室内排风口处或紧邻排风口处;排风高效过滤器的位置与排风口结构不易于对过滤器进行安全更换和检漏		√		√	√
	59	防护区除在室内排风口处设第一道高效过滤器外,未在其后串联第二道高效过滤器	√				√
	60	防护区排风管道的正压段穿越房间或排风机未设于室外排风口附近		√		√	√
	61	防护区未设置备用排风机或备用排风机不能自动切换或切换过程中不能保持有序的压力梯度和定向流	√			√	√
	62	排风口未设置在主导风的下风向		√		√	√
	63	排风口与新风口的直线距离不大于12m;排风口不高于所在建筑物屋面2m以上	√			√	√
	64	ABSL-4的动物尸体处理设备间和防护区污水处理设备间的排风未经过高效过滤器过滤		√			√
	65	辅助工作区与室外之间未设一间正压缓冲室		√		√	√
	66	实验室内各种设备的位置不利于气流由被污染风险低的空间向被污染风险高的空间流动,不利于最大限度减少室内回流与涡流	√			√	√
	67	送风口和排风口布置不利于室内可能被污染空气的排出		√	√	√	√
	68	在生物安全柜操作面或其他有气溶胶产生地点的上方附近设送风口	√		√	√	√
	69	气流组织上送下排时,高效过滤器排风口下边沿离地面低于0.lm或高于0.15m或上边沿高度超过地面之上0.6m;排风口排风速度大于lm/s		√	√	√	√

续表C. 0.3

章	序号	检查出的问题	评价		适用范围		
			严重缺陷	一般缺陷	二级	三级	四级
建筑、装修和结构	70	送、排风高效过滤器使用木制框架	√		√	√	√
	71	高效过滤器不耐消毒气体的侵蚀，防护区内淋浴间、化学淋浴间的高效过滤器不防潮；高效过滤器的效率低于现行国家标准《高效空气过滤器》GB/T 13554中的B类	√			√	√
	72	需要消毒的通风管道未采用耐腐蚀、耐老化、不吸水、易消毒灭菌的材料制作，未整体焊接	√			√	√
	73	排风密闭阀未设置在排风高效过滤器和排风机之间；排风机外侧的排风管上室外排风口处未安装保护网和防雨罩		√	√	√	√
	74	空调设备的选用不满足本规范第5.5.4条的要求		√	√	√	√
	75	给水、排水干管、气体管道的干管，未敷设在技术夹层内；防护区内与本区域无关管道穿越防护区		√	√	√	√
	76	引入防护区内的管道未明敷		√		√	√
	77	防护区给水排水管道穿越生物安全实验室围护结构处未设可靠的密封装置或密封装置的严密性不能满足所在区域的严密性要求	√		√	√	√
	78	防护区管道系统渗漏、不耐压、不耐温、不耐腐蚀；实验室内没有足够的清洁、维护和维修明露管道的空间	√		√	√	√
	79	使用的高压气体或可燃气体，没有相应的安全措施	√		√	√	√
	80	防护区给水管道未采取设置倒流防止器或其他有效的防止回流污染的装置或这些装置未设置在辅助工作区	√		√	√	√
	81	ABSL-3和四级生物安全实验室未设置断流水箱		√		√	√

续表C. 0.3

章	序号	检查出的问题	评价		适用范围		
			严重缺陷	一般缺陷	二级	三级	四级
建筑、装修和结构	82	化学淋浴系统中的化学药剂加压泵未设置备用泵或未设置紧急化学淋浴设备	√			√	√
	83	防护区的给水管路未以主实验室为单元设置检修阀门和止回阀		√		√	√
	84	实验室未设洗手装置或洗手装置未设置在靠近实验室的出口处		√	√		
	85	洗手装置未设在主实验室出口处或对于用水的洗手装置的供水未采用非手动开关		√		√	√
	86	未设紧急冲眼装置	√		√	√	√
	87	ABSL-3和四级生物安全实验室防护区的淋浴间未根据工艺要求设置强制淋浴装置	√			√	√
	88	大动物生物安全实验室和需要对笼具、架进行冲洗的动物实验室未设必要的冲洗设备		√	√	√	√
	89	给水管路未涂上区别于一般水管的醒目的颜色		√		√	√
	90	室内给水管材未采用不锈钢管、铜管或无毒塑料管等材料或管道未采用可靠的方式连接		√	√	√	√
	91	大动物房和解剖间等处的密闭型地漏不带活动网框或活动网框不易于取放及清理		√		√	√
	92	防护区未根据压差要求设置存水弯和地漏的水封深度;构造内无存水弯的卫生器具与排水管道连接时,未在排水口以下设存水弯,排水管道水封处不能保证充满水或消毒液	√			√	√
	93	防护区的排水未进行消毒灭菌处理	√			√	√
	94	主实验室未设独立的排水支管或独立的排水支管上未安装阀门		√		√	√
	95	活毒废水处理设备未设在最低处		√		√	√

续表 C. 0.3

章	序号	检查出的问题	评价		适用范围		
			严重缺陷	一般缺陷	二级	三级	四级
建筑、装修和结构	96	ABSL-2 防护区污水的灭菌装置未采用化学消毒或高温灭菌方式		√	√		
	97	防护区活毒废水的灭菌装置未采用高温灭菌方式;未在适当位置预留采样口和采样操作空间	√			√	√
	98	防护区排水系统上的通气管口未单独设置或接入空调通风系统的排风管道	√			√	√
	99	通气管口未设高效过滤器或其他可靠的消毒装置	√			√	√
	100	辅助工作区的排水,未进行监测,未采取适当处理装置		√		√	√
	101	防护区内排水管线未明设,未与墙壁保持一定距离		√		√	√
	102	防护区排水管道未采用不锈钢或其他合适的管材、管件;排水管材、管件不满足强度、温度、耐腐蚀等性能要求	√			√	√
	103	双扉高压灭菌器的排水未接入防护区废水排放系统	√				√
	104	气瓶未设在辅助工作区;未对供气系统进行监测		√	√	√	√
	105	所有供气管穿越防护区处未安装防回流装置,未根据工艺要求设置过滤器	√		√	√	√
	106	防护区设置的真空装置,没有防止真空装置内部被污染的措施;未将真空装置安装在实验室内	√			√	√
	107	正压服型生物安全实验室未同时配备紧急支援气罐或紧急支援气罐的供气时间少于60min/人	√			√	√
	108	供操作人员呼吸使用的气体的压力、流量、含氧量、温度、湿度、有害物质的含量等不符合职业安全的要求	√		√	√	√
	109	充气式气密门的压缩空气供应系统的压缩机未备用或供气压力和稳定性不符合气密门的供气要求	√			√	√

续表C. 0.3

章	序号	检查出的问题	评价		适用范围		
			严重缺陷	一般缺陷	二级	三级	四级
建筑、装修和结构	110	用电负荷低于二级		√	√		
	111	BSL-3实验室和ABSL-3中的a类和b1类实验室未按一级负荷供电时，未采用一个独立供电电源；特别重要负荷未设置应急电源；应急电源采用不间断电源的方式时，不间断电源的供电时间小于30min；应急电源采用不间断电源加自备发电机的方式时，不间断电源不能确保自备发电设备启动前的电力供应	√			√	
	112	ABSL-3中的b2类实验室和四级生物安全实验室未按一级负荷供电；特别重要负荷未同时设置不间断电源和自备发电设备作为应急电源；不间断电源不能确保自备发电设备启动前的电力供应	√			√	√
	113	未设有专用配电箱		√	√	√	√
	114	专用配电箱未设在该实验室的防护区外		√		√	√
	115	未设置足够数量的固定电源插座；重要设备未单独回路配电，未设置漏电保护装置		√	√	√	√
	116	配电管线未采用金属管敷设；穿过墙和楼板的电线管未加套管且未采用专用电缆穿墙装置；套管内未用不收缩、不燃材料密封		√		√	√
	117	室内照明灯具未采用吸顶式密闭洁净灯；灯具不具有防水功能		√		√	√
	118	未设置不少于30min的应急照明及紧急发光疏散指示标志	√			√	√
	119	实验室的入口和主实验室缓冲间入口处未设置主实验室工作状态的显示装置		√		√	√
	120	空调净化自动控制系统不能保证各房间之间定向流方向的正确及压差的稳定	√		√	√	√

续表C. 0.3

章	序号	检查出的问题	评价		适用范围		
			严重缺陷	一般缺陷	二级	三级	四级
建筑、装修和结构	121	自控系统不具有压力梯度、温湿度、连锁控制、报警等参数的历史数据存储显示功能;自控系统控制箱未设于防护区外		√		√	√
	122	自控系统报警信号未分为重要参数报警和一般参数报警。重要参数报警为非声光报警和显示报警,一般参数报警为非显示报警。未在主实验室内设置紧急报警按钮	√			√	√
	123	有负压控制要求的房间入口位置,未安装显示房间负压状况的压力显示装置		√		√	√
	124	自控系统未预留接口		√	√	√	√
	125	空调净化系统启动和停机过程未采取措施防止实验室内负压值超出围护结构和有关设备的安全范围	√			√	√
	126	送风机和排风机未设置保护装置;送风机和排风机保护装置未将报警信号接入控制系统		√		√	√
	127	送风机和排风机未设置风压差检测装置;当压差低于正常值时不能发出声光报警		√		√	√
	128	防护区未设送风、排风系统正常运转的标志;当排风系统运转不正常时不能报警;备用排风机组不能自动投入运行,不能发出报警信号	√			√	√
	129	送风和排风系统未可靠连锁,空调通风系统开机顺序不符合5.3.1条的要求	√			√	√
	130	当空调机组设置电加热装置时未设置送风机有风检测装置;在电加热段未设置监测温度的传感器;有风信号及温度信号未与电加热连锁	√		√	√	√
	131	空调通风设备不能自动和手动控制,应急手动没有优先控制权,不具备硬件连锁功能		√		√	√

续表C. 0.3

章	序号	检查出的问题	评价		适用范围		
			严重缺陷	一般缺陷	二级	三级	四级
建筑、装修和结构	132	防护区室内外压差传感器采样管未配备与排风高效过滤器过滤效率相当的过滤装置		√			√
	133	未设置监测送风、排风高效过滤器阻力的压差传感器		√		√	√
	134	在空调通风系统未运行时，防护区送、排风管上的密闭阀未处于常闭状态		√		√	√
	135	实验室的建筑周围未设置安防系统		√			√
	136	未设门禁控制系统	√			√	√
	137	防护区内的缓冲间、化学淋浴间等房间的门未采取互锁措施	√			√	√
	138	在互锁门附近未设置紧急手动解除互锁开关。中控系统不具有解除所有门或指定门互锁的功能	√			√	√
	139	未设闭路电视监视系统		√		√	√
	140	未在生物安全实验室的关键部位设置监视器		√		√	√
	141	防护区内未设必要的通信设备		√		√	√
	142	实验室内与实验室外没有内部电话或对讲系统		√		√	√
	143	耐火等级低于二级		√	√		
	144	耐火等级低于二级	√			√	
	145	耐火等级不为一级	√				√
	146	不是独立防火分区；三级和四级生物安全实验室共用一个防火分区，其耐火等级不为一级	√				√
	147	疏散出口没有消防疏散指示标志和消防应急照明措施		√	√	√	√
	148	吊顶材料的燃烧性能和耐火极限应低于所在区域隔墙的要求；与其他部位隔开的防火门不是甲级防火门	√			√	√
	149	生物安全实验室未设置火灾自动报警装置和合适的灭火器材	√			√	√

续表C. 0.3

章	序号	检查出的问题	评价		适用范围		
			严重缺陷	一般缺陷	二级	三级	四级
建筑、装修和结构	150	防护区设置自动喷水灭火系统和机械排烟系统；未根据需要采取其他灭火措施	√			√	√
	151	围护结构表面的所有缝隙未采取可靠的措施密封	√			√	√
	152	有压差梯度要求的房间未在合适位置设侧压孔；测压孔平时没有密封措施		√		√	√
	153	各种台、架、设备未采取防倾倒措施。当靠地靠墙放置时，未用密封胶将靠地靠墙的边缝密封		√	√	√	√
	154	与强度较差的围护结构连接固定时，未在围护结构上安装加强构件		√		√	√
	155	气密门两侧、顶部与围护结构的距离小于200mm		√		√	√
	156	气密门门体和门框未采用整体焊接结构，门体开闭机构没有可调的铰链和锁扣		√		√	√
	157	空调机组的基础对地面的高度低于200mm		√		√	√
	158	空调机组安装时未调平，未作减振处理；各检查门不平整，密封条不严密；正压段的门未向内开，负压段的门未向外开；表冷段的冷凝水排水管上未设置水封和阀门侧		√	√	√	√
	159	送风、排风管道的材料不符合设计要求，加工前未进行清洁处理，未去掉表面油污和灰尘		√	√	√	√
	160	风管加工完毕后，未擦拭干净，未用薄膜把两端封住，安装前去掉或损坏		√	√	√	√
	161	技术夹层里的任何管道和设备穿过防护区时，贯穿部位未可靠密封。灯具箱与吊顶之间的孔洞未密封不漏		√	√	√	√
	162	送、排风管道未隐蔽安装		√	√	√	√

续表C. 0.3

章	序号	检查出的问题	评价		适用范围		
			严重缺陷	一般缺陷	二级	三级	四级
建筑、装修和结构	163	送、排风管道咬口连接的咬口缝未用胶密封		√		√	√
	164	各类调节装置不严密，调节不灵活，操作不方便		√	√	√	√
	165	排风高效过滤装置，不符合国家现行有关标准的规定，排风高效过滤装置的室内侧没有保护高效过滤器的措施	√			√	√
	166	生物安全柜、负压解剖台等设备在搬运过程中，横倒放置和拆卸		√	√	√	√
	167	生物安全柜和负压解剖台背面、侧面与墙的距离小于300mm，顶部与吊顶的距离小于300mm		√	√	√	√
	168	传递窗、双扉高压灭菌器、化学淋浴间等设施与实验室围护结构连接时，未保证箱体的严密性	√		√	√	√
	169	传递窗、双扉高压灭菌器等设备与轻体墙连接时，未在连接部位采取加固措施		√	√	√	√
	170	防护区内的传递窗和药液传递箱的腔体或门扇未整体焊接成型		√		√	√
	171	具有熏蒸消毒功能的传递窗和药液传递箱的内表面使用有机材料		√	√	√	√
	172	实验台面不光滑、透水、不耐腐蚀、不耐热和不易于清洗	√		√	√	√
	173	防护区配备的实验台未采用整体台面		√		√	√
	174	实验台、架、设备的边角未以圆弧过渡，有突出的尖角、锐边、沟槽		√	√	√	√
	175	围护结构的严密性不符合要求	√			√	√
	176	防护区排风高效过滤器原位检漏不符合要求	√			√	√
	177	送风高效过滤器检漏不符合要求		√		√	√
	178	静压差不符合要求	√			√	√

续表C. 0.3

章	序号	检查出的问题	评价		适用范围		
			严重缺陷	一般缺陷	二级	三级	四级
建筑、装修和结构	179	气流流向不符合要求	√			√	√
	180	室内送风量不符合要求		√		√	√
	181	洁净度级别不符合要求		√		√	√
	182	温度不符合要求		√		√	√
	183	相对湿度不符合要求		√		√	√
	184	噪声不符合要求		√		√	√
	185	照度不符合要求		√		√	√
	186	应用于防护区外的排风高效过滤器单元严密性不符合要求	√			√	√
	187	工况验证不符合要求	√			√	√
	188	生物安全柜、动物隔离设备、IVC、负压解剖台等的检测不符合要求	√			√	√
	189	活毒废水处理设备、高压灭菌锅、动物尸体处理设备等检测不符合要求	√			√	√

附录D

高效过滤器现场效率法检漏

D.1 所需仪器、条件及要求

D.1.1 测试仪器应采用气溶胶光度计或最小检测粒径为0.3μm的激光粒子计数器。

D.1.2 测试气溶胶应采用邻苯二甲酸二辛酯(DOP),癸二酸二辛酯(DOS)、聚a烯烃(PAO)油性气溶胶物质等。

D.1.3 测试气溶胶发生器应采用单个或多个Laskin(拉斯金)喷嘴压缩空气加压喷雾形式。

D.2 上游气溶胶验证

D.2.1 上游气溶胶均匀性验证应符合下列要求：

1 应在过滤器上游测试段内，距过滤上游端面30cm距离内选择一断面，并在该断面上平均布置9个测试点(图D.2.1)；

2 应在气溶胶发生器稳定工作后，对每个测点依次进行至少连续3次采样，每次采样时间不应低于lmin，并应取三次采样的平均值作为该点的气溶胶浓度检测结果；

3 当所有9个测点的气溶胶浓度测点测试结果算术平均值偏差均小于±20%时，可判定过滤器上游气溶胶浓度均匀性满足测试需要。

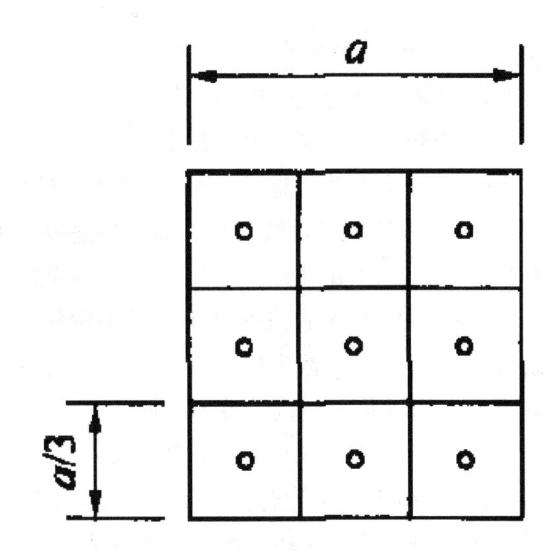

图D.2.1 上游气溶胶均匀性测点布置图

D.2.2 上游气溶胶浓度测点应布置在浓度均匀性满足上述要求断面的中心点。

D.2.3 在上游气溶胶测试段中心点，连续进行5次，每次lmin的上游测试气溶胶浓度采样，所有5个测试结果与算术平均值的偏差不超过10%时，可判定上游气溶胶浓度稳定性合格。

D.3 下游气溶胶均匀性验证

D.3.1 下游气溶胶均匀性验证可按下列两种方法之一进行：

1 可在过滤器背风面尽量接近过滤器处预留至少4个大小相同的发尘管，发尘管为直径不大于10mm的刚性金属管，孔口开向应与气流方向一致，发尘管的位置应位于过滤器边角处。应使用稳定工作的气溶胶发生器，分别依次对各发尘管注入气溶胶，而后在下游测试孔位置进行测试。所有4次测试结果均不超过4次测定结果算术平均值的±20%时，可认定过滤器下游气溶胶浓度均匀性满足测试需要。

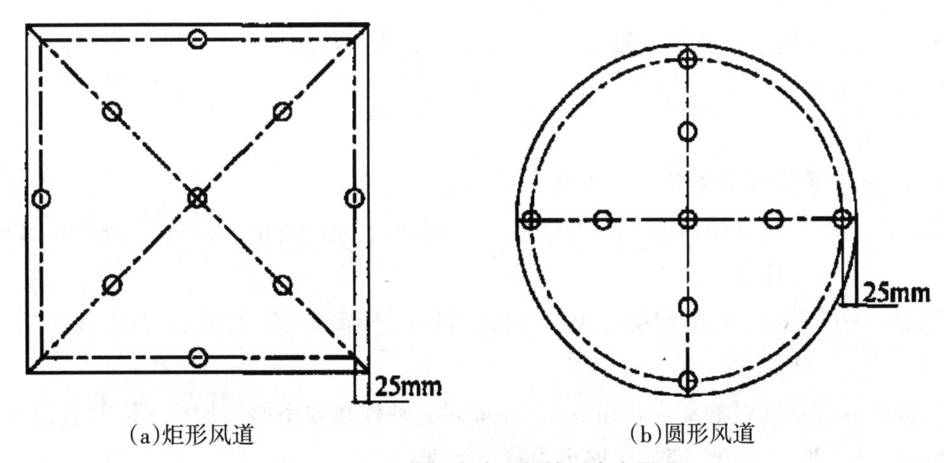

(a)矩形风道　(b)圆形风道

图D.3.1 下游气溶胶均匀性测点布置图

2 可在过滤器下游(或混匀装置下游)适当距离处，选择一断面，在该断面上至少布置9个采样管，采样管为开口迎向气流流动方向的刚性金属管，管径应尽量符合常规采样仪器的等动力采样要求，其中5个采样管在中心和对角线上均匀布置，4个采样管分别布置于矩形风道各边中心、距风道壁面25mm处(图D. 3. la)。圆形风道采样管布置采用类似原则进行(图D. 3. lb)。应在气溶胶发生器稳定工作后(此时被测过滤器上游气溶胶浓度至少应为进行效率测试试验时下限浓度的2倍以上),对每个测点依次进行至少连续3次采样,每次采样时间不应少于lmin,并取其平均值作为该点的气溶胶浓度检测结果。当所有9个测点的气溶胶浓度测试结果与各测点测试结果算术平均值偏差均小于±20%时,可认为过滤器下游气溶胶浓度均匀性满足测试需要。

D.4 采用粒子计数器检测高效过滤器效率

D.4.1 应采用粒径为0.3μm-0.5μm的测试粒子。

D.4.2 测试过程应保证足够的下游气溶胶测试计数。下游气溶胶测试计数不宜小于20粒。上游气溶胶最小测试浓度应根据预先确认的下游最小气溶胶浓度和过滤器最大允许透过率计算得出,且上游气溶胶最小测试计数不宜低于200000粒。

D.4.3 采用粒子计数器检测高效过滤器效率可按下列步骤进行测试:

1 连接系统并运行:应将测试段严密连接至被测排风高效过滤风口,将气溶胶发生器及激光粒子计数器分别连接至相应的气溶胶注入口及采样口,但不开启。然后开启排风系统风机,调整并测试确认被测过滤器风量,使其风量在正常运行状态下且不得超过其额定风量,稳定运行一段时间。

2 背景浓度测试:不得开启气溶胶发生器,应采用激光粒子计数器测量此时过滤器下游背景浓度。背景浓度超过35粒/L时,则应检查管道密封性,直至背景浓度满足要求。

3 上下游气溶胶浓度测试:应开启气溶胶发生器,采用激光粒子计数器分别测量此时过滤器上游气溶胶浓度C_u及下游气溶胶浓度C_d,并应至少检测3次。

D.4.4 试验数据处理应符合下列规定:

1 过滤效率测试结果的平均值应根据3次实测结果按下式计算:

$$\overline{E}=(1-\frac{\overline{C_d}}{\overline{C_u}})\times 100\% \qquad (D.4.4-1)$$

式中$\overline{E}$——过滤效率测试结果的平均值;

$\overline{C_u}$——上游浓度的平均值;

$\overline{C_d}$——下游浓度的平均值。

2 置信度为95%的过滤效率下限值$\overline{E}_{95\%\,min}$可按下式计算:

$$\overline{E}_{95\%\,min}=(1-\frac{\overline{C}_{d\cdot 95\%min}}{\overline{C}_{u\cdot 95\%min}})\times 100\% \qquad (D.4.4-2)$$

式中$\overline{E}_{95\%\,min}$——置信度为95%的过滤效率下限值;

$\overline{C}_{u\cdot 95\%min}$——上游平均浓度95%置信下限,可根据上游浓度的平均值$\overline{C_u}$查表D4.4取值,也可计算得出;

$\overline{C}_{d\cdot 95\%min}$——下游平均浓度95%置信上限,可根据下游浓度平均值$\overline{C_d}$,查表D4.4取值,也可计算得出。

D.4.5 被测高效空气过滤器在0.3μm~0.5μm间实测计数效率的平均值$\overline{E}$以及置信度为95%的下限效率$\overline{E}_{95\%\,min}$均不低于99.99%时,应评定为符合标准。

D.4.6 过滤器下游浓度无法达到20粒时,可采用下列方法:

1 首先应测试过滤器上游气溶胶浓度C_u,并应根据表D.4.4计算上游95%置信下限的粒子浓度$C_{u,95\%nmin}$。

2 应根据上游95%置信下限的粒子浓度$C_{u,95\%nmin}$和过滤器最大允许透过率(0.01%),计算下游允许最大浓度,再根据表D.4.4查得或计算下游允许最大浓度的95%置信下限浓度$C_{d,95\%min}$。

表D.4.4　置信度为95%的粒子计数置信区间

粒子数(浓度) C	置信下限 95 % min	置信上限 95%max	粒子数(浓度) C	置信下限 95%min	置信上限 95 %max
0	0.0	3.7	35	24.4	48.7
1	0.1	5.6	40	28.6	54.5
2	0.2	7.2	45	32.8	60.2
3	0.6	8.8	50	37.1	65.9
4	1.0	10.2	55	41.4	71.6
5	1.6	11.7	60	45.8	77.2
6	2.2	13.1	65	50.2	82.9
8	3.4	15.8	70	54.6	88.4
10	4.7	18.4	75	59.0	94.0
12	6.2	21.0	80	63.4	99.6
14	7.7	23.5	85	67.9	105.1
16	9.4	26.0	90	72.4	110.6
18	10.7	28.4	95	76.9	116.1
20	12.2	30.8	100	81.4	121.6
25	16.2	36.8	n(n>100)	$n-1.96\sqrt{n}$	$n+1.96\sqrt{n}$
30	20.2	42.8			

注：本表为依据泊松分布，置信度为95%的粒子计算置信区间。

3　测试过滤器下游气溶胶浓度C_d时，可适当延长采样时间，并应至少检测3次，计算平均值$\overline{C_d}$。

4　$\overline{C_d}<C_{d,95\%min}$时，则应认为过滤器无泄漏，符合要求，反之则不符合要求。

D.5　采用光度计检测高效过滤器效率

D.5.1　上游气溶胶应符合下列要求：

1　上游气溶胶喷雾量不应低于50mg/min；

2　计数中值粒径可为约0.4μm，质量中值粒径可为0.7μm，浓度可为10μg/L-90μg /L。

D.5.2　采用光度计检测高效过滤器效率可按下列步骤进行测试：

1　连接系统并运行：应将测试段严密连接至被测排风高效过滤风口，将气溶胶发生器及光度计分别连接至相应的气溶胶注入口及采样口，但不开启。然后开启排风系统风机，调整并测试确认被测过滤器风量，使其风量在正常运行状态下且不得超过其额定风量，稳定运行一段时间。

2　上、下游气溶胶浓度测试：应开启气溶胶发生器，测定此时的上游气溶胶浓度，气溶胶浓度满足测试需要时，则应将此时的气溶胶浓度设定为100%，测量此时过滤器下游与上游气溶胶浓度之比。应至少检测3min，读取每分钟内的平均读数。

D.5.3　应将下游各测点实测过滤效率计算平均值，作为被测过滤器的过滤效率测试结果。

D.5.4　被测高效空气过滤器实测光度计法过滤效率不低于99.99%时，应评定为符合标准。

本规范用词说明

1 为便于在执行本规范条文时区别对待，对要求严格程度不同的用词说明如下：

1)表示很严格，非这样做不可的：

正面词采用“必须”，反面词采用“严禁”；

2)表示严格，在正常情况下均应这样做的：

正面词采用“应”，反面词采用“不应”或“不得”；

3)表示允许稍有选择，在条件许可时首先应这样做的：

正面词采用“宜”，反面词采用“不宜’；

4)表示有选择，在一定条件下可以这样做的，采用“可”。

2 条文中指明应按其他有关标准执行的写法为：“应符合……的规定”或“应按……执行”。

引用标准名录

1 《建筑地基基础设计规范》GB 50007

2 《建筑结构可靠度设计统一标准》GB 50068

3 《建筑抗震设防分类标准》GB 50223

4 《实验动物设施建筑技术规范》GB 50447

5 《洁净室施工及验收规范))GB 50591

6 《高效空气过滤器》GB/T 13554

7 《实验室　生物安全通用要求》GB 19489

中华人民共和国国家标准
生物安全实验室建筑技术规范
GB 50346- 2011
条 文 说 明

《生物安全实验室建筑技术规范》GB 50346-2011经住房和城乡建设部2011年12月5日以第1214号公告批准、发布。

本规范是在原国家标准《生物安全实验室建筑技术规范》GB 50346-2004的基础上修订而成的，上一版的主编单位是中国建筑科学研究院，参编单位是中国疾病预防控制中心、中国医学科学院、农业部全国畜牧兽医总站、中国建筑技术集团有限公司、北京市环境保护科学研究院、同济大学、公安部天津消防科学研究所、上海特莱仕千思板制造有限公司，主要起草人员是王清勤、许钟麟、卢金星、秦川、陈国胜、张益昭、张彦国、蒋岩、何星海、邓曙光、沈晋明、余詠霆、倪照鹏、姚伟毅。本次修订的主要技术内容是:(1)增加了生物安全实验室的分类:a类指操作非经空气传播生物因子的实验室,b类指操作经空气传播生物因子的实验室;(2)增加了ABSL-2中的b2类主实验室的技术指标;(3)三级生物安全实验室的选址和建筑间距修订为满足排风间距要求;(4)增加了三级和四级生物安全实验室防护区应能对排风高效空气过滤器进行原位消毒和检漏;(5)增加了四级生物安全实验室防护区应能对送风高效空气过滤器进行原位消毒和检漏;(6)增加了三级和四级生物安全实验室防护区设置存水弯和地漏的水封深度的要求;(7)将ABSL-3中的b2类实验室的供电提高到必须按一级负荷供电;(8)增加了三级和四级生物安全实验室吊顶材料的燃烧性能和耐火极限不应低于所在区域隔墙的要求;(9)增加了独立于其他建筑的三级和四级生物安全实验室的送排风系统可不设置防火阀;(10)增加了三级和四级生物安全实验室的围护结构的严密性检测;(11)增加了活毒废水处理设备、高压灭菌锅、动物尸体处理设备等带有高效过滤器的设备应进行高效过滤器的检漏;(12)增加了活毒废水处理设备、动物尸体处理设备等进行污染物消毒灭菌效果的验证。

本规范修订过程中,编制组进行了广泛的调查研究,总结了生物安全实验室工程建设的实践经验,同时参考了国外先进技术法规、技术标准,通过试验取得了重要技术参数。

为便于广大设计、施工、科研、学校等单位有关人员在使用本规范时能正确理解和执行条文规定,《生物安全实验室建筑技术规范》编制组按章、节、条顺序编制了本规范的条文说明,对条文规定的目的、依据以及执行中需注意的有关事项进行了说明,还着重对强制性条文的强制性理由作了解释。但是,本条文说明不具备与规范正文同等的法律效力,仅供使用者作为理解和把握规范规定的参考。

1 总则

1.0.1 《生物安全实验室建筑技术规范》2004年发布以来,对于我国生物安全实验室的建设起到了重大的推动作用。经过几年的发展,我国在生物安全实验室建设方面已取得很多自己的科技成果,因此,如何参照国外先进标准,结合国内外先进经验和理论成果,使我国的生物安全实验室建设符合我国的实际情况,真正做到安全、规范、经济、实用,是制定和修订本规范的根本目的。

1.0.2 本条规定了本规范的适用范围。对于进行放射性和化学实验的生物安全实验室的建设还应遵循相应规范的规定。

1.0.3 设计和建设生物安全实验室,既要考虑初投资,也要考虑运行费用。针对具体项目,应进行详细的技术经济分析。生物安全实验室的保护对象,包括实验人员、周围环境和操作对象三个方面。目前国内已建成的生物安全实验室中,出现施工方现场制作的不合格产品、采用无质量合格证的风机、高效过滤器也有采用非正规厂家生产的产品等,生物安全难以保证。因此,对生物安全实验室中采用的设备、材料必须严格把关,不得迁就,必须采用绝对可靠的设备、材料和施工工艺。

本规范的规定是生物安全实验室设计、施工和检测的最低标准。实际工程各项指标可高于本规范要求,但不得低于本规范要求。

1.0.4 生物安全实验室工程建筑条件复杂,综合性强,涉及面广。由于国家有关部门对工程施工和验收制订了很多国家和行业标准,本规范不可能包括所有的规定。因此在进行生物安全实验室建设时,要将本规范和其他有关现行国家和行业标准配合使用。例如:

《实验动物设施建筑技术规范》GB 50447

《实验动物环境与设施》GB 14925

《洁净室施工及验收规范》GB 50591

《大气污染物综合排放标准》GB 16297

《建筑工程施工质量验收统一标准》GB 50300

《建筑装饰装修工程质量验收规范》GB 50210

《洁净厂房设计规范》GB 50073

《公共建筑节能设计规范》GB 50189

《建筑节能工程施工质量验收规范》GB 50411

《医院洁净手术部建筑技术规范》GB 50333

《医院消毒卫生标准》GB 15982

《建筑结构可靠度设计统一标准》GB 50068

《建筑抗震设防分类标准》GB 50223

《建筑地基基础设计规范》GB 50007

《建筑给水排水设计规范》GB 50015

《建筑给水排水及采暖工程施工质量验收规范》GB 50242

《污水综合排放标准》GB 8978

《医院消毒卫生标准》GB 15982

《医疗机构污水排放要求》GB 18466

《压缩空气站设计规范》GB 50029

《通风与空调工程施工质量验收规范》GB 50243

《采暖通风与空气调节设计规范》GB 50019

《民用建筑工程室内环境污染控制规范》GB 50325

《建筑电气工程施工质量验收规范》GB 50303

《供配电系统设计规范》GB 50052

《低压配电设计规范》GB 50054

《建筑照明设计标准》GB 50034

《智能建筑工程质量验收规范》GB 50339

《建筑内部装修设计防火规范》GB 50222

《高层民用建筑设计防火规范》GB 50045

《建筑设计防火规范》GB 50016

《火灾自动报警系统设计规范》GB 50116

《建筑灭火器配置设计规范》GB 50140

《实验室生物安全通用要求》GB 19489

《高效空气过滤器性能实验方法效率和阻力》GB/T 6165

《高效空气过滤器》GB/T 13554

《空气过滤器》GB/T 14295

《民用建筑电气设计规范》JGJ/T 16

《医院中心吸引系统通用技术条件》YY/T 0186

《生物安全柜》JG 170

2 术语

2.0.1 一级屏障主要包括各级生物安全柜、动物隔离设备和个人防护装备等。

2.0.2 二级屏障主要包括建筑结构、通风空调、给水排水、电气和控制系统。

2.0.3 辅助用房包括空调机房、洗消间、更衣间、淋浴间、走廊、缓冲间等。

2.0.6 实验操作间通常有生物安全柜、IVC、动物隔离设备、解剖台等。主实验室的概念是为了区别经常提到的“生物安全实验室”、“P3实验室”等。本规范中提到的“生物安全实验室”是包含主实验室及其必需的辅助用房的总称。主实验室在《实验室 生物安全通用要求》GB 19489标准中也称核心工作间。

2.0.7 三级和四级生物安全实验室防护区的缓冲间一般设置空调净化系统,一级和二级生物安全实验室根据工艺需求来确定,不一定设置空调净化系统。

2.0.10 对于三级和四级生物安全实验室对于围护结构严密性需要打压的房间一般采用气密门,防护区内的其他房间可采用密封要求相对低的密闭门。

2.0.11 生物安全实验室一般包括防护区内的排水。

2.0.12 2.0.13 关于空气洁净度等级的规定采用与国际接轨的命名方式,7级相当于1万级,8级相当于10万级。根据《洁净厂房设计规范》GB 50073的规定,洁净度等级可选择两种控制粒径。对于生物安全实验室,应选择0.5μm和5μm作为控制粒径。

2.0.14 生物安全实验室在进行设计建造时,根据不同的使用需要,会有不同设计的运行状态,如生物安全柜、动物隔离设备等常开或间歇运行,多台设备随机启停等。实验对象包括实验动物、实验微生物样本等。

3 生物安全实验室的分级、分类和技术指标

3.1 生物安全实验室的分级

3.1.1 生物安全实验室区域划分由本标准2004版的三个区域(清洁区、半污染区和污染区)改为两个区(防护区和辅助工作区),本版中的防护区相当于本标准2004版的污染区和半污染区;辅助工作区基本等同于清洁区。本标准的主实验室相当于GB 19489-2008《实验室 生物安全通用要求》的核心工作间。防护区包括主实验室、主实验室的缓冲间等;辅助工作区包括自控室、洗消间、洁净衣物-更换间等。

3.1.2 参照世界卫生组织的规定以及其他国内外的有关规定,同时结合我国的实际情况,把生物安全实验室分为四级。为了表示方便,以BSL(英文Biosafety Level的缩写)表示生物安全等级,以ABSL(A是Animal的缩写)表示动物生物安全等级。一级生物安全实验室对生物安全防护的要求最低,四级生物安全实验室对生物安全防护的要求最高。

3.2 生物安全实验室的分类

3.2.1 生物安全实验室分类是本次修订的重要内容。针对实验活动差异、采用的个体防护装备和基础隔离设施不同,对实验室加以分类,使实验室的分类更加清晰。

a类型实验室相当于GB 19489-2008《实验室 生物安全通用要求》中4.4.1规定的类型;b1相当于GB 19489-2008《实验室 生物安全通用要求》中4.4.2规定的类型;b2相当于GB 19489-2008中4.4.3《实验室 生物安全通用要求》规定的类型。GB 19489-2008《实验室 生物安全通用要求》中4.4.4类型为使用生命支持系统的正压服操作常规量经空气传播致病性生物因子的实验室,在b1或b2类型实验室中均有可能使用到,本规范中没有作为一类单独列出。

3.2.2 本条对四级生物安全实验室又进行了详细划分,即细分为生物安全柜型、正压服型两种,对每种的特点进行了描述。

3.3 生物安全实验室的技术指标

3.3.2 本条规定了生物安全主实验室二级屏障的主要技术指标。由于动物实验产生致病因子更多,故对压差的要求也高于微生物实验室。对于三级和四级生物安全实验室,由于工作人员身穿防护服,夏季室内设计温度不宜太高。

表3.3.2和表3.3.3中的负压值、围护结构严密性参数要求指实际运行的最低值,设计或调试时应

考虑余量。

表中对温度的要求为夏季不超过高限，冬季不低于低限。

另外对于二级生物安全实验室，为保护实验环境，延长生物安全柜的使用寿命，可采用机械通风，并加装过滤装置的方式。二级生物安全实验室如果采用机械通风系统，应保证主实验室及其缓冲间相对大气为负压，并保证气流从辅助区流向防护区，主实验室相对大气压力最低。

本条款中主实验室的主要技术指标增加了围护结构严密性要求，这主要来源于GB 19489-2008《实验室　生物安全通用要求》。

3.3.3　本条规定了三级和四级生物安全实验室其他房间的主要技术指标。三级和四级生物安全实验室，从防护区到辅助工作区每相邻房间或区域的压力梯度应达到规范要求，主要是为了保证不同区域之间的气流流向。

3.3.4　本条主要针对动物生物安全实验室，为了节约运行费用，设计时一般应考虑值班运行状态。值班运行状态也应保证各房间之间的压差数值和梯度保持不变。值班换气次数可以低于表3.3.2和表3.3.3中规定的数值，但应通过计算确定。

3.3.5　有些生物安全实验室，根据操作对象和实验工艺的要求，对空气洁净度级别会有特殊要求，相应地空气换气次数也应随之变化。

4　建筑、装修和结构

4.1　建筑要求

4.1.1　本条对生物安全实验室的平面位置和选址做出了规定。

三级生物安全实验室与公共场所和居住建筑距离的确定，是根据污染物扩散并稀释的距离计算得来。本条款对三级生物安全实验室具体要求由原标准“距离公共场所和居住建筑至少20m”改为本标准“防护区室外排风口与公共场所和居住建筑的水平距离不应小于20m”，即满足了生物安全的要求，便于一些改造项目的实施。

为防止相邻建筑物或构筑物倒塌、火灾或其他意外对生物安全实验室造成威胁，或妨碍实施保护、救援等作业，故要求四级生物安全实验室需要与相邻建筑物或构筑物保持一定距离。

4.1.2　生物安全实验室应在入口处设置更衣室或更衣柜是为了便于将个人服装和实验室工作服分开。三、四级生物实验室通常在清洁衣物更换间内设置更衣柜，放置个人衣服。

4.1.3　BSL-3中a类实验室是操作非经气溶胶传染的微生物实验，相对b1类实验室风险较低。所以对BSL-3中a类实验室中主实验室的缓冲间和防护服更换间可共用。

4.1.4　ABSL-3实验室还要考虑动物、饲料垫料等物品的进出。

如果动物饲养间同时设置进口和出口，应分别设置缓冲间。动物入口根据需要可在辅助工作间设置动物检疫隔离室，用于对进入防护区前动物的检疫隔离。洁净物品入口的高压灭菌器可以不单独设置，和污物出口的共用，根据实验室管理和经济条件设置。污物暂存间根据工艺要求可不设置。

4.1.5　四级实验室是生物风险级别最高的实验室，对二级屏障要求最严格。

4.1.6　本条是考虑使用的安全性和使用功能的要求。与ABSL-3中的b2类实验室和四级生物安全可以与二级、三级生物安全实验室等直接相关用房设在同一建筑内，但不应和其他功能的房间合在一个建筑中。

4.1.7　三级和四级生物安全实验室的室内净高规定是为了满足生物安全柜等设备的安装高度和检测、检修要求，以及已经发生的因层高不够而卸掉设备脚轮的情况，对实验室高度作出了规定。

三级和四级生物安全实验室应考虑各种通风空调管道、污水管道、空调机房、污水处理设备间的空间和高度，实验室上、下设备层层高规定不宜低于2.2m。目前国外大部分三、四级实验室都是设计为“三层”结构,即实验室上层设备层包括通风空调管道、通风空调设备、空调机房等,下层设备层包括污水管道、污水处理设备间等。国内已建成的三级实验室中大多没有考虑设备层空间,一方面是利用旧建筑改造没有条件;另一方面由于层高超过2.2m的设备层计入建筑面积,部分实验室设备层低于2.2m,导致目前国内已建成实验室设备维护和管理困难的局面。所以,在本标准中增加本条,希望建筑主管部门审批生物安全实验室这种特殊建筑时,可以进行特殊考虑。

4.1.8 本条款规定了三级和四级生物安全实验室人流路线的设置的原则。例如:不同区域(防护区或辅助工作区)的淋浴间的压力要求和排水处理要求不同。BSL-3实验室淋浴间属于辅助工作区。

4.1.9 ABSL-4的动物尸体处理设备间和防护区污水处理设备间在正常使用情况下是安全的,但设备间排水管道和阀门较多,出现故障泄漏的可能性加大,加上ABSL-4的高危险性,所以要求设置缓冲间。

4.1.10 设置生命支持系统的生物安全实验室,操作人员工作时穿着正压防护服。设置化学淋浴间是为了操作人员离开时,对正压防护服表面进行消毒,消毒后才能脱去。

4.1.13 药液传递箱俗称渡槽。本条对传递窗性能作出了要求,但对是否设置传递窗不作强制要求。三级和四级生物安全实验室的双扉高压灭菌器对活体组织、微生物和某些材料制造的物品具有灭活或破坏作用,在这种情况下就只能使用具有熏蒸消毒功能的传递窗或者带有药液传递箱来传递。带有消毒功能的传递窗需要连接消毒设备,在对实验室整体设计时,应考虑到消毒设备的空间要求。药液传递箱要考虑消毒剂更换的操作空间要求。

4.1.14 本条解释了生物安全实验室配备高压灭菌器的原则。三级生物安全实验室防护区内设置的生物安全型双扉高压灭菌器,其主体所在房间一般位于为清洁区。四级生物安全实验室主实验室内设置生物安全型高压灭菌器,主体置于污染风险较低的一侧。

4.1.15 三级和四级生物安全实验室的生物安全柜和负压解剖台布置于排风口附近即室内空气气流方向的下游,有利于室内污染物的排除。不布置在房间门附近是为了减少开关门和人员走动对气流的影响。

4.1.16 双扉高压灭菌器等消毒灭菌设备并非为处理大量动物尸体而设计,除了处理能力有限外,处理后的动物尸体的体积、重量没有缩减,后续的处理工作仍非常不便。当实验室日常活动产生较多数量的带有病原微生物的动物尸体时,应考虑设置专用的动物尸体处理设备。

动物尸体处理设备一般具有消毒灭菌措施、清洗消毒措施、减量排放和密闭隔离功能。动物尸体处理设备最重要的功能是能够对动物尸体消毒灭菌,采用的方式有焚烧、湿热灭菌等。设备应尽量避免固液混合排放,以减轻动物尸体残渣二次处理的难度。设备应具有清洗消毒功能,以便在设备维护或故障时,对设备本身进行无害化处理。

解剖后的动物尸体带有血液、暴露组织、器官等污染源,具有很高的生物危险物质扩散风险,因此将动物尸体处理设备的投放口直接设置在产生动物尸体的区域(如解剖间),对防止生物危险物质的传播、扩散具有重要作用。

动物尸体处理设备的投放口通常有较大的开口尺寸,在进行投料操作时为防止人员或者实验动物意外跌落,投放口宜高出地面一定高度,或者在投放口区域设置防护栏杆,栏杆高度不应低于1.05m。

4.2 装修要求

4.2.1 三级和四级生物安全实验室属于高危险实验室,地面应采用无缝的防滑耐腐蚀材料,保证人员不被滑倒。踢脚宜与墙面齐平或略缩进,围护结构的相交位置采取圆弧处理,减少卫生死角,便于清洁和消毒处理。

4.2.2　墙面、顶棚常用的材料有彩钢板、钢板、铝板、各种非金属板等。为保证生物安全实验室地面防滑、无缝隙、耐压、易清洁，常用的材料有：PVC卷材、环氧自流坪、水磨石现浇等，也可用环氧树脂涂层。

4.2.3　本条规定了生物安全实验室窗的设置原则。对于二级生物安全实验室，如果有条件，宜设置机械通风系统，并保持一定的负压。三级和四级生物安全实验室的观察窗应采用安全的材料制作，防止因意外破碎而造成安全事故。

4.2.4　昆虫、鼠等动物身上极易沾染和携带致病因子，应采取防护措施，如窗户应设置纱窗，新风口、排风口处应设置保护网，门口处也应采取措施。

4.2.5　生物安全实验室的门上应有可视窗，不必进入室内便可方便地对实验进行观察。由于生物安全实验室非常封闭，风险大、安全性要求高，设置可视窗可便于外界随时了解室内各种情况，同时也有助于提高实验操作人员的心理安全感。本条款还规定了门开启的方向，主要考虑了工艺的要求。

4.2.6　本条主要提醒设计人员要充分考虑实验室内体积比较大的设备的安装尺寸。

4.2.7　人孔、管道检修口等不易密封，所以不应设在三级和四级生物安全实验室的防护区。

4.2.8　二级、三级、四级生物安全实验室的操作对象都不同程度地对人员和环境有危害性，因此根据国际相关标准，生物安全实验室入口处必须明确标示出国际通用生物危险符号。生物危险符号可参照图1绘制。在生物危险符号的下方应同时标明实验室名称、预防措施负责人、紧急联络方式等有关信息，可参照图2。

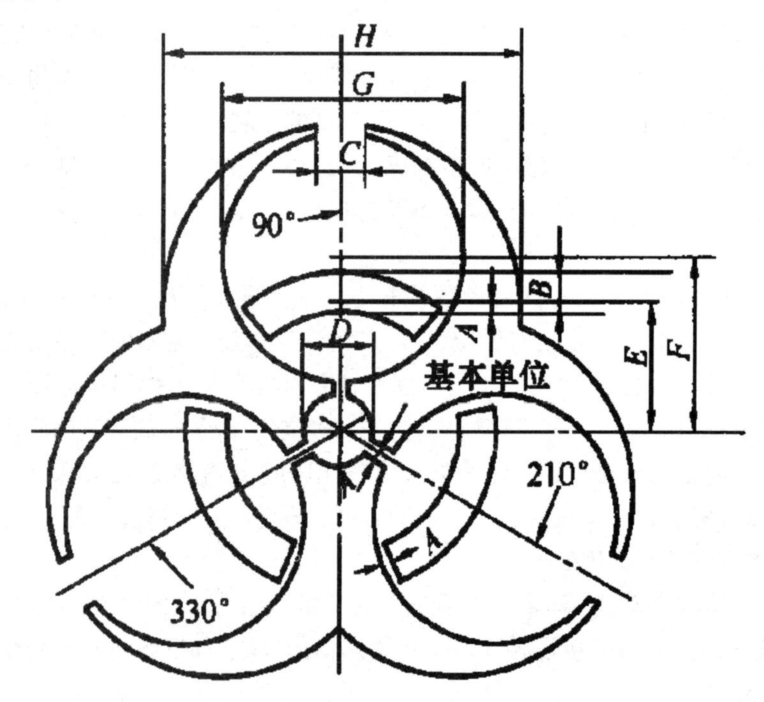

图中尺寸	A	B	C	D	E	F	G	H
以A为基准的长度	1	$3\frac{1}{2}$	4	6	11	15	21	30

图1　生物危险符号的绘制方法

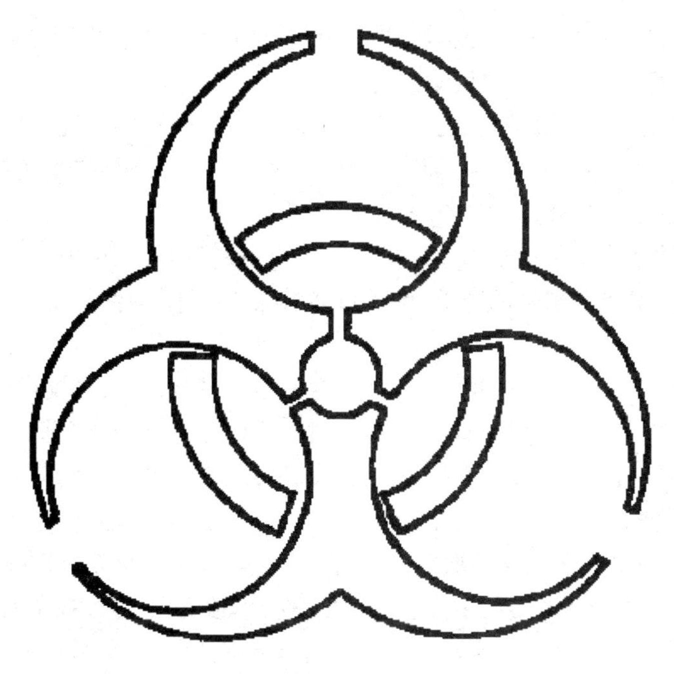

生物危险

非工作人员严禁入内

实验室名称			
病原体名称		预防措施负责人	
生物危害等级		紧急联络方式	

图2 生物危险符号及实验室相关信息

4.3 结构要求

4.3.1 我国三级生物安全实验室很多是在既有建筑物的基础上改建而成的，而我国大量的建筑物结构安全等级为二级；根据具体情况，可对改建成三级生物安全实验室的局部建筑结构进行加固。对新建的三级生物安全实验室，其结构安全等级应尽可能采用一级。

4.3.2 根据《建筑抗震设防分类标准》GB 50223的规定，研究、中试生产和存放剧毒生物制品和天然人工细菌与病毒的建筑，其抗震设防类别应按特殊设防类。因此，在条件允许的情况下，新建的三级生物安全实验室抗震设防类别按特殊设防类，既有建筑物改建为三级生物安全实验室，必要时应进行抗震加固。

4.3.3 既有建筑物改建为三级生物安全实验室时，根据地基基础核算结果及实际情况，确定是否需要加固处理。新建的三级生物安全实验室，其地基基础设计等级应为甲级。

4.3.5 三级和四级生物安全实验室技术维修夹层的设备、管线较多，维修的工作量大，故对吊顶规定必要的荷载要求，当实际施工或检修荷载较大时，应参照《建筑结构荷载规范》GB 50009进行取值。吊顶内特别重要的设备指风机、排风高效过滤装置等。

5 空调、通风和净化

5.1 一般规定

5.1.1 空调净化系统的划分要考虑多方面的因素，如实验对象的危害程度、自动控制系统的可靠性、系统的节能运行、防止各个房间交叉污染、实验室密闭消毒等问题。

5.1.2 生物安全实验室设备较多，包括生物安全柜、离心机、CO_2培养箱、摇床、冰箱、高压灭菌器、真空泵等，在设计时要考虑各种设备的负荷。

5.1.3 生物安全实验室的排风量应进行详细的设计计算。总排风量应包括房间排风量、围护结构漏风量、生物安全柜、离心机和真空泵等设备的排风量等。传递窗如果带送排风或自净化功能，排风应经过高效过滤器过滤后排出。

5.1.4 本条规定的生物安全柜选用原则是最低要求，各使用单位可根据自己的实际使用情况选用适用的生物安全柜。对于放射性的防护，由于可能有累积作用，即使是少量的，建议也采用全排型生物安全柜。

5.1.5 二级生物安全实验室可采用自然通风、空调通风系统，也可根据需要设置空调净化系统。当操作涉及有毒有害溶媒等强刺激性、强致敏性材料的操作时，一般应在通风橱、生物安全柜等能有效控制气体外泄的设备中进行，否则应采用全新风系统。二级生物安全实验室中的b2类实验室防护区的排风应分析所操作对象的危害程度，经过风险评估来确定是否需经高效空气过滤器过滤后排出。

5.1.6 对于三级和四级生物安全实验室，为了保证安全，而采用全新风系统，不能使用循环风。

5.1.7 三、四级生物安全实验室的主实验室需要进行单独消毒，因此在主实验室风管的支管上安装密闭阀。由于三级和四级生物安全实验室围护结构有严密性要求，尤其是ABSL-3及四级生物安全实验室的主实验室应进行围护结构的严密性实验，故对风管支管上密闭阀的严密性要求与所在风管的严密性要求一致。三级和四级生物安全实验室排风机前、紧邻排风机上的密闭阀是备用风机切换之用。

5.1.8 由于普通风机盘管或空调器的进、出风口没有高效过滤器，当室内空气含有致病因子时，极易进入其内部，而其内部在夏季停机期间，温湿度均升高，适合微生物繁殖，当再次开机时会造成污染，所以不应在防护区内使用。

5.1.9 对高效过滤器进行原位消毒可以通过高效过滤单元产品本身实现，也可以通过对送排风系统增加消毒回路设计来实现。

原位检漏指排风高效过滤器在安装后具有检漏条件。检漏方式尽量采用扫描检漏，如果没有扫描检漏条件，可以采用全效率检漏方法进行排风高效过滤器完整性验证。排风高效过滤器新安装后或者更换后需要进行现场检漏，检漏范围应该包括高效过滤器及其安装边框。

5.1.10 生物安全实验室的防护区临近空调机房会缩短送、排风管道，降低初投资和运行费用，减少污染风险。

5.1.11 生物安全实验室空调净化系统和高效排风系统的过滤器的阻力变化较大，所需风机的风压变化也较大。为了保持风量的相对稳定，所以选用风压变化较大时风量变化较小的风机，即风机性能曲线陡的风机。

5.2 送风系统

5.2.1 空气净化系统设置三级过滤，末端设高效过滤器，这是空调净化系统的通用要求。粗效和中效过滤器起到预过滤的作用，从而延长高效过滤器的使用寿命。粗效过滤器设置在新风口或紧靠新风口处是为了尽量减少新风污染风管的长度。中效过滤器设置在空气处理机组的正压段是为了防止经过中效过滤器的送风再受到污染。高效过滤器设置在系统的末端或紧靠末端是为了防止经过高效过滤器的送风再被污染。在表冷器前加一道中效预过滤，可有效防止表冷器在夏季时孳生细菌和延长表冷器的使用寿命。

5.2.2 空调系统的新风口要采取必要的防雨、防杂物、防昆虫及其他动物的措施。此外还应远离污染源，包括远离排风口。新风口高于地面2.5m以上是为了防止室外地面的灰尘进入系统，延长过滤器使用寿命。

5.2.3　对于BSL-3实验室的送风机没有要求一定设置备用送风机，主要是考虑在送风机出现故障时，排风机已经备用了，可以维持相对压力梯度和定向流，从而有时间进行致病因子的处理。

5.2.4　对于ABSL-3实验室和四级生物安全实验室应设置备用送风机，主要是考虑致病因子的危险性和动物实验室的长期运行要求。

5.3　排风系统

5.3.1　对本条说明如下：

1　为了保证实验室要求的负压，排风和送风系统必须可靠联锁，通过"排风先于送风开启，后于送风关闭"，力求始终保证排风量大于送风量，维持室内负压状态。

2　房间排风口是房间内安全的保障，如房间不设独立排风口，而是利用室内生物安全柜、通风柜之类的排风代替室内排风口，则由于这些"柜"类设备操作不当、发生故障等情况下，房间正压或气流逆转，是非常危险的。

3　操作过程中可能产生污染的设备包括离心机、真空泵等。

4　不同类型生物安全柜的结构不同，连接方式要求也不同，本条对此作了规定。

5.3.2　三级生物安全实验室防护区的排风至少需要一道高效过滤器过滤，四级生物安全实验室防护区的排风至少需要两道高效过滤器过滤，国外相关标准也都有此要求。

5.3.3　当室内有致病因子泄漏时，排风口是污染最集中的地区，所以为了把排风口处污染降至最低，尽量减少污染管壁等其他地方，排风高效过滤器应就近安装在排风口处，不应安装在墙内或管道内很深的地方，以免对管道内部等不易消毒的部位造成污染。此外，过滤器的安装结构要便于对过滤器进行消毒和密闭更换。国外有的规范中推荐可用高温空气灭菌装置代替第二道高效过滤器，但考虑到高温空气灭菌装置能耗高、价格贵，同时存在消防隐患，因此本规范没有采用。

5.3.4　为了使排风管道保持负压状态，排风机宜设置于最靠近室外排风口的地方，万一泄漏不致污染房间。

5.3.5　生物安全实验室安全的核心措施，是通过排风保持负压，所以排风机是最关键的设备之一，应有备用。为了保证正在工作的排风机出故障时，室内负压状态不被破坏，备用排风机应能自动启动，使系统不间断正常运行。保持有序的压力梯度和定向流是指整个切换过程气流从辅助工作区至防护区，由外向内保持定向流动，并且整个防护区对大气不能出现正压。

5.3.6　生物安全柜等设备的启停、过滤器阻力的变化等运行工况的改变都有可能对空调通风系统的平衡造成影响。因此，系统设计时应考虑相应的措施来保证压力稳定。保持系统压力稳定的方法可以调节送风也可以调节排风，在某些情况下，调节送风更快捷，在设计时要充分考虑。

5.3.7　排风口设置在主导风的下风向有利于排风的排出。与新风口的直线距离要求，是为了避免排风污染新风。排风口高出所在建筑的屋面一定距离，可使排风尽快在大气中扩散稀释。

5.3.8　ABSL-4的动物尸体处理设备间和防护区污水处理设备间的管道和阀门较多，在出现事故时防止病原微生物泄漏到大气中。

5.4　气流组织

5.4.1　生物安全实验室需要适度洁净，这主要考虑对实验对象的保护、过滤器寿命的延长、精密仪器的保护等，特别是针对我国大气尘浓度比国外发达国家高的情况，所以本规范对生物安全实验室有洁净度级别要求。但是在我国大气尘浓度条件下，当由室外向内一路负压时，实践已证明很难保证内部需要的洁净度。即使对于一般实验室来说，也很难保证内部的清洁，特别是在多风季节或交通频繁的地区。如果在辅助工作区与室外之间设一间正压洁净房间，就可以花不多的投资而解决上述问题，既降低了系统的造价，又能节约运行费用。该正压洁净房间可以是辅助区的更衣室、换鞋室或其他房间，如果有条件，也可单独设正压洁净缓冲室。正压洁净房间由于是在辅助工作区，不会造成污染物外流。正压洁净室的压力只要对外保持微正压即可。

5.4.2 生物安全实验室内的“污染”空间，主要在生物安全柜、动物隔离设备等操作位置，而“清洁”空间主要在靠门一侧。一般把房间的排风口布置在生物安全柜及其他排风设备同一侧。

5.4.3 本规范对生物安全实验室上送下排的气流组织形式的要求由“应”改为“宜”，这主要是考虑一些大动物实验室，房间下部卫生条件较差，需要经常清洗，不具备下排风的条件，并不是说上送下排这种气流组织形式不好，理论及实验研究结果均表明上送下排气流组织对污染物的控制远优于上送上排气流组织形式，因此在进行高级别生物安全实验室防护区气流组织设计时仍应优先采用上送下排方式，当不具备条件时可采用上送上排。在进行通风空调系统设计时，对送风口和排风口的位置要精心布置，使室内气流合理，有利于室内可能被污染空气的排出。

5.4.4 送风口有一定的送风速度，如果直接吹向生物安全柜或其他可能产生气溶胶的操作地点上方，有可能破坏生物安全柜工作面的进风气流，或把带有致病因子的气溶胶吹散到其他地方而造成污染。送风口的布置应避开这些地点。

5.4.5 排风口布置主要是为了满足生物安全实验室内气流由“清洁”空间流向“污染”空间的要求。

5.4.6 室内排风口高度低于工作面，这是一般洁净室的通用要求，如洁净手术室即要求回风口上侧离地不超过0.5m，为的是不使污染的回（排）风气流从工作面上（手术台上）通过。考虑到生物安全实验室排风量大，而且工作面也仅在排风口一侧，所以排风口上边的高度放松到距地0.6m。

5.5 空调净化系统的部件与材料

5.5.1 凡是生物洁净室都不允许用木框过滤器，是为了防止长霉菌，生物安全实验室也应如此。三级和四级生物安全实验室防护区经常消毒，故高效过滤器应耐消毒气体的侵蚀，高效过滤器的外框及其紧固件均应耐消毒气体侵蚀。化学淋浴间内部经常处于高湿状态，并且消毒药剂也具有一定的腐蚀性，故与化学淋浴间相连接的送排风高效过滤器应防潮、耐腐蚀。

5.5.2 排风管道是负压管道，有可能被致病因子污染，需要定期进行消毒处理，室内也要常消毒排风，因此需要具有耐腐蚀、耐老化、不吸水特性。对强度也应有一定要求。

5.5.3 为了保护排风管道和排风机，要求排风机外侧还应设防护网和防雨罩。

5.5.4 本条对生物安全实验室空调设备的选用作了规定。

1 淋水式空气处理因其有繁殖微生物的条件，不能用在生物洁净室系统，生物安全实验室更是如此。由于盘管表面有水滴，风速太大易使气流带水。

2 为了随时监测过滤器阻力，应设压差计。

3 从湿度控制和不给微生物创造孳生的条件方面考虑，如果有条件，推荐使用干蒸汽加湿装置加湿，如干蒸汽加湿器、电极式加湿器、电热式加湿器等。

4 为防止过滤器受潮而有细菌繁殖，并保证加湿效果，加湿设备应和过滤段保持足够距离。

5 由于清洗、再生会影响过滤器的阻力和过滤效率，所以对于生物安全实验室的空调通风系统送风用过滤器用完后不应清洗、再生和再用，而应按有关规定直接处理。对于北方地区，春天飞絮很多，考虑到实际的使用，对于新风口处设置的新风过滤网采用可清洗材料时除外。

6 给水排水与气体供应

6.1 一般规定

6.1.1 生物安全实验室的楼层布置通常由下至上可分为下设备层、下技术夹层、实验室工作层、上技术夹层、上设备层。为了便于维护管理、检修，干管应敷设在上下技术夹层内，同时最大限度地减少生物安全实验室防护区内的管道。为了便于对三级和四级生物安全实验室内的给水排水和气体管道进行清洁、维护和维修，引入三级和四级生物安全实验室防护区内的管道宜明敷。一级和二级生物安全实验室摆放的实验室台柜较多，水平管道可敷设在实验台柜内，立管可暗装布置在墙板、管槽、壁柜或管道井内。暗装敷设管道可使实验室使用方便、清洁美观。

6.1.2 给排水管道穿越生物安全实验室防护区的密封装置是保证实验室达到生物安全要求的重要措施，本条主要是指通过采用可靠密封装置的措施保证围护结构的严密性，即维护实验室正常负压、定向气流和洁净度，防止气溶胶向外扩散。如：a.防止化学熏蒸时未灭活的气溶胶和化学气体泄漏，并保证气体浓度不因气体逸出而降低。b.异常状态下防止气溶胶泄漏。实践证明三级、四级生物安全实验室采用密封元件或套管等方式是行之有效的。

6.1.3 管道泄漏是生物安全实验室最可能发生的风险之一，须特别重视。管道材料可分为金属和非金属两类。常用的非金属管道包括无规共聚聚丙烯(PP-R)、耐冲击共聚聚丙烯(PP-B)，氯化聚氯乙烯(CPVC)等，非金属管道一般可以耐消毒剂的腐蚀，但其耐热性不如金属管道。常用的金属管道包括304不锈钢管，316L不锈钢管道等，304不锈钢管不耐氯和腐蚀性消毒剂，316L不锈钢的耐腐蚀能力较强。管道的类型包括单层和双层，如输送液氮等低温液体的管道为真空套管式。真空套管为双层结构，两层管道之间保持真空状态，以提供良好的隔热性能。

6.1.4 本条要求使用高压气体或可燃气体的实验室应有相应的安全保障措施。可燃气体易燃易爆，危害性大，可能发生燃烧爆炸事故，且发生事故时波及面广，危害性大，造成的损失严重。为此根据实验室的工艺要求，设置高压气体或可燃气体时，必须满足国家、地方的相关规定。

例如，应满足GB 16912-1997《深度冷冻法生产氧气及相关气体安全技术规程》、《气瓶安全监察规定》(国家质量监督检验检疫总局令第46号)等标准和法规的要求。高压气体和可燃气体钢瓶的安全使用要求主要有以下几点：a.应该安全地固定在墙上或坚固的实验台上，以确保钢瓶不会因为自然灾害而移动。b.运输时必须戴好安全帽，并用手推车运送。c.大储量钢瓶应存放在与实验室有一定距离的适当设施内，存放地点应上锁并适当标识；在存放可燃气体的地方，电气设备、灯具、开关等均应符合防爆要求。d.不应放置在散热器、明火或其他热源或会产生电火花的电器附近，也不应置于阳光下直晒。e.气瓶必须连接压力调节器，经降压后，再流出使用，不要直接联接气瓶阀门使用气体。f.易燃气体气瓶，经压力调节后，应装单向阀门，防止回火。g.每瓶气体在使用到尾气时，应保留瓶内余压在0.5MPa，最小不得低于0.25MPa余压，应将瓶阀关闭，以保证气体质量和使用安全。应尽量使用专用的气瓶安全柜和固定的送气管道。需要时，应安装气体浓度监测和报警装置。

6.1.5 化学淋浴是人员安全离开防护区和避免生物危险物质外泄的重要屏障，因此化学淋浴要求具有较高的可靠性，在化学淋浴系统中将化学药剂加压泵设计为一用一备是被广泛采用的提高系统可靠性的有效手段。在紧急情况下(包括化学淋浴系统失去电力供应的情况下)，可能来不及按标准程序进行化学淋浴或者化学淋浴发生严重故障丧失功能，因此要求设置紧急化学淋浴设备，这一系统应尽量简单可靠，在极端情况下能够满足正压服表面消毒的最低要求。

6.2 给水

6.2.1 本条是为了防止生物安全实验室在给水供应时可能对其他区域造成回流污染。防回流装置是在给水、热水、纯水供水系统中能自动防止因背压回流或虹吸回流而产生的不期望的水流倒流的装置。防回流污染产生的技术措施一般可采用空气隔断、倒流防止器、真空破坏器等措施和装置。

6.2.2 一级、二级和BSL-3实验室工作人员在停水的情况下可完成实验安全退出，故不考虑市政停水对实验室的影响。对于ABSL-3实验室和四级生物安全实验室，在城市供水可靠性不高、市政供水管网检修等情况下,设置断流水箱储存一定容积的实验区用水可满足实验人员和实验动物用水,同时断流水箱的空气隔断也能防止对其他区域造成回流污染。

6.2.3 以主实验室为单元设置检修阀门,是为了满足检修时不影响其他实验室的正常使用。因为三级和四级生物安全实验室防护区内的各实验室实验性质和实验周期不同,为防止各实验室给水管道之间串流,应以主实验室为单元设置止回阀。

6.2.4 实验人员在离开实验室前应洗手,从合理布局的角度考虑,宜将洗手设施设置在实验室的出口处。如有条件尽可能采用流动水洗手,洗手装置应采用非手动开关,如:感应式、肘开式或脚踏式,这样可使实验人员不和水龙头直接接触。洗手池的排水与主实验室的其他排水通过专用管道收集至污水处理设备,集中消毒灭菌达标后排放。如实验室不具备供水条件,可用免接触感应式手消毒器作为替代的装置。

6.2.5 本条是考虑到二级、三级和四级生物安全实验室中有酸、苛性碱、腐蚀性、刺激性等危险化学品溅到眼中的可能性,如发生意外能就近、及时进行紧急救治,故在以上区域的实验室内应设紧急冲眼装置。冲眼装置应是符合要求的固定设施或是有软管连接于给水管道的简易装置。在特定条件下,如实验仅使用刺激较小的物质,洗眼瓶也是可接受的替代装置。

一级生物安全实验室应保证每个使用危险化学品地点的30m内有可供使用的紧急冲眼装置。是否需要设紧急淋浴装置应根据风险评估的结果确定。

6.2.6 本条是为了保证实验人员的职业安全,同时也保护实验室外环境的安全。设计时,根据风险评估和工艺要求,确定是否需设置强制淋浴。该强制淋浴装置设置在靠近主实验室的外防护服更换间和内防护服更换间之间的淋浴间内,由自控软件实现其强制要求。

6.2.7 如牛、马等动物是开放饲养在大动物实验室内的,故需要对实验室的墙壁及地面进行清洁。对于中、小动物实验室,应有装置和技术对动物的笼具、架及地面进行清洁。采用高压冲洗水枪及卷盘是清洁动物实验室有效的冲洗设备,国外的动物实验室通常都配备。但设计中应考虑使用高压冲洗水枪存在虹吸回流的可能,可设真空破坏器避免回流污染。

6.2.8 为了防止与其他管道混淆,除了管道上涂醒目的颜色外,还可以同时采用挂牌的做法,注明管道内流体的种类、用途、流向等。

6.2.9 本条对室内给水管的材质提出了要求。管道泄漏是生物安全实验室最可能出现的问题之一,应特别重视。管道材料可分为金属和非金属两类,设计时需要特别注意管材的壁厚、承压能力、工作温度、膨胀系数、耐腐蚀性等参数。从生物安全的角度考虑,对管道连接有更高的要求,除了要求连接方便,还应该要求连接的严密性和耐久性。

6.3 排水

6.3.1 三级和四级生物安全实验室防护区内有排水功能要求的地面如:淋浴间、动物房、解剖间、大动物停留的走廊处可设置地漏。

密闭型地漏带有密闭盖板,排水时其盖板可人工打开,不排水时可密闭,可以内部不带水封而在地漏下设存水弯。当排水中挟有易于堵塞的杂物时,如大动物房、解剖间的排水,应采用内部带有活动网框的密闭型地漏拦截杂物,排水完毕后取出网框清理。

6.3.2 本条规定是对生物安全的重要保证,必须严格执行。存水弯、水封盒等能有效地隔断排水管道内的有毒有害气体外窜,从而保证了实验室的生物安全。存水弯水封必须保证一定深度,考虑到实验室压差要求、水封蒸发损失、自虹吸损失以及管道内气压变化等因素,国外规范推荐水封深度为150mm。严禁采用活动机械密封代替水封。实验室后勤人员需要根据使用地漏排水和不使用地漏排水的时间间隔和当地气候条件,主要是根据空气干湿度、水封深度确定水封蒸发量是否使存水弯水封干涸,定期对存水弯进行补水或补消毒液。

6.3.3　三级和四级生物安全实验室防护区废水的污染风险是最高的,故必须集中收集进行有效的消毒灭菌处理。

6.3.4　每个主实验室进行的实验性质不同,实验周期不一致,按主实验室设置排水支管及阀门可保证在某一主实验室进行维修和清洁时,其他主实验室可正常使用。安装阀门可隔离需要消毒的管道以便实现原位消毒,其管道、阀门应耐热和耐化学消毒剂腐蚀。

6.3.5　本条是关于活毒废水处理设备安装位置的要求。目的在于防护区活毒废水能通过重力自流排至实验建筑的最低处,同时尽可能减少废水管道的长度。

6.3.6　本条是对生物安全实验室排水处理的要求。生物安全实验室应以风险评估为依据,确定实验室排水的处理方法。应对处理效果进行监测并保存记录,确保每次处理安全可靠。处理后的污水排放应达到环保的要求,需要监测相关的排放指标,如化学污染物、有机物含量等。

6.3.7　本条是为了防止排水系统和空调通风系统互相影响。排风系统的负压会破坏排水系统的水封,排水系统的气体也有可能污染排风系统。通气管应配备与排风高效过滤器相当的高效过滤器,且耐水性能好。高效过滤器可实现原位消毒,其设置位置应便于操作及检修,宜与管道垂直对接,便于冷凝液回流。

6.3.8　本条是关于生物安全实验室辅助工作区排水的要求。辅助区虽属于相对清洁区,但仍需在风险评估的基础上确定是否需要采取处理。通常这类水可归为普通污废水,可直接排入室外,进综合污水处理站处理。综合污水处理站的处理工艺可根据源水的水质不同采用不同的处理方式,但必须有化学消毒的设施,消毒剂宜采用次氯酸钠、二氧化氯、二氯异氰尿酸钠或其他消毒剂。当处理站规模较大并采取严格的安全措施时,可采用液氯作为消毒剂,但必须使用加氯机。

综合污水处理主要是控制理化和病原微生物指标达到排放标准的要求,生物安全实验室应监测相关指标。

6.3.9　排水管道明设或设透明套管,是为了更容易发现泄漏等问题。

6.3.11　对于四级生物安全实验室,为防范意外事故时的排水带菌、病毒的风险,要求将其排水按防护区废水排放要求管理,接入防护区废水管道经高温高压灭菌后排放。对于三级生物安全实验室,考虑到现有的一些实验室防护区内没有排水,仅因为双扉高压灭菌器而设置污水处理设备没有必要,而本规范规定采用生物安全型双扉高压灭菌器,基本上满足了生物安全要求。

6.4　气体供应

6.4.1　气瓶设置于辅助工作区便于维护管理,避免了放在防护区搬出时要消毒的麻烦。

6.4.2　本条是为了防止气体管路被污染,同时也使供气洁净度达到一定要求。

6.4.3　本条是关于防止真空装置内部污染和安装位置的要求。真空装置是实验室常用的设备,当用于三级、四级生物安全实验室时,应采取措施防止真空装置的内部被污染,如在真空管道上安装相当于高效过滤器效率的过滤装置,防止气体污染;加装缓冲瓶防止液体污染。要求将真空装置安装在从事实验活动的房间内,是为了避免将可能的污染物抽出实验区域外。

6.4.4　具有生命支持系统的正压服是一套高度复杂和要求极为严格的系统装置,如果安装和使用不当,存在着使人窒息等重大危险。为防意外,实验室还应配备紧急支援气罐,作为生命支持供气系统发生故障时的备用气源,供气时间不少于60min/人。实验室需要通过评估确定总备用量,通常可按实验室发生紧急情况时可能涉及的人数进行设计。

6.4.5　本条是为了保证操作人员的职业安全。

6.4.6　充气式气密门的工作原理是向空心的密封圈中充入一定压强的压缩空气使密封圈膨胀密

闭门缝，为此实验室应提供压力和稳定性符合要求的压缩空气源，适用时还需在供气管路上设置高效空气过滤器，以防生物危险物质外泄。

7 电气

7.1 配电

7.1.1 生物安全实验室保证用电的可靠性对防止致病因子的扩散具有至关重要的作用。二级生物安全实验室供电的情况较多，应根据实际情况确定用电负荷，本条未作出太严格的要求。

7.1.2 四级生物安全实验室一般是独立建筑，而三级生物安全实验室可能不是独立建筑。无论实验室是独立建筑还是非独立建筑，因为建筑中的生物安全实验室的存在，这类建筑均要求按生物安全实验室的负荷等级供电。

BSL-3实验室和ABSL-3中的b1类实验室特别重要负荷包括防护区的送风机、排风机、生物安全柜、动物隔离设备、照明系统、自控系统、监视和报警系统等供电。

7.1.3 一级负荷供电要求由两个电源供电，当一个电源发生故障时，另一个电源不应同时受到破坏，同时特别重要负荷应设置应急电源。两个电源可以采用不同变电所引来的两路电源，虽然它不是严格意义上的独立电源，但长期的运行经验表明，一个电源发生故障或检修的同时另一电源又同时发生事故的情况较少，且这种事故多数是由于误操作造成的，可以通过增设应急电源、加强维护管理、健全必要的规章制度来保证用电可靠性。

ABSL-3中的b2类实验室考虑到其风险性，将其供电标准提高。ABSL-3中的b2类实验室和四级生物安全实验室，考虑到对安全要求更高，强调必须按一级负荷供电，并要求特别重要负荷同时设置不间断电源和备用发电设备。ABSL-3中的b2类实验室和四级生物安全实验室特别重要负荷包括防护区的生命支持系统、化学淋浴系统、气密门充气系统、生物安全柜、动物隔离设备、送风机、排风机、照明系统、自控系统、监视和报警系统等供电。

7.1.4 配电箱是电力供应系统的关键节点，对保障电力供应的安全至关重要。实验室的配电箱应专用，应设置在实验室防护区外，其放置位置应考虑人员误操作的风险、恶意破坏的风险及受潮湿、水灾侵害等的风险，可参照GB 50052《供配电系统设计规范》的相关要求。

7.1.5 生物安全实验室内固定电源插座数量一定要多于使用设备，避免多台设备共用1个电源插座。

7.1.6 施工要求，密封是为了保证穿墙电线管与实验室以外区域物理隔离，实验室内有压力要求的区域不会因为电线管的穿过造成致病因子的泄漏。

7.2 照明

7.2.1 为了满足工作的需要，实验室应具备适宜的照度。吸顶式防水洁净照明灯表面光洁、不易积尘、耐消毒，适于在生物安全实验室中使用。

7.2.2 为了满足应急之需应设置应急照明系统，紧急情况发生时工作人员需要对未完成的实验进行处理，需要维持一定时间正常工作照明。当处理工作完成后，人员需要安全撤离，其出口、通道应设置疏散照明。

7.2.3 在进入实验室的入口和主实验室缓冲间入口的显示装置可以采用文字显示或指示灯。

7.3 自动控制

7.3.1 自动控制系统最根本的任务就是需要任何时刻均能自动调节以保证生物安全实验室关键参数的正确性，生物安全实验室进行的实验都有危险，因此无论控制系统采用何种设备，何种控制方式，前提是要保证实验环境不会威胁到实验人员，不会将病原微生物泄漏到外部环境中。

7.3.2 本条是为了保证各个区域在不同工况时的压差及压力梯度稳定，方便管理人员随时查看实验室参数历史数据。

7.3.3 报警方案的设计异常重要，原则是不漏报、不误报、分轻重缓急、传达到位。人员正常进出实验室导致的压力波动等不应立即报警，可将此报警响应时间延迟（人员开、关门通过所需的时间），延迟后压力梯度持续丧失才应判断为故障而报警。一般参数报警指暂时不影响安全，实验活动可持续进行的报警，如过滤器阻力的增大、风机正常切换、温湿度偏离正常值等；重要参数报警指对安全有影响，需要考虑是否让实验活动终止的报警，如实验室出现正压、压力梯度持续丧失、风机切换失败、停电、火灾等。

当出现无论何种异常，中控系统应有即时提醒，不同级别的报警信号要易区分。紧急报警应设置为声光报警，声光报警为声音和警示灯闪烁相结合的方式报警。报警声音信号不宜过响，以能提醒工作人员而又不惊扰工作人员为宜。监控室和主实验室内应安装声光报警装置，报警显示应始终处于监控人员可见和易见的状态。主实验室内应设置紧急报警按钮，以便需要时实验人员可向监控室发出紧急报警。

7.3.4 应在有负压控制要求的房间入口的显著位置，安装压力显示装置，如液柱式压差计等，既直观又可靠，目的是使人员在进入房间前再次确认房间之间的压差情况，做好思想准备和执行相应的方案。

7.3.5 自控系统预留接口是指与其他弱电系统如安全防范系统等，或火灾报警系统、机电设备自备的控制系统如空调机组等。因为一旦其他弱电系统发生报警如入侵报警、火灾报警等，自控系统能及时有效的将此信息通知设备管理人员，及时采取有效措施。

7.3.6 实验室排风系统是维持室内负压的关键环节，其运行要可靠。空调净化系统在启动备用风机的过程中，应可保持实验室的压力梯度有序，不影响定向气流。

当送风系统出现故障时，如无避免实验室负压值过大的措施，实验室的负压值将显著增大，甚至会使围护结构开裂，破坏围护结构的完整性，所以需控制实验室内的负压程度。

实验室应识别哪些设备或装置的启停、运行等会造成实验室压力波动，设计时应予以考虑。

7.3.7 由于三级和四级生物安全实验室防护区要求使得送风机和排风机需要稳定运行，以保障实验室的压力梯度要求，因此当送风、排风机设置的保护装置，如运行电流超出热保护继电器设定值时，热保护继电器会动作等，常规做法是将此动作作为切断风机电源使之停转，但如果有很严格的压力要求时，风机停转会造成很严重的后果。

热保护继电器、变频器等报警信号接入自控系统后，发生故障后自控系统应自动转入相应处理程序。转入保护程序后应立即发出声光报警，提示实验人员安全撤离。

7.3.8 在空调机组的送风段及排风箱的排风段设置压差传感器，设置压差报警是为了实时监测风机是否正常运转，有时风机皮带轮长期磨损造成风机丢转现象，虽然风机没有停转但送风、排风量已不足，风压不稳直接导致房间压力梯度震荡，监视风机压差能有效防止故障的发生。

7.3.9 送风排风系统正常运转标志可以在送排风机控制柜上设置指示灯及在中控室监视计算机上设置显示灯，当其运行不正常时应能发出声光报警，在中控室的设备管理人员能及时得到报警。

7.3.10 实验室出现正压和气流反向是严重的故障，将可能导致实验室内有害气溶胶的外溢，危害人员健康及环境。实验室应建立有效的控制机制，合理安排送排风机启动和关闭时的顺序和时差，同时考虑生物安全柜等安全隔离装置及密闭阀的启、关顺序，有效避免实验室和安全隔离装置内出现正压和倒流的情况发生。为避免人员误操作，应建立自动联锁控制机制，尽量避免完全采取手动方式操作。

7.3.11 本条要求是对使用电加热的双重保护，当送风机无风时或温度超出设定值时均应立即切断电加热电源,保证设备安全性。

7.3.12 应急手动是用于立即停止空调通风系统的,应由监控系统的管理人员操作,因此宜设置在中控室,当发生紧急情况时,管理人员可以根据情况判断是否立即停止系统运行。

7.3.13 压差传感器一般是不会有空气流通的,高效过滤器是以防万一。

7.3.14 高效过滤器是生物安全实验室最重要的二级防护设备,阻止致病因子进入环境,应保证其性能正常。通过连续监测送排风系统高效过滤器的阻力,可实时观察高效过滤器阻力的变化情况,便于及时更换高效过滤器。当过滤器的阻力显著下降时,应考虑高效过滤器破损的可能。对于实验室设计者而言,重点需要考虑的是阻力监测方案,因为每个实验室高效过滤器的安装方案不同。例如在主实验室挑选一组送排风高效过滤器安装压差传感器,其信号接入自控系统,或采用安装带有指示的压差仪表,人工巡视监视等,不管采用何种监视方案,其压差监视应能反应高效过滤器阻力的变化。

7.3.15 未运行时要求密闭阀处于关闭状态时为了保持房间的洁净以及方便房间的消毒作业。

7.4 安全防范

7.4.1 无论四级是独立建筑还是建在建筑之中,其重要性使得其建筑周围都设安防系统,防止有意或无意接近建筑。生物安全实验室门禁指生物安全实验室的总入口处,对一些功能复杂的生物安全实验室,也可根据需要安装二级门禁系统。常用的门禁有电子信息识别、数码识别、指纹识别和虹膜识别等方式,生物安全实验室应选用安全可靠、不易破解、信息不易泄露的门禁系统,保证只有获得授权的人员才能进入生物安全实验室。门禁系统应可记录进出人员的信息和出入时间等。

7.4.2 互锁是为了减少污染物的外泄、保持压力梯度和要求实验人员需完成某项工作而设置的。缓冲间互锁是为了减少污染物的外泄、保持压力梯度,互锁后能够保证不同压力房间的门不同时打开,保护压力梯度从而使气流不会相互影响。化学淋浴间的互锁还有保证实验人员必须进行化学淋浴才能离开的作用。

7.4.3 生物安全实验室互锁的门会影响人员的通过速度,应有解除互锁的控制机制。当人员需要紧急撤离时,可通过中控系统解除所有门或指定门的互锁。此外,还应在每扇互锁门的附近设置紧急手动解除互锁开关,使工作人员可以手动解除互锁。

7.4.4 由于生物安全实验室的特殊性,对实验室内和实验室周边均有安全监视的需要。一是应监视实验室活动情况,包括所有风险较大的、关键的实验室活动;二是应监视实验室周围情况,这是实验室生物安保的需要,应根据实验室的地理位置和周边情况按需要设置。

7.4.5 我国《病原微生物实验室生物安全管理条例》规定,实验室从事高致病性病原微生物相关实验活动的实验档案保存期不得少于20年。实验室活动的数据及影像资料是实验室的重要档案资料,实验室应及时转存、分析和整理录制的实验室活动的数据及影像资料,并归档保存。监视设备的性能和数据存储容量应满足要求。

7.5 通信

7.5.1 生物安全实验室通信系统的形式包括语音通讯、视频通信和数据通讯等,目的主要有两个:安全方面的信息交流和实验室数据传输。

为避免污染扩散的风险,应通过在生物安全实验室防护区内(通常为主实验室)设置的传真机或计算机网络系统,将实验数据、实验报告、数码照片等资料和数据向实验室外传递。

适用的通信设备设施包括电话、传真机、对讲机、选择性通话系统、计算机网络系统、视频系统等,应根据生物安全实验室的规模和复杂程度选配以上通信设备设施,并合理设置通信点的位置和数量。

7.5.2 在实验室内从事的高致病性病原微生物相关的实验活动,是一项复杂、精细、高风险和高压力的活动,需要工作人员高度集中精神,始终处于紧张状态。为尽量减少外部因素对实验室内工作人员的影响，监控室内的通话器宜为开关式。在实验间内宜采用免接触式通话器，使实验操作人员随时可方便地与监控室人员通话。

8 消防

8.0.2 我国现行的《建筑设计防火规范》GB 50016只提到厂房、仓库和民用建筑的防火设计，没有提到生物安全建筑的耐火等级问题。生物安全实验室内的设备、仪器一般比较贵重，但生物安全实验室不仅仅是考虑仪器的问题，更重要的是保护实验人员免受感染和防止致病因子的外泄。根据生物安全实验室致病因子的危害程度，同时考虑实验设备的贵重程度，作了规定。

8.0.3 四级生物安全实验室实验的对象是危害性大的致病因子，采用独立的防火分区主要是为了防止危害性大的致病因子扩散到其他区域，将火灾控制在一定范围内。由于一些工艺上的要求，三级和四级生物安全实验室有时置于一个防火分区，但为了同时满足防火要求，此种情况三级生物安全实验室的耐火等级应等同于四级生物安全实验室。

8.0.5 我国现行的《建筑设计防火规范》GB 50016对吊顶材料的燃烧性能和耐火极限要求比较低，这主要是考虑人员疏散，而三级和四级生物安全实验室不仅仅是考虑人员的疏散问题，更要考虑防止危害性大的致病因子的外泄。为了有更多的时间进行火灾初期的灭火和尽可能地将火灾控制在一定的范围内，故规定吊顶材料的燃烧性能和耐火极限不应低于所在区域墙体的要求。

8.0.6 本条中所称的合适的灭火器材，是指对生物安全实验室不会造成大的损坏，不会导致致病因子扩散的灭火器材，如气体灭火装置等。

8.0.7 如果自动喷水灭火系统在三级和四级生物安全实验室中启动，极有可能造成有害因子泄漏。规模较小的生物安全实验室，建议设置手提灭火器等简便灵活的消防用具。

8.0.8三级和四级生物安全实验室的送排风系统如设置防火阀，其误操作容易引起实验室压力梯度和定向气流的破坏，从而造成致病因子泄漏的风险加大。单体建筑三级和四级生物安全实验室，考虑到主体建筑为单体建筑，并且外围护结构具有很高的耐火要求，可以把单体建筑的生物安全实验室和上、下设备层看成一个整体的防火分区，实验室的送排风系统可以不设置防火阀。

8.0.9 三级和四级生物安全实验室的消防设计原则与一般建筑物有所不同，尤其是四级生物安全实验室，除了首先考虑人员安全外，必须还要考虑尽可能防止有害致病因子外泄。因此，首先强调的是火灾的控制。除了合理的消防设计外，在实验室操作规程中，建立一套完善严格的应急事件处理程序，对处理火灾等突发事件，减少人员伤亡和污染物外泄是十分重要的。

9 施工要求

9.1 一般规定

9.1.1 三级和四级生物安全实验室是有负压要求的洁净室，除了在结构上要比一般洁净室更坚固更严密外，在施工方面，其他要求与空调净化工程是基本一致的，为达到安全防护的要求，施工时一定要严格按照洁净室施工程序进行，洁净室主要施工程序参考图3。

9.1.2 生物安全实验室施工应根据不同的专业编制详细的施工方案，特别注意生物安全的特殊要求，如活毒废水处理设备、高压灭菌锅、排风高效过滤器、气密门、化学淋浴设备等涉及生物安全的施工方案。

9.1.3 各道施工程序均进行记录并验收合格后再进行下道工序施工，可有效的保证整体工程的质量。如出现问题，也便于查找原因。

9.1.4 生物安全实验室活毒废水处理设备、高压灭菌锅、排风高效过滤器、气密门、化学淋浴等设备的特殊性就决定了各种设备单机试运转和系统的联合试运转及调试的重要性。

9.2 建筑装修

9.2.1 应以严密、易于清洁为主要目的。采用水磨石现浇地面时，应严格遵守《洁净室施工及验收规范》GB 50591中的施工规定。

9.2.2 生物安全实验室围护结构表面的所有缝隙（拼接缝、传线孔、配管穿墙处、钉孔、以及其他所有开口处密封盖边缘）都需要填实和密封。由于是负压房间，同时又有洁净度要求，对缝隙的严密性要求远远高于正压房间，必须高度重视。应特别提醒注意的是：插座、开关穿过隔墙安装时，线孔一定要严格密封，应用软性不易老化的材料，将线孔堵严。

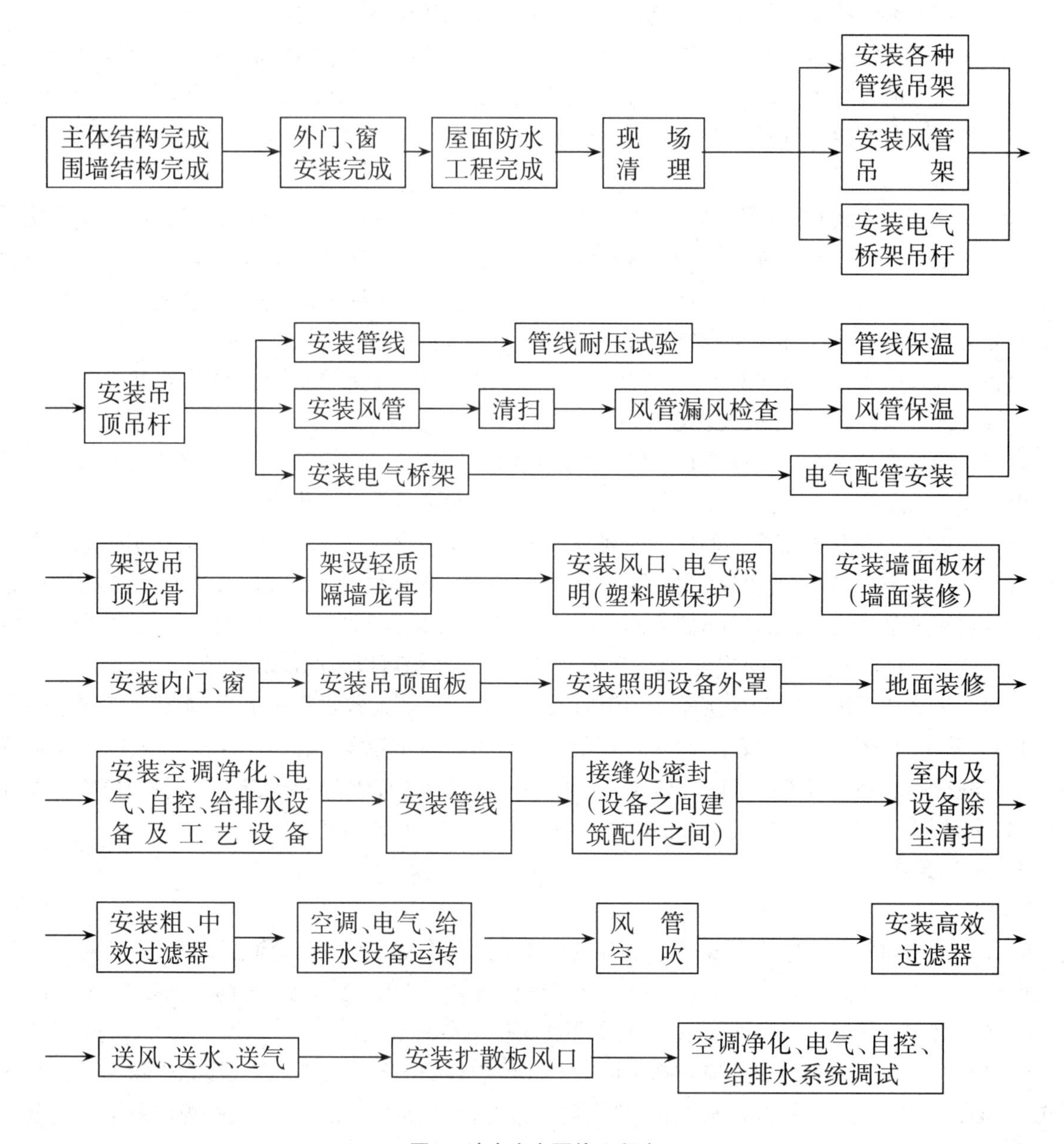

图3 洁净室主要施工程序

9.2.3 除可设压差计外，还设测压孔是为了方便抽检、年检和校验检测，平时应有密封措施保证房间的密闭。

9.2.4 靠地靠墙放置时，用密封胶将靠地靠墙的边缝密封可有效防止边缝处不能清洁消毒。

9.2.5 气密门主体采用较厚的金属材料制造，质量较大，在生物安全实验室压差梯度的作用下其开闭阻力也往往较高，如果围护结构采用洁净彩板等轻体材料制造可能难以承受气密门的质量负荷和气密门开闭时的运动负荷，造成连接结构损坏或者密闭结构损坏。在与混凝土墙连接时，可以采用预留门洞的方式，将门框与混凝土墙固定后再作密封处理，如果与轻体材料制造的围护结构连接，应适当地加强围护结构的局部强度（如采用预埋子门框）。

9.2.6 气密门安装后需进行泄漏检测（如示踪气体法、超声波穿透法等），检测仪器有一定的操作空间要求，为此提出气密门与围护结构的距离要求。

9.2.7 气密门门体和门框建议选用整体焊接结构形式，拼接结构形式的门体和门框需要大量使用密封材料，耐化学消毒剂腐蚀性和耐老化性能不理想；为克服建筑施工误差和气密门安装误差以及长时间使用后气密门运动机构间隙变化等问题，宜设置可调整的铰链和锁扣，以便适时对气密门进行调整，保证生物安全实验室具有优良的严密性。

9.3 空调净化

9.3.1 空调机组内外的压差可达到1000–1600Pa，基础对地面的高度最低要不低于200mm，以保证冷凝水管所需要的存水弯高度，防止空调机组内空气泄漏。

9.3.2 正压段的门宜向内开，负压段的门宜向外开，压差越大，严密性越好。表冷段的冷凝水排水管上设置水封和阀门，夏季用水封密封，冬季阀门关闭，保证空调机组内空气不泄漏。

9.3.4 对加工完毕的风管进行清洁处理和保护，是对系统正常运行的保证。

9.3.5 管道穿过顶棚和灯具箱与吊顶之间的缝隙是容易产生泄漏的地方，对负压房间，泄漏是对保持负压的重大威胁，在此加以强调。

9.3.6 送、排风管道隐蔽安装，既为了管道的安全也有利于整洁，送、排风管道一般暗装。对于生物安全室内的设备排风管道、阀门，为了检修的方便可采用明装。

9.3.9 三级和四级生物安全实验室防护区的排风高效过滤装置，要求具有原位检漏的功能，对于防止病原微生物的外泄具有至关重要的作用。排风高效过滤装置的室内侧应有措施，防止高效过滤器损坏。

9.4 实验室设备

9.4.1 生物安全柜、负压解剖台等设备在出厂前都经过了严格的检测，在搬运过程中不应拆卸。生物安全柜本身带有高效过滤器，要求放在清洁环境中，所以应在搬入安装现场后拆开包装，尽可能减少污染。

9.4.2 生物安全柜和负压解剖台背面、侧面与墙体表面之间应有一定的检修距离，顶部与吊顶之间也应有检测和检修空间，这样也有利于卫生清洁工作。

9.4.3 传递窗、双扉高压灭菌器、化学淋浴间等设施应按照厂家提供的安装方法操作。不宜有在设备箱体上钻孔等破坏箱体结构的操作，当必须进行钻孔等操作时，对操作的部位应采取可靠的措施进行密封。化学淋浴通常以成套设备的形式提供给用户需要现场组装，装配时应考虑化学淋浴间与墙体、地面、顶棚的配合关系，特别要注意严密性、水密性要求，尽量避免在化学淋浴间箱体上开孔，防止破坏化学淋浴间的密闭层和水密层。

9.4.4 传递窗、双扉高压灭菌器等设备与轻体墙连接时，在轻体墙上开洞较大，一般可采用加方钢或加铝型材等措施。

9.4.5 三级和四级生物安全实验室防护区内的传递窗和药液传递箱的腔体或门扇应整体焊接成型是为了保证设备的严密性和使用的耐久性。三级和四级生物安全实验室的传递窗安装后，与其他设施和围护结构共同构成防护区密闭壳体，为保证传递窗自身的严密性和密封结构的耐久性，应采用整体焊接结构，这一要求在工艺上也是不难实现的。

9.4.6 具有熏蒸消毒功能的传递窗和药液传递箱的内表面，经常要接触消毒剂，这些消毒剂会加快有机密封材料的老化，因此传递窗的内表面应尽量避免使用有机密封材料。

9.4.7 三级和四级生物安全实验室防护区配备实验台的要求是为了满足消毒和清洁要求。

9.4.8 本条的要求是为了防止意外危害实验人员的防护装备。

10 检测和验收

10.1 工程检测

10.1.1 生物安全实验室在投入使用之前，必须进行综合性能全面检测和评定，应由建设方组织委托，施工方配合。检测前，施工方应提供合格的竣工调试报告。

10.1.2 在ISO 14644《洁净室及相关受控环境》中，对于7级、8级洁净室的洁净度、风量、压差的最长检测时间间隔为12个月，对于生物安全实验室，除日常检测外，每年至少进行一次各项综合性能的全面检测是有必要的。另外，更换了送、排风高效过滤器后，由于系统阻力的变化，会对房间风量、压差产生影响，必须重新进行调整，经检测确认符合要求后，方可使用。

10.1.3 生物安全柜、动物隔离设备、IVC、解剖台等设备是保证生物安全的一级屏障，因此十分关键，其安全作用高于生物安全实验室建筑的二级屏障，应首先检测，严格对待。另外其运行状态也会影响实验室通风系统，因此应首先确认其运行状态符合要求后，再进行实验室系统的检测。

10.1.4 施工单位在管道安装前应对全部送、排风管道的严密性进行检测确认，并要求有监理单位或建设单位签署的管道严密性自检报告，尤其是三级和四级生物安全实验室的送风、排风系统密闭阀与生物安全实验室防护区相通的送、排风管道的严密性。

生物安全实验室排风管道如果密闭不严，会增加污染因子泄漏风险，此外由于实验室要进行密闭消毒等操作，因此要保证整个系统的严密性。管道严密性的验证属于施工过程中的一道程序，应在管道安装前进行。对于安装好的管道，其严密性检测有一定难度。

10.1.5 本次修订增加了两项必测内容，即应用于防护区外的排风高效过滤器单元严密性和实验室工况验证。一些生物安全实验室采用在防护区外设置排风高效过滤单元，因此除实验室和送排风管道的严密性需要验证外，还需进行高效过滤单元的严密性验证。此外，实验室各工况的平稳安全是实验室安全性的组成部分，应作为必检项目进行验证。

10.1.6 由于温度变化对压力的影响，采用恒压法和压力衰减法进行检测时，要注意保持实验室及环境的温度稳定，并随时检测记录大气的绝对压力、环境温度、实验室温度，进行结果计算时，应根据温度和大气压力的变化进行修正。

10.1.7 高效过滤器检漏最直接、精准的方法是进行逐点扫描，光度计和计数器均可，在保证安全的前提下，扫描检漏有几个基本原则：首先应保证过滤器上游有均匀稳定且能达到一定浓度的气溶胶，再有是下游气流稳定且能排除外界干扰。优先使用大气尘和计数器，具有污染小、简便易行的优点。早先一些资料推荐采用人工尘、光度计进行效率法检漏，其中一个主要原因是某些现场无法引入具有一定浓度的大气尘，如高级别电子厂房的吊顶内等。

对于使用过的生物安全实验室、生物安全柜的排风高效过滤器的检漏，人工扫描操作可能会增加操作人员的风险，因此应首选机械扫描装置，进行逐点扫描检漏。如果无法安装机械扫描装置，可采用人工扫描检漏，但须注意安全防护。如果早期建造的生物安全实验室，空间有限，确实无法设置机械扫描装置、且无法实现人工扫描操作的，可在过滤器上游预留发尘位置，在过滤器下游预留测浓度的检漏位置，进行过滤器效率法检漏。

采用计数器或光度计进行效率法检漏的评价依据，在ISO 14644-3《洁净室及相关受控环境—第三部分 测试方法》的B.6.4中，当采用粒子计数器进行测试时，所测得效率不应超过过滤器标示的最易穿透粒径效率的5倍，当采用光度计进行测试时，整体透过率不应超过0.01%，本规范均采用效率不低于99.99%的统一标准。

10.1.9　气流流向的概念有两种：首先是指在不同房间之间因压差的不同，只能产生单一方向的气流流动，另一方面是指同一房间之内，由于送、排风口位置的不同，总体上有一定的方向性。事实上对于第一方面，主要是检测各房间的压差，对于第二方面，尤其对于较大的乱流房间，送排（回）风口之间通常没有明显的有规律性的气流，定向流的作用不明显，检测时主要是注意生物安全实验室的整体布局、生物安全柜及风口位置等是否符合规律，关键位置，如生物安全柜窗口等处，有无干扰气流等。

10.1.10　《洁净室施工及验收规范》GB 50591中，对洁净室的各项参数的检测方法和要求做了详细的规定，其2010版的修订，来源于课题实验、大量的检测实践以及最新的国际相关标准。

10.1.11　在《实验室　生物安全通用要求》GB 19489-2008中的6.3.3.9条，对防护区使用的高效过滤单元的严密性提出了要求，此类的单元一般指排风处理用的专业产品，如“袋进袋出”（Bag in Bag out）装置等。

10.1.12　生物安全实验室为了节能，可采用分区运行、值班风机、生物安全柜分时运行等方式，除在各个运行方式下应保证系统运行符合要求外，还应最大程度地保证各工况切换过程中防护区房间不出现正压，房间间气流流向无逆转。

10.2　生物安全设备的现场检测

10.2.1　生物安全柜、动物隔离设备、IVC、负压解剖台等设备的运行通常与生物安全实验室的系统相关联，是第一道、也是最关键的安全屏障，这些设备的各项参数都是需要安装后进行现场调整的，因此，当出现可能影响其性能的情况后，一定要对其性能进行检测验证。

10.2.2　除必须进行出厂前的合格检测以外，还要在现场安装完毕后，进行调试和检测，并提供现场检测合格报告。

10.2.3　对于生物安全柜的检测，本次修订增加了高效过滤器的检漏以及适用于Ⅲ级生物安全柜、动物隔离设备等的部分项目。在生物安全实验室建设工作中，应重视生物安全柜的检测，生物安全柜高效过滤器的检漏包括送风、排风高效过滤器。

10.2.4　一般生物安全柜、单向流解剖台的垂直气流平均风速不应低于0.25m/s，风速过高可能会对实验室操作产生影响，也不适宜。上一版的规范中规定检测点间距不大于0.2m，根据大量检测实践证明，生物安全柜的风速大体规律、均匀，因此，0.2m间距应足以达到测点要求，但一些相关标准和厂家的检测要求中，规定间距为0.15m，因此，本次修订时将要求统一。

10.2.5　工作窗口的气流，最容易发生外逸的位置是窗口两侧和上沿，应重点检查。

10.2.6　采用风速仪直接测量时，通常窗口上沿风速很低，小于0.2m/s，中间位置大约0.5m/s，窗口下沿风速最高，大约lm/s，窗口平均风速大于0.5m/s，经过大量实践，虽然窗口风速差异大，但同样可以准确得出检测结果，且检测效率高于其他方法。在风速仪间接检测法中，通过实验确认，将生物安全柜窗口降低到8cm左右时，窗口风速的均匀性增加，其中心位置的风速近似等于平均风速。因阻力变化引起的风量变化忽略不计。

10.2.7　检测工作区洁净度时，对于开敞式的生物安全柜或动物隔离设备等，靠近窗口的测点不宜太向外，以避免吸入气流对洁净度检测的影响，对于封闭式的设备，应将检验仪器置于被测设备内，将检测仪器设为自动状态，封闭设备后，进行检测。

10.2.8　对于生物安全柜、动物隔离设备等必须和实验室通风系统同时启停，无法单独运行的，应在检测报告中注明。

10.2.9　对于生物安全柜通常要求平均照度不低于650lx，检测时应注意规避日光或实验室照明的影响。

10.2.10 部分生物安全柜和动物隔离设备已经预留了发尘和检测位置,对于没有预留位置的生物安全柜和动物隔离设备,可在操作区发人工尘,在排风过滤器出风面检漏,或在排风管开孔,进行检漏。

10.2.11 检测时应将风速仪置于生物安全柜或动物隔离设备内,重新封闭生物安全柜或动物隔离设备,利用操作手套进行检测。

10.2.12 通常利用设备本身压差显示装置的测孔进行检测。

10.2.13 由于生物安全柜和动物隔离设备的体积小,温度波动引起的压力变化更加明显,因此检测过程中必须同时精确测量设备内部和环境的温度,以便修正。通常测试周期(1小时内),箱体内的温度变化不得超过0.3℃,环境温度不超过1℃,大气压变化不超过100Pa。检测压力通常设备验收时采用1000Pa,运行检查验收采用250Pa,或根据需要和委托方协商确定。

10.2.14 手套口风速的检测目的是防止万一手套脱落时,设备内的空气不会外逸。

10.2.15 生物安全柜箱体漏泄检测、漏电检测、接地电阻检测的方法可参照JG170《生物安全柜》标准。

10.2.16 对于一些建造时间较早的实验室,由于条件所限,生物安全柜的安装通常达不到要求,生物安全柜安装过于紧凑,会造成生物安全柜维护的不便。

10.2.17 活毒废水处理设备一般具有固液分离装置、过压保护装置、清洗消毒装置、冷却装置等功能。活毒废水处理设备、高压灭菌器、动物尸体处理设备等需验证温度、压力、时间等运行参数对灭活微生物的有效性。高温灭菌是处理生物安全实验室活毒废水最常用到的方法之一,固液分离装置可以避免固体渣滓进入到设备中引起堵塞以保证设备连续正常运行;选用过压保护装置时应采取措施避免排放气体可能引起的生物危险物质外泄;当设备处于检修或故障状态时如果需要拆卸污染部位,应先对系统进行清洗和消毒;灭菌后的废水处于高温状态,排放前要先冷却。灭菌效果与温度、压力、时间等参数有关,应采取措施(如在设备上设置孢子检测口)对参数适用性进行验证。在管路连接与阀门布局上要考虑到废水能有效自流收集到灭活罐中,并且要采取必要措施保证罐体内的废水在灭菌时温度梯度均匀,严防未经灭菌或灭菌不彻底的废水排放到市政污水管网中。

10.2.18 活毒废水处理设备、高压灭菌锅、动物尸体处理设备等的高效过滤器在设备上是很难检测的,可将高效过滤器检测不漏后再进行安装。

10.2.19 活毒废水处理设备、高压灭菌锅、动物尸体处理设备等产生固体污染物的设备一般在设备上预留了检测口,可进行现场检测。

10.2.20 活毒废水处理设备、高压灭菌锅、动物尸体处理设备等产生固体污染物的设备一般设备上预留了检测口,可进行现场检测。

10.3 工程验收

10.3.1 根据国务院424号令中的十九、二十、二十一条规定:“新建、改建、扩建三级、四级生物安全实验室或者生产、进口移动式三级、四级生物安全实验室”应“符合国家生物安全实验室建筑技术规范”,“三级、四级实验室应当通过实验室国家认可。”“三级、四级生物安全实验室从事高致病性病原微生物实验活动”,“工程质量经建筑主管部门依法检测验收合格”。国家相关主管部门对生物安全实验室的建造、验收和启用都作了严格的规定,必须严格执行。

10.3.2 工程验收涉及的内容广泛,应包括各个专业,综合性能的检测仅是其中的一部分内容,此外还包括工程前期、施工过程中的相关文件和过程的审核验收。

10.3.3 工程检测必须由具有资质的质检部门进行,无资质认可的部门出具的报告不具备任何效力。

10.3.4 工程验收的结论应由验收小组得出，验收小组的组成应包括涉及生物安全实验室建设的各个技术专业。

实验室生物安全通用要求（GB 19489-2008）

1 范围

本标准规定了对不同生物安全防护级别实验室的设施、设备和安全管理的基本要求。

第5章以及6.1和6.2是对生物安全实验室的基础要求，需要时，适用于更高防护水平的生物安全实验室以及动物生物安全实验室。

针对与感染动物饲养相关的实验室活动，本标准规定了对实验室内动物饲养设施和环境的基本要求。需要时，6.3和6.4适用于相应防护水平的动物生物安全实验室。

本标准适用于涉及生物因子操作的实验室。

2 术语和定义

下列术语和定义适用于本标准：

2.1 气溶胶 aerosols

悬浮于气体介质中的粒径一般为0.001μm～100μm的固态或液态微小粒子形成的相对稳定的分散体系。

2.2 事故 accident

造成死亡、疾病、伤害、损坏以及其他损失的意外情况。

2.3 气锁 air lock

具备机械送排风系统、整体消毒灭菌条件、化学喷淋（适用时）和压力可监控的气密室，其门具有互锁功能，不能同时处于开启状态。

2.4 生物因子 biological agents

微生物和生物活性物质。

2.5 生物安全柜 biological safety cabinet，BSC

具备气流控制及高效空气过滤装置的操作柜，可有效降低实验过程中产生的有害气溶胶对操作者和环境的危害。

2.6 缓冲间 buffer room

设置在被污染概率不同的实验室区域间的密闭室，需要时，设置机械通风系统，其门具有互锁功能，不能同时处于开启状态。

2.7 定向气流 directional airflow

特指从污染概率小区域流向污染概率大区域的受控制的气流。

2.8 危险 hazard

可能导致死亡、伤害或疾病、财产损失、工作环境破坏或这些情况组合的根源或状态。

2.9 危险识别 hazard identification

识别存在的危险并确定其特性的过程。

2.10 高效空气过滤器（HEPA过滤器） high efficiency particulate air filter

通常以0.3μm微粒为测试物，在规定的条件下滤除效率高于99.97%的空气过滤器。

2.11 事件 incident

导致或可能导致事故的情况。

2.12 实验室 laboratory

涉及生物因子操作的实验室。

2.13 实验室生物安全 laboratory biosafety

实验室的生物安全条件和状态不低于容许水平，可避免实验室人员、来访人员、社区及环境受到不可接受的损害，符合相关法规、标准等对实验室生物安全责任的要求。

2.14 实验室防护区 laboratory containment area

实验室的物理分区，该区域内生物风险相对较大，需对实验室的平面设计、围护结构的密闭性、气流，以及人员进入、个体防护等进行控制的区域。

2.15 材料安全数据单 material safety data sheet，MSDS

详细提供某材料的危险性和使用注意事项等信息的技术通报。

2.16 个体防护装备 personal protective equipment，PPE

防止人员个体受到生物性、化学性或物理性等危险因子伤害的器材和用品。

2.17 风险 risk

危险发生的概率及其后果严重性的综合。

2.18 风险评估 risk assessment

评估风险大小以及确定是否可接受的全过程。

2.19 风险控制 risk control

为降低风险而采取的综合措施。

3 风险评估及风险控制

3.1 实验室应建立并维持风险评估和风险控制程序，以持续进行危险识别、风险评估和实施必要的控制措施。实验室需要考虑的内容包括：

3.1.1 当实验室活动涉及致病性生物因子时，实验室应进行生物风险评估。风险评估应考虑（但不限于）下列内容：

a） 生物因子已知或未知的特性，如生物因子的种类、来源、传染性、传播途径、易感性、潜伏期、剂量-效应（反应）关系、致病性（包括急性与远期效应）、变异性、在环境中的稳定性、与其他生物和环境的交互作用、相关实验数据、流行病学资料、预防和治疗方案等；

b） 适用时，实验室本身或相关实验室已发生的事故分析；

c） 实验室常规活动和非常规活动过程中的风险（不限于生物因素），包括所有进入工作场所的人员和可能涉及的人员（如：合同方人员）的活动；

d） 设施、设备等相关的风险；

e） 适用时，实验动物相关的风险；

f） 人员相关的风险，如身体状况、能力、可能影响工作的压力等；

g） 意外事件、事故带来的风险；

h） 被误用和恶意使用的风险；

i） 风险的范围、性质和时限性；

j） 危险发生的概率评估；

k） 可能产生的危害及后果分析；

l)　确定可接受的风险；

m)　适用时，消除、减少或控制风险的管理措施和技术措施，及采取措施后残余风险或新带来风险的评估；

n)　适用时，运行经验和所采取的风险控制措施的适应程度评估；

o)　适用时，应急措施及预期效果评估；

p)　适用时，为确定设施设备要求、识别培训需求、开展运行控制提供的输入信息；

q)　适用时，降低风险和控制危害所需资料、资源(包括外部资源)的评估；

r)　对风险、需求、资源、可行性、适用性等的综合评估。

3.1.2　应事先对所有拟从事活动的风险进行评估，包括对化学、物理、辐射、电气、水灾、火灾、自然灾害等的风险进行评估。

3.1.3　风险评估应由具有经验的专业人员(不限于本机构内部的人员)进行。

3.1.4　应记录风险评估过程，风险评估报告应注明评估时间、编审人员和所依据的法规、标准、研究报告、权威资料、数据等。

3.1.5　应定期进行风险评估或对风险评估报告复审，评估的周期应根据实验室活动和风险特征而确定。

3.1.6　开展新的实验室活动或欲改变经评估过的实验室活动(包括相关的设施、设备、人员、活动范围、管理等)，应事先或重新进行风险评估。

3.1.7　操作超常规量或从事特殊活动时，实验室应进行风险评估，以确定其生物安全防护要求，适用时，应经过相关主管部门的批准。

3.1.8　当发生事件、事故等时应重新进行风险评估。

3.1.9　当相关政策、法规、标准等发生改变时应重新进行风险评估。

3.1.10　采取风险控制措施时宜首先考虑消除危险源(如果可行)，然后再考虑降低风险(降低潜在伤害发生的可能性或严重程度)，最后考虑采用个体防护装备。

3.1.11　危险识别、风险评估和风险控制的过程不仅适用于实验室、设施设备的常规运行，而且适用于对实验室、设施设备进行清洁、维护或关停期间。

3.1.12　除考虑实验室自身活动的风险外，还应考虑外部人员活动、使用外部提供的物品或服务所带来的风险。

3.1.13　实验室应有机制监控其所要求的活动，以确保相关要求及时并有效地得以实施。

3.2　实验室风险评估和风险控制活动的复杂程度决定于实验室所存在危险的特性，适用时，实验室不一定需要复杂的风险评估和风险控制活动。

3.3　风险评估报告应是实验室采取风险控制措施、建立安全管理体系和制定安全操作规程的依据。

3.4　风险评估所依据的数据及拟采取的风险控制措施、安全操作规程等应以国家主管部门和世界卫生组织、世界动物卫生组织、国际标准化组织等机构或行业权威机构发布的指南、标准等为依据；任何新技术在使用前应经过充分验证，适用时，应得到相关主管部门的批准。

3.5　风险评估报告应得到实验室所在机构生物安全主管部门的批准；对未列入国家相关主管部门发布的病原微生物名录的生物因子的风险评估报告，适用时，应得到相关主管部门的批准。

4　实验室生物安全防护水平分级

4.1　根据对所操作生物因子采取的防护措施，将实验室生物安全防护水平分为一级、二级、三级和四级，一级防护水平最低，四级防护水平最高。依据国家相关规定：

a） 生物安全防护水平为一级的实验室适用于操作在通常情况下不会引起人类或者动物疾病的微生物；

b） 生物安全防护水平为二级的实验室适用于操作能够引起人类或者动物疾病，但一般情况下对人、动物或者环境不构成严重危害，传播风险有限，实验室感染后很少引起严重疾病，并且具备有效治疗和预防措施的微生物；

c） 生物安全防护水平为三级的实验室适用于操作能够引起人类或者动物严重疾病，比较容易直接或者间接在人与人、动物与人、动物与动物间传播的微生物；

d） 生物安全防护水平为四级的实验室适用于操作能够引起人类或者动物非常严重疾病的微生物，以及我国尚未发现或者已经宣布消灭的微生物。

4.2 以BSL-1、BSL-2、BSL-3、BSL-4(bio-safety level，BSL)表示仅从事体外操作的实验室的相应生物安全防护水平。

4.3 以ABSL-1、ABSL-2、ABSL-3、ABSL-4(animal bio-safety level，ABSL)表示包括从事动物活体操作的实验室的相应生物安全防护水平。

4.4 根据实验活动的差异、采用的个体防护装备和基础隔离设施的不同，实验室分以下情况：

4.4.1 操作通常认为非经空气传播致病性生物因子的实验室。

4.4.2 可有效利用安全隔离装置(如：生物安全柜)操作常规量经空气传播致病性生物因子的实验室。

4.4.3 不能有效利用安全隔离装置操作常规量经空气传播致病性生物因子的实验室。

4.4.4 利用具有生命支持系统的正压服操作常规量经空气传播致病性生物因子的实验室。

4.5 应依据国家相关主管部门发布的病原微生物分类名录，在风险评估的基础上，确定实验室的生物安全防护水平。

5 实验室设计原则及基本要求

5.1 实验室选址、设计和建造应符合国家和地方环境保护和建设主管部门等的规定和要求。

5.2 实验室的防火和安全通道设置应符合国家的消防规定和要求，同时应考虑生物安全的特殊要求；必要时，应事先征询消防主管部门的建议。

5.3 实验室的安全保卫应符合国家相关部门对该类设施的安全管理规定和要求。

5.4 实验室的建筑材料和设备等应符合国家相关部门对该类产品生产、销售和使用的规定和要求。

5.5 实验室的设计应保证对生物、化学、辐射和物理等危险源的防护水平控制在经过评估的可接受程度，为关联的办公区和邻近的公共空间提供安全的工作环境，及防止危害环境。

5.6 实验室的走廊和通道应不妨碍人员和物品通过。

5.7 应设计紧急撤离路线，紧急出口应有明显的标识。

5.8 房间的门根据需要安装门锁，门锁应便于内部快速打开。

5.9 需要时(如：正当操作危险材料时)，房间的入口处应有警示和进入限制。

5.10 应评估生物材料、样本、药品、化学品和机密资料等被误用、被偷盗和被不正当使用的风险，并采取相应的物理防范措施。

5.11 应有专门设计以确保存储、转运、收集、处理和处置危险物料的安全。

5.12 实验室内温度、湿度、照度、噪声和洁净度等室内环境参数应符合工作要求和卫生等相关要求。

5.13 实验室设计还应考虑节能、环保及舒适性要求，应符合职业卫生要求和人机工效学要求。

5.14 实验室应有防止节肢动物和啮齿动物进入的措施。

5.15 动物实验室的生物安全防护设施还应考虑对动物呼吸、排泄、毛发、抓咬、挣扎、逃逸、动物实验(如:染毒、医学检查、取样、解剖、检验等)、动物饲养、动物尸体及排泄物的处置等过程产生的潜在生物危险的防护。

5.16 应根据动物的种类、身体大小、生活习性、实验目的等选择具有适当防护水平的、适用于动物的饲养设施、实验设施、消毒灭菌设施和清洗设施等。

5.17 不得循环使用动物实验室排出的空气。

5.18 动物实验室的设计,如:空间、进出通道、解剖室、笼具等应考虑动物实验及动物福利的要求。

5.19 适用时,动物实验室还应符合国家实验动物饲养设施标准的要求。

6 实验室设施和设备要求

6.1 BSL-1实验室

6.1.1 实验室的门应有可视窗并可锁闭,门锁及门的开启方向应不妨碍室内人员逃生。

6.1.2 应设洗手池,宜设置在靠近实验室的出口处。

6.1.3 在实验室门口处应设存衣或挂衣装置,可将个人服装与实验室工作服分开放置。

6.1.4 实验室的墙壁、天花板和地面应易清洁、不渗水、耐化学品和消毒灭菌剂的腐蚀。地面应平整、防滑,不应铺设地毯。

6.1.5 实验室台柜和座椅等应稳固,边角应圆滑。

6.1.6 实验室台柜等和其摆放应便于清洁,实验台面应防水、耐腐蚀、耐热和坚固。

6.1.7 实验室应有足够的空间和台柜等摆放实验室设备和物品。

6.1.8 应根据工作性质和流程合理摆放实验室设备、台柜、物品等,避免相互干扰、交叉污染,并应不妨碍逃生和急救。

6.1.9 实验室可以利用自然通风。如果采用机械通风,应避免交叉污染。

6.1.10 如果有可开启的窗户,应安装可防蚊虫的纱窗。

6.1.11 实验室内应避免不必要的反光和强光。

6.1.12 若操作刺激或腐蚀性物质,应在30m内设洗眼装置,必要时应设紧急喷淋装置。

6.1.13 若操作有毒、刺激性、放射性挥发物质,应在风险评估的基础上,配备适当的负压排风柜。

6.1.14 若使用高毒性、放射性等物质,应配备相应的安全设施、设备和个体防护装备,应符合国家、地方的相关规定和要求。

6.1.15 若使用高压气体和可燃气体,应有安全措施,应符合国家、地方的相关规定和要求。

6.1.16 应设应急照明装置。

6.1.17 应有足够的电力供应。

6.1.18 应有足够的固定电源插座,避免多台设备使用共同的电源插座。应有可靠的接地系统,应在关键节点安装漏电保护装置或监测报警装置。

6.1.19 供水和排水管道系统应不渗漏,下水应有防回流设计。

6.1.20 应配备适用的应急器材,如消防器材、意外事故处理器材、急救器材等。

6.1.21 应配备适用的通讯设备。

6.1.22 必要时,应配备适当的消毒灭菌设备。

6.2 BSL-2实验室

6.2.1 适用时,应符合6.1的要求。

6.2.2 实验室主入口的门、放置生物安全柜实验间的门应可自动关闭;实验室主入口的门应有进入控制措施。

6.2.3 实验室工作区域外应有存放备用物品的条件。

6.2.4 应在实验室工作区配备洗眼装置。

6.2.5 应在实验室或其所在的建筑内配备高压蒸汽灭菌器或其他适当的消毒灭菌设备,所配备的消毒灭菌设备应以风险评估为依据。

6.2.6 应在操作病原微生物样本的实验间内配备生物安全柜。

6.2.7 应按产品的设计要求安装和使用生物安全柜。如果生物安全柜的排风在室内循环,室内应具备通风换气的条件;如果使用需要管道排风的生物安全柜,应通过独立于建筑物其他公共通风系统的管道排出。

6.2.8 应有可靠的电力供应。必要时,重要设备(如:培养箱、生物安全柜、冰箱等)应配置备用电源。

6.3 BSL-3实验室

6.3.1 平面布局

6.3.1.1 实验室应明确区分辅助工作区和防护区,应在建筑物中自成隔离区或为独立建筑物,应有出入控制。

6.3.1.2 防护区中直接从事高风险操作的工作间为核心工作间,人员应通过缓冲间进入核心工作间。

6.3.1.3 适用于4.4.1的实验室辅助工作区应至少包括监控室和清洁衣物更换间;防护区应至少包括缓冲间(可兼作脱防护服间)及核心工作间。

6.3.1.4 适用于4.4.2的实验室辅助工作区应至少包括监控室、清洁衣物更换间和淋浴间;防护区应至少包括防护服更换间、缓冲间及核心工作间。

6.3.1.5 适用于4.4.2的实验室核心工作间不宜直接与其他公共区域相邻。

6.3.1.6 如果安装传递窗,其结构承压力及密闭性应符合所在区域的要求,并具备对传递窗内物品进行消毒灭菌的条件。必要时,应设置具备送排风或自净化功能的传递窗,排风应经HEPA过滤器过滤后排出。

6.3.2 围护结构

6.3.2.1 围护结构(包括墙体)应符合国家对该类建筑的抗震要求和防火要求。

6.3.2.2 天花板、地板、墙间的交角应易清洁和消毒灭菌。

6.3.2.3 实验室防护区内围护结构的所有缝隙和贯穿处的接缝都应可靠密封。

6.3.2.4 实验室防护区内围护结构的内表面应光滑、耐腐蚀、防水,以易于清洁和消毒灭菌。

6.3.2.5 实验室防护区内的地面应防渗漏、完整、光洁、防滑、耐腐蚀、不起尘。

6.3.2.6 实验室内所有的门应可自动关闭,需要时,应设观察窗;门的开启方向不应妨碍逃生。

6.3.2.7 实验室内所有窗户应为密闭窗,玻璃应耐撞击、防破碎。

6.3.2.8 实验室及设备间的高度应满足设备的安装要求,应有维修和清洁空间。

6.3.2.9 在通风空调系统正常运行状态下,采用烟雾测试等目视方法检查实验室防护区内围护结构的严密性时,所有缝隙应无可见泄漏(参见附录A)。

6.3.3 通风空调系统

6.3.3.1 应安装独立的实验室送排风系统,应确保在实验室运行时气流由低风险区向高风险区流动,同时确保实验室空气只能通过HEPA过滤器过滤后经专用的排风管道排出。

6.3.3.2　实验室防护区房间内送风口和排风口的布置应符合定向气流的原则，利于减少房间内的涡流和气流死角；送排风应不影响其他设备（如：II级生物安全柜）的正常功能。

6.3.3.3　不得循环使用实验室防护区排出的空气。

6.3.3.4　应按产品的设计要求安装生物安全柜和其排风管道，可以将生物安全柜排出的空气排入实验室的排风管道系统。

6.3.3.5　实验室的送风应经过HEPA过滤器过滤，宜同时安装初效和中效过滤器。

6.3.3.6　实验室的外部排风口应设置在主导风的下风向（相对于送风口），与送风口的直线距离应大于12 m，应至少高出本实验室所在建筑的顶部2 m，应有防风、防雨、防鼠、防虫设计，但不应影响气体向上空排放。

6.3.3.7　HEPA过滤器的安装位置应尽可能靠近送风管道在实验室内的送风口端和排风管道在实验室内的排风口端。

6.3.3.8　应可以在原位对排风HEPA过滤器进行消毒灭菌和检漏（参见附录A）。

6.3.3.9　如在实验室防护区外使用高效过滤器单元，其结构应牢固，应能承受2500 Pa的压力；高效过滤器单元的整体密封性应达到在关闭所有通路并维持腔室内的温度在设计范围上限的条件下，若使空气压力维持在1000 Pa时，腔室内每分钟泄漏的空气量应不超过腔室净容积的0.1%。

6.3.3.10　应在实验室防护区送风和排风管道的关键节点安装生物型密闭阀，必要时，可完全关闭。应在实验室送风和排风总管道的关键节点安装生物型密闭阀，必要时，可完全关闭。

6.3.3.11　生物型密闭阀与实验室防护区相通的送风管道和排风管道应牢固、易消毒灭菌、耐腐蚀、抗老化，宜使用不锈钢管道；管道的密封性应达到在关闭所有通路并维持管道内的温度在设计范围上限的条件下，若使空气压力维持在500 Pa时，管道内每分钟泄漏的空气量应不超过管道内净容积的0.2%。

6.3.3.12　应有备用排风机。应尽可能减少排风机后排风管道正压段的长度，该段管道不应穿过其他房间。

6.3.3.13　不应在实验室防护区内安装分体空调。

6.3.4　供水与供气系统

6.3.4.1　应在实验室防护区内的实验间的靠近出口处设置非手动洗手设施；如果实验室不具备供水条件，则应设非手动手消毒灭菌装置。

6.3.4.2　应在实验室的给水与市政给水系统之间设防回流装置。

6.3.4.3　进出实验室的液体和气体管道系统应牢固、不渗漏、防锈、耐压、耐温（冷或热）、耐腐蚀。应有足够的空间清洁、维护和维修实验室内暴露的管道，应在关键节点安装截止阀、防回流装置或HEPA过滤器等。

6.3.4.4　如果有供气（液）罐等，应放在实验室防护区外易更换和维护的位置，安装牢固，不应将不相容的气体或液体放在一起。

6.3.4.5　如果有真空装置，应有防止真空装置的内部被污染的措施；不应将真空装置安装在实验场所之外。

6.3.5　污物处理及消毒灭菌系统

6.3.5.1　应在实验室防护区内设置生物安全型高压蒸汽灭菌器。宜安装专用的双扉高压灭菌器，其主体应安装在易维护的位置，与围护结构的连接之处应可靠密封。

6.3.5.2　对实验室防护区内不能高压灭菌的物品应有其他消毒灭菌措施。

6.3.5.3　高压蒸汽灭菌器的安装位置不应影响生物安全柜等安全隔离装置的气流。

6.3.5.4 如果设置传递物品的渡槽，应使用强度符合要求的耐腐蚀性材料，并方便更换消毒灭菌液。

6.3.5.5 淋浴间或缓冲间的地面液体收集系统应有防液体回流的装置。

6.3.5.6 实验室防护区内如果有下水系统，应与建筑物的下水系统完全隔离；下水应直接通向本实验室专用的消毒灭菌系统。

6.3.5.7 所有下水管道应有足够的倾斜度和排量，确保管道内不存水；管道的关键节点应按需要安装防回流装置、存水弯（深度应适用于空气压差的变化）或密闭阀门等；下水系统应符合相应的耐压、耐热、耐化学腐蚀的要求，安装牢固，无泄漏，便于维护、清洁和检查。

6.3.5.8 应使用可靠的方式处理处置污水（包括污物），并应对消毒灭菌效果进行监测，以确保达到排放要求。

6.3.5.9 应在风险评估的基础上，适当处理实验室辅助区的污水，并应监测，以确保排放到市政管网之前达到排放要求。

6.3.5.10 可以在实验室内安装紫外线消毒灯或其他适用的消毒灭菌装置。

6.3.5.11 应具备对实验室防护区及与其直接相通的管道进行消毒灭菌的条件。

6.3.5.12 应具备对实验室设备和安全隔离装置（包括与其直接相通的管道）进行消毒灭菌的条件。

6.3.5.13 应在实验室防护区内的关键部位配备便携的局部消毒灭菌装置（如：消毒喷雾器等），并备有足够的适用消毒灭菌剂。

6.3.6 电力供应系统

6.3.6.1 电力供应应满足实验室的所有用电要求，并应有冗余。

6.3.6.2 生物安全柜、送风机和排风机、照明、自控系统、监视和报警系统等应配备不间断备用电源，电力供应应至少维持30 min 。

6.3.6.3 应在安全的位置设置专用配电箱。

6.3.7 照明系统

6.3.7.1 实验室核心工作间的照度应不低于350 lx，其他区域的照度应不低于200 lx，宜采用吸顶式防水洁净照明灯。

6.3.7.2 应避免过强的光线和光反射。

6.3.7.3 应设不少于30min的应急照明系统。

6.3.8 自控、监视与报警系统

6.3.8.1 进入实验室的门应有门禁系统，应保证只有获得授权的人员才能进入实验室。

6.3.8.2 需要时，应可立即解除实验室门的互锁；应在互锁门的附近设置紧急手动解除互锁开关。

6.3.8.3 核心工作间的缓冲间的入口处应有指示核心工作间工作状态的装置（如：文字显示或指示灯），必要时，应同时设置限制进入核心工作间的连锁机制。

6.3.8.4 启动实验室通风系统时，应先启动实验室排风，后启动实验室送风；关停时，应先关闭生物安全柜等安全隔离装置和排风支管密闭阀，再关实验室送风及密闭阀，后关实验室排风及密闭阀。

6.3.8.5 当排风系统出现故障时，应有机制避免实验室出现正压和影响定向气流。

6.3.8.6 当送风系统出现故障时，应有机制避免实验室内的负压影响实验室人员的安全、影响生物安全柜等安全隔离装置的正常功能和围护结构的完整性。

6.3.8.7 应通过对可能造成实验室压力波动的设备和装置实行连锁控制等措施，确保生物安全柜、负压排风柜(罩)等局部排风设备与实验室送排风系统之间的压力关系和必要的稳定性,并应在启动、运行和关停过程中保持有序的压力梯度。

6.3.8.8 应设装置连续监测送排风系统HEPA过滤器的阻力,需要时,及时更换HEPA过滤器。

6.3.8.9 应在有负压控制要求的房间入口的显著位置,安装显示房间负压状况的压力显示装置和控制区间提示。

6.3.8.10 中央控制系统应可以实时监控、记录和存储实验室防护区内有控制要求的参数、关键设施设备的运行状态;应能监控、记录和存储故障的现象、发生时间和持续时间;应可以随时查看历史记录。

6.3.8.11 中央控制系统的信号采集间隔时间应不超过1min,各参数应易于区分和识别。

6.3.8.12 中央控制系统应能对所有故障和控制指标进行报警,报警应区分一般报警和紧急报警。

6.3.8.13 紧急报警应为声光同时报警,应可以向实验室内外人员同时发出紧急警报;应在实验室核心工作间内设置紧急报警按钮。

6.3.8.14 应在实验室的关键部位设置监视器,需要时,可实时监视并录制实验室活动情况和实验室周围情况。监视设备应有足够的分辨率,影像存储介质应有足够的数据存储容量。

6.3.9 实验室通讯系统

6.3.9.1 实验室防护区内应设置向外部传输资料和数据的传真机或其他电子设备。

6.3.9.2 监控室和实验室内应安装语音通讯系统。如果安装对讲系统,宜采用向内通话受控、向外通话非受控的选择性通话方式。

6.3.9.3 通讯系统的复杂性应与实验室的规模和复杂程度相适应。

6.3.10 参数要求

6.3.10.1 实验室的围护结构应能承受送风机或排风机异常时导致的空气压力载荷。

6.3.10.2 适用于4.4.1的实验室核心工作间的气压(负压)与室外大气压的压差值应不小于30Pa,与相邻区域的压差(负压)应不小于10Pa;适用于4.4.2的实验室的核心工作间的气压(负压)与室外大气压的压差值应不小于40Pa,与相邻区域的压差(负压)应不小于15Pa。

6.3.10.3 实验室防护区各房间的最小换气次数应不小于12次/h

6.3.10.4 实验室的温度宜控制在18℃~26℃范围内。

6.3.10.5 正常情况下,实验室的相对湿度宜控制在30%~70%范围内;消毒状态下,实验室的相对湿度应能满足消毒灭菌的技术要求。

6.3.10.6 在安全柜开启情况下,核心工作间的噪声应不大于68dB(A)。

6.3.10.7 实验室防护区的静态洁净度应不低于8级水平。

6.4 BSL-4实验室

6.4.1 适用时,应符合6.3的要求。

6.4.2 实验室应建造在独立的建筑物内或建筑物中独立的隔离区域内。应有严格限制进入实验室的门禁措施,应记录进入人员的个人资料、进出时间、授权活动区域等信息;对与实验室运行相关的关键区域也应有严格和可靠的安保措施,避免非授权进入。

6.4.3 实验室的辅助工作区应至少包括监控室和清洁衣物更换间。适用于4.4.2的实验室防护区应至少包括防护走廊、内防护服更换间、淋浴间、外防护服更换间和核心工作间,外防护服更换间应为气锁。

6.4.4 适用于4.4.4的实验室的防护区应包括防护走廊、内防护服更换间、淋浴间、外防护服更换间、化学淋浴间和核心工作间。化学淋浴间应为气锁，具备对专用防护服或传递物品的表面进行清洁和消毒灭菌的条件，具备使用生命支持供气系统的条件。

6.4.5 实验室防护区的围护结构应尽量远离建筑外墙；实验室的核心工作间应尽可能设置在防护区的中部。

6.4.6 应在实验室的核心工作间内配备生物安全型高压灭菌器；如果配备双扉高压灭菌器，其主体所在房间的室内气压应为负压，并应设在实验室防护区内易更换和维护的位置。

6.4.7 如果安装传递窗，其结构承压力及密闭性应符合所在区域的要求；需要时，应配备符合气锁要求的并具备消毒灭菌条件的传递窗。

6.4.8 实验室防护区围护结构的气密性应达到在关闭受测房间所有通路并维持房间内的温度在设计范围上限的条件下，当房间内的空气压力上升到500Pa后，20 min内自然衰减的气压小于250Pa。

6.4.9 符合4.4.4要求的实验室应同时配备紧急支援气罐，紧急支援气罐的供气时间应不少于60min/人。

6.4.10 生命支持供气系统应有自动启动的不间断备用电源供应，供电时间应不少于60min。

6.4.11 供呼吸使用的气体的压力、流量、含氧量、温度、湿度、有害物质的含量等应符合职业安全的要求。

6.4.12 生命支持系统应具备必要的报警装置。

6.4.13 实验室防护区内所有区域的室内气压应为负压，实验室核心工作间的气压(负压)与室外大气压的压差值应不小于60Pa，与相邻区域的压差(负压)应不小于25Pa。

6.4.14 适用于4.4.2的实验室，应在Ⅲ级生物安全柜或相当的安全隔离装置内操作致病性生物因子；同时应具备与安全隔离装置配套的物品传递设备以及生物安全型高压蒸汽灭菌器。

6.4.15 实验室的排风应经过两级HEPA过滤器处理后排放。

6.4.16 应可以在原位对送风HEPA过滤器进行消毒灭菌和检漏。

6.4.17 实验室防护区内所有需要运出实验室的物品或其包装的表面应经过可靠消毒灭菌。

6.4.18 化学淋浴消毒灭菌装置应在无电力供应的情况下仍可以使用，消毒灭菌剂储存器的容量应满足所有情况下对消毒灭菌剂使用量的需求。

6.5 动物生物安全实验室

6.5.1 ABSL-1实验室

6.5.1.1 动物饲养间应与建筑物内的其他区域隔离。

6.5.1.2 动物饲养间的门应有可视窗，向里开；打开的门应能够自动关闭，需要时，可以锁上。

6.5.1.3 动物饲养间的工作表面应防水和易于消毒灭菌。

6.5.1.4 不宜安装窗户。如果安装窗户，所有窗户应密闭；需要时，窗户外部应装防护网。

6.5.1.5 围护结构的强度应与所饲养的动物种类相适应。

6.5.1.6 如果有地面液体收集系统，应设防液体回流装置，存水弯应有足够的深度。

6.5.1.7 不得循环使用动物实验室排出的空气。

6.5.1.8 应设置洗手池或手部清洁装置，宜设置在出口处。

6.5.1.9 宜将动物饲养间的室内气压控制为负压。

6.5.1.10 应可以对动物笼具清洗和消毒灭菌。

6.5.1.11 应设置实验动物饲养笼具或护栏，除考虑安全要求外还应考虑对动物福利的要求。

6.5.1.12 动物尸体及相关废物的处置设施和设备应符合国家相关规定的要求。

6.5.2 ABSL-2实验室

6.5.2.1 适用时,应符合6.5.1的要求。

6.5.2.2 动物饲养间应在出入口处设置缓冲间。

6.5.2.3 应设置非手动洗手池或手部清洁装置,宜设置在出口处。

6.5.2.4 应在邻近区域配备高压蒸汽灭菌器。

6.5.2.5 适用时,应在安全隔离装置内从事可能产生有害气溶胶的活动;排气应经HEPA过滤器的过滤后排出。

6.5.2.6 应将动物饲养间的室内气压控制为负压,气体应直接排放到其所在的建筑物外。

6.5.2.7 应根据风险评估的结果,确定是否需要使用HEPA过滤器过滤动物饲养间排出的气体。

6.5.2.8 当不能满足6.5.2.5时,应使用HEPA过滤器过滤动物饲养间排出的气体。

6.5.2.9 实验室的外部排风口应至少高出本实验室所在建筑的顶部2 m,应有防风、防雨、防鼠、防虫设计,但不应影响气体向上空排放。

6.5.2.10 污水(包括污物)应消毒灭菌处理,并应对消毒灭菌效果进行监测,以确保达到排放要求。

6.5.3 ABSL-3实验室

6.5.3.1 适用时,应符合6.5.2的要求。

6.5.3.2 应在实验室防护区内设淋浴间,需要时,应设置强制淋浴装置。

6.5.3.3 动物饲养间属于核心工作间,如果有入口和出口,均应设置缓冲间。

6.5.3.4 动物饲养间应尽可能设在整个实验室的中心部位,不应直接与其他公共区域相邻。

6.5.3.5 适用于4.4.1实验室的防护区应至少包括淋浴间、防护服更换间、缓冲间及核心工作间。当不能有效利用安全隔离装置饲养动物时,应根据进一步的风险评估确定实验室的生物安全防护要求。

6.5.3.6 适用于4.4.3的动物饲养间的缓冲间应为气锁,并具备对动物饲养间的防护服或传递物品的表面进行消毒灭菌的条件。

6.5.3.7 适用于4.4.3的动物饲养间,应有严格限制进入动物饲养间的门禁措施(如:个人密码和生物学识别技术等)。

6.5.3.8 动物饲养间内应安装监视设备和通讯设备。

6.5.3.9 动物饲养间内应配备便携式局部消毒灭菌装置(如:消毒喷雾器等),并应备有足够的适用消毒灭菌剂。

6.5.3.10 应有装置和技术对动物尸体和废物进行可靠消毒灭菌。

6.5.3.11 应有装置和技术对动物笼具进行清洁和可靠消毒灭菌。

6.5.3.12 需要时,应有装置和技术对所有物品或其包装的表面在运出动物饲养间前进行清洁和可靠消毒灭菌。

6.5.3.13 应在风险评估的基础上,适当处理防护区内淋浴间的污水,并应对灭菌效果进行监测,以确保达到排放要求。

6.5.3.14 适用于4.4.3的动物饲养间,应根据风险评估的结果,确定其排出的气体是否需要经过两级HEPA过滤器的过滤后排出。

6.5.3.15 适用于4.4.3的动物饲养间,应可以在原位对送风HEPA过滤器进行消毒灭菌和检漏。

6.5.3.16 适用于4.4.1和4.4.2的动物饲养间的气压(负压)与室外大气压的压差值应不小于60Pa,与相邻区域的压差(负压)应不小于15Pa。

6.5.3.17 适用于4.4.3的动物饲养间的气压(负压)与室外大气压的压差值应不小于80Pa,与相邻区域的压差(负压)应不小于25Pa。

6.5.3.18 适用于4.4.3的动物饲养间及其缓冲间的气密性应达到在关闭受测房间所有通路并维持房间内的温度在设计范围上限的条件下,若使空气压力维持在250Pa时,房间内每小时泄漏的空气量应不超过受测房间净容积的10%。

6.5.3.19 在适用于4.4.3的动物饲养间从事可传染人的病原微生物活动时,应根据进一步的风险评估确定实验室的生物安全防护要求;适用时,应经过相关主管部门的批准。

6.5.4 ABSL-4实验室

6.5.4.1 适用时,应符合6.5.3的要求。

6.5.4.2 淋浴间应设置强制淋浴装置。

6.5.4.3 动物饲养间的缓冲间应为气锁。

6.5.4.4 应有严格限制进入动物饲养间的门禁措施。

6.5.4.5 动物饲养间的气压(负压)与室外大气压的压差值应不小于100Pa;与相邻区域的压差(负压)应不小于25Pa。

6.5.4.6 动物饲养间及其缓冲间的气密性应达到在关闭受测房间所有通路并维持房间内的温度在设计范围上限的条件下,当房间内的空气压力上升到500Pa后,20 min内自然衰减的气压小于250Pa。

6.5.4.7 应有装置和技术对所有物品或其包装的表面在运出动物饲养间前进行清洁和可靠消毒灭菌。

6.5.5 对从事无脊椎动物操作实验室设施的要求

6.5.5.1 该类动物设施的生物安全防护水平应根据国家相关主管部门的规定和风险评估的结果确定。

6.5.5.2 如果从事某些节肢动物(特别是可飞行、快爬或跳跃的昆虫)的实验活动,应采取以下适用的措施(但不限于):

a) 应通过缓冲间进入动物饲养间,缓冲间内应安装适用的捕虫器,并应在门上安装防节肢动物逃逸的纱网;

b) 应在所有关键的可开启的门窗上安装防节肢动物逃逸的纱网;

c) 应在所有通风管道的关键节点安装防节肢动物逃逸的纱网;应具备分房间饲养已感染和未感染节肢动物的条件;

d) 应具备密闭和进行整体消毒灭菌的条件;

e) 应设喷雾式杀虫装置;

f) 应设制冷装置,需要时,可以及时降低动物的活动能力;

g) 应有机制确保水槽和存水弯管内的液体或消毒灭菌液不干涸;

h) 只要可行,应对所有废物高压灭菌;

i) 应有机制监测和记录会飞、爬、跳跃的节肢动物幼虫和成虫的数量;

j) 应配备适用于放置装蜱螨容器的油碟;

k) 应具备带双层网的笼具以饲养或观察已感染或潜在感染的逃逸能力强的节肢动物;

l) 应具备适用的生物安全柜或相当的安全隔离装置以操作已感染或潜在感染的节肢动物;

m) 应具备操作已感染或潜在感染的节肢动物的低温盘;

n) 需要时,应设置监视器和通讯设备。

6.5.5.3 是否需要其他措施,应根据风险评估的结果确定。

7　管理要求

7.1　组织和管理

7.1.1　实验室或其母体组织应有明确的法律地位和从事相关活动的资格。

7.1.2　实验室所在的机构应设立生物安全委员会,负责咨询、指导、评估、监督实验室的生物安全相关事宜。实验室负责人应至少是所在机构生物安全委员会有职权的成员。

7.1.3　实验室管理层应负责安全管理体系的设计、实施、维持和改进,应负责:

a）为实验室所有人员提供履行其职责所需的适当权力和资源;

b）建立机制以避免管理层和实验室人员受任何不利于其工作质量的压力或影响(如:财务、人事或其他方面的),或卷入任何可能降低其公正性、判断力和能力的活动;

c）制定保护机密信息的政策和程序;

d）明确实验室的组织和管理结构,包括与其他相关机构的关系;

e）规定所有人员的职责、权力和相互关系;

f）安排有能力的人员,依据实验室人员的经验和职责对其进行必要的培训和监督;

g）指定一名安全负责人,赋予其监督所有活动的职责和权力,包括制定、维持、监督实验室安全计划的责任,阻止不安全行为或活动的权力,直接向决定实验室政策和资源的管理层报告的权力;

h）指定负责技术运作的技术管理层,并提供可以确保满足实验室规定的安全要求和技术要求的资源;

i）指定每项活动的项目负责人,其负责制定并向实验室管理层提交活动计划、风险评估报告、安全及应急措施、项目组人员培训及健康监督计划、安全保障及资源要求;

j）指定所有关键职位的代理人。

7.1.4　实验室安全管理体系应与实验室规模、实验室活动的复杂程度和风险相适应。

7.1.5　政策、过程、计划、程序和指导书等应文件化并传达至所有相关人员。实验室管理层应保证这些文件易于理解并可以实施。

7.1.6　安全管理体系文件通常包括管理手册、程序文件、说明及操作规程、记录等文件,应有供现场工作人员快速使用的安全手册。

7.1.7　应指导所有人员使用和应用与其相关的安全管理体系文件及其实施要求,并评估其理解和运用的能力。

7.2　管理责任

7.2.1　实验室管理层应对所有员工、来访者、合同方、社区和环境的安全负责。

7.2.2　应制定明确的准入政策并主动告知所有员工、来访者、合同方可能面临的风险。

7.2.3　应尊重员工的个人权利和隐私。

7.2.4　应为员工提供持续培训及继续教育的机会,保证员工可以胜任所分配的工作。

7.2.5　应为员工提供必要的免疫计划、定期的健康检查和医疗保障。

7.2.6　应保证实验室设施、设备、个体防护装备、材料等符合国家有关的安全要求,并定期检查、维护、更新,确保不降低其设计性能。

7.2.7　应为员工提供符合要求的适用防护用品和器材。

7.2.8　应为员工提供符合要求的适用实验物品和器材。

7.2.9　应保证员工不疲劳工作和不从事风险不可控制的或国家禁止的工作。

7.3　个人责任

7.3.1　应充分认识和理解所从事工作的风险。

7.3.2 应自觉遵守实验室的管理规定和要求。

7.3.3 在身体状态许可的情况下，应接受实验室的免疫计划和其他的健康管理规定。

7.3.4 应按规定正确使用设施、设备和个体防护装备。

7.3.5 应主动报告可能不适于从事特定任务的个人状态。

7.3.6 不应因人事、经济等任何压力而违反管理规定。

7.3.7 有责任和义务避免因个人原因造成生物安全事件或事故。

7.3.8 如果怀疑个人受到感染，应立即报告。

7.3.9 应主动识别任何危险和不符合规定的工作，并立即报告。

7.4 安全管理体系文件

7.4.1 实验室安全管理的方针和目标

7.4.1.1 在安全管理手册中应明确实验室安全管理的方针和目标。安全管理的方针应简明扼要，至少包括以下内容：

a） 实验室遵守国家以及地方相关法规和标准的承诺；

b） 实验室遵守良好职业规范、安全管理体系的承诺；

c） 实验室安全管理的宗旨。

7.4.1.2 实验室安全管理的目标应包括实验室的工作范围、对管理活动和技术活动制定的安全指标，应明确、可考核。

7.4.1.3 应在风险评估的基础上确定安全管理目标，并根据实验室活动的复杂性和风险程度定期评审安全管理目标和制定监督检查计划。

7.4.2 安全管理手册

7.4.2.1 应对组织结构、人员岗位及职责、安全及安保要求、安全管理体系、体系文件架构等进行规定和描述。安全要求不能低于国家和地方的相关规定及标准的要求。

7.4.2.2 应明确规定管理人员的权限和责任，包括保证其所管人员遵守安全管理体系要求的责任。

7.4.2.3 应规定涉及的安全要求和操作规程应以国家主管部门和世界卫生组织、世界动物卫生组织、国际标准化组织等机构或行业权威机构发布的指南或标准等为依据，并符合国家相关法规和标准的要求；任何新技术在使用前应经过充分验证，适用时，应得到国家相关主管部门的批准。

7.4.3 程序文件

7.4.3.1 应明确规定实施具体安全要求的责任部门、责任范围、工作流程及责任人、任务安排及对操作人员能力的要求、与其他责任部门的关系、应使用的工作文件等。

7.4.3.2 应满足实验室实施所有的安全要求和管理要求的需要，工作流程清晰，各项职责得到落实。

7.4.4 说明及操作规程

7.4.4.1 应详细说明使用者的权限及资格要求、潜在危险、设施设备的功能、活动目的和具体操作步骤、防护和安全操作方法、应急措施、文件制定的依据等。

7.4.4.2 实验室应维持并合理使用实验室涉及的所有材料的最新安全数据单。

7.4.5 安全手册

7.4.5.1 应以安全管理体系文件为依据，制定实验室安全手册（快速阅读文件）；应要求所有员工阅读安全手册并在工作区随时可供使用；安全手册宜包括（但不限于）以下内容：

a） 紧急电话、联系人；

b）实验室平面图、紧急出口、撤离路线；

c）实验室标识系统；

d）生物危险；

e）化学品安全；

f）辐射；

g）机械安全；

h）电气安全；

i）低温、高热；

j）消防；

k）个体防护；

l）危险废物的处理和处置；

m）事件、事故处理的规定和程序；

n）从工作区撤离的规定和程序。

7.4.5.2　安全手册应简明、易懂、易读，实验室管理层应至少每年对安全手册评审和更新。

7.4.6　记录

7.4.6.1　应明确规定对实验室活动进行记录的要求，至少应包括：记录的内容、记录的要求、记录的档案管理、记录使用的权限、记录的安全、记录的保存期限等。保存期限应符合国家和地方法规或标准的要求。

7.4.6.2　实验室应建立对实验室活动记录进行识别、收集、索引、访问、存放、维护及安全处置的程序。

7.4.6.3　原始记录应真实并可以提供足够的信息，保证可追溯性。

7.4.6.4　对原始记录的任何更改均不应影响识别被修改的内容，修改人应签字和注明日期。

7.4.6.5　所有记录应易于阅读，便于检索。

7.4.6.6　记录可存储于任何适当的媒介，应符合国家和地方的法规或标准的要求。

7.4.6.7　应具备适宜的记录存放条件，以防损坏、变质、丢失或未经授权的进入。

7.4.7　标识系统

7.4.7.1　实验室用于标示危险区、警示、指示、证明等的图文标识是管理体系文件的一部分，包括用于特殊情况下的临时标识，如“污染”、“消毒中”、“设备检修”等。

7.4.7.2　标识应明确、醒目和易区分。只要可行，应使用国际、国家规定的通用标识。

7.4.7.3　应系统而清晰地标示出危险区，且应适用于相关的危险。在某些情况下，宜同时使用标识和物理屏障标示出危险区。

7.4.7.4　应清楚地标示出具体的危险材料、危险，包括：生物危险、有毒有害、腐蚀性、辐射、刺伤、电击、易燃、易爆、高温、低温、强光、振动、噪声、动物咬伤、砸伤等；需要时，应同时提示必要的防护措施。

7.4.7.5　应在须验证或校准的实验室设备的明显位置注明设备的可用状态、验证周期、下次验证或校准的时间等信息。

7.4.7.6　实验室入口处应有标识，明确说明生物防护级别、操作的致病性生物因子、实验室负责人姓名、紧急联络方式和国际通用的生物危险符号；适用时，应同时注明其他危险。

7.4.7.7　实验室所有房间的出口和紧急撤离路线应有在无照明的情况下也可清楚识别的标识。

7.4.7.8　实验室的所有管道和线路应有明确、醒目和易区分的标识。

7.4.7.9　所有操作开关应有明确的功能指示标识，必要时，还应采取防止误操作或恶意操作的措施。

7.4.7.10　实验室管理层应负责定期（至少每12个月一次）评审实验室标识系统，需要时及时更新，以确保其适用现有的危险。

7.5　文件控制

7.5.1　实验室应对所有管理体系文件进行控制，制定和维持文件控制程序，确保实验室人员使用现行有效的文件。

7.5.2　应将受控文件备份存档，并规定其保存期限。文件可以用任何适当的媒介保存，不限定为纸张。

7.5.3　应有相应的程序以保证：

a）管理体系所有的文件应在发布前经过授权人员的审核与批准；

b）动态维持文件清单控制记录，并可以识别现行有效的文件版本及发放情况；

c）在相关场所只有现行有效的文件可供使用；

d）定期评审文件，需要修订的文件经授权人员审核与批准后及时发布；

e）及时撤掉无效或已废止的文件，或可以确保不误用；

f）适当标注存留或归档的已废止文件，以防误用。

7.5.4　如果实验室的文件控制制度允许在换版之前对文件手写修改，应规定修改程序和权限。修改之处应有清晰的标注、签署并注明日期。被修改的文件应按程序及时发布。

7.5.5　应制定程序规定如何更改和控制保存在计算机系统中的文件。

7.5.6　安全管理体系文件应具备唯一识别性，文件中应包括以下信息：

a）标题；

b）文件编号、版本号、修订号；

c）页数；

d）生效日期；

e）编制人、审核人、批准人；

f）参考文献或编制依据。

7.6　安全计划

7.6.1　实验室安全负责人应负责制定年度安全计划，安全计划应经过管理层的审核与批准。需要时，实验室安全计划应包括（不限于）：

a）实验室年度工作安排的说明和介绍；

b）安全和健康管理目标；

c）风险评估计划；

d）程序文件与标准操作规程的制定与定期评审计划；

e）人员教育、培训及能力评估计划；

f）实验室活动计划；

g）设施设备校准、验证和维护计划；

h）危险物品使用计划；

i）消毒灭菌计划；

j）废物处置计划；

k）设备淘汰、购置、更新计划；

l） 演习计划(包括泄漏处理、人员意外伤害、设施设备失效、消防、应急预案等)；

m） 监督及安全检查计划(包括核查表)；

n） 人员健康监督及免疫计划；

o） 审核与评审计划；

p） 持续改进计划；

q） 外部供应与服务计划；

r） 行业最新进展跟踪计划；

s） 与生物安全委员会相关的活动计划。

7.7 安全检查

7.7.1 实验室管理层应负责实施安全检查，每年应至少根据管理体系的要求系统性地检查一次，对关键控制点可根据风险评估报告适当增加检查频率，以保证：

a） 设施设备的功能和状态正常；

b） 警报系统的功能和状态正常；

c） 应急装备的功能及状态正常；

d） 消防装备的功能及状态正常；

e） 危险物品的使用及存放安全；

f） 废物处理及处置的安全；

g） 人员能力及健康状态符合工作要求；

h） 安全计划实施正常；

i） 实验室活动的运行状态正常；

j） 不符合规定的工作及时得到纠正；

k） 所需资源满足工作要求。

7.7.2 为保证检查工作的质量，应依据事先制定的适用于不同工作领域的核查表实施检查。

7.7.3 当发现不符合规定的工作、发生事件或事故时，应立即查找原因并评估后果；必要时，停止工作。

7.7.4 生物安全委员会应参与安全检查。

7.7.5 外部的评审活动不能代替实验室的自我安全检查。

7.8 不符合项的识别和控制

7.8.1 当发现有任何不符合实验室所制定的安全管理体系的要求时，实验室管理层应按需要采取以下措施(不限于)：

a） 将解决问题的责任落实到个人；

b） 明确规定应采取的措施；

c） 只要发现很有可能造成感染事件或其他损害，立即终止实验室活动并报告；

d） 立即评估危害并采取应急措施；

e） 分析产生不符合项的原因和影响范围，只要适用，应及时采取补救措施；

f） 进行新的风险评估；

g） 采取纠正措施并验证有效；

h） 明确规定恢复工作的授权人及责任；

i） 记录每一不符合项及其处理的过程并形成文件；

7.8.2 实验室管理层应按规定的周期评审不符合项报告，以发现趋势并采取预防措施。

7.9 纠正措施

7.9.1 纠正措施程序中应包括识别问题发生的根本原因的调查程序。纠正措施应与问题的严重性及风险的程度相适应。只要适用,应及时采取预防措施。

7.9.2 实验室管理层应将因纠正措施所致的管理体系的任何改变文件化并实施。

7.9.3 实验室管理层应负责监督和检查所采取纠正措施的效果,以确保这些措施已有效解决了识别出的问题。

7.10 预防措施

7.10.1 应识别无论是技术还是管理体系方面的不符合项来源和所需的改进,定期进行趋势分析和风险分析,包括对外部评价的分析。如果需要采取预防措施,应制定行动计划、监督和检查实施效果,以减少类似不符合项发生的可能性并借机改进。

7.10.2 预防措施程序应包括对预防措施的评价,以确保其有效性。

7.11 持续改进

7.11.1 实验室管理层应定期系统地评审管理体系,以识别所有潜在的不符合项来源、识别对管理体系或技术的改进机会。适用时,应及时改进识别出的需改进之处,应制定改进方案,文件化、实施并监督。

7.11.2 实验室管理层应设置可以系统地监测、评价实验室活动风险的客观指标。

7.11.3 如果采取措施,实验室管理层还应通过重点评审或审核相关范围的方式评价其效果。

7.11.4 需要时,实验室管理层应及时将因改进措施所致的管理体系的任何改变文件化并实施。

7.11.5 实验室管理层应有机制保证所有员工积极参加改进活动,并提供相关的教育和培训机会。

7.12 内部审核

7.12.1 应根据安全管理体系的规定对所有管理要素和技术要素定期进行内部审核,以证实管理体系的运作持续符合要求。

7.12.2 应由安全负责人负责策划、组织并实施审核。

7.12.3 应明确内部审核程序并文件化,应包括审核范围、频次、方法及所需的文件。如果发现不足或改进机会,应采取适当的措施,并在约定的时间内完成。

7.12.4 正常情况下,应按不大于12个月的周期对管理体系的每个要素进行内部审核。

7.12.5 员工不应审核自己的工作。

7.12.6 应将内部审核的结果提交实验室管理层评审。

7.13 管理评审

7.13.1 实验室管理层应对实验室安全管理体系及其全部活动进行评审,包括设施设备的状态、人员状态、实验室相关的活动、变更、事件、事故等。

7.13.2 需要时,管理评审应考虑以下内容(不限于):

a) 前次管理评审输出的落实情况;

b) 所采取纠正措施的状态和所需的预防措施;

c) 管理或监督人员的报告;

d) 近期内部审核的结果;

e) 安全检查报告;

f) 适用时,外部机构的评价报告;

g) 任何变化、变更情况的报告;

h） 设施设备的状态报告；

i） 管理职责的落实情况；

j） 人员状态、培训、能力评估报告；

k） 员工健康状况报告；

l） 不符合项、事件、事故及其调查报告；

m） 实验室工作报告；

n） 风险评估报告；

o） 持续改进情况报告；

p） 对服务供应商的评价报告；

q） 国际、国家和地方相关规定和技术标准的更新与维持情况；

r） 安全管理方针及目标；

s） 管理体系的更新与维持；

t） 安全计划的落实情况、年度安全计划及所需资源。

7.13.3 只要可行，应以客观方式监测和评价实验室安全管理体系的适用性和有效性。

7.13.4 应记录管理评审的发现及提出的措施，应将评审发现和作为评审输出的决定列入含目的、目标和措施的工作计划中，并告知实验室人员。实验室管理层应确保所提出的措施在规定的时间内完成。

7.13.5 正常情况下，应按不大于12个月的周期进行管理评审。

7.14 实验室人员管理

7.14.1 必要时，实验室负责人应指定若干适当的人员承担实验室安全相关的管理职责。实验室安全管理人员应：

a） 具备专业教育背景；

b） 熟悉国家相关政策、法规、标准；

c） 熟悉所负责的工作，有相关的工作经历或专业培训；

d） 熟悉实验室安全管理工作；

e） 定期参加相关的培训或继续教育。

7.14.2 实验室或其所在机构应有明确的人事政策和安排，并可供所有员工查阅。

7.14.3 应对所有岗位提供职责说明，包括人员的责任和任务，教育、培训和专业资格要求，应提供给相应岗位的每位员工。

7.14.4 应有足够的人力资源承担实验室所提供服务范围内的工作以及承担管理体系涉及的工作。

7.14.5 如果实验室聘用临时工作人员，应确保其有能力胜任所承担的工作，了解并遵守实验室管理体系的要求。

7.14.6 员工的工作量和工作时间安排不应影响实验室活动的质量和员工的健康，符合国家法规要求。

7.14.7 在有规定的领域，实验室人员在从事相关的实验室活动时，应有相应的资格。

7.14.8 应培训员工独立工作的能力。

7.14.9 应定期评价员工可以胜任其工作任务的能力。

7.14.10 应按工作的复杂程度定期评价所有员工的表现，应至少每12个月评价一次。

7.14.11 人员培训计划应包括（不限于）：

a） 上岗培训，包括对较长期离岗或下岗人员的再上岗培训；

b） 实验室管理体系培训；

c） 安全知识及技能培训；

d） 实验室设施设备（包括个体防护装备）的安全使用；

e） 应急措施与现场救治；

f） 定期培训与继续教育；

g） 人员能力的考核与评估。

7.14.12 实验室或其所在机构应维持每个员工的人事资料，可靠保存并保护隐私权。人事档案应包括（不限于）：

a） 员工的岗位职责说明；

b） 岗位风险说明及员工的知情同意证明；

c） 教育背景和专业资格证明；

d） 培训记录，应有员工与培训者的签字及日期；

e） 员工的免疫、健康检查、职业禁忌症等资料；

f） 内部和外部的继续教育记录及成绩；

g） 与工作安全相关的意外事件、事故报告；

h） 有关确认员工能力的证据，应有能力评价的日期和承认该员工能力的日期或期限；

i） 员工表现评价。

7.15 实验室材料管理

7.15.1 实验室应有选择、购买、采集、接收、查验、使用、处置和存储实验室材料（包括外部服务）的政策和程序，以保证安全。

7.15.2 应确保所有与安全相关的实验室材料只有在经检查或证实其符合有关规定的要求之后投入使用，应保存相关活动的记录。

7.15.3 应评价重要消耗品、供应品和服务的供应商，保存评价记录和允许使用的供应商名单。

7.15.4 应对所有危险材料建立清单，包括来源、接收、使用、处置、存放、转移、使用权限、时间和数量等内容，相关记录安全保存，保存期限不少于20年。

7.15.5 应有可靠的物理措施和管理程序确保实验室危险材料的安全和安保。

7.15.6 应按国家相关规定的要求使用和管理实验室危险材料。

7.16 实验室活动管理

7.16.1 实验室应有计划、申请、批准、实施、监督和评估实验室活动的政策和程序。

7.16.2 实验室负责人应指定每项实验室活动的项目负责人，同时见7.1.3 i）。

7.16.3 在开展活动前，应了解实验室活动涉及的任何危险，掌握良好工作行为（参见附录B）；为实验人员提供如何在风险最小情况下进行工作的详细指导，包括正确选择和使用个体防护装备。

7.16.4 涉及微生物的实验室活动操作规程应利用良好微生物标准操作要求和（或）特殊操作要求。

7.16.5 实验室应有针对未知风险材料操作的政策和程序。

7.17 实验室内务管理

7.17.1 实验室应有对内务管理的政策和程序，包括内务工作所用清洁剂和消毒灭菌剂的选择、配制、效期、使用方法、有效成分检测及消毒灭菌效果监测等政策和程序，应评估和避免消毒灭菌剂本身的风险。

7.17.2 不应在工作面放置过多的实验室耗材。

7.17.3 应时刻保持工作区整洁有序。

7.17.4 应指定专人使用经核准的方法和个体防护装备进行内务工作。

7.17.5 不应混用不同风险区的内务程序和装备。

7.17.6 应在安全处置后对被污染的区域和可能被污染的区域进行内务工作。

7.17.7 应制定日常清洁(包括消毒灭菌)计划和清场消毒灭菌计划,包括对实验室设备和工作表面的消毒灭菌和清洁。

7.17.8 应指定专人监督内务工作,应定期评价内务工作的质量。

7.17.9 实验室的内务规程和所用材料发生改变时应通知实验室负责人。

7.17.10 实验室规程、工作习惯或材料的改变可能对内务人员有潜在危险时,应通知实验室负责人并书面告知内务管理负责人。

7.17.11 发生危险材料溢洒时,应启用应急处理程序。

7.18 实验室设施设备管理

7.18.1 实验室应有对设施设备(包括个体防护装备)管理的政策和程序,包括设施设备的完好性监控指标、巡检计划、使用前核查、安全操作、使用限制、授权操作、消毒灭菌、禁止事项、定期校准或检定,定期维护、安全处置、运输、存放等。

7.18.2 应制定在发生事故或溢洒(包括生物、化学或放射性危险材料)时,对设施设备去污染、清洁和消毒灭菌的专用方案(参见附录C)。

7.18.3 设施设备维护、修理、报废或被移出实验室前应先去污染、清洁和消毒灭菌;但应意识到,可能仍然需要要求维护人员穿戴适当的个体防护装备。

7.18.4 应明确标示出设施设备中存在危险的部位。

7.18.5 在投入使用前应核查并确认设施设备的性能可满足实验室的安全要求和相关标准。

7.18.6 每次使用前或使用中应根据监控指标确认设施设备的性能处于正常工作状态,并记录。

7.18.7 如果使用个体呼吸保护装置,应做个体适配性测试,每次使用前核查并确认符合佩戴要求。

7.18.8 设施设备应由经过授权的人员操作和维护,现行有效的使用和维护说明书应便于有关人员使用。

7.18.9 应依据制造商的建议使用和维护实验室设施设备。

7.18.10 应在设施设备的显著部位标示出其唯一编号、校准或验证日期、下次校准或验证日期、准用或停用状态。

7.18.11 应停止使用并安全处置性能已显示出缺陷或超出规定限度的设施设备。

7.18.12 无论什么原因,如果设备脱离了实验室的直接控制,待该设备返回后,应在使用前对其性能进行确认并记录。

7.18.13 应维持设施设备的档案,适用时,内容应至少包括(不限于):

a) 制造商名称、型式标识、系列号或其他唯一性标识;

b) 验收标准及验收记录;

c) 接收日期和启用日期;

d) 接收时的状态(新品、使用过、修复过);

e) 当前位置;

f) 制造商的使用说明或其存放处;

g） 维护记录和年度维护计划；

h） 校准（验证）记录和校准（验证）计划；

i） 任何损坏、故障、改装或修理记录；

j） 服务合同；

k） 预计更换日期或使用寿命；

l） 安全检查记录。

7.19 废物处置

7.19.1 实验室危险废物处理和处置的管理应符合国家或地方法规和标准的要求，应征询相关主管部门的意见和建议。

7.19.2 应遵循以下原则处理和处置危险废物：

a） 将操作、收集、运输、处理及处置废物的危险减至最小；

b） 将其对环境的有害作用减至最小；

c） 只可使用被承认的技术和方法处理和处置危险废物；

d） 排放符合国家或地方规定和标准的要求。

7.19.3 应有措施和能力安全处理和处置实验室危险废物。

7.19.4 应有对危险废物处理和处置的政策和程序，包括对排放标准及监测的规定。

7.19.5 应评估和避免危险废物处理和处置方法本身的风险。

7.19.6 应根据危险废物的性质和危险性按相关标准分类处理和处置废物。

7.19.7 危险废物应弃置于专门设计的、专用的和有标识的用于处置危险废物的容器内，装量不能超过建议的装载容量。

7.19.8 锐器（包括针头、小刀、金属和玻璃等）应直接弃置于耐扎的容器内。

7.19.9 应由经过培训的人员处理危险废物，并应穿戴适当的个体防护装备。

7.19.10 不应积存垃圾和实验室废物。在消毒灭菌或最终处置之前，应存放在指定的安全地方。

7.19.11 不应从实验室取走或排放不符合相关运输或排放要求的实验室废物。

7.19.12 应在实验室内消毒灭菌含活性高致病性生物因子的废物。

7.19.13 如果法规许可，只要包装和运输方式符合危险废物的运输要求，可以运送未处理的危险废物到指定机构处理。

7.20 危险材料运输

7.20.1 应制定对危险材料运输的政策和程序，包括危险材料在实验室内、实验室所在机构内及机构外部的运输，应符合国家和国际规定的要求。

7.20.2 应建立并维持危险材料接收和运出清单，至少包括危险材料的性质、数量、交接时包装的状态、交接人、收发时间和地点等，确保危险材料出入的可追溯性。

7.20.3 实验室负责人或其授权人员应负责向为实验室送交危险材料的所有部门提供适当的运输指南和说明。

7.20.4 应以防止污染人员或环境的方式运输危险材料，并有可靠的安保措施。

7.20.5 危险材料应置于被批准的本质安全的防漏容器中运输。

7.20.6 国际和国家关于道路、铁路、水路和航空运输危险材料的公约、法规和标准适用，应按国家或国际现行的规定和标准，包装、标示所运输的物品并提供文件资料。

7.21 应急措施

7.21.1 应制定应急措施的政策和程序，包括生物性、化学性、物理性、放射性等紧急情况和火灾、水灾、冰冻、地震、人为破坏等任何意外紧急情况,还应包括使留下的空建筑物处于尽可能安全状态的措施,应征询相关主管部门的意见和建议。

7.21.2 应急程序应至少包括负责人、组织、应急通讯、报告内容、个体防护和应对程序、应急设备、撤离计划和路线、污染源隔离和消毒灭菌、人员隔离和救治、现场隔离和控制、风险沟通等内容。

7.21.3 实验室应负责使所有人员(包括来访者)熟悉应急行动计划、撤离路线和紧急撤离的集合地点。

7.21.4 每年应至少组织所有实验室人员进行一次演习。

7.22 消防安全

7.22.1 应有消防相关的政策和程序,并使所有人员理解,以确保人员安全和防止实验室内的危险扩散。

7.22.2 应制定年度消防计划,内容至少包括(不限于):

a) 对实验室人员的消防指导和培训,内容至少包括火险的识别和判断、减少火险的良好操作规程、失火时应采取的全部行动;

b) 实验室消防设施设备和报警系统状态的检查;

c) 消防安全定期检查计划;

d) 消防演习(每年至少一次)。

7.22.3 在实验室内应尽量减少可燃气体和液体的存放量。

7.22.4 应在适用的排风罩或排风柜中操作可燃气体或液体。

7.22.5 应将可燃气体或液体放置在远离热源或打火源之处,避免阳光直射。

7.22.6 输送可燃气体或液体的管道应安装紧急关闭阀。

7.22.7 应配备控制可燃物少量泄漏的工具包。如果发生明显泄漏,应立即寻求消防部门的援助。

7.22.8 可燃气体或液体应存放在经批准的贮藏柜或库中。贮存量应符合国家相关的规定和标准。

7.22.9 需要冷藏的可燃液体应存放在防爆(无火花)的冰箱中。

7.22.10 需要时,实验室应使用防爆电器。

7.22.11 应配备适当的设备,需要时用于扑灭可控制的火情及帮助人员从火场撤离。

7.22.12 应依据实验室可能失火的类型配置适当的灭火器材并定期维护,应符合消防主管部门的要求。

7.22.13 如果发生火警,应立即寻求消防部门的援助,并告知实验室内存在的危险。

7.23 事故报告

7.23.1 实验室应有报告实验室事件、伤害、事故、职业相关疾病以及潜在危险的政策和程序,符合国家和地方对事故报告的规定要求。

7.23.2 所有事故报告应形成书面文件并存档(包括所有相关活动的记录和证据等文件)。适用时,报告应包括事实的详细描述、原因分析、影响范围、后果评估、采取的措施、所采取措施有效性的追踪、预防类似事件发生的建议及改进措施等。

7.23.3 事故报告(包括采取的任何措施)应提交实验室管理层和安全委员会评审,适用时,还应提交更高管理层评审。

7.23.4 实验室任何人员不得隐瞒实验室活动相关的事件、伤害、事故、职业相关疾病以及潜在危险,应按国家规定上报。

附录A

（资料性附录）
实验室围护结构严密性检测和排风HEPA过滤器检漏方法指南

A.1 引言

本附录旨在为评价实验室围护结构的严密性和对排风HEPA过滤器检漏提供参考。

A.2 围护结构严密性检测方法

A.2.1 烟雾检测法

A.2.1.1 在实验室通风空调系统正常运行的条件下，在需要检测位置的附近，通过人工烟源（如发烟管、水雾震荡器等）造成可视化流场，根据烟雾流动的方向判断所检测位置的严密程度。

A.2.1.2 检测时避免检测位置附近有其他干扰气流物或障碍物。

A.2.1.3 采用冷烟源，发烟量适当，宜使用专用的发烟管。

A.2.1.4 检测的位置包括围护结构的接缝、门窗缝隙、插座、所有穿墙设备与墙的连接处等。

A.2.2 恒定压力下空气泄漏率检测法

A.2.2.1 检测过程

a） 将受测房间的温度控制在设计温度范围内，并保持稳定；

b） 在房间内的中央位置设置1个温度计（最小示值0.1℃），以记录测试过程中室内温度的变化；

c） 关闭并固定好房间围护结构所有的门、传递窗、阀门和气密阀等；

d） 通过穿越围护结构的插管安装压力计（量程可达到500Pa，最小示值10Pa）；

e） 在真空泵或排风机和房间之间的管道上安装1个调节阀，通过调节真空泵或排风机的流量使房间相对房间外环境产生并维持250Pa的负压差；测试持续的时间宜不超过10min，以避免压力变化及温度变化造成的影响；

f） 记录真空泵或排风机的流量，按式（A.1）计算房间围护结构的小时空气泄漏率：

$$T_f=\frac{Q}{V1-V2}\cdots\cdots\cdots\cdots\cdots\cdots\quad(A.1)$$

式中：

T_f—为房间围护结构的小时空气泄漏率，

Q—真空泵或风机的流量，单位为立方米每小时（m^3/h），

V_1—房间内的空间体积，单位为立方米（m^3），

V_2—房间内物品的体积，单位为立方米（m^3）。

A.2.2.2 检测报告

检测报告的主要内容包括：

a）检测条件

1） 检测设备；

2） 检测方法；

3） 受测房间压力和温度的动态变化；

4） 房间内的空间体积及室内物品的体积；

5） 房间内的负压差及测试持续的时间；

6） 检测点的时间；

7） 真空泵或排风机的流量。

b)检测结果

1） 受测房间小时空气泄漏率的计算结果；

2） 受测房间围护结构的严密性评价。

A.2.3 压力衰减检测法

A.2.3.1 检测过程

a)将受测房间的温度控制在设计温度范围内,并保持稳定；

b)在房间内的中央位置设置1个温度计(最小示值0.1℃),以记录测试过程中室内温度的变化；

c)关闭并固定好房间围护结构所有的门、传递窗、阀门和气密阀等；

d)通过穿越围护结构的插管安装压力计(量程可达到750Pa,最小示值10Pa)；

e)在真空泵/排风机和房间之间的管道上安装1个球阀,以便在达到实验压力后能保证真空泵或排风机与受测房间密封；

f)将受测试房间与真空泵或排风机连接,使房间与室外达到500Pa的负压差。压差稳定后关闭房间与真空泵或排风机之间的阀门；

g)每分钟记录1次压差和温度,连续记录至少20min；

h)断开真空泵或鼓风机,慢慢打开球阀,使房间压力恢复到正常状态；

i)如果需要进行重复测试,20min后进行。

A.2.3.2 检测报告

检测报告的主要内容包括：

a） 检测条件

1） 检测设备；

2） 检测方法；

3） 受测房间压力和温度的动态变化；

4） 检测持续的时间；

5） 检测点的时间。

b） 检测结果

1） 受测房间20min的压力衰减率；

2） 受测房间围护结构严密性的评价。

A.3 排风HEPA过滤器的扫描检漏方法

A.3.1 检测条件

在实验室排风HEPA过滤器的排风量在最大运行风量下,待实验室压力、温度、湿度和洁净度稳定后开始检测。

A.3.2 检测用气溶胶

检测用气溶胶的中径通常为0.3μm,所发生气溶胶的浓度和粒径要分布均匀和稳定。可采用癸二酸二异辛酯[Di(2-ethylhexyl)sebacate,DEHS]、邻苯二甲酸二辛酯(Dioctyl phthalate, DOP)或聚α烯烃(Polyaphaolefin,PAO)等物质用于发生气溶胶,应优先选用对人和环境无害的物质。

A.3.3 检测方法

A.3.3.1 图A.1为扫描检漏法检测示意图。

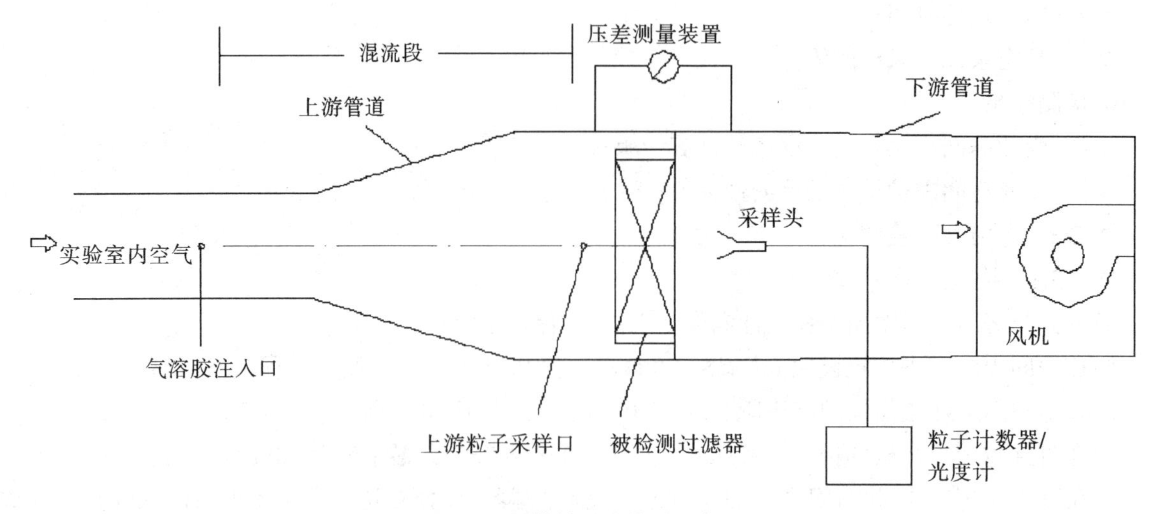

图A.1 扫描检漏法检测示意图

A.3.3.1 检测过程

a） 测量过滤器的通风量，取4次测量的均值；

b） 测量过滤器两侧的压差，压力测量的断面要位于流速均匀的区域；

c） 测量上游气溶胶的浓度，将气溶胶注入被测过滤器的上游管道并保持浓度稳定，采样4次，每次读数与4次读数平均值的差别控制在15%内；

d） 扫描排风HEPA过滤器，采样头距被测过滤器的表面2cm～3cm，扫描的速度不超过5cm/s，扫描范围包括过滤器的所有表面及过滤器与装置的连接处，为了获得具有统计意义的结果，需要在下游记录到足够多的粒子。

A.3.4 检测报告

检测报告的主要内容包括：

a)检测条件

1） 检测设备；

2） 检测方法；

3） 示踪粒子的中径；

4） 温度和相对湿度；

5） 被测过滤器通风量。

b)检测结果

1） 过滤器两侧的压差；

2） 过滤器的平均过滤效率和最低过滤效率；

3） 如果有明显的漏点，标出漏点的位置。

附录B

（资料性附录）
生物安全实验室良好工作行为指南

B.1 引言

本附录旨在帮助生物安全实验室制定专用的良好操作规程。实验室应牢记，本附录的内容不一定满足或适用于特定的实验室或特定的实验室活动，应根据各实验室的风险评估结果制定适用的良好操作规程。

B.2 生物安全实验室标准的良好工作行为

B.2.1 建立并执行准入制度。所有进入人员要知道实验室的潜在危险，符合实验室的进入规定。

B.2.2 确保实验室人员在工作地点可随时得到生物安全手册。

B.2.3 建立良好的内务规程。对个人日常清洁和消毒进行要求，如洗手、淋浴（适用时）等。

B.2.4 规范个人行为。在实验室工作区不要饮食、抽烟、处理隐形眼镜、使用化妆品、存放食品等；工作前，掌握生物安全实验室标准的良好操作规程。

B.2.5 正确使用适当个体防护装备，如手套、护目镜、防护服、口罩、帽子、鞋等。个体防护装备在工作中发生污染时，要更换后才能继续工作。

B.2.6 戴手套工作。每当污染、破损或戴一定时间后，更换手套；每当操作危险性材料的工作结束时，除去手套并洗手；离开实验间前，除去手套并洗手。严格遵守洗手的规程。不要清洗或重复使用一次性手套。

B.2.7 如果有可能发生微生物或其他有害物质溅出，要佩戴防护眼镜。

B.2.8 存在空气传播的风险时需要进行呼吸防护，用于呼吸防护的口罩在使用前要进行适配性试验。

B.2.9 工作时穿防护服。在处理生物危险材料时，穿着适用的指定防护服。离开实验室前按程序脱下防护服。用完的防护服要消毒灭菌后再洗涤。工作用鞋要防水、防滑、耐扎、舒适，可有效保护脚部。

B.2.10 安全使用移液管，要使用机械移液装置。

B.2.11 配备降低锐器损伤风险的装置和建立操作规程。在使用锐器时要注意：

a)不要试图弯曲、截断、破坏针头等锐器，不要试图从一次性注射器上取下针头或套上针头护套。必要时，使用专用的工具操作；

b)使用过的锐器要置于专用的耐扎容器中，不要超过规定的盛放容量；

c)重复利用的锐器要置于专用的耐扎容器中，采用适当的方式消毒和清洁处理；

d)不要试图直接用手处理打破的玻璃器具等（参见附录C），尽量避免使用易碎的器具。

B.2.12 按规程小心操作，避免发生溢洒或产生气溶胶，如不正确的离心操作、移液操作等。

B.2.13 在生物安全柜或相当的安全隔离装置中进行所有可能产生感染性气溶胶或飞溅物的操作。

B.2.14 工作结束或发生危险材料溢洒后，要及时使用适当的消毒灭菌剂对工作表面和被污染处进行处理（参见附录C）。

B.2.15　定期清洁实验室设备。必要时使用消毒灭菌剂清洁实验室设备。

B.2.16　不要在实验室内存放和养与工作无关的动植物。

B.2.17　所有生物危险废物在处置前要可靠消毒灭菌。需要运出实验室进行消毒灭菌的材料，要置于专用的防漏容器中运送，运出实验室前要对容器进行表面消毒灭菌处理。

B.2.18　从实验室内运走的危险材料，要按照国家和地方或主管部门的有关要求进行包装。

B.2.19　在实验室入口处设置生物危险标识。

B.2.20　采取有效的防昆虫和啮齿类动物的措施，如防虫纱网、挡鼠板等。

B.2.21　对实验室人员进行上岗培训并评估与确认其能力。需要时，实验室人员要接受再培训，如长期未工作、操作规程和有关政策发生变化等。

B.2.22　制定有关职业禁忌症、易感人群和监督个人健康状态的政策。必要时，为实验室人员提供免疫计划、医学咨询或指导。

B.3　生物安全实验室特殊的良好工作行为

B.3.1　经过有控制措施的安全门才能进入实验室，记录所有人员进出实验室的日期和时间并保留记录。

B.3.2　定期采集和保存实验室人员的血清样本。

B.3.3　只要可行，为实验室人员提供免疫计划、医学咨询或指导。

B.3.4　正式上岗前实验室人员需要熟练掌握标准的和特殊的良好工作行为及微生物操作技术和操作规程。

B.3.5　正确使用专用的个体防护装备，工作前先做培训、个体适配性测试和检查，如对面具、呼气防护装置、正压服等的适配性测试和检查。

B.3.6　不要穿个人衣物和佩戴饰物进入实验室防护区，离开实验室前淋浴。用过的实验防护服按污染物处理，先消毒灭菌再洗涤。

B.3.7　Ⅲ级生物安全柜的手套和正压服的手套有破损的风险，为了防止意外感染事件，需要另戴手套。

B.3.8　定期消毒灭菌实验室设备。仪器设备在修理、维护或从实验室内移出以前，要进行消毒灭菌处理。消毒人员要接受专业的消毒灭菌培训，使用专用个体防护装备和消毒灭菌设备。

B.3.9　如果发生可能引起人员暴露感染性物质的事件，要立即报告和进行风险评估，并按照实验室安全管理体系的规定采取适当的措施，包括医学评估、监护和治疗。

B.3.10　在实验室内消毒灭菌所有的生物危险废物。

B.3.11　如果需要从实验室内运出具有活性的生物危险材料，要按照国家和地方或主管部门的有关要求进行包装，并对包装进行可靠的消毒灭菌，如采用浸泡、熏蒸等方式消毒灭菌。

B.3.12　包装好的具有活性的生物危险物除非采用经确认有效的方法灭活后，不要在没有防护的条件下打开包装。如果发现包装有破损，立即报告，由专业人员处理。

B.3.13　定期检查防护设施、防护设备、个体防护装备，特别是带生命支持系统的正压服。

B.3.14　建立实验室人员就医或请假的报告和记录制度，评估是否与实验室工作相关。

B.3.15　建立对怀疑或确认发生实验室获得性感染的人员进行隔离和医学处理的方案并保证必要的条件(如：隔离室等)。

B.3.16　只将必需的仪器装备运入实验室内。所有运入实验室的仪器装备，在修理、维护或从实验室内移出以前要彻底消毒灭菌，比如生物安全柜的内外表面以及所有被污染的风道、风扇及过滤器等均要采用经确认有效的方式进行消毒灭菌，并监测和评价消毒灭菌效果。

B.3.17　利用双扉高压锅、传递窗、渡槽等传递物品。

B.3.18　制定应急程序，包括可能的紧急事件和急救计划，并对所有相关人员培训和进行演习。

B.4　动物生物安全实验室的良好工作行为

B.4.1　适用时，执行生物安全实验室的标准或特殊良好工作行为。

B.4.2　实验前了解动物的习性，咨询动物专家并接受必要的动物操作的培训。

B.4.3　开始工作前，实验人员（包括清洁人员、动物饲养人员、实验操作人员等）要接受足够的操作训练和演练，应熟练掌握相关的实验动物和微生物操作规程和操作技术，动物饲养人员和实验操作人员要有实验动物饲养或操作上岗合格证书。

B.4.4　将实验动物饲养在可靠的专用笼具或防护装置内，如负压隔离饲养装置（需要时排风要通过HEAP过滤器排出）等。

B.4.5　考虑工作人员对动物的过敏性和恐惧心理。

B.4.6　动物饲养室的门口处设置醒目的标识并实行严格的准入制度，包括物理门禁措施（如：个人密码和生物学识别技术等）。

B.4.7　个体防护装备还要考虑方便操作和耐受动物的抓咬和防范分泌物喷射等，要使用专用的手套、面罩、护目镜、防水围裙、防水鞋等。

B.4.8　操作动物时，要采用适当的保定方法或装置来限制动物的活动性，不要试图用人力强行制服动物。

B.4.9　只要可能，限制使用针头、注射器或其他锐器，尽量使用替代的方案，如改变动物染毒途径等。

B.4.10　操作灵长类和大型实验动物时，需要操作人员已经有非常熟练的工作经验。

B.4.11　时刻注意是否有逃出笼具的动物，濒临死亡的动物及时妥善处理。

B.4.12　不要试图从事风险不可控的动物操作。

B.4.13　在生物安全柜或相当的隔离装置内从事涉及产生气溶胶的操作，包括更换动物的垫料、清理排泄物等。如果不能在生物安全柜或相当的隔离装置内进行操作，要组合使用个体防护装备和其他的物理防护装置。

B.4.14　选择适用于所操作动物的设施、设备、实验用具等，配备专用的设备消毒灭菌和清洗设备，培训专业的消毒灭菌和清洗人员。

B.4.15　从事高致病性生物因子感染的动物实验活动，是极为专业和风险高的活动，实验人员必须参加针对特定活动的专门培训和演练（包括完整的感染动物操作过程、清洁和消毒灭菌、处理意外事件等），而且要定期评估实验人员的能力，包括管理层的能力。

B.4.16　只要可能，尽量不使用动物。

B.5　生物安全实验室的清洁

B.5.1　由受过培训的专业人员按照专门的规程清洁实验室。外雇的保洁人员可以在实验室消毒灭菌后负责清洁地面和窗户（高级别生物安全实验室不适用）。

B.5.2　保持工作表面的整洁。每天工作完后都要对工作表面进行清洁并消毒灭菌。宜使用可移动或悬挂式的台下柜，以便于对工作台下方进行清洁和消毒灭菌。

B.5.3　定期清洁墙面，如果墙面有可见污物时，及时进行清洁和消毒灭菌。不宜无目的或强力清洗，避免破坏墙面。

B.5.4　定期清洁易积尘的部位，不常用的物品最好存放在抽屉或箱柜内。

B.5.5　清洁地面的时间视工作安排而定，不在日常工作时间做常规清洁工作。清洗地板最常用的工具是浸有清洁剂的湿拖把;家用型吸尘器不适于生物安全实验室使用;不要使用扫帚等扫地。

B.5.6 可以用普通废物袋收集塑料或纸制品等非危险性废物。

B.5.7 用专用的耐扎容器收集带针头的注射器、碎玻璃、刀片等锐利性废弃物。

B.5.8 用专用的耐高压蒸汽消毒灭菌的塑料袋收集任何具有生物危险性或有潜在生物危险性的废物。

B.5.9 根据废弃物的特点选用可靠的消毒灭菌方式,如是否包含基因改造生物、是否混有放射性等其他危险物、是否易形成胶状物堵塞灭菌器的排水孔等,要监测和评价消毒灭菌效果。

附录C

(资料性附录)

实验室生物危险物质溢洒处理指南

C.1 引言

本附录旨在为实验室制定生物危险物质溢洒处理程序提供参考。溢洒在本附录中指包含生物危险物质的液态或固态物质意外地与容器或包装材料分离的过程。实验室人员熟悉生物危险物质溢洒处理程序、溢洒处理工具包的使用方法和存放地点对降低溢洒的危害非常重要。

本附录描述了实验室生物危险物质溢洒的常规处理方法,实验室需要根据其所操作的生物因子,制定专用的程序。如果溢洒物中含有放射性物质或危险性化学物质,则应使用特殊的处理程序。

C.2 溢洒处理工具包

C.2.1 基础的溢洒处理工具包通常包括:

a) 对感染性物质有效的消毒灭菌液,消毒灭菌液需要按使用要求定期配制;

b) 消毒灭菌液盛放容器;

c) 镊子或钳子、一次性刷子、可高压的扫帚和簸箕或其他处理锐器的装置;

d) 足够的布巾、纸巾或其他适宜的吸收材料;

e) 用于盛放感染性溢洒物以及清理物品的专用收集袋或容器;

f) 橡胶手套;

g) 面部防护装备,如面罩、护目镜、一次性口罩等;

h) 溢洒处理警示标识,如“禁止进入”、“生物危险”等;

i) 其他专用的工具。

C.2.2 明确标示出溢洒处理工具包的存放地点。

C.3 撤离房间

C.3.1 发生生物危险物质溢洒时,立即通知房间内的无关人员迅速离开,在撤离房间的过程中注意防护气溶胶。关门并张贴“禁止进入”、“溢洒处理”的警告标识,至少30 min后方可进入现场处理溢洒物。

C.3.2 撤离人员按照离开实验室的程序脱去个体防护装备,用适当的消毒灭菌剂和水清洗所暴露皮肤。

C.3.3 如果同时发生了针刺或扎伤,可以用消毒灭菌剂和水清洗受伤区域,挤压伤处周围以促使血往伤口外流;如果发生了黏膜暴露,至少用水冲洗暴露区域15 min。立即向主管人员报告。

C.3.4　立即通知实验室主管人员。必要时，由实验室主管人员安排专人清除溢洒物。

C.4　溢洒区域的处理

C.4.1　准备清理工具和物品，在穿着适当的个体防护装备(如：鞋、防护服、口罩、双层手套、护目镜、呼吸保护装置等)后进入实验室。需要两人共同处理溢洒物，必要时，还需配备一名现场指导人员。

C.4.2　判断污染程度，用消毒灭菌剂浸湿的纸巾(或其他吸收材料)覆盖溢洒物，小心从外围向中心倾倒适当量的消毒灭菌剂，使其与溢洒物混合并作用一定的时间。应注意按消毒灭菌剂的说明确定使用浓度和作用时间。

C.4.3　到作用时间后，小心将吸收了溢洒物的纸巾(或其他吸收材料)连同溢洒物收集到专用的收集袋或容器中，并反复用新的纸巾(或其他吸收材料)将剩余物质吸净。破碎的玻璃或其他锐器要用镊子或钳子处理。用清洁剂或消毒灭菌剂清洁被污染的表面。所处理的溢洒物以及处理工具(包括收集锐器的镊子等)全部置于专用的收集袋或容器中并封好。

C.4.4　用消毒灭菌剂擦拭可能被污染的区域。

C.4.5　按程序脱去个体防护装备，将暴露部位向内折，置于专用的收集袋或容器中并封好。

C.4.6　按程序洗手。

C.4.7　按程序处理清除溢洒物过程中形成的所有废物。

C.5　生物安全柜内溢洒的处理

C.5.1　处理溢洒物时不要将头伸入安全柜内，也不要将脸直接面对前操作口，而应处于前视面板的后方。选择消毒灭菌剂时需要考虑其对生物安全柜的腐蚀性。

C.5.2　如果溢洒的量不足1ml时，可直接用消毒灭菌剂浸湿的纸巾(或其他材料)擦拭。

C.5.3　如溢洒量大或容器破碎，建议按如下操作：

a)　使生物安全柜保持开启状态；

b)　在溢洒物上覆盖浸有消毒灭菌剂的吸收材料，作用一定时间以发挥消毒灭菌作用。必要时，用消毒灭菌剂浸泡工作表面以及排水沟和接液槽；

c)　在安全柜内对所戴手套消毒灭菌后，脱下手套。如果防护服已被污染，脱掉所污染的防护服后，用适当的消毒灭菌剂清洗暴露部位；

d)　穿好适当的个体防护装备，如双层手套、防护服、护目镜和呼吸保护装置等；

e)　小心将吸收了溢洒物的纸巾(或其他吸收材料)连同溢洒物收集到专用的收集袋或容器中，并反复用新的纸巾(或其他吸收材料)将剩余物质吸净；破碎的玻璃或其他锐器要用镊子或钳子处理；

f)　用消毒灭菌剂擦拭或喷洒安全柜内壁、工作表面以及前视窗的内侧；作用一定时间后，用洁净水擦干净消毒灭菌剂；

g)　如果需要浸泡接液槽，在清理接液槽前要先报告主管人员；可能需要用其他方式消毒灭菌后再进行清理。

C.5.4　如果溢洒物流入生物安全柜内部，需要评估后采取适用的措施。

C.6　离心机内溢洒的处理

C.6.1　在离心感染性物质时，要使用密封管以及密封的转子或安全桶。每次使用前，检查并确认所有密封圈都在位并状态良好。

C.6.2　离心结束后，至少再等候5 min打开离心机盖。

C.6.3　如果打开盖子后发现离心机已经被污染，立即小心关上。如果离心期间发生离心管破碎，立即关机，不要打开盖子。切断离心机的电源，至少30 min后开始清理工作。

C.6.4 穿着适当的个体防护装备,准备好清理工具。必要时,清理人员需要佩戴呼吸保护装置。

C.6.5 消毒灭菌后小心将转子转移到生物安全柜内,浸泡在适当的非腐蚀性消毒灭菌液内,建议浸泡 60 min 以上。

C.6.6 小心将离心管转移到专用的收集容器中。一定要用镊子夹取破碎物,可以用镊子夹着棉花收集细小的破碎物。

C.6.7 通过用适当的消毒灭菌剂擦拭和喷雾的方式消毒灭菌离心转子仓室和其他可能被污染的部位,空气晾干。

C.6.8 如果溢洒物流入离心机的内部,需要评估后采取适用的措施。

C.7 评估与报告

C.7.1 对溢洒处理过程和效果进行评估,必要时对实验室进行彻底的消毒灭菌处理和对暴露人员进行医学评估。

C.7.2 按程序记录相关过程和报告。

兽医实验室生物安全要求通则 NY/T 1948-2010

1 范围

本标准规定了兽医实验室生物安全管理的术语和定义、生物安全管理体系建立和运行的基本要求、应急处置预案编制原则、安全保卫、生物安全报告、持续改进的基本要求。

本标准适用于中华人民共和国境内一切兽医实验室。

2 规范性引用文件

下列文件对于本文件的应用是必不可少的。凡是注日期的引用文件，仅注日期的版本适用于本文件。凡是不注日期的引用文件，其最新版本(包括所有的修改单)适用于本文件。

GB 19489 实验室生物安全通用要求

3 术语和定义

下列术语和定义适用于本文件。

3.1 事故 accident

造成死亡、疾病、伤害、损坏或其他损失的意外情况。

3.2 持续改进 continual improvement

根据生物安全方针，不断促进和提高生物安全管理能力和安全保证的过程。

3.3 危险 hazard

可能导致死亡、伤害或疾病、财产损失、工作环境破坏或这些情况组合的根源或状态。

3.4 生物因子 biological agents

微生物和生物活性物质。

3.5 危险识别 hazard identification

识别存在的危险并确定其特性的过程。

3.6 事件 incident

导致或可能导致事故的情况。

3.7 兽医实验室 veterinary laboratory

一切从事动物病原微生物和寄生虫教学、研究与使用，以及兽医临床诊疗和疫病检疫监测的实验室。

3.8 实验室生物安全 laboratory biosafety

为了避免各种有害生物因子造成的实验室生物危害所采取的防控措施(硬件)和管理措施(软件)。

3.9 生物安全管理体系 biosafety management system

实验室系统地管理涉及生物风险的所有相关活动，控制、减少或消除实验室活动相关的生物风险，保障实验室生物安全。

3.10 个体防护装备 personal protective equipment(PPE)

防止人员个体受到生物性、化学性或物理性等危险因子伤害的器材和用品。

3.11 风险 risk

危险发生的概率及其后果严重性的综合。

3.12 风险评估 risk assessment

评估风险大小以及确定是否可接受的全过程。

4 生物安全管理体系的建立

实验室建立的生物安全管理体系应与实验室规模、实验室活动的复杂程度和风险相适应。

4.1 组织机构

4.1.1 实验室设立单位应成立生物安全委员会和任命实验室生物安全负责人。单位的法定代表人为生物安全委员会主任。

4.1.2 应明确生物安全委员会和实验室生物安全负责人的职责。

4.2 生物安全管理体系文件

4.2.1 实验室应编写《生物安全管理手册》作为实验室生物安全管理的纲领性文件,应考虑以下内容:

a) 生物安全管理的方针、目标和承诺;

b) 生物安全管理体系描述(组织机构、人员岗位及职责、体系文件架构等);

c) 文件控制;

d) 外部服务和供应;

e) 安全及安保要求;

f) 样品和菌/毒种管理;

g) 废弃物处置;

h) 应急处置;

i) 纠正措施、预防措施、持续改进;

j) 安全检查、内部审核和管理评审;

k) 记录。

4.2.2 实验室应编制程序文件,明确规定实施具体安全要求的责任部门、责任人、责任范围、工作流程、任务安排及对操作人员能力的要求、与其他责任部门的关系、应使用的工作文件等。制订的程序文件应考虑以下内容:

a) 人员培训、考核、监督程序和健康监护程序;

b) 文件控制和维护程序及记录管理程序;

c) 供应品(如消毒剂、仪器设备、个人防护装备)控制程序;

d) 样品管理程序;

e) 菌/毒种管理程序;

f) 废弃物处理和处置程序;

g) 安全检查、内审和管理评审程序;

h) 生物安全事故处理程序。

4.2.3 实验室应根据开展的实验活动和使用的设施、设备制定相应的操作规程。

4.2.4 实验室制定的安全手册(快速阅读文件)应考虑以下内容:

a) 实验室平面图、紧急出口、撤离路线;

b) 实验室标识系统;

c) 紧急电话 、联系人;

d) 生物安全、化学品安全;

e）低温、高热、辐射、消防及电气安全；

f）危险废弃物的处理和处置；

g）事件、事故处理及工作区撤离的规定和程序。

应要求所有员工阅读并在工作区随时可用。

实验室管理层应至少每年对安全手册进行评审和更新。

4.2.5　实验室应对所有与生物安全有关的活动进行记录。

5　生物安全管理体系运行的基本要求

5.1　风险评估

实验室应在建设和开展实验活动前组织适当的有经验的专业人员编制风险评估报告，并持续进行危险辨识、风险评估和实施必要的控制措施。编制的报告应至少考虑以下内容：

a）生物因子已知或未知的特性；

b）已发生的事故分析；

c）实验室相关所有常规活动和非常规活动过程中的风险；

d）设施、设备等相关的风险；

e）实验动物相关的风险；

f）人员相关的风险，如身体状况、能力、可能影响工作的压力等；

g）消除、减少或控制风险的管理措施和技术措施以及采取措施后残余风险或新带来风险的评估；

h）应急措施及预期效果评估。

5.2　标志的使用

实验室应正确使用各种标志，参见附录A。

5.3　样品的管理

样品的采集、运输、使用、保存和销毁应执行国家相关规定。

5.4　菌/毒种管理

菌/毒种的使用、保藏、运输和销毁应执行国家相关规定。

5.5　人员管理

5.5.1　实验室组成人员的资质和数量应能满足所开展工作和生物安全的需要。

5.5.2　所有人员都应经过培训、考核合格，持证上岗。

5.5.3　实验室应定期对实验人员进行与其从事实验活动相关的健康检查，并建立健康档案。

5.6　文件控制

管理体系文件应能唯一识别、受控并现行有效。

5.7　安全操作

应保证所有实验活动按附录B的要求开展。

5.8　实验动物

应保证所有涉及动物的实验活动按附录C的要求开展。

5.9　废弃物处置

应符合GB 19489的要求。

5.10　设施、设备

实验室应定期对设施设备进行检测和维护，确保其处于正常运行状态。

5.11　档案管理

实验室档案管理工作应符合附录D的相关要求。

6 应急处置预案

实验室应制定应急处置预案,具体参照附录E要求编制。

7 安全保卫

实验室应制定安保措施,确保实验室的安全。

8 生物安全报告

实验室应将工作情况、实验活动情况、关键人员变动情况和事故等报告有关部门,具体见附录F。

9 持续改进

实验室应定期开展安全检查、内部审核和管理评审,不断改进和完善实验室生物安全管理体系。

附录A

(资料性附录)

兽医实验室标志规范

A.1 设置原则

兽医实验室使用的标志分警告标志、禁止标志、指令标志和提示标志四大类型。标志设置应遵守"安全、醒目、便利、协调"的原则。

A.1.1 标志设置后,不应有造成人体任何伤害的潜在危险及影响开展实验活动。

A.1.2 周围环境有某种不安全的因素而需要用标志加以提醒时,应设置相关标志。

A.1.3 标志应设在最容易看见的地方。要保证标志具有足够的尺寸,并使其与背景间有明显的对比度。

A.1.4 标志应与周围环境相协调,要根据周围环境因素选择标志的材质及设置方式。

A.2 设置要求

A.2.1 便于视读

A.2.1.1 标志的偏移距离应尽可能小,应放在最佳视觉角度范围内。

A.2.1.2 标志的正面或其邻近不得有妨碍人们视读的固定障碍物,并尽量避免经常被其他临时性物体所遮挡。

A.2.1.3 标志通常不设在可移动的物体上。

A.2.2 应将标志设在明亮的地方。如在应设置标志的位置附近无法找到明亮地点,则应考虑增加辅助光源或使用灯箱。用各种材料制成的带有规定颜色的标志经光源照射后,标志的颜色仍应符合有关颜色规定。

A.2.3 设置地点

A.2.3.1 提示标志应设在便于人们选择目标方向的地点,并按通向目标的最佳路线布置。如目标较远,可以适当间隔重复设置,在分岔处都应重复设置标志。提示标志中的图形标志如含有方向性,则其方向应与箭头所指方向一致。

A.2.3.2 局部信息标志应设在所要说明(禁止、警告、指令)的设备处或场所附近醒目位置。

A.2.4 设置禁止标志时,标志中的否定直杠应与水平线成45°夹角。

A.2.5 局部信息标志的设置高度可根据具体场所的客观情况来确定。

A.2.6　布置要求

A.2.6.1　图形标志除单独使用外，常与其他图形标志、箭头或文字共同显示在一块标志牌上，或多个单一图形标志牌、方向辅助标志牌组合显示。图形标志、箭头、文字等信息一般采取横向布置，亦可根据具体情况采取纵向布置。

A.2.6.2　图形标志之间的间隔，按照国家有关规定执行。

A.2.6.3　导向性提示标志的布置。

A.2.6.3.1　标志中的箭头应采用GB 1252 中的形式，箭头的方向不应指向图形标志。

A.2.6.3.2　箭头的宽度不应超过图形标志尺寸的0.6倍。箭杆长度可视具体情况加长。

A.2.6.3.3　标志中的箭头可带有正方形边框，也可没有该边框。没有边框时，箭头的位置可按有边框时的位置确定。

A.2.6.3.4　标志横向布置应遵循：

a） 箭头指左向（含左上、左下），图形标志应位于右方；

b） 箭头指右向（含右上、右下），图形标志应位于左方；

c） 箭头指上向或下向，图形标志一般位于右方。

A.2.6.3.5　标志纵向布置应遵循：

a） 箭头指下向（含左下、右下）时，图形标志应位于上方；

b） 除 a的情况外，图形标志均应位于下方。

A.2.6.4　图形标志与文字或文字辅助标志结合

与某个特定图形标志相对应的文字应明确地排列在该标志附近，文字与图形标志间应留有适当距离。不得在图形标志内添加任何文字。

A.3　标志规范

A.3.1　标志的制作

A.3.1.1　各种图形标志必须按照规定的图案、线条宽度成比例放大制作，不得修改图案。

A.3.1.2　图形标志应带有衬边。除警告标志用黄色外，其他标志均使用白色作为衬边。衬边宽度为标志尺寸的0.025倍。

A.3.1.3　标志牌的材质应采用易清洁、不渗水、不易燃、耐化学品和消毒剂腐蚀的材料制作。有触电危险的作业场所应使用绝缘材料。

A.3.1.4　标志牌应图形清楚，无毛刺、孔洞和影响使用的任何瑕疵。

A.3.1.5　标志所用的颜色应符合GB 2893规定的颜色要求。

红色——表示禁止和阻止；

蓝色——表示指令，要求人们必须遵守的规定；

黄色——表示提醒人们注意；

绿色——表示给人们提供允许、安全的信息。

A.3.16　用灯箱显示标志时，灯箱的制作应符合有关标准的规定。

A.3.2　固定规范

各种方式设置的标志都应牢固地固定在其依托物上，不能产生倾斜、卷翘、摆动等现象。

A.3.3　警告标志

警告标志是提醒人们对周围环境或操作引起注意，以避免可能发生危害的图形标志。警告标志的基本形式是正三角形边框。兽医实验室常用的警告标志见表 A.1。

表A.1 兽医实验室常用的警告标志

图　示	意　义	建议场所
	生物危害 当心感染	门、离心机、安全柜等
	当心毒物	试剂柜、有毒物品操作处
	小心腐蚀	试剂室、配液室、洗涤室
	当心激光	有激光设备或激光仪器的场所，或激光源区域
	当心气瓶	气瓶放置处
	当心化学灼伤	存放和使用具有腐蚀性化学物质处
	当心玻璃危险	存放、使用和处理玻璃器皿处
	当心锐器	锐器存放、使用处
	当心高温	热源处
	当心冻伤	液氮罐、超低温冰柜、冷库
	当心电离辐射 当心放射线	辐射源处、放射源处

A.3.4　禁止标志

禁止标志是禁止不安全行为的图形标志。兽医实验室常用的禁止标志有禁止吸烟、禁止明火、禁止饮用等,见表 A.2。

表 A.2　兽医实验室常用的禁止标志

图　示	意　义	建议场所
	禁止入内	可引起职业病危害的作业场所入口处或泄险区周边,如可能产生生物危害的设备故障时,维护、检修存在生物危害的设备、设施时,根据现场实际情况设置
	禁止吸烟	实验室区域
	禁止明火	易燃易爆物品存放处
	禁止用嘴吸液	实验室操作区
	禁止吸烟、饮水和吃东西	实验区域
	禁止饮用	用于标志不可饮用的水源、水龙头等处
	禁止存放食物和饮料	用于实验室内冰箱、橱柜、抽屉等处
	禁止宠物入内	工作区域
	非工作人员禁止入内	工作区域
	儿童禁止入内	实验室区域

A.3.5 指令标志

指令标志是强制人们必须做出某种动作或采用防范措施的图形标志。指令标志的基本形式是圆形边框。兽医实验室常用的指令标志有必须穿防护服、必须戴防护手套等，见表 A.3。

表A.3 兽医实验室常用的指令标志

图 示	意 义	建议场所
	必须穿实验工作服	实验室操作区域
	必须戴防护手套	易对手部造成伤害或感染的作业场所，如具有腐蚀、污染、灼烫及冰冻危险的地点，低温冰柜，实验操作区域
	必须戴护目镜 必须进行眼部防护	有液体喷溅的场所
	必须戴防毒面具 必须进行呼吸器官防护	具有对人体有毒有害的气体、气溶胶等作业场所
	戴面罩	需要面部防护的操作区域
	必须穿防护服	生物安全实验室核心区入口处
	本水池仅供洗手用	专用水池旁边
	必须加锁	冰柜、冰箱 、样品柜，有毒有害、易燃易爆物品存放处

A.3.6 提示标志

提示标志是向人们提供某种信息（如标明安全设施或场所等）的图形标志。提示标志的基本形式是正方形边框。兽医实验室常用的提示标志有紧急出口、疏散通道方向、灭火器、火警电话等，见表 A.4。

表A.4 兽医实验室常用的提示标志

图 示	意 义	建议场所
	紧急洗眼	洗眼器旁
	紧急出口	紧急出口处
	左行	通道墙壁
	左行方向组合标志	通道墙壁
	右行	通道墙壁
	右行方向组合标志	通道墙壁
	直行	通道墙壁
	直行方向指示组合标志	通道墙壁
	通道方向	通道墙壁
	灭火器	消防器存放处
	火警电话	

A.4 检查与维修

随时检查,发现有破损、变形、褪色等不符合要求的标志时要及时修整或更换。

附 录B

（资料性附录）
兽医实验室生物安全操作技术规范

B.1 基本要求

B.1.1 实验室根据有关法律法规，对所从事的病原微生物和其他危险物质操作的危害等级划分、防护要求以及危害性评估，制定标准操作规程。

B.1.2 操作人员应熟悉实验室运行的一般规则，掌握相应仪器、设备和装备的操作步骤与要点，熟悉从事的病原微生物和相关危险物质操作的可能危害。

B.1.3 操作人员应掌握各种感染性物质和其他危害物质操作的一般准则和技术要点。

B.1.4 实验室所有操作人员必须经过培训，考核合格，获得上岗证书。

B.2 兽医生物安全实验室运行的基本规范

B.2.1 BSL-1和BSL-2实验室

B.2.1.1 实验室的进入

B.2.1.1.1 未经批准，与实验室无关人员严禁进入实验室工作区域。不允许可能增加获得性感染的危害性或感染后可能引起严重后果的人员进入实验室或动物房。

B.2.1.1.2 BSL-2实验室门上应有标志，包括国际通用的生物危害警告标志、标明实验室操作的传染因子、实验室负责人姓名、电话以及进入实验室的特殊要求。

B.2.1.1.3 实验室门应有锁，并可自动关闭。

B.2.1.1.4 工作人员进入动物房应经过特别批准。

B.2.1.1.5 与实验室工作无关的动物不得带人实验室。

B.2.1.2 工作人员的防护

B.2.1.2.1 工作人员在实验室工作时，必须穿着合适的工作服或防护服。

B.2.1.2.2 工作人员在进行可能具有潜在感染性材料或动物以及其他有害物质的操作时，应戴手套。手套用完后，应先消毒再摘除，随后必须洗手。

B.2.1.2.3 在处理完感染性实验材料、动物或其他有害物质后，或离开实验室工作区域前，都必须洗手。

B.2.1.2.4 工作人员应佩戴适当的个人防护装备。

B.2.1.2.5 严禁穿着实验室防护服离开实验工作区域。

B.2.1.2.6 严禁在实验室内穿露脚趾的鞋。

B.2.1.2.7 严禁在实验室工作区域饮食、吸烟、化妆和处理隐形眼镜。

B.2.1.2.8 严禁在实验室工作区域储存食品和饮料。

B.2.1.2.9 在实验室内用过的防护服应放在指定的位置并妥善处理。

B.2.1.3 相关操作规范

B.2.1.3.1 严禁用口吸移液管、舔标签以及将实验材料置于口内。

B.2.1.3.2 要尽量减少气溶胶和微小液滴的形成。

B.2.1.3.3 应限制使用注射针头和注射器。除了进行肠道外注射或抽取实验动物体液外，注射针头和注射器不能用作移液器或其他用途。

B.2.1.3.4 出现溢出事故以及明显或可能暴露于感染性物质时,必须向实验室负责人报告。如实记录有关暴露和处理情况,保存原始记录。

B.2.1.3.5 污水处理应达到国家排放标准。

B.2.1.3.6 高压灭菌器应定期检查验证。

B.2.1.4 实验室工作区管理规范

B.2.1.4.1 实验室应保持清洁、整齐,严禁摆放与实验无关的物品。

B.2.1.4.2 每天工作结束后,应清除工作台面的污染。若发生具有潜在危害性的材料溢出,应立即清除污染。

B.2.1.4.3 所有受到污染的材料、样本和培养物在废弃或清洁再利用之前,必须先清除污染。

B.2.1.4.4 感染性材料的包装、保存和运输应遵循国家和/或国际的相关规定。

B.2.1.4.5 如果窗户可以打开,则应安装防止节肢动物进入的纱窗。

B.2.2 BSL-3实验室

BSL-3实验室的运行规范除满足B2.1要求外,还应遵循以下操作规范。

B.2.2.1 BSL-3实验室的设立和使用必须符合动物病原微生物实验室生物安全管理的相关规定。

B.2.2.2 张贴在实验室入口处的生物危害警告标志,应注明生物安全级别以及实验室负责人姓名和电话。

B.2.2.3 在进入实验室之前以及离开实验室时,应更换全部衣服和鞋。

B.2.2.4 工作人员需接受紧急撤离程序的培训。

B.2.2.5 实验室防护服应为长袖、背面开口的隔离衣或连体衣,应穿着鞋套或专用鞋。实验室防护服不能在实验室外穿着,且必须在清除污染后再清洗。最好使用一次性连体防护服。

B.2.2.6 开启各种潜在感染性物质的操作应在生物安全柜或其他类似的防护设施中进行。

B.2.2.7 特殊实验室操作,或在进行感染了某些可经空气传播给人的病原微生物的动物实验操作时,必须配戴呼吸防护装备。

B.2.2.8 实行双人工作制,严禁任何人单独在实验室内工作。

B.2.2.9 实验室记录未经可靠消毒不得带出实验室。为保证安全,应通过传真等方式进行原始记录的传输。

B.2.2.10 从事人兽共患病病原微生物操作的工作人员应定期开展健康监测。在开始工作前应收集并妥善保存工作人员的本底血清。

B.2.2.ll 实验人员离开实验室时必须淋浴。

B.2.3 BSL-4实验室

BSL-4实验室的运行规范除满足B2.2之外,还应遵循以下操作规范。

B.2.3.1 实验室中的工作人员与实验室外面的支持人员之间,必须建立常规情况和紧急情况下的联系方式。

B.2.3.2 每名进入实验室的人员都必须完成针对四级实验室操作的培训课程,并且充分理解和掌握培训内容,培训必须记录在案并由工作人员和管理人员双方签字。

B.2.3.3 必须建立紧急事件处理程序,包括正压服的损坏、呼吸空气的损耗、化学淋浴的损耗、受伤或疾病状态下紧急撤离。

B.2.3.4 在涉及操作国家规定的一类病原微生物时,工作人员必须佩戴疾病监测卡(如工作人员姓名、管理人员或者其他人员的电话号码)。实验室员工在碰到不明原因的发热性疾病时,必须立刻向实验室生物安全负责人汇报。及时查明未出勤人员原因。

B.2.3.5 必须做好实验室内所有活动的日志记录。

B.2.3.6 传染性物质必须储存在实验室区域。

B.2.3.7 必须每日检查实验室系统并记录。

B.2.3.8 进入实验室的所有人员必须脱去日常衣物(包括内衣)和首饰,并换上专门的实验防护服和鞋。

B.2.3.9 必须定期检查正压防护服的完整性。

B.2.3.10 对身着防护服将要离开实验室的人员需要采取适当停留时间的化学淋浴消毒,所用消毒剂必须能有效杀灭相关生物因子,并根据要求新鲜配制并稀释到特定浓度。

B.2.3.ll 实验人员脱下防护服淋浴后方可离开实验室。

B.3 生物安全柜

B.3.1 操作准备

B.3.1.1 每年至少对生物安全柜进行一次检测。每次使用前应检查生物安全柜的正常指标,包括风速、气流量和负压应在正常范围。如果出现异常,应停止使用并进行检修。

B.3.1.2 启动生物安全柜时,不要打开玻璃观察窗。

B.3.1.3 开始工作之前,需准备一张实验工作所需要的材料清单。先将工作所需物品放入,以避免双臂在操作中频繁横向穿过气幕而破坏气流。放入生物安全柜的物品表面应使用适当消毒剂消毒,以除去污染。

B.3.1.4 打开风机 5 min ~ 10min,待安全柜内的空气得到净化且气流稳定后再开始操作。开始操作前,事先调整好凳子或椅子的高度,以确保操作者的脸部在工作窗口之上。然后,将双臂伸入安全柜静止至少 1min,使安全柜内气流稳定后再开始操作。

B.3.1.5 生物安全柜上装有窗式报警器和气流报警器两种报警器。当窗式报警器发出警报时,表明操作者将滑动窗移到了不当位置,应将滑动窗移到适宜的位置;当气流警报器报警时,表明安全柜的正常气流模式受到了干扰,操作者或物品已处于危险状态,应立即停止工作,通知实验室负责人,并采取相应的处理措施。

B.3.2 物品摆放与污染物预防措施

B.3.2.1 生物安全柜内尽量少放仪器和物品,只摆放本次工作需要的物品。

B.3.2.2 物品摆放不能阻塞后面气口处的空气流通。所有物品应尽量放在工作台后部靠近工作台后缘的位置,容易产生气溶胶的仪器(如离心机、涡旋振荡器等)应尽量往安全柜后部放置。生物安全柜前面的空气栅格不能被吸管或其他材料挡住,否则会干扰气流的正常流动而造成物品的污染和操作者的暴露。

B.3.2.3 废物袋以及盛装废弃吸管的容器等必须放在安全柜内,体积较大的物品可放在一侧,但不能影响气流。污染的吸管、容器等应先置于安全柜中装有消毒液的容器中消毒 1h 以上,然后转入医疗废弃物专用垃圾袋中进行高压灭菌等处理。

B.3.2.4 洁净物品和使用过的污染物品要分开放在不同区域,工作台面上的操作应按照从清洁区到污染区的方向进行,以避免交叉污染。为吸收可能溅出的液滴,可在台面上铺一消毒剂浸湿的毛巾或纱布,但不能盖住生物安全柜格栅。

B.3.2.5 在柜内的所有工作都要在工作台中央或后部进行 ,并且通过观察窗能看见柜内的操作。操作者不要频繁移动及挥动手臂,以免破坏定向气流。

B.3.2.6 工作用纸不允许放在生物安全柜内。

B.3.2.7　尽量减少操作者背后人员的走动以及快速开关房间的门，以免对生物安全柜的气流造成影响。

B.3.3　明火的使用

禁止在柜内使用本生灯，因其产生的热量会改变气流方向和可能破坏滤板。可使用微型的电烧灼器进行细菌接种，但最好使用无菌的一次性接种环。

B.3.4　消毒与灭菌

工作完成后，应至少让安全柜继续工作5min来完成净化过程。在操作结束后，使用适当消毒剂擦拭生物安全柜的台面和内壁（不包括送风滤器的扩散板）。

B.4　实验室仪器设备

B.4.1　吸管和移液器

B.4.1.1　严禁用嘴吸液，应使用机械移液装置。

B.4.1.2　在操作感染性物质时，使用带有滤芯的吸头。所有的吸管都应有棉塞，以减少对移液器或吸球的污染。在BSL-2及以上级别实验室中，尽量减少使用玻璃吸管。

B.4.1.3　为防止气溶胶的产生和发生液体溅洒，不能用吸管吹打感染性材料。操作时，吸管应放入操作液面下的2/3处，以防止产生气泡和气溶胶。从吸管吹出液体时也不要太用力，吸管内的液体应自动流出，不要强制性排出预留液。

B.4.1.4　已被污染的吸管应立即浸没在含有适宜消毒剂的防破碎容器内。在处理之前，应浸泡足够长的时间。盛装废弃吸管的容器应放在生物安全柜里。

B.4.1.5　严禁用带有注射针头的注射器吸液。

B.4.1.6　为防止从吸管滴落的感染性物质发生扩散，工作台表面应放一块具有吸收性能的材料，使用后应按感染性废弃物予以处理。

B.4.2　离心机

B.4.2.1　所有的离心机应处于正常的工作状态并具有合格的机械性能，以避免伤害事故的发生。应根据厂家的说明书进行操作，并制定标准操作程序。

B.4.2.2　离心机应放置在适宜的位置和高度，以便工作人员能看见离心桶并便于进行更换转头、放好离心管或离心桶、拧紧转头盖等操作。

B.4.2.3　用于离心的离心管和样本容器应根据厂家要求选用，最好使用塑料制品，而且在使用前应检查有无破损。所使用的离心管或容器必须能耐受所设定的离心力或速度，以防止离心管或样本容器破裂。用于离心的离心管和样本容器应始终盖严，要尽量用螺旋盖。操作感染性物质必须在安全柜内打开盖子。

B.4.2.4　使用转头时，应注意转头盖与转头型号是否匹配。操作病原微生物时，离心桶的装载、平衡、密封和打开必须在生物安全柜内进行。离心管放到恰当位置后，离心桶要配平，以保持平衡。离心管内液面水平距管口应留出一定空隙，以确保离心过程中液体不会溢出，尤其是使用角转头时更要注意。操作高致病性病原微生物必须使用封闭的离心桶（安全杯）。

B.4.2.5　应每天检查在特定的转速下，离心杯或转头的内表面有无污染物，否 则需重新评估离心的规程。应每天检查离心转头和离心桶有无腐蚀点以及极细的裂缝，以确保安全。离心桶、转头和离心腔每次用后都应进行消毒。每次用后，应该把离心桶或转头倒放，以排净离心配平的液体和防止冷凝水残留。

B.4.2.6　为保证安全，对于高致病性病原微生物，必须要高度警惕离心过程中产生的气溶胶风险。大型离心机上应加装负压罩，以及时吸出离心机排出的气体，并排至实验室的过滤通风系统，在

BSL-3及以上级别实验室尤其要注意。微型离心机可放在安全柜内离心，但应注意其对安全柜气流的影响。如果不能在安全柜内离心也无负压罩，则必须将密封的转头在安全柜内打开。所有的离心管必须带盖密封，其开启应在安全柜内进行。

B.4.3　搅拌器、振荡器、混匀器和超声波破碎仪

B.4.3.1　应使用实验室专用的搅拌器和拍打式混匀器。

B.4.3.2　使用的管子、盖子、杯子或瓶子都应保持完好，无裂缝、无变形。盖子、垫圈应配套，保持完好。

B.4.3.3　在混匀、振荡和超声破碎过程中，器皿内的压力会增大，含有感染性材料的气溶胶可能会从容器和盖子间的空隙逸出。推荐使用塑料的，特别是聚四氟乙烯器皿。因为玻璃可能会破裂，释放出感染性物质，并可能伤及操作者。

B.4.3.4　当使用匀浆器、振荡器和超声波破碎仪处理感染性物质时，应有防护装置，在生物安全柜里操作。尤其是使用涡旋振荡器时，必须在生物安全柜内操作，并且操作的容器必须为密闭的，以避免产生气溶胶和发生液体溅洒。

B.4.3.5　在操作结束后，应在生物安全柜里开启容器。

B.4.3.6　操作人员在使用超声波破碎仪时，应佩戴耳部听力保护装置。

B.4.3.7　仪器每次使用完后都应根据厂家的说明书进行消毒。

B.4.4　组织研磨器

B.4.4.1　使用玻璃的研磨器时，应戴上手套，手里再垫上一块柔软的纱布后操作。推荐使用塑料研磨器。

B.4.4.2　操作感染性物质时，组织研磨器应在生物安全柜里操作和开启。

B.4.5　冰箱和液氮罐

B.4.5.1　定期监测冰箱的运行状况，冰箱上应有负责人姓名与联系方式。冰箱、低温冰箱和固体干冰盒要定期除霜和清扫。在贮存过程中已破裂的安瓿、冻存管等，要及时移走和处理。在清扫过程中应佩戴面部保护装置并戴手套，清扫后，抽屉内表面应消毒处理。

B.4.5.2　冰箱内的储存物应有详细的目录。所有保存在冰箱里的容器等都应有清楚的标签，并且标签上有内容物的科学命名、贮存日期和贮存人姓名。无标签的和过期的材料应高压灭菌后废弃。

B.4.5.3　除非有防爆措施，否则严禁将易燃液体保存在冰箱内，冰箱门上应张贴注意事项。

B.4.5.4　应定期检查液氮罐内的液氮量，及时添加液氮。

B.4.6　冻干机

B.4.6.1　高致病性病原微生物应在BSL-3或以上级别的实验室进行冻干。

B.4.6.2　冻干高致病性病原微生物时排出的气体应经过HEPA过滤，并将排出管道插入装有消毒液的容器中，产生的冷凝水应收集到消毒容器中并高压灭菌处理。

B.4.6.3　冻干机的机舱恢复到室温后用适宜的消毒液擦拭。

B.4.7　冰冻切片机

使用冰冻切片机时，应罩住冷冻机。操作者戴防护面罩。每次实验结束后，应对切片机进行消毒，消毒时仪器的温度至少应升至20℃。

B.5　感染性物质

B.5.1　样本的采集、标签粘贴及运输操作

B.5.1.1　样本采集时，应严格采取标准的防护措施；所有的操作都要戴手套完成。

B.5.1.2　从动物身上采集血液及组织样本应由受过训练的人员来完成。

B.5.1.3　进行静脉采血时，宜使用专用的一次性安全真空采血器。

B.5.1.4　样本应放在适当的容器里运往实验室和在实验室内运输。样本表格应放在防水的袋子或信封里。接收人员不应打开这些袋子，以防污染。样本应贴上标签，注明样本名称、数量、编号、采样日期等。盛装样本容器的外壁应用消毒剂擦拭，以防止污染。

B.5.1.5　样本管应在生物安全柜里打开。必须戴手套，并使用眼部和黏膜保护装置。防护服外应再戴一个塑料围裙。打开样本管的塞子时，应在手里先垫上一块纸或纱布再握住塞子，防止溅出。

B.5.1.6　用显微技术检测固定并染色的血液、分泌物和排泄物等样本时，应用镊子来操作，妥善保存，并且在丢弃以前要进行消毒和/或高压灭菌。

B.5.1.7　含有或疑似含有国家规定的一、二类病原微生物的组织样本应使用福尔马林固定，避免进行冷冻切片。

B.5.2　实验室内样本

B.5.2.1　容器。装盛感染性物质的容器可以是玻璃的，但最好采用塑料制品。容器应当坚固，不易破碎，盖子或塞子盖好后不应有液体渗漏。所有的样本都应存放在容器内。容器应正确地贴上标签以利于识别，标签上应有样品名称、采集 日期、编号等必要的信息。样品的有关表格和/或说明不要绑在容器外面，而应当单独放在防水的袋子内，以防止发生污染而影响使用。

B.5.2.2　实验室内运输。为防止发生意外渗漏或溢出而威胁操作者的安全，实验室内运输感染性物质时应使用金属的或塑料材质的第二层容器（如盒子）加以包裹。在第二层容器中应有样本容器的支架，将样本容器固定在支架上，以使其保持直立。第二层容器应耐高压或者能抵抗化学消毒剂的腐蚀，以便定期清除污染。封口处最好有一个垫圈，以防止发生渗漏。

B.5.2.3　样本的接收。大规模接收样本的实验室应在一个专用的房间或区域进行。对于病原已知的按国家规定可在BSL-2实验室操作的病原微生物或未知的感染性材料，最低应在一个专用区域或房间接收，并在生物安全柜内打开外包装，操作人员应穿防水的防护服，戴生物安全专用口罩和眼罩、手套。按国家规定需要在BSL-3或以上级别实验室操作的病原微生物或样本，应按国家规定的防护等级，在相应级别的实验室的安全柜内打开，并采取相应的防护措施。

B.5.2.4　样本包装的打开。接收并打开样本包装的人员应受过防护培训（尤其是处理破裂的或渗漏的容器），应知道所操作样本的潜在的健康危害，操作时要采取合适的防护措施。所有样本应在生物安全柜里打开包装，同时备有吸水材料和消毒剂，以便随时处理可能出现的样本泄漏。打开包装前先仔细检查容器的外观、标签是否完整，标签、送检报告与内容物是否相符，是否有污染以及容器是否有破损等，要登记详细的报告单并记录处置方法。

B.5.2.5　样本保存。样本应及时保存在冰箱内，并防止样本包装物的污染，防止样本泄漏，防止样本污染容器外壁。

B.5.3　避免感染性物质扩散

B.5.3.1　为避免接种物从接种环上脱落，微生物接种环直径应为2mm～3mm，并且完全闭合。柄的长度不应超过6cm，以最大限度地减少抖动。

B.5.3.2　应使用密闭的微型电加热灭菌接种环，以免在开放式的本生灯火焰上灭菌时感染性物质溅落。最好使用一次性、无需灭菌的接种环。

B.5.3.3　小心操作干燥的动物体液及分泌物样本，以免产生气溶胶。

B.5.3.4　需高压灭菌和/或丢弃的废弃样本及培养物应放在防渗漏的容器里（如医疗废物专用袋）。放入废弃物容器前，样本的顶部应标明是安全的（如使用高压标签）。

B.5.3.5　对实验室应进行定期的日常消毒与终末消毒。

B.5.4 避免吸入或接触感染性物质

B.5.4.1 操作者应戴一次性手套,避免触摸嘴、眼和面部。

B.5.4.2 严禁在实验室里饮食以及储存食品和饮料。

B.5.4.3 实验室内不许咬笔、嚼口香糖。

B.5.4.4 实验室内不许化妆和处理隐形眼镜。

B.5.4.5 在任何可能导致潜在的传染性物质溅出的操作过程中,应该保护好面部、眼睛和嘴。

B.5.5 避免传染性物质接种

B.5.5.1 要尽力避免由破裂的或有缺口的玻璃器皿引起的感染性物质的意外感染,尽量以塑料器皿和吸管代替玻璃器皿和吸管。

B.5.5.2 锐器,如接种针(针头)、玻璃吸管和碎玻璃,可导致实验人员感染,因 此应小心操作。

B.5.5.3 必须使用注射器和针头时,要采用锐器保护装置。针头不要重新盖帽,用过的一次性针头要放进专用的耐针刺的有盖容器中。

B.5.6 血清分离

B.5.6.1 操作时,要戴手套及佩戴眼镜和黏膜保护装置。

B.5.6.2 只有良好的实验室技术才能避免溅出和气溶胶产生,或将这种可能性降至最低。吸取血液及血清时要小心,不要倾倒。严禁用嘴吸液。

B.5.6.3 吸管用后应完全浸没在适当的消毒液里,并且在处理之前或洗刷及灭菌再利用前要浸泡足够长的时间。

B.5.6.4 带有血凝块的废弃样本管等,加盖后应当放到适当的、防渗漏的容器中,以备高压和/或焚烧。

B.5.6.5 应备有适当的消毒液,用以随时清除溅出物及溢出物。

B.5.7 开启装有冻干感染性物质安瓿

当开启装有冻干感染性物质的安瓿时应注意,因其中的内容物可能处于负压状态。空气的突然涌入会使内容物的一部分扩散到空气中。所以,安瓿应始终在生物安全柜内打开,并采用下面的步骤:

B.5.7.1 首先消毒安瓿的外表面。

B.5.7.2 安瓿里如果有棉塞或纤维塞,应先用砂轮在安瓿外表面的棉塞或纤维塞中部挫一划痕。

B.5.7.3 于划痕处打破安瓿以前,先在手里垫一块酒精浸透的棉花再握住安瓿,以免扎伤或/和污染手部。

B.5.7.4 轻轻地移去安瓿顶部,并将其按锐器污染物处理。

B.5.7.5 如果棉垫或纤维塞仍然留在安瓿上,则用灭菌镊子将其除去。

B.5.7.6 向安瓿内缓慢地加入液体以重悬内容物,要避免产生泡沫。残余瓶体应按污染锐器处理。

B.5.8 含有感染性物质的安瓿的储存

含有感染性物质的安瓿不要浸入液氮,以防止破损的或密封不好的安瓿在移动时可能会破裂或爆炸。安瓿应保存在液氮上面的气相中。实验室人员在从冷藏处拿出安瓿时,要佩戴手和眼睛保护装置,并对安瓿外表面进行消毒。

B.5.9 对可能含有朊病毒材料的预防措施

B.5.9.1 操作朊病毒的实验室应使用专用的设备,不能和其他实验室共享设备。所有的操作都应在生物安全柜里进行。在操作过程中,必须穿一次性的实验室保护服(罩衫和围裙)和戴手套。用一次性的塑料器皿取代玻璃器皿。

B.5.9.2 含有朊病毒的组织应使用 1mol/L NaOH、次氯酸和 132℃4.5h 高压蒸汽灭活。

B.6 危险化学品的使用

B.6.1 实验室对剧毒、爆炸性物品应做好领用和使用记录。实验室内的危险化学品应保持最低数量,暂时不用的和使用后剩余的危险化学品,须及时归橱上锁,不准私自保存,不准随意丢弃、倾倒,更不准转送其他部门和个人,严禁把危险化学品带出实验室。

B.6.2 危险化学品保管人员和使用人员应当对剧毒化学品的购买数量、流向、储存量和用途如实记录,并采取必要的保护措施。使用过程中要防止剧毒化学品被盗或者误用。发现剧毒化学品被盗、丢失或者误用时,必须立即通过本单位向当地公安部门报告。

B.6.3 为了避免发生火灾和/或爆炸,应特别注意不相容化学品的储存和使用安全。

B.7 放射性核素和紫外线及激光光源

B.7.1 辐射区域

B.7.1.1 应限定放射性物质的操作区域,只能在指定区域使用放射性物质,严禁在非指定区域操作。在放射性核素和放射性废弃物的储存场所和放射工作场所出入口,应设置明显的电离辐射警示标志。在使用强辐射源和射线装置的房门外,应设置显示放射源或射线装置工作状态的指示灯。进行放射性核素标志、示踪和化学分析的实验室,应设有通风设备,地板、墙壁应使用便于去污染的材料制作。

B.7.1.2 只允许必要的工作人员参与,无关人员不得进入。

B.7.1.3 妥善使用个体防护装备,放射性核素实验室应便于清洁和清除污染。严禁徒手操作放射源、用嘴吸移液管的方式移取放射性液体以及在放射性工作场所吸烟、饮水和进食。

B.7.1.4 监测实验人员的辐射暴露。工作时应佩带个人剂量计,进入带有 Co^{60} 等强辐射源的工作场所时,还应携带剂量报警仪。

B.7.2 实验区域

B.7.2.1 为避免放射性物质的污染,应使用溢出盘,内衬一次性吸收材料,随时吸收溅出或溢出的放射性物质。

B.7.2.2 应限制大量操作放射性核素,并有一定的剂量限制。

B.7.2.3 在辐射区域、工作区域以及放射性废弃物区域设置辐射源的隔离防护装置和通风设施。进出口应设有放射性标志、防护安全联锁、报警及工作信号装置。工作人员应经常对防护设施、报警系统进行检修,使其处于正常状态。

B.7.2.4 辐射容器应用辐射计测量工作区域、防护服和手的辐射情况并做记录。

B.7.2.5 运输容器应适当保护,以防止污染。

B.7.3 放射性废弃物区域

B.7.3.1 应设定专门的区域和容器来收集放射性废弃物。

B.7.3.2 要及时从工作区域清除放射性废弃物,废弃物应有警示标志,不能将放射性废弃物混入其他实验室废弃物中。

B.7.3.3 应对放射性物质的使用、废弃物处理以及意外事故和其处理过程进行详细记录。要筛查超过剂量限度物质的剂量测定记录,并予以注意和改进。发生意外事故时,首先要帮助受伤人员尽快救治,并报告本单位。发生污染时,要彻底清洁受污染区域。如果可能,请求有关机构、专家进行协助指导。

B.7.4 紫外线和激光光源

B.7.4.1 实验室内有可能发射紫外线的设备和装置，应有明显的警示标识。实验室应组织相关管理和使用该类设备的工作人员进行相应的培训，以确保其时刻处于安全运行状态。

B.7.4.2 使用该类设备的场所，应提供适用且充分的个人防护装备，以保证工作人员的身体健康不受影响。

B.7.4.3 实验室所有的紫外线和激光光源发生设备只能用于其最初的设计目的，严禁挪作他用。

附 录C

（资料性附录）
动物实验生物安全操作技术规范

C.1 基本要求

C.1.1 应熟悉动物实验室运行的一般规则，能正确操作和使用各种仪器设备。

C.1.2 应了解操作对象的习性，并熟悉动物实验操作中可能产生的各种危害及预防措施。

C.1.3 应熟悉动物实验操作中意外事件的应急处置方法。

C.1.4 在开展相关工作之前，应制定全面、细致的标准操作规程。

C.1.5 进行动物实验的所有操作人员应经过培训，考核合格，取得上岗证书。

C.1.6 进入动物实验室人员应经过实验室负责人许可。

C.1.7 严禁在动物实验室内饮食、吸烟、化妆和处理隐形眼镜等。

C.2 动物实验操作

C.2.1 动物实验室的进出

C.2.1.1 动物实验操作人员应先提出申请，并获得生物安全负责人批准。

C.2.1.2 进入动物实验室的人员应准备好实验所需的全部材料，一次性全部带入或传入实验室内。如果遗忘物品，必须服从既定的传递程序。

C.2.1.3 进入实验室的所有人员必须更换专门的实验防护服和鞋。

C.2.1.4 出动物实验室时，根据不同级别实验室要求，按照出实验室程序依次离开实验室。

C.2.2 动物实验室内操作

C.2.2.1 对有特殊危害的动物房必须在入口处加以标识。

C.2.2.2 动物实验室门在饲养动物期间应保持关闭状态。

C.2.2.3 在处理完感染性实验材料和动物以及其他有害物质后，以及在离开实验室工作区域前，都必须洗手。

C.2.2.4 操作时必须细心，以减少气溶胶的产生及粉尘从笼具、废料和动物身上散播出来。

C.2.2.5 应防止意外自我接种事件的发生。

C.2.2.6 对实验动物应当采取适当的限制手段，避免对实验人员造成伤害。

C.2.2.7 搬运动物时，应关闭所有处理室和饲养室的门。

C.2.2.8 手术室/解剖室应保持整洁干净，设备、纸张、报告等应安全存放并不能堆积，在手术室进行清洁和消毒时应清除地面障碍物。

C.2.2.9 针对不同动物，必须遵循其特殊的尸体剖检程序，以免使用切割设备或解剖工具时受伤。

C.2.2.10 每次操作前后，应认真检查饲养器具的状态、笼内动物数量，做好记录。操作时，尽量降低动物应激反应。

C.2..2.ll 在操作台上更换笼子、盖子、饲料等。更换的底面敷设物、笼子等从饲养室搬出时，要全部消毒或装入耐高压袋内进行高压消毒。

C.2.2.12 每次操作结束后，应清理操作台和地面，并进行消毒。

C.2.2.13 每次试验结束必须对动物隔离间和污染走廊进行清扫并有效消毒。

C.2.3 动物室消毒操作

C.2.3.1 饲养期间，需要对笼具消毒时，用抹布浸上适宜的消毒剂擦拭。

C.2.3.2 隔离器使用后用适当的消毒剂消毒。

C.2.3.3 动物室内的污染设备和材料，必须经过适当的消毒后方可继续使用或运出。

C.2.3.4 实验结束时，所有剩余的动物隔离间的补给物质(如辅助材料、饲料)必须拿走并消毒。

C.2.3.5 样品容器及从防护屏障内拿出的其他物品以及许多不能采用热处理的物品，可以采用化学消毒剂去除污染。

C.2.3.6 实验结束后，所有的解剖器械必须经过高压灭菌或消毒。

C.2.3.7 需要用以进一步研究的标本(新鲜的、冰冻的或已固定的)应放在防漏容器中，并作适当标记。容器外壁必须在剖检完成后从手术/解剖室移出时，必须进行清理和消毒。样品只能在相同防护屏障级别的实验区内开启。

C.2.3.8 实验结束后，采用甲醛熏蒸等适宜的方法对动物室熏蒸消毒。

C.2.3.9 实验人员在离开动物实验室时必须换下防护服并消毒。

C.2.4 实验废弃物处置

C.2.4.1 应采用一种能减少气溶胶和粉尘的方式转移动物垫料，在转移垫料之前必须对笼舍进行消毒处理。

C.2.4.2 废弃的锐器、针头、刀片、载玻片等必须放到适当的容器中消毒。

C.2.4.3 实验结束或中断而不需要的动物进行安乐死后，将动物尸体(大动物尸体必须分割成小块，每块残体都应小心地放置在防漏容器内，以避免溅出或形成气溶胶)装人防漏的塑料袋或规定容器并封口，粘贴标签，注明内容物、联系人和日期，按规定进行无害化处理。

C.2.4.4 对洗涤、擦拭用的少量废水应通过高压消毒。排放消除污染的液体必须符合相关规定。

附 录D

(资料性附录)

兽医实验室档案管理规范

D.1 基本要求

D.1.1 兽医实验室做好档案收集、保管和利用等工作。兽医实验室档案管理实行部门主要领导负责制；专人负责档案集中管理工作。

D.1.2 兽医实验室档案实行集中统一管理的原则。兽医实验室各部门的档案，应当按照本规范规定时间移交档案室，并办理移交手续；任何部门和个人不得随意丢弃或据为己有。

D.1.3 兽医实验室档案管理应当严格遵守相关保密规定。

D.2 归档范围

D.2.1 诊断监测

动物疾病诊断、监测过程中,涉及临床症状、流行病学、样品采集、实验室检验等相关内容的各项原始记录和结果报告单等。

D.2.2 科学研究

从事科学研究中,准备阶段、试验阶段、总结鉴定验收阶段和成果奖励申报阶段的所有相关资料。

D.2.3 计划总结

兽医实验室工作计划、报表、大事记及工作总结等;动物疫病流行病学调查、监测、分析、预警预报等形成的相关总结材料;为防控动物疫病和解决重大公共卫生问题提供技术支持形成的相关总结材料。

D.2.4 技术培训

兽医实验室工作有关的标准、规范、文件和技术资料等;兽医实验室技术人员参加培训、会议等相关活动获取的资料;兽医实验室举办技术培训班(通知、教学计划、讲义、现场音像等)和培训人员(名单、试题、分数单、证书编号等)资料。

D.2.5 生物安全

兽医生物安全实验室运行中的相关记录资料。菌毒种的采集、分离、引进、移交、保存、使用和无害化处理等记录资料;污水、废弃物处理等记录资料;安全事故处理记录、报表和报告等。

D.2.6 基本建设和配套设施

兽医实验室土建、改建和维修,包括准备、施工、验收全过程的相关资料。配套设施的建设、改造、维修和维护,包括准备、实施、验收、日常维护以及报废等方面的相关资料。

D.2.7 仪器设备和器械器材

购置仪器设备的调研及计划文件、合同、协议书等;随机文件,如安装说明书、图纸、操作指南、合格证书、装箱清单等;安装、调试、验收记录、报告等;使用实效记录,维护、维修记录,事故记录及处理报告等;仪器设备报废技术鉴定材料、报告及主管部门批件、处理结果等。器械器材的采购、保管和使用等记录。

D.2.8 试剂药品和耗材

试剂药品和耗材,尤其是剧毒品、放射品、危险品和菌毒种等的申请、采购、保管、领取、使用和销毁等记录。

D.2.9 认定认可

兽医实验室认定、认可和考核等相关资料。

D.2.10 人员档案

兽医实验室人员简历、培训、考核和健康状况等个人资料。

D.2.ll 其他资料

兽医实验室历史沿革、对外活动、相互合作、内部管理以及其他有关的资料。

D.3 分类与保管

D.3.1 检验报告资料在异议期(15d)过后及时归档,其他各种资料随时归档。

D.3.2 兽医实验室档案每年集中整理一次,按年度、事件、保管期限分类编号。

D.3.3 兽医实验室档案保管期限,根据保存价值分为10年、30年和永久。

D.3.4 案卷目录采用簿式目录,编写科技档案分类目录和专题检索目录。应当使用计算机辅助档案管理,利用检索工具进行专题检索。

D.3.5 科学保管,消除损坏档案因素,降低档案自然损坏率,维护档案完整和安全,延长档案寿命,保证档案的利用。

D.3.6 档案室有防火、防虫、防潮、防尘、防光、防盗等措施,保持清洁卫生,严禁吸烟。

D.3.7 定期对档案保管状况进行检查,发现问题及时采取措施。

D.4 档案的借阅

D.4.1 借阅档案应当办理借阅、归还手续。档案借出一般不超过3d,继续使用应当办理续借手续。

D.4.2 密级档案借阅应当遵守相关规定;非相关部门借阅档案,需经主要领导批准。

D.4.3 借阅人不得私自将档案转借他人,更不能转借其他单位。

D.4.4 借阅人应当保持借阅档案的原样,严禁拆散、涂改、乱划和私自翻印。

D.4.5 对归还的档案要进行检查 ,发现问题及时处理。

D.5 档案的销毁

D.5.1 定期对已过保管期限的档案进行分析、鉴定,对无保存价值的档案予以销毁。鉴定由主管领导、鉴定人员、档案管理人员共同进行。销毁由主要领导批准。未经鉴定和批准的档案不得任意销毁。

D.5.2 销毁档案现场应当有两人以上监督实施。

D.5.3 要建立销毁清单,注明销毁目录、日期、地点、方式并签章。销毁清单要永久保存。

附 录E

(资料性附录)

兽医实验室应急处置预案编制规范

E.1 应急组织体系建立的基本要求

由于存在仪器设备或设施出现意外故障或操作人员出现疏忽和错误的可能及工作人员情绪变化因素的影响,兽医实验室发生意外事件是难以完全避免的。兽医实验室在其建立之初或从事某项危险实验活动之前,应结合本单位实际情况,建立处置意外事件的应急指挥和处置体系,制定各种意外事件的应急预案并不断修订,使之能满足实际工作的需要并定期演练,使所有工作人员熟知。

E.1.1 应急指挥机构

E.1.1.1 兽医实验室应结合本单位和实验室所在地实际情况,结合应急处置工作的实际需要,成立兽医实验室应急指挥机构。

E.1.1.2 制定的应急处置预案中应明确责任人员及其责任,如生物安全负责人、地方兽医行政管理部门、医生、微生物学家、兽医学家、流行病学家以及消防和警务部门的责任。

E.1.2 专家委员会

兽医实验室所在单位应组建应急处置专家委员会。

E.2 制定应急处置预案时应考虑的问题

E.2.1 明确实验室中存在的潜在危险因素及处理方法。

E.2.2 高危险等级动物病原微生物的检测和鉴定。

E.2.3 高危险区域的地点。

E.2.4 明确处于危险的个体和人群及这些人员的转移。

E.2.5 列出能够接受暴露或感染人员进行治疗和隔离的单位。

E.2.6 列出事故处理需要的免疫血清、疫苗、药品、特殊仪器和其他物资及其来源。

E.2.7 应急装备和制剂,如防护服、消毒剂、化学和生物学溢出处理盒、清除污染的器材和供应。

E.2.8 制定的预案中应包括消防人员和其他服务人员的工作,应事先告知他们哪些房间有潜在危险物质。

E.3 应急物资储备

E.3.1 急救箱。

E.3.2 灭火器或灭火毯。

E.3.3 防护服(依据实验室涉及病原微生物类别而准备)。

E.3.4 有效防护化学物质和颗粒的全面罩式防毒面具。

E.3.5 房间消毒设备。

E.3.6 担架。

E.3.7 工具,如锤子、斧子、扳手、螺丝刀、梯子和绳子等。

E.3.8 划分危险区域界限的器材和警告标志等。

E.4 日常应对措施

E.4.1 在设施内明显位置张贴以下电话号码及地址:

E.4.1.1 实验室名称。

E.4.1.2 单位法人。

E.4.1.3 实验室负责人。

E.4.1.4 生物安全负责人。

E.4.1.5 消防队。

E.4.1.6 医院/急救机构/医务人员。

E.4.1.7 警察。

E.4.1.8 工程技术人员。

E.4.1.9 水、电和气等维修部门。

E.4.2 菌毒种和样品保存

E.4.2.1 实验室内保存的所有菌毒种和样品必须放入指定冰箱或容器内保存,严禁保存在实验室其他位置。

E.4.2.2 所有菌毒种和样品在放入冰箱前必须按《高致病性动物病原微生物菌(毒)种或者样本运输包装规范》(中华人民共和国农业部公告)要求进行包装。

E.4.2.3 菌毒种和样品保存用冰箱均通过实验室内的UPS供电,冰箱电源严禁直接通过墙壁上的插座接通电源。

E.4.2.4 菌毒种和样品保存用冰箱或容器均加双锁。

E.4.2.5 在应急处置预案中,应标明菌毒种和样品保存用冰箱或容器在实验室内的具体摆放位置。

E.5 各类意外事故的处理原则

E.5.1 溢出

溢出的危害取决于溢出材料本身的危险度、溢出的体积、溢出影响的范围等因素。溢出发生后,应立即由专业人员对溢出事件进行危害评估,并按实验室生物安全手册所制定的溢出处理程序采取相应的措施。没有产生气溶胶的少量危害材料的溢出,可用含有化学消毒剂的布或纸巾清洁。大面积的高危险感染材料并产生气溶胶的溢出,则需要专门人员穿上防护服和呼吸防护装置来处理。

E.5.1.1 感染性材料溢出处理的一般原则

E.5.1.1.1 通知溢出区域的其他人员,以控制对其他人员或环境的进一步污染。

E.5.1.1.2 根据溢出材料的性质和危险程度,处理人员穿戴相应的个人防护装备。

E.5.1.1.3 用布或纸巾覆盖并吸收溢出物。

E.5.1.1.4 向布或纸巾上倾倒适当的消毒剂(根据溢出物而定),并立即覆盖周围区域。

E.5.1.1.5 使用消毒剂时,从溢出区域的外围开始,向中心进行处理。

E.5.1.1.6 作用适当时间后,将溢出材料清理掉。如含有碎玻璃或其他锐器,要使用簸箕或硬的厚纸板等来收集处理过的物品,并将它们置于防刺透容器中待处理。

E.5.1.1.7 对溢出区域再次清洁并消毒(如有必要,则重复 5.1.1.3 ~ 5.1.1.6 步骤)。

E.5.1.1.8 完成消毒后,通知相关人员溢出区域的清除污染工作已经完成。

E.5.1.2 一级生物安全实验室溢出的处理原则

一级生物安全实验室溢出时,采用感染性材料溢出处理的一般原则即可。

E.5.1.3 二级生物安全实验室溢出的处理原则

E.5.1.3.1 生物安全柜内溢出时,如溢出量较少按以下步骤处理:

a) 保持生物安全柜处于开启状态;

b) 用布或纸巾覆盖并吸收溢出物,向布或纸巾上倾倒适当的消毒剂(根据溢出物而定,不得使用有腐蚀性的消毒剂)并作用适当时间后将溢出材料清理掉;处理溢出物时,不得将头部伸入安全柜内;必要时,用消毒剂浸泡工作表面以及排水沟和接液槽;

c) 处理完毕后消毒手套,在安全柜内脱下手套;如防护服已经污染,应先脱下消毒;重新穿上防护服和新手套后进行下面的清洁工作;

d) 用适当的消毒剂喷洒或擦拭安全柜内壁、工作表面以及前视窗的内侧,作用一定时间后擦干消毒剂并将擦拭物置于生物危害收集袋中;

e) 如溢出流入安全柜内,如需浸泡接液槽,不要尝试清理接液槽,立即通知实验室主管,需对安全柜进行更为广泛的清除污染处理;

f) 将所有清理用物品以及脱下的防护服高压消毒,用杀菌肥皂和水洗手和暴露皮肤。

E.5.1.3.2 生物安全柜外溢出时,推荐采用下述方法处理:

a) 人员迅速撤离房间,通知实验室及相关人员,并在溢出房间门口张贴禁止进入的警告,至少让通风系统运行30min以清除气溶胶;

b) 脱掉污染的防护服,将暴露面折向内置于耐高压袋中;

c) 用杀菌肥皂和水清洗暴露皮肤,如果眼睛暴露至少冲洗15min并进行进一步的医学评估;

d) 通风系统运行30min后,由实验室主管安排人员按感染性材料溢出处理的一般原则清除溢出物;

e) 所有用于清除污染的物品和防护服置于耐高压袋中,高压消毒。

E.5.1.4 三级生物安全实验室溢出的处理原则

E.5.1.4.1 在生物安全柜内的溢出

a) 如溢出量较少,按5.1.3.1所述方法处理即可;

b) 如溢出量较大时应立即停止工作,在风机工作状态下,按5.1.3.1所 述方法处理台面,然后将安全柜内全部物品移出,处理安全柜接液槽,进行紫外线照射消毒,视情况采用气体消毒。

E.5.1.4.2　在生物安全柜外的溢出

应立即停止工作,按 5.1.3.2 要求处理后,所有人员安全撤离,对当事人进行医疗观察。

E.5.2　防护服被污染

应立即就近进行局部消毒,然后对手进行消毒。在实验室缓冲区,按操作规程脱下防护服,用消毒液浸泡后高压处理。更换防护服后,对可能污染的实验室区域消毒。

E.5.3　皮肤黏膜被污染

应立即停止工作,撤离到实验室缓冲区。能用消毒液消毒的皮肤部位进行消毒,然后用清水冲洗 15min ~ 20min 后立即撤离,视情况隔离观察。对可能污染的区域消毒。

E.5.4　皮肤刺伤(破损)

应立即停止工作,撤离到实验室缓冲区,对局部进行可靠消毒。如果手部损伤脱去手套,由其他工作人员戴上洁净手套按规定程序对伤口进行消毒处理,用水冲洗 15min ~ 20min 后立即撤离。视情况隔离观察,期间应进行适当的预防治疗。对可能污染的实验室区域消毒。

E.5.5　离心机污染

发现离心机被污染应重新小心关好盖子,人员迅速撤离房间,通知实验室及相关人员,并在溢出房间门口张贴禁止进入的警告。至少让通风系统运行 30min,以清除气溶胶。脱掉污染的防护服,将暴露面折向内置于耐高压袋中。用杀菌肥皂和水清洗暴露皮肤。如果眼睛暴露,至少冲洗 15mh 并进行进一步的医学评估。通风系统运行 30min 后,由实验室主管安排人员穿戴相应防护装备(应穿戴全面罩式防护用品)进入实验室,将离心机转子转移到生物安全柜内,用适当消毒液浸泡适当时间后小心处理脱盖或打破的离心管。用浸有适当消毒剂的布或纸巾小心擦拭离心机内部。用适当消毒剂喷雾消毒离心机内部。所有用于清除污染的物品和防护服置于耐高压袋中,高压消毒。

E.5.6　发现相关症状

如实验室工作人员出现与被操作病原微生物导致疾病类似的症状,应视为可能发生实验室感染,应根据病原微生物特点进行就地隔离或到指定医院就诊。

E.6　紧急情况的处理原则

E.6.1　实验室停电

要迅速启动双路电源或备用电源或自备发电机,电源转换期间应保护好呼吸道,加强个人防护,如配戴专用头盔;如停电时间较长,则停止实验,将正在操作的种毒/样品密封消毒后装入不锈钢容器中,密封容器,并在容器表面加以标记后放在实验室生物安全柜的最内侧,然后,对实验区域及房间消毒后按正常程序撤离实验室,按相关程序报告实验室相关人员处理。

E.6.2　生物安全柜正压

若生物安全柜正压,应立即停止工作,将正在操作的种毒/样品密封消毒后装入不锈钢容器中,密封容器,并在容器表面加以标记后放在实验室生物安全柜的最内侧,消毒后缓慢撤出双手离开操作位置,避开从安全柜出来的气流,关闭安全柜电源。在保持房间负压和加强个人防护的条件下消毒安全柜和房间,撤离实验室,按相关程序报告实验室相关人员处理。

E.6.3　房间正压而生物安全柜负压

对于生物安全三级实验室,当出现房间正压而生物安全柜负压时视为房间轻微污染,应立即停止工作,将正在操作的种毒/样品密封消毒后装入不锈钢容器中,密封容器并在容器表面加以标记后放在实验室生物安全柜的最内侧,消毒后缓慢撤出双手离开操作位置,避开从安全柜出来的气流,关闭安全柜电源。在保持房间负压和加强个人防护的条件下消毒安全柜和房间,撤离实验室,按相关程序报告实验室相关人员处理。

E.6.4 房间和生物安全柜均正压

对于生物安全三级实验室，当出现房间和生物安全柜均正压时，视为房间发生污染，应立即停止工作，将正在操作的种毒/样品密封消毒后装入不锈钢容器中，密封容器并在容器表面加以标记后放在实验室生物安全柜的最内侧，消毒后缓慢撤出双手离开操作位置，避开从安全柜出来的气流，关闭安全柜电源。在保持房间负压和加强个人防护的条件下消毒安全柜和房间，严格对实验室房间、缓冲间及个人消毒后按程序撤离实验室，锁闭实验室门并标明实验室污染，按相关程序报告实验室相关人员处理。

E.6.5 地震、水灾等自然灾害

E.6.5.1 当国家相关部门发布地震、水灾预警后，立即对实验室进行全面消毒。在发布的地震、水灾预告时间段内，实验室工作人员严禁进入实验室开展相关实验工作。

E.6.5.2 发生地震、水灾等自然灾害时，实验室工作人员应立即停止工作，妥善处置所操作的样品。

E.6.5.3 当确认实验室内无工作人员后立即切断实验室内所有电源，锁闭实验室。但对于三级生物安全实验室应保证实验室空调系统的正常运转，并适当加大实验室排风。

E.6.5.4 当发生地震、水灾等自然灾害时，立即疏散相关人员，封闭实验室相关区域，严禁无关人员靠近，通知相关部门，等待救援人员的到来。

E.6.6 火灾

实验室平时应加强防火。万一发生火灾，生物安全三级以下实验室工作人员在判断火势不会蔓延时，可力所能及地扑灭或控制火情，协助消防人员灭火。生物安全三级及以上实验室，首先要考虑人员安全撤离，其次是工作人员在判断火势不会蔓延时，可力所能及地扑灭或控制火情。消防人员应在受过训练的三级实验室工作人员陪同下进入现场，三级实验室区域严禁用高压水枪灭火，应指导消防人员先对三级实验室相临区域进行灭火工作，阻止火势的蔓延，待三级实验室火势减小到可以使用干粉灭火器扑救或自然熄灭后再行救援。

E.6.7 发生地震、水灾、火灾等自然灾害后的紧急救援

E.6.7.1 由实验室有经验的工作人员和相关专家根据实验室损害程度对实验室内保存种毒/样品的泄漏情况和生物危险性进行评估，并根据评估结果采取相应的急救措施。

E.6.7.2 警告地方或国家紧急救援人员实验室建筑内和附近存在的潜在危害。

E.6.7.3 只有在受过训练的实验室工作人员的陪同下，佩戴相应的防护装备后，救援人员才能进入这些区域展开救援工作。

E.6.7.4 培养物和感染物应收集在防漏的盒子内或结实的可废弃袋内。由实验室工作人员和相关专家依据现场情况决定挽救或最终丢弃。

E.6.8 发生地震、水灾、火灾等自然灾害后的危害性评估

E.6.8.1 由实验室有经验的工作人员和相关专家对灾后实验室状况进行评估。

E.6.8.2 如未对实验室造成结构性破坏，则请相关专家和部门对实验室进行检测，根据检测结果决定实验室是否需要加以维修或改造。

E.6.8.3 待确认实验室合格后方可重新投入使用。

E.7 培训和演习

实验室应对实验室工作人员系统培训已制定的实验室应急处置预案，每年要有计划地进行演练，确保实验室工作人员熟练掌握应急处置预案。

E.8 应急处置预案的管理与更新

实验室制定的应急预案应上报上级相关主管部门并定期评审，并根据形势变化和实施中发现的问题及时修订。

附录F

（资料性附录）

兽医实验室生物安全报告规范

F.1 报告范围

F.1.1 兽医实验室生物安全报告分为工作情况报告、实验活动报告、关键人员变动情况报告和事故报告四大类。

F.1.2 根据兽医实验室生物安全事故的性质、危害程度、涉及范围、人员感染情况以及经济损失，将兽医实验室生物安全事故分为特别重大事故、重大事故、严重事故和一般事故四个级别。

F.1.2.1 特别重大事故：指兽医实验室使用或保存的高致病性动物病原微生物引起人员感染，造成死亡并在人间扩散，或引起特别重大动物疫情。

F.1.2.2 重大事故：指兽医实验室使用或保存的高致病性动物病原微生物引起人员感染，造成死亡或人间扩散，或引起重大动物疫情。

F.1.2.3 严重事故：指兽医实验室使用或保存的高致病性动物病原微生物引起人员感染发病；或引起较大动物疫情；或保存的高致病性动物病原微生物的菌毒种等感染性材料发生被盗、被抢、丢失、泄漏或因地震、水灾等自然灾害而导致的逃逸等。

F.1.2.4 一般事故：指兽医实验室发生感染性物质洒溢在实验室的清洁区、工作人员的皮肤、黏膜等处，发生气溶胶外溢，但没有引起严重后果的事故。

F.1.3 取得从事高致病性动物病原微生物实验活动资格证书的实验室，应当将实验活动结果以及工作情况向农业部报告。

F.1.4 实验室发生高致病性动物病原微生物泄漏或者扩散，造成或者可能造成严重环境污染或者生态破坏的，应当立即采取应急措施，通报可能受到危害的单位和居民，并向当地人民政府环境保护主管部门和有关部门报告。

F.1.5 省级兽医实验室和高级别兽医生物安全实验室负责人和生物安全负责人发生变化时，应报告中国动物疫病预防控制中心。县（地）级兽医实验室负责人发生变化时，应报告所在地兽医主管部门。

F.2 报告程序和报告时限

F.2.1 省级以下的兽医实验室应当在每年1月15日前，将上一年度实验室的运行和管理等情况逐级上报所在地省级人民政府兽医主管部门。兽医实验室工作情况报告格式见附表F.1。省级人民政府兽医主管部门应将本辖区兽医实验室的情况进行汇总后，于2月15日前上报给中国动物疫病预防控制中心。

F.2.2 省级以上兽医实验室、高级别兽医生物安全实验室应当分别在每年7月15日和翌年1月15日前，将半年的实验室生物安全培训、考核其工作人员的情况以及实验室的运行和管理等情况上报给省、自治区、直辖市人民政府兽医主管部门和中国动物疫病预防控制中心。兽医实验室工作情况格式见表F.1，高致病性动物病原微生物实验活动报告格式见附表F.2。

F.2.3 兽医实验室生物安全事故发生后,事故现场有关人员应当立即向本单位负责人报告;单位负责人接到报告后,应当于1h内向事故发生地县级以上人民政府兽医主管部门报告。兽医实验室生物安全事故报告格式见附表F.3。

F.2.4 事故发生单位负责人接到事故报告后,应立即启动事故相应应急预案,或者采取有效措施,防止事故扩大。

F.2.5 县级以上人民政府兽医主管部门接到兽医实验室生物安全事故报告后,应依照下列规定上报事故情况,并通知公安机关、卫生和环保部门:

F.2.5.1 特别重大事故逐级上报至农业部;

F.2.5.2 重大事故逐级上报至省、自治区、直辖市人民政府兽医主管部门;

F.2.5.3 严重事故和一般事故上报至设区的县级人民政府兽医主管部门。

F.2.6 兽医实验室发生特别重大生物安全事故后,应在2h内将情况逐级报省、自治区、直辖市动物防疫监督机构,并同时报所在地人民政府兽医主管部门。

F.2.7 省、自治区、直辖市动物防疫监督机构应当在接到报告后lh内,向省、自治区、直辖市人民政府兽医主管部门和国务院兽医主管部门所属的动物防疫监督机构报告。

F.2.8 省、自治区、直辖市人民政府兽医主管部门应当在接到报告后1h内报本级人民政府和国务院兽医主管部门。

F.2.9 特别重大生物安全事故发生后,省、自治区、直辖市人民政府和国务院兽医主管部门应当在4h内向国务院报告。

F.2.10 兽医实验室生物安全事故报告包括下列内容:

F.2.10.1 事故发生单位概况;

F.2.10.2 事故发生的时间、地点以及事故现场情况;

F.2.10.3 事故的简要经过;

F.2.10.4 病原微生物的名称及分类;

F.2.10.5 已经采取的控制措施;

F.2.10.6 事故报告的单位、负责人、报告人及联系方式。

F.2.11 省级以上兽医实验室以及高级别兽医生物安全实验室负责人和生物安全负责人发生变化时,应当在7d内报告中国动物疫病预防控制中心。兽医实验室负责人变动情况报告格式见附表F.4。

F.2.12 县(地)级兽医实验室生物安全负责人发生变化时,应当在30d内报告所在地兽医主管部门。兽医实验室负责人变动情况报告格式见附表F.4。

F.2.13 取得从事高致病性病原微生物实验活动资格证书的实验室,在实验活动结束后30d内,将病原微生物菌毒种、样品的销毁或送交保藏情况、实验活动结果以及工作情况以书面形式向省、自治区、直辖市人民政府兽医主管部门和农业部报告。

F.2.14 县级以上人民政府兽医主管部门管理人员应对辖区内报告的生物安全

信息进行审核,对有疑问的报告信息及时反馈报告单位或向报告人核实。

F.2.15 各级各类兽医实验室的兽医实验室生物安全报告必须进行登记备案,按照国家有关规定纳入档案管理。

附表F.1

20____年兽医实验室工作情况报告表

所属省(自治区/直辖市):____________

<table>
<tr><td>实验室名称</td><td colspan="6"></td></tr>
<tr><td>地 址</td><td colspan="2"></td><td colspan="2">邮政编码</td><td colspan="2"></td></tr>
<tr><td>实验室负责人</td><td colspan="2"></td><td colspan="2">联系电话</td><td colspan="2"></td></tr>
<tr><td>法人单位名称</td><td colspan="6"></td></tr>
<tr><td>单位法定代表人</td><td colspan="2"></td><td colspan="2">联系电话</td><td colspan="2"></td></tr>
<tr><td>实验室生物安全级别
(原有)</td><td colspan="6">□BSL-1 □BSL-2 □BSL-3 □BSL-4
□ABSL-1 □ABSL-2 □ABSL-3 □ABSL-4</td></tr>
<tr><td>实验室生物安全级别
(现有)</td><td colspan="6">□BSL-1 □BSL-2 □BSL-3 □BSL-4
□ABSL-1 □ABSL-2 □ABSL-3 □ABSL-4</td></tr>
<tr><td rowspan="2">实验室面积有无变化</td><td colspan="2" rowspan="2">□有 □无</td><td colspan="2">原有面积(m^2)</td><td colspan="2"></td></tr>
<tr><td colspan="2">现有面积(m^2)</td><td colspan="2"></td></tr>
<tr><td>实验室面积变化情况的说明</td><td colspan="6"></td></tr>
<tr><td rowspan="2">主要仪器设备有无变化</td><td colspan="2" rowspan="2">□有 □无</td><td colspan="2">原有数量(台套)</td><td colspan="2"></td></tr>
<tr><td colspan="2">现有数量(台套)</td><td colspan="2"></td></tr>
<tr><td>仪器设备变化情况的说明</td><td colspan="6"></td></tr>
<tr><td rowspan="2">实验室人员有无变化</td><td colspan="2" rowspan="2">□有 □无</td><td colspan="2">原有人员数量</td><td colspan="2"></td></tr>
<tr><td colspan="2">现有人员数量</td><td colspan="2"></td></tr>
<tr><td>人员变化情况的说明</td><td colspan="6"></td></tr>
<tr><td rowspan="2">实验室负责人有无变化</td><td colspan="2" rowspan="2">□有 □无</td><td colspan="2">原负责人姓名</td><td colspan="2"></td></tr>
<tr><td colspan="2">现负责人姓名</td><td colspan="2"></td></tr>
<tr><td rowspan="4">现负责人的基本情况</td><td>姓 名</td><td></td><td>性 别</td><td></td><td>出生年月</td><td></td></tr>
<tr><td>职 务</td><td></td><td>职 称</td><td></td><td>文化程度</td><td></td></tr>
<tr><td>电 话</td><td></td><td>传 真</td><td></td><td>电子邮件</td><td></td></tr>
<tr><td colspan="6">何年毕业于何院校、何专业、受过何种培训:

工作经历及从事实验室工作的经历:</td></tr>
<tr><td>菌(毒)种保存和使用情况</td><td colspan="3">保存菌(毒)种的名称和数量</td><td colspan="3">使用菌(毒)种的名称和数量</td></tr>
</table>

续表

<table>
<tr><td rowspan="2">生物安全培训和考核情况</td><td colspan="2">培训人次数：</td></tr>
<tr><td colspan="2">参加考核人数:　　　合格人数:　　　不合格人数:</td></tr>
<tr><td rowspan="4">实验室的有效运行时间</td><td>实验室级别</td><td>运行时间(h)</td></tr>
<tr><td></td><td></td></tr>
<tr><td></td><td></td></tr>
<tr><td></td><td></td></tr>
<tr><td>实验室运行情况</td><td colspan="2">检测样品总数:　（份）
其中血清学:　（份）　病原学:　（份）
组织病理学:　（份）　分子生物学:　（份）。</td></tr>
<tr><td colspan="3">实验室负责人:(签字)　　　日 期:</td></tr>
<tr><td>实验室设立单位意见</td><td colspan="2">负责人:(签字)　　　年　月　日
（单位盖章）</td></tr>
<tr><td>县级兽医主管部门意见</td><td colspan="2">负责人:(签字)　　　年　月　日
（单位盖章）</td></tr>
<tr><td>地（市）级兽医主管部门意见</td><td colspan="2">负责人:(签字)　　　年　月　日
（单位盖章）</td></tr>
<tr><td>省级兽医主管部门意见</td><td colspan="2">负责人:(签字)　　　年　月　日
（单位盖章）</td></tr>
</table>

填表人 :(签字)　　　　填表日期:

附表F.2

高致病性动物病原微生物实验活动报告表

所属省(自治区/直辖市):

实验室名称			
实验室负责人		联系电话	
实验室设立单位			
法定代表人		联系电话	
通信地址		邮政编码	
实验室生物安全级别	□BSL-3 □BSL-4 □ABSL-3 □ABSL-4		
实验室国家认可认证编号		有效期限	
高致病性动物病原微生物实验室资格证书编号		有效期限	
高致病性动物病原微生物实验活动批准文件号		批准单位	
批准的实验活动起止时间		实验活动目的	
实验活动的主要参加人员			
实验活动的实际工作情况			
实验活动的主要结果			
菌(毒)种的送交时间		送交保藏单位	
菌(毒)种的销毁时间		销毁监管单位	
菌(毒)种的销毁的验证情况			
需要说明的其他问题和建议			
实验室负责人	(签字)		
实验室所属单位意见	法定代表人:(签字)	年 月 日 (单位盖章)	
省级兽医主管部门意见	法定代表人:(签字)	年 月 日 (单位盖章)	

填表人:(签字)　　　　填表日期:

附表F.3

兽医实验室生物安全事故报告表

所属省(自治区/直辖市):

实验室名称			
实验室负责人		联系电话	
实验室设立单位名称			
单位法定代表人		联系电话	
通信地址		邮政编码	
报告人		联系电话	
实验室生物安全级别	□BSL-1 □BSL-2 □BSL-3 □BSL-4 □ABSL-1 □ABSL-2 □ABSL-3 □ABSL-4		
事故发生时间			
事故所涉及的病原微生物名称			
事故的详细描述			
事故发生原因的评估			
事故可能造成的危害			
预防类似事故发生的建议			
已经采取的措施			

填表人:(签字) 填表日期:

附表 F.4

兽医实验室负责人变动情况报告表

所属省(自治区/直辖市):

<table>
<tr><td>实验室名称</td><td colspan="3"></td><td>实验室所属单位</td><td colspan="2"></td></tr>
<tr><td>通信地址</td><td colspan="3"></td><td>邮政编码</td><td colspan="2"></td></tr>
<tr><td>实验室联系人</td><td colspan="3"></td><td>电话号码</td><td colspan="2"></td></tr>
<tr><td>实验室级别</td><td colspan="6"></td></tr>
<tr><td rowspan="3">实验室原有负责人</td><td>姓 名</td><td></td><td>性 别</td><td></td><td>出生年月</td><td></td></tr>
<tr><td>职 称</td><td></td><td>学 历</td><td></td><td>电 话</td><td></td></tr>
<tr><td>传 真</td><td></td><td>手 机</td><td></td><td>电子邮件</td><td></td></tr>
<tr><td rowspan="6">实验室现负责人
简历</td><td>姓 名</td><td></td><td>性 别</td><td></td><td>出生年月</td><td></td></tr>
<tr><td>职 称</td><td></td><td>学 历</td><td></td><td>电 话</td><td></td></tr>
<tr><td>传 真</td><td></td><td>手 机</td><td></td><td>电子邮件</td><td></td></tr>
<tr><td>业 务
分 管</td><td colspan="5"></td></tr>
<tr><td colspan="6">何年毕业于何院校、何专业、受过何种培训:</td></tr>
<tr><td colspan="6">工作经历及从事实验室工作的经历:</td></tr>
<tr><td colspan="7">本人声明:本人有能力和权利实施所负责的工作,理解所承担的责任,对所提供材料的真实性负责。

本人签字:
年 月 日</td></tr>
<tr><td colspan="7">实验室所属单位负责人意见:

负责人:(签字)
年 月 日
(单位盖章)</td></tr>
</table>

填表人 :(签字)　　　　填表日期:

续表

县级兽医主管部门意见	负责人:(签字)　　　　　　　　　　年　月　日 （单位盖章）
地(市)级兽医主管部门意见	负责人:(签字)　　　　　　　　　　年　月　日 （单位盖章）
省级兽医主管部门意见	负责人:(签字)　　　　　　　　　　年　月　日 （单位盖章）

高致病性动物病原微生物实验室生物安全管理审批办法

2005年5月20日中华人民共和国农业部令第52号公布

2016年根据《农业部关于废止和修改部分规章、规范性文件的决定》修订

第一章 总则

第一条 为了规范高致病性动物病原微生物实验室生物安全管理的审批工作，根据《病原微生物实验室生物安全管理条例》，制定本办法。

第二条 高致病性动物病原微生物的实验室资格、实验活动和运输的审批，适用本办法。

第三条 本办法所称高致病性动物病原微生物是指来源于动物的、《动物病原微生物分类名录》中规定的第一类、第二类病原微生物。

《动物病原微生物分类名录》由农业部商国务院有关部门后制定、调整并予以公布。

第四条 农业部主管全国高致病性动物病原微生物实验室生物安全管理工作。

县级以上地方人民政府兽医行政管理部门负责本行政区域内高致病性动物病原微生物实验室生物安全管理工作。

第二章 实验室资格审批

第五条 实验室从事高致病性动物病原微生物实验活动，应当取得农业部颁发的《高致病性动物病原微生物实验室资格证书》。

第六条 实验室申请《高致病性动物病原微生物实验室资格证书》，应当具备下列条件：

（一）依法从事动物疫病的研究、检测、诊断，以及菌（毒）种保藏等活动；

（二）符合农业部颁发的《兽医实验室生物安全管理规范》；

（三）取得国家生物安全三级或者四级实验室认可证书；

（四）从事实验活动的工作人员具备兽医相关专业大专以上学历或中级以上技术职称，受过生物安全知识培训；

（五）实验室工程质量经依法检测验收合格。

第七条 符合前条规定条件的，申请人应当向所在地省、自治区、直辖市人民政府兽医行政管理部门提出申请，并提交下列材料：

（一）高致病性动物病原微生物实验室资格申请表一式两份；

（二）实验室管理手册；

（三）国家实验室认可证书复印件；

（四）实验室设立单位的法人资格证书复印件；

（五）实验室工作人员学历证书或者技术职称证书复印件；

（六）实验室工作人员生物安全知识培训情况证明材料；

（七）实验室工程质量检测验收报告复印件。

省、自治区、直辖市人民政府兽医行政管理部门应当自收到申请之日起10日内，将初审意见和有

关材料报送农业部。

农业部收到初审意见和有关材料后，组织专家进行评审，必要时可到现场核实和评估。农业部自收到专家评审意见之日起10日内作出是否颁发《高致病性动物病原微生物实验室资格证书》的决定；不予批准的，及时告知申请人并说明理由。

第八条　《高致病性动物病原微生物实验室资格证书》有效期为5年。有效期届满，实验室需要继续从事高致病性动物病原微生物实验活动的，应当在届满6个月前，按照本办法的规定重新申请《高致病性动物病原微生物实验室资格证书》。

第三章　实验活动审批

第九条　一级、二级实验室不得从事高致病性动物病原微生物实验活动。三级、四级实验室需要从事某种高致病性动物病原微生物或者疑似高致病性动物病原微生物实验活动的，应当经农业部或者省、自治区、直辖市人民政府兽医行政管理部门批准。

第十条　三级、四级实验室从事某种高致病性动物病原微生物或者疑似高致病性动物病原微生物实验活动的，应当具备下列条件：

（一）取得农业部颁发的《高致病性动物病原微生物实验室资格证书》，并在有效期内；

（二）实验活动限于与动物病原微生物菌（毒）种、样本有关的研究、检测、诊断和菌（毒）种保藏等。

农业部对特定高致病性动物病原微生物或疑似高致病性动物病原微生物实验活动的实验单位有明确规定的，只能在规定的实验室进行。

第十一条　符合前条规定条件的，申请人应当向所在地省、自治区、直辖市人民政府兽医行政管理部门提出申请，并提交下列材料：

（一）高致病性动物病原微生物实验活动申请表一式两份；

（二）高致病性动物病原微生物实验室资格证书复印件；

（三）从事与高致病性动物病原微生物有关的科研项目的，还应当提供科研项目立项证明材料。

从事我国尚未发现或者已经宣布消灭的动物病原微生物有关实验活动的，或者从事国家规定的特定高致病性动物病原微生物病原分离和鉴定、活病毒培养、感染材料核酸提取、动物接种试验等有关实验活动的，省、自治区、直辖市人民政府兽医行政管理部门应当自收到申请之日起7日内，将初审意见和有关材料报送农业部。农业部自收到初审意见和有关材料之日起8日内作出是否批准的决定；不予批准的，及时通知申请人并说明理由。

从事前款规定以外的其他高致病性动物病原微生物或者疑似高致病性动物病原微生物实验活动的，省、自治区、直辖市人民政府兽医行政管理部门应当自收到申请之日起15日内作出是否批准的决定，并自批准之日起10日内报农业部备案；不予批准的，应当及时通知申请人并说明理由。

第十二条　实验室申报或者接受与高致病性动物病原微生物有关的科研项目前，应当向农业部申请审查，并提交以下材料：

（一）高致病性动物病原微生物科研项目生物安全审查表一式两份；

（二）科研项目建议书；

（三）科研项目研究中采取的生物安全措施。

农业部自收到申请之日起20日内作出是否同意的决定。

科研项目立项后，需要从事与高致病性动物病原微生物有关的实验活动的，应当按照本办法第十条、第十一条的规定，经农业部或者省、自治区、直辖市人民政府兽医行政管理部门批准。

第十三条　出入境检验检疫机构、动物防疫机构在实验室开展检测、诊断工作时，发现高致病性动物病原微生物或疑似高致病性动物病原微生物,需要进一步从事这类高致病性动物病原微生物病原分离和鉴定、活病毒培养、感染材料核酸提取、动物接种试验等相关实验活动的,应当按照本办法第十条、第十一条的规定,经农业部或者省、自治区、直辖市人民政府兽医行政管理部门批准。

第十四条 出入境检验检疫机构为了检验检疫工作的紧急需要,申请在实验室对高致病性动物病原微生物或疑似高致病性动物病原微生物开展病原分离和鉴定、活病毒培养、感染材料核酸提取、动物接种试验等进一步实验活动的,应当具备下列条件,并按照本办法第十一条的规定提出申请。

(一)实验目的仅限于检疫;

(二)实验活动符合法定检疫规程;

(三)取得农业部颁发的《高致病性动物病原微生物实验室资格证书》,并在有效期内。

农业部或者省、自治区、直辖市人民政府兽医行政管理部门自收到申请之时起2小时内作出是否批准的决定;不批准的,通知申请人并说明理由。2小时内未作出决定的,出入境检验检疫机构实验室可以从事相应的实验活动。

第十五条 实验室在实验活动期间,应当按照《病原微生物实验室生物安全管理条例》的规定,做好实验室感染控制、生物安全防护、病原微生物菌(毒)种保存和使用、安全操作、实验室排放的废水和废气以及其他废物处置等工作。

第十六条 实验室在实验活动结束后,应当及时将病原微生物菌(毒)种、样本就地销毁或者送交农业部指定的保藏机构保藏,并将实验活动结果以及工作情况向原批准部门报告。

第四章 运输审批

第十七条 运输高致病性动物病原微生物菌(毒)种或者样本的,应当经农业部或者省、自治区、直辖市人民政府兽医行政管理部门批准。

第十八条 运输高致病性动物病原微生物菌(毒)种或者样本的,应当具备下列条件:

(一)运输的高致病性动物病原微生物菌(毒)种或者样本仅限用于依法进行的动物疫病的研究、检测、诊断、菌(毒)种保藏和兽用生物制品的生产等活动;

(二)接收单位是研究、检测、诊断机构的,应当取得农业部颁发的《高致病性动物病原微生物实验室资格证书》,并取得农业部或者省、自治区、直辖市人民政府兽医行政管理部门颁发的从事高致病性动物病原微生物或者疑似高致病性动物病原微生物实验活动批准文件;接收单位是兽用生物制品研制和生产单位的,应当取得农业部颁发的生物制品批准文件;接收单位是菌(毒)种保藏机构的,应当取得农业部颁发的指定菌(毒)种保藏的文件;

(三)盛装高致病性动物病原微生物菌(毒)种或者样本的容器或者包装材料应当符合农业部制定的《高致病性动物病原微生物菌(毒)种或者样本运输包装规范》。

第十九条 符合前条规定条件的,申请人应当向出发地省、自治区、直辖市人民政府兽医行政管理部门提出申请,并提交以下材料:

(一)运输高致病性动物病原微生物菌(毒)种(样本)申请表一式两份;

(二)前条第二项规定的有关批准文件复印件;

(三)接收单位同意接收的证明材料,但送交菌(毒)种保藏的除外。

在省、自治区、直辖市人民政府行政区域内运输的,省、自治区、直辖市人民政府兽医行政管理部门应当对申请人提交的申请材料进行审查,符合条件的,即时批准,发给《高致病性动物病原微生物菌(毒)种、样本准运证书》;不予批准的,应当即时告知申请人。

需要跨省、自治区、直辖市运输或者运往国外的,由出发地省、自治区、直辖市人民政府兽医行政管理部门进行初审，并将初审意见和有关材料报送农业部。农业部应当对初审意见和有关材料进行审查，符合条件的，即时批准，发给《高致病性动物病原微生物菌（毒）种、样本准运证书》；不予批准的，应当即时告知申请人。

第二十条　申请人凭《高致病性动物病原微生物菌（毒）种、样本准运证书》运输高致病性动物病原微生物菌（毒）种或者样本；需要通过铁路、公路、民用航空等公共交通工具运输的，凭《高致病性动物病原微生物菌（毒）种、样本准运证书》办理承运手续；通过民航运输的，还需经过国务院民用航空主管部门批准。

第二十一条　出入境检验检疫机构在检疫过程中运输动物病原微生物样本的，由国务院出入境检验检疫部门批准，同时向农业部通报。

第五章　附则

第二十二条　对违反本办法规定的行为，依照《病原微生物实验室生物安全管理条例》第五十六条、第五十七条、第五十八条、第五十九条、第六十条、第六十二条、第六十三条的规定予以处罚。

第二十三条　本办法规定的《高致病性动物病原微生物实验室资格证书》、《从事高致病性动物病原微生物实验活动批准文件》和《高致病性动物病原微生物菌（毒）种、样本准运证书》由农业部印制。

《高致病性动物病原微生物实验室资格申请表》、《高致病性动物病原微生物实验活动申请表》、《运输高致病性动物病原微生物菌（毒）种、样本申请表》和《高致病性动物病原微生物科研项目生物安全审查表》可以从中国农业信息网（http://www.agri.gov.cn）下载。

第二十四条　本办法自公布之日起施行。

附件一

高致病性动物病原微生物实验室资格申请表

<table>
<tr><td colspan="2">实验室名称</td><td colspan="2"></td><td colspan="2">实验室所属单位</td><td colspan="3"></td></tr>
<tr><td colspan="2">单位法定代表人</td><td colspan="2"></td><td colspan="2">地　址</td><td colspan="3"></td></tr>
<tr><td colspan="2">联系电话</td><td colspan="2"></td><td colspan="2">邮　编</td><td colspan="3"></td></tr>
<tr><td colspan="4">实验室国家认可证书编号</td><td colspan="2"></td><td colspan="2">有效期限</td><td></td></tr>
<tr><td colspan="4">实验室建筑工程验收合格证书编号</td><td colspan="5"></td></tr>
<tr><td rowspan="4">实验室基本情况</td><td colspan="3">实验室面积</td><td></td><td colspan="3">其中P3/P4面积</td><td></td></tr>
<tr><td colspan="3">总人数</td><td></td><td colspan="3">其中实验技术人员</td><td></td></tr>
<tr><td colspan="3">实验室负责人</td><td></td><td colspan="3">联系电话</td><td></td></tr>
<tr><td colspan="3">生物安全管理负责人</td><td></td><td colspan="3">联系电话</td><td></td></tr>
<tr><td rowspan="6">实验室主要人员简历</td><td colspan="2">姓 名</td><td>学 历</td><td>技术职称</td><td colspan="2">所学专业</td><td colspan="2">生物安全知识培训情况</td></tr>
<tr><td colspan="2"></td><td></td><td></td><td colspan="2"></td><td colspan="2"></td></tr>
<tr><td colspan="2"></td><td></td><td></td><td colspan="2"></td><td colspan="2"></td></tr>
<tr><td colspan="2"></td><td></td><td></td><td colspan="2"></td><td colspan="2"></td></tr>
<tr><td colspan="2"></td><td></td><td></td><td colspan="2"></td><td colspan="2"></td></tr>
<tr><td colspan="2"></td><td></td><td></td><td colspan="2"></td><td colspan="2"></td></tr>
<tr><td>申报单位意见</td><td colspan="8">法定代表人:(签字)
年　月　日
(单位盖章)</td></tr>
</table>

<table>
<tr><td>省级兽医主管部门初审意见</td><td>

单位负责人:(签字)

年 月 日
(单位盖章)</td></tr>
<tr><td>专家组评审意见</td><td>

专家组组长:(签字) 年 月 日</td></tr>
<tr><td>农业部审批意见</td><td>

年 月 日
(单位盖章)</td></tr>
</table>

附件二

高致病性动物病原微生物实验活动申请表

<table>
<tr><td>实验室名称</td><td colspan="2"></td><td colspan="2">实验室所属单位</td><td colspan="2"></td></tr>
<tr><td>地　址</td><td colspan="6"></td></tr>
<tr><td>实验室联系人</td><td></td><td>电　话</td><td colspan="2"></td><td>邮　编</td><td></td></tr>
<tr><td colspan="2">实验室国家认可证书编号</td><td></td><td>有效期限</td><td colspan="3"></td></tr>
<tr><td colspan="2">高致病性动物病原微生物
实验室资格证书编号</td><td></td><td>有效期限</td><td colspan="3"></td></tr>
<tr><td colspan="2">实验活动目的</td><td colspan="5"></td></tr>
<tr><td colspan="2">实验活动起止时间</td><td colspan="5"></td></tr>
<tr><td colspan="7">实验活动主要内容:(含实验方法、主要程序)</td></tr>
<tr><td colspan="7">实验室负责人简历:</td></tr>
</table>

<table>
<tr><td rowspan="6">实
验
主
要
人
员
简
历</td><td>姓 名</td><td>学 历</td><td>技术职称</td><td>从事专业</td><td>生物安全知识培训情况</td></tr>
<tr><td></td><td></td><td></td><td></td><td></td></tr>
<tr><td></td><td></td><td></td><td></td><td></td></tr>
<tr><td></td><td></td><td></td><td></td><td></td></tr>
<tr><td></td><td></td><td></td><td></td><td></td></tr>
<tr><td></td><td></td><td></td><td></td><td></td></tr>
</table>

申报单位意见	法定代表人:(签字)　　　　年　月　日 (单位盖章)
省级兽医主管部门初审意见	单位负责人:(签字)　　　　年　月　日 (单位盖章)
农业部审批意见	年　月　日 (单位盖章)

附件三

运输高致病性动物病原微生物菌（毒）种（样本）申请表

<table>
<tr><td>申请单位</td><td colspan="2"></td><td>地 址</td><td colspan="3"></td></tr>
<tr><td>法定代表人</td><td colspan="2"></td><td>电 话</td><td></td><td>邮 编</td><td></td></tr>
<tr><td>经办人</td><td colspan="3"></td><td>联系电话</td><td colspan="2"></td></tr>
<tr><td colspan="2">菌（毒）种或样本名称</td><td colspan="5"></td></tr>
<tr><td colspan="2">类 型</td><td colspan="5">组织　　菌(毒)种　　血清</td></tr>
<tr><td colspan="2">来源和采集方式</td><td colspan="5"></td></tr>
<tr><td colspan="2">运输病原微生物目的</td><td colspan="5"></td></tr>
<tr><td>运输方式</td><td colspan="6">公路　　铁路　　水路　　航空</td></tr>
<tr><td>承运单位</td><td colspan="3"></td><td>承运时间</td><td colspan="2"></td></tr>
<tr><td>运输目的地</td><td colspan="6"></td></tr>
<tr><td>护送人员</td><td colspan="6"></td></tr>
<tr><td rowspan="4">接收单位情况</td><td>单位名称</td><td colspan="5"></td></tr>
<tr><td>地 址</td><td colspan="2"></td><td>联系电话</td><td colspan="2"></td></tr>
<tr><td colspan="4">高致病性动物病原微生物实验室资格证书编号</td><td colspan="2"></td></tr>
<tr><td colspan="4">从事高致病性动物病原微生物实验活动批准文件[或生物制品批准文件或菌(毒)种保藏批准文件]编号</td><td colspan="2"></td></tr>
<tr><td colspan="7">包装情况：</td></tr>
</table>

<table>
<tr><td>申
报
单
位
意
见</td><td>

法定代表人:(签字)　　　　　　　　　　　　　　年　月　日
（单位盖章）</td></tr>
<tr><td>省
级
兽
医
行
政
管
理
部
门
初
审
意
见</td><td>

单位负责人:(签字)　　　　　　　　　　　　　　年　月　日
（单位盖章）</td></tr>
<tr><td>农
业
部
审
批
意
见</td><td>

年　月　日
（单位盖章）</td></tr>
</table>

附件四

高致病性动物病原微生物科研项目生物安全审查表

<table>
<tr><td>科研项目名称</td><td colspan="5"></td></tr>
<tr><td>科研项目申报单位</td><td colspan="5"></td></tr>
<tr><td>申报单位详细地址</td><td colspan="5"></td></tr>
<tr><td>科研项目主持人</td><td></td><td>电　话</td><td></td><td>邮　编</td><td></td></tr>
<tr><td colspan="2">拟研究的动物病原微生物名称</td><td colspan="4"></td></tr>
<tr><td colspan="6">拟开展研究活动的主要内容:(含实验方法、主要程序)</td></tr>
</table>

拟从事的病原微生物研究工作安排	病原微生物名称	主要研究内容	从事该项研究的实验室名称及生物安全等级

科研项目主持人简历：

科研项目主要参加人简历	姓 名	学历	技术职称	研究方向	工作单位

申报单位意见	
	单位负责人:(签字)　　　　年　月　日 (单位盖章)

省级兽医主管部门初审意见	单位负责人:(签字)　　　　年　月　日 （单位盖章）
专家组评审意见	专家组组长:(签字)　　　　年　月　日
农业部审批意见	年　月　日 （单位盖章）

移动式实验室生物安全要求GB 27421-2015

实验室生物安全涉及的绝不仅是实验室工作人员的个人健康，一旦发生事故，极有可能会给人群、动物或植物带来不可预计的危害。

实验室生物安全事件或事故的发生是难以完全避免的。重要的是实验室工作人员应事先了解所从事活动的风险并应在风险已控制在可接受水平的条件下从事相关的活动。实验室工作人员应认识但不应过分依赖于实验室设施设备的安全保障作用，绝大多数生物安全事故的根本原因是缺乏生物安全意识和疏于管理。

移动式实验室的使用目的不同于固定实验室，为适应我国移动式生物安全实验室建造和管理的需要，促进发展，有必要制定本标准。根据调研，移动式生物安全四级实验室和开放或半开放饲养动物的生物安全三级实验室极为罕见，特殊性强，不适于以国家标准的形式对其规范。因而，本标准的内容不包括对上述实验室的要求。

1 范围

本标准规定了对一级、二级和三级生物安全防护水平移动式实验室的设施、设备和安全管理的基本要求，不包括对移动式生物安全四级实验室和开放或半开放饲养动物的生物安全三级实验室的要求。

第6章以及7.1和7.2是对移动式实验室生物安全防护设施和设备的基础要求，需要时，适用于更高防护水平的移动式实验室。

针对与感染动物饲养相关的实验室活动，本标准规定了对移动式实验室内动物饲养设施和环境的基本要求。需要时，7.3适用于相应防护水平的动物生物安全移动式实验室。

本标准适用于涉及生物因子操作的移动式实验室。

2 规范性引用文件

下列文件对于本文件的应用是必不可少的。凡是注日期的引用文件，仅注日期的版本适用于本文件。凡是不注日期的引用文件，其最新版本（包括所有的修改单）适用于本文件。

GB 19489-2008 实验室生物安全能用要求

GB 14925-2010 实验动物环境及设施

3 术语和定义

下列术语和定义使用于本文件。

3.1 移动式实验室 mobile laboratory

可以变换地点使用的实验室。

3.2 定向气流 directional airflow

流向控制的气流。

3.3 一级防护屏障 primary barrier

操作者和被操作对象之间的物理屏障或隔离。

注：个体防护装备也视为一级屏障。在本标准中未说明时，一级屏障指生物安全柜或隔离器等防护设备。

3.4 二级防护屏障 secondary barrier

公共环境和被操作对象之间的物理屏障或隔离。

注:实验室的围护结构属二级防护屏障。

4 移动式实验室风险评估及风险控制

4.1 应满足GB 19489-2008第3章适用的要求。

4.2 评估实验室移动方式和移动过程中的风险,并采取适当的控制措施。

4.3 应评估环境对移动式实验室的风险(不限于生物风险),并采取适当的控制措施。

4.4 应评估移动式实验室和实验活动对环境的风险(不限于生物风险),并采取适当的控制措施。

4.5 在维护、维修、改造实验室前后或其退役前,应进行风险评估,并采取适当的控制措施。

4.6 应依据国家相关主管部门发布的病原微生物分类名录,在风险评估的基础上,确定实验室从事的活动。

5 移动式实验室的基本技术形式和安全防护水平分级

5.1 根据移动式实验室的移动模式分为自行式和运载式实验室。自行式实验室应具备机动行驶功能;运载式实验室应可借助运载工具实现移动功能。

5.2 根据移动式实验室的一级防护屏障模式分为开放式、二级生物安全柜式和三级生物安全柜式实验室。开放式实验室不使用生物安全柜或等效装置;二级生物安全柜式实验室应配备等效于二级生物安全柜的一级防护屏障;三级生物安全柜式应配备等效于三级生物安全柜的一级防护屏障。

5.3 根据移动式实验室的二级防护屏障模式分为自然通风式和负压通风式实验室。自然通风式实验室可设置通风窗或换气扇,不控制室内气压。负压通风式实验室应采用机械通风,应将室内气压控制为负压(相对于室外气压)。

5.4 GB 19489-2008第4章对实验室生物安全防护水平的分级原则适用于对移动式实验室生物安全防护水平的分级。

6 移动式实验室设计原则及基本要求

6.1 设计原则

6.1.1 设计宗旨应以变换地点使用为目的,符合移动性的技术和材料要求,具备实验室的基本功能。

6.1.2 应适用于快速反应行动,可按要求自行或被运达指定地点,并开展符合相应生物安全防护级别要求的实验活动。

6.1.3 应安全、可靠、耐用、易用,符合生物安全防护要求,满足职业卫生要求、环境保护要求和节能要求。

6.1.4 如果适用,应满足GB 19489的要求。

6.1.5 涉及实验动物时,如果适用,应满足GB 14925的要求。

6.1.6 如无特殊需求,应符合国家相关规定或标准对机动行驶装置或被运输装置的设计要求和制造要求。

6.1.7 按照客户特殊要求设计制造的移动式实验室,如果技术指标与国家相关规定或标准的要求冲突,应事先征询相关主管部门的建议。

6.1.8 应安装行车定位系统和行车记录系统。

6.2 基本要求

6.2.1 应易于自行到达或被运达指定地点。

6.2.2 需运载部分应具有适宜的装卸、搬运和固定装置,满足搬运和运输工具的要求。宜设升降装置及支撑轮,以便实现短距离移动。

6.2.3 实验室和可拆卸部分的最大外廓尺寸宜参照国家对可移动设施的相关标准设计和制造。

6.2.4 应按模块化、集成化和标准化的原则和要求进行设计和选型，以保证通用性和易维护性。

6.2.5 如果适用，应选用免维护器材。

6.2.6 设施设备的布局、作业空间、设备操作方式等应合理，以保证工作流程顺畅并符合人机工效学的原则和要求。

6.2.7 应保证所有维护工作的可实施性，作业工位空间应适合人体量度、姿势及使用工具等的需求。如果选装机电设备，应不影响维修工作。

6.2.8 宜考虑实验室的扩展性能，以易于和其他独立的设施组合连接，提高应用性。

6.2.9 水、电、气、暖、行驶等各系统应满足实验室运行的要求和相关的安全性要求，同时考虑移动式实验室的特殊要求。水、电、气等也可由外部来源输入。

6.2.10 应有保证实验室内设施设备可靠固定的设计和措施。

6.2.11 应保证所有设备进出顺利。如果有安全（逃生）门（窗），适用时，可兼作设备门。

6.2.12 应保证消防、防电击、防雷击、抗振动与冲击、电磁兼容等的设计符合相关要求。

6.2.13 实验室布局应方便人员紧急出入，出入路径复杂的实验间应设置独立的安全（逃生）门（窗）。

6.2.14 实验室的可靠性应适应移动需求和环境变化。

6.2.15 应根据实验室拟工作地区，设定其对道路和自然条件等适应性的要求且不低于国家相关标准的规定，包括（不限于）以下因素：

道路和地面；

a） 温度；

b） 湿度；

c） 气压；

d） 风力；

e） 日晒；

f） 雷电；

g） 冰雪；

h） 雨雹；

i） 沙尘；

j） 烟雾（包括盐雾）；

k） 有害生物（如:真菌、节肢动物、啮齿动物等）。

6.2.16 应配备满足现场使用、维护及维修需要的原理图、操作说明、维修手册和安全手册等文件。

6.2.17 自行式实验室应配备机动行驶部分的相关文件，符合6.2.16的要求。

6.2.18 适用时，应配备移动式实验室良好操作规范、现场应急处置预案等文件。

7 移动式实验室设施和设备要求

7.1 生物安全一级实验室

7.1.1 实验室可由单个实验间组成。一级防护屏障模式可以为开放式，但应以风险评估为依据，包括对实验质量控制要求的内容。

7.1.2 实验室固定设备、台柜、壁柜应坚固并与舱体可靠连接，连接处应圆滑，便于清洁。

7.1.3 在实验室移动时，应有可靠机制和措施固定仪器设备、实验器材和座椅等物品。

7.1.4 实验室的高度应满足设备安装要求,应有维护和清洁的空间。

7.1.5 实验室应通风。如采用自然通风,可设置可开启的窗户和/或换气扇,可开启的窗户和/或换气扇的进风口应安装可防蚊虫的纱窗。

7.1.6 如果采用机械通风,可采用带循环风的空调系统。应根据实验室使用地域及气候条件,合理设计实验室空调系统。

7.1.7 实验室宜预留市政供水接口,可设置下水收集装置。如下水外排,应以风险评估为依据。

7.1.8 如操作刺激或腐蚀性物质,应在实验室内设洗眼装置或配备洗眼瓶。若大量使用刺激或腐蚀性物质,应设置紧急喷淋装置。

7.1.9 实验室应安装紫外线消毒灯并配备便携的消毒灭菌装置(如:消毒喷雾器等)。

7.1.10 需要时,应配备高压蒸汽灭菌器或其他适当消毒灭菌设备。

7.1.11 实验室工作区域的平均照度应不低于300lx。

7.1.12 应有机制保持通讯联络畅通。

7.2 生物安全二级实验室

7.2.1 适用时,应符合7.1的要求。

7.2.2 核心实验间入口宜设置缓冲间,缓冲间可兼作防护服更换间。

7.2.3 缓冲门宜能互锁。如果使用互锁门,应在互锁门的附近设置紧急手动解除互锁开关,需要时,应可立即实验室们的互锁。

7.2.4 实验期间,核心实验室入口处的显著位置应有国际通用的生物危害警示标识和相关信息。

7.2.5 实验室可采用自然通风或负压通风。如果采用负压通风式空调系统,应符合定向气流原则。

7.2.6 采用负压通风式空调系统的新风口和排风口应有防风、防雨、防鼠、防虫设计,应根据风险评估的结果确定空气过滤器的规格。新风口应高于室外地面2.5m(可采用可拆卸结构),新风口设置尽量远离排风口。

7.2.7 核心实验室内应配备生物安全柜或其他生物安全隔离装置。

7.2.8 如果生物安全柜或其他生物安全隔离装置的排风在室内循环,实验室应具备通风换气条件。

7.2.9 实验室应配备适宜的消毒灭菌装置,需要时,应配备高压蒸汽灭菌器。

7.2.10 在负压通风式实验室核心实验室入口的明显位置,应安装显示房间负压状况的压力显示装置。

7.2.11 负压通风式实验室应有机制保持压力和压力梯度的稳定性,并可对异常情况进行报警。

7.2.12 负压通风式实验室的排风应与送风互锁,排风先于送风开启,后于送风关闭。

7.2.13 负压通风式实验室应有机制防止产生对人员有害的异常压力,围护结构应能承受送风机或排风机异常时导致的空气压力载荷。

7.3 生物安全三级实验室

7.3.1 实验室应明确区分辅助工作区和防护区。

7.3.2 实验室主入口处应有出入控制。实验室主入口处的生物危害警示标示和相关信息可采用可移动的标牌,如磁性贴牌等。

7.3.3 辅助工作区应具备监控、技术保障(水、电、气、通风等)、清洁衣物更换、淋浴等功能,空间可共用。

7.3.4 缓冲间可不设置机械送排风系统。

7.3.5 实验室防护区内所有的门应可自动关闭,门应设密闭式观察窗,玻璃应耐撞击、防破碎。

7.3.6 有负压控制的区域相邻门应互锁,应在互锁门的附近设置紧急手动解除互锁开关,中控系统应具有解除所有门或指定门的互锁的功能。

7.3.7 淋浴间应有淋浴水收集装置,设防回流的装置,所收集污水应在风险评估的基础上有效处理。

7.3.8 应在实验室核心工作间内靠近出口设置非自动洗手装置或自动洗手装置。

7.3.9 实验室核心工作间宜设置活毒废水收集与灭活装置。

7.3.10 二级生物安全柜式实验室核心工作间的排风高效过滤器(或称HEPA过滤器)应具备在原位进行消毒和检漏的条件。

7.3.11 空调系统的设计应考虑使用地域自然环境条件的适应性和各种设备的热湿负荷,送风和排风系统的设计应考虑所用生物安全柜、生物隔离器等通风设备的送排风量。

7.3.12 风口、门、设备应合理布局,以避免干扰和减少房间内的涡流和气流死角。

7.3.13 实验室的送风应经过HEPA过滤器过滤,应同时安装初效和中效过滤器。

7.3.14 实验室应设置市政供水接口和储水箱,实验室给水与储水箱之间应设防回流装置。

7.3.15 如果有供气瓶或储水罐等,应放在实验室防护区外易更换和维护的位置,安装牢固。

7.3.16 如果实验操作需要真空装置,真空装置应安装在核心工作间内,真空装置排气应安装高效过滤装置。

7.3.17 应具备对实验室防护区及与其直接相通的管道、实验室设备和安全隔离装置(包括与其直接相通的管道)进行消毒灭菌的条件。

7.3.18 实验室应配备发电机自主供电,保证可靠、足够的电力供应,功率和燃料容量设计应有冗余,并设有外接电源输入接口。

7.3.19 应在辅助工作区设置专用配电箱和接地保护,实验室内应设置足够数量的固定电源插座,重要电源插座回路应单独回路配电,且应设置漏电检测报警装置。

7.3.20 灯具、开关、插座等所有在壁板、顶板需要安装的电气元件,其结构及安装应符合所在区域的密闭性要求,电气设备和接线应安装牢固。

7.3.21 应在实验室的关键部位(含室外)设置视频信号采集器,需要时,应实时监视并录制实验室活动情况和实验室周围情况。视频信号采集器应有足够的分辨率,影像存储介质应有足够的数据存储容量。

7.3.22 生物安全柜或其他生物安全隔离装置、送风机和排风机、照明、自控系统、监视和报警系统等应配备不间断备用电源,电力供应至少维持15 min。

7.3.23 二级生物安全柜式实验室的核心工作间气压(负压)与室外大气压的压差值应不小于45 Pa,与相邻区域的压差(负压)应不小于15 Pa。

7.3.24 三级生物安全柜式实验室的核心工作间气压(负压)与室外大气压的压差值应不小于30 Pa,与相邻区域的压差(负压)应不小于15 Pa。

7.3.25 实验室防护区核心工作间的最小换气次数应不小于12次/h。

7.4 动物生物安全一级实验室

7.4.1 适用时,应符合7.1的要求。

7.4.2 应通过缓冲间或双门进入动物饲养间.

7.4.3 应设置实验动物饲养笼具,除考虑安全要求外还应考虑对动物质量和福利的要求。

7.4.4 动物饲养笼具排出的空气应通过管道排出室外。

7.4.5　适用时，动物饲养间的环境和设施条件应满足GB 14925的相关要求。

7.5　动物生物安全二级实验室

7.5.1　适用时，应符合7.2和7.4的要求。

7.5.2　应在安全隔离装置内饲养动物和从事可能产生有害气溶胶的活动；安全隔离装置的排气应经HEPA过滤器的过滤后排出。

7.6　动物生物安全三级实验室

7.6.1　适用时，应符合7.5的要求。

7.6.2　应使用Ⅲ级隔离器或等效设备饲养动物、转移和操作动物。可以使用Ⅱ级生物安全柜操作死亡动物。

7.6.3　应根据对实验活动风险评估的结果，确定淋浴间设置在防护区或辅助区。

7.6.4　缓冲间可不设置机械送排风系统。

7.6.5　动物饲养间气压（负压）与室外大气压的压差值应不小于45 Pa，与相邻区域的压差不小于15 Pa。

7.7　对从事无脊椎动物操作实验室设施的要求

7.7.1　应满足GB 19489—2008中6.5.5的适用要求。

7.7.2　应根据风险评估的结果确定是否需要其他措施。

8　管理要求

8.1　GB 19489-2008第7章的相关要求适用于本标准。

8.2　移动式实验室不同于固定实验室。如果将移动式实验室作为固定实验室使用，应符合国家相关法 规和标准对该类固定设施的要求。

8.3　每次移动实验室时，应有计划。需要时，应向相关管理部门备案或申请批准。应详细记录行车路 线、驻留地点及时间，并建立工作日志。生物安全三级实验室的行动计划与现场工作方案见本标准附 录B。

8.4　应指定现场工作负责人、安全负责人、技术负责人和工作团队，团队的规模和能力满足任务要求，应至少包括一名维护工程师。所有人员应经过相应级别实验室使用、维护和管理的相关培训，个人素质和能力胜任现场工作要求。

8.5　现场工作负责人应负责制定并向实验室或更高管理层提交活动计划、风险评估报告、安全及应急措施、人员培训及健康监督计划、技术支援方案、安全保障及资源要求、移动申请等。

8.6　应制定并维护包括移动过程的现场工作规程、安全手册和安保规定。

8.7　需要时，应在移动式实验室工作现场设立隔离带。

8.8　现场工作负责人应负责完成每次移动任务的总结报告，提交实验室或更高管理层，并归档保存。

8.9　实验室入口处的标识可以采用非固定的方式设置，如挂牌等。

8.10　应在移动实验室前、开始工作前进行安全检查（部分安全检查指南见本标准附录C），以保证：

a）设施设备的功能和状态正常；

b）警报系统的功能和状态正常；

c）应急装备的功能及状态正常；

d）消防装备的功能及状态正常；

e）危险物品存放安全；

f）废物处理装置数量和状态正常；

g）所需备件(参见本标准附录D)和保障条件满足要求；

h）人员能力及健康状态符合工作要求；

i）不符合规定的工作已经得到纠正；

j）所需资源满足工作要求。

8.11　在执行重大任务前,宜对关键要素和关键环节实施内部审核。

8.12　在现场执行任务周期超过180d时,宜在工作期间对关键要素和关键环节实施内部审核。

8.13　现场工作总结报告应作为输入提交管理评审。

8.14　应制定应急措施的政策和程序,包括生物性、化学性、物理性、放射性等紧急情况和火灾、水灾、风灾、冰冻、地震、人为破坏、倾覆等任何意外紧急情况,还应包括使留下的空实验室和辅助设施等处于尽可能安全状态的措施,应征询相关主管部门的意见和建议。应急预案编制大纲的编写指南见本标准附录E。

8.15　生物安全三级实验室应对高致病性病原微生物污染的废水废物消毒灭菌后移动。

8.16　如果实验室移动时需要携带可传染性物质(如样本等)、毒性物质等危险材料,应符合国家运输危 险材料的相关规定。

8.17　在移动和工作期间发生的任何事件和事故应按国家规定及时上报。

8.18　应保证执行完任务的移动式实验室的内外部等所有部分符合卫生和生物安全要求,无不可接受的风险。

附录A

（资料性附录）

本标准与GB 19489-2008的条款对照

为方便使用，本附录提供了本标准与GB 19489-2008的条款对照表（见表A.1）。

表A.1 本标准与GB 19489-2008的条款对照

本标准条款	GB 19489-2008条款
1范围	1范围
2规范性引用文件	
3术语与定义	2术语与定义
4移动式实验室风险评估与风险控制	3风险评估与风险控制
5移动式实验室的基本技术形式和安全防护水平分级	4实验室生物安全防护水平分级
6移动式实验室设计原则及基本要求	5实验室设计原则及基本要求
7移动式实验室设施和设备要求	6实验室设施和设备要求
7.1生物安全一级实验	6.1 BSL-1实验室
7.2生物安全二级实验室	6.2 BSL-2实验室
7.3生物安全三级实验室	6.3 BSL-3实验室
-	6.4 BSL-4实验室
-	6.5动物生物安全实验室
7.4动物生物安全一级实验	6.5.1 ABSL-1 实验室
7.5动物生物安全二级实验室	6.5.2ABSL-2实验
7.6动物生物安全三级实验室	6.5.3 ABSL-3 实验室
-	6.5.4 ABSL-4 实验室
7.7对从事无脊椎动物操作实验室设施的要求	6.5.5对从事无脊椎动物操作实验室设施的要求
8管理要求	7管理要求
附录A（资料性附录）本标准与GB 19489—2008的条 款对照	附录A（资料性附录）实验室围护结构严密性检测和排风HEPA过滤器检漏方法指南
附录B（资料性附录）移动式生物安全三级实验室行动 计划与现场工作方案	附录B（资料性附录）生物安全实验室良好工作行为指南
附录C（资料性附录）移动式生物安全三级实验室安全性能现场检测指南	附录C（资料性附录）实验室生物危险物质溢洒处理指南
附录D（资料性附录）移动式生物安全三级实验室备件指南	-
附录E（资料性附录）移动式生物安全三级实验室现场应急处置预案编制大纲	-
参考文献	参考文献

附录B

(资料性附录)

移动式生物安全三级实验室行动计划与现场工作方案

B.1 引言

本附录旨在帮助实验室制定移动式生物安全三级实验室的常规准备、移动转移、现场使用等各个环 节中的操作规程。实验室应牢记,本附录内容不一定完全满足或适用于所有类型的移动式生物安全三 级实验室和现场环境,应根据实际情况本着安全、实用的原则制定具体的操作规程。

B.2 准备

B.2.1 行动计划

B.2.1.1 实验室需要事先假设各种现场应急类别(如:地震、洪涝、泥石流、台风等灾害发生后的疫情防 控,突发疫情处置,大型集会反恐,恐怖事件处置等),根据以往各种相关的经验和历史资料,针对可能发 生的状况制定相应的行动计划。

B.2.1.2 行动计划的内容还包括资源需求和风险评估等,需要提交生物安全委员会和管理层审批。

B.2.2 器材准备

B.2.2.1 所需器材通常包括实验仪器设备(包括固定在实验室内的和可移动的仪器设备)、实验材料和耗材、个体防护装备、应急工具包、通讯装备、维修工具和备件、安营装备和工具、废物处置装备、清洁消 毒用品、药品、消防用品、生活装备和物品、个人携行装备等。

B.2.2.2 需要根据行动计划、现场环境和气候特点等,选择适用、可靠的物品并保证数量充足。

B.2.2.3 出发前应检查确认关键器材的功能状态,部分设备可能需要校准或期间核查。试剂、消毒剂等需要检查有效期,并考虑保藏条件。

B.2.2.4 需要根据器材的性质分门别类用专用箱包装,并清楚标识相关信息,包括安全和警示信息。

B.2.2.5 需要放在实验室内运送的装备应可靠固定。

B.2.2.6 需要充分考虑人员的生活需求和健康保障,以保证工作人员的体力和精神状态。

B.2.2.7 需要配备专人负责全程管理器材准备,包括到达现场后的清点、开箱、安置、发放、保管等工作

B.2.3 移动式实验室的准备

B.2.3.1 移动式实验室性能的保持需要日常维护、保养,定期开启、运行,发现问题并及时维修。

B.2.3.2 出发前应全面检查和确认移动式实验室的各项性能指标,不带问题出发。

B.2.3.3 需要定期按可能发生的实际情况演练,包括移动和实验性能。

B.2.3.4 配备适宜的维修工具、配件和辅助工具(如:防滑链、铁锹、拖车链、警示牌等),且数量充足。

B.2.3.5 评估是否需要外部的专业维护团队提供技术保障,如果需要,签订相关的协议书。

B.2.4 人员准备

B.2.4.1 现场需要的人员可能包括管理人员、实验人员、实验辅助人员、现场流行病调查人员、设施维护人员、通讯工程师、机械工程师、安保人员、生活保障人员、医护人员、司机等。

B.2.4.2　所有人员需要专业能力、身体素质胜任现场工作要求。

B.2.4.3　不论背景情况如何,需要对所有人员进行针对现场任务的情景培训和能力确认。

B.2.4.4　需要告知团队中所有人员相关的风险,签署知情同意书。

B.3　移动

B.3.1　需要制定行程计划和设计路线图,并联系取得公安交通部门的通行许可,最好能得到其引领开道的帮助。

B.3.2　考虑是否需要中途休息或补给站点。

B.3.3　如果通过陆路移动且距离较远,需要身体状况良好的有驾车资质和经验的司机2~3名。

B.3.4　严格按照计划行驶和休息,禁止超速行驶,如无警车引领,需有先行车探路。

B.3.5　需要一名总调度人员,行进过程中随时提醒车队注意距离、转弯、下坡、涵洞、路面情况等,必要时要测量路桥、涵洞、跨路电线等距路面高度,确保车辆安全通过。

B.3.6　需要配备随车安保人员,以确保人员和物资安全。

B.4　安营

B.4.1　根据地形、地貌、风向、水流、交通、外部供给条件等要素选择适宜的安营场地,布局实验区、配套 区、生活区等,并按程序展开实验设施、辅助设施、生活设施等。

B.4.2　营地要避开滑坡、低洼区域,实验室安置在生活区或社区主导风向下游。

B.4.3　需要设置隔离带。如果较长期工作,设置围栏、围墙和出入口。

B.4.4　需要专人负责营地的安全保卫工作,建立营地出入管理制度。

B.4.5　优先采用当地市政供水、供电。

B.4.6　如果需要,落实发电机所用油料的供应途径和方式。营地油料的储存量应经过风险评估后确定,需要时,要征得主管部门的同意。

B.4.7　落实供水途径和方式。在疫区,需要保证水源的品质。

B.4.8　落实实验用品、生活用品等所需补给的来源与方式。

B.4.9　正式工作前,需要对所有设施设备进行必要的现场检查、检测或试运行,确认是否达到工作要求和生活要求。

B.4.10　实验室营地选择、供水、供电、安全保卫等要事先与当地政府部门协商并取得帮助,需要时,按 相关规定向当地公安、环保、卫生或农业等部门备案。

B.4.11　在当地政府配合下,主动与营地周边居民沟通,取得理解和支持。

B.5　工作

B.5.1　按管理体系要求,根据现场实际情况制定工作方案,内容包括(不限于):工作流程规划,现场风 险评估,流行病学调查,样本采集、包装、运输,实验材料准备,实验过程控制与保障污染废物处置,突发事件处置等。

B.5.2　实验前检查、验证实验设施、设备运行状态。一般需要开启设施设备运行30 min以上,观察关 键参数,正常稳定后开始实验工作。

B.5.3　按事先制定好的工作方案和SOP工作,需要安排现场安全监督人员(可兼职)对实施过程监督, 制止不安全行为。

B.5.4　刚开始现场工作时,可能有不顺利的环节。要尽早总结经验,及时修正现场工作方案和SOP。

B.5.5　建议在完成一个实验周期后,按管理体系要求进行一次现场内部审核,发现问题及时纠正及采取措施。

B.5.6　按要求做好各项记录并保存,建议每天写工作日志。

B.6　撤离

B.6.1　任务完成后,与当地政府相关部门协商制定撤离计划,内容包括(不限于):设施设备消毒,车辆洗消,设备固定或包装,危险品运输与包装,物资整理包装,行程安排,移动安保,营地清场等。

B.6.2　对设施设备可靠消毒。通常,先处理污染源、然后做实验室终末消毒,需要时,再进行重点消毒。

B.6.3　根据现场情况,决定是否对实验室外表面和车辆进行清洗消毒。原则上现场属疫区者,撤离前 应对实验室和车辆进行清洗消毒,并监测效果。

B.6.4　消毒后,设施设备的固定、包装、标记应符合B.2.2的要求,注意不要携带昆虫和啮齿类等传播媒介。

B.6.5　对运载车辆进行全面检查检修,确保其良好的性能和状况。

B.6.6　撤离时要对营地进行全面清场,必要时进行场地消毒,以符合卫生和环境保护要求。

B.6.7　需要评估并决定对人员、设施设备、营地等是否需要隔离检疫,若需要,应制定详细的方案。

B.6.8　除非工作需要,撤离时禁止携带现场的动植物。

B.7　技术支持

B.7.1　除现场维护工程师等人员外,还应用可靠地技术支持,包括到现场支援,需要事先做好合同评审和安排。

B.7.2　技术支持服务内容包括对实验室人员的培训。

附录C

（资料性附录）

移动式生物安全三级实验室安全性能现场检测指南

C.1 引言

本附录旨在为移动式生物安全三级实验室安全性能的现场检测提供指南，适用于实验室的安全性能检测。

C.2 特殊情况

有生物安全柜、隔离设备等的移动式生物安全三级实验室，首先应进行生物安全柜、隔离设备等的现场检测，确认性能符合要求后方可进行实验室的性能检测。

C.3 检测项目

推荐的移动式生物安全三级实验室的安全性能现场检测项目如表C.1所示。

表C.1 移动式生物安全三级实验室的安全性能

检测项目	检测工况
外观	实验室未运行
实验室设施性能	实验室未运行
实验室设备性能	实验室未运行或送、排风系统正常运行
围护结构严密性	送、排风系统正常
排风高效过滤器原位检漏	排风系统运行
房间静压差及压差梯度	所有房门关闭，送、排风系统正常运行

C.4 检测方法

C.4.1 外观现场检查

C.4.1.1 采用目测的方法，检测实验室外观情况，功能部件齐全。

C.4.1.2 外观无明显破损，实验室内外表面无明显破坏。

C.4.1.3 进口处明确标示生物防护级别、实验室负责人姓名、紧急联络方式等。

C.4.1.4 进口处明确标示国际通用生物危害标识。

C.4.2 实验室设施性能现场检查

C.4.2.1 门开关自如，开启方向不妨碍逃生，关闭后缝隙符合工艺要求；防护区内的门可自动关闭，观察窗符合要求

C.4.2.2 门禁系统正常。

C.4.2.3 适用时，气密门的气密方式运行安全，紧急开关功能正常。

C.4.2.4 互锁门之间互锁装置功能正常。

C.4.2.5 实验室内所有窗户为密闭窗，玻璃耐撞击、防破碎。

C.4.2.6 如果适用，传递窗两侧门可正常互锁；若为自净化传递窗，通电后净化功能正常。

C.4.2.7 淋浴间设备正常和污水收集设备正常。

C.4.3 实验室设备性能现场检测

C.4.3.1　高压灭菌器、培养箱等实验设备通电后，功能表现符合说明书的要求。

C.4.3.2　排风机、真空泵、软水器、污水处理设备、发电机组、空调机组等保障设备通电后，功能表现符 合说明书的要求。

C.4.3.3　生物安全柜、隔离设备等应具有合格的出厂检测报告。现场检测工作窗口气流流向和对HEPA过滤器检漏。工作窗口气流流向可采用发烟法或丝线法在工作窗口断面检测，检测位置包括工 作窗口的四周边缘和中间区域。HEPA过滤器的检漏，在过滤器上游引入大气尘或人工尘，在过滤器 下游采用粒子计数器进行检漏。具备扫描检漏条件的，应进行扫描检漏，无法扫描检漏的，可采用效率法检漏，检漏方法参见C.4.5。

C.4.3.4　生物密闭阀、送排风系统调节阀等开闭正常。

C.4.3.5　工控机通电后运行正常，组态通信正常，智能仪表运行正常，机械表工作正常。

C.4.3.6　供电电压、相序、接地连接正常。

C.4.3.7　UPS电源性能正常。

C.4.3.8　火灾报警系统正常。

C.4.4　围护结构严密性现场检测（烟雾检测法）

C.4.4.1　在实验室通风空调系统正常运行的条件下，在需要检测位置的附近，通过人工烟源（如：发烟管、水雾震荡器等）造成可视化流场，根据烟雾流动的方向判断所检测位置的严密程度。

C.4.4.2　检测时避免检测位置附近有其他干扰气流物或障碍物。

C4.4.3　采用冷烟源，发烟量适当，宜使用专用的发烟管

C.4.4.4　检测的位置包括围护结构的接缝、门窗缝隙、插座、所有穿墙设备与墙的连接处等。

C.4.5　排风HEPA过滤器原位检漏

C.4.5.1　检测条件

检测时，实验室排风HEPA过滤器的排风量不应低于实际正常运行工况下的排风量，并记录过滤器排风量，待实验室压力、温度、湿度等稳定后开始检测-

C.4.5.2　检测用气溶胶

首选人工气溶胶，可采用癸二酸二异辛酯[di (2-ethylhexyl) sebacate, DEHS]、邻苯二甲酸二辛酯(dioctyl phthalate, DOP)或聚a烯^(polyaphaolefin, PAO)等物质，应优先选用对人和环境无害的物质。若采用大气尘，需要评估环境有害物质和粉尘污染对实验室的影响。

C.4.5.3　检漏方法及仪器

依据被测实验室中高效空气过滤器的安装方式，具备扫描检漏条件的，采用扫描法检漏；不具备扫 描检漏条件的，采用效率法检漏。检漏仪器采用粒子计数器。使用过的HEPA过滤器在检漏前需要靠消毒灭菌。

C.4.5.3.1　扫描检漏法可参照GB 19489—2008中附录A。

C.4.5.3.2　效率检漏法可参照GB 50346—2011中附录D。

C.4.6　房间静压差及压差梯度

可参照GB 50591-2010，测试各房间的静压差，判断各房间静压差及房间之间的压差梯度是否满足要求。

附录D

(资料性附录)

移动式生物安全三级实验室备件指南

D.1 引言

本附录中所涉及用于移动式生物安全三级实验室设施维护、修理,事故更换,储备的零部件以及维 护维修所需工具称为备件。本附录不包括对移动式生物安全三级实验室机动行驶设备的备件。

本附录适用于移动式生物安全三级实验室设备维护、检修所需备件的管理,旨在为实验室系统备件 提供指南。

D.2 移动式生物安全三级实验室备件清单

D.2.1 不同的移动式实验室所需备件要根据实验室的特点和工作任务具体确定。

D.2.2 相关的部分备件清单见表D.1。

表D.1 移动式生物安全三级实验室相关的部分备件清单

备件分类	备件名称	数量	备注
通风空调系统	送风初效空气过滤器	1套	
	送风中效空气过滤器	1套	
	送、排风高效空气过滤器	1套	
	HEPA过滤器装卸防护袋	2个	配置生物安全防护箱的实验室应配置此备件
	风道、风管密封件如橡胶垫、密封圈等	若干	
	风道、风管连接件如法兰连接件、卡箍等	1套	
控制系统	控制回路电源如开关电源、线性电源等	1套	
	主令控制器件,如按钮开关、选择开关等	1套	
	控制回路所用中间器件,如中间继电器、时间继电器、交流接触器等	2套	根据实验室具体情况可增加备件数量
	状态指示用声、光器件,如指示灯、信号灯、蜂鸣器等	2套	根据实验室具体情况可增加备件数量
	位置指示用开关器件,如行程开关、接近开关、光电开关、水位开关等	1套	
	通风系统重要参数所需传感变送器,如差压变送器、温湿度传 感器等	1套	根据实验室具体情况可增加备件数量
	通风系统重要的、生物安全防护用开关,如差压开关、温度开关等	1套	根据实验室具体情况可增加备件数量

表D.1(续)

备件分类	备件名称	数量	备注
控制系统	用于电气、通信互连的连接电缆(带电连接器)	若干	
	通风、控制、监测、配电等重要参数监控用仪表如压力表、温度 显示仪表、电压表等	1套	需说明整定参数的方法
	火灾探测系统所用的烟感、光感探测器等	1套	
供电配电	熔断器所配熔芯	5套	根据实验室具体情况可增加备件数量
	仪器设备所配保险管	5套	根据实验室具体情况可增加备件数量
	空气断路器	5套	根据实验室具体情况可增加备件数量
水路	供、排水重要节点所需阀门如单向阀、电磁阀、截止阀等	1套	
	水路连接所需快速接头、卡套接头等	1套	水路连接所需密封件根据实验室具体情况可增加备件量
	水路所需连接软管	1套	根据实验室实际情况配置
	清洁水路所需过滤器	1个	
	水路末端开关如脚踏开关、混水阀等	1套	
压缩空气	供气重要节点所需阀门如单向阀、电磁阀、截止阀等	1套	
	气路过滤器如油水分离器等	1个	
	气体减压器如减压阀	1个	
	气体快插接头	1个	
	气体连接管路	若干	
CO_2气路	供气重要节点所需阀门如单向阀、电磁阀、截止阀等	1套	
	气体过滤器如除菌过滤器等	1套	
	减压阀	1套	
	气体快插接头	1套	
	气体连接管路	若干	
实验室内部设备、设施	工作台柜安装件、固定件	1套	
	工作台柜铰链、锁具等	1套	
	紫外灯具——生物安全柜/传递窗/实验室	1套	
	照明用灯管、镇流器、应急灯具等	1套	
	灭蝇灯具	1套	
	电气转接板、插座等	2套	

表D.1(续)

备件分类	备件名称	数量	备注
其他	门体固定件连接件如铰链、固定螺栓等	若干	根据实验室实际情况配置
	生物安全防护区门体功能配件如闭门器、电磁锁等	1套	
	保障区门、窗、孔口盖位置固定设备如支架、支撑杆等	1套	
	门所需门把手、锁具等	1套	
	门体密封所需常规密封条、充气密封条等	2套	
	门控开关面板	1套	
	实验室设备固定件、连接件如安装螺栓、卡扣连接接头等	5套	根据实验室具体情况可增加备件数量
	连接通道所需锁扣、密封圈、固定安装件等	5套	根据实验室具体情况可增加备件数量
工具	组合工具箱	1套	
	万用表	1块	
	钳形电流表	1块	
	电烙铁	1把	
	焊锡	若干	
	偏口钳	1把	
	剥线钳	1把	
	压线钳-U型和O型端子	1把	
	压线钳-管型端子	1把	
	管钳	1把	
	水泵钳	1把	
	管道、管路所需密封胶	若干	

附录E

（资料性附录）

移动式生物安全三级实验室现场应急处置预案编制大纲

E.1 引言

本附录旨在为实验室编制移动式生物安全三级实验室现场应急处置预案提供参考。本附录仅提供了编制大纲，各实验室应根据各自的特点编制适用的现场应急处置预案。

E.2 编制大纲

E.2.1 目的

阐明预案的宗旨和目的。

E.2.2 依据

至少包括《中华人民共和国突发事件应对法》、《中华人民共和国传染病防治法》、《突发公共卫生事件应急条例》、《国家突发公共事件总体应急预案》以及《病原微生物实验室生物安全管理条例》等法律法规。

E.2.3 适用范围

确定预案的各项内容和适用范围。

E.2.4 分类分级

对预案涉及的事件进行明确的定义；根据突发事件的发生过程、性质和机理，对事件分类；按照其性质、严重程度、可控性和影响范围等因素对事件分级，一般分为四级：I级（特别重大）、II级（重大）、Ⅲ级（较大）和Ⅳ级（一般）。

E.2.5 应急组织结构与职责

应急的关键是有效的指挥和按命令行动。要建立应急的组织体系，明确组织结构、权限、接口、职责等，一般应辅以组织结构图进行明示。

E.2.6 事件预防

应急处置是一种补救措施。预防事件发生是基本原则，实验室需要依据风险评估的数据，制定预防措施，包括人员免疫和规定禁入人员等措施，尽量防患于未然，最大限度杜绝安全事件或事故的发生。有下列情况（不限于）的人员，禁止进入实验室或参加应急工作：

身体出现开放性损伤；

患者发热和发热性疾病；

感冒、呼吸道感染或其他导致抵抗力下降的情况；

正在使用免疫抑制剂或免疫耐受或免疫功能低下者；

过度疲劳状态；

急性消化道和呼吸道症状；

传染性疾病；

过敏。

E.2.7 事件监测与预警

早发现、早预警是避免或降低危害的重要途径。实验室要针对相关的事件特征，建立事件监测指标和预警制度。在开展工作前要采集相关人员的本底血清标本，定期检测并长期保存。

E.2.8 事件分析与报告

实验室需要依据国家的相关规定，建立事件分析与报告制度。需要明确对事件的分类和分级分析，报告的途径、方式、权限和时限。很多时候，事件一目了然，需要立即采取措施，不可因机械地理解和执行制度而影响应急。

E.2.9 应急启动

启动应急是一项严肃和重要的决定。需要按事件分类分级，制定分级响应启动的权限、时机、范围、所需的资源、行动计划等。对有些意外事件，需要现场人员果断采取措施。每个相关人员要十分清楚地知道自己的角色。

E.2.9.1 现场控制

E.2.9.1.1 首先要控制事件现场，防止有害因素扩散、避免发生次生危害和无关人员闯入。

E.2.9.1.2 根据事件的类型，设置控制范围，撤离无关人员（有些需要采取隔离措施），切断可能引起次生危害的因素，维持或建立有利于应急的因素。

E.2.10 应急处置

需事先设计应急场景，并模拟演练。待事件发生后，要按规定的程序和方法有条不紊地进行处置。事先设计的场景可能不完全与现场一致，要依据现场情况，灵活处置。当遇到难以决断之事，要立即寻求帮助，不可蛮干。

E.2.10.1 应急评估

需要不断评估应急措施的有效性，需要时，要扩大应急。

E.2.10.2 指挥与协调

保证应急指挥系统的信息通畅、令行禁止和协调有力。各部门、应急救援人员、被救援人需密切配合，保证有效的沟通渠道。需要时，及时调整应急方案。

E.2.11 保障措施

E.2.11.1 保障措施可能包括（但不限于）以下方面：

a） 应急设施设备；

b） 通讯保障；

c） 运输保障；

d） 救治物品；

e） 医疗保障；

f） 应急队伍；

g） 安保措施；

h） 环境保护；

i） 生活保障。

E.2.11.2 实验室及营地保障区配备的常用应急物资通常包括：

a） 急救箱，包括应急器材、药品、常用的和特殊的解毒剂；

b） 通讯设备；

c） 合适的灭火器、灭火毯、水桶、铁锹；

d） 防护服（连体防护服、手套和头套等若干套，需要考虑化学、生物和放射防护需求）；

e） 带有能有效防护化学物质和颗粒的滤毒罐的全面罩式防毒面具（full-face respirator）；

f） 房间消毒设备，如喷雾器和甲醛熏蒸器；

g） 担架（可能需要负压担架）；

h） 工具，如锤子、斧子、扳手、螺丝刀、梯子和绳子；

i） 划分危险区域界限的器材和警告标示；

j） 化学或生物学的溢出处理箱、清除污染的器材（镊子、拖把、桶、吸液棉、吸附剂、畚箕等）、消毒剂；

k） 采样箱，包括采样工具、采样物资、培养基、试剂等；

l） 环境消毒剂和设备；

m） 医疗救治运输车辆；

n） 应急物资运输车辆

E.2.12 应急储备

有制度和措施做好应急储备工作，包括人力、物力、财力、技术等储备，并保证其状态良好和数量充足。需要建立教育、培训、演习、检查和监督计划，以保证可随时进入应急状态。

E.2.13 应急后期

完成应急处置并达到预期效果后即进入应急后阶段，该阶段包括对应急人员的健康监测与隔离，对 现场的系统评估，清场、恢复与重建，流行病学调查，控制污染源，数据监测，风险沟通，损失评估，救助与 保险理赔等工作。应急后工作的开展需要以风险评估的数据和监测数据为依据，分析导致问题的根本 原因，制定详细的工作方案并组织实施。

E.2.14 总结报告

对每次应急活动均需要形成一份最终的总结报告，内容包括事故根本原因分析、损失评估、应急预 案的适宜性和有效性分析、应急实施过程分析、保障资源分析、改进建议等。总结报告不能隐瞒任何客观事实，需提交生物安全委员会和相关的管理层评审。

E.2.15 奖惩

根据国家相关的法规，需要明确事故责任，评估人员表现，奖惩分明、到位。

E.2.16 附录

建议将重要流程、信息、方法等用图表表示，达到快速阅读、一目了然的目的。

参考文献

[1] GB 50346—2011 生物安全实验室建筑技术规范

[2] GB 50591—2010 洁净室施工及验收规范

[3] 病原微生物实验室生物安全管理条例[中华人民共和国国务院令第424号]

[4] 突发公共卫生事件应急条例[中华人民共和国国务院令第376号]

[5] 中华人民共和国传染病防治法[中华人民共和国主席令第16号]

[6] 中华人民共和国突发事件应对法[中华人民共和国主席令第69号]

[7] 国家突发公共事件总体应急预案

第二部分　病原微生物相关法律法规、标准

动物病原微生物分类名录

中华人民共和国农业部令第53号

《动物病原微生物分类名录》业经2005年5月13日农业部第10次常务会议审议通过，现予公布，自公布之日起施行。

部长：杜青林

二〇〇五年五月二十四日

动物病原微生物分类名录

根据《病原微生物实验室生物安全管理条例》第七条、第八条的规定，对动物病原微生物分类如下：

一、一类动物病原微生物

口蹄疫病毒、高致病性禽流感病毒、猪水泡病病毒、非洲猪瘟病毒、非洲马瘟病毒、牛瘟病毒、小反刍兽疫病毒、牛传染性胸膜肺炎丝状支原体、牛海绵状脑病病原、痒病病原。

二、二类动物病原微生物

猪瘟病毒、鸡新城疫病毒、狂犬病病毒、绵羊痘/山羊痘病毒、蓝舌病病毒、兔病毒性出血症病毒、炭疽芽孢杆菌、布氏杆菌。

三、三类动物病原微生物

多种动物共患病病原微生物：低致病性流感病毒、伪狂犬病病毒、破伤风梭菌、气肿疽梭菌、结核分支杆菌、副结核分支杆菌、致病性大肠杆菌、沙门氏菌、巴氏杆菌、致病性链球菌、李氏杆菌、产气荚膜梭菌、嗜水气单胞菌、肉毒梭状芽孢杆菌、腐败梭菌和其他致病性梭菌、鹦鹉热衣原体、放线菌、钩端螺旋体。

牛病病原微生物：牛恶性卡他热病毒、牛白血病病毒、牛流行热病毒、牛传染性鼻气管炎病毒、牛病毒腹泻/黏膜病病毒、牛生殖器弯曲杆菌、日本血吸虫。

绵羊和山羊病病原微生物：山羊关节炎/脑脊髓炎病毒、梅迪/维斯纳病病毒、传染性脓疱皮炎病毒。

猪病病原微生物：日本脑炎病毒、猪繁殖与呼吸综合症病毒、猪细小病毒、猪圆环病毒、猪流行性腹泻病毒、猪传染性胃肠炎病毒、猪丹毒杆菌、猪支气管败血波氏杆菌、猪胸膜肺炎放线杆菌、副猪嗜血杆菌、猪肺炎支原体、猪密螺旋体。

马病病原微生物：马传染性贫血病毒、马动脉炎病毒、马病毒性流产病毒、马鼻炎病毒、鼻疽假单

胞菌、类鼻疽假单胞菌、假皮疽组织胞浆菌、溃疡性淋巴管炎假结核棒状杆菌。

禽病病原微生物：鸭瘟病毒、鸭病毒性肝炎病毒、小鹅瘟病毒、鸡传染性法氏囊病病毒、鸡马立克氏病病毒、禽白血病/肉瘤病毒、禽网状内皮组织增殖病病毒、鸡传染性贫血病毒、鸡传染性喉气管炎病毒、鸡传染性支气管炎病毒、鸡减蛋综合征病毒、禽痘病毒、鸡病毒性关节炎病毒、禽传染性脑脊髓炎病毒、副鸡嗜血杆菌、鸡毒支原体、鸡球虫。

兔病病原微生物：兔黏液瘤病病毒、野兔热土拉杆菌、兔支气管败血波氏杆菌、兔球虫。

水生动物病病原微生物：流行性造血器官坏死病毒、传染性造血器官坏死病毒、马苏大麻哈鱼病毒、病毒性出血性败血症病毒、锦鲤疱疹病毒、斑点叉尾病毒、病毒性脑病和视网膜病毒、传染性胰脏坏死病毒、真鲷虹彩病毒、白鲟虹彩病毒、中肠腺坏死杆状病毒、传染性皮下和造血器官坏死病毒、核多角体杆状病毒、虾产卵死亡综合症病毒、鳖鳃腺炎病毒、Taura综合症病毒、对虾白斑综合症病毒、黄头病病毒、草鱼出血病毒、鲤春病毒血症病毒、鲍球形病毒、鲑鱼传染性贫血病毒。

蜜蜂病病原微生物：美洲幼虫腐臭病幼虫杆菌、欧洲幼虫腐臭病蜂房蜜蜂球菌、白垩病蜂球囊菌、蜜蜂微孢子虫、跗腺螨、雅氏大蜂螨。

其他动物病病原微生物：犬瘟热病毒、犬细小病毒、犬腺病毒、犬冠状病毒、犬副流感病毒、猫泛白细胞减少综合症病毒、水貂阿留申病病毒、水貂病毒性肠炎病毒。

四、四类动物病原微生物

是指危险性小、低致病力、实验室感染机会少的兽用生物制品、疫苗生产用的各种弱毒病原微生物以及不属于第一、二、三类的各种低毒力的病原微生物。

农业部关于进一步规范高致病性动物病原微生物实验活动审批工作的通知

农医发[2008]27号

各省、自治区、直辖市畜牧兽医(农业、农牧)厅(局、办、委)，新疆生产建设兵团农业局：

为进一步规范高致病性动物病原微生物实验活动审批行为，加强动物病原微生物实验室生物安全管理，现就有关事项通知如下。

一、严格掌握高致病动物病原微生物实验活动审批条件

高致病性动物病原微生物实验活动，事关重大动物疫病防控，事关实验室工作人员及广大人民群众身体健康和生命安全。省级以上兽医主管部门要高度重视高致病性动物病原微生物实验活动管理，认真贯彻实施《病原微生物实验室生物安全管理条例》，按照《高致病性动物病原微生物实验室生物安全管理审批办法》规定的条件，严格高致病性动物病原微生物实验活动审批。

(一)高致病性动物病原微生物实验活动所需实验室生物安全级别。按照《病原微生物实验室生物安全管理条例》和《高致病性动物病原微生物实验室生物安全管理审批办法》规定，一级、二级实验室不得从事高致病性动物病原微生物实验活动；三级、四级实验室需要从事某种高致病性动物病原微生物或者疑似高致病性动物病原微生物实验活动的，应当经农业部或者省、自治区、直辖市人民政府兽医行政管理部门批准。经省级以上兽医主管部门批准的高致病性动物病原微生物实验活动，必须按照《动物病原微生物实验活动生物安全要求细则》(附后)的要求，在相应生物安全级别的实验室内开展有关实验活动。

(二)高致病性动物病原微生物实验活动审批条件。三级、四级实验室从事高致病性动物病原微生物或者疑似高致病性动物病原微生物实验活动的,应当具备下列条件:一是必须取得农业部颁发的《高致病性动物病原微生物实验室资格证书》,并在有效期内;二是实验活动仅限于与动物病原微生物菌(毒)种或者样本有关的研究、检测、诊断和菌(毒)种保藏等;三是科研项目立项前必须经农业部批准。

二、严格规范高致病性动物病原微生物实验活动审批程序

省级以上兽医主管部门应当按照《高致病性动物病原微生物实验室生物安全管理审批办法》和农业部第898号公告规定的审批主体、审批程序,做好高致病性动物病原微生物实验活动审批工作。

(一)审批主体。从事下列高致病性动物病原微生物实验活动的,应当报农业部审批:一是猪水泡病病毒、非洲猪瘟病毒、非洲马瘟病毒、牛海绵状脑病病原和痒病病原等我国尚未发现的动物病原微生物;二是牛瘟病毒、牛传染性胸膜肺炎丝状支原体等我国已经宣布消灭的动物病原微生物;三是高致病性禽流感病毒、口蹄疫病毒、小反刍兽疫病毒等烈性动物传染病病毒。从事其他高致病性动物病原微生物实验活动的,由省、自治区、直辖市人民政府兽医主管部门审批。

(二)审批程序。实验室申请从事高致病性动物病原微生物实验活动的,应当向所在地省、自治区、直辖市人民政府兽医主管部门提出申请,并提交下列材料:一是高致病性动物病原微生物实验活动申请表一式两份;二是高致病性动物病原微生物实验室资格证书复印件;三是从事与高致病性动物病原微生物有关的科研项目,还应当提供科研项目立项证明材料。省级以上兽医主管部门按照职责分工,应当在收到申请材料之日起15日内做出是否审批的决定。

三、切实加强高致病性动物病原微生物实验活动监督管理

高致病性动物病原微生物实验活动管理是实验室生物安全监管的重点内容。各级兽医主管部门一定要认真贯彻实施《病原微生物实验室生物安全管理条例》的各项规定,采取切实有效措施,对高致病性动物病原微生物实验活动实行全程监管,确保实验室生物安全,确保实验室工作人员和广大人民群众身体健康。

(一)严肃查处违法从事实验活动的行为。各级兽医主管部门要严格执行高致病性动物病原微生物实验活动事前审批制度。对未经批准从事高致病性动物病原微生物实验活动的,要依法严肃查处,三年内不再批准该实验室从事任何高致病性动物病原微生物实验活动。

(二)加强实验活动监督检查。各级兽医主管部门要定期组织实验活动监督检查。重点检查实验室是否按照有关国家标准、技术规范和操作规程从事实验活动,及时纠正违规操作行为。要督促实验室加强内部管理,制定并落实安全管理、安全防护、感染控制和生物安全事故应急预案等规章制度。

(三)严格执行实验活动报告制度。经批准的实验活动,实验室应当每半年将实验活动情况报原批准机关。实验活动结束后,应当及时将实验结果以及工作总结报原批准机关。未及时报告的,兽医主管部门要责令改正,并给予警告处罚。

附件:动物病原微生物实验活动生物安全要求细则

二〇〇八年十二月十二日

附件：

动物病原微生物实验活动生物安全要求细则

序号	动物病原微生物名称	危害程度分类	实验活动所需实验室生物安全级别				f运输包装要求	备 注
			a病原分离培养	b动物感染实验	c未经培养的感染性材料实验	d灭活材料实验		
1	口蹄疫病毒	第一类	BSL-3	ABSL-3	BSL-2	BSL-2	UN2900（仅培养物）	C实验的感染性材料的处理要在Ⅱ级生物安全柜中进行
2	高致病性禽流感病毒	第一类	BSL-3	ABSL-3	BSL-2	BSL-2	UN2814（仅培养物）	C实验的感染性材料的处理要在Ⅱ级生物安全柜中进行
3	猪水泡病病毒	第一类	BSL-3	ABSL-3	BSL-2	BSL-2	UN2900（仅培养物）	C实验的感染性材料的处理要在Ⅱ级生物安全柜中进行
4	非洲猪瘟病毒	第一类	BSL-3	ABSL-3	BSL-3	BSL-3	UN2900	
5	非洲马瘟病毒	第一类	BSL-3	ABSL-3	BSL-3	BSL-3	UN2900	
6	牛瘟病毒	第一类	BSL-3	ABSL-3	BSL-3	BSL-3	UN2900	
7	小反刍兽疫病毒	第一类	BSL-3	ABSL-3	BSL-3	BSL-3	UN2900	
8	牛传染性胸膜肺炎丝状支原体	第一类	BSL-3	ABSL-3	BSL-3	BSL-3	UN2900	
9	牛海绵状脑病病原	第一类	BSL-3	ABSL-3	BSL-3	BSL-3	UN3373	
10	痒病病原	第一类	BSL-3	ABSL-3	BSL-3	BSL-3	UN3373	
11	猪瘟病毒	第二类	BSL-3	ABSL-3	BSL-2	BSL-2	UN2900（仅培养物）	
12	鸡新城疫病毒	第二类	BSL-3	ABSL-3	BSL-2	BSL-2	UN2900（仅培养物）	
13	狂犬病病毒	第二类	BSL-3	ABSL-3	BSL-3	BSL-2	UN2814（仅培养物）	
14	绵羊痘/山羊痘病毒	第二类	BSL-3	ABSL-3	BSL-2	BSL-2	UN2900（仅培养物）	
15	蓝舌病病毒	第二类	BSL-3	ABSL-3	BSL-2	BSL-2	UN2900（仅培养物）	
16	兔病毒性出血症病毒	第二类	BSL-3	ABSL-3	BSL-2	BSL-2	UN2900（仅培养物）	
17	炭疽芽孢杆菌	第二类	BSL-3	ABSL-3	BSL-3	BSL-2	UN2814（仅培养物）	
18	布氏杆菌	第二类	BSL-3	ABSL-3	BSL-2	BSL-2	UN2814（仅培养物）	

序号	动物病原微生物名称	危害程度分类	实验活动所需实验室生物安全级别				f运输包装要求	备 注
			a病原分离培养	b动物感染实验	c未经培养的感染性材料实验	d灭活材料实验		
19	低致病性流感病毒	第三类	BSL-2	ABSL-2	BSL-2	BSL-1	UN3373	
20	伪狂犬病病毒	第三类	BSL-2	ABSL-2	BSL-2	BSL-1	UN3373	
21	破伤风梭菌	第三类	BSL-2	ABSL-2	BSL-2	BSL-1	UN3373（仅培养物）	
22	气肿疽梭菌	第三类	BSL-2	ABSL-2	BSL-2	BSL-1	UN2900（仅培养物）	
23	结核分支杆菌	第三类	BSL-3	ABSL-3	BSL-2	BSL-1	UN2814（仅培养物）	C实验的感染性材料处理要在Ⅱ级生物安全柜中进行
24	副结核分支杆菌	第三类	BSL-2	ABSL-2	BSL-1	BSL-1	UN3373	
25	致病性大肠杆菌	第三类	BSL-2	ABSL-2	BSL-1	BSL-1	UN2814（仅培养物）	
26	沙门氏菌	第三类	BSL-2	ABSL-2	BSL-1	BSL-1	UN3373（仅培养物）	
27	巴氏杆菌	第三类	BSL-2	ABSL-2	BSL-1	BSL-1	UN3373	
28	致病性链球菌	第三类	BSL-2	ABSL-2	BSL-2	BSL-1	UN2814（仅培养物）	
29	李氏杆菌	第三类	BSL-2	ABSL-2	BSL-1	BSL-1	UN2814（仅培养物）	
30	产气荚膜梭菌	第三类	BSL-2	ABSL-2	BSL-1	BSL-1	UN3373	
31	嗜水气单胞菌	第三类	BSL-2	ABSL-2	BSL-1	BSL-1	UN3373	
32	肉毒梭状芽孢杆菌	第三类	BSL-2	ABSL-2	BSL-2	BSL-1	UN2814（仅培养物）	
33	腐败梭菌和其他致病性梭菌	第三类	BSL-2	ABSL-2	BSL-1	BSL-1	UN3373	
34	鹦鹉热衣原体	第三类	BSL-2	ABSL-2	BSL-2	BSL-1	UN2814	
35	放线菌	第三类	BSL-2	ABSL-2	BSL-1	BSL-1	UN3373	
36	钩端螺旋体	第三类	BSL-2	ABSL-2	BSL-1	BSL-1	UN3373（仅培养物）	
37	牛恶性卡他热病毒	第三类	BSL-2	ABSL-2	BSL-2	BSL-1	UN3373	
38	牛白血病病毒	第三类	BSL-2	ABSL-2	BSL-2	BSL-1	UN3373	
39	牛流行热病毒	第三类	BSL-2	ABSL-2	BSL-2	BSL-1	UN3373	
40	牛传染性鼻气管炎病毒	第三类	BSL-2	ABSL-2	BSL-2	BSL-1	UN3373	

序号	动物病原微生物名称	危害程度分类	实验活动所需实验室生物安全级别				f运输包装要求	备 注
			a病原分离培养	b动物感染实验	c未经培养的感染性材料实验	d灭活材料实验		
41	牛病毒腹泻/粘膜病病毒	第三类	BSL-2	ABSL-2	BSL-2	BSL-1	UN3373	
42	牛生殖器弯曲杆菌	第三类	BSL-2	ABSL-2	BSL-2	BSL-1	UN3373	
43	日本血吸虫	第三类	BSL-2	ABSL-2	BSL-1	BSL-1	UN3373	
44	山羊关节炎/脑脊髓炎病毒	第三类	BSL-2	ABSL-2	BSL-2	BSL-1	UN3373	
45	梅迪/维斯纳病病毒	第三类	BSL-2	ABSL-2	BSL-2	BSL-1	UN3373	
46	传染性脓疱皮炎病毒	第三类	BSL-2	ABSL-2	BSL-2	BSL-1	UN3373	
47	日本脑炎病毒	第三类	BSL-2	ABSL-2	BSL-2	BSL-1	UN2814（仅培养物）	
48	猪繁殖与呼吸综合征病毒	第三类	BSL-2	ABSL-2	BSL-2	BSL-1	UN3373	
49	猪细小病毒	第三类	BSL-2	ABSL-2	BSL-2	BSL-1	UN3373	
50	猪圆环病毒	第三类	BSL-2	ABSL-2	BSL-2	BSL-1	UN3373	
51	猪流行性腹泻病毒	第三类	BSL-2	ABSL-2	BSL-2	BSL-1	UN3373	
52	猪传染性胃肠炎病毒	第三类	BSL-2	ABSL-2	BSL-2	BSL-1	UN3373	
53	猪丹毒杆菌	第三类	BSL-2	ABSL-2	BSL-1	BSL-1	UN3373	
54	猪支气管败血波氏杆菌	第三类	BSL-2	ABSL-2	BSL-1	BSL-1	UN3373	
55	猪胸膜肺炎放线杆菌	第三类	BSL-2	ABSL-2	BSL-1	BSL-1	UN3373	
56	副猪嗜血杆菌	第三类	BSL-2	ABSL-2	BSL-1	BSL-1	UN3373	
57	猪肺炎支原体	第三类	BSL-2	ABSL-2	BSL-1	BSL-1	UN3373	
58	猪密螺旋体	第三类	BSL-2	ABSL-2	BSL-1	BSL-1	UN3373	
59	马传染性贫血病毒	第三类	BSL-2	ABSL-2	BSL-2	BSL-1	UN3373	
60	马动脉炎病毒	第三类	BSL-2	ABSL-2	BSL-2	BSL-1	UN3373	

序号	动物病原微生物名称	危害程度分类	实验活动所需实验室生物安全级别				f运输包装要求	备 注
			a病原分离培养	b动物感染实验	c未经培养的感染性材料实验	d灭活材料实验		
61	马病毒性流产病毒	第三类	BSL-2	ABSL-2	BSL-2	BSL-1	UN3373	
62	马鼻炎病毒	第三类	BSL-2	ABSL-2	BSL-2	BSL-1	UN3373	
63	鼻疽假单胞菌	第三类	BSL-2	ABSL-2	BSL-2	BSL-1	UN2814（仅培养物）	
64	类鼻疽假单胞菌	第三类	BSL-2	ABSL-2	BSL-2	BSL-1	UN2814（仅培养物）	
65	假皮疽组织胞浆菌	第三类	BSL-2	ABSL-2	BSL-1	BSL-1	UN3373	
66	溃疡性淋巴管炎假结核棒状杆菌	第三类	BSL-2	ABSL-2	BSL-1	BSL-1	UN3373	
67	鸭瘟病毒	第三类	BSL-2	ABSL-2	BSL-2	BSL-1	UN3373	
68	鸭病毒性肝炎病毒	第三类	BSL-2	ABSL-2	BSL-2	BSL-1	UN3373	
69	小鹅瘟病毒	第三类	BSL-2	ABSL-2	BSL-2	BSL-1	UN3373	
70	鸡传染性法氏囊病病毒	第三类	BSL-2	ABSL-2	BSL-2	BSL-1	UN3373	
71	鸡马立克氏病病毒	第三类	BSL-2	ABSL-2	BSL-1	BSL-1	UN3373	
72	禽白血病/肉瘤病毒	第三类	BSL-2	ABSL-2	BSL-1	BSL-1	UN3373	
73	禽网状内皮组织增殖病病毒	第三类	BSL-2	ABSL-2	BSL-1	BSL-1	UN3373	
74	鸡传染性贫血病毒	第三类	BSL-2	ABSL-2	BSL-2	BSL-1	UN3373	
75	鸡传染性喉气管炎病毒	第三类	BSL-2	ABSL-2	BSL-2	BSL-1	UN3373	
76	鸡传染性支气管炎病毒	第三类	BSL-2	ABSL-2	BSL-2	BSL-1	UN3373	
77	鸡减蛋综合征病毒	第三类	BSL-2	ABSL-2	BSL-2	BSL-1	UN3373	
78	禽痘病毒	第三类	BSL-2	ABSL-2	BSL-1	BSL-1	UN3373	
79	鸡病毒性关节炎病毒	第三类	BSL-2	ABSL-2	BSL-2	BSL-1	UN3373	
80	禽传染性脑脊髓炎病毒	第三类	BSL-2	ABSL-2	BSL-2	BSL-1	UN3373	
81	副鸡嗜血杆菌	第三类	BSL-2	ABSL-2	BSL-1	BSL-1	UN3373	

序号	动物病原微生物名称	危害程度分类	实验活动所需实验室生物安全级别				f运输包装要求	备 注
			a病原分离培养	b动物感染实验	c未经培养的感染性材料实验	d灭活材料实验		
82	鸡毒支原体	第三类	BSL-2	ABSL-2	BSL-1	BSL-1	UN3373	
83	鸡球虫	第三类	BSL-2	ABSL-2	BSL-1	BSL-1	UN3373	
84	兔黏液瘤病病毒	第三类	BSL-2	ABSL-2	BSL-2	BSL-1	UN3373	
85	野兔热土拉杆菌	第三类	BSL-2	ABSL-2	BSL-2	BSL-1	UN3373	
86	兔支气管败血波氏杆菌	第三类	BSL-2	ABSL-2	BSL-1	BSL-1	UN3373	
87	兔球虫	第三类	BSL-2	ABSL-2	BSL-1	BSL-1	UN3373	
水生动物病原微生物								
88	流行性造血器官坏死病毒	第三类	BSL-2	ABSL-2	BSL-1	BSL-1	UN3373	
89	传染性造血器官坏死病毒	第三类	BSL-2	ABSL-2	BSL-1	BSL-1	UN3373	
90	马苏大麻哈鱼病毒	第三类	BSL-2	ABSL-2	BSL-1	BSL-1	UN3373	
91	病毒性出血性败血症病毒	第三类	BSL-2	ABSL-2	BSL-1	BSL-1	UN3373	
92	锦鲤疱疹病毒	第三类	BSL-2	ABSL-2	BSL-1	BSL-1	UN3373	
93	斑点叉尾鮰病毒	第三类	BSL-2	ABSL-2	BSL-1	BSL-1	UN3373	
94	病毒性脑病和视网膜病毒	第三类	BSL-2	ABSL-2	BSL-1	BSL-1	UN3373	
95	传染性胰脏坏死病毒	第三类	BSL-2	ABSL-2	BSL-1	BSL-1	UN3373	
96	真鲷虹彩病毒	第三类	BSL-2	ABSL-2	BSL-1	BSL-1	UN3373	
97	白鲟虹彩病毒	第三类	BSL-2	ABSL-2	BSL-1	BSL-1	UN3373	
98	中肠腺坏死杆状病毒	第三类	BSL-2	ABSL-2	BSL-1	BSL-1	UN3373	
99	传染性皮下和造血器官坏死病毒	第三类	BSL-2	ABSL-2	BSL-1	BSL-1	UN3373	
100	核多角体杆状病毒	第三类	BSL-2	ABSL-2	BSL-1	BSL-1	UN3373	
101	虾产卵死亡综合征病毒	第三类	BSL-2	ABSL-2	BSL-1	BSL-1	UN3373	
102	鳖鳃腺炎病毒	第三类	BSL-2	ABSL-2	BSL-1	BSL-1	UN3373	
103	Taura综合征病毒	第三类	BSL-2	ABSL-2	BSL-1	BSL-1	UN3373	
104	对虾白斑综合征病毒	第三类	BSL-2	ABSL-2	BSL-1	BSL-1	UN3373	
105	黄头病病毒	第三类	BSL-2	ABSL-2	BSL-1	BSL-1	UN3373	
106	草鱼出血病毒	第三类	BSL-2	ABSL-2	BSL-1	BSL-1	UN3373	
107	鲤春病毒血症病毒	第三类	BSL-2	ABSL-2	BSL-1	BSL-1	UN3373	

序号	动物病原微生物名称	危害程度分类	实验活动所需实验室生物安全级别				f运输包装要求	备 注
			a病原分离培养	b动物感染实验	c未经培养的感染性材料实验	d灭活材料实验		
108	鲍球形病毒	第三类	BSL-2	ABSL-2	BSL-1	BSL-1	UN3373	
109	鲑鱼传染性贫血病毒	第三类	BSL-2	ABSL-2	BSL-1	BSL-1	UN3373	
蜜蜂病病原微生物								
110	美洲幼虫腐臭病幼虫杆菌	第三类	BSL-2	ABSL-2	BSL-1	BSL-1	UN3373	
111	欧洲幼虫腐臭病蜂房蜜蜂球菌	第三类	BSL-2	ABSL-2	BSL-1	BSL-1	UN3373	
112	白垩病蜂球囊菌	第三类	BSL-2	ABSL-2	BSL-1	BSL-1	UN3373	
113	蜜蜂微孢子虫	第三类	BSL-2	ABSL-2	BSL-1	BSL-1	UN3373	
114	跗腺螨	第三类	BSL-2	ABSL-2	BSL-1	BSL-1	UN3373	
115	雅氏大蜂螨	第三类	BSL-2	ABSL-2	BSL-1	BSL-1	UN3373	
其他动物病原微生物								
116	犬瘟热病毒	第三类	BSL-2	ABSL-2	BSL-2	BSL-1	UN3373	
117	犬细小病毒	第三类	BSL-2	ABSL-2	BSL-2	BSL-1	UN3373	
118	犬腺病毒	第三类	BSL-2	ABSL-2	BSL-2	BSL-1	UN3373	
119	犬冠状病毒	第三类	BSL-2	ABSL-2	BSL-2	BSL-1	UN3373	
120	犬副流感病毒	第三类	BSL-2	ABSL-2	BSL-2	BSL-1	UN3373	
121	猫泛白细胞减少综合征病毒	第三类	BSL-2	ABSL-2	BSL-2	BSL-1	UN3373	
122	水貂阿留申病病毒	第三类	BSL-2	ABSL-2	BSL-2	BSL-1	UN3373	
123	水貂病毒性肠炎病毒	第三类	BSL-2	ABSL-2	BSL-2	BSL-1	UN3373	
124	第四类动物病原微生物		BSL-1	BSL-1	BSL-1	BSL-1	UN3373	

备注:

a、病原分离培养:是指实验材料中未知病原微生物的选择性培养增殖,以及用培养物进行的相关实验活动。

b、动物感染实验:是指用活的病原微生物或感染性材料感染动物的实验活动。

c、未经培养的感染性材料的实验:是指用未经培养增殖的感染性材料进行的抗原检测、核酸检测、血清学检测和理化分析等实验活动。

d、灭活材料的实验:是指活的病原微生物或感染性材料在采用可靠的方法灭活后进行的病原微生物的抗原检测、核酸检测、血清学检测和理化分析等实验活动。

f、运输包装分类:通过民航运输动物病原微生物和病料的,按国际民航组织文件Doc9284《危险品航空安全运输技术细则》要求分类包装,联合国编号分别为UN2814、UN2900和UN3373。若表中未注明"仅培养物",则包括涉及该病原的所有材料;对于注明"仅培养物"的感染性物质,则病原培养物按表中规定的要求包装,其他标本按UN3373要求进行包装;未确诊的动物病料按UN3373要求进行包装。通过其他交通工具运输的动物病原微生物和病料的,按照《高致病性病原微生物菌(毒)种或者样本运输包装规范》(农业部公告第503号)进行包装。

动物病原微生物菌(毒)种保藏管理办法

中华人民共和国农业部令第16号

依据《中华人民共和国动物防疫法》、《病原微生物实验室生物安全管理条例》和《兽药管理条例》等法律法规而制定,2008年11月4日农业部第8次常务会议审议通过《动物病原微生物菌(毒)种保藏管理办法》,自2009年1月1日起施行。

第一章 总则

第一条 为了加强动物病原微生物菌(毒)种和样本保藏管理,依据《中华人民共和国动物防疫法》、《病原微生物实验室生物安全管理条例》和《兽药管理条例》等法律法规,制定本办法。

第二条 本办法适用于中华人民共和国境内菌(毒)种和样本的保藏活动及其监督管理。

第三条 本办法所称菌(毒)种,是指具有保藏价值的动物细菌、真菌、放线菌、衣原体、支原体、立克次氏体、螺旋体、病毒等微生物。

本办法所称样本,是指人工采集的、经鉴定具有保藏价值的含有动物病原微生物的体液、组织、排泄物、分泌物、污染物等物质。

本办法所称保藏机构,是指承担菌(毒)种和样本保藏任务,并向合法从事动物病原微生物相关活动的实验室或者兽用生物制品企业提供菌(毒)种或者样本的单位。

菌(毒)种和样本的分类按照《动物病原微生物分类名录》的规定执行。

第四条 农业部主管全国菌(毒)种和样本保藏管理工作。

县级以上地方人民政府兽医主管部门负责本行政区域内的菌(毒)种和样本保藏监督管理工作。

第五条 国家对实验活动用菌(毒)种和样本实行集中保藏,保藏机构以外的任何单位和个人不得保藏菌(毒)种或者样本。

第二章 保藏机构

第六条 保藏机构分为国家级保藏中心和省级保藏中心。保藏机构由农业部指定。

保藏机构保藏的菌(毒)种和样本的种类由农业部核定。

第七条 保藏机构应当具备以下条件:

(一)符合国家关于保藏机构设立的整体布局和实际需要。

(二)有满足菌(毒)种和样本保藏需要的设施设备;保藏高致病性动物病原微生物菌(毒)种或者样本的,应当具有相应级别的高等级生物安全实验室,并依法取得《高致病性动物病原微生物实验室资格证书》。

(三)有满足保藏工作要求的工作人员。

(四)有完善的菌(毒)种和样本保管制度、安全保卫制度。

(五)有满足保藏活动需要的经费。

第八条 保藏机构的职责:

(一)负责菌(毒)种和样本的收集、筛选、分析、鉴定和保藏;

(二)开展菌(毒)种和样本的分类与保藏新方法、新技术研究;

(三)建立菌(毒)种和样本数据库;

(四)向合法从事动物病原微生物实验活动的实验室或者兽用生物制品生产企业提供菌(毒)种或者样本。

第三章 菌(毒)种和样本的收集

第九条 从事动物疫情监测、疫病诊断、检验检疫和疫病研究等活动的单位和个人,应当及时将研究、教学、检测、诊断等实验活动中获得的具有保藏价值的菌(毒)种和样本,送交保藏机构鉴定和保藏,并提交菌(毒)种和样本的背景资料。

保藏机构可以向国内有关单位和个人索取需要保藏的菌(毒)种和样本。

第十条 保藏机构应当向提供菌(毒)种和样本的单位和个人出具接收证明。

第十一条 保藏机构应当在每年年底前将保藏的菌(毒)种和样本的种类、数量报农业部。

第四章 菌(毒)种和样本的保藏、供应

第十二条 保藏机构应当设专库保藏一、二类菌(毒)种和样本,设专柜保藏三、四类菌(毒)种和样本。

保藏机构保藏的菌(毒)种和样本应当分类存放,实行双人双锁管理。

第十三条 保藏机构应当建立完善的技术资料档案,详细记录所保藏的菌(毒)种和样本的名称、编号、数量、来源、病原微生物类别、主要特性、保存方法等情况。

技术资料档案应当永久保存。

第十四条 保藏机构应当对保藏的菌(毒)种按时鉴定、复壮,妥善保藏,避免失活。

保藏机构对保藏的菌(毒)种开展鉴定、复壮的,应当按照规定在相应级别的生物安全实验室进行。

第十五条 保藏机构应当制定实验室安全事故处理应急预案。发生保藏的菌(毒)种或者样本被盗、被抢、丢失、泄漏和实验室人员感染的,应当按照《病原微生物实验室生物安全管理条例》的规定及时报告、启动预案,并采取相应的处理措施。

第十六条 实验室和兽用生物制品生产企业需要使用菌(毒)种或者样本的,应当向保藏机构提出申请。

第十七条 保藏机构应当按照以下规定提供菌(毒)种或者样本:

(一)提供高致病性动物病原微生物菌(毒)种或者样本的,查验从事高致病性动物病原微生物相关实验活动的批准文件;

(二)提供兽用生物制品生产和检验用菌(毒)种或者样本的,查验兽药生产批准文号文件;

(三)提供三、四类菌(毒)种或者样本的,查验实验室所在单位出具的证明。

保藏机构应当留存前款规定的证明文件的原件或者复印件。

第十八条 保藏机构提供菌(毒)种或者样本时,应当进行登记,详细记录所提供的菌(毒)种或者样本的名称、数量、时间以及发放人、领取人、使用单位名称等。

第十九条 保藏机构应当对具有知识产权的菌(毒)种承担相应的保密责任。

保藏机构提供具有知识产权的菌(毒)种或者样本的,应当经原提供者或者持有人的书面同意。

第二十条 保藏机构提供的菌(毒)种或者样本应当附有标签,标明菌(毒)种名称、编号、移植和

冻干日期等。

第二十一条　保藏机构保藏菌(毒)种或者样本所需费用由同级财政在单位预算中予以保障。

第五章　菌(毒)种和样本的销毁

第二十二条　有下列情形之一的,保藏机构应当组织专家论证,提出销毁菌(毒)种或者样本的建议:

(一)国家规定应当销毁的;

(二)有证据表明已丧失生物活性或者被污染,已不适于继续使用的;

(三)无继续保藏价值的。

第二十三条　保藏机构销毁一、二类菌(毒)种和样本的,应当经农业部批准;销毁三、四类菌(毒)种和样本的,应当经保藏机构负责人批准,并报农业部备案。

保藏机构销毁菌(毒)种和样本的,应当在实施销毁30日前书面告知原提供者。

第二十四条　保藏机构销毁菌(毒)种和样本的,应当制定销毁方案,注明销毁的原因、品种、数量,以及销毁方式方法、时间、地点、实施人和监督人等。

第二十五条　保藏机构销毁菌(毒)种和样本时,应当使用可靠的销毁设施和销毁方法,必要时应当组织开展灭活效果验证和风险评估。

第二十六条　保藏机构销毁菌(毒)种和样本的,应当做好销毁记录,经销毁实施人、监督人签字后存档,并将销毁情况报农业部。

第二十七条　实验室在相关实验活动结束后,应当按照规定及时将菌(毒)种和样本就地销毁或者送交保藏机构保管。

第六章　菌(毒)种和样本的对外交流

第二十八条　国家对菌(毒)种和样本对外交流实行认定审批制度。

第二十九条　从国外引进和向国外提供菌(毒)种或者样本的,应当经所在地省、自治区、直辖市人民政府兽医主管部门审核后,报农业部批准。

第三十条　从国外引进菌(毒)种或者样本的单位,应当在引进菌(毒)种或者样本后6个月内,将备份及其背景资料,送交保藏机构。

引进单位应当在相关活动结束后,及时将菌(毒)种和样本就地销毁。

第三十一条　出口《生物两用品及相关设备和技术出口管制清单》所列的菌(毒)种或者样本的,还应当按照《生物两用品及相关设备和技术出口管制条例》的规定取得生物两用品及相关设备和技术出口许可证件。

第七章　罚则

第三十二条　违反本办法规定,保藏或者提供菌(毒)种或者样本的,由县级以上地方人民政府兽医主管部门责令其将菌(毒)种或者样本销毁或者送交保藏机构;拒不销毁或者送交的,对单位处1万元以上3万元以下罚款,对个人处500元以上1000元以下罚款。

第三十三条　违反本办法规定,未及时向保藏机构提供菌(毒)种或者样本的,由县级以上地方人民政府兽医主管部门责令改正;拒不改正的,对单位处1万元以上3万元以下罚款,对个人处500元以上1000元以下罚款。

第三十四条　违反本办法规定,未经农业部批准,从国外引进或者向国外提供菌(毒)种或者样本的，由县级以上地方人民政府兽医主管部门责令其将菌（毒）种或者样本销毁或者送交保藏机构，并对单位处1万元以上3万元以下罚款，对个人处500元以上1000元以下罚款。

第三十五条 保藏机构违反本办法规定的，由农业部责令改正；情节严重的，取消保藏机构资格。

第八章 附则

第三十六条 本办法自2009年1月1日起施行。1980年11月25日农业部发布的《兽医微生物菌种保藏管理试行办法》（农〔牧〕字第181号）同时废止。

高致病性动物病原微生物菌（毒）种或者样本运输包装规范

（农业部公告第503号）

运输高致病性动物病原微生物菌（毒）种或者样本的，其包装应当符合以下要求：

一、内包装

（一）必须是不透水、防泄漏的主容器，保证完全密封；

（二）必须是结实、不透水和防泄漏的辅助包装；

（三）必须在主容器和辅助包装之间填充吸附材料。吸附材料必须充足，能够吸收所有的内装物。多个主容器装入一个辅助包装时，必须将它们分别包装。

（四）主容器的表面贴上标签，表明菌（毒）种或样本类别、编号、名称、数量等信息。

（五）相关文件，例如菌（毒）种或样本数量表格、危险性声明、信件、菌（毒）种或样本鉴定资料、发送者和接收者的信息等应当放入一个防水的袋中，并贴在辅助包装的外面。

二、外包装

（一）外包装的强度应当充分满足对于其容器、重量及预期使用方式的要求；

（二）外包装应当印上生物危险标识并标注“高致病性动物病原微生物，非专业人员严禁拆开！”的警告语。

高致病性动物病原微生物
(非专业人员严禁拆开)
制冷剂______

注：生物危险标识如下图：

三、包装要求

（一）冻干样本

主容器必须是火焰封口的玻璃安瓿或者是用金属封口的胶塞玻璃瓶。

（二）液体或者固体样本

1.在环境温度或者较高温度下运输的样本：只能用玻璃、金属或者塑料容器作为主容器，向容器中罐装液体时须保留足够的剩余空间，同时采用可靠的防漏封口，如热封、带缘的塞子或者金属卷边封口。如果使用旋盖，必须用胶带加固。

2.在制冷或者冷冻条件下运输的样本：冰、干冰或者其他冷冻剂必须放在辅助包装周围，或者按照规定放在由一个或者多个完整包装件组成的合成包装件中。内部要有支撑物，当冰或者干冰消耗掉以后，仍可以把辅助包装固定在原位置上。如果使用冰，包装必须不透水；如果使用干冰，外包装必须能排出二氧化碳气体；如果使用冷冻剂，主容器和辅助包装必须保持良好的性能，在冷冻剂消耗完以后，应仍能承受运输中的温度和压力。

四、民用航空运输特殊要求

通过民用航空运输的，应当符合《中国民用航空危险品运输管理规定》（中国民用航空局令第216号CCAR-276-R_1）和国际民航组织文件《危险物品航空安全运输技术细则》中的有关包装要求。

第三部分　实验室质量管理相关法律法规、标准

中华人民共和国标准化法

（1988年12月29日第七届全国人民代表大会常务委员会第五次会议通过，2017年11月4日第十二届全国人民代表大会常务委员会第三十次会议修订）

第一章　总则

第一条　为了加强标准化工作，提升产品和服务质量，促进科学技术进步，保障人身健康和生命财产安全，维护国家安全、生态环境安全，提高经济社会发展水平，制定本法。

第二条　本法所称标准（含标准样品），是指农业、工业、服务业以及社会事业等领域需要统一的技术要求。

标准包括国家标准、行业标准、地方标准和团体标准、企业标准。国家标准分为强制性标准、推荐性标准，行业标准、地方标准是推荐性标准。

强制性标准必须执行。国家鼓励采用推荐性标准。

第三条　标准化工作的任务是制定标准、组织实施标准以及对标准的制定、实施进行监督。

县级以上人民政府应当将标准化工作纳入本级国民经济和社会发展规划，将标准化工作经费纳入本级预算。

第四条　制定标准应当在科学技术研究成果和社会实践经验的基础上，深入调查论证，广泛征求意见，保证标准的科学性、规范性、时效性，提高标准质量。

第五条　国务院标准化行政主管部门统一管理全国标准化工作。国务院有关行政主管部门分工管理本部门、本行业的标准化工作。

县级以上地方人民政府标准化行政主管部门统一管理本行政区域内的标准化工作。县级以上地方人民政府有关行政主管部门分工管理本行政区域内本部门、本行业的标准化工作。

第六条　国务院建立标准化协调机制，统筹推进标准化重大改革，研究标准化重大政策，对跨部门跨领域、存在重大争议标准的制定和实施进行协调。

设区的市级以上地方人民政府可以根据工作需要建立标准化协调机制，统筹协调本行政区域内标准化工作重大事项。

第七条　国家鼓励企业、社会团体和教育、科研机构等开展或者参与标准化工作。

第八条　国家积极推动参与国际标准化活动，开展标准化对外合作与交流，参与制定国际标准，结合国情采用国际标准，推进中国标准与国外标准之间的转化运用。

国家鼓励企业、社会团体和教育、科研机构等参与国际标准化活动。

第九条　对在标准化工作中做出显著成绩的单位和个人，按照国家有关规定给予表彰和奖励。

第二章 标准的制定

第十条 对保障人身健康和生命财产安全、国家安全、生态环境安全以及满足经济社会管理基本需要的技术要求,应当制定强制性国家标准。

国务院有关行政主管部门依据职责负责强制性国家标准的项目提出、组织起草、征求意见和技术审查。国务院标准化行政主管部门负责强制性国家标准的立项、编号和对外通报。国务院标准化行政主管部门应当对拟制定的强制性国家标准是否符合前款规定进行立项审查,对符合前款规定的予以立项。

省、自治区、直辖市人民政府标准化行政主管部门可以向国务院标准化行政主管部门提出强制性国家标准的立项建议,由国务院标准化行政主管部门会同国务院有关行政主管部门决定。社会团体、企业事业组织以及公民可以向国务院标准化行政主管部门提出强制性国家标准的立项建议,国务院标准化行政主管部门认为需要立项的,会同国务院有关行政主管部门决定。

强制性国家标准由国务院批准发布或者授权批准发布。

法律、行政法规和国务院决定对强制性标准的制定另有规定的,从其规定。

第十一条 对满足基础通用、与强制性国家标准配套、对各有关行业起引领作用等需要的技术要求,可以制定推荐性国家标准。

推荐性国家标准由国务院标准化行政主管部门制定。

第十二条 对没有推荐性国家标准、需要在全国某个行业范围内统一的技术要求,可以制定行业标准。

行业标准由国务院有关行政主管部门制定,报国务院标准化行政主管部门备案。

第十三条 为满足地方自然条件、风俗习惯等特殊技术要求,可以制定地方标准。

地方标准由省、自治区、直辖市人民政府标准化行政主管部门制定;设区的市级人民政府标准化行政主管部门根据本行政区域的特殊需要,经所在地省、自治区、直辖市人民政府标准化行政主管部门批准,可以制定本行政区域的地方标准。地方标准由省、自治区、直辖市人民政府标准化行政主管部门报国务院标准化行政主管部门备案,由国务院标准化行政主管部门通报国务院有关行政主管部门。

第十四条 对保障人身健康和生命财产安全、国家安全、生态环境安全以及经济社会发展所急需的标准项目,制定标准的行政主管部门应当优先立项并及时完成。

第十五条 制定强制性标准、推荐性标准,应当在立项时对有关行政主管部门、企业、社会团体、消费者和教育、科研机构等方面的实际需求进行调查,对制定标准的必要性、可行性进行论证评估;在制定过程中,应当按照便捷有效的原则采取多种方式征求意见,组织对标准相关事项进行调查分析、实验、论证,并做到有关标准之间的协调配套。

第十六条 制定推荐性标准,应当组织由相关方组成的标准化技术委员会,承担标准的起草、技术审查工作。制定强制性标准,可以委托相关标准化技术委员会承担标准的起草、技术审查工作。未组成标准化技术委员会的,应当成立专家组承担相关标准的起草、技术审查工作。标准化技术委员会和专家组的组成应当具有广泛代表性。

第十七条 强制性标准文本应当免费向社会公开。国家推动免费向社会公开推荐性标准文本。

第十八条 国家鼓励学会、协会、商会、联合会、产业技术联盟等社会团体协调相关市场主体共同制定满足市场和创新需要的团体标准,由本团体成员约定采用或者按照本团体的规定供社会自愿采用。

制定团体标准,应当遵循开放、透明、公平的原则,保证各参与主体获取相关信息,反映各参与主体的共同需求,并应当组织对标准相关事项进行调查分析、实验、论证。

国务院标准化行政主管部门会同国务院有关行政主管部门对团体标准的制定进行规范、引导和监督。

第十九条 企业可以根据需要自行制定企业标准,或者与其他企业联合制定企业标准。

第二十条 国家支持在重要行业、战略性新兴产业、关键共性技术等领域利用自主创新技术制定团体标准、企业标准。

第二十一条 推荐性国家标准、行业标准、地方标准、团体标准、企业标准的技术要求不得低于强制性国家标准的相关技术要求。

国家鼓励社会团体、企业制定高于推荐性标准相关技术要求的团体标准、企业标准。

第二十二条 制定标准应当有利于科学合理利用资源,推广科学技术成果,增强产品的安全性、通用性、可替换性,提高经济效益、社会效益、生态效益,做到技术上先进、经济上合理。

禁止利用标准实施妨碍商品、服务自由流通等排除、限制市场竞争的行为。

第二十三条 国家推进标准化军民融合和资源共享,提升军民标准通用化水平,积极推动在国防和军队建设中采用先进适用的民用标准,并将先进适用的军用标准转化为民用标准。

第二十四条 标准应当按照编号规则进行编号。标准的编号规则由国务院标准化行政主管部门制定并公布。

第三章 标准的实施

第二十五条 不符合强制性标准的产品、服务,不得生产、销售、进口或者提供。

第二十六条 出口产品、服务的技术要求,按照合同的约定执行。

第二十七条 国家实行团体标准、企业标准自我声明公开和监督制度。企业应当公开其执行的强制性标准、推荐性标准、团体标准或者企业标准的编号和名称;企业执行自行制定的企业标准的,还应当公开产品、服务的功能指标和产品的性能指标。国家鼓励团体标准、企业标准通过标准信息公共服务平台向社会公开。

企业应当按照标准组织生产经营活动,其生产的产品、提供的服务应当符合企业公开标准的技术要求。

第二十八条 企业研制新产品、改进产品,进行技术改造,应当符合本法规定的标准化要求。

第二十九条 国家建立强制性标准实施情况统计分析报告制度。

国务院标准化行政主管部门和国务院有关行政主管部门、设区的市级以上地方人民政府标准化行政主管部门应当建立标准实施信息反馈和评估机制,根据反馈和评估情况对其制定的标准进行复审。标准的复审周期一般不超过五年。经过复审,对不适应经济社会发展需要和技术进步的应当及时修订或者废止。

第三十条 国务院标准化行政主管部门根据标准实施信息反馈、评估、复审情况,对有关标准之间重复交叉或者不衔接配套的,应当会同国务院有关行政主管部门作出处理或者通过国务院标准化协调机制处理。

第三十一条 县级以上人民政府应当支持开展标准化试点示范和宣传工作,传播标准化理念,推广标准化经验,推动全社会运用标准化方式组织生产、经营、管理和服务,发挥标准对促进转型升级、引领创新驱动的支撑作用。

第四章 监督管理

第三十二条 县级以上人民政府标准化行政主管部门、有关行政主管部门依据法定职责，对标准的制定进行指导和监督，对标准的实施进行监督检查。

第三十三条 国务院有关行政主管部门在标准制定、实施过程中出现争议的，由国务院标准化行政主管部门组织协商；协商不成的，由国务院标准化协调机制解决。

第三十四条 国务院有关行政主管部门、设区的市级以上地方人民政府标准化行政主管部门未依照本法规定对标准进行编号、复审或者备案的，国务院标准化行政主管部门应当要求其说明情况，并限期改正。

第三十五条 任何单位或者个人有权向标准化行政主管部门、有关行政主管部门举报、投诉违反本法规定的行为。

标准化行政主管部门、有关行政主管部门应当向社会公开受理举报、投诉的电话、信箱或者电子邮件地址，并安排人员受理举报、投诉。对实名举报人或者投诉人，受理举报、投诉的行政主管部门应当告知处理结果，为举报人保密，并按照国家有关规定对举报人给予奖励。

第五章 法律责任

第三十六条 生产、销售、进口产品或者提供服务不符合强制性标准，或者企业生产的产品、提供的服务不符合其公开标准的技术要求的，依法承担民事责任。

第三十七条 生产、销售、进口产品或者提供服务不符合强制性标准的，依照《中华人民共和国产品质量法》、《中华人民共和国进出口商品检验法》、《中华人民共和国消费者权益保护法》等法律、行政法规的规定查处，记入信用记录，并依照有关法律、行政法规的规定予以公示；构成犯罪的，依法追究刑事责任。

第三十八条 企业未依照本法规定公开其执行的标准的，由标准化行政主管部门责令限期改正；逾期不改正的，在标准信息公共服务平台上公示。

第三十九条 国务院有关行政主管部门、设区的市级以上地方人民政府标准化行政主管部门制定的标准不符合本法第二十一条第一款、第二十二条第一款规定的，应当及时改正；拒不改正的，由国务院标准化行政主管部门公告废止相关标准；对负有责任的领导人员和直接责任人员依法给予处分。

社会团体、企业制定的标准不符合本法第二十一条第一款、第二十二条第一款规定的，由标准化行政主管部门责令限期改正；逾期不改正的，由省级以上人民政府标准化行政主管部门废止相关标准，并在标准信息公共服务平台上公示。

违反本法第二十二条第二款规定，利用标准实施排除、限制市场竞争行为的，依照《中华人民共和国反垄断法》等法律、行政法规的规定处理。

第四十条 国务院有关行政主管部门、设区的市级以上地方人民政府标准化行政主管部门未依照本法规定对标准进行编号或者备案，又未依照本法第三十四条的规定改正的，由国务院标准化行政主管部门撤销相关标准编号或者公告废止未备案标准；对负有责任的领导人员和直接责任人员依法给予处分。

国务院有关行政主管部门、设区的市级以上地方人民政府标准化行政主管部门未依照本法规定对其制定的标准进行复审，又未依照本法第三十四条的规定改正的，对负有责任的领导人员和直接责任人员依法给予处分。

第四十一条 国务院标准化行政主管部门未依照本法第十条第二款规定对制定强制性国家标准

的项目予以立项，制定的标准不符合本法第二十一条第一款、第二十二条第一款规定，或者未依照本法规定对标准进行编号、复审或者予以备案的，应当及时改正；对负有责任的领导人员和直接责任人员可以依法给予处分。

第四十二条 社会团体、企业未依照本法规定对团体标准或者企业标准进行编号的，由标准化行政主管部门责令限期改正；逾期不改正的，由省级以上人民政府标准化行政主管部门撤销相关标准编号，并在标准信息公共服务平台上公示。

第四十三条 标准化工作的监督、管理人员滥用职权、玩忽职守、徇私舞弊的，依法给予处分；构成犯罪的，依法追究刑事责任。

第六章 附则

第四十四条 军用标准的制定、实施和监督办法，由国务院、中央军事委员会另行制定。

第四十五条 本法自2018年1月1日起施行。

中华人民共和国标准化法实施条例

（1990年4月6日国务院第53号令）

第一章 总则

第一条 根据《中华人民共和国标准化法》（以下简称《标准化法》）的规定，制定本条例。

第二条 对下列需要统一的技术要求，应当制定标准：

（一）工业产品的品种、规格、质量、等级或者安全、卫生要求；

（二）工业产品的设计、生产、试验、检验、包装、储存、运输、使用的方法或者生产、储存、运输过程中的安全、卫生要求；

（三）有关环境保护的各项技术要求和检验方法；

（四）建设工程的勘察、设计、施工、验收的技术要求和方法；

（五）有关工业生产、工程建设和环境保护的技术术语、符号、代号、制图方法、互换配合要求；

（六）农业（含林业、牧业、渔业，下同）产品（含种子、种苗、种畜、种禽，下同）的品种、规格、质量、等级、检验、包装、储存、运输以及生产技术、管理技术的要求；

（七）信息、能源、资源、交通运输的技术要求。

第三条 国家有计划地发展标准化事业。标准化工作应当纳入各级国民经济和社会发展计划。

第四条 国家鼓励采用国际标准和国外先进标准，积极参与制定国际标准。

第二章 标准化工作的管理

第五条 标准化工作的任务是制定标准、组织实施标准和对标准的实施进行监督。

第六条 国务院标准化行政主管部门统一管理全国标准化工作，履行下列职责：

（一）组织贯彻国家有关标准化工作的法律、法规、方针、政策；

(二) 组织制定全国标准化工作规划、计划;

(三) 组织制定国家标准;

(四) 指导国务院有关行政主管部门和省、自治区、直辖市人民政府标准化行政主管部门的标准化工作,协调和处理有关标准化工作问题;

(五) 组织实施标准;

(六) 对标准的实施情况进行监督检查;

(七) 统一管理全国的产品质量认证工作;

(八) 统一负责对有关国际标准化组织的业务联系。

第七条 国务院有关行政主管部门分工管理本部门、本行业的标准化工作,履行下列职责:

(一) 贯彻国家标准化工作的法律、法规、方针、政策,并制定在本部门、本行业实施的具体办法;

(二) 制定本部门、本行业的标准化工作规划、计划;

(三) 承担国家下达的草拟国家标准的任务,组织制定行业标准;

(四) 指导省、自治区、直辖市有关行政主管部门的标准化工作;

(五) 组织本部门、本行业实施标准;

(六) 对标准实施情况进行监督检查;

(七) 经国务院标准化行政主管部门授权,分工管理本行业的产品质量认证工作。

第八条 省、自治区、直辖市人民政府标准化行政主管部门统一管理本行政区域的标准化工作,履行下列职责:

(一) 贯彻国家标准化工作的法律、法规、方针、政策,并制定在本行政区域实施的具体办法;

(二) 制定地方标准化工作规划、计划;

(三) 组织制定地方标准;

(四) 指导本行政区域有关行政主管部门的标准化工作,协调和处理有关标准化工作问题;

(五) 在本行政区域组织实施标准;

(六) 对标准实施情况进行监督检查。

第九条 省、自治区、直辖市有关行政主管部门分工管理本行政区域内本部门、本行业的标准化工作,履行下列职责:

(一) 贯彻国家和本部门、本行业、本行政区域标准化工作的法律、法规、方针、政策,并制定实施的具体办法;

(二) 制定本行政区域内本部门、本行业的标准化工作规划、计划;

(三) 承担省、自治区、直辖市人民政府下达的草拟地方标准的任务;

(四) 在本行政区域内组织本部门、本行业实施标准;

(五) 对标准实施情况进行监督检查。

第十条 市、县标准化行政部门和有关行政主管部门的职责分工,由省、自治区、直辖市人民政府规定。

第三章 标准的制定

第十一条 对需要在全国范围内统一的下列技术要求,应当制定国家标准(含标准样品的制作):

(一) 互换配合、通用技术语言要求;

(二) 保障人体健康和人身、财产安全的技术要求;

(三) 基本原料、燃料、材料的技术要求;

(四) 通用基础件的技术要求；

(五) 通用的试验、检验方法；

(六) 通用的管理技术要求；

(七) 工程建设的重要技术要求；

(八) 国家需要控制的其他重要产品的技术要求。

第十二条 国家标准由国务院标准化行政主管部门编制计划，组织草拟，统一审批、编号、发布。工程建设、药品、食品卫生、兽药、环境保护国家标准，分别由国务院工程建设主管部门、卫生主管部门、农业主管部门、环境保护主管部门组织草拟、审批、编号、发布办法由国务院标准化行政主管部门会同国务院有关行政主管部门制定。法律对国家标准的制定另有规定的，依照法律的规定执行。

第十三条 对没有国家标准而又需要在全国某个行业范围内统一的技术要求，可以制定行业标准(含标准样品的制作)。制定行业标准的项目由国务院有关行政主管部门确定。

第十四条 行业标准由国务院有关行政主管部门编制计划，组织草拟，统一审批、编号、发布，并报国务院标准化行政主管部门备案。行业标准在相应的国家标准实施后，自行废止。

第十五条 对没有国家标准和行业标准而又需要在省、自治区、直辖市范围内统一的工业产品的安全、卫生要求，可以制定地方标准。制定地方标准的项目，由省、自治区、直辖市人民政府标准化行政主管部门确定。

第十六条 地方审批由省、自治区、直辖市人民政府标准化行政主管部门编制计划，组织草拟，统一审批、编号、发布，并报国务院标准化行政主管部门和国务院有关行政主管部门备案。法律对地方标准的制定另有规定的，依照法律的规定执行。地方标准在相应的国家标准或行业标准实施后，自行废止。

第十七条 企业生产的产品没有国家标准、行业标准和地方标准的，应当制定相应的企业标准，作为组织生产的依据。企业标准由企业组织制定(农业企业标准制定办法另定)，并按省、自治区、直辖市人民政府的规定备案。对已有国家标准、行业标准或者地方标准的，鼓励企业制定严于国家标准、行业标准或者地方标准要求的企业标准，在企业内部适用。

第十八条 国家标准、行业标准分为强制性标准和推荐性标准。下列标准属于强制性标准：

(一) 药品标准，食品卫生标准，兽药标准；

(二) 产品及产品生产、储运和使用中的安全、卫生标准，劳动安全、卫生标准，运输安全标准；

(三) 工程建设的质量、安全、卫生标准及国家需要控制的其他工程建设标准；

(四) 环境保护的污染物排放标准和环境质量标准；

(五) 重要的通用技术术语、符号、代号和制图方法；

(六) 通用的试验、检验方法标准；

(七) 互换配合标准；

(八) 国家需要控制的重要产品质量标准。国家需要控制的重要产品目录由国务院标准化行政主管部门会同国务院有关行政主管部门确定。强制性标准以外的标准是推荐性标准。

省、自治区、直辖市人民政府标准化行政主管部门制定的工业产品的安全、卫生要求的地方标准，在本行政区域内是强制性标准。

第十九条 制定标准应当发挥行业协会、科学技术研究机构和学术团体的作用。

制定国家标准、行业标准和地方标准的部门应当组织由用户、生产单位、行业协会、科学技术研究机构、学术团体及有关部门的专家组成标准化技术委员会，负责标准草拟和参加标准草案的技术审查工作。未组织标准化技术委员会的，可以由标准化技术归口单位负责标准草拟和参加标准草案的技术审查工作。

制定企业标准应当充分听取使用单位、科学技术研究机构的意见。

第二十条　标准实施后，制定标准的部门应当根据科学技术的发展和经济建设的需要适时进行复审。标准复审周期一般不超过五年。

第二十一条　国家标准、行业标准和地方标准的代号、编号办法，由国务院标准化行政主管部门统一规定。企业标准的代号、编号办法，由国务院标准化行政主管部门会同国务院有关行政主管部门规定。

第二十二条　标准的出版、发行办法，由制定标准的部门规定。

第四章　标准的实施与监督

第二十三条　从事科研、生产、经营的单位和个人，必须严格执行强制性标准。不符合强制性标准的产品，禁止生产、销售和进口。

第二十四条　企业生产执行国家标准、行业标准、地方标准或企业标准，应当在产品或其说明书、包装物上标注所执行标准的代号、编号、名称。

第二十五条　出口产品的技术要求由合同双方约定。出口产品在国内销售时，属于我国强制性标准管理范围的，必须符合强制性标准的要求。

第二十六条　企业研制新产品、改进产品、进行技术改造，应当符合标准化要求。

第二十七条　国务院标准化行政主管部门组织或授权国务院有关行政主管部门建立行业认证机构进行产品质量认证工作。

第二十八条　国务院标准化行政主管部门统一负责全国标准实施的监督。国务院有关行政主管部门分工负责本部门、本行业的标准实施的监督。

省、自治区、直辖市标准化行政主管部门统一负责本行政区域内标准实施的监督。省、自治区、直辖市人民政府有关行政主管部门分工负责本行政区域内本部门、本行业的标准实施的监督。

市、县标准化行政主管部门和有关行政主管部门，按照省、自治区、直辖市人民政府规定的各自的职责，负责本行政区域内的标准实施的监督。

第二十九条　县级以上人民政府标准化行政主管部门，可以根据需要设置检验机构，或者授权其他单位的检验机构，对产品是否符合标准进行检验和承担其他标准实施的监督检验任务。检验机构的设置应当合理布局，充分利用现有力量。

国家检验机构由国务院标准化行政主管部门会同国务院有关行政主管部门规划、审查，地方检验机构由省、自治区、直辖市人民政府标准化行政主管部门会同省级有关行政主管部门规划、审查。

处理有关产品是否符合标准的争议，以本条规定的检验机构的检验数据为准。

第三十条　国务院有关行政主管部门可以根据需要和国家有关规定设立检验机构，负责本行业、本部门的检验工作。

第三十一条　国家机关、社会团体、企业事业单位及全体公民均有权检举、揭发违反强制性标准的行为。

第五章　法律责任

第三十二条　违反《标准化法》和本条例有关规定，有下列情形之一的，由标准化行政主管部门或有关行政主管部门在各自的职权范围内责令限期改进，并可通报批评或给予责任者行政处分：

（一）企业未按规定制定标准作为组织生产依据的；

（二）企业未按规定要求将产品标准上报备案的；

（三）企业的产品未按规定附有标识或与其标识不符的；

（四）企业研制新产品、改进产品、进行技术改造，不符合标准化要求的；

（五）科研、设计、生产中违反有关强制性标准规定的。

第三十三条 生产不符合强制性标准的产品的，应当责令其停止生产，并没收产品，监督销毁或作必要技术处理；处以该批产品货值金额百分之二十至百分之五十的罚款；对有关责任者处以五千元以下罚款。

销售不符合强制性标准的商品的，应当责令其停止销售，并限期追回已售出的商品，监督销毁或作必要的技术处理，没收违法所得；处以该批商品货值金额百分之十至百分之二十的罚款；对有关责任者处以五千元以下罚款。

进口不符合强制性标准的产品的，应当封存并没收该产品，监督销毁或作必要技术处理；处以进口产品货值金额百分之二十至百分之五十的罚款；对有关责任者给予行政处分，并可处以五千元以下罚款。

本条规定的责令停止生产、行政处分，由有关行政主管部门决定；其他行政处罚由标准化行政主管部门和工商行政管理部门依据职权决定。

第三十四条 生产、销售、进口不符合强制性标准的产品，造成严重后果构成犯罪的，由司法机关依法追究直接责任人员的刑事责任。

第三十五条 获得认证证书的产品不符合认证标准而使用认证标志出厂销售的，由标准化行政主管部门责令其停止销售，并处以违法所得二倍以下的罚款；情节严重的，由认证部门撤销其认证证书。

第三十六条 产品地未经认证或者认证不合格而擅自使用认证标志出厂销售的，由标准化行政主管部门责令其停止销售，处以违法所得三倍以下的罚款，并对单位负责人处以五千元以下罚款。

第三十七条 当事人对没收产品、没收违法所得和罚款的处罚不服的，可以在接到处罚通知之日起十五日内，向作出处罚决定的机关的上一级机关申请复议；对复议决定不服的，可以在接到复议决定之日起十五日内，向人民法院起诉。当事人也可以在接到处罚通知之日起十五日内，直接向人民法院起诉。当事人逾期不申请复议或者不向人民法院起诉又不履行处罚决定的，由作出处罚决定的机关申请人民法院强制执行。

第三十八条 本条例第三十二条至第三十六条规定的处罚不免除由此产生的对他人的损害赔偿责任。受到损害的有权要求责任人赔偿损失。赔偿责任和赔偿金额纠纷可以由有关行政主管部门处理，当事人也可以直接向人民法院起诉。

第三十九条 标准化工作的监督、检验、管理人员有下列行为之一的，由有关主管部门给予行政处分，构成犯罪的，由司法机关依法追究刑事责任：

（一）违反本条例规定，工作失误，造成损失的；

（二）伪造、篡改检验数据的；

（三）徇私舞弊、滥用职权、索贿受贿的。

第四十条 罚没收入全部上缴财政。对单位的罚款，一律从其自有资金中支付，不得列入成本。对责任人的罚款，不得从公款中核销。

第六章 附则

第四十一条 军用标准化管理条例，由国务院、中央军委另行制定。

第四十二条　工程建设标准化管理规定，由国务院工程建设主管部门依据《标准化法》和本条例的有关规定另行制定，报国务院批准后实施。

第四十三条　本条例由国家技术监督局负责解释。

第四十四条　本条例自发布之日起施行。

中华人民共和国计量法

（1985年9月6日第六届全国人民代表大会常务委员会第十二次会议通过　根据2009年8月27日第十一届全国人民代表大会常务委员会第十次会议《关于修改部分法律的决定》第一次修正，根据2013年12月28日第十二届全国人民代表大会常务委员会第六次会议《关于修改〈中华人民共和国海洋环境保护法〉等七部法律的决定》第二次修正，根据2015年4月24日第十二届全国人民代表大会常务委员会第十四次会议《关于修改〈中华人民共和国计量法〉等五部法律的决定》第三次修正，根据2017年12月27日第十二届全国人民代表大会常务委员会第三十一次会议《关于修改〈中华人民共和国招标投标法〉、〈中华人民共和国计量法〉的决定》第四次修正，根据2018年10月26日第十三届全国人民代表大会常务委员会第六次会议《关于修改〈中华人民共和国野生动物保护法〉等十五部法律的决定》第五次修正）

第一章　总　则

第一条　为了加强计量监督管理，保障国家计量单位制的统一和量值的准确可靠，有利于生产、贸易和科学技术的发展，适应社会主义现代化建设的需要，维护国家、人民的利益，制定本法。

第二条　在中华人民共和国境内，建立计量基准器具、计量标准器具，进行计量检定，制造、修理、销售、使用计量器具，必须遵守本法。

第三条　国家实行法定计量单位制度。

国际单位制计量单位和国家选定的其他计量单位，为国家法定计量单位。国家法定计量单位的名称、符号由国务院公布。

因特殊需要采用非法定计量单位的管理办法，由国务院计量行政部门另行制定。

第四条　国务院计量行政部门对全国计量工作实施统一监督管理。

县级以上地方人民政府计量行政部门对本行政区域内的计量工作实施监督管理。

第二章　计量基准器具、计量标准器具和计量检定

第五条　国务院计量行政部门负责建立各种计量基准器具，作为统一全国量值的最高依据。

第六条　县级以上地方人民政府计量行政部门根据本地区的需要，建立社会公用计量标准器具，经上级人民政府计量行政部门主持考核合格后使用。

第七条　国务院有关主管部门和省、自治区、直辖市人民政府有关主管部门，根据本部门的特殊需要，可以建立本部门使用的计量标准器具，其各项最高计量标准器具经同级人民政府计量行政部门主持考核合格后使用。

第八条 企业、事业单位根据需要,可以建立本单位使用的计量标准器具,其各项最高计量标准器具经有关人民政府计量行政部门主持考核合格后使用。

第九条 县级以上人民政府计量行政部门对社会公用计量标准器具,部门和企业、事业单位使用的最高计量标准器具,以及用于贸易结算、安全防护、医疗卫生、环境监测方面的列入强制检定目录的工作计量器具,实行强制检定。未按照规定申请检定或者检定不合格的,不得使用。实行强制检定的工作计量器具的目录和管理办法,由国务院制定。

对前款规定以外的其他计量标准器具和工作计量器具,使用单位应当自行定期检定或者送其他计量检定机构检定。

第十条 计量检定必须按照国家计量检定系统表进行。国家计量检定系统表由国务院计量行政部门制定。

计量检定必须执行计量检定规程。国家计量检定规程由国务院计量行政部门制定。没有国家计量检定规程的,由国务院有关主管部门和省、自治区、直辖市人民政府计量行政部门分别制定部门计量检定规程和地方计量检定规程。

第十一条 计量检定工作应当按照经济合理的原则,就地就近进行。

第三章 计量器具管理

第十二条 制造、修理计量器具的企业、事业单位,必须具有与所制造、修理的计量器具相适应的设施、人员和检定仪器设备。

第十三条 制造计量器具的企业、事业单位生产本单位未生产过的计量器具新产品,必须经省级以上人民政府计量行政部门对其样品的计量性能考核合格,方可投入生产。

第十四条 任何单位和个人不得违反规定制造、销售和进口非法定计量单位的计量器具。

第十五条 制造、修理计量器具的企业、事业单位必须对制造、修理的计量器具进行检定,保证产品计量性能合格,并对合格产品出具产品合格证。

第十六条 使用计量器具不得破坏其准确度,损害国家和消费者的利益。

第十七条 个体工商户可以制造、修理简易的计量器具。

个体工商户制造、修理计量器具的范围和管理办法,由国务院计量行政部门制定。

第四章 计量监督

第十八条 县级以上人民政府计量行政部门应当依法对制造、修理、销售、进口和使用计量器具,以及计量检定等相关计量活动进行监督检查。有关单位和个人不得拒绝、阻挠。

第十九条 县级以上人民政府计量行政部门,根据需要设置计量监督员。计量监督员管理办法,由国务院计量行政部门制定。

第二十条 县级以上人民政府计量行政部门可以根据需要设置计量检定机构,或者授权其他单位的计量检定机构,执行强制检定和其他检定、测试任务。

执行前款规定的检定、测试任务的人员,必须经考核合格。

第二十一条 处理因计量器具准确度所引起的纠纷,以国家计量基准器具或者社会公用计量标准器具检定的数据为准。

第二十二条 为社会提供公证数据的产品质量检验机构,必须经省级以上人民政府计量行政部门对其计量检定、测试的能力和可靠性考核合格。

第五章　法律责任

第二十三条　制造、销售未经考核合格的计量器具新产品的,责令停止制造、销售该种新产品,没收违法所得,可以并处罚款。

第二十四条　制造、修理、销售的计量器具不合格的,没收违法所得,可以并处罚款。

第二十五条　属于强制检定范围的计量器具,未按照规定申请检定或者检定不合格继续使用的,责令停止使用,可以并处罚款。

第二十六条　使用不合格的计量器具或者破坏计量器具准确度,给国家和消费者造成损失的,责令赔偿损失,没收计量器具和违法所得,可以并处罚款。

第二十七条　制造、销售、使用以欺骗消费者为目的的计量器具的,没收计量器具和违法所得,处以罚款;情节严重的,并对个人或者单位直接责任人员依照刑法有关规定追究刑事责任。

第二十八条　违反本法规定,制造、修理、销售的计量器具不合格,造成人身伤亡或者重大财产损失的,依照刑法有关规定,对个人或者单位直接责任人员追究刑事责任。

第二十九条　计量监督人员违法失职,情节严重的,依照刑法有关规定追究刑事责任;情节轻微的,给予行政处分。

第三十条　本法规定的行政处罚,由县级以上地方人民政府计量行政部门决定。

第三十一条　当事人对行政处罚决定不服的,可以在接到处罚通知之日起十五日内向人民法院起诉;对罚款、没收违法所得的行政处罚决定期满不起诉又不履行的,由作出行政处罚决定的机关申请人民法院强制执行。

第六章　附则

第三十二条　中国人民解放军和国防科技工业系统计量工作的监督管理办法,由国务院、中央军事委员会依据本法另行制定。

第三十三条　国务院计量行政部门根据本法制定实施细则,报国务院批准施行。

第三十四条　本法自1986年7月1日起施行。

中华人民共和国计量法实施细则

（1987年1月19日国务院批准,1987年2月1日国家计量局发布,根据2016年2月6日《国务院关于修改部分行政法规的决定》修订）

第一章　总则

第一条　根据《中华人民共和国计量法》的规定,制定本细则。

第二条　国家实行法定计量单位制度。国家法定计量单位的名称、符号和非国家法定计量单位的废除办法,按照国务院关于在我国统一实行法定计量单位的有关规定执行。

第三条　国家有计划地发展计量事业,用现代计量技术装备各级计量检定机构,为社会主义现代化建设服务，为工农业生产、国防建设、科学实验、国内外贸易以及人民的健康、安全提供计量保证，维护国家和人民的利益。

第二章 计量基准器具和计量标准器具

第四条 计量基准器具（简称计量基准，下同）的使用必须具备下列条件：

（一）经国家鉴定合格；

（二）具有正常工作所需要的环境条件；

（三）具有称职的保存、维护、使用人员；

（四）具有完善的管理制度。

符合上述条件的，经国务院计量行政部门审批并颁发计量基准证书后，方可使用。

第五条 非经国务院计量行政部门批准，任何单位和个人不得拆卸、改装计量基准，或者自行中断其计量检定工作。

第六条 计量基准的量值应当与国际上的量值保持一致。国务院计量行政部门有权废除技术水平落后或者工作状况不适应需要的计量基准。

第七条 计量标准器具（简称计量标准，下同）的使用，必须具备下列条件：

（一）经计量检定合格；

（二）具有正常工作所需要的环境条件；

（三）具有称职的保存、维护、使用人员；

（四）具有完善的管理制度。

第八条 社会公用计量标准对社会上实施计量监督具有公证作用。县级以上地方人民政府计量行政部门建立的本行政区域内最高等级的社会公用计量标准，须向上一级人民政府计量行政部门申请考核；其他等级的，由当地人民政府计量行政部门主持考核。

经考核符合本细则第七条规定条件并取得考核合格证的，由当地县级以上人民政府计量行政部门审批颁发社会公用计量标准证书后，方可使用。

第九条 国务院有关主管部门和省、自治区、直辖市人民政府有关主管部门建立的本部门各项最高计量标准，经同级人民政府计量行政部门考核，符合本细则第七条规定条件并取得考核合格证的，由有关主管部门批准使用。

第十条 企业、事业单位建立本单位各项最高计量标准，须向与其主管部门同级的人民政府计量行政部门申请考核。乡镇企业向当地县级人民政府计量行政部门申请考核。经考核符合本细则第七条规定条件并取得考核合格证的，企业、事业单位方可使用，并向其主管部门备案。

第三章 计量检定

第十一条 使用实行强制检定的计量标准的单位和个人，应当向主持考核该项计量标准的有关人民政府计量行政部门申请周期检定。

使用实行强制检定的工作计量器具的单位和个人，应当向当地县（市）级人民政府计量行政部门指定的计量检定机构申请周期检定。当地不能检定的，向上一级人民政府计量行政部门指定的计量检定机构申请周期检定。

第十二条 企业、事业单位应当配备与生产、科研、经营管理相适应的计量检测设施，制定具体的检定管理办法和规章制度，规定本单位管理的计量器具明细目录及相应的检定周期，保证使用的非强制检定的计量器具定期检定。

第十三条 计量检定工作应当符合经济合理、就地就近的原则,不受行政区划和部门管辖的限制。

第四章 计量器具的制造和修理

第十四条 企业、事业单位申请办理《制造计量器具许可证》,由与其主管部门同级的人民政府计量行政部门进行考核;乡镇企业由当地县级人民政府计量行政部门进行考核。经考核合格,取得《制造计量器具许可证》的,准予使用国家统一规定的标志,有关主管部门方可批准生产。

第十五条 对社会开展经营性修理计量器具的企业、事业单位,办理《修理计量器具许可证》,可直接向当地县(市)级人民政府计量行政部门申请考核。当地不能考核的,可以向上一级地方人民政府计量行政部门申请考核。经考核合格取得《修理计量器具许可证》的,方可准予使用国家统一规定的标志和批准营业。

第十六条 制造、修理计量器具的个体工商户,须在固定的场所从事经营。申请《制造计量器具许可证》或者《修理计量器具许可证》,按照本细则第十五条规定的程序办理。凡易地经营的,须经所到地方的人民政府计量行政部门验证核准。

第十七条 对申请《制造计量器具许可证》和《修理计量器具许可证》的企业、事业单位或个体工商户进行考核的内容为:

(一)生产设施;

(二)出厂检定条件;

(三)人员的技术状况;

(四)有关技术文件和计量规章制度。

第十八条 凡制造在全国范围内从未生产过的计量器具新产品,必须经过定型鉴定。定型鉴定合格后,应当履行型式批准手续,颁发证书。在全国范围内已经定型,而本单位未生产过的计量器具新产品,应当进行样机试验。样机试验合格后,发给合格证书。凡未经型式批准或者未取得样机试验合格证书的计量器具,不准生产。

第十九条 计量器具新产品定型鉴定,由国务院计量行政部门授权的技术机构进行;样机试验由所在地方的省级人民政府计量行政部门授权的技术机构进行。

计量器具新产品的型式,由当地省级人民政府计量行政部门批准。省级人民政府计量行政部门批准的型式,经国务院计量行政部门审核同意后,作为全国通用型式。

第二十条 申请计量器具新产品定型鉴定和样机试验的单位,应当提供新产品样机及有关技术文件、资料。

负责计量器具新产品定型鉴定和样机试验的单位,对申请单位提供的样机和技术文件、资料必须保密。

第二十一条 对企业、事业单位制造、修理计量器具的质量,各有关主管部门应当加强管理,县级以上人民政府计量行政部门有权进行监督检查,包括抽检和监督试验。凡无产品合格印、证,或者经检定不合格的计量器具,不准出厂。

第五章 计量器具的销售和使用

第二十二条 外商在中国销售计量器具,须比照本细则第十八条的规定向国务院计量行政部门申请型式批准。

第二十三条 县级以上地方人民政府计量行政部门对当地销售的计量器具实施监督检查。凡没有产品合格印、证和《制造计量器具许可证》标志的计量器具不得销售。

第二十四条 任何单位和个人不得经营销售残次计量器具零配件，不得使用残次零配件组装和修理计量器具。

第二十五条 任何单位和个人不准在工作岗位上使用无检定合格印、证或者超过检定周期以及经检定不合格的计量器具。在教学示范中使用计量器具不受此限。

第六章 计量监督

第二十六条 国务院计量行政部门和县级以上地方人民政府计量行政部门监督和贯彻实施计量法律、法规的职责是：

(一)贯彻执行国家计量工作的方针、政策和规章制度，推行国家法定计量单位；

(二)制定和协调计量事业的发展规划，建立计量基准和社会公用计量标准，组织量值传递；

(三)对制造、修理、销售、使用计量器具实施监督；

(四)进行计量认证，组织仲裁检定，调解计量纠纷；

(五)监督检查计量法律、法规的实施情况，对违反计量法律、法规的行为，按照本细则的有关规定进行处理。

第二十七条 县级以上人民政府计量行政部门的计量管理人员，负责执行计量监督、管理任务；计量监督员负责在规定的区域、场所巡回检查，并可根据不同情况在规定的权限内对违反计量法律、法规的行为，进行现场处理，执行行政处罚。

计量监督员必须经考核合格后，由县级以上人民政府计量行政部门任命并颁发监督员证件。

第二十八条 县级以上人民政府计量行政部门依法设置的计量检定机构，为国家法定计量检定机构。其职责是：负责研究建立计量基准、社会公用计量标准，进行量值传递，执行强制检定和法律规定的其他检定、测试任务，起草技术规范，为实施计量监督提供技术保证，并承办有关计量监督工作。

第二十九条 国家法定计量检定机构的计量检定人员，必须经县级以上地方人民政府计量行政部门考核合格，并取得计量检定证件。其他单位的计量检定人员，由其主管部门考核发证。无计量检定证件的，不得从事计量检定工作。

计量检定人员的技术职务系列，由国务院计量行政部门会同有关主管部门制定。

第三十条 县级以上人民政府计量行政部门可以根据需要，采取以下形式授权其他单位的计量检定机构和技术机构，在规定的范围内执行强制检定和其他检定、测试任务：

(一)授权专业性或区域性计量检定机构，作为法定计量检定机构；

(二)授权建立社会公用计量标准；

(三)授权某一部门或某一单位的计量检定机构，对其内部使用的强制检定计量器具执行强制检定；

(四)授权有关技术机构，承担法律规定的其他检定、测试任务。

第三十一条 根据本细则第三十条规定被授权的单位，应当遵守下列规定：

(一)被授权单位执行检定、测试任务的人员，必须经授权单位考核合格；

(二)被授权单位的相应计量标准，必须接受计量基准或者社会公用计量标准的检定；

(三)被授权单位承担授权的检定、测试工作，须接受授权单位的监督；

(四)被授权单位成为计量纠纷中当事人一方时，在双方协商不能自行解决的情况下，由县级以上有关人民政府计量行政部门进行调解和仲裁检定。

第七章 产品质量检验机构的计量认证

第三十二条 为社会提供公证数据的产品质量检验机构，必须经省级以上人民政府计量行政部门计量认证。

第三十三条 产品质量检验机构计量认证的内容：

（一）计量检定、测试设备的性能；

（二）计量检定、测试设备的工作环境和人员的操作技能；

（三）保证量值统一、准确的措施及检测数据公正可靠的管理制度。

第三十四条 产品质量检验机构提出计量认证申请后，省级以上人民政府计量行政部门应指定所属的计量检定机构或者被授权的技术机构按照本细则第三十三条规定的内容进行考核。考核合格后，由接受申请的省级以上人民政府计量行政部门发给计量认证合格证书。未取得计量认证合格证书的，不得开展产品质量检验工作。

第三十五条 省级以上人民政府计量行政部门有权对计量认证合格的产品质量检验机构，按照本细则第三十三条规定的内容进行监督检查。

第三十六条 已经取得计量认证合格证书的产品质量检验机构，需新增检验项目时，应按照本细则有关规定，申请单项计量认证。

第八章 计量调解和仲裁检定

第三十七条 县级以上人民政府计量行政部门负责计量纠纷的调解和仲裁检定，并可根据司法机关、合同管理机关、涉外仲裁机关或者其他单位的委托，指定有关计量检定机构进行仲裁检定。

第三十八条 在调解、仲裁及案件审理过程中，任何一方当事人均不得改变与计量纠纷有关的计量器具的技术状态。

第三十九条 计量纠纷当事人对仲裁检定不服的，可以在接到仲裁检定通知书之日起15日内向上一级人民政府计量行政部门申诉。上一级人民政府计量行政部门进行的仲裁检定为终局仲裁检定。

第九章 费用

第四十条 建立计量标准申请考核，使用计量器具申请检定，制造计量器具新产品申请定型和样机试验，制造、修理计量器具申请许可证，以及申请计量认证和仲裁检定，应当缴纳费用，具体收费办法或收费标准，由国务院计量行政部门会同国家财政、物价部门统一制定。

第四十一条 县级以上人民政府计量行政部门实施监督检查所进行的检定和试验不收费。被检查的单位有提供样机和检定试验条件的义务。

第四十二条 县级以上人民政府计量行政部门所属的计量检定机构，为贯彻计量法律、法规，实施计量监督提供技术保证所需要的经费，按照国家财政管理体制的规定，分别列入各级财政预算。

第十章 法律责任

第四十三条 违反本细则第二条规定，使用非法定计量单位的，责令其改正；属出版物的，责令其停止销售，可并处1000元以下的罚款。

第四十四条 违反《中华人民共和国计量法》第十四条规定，制造、销售和进口国务院规定废除的非法定计量单位的计量器具和国务院禁止使用的其他计量器具的，责令其停止制造、销售和进口，没收计量器具和全部违法所得，可并处相当其违法所得10%至50%的罚款。

第四十五条 部门和企业、事业单位的各项最高计量标准，未经有关人民政府计量行政部门考核合格而开展计量检定的，责令其停止使用，可并处1000元以下的罚款。

第四十六条 属于强制检定范围的计量器具，未按照规定申请检定和属于非强制检定范围的计量器具未自行定期检定或者送其他计量检定机构定期检定的，以及经检定不合格继续使用的，责令其停止使用，可并处1000元以下的罚款。

第四十七条 未取得《制造计量器具许可证》或者《修理计量器具许可证》制造、修理计量器具的，责令其停止生产、停止营业，封存制造、修理的计量器具，没收全部违法所得，可并处相当其违法所得10%至50%的罚款。

第四十八条 制造、销售未经型式批准或样机试验合格的计量器具新产品的，责令其停止制造、销售，封存该种新产品，没收全部违法所得，可并处3000元以下的罚款。

第四十九条 制造、修理的计量器具未经出厂检定或者经检定不合格而出厂的，责令其停止出厂，没收全部违法所得；情节严重的，可并处3000元以下的罚款。

第五十条 使用不合格计量器具或者破坏计量器具准确度和伪造数据，给国家和消费者造成损失的，责令其赔偿损失，没收计量器具和全部违法所得，可并处2000元以下的罚款。

第五十一条 经营销售残次计量器具零配件的，责令其停止经营销售，没收残次计量器具零配件和全部违法所得，可并处2000元以下的罚款；情节严重的，由工商行政管理部门吊销其营业执照。

第五十二条 制造、销售、使用以欺骗消费者为目的的计量器具的单位和个人，没收其计量器具和全部违法所得，可并处2000元以下的罚款；构成犯罪的，对个人或者单位直接责任人员，依法追究刑事责任。

第五十三条 个体工商户制造、修理国家规定范围以外的计量器具或者不按照规定场所从事经营活动的，责令其停止制造、修理，没收全部违法所得，可并处以500元以下的罚款。

第五十四条 未取得计量认证合格证书的产品质量检验机构，为社会提供公证数据的，责令其停止检验，可并处1000元以下的罚款。

第五十五条 伪造、盗用、倒卖强制检定印、证的，没收其非法检定印、证和全部违法所得，可并处2000元以下的罚款；构成犯罪的，依法追究刑事责任。

第五十六条 计量监督管理人员违法失职，徇私舞弊，情节轻微的，给予行政处分；构成犯罪的，依法追究刑事责任。

第五十七条 负责计量器具新产品定型鉴定、样机试验的单位，违反本细则第二十条第二款规定的，应当按照国家有关规定，赔偿申请单位的损失，并给予直接责任人员行政处分；构成犯罪的，依法追究刑事责任。

第五十八条 计量检定人员有下列行为之一的，给予行政处分；构成犯罪的，依法追究刑事责任：

（一）伪造检定数据的；

（二）出具错误数据，给送检一方造成损失的；

（三）违反计量检定规程进行计量检定的；

（四）使用未经考核合格的计量标准开展检定的；

（五）未取得计量检定证件执行计量检定的。

第五十九条 本细则规定的行政处罚，由县级以上地方人民政府计量行政部门决定。罚款1万元以上的，应当报省级人民政府计量行政部门决定。没收违法所得及罚款一律上缴国库。

本细则第五十条规定的行政处罚，也可以由工商行政管理部门决定。

第十一章 附则

第六十条 本细则下列用语的含义是：

（一）计量器具是指能用以直接或间接测出被测对象量值的装置、仪器仪表、量具和用于统一量值的标准物质，包括计量基准、计量标准、工作计量器具。

（二）计量检定是指为评定计量器具的计量性能，确定其是否合格所进行的全部工作。

（三）定型鉴定是指对计量器具新产品样机的计量性能进行全面审查、考核。

（四）计量认证是指政府计量行政部门对有关技术机构计量检定、测试的能力和可靠性进行的考核和证明。

（五）计量检定机构是指承担计量检定工作的有关技术机构。

（六）仲裁检定是指用计量基准或者社会公用计量标准所进行的以裁决为目的的计量检定、测试活动。

第六十一条 中国人民解放军和国防科技工业系统涉及本系统以外的计量工作的监督管理，亦适用本细则。

第六十二条 本细则有关的管理办法、管理范围和各种印、证标志，由国务院计量行政部门制定。

第六十三条 本细则由国务院计量行政部门负责解释。

第六十四条 本细则自发布之日起施行。

检验检测机构资质认定管理办法

（总局令第163号）

《检验检测机构资质认定管理办法》已经2015年3月23日国家质量监督检验检疫总局局务会议审议通过，现予公布，自2015年8月1日起施行。

第一章 总则

第一条 为了规范检验检测机构资质认定工作，加强对检验检测机构的监督管理，根据《中华人民共和国计量法》及其实施细则、《中华人民共和国认证认可条例》等法律、行政法规的规定，制定本办法。

第二条 本办法所称检验检测机构，是指依法成立，依据相关标准或者技术规范，利用仪器设备、环境设施等技术条件和专业技能，对产品或者法律法规规定的特定对象进行检验检测的专业技术组织。

本办法所称资质认定，是指省级以上质量技术监督部门依据有关法律法规和标准、技术规范的规定，对检验检测机构的基本条件和技术能力是否符合法定要求实施的评价许可。

资质认定包括检验检测机构计量认证。

第三条 检验检测机构从事下列活动，应当取得资质认定：

(一)为司法机关作出的裁决出具具有证明作用的数据、结果的；

(二)为行政机关作出的行政决定出具具有证明作用的数据、结果的；

(三)为仲裁机构作出的仲裁决定出具具有证明作用的数据、结果的；

(四)为社会经济、公益活动出具具有证明作用的数据、结果的；

(五)其他法律法规规定应当取得资质认定的。

第四条 在中华人民共和国境内从事向社会出具具有证明作用的数据、结果的检验检测活动以及对检验检测机构实施资质认定和监督管理,应当遵守本办法。

法律、行政法规另有规定的,依照其规定。

第五条 国家质量监督检验检疫总局主管全国检验检测机构资质认定工作。

国家认证认可监督管理委员会(以下简称国家认监委)负责检验检测机构资质认定的统一管理、组织实施、综合协调工作。

各省、自治区、直辖市人民政府质量技术监督部门(以下简称省级资质认定部门)负责所辖区域内检验检测机构的资质认定工作；

县级以上人民政府质量技术监督部门负责所辖区域内检验检测机构的监督管理工作。

第六条 国家认监委依据国家有关法律法规和标准、技术规范的规定,制定检验检测机构资质认定基本规范、评审准则以及资质认定证书和标志的式样,并予以公布。

第七条 检验检测机构资质认定工作应当遵循统一规范、客观公正、科学准确、公平公开的原则。

第二章 资质认定条件和程序

第八条 国务院有关部门以及相关行业主管部门依法成立的检验检测机构,其资质认定由国家认监委负责组织实施；其他检验检测机构的资质认定,由其所在行政区域的省级资质认定部门负责组织实施。

第九条 申请资质认定的检验检测机构应当符合以下条件：

(一)依法成立并能够承担相应法律责任的法人或者其他组织；

(二)具有与其从事检验检测活动相适应的检验检测技术人员和管理人员；

(三)具有固定的工作场所,工作环境满足检验检测要求；

(四)具备从事检验检测活动所必需的检验检测设备设施；

(五)具有并有效运行保证其检验检测活动独立、公正、科学、诚信的管理体系；

(六)符合有关法律法规或者标准、技术规范规定的特殊要求。

第十条 检验检测机构资质认定程序：

(一)申请资质认定的检验检测机构(以下简称申请人),应当向国家认监委或者省级资质认定部门(以下统称资质认定部门)提交书面申请和相关材料,并对其真实性负责；

(二)资质认定部门应当对申请人提交的书面申请和相关材料进行初审,自收到之日起5个工作日内作出受理或者不予受理的决定,并书面告知申请人；

(三)资质认定部门应当自受理申请之日起45个工作日内,依据检验检测机构资质认定基本规范、评审准则的要求,完成对申请人的技术评审。技术评审包括书面审查和现场评审。技术评审时间不计算在资质认定期限内,资质认定部门应当将技术评审时间书面告知申请人。由于申请人整改或者其他自身原因导致无法在规定时间内完成的情况除外；

(四)资质认定部门应当自收到技术评审结论之日起20个工作日内,作出是否准予许可的书面决定。准予许可的,自作出决定之日起10个工作日内,向申请人颁发资质认定证书。不予许可的,应当书面通知申请人,并说明理由。

第十一条　资质认定证书有效期为6年。

需要延续资质认定证书有效期的,应当在其有效期届满3个月前提出申请。

资质认定部门根据检验检测机构的申请事项、自我声明和分类监管情况,采取书面审查或者现场评审的方式,作出是否准予延续的决定。

第十二条　有下列情形之一的,检验检测机构应当向资质认定部门申请办理变更手续:

(一)机构名称、地址、法人性质发生变更的;

(二)法定代表人、最高管理者、技术负责人、检验检测报告授权签字人发生变更的;

(三)资质认定检验检测项目取消的;

(四)检验检测标准或者检验检测方法发生变更的;

(五)依法需要办理变更的其他事项。

检验检测机构申请增加资质认定检验检测项目或者发生变更的事项影响其符合资质认定条件和要求的,依照本办法第十条规定的程序实施。

第十三条　资质认定证书内容包括:发证机关、获证机构名称和地址、检验检测能力范围、有效期限、证书编号、资质认定标志。

检验检测机构资质认定标志,由China Inspection Body and Laboratory Mandatory Approval的英文缩写CMA形成的图案和资质认定证书编号组成。式样如下:

第十四条　外方投资者在中国境内依法成立的检验检测机构,申请资质认定时,除应当符合本办法第九条规定的资质认定条件外,还应当符合我国外商投资法律法规的有关规定。

第十五条　检验检测机构依法设立的从事检验检测活动的分支机构,应当符合本办法第九条规定的条件,取得资质认定后,方可从事相关检验检测活动。

资质认定部门可以根据具体情况简化技术评审程序、缩短技术评审时间。

第三章　技术评审管理

第十六条　资质认定部门根据技术评审需要和专业要求,可以自行或者委托专业技术评价机构组织实施技术评审。

资质认定部门或者其委托的专业技术评价机构组织现场技术评审时,应当指派两名以上与技术评审内容相适应的评审员组成评审组,并确定评审组组长。必要时,可以聘请相关技术专家参加技术评审。

第十七条　评审组应当严格按照资质认定基本规范、评审准则开展技术评审活动,在规定时间内出具技术评审结论。

专业技术评价机构、评审组应当对其承担的技术评审活动和技术评审结论的真实性、符合性负责,并承担相应法律责任。

第十八条　评审组在技术评审中发现有不符合要求的,应当书面通知申请人限期整改,整改期限不得超过30个工作日。逾期未完成整改或者整改后仍不符合要求的,相应评审项目应当判定为不合格。

评审组在技术评审中发现申请人存在违法行为的,应当及时向资质认定部门报告。

第十九条　资质认定部门应当建立并完善评审员专业技能培训、考核、使用和监督制度。

第二十条　资质认定部门应当对技术评审活动进行监督,建立责任追究机制。

资质认定部门委托专业技术评价机构组织开展技术评审的,应当对专业技术评价机构及其组织的技术评审活动进行监督。

第二十一条 专业技术评价机构、评审员在评审活动中有下列情形之一的，资质认定部门可以根据情节轻重，作出告诫、暂停或者取消其从事技术评审活动的处理：

(一)未按照资质认定基本规范、评审准则规定的要求和时间实施技术评审的；

(二)对同一检验检测机构既从事咨询又从事技术评审的；

(三)与所评审的检验检测机构有利害关系或者其评审可能对公正性产生影响，未进行回避的；

(四)透露工作中所知悉的国家秘密、商业秘密或者技术秘密的；

(五)向所评审的检验检测机构谋取不正当利益的；

(六)出具虚假或者不实的技术评审结论的。

第四章 检验检测机构从业规范

第二十二条 检验检测机构及其人员从事检验检测活动，应当遵守国家相关法律法规的规定，遵循客观独立、公平公正、诚实信用原则，恪守职业道德，承担社会责任。

第二十三条 检验检测机构及其人员应当独立于其出具的检验检测数据、结果所涉及的利益相关各方，不受任何可能干扰其技术判断因素的影响，确保检验检测数据、结果的真实、客观、准确。

第二十四条 检验检测机构应当定期审查和完善管理体系，保证其基本条件和技术能力能够持续符合资质认定条件和要求，并确保管理体系有效运行。

第二十五条 检验检测机构应当在资质认定证书规定的检验检测能力范围内，依据相关标准或者技术规范规定的程序和要求，出具检验检测数据、结果。

检验检测机构出具检验检测数据、结果时，应当注明检验检测依据，并使用符合资质认定基本规范、评审准则规定的用语进行表述。

检验检测机构对其出具的检验检测数据、结果负责，并承担相应法律责任。

第二十六条 从事检验检测活动的人员，不得同时在两个以上检验检测机构从业。

检验检测机构授权签字人应当符合资质认定评审准则规定的能力要求。非授权签字人不得签发检验检测报告。

第二十七条 检验检测机构不得转让、出租、出借资质认定证书和标志；不得伪造、变造、冒用、租借资质认定证书和标志；不得使用已失效、撤销、注销的资质认定证书和标志。

第二十八条 检验检测机构向社会出具具有证明作用的检验检测数据、结果的，应当在其检验检测报告上加盖检验检测专用章，并标注资质认定标志。

第二十九条 检验检测机构应当按照相关标准、技术规范以及资质认定评审准则规定的要求，对其检验检测的样品进行管理。

检验检测机构接受委托送检的，其检验检测数据、结果仅证明样品所检验检测项目的符合性情况。

第三十条 检验检测机构应当对检验检测原始记录和报告归档留存，保证其具有可追溯性。

原始记录和报告的保存期限不少于6年。

第三十一条 检验检测机构需要分包检验检测项目时，应当按照资质认定评审准则的规定，分包给依法取得资质认定并有能力完成分包项目的检验检测机构，并在检验检测报告中标注分包情况。

具体分包的检验检测项目应当事先取得委托人书面同意。

第三十二条 检验检测机构及其人员应当对其在检验检测活动中所知悉的国家秘密、商业秘密和技术秘密负有保密义务，并制定实施相应的保密措施。

第五章　监督管理

第三十三条　国家认监委组织对检验检测机构实施监督管理，对省级资质认定部门的资质认定工作进行监督和指导。

省级资质认定部门自行或者组织地(市)、县级质量技术监督部门对所辖区域内的检验检测机构进行监督检查，依法查处违法行为；定期向国家认监委报送年度资质认定工作情况、监督检查结果、统计数据等相关信息。

地(市)、县级质量技术监督部门对所辖区域内的检验检测机构进行监督检查，依法查处违法行为，并将查处结果上报省级资质认定部门。涉及国家认监委或者其他省级资质认定部门的，由其省级资质认定部门负责上报或者通报。

第三十四条　资质认定部门根据检验检测专业领域风险程度、检验检测机构自我声明、认可机构认可以及监督检查、举报投诉等情况，建立检验检测机构诚信档案，实施分类监管。

第三十五条　检验检测机构应当按照资质认定部门的要求，参加其组织开展的能力验证或者比对，以保证持续符合资质认定条件和要求。

鼓励检验检测机构参加有关政府部门、国际组织、专业技术评价机构组织开展的检验检测机构能力验证或者比对。

第三十六条　资质认定部门应当在其官方网站上公布取得资质认定的检验检测机构信息，并注明资质认定证书状态。

国家认监委应当建立全国检验检测机构资质认定信息查询平台，以便社会查询和监督。

第三十七条　检验检测机构应当定期向资质认定部门上报包括持续符合资质认定条件和要求、遵守从业规范、开展检验检测活动等内容的年度报告，以及统计数据等相关信息。

检验检测机构应当在其官方网站或者以其他公开方式，公布其遵守法律法规、独立公正从业、履行社会责任等情况的自我声明，并对声明的真实性负责。

第三十八条　资质认定部门可以根据监督管理需要，就有关事项询问检验检测机构负责人和相关人员，发现存在问题的，应当给予告诫。

第三十九条　检验检测机构有下列情形之一的，资质认定部门应当依法办理注销手续：

(一)资质认定证书有效期届满，未申请延续或者依法不予延续批准的；

(二)检验检测机构依法终止的；

(三)检验检测机构申请注销资质认定证书的；

(四)法律法规规定应当注销的其他情形。

第四十条　对检验检测机构、专业技术评价机构或者资质认定部门及相关人员的违法违规行为，任何单位和个人有权举报。相关部门应当依据各自职责及时处理，并为举报人保密。

第六章　法律责任

第四十一条　检验检测机构未依法取得资质认定，擅自向社会出具具有证明作用数据、结果的，由县级以上质量技术监督部门责令改正，处3万元以下罚款。

第四十二条　检验检测机构有下列情形之一的，由县级以上质量技术监督部门责令其1个月内改正；逾期未改正或者改正后仍不符合要求的，处1万元以下罚款：

(一)违反本办法第二十五条、第二十八条规定出具检验检测数据、结果的；

(二)未按照本办法规定对检验检测人员实施有效管理，影响检验检测独立、公正、诚信的；

（三）未按照本办法规定对原始记录和报告进行管理、保存的；

（四）违反本办法和评审准则规定分包检验检测项目的；

（五）未按照本办法规定办理变更手续的；

（六）未按照资质认定部门要求参加能力验证或者比对的；

（七）未按照本办法规定上报年度报告、统计数据等相关信息或者自我声明内容虚假的；

（八）无正当理由拒不接受、不配合监督检查的。

第四十三条 检验检测机构有下列情形之一的，由县级以上质量技术监督部门责令整改，处3万元以下罚款：

（一）基本条件和技术能力不能持续符合资质认定条件和要求，擅自向社会出具具有证明作用数据、结果的；

（二）超出资质认定证书规定的检验检测能力范围，擅自向社会出具具有证明作用数据、结果的；

（三）出具的检验检测数据、结果失实的；

（四）接受影响检验检测公正性的资助或者存在影响检验检测公正性行为的；

（五）非授权签字人签发检验检测报告的。

前款规定的整改期限不超过3个月。整改期间，检验检测机构不得向社会出具具有证明作用的检验检测数据、结果。

第四十四条 检验检测机构违反本办法第二十七条规定的，由县级以上质量技术监督部门责令改正，处3万元以下罚款。

第四十五条 检验检测机构有下列情形之一的，资质认定部门应当撤销其资质认定证书：

（一）未经检验检测或者以篡改数据、结果等方式，出具虚假检验检测数据、结果的；

（二）违反本办法第四十三条规定，整改期间擅自对外出具检验检测数据、结果，或者逾期未改正、改正后仍不符合要求的；

（三）以欺骗、贿赂等不正当手段取得资质认定的；

（四）依法应当撤销资质认定证书的其他情形。

被撤销资质认定证书的检验检测机构，三年内不得再次申请资质认定。

第四十六条 检验检测机构申请资质认定时提供虚假材料或者隐瞒有关情况的，资质认定部门不予受理或者不予许可。检验检测机构在一年内不得再次申请资质认定。

第四十七条 从事资质认定和监督管理的人员，在工作中滥用职权、玩忽职守、徇私舞弊的，依法予以处理；构成犯罪的，依法追究刑事责任。

第七章 附则

第四十八条 资质认定收费，依据国家有关规定执行。

第四十九条 本办法由国家质量监督检验检疫总局负责解释。

第五十条 本办法自2015年8月1日起施行。国家质量监督检验检疫总局于2006年2月21日发布的《实验室和检查机构资质认定管理办法》同时废止。

检测和校准实验室能力的通用要求

（GB/T 27025-2019/ISO/IEC 17025:2017）

1 范围

本标准规定了实验室能力、公正性以及一致运作的通用要求。

木标准适用于所有从事实验室活动的组织，不论其人员数量多少。

实验室的客户、法定管理机构、使用同行评审的组织和方案、认可机构及其他机构采用本标准证实或承认实验室能力。

2 规范性引用文件

下列文件对于本文件的应用是必不可少的。凡是注日期的引用文件，仅注日期的版本适用于本文件。凡是不注日期的引用文件，其最新版本（包括所有的修改单）适用于本文件。

ISO/IEC 指南 99 国际计量学词汇基本和通用概念及相关术语（VIM）（International vocabulary of metrology—Basic and general concepts and associated terms（VIM））[1)]。

ISO/IEC 17000 合格评定词汇和通用原则（Conformity assessment—Vocabulary and general principles）

3 术语和定义

ISO/IEC指南99和ISO/IEC 17000中界定的以及下列术语和定义适用于本文件。

ISO和IEC维护的用于标准化的术语数据库地址如下：

——ISO 在线浏览平台：http://www.iso.org/obp；

——IEC 电子开放平台：http: //www.electropedia.org/。

3.1 公正性 impartiality

客观性的存在。

注1：客观性意味着利益冲突不存在或已解决，不会对实验室（3.6）的后续活动产生不利影响。

注2：其他可用于表示公正性要素的术语有：无利益冲突、没有成见、没有偏见、中立、公平、思想开明、不偏不倚、不受他人影响、平衡。

注3：改写 GB/T 27021.1 -2017，定义 3.2。修改在注1中以“实验室”代替“认证机构”，并在注2中删除了“独立”。

3.2 投诉 complaint

任何人员或组织向实验室（3.6）就其活动或结果表达不满意，并期望得到回复的行为。

注：改写 GB/T 27000-2006，定义 6.5。修改——删除了“除申诉外”，以“实验室就其活动或结果”代替“合格评定机构或认可机构就其活动”。

3.3 实验室间比对 interlaboratory comparison

按照预先规定的条件，由两个或多个实验室对相同或类似的物品进行测量或检测的组织、实施和评价。

[GB/T 27043—2012，定义 3.4]

1）ISO/IEC 指南 99 也称为 JCGM 200。

3.4 实验室内比对 intralaboratory comparison

按照预先规定的条件,在同一实验室(3.6)内部对相同或类似的物品进行测量或检测的组织、实施和评价。

3.5 能力验证 proficiency testing

利用实验室间比对,按照预先制定的准则评价参加者的能力。

注:改写 GB/T 27043-2012,定义 3.7,修改——删除了注。

3.6 实验室 laboratory

从事下列一种或多种活动的结构:

——检测;

——校准;

——与后续检测或校准相关的抽样。

注:在标准中,"实验室活动"指上述三种活动。

3.7 判定规则 decision rale

当声明与规定要求的符合性时,描述如何考虑测量不确定度的规则。

3.8 验证 verification

提供客观证据,证明给定项目满足规定要求。

示例1:证实在测量取样质量小于10mg时,对于相关量值和测量程序,给定标准物质的均匀性与其声称的一致。

示例2:证实已达到测量系统的性能特性或法定要求。

示例3:证实可满足目标测量不确定度。

注1:适用时,宜考虑测量不确定度。

注2:项目可以是,例如一个过程、测量程序、物质、化合物或测量系统。

注3:满足规定要求,如制造商的规范。

注4:在国际法制计量术语(VIML)中定义的验证,以及在合格评定中通常所讲的验证,是指对测量系统的检查并加标记和(或)出具验证证书。

注5:验证不宜与校准混淆。不是每个验证都是确认(3.9)。

注6:在化学中,验证实体身份或活性时,需要描述该实体或活性的结构或特征。

[ISO/IEC 指南 99:2007,定义 2.44]

3.9 确认 validation

对规定要求满足预期用途的验证(3.8)。

示例:通常用于测量水中氮的质量浓度的测量程序,经过确认后也可用于测量人体血清中氮的质量浓度。

[ISO/IEC 指南 99:2007,定义 2.45]

4 通用要求

4.1 公正性

4.1.1 实验室应公正地实施实验室活动,并从组织结构和管理上保证公正性。

4.1.2 实验室管理层应作出公正性承诺。

4.1.3 实验室应对实验室活动的公正性负责,不允许商业、财务或其他方面的压力损害公正性。

4.1.4 实验室应持续识别影响公正性的风险。这些风险应包括实验室活动、实验室的各种关系,或者实验室人员的关系而引发的风险。然而,这些关系并非一定会对实验室的公正性产生风险。

注：危及实验室公正性的关系可能基于所有权、控制权、管理、人员、共享资源、财务、合同、市场营销（包括品牌推广）、支付销售佣金或引荐客户的佣金.

4.1.5　如果识别出公正性风险，实验室应能够证明如何消除或最大限度降低这种风险。

4.2　保密性

4.2.1　实验室应通过作出具有法律效力的承诺，对在实验室活动中获得或产生的所有信息承担管理责任。实验室应将其准备公开的信息事先通知客户。除了客户公开的信息，或当实验室与客户有约定时（例如为回应投诉的目的），其他所有信息都被视为专有信息.应予以保密。

4.2.2　实验室依据法律要求或合同授权透露保密信息时，应将所提供的信息通知到相关客户或个人，除非法律禁止。

4.2.3　实验室对于从客户以外的渠道（如投诉人、监管机构）所获取的有关客户的信息，应在客户和实验室间保密。除非信息的提供方同意，实验室应为信息提供方（来源）保密，且不应告知客户。

4.2.4　人员，包括委员会委员、签约人员、外部机构人员或代表实验室的个人，应对在实施实验室活动过程中获得或产生的所有信息保密，法律要求除外。

5　结构要求

5.1　实验室应为法律实体.或法律实体中被明确界定的一部分.该实体对实验室活动承担法律责任。

注：在本标准中，政府实验室基于其政府地位被视为法律实体。

5.2　实验室应确定对实验室全权负责的管理层。

5.3　实验室应确定符合本标准的实验室活动范围，并形成文件。实验室应仅声明符合本标准的实验室活动范围，不应包括持续从外部获得的实验室活动。

5.4　实验室应以满足本标准、实验室客户、法定管理机构和提供承认的组织的要求的方式开展实验室活动，包括在固定设施、固定设施以外的场所、临时或移动设施、客户的设施中实施的实验室活动。

5.5　实验室应：

a）确定实验室的组织和管理结构、其在母体组织中的位置，以及管理、技术运作和支持服务间的关系；

b）规定对实验室活动结果有影响的所有管理、操作或验证人员的职责、权力和相互关系；

c）将程序形成文件，其详略程度需确保实验室活动实施的一致性和结果有效性。

5.6　实验室应具有履行以下职责（无论其是否被赋予其他职责）的人员，并赋予其所需的权力和资源：

a）实施、保持和改进管理体系；

b）识别与管理体系或实验室活动程序的偏离；

c）采取措施以预防或最大限度减少这类偏离；

d）向实验室管理层报告管理体系运行状况和改进需求；

e）确保实验室活动的有效性。

5.7 实验室管理层应确保：

a）就管理体系的有效性、满足客户和其他要求的重要性进行沟通，

b）当策划和实施管理体系变更时，保持管理体系的完整性。

6　资源要求

6.1　总则

实验室应获得管理和实施实验室活动所需的人员、设施、设备、系统及支持服务。

6.2 人员

6.2.1 所有可能影响实验室活动的人员，无论是内部人员还是外部人员，应行为公正、有能力并按照实验室管理体系要求工作。

6.2.2 实验室应将影响实验室活动结果的各职能的能力要求形成文件，包括对教育、资格、培训、技术 知识、技能和经验的要求。

6.2.3 实验室应确保人员具备开展其负责的实验室活动的能力，以及评估偏离影响程度的能力。

6.2.4 实验室管理层应向实验室人员传达其职责和权限。

6.2.5 实验室应有以下活动的程序，并保存相关记录：

a)确定能力要求；

b)人员选择；

c)人员培训；

d)人员监督；

e)人员授权；

f)人员能力监控。

6.2.6 实验室应授权人员从事特定的实验室活动，包括但不限于下列活动：

a)开发、修改、验证和确认方法；

b)分析结果，包括符合性声明或意见和解释；

c)报告、审查和批准结果。

6.3 设施和环境条件

6.3.1 设施和环境条件应适合实验室活动，不应对结果有效性产生不利影响。

注：对结果有效性有不利影响的因素可能包括但不限于，微生物污染、灰尘、电磁干扰、辐射、湿度、供电、温度、声音和振动。

6.3.2 实验室应将从事实验室活动所必需的设施及环境条件的要求形成文件。

6.3.3 当相关规范、方法或程序对环境条件有要求时.或环境条件影响结果的有效性时，实验室应监测、控制和记录环境条件。

6.3.4 实验室应实施、监控并定期评审控制设施的措施，这些措施应包括但不限于：

a)进入和使用影响实验室活动的区域；

b)预防对实验室活动的污染、干扰或不利影响；

c)有效隔离不相容的实验室活动区域。

6.3.5 当实验室在永久控制之外的场所或设施中实施实验室活动时，应确保满足本标准中有关设施和环境条件的要求。

6.4 设备

6.4.1 实验室应获得正确开展实验室活动所需的并影响结果的设备，包括但不限于：测量仪器、软件、测量标准、标准物质、参考数据、试剂、消耗品或辅助装置。

注1：标准物质和有证标准物质有多种名称，包括标准样品、参考标准、校准标准、标准参考物质和质量控制物质。ISO 17034给出了标准物质生产者的更多信息，满足ISO 17034要求的标准物质生产者被视为是有能力的。满足ISO 17034要求的标准物质生产者提供的标准物质会提供产品信息单/证书，除其他特性外至少包含规定特性的均匀性和稳定性。对于有证标准物质，信息中包含规定特性的标准值、相关的测量不确定度和计量溯源性。

注2:ISO指南33给出了标准物质选择和使用指南。ISO指南80给出了内部制备质量控制物质的指南。

6.4.2 实验室使用永久控制以外的设备时,应确保满足本标准对设备的要求。

6.4.3 实验室应有处理、运输、储存、使用和按计划维护设备的程序,以确保其功能正常并防止污染或性能退化。

6.4.4 当设备投入使用或重新投入使用前,实验室应验证其符合规定的要求。

6.4.5 用于测量的设备应能达到所需的测量准确度和(或)测量不确定度,以提供有效结果。

6.4.6 在下列情况下,测量设备应进行校准:

——当测量准确度或测量不确定度影响报告结果的有效性;和(或)

——为建立报告结果的计量溯源性,要求对设备进行校准。

注:影响报告结果有效性的设备类型可包括:

——用于直接测量被测量的设备,例如使用天平测量质量;

——用于修正测量值的设备,例如温度测量;

——用于从多个量计算获得测量结果的设备。

6.4.7 实验室应制定校准方案,并应进行复核和必要的调整,以保持对校准状态的信心。

6.4.8 所有需要校准或具有规定有效期的设备应使用标签、编码或其他方式予以标识,以使设备使用者方便地识别校准状态或有效期。

6.4.9 如果设备有过载或处置不当、给出可疑结果、已显示有缺陷或超出规定要求时,应停止使用。这些设备应予以隔离以防误用,或加贴标签/标记以清晰表明该设备已停用,直至经过验证表明其能正常工作。实验室应检查设备缺陷或偏离规定要求的影响,并应启动不符合工作管理程序(见7.10)。

6.4.10 当需要利用期间核查以保持对设备性能的信心时,应按程序进行核查。

6.4.11 如果校准和标准物质数据中包含参考值或修正因子,实验室应确保该参考值和修正因子得到适当的更新和应用,以满足规定的要求。

6.4.12 实验室应有切实可行的措施,防止设备被意外调整而导致结果无效。

6.4.13 实验室应保存对实验室活动有影响的设备记录。适用时,记录应包括以下内容:

a)设备的识别,包括软件和固件版本;

b)制造商名称、型号、序列号或其他唯一性标识;

c)设备符合规定要求的验证证据;

d)当前的位置;

e)校准日期、校准结果、设备调整、验收准则、下次校准的预定日期或校准周期;

f)标准物质的文件、结果、验收准则、相关日期和有效期;

g)与设备性能相关的维护计划和已进行的维护;

h)设备的损坏、故障、改装或维修的详细信息。

6.5 计量溯源性

6.5.1 实验室应通过形成文件的不间断的校准链,将测量结果与适当的参考对象相关联,建立并保持测量结果的计量溯源性,每次校准均会引入测量不确定度。

注1:在ISO/IEC指南99中,计量溯源性定义为"通过文件规定的不间断的校准链,测量结果与参照对象联系起来的特性,校准链中的每项校准均会引入测最不确定度"。

注2:关于计量溯源性的更多信息参见附录A。

6.5.2 实验室应通过以下方式确保测量结果溯源到国际单位制(SI):

a)具备能力的实验室提供的校准;或

注1:满足本标准要求的实验室被视为具备能力。

b)由具备能力的标准物质生产者提供并声明计量溯源至SI的有证标准物质的标准值;或

注2:满足ISO 17034要求的标准物质生产者被视为是有能力的。

c)SI单位的直接复现,并通过直接或间接与国家或国际标准比对来保证。

注3:SI手册给出了一些重要单位定义的实际复现的详细信息。

6.5.3 技术上不可能计量溯源到SI单位时,实验室应证明可计量溯源至适当的参考对象,如:

a)具备能力的标准物质生产者提供的有证标准物质的标准值;

b)描述清晰的、满足预期用途并通过适当比对予以保证的参考测量程序、规定方法或协议标准的结果。

6.6 外部提供的产品和服务

6.6.1 实验室应确保影响实验室活动的外部提供的产品和服务的适宜性,这些产品和服务包括:

a)用于实验室自身的活动;

b)部分或全部直接提供给客户;

c)用于支持实验室的运作。

注:产品可包括测量标准和设备、辅助设备、消耗材料和标准物质。服务可包括校准服务、抽样服务、检测服务、设施和设备维护服务、能力验证服务以及评审和审核服务。

6.6.2 实验室应有以下活动的程序,并保存相关记录:

a)确定、审查和批准实验室对外部提供的产品和服务的要求;

b)确定评併、选择、监控表现和再次评价外部供应商的准则;

c)在使用外部提供的产品和服务前,或直接提供给客户之前,应确保其符合实验室规定的要求,或在适用时满足本标准的相关要求;

d)根据对外部供应商的评价、监控表现和再次评价的结果采取措施。

6.6.3 实验室应与外部供应商沟通,明确以下要求:

a)需提供的产品和服务;

b)验收准则;

c)能力,包括人员需具备的资格;

d)实验室或其客户拟在外部供应商的场所进行的活动。

7 过程要求

7.1 要求、标书和合同的评审

7.1.1 实验室应有要求、标书和合同评审程序。该程序应确保:

a)要求被予以充分规定,形成文件,并易于理解;

b)实验室有能力和资源满足这些要求;

c)当使用外部供应商时,应满足6.6的要求,实验室应告知客户由外部供应商实施的实验室活动,并获得客户同意;

注1:在下列情况下,可能使用外部提供的实验室活动:

——实验室有实施活动的资源和能力,但由于不可预见的原因不能承担部分或全部活动;

——实验室没有实施活动的资源和能力。

d)选择适当的方法或程序,并能满足客户的要求。

注2:对于内部或例行客户,要求、标书和合同评审可简化进行。

7.1.2 当客户要求的方法不合适或是过期的,实验室应通知客户。

7.1.3 当客户要求针对检测或校准作出与规范或标准符合性的声明时(如通过/未通过、在允许限内/超出允许限),应明确规定规范或标准以及判定规则。应将选择的判定规则通知客户并得到同意,除非规范或标准本身已包含判定规则。

注:符合性声明的详细指南见ISO/IEC指南98-4。

7.1.4 要求或标书与合同之间的任何差异均应在实施实验室活动前解决。每项合同都应被实验室和客户双方接受。客户要求的偏离不应影响实验室的诚信或结果的有效性。

7.1.5 与合同的任何偏离都应通知客户。

7.1.6 如果在工作开始后修改合同,应重新进行合同评审,并将修改内容通知所有受到影响的人员。

7.1.7 在澄清客户要求和允许客户监控其相关工作表现方面,实验室应与客户或其代表合作。

注:这种合作可包括:

a)允许客户合理进入实验室相关区域.以见证与该客户相关的实验室活动;

b)客户出于验证目的所需物品的准备、包装和发送。

7.1.8 实验室应保存评审记录,包括任何重大变化的评审记录。针对客户要求或实验室活动结果与客户所进行的讨论,也应作为记录予以保存。

7.2 方法的选择、验证和确认

7.2.1 方法的选择和验证

7.2.1.1 实验室应使用适当的方法和程序开展所有实验室活动,适当时,包括测量不确定度的评定以及使用统计技术进行数据分析。

注:本标准所用"方法"可视为是ISO/IEC指南99的定义的"测量程序"的同义词。

7.2.1.2 所有的方法、程序和支持文件,例如与实验室活动相关的指导书、标准、手册和参考数据,应保持现行有效并易于人员获取(见8.3)。

7.2.1.3 实验室应确保使用最新有效版本的方法,除非不合适或不可能做到。必要时,应补充方法使用的细则以确保应用的一致性。

注:如果国际、区域或国家标准,或其他公认的规范文本包含了实施实验室活动充分且简明的信息,并便于实验室操作人员使用时,则不需要再进行补充或改写为内部程序。可能有必要制定实施细则,或对方法中的可选择步骤提供补充文件。

7.2.1.4 当客户未指定所用的方法时,实验室应选择适当的方法并通知客户。推荐使用国际标准、区域标准或国家标准中发布的方法,或由知名技术组织或有关科技文献或期刊中公布的方法,或设备制造商规定的方法。实验室制定或修改的方法也可使用。

7.2.1.5 实验室在引入方法前,应验证能够正确地运用该方法,以确保实现所需的方法性能。应保存验证记录。如果发布机构修订了方法,应依据方法变化的内容重新进行验证。

7.2.1.6 当需要开发方法时,应予以策划,并指定具备能力的人员,为其配备足够的资源。在方法开发的过程中,应进行定期评审,以确定持续满足客户需求。开发计划的任何变更都应得到批准和授权。

7.2.1.7 对所有实验室活动方法的偏离,应事先将该偏离形成文件,经技术判断,获得授权并被客户接受。

注:客户接受偏离可以事先在合同中约定。

7.2.2 方法确认

7.2.2.1 实验室应对非标准方法、实验室开发的方法、超出预定范围使用的标准方法、或其他修改的标准方法进行确认。确认应尽可能全面,以满足预期用途或应用领域的需要。

注1:确认可包括检测或校准物品的抽样、处置和运输程序。

注2:可用以下一种或多种技术进行方法确认:

a)使用参考标准或标准物质进行校准或评估偏倚和精密度;

b)对影响结果的因素进行系统性评审;

c)通过改变受控参数(如培养箱温度、加样体积等)来检验方法的稳健度;

d)与其他已确认的方法进行结果比对;

e)实验室间比对;

f)根据对方法原理的理解以及抽样或检测方法的实践经验,评定结果的测量不确定度。

7.2.2.2 当修改已确认过的方法时,应确定这些修改的影响。当发现影响原有的确认时,应重新进行方法确认。

7.2.2.3 当按预期用途评估被确认方法的性能特性时,应确保与客户需求相关,并符合规定的要求。

注:方法性能特性可包括但不限于:测量范围、准确度、结果的测量不确定度、检出限、定量限、方法的选择性、线性、重复性或复现性、抵御外部影响的稳健度或抵御来自样品或测试物基体干扰的交互灵敏度以及偏倚。

7.2.2.4 实验室应保存以下方法确认记录:

a)使用的确认程序;

b)要求的详细说明;

c)方法性能特性的确定;

d)获得的结果;

e)方法有效性声明,并详述与预期用途的适宜性。

7.3 抽样

7.3.1 当实验室为后续检测或校准对物质、材料或产品实施抽样时,应有抽样计划和方法。抽样方法应明确需要控制的因素,以确保后续检测或校准结果的有效性。在抽样地点应能得到抽样计划和方法。只要合理,抽样计划应基于适当的统计方法。

7.3.2 抽样方法应描述:

a)样品或地点的选择;

b)抽样计划;

c)从物质、材料或产品中取得样品的制备和处理,以作为后续检测或校准的物品。

注:实验室接收样品后,进一步处置要求见7.4的规定。

7.3.3 实验室应将抽样数据作为检测或校准工作记录的一部分予以保存。相关时,这些记录应包括以下信息:

a)所用的抽样方法;

b)抽样日期和时间;

c)识别和描述样品的数据(如编号、数量和名称);

d)抽样人的识别;

e)所用设备的识别;

f)环境或运输条件；

g)适当时，标识抽样位置的图示或其他等效方式；

h)对抽样方法和抽样计划的偏离或增减。

7.4　检测或校准物品的处置

7.4.1　实验室应有运输、接收、处置、保护、存储、保留、处理或归还检测或校准物品的程序，包括为保护检测或校准物品的完整性以及实验室与客户利益所需的所有规定。在物品的处置、运输、保存/等候和制备过程中，应注意避免物品变质、污染、丢失或损坏。应遵守随物品提供的操作说明。

7.4.2　实验室应有清晰标识检测或校准物品的系统。物品在实验室负责的期间内应保留该标识。标识系统应确保物品在实物上、记录或其他文件中不被混淆。适当时，标识系统应包含一个物品或一组物品的细分和物品的传递。

7.4.3　接收检测或校准物品时，应记录与规定条件的偏离。当对物品是否适于检测或校准有疑问，或当物品不符合所提供的描述时，实验室应在开始工作之前询问客户，以得到进一步的说明，并记录询问的结果。当客户知道物品偏离了规定条件仍要求进行检测或校准时，实验室应在报告中做出免责声明，并指出偏离可能影响的结果。

7.4.4　如物品需要在规定环境条件下存储或状态调节时，应保持、监控和记录这些环境条件。

7.5　技术记录

7.5.1　实验室应确保每一项实验室活动的技术记录包含结果、报告和足够的信息，以便在可能时识别影响测量结果及其测量不确定度的因素，并确保能在尽可能接近原条件的情况下重复该实验室活动。技术记录应包括每项实验室活动以及审查数据结果的日期和责任人。原始的观察结果、数据和计算应在观察或获得时予以记录，并应按特定任务予以识别。

7.5.2　实验室应确保技术记录的修改可以追溯到前一个版本或原始观察结果。应保存原始的以及修改后的数据和文档，包括修改的日期、标识修改的内容和负责修改的人员。

7.6　测量不确定度的评定

7.6.1　实验室应识别测量不确定度的贡献。评定测量不确定度时，应采用适当的分析方法考虑所有显著贡献，包括来自抽样的贡献。

7.6.2　开展校准的实验室，包括校准自有设备的实验室，应评定所有校准的测量不确定度。

7.6.3　开展检测的实验室应评定测量不确定度。当由于检测方法的原因难以严格评定测量不确定度时，实验室应基于对理论原理的理解或使用该方法的实践经验进行评估。

注1：某些情况下，公认的检测方法对测量不确定度的主要来源规定了限值，并规定了计算结果的表示方式，实验室只要遵守检测方法和报告要求，即满足7.6.3的要求。

注2：对某一特定方法，如果已确定并验证了结果的测量不确定度，实验室只要证明已识别的关键影响因素受控，则不需要对每个结果评定测量不确定度。

注3：更多信息参见ISO/IEO指南98-3、ISO 21758和ISO 5725系列标准。

7.7　确保结果有效性

7.7.1　实验室应有监控结果有效性的程序。记录结果数据的方式应便于发现其发展趋势，如可行，应采用统计技术审查结果。实验室应对监控进行策划和审查，适当时，监控应包括但不限于以下方式：

a)使用标准物质或质量控制物质；

b)使用其他已校准能够提供可溯源结果的仪器；

c)测量和检测设备的功能核查；

d)适用时,使用核查或工作标准,并制作控制图;

e)测量设备的期间核查;

f)使用相同或不同方法重复检测或校准;

g)留存样品的重复检测或重复校准;

h)物品不同特性结果之间的相关性;

i)报告结果的审查;

j)实验室内对比;

k)盲样测试。

7.7.2 可行和适当时,实验室应通过与其他实验室进行结果比对来监控能力水平。监控应予以策划和审查,包括但不限于以下一种或两种措施:

a)参加能力验证:

注:GB/T 27043包含能力验证和能力验证提供者的详细信息。满足GB/T 27043要求的能力验证提供者被认为是有能力的。

b)参加除能力验证之外的实验室比对。

7.7.3 实验室应分析监控活动的数据用于控制实验室活动,适用时实施改进。如果发现监控活动的数据分析结果超出预定的准则,应采取适当措施以防止报告不正确的结果。

7.8 报告结果

7.8.1 总则

7.8.1.1 结果在发出前应经过审查和批准。

7.8.1.2 实验室应准确、清晰、明确和客观地出具结果,并且应包括客户同意的、解释结果所必需的以及所用方法要求的全部信息。实验室通常以报告的形式提供结果(例如检测报告、校准证书或抽样报告)。所有发出的报告应作为技术记录予以保存。

注1:检测报告和校准证书有时称为检测证书和校准报告。

注2:只要满足本标准的要求,报告可以硬拷贝或电子方式发布。

7.8.1.3 如客户同意,可用简化方式报告结果。如果未向客户报告7.8.2至7.8.7中所列的信息,客户应能方便地获得。

7.8.2 (检测、校准或抽样)报告的通用要求

7.8.2.1 除非实验室有有效的理由,每份报告应至少包括下列信息,以最大限度地减少误解或误用的可能性:

a)标题(例如“检测报告”“校准证书”或“抽样报告”);

b)实验室的名称和地址;

c)实施实验室活动的地点,包括客户设施、实验室固定设施以外的场所、相关的临时或移动设施;

d)将报告中所有部分标记为完整报告的一部分的唯一性标识,以及表明报告结束的清晰标识;

e)客户的名称和联络信息;

f)所用方法的识别;

g)物品的描述、明确的标识,以及必要时,物品的状态;

h)检测或校准物品的接收日期,以及对结果的有效性和应用至关重要的抽样日期;

i)实施实验室活动的日期;

j)报告的发布日期；

k)如与结果的有效性或应用相关时，实验室或其他机构所用的抽样计划和抽样方法；

l)结果仅与被检测、被校准或被抽样物品有关的声明；

m)结果，适当时，带有测量单位；

n)对方法的补充、偏离或删减；

o)报告批准人的识别；

p)当结果来自于外部供应商时所做的清晰标识。

注：在报告中声明除全文复制外，未经实验室批准不得部分复制报告，可以确保报告不被部分摘用。

7.8.2.2　除客户提供的信息外，实验室应对报告中的所有信息负责。客户提供的数据应予以明确标识。此外，当客户提供的信息可能影响结果的有效性时，报告中应有免责声明。当实验室不负责抽样时(如样品由客户提供)，应在报告中声明结果适用于收到的样品。

7.8.3　检测报告的特定要求

7.8.3.1　除7.8.2所列要求之外，当解释检测结果需要时，检测报告还应包含以下信息：

a)特定的检测条件信息，如环境条件；

b)相关时，与要求或规范的符合性声明(见7.8.6)；

c)适用时，在下列情况下，带有与被测量相同单位的测量不确定度或与被测量相对形式的测量不确定度(如百分比)：

——测量不确定度与检测结果的有效性或应用相关时；

——客户有要求时；

——测量不确定度影响与规范限的符合性时。

d)适当时，意见和解释(见7.8.7)；

e)特定方法、法定管理机构或客户要求的其他信息。

7.8.3.2 如果实验室负责抽样活动，当解释检测结果需要时，检测报告还应满足7.8.5的要求。

7.8.4　校准证书的特定要求

7.8.4.1　除7.8.2的要求外，校准证书应包含以下信息：

a)与被测量相同单位的测量不确定度或与被测量相对形式的测量不确定度(如百分比)；

注：根据ISO/IEC指南99，测量结果通常表示为一个被测量值，包括测量单位和测量不确定度。

b)校准过程中对测量结果有影响的条件(如环境条件)；

c)测量结果如何实现计量溯源性的声明(参见附录A)；

d)如可获得，设备被调整或修理前后的结果；

e)相关时，与要求或规范的符合性声明(见7.8.6)；

f)适当时，意见和解释(见7.8.7)。

7.8.4.2　如果实验室负责抽样活动，当解释校准结果需要时，校准证书还应满足7.8.5的要求。

7.8.4.3　校准证书或校准标签不应包含对校准周期的建议，除非已与客户达成协议。

7.8.5　报告抽样——特定要求

如果实验室负责抽样活动，除7.8.2中的要求外，当解释结果有需要时，报告还应包含以下信息：

a)抽样日期，

b)抽取的物品或物质的唯一性标识(适当时，包括制造商的名称、标示的型号或类型以及序列号)；

c)抽样位置,包括图示、草图或照片；

d)抽样计划和抽样方法；

e)抽样过程中影响结果解释的环境条件的详细信息；

f)评定后续检测或校准测量不确定度所需的信息。

7.8.6 报告符合性声明

7.8.6.1 当做出与规范或标准的符合性声明时,实验室应考虑与所用判定规则相关的风险水平(如错误接受、错误拒绝以及统计假设),将所使用的判定规则形成文件,并应用判定规则。

注:如果客户、法规或规范性文件规定了判定规则,则无需进一步考虑风险水平。

7.8.6.2 实验室在报告符合性声明时应清晰标示:

a)符合性声明适用的结果；

b)满足或不满足的规范、标准或其中条款；

c)应用的判定规则(除非规范或标准中已包含)。

注:详细信息见ISO/IEC指南98-4。

7.8.7 报告意见和解释

7.8.7.1 当表述意见和解释时,实验室应确保只有授权人员才能发布相关意见和解释。实验室应将意见和解释的依据形成文件。

注:注意区分意见和解释与GB/T 27020中的检验声明、GB/T 27065中的产品认证声明以及7.8.6中符合性声明的差异。

7.8.7.2 报告中的意见和解释应基于被检测或校准物品的结果,并清晰地予以标注。

7.8.7.3 当以对话方式直接与客户沟通意见和解释时,应保存对话记录。

7.8.8 报告修改

7.8.8.1 当更改、修订或重新发布已发出的报告时,应在报告中清晰标识修改的信息,适当时标注修改的原因。

7.8.8.2 修改已发出的报告时,应仅以追加文件或数据传送的形式,并包含以下声明:

“对序列号为……(或其他标识)报告的修改”,或其他等效文字。

这类修改应满足本标准的所有要求。

7.8.8.3 当有必要发布全新的报告时,应予以唯一性标识,并注明所替代的原报告。

7.9 投诉

7.9.1 实验室应有形成文件的过程来接收和评价投诉,并对投诉作出决定。

7.9.2 利益相关方有要求时,应可获得对投诉处理过程的说明。在接到投诉后,实验室应证实投诉是否与其负责的实验室活动相关,若相关,则应处理。实验室应对投诉处理过程中的所有决定负责。

7.9.3 投诉处理过程应至少包括以下要素和方法:

a)对投诉的接收、确认、调查以及决定采取处理措施过程的说明；

b)跟踪并记录投诉,包括为解决投诉所采取的措施；

c)确保采取适当的措施。

7.9.4 接到投诉的实验室应负责收集并验证所有必要的信息,以便确认投诉是否有效。

7.9.5 只要可能,实验室应告知投诉人已收到投诉,并向投诉人提供处理进程的报告和结果。

7.9.6 通知投诉人的处理结果应由与所涉及的实验室活动无关的人员作出,或审查和批准。

注:可由外部人员实施。

7.9.7 只要可能,实验室应正式通知投诉人投诉处理完毕。

7.10 不符合工作

7.10.1 当实验室活动或结果不符合自身的程序或与客户协商一致的要求时(例如设备或环境条件超出规定限值、监控结果不能满足规定的准则),实验室应有程序予以实施。该程序应确保:

a)确定不符合工作管理的职责和权力;

b)基于实验室建立的风险水平采取措施(包括必要时暂停或重复工作以及扣发报告);

c)评价不符合工作的严重性.包括分析对先前结果的影响;

d)对不符合工作的可接受性作出决定;

e)必要时,通知客户并召回;

f)规定批准恢复工作的职责。

7.10.2 实验室应保存不符合工作和执行7.10.1中b)至f)规定的措施的记录。

7.10.3 当评价表明不符合工作可能再次发生时,或对实验室的运行与其管理体系的符合性产生怀疑时,实验室应采取纠正措施。

7.11 数据控制和信息管理

7.11.1 实验室应获得开展实验室活动所需的数据和信息。

7.11.2 用于收集、处理、记录、报告、存储或检索数据的实验室信息管理系统,在投入使用前应进行功能确认,包括实验室信息管理系统中接口的正常运行。对管理系统的任何变更,包括修改实验室软件配置或现成的商业化软件。在实施前都应被批准、形成文件并确认。

注1:本标准中的“实验室信息管理系统”包括计算机化和非计算机化系统中的数据和信息管理。相比非计算机化的系统,有些要求更适用于计算机化的系统。

注2:常用的现成商业化软件在其设计应用范围内的使用可被视为已经过充分的确认。

7.11.3 实验室信息管理系统应:

a)防止未经授权的访问;

b)被安全保护以防止篡改和丢失;

c)在符合系统供应商或实验室规定的环境中运行,或对于非计算机化的系统,提供保护人工记录和转录准确性的条件;

d)以确保数据和信息完整性的方式进行维护;

e)包括对于系统失效、适当的紧急措施及纠正措施的记录。

7.11.4 当实验室信息管理系统在异地或由外部供应商进行管理和维护时,实验室应确保系统的供应商或运营商符合本标准的所有适用要求。

7.11.5 实验室应确保员工易于获取与实验室信息管理系统相关的说明书、手册和参考数据。

7.11.6应对计算和数据传送进行适当和系统地检查。

8 管理体系要求

8.1 方式

8.1.1 总则

实验室应建立、实施和保持形成文件的管理体系,该管理体系应能够支持和证明实验室持续满足本标准的要求,并且保证实验室结果的质量。除满足第4章至第7章的要求外,实验室应按方式A或方式B实施管理体系。

注:更多信息参见附录B。

8.1.2 方式A

实验室管理体系至少应包括下列内容：

——管理体系文件(见8.2)；

——管理体系文件的控制(见8.3)；

——记录控制(见8.4)；

——应对风险和机遇的措施(见8.5)；

——改进(见8.6)；

——纠正措施(见8.7)；

——内部审核(见8.8)；

——管理评审(见8.9)。

8.1.3 方式B

实验室按照GB/T 19001的要求建立并保持管理体系，能够支持和证明持续符合第4章至第7章的要求，也至少满足了8.2至8.9中规定的管理体系要求的目的。

8.2 管理体系文件(方式A)

8.2.1 实验室管理层应建立、编制和保持符合本标准目的的方针和目标，并确保该方针和目标在实验室组织的各级人员得到理解和执行。

8.2.2 方针和目标应能体现实验室的能力、公正性和一致运作。

8.2.3 实验室管理层应提供建立和实施管理体系以及持续改进其有效性承诺的证据。

8.2.4 管理体系应包含、引用或链接与满足本标准的要求相关的所有文件、过程、系统和记录等。

8.2.5 参与实验室活动的所有人员应可获得适用于其职责的管理体系文件和相关信息。

8.3 管理体系文件的控制(方式A)

8.3.1 实验室应控制与满足本标准的要求有关的内部和外部文件。

注：本标准中，"文件"可以是政策声明、程序、规范、制造商的说明书、校准表格、图表、教科书、张贴品、通知、备忘录、图纸、计划等。这些文件可承载于各种载体，例如硬拷贝或数字形式。

8.3.2 实验室应确保：

a)文件发布前由授权人员审查其充分性并批榷；

b)定期审查文件，并在必要时更新；

c)识别文件更改和当前修订状态；

d)在使用地点可获得适用文件的相关版本，并在必要时控制其发放；

e)对文件进行唯一性标识；

f)防止误用作废文件，并对出于某种目的而保留的作废文件做出适当标识。

8.4 记录控制(方式A)

8.4.1 实验室应建立和保存清晰的记录以证明满足本标准的要求。

8.4.2 实验室应对记录的标识、存储、保护、备份、归档、检索、保存期和处置实施所需的控制。实验室记录保存期限应符合合同义务。记录的调阅应符合保密承诺，且记录应易于获得。

注：对技术记录的其他要求见7.5。

8.5 应对风险和机遇的措施(方式A)

8.5.1 实验室应考虑与实验室活动相关的风险和机遇，以：

a)确保管理体系能够实现其预期结果；

b)增强实现实验室目的和目标的机遇；

c)预防或减少实验室活动中的不利影响和可能的失败;

d)实现改进。

8.5.2　实验室应策划:

a)应对这些风险和机遇的措施;

b)如何:

——在管理体系中整合并实施这些措施;

——评价这些措施的有效性。

注:虽然本标准规定实验室应策划应对风险的措施,但并未要求运用正式的风险管理方法或形成文件的风险管理过程。实验室可决定是否采用超出本标准要求的更广泛的风险管理方法,如:通过应用其他指南或标准。

8.5.3　应对风险和机遇的措施应与其对实验室结果有效性的潜在影响相适应。

注1:应对风险的方式包括识别和规避威胁,为寻求机遇承担风险,消除风险源,改变风险的可能性或后果,分担风险,或通过信息充分的决策而保留风险。

注2:机遇可能促使实验室扩展活动范围,赢得新客户,使用新技术和其他方式满足客户需求。

8.6　改进(方式A)

8.6.1　实验室应识别和选择改进机遇,并采取必要措施。

注:实验室可通过评审操作程序、实施方针、总体目标、审核结果、纠正措施、管理评审、人员建议、风险评估、数据分析和能力验证结果来识别改进机遇。

8.6.2　实验室应向客户征求反馈,无论是正面的还是负面的。应分析和利用这些反馈,以改进管理体系、实验室活动和客户服务。

注:反馈的类型示例包括:客户满意度调查、与客户的沟通记录和共同审查报告。

8.7　纠正措施(方式A)

8.7.1　当发生不符合时,实验室应:

a)对不符合作出应对,并且在适用时:

——采取措施以控制和纠正不符合;

——处置后果;

b)通过下列活动评价是否需要采取措施,以消除产生不符合的原因,避免其再次发生或者在其他场合发生:

——评审和分析不符合;

——确定不符合的原因;

——确定是否存在或可能发生类似的不符合;

c)实施所需的措施;

d)评审所采取的纠正措施的有效性;

e)必要时,更新在策划期间确定的风险和机遇;

f)必要时,变更管理体系。

8.7.2　纠正措施应与不符合产生的影响相适应。

8.7.3　实验室应保存记录,作为下列事项的证据:

a)不符合的性质、产生原因和后续所采取的措施;

b)纠正措施的结果。

8.8　内部审核(方式A)

8.8.1 实验室应按照策划的时间间隔进行内部审核,以提供有关管理体系的下列信息:

a)是否符合;

——实验室自身的管理体系要求,包括实验室活动;

——本标准的要求。

b)是否得到了有效的实施和保持。

8.8.2 实验室应:

a)考虑实验室活动的重要性、影响实验室的变化和以前审核的结果,策划、制定、实施和保持审核方案,审核方案包括频次、方法、职责、策划要求和报告;

b)规定每次审核的审核准则和范围;

c)确保将审核结果报告给相关管理层;

d)及时采取适当的纠正和纠正措施;

e)保存记录,作为实施审核方案和审核结果的证据。

注:内部审核相关指南参见GB/T19011。

8.9 管理评审(方式A)

8.9.1 实验室管理层应按照策划的时间间隔对实验室的管理体系进行评审,以确保其持续的适宜性、充分性和有效性,包括执行本标准的相关方针和目标。

8.9.2 实验室应记录管理评审的输入,并包括以下相关信息:

a)与实验室相关的内外部因素的变化;

b)目标实现;

c)政策和程序的适宜性;

d)以往管理评审所采取措施的情况;

e)近期内部审核的结果;

f)纠正措施;

g)由外部机构进行的评审;

h)工作量和工作类型的变化或实验室活动范围的变化;

i)客服和人员反馈;

j)投诉;

k)实施改进的有效性;

l)资源的充分性;

m)风险识别的结果;

n)保证结果有效性的输出;

o)其他相关因素,如监控活动或培训。

8.9.3 管理评审的输出至少应记录与下列事项相关的决定和措施:

a)管理体系及其过程的有效性;

b)与满足本标准要求相关的实验室活动的改进;

c)提供所需的资源;

d)所需的变更。

附录A

(资料性附录)

计量溯源性

A.1 总则

计量溯源性是确保测量结果在国内和国际上具有可比性的重要概念,本附录给出了有关计量溯源性的更详细的信息。

A.2 建立计量溯源性

A.2.1 建立计量溯源性需考虑并确保以下内容:

a)规定被测量(被测量的量);

b)一个形成文件的不间断的校准链,可以溯源到声明的适当参考对象(适当参考对象包括国家标准或国际标准以及自然基准);

c)按照约定的方法评定溯源链中每次校准的测量不确定度;

d)溯源链中每次校准均按照适当的方法进行,并有测量结果及相关的、已记录的测量不确定度;

e)在溯源链中实施一次或多次校准的实验室应提供其技术能力的证据。

A.2.2 当使用被校准的设备将计量溯源性传递至实验室的测量结果时,需考虑该设备的系统测量误差(有时称为偏倚)。有几种方法来考虑测量计量溯源性传递中的系统测量误差。

A.2.3 具备能力的实验室报告测量标准的信息中,如果只有与规范的符合性声明(省略了测量结果和相关不确定度),该测量标准有时也可用于传递计量溯源性,其规范限是不确定度的来源,但此方法取决于:

——使用适当的判定规则确定符合性;

——在后续的不确定度评估中,以技术上适当的方式来处理规范限。

此方法的技术基础在于与规范符合性声明确定了测量值的范围,并预计真值以规定的置信度处于该范围内,该范围考虑真值的偏倚以及测量不确定度。

示例:使用国际法制计量组织(OIML)R111各种等级砝码校准天平。

A.3 证明计量溯源性

A.3.1 实验室负责按本标准建立计量溯源性。符合本标准的实验室提供的校准结果具有计量溯源性。符合ISO 17034的标准物质生产者所提供的有证标准物质的标准值具有计量溯源性。有不同的方式来证明与本标准的符合性,即第三方承认(如认可机构)、客户进行的外部评审或自我评审。国际上承认的途径包括但不限于:

a)已通过适当同行评审的国家计量院及其指定机构提供的校准和测量能力。该同行评审是在国际计量委员会相互承认协议(CIPM MRA)下实施的。CIPM MRA所覆盖的服务可以在国际计量局的关键比对数据库(BIPM KCDB)附录C中查询,其给出了每项服务的范围和测量不确定度。

b)签署国际实验室认可合作组织(ILAC)协议或ILAC承认的区域协议的认可机构认可的校准和测量能力能够证明具有计量溯源性。获认可的实验室的能力范围可从相关认可机构公开获得。

A.3.2 当需要证明计量溯源链在国际上被承认的情况时,BIPM、OIML(国际法制计量组织)、ILAC和ISO关于计量溯源性的联合声明提供了专门指南。

附录B

（资料性附录）
管理体系方式

B.1　随着管理体系的广泛应用，日益需要实验室运行的管理体系既符合GB/T 19001，又符合本标准。因此，本标准提供了实施管理体系相关要求的两种方式。

B.2　方式A（见8.1.2）给出了实施实验室管理体系的最低要求，其已纳入GB/T 19001中与实验室活动范围相关的管理体系所有要求。因此，符合本标准第4章至第7章，并实施第8章方式A的实验室，通常也是按照GB/T 19001的原则运作的。

B.3　方式B（见8.1.3）允许实验室按照GB/T 19001的要求建立和保持管理体系，并能支持和证明持续符合第4章至第7章的要求。因此实验室实施第8章的方式B，也是按照GB/T 19001运作的。实验室管理体系符合GB/T 19001的要求，并不证明实验室在技术上具备出具有效的数据和结果的能力。实验室还应符合第4章至第7章。

B.4　两种方式的目的都是为了在管理体系的运行，以及符合第4章至第7章的要求方面达到同样的结果。

注：如同GB/T 19001和其他管理体系标准，文件、数据和记录是成文信息的组成部分。8.3规定了文件控制。8.4和7.5规定记录控制。7.11规定了有关实验室活动的数据控制。

B.5　图B.1给出了第7章所描述的实验室运作过程的示意图。

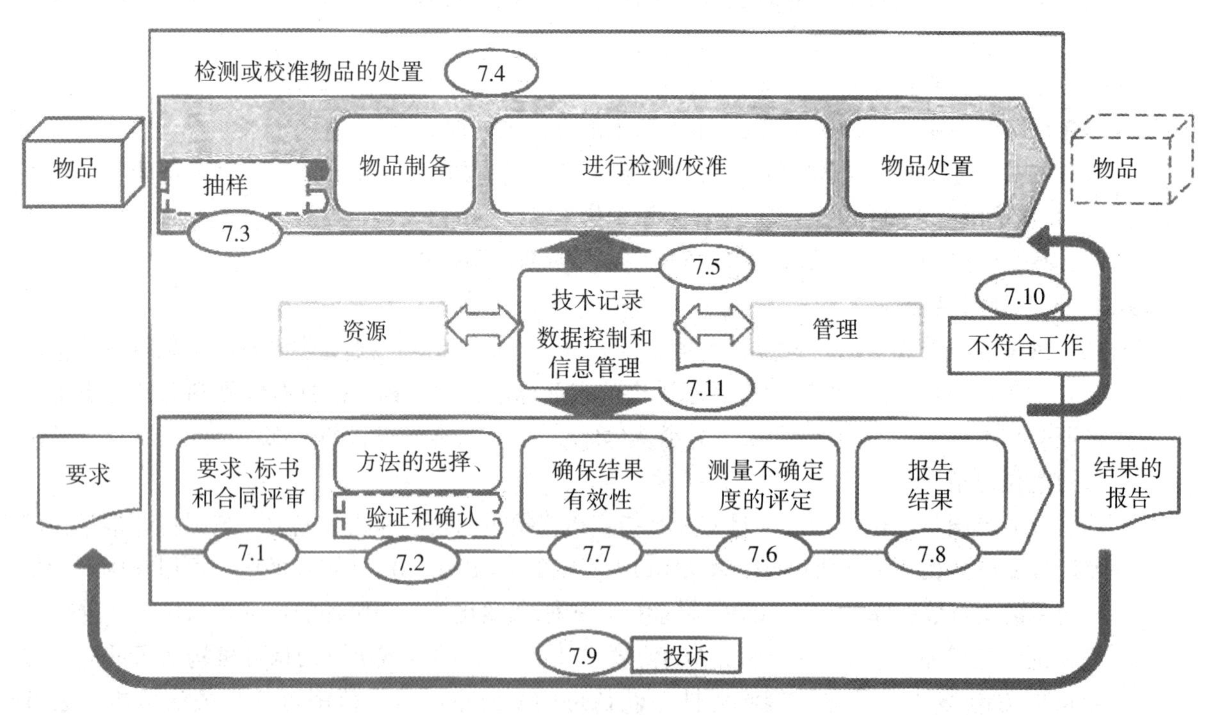

图B.1　实验室运作过程的示意图

参考文献

[1] ISO 5725-1 Accuracy (trueness and precision) of measurement methods and results-Part 1:General principles and definitions

[2] ISO 5725-2 Accuracy (trueness and precision) of measurement methods and results-Part 2:Basic method for the determination of repeatability and reproducibility of a standard measurement method

[3] ISO 5725-3 Accuracy (trueness and precision) of measurement methods and results-Part 3:Intermediate measures of the precision of a standard measurement method

[4] ISO 5725-4 Accuracy (trueness and precision) of measurement methods and results-Part 4:Basic methods for the determination of the trueness of a standard measurement method

[5]ISO 5725-6 Accuracy (trueness and precision) of measurement methods and results-Part 6: Use in practice of accuracy values

[6] ISO 9000质量管理体系 基础和术语

[7] ISO 9001质量管理体系 要求

[8] ISO 10012 Measurement management systems-Requirements for measurement processes and measuring equipment

[9] ISO/IEC 12207 Systems and software engineering-Software life cycle processes

[10] ISO 15189医学实验室 质量和能力的专用要求

[11] ISO 15194 In vitro diagnostic medical devices-Measurement of quantities in samples of biological origin-Requirements for certified reference materials and the content of supporting documentation

[12] ISO/IEC 17011 Conformity assessment-Requirements for accreditation bodies accrediting conformity assessment bodies

[13] ISO/IEC 17020合格评定 各类检验机构的运作要求

[14] ISO/IEC 17021-1 Conformity assessment-Requirements for bodies providing audit and certification of management systems-Part 1: Requirements

[15] ISO 17034 General requirements for the competence of reference material producers

[16] ISO/IEC 17043合格评定 能力验证的通用要求

[17] ISO/IEC 17065合格评定 产品、过程和服务认证机构要求

[18] ISO 17511 In vitro diagnostic medical devices-Measurement of quantities in biological samples-Metrological traceability of values assigned to calibrators and control materials

[19] ISO 19011管理体系审核指南

[20] ISO 21748 Guidance for the use of repeatability, reproducibility and trueness estimates in measurement uncertainty evaluation

[21] ISO 31000 Risk management-Guidelines

[22] ISO Guide 30 Reference materials-Selected terms and definitions

[23] ISO Guide 31 Reference materials-Contents of certificates, labels and accompanying documentation

[24] ISO Guide 33 Reference materials-Good practice in using reference materials

[25] ISO Guide 35 Reference materials-Guidance for characterization and assessment of homogeneity and stability

[26] ISO Guide 80 Guidance for the in-house preparation of quality control materials (QCMs)

[27] ISO/IEC Guide 98-3 Uncertainty of measurement-Part3: Guide to the expression of uncertainty in measurement (GUM:1995)

[28] ISO/IEC Guide 98-4 Uncertainty of measurement-Part 4:Role of measurement uncertainty in conformity assessment

[29] IEC Guide 115 Application of uncertainty of measurement to conformity assessment activities in the electrotechnical sector

[30] Joint BIPM,OIML,ILAC and ISO declaration on metrological traceability 2011[2)]

[31] International Laboratory Accreditation Cooperation (ILAC)[3)],

[32] International vocabulary of terms in legal metrology (VIML) OIML VI; 2013

[33] JCGM 106:2012 Evaluation of measurement data-The role of measurement uncertainty in conformity assessment

[34]The Selection and Use of Reference Materials EEE/RM/062rev3, Eurachem[4)]

[35] SI Brochure:The International System of Units (SI) BIPM[5)]

检验检测机构资质认定能力评价
检验检测机构通用要求(RB/T 214-2017)

检验检测机构在中华人民共和国境内从事向社会出具具有证明作用数据、结果的检验检测活动应取得资质认定。

检验检测机构资质认定是一项确保检验检测数据、结果的真实、客观、准确的行政许可制度。

本标准是检验检测机构资质认定对检验检测机构能力评价的通用要求,针对各个不同领域的检验检测机构,应参考依据本标准发布的相应领域的补充要求。

1 范围

本标准规定了对检验检测机构进行资质认定能力评价时,在机构、人员、场所环境、设备设施、管理体系方面的通用要求。

本标准适用于向社会出具具有证明作用的数据、结果的检验检测机构的资质认定能力评价,也适用于检验检测机构的自我评价。

2 规范性引用文件

下列文件对于本文件的应用是必不可少的。凡是注日期的引用文件,仅注日期的版本适用于本文 件。凡是不注日期的引用文件,其最新版本(包括所有的修改单)适用于本文件。

GB/T 19000 质量管理体系 基础和术语

GB/T 27000 合格评定 词汇和通用原则

GB/T 27020 合格评定 各类检验机构的运作要求

GB/T 27025 检测和校准实验室能力的通用要求

---

2) http://www.bipm.org/utils/common/pdf/BIPM-OIML-ILAC-ISO_joint_declaration_2011.pdf

3) http://ilac.org/

4) http://www.eurachem.org/images/stories/Guides/pdf/EEE-RM-062rev3.pdf

5) http://www.bipm.org/en/publications/si-brochure/

JJF 1001 通用计量术语及定义

3 术语和定义

GB/T 19000、GB/T 27000、GB/T 27020、GB/T 27025 、JJF 1001 界定的以及下列术语和定义适用于本文件。

3.1 检验检测机构 inspection body and laboratory

依法成立,依据相关标准或者技术规范,利用仪器设备、环境设施等技术条件和专业技能,对产品或者法律法规规定的特定对象进行检验检测的专业技术组织。

3.2 资质认定 mandatory approval

国家认证认可监督管理委员会和省级质量技术监督部门依据有关法律法规和标准、技术规范的规定,对检验检测机构的基本条件和技术能力是否符合法定要求实施的评价许可。

3.3 资质认定评审 assessment of mandatory approval

国家认证认可监督管理委员会和省级质量技术监督部门依据《中华人民共和国行政许可法》的有关规定,自行或者委托专业技术评价机构,组织评审人员,对检验检测机构的基本条件和技术能力是否符合《检验检测机构资质认定评审准则》和评审补充要求所进行的审查和考核。

3.4 公正性 impartiality

检验检测活动不存在利益冲突。

3.5 投诉 complaint

任何人员或组织向检验检测机构就其活动或结果表达不满意,并期望得到回复的行为。

3.6 能力验证 proficiency testing

依据预先制定的准则,采用检验检测机构间比对的方式,评价参加者的能力。

3.7 判定规则 decision rule

当检验检测机构需要做出与规范或标准符合性的声明时,描述如何考虑测量不确定度的规则。

3.8 验证 verification

提供客观的证据,证明给定项目是否满足规定要求。

3.9 确认 validati

对规定要求是否满足预期用途的验证。

4 要求

4.1 机构

4.1.1 检验检测机构应是依法成立并能够承担相应法律责任的法人或者其他组织。检验检测机构或者其所在的组织应有明确的法律地位,对其出具的检验检测数据、结果负责,并承担相应法律责任。不具备独立法人资格的检验检测机构应经所在法人单位授权。

4.1.2 检验检测机构应明确其组织结构及管理、技术运作和支持服务之间的关系。检验检测机构应配备检验检测活动所需的人员、设施、设备、系统及支持服务。

4.1.3 检验检测机构及其人员从事检验检测活动,应遵守国家相关法律法规的规定,遵循客观独立、公平公正、诚实信用原则,恪守职业道德,承担社会责任。

4.1.4 检验检测机构应建立和保持维护其公正和诚信的程序。检验检测机构及其人员应不受来自内外部的、不正当的商业、财务和其他方面的压力和影响,确保检验检测数据、结果的真实、客观、准确和可追溯。检验检测机构应建立识别出现公正性风险的长效机制。如识别出公正性风险,检验检测机构应能证明消除或减少该风险。若检验检测机构所在的组织还从事检验检测以外的活动,应识别并采取措施避免潜在的利益冲突。检验检测机构不得使用同时在两个及以上检验检测机构从业的人员。

4.1.5　检验检测机构应建立和保持保护客户秘密和所有权的程序，该程序应保护电子存储和传输结果信息的要求。检验检测机构及其人员应对其在检验检测活动中所知悉的国家秘密、商业秘密和技术秘密负有保密义务，并制定和实施相应的保密措施。

4.2　人员

4.2.1　检验检测机构应建立和保持人员管理程序，对人员资格确认、任用、授权和能力保持等进行规范管理。检验检测机构应与其人员建立劳动、聘用或录用关系，明确技术人员和管理人员的岗位职责、任职要求和工作关系，使其满足岗位要求并具有所需的权力和资源，履行建立、实施、保持和持续改进管理体系的职责。检验检测机构中所有可能影响检验检测活动的人员，无论是内部还是外部人员，均应行为公正，受到监督，胜任工作，并按照管理体系要求履行职责。

4.2.2　检验检测机构应确定全权负责的管理层，管理层应履行其对管理体系的领导作用和承诺：

a)对公正性做出承诺；

b)负责管理体系的建立和有效运行；

c)确保管理体系所需的资源；

d)确保制定质量方针和质量目标；

e)确保管理体系要求融入检验检测的全过程；

f)组织管理体系的管理评审；

g)确保管理体系实现其预期结果；

h)满足相关法律法规要求和客户要求；

i)提升客户满意度；

j)运用过程方法建立管理体系和分析风险、机遇。

4.2.3　检验检测机构的技术负责人应具有中级及以上专业技术职称或同等能力，全面负责技术运作；质量负责人应确保管理体系得到实施和保持；应指定关键管理人员的代理人。

4.2.4　检验检测机构的授权签字人应具有中级及以上专业技术职称或同等能力，并经资质认定部门批准，非授权签字人不得签发检验检测报告或证书。

4.2.5　检验检测机构应对抽样、操作设备、检验检测、签发检验检测报告或证书以及提出意见和解释的人员，依据相应的教育、培训、技能和经验进行能力确认。应由熟悉检验检测目的、程序、方法和结果评价的人员，对检验检测人员包括实习员工进行监督。

4.2.6　检验检测机构应建立和保持人员培训程序，确定人员的教育和培训目标，明确培训需求和实施 人员培训。培训计划应与检验检测机构当前和预期的任务相适应。

4.2.7　检验检测机构应保留人员的相关资格、能力确认、授权、教育、培训和监督的记录，记录包括能力要求的确定、人员选择、人员培训、人员监督、人员授权和人员能力的监控。

4.3　场所环境

4.3.1　检验检测机构应有固定的、临时的、可移动的或多个地点的场所，上述场所应满足法律法规、标准或技术规范的为要求。检验检测机构应将其从事检验检测活动所必需的场所、环境要求制定成文件。

4.3.2　检验检测机构应确保其工作环境满足检验检测的要求。检验检测机构在固定场所以外进行检验检测或抽样时，应提出相应的控制要求，以确保环境条件满足检验检测标准或技术规范的要求。

4.3.3　检验检测标准或技术规范对环境条件有要求时或环境条件影响检验检测结果时，应监测、控制和记录环境条件。当环境条件不利于检验检测的开展时，应停止检验检测活动。

4.3.4　检验检测机构应建立和保持检验检测场所良好的内务管理程序，该程序应考虑安全和环境的因素。检验检测机构应将不相容活动的相邻区域进行有效隔离，应采取措施以防止干扰或者交叉污染。检验检测机构应对使用和进入影响检验检测质量的区域加以控制，并根据特定情况确定控制的范围。

4.4　设备设施

4.4.1　设备设施的配备

检验检测机构应配备满足检验检测（包括抽样、物品制备、数据处理与分析）要求的设备和设施。用于检验检测的设施，应有利于检验检测工作的正常开展。设备包括检验检测活动所必需并影响结果的仪器、软件、测量标准、标准物质、参考数据、试剂、消耗品、辅助设备或相应组合装置。检验检测机构使用非本机构的设施和设备时，应确保满足本标准要求。

检验检测机构租用仪器设备开展检验检测时，应确保：

a）租用仪器设备的管理应纳入本检验检测机构的管理体系；

b）本检验检测机构可全权支配使用，即：租用的仪器设备由本检验检测机构的人员操作、维护、检定或校准，并对使用环境和贮存条件进行控制；

c）在租赁合同中明确规定租用设备的使用权；

d）同一台设备不允许在同一时期被不同检验检测机构共同租赁和资质认定。

4.4.2　设备设施的维护

检验检测机构应建立和保持检验检测设备和设施管理程序，以确保设备和设施的配置、使用和维护满足检验检测工作要求。

4.4.3　设备管理

检验检测机构应对检验检测结果、抽样结果的准确性或有效性有影响或计量溯源性有要求的设备，包括用于测量环境条件等辅助测量设备有计划地实施检定或校准。设备在投入使用前，应采用核查、检定或校准等方式，以确认其是否满足检验检测的要求。所有需要检定、校准或有有效期的设备应使用标签、编码或以其他方式标识，以便使用人员易于识别检定、校准的状态或有效期。

检验检测设备，包括硬件和软件设备应得到保护，以避免出现致使检验检测结果失效的调整。检验检测机构的参考标准应满足溯源要求。无法溯源到国家或国际测量标准时，检验检测机构应保留检验检测结果相关性或准确性的证据。

当需要利用期间核查以保持设备的可信度时，应建立和保持相关的程序。针对校准结果包含的修正信息或标准物质包含的参考值，检验检测机构应确保在其检测数据及相关记录中加以利用并备份和更新。

4.4.4　设备控制

检验检测机构应保存对检验检测具有影响的设备及其软件的记录。用于检验检测并对结果有影响的设备及其软件，如可能，应加以唯一性标识。检验检测设备应由经过授权的人员操作并对其进行正常维护。若设备脱离了检验检测机构的直接控制，应确保该设备返回后，在使用前对其功能和检定、校准状态进行核查，并得到满意结果。

4.4.5　故障处理

设备出现故障或者异常时，检验检测机构应采取相应措施，如停止使用、隔离或加贴停用标签、标记，直至修复并通过检定、校准或核查表明能正常工作为止。应核查这些缺陷或偏离对以前检验检测结果的影响。

4.4.6 标准物质

检验检测机构应建立和保持标准物质管理程序。标准物质应尽可能溯源到国际单位制(SI)单位或有证标准物质。检验检测机构应根据程序对标准物质进行期间核查。

4.5 管理体系

4.5.1 总则

检验检测机构应建立、实施和保持与其活动范围相适应的管理体系,应将其政策、制度、计划、程序和指导书制定成文件,管理体系文件应传达至有关人员,并被其获取、理解、执行。检验检测机构管理体系至少应包括:管理体系文件、管理体系文件的控制、记录控制、应对风险和机遇的措施、改进、纠正措施、内部审核和管理评审。

4.5.2 方针目标

检验检测机构应阐明质量方针,制定质量目标,并在管理评审时予以评审。

4.5.3 文件控制

检验检测机构应建立和保持控制其管理体系的内部和外部文件的程序,明确文件的标识、批准、发布、变更和废止,防止使用无效、作废的文件。

4.5.4 合同评审

检验检测机构应建立和保持评审客户要求、标书、合同的程序。对要求、标书、合同的偏离、变更应征得客户同意并通知相关人员。当客户要求出具的检验检测报告或证书中包含对标准或规范的符合性声明(如合格或不合格)时,检验检测机构应有相应的判定规则。若标准或规范不包含判定规则内容,检验检测机构选择的判定规则应与客户沟通并得到同意。

4.5.5 分包

检验检测机构需分包检验检测项目时,应分包给已取得检验检测机构资质认定并有能力完成分包项目的检验检测机构,具体分包的检验检测项目和承担分包项目的检验检测机构应事先取得委托人的同意。出具检验检测报告或证书时,应将分包项目予以区分。

检验检测机构实施分包前,应建立和保持分包的管理程序,并在检验检测业务洽谈、合同评审和合同签署过程中予以实施。

检验检测机构不得将法律法规、技术标准等文件禁止分包的项目实施分包。

4.5.6 采购

检验检测机构应建立和保持选择和购买对检验检测质量有影响的服务和供应品的程序,明确服务、供应品、试剂、消耗材料等的购买、验收、存储的要求,并保存对供应商的评价记录。

4.5.7 服务客户

检验检测机构应建立和保持服务客户的程序,包括:保持与客户沟通,对客户进行服务满意度调查、跟踪客户的需求,以及允许客户或其代表合理进入为其检验检测的相关区域观察。

4.5.8 投诉

检验检测机构应建立和保持处理投诉的程序。明确对投诉的接收、确认、调查和处理职责,跟踪和记录投诉,确保采取适宜的措施,并注重人员的回避。

4.5.9 不符合工作控制

检验检测机构应建立和保持出现不符合工作的处理程序,当检验检测机构活动或结果不符合其自身程序或与客户达成一致的要求时,检验检测机构应实施该程序。该程序应确保:

a)明确对不符合工作进行管理的责任和权力;

b)针对风险等级采取措施;

c)对不符合工作的严重性进行评价,包括对以前结果的影响分析;

d)对不符合工作的可接受性做出决定；

e)必要时，通知客户并取消工作；

f)规定批准恢复工作的职责；

g)记录所描述的不符合工作和措施。

4.5.10　纠正措施、应对风险和机遇的措施和改进

检测机构应建立和保持在识别出不符合时，采取纠正措施的程序。检验检测机构应通过实施质量方针、质量目标，应用审核结果、数据分析、纠正措施、管理评审、人员建议、风险评估、能力验证和客户反馈等信息来持续改进管理体系的适宜性、充分性和有效性。

检验检测机构应考虑与检验检测活动有关的风险和机遇，以利于：确保管理体系能够实现其预期结果；把握实现目标的机遇；预防或减少检验检测活动中的不利影响和潜在的失败；实现管理体系改进。检验检测机构应策划：应对这些风险和机遇的措施；如何在管理体系中整合并实施这些措施；如何评价这些措施的有效性。

4.5.11　记录控制

检验检测机构应建立和保持记录管理程序，确保每一项检验活动技术记录的信息充分，确保记录的标识、贮存、保护、检索、保留和处置符合要求。

4.5.12　内部审核

检验检测机构应建立和保持管理体系内部审核的程序，以便验证其运作是否符合管理体系和本标准的要求，管理体系是否得到有效的实施和保持。内部审核通常每年一次，由质量负责人策划内审并制定审核方案。内审员须经过培训，具备相应资格。若资源允许，内审员应独立于被审核的活动。检验检测机构应：

a)依据有关过程的重要性、对检验检测机构产生影响的变化和以往的审核结果、策划、制定、实施和保持审核方案，审核方案包括频次、方法、职责、策划要求和报告；

b)规定每次审核的审核要求和范围；

c)选择审核员并实施审核；

d)确保将审核结果报告给相关管理者；

e)及时采取适当的纠正和纠正措施；

f)保留形成文件的信息，作为实施审核方案以及审核结果的证据。

4.5.13　管理评审

检验检测机构应建立和保持管理评审的程序。管理评审通常12个月一次，由管理层负责。管理层应确保管理评审后，得出的相应变更或改进措施予以实施，确保管理体系的适宜性、充分性和有效性。应保留管理评审的记录。管理评审输入应包括以下信息：

a)检验检测机构相关的内外部因素的变化；

b)目标的可行性；

c)政策和程序的适用性；

d)以往管理评审所采取措施的情况；

e)近期内部审核的结果；

f)纠正措施；

g)由外部机构进行的评审；

h)工作量和工作类型的变化或检验检测机构活动范围的变化；

i)客户和员工的反馈；

j)投诉；

k)实施改进的有效性;

l)资源配备的合理性;

m)风险识别的可控性;

n)结果质量的保障性;

o)其他相关因素,如监督活动和培训。

管理评审输出应包括以下内容:

a)管理体系及其过程的有效性;

b)符合本标准要求的改进;

c)提供所需的资源;

d)变更的需求。

4.5.14　方法的选择、验证和确认

检验检测机构应建立和保持检验检测方法控制程序。检验检测方法包括标准方法和非标准方法(含自制方法)。应优先使用标准方法,并确保标准方法的有效版本。在使用标准方法前,应进行验证。在使用非标准方法(含自制方法),应进行确认。检验检测机构应跟踪方法的变化,并重新进行验证或确认。必要时,检验检测机构应制定作业指导书。如确需方法偏离,应有文件规定,经技术判断和批准,并征得客户同意。当客户建议的方法不适合或已过期时,应通知客户。

非标准方法(含自制方法)的使用,应事先征得客户同意,并告知客户相关方法可能存在的风险。需要是,检验检测机构应建立和保持开发自制方法控制程序,自制方法应经确认。检验检测机构应记录作为确认证据的信息:使用的确认程序、规定的要求、方法性能特征的确定、获得的结果和描述该方法满足预期用途的有效性声明。

4.5.15　测量不确定度

检验检测机构应根据需要建立和保持应用评定测量不确定性度的程序。

检验检测项目中有测量不确定度的要求时,检验检测机构应建立和保持应用评定测量不确定度的程序。检验检测机构应建立相应数学模型,给出相应检验检测能力的评定测量不确定度案例。检验检测机构可在检验检测出现临界值、内部质量控制或客户有要求时,需要报告测量不确定度。

4.5.16　数据信息管理

检验检测机构应获得检验检测活动所需的数据和信息,并对其信息管理系统进行有效管理。

检验检测机构应对计算和数据进行系统和适当地检查。当利用计算机或自动化设备对检验检测数据进行采集、处理、记录、报告、存储或检索时,检验检测机构应:

a)将自行开发的计算机软件形成文件,使用前确认其适用性,并进行定期确认、改变或升级后再次确认,应保留确认记录;

b)建立和保持数据完整性、正确性和保密性的保护程序;

c)定期维护计算机和自动设备,保持其功能正常。

4.5.17　抽样

检验检测机构为后续的检验检测,需要对物质、材料或产品进行抽样时,应建立和保持抽样控制程序。抽样计划应根据适当的统计方法制定,抽样应确保检验检测结果的有效性。当客户对抽样程序有偏离的要求时,应予以详细记录,同时告知相关人员。如果客户要求的偏离影响到检验检测结果,应在报告、证书中做出声明。

4.5.18　样品处置

检验检测机构应建立和保持样品管理程序,以保护样品的完整性并为客户保密。检验检测机构应有样品的标识系统,并在检验检测整个期间保留该标识。在接收样品时,应记录样品的异常情况或记录对检验检测方法的偏离。样品在运输、接收、处置、保护、存储、保留、清理或返回过程中应予以控制和记录。当样品需要存放或养护时,应维护、监控和记录环境条件。

4.5.19 结果有效性

检验检测机构应建立和保持监控结果有效性的程序。检验检测机构可采用定期使用标准物质、定期使用经过检定或校准的具有溯源性的替代仪器、对设备的功能进行检查、运用工作标准与控制图、使用相同或不同方法进行重复检验检测、保存样品的再次检验检测、分析样品不同结果的相关性、对报告数据进行审核、参加能力验证或机构之间比对、机构内部比对、盲样检验检测等进行监控。检验检测机构所有数据的记录方式应便于发现其发展趋势,若发现偏离预先判据,应采取有效的措施纠正出现的问题,防止出现错误的结果。质量控制应有适当的方法和计划并加以评价。

4.5.20 结果报告

检验检测机构应准确、清晰、明确、客观地出具检验检测结果,符合检验检测方法的规定,并确保检验检测结果的有效性。结果通常应以检验检测报告或证书的形式发出。检验检测报告或证书应至少包括下列信息:

a)标题;

b)标注资质认定标志,加盖检验检测专用章(适用时);

c)检验检测机构的名称和地址,检验检测的地点(如果与检验检测机构的地址不同);

d)检验检测报告或证书的唯一性标识(如系列号)和每一页上的标识,以确保能够识别该页是属于检验检测报告或证书的一部分,以及表明检验检测报告或证书结束的清晰标识;

e)客户的名称和联系信息;

f)所用检验检测方法的识别;

g)检验检测样品的描述、状态和标识;

h)检验检测的日期。对检验检测结果的有效性和应用有重大影响时,注明样品的接收日期或抽样日期;

i)对检验检测结果的有效性或应用有影响时,提供检验检测机构或其他机构所用的抽样计划和程序的说明;

j)检验检测报告或证书签发人的姓名、签字或等效的标识和签发日期;

k)检验检测结果的测量单位(适用时);

l)检验检测机构不负责抽样(如样品是由客户提供)时,应在报告或证书中声明结果仅适用于客户提供的样品;

m)检验检测结果来自于外部提供者时的清晰标注;

n)检验检测机构应做出未经本机构批准,不得复制(全文复制除外)报告或证书的声明。

4.5.21 结果说明

当需对检验检测结果进行说明时,检验检测报告或证书中还应包括下列内容:

a)对检验检测方法的偏离、增加或删减,以及特定检验检测条件的信息,如环境条件;

b)适用时,给出符合(或不符合)要求或规范的声明;

c)当测量不确定度与检验检测结果的有效性或应用有关,或客户有要求,或当测量不确定度影响 到对规范限度的符合性时,检验检测报告或证书中还需要包括测量不确定度的信息;

d)适用且需要时,提出意见和解释;

e)特定检验检测方法或客户所要求的附加信息。报告或证书涉及使用客户提供的数据时,应有明确的标识。当客户提供的信息可能影响结果的有效性时,报告或证书中应有免责声明。

4.5.22　抽样结果

检验检测机构从事抽样时,应有完整、充分的信息支撑其检验检测报告或证书。

4.5.23　意见和解释

当需要对报告或证书做出意见和解释时,检验检测机构应将意见和解释的依据形成文件。意见和解释应在检验检测报告或证书中清晰标注。

4.5.24　分包结果

当检验检测报告或证书包含了由分包方所出具的检验检测结果时,这些结果应予清晰标明。

4.5.25　结果传送和格式

当用电话、传真或其他电子或电磁方式传送检验检测结果时,应满足本标准对数据控制的要求。检验检测报告或证书的格式应设计为适用于所进行的各种检验检测类型,并尽量减小产生误解或误用的可能性。

4.5.26　修改

检验检测报告或证书签发后,若有更正或增补应予以记录。修订的检验检测报告或证书应标明所代替的报告或证书,并注以唯一性标识。

4.5.27　记录和保存

检验检测机构应对检验检测原始记录、报告、证书归档留存,保证其具有可追溯性。检验检测原始记录、报告、证书的保存期限通常不少于6年。

参考文献

[1] 检验检测机构资质认定管理办法(2015年4月9日国家质量监督检验检疫总局令第163号)

[2] GB/T 19001质量管理体系 要求

[3] GB/T 19489实验室 生物安全通用要求

[4] GB/T 22576医学实验室 质量和能力的专用要求

[5] GB/T 31880检验检测机构诚信基本要求

兽医系统实验室考核管理办法

农医发[2009]15号

第一条　为加强兽医实验室管理,提高兽医实验室技术水平和工作能力,制定本办法。

第二条　本办法所称兽医实验室是指隶属于各级兽医主管部门,并承担动物疫病诊断、监测和检测等任务的国家级区域兽医实验室、省级兽医实验室、地(市)级兽医实验室和县(市)级兽医实验室。

第三条　国家实行兽医实验室考核制度。兽医实验室经考核合格并取得兽医实验室考核合格证的,方可承担动物疫病诊断、监测和检测等任务。

兽医实验室考核不合格、未取得兽医实验室考核合格证的,该行政区域内动物疫病诊断、监测和检测等任务应当委托取得兽医实验室考核合格证的兽医实验室承担。

第四条　农业部负责国家级区域兽医实验室和省级兽医实验室考核,具体工作由中国动物疫病预防控制中心承担。

省、自治区、直辖市兽医主管部门负责本辖区内地(市)级兽医实验室和县(市)级兽医实验室考核工作。

第五条 兽医实验室应当具备下列条件:

(一)有能力承担本行政区域及授权范围内的动物疫病诊断、监测、检测、流行病学调查以及其他与动物防疫相关的技术工作,为动物防疫工作提供技术支持;

(二)实验室建设符合兽医实验室建设标准,具有与所承担任务相适应的实验场所、仪器设备,且仪器设备配备率和完好率达到100%;

(三)具有与所承担任务相适应的专业技术人员和熟悉实验室管理法律法规标准的管理人员,专业技术人员比例不得少于80%;

(四)从事动物疫病诊断、监测和检测活动的人员参加省级以上兽医主管部门组织的技术培训,并培训合格;

(五)建立与所承担任务相适应的质量管理体系和生物安全管理制度,并运行正常;

(六)近两年内完成上级兽医主管部门规定的诊断、监测和检测任务;

(七)建立科学、合理的实验室程序文件,严格按照技术标准、实验室操作规程和有关规定开展检测工作,实验室记录和检测报告统一规范;

(八)建立健全实验活动原始记录,实验档案管理规范,整理成卷,统一归档。

第六条 具备本办法第五条规定条件的兽医实验室,可以向农业部或者省、自治区、直辖市人民政府兽医主管部门申请兽医实验室考核。

第七条 申请兽医实验室考核应当提交以下材料:

(一)兽医实验室考核申请表一式两份;

(二)近两年年度业务工作总结;

(三)现行实验室质量管理手册;

(四)保存或者使用的动物病原微生物菌(毒)种名录;

(五)实验室平面布局图;

(六)实验室仪器设备清单和实验室人员情况表;

(七)其他有关资料。

第八条 农业部或者省、自治区、直辖市人民政府兽医主管部门应当在收到申请材料之日起15日内进行审查。经审查,材料齐全、符合要求的,农业部或者省、自治区、直辖市人民政府兽医主管部门应当组织进行现场考核;材料不齐全或者不符合要求的,应当通知申请单位在5日内补齐。

第九条 现场考核由中国动物疫病预防控制中心或者省、自治区、直辖市兽医主管部门从兽医实验室管理专家库中抽取的专家考核组负责。

专家考核组由3-5人组成。专家考核组应当制订考核方案,报中国动物疫病预防控制中心或者省、自治区、直辖市兽医主管部门备案。

中国动物疫病预防控制中心或者省、自治区、直辖市兽医主管部门应当提前3日将考核时间、内容和日程等通知申请单位。

第十条 现场考核实行组长负责制。组长由中国动物疫病预防控制中心或者省、自治区、直辖市兽医主管部门指定。

第十一条 现场考核采取以下方式进行:

(一)听取申请单位的工作汇报;

(二)现场检查有关实验室情况:

(三)查阅相关资料、档案等;

(四)对实验室人员进行理论考试和技术考核;

(五)随机抽取所检项目进行现场操作考核,可采用盲样检测或者比对的方式进行,考查检测流程、操作技能和检测结果的可靠性;

(六)按照实验室考核标准逐项考核。

第十二条 在现场考核过程中,考核专家组应当详细记录考核中发现的问题和不符合项,并进行评议汇总,全面、公正、客观地撰写考核报告,提出评审意见。评审意见应当由专家考核组全体成员签字确认;有不同意见的,应当予以注明。

评审意见分为"合格""整改"和"不合格"三类。

第十三条 专家考核组应当在现场考核结束后10日内将评审意见和考核记录报中国动物疫病预防控制中心或者省、自治区、直辖市兽医主管部门。

第十四条 中国动物疫病预防控制中心应当在收到专家考核组评审意见之日起20日内提出考核建议,并报农业部审查。农业部应当在收到考核建议15日内作出考核结论。

省、自治区、直辖市兽医主管部门应当在收到专家考核组评审意见之日起15日内作出考核结论。

第十五条 对考核"合格"的兽医实验室,由农业部或者省、自治区、直辖市兽医主管部门颁发由农业部统一印制的兽医实验室考核合格证。

对需要"整改"的兽医实验室,申请单位应当在3个月内完成整改工作,并将整改报告报农业部或者省、自治区、直辖市兽医主管部门,经再审查或者现场考核合格的,颁发兽医实验室考核合格证。

对考核"不合格"的兽医实验室,应当在6个月后按照本办法的规定重新提出考核申请。

第十六条 申请单位对考核结果有异议的,可向农业部或者省、自治区、直辖市兽医主管部门提出复评申请。

农业部或者省、自治区、直辖市兽医主管部门原则上实行材料复评,必要时进行实地复核,提出最终考核意见。

第十七条 省、自治区、直辖市兽医主管部门应当将考核合格的地(市)级和县(市)级兽医实验室情况报农业部备案。

第十八条 兽医实验室考核合格证有效期五年。有效期届满,兽医实验室需要继续承担动物疫病诊断、监测、检测等任务的,应当在有效期届满前6个月内申请续展。

第十九条 取得兽医实验室考核合格证的兽医实验室,应当于每年1月31日前将上年实验室工作情况报农业部或者省、自治区、直辖市人民政府兽医主管部门。

第二十条 取得兽医实验室考核合格证的兽医实验室,实验室条件和实验能力发生改变,不再符合本办法规定的,由原发证部门责令限期整改。整改期满后仍不符合要求的,撤销其兽医实验室考核合格证。

以欺骗等不正当手段取得兽医实验室考核合格证的,由原发证部门撤销兽医实验室考核合格证。

撤销兽医实验室考核合格证的,应当予以通报。

第二十一条 县级以上兽医主管部门应当加强兽医实验室管理,对兽医实验室执行国家法律、法规、标准和规范等情况进行监督检查。

第二十二条 对工作出色或有突出贡献的兽医实验室,由农业部或者省、自治区、直辖市兽医主管部门给予表彰。

第二十三条 本办法自2010年1月1日起施行。

本办法施行前设立的兽医实验室,应当自本办法施行之日起12个月内,依照本办法的规定,办理兽医实验室考核合格证。

第四部分　实验室设施建筑相关法规标准

实验动物环境及设施

GB 14925-2010

1　范围

本标准规定了实验动物及动物实验设施和环境条件的技术要求及检测方法，同时规定了垫料、饮水和笼具的原则要求。

本标准适用于实验动物生产、实验场所的环境条件及设施的设计、施工、检测、验收及经常性监督管理。

2　规范性引用文件

下列文件中的条款通过本标准的引用而成为本标准的条款。凡是注日期的引用文件，其随后所有的修改单（不包括勘误的内容）或修订版均不适用于本标准，然而，鼓励根据本标准达成协议的各方研究是否可使用这些文件的最新版本。凡是不注日期的引用文件，其最新版本适用于本标准。

GB 5749 生活饮用水卫生标准

GB 8978 污水综合排放标准

GB 18871 电离辐射防护与辐射源安全基本标准

GB 19489 实验室 生物安全通用要求

GB 50052 供配电系统设计规范

GB 50346 生物安全实验室建筑技术规范

3　术语和定义

下列术语和定义适用于本标准。

3.1　实验动物 laboratory animal

经人工培育，对其携带微生物和寄生虫实行控制，遗传背景明确或者来源清楚，用于科学研究、教学、生产、检定以及其他科学实验的动物。

3.2　实验动物生产设施 breeding facility for laboratory animal

用于实验动物生产的建筑物和设备的总和。

3.3　实验动物实验设施 experiment facility for laboratory animal

以研究、试验、教学、生物制品和药品及相关产品生产、检定等为目的而进行实验动物试验的建筑物和设备的总和。

3.4　实验动物特殊实验设施 hazard experiment facility for laboratory animal

包括感染动物实验设施（动物生物安全实验室）和应用放射性物质或有害化学物质等进行动物实验的设施。

3.5　普通环境 conventional environment

符合实验动物居住的基本要求，控制人员和物品、动物出入，不能完全控制传染因子，适用于饲育基础级实验动物。

3.6 屏障环境 barrier environment

符合动物居住的要求,严格控制人员、物品和空气的进出,适用于饲育清洁级和/或无特定病原体(specific pathogen free, SPF)级实验动物。

3.7 隔离环境 isolation environment

采用无菌隔离装置以保持无菌状态或无外源污染物。隔离装置内的空气、饲料、水、垫料和设备应无菌,动物和物料的动态传递须经特殊的传递系统,该系统既能保证与环境的绝对隔离,又能满足转运动物时保持与内环境一致。适用于饲育无特定病原体级、悉生(gnotobiotic)及无菌(germ free)级实验动物。

3.8 洁净度5级 cleanliness class 5

空气中大于等于0.5 μm的尘粒数大于352 pc/m³到小于等于3 520 pc/m³,大于等于1 μm的尘粒数大于83 pc/m³到小于等于832 pc/m³,大于等于5 μm的尘粒数小于等于29 pc/m³。

3.9 洁净度7级 cleanliness class 7

空气中大于等于0.5μm的尘粒数大于35 200 pc/m³到小于等于352 000 pc/m³,大于等于1 μm的尘粒数大于8 320 pc/m³到小于等于83 200 pc/m³,大于等于5 μm的尘粒数大于293 pc/m³到小于等于2 930 pc/m³。

3.10 洁净度8级 cleanliness class 8

空气中大于等于0.5 μm的尘粒数大于352 000 pc/m³到小于等于3 520 000 pc/m³,大于等于1 μm的尘粒数大于83 200 pc/m³到小于等于832 000 pc/m³,大于等于5 μm的尘粒数大于2 930 pc/m³到小于等于29 300 pc/m³。

4 设施

4.1 分类

按照设施的使用功能,分为实验动物生产设施、实验动物实验设施和实验动物特殊实验设施。

4.2 选址

4.2.1 应避开自然疫源地。生产设施宜远离可能产生交叉感染的动物饲养场所。

4.2.2 宜选在环境空气质量及自然环境条件较好的区域。

4.2.3 宜远离有严重空气污染、振动或噪声干扰的铁路、码头、飞机场、交通要道、工厂、贮仓、堆场等区域。

4.2.4 动物生物安全实验室与生活区的距离应符合GB 19489和GB 50346的要求。

4.3 建筑卫生要求

4.3.1 所有围护结构材料均应无毒、无放射性。

4.3.2 饲养间内墙表面应光滑平整,阴阳角均为圆弧形,易于清洗、消毒。墙面应采用不易脱落、耐腐蚀、无反光、耐冲击的材料。地面应防滑、耐磨、无渗漏。天花板应耐水、耐腐蚀。

4.4 建筑设施一般要求

4.4.1 建筑物门、窗应有良好的密封性,饲养间门上应设观察窗。

4.4.2 走廊净宽度一般不应少于1.5 m,门大小应满足设备进出和日常工作的需要,一般净宽度不少于0.8 m。饲养大型动物的实验动物设施,其走廊和门的宽度和高度应根据实际需要加大尺寸。

4.4.3 饲养间应合理组织气流和布置送、排风口的位置,宜避免死角、断流、短路。

4.4.4 各类环境控制设备应定期维修保养。

4.4.5 实验动物设施的电力负荷等级,应根据工艺要求按GB 50052要求确定。屏障环境和隔离环境应采用不低于二级电力负荷供电。

4.4.6 室内应选择不易积尘的配电设备,由非洁净区进入洁净区及洁净区内的各类管线管口,应采取可靠的密封措施。

5 环境

5.1 分类

按照空气净化的控制程度,实验动物环境分为普通环境、屏障环境和隔离环境,见表1。

表1 实验动物环境的分类

环境分类		使用功能	适用动物等级
普通环境	一	实验动物生产、动物实验、检疫	基础动物
屏障环境	正压	实验动物生产、动物实验、检疫	清洁动物、SPF动物
	负压	动物实验、检疫	清洁动物、SPF动物
隔离环境	正压	实验动物生产、动物实验、检疫	SPF动物、悉生动物、无菌动物
	负压	动物实验、检疫	SPF动物、悉生动物、无菌动物

5.2 技术指标

5.2.1 实验动物生产间的环境技术指标应符合表2的要求。

表2 实验动物生产间的环境技术指标

项 目	指 标								
	小鼠、大鼠		豚鼠、地鼠			犬、猴、猫、兔、小型猪			鸡
	屏障环境	隔离环境	普通环境	屏障环境	隔离环境	普通环境	屏障环境	隔离环境	屏障环境
温度℃	20 ~ 26		18 ~ 29	20 ~ 26		16 ~ 28	20 ~ 26		16 ~ 28
最大日温差/℃ ≤	4								
相对湿度/%	40 ~ 70								
最小换气次数/(次/h) ≥	15[a]	20	8[b]	15[a]	20	8[b]	15[a]	20	—
动物笼具处气流速度/(m/s) ≤	0. 20								
相通区域的最小静压差/Pa ≥	10	50[c]	—	10	50[c]	—	10	50[c]	10
空气洁净度/级	7	5或7[d]	—	7	5或7[d]	—	7	5或7[d]	5或7
沉降菌最大平均浓度/(CFU/0.5 h·Φ90 mm平皿) ≥	3	无检出	—	3	无检出	—	3	无检出	3
氨浓度/(mg/m³) ≤	14								
噪声/dB(A) ≤	60								

表2(续)

项目		指标								
		小鼠、大鼠		豚鼠、地鼠			犬、猴、猫、兔、小型猪			鸡
		屏障环境	隔离环境	普通环境	屏障环境	隔离环境	普通环境	屏障环境	隔离环境	屏障环境
照度/(lx)	最低工作照度 ≥	200								
	动物照度	15 ~ 20					100 ~ 200			5 ~ 10
昼夜明暗交替时间/h		12/12 或 10/14								

注1:表中——表示不作要求。
注2:表中氨浓度指标为动态指标。
注3:普通环境的温度、湿度和换气次数指标为参考值,可在此范围内根据实际需要适当选用,但应控制日温差。
注4:温度、相对湿度、压差是日常性检测指标;日温差、噪声、气流速度、照度、氨气浓度为监督性检测指标;空气洁净度、换气次数、沉降菌最大平均浓度、昼夜明暗交替时间为必要时检测指标。
注5:静态检测除氨浓度外的所有指标,动态检测日常性检测指标和监督性检测指标,设施设备调试和/或更换过滤器后检测必要检测指标。

a为降低能耗,非工作时间可降低换气次数,但不应低于10次/h。
b可根据动物种类和饲养密度适当增加。
c指隔离设备内外静压差。
d根据设备的要求选择参数。用于饲养无菌动物和免疫缺陷动物时,洁净度应达到5级。

5.2.2　动物实验间的环境技术指标应符合表3的要求。特殊动物实验设施动物实验间的技术指标除满足表3的要求外,还应符合相关标准的要求。

表3　动物实验间的环境技术指标

项　目	指　标								
	小鼠、大鼠		豚鼠、地鼠			犬、猴、猫、兔、小型猪			鸡
	屏障环境	隔离环境	普通环境	屏障环境	隔离环境	普通环境	屏障环境	隔离环境	隔离环境
温度/℃	20 ~ 26		18 ~ 29	20 ~ 26		16 ~ 26	20 ~ 26		16 ~ 26
最大日温差/℃≤	4								
相对湿度/%	40 ~ 70								
最小换气次数/(次/h) ≥	15[a]	20	8[b]	15[a]	20	8[b]	15[a]	20	—
动物笼具处气流速度/(m/s) ≤	0. 2								
相通区域的最小静压差/Pa ≤	10	50c	—	10	50C	—	10	50c	50c
空气洁净度/级	7	5或7[d]	—	7	5或7[d]	—	7	5或7[d]	5

表3(续)

项目	指标								
	小鼠、大鼠		豚鼠、地鼠			犬、猴、猫、兔、小型猪			鸡
	屏障环境	隔离环境	普通环境	屏障环境	隔离环境	普通环境	屏障环境	隔离环境	隔离环境
沉降菌最大平均浓度/(CFU/0.5 h·Φ90 mm 平皿) ≤	3	无检出	—	3	无检出	—	3	无检出	无检出
氨浓度/(mg/m3) ≤	14								
噪声/dB(A) ≤	60								
照度/lx 最低工作照度 ≥	200								
照度/lx 动物照度	15 ~ 20					100 ~ 200			5 ~ 10
昼夜明暗交替时间/h	12/12 或 10/14								

注L表中——表示不作要求。
注2:表中氨浓度指标为动态指标。
注3:温度、相对湿度、压差是日常性检测指标;日温差、噪声、气流速度、照度、氨气浓度为监督性检测指标;空气 洁净度、换气次数、沉降菌最大平均浓度、昼夜明暗交替时间为必要时检测指标。
注4:静态检测除氨浓度外的所有指标,动态检测日常性检测指标和监督性检测指标,设施设备调试和/或更换 过滤器后检测必要检测指标。

a为降低能耗,非工作时间可降低换气次数,但不应低于10次/h。
b可根据动物种类和饲养密度适当增加。
c指隔离设备内外静压差。
d根据设备的要求选择参数。用于饲养无菌动物和免疫缺陷动物时,洁净度应达到5级。

5.2.3 屏障环境设施的辅助用房主要技术指标应符合表4的规定。

表4 屏障环境设施的辅助用房主要技术指标

房间名称	洁净度级别	最小换气次数/(次/h) ≥	相通区域的最小压差/Pa ≤	温度/℃	相对湿度/%	噪声/dB(A) ≤	最低照度/lx ≥
洁物储存室	7	15	10	18 ~ 28	30 ~ 70	60	150
无害化消毒室	7或8	15 或 10	10	18 ~ 28	—	60	150
洁净走廊	7	15	10	18 ~ 28	30 ~ 70	60	150
污物走廊	7或8	15 或 10	10	18 ~ 28	—	60	150
入口缓冲间	7	15 或 10	10	18 ~ 28	—	60	150
出口缓冲间	7或8	15 或 10	10	18 ~ 28	—	60	150
二更	7	15	10	18 ~ 28	—	60	150
清洗消毒室	—	4	—	18 ~ 28	—	60	150

表4（续）

房间名称	洁净度级别	最小换气次数/(次/h) ≥	相通区域的最小压差/Pa ≤	温度/℃	相对湿度/%	噪声/dB(A) ≤	最低照度/lx ≥
淋浴室	—	4	—	18 ~ 28	—	60	100
一更（脱、穿普通衣、工作服）	—	—	—	18 ~ 28	—	60	100

实验动物生产设施的待发室、检疫观察室和隔离室主要技术指标应符合表2的规定。
动物实验设施的检疫观察室和隔离室主要技术指标应符合表3的规定。
动物生物安全实验室应同时符合GB 19489和GB 50346的规定。
正压屏障环境的单走廊设施应保证动物生产区、动物实验区压力最高。正压屏障环境的双走廊或多走廊设施应保证洁净走廊的压力高于动物生产区、动物实验区；动物生产区、动物实验区的压力高于污物走廊。

注：表中一表示不作要求。

6 工艺布局

6.1 区域布局

6.1.1 前区的设置

包括办公室、维修室、库房、饲料室、一般走廊。

6.1.2 饲育区的设置

6.1.2.1 生产区：包括隔离检疫室、缓冲间、风淋室、育种室、扩大群饲育室、生产群饲育室、待发室、清洁物品贮藏室、消毒后室、走廊。

6.1.2.2 动物实验区：包括缓冲间、风淋室、检疫间、隔离室、操作室、手术室、饲育间、清洁物品贮藏室、消毒后室、走廊。基础级大动物检疫间必须与动物饲养区分开设置。

6.1.2.3 辅助区：包括仓库、洗刷消毒室、废弃物品存放处理间（设备）、解剖室、密闭式实验动物尸体冷藏存放间（设备）、机械设备室、淋浴室、工作人员休息室、更衣室。

6.1.2.4 动物实验设施应与动物生产设施分开设置。

6.2 其他设施

6.2.1 有关放射性动物实验室除满足本标准外，还应按照GB 18871进行。

6.2.2 动物生物安全实验室除满足本标准外，还应符合GB 19489和GB 50346的要求。

6.2.3 感染实验、染毒试验均应在负压设施或负压设备内操作。

6.3 设备

6.3.1 实验动物生产使用设备及其辅助设施应布局合理，其技术指标应达到生产设施环境技术指标要求（表2、表4）。

6.3.2 动物实验使用设备及其辅助设施应布局合理，技术指标应达到实验设施环境技术指标要求（表3、表4）。

7 污水、废弃物及动物尸体处理

7.1 实验动物和动物实验设施应有相对独立的污水初级处理设备或化粪池，来自于动物的粪尿、笼器具洗刷用水、废弃的消毒液、实验中废弃的试液等污水应经处理并达到GB 8978二类一级标准要求后排放。

7.2 感染动物实验室所产生的废水，必须先彻底灭菌后方可排出。

7.3 实验动物废垫料应集中作无害化处理。一次性工作服、口罩、帽子、手套及实验废弃物等应按医院污物处理规定进行无害化处理。注射针头、刀片等锐利物品应收集到利器盒中统一处理。感染动物实验所产生的废弃物须先行高压灭菌后再作处理。放射性动物实验所产生放射性沾染废弃物应按 GB 18871 的要求处理。

7.4 动物尸体及组织应装入专用尸体袋中存放于尸体冷藏柜(间)或冰柜内，集中作无害化处理。感染动物实验的动物尸体及组织须经高压灭菌器灭菌后传出实验室再作相应处理。

8 笼具、垫料、饮水

8.1 笼具

8.1.1 笼具的材质应符合动物的健康和福利要求，无毒、无害、无放射性、耐腐蚀、耐高温、耐高压、耐冲击、易清洗、易消毒灭菌。

8.1.2 笼具的内外边角均应圆滑、无锐口，动物不易噬咬、咀嚼。笼子内部无尖锐的突起伤害到动物。笼具的门或盖有防备装置，能防止动物自己打开笼具或打开时发生意外伤害或逃逸。笼具应限制动物身体伸出受到伤害，伤害人类或邻近的动物。

8.1.3 常用实验动物笼具的大小最低应满足表5的要求，实验用大型动物的笼具尺寸应满足动物福利的要求和操作的需求。

表5 常用实验动物所需居所最小空间

项 目	小鼠			大鼠			豚鼠		
	<20g 单养时	>20g 单养时	群养(窝)时	<150g 单养时	>150g 单养时	群养(窝)时	<350g 单养时	>350g 单养时	群养(窝)时
底板面积/m²	0.0067	0.0092	0.042	0.04	0.06	0.09	0.03	0.065	0.76
笼内高度/m	0.13	0.13	0.13	0.18	0.18	0.18	0.18	0.21	0.21
项 目	地鼠			猫		猪		鸡	
	<100g 单养时	>100g 单养时	群养(窝)时	<2.5 kg 单养时	>2.5 kg 单养时	<20kg 单养时	>20kg 单养时	<2kg 单养时	>2kg 单养时
底板面积/m²	0.01	0.012	0.08	0.28	0.37	0.96	1.2	0.12	0.15
笼内高度/m	0.18			0.76(栖木)		0.6	0.8	0.4	0.6
项 目	兔			犬			猴		
	<2.5kg 单养时	>2.5kg 单养时	群养(窝)时	<10kg 单养时	10 ~ 20 kg 单养时	>20kg 单养时	<4kg 单养时	4 ~ 8kg 单养时	>8kg 单养时
底板面积/m²	0.18	0.2	0.42	0.6	1	1.5	0.5	0.6	0.9
笼内高度/m	0. 35	0.4	0.4	0.8	0.9	1. 1	0.8	0.85	1.1

8.2 垫料

8.2.1 垫料的材质应符合动物的健康和福利要求，应满足吸湿性好、尘埃少、无异味、无毒性、无油脂、耐高温、耐高压等条件。

8.2.2 垫料必须经灭菌处理后方可使用。

8.3 饮水

8.3.1 基础级实验动物的饮水应符合GB 5749的要求。

8.3.2 清洁级及其以上级别实验动物的饮水应达到无菌要求。

9 动物运输

9.1 运输笼具

9.1.1 运输活体动物的笼具结构应适应动物特点，材质应符合动物的健康和福利要求，并符合运输规范和要求。

9.1.2 运输笼具必须足够坚固，能防止动物破坏、逃逸或接触外界，并能经受正常运输。

9.1.3 运输笼具的大小和形状应适于被运输动物的生物特性，在符合运输要求的前提下要使动物感觉舒适。

9.1.4 运输笼具内部和边缘无可伤害到动物的锐角或突起。

9.1.5 运输笼具的外面应具有适合于搬动的把手或能够握住的把柄，搬运者与笼具内的动物不能有身体接触。

9.1.6 在紧急情况下，运输笼具要容易打开门，将活体动物移出。

9.1.7 运输笼具应符合微生物控制的等级要求，并且必须在每次使用前进行清洗和消毒。

9.1.8 可移动的动物笼具应在动物笼具顶部或侧面标上“活体实验动物”的字样，并用箭头或其他标志标明动物笼具正确立放的位置。运输笼具上应标明运输该动物的注意事项。

9.2 运输工具

9.2.1 运输工具能够保证有足够的新鲜空气维持动物的健康、安全和舒适的需要，并应避免运输时运输工具的废气进入。

9.2.2 运输工具应配备空调等设备，使实验动物周围环境的温度符合相应等级要求，以保证动物的质量。

9.2.3 运输工具在每次运输实验动物前后均应进行消毒。

9.2.4 如果运输时间超过6 h，宜配备符合要求的饲料和饮水设备。

10 检测

10.1 设施环境技术指标检测方法见本标准附录A ~ 附录I。

10.2 设备环境技术指标检测方法参考附录A ~ 附录I执行。除检测设备内部技术指标外，还应检测设备所处房间环境的温湿度、噪声指标。

附录A

(规范性附录)

温湿度测定

A.1 测定条件

A.1.1 在设施竣工空调系统运转48 h后或设施正常运行之中进行测定。测定时，应根据设施设计要求的空调和洁净等级确定动物饲育区及实验工作区，并在区内布置测点。

A.1.2 一般饲育室应选择动物笼具放置区域范围为动物饲育区。

A.1.3 恒温恒湿房间离围护结构0.5 m，离地面高度0.1 m ~ 2 m处为饲育区。

A.1.4　洁净房间垂直平行流和乱流的饲育区与恒温恒湿房间相同。

A.2　测量仪器

A.2.1　测量仪器精密度为0.1以上标准水银干湿温度计及热敏电阻式数字型温湿度测定仪。

A.2.2　测量仪器应在有效检定期内。

A.3　测定方法

A.3.1　当设施环境温度波动范围大于2℃,室内相对湿度波动范围大于10%,温湿度测定宜连续进行8 h,每次测定间隔为15 min ~ 30 min。

A.3.2　乱流洁净室按洁净面积不大于50 m^2至少布置测定5个测点,每增加20 m^2 ~ 50 m^2增加3个 ~ 5个位点。

附录B

(规范性附录)
气流速度测定

B.1　测定条件

在设施运转接近设计负荷,连续运行48 h以上进行测定。

B.2　测量仪器

B.2.1　测量仪器为精密度为0. 01以上的热球式电风速计,或智能化数字显示式风速计,校准仪器后进行检测。

B.2.2　测量仪器应在有效检定期内。

B.3　测定方法

B.3.1　布点

B.3.1.1　应根据设计要求和使用目的确定动物饲育区和实验工作区,要在区内布置测点。

B.3.1.2　一般空调房间应选择放置在实验动物笼具处的具有代表性的位置布点,尚无安装笼具时在离围护结构0.5 m,离地高度1.0 m及室内中心位置布点。

B.3.2　测定方法

B.3.2.1　检测在实验工作区或动物饲育区内进行,当无特殊要求时,于地面高度1.0 m处进行测定。

B.3.2.2　乱流洁净室按洁净面积不大于50 m^2至少布置测定5个测点,每增加20 m^2~50 m^2增加3个 ~ 5个位点。

B.4　数据整理

B.4.1　每个测点的数据应在测试仪器稳定运行条件下测定,数字稳定10 s后读取。

B.4.2　乱流洁净室内取各测定点平均值,并根据各测定点各次测定值判定室内气流速度变动范围及稳定状态。

附录C

（规范性附录）
换气次数测定

C.1 测定条件

在实验动物设施运转接近设计负荷连续运行48 h以上进行测定。

C.2 测量仪器

C.2.1 测量仪器为精密度为0.01以上的热球式电风速计，或智能化数字显示式风速计，或风量罩，校准仪器后进行检测。

C.2.2 测量仪器应在有效检定期内。

C.3 测定方法

C.3.1 通过测定送风口风量（正压式）或出风口（负压式）及室内容积来计算换气次数。

C.3.2 风口为圆形时，直径在200 mm以下者，在径向上选取2个测定点进行测定；直径在200～300 mm时，用同心圆做2个等面积环带，在径向上选取4个测定点进行测定；直径为300～600 mm时，做成3个同心圆，在径向上选取6个点；直径大于600 mm时，做成5个同心圆测定10个 点，求出风速平均值。

C.3.3 风口为方形或长方形者，应将风口断面分成100 mm×150 mm以下的若干个等分面积，分别测定各个等分面积中心点的风速，求出平均值，作为平均风速。

C.3.4 在装有圆形进风口的情况下，可应用与之管径相等，1 000 mm长的辅助风道或应用风斗型辅助风道，按C.3.2中所述方法取点进行测定；如送风口为方形或长方形，则应用相应形状截面的辅助风道，按C.3.3中所述方法取样进行测定。

C.3.5 使用风量罩测定时，直接将风量罩扣到送（排）风口测定。

C.4 结果计算

按式（C.1）求得换气量。

$$Q = 3\,600\,S\bar{v} \quad \cdots\cdots\cdots\cdots\cdots\cdots (C.1)$$

式中：

Q——所求换气量，单位为立方米每小时<m^3/h）；

S——有效横截面积，单位为平方米（m^2）；

V——平均风速，单位为米每秒（m/s）。

换气量再乘以校正系数即可求得标准状态下的换气量。校正系数进风口为1.0，出风口为0.8，以20℃为标准状态按式（C.2）进行换算：

$$Q_0=3\,600[(273+20)/(273+t)]S\bar{v} \cdots\cdots\cdots\cdots\cdots\cdots (C.2)$$

式中：

Q_0 标准状态时的换气量，单位为立方米每小时（m3/h）；

t——送风温度，单位为摄氏度（°C）；

$\bar{v}$——平均风速，单位为米每秒（m/s）。

换气次数则由式（C.3）求得：

$$n=Q_0/V \cdots\cdots\cdots\cdots\cdots\cdots (C.3)$$

n——换气次数，单位为次每小时（次/h）；

Q_0——送风量,单位为立方米每小时(m^3/h);

V——室内容积,单位为立方米(m^3)。

附录D

(规范性附录)

静压差测定方法

D.1 检测条件

D.1.1 静态检测

在洁净实验室动物设施空调送风系统连续运行48 h以上,已处于正常运行状态,工艺设备已安装,设施内无动物及工作人员的情况下进行检测。

D.1.2 动态检测

在洁净实验动物设施已处于正常使用状态下进行检测。

D.2 测量仪器

D.2.1 测量仪器为精度可达1.0 Pa的微压计。

D.2.2 测量仪器应在有效检定期内。

D.3 测定方法

D.3.1 检测在实验动物设施内进行,根据设施设计与布局,按人流、物流、气流走向依次布点测定。

D.3.2 每个测点的数据应在设施与仪器稳定运行的条件下读取。

附录E

(规范性附录)

空气洁净度检测方法

E.1 检测条件

E.1.1 静态检测

在实验动物设施内环境净化空调系统正常连续运转48 h以上,工艺设备已安装,室内无动物及工作人员的情况下进行检测。

E.1.2 动态检测

在实验动物设施处于正常生产或实验工作状态下进行检测。

E.2 检测仪器

E.2.1 尘埃粒子计数器。

E.2.2 测量仪器应在有效检定期内。

E.3 测定方法

E.3.1 静态检测

E.3.1.1 应对洁净区及净化空调系统进行彻底清洁。

E.3.1.2　测量仪器充分预热,采样管必须干净,连接处严禁渗漏。

E.3.1.3　采样管长度,应为仪器的允许长度,当无规定时,不宜大于1.5 m。

E.3.1.4　采样管口的流速,宜与洁净室断面平均风速相接近。检测人员应在采样口的下风侧。

E.3.2　动态检测

在实验工作区或动物饲育区内,选择有代表性测点的气流上风向进行检测,检测方法和操作与静态 检测相同。

E.4　测点布置

E.4.1　检测实验工作区时,如无特殊实验要求,取样高度为距地面1.0 m高的工作平面上。

E.4.2　检测动物饲育区内时,取样高度为笼架高度的中央,水平高度约为0. 9 m ~ 1. 0 m的平面上。

E.4.3　测点间距为0.5 m ~ 2.0 m,层流洁净室测点总数不少于20点。乱流洁净室面积不大于50 n? 的布置5个测点,每增加20 m^2 ~ 50 m^2应增加3个 ~ 5个测点。每个测点连续测定3次。

E.5　采样流量及采样量

E.5.1　5级要求洁净实验动物设施(装置)采样流量为1. 0 L/min,采样量不小于1. 0 L。

E.5.2　6级及以上级别要求的实验动物设施(装置)采样流量不大于0. 5 L/min,采样量不少于1.0 L。

E.6　结果计算

E.6.1　每个测点应在测试仪器稳定运行条件下采样测定3次,计算求取平均值,为该点的实测结果。

E.6.2　对于大于或等于0.5μm的尘埃粒子数确定:层流洁净室取各测定点的最大值。乱流洁净室取各测点的平均值作为实测结果。

附录F

(规范性附录)
空气沉降菌检测方法

F. 1　测定条件

实验动物设施环境空气中沉降菌的测定应在实验动物设施空调净化系统正常运行至少48 h,经消毒灭菌后进行。

F.2　测点选择

每5 m^2 ~ 10 m^2设置1个测定点,将培养皿放于地面上。

F.3　测定方法

平皿打开后放置30 min,加盖,放于37℃恒温箱内培养48 h后计算菌落数(个/皿)。

营养琼脂培养基的制备:

成分:营养琼脂培养基。

制法:将已灭菌的营养琼脂培养基(pH7. 6),隔水加热至完全溶化。冷却至50 °C左右,轻轻摇匀(勿使有气泡),立即倾注灭菌平皿内(直径为90 mm),每皿注入15 mL ~ 25 mL。待琼脂凝固后,翻转平皿(盖在下),放入37 °C恒温箱内,经24 h无菌培养,无细菌生长,方可用于检测。

附录G

(规范性附录)
噪声检测方法

G.1 检测条件

G.1.1 静态检测

在实验动物设施内环境通风、净化、空调系统正常连续运转48 h后,工艺设备已安装,室内无动物及生产实验工作人员的条件下进行检测。

G.1.2 动态检测

在实验动物设施处于正常生产或实验工作状态条件下进行检测。

G.2 检测仪器

G.2.1 测量仪器为声级计。

G.2.2 测量仪器应在有效检定期内。

G.3 测定方法

G.3.1 测点布置:面积小于或等于10 m^2的房间,于房间中心离地1.2 m高度设一个点;面积大于10 m^2的房间,在室内离开墙壁反射面1.0 m及中心位置,离地面1.2 m高度布点检测。

G.3.2 实验动物设施内噪声测定以声级计A档为准进行测定。

附录H

(规范性附录)
照度测定方法

H.1 测定条件

实验动物设施内照度,在工作光源接通,并正常使用状态下进行测定。

H.2 测定仪器

H.2.1 测定仪器为便携式照度计。

H.2.2 测量仪器应在有效检定期内。

H.3 测定方法

H.3.1 在实验动物设施内选定几个具有代表性的点测定工作照度。距地面0.9 m,离开墙面1.0 m处布置测点。

H.3.2 关闭工作照度灯,打开动物照度灯,在动物饲养盒笼盖或笼网上测定动物照度,测定时笼架不同层次和前后都要选点。

H.3. 3 使用电光源照明时,应注意电压时高时低的变化,应使电压稳定后再测。

附录I

（规范性附录）
氨气浓度测定方法

I.1 测定条件

在实验动物设施处于正常生产或实验工作状态下进行，垫料更换符合时限要求。

I.2 测定原理

实验动物设施环境中氨浓度检测应用纳氏试剂比色法进行。其原理是：氨与纳氏试剂在碱性条件下作用产生黄色，比色定量。

此法检测灵敏度为2μg/10 mL。

I.3 检测仪器

I.3.1 检测仪器为大型气泡吸收管，空气采样机，流量计0.2 L/min ~ 1.0 L/min，具塞比色管（10 mL），分光光度计。基于纳氏试剂比色法的现场氨测定仪。

I.3.2 检测仪器应在有效检定期内。

I.4 样品采集

I.4.1 试剂

吸收液：0.05 mol/L硫酸溶液。

纳氏试剂：称取17 g氯化汞溶于300 mL蒸馏水中，另将35 g碘化钾溶于100 mL蒸馏水中，将氯化汞溶液滴入碘化钾溶液直至形成红色不溶物沉淀出现为止。然后加入600 mL 20%氢氧化钠溶液及剩余的氯化汞溶液。将试剂贮存于另一个棕色瓶内，放置暗处数日。取出上清液放于另一个棕色瓶内，塞好橡皮塞备用。

标准溶液：称取3.879 g硫酸[$(NH_4)_2SO_4$]（80 ℃干燥1 h），用少量吸收液溶解，移入1 000 mL容量瓶中，用吸收液稀释至刻度，此溶液1 mL含1 mg氨（NH_3）贮备液。

量取贮备液20 mL移入1 000 mL容量瓶，用吸收液稀释至刻度，配成1 mL含0. 02 mg氨（NH_3）的标准溶液备用。

I.4.2 样品采集方法

应用装有5 mL吸收液的大型气泡吸收管安装在空气采样器上，以0.5 L/min速度在笼具中央位置抽取5 L被检气体样品。

I.5 分析步骤

采样结束后，从采样管中取1 mL样品溶液，置于试管中，加4 mL吸收液，同时按表I. 1配制标准色列，分别测定各管的吸光度，绘制标准曲线。

表I–1 氨标准色列管的配制

管号	0	1	2	3	4	5	6	7	8	9	10
标准液/mL	0	0.2	0.4	0. 6	0.8	1.0	1.2	1.4	1.6	1.8	2.0
0.05mol H_2SO_4/mL	5	4.8	4.6	4.4	4.2	4. 0	3.8	3. 6	3.4	3. 2	3.0
纳氏试剂/mL	0. 5	0.5	0.5	0. 5	0.5	0. 5	0.5	0.5	0. 5	0.5	0. 5
氨含量/mg	0	0. 004	0.008	0.012	0. 016	0.02	0.024	0. 028	0. 032	0.036	0. 04
吸光度											

向样品管中加入0.5 mL纳氏试剂，混匀，放置5 min后用分光光度计在500 nm处比色，读取吸光度值，从标准曲线表中查出相对应的氨含量。

I.6 计算

I.6.1 将采样体积按式（I.1）换算成标准状态下采样体积

$$V_0 = V_t \times \frac{t_0}{273 + t} \times \frac{P}{P_0} \qquad \cdots\cdots\cdots\cdots\cdots\cdots\cdots\cdots\text{(I.1)}$$

式中：

V_0——标准状态下的采样体积，单位为升（L）；

V_t——采样体积，单位为升（L）；

t——采样点的气温，单位为摄氏度（℃）；

t_0——标准状态下的绝对温度273 K；

P——采样点的大气压，单位为千帕（kPa）；

P_0——标准状态下的大气压，101 kPa。

I.6.2 空气中氨浓度，式（I.2）

$$X = \frac{C \times \text{稀释倍数} \times \text{取样量}}{V_0} \qquad \cdots\cdots\cdots\cdots\cdots\cdots\cdots\cdots\text{(I.2)}$$

式中：

X——空气中氨浓度，单位为毫克每立方米（mg/m^3）；

C——样品溶液中氨含量，单位为微克μg）；

V_0——换算成标准状况下的采样体积，单位为升（L）。

I.7 注意事项

当氨含量较高时，则形成棕红色沉淀，需另取样品，增加稀释倍数，重新分析；甲醛和硫化氢对测定有干扰；所有试剂均需用无氨水配制。

GB 14925—2010《实验动物 环境及设施》国家标准第1号修改单

本修改单经国家标准化管理委员会于2011年9月6日批准，自2011年10月1日起实施。

一、标准前言中最后一行"本标准于1994年1月首次发布，于1999年8月进行第一次修订，2001年第二次修订"改为"本标准于1994年1月首次发布，于2001年第一次修订"。

二、3.5和8.3.1中"基础级实验动物"改为"普通级实验动物"；表1中"适用动物等级"栏第1行"基础动物"改为"普通动物"；6.1.2.2中"基础级大动物"改为"普通级大动物"。

三、表3中项目栏第6行中"相通区域的最小静压差/Pa≤"和表4中第1行[包括表4(续)]中"相通区域的最小压差/Pa≤"改为"相通区域的最小静压差/Pa≥"。

实验动物设施建筑技术规范 GB 50447-2008

1 总则

1.0.1 为使实验动物设施在设计、施工、检测和验收方面满足环境保护和实验动物饲养环境的要求，做到技术先进、经济合理、使用安全、维护方便，制定本规范。

1.0.2 本规范适用于新建、改建、扩建的实验动物设施的设计、施工、工程检测和工程验收。

1.0.3 实验动物设施的建设应以实用、经济为原则。实验动物设施所用的设备和材料必须有符合要求的合格证、检验报告，并在有效期之内。属于新开发的产品、工艺，应有鉴定证书或试验证明材料。

1.0.4 实验动物生物安全实验室应同时满足现行国家标准《生物安全实验室建筑技术规范》GB 50346的规定。

1.0.5 实验动物设施的建设除应符合本规范的规定外，尚应符合国家现行有关标准的规定。

2 术语

2.0.1 实验动物 laboratory animal

指经人工培育，对其携带微生物和寄生虫实行控制，遗传背景明确或者来源清楚，用于科学研究、教学、生产、检定以及其他科学实验的动物。

2.0.2 普通环境 conventional environment

符合动物居住的基本要求，控制人员和物品、动物出入，不能完全控制传染因子，但能控制野生动物的进入，适用于饲育基础级实验动物。

2.0.3 屏障环境 barrier environment

符合动物居住的要求，严格控制人员、物品和空气的进出，适用于饲育清洁实验动物及无特定病原体（specific pathogen free，简称SPF）实验动物。

2.0.4 隔离环境 isolation environment

采用无菌隔离装置以保持装置内无菌状态或无外来污染物。隔离装置内的空气、饲料、水、垫料和设备应无菌，动物和物料的动态传递须经特殊的传递系统，该系统既能保证与环境的绝对隔离，又能满足转运动物、物品时保持与内环境一致。适用于饲育无特定病原体、悉生（gnotobiotic）及无菌（germ free）实验动物。

2.0.5 实验动物实验设施 experiment facility for laboratory animal

指以研究、试验、教学、生物制品、药品及相关产品生产、质控等为目的而进行实验动物实验的建筑物和设备的总和。

包括动物实验区、辅助实验区、辅助区.

2.0.6 实验动物生产设施 breeding facility for laboratory animal

指用于实验动物生产的建筑物和设备的总称。

包括动物生产区、辅助生产区、辅助区。

2.0.7 普通环境设施 conventional environment facility

符合普通环境要求的，用于实验动物生产或动物实验的建筑物和设备的总称。

2.0.8 屏障环境设施 barrier environment facility

符合屏障环境要求的，用于实验动物生产或动物实验的建筑物和设备的总称。

2.0.9　独立通风笼具　individually ventilated cage（缩写：IVC）

一种以饲养盒为单位的实验动物饲养设备，空气经过高效过滤器处理后分别送入各独立饲养盒使饲养环境保持一定压力和洁净度，用以避免环境污染动物或动物污染环境。该设备用于饲养清洁、无特定病原体或感染动物。

2.0.10　隔离器　isolator

一种与外界隔离的实验动物饲养设备，空气经过高效过滤器后送入，物品经过无菌处理后方能进出饲养空间，该设备既能保证动物与外界隔离，又能满足动物所需要的特定环境。该设备用于饲养无特定病原体、悉生、无菌或感染动物。

2.0.11　层流架　laminar flow cabinet

一种饲养动物的架式多层设备，洁净空气以定向流的方式使饲养环境保持一定压力和洁净度，避免环境污染动物或动物污染环境。该设备用于饲养清洁、无特定病原体动物。

2.0.12　洁净度5级　cleanliness class 5

空气中大于等于0. 5μm的尘粒数大于352pc/m^{3}到小于等于3520pc/m^3，大于等于1μm的尘粒数大于83pc/m^{3}到小于等于832pc/m^3，大于等于5μm的尘粒数小于等于29pc/m^3。

2.0.13　洁净度7级　cleanliness class 7

空气中大于等于5μm的尘粒数大于35 200pc/m^{3}到小于等于352 000pc/m^3，大于等于1μm的尘粒数大于8 320pc/m^{3}到小于等于83 200pc/m^3，大于等于5μm的尘粒数大于293pc/m^{3}到小于等于2 930pc/m^3。

2.0.14　洁净度8级　cleanliness class 8

空气中大于等于0.5μm的尘粒数大于352 000pc/m^{3}到小于等于3 520 000pc/m^3，大于等于1μm的尘粒数大于83 200pc/m^{3}到小于等于832 000pc/m^3，大于等于5μm的尘粒数大于2 930pc/m^{3}到小于等于29300pc/m^3。

2.0.15　净化区　clean zone

指实验动物设施内空气悬浮粒子（包括生物粒子）浓度受控的限定空间。它的建造和使用应减少空间内诱入、产生和滞留粒 子。空间内的其他参数如温度、湿度、压力等须按要求进行控制。

2.0.16　静态　at-rest

实验动物设施已经建成，空调净化系统和设备正常运行，工艺设备已经安装（运行或未运行），无工作人员和实验动物的状态。

2.0.17　综合性能评定　comprehensive performance judgment

对已竣工验收的实验动物设施的工程技术指标进行综合检测和评定。

3　分类和技术指标

3.1　实验动物环境设施的分类

3.1.1　按照空气净化的控制程度，实验动物环境设施可分为普通环境设施、屏障环境设施和隔离环境设施；按照设施的使用功能，可分为实验动物生产设施和实验动物实验设施。实验动物环境设施可按表3. 1.1分类。

表3.1.1　实验动物环境设施的分类

环境设施分类		使用功能	适用动物等级
普通环境		实验动物生产,动物实验,检疫	基础动物
屏障环境	正压	实验动物生产,动物实验,检疫	清洁动物、SPF动物
	负压	动物实验,检疫	清洁动物、SPF动物
隔离环境	正压	实验动物生产,动物实验,检疫	无菌动物.SPF动物、悉生动物
	负压	动物实验,检疫	无菌动物、SPF动物、悉生动物

3.2　实验动物设施的环境指标

2.1　实验动物生产设施动物生产区的环境指标应符合表3.2.1的要求。

表3.2.1　动物生产区的环境指标

项目		指　　标						
		小鼠、大鼠、豚鼠、地鼠			犬、猴、猫、兔、小型猪			鸡
		普通环境	屏障环境	隔离环境	普通环境	屏障环境	隔离环境	屏障环境
温度,℃		18 ~ 29	20~26		16~28	20~26		16~28
最大日温差,℃		—	4		—	4		4
相对湿度,%		40 ~ 70						
最小换气次数,次/h		8	15	—	8	15	—	15
动物笼具周边处气流速度,m/s		≤0.2						
与相通房间的最小静压差,Pa		—	10	50	—	10	50	10
空气洁净度,级			7	—	—	7	—	7
沉降菌最大平均浓度,个/5h,Φ90mm平皿		—	3	无检出	—	3	无检出	3
氨浓度指标,mg/m^3		≤14						
噪声,dB(A)		≤60						
照度,lx	最低工作照度	150						
	动物照度	15 ~ 20			100~200			5 ~ 10
昼夜明暗交替时间,h		12/12或10/14						

注:1.表中氨浓度指标为有实验动物时的指标。

2.普通环境的温度、湿度和换气次数指标为参考值,可根据实际需要确定。

3.隔离环境与所在房间的最小静压差应满足设备的要求。

4.隔离环境的空气洁净度等级根据设备的要求确定参数。

3.2.2　实验动物实验设施动物实验区的环境指标应符合3. 2. 2的要求。

表3.2.2　动物实验区的环境指标

<table>
<tr><th colspan="2" rowspan="3">项 目</th><th colspan="7">指　　标</th></tr>
<tr><th colspan="3">小鼠、大鼠、豚鼠、地鼠</th><th colspan="3">犬、猴、猫、兔、小型猪</th><th>鸡</th></tr>
<tr><th>普通环境</th><th>屏障环境</th><th>隔离环境</th><th>普通环境</th><th>屏障环境</th><th>隔离环境</th><th>隔离环境</th></tr>
<tr><td colspan="2">温度，°C</td><td>19 ~ 26</td><td colspan="2">20 ~ 26</td><td>16 ~ 26</td><td colspan="2">20~26</td><td>16 ~ 26</td></tr>
<tr><td colspan="2">最大日温差，°C</td><td>4</td><td colspan="2">4</td><td>4</td><td colspan="2">4</td><td>4</td></tr>
<tr><td colspan="2">相对湿度，%</td><td colspan="7">40~70</td></tr>
<tr><td colspan="2">最小换气次数，次/h</td><td>8</td><td>15</td><td></td><td>8</td><td>15</td><td>—</td><td>—</td></tr>
<tr><td colspan="2">动物笼具周边处气流速度，m/s</td><td colspan="7">≤0. 2</td></tr>
<tr><td colspan="2">与相通房间的最小静压差，Pa</td><td>—</td><td>10</td><td>50</td><td>—</td><td>10</td><td>50</td><td>50</td></tr>
<tr><td colspan="2">空气洁净度，级</td><td>—</td><td>7</td><td></td><td>—</td><td>7</td><td>—</td><td>—</td></tr>
<tr><td colspan="2">沉降菌最大平均浓度，个/0.5h，Φ90mm平皿</td><td>—</td><td>3</td><td>无检出</td><td>—</td><td>3</td><td>无检出</td><td>无检出</td></tr>
<tr><td colspan="2">氨浓度指标，mg/m³</td><td colspan="7">≤14</td></tr>
<tr><td colspan="2">噪声，dB（A）</td><td colspan="7">≤60</td></tr>
<tr><td rowspan="2">照度，lx</td><td>最低工作照度</td><td colspan="7">150</td></tr>
<tr><td>动物照度</td><td colspan="3">15 ~ 20</td><td colspan="3">100~200</td><td>5~10</td></tr>
<tr><td colspan="2">昼夜明暗交替时间，h</td><td colspan="7">12/12或10/14</td></tr>
</table>

注：1. 表中氨浓度指标为有实验动物时的指标。

2. 普通环境的温度、湿度和换气次数指标为参考值，可根据实际需要确定。

3. 隔离环境与所在房间的最小静压差应满足设备的要求。

4. 隔离环境的空气洁净度等级根据设备的要求确定参数。

3.2.3 屏障环境设施的辅助生产区(辅助实验区)主要环境指标应符合表3.2.3的规定。

表3.2.3 屏障环境设施的辅助生产区(辅助实验区)主要环境指标

房间名称	洁净度级别	最小换气次数(次/h)	与室外方向上相通房间的最小压差(Pa)	温度(℃)	相对湿度(%)	噪声dB(A)	最低照度(lx)
洁物储存室	7	15	10	18~28	30~70	≤60	150
无害化消毒室	7或8	15或10	10	18~28	—	≤60	150
洁净走廊	7	15	10	18~28	30~70	≤60	150
污物走廊	7或8	15或10	10	18~28	—	≤60	150
缓冲间	7或8	15或10	10	18~28	—	≤60	150
二更	7	15	10	18~28	—	≤60	150
清洗消毒室	—	4		18~28	—	≤60	150
淋浴室	—	4	-	18~28		≤60	100
一更(脱、穿普通衣、工作服)	—		---	18~28		≤60	100

注:1. 实验动物生产设施的待发室、检疫室和隔离观察室主要技术指标应符合表3.2.1的规定。
2. 实验动物实验设施的待发室、检疫室和隔离观察室主要技术指标应符合表3.2.2的规定。
3. 正压屏障环境的单走廊设施应保证动物生产区、动物实验区压力最高,正压屏障环境的双走廊或多走廊设施应保证洁净走廊的压力高于动物生产区、动物实验区;动物生产区、动物实验区的压力高于污物走廊。

4 建筑和结构

4.1 选址和总平面

4.1.1 实验动物设施的选址应符合下列要求:

1. 应避开污染源。
2. 宜选在环境空气质量及自然环境条件较好的区域。
3. 宜远离有严重空气污染、振动或噪声干扰的铁路、码头、飞机场、交通要道、工厂、贮仓、堆场等区域。若不能远离上述区域则应布置在当地最大频率风向的上风侧或全年最小频率风向的下风侧。
4. 应远离易燃、易爆物品的生产和储存区,并远离高压线路及其设施。

4.1.2 实验动物设施的总平面设计应符合下列要求:

1. 基地的出入口不宜少于两处,人员出入口不宜兼做动物尸体和废弃物出口。
2. 废弃物暂存处宜设置于隐蔽处。
3. 周围不应种植影响实验动物生活环境的植物。

4.2 建筑布局

4.2.1 实验动物生产设施按功能可分为动物生产区、辅助生产区和辅助区。动物生产区、辅助生产区合称为生产区。

4.2.2 实验动物实验设施按功能可分为动物实验区、辅助实验区和辅助区。动物实验区、辅助实验区合称为实验区。

4.2.3　实验动物设施生产区(实验区)与辅助区宜有明确分区。屏障环境设施的净化区内不应设置卫生间;不宜设置楼梯、电梯。

4.2.4　不同级别的实验动物应分开饲养;不同种类的实验动物宜分开饲养。

4.2.5　发出较大噪声的动物和对噪声敏感的动物宜设置在不同的生产区(实验区)内。

4.2.6　实验动物设施生产区(实验区)的平面布局可根据需要采用单走廊、双走廊或多走廊等方式。

4.2.7　实验动物设施主体建筑物的出入口不宜少于两个,人员出入口、洁物入口、污物出口宜分设。

4.2.8　实验动物设施的人员流线之间、物品流线之间和动物流线之间应避免交叉污染。

4.2.9　屏障环境设施净化区的人员入口应设置二次更衣室,二更可兼做缓冲间。

4.2.10　动物进入生产区(实验区)宜设置单独的通道,犬、猴、猪等实验动物入口宜设置洗浴间。

4.2.11　负压屏障环境设施应设置无害化处理设施或设备,废弃物品、笼具、动物尸体应经无害化处理后才能运出实验区。

4.2.12　实验动物设施宜设置检疫室或隔离观察室,或两者均设置。

4.2.13　辅助区应设置用于储藏动物饲料、动物垫料等物品的用房。

4.3　建筑构造

4.3.1　货物出入口宜设置坡道或卸货平台,坡道坡度不应大于1/10.

4.3.2　设置排水沟或地漏的房间,排水坡度不应小于1%,地面应做防水处理。

4.3.3　动物实验室内动物饲养间与实验操作间宜分开设置。

4.3.4　屏障环境设施的清洗消毒室与洁物储存室之间应设置高压灭菌器等消毒设备。

4.3.5　清洗消毒室应设置地漏或排水沟,地面应做防水处理,墙面宜做防水处理。

4.3.6　屏障环境设施的净化区内不宜设排水沟。屏障环境设施的洁物储存室不应设置地漏。

4.3.7　动物实验设施应满足空调机、通风机等设备的空间要求,并应对噪声和振动进行处理。

4.3.8　二层以上的实验动物设施宜设置电梯。

4.3.9　楼梯宽度不宜小于1.2m,走廊净宽不宜小于1.5m,门洞宽度不宜小于1.0m。

4.3.10　屏障环境设施生产区(实验区)的层高不宜小于4. 2m。室内净高不宜低于2.4m,并应满足设备对净高的需求。

4.3.11　围护结构应选用无毒、无放射性材料。

4.3.12　空调风管和其他管线暗敷时,宜设置技术夹层。当采用轻质构造顶棚做技术夹层时,夹层内宜设检修通道。

4.3.13　墙面和顶棚的材料应易于清洗消毒、耐腐蚀、不起尘、不开裂、无反光、耐冲击、光滑防水。

4.3.14　屏障环境设施净化区内的门窗、墙壁、顶棚、楼(地)面应表面光洁,其构造和施工缝隙应采用可靠的密闭措施,墙面与地面相交位置应做半径不小于30mm的圆弧处理。

4.3.15　地面材料应防滑、耐磨、耐腐蚀、无渗漏,踢脚不应突出墙面。屏障环境设施的净化区内的地面垫层宜配筋,潮湿地区、经常用水冲洗的地面应做防水处理。

4.3.16　屏障环境设施净化区的门窗应有良好的密闭性。屏障环 境设施的密闭门宜朝空气压力较高的房间开启,并宜能自动关闭,各房间门上宜设观察窗,缓冲室的门宜设互锁装置。

4.3.17　屏障环境设施净化区设置外窗时,应采用具有良好气密性的固定窗,不宜设窗台,宜与墙面齐平。啮齿类动物的实验动 物设施的生产区(实验区)内不宜设外窗。

4.3.18 应有防止昆虫、野鼠等动物进入和实验动物外逃的措施。

4.3.19 实验动物设施应满足生物安全柜、动物隔离器、高压灭菌器等设备的尺寸要求，应留有足够的搬运孔洞和搬运通道，以及应满足设置局部隔离、防震、排热、排湿设施的需要。

4.3.20 屏障环境设施动物生产区（动物实验区）的房间和与其相通房间之间，以及不同净化级别房间之间宜设置压差显示装置。

4.4 结构要求

4.4.1 屏障环境设施的结构安全等级不宜低于二级。

4.4.2 屏障环境设施不宜低于丙类建筑抗震设防。

4.4.3 屏障环境设施应能承载吊顶内设备管线的荷载，以及高压灭菌器、空调设备、清洗池等设备的荷载。

4.4.4 变形缝不宜穿越屏障环境设施的净化区，如穿越应采取措施满足净化要求。

5 空调、通风和空气净化

5.1 一般规定

5.1.1 空调系统的划分和空调方式选择应经济合理，并应有利于实验动物设施的消毒、自动控制、节能运行，同时应避免交叉污染。

5.1.2 空调系统的设计应满足人员、动物、动物饲养设备、生物安全柜、高压灭菌器等的污染负荷及热湿负荷的要求。

5.1.3 送、排风系统的设计应满足所用动物饲养设备、生物安全柜等设备的使用条件。隔离器、动物解剖台、独立通风笼具等不应向室内排风。

5.1.4 实验动物设施的房间或区域需单独消毒时，其送、回（排）风支管应安装气密阀门。

5.1.5 空调净化系统宜选用特性曲线比较陡峭的风机。

5.1.6 屏障环境设施和隔离环境设施的动物生产区（动物实验区），应设置备用的送风机和排风机。当风机发生故障时，系统应能保证实验动物设施所需最小换气次数及温湿度要求。

5.1.7 实验动物设施的空调系统应采取节能措施。

5.1.8 实验动物设施过渡季节应满足温湿度要求。

5.2 送风系统

5.2.1 使用开放式笼架具的屏障环境设施动物生产区（动物实验区）的送风系统宜采用全新风系统。采用回风系统时，对可能产生交叉污染的不同区域，回风经处理后可在本区域内自循环，但不应与其他实验动物区域的回风混合。

5.2.2 使用独立通风笼具的实验动物设施室内可以采用回风，其空调系统的新风量应满足下列要求：

1. 补充室内排风与保持室内压力梯度；
2. 实验动物和工作人员所需新风量。

5.2.3 屏障环境设施生产区（实验区）的送风系统应设置粗效、中效、高效三级空气过滤器。中效空气过滤器宜设在空调机组的正压段。

5.2.4 对于全新风系统，可在表冷器前设置一道保护用中效过滤器。

5.2.5 空调机组的安装位置应满足日常检查、维修及过滤器更换等的要求。

5.2.6 对于寒冷地区和严寒地区，空气处理设备应采取冬季防冻措施。

5.2.7 送风系统新风口的设置应符合下列要求：

1. 新风口应采取有效的防雨措施。

2. 新风口处应安装防鼠、防昆虫、阻挡绒毛等的保护网，且易于拆装和清洗。

3. 新风口应高于室外地面2.5m以上，并远离排风口和其他污染源。

5.3　排风系统

5.3.1　有正压要求的实验动物设施，排风系统的风机应与送风机连锁，送风机应先于排风机开启，后于排风机关闭。

5.3.2　有负压要求实验动物设施的排风机应与送风机连锁，排风机应先于送风机开启，后于送风机关闭。

5.3.3　有洁净度要求的相邻实验动物房间不应使用同一夹墙作为回(排)风道。

5.3.4　实验动物设施的排风不应影响周围环境的空气质量。当不能满足要求时，排风系统应设置消除污染的装置，且该装置应设在排风机的负压段。

5.3.5　屏障环境设施净化区的回(排)风口应有过滤功能，且宜有调节风量的措施。

5.3.6　清洗消毒间、淋浴室和卫生间的排风应单独设置。蒸汽高压灭菌器宜采用局部排风措施。

5.4　气流组织

5.4.1　屏障环境设施净化区的气流组织宜采用上送下回(排)方式。

5.4.2　屏障环境设施净化区的回(排)风口下边沿离地面不宜低于0.1m；回(排)风口风速不宜大于2m/s。

5.4.3　送、回(排)风口应合理布置。

5.5　部件与材料

5.5.1　高效空气过滤器不应使用木制框架。

5.5.2　风管适当位置上应设置风量测量孔。

5.5.3　采用热回收装置的实验动物设施排风不应污染新风。

5.5.4　粗效、中效空气过滤器宜采用一次抛弃型。

5.5.5　空气处理设备的选用应符合下列要求：

1. 不应采用淋水式空气处理机组.当采用表冷器时，通过盘管所在截面的气流速度不宜大于2.0m/s。

2. 空气过滤器前后宜安装压差计，测量接管应通畅，安装严密。

3. 宜选用蒸汽加湿器。

4. 加湿设备与其后的过滤段之间应有足够的距离。

5. 在空调机组内保持1000Pa的静压值时，箱体漏风率不应大于2%。

6. 净化空调送风系统的消声器或消声部件的材料应不产尘、不易附着灰尘，其填充材料不应使用玻璃纤维及其制品。

6　给水排水

6.1　给水

6.1.1　实验动物的饮用水定额应满足实验动物的饮用水需要。

6.1.2　普通动物饮水应符合现行国家标准《生活饮用水卫生标准》GB 5749的要求。

6.1.3　屏障环境设施的净化区和隔离环境设施的用水应达到无菌标准。

6.1.4　屏障环境设施生产区(实验区)的给水干管宜敷设在技术夹层内。

6.1.5　管道穿越净化区的壁面处应采取可靠的密封措施。

6.1.6　管道外表面可能结露时，应采取有效的防结露措施。

6.1.7　屏障环境设施净化区内的给水管道和管件，应选用不生锈、耐腐蚀和连接方便可靠的管材和管件。

6.2 排水

6.2.1 大型实验动物设施的生产区和实验区的排水宜单独设置化粪池。

6.2.2 实验动物生产设施和实验动物实验设施的排水宜与其他生活排水分开设置。

6.2.3 兔、羊等实验动物设施的排水管道管径不宜小于DN150。

6.2.4 屏障环境设施的净化区内不宜穿越排水立管。

6.2.5 排水管道应采用不易生锈、耐腐蚀的管材。

6.2.6 屏障环境设施净化区内的地漏应采用密闭型。

7 电气和自控

7.1 配电

7.1.1 屏障环境设施的动物生产区(动物实验区)的用电负荷不宜低于2级。当供电负荷达不到要求时,宜设置备用电源。

7.1.2 屏障环境设施的生产区(实验区)宜设置专用配电柜,配电柜宜设置在辅助区。

7.1.3 屏障环境设施净化区内的配电设备,应选择不易积尘的暗装设备。

7.1.4 屏障环境设施净化区内的电气管线宜暗敷,设施内电气管线的管口,应采取可靠的密封措施。

7.1.5 实验动物设施的配电管线宜采用金属管,穿过墙和楼板的电线管应加套管,套管内应采用不收缩、不燃烧的材料密封。

7.2 照明

7.2.1 屏障环境设施净化区内的照明灯具,应采用密闭洁净灯。照明灯具宜吸顶安装;当嵌入暗装时,其安装缝隙应有可靠的密封措施。灯罩应采用不易破损、透光好的材料。

7.2.2 鸡、鼠等实验动物的动物照度应可以调节。

7.2.3 宜设置工作照明总开关。

7.3 自控

7.3.1 自控系统应遵循经济、安全、可靠、节能的原则,操作应简单明了。

7.3.2 屏障环境设施生产区(实验区)宜设门禁系统。缓冲间的门,宜采取互锁措施。

7.3.3 当出现紧急情况时,所有设置互锁功能的门应处于可开启状态。

7.3.4 屏障环境设施动物生产区(动物实验区)的送、排风机应设正常运转的指示,风机发生故障时应能报警,相应的备用风机应能自动或手动投入运行。

7.3.5 屏障环境设施动物生产区(动物实验区)的送风和排风机必须可靠连锁,风机的开机顺序应符合本规范第5.3.1条和第5.3.2条的要求。

7.3.6 屏障环境设施生产区(实验区)的净化空调系统的配电应设置自动和手动控制。

7.3.7 空气调节系统的电加热器应与送风机连锁,并应设无风断电、超温断电保护及报警装置。

7.3.8 电加热器的金属风管应接地。电加热器前后各800mm范围内的风管和穿过设有火源等容易起火部位的管道和保温材料,必须采用不燃材料。

7.3.9 屏障环境设施动物生产区(动物实验区)的温度、湿度、压差超过设定范围时,宜设置有效的声光报警装置。

7.3.10 自控系统应满足控制区域的温度、湿度要求。

7.3.11 屏障环境设施净化区的内外应有可靠的通信方式。

7.3.12 屏障环境设施生产区(实验区)内宜设必要的摄像监控装置。

8　消防

8.0.1　新建实验动物设施的周边宜设置环行消防车道，或应沿建筑的两个长边设置消防车道。

8.0.2　屏障环境设施的耐火等级不应低于二级，或设置在不低于二级耐火等级的建筑中。

8.0.3　具有防火分隔作用且要求耐火极限值大于0.75h的隔墙，应砌至梁板底部，且不留缝隙。

8.0.4　屏障环境设施生产区（实验区）的吊顶空间较大的区域，其顶棚装修材料应为不燃材料且吊顶的耐火极限不应低于0.5h。

8.0.5　实验动物设施生产区（实验区）的吊顶内可不设消防设施。

8.0.6　屏障环境设施应设置火灾事故照明。屏障环境设施的疏散走道和疏散门，应设置灯光疏散指示标志。当火灾事故照明和疏散指示标志采用蓄电池作备用电源时，蓄电池的连续供电时间 不应少于20min。

8.0.7　面积大于50m^{2}的屏障环境设施净化区的安全出口的数目不应少于2个，其中1个安全出口可采用固定的钢化玻璃密闭，

8.0.8　屏障环境设施净化区疏散通道门的开启方向，可根据区域功能特点确定。

8.0.9　屏障环境设施宜设火灾自动报警装置。

8.0.10　屏障环境设施净化区内不应设置自动喷水灭火系统，应根据需要采取其他灭火措施。

8.0.11　实验动物设施内应设置消火栓系统且应保证两个水枪的充实水柱同时到达任何部位。

9　施工要求

9.1　一般规定

9.1.1　施工过程中应对每道工序制订具体的施工组织设计。

9.1.2　各道工序均应进行记录、检查，验收合格后方可进行下道工序施工。

9.1.3　施工安装完成后，应进行单机试运转和系统的联合试运转及调试，做好调试记录，并应编写调试报告。

9.2　建筑装饰

9.2.1　实验动物设施建筑装饰的施工应做到墙面平滑、地面平整、现场清洁。

9.2.2　实验动物设施有压差要求的房间的所有缝隙和孔洞都应填实，并在正压面采取可靠的密封措施。

9.2.3　有压差要求的房间宜在合适位置预留测压孔，测压孔未使用时应有密封措施。

9.2.4　屏障环境设施净化区内的墙面、顶棚材料的安装接缝应协调、美观，并应采取密封措施。

9.2.5　屏障环境设施净化区内的圆弧形阴阳角应采取密封措施。

9.3　空调净化

9.3.1　净化空调机组的基础对本层地面的高度不宜低于200mm。

9.3.2　空调机组安装时设备底座应调平，并应做减振处理。检查门应平整，密封条应严密。正压段的门宜向内开，负压段的门宜向外开。表冷段的冷凝水水管上应设水封和阀门。粗效、中效空气过滤器的更换应方便。

9.3.3　送风、排风、新风管道的材料应符合设计要求，加工前应进行清洁处理，去掉表面油污和灰尘。

9.3.4　净化风管加工完毕后，应擦拭干净，并用塑料薄膜把两端封住，安装前不得去掉或损坏。

9.3.5　屏障环境设施净化区内的所有管道穿过顶棚和隔墙时，贯穿部位必须可靠密封。

9.3.6　屏障环境设施净化区内的送、排风管道宜暗装；明装时，应满足净化要求。

9.3.7　屏障环境设施净化区内的送、排风管道的咬口缝均应可靠密封。

9.3.8 调节装置应严密、调节灵活、操作方便。

9.3.9 采用除味装置时,应采取保护除味装置的过滤措施。

9.3.10 排风除味装置应有方便的现场更换条件。

10 检测和验收

10.1 工程检测

10.1.1 工程检测应包括建筑相关部门的工程质量检测和环境指标的检测,

10.1.2 工程检测应由有资质的工程质量检测部门进行。

10.1.3 工程检测的检测仪器应有计量单位的检定,并应在检定有效期内。

10.1.4 工程环境指标检测应在工艺设备已安装就绪,设施内无动物及工作人员,净化空调系统已连续运行24小时以上的静态下进行。

10.1.5 环境指标检测项目应满足表10.1.5的要求,检测结果应符合表3.2.1、表3.2.2、表3.2.3要求。

表10.1.5 工程环境指标检测项目

序号	项 目	单 位
1	换气次数	次/h
2	静压差	Pa
3	含尘浓度	粒/L
4	温度	℃
5	相对湿度	%
6	沉降菌浓度	个/([ϕ90]培养皿,30min)
7	噪声	dB(A)
8	工作照度和动物照度	lx
9	动物笼具周边处气流速度	m/ s
10	送、排风系统连锁可靠性验证	—
11	备用送、排风机自动切换可靠性验证	—

注:1.检测项目1~8的检测方法应执行现行行业标准《洁净室施工及验收规范》JGJ 71的相关规定。

2.检测项目9的检测方法应按本章第10.1.6条执行。

3.屏障环境设施必须做检测项目3,普通环境设施可选做。

4.屏障环境设施的送、排风机采用互为备用的方式时,应做检测项目11。

5.实验动物设施检测记录用表参见附录A。

10.1.6 动物笼具处气流速度的检测方法应符合以下要求:

检测方法:测量面为迎风面(图10.1.6),距动物笼具0.1m,均匀布置测点,测点间距不大于0.2m,周边测点距离动物笼具侧壁不大于0.1m,每行至少测量3点,每列至少测量2点。

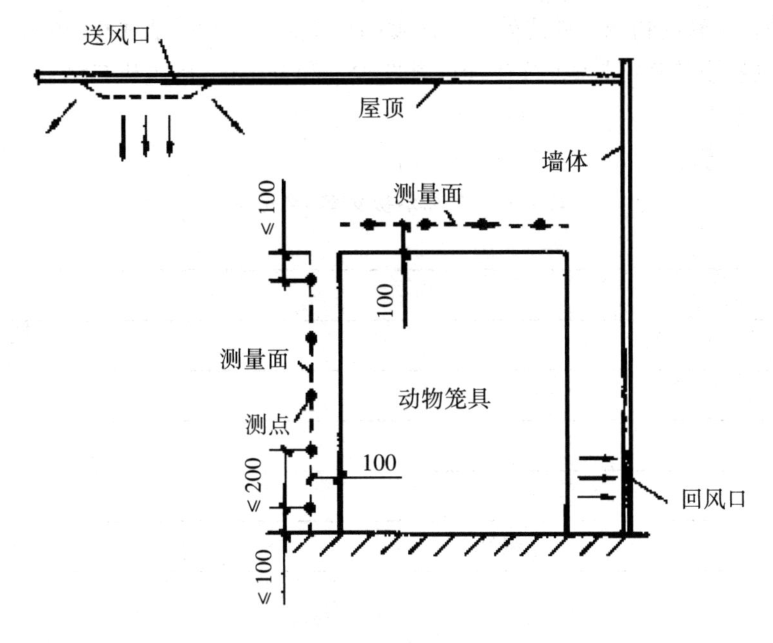

图10.1.6　测点布置

评价标准：平均风速应满足表3.2.1、表3.2.2的要求，超过标准的测点数不超过测点总数的10%。

10.2　工程验收

10.2.1　在工程验收前，应委托有资质的工程质检部门进行环境指标的检测。

10.2.2　工程验收的内容应包括建设与设计文件、施工文件、建筑相关部门的质检文件、环境指标检测文件等。

10.2.3　工程验收应出具工程验收报告。实验动物设施的验收结论可分为合格、限期整改和不合格三类。对于符合规范要求的，判定为合格；对于存在问题，但经过整改后能符合规范要求的，判定为限期整改；对于不符合规范要求，又不具备整改条件的，判定为不合格。验收项目应按附录B的规定执行。

附录A

实验动物设施检测记录用表

A.0.1　实验动物设施施工单位自检情况，施工文件检查情况，IVC、隔离器等设备检测情况，屏障环境设施围护结构严密性检测情况应按表A.0.l填写。

A.0.2　实验动物设施风速或风量的检测记录表应按表A.0.2 填写。

A.0.3　实验动物设施静压差的检测记录表应按表A.0.3填写。

A.0.4　实验动物设施含尘浓度的检测记录表应按表A.0.4 填写。

A.0.5　实验动物设施温度、相对湿度的检测记录表应按表 A.0.5填写。

A.0.6　实验动物设施沉降菌浓度的检测记录表应按表A.0.6 填写。

A.0.7　实验动物设施噪声的检测记录表应按表A.0.7填写。

A.0.8　实验动物设施工作照度和动物照度的检测记录表应按表A.0.8填写。

A.0.9　实验动物设施动物笼具周边处气流速度的检测记录表应按表A.0.9填写。

A.0.10　实验动物设施送、排风系统连锁可靠性验证和备用送、排风机自动切换可靠性验证的检测记录表应按表A.0.10填写。

表A.0.1　实验动物设施检测记录

第　页　共　页

<table>
<tr><td>委托单位</td><td colspan="5"></td></tr>
<tr><td>设施名称</td><td colspan="5"></td></tr>
<tr><td>施工单位</td><td colspan="5"></td></tr>
<tr><td>监理单位</td><td colspan="5"></td></tr>
<tr><td>检测单位</td><td colspan="5"></td></tr>
<tr><td>检测日期</td><td></td><td>记录编号</td><td></td><td>检测状态</td><td></td></tr>
<tr><td>检测依据</td><td colspan="5"></td></tr>
<tr><td colspan="6">1施工单位自检情况</td></tr>
<tr><td colspan="6"></td></tr>
<tr><td colspan="6">2施工文件检查情况</td></tr>
<tr><td colspan="6"></td></tr>
<tr><td colspan="6">3 IVC、隔离器等设备检测情况</td></tr>
<tr><td colspan="6"></td></tr>
<tr><td colspan="6">4屏障环境设施围护结构严密性检测情况</td></tr>
<tr><td colspan="6"></td></tr>
</table>

校核　　　　　　　　　　　　　　　记录　　　　　　　　　　　　　　　检验

A.0.2 实验动物设施检测记录

第 页 共 页

5风速或风量						
检测仪器名称		规格型号		编号		
检测前设备状况			检测后设备状况			
位置	风口	测点	风速(m/s)或风量(m^3/h)			备注

校核　　记录　　检验

A.0.3 实验动物设施检测记录

第 页 共 页

<table>
<tr><td colspan="6">6静压差检测</td></tr>
<tr><td>检测仪器名称</td><td></td><td>规格型号</td><td></td><td>编号</td><td></td></tr>
<tr><td>检测前设备状况</td><td colspan="2"></td><td>检测后设备状况</td><td colspan="2"></td></tr>
<tr><td colspan="4">检测位置</td><td>压差值(Pa)</td><td>备注</td></tr>
<tr><td colspan="4"></td><td></td><td></td></tr>
</table>

校核 记录 检验

A.0.4 实验动物设施检测记录

第 页 共 页

<table>
<tr><td colspan="8">7含尘浓度</td></tr>
<tr><td>检测仪器名称</td><td colspan="2"></td><td colspan="2">规格型号</td><td></td><td>编号</td><td></td></tr>
<tr><td>检测前设备状况</td><td colspan="3"></td><td colspan="2">检测后设备状况</td><td colspan="2"></td></tr>
<tr><td>位置</td><td>测点</td><td>粒径</td><td colspan="4">含尘浓度(Pc/)</td><td>备注</td></tr>
<tr><td></td><td></td><td></td><td colspan="4"></td><td></td></tr>
</table>

校核 记录 检验

A.0.5 实验动物设施检测记录

第 页 共 页

<table>
<tr><td colspan="6">8温度、相对湿度</td></tr>
<tr><td>检测仪器名称</td><td></td><td>规格型号</td><td></td><td>编号</td><td></td></tr>
<tr><td>检测前设备状况</td><td colspan="2"></td><td>检测后设备状况</td><td colspan="2"></td></tr>
</table>

房间名称	温度(℃)	相对湿度(%)	备注
室外			

校核　　记录　　检验

表A.0.6　实验动物设施检测记录

第　页共　页

9沉降菌浓度					
检测仪器名称		规格型号		编号	
检测前设备状况			检测后设备状况		
房间名称	测点	沉降菌浓度个/（ϕ90培养皿，30min）			备注

校核　　　　　　　　　　　　记录　　　　　　　　　　　　检验

表 A.0.7 实验动物设施检测记录

第 页 共 页

10噪 声					
检测仪器名称		规格型号		编号	
检测前设备状况			检测后设备状况		
房间名称	测点	噪声 dB（A）			备注

校核　　　　记录　　　　检验

A.0.8 实验动物设施检测记录

第 页 共 页

11照 度						
检测仪器名称		规格型号			编号	
检测前设备状况			检测后设备状况			
房间名称	测点	工作照度(lx)		动物照度(lx)		备注

校核 记录 检验

表A.0.9 实验动物设施检测记录

第 页 共 页

<table>
<tr><td colspan="6">12动物笼具周边处气流速度</td></tr>
<tr><td>检测仪器名称</td><td colspan="2"></td><td>规格型号</td><td></td><td>编号</td></tr>
<tr><td>检测前设备状况</td><td colspan="2"></td><td>检测后设备状况</td><td colspan="2"></td></tr>
<tr><td>房间名称</td><td>测点</td><td colspan="3">动物笼具周边处气流速度(m/s)</td><td>备注</td></tr>
<tr><td></td><td></td><td colspan="3"></td><td></td></tr>
</table>

校核 记录 检验

A.0.10　实验动物设施检测记录

第　页　共　页

13送、排风系统连锁可靠性验证

14备用送、排风机自动切换可靠性验证

校核　　　　　　　　　　　　　　　记录　　　　　　　　　　　　　　　检验

附录B

实验动物设施工程验收项目

B.0.1　实验动物设施建成后，应按照本附录列出的验收项目，逐项验收。

B.0.2　凡对工程质量有影响的项目有缺陷，属一般缺陷，其中对安全和工程质量有重大影响的项目有缺陷，属严重缺陷。根据两项缺陷的数量规定工程验收评价标准应按表B.0.2执行。

表B.0.2　实验动物设施验收标准

标准类别	严重缺陷数	一般缺陷数
合格	0	<20%
限期整改	1～3	<20%
	0	≥20%
不合格	>3	0
	一次整改后仍未通过者	

注：百分数是缺陷数相对于应被检查项目总数的比例。

B.0.3　实验动物设施工程现场检查项目应按表B.0.3执行。

表B.0.3　实验动物设施工程现场检查项目

章	序号	检查出的问题	评价		适用范围		
			严重缺陷	一般缺陷	普通环境设施	屏障环境设施	隔离环境设备
实验动物设施的技术指标	1	动物生产区、动物实验区温度不符合要求	√		√	√	√
	2	其他房间温度不符合要求		√	√	√	
	3	日温差不符合要求	√		√	√	√
	4	相对湿度不符合要求		√	√	√	√
	5	换气次数不足	√		√	√	√

续表B.0.3

章	序号	检查出的问题	评价		适用范围		
			严重缺陷	一般缺陷	普通环境设施	屏障环境设施	隔离环境设备
实验动物设施的技术指标	6	动物笼具周边处气流速度超过0.2m/s	√		√	√	√
	7	动物生产区、动物实验区压差反向	√			√	√
	8	压差不足		√		√	√
	9	洁净度级别不够	√			√	√
	10	沉降菌浓度超标	√			√	√
	11	实验动物荷养房间或设备噪声超标	√		√	√	√
	12	其他房间噪声超标		√	√	√	
	13	动物照度不满足要求	√		√	√	√
	14	工作照度不足		√	√	√	√
	15	动物生产区、动物实验区新风量不足	√		√	√	√
建筑	16	基地出入口只有一个，人员出入口兼做动物尸体和废弃物的出口		√	√	√	
	17	未设置动物尸体与废弃物暂存处		√	√	√	
	18	生产区（实验区）与辅助区未明确分设		√	√	√	
	19	屏障环境设施的卫生间置于净化区内	√			√	
	20	屏障环境设施的楼梯，电梯置于生产区（试验区）内		√		√	
	21	犬、猴、猪等实验动物入口未设置单独入口或洗浴间		√	√	√	
	22	负压屏障环境设施没有设置无害化消毒设施	√			√	
	23	动物实验室内动物饲养间与实验操作间未分开设置		√	√	√	
	21	保障环境设施未设置高压灭菌器等消毒设施	√			√	

续表B.0.3

章	序号	检查出的问题	评价		适用范围		
			严重缺陷	一般缺陷	普通环境设施	屏障环境设施	隔离环境设备
建筑	25	清洗消毒间未设地漏或排水沟,地面未做防水处理	√		√	√	
	26	清洗消毒间的墙面未做防水处理		√	√	√	
	27	屏障环境设施的净化区内设置排水沟		√		√	
	28	屏障环境设施的洁物储存室设置地漏	√			√	
	29	墙面和顶棚为非易于清洗消毒、不耐腐蚀、起尘、开裂、反光、不光滑防水的材料		√	√	√	
	30	屏障环境设施净化区内地面与墙面相交位置未做半径不小于30mm的圆弧处理		√		√	
	31	地面材料不防滑、不耐磨、不耐腐蚀,有渗漏,踢脚突出墙面		√	√	√	
	32	屏障环境设施净化区的密封性未满足要求		√		√	
	33	没有防止昆虫、鼠等动物进入和外逃的措施	√		√	√	
	34	设备的安装空间不够	√		√	√	
	35	净化区变形缝的做法未满足洁净要求	√			√	
空气净化	36	实验动物生产设施和实验动物设施的空调系统未分开设置		√	√	√	
	37	动物隔离器、动物解剖台等其他产生污染气溶胶的设备向室内排风	√		√	√	√
	38	屏障环境设施的动物生产区(动物实验区)送风机和排风机未考虑备用或当风机故障时,不能维持实验动物设施所需最小换气次数及温度要求(甲方可承受风机故障时损失的除外)	√		√	√	

续表B.0.3

章	序号	检查出的问题	评价		适用范围		
			严重缺陷	一般缺陷	普通环境设施	屏障环境设施	隔离环境设备
空气净化	39	屏障环境设施和隔离环境设施过渡季节不能满足温湿度要求	√			√	√
	40	采用了淋水式空气处理器		√	√	√	
	41	空调箱或过滤器箱内过滤器前后无压差计		√	√	√	
	42	选用易生菌的加湿方式(如湿膜、高压微雾加湿器)		√	√	√	
	43	加湿设备与其后的空气过滤段距离不够		√	√	√	
	44	有净化要求的消声器或消声部件的材料不符合要求		√		√	
	45	屏障环境设施净化区送风系统未按规定设三级过滤	√			√	
	46	对于寒冷地区和严寒地区,未考虑冬季换热设备的防冻问题	√		√	√	
	47	电加热器前后各800mm范围内的风管和穿过设有火源等容易起火部位的管道,未采用不燃保温材料	√		√	√	
	48	新风口没有有效的防雨措施。未安装防鼠、防昆虫、阻挡绒毛等的保护网	√		√	√	
	49	新风口未高出室外地面2.5m		√	√	√	
	50	新风口易受排风口及其他污染源的影响		√	√	√	
	51	送排风未连锁或连锁不当	√		√	√	
	52	有洁净度要求的相邻实验动物房间使用同一回风夹墙作为排风	√			√	
	53	屏障环境设施的动物生产区(动物实验区)未采用上送下排(回)方式		√		√	
	54	高效过滤器用木质框架	√		√	√	

续表B.0.3

章	序号	检查出的问题	评价		适用范围		
			严重缺陷	一般缺陷	普通环境设施	屏障环境设施	隔离环境设备
空气净化	55	风管未设置风量测量孔		√	√	√	
	56	使用了可产生交叉污染的热回收装置	√		√	√	
给水、排水	57	实验动物饮水不符合生活饮用水标准	√		√	√	
	58	屏障环境设施和隔离环境设施净化区内的用水未经过灭菌	√			√	√
	59	管道穿越净化区的壁面处未采取可靠的密封措施		√		√	
	60	管道表面可能结露，未采取有效的防结露措施		√	√	√	
	61	屏障环境设施净化区内的给水管道，未选用不生锈、耐腐蚀和连接方便可靠的管材	√			√	
	62	大型的生产区(实验区)的排水未单独设置化粪池		√	√	√	
	63	动物生产或实验设施的排水与建筑生活排水未分开设置		√	√	√	
	64	小鼠等实验动物设施的排水管道管径小于DN75		√	√	√	
	65	兔、羊等实验动物设施的排水管道管径小于DN150		√	√	√	
	66	屏障环境设施净化区内穿过排水立管		√		√	
	67	排水管道未采用不易生锈、耐腐蚀的管材		√	√	√	
	68	屏障环境设施净化区内的地漏为非密闭型	√			√	

续表B.0.3

章	序号	检查出的问题	评价		适用范围		
			严重缺陷	一般缺陷	普通环境设施	屏障环境设施	隔离环境设备
电气设备和自控要求	69	屏障环境设施、隔离环境设施达不到用电负荷要求	√			√	√
	70	屏障环境设施生产区(实验区)设施未设置独立配电柜		√		√	√
	71	屏障环境设施配电柜设置在洁净区		√		√	
	72	屏障环境设施净化区内的电气设备未满足净化要求	√			√	
	73	屏障环境设施净化区内电气管线管口未采取可靠的密封措施		√		√	
	74	配电管线采用非金属管		√	√	√	
	75	净化区内穿过墙和楼板的电线管未采取可靠的密封		√	√	√	
	76	屏障环境设施净化区内的照明灯具为非密闭洁净灯	√			√	
	77	洁净灯具嵌入顶棚暗装的安装缝隙未有可靠的密封措施		√		√	
	78	鼠、鸡等动物照度的照明开关不可调节		√	√	√	√
	79	屏障环境设施净化区缓冲间的门,未采取互锁措施		√		√	
	80	当出现紧急情况时,设置互锁功能的门不能处于开启状态	√			√	
	81	屏障环境设施的动物生产区(动物实验区)未设风机正常运转指示与报警		√		√	
	82	备用风机不能正常投入运行	√			√	
	83	电加热器没有可靠的连锁、保护装置、接地	√		√	√	
	84	温、湿度没有进行必要控制		√	√	√	√
	85	屏障环境设施净化区内外没有可靠的通信方式		√		√	

续表 B.0.3

章	序号	检查出的问题	评价		适用范围		
			严重缺陷	一般缺陷	普通环境设施	屏障环境设施	隔离环境设备
消防要求	86	新建实验动物建筑未设置环行消防车道,或未沿两个长边设置消防车道	√		√	√	
	87	实验动物建筑的耐火等级低于2级或设置在低于2级耐火等级的建筑中	√		√	√	
	88	具有防火分隔作用且要求耐火极限值大于0.75h的隔墙未砌至梁板底部,留有缝隙	√		√	√	
	89	屏障环境设施的生产区(实验区)顶棚装修材料为可燃材料	√			√	
	90	屏障环境设施的生产区(实验区)吊顶的耐火极限低于0.5h	√			√	
	91	面积大于50m²的屏障环境设施净化区没有火灾事故照明或疏散指示标志	√			√	
	92	屏障环境设施安全出口的数目少于2个	√			√	
	93	屏障环境设施未设火灾自动报警装置		√		√	
	94	屏障环境设施设置自动喷水灭火系统		√		√	
	95	屏障环境设施未采取喷淋以外其他灭火措施	√			√	
	96	不能保证两个水枪的充实水柱同时到达任何部位	√		√	√	
工程检测结果	97	送风高效过滤器漏泄		√	√	√	
	98	设备无合格的出厂检测报告	√		√	√	
	99	无调试报告	√		√	√	√
	100	检测单位无资质	√		√	√	√

本规范用词说明

1 为便于在执行本规范条文时区别对待,对要求严格程度不同的用词说明如下:

1)表示很严格,非这样做不可的:

正面词采用“必须”,反面词采用“严禁”;

2)表示严格,在正常情况下均应这样做的:

正面词采用“应”,反面词采用“不应”或“不得”;

3)表示允许稍有选择,在条件许可时首先应这样做的:正面词采用“宜”,反面词采用“不宜”;

表示有选择,在一定条件下可以这样做的,采用“可”。

2 条文中指明应按其他有关标准、规范执行的写法为:“应按……执行”或“应符合……的规定”。

实验动物设施建筑技术规范
GB 50447-2008 条文说明

1　总则

1.0.1　我国实验动物设施的发展非常迅速，已建成了许多实验动物设施，积累了丰富的设计、施工经验。我国已制定了国家标准《实验动物 环境及设施》GB 14925，该规范规定了实验动物设施的环境要求。本规范是解决如何建设实验动物设施以满足实验动物设施的环境要求，包括建筑、结构、空调净化、消防、给排水、电气、工程检测与验收等。

1.0.2　本条规定了本规范的适用范围。

1.0.3　既要考虑到初投资，也要考虑运行费用。针对具体项目，应进行详细的技术经济分析。对实验动物设施中采用的设备、材料必须严格把关，不得迁就，必须采用合格的设备、材料和施工工艺。

1.0.5　下划标准规范所包含的条文，通过在本规范中引用而构成本规范的条文。使用本规范的各方应注意，研究是否可使用下列规范的最新版本。

《生活饮用水卫生标准》GB 5749 - 2006

《高效空气过滤器性能实验方法 透过率和阻力》GB 6165 - 85

《污水综合排放标准》GB 8978- 1996

《高效空气过滤器》GB/T 13554 - 92

《组合式空调机组》GB/T 14294 - 1993

《空气过滤器》GB/T 14295 - 93

《实验动物 环境及设施》GB 14925

《医院消毒卫生标准》GB 15982- 1995

《医疗机构水污染物排放标准》GB 18466 - 2005

《实验室生物安全通用要求》GB 19489 - 2004

《建筑给水排水设计规范》GB 50015 - 2003

《建筑设计防火规范》GB 50016- 2006

《采暖通风与空气调节设计规范》GB 50019 - 2003

《压缩空气站设计规范》GB 50029 -2003

《建筑照明设计标准》GB 50034 - 2004

《高层民用建筑设计防火规范》GB 50045 - 95（2005年版）

《供配电系统设计规范》GB 50052 - 95

《低压配电设计规范》GB 50054-95

《洁净厂房设计规范》GB 50073 - 2001

《火灾自动报警系统设计规范》GB 50116 - 98

《建筑灭火器配置设计规范》GB 50140 - 2005

《建筑装饰装修工程质量验收规范》GB 50210 - 2001

《通风与空调工程施工质量验收规范》GB 50243 -2002

《生物安全实验室建筑技术规范》GB 50346 - 2004

《民用建筑电气设计规范》JGJ 16- 2008

《洁净室施工及验收规范》JGJ 71-90

2 术语

2.0.2~2.0.4普通环境、屏障环境、隔离环境是指实验动物直接接触的生活环境。

2.0.5、2.0.6根据使用功能进行分类。

2.0.7、2.0.8普通环境、屏障环境通过设施来实现，隔离环境通过隔离器等设备来实现。

2.0.12 ~ 2.0.14关于实验动物设施空气洁净度等级的规定采用与国际接轨的命名方式。

2.0.15净化区指实验动物设施内有空气洁净度要求的区域。

3 分类和技术指标

3.1 实验动物环境设施的分类

3.1.1 本条对实验动物环境设施进行分类，在建设实验动物设施时，应根据实验动物级别进行选择。

3.2 实验动物设施的环境指标

3.2.1、3.2.2 主要依据《实验动物 环境及设施》GB 14925中的规定。

4 建筑和结构

4.1 选址和总平面

4.1.1 实验动物设施需要相对安静、无污染的环境，选址要尽量减小环境中的粉尘、噪声、电磁等其他有害因素对设施的影响；同时，实验动物设施会产生一定的污水、污物和废气，因此在选址中还要考虑实验动物设施对环境造成污染和影响。

4.1.2 在实验动物设施基地的总平面设计时，要考虑三种流线的组织：人员流线、动物流线、洁物流线和污物流线。尽可能做到人员流线与货物流线分开组织，尤其是运送动物尸体和废弃物的路线与人员进出基地的路线分开，如果能将洁物运入路线和污物运出路线分开则更佳。

设施的外围宜种植枝叶茂盛的常绿树种，不宜选用产生花絮、绒毛、粉尘等对大气有不良影响的树种，尤其不应种植对人和动物有毒、有害的树种。

4.2 建筑布局

4.2.1 动物生产区包括育种室、扩大群饲育室、生产群饲育室等；辅助生产区包括隔离观察室、检疫室、更衣室、缓冲间、清洗消毒室、洁物储存室、待发室、洁净走廊、污物走廊等；辅助区包括门厅、办公室、库房、机房、一般走廊、卫生间、楼梯等。

4.2.2 动物实验区包括饲育室和实验操作室、饲育室和实验操 作室的前室或者后室、准备室(样品配制室)、手术室、解剖室(取材室)；辅助实验区包括更衣室、缓冲室、淋浴室、清洗消毒室、洁物储存室、检疫观察室、无害化消毒室、洁净走廊、污物走廊等；辅助区包括门厅、办公、库房、机房、一般走廊、厕 所、楼梯等。

4.2.3 屏障环境设施净化区内设置卫生间容易造成污染，所以不应设置卫生间(采用特殊的卫生洁具，不造成污染的除外)。电梯的运行会产生噪声，同时造成屏障环境设施净化区内压力梯度的波动；如将电梯置于屏障环境设施净化区内，应采取有效的措施减小噪声干扰和压力梯度的波动。楼梯置于屏障环境设施净化区内，不利于清洁和洁净度要求，如将楼梯置于屏障环境设施净化区内，应满足空气净化的要求。

4.2.4 清洁级动物、SPF级动物和无菌级动物因其对环境要求各不相同，应分别饲养在不同的房间或不同区域里，条件困难的情况下可以在同一个房间内使用满足要求的不同的笼具进行饲养；不同种类动物的温度、湿度、照度等生存条件不同，因此宜分别饲养在不同房间或不同区域里。

4.2.5 本条是为了避免鸡、犬等产生较大噪声的动物对其他动物的影响，尤其是避免对胆小的鼠、兔等动物心理和生理的影响。

4.2.6　单走廊布局方式一般是指动物饲育室或实验室排列在走廊两侧，通过这一个走廊运入和运出物品；双走廊布局方式一般是指动物饲育室或实验室两侧分别设有洁净走廊和污物走廊，洁物通过洁净走廊运入，污物通过污物走廊运出；多走廊布局方式实际是多个双走廊方式的组合，例如将洁净走廊设于两排动物室的中间，外围两侧是污物走廊的三走廊方式。

双走廊或多走廊布局时，实验动物设施的实验准备室应与洁净走廊相通，并能方便地通向动物实验室；实验动物设施的手术室应与动物实验室相邻，或有便捷的路线相通；解剖、取样的负压屏障环境设施的解剖室应放在实验区内，并应与污物走廊相连或与无害化消毒室相邻。

4.2.8　本条中的避免交叉污染，包含了几个方面的意思：进入人流与出去人流尽量不交叉，以免出去人流污染进入人流；洁物进入与污物运出流线尽量不交叉，以免污物对洁物造成污染；动物进入与动物实验后运出的流线尽量不交叉，以免实验后的动物污染新进入的动物；不同人员之间、不同动物之间也应避免互相交叉污染。

单走廊的布局，流线上不可避免有交叉时，应通过管理尽量避免相互污染，如采取严格包装、分时控制、前室再次更衣等措施。

以双走廊布局的屏障环境实验动物设施为例，人员、动物、物品的工艺流线示意如下：

人员流线：一更→二更→洁净走廊→动物实验室→ 污物走廊→二更→淋浴(必要时)→一更

动物流线：动物接收→传递窗(消毒通道、动物洗浴)→ 洁净走廊→动物实验室→污物走廊→解剖室→(无害化消毒→)尸体暂存

物品流线：清洗消毒→高压灭菌器(传递窗、渡槽)→洁物储存间→洁净走廊→动物实验室一污物走廊→(解剖室→)(无害化消毒→)污物暂存

4.2.9　二次更衣室一般用于穿戴洁净衣物，同时可兼做缓冲间阻隔室外空气进人屏障环境设施。

4.2.10　动物进入宜与人员和物品进入通道分开，小型动物也可以和物品一样通过传递窗进入。动物洗浴间内应配备所需的设备，如热水器、电吹风等。

4.2.11　负压屏障环境设施内的动物实验一般在不同程度上对人员和环境有危害性，因此其所有物品必须经无害化处理后才能运出，无害化处理一般采用双扉高压灭菌器等设施。涉及放射性物质的负压屏障环境设施还要遵守放射性物质的相关规定处理后才能运出。

4.2.12　设置检疫室或隔离观察室是为了防止外来实验动物感染实验动物设施内已有的实验动物。

4.2.13　实验动物设施对各种库房的面积要求较大，设计时应加以充分考虑。

4.3　建筑构造

4.3.1　卸货平台高度一般为1m左右，便于从货车上直接卸货。

4.3.2　本条主要是指用水直接冲洗的房间，应考虑足够的排水坡度，并做好地面防水。

4.3.3　本条规定是从动物伦理出发，避免实验操作对其他动物产生心理和生理影响，同时避免由此影响实验结果的准确性。

4.3.4　屏障环境设施净化区内的所有物品必须经过高压灭菌器、传递窗、渡槽等设备消毒后才能进入。

4.3.5　清洗消毒室有大量的用水需求，且排水中杂物较多，因此必须有良好的排水措施和防水处理。

4.3.6　屏障环境设施的净化区内设排水沟会影响整个环境的洁净度，如采用排水沟时，应采取可靠的措施满足洁净要求；而洁物储存室是屏障环境设施内对洁净要求较高的房间，设置地漏会有孳生

霉菌的危险,因而不应设置,如果将纯水点设于洁物储存室内,需设置收集溢流水的设施。

4.3.7 有洁净度要求或生物安全级别要求的实验动物设施需要较大面积的空调机房,应在设计时充分考虑,并避免其噪声和振动对动物和实验仪器的影响。

4.3.8 实验动物设施每天都要运入大量的饲料、动物和运出污物、尸体等货物,因此二层以上需要设置方便运送货物的电梯。有条件的情况下货物电梯和人员电梯宜分开,洁物电梯与污物电梯宜分设。

4.3.9 本条是为了保证设施内运送货物的宽度,尤其是实验区内的走廊宽度要满足运送动物、饲料小车的需要。

4.3.10 屏障环境设施的生产区(实验区)内净高应满足所选笼架具(和生物安全柜)的高度和检测、检修要求,但不宜过高,因为实验室内的体积越大,空调要维持同样的换气次数,所需要的送风量就越大,不利于节能。

屏障环境设施的设备管道较多,需要很大的吊顶空间,因而应有足够的层高。

4.3.11 本条的围护结构包括屋顶、外墙、外窗、隔墙、隔断、楼板、梁柱等,都不应含有有毒、有放射性的物质。

4.3.12 本条所指技术夹层包括吊顶或设备夹层,主要用于布置设备管线,吊顶可以是有一定承重能力的可上人吊顶,也可以是不可上人的轻质吊顶;由于在生产区或实验区内的吊顶上留检修人孔会对生产或实验造成影响,因此在不上人轻质吊顶内需要设置检修通道,并在辅助区内留检修人孔或活动吊顶。

4.3.13 本条对墙面和顶棚材料提出了定性的要求。

4.3.14 屏障环境设施的净化区由于有洁净度要求,应尽量减少积尘面和孳生微生物的可能,所以要求围护材料应表面光洁;本条所指的密闭措施包括:密封胶嵌缝、压缝条压缝、纤维布条粘贴压缝、加穿墙套管等;地面与墙面相交位置做圆弧处理,是为了减少卫生死角,便于清洁和消毒。

4.3.15 地面材料应防止人员滑倒,以免人员受伤、破坏生产或实验设施;洁净区内应尽量减少积尘面(特别是水平凸凹面),以免在室内气流作用下引起积尘的二次飞扬,因此踢脚应与墙面平齐或略缩进不大于3mm。屏障环境设施内因为有洁净度要求,地面混凝土层中宜配少量钢筋以防止地面开裂,从而避免裂缝中孳生微生物。潮湿地区应做好防潮处理,地面垫层中增加防潮层。

4.3.16 屏障环境设施的净化区,为了使门扇关闭紧密,密闭门一般开向压力较高的房间或走廊。

房间门上设密闭观察窗是为了使人不必进入室内便可方便地对动物进行观察,随时了解室内情况,观察窗应采用不易破碎的安全玻璃。缓冲室不宜有过多的门,宜设互锁装置使门不能同时打开,否则容易破坏压力平衡和气流方向,破坏洁净环境。

4. 3.17 屏障环境设施净化区外窗的设置要求是为了满足洁净的要求。啮齿类动物是怕见光的,所以不宜设外窗,如果设外窗应有严格的遮光措施。普通环境设施如果没有机械通风系统,应有带防虫纱窗的窗户进行自然通风。

4.3.18 昆虫、野鼠等动物身上极易沾染和携带致病因子,应采取防护措施,如窗户应设纱窗,新风口、排风口处应设置保护网,门口处也应采取措施。

4.3.19 本条主要提醒设计人员要充分考虑实验室内体积比较大的设备的安装和检修尺寸,如生物安全柜、动物饲养设备、高压灭菌器等等,应留有足够的搬运孔洞和搬运通道;此外还应根据需要考虑采取局部隔离、防震、排热、排湿等措施。

4.3.20 设置压差显示装置是为了及时了解不同房间之间的空气压差,便于监督、管理和控制。

4.4 结构要求

4.4.1 目前大量的新建建筑结构安全等级为二级,但实验动物设施普遍规模较小,还有不少既有建筑改建的项目,有可能达到二级有一定困难,但新建的屏障环境设施应不低于二级。

4.4.2 目前大量的新建建筑为丙类抗震设防,但实验动物设施普遍规模较小,还有不少既有建筑改建的项目,有可能达到丙类抗震设防有一定困难,但新建的屏障环境设施应不低于丙类抗震设防,达不到要求的既有建筑改建应进行抗震加固。

4.4.3 屏障环境设施吊顶内的设备管线和检修通道一般吊在上层楼板上,楼板荷载应加以考虑。设施中的高压灭菌器、空调设备的荷载也非常大,设计时应特别注意,并尽可能将大型高压灭菌器放在结构梁上或跨度较小的楼板上。

4.4.4 屏障环境设施的净化区内的变形缝处理不好,容易孳生微生物,严重影响设施环境,因此设计中尽量避免变形缝穿越。

5 空调、通风和空气净化

5.1 一般规定

5.1.1 空调系统的划分和空调方式选择应根据工程的实际情况综合考虑。例如:实验动物实验设施中,根据不同实验内容来进行空调系统的划分,以利于节能。又如:实验动物生产设施和实验动物实验设施分别设置空调系统,这主要是因为这两种设施的使用时间不同,实验动物生产设施一般是连续工作的,而实验动物实验设施在未进行实验时,空调系统一般不运行的(除值班风机外)。

5.1.2 实验动物的热湿负荷比较大,应详细计算。实验动物的热负荷可参考表1:

表1实验动物的热负荷

动物品种	个体重量(kg)	全热量(W/kg)
小鼠	0.02	41.4
雏鸡	0.05	17.2
地鼠	0.11	20.6
鸽子	0.28	23.3
大鼠	0.30	21.1
豚鼠	0.41	19.7
鸡(成熟)	0.91	9.2
兔子	2.72	12.2
猫	3.18	11.7
猴子	4.08	11.7
狗	15.88	6.1
山羊	35.83	5. 0
绵羊	44.91	6.1
小型猪	11.34	5.6
猪	249. 48	4.4
小牛	136.08	3.1
母牛	453.60	1.9
马	453.60	1.9
成人	68.00	2. 5

注:本表摘自加拿大实验动物管理委员会(CCAC)编著的laboratory animal facilities –characteristics design and development》。

5.1.3　送、排风系统的设计应考虑所用设备的使用条件,包括设备的高度、安装间距、送排风方式等。产生污染气溶胶的设备:不应向室内排风是为了防止污染室内环境。

5.1.4　安装气密阀门的作用是防止在消毒时,由于该房间或区域与其他房间共用空调净化系统而污染其他房间。

5.1.5　实验动物设施的空调净化系统,各级过滤器随着使用时间的增加,容尘量逐渐增加,系统阻力也逐渐增加,所需风机的风压也越大。选用风压变化较大时,风量变化较小的风机,可以使净化空调系统的风量变化较小,有利于空调净化系统的风量稳定在一定范围内。也可使用变频风机,保持系统风量的稳定,使风机的电机功率与所需风压相适应,可以降低风机的运行费用。

5.1.6　屏障环境设施动物生产区(动物实验区)的空调净化系统出现故障时,经济损失比较严重,所以送、排风机应考虑备用并满足温湿度要求。风机的备用方式一般采用空调机组中设置双风机,当送(排)风机出现故障时,备用风机立刻运行。若甲方运行管理到位,当风机出现故障时能及时修复,并且在修复期内,实验动物生产或动物实验基本不受影响的情况下,可不在空调系统中设置备用风机,而在机房备用同型号的风机或风机电机。如果甲方根据自己的实际情况,可以承受风机出现故障情况下的损失,可不备用。

5.1.7　实验动物设施已建工程中全新风系统居多,其能耗比普通空调系统高很多,运行费用巨大。因此,在空调设计时,必须把“节能”作为一个重要条件来考虑,在满足使用功能的条件 下,尽可能降低运行费用。

5.1.8　屏障环境设施和隔离环境设施对温湿度的要求较高,如果没有冷热源,过渡季节温湿度很难满足要求,应根据工程实际情况考虑过渡季节冷热源问题。

5.2　送风系统

5.2.1　对于使用开放式笼架具的屏障环境设施的动物生产区(动物实验区),工作人员和实验动物所处的是同一个环境,人和实验动物对氨、硫化氢等气体的敏感程度是不一样的,屏障环境设施既应满足实验动物也应满足工作人员的环境要求。对于屏障环境设施动物生产区(动物实验区)的回风经过粗效、中效、高效三级过滤器是能够满足洁净度的要求的,但对于氨、硫化氢等有害气体靠普通过滤器是不能去除的。已建工程的常用方式是采用全新风的空调方式,用新风稀释来保证屏障环境设施的空气质量。

采用全新风系统会造成空调系统的初投资和运行费用的大幅度增加,不利于空调系统的节能。采用回风时,可以采用室内合理的气流组织,提高通风效率(如笼具处局部排风等),或回风经过可靠的措施进行处理,使屏障环境设施的环境指标达到要求。

5.2.2　使用独立通风笼具的实验动物设施,独立通风笼具的排风是排到室外的,提高了通风的效率,独立通风笼具内的实验动物对房间环境的影响不大,故只对新风量提出了要求,而并未规定新风与回风的比例。

5.2.3　中效空气过滤器设在空调机组的正压段是为防止经过中效空气过滤器的送风再被污染。

5.2.4　对于全新风系统,新风量比较大,新风经过粗效过滤后,其含尘量还是比较大的,容易造成表冷器的表面积尘、阻塞空气通道,影响换热效率。

5.2.6　对于空气处理设备的防冻问题着重考虑新风处理设备的防冻问题,可以采用设新风电动阀并与新风机连锁、设防冻开关、设置辅助电加热器等方式。

5.3　排风系统

5.3.1、5.3.2　送风机与排风机的启停顺序是为了保证室内所需要的压力梯度。

5.3.3　相邻房间使用同一夹墙作为回(排)风道容易造成交叉污染,同时压差也不易调节。

5.3.4 实验动物设施的排风含有氨、硫化氢等污染物,应采取有效措施进行处理以免影响周围人的生活、工作环境。

本条没有规定必须设置除味装置,主要是考虑到有些实验动物设施远离市区,或距周围建筑距离较远,或采用高空排放等措施,对周围人的生活、工作环境影响较小,这种情况下可以不设置除味装置。在不能满足要求时应设置除味装置,排风先除味再排放到大气中。除味装置设在负压段,是为了避免臭味通过排风管泄漏。

5.3.5 屏障环境设施净化区的回(排)风口安装粗效空气过滤器起预过滤的作用,在房间回(排)风口上设风量调节阀,可以方便地调节各房间的压差。

5.3.6 清洗消毒间、淋浴室和卫生间排风的湿度较高,如与其他房间共用排风管道可能污染其他房间。蒸汽高压灭菌器的局部排风是为了带走其所散发的热量。

5.4 气流组织

5.4.1 采用上送下回(排)的气流组织形式,对送风口和回(排)风口的位置要精心布置,使室内气流组织合理,尽可能减少气流停滞区域,确保室内可能被污染的空气以最快速度流向回(排)风口。洁净走廊、污物走廊可以上送上回。

5.4.2 回(排)风口下边太低容易将地面的灰尘卷起。

5.4.3 送、回(排)风口的布置应有利于污染物的排出,回(排)风口的布置应靠近污染源。

5.5 部件与材料

5.5.1 木制框架在高湿度的情况下容易孳生细菌。

5.5.2 测孔的作用有测量新风量、总风量、调节风量平衡等作用。测孔的位置和数量应满足需要。

5.5.3 实验动物设施排风的污染物浓度较高,使用的热回收装置不应污染新风。

5.5.4 高效空气过滤器都是一次抛弃型的。粗效、中效空气过滤器对送风起预过滤的作用,其过滤效果直接关系到高效空气过滤器的使用寿命,而高效空气过滤器的更换费用要比粗效、中效空气过滤器高得多。使用一次抛弃型粗效、中效过滤器才能更好保护高效过滤器。

5.5.5 本条对空气处理设备的选择作出了基本要求。

1 淋水式空气处理设备因其有繁殖微生物的条件,不适用生物洁净室系统。由于盘管表面有水滴,风速太大易使气流带水。

2 为了随时监测过滤器阻力,应设压差计。

3 从湿度控制和不给微生物创造孳生的条件方面考虑,如果有条件,推荐使用干蒸汽加湿装置加湿,如干蒸汽加湿器、电极式加湿器、电热式加湿器等。

4 为防止过滤器受潮而有细菌繁殖,并保证加湿效果,加湿设备应和过滤段保持足够距离。

5 设备材料的选择都应减少产尘、积尘的机会。

6 给水排水

6.1 给水

6.1.1 实验动物日饮用水量可参考表2。

表2 实验动物日饮用水

动物品种	饮用水需要量	单位
小鼠(成熟龄)	4~7	mL
大鼠(50g)	20 ~ 45	mL
豚鼠(成熟龄)	85 ~ 150	mL
兔(1.4—2.3kg)	60 ~ 140	mL/kg
金黄地鼠(成熟龄)	8 ~ 12	mL
小型猪(成熟龄)	1 ~ 1.9	L
狗(成熟龄)	25~35	mL/kg
猫(成熟龄)	100 ~ 200	mL
红毛猴(成熟龄)	200 ~ 950	mL
鸡(成熟龄)	70	mL

本表是国内工程设计常采用的实验动物日饮用水量,仅作为工程设计的参考。

6.1.3 屏障环境设施的净化区和隔离环境设施的用水包括动物饮用水和洗刷用水均应达到无菌要求,主要是保证实验动物生产设施中生产的动物达到相应的动物级别的要求,保证实验动物实 验设施中的动物实验结果的准确性。

6.1.4 屏障环境设施生产区(实验区)的给水干管设在技术夹层内便于维修,同时便于屏障环境设施内的清洁和减少积尘。

6.1.5 防止非净化区污染净化区,保证净化区与非净化区的静压差,易于保证洁净区的洁净度。

6.1.6 防止凝结水对装饰材料、电气设备等的破坏。

6.1.7 屏障环境设施净化区内的给水管道和管件,应该是不易积尘、容易清洁的材料,以满足净化要求。

6.2 排水

6.2.1 大型实验动物设施的生产区(实验区)的粪便量较大,同时粪便中含有的病原微生物较多,单独设置化粪池有利于集中处理。

6.2.2 有利于根据不同区域排水的特点分别进行处理。

6.2.3 实验动物设施中实验动物的饲养密度比较大,同时排水中有动物皮毛、粪便等杂物,为防止堵塞排水管道,实验动物设施的排水管径比一般民用建筑的管径大。

6.2.4 尽量减少积尘点,同时防止排水管道泄漏污染屏障环境。如排水立管穿越屏障环境设施的净化区,则其排水立管应暗装,并且屏障环境设施所在的楼层不应设置检修口。

6.2.5 排水管道可采用建筑排水塑料管、柔性接口机制排水铸铁管等。高压灭菌器排水管道采用金属排水管、耐热塑料管等。

6.2.6 防止不符合洁净要求的地漏污染室内环境。

7 电气和自控

7.1 配电

7.1.1 本条对实验动物设施的用电负荷并没有规定太严,主要是考虑使用条件的不同和我国现有的条件。

对于实验动物数量比较大的屏障环境设施的动物生产区(动物实验区),出现故障时造成的损失也较大,用电负荷一般不应低于2级。

对于普通环境实验动物设施,实验动物数量较少(不包括生物安全实验室)时,可根据实际情况选择用电负荷的等级。当后果比较严重、经济损失较大时,用电负荷不应低于2级。

7.1.2 设置专用配电柜主要考虑方便检修与电源切换。配电柜宜设置在辅助区是为了方便操作与检修。

7.1.3、7.1.4 主要是减少屏障环境设施净化区内的积尘点,保证屏障环境设施净化区的密闭性,有利于维持屏障环境设施内的洁净度与静压差。

7.1.5 金属配管不容易损坏,也可采用其他不燃材料。配电管线穿过防火分区时的做法应满足防火要求。

7.2 照明

7.2.1 用密闭洁净灯主要是为了减少屏障环境设施净化区内的积尘点和易于清洁;吸顶安装有利于保证施工质量;当选用嵌入暗装灯具时,施工过程中对建筑装修配合的要求较高,如密封不严,屏障环境设施净化区的压差、洁净度都不易满足。

7.2.2 考虑到鸡、鼠等实验动物的动物照度很低,不调节则难以满足标准要求,因此其动物照度应可以调节(如调光开关)。

7.2.3 为了便于照明系统的集中管理,通常设置照明总开关。

7.3 自控

7.3.1 本条是对自控系统的基本要求。

7.3.2 屏障环境设施生产区(实验区)的门禁系统可以方便工作人员管理,防止外来人员误入屏障环境设施污染实验动物。缓冲间的门是不应同时开启的,为防止工作人员误操作,缓冲室的门宜设置互锁装置。

7.3.3 缓冲室是人员进出的通道,在紧急情况(如火灾)下,所有设置互锁功能的门都应处于开启状态,人员能方便地进出,以利于疏散与救助。

7.3.4 屏障环境设施动物生产区(动物实验区)的送、排风机是保证屏障环境洁净度指标的关键,在送、排风机出现故障时,备用风机应及时投入运行,以免实验动物受到污染。

7.3.5 屏障环境设施动物生产区(动物实验区)的送、排风机的连锁可以防止其压差超过所允许的范围。

7.3.6 自动控制主要是指备用风机的切换、温湿度的控制等,手动控制是为了便于净化空调系统故障时的检修。

7.3.7 要求电加热器与送风机连锁,是一种保护控制,可避免系统中因无风电加热器单独工作导致的火灾。为了进一步提高安全可靠性,还要求设无风断电、超温断电保护措施。例如,用监视风机运行的压差开关信号及在电加热器后面设超温断电信号与风机启停连锁等方式,来保证电加热器的安全运行。

7.3.8 联接电加热器的金属风管接地,可避免造成触电类的事故。电加热器前后各800mm范围内的风管和穿过设有火源等容易起火部位的管道,采用不燃材料是为了满足防火要求。

7.3.9 声光报警是为了提醒维修人员尽快处理故障。但温度、湿度、压差计只需在典型房间设置,而不需每个房间都设。

7.3.10 温湿度变化范围大,不能满足实验动物的环境要求,也不利于空调系统的节能。

7.3.11 屏障环境设施净化区的工作人员进出净化区需要更衣,为了方便屏障环境设施净化区内工作人员之间及其与外部的联系,屏障环境设施应设可靠的通讯方式(如内部电话、对讲电话等)。

7.3.12 根据工程实际情况，必要时设置摄像监控装置，随时监控特定环境内的实验、动物的活动情况等。

8 消防

8.0.1 实验动物设施的周边设置环形消防车道有利于消防车靠近建筑实施灭火，故要求在实验动物设施的周边宜设置环形消防车道。如设置环形车道有困难，则要求在建筑的两个长边设置消防车道。

8.0.2 综合考虑，二级耐火等级基本适合屏障环境设施的耐火要求，故要求独立建设的该类设施其耐火等级不应低于二级。当该类设施设置在其他的建筑物中时，包容它的建筑物必须做到不低于二级耐火等级。

8.0.3 本条要求是为了确保墙体分隔的有效性。

8.0.4、8.0.5 由于功能需要，有些局部区域具有较大的吊顶空间，为了保证该空间的防火安全性，故要求吊顶的材料为不燃且具有较高的耐火极限值。在此前提下，可不要求在吊顶内设消防设施。

8.0.6 本条规定了必须设置事故照明和灯光指示标志的原则、部位和条件。强调设置灯光疏散指示标志是为了确保疏散的可靠性。

8.0.7 面积大于50m^{2}的在屏障环境设施净化区中要求安全出口的数量不应少于2个，是一个基本的原则。但考虑到这类设施对封闭性的特殊要求，规定其中1个出口可采用在紧急时能被击碎的钢化玻璃封闭。安全出口处应设置疏散指示标志和应急照明灯具。

8.0.8 一般情况下，疏散门应开向人流出走方向，但鉴于屏障环境设施净化区内特殊的洁净要求，以及该设施中人员实际数量的情况，故特别规定门的开启方向可根据功能特点确定。

8.0.9 本条建议屏障环境设施中宜设置火灾自动报警装置。这里没有强调应设火灾自动报警装置，是因为有的实验动物设施为独立建筑，且面积较小，没有必要设置火灾自动报警装置。当实验动物设施所在的建筑需要设置火灾自动报警装置时，实验动物设施内也应按要求设置火灾自动报警装置。

8.0.10 如果屏障环境设施净化区内设置自动喷水灭火装置，一旦出现自动喷洒设备误喷会导致该设施出现严重的污染后果。另外，实验动物设施内的可燃物质较少，故不要求设置自动喷水灭火系统，但应考虑在生产区（实验区）设置灭火器、消火栓等灭火措施。

8.0.11 给出了设置消火栓的原则和条件。屏障环境设施的消火栓尽量布置在非洁净区，如布置在洁净区内，消火栓应满足净化要求，并应作密封处理。

9 施工要求

9.1 一般规定

9.1.1 施工组织设计是工程质量的重要保证。

9.1.2、9.1.3 实验动物设施的工程施工涉及到建筑施工的各个专业，因此对施工的每道工序都应制定科学合理的施工计划和相应施工工艺，这是保证工期、质量的必要条件，并按照建筑工程资料管理规程的要求编写必要的施工、检验、调试记录。

9.2 建筑装饰

9.2.1 为了保证施工质量达到设计要求，施工现场应做到清洁、有序。

9.2.2 如果实验动物设施有压差要求的房间密封不严，房间所要求的压差难以满足，同时房间泄漏的风量大，造成所需的新风量加大，不利于空调系统的节能。

9.2.3 很多工程中并未设置测压孔，而是通过门下的缝隙进行压差的测量。如果门的缝隙较大时，压差不容易满足；门的缝隙较小时（如负压屏障环境的密封门），容易将测压管压死，使测量不准确,所以建议预留测压孔。

9.2.4、9.2.5 条文主要是对装饰施工的美观、密封提出要求。

9.3 空调净化

9.3.1 净化空调机组的风压较大,对基础高度的要求主要是保证冷凝水的顺利排出。

9.3.2 空调机组安装前应先进行设备基础、空调设备等的现场检查,合格后方可进行安装。

9.3.3 ~ 9.3.7 对风管的制作加工、安装前的保护、安装等提出要求。

9.3.9、9.3.10 要求除味装置不仅安装方便,而且维修更换容易。

10 检测和验收

10.1 工程检测

10.1.4 本条规定了实验动物设施工程环境指标检测的状态。

10.1.5 表中所列的项目为必检项目。

10.1.6 室内气流速度对笼具内动物有影响是当此笼具具有和环境相通的孔、洞、格栅等,如果是密闭的笼具,这一风速就没有必要测。

10.2 工程验收

10.2.1 工程环境指标检测是工程验收的前提。

10.2.2 建设与设计文件、施工文件、建筑相关部门的质检文件、环境指标检测文件等是实验动物设施工程验收的基本文件,必须齐全。

10.2.3 本条规定了实验动物设施工程验收报告中验收结论的评价方法。

第五部分　主要动物疫病检测技术标准名录

一、基础标准名录

GB/T 18088-2000　出入境动物检疫采样
GB/T 18635-2002　动物防疫 基本术语
NY/T 541-2016　兽医诊断样品采集、保存与运输技术规范

二、诊断技术标准名录

GB/T 16550-2020　新城疫诊断技术
GB/T 16551-2020　猪瘟诊断技术
GB/T 17494-2009　马传染性贫血病间接ELISA诊断技术
GB/T 18090-2008　猪繁殖与呼吸综合征诊断方法
GB/T 18636-2017　蓝舌病诊断技术
GB/T 18637-2018　牛病毒性腹泻/粘膜病诊断技术规范
GB/T 18638-2021　流行性乙型脑炎诊断技术
GB/T 18639-2002　狂犬病诊断技术
GB/T 18640-2017　家畜日本血吸虫病诊断技术
GB/T 18641-2018　伪狂犬病诊断方法
GB/T 18642-2021　旋毛虫病诊断技术
GB/T 18643-2021　鸡马立克氏病诊断技术
GB/T 18644-2021　猪囊尾蚴病诊断技术
GB/T 18645-2020　动物结核病诊断技术
GB/T 18646-2018　动物布鲁氏菌病诊断技术
GB/T 18647-2020　动物球虫病诊断技术
GB/T 18648-2020　非洲猪瘟诊断技术
GB/T 18649-2014　牛传染性胸膜肺炎诊断技术
GB/T 18935-2018　口蹄疫诊断技术
GB/T 18936-2020　高致病性禽流感诊断技术
GB/T 19167-2020　传染性法氏囊病诊断技术
GB/T 19180-2020　牛海绵状脑病诊断技术
GB/T 19200-2003　猪水泡病诊断技术
GB/T 21675-2008　非洲马瘟诊断技术
GB/T 22329-2008　牛皮蝇蛆病诊断技术
GB/T 22332-2008　鸭病毒性肠炎诊断技术
GB/T 22910-2008　痒病诊断技术
GB/T 23197-2008　鸡传染性支气管炎诊断技术
GB/T 23239-2009　伊氏锥虫病诊断技术

GB/T 26436-2010	禽白血病诊断技术
GB/T 27527-2011	禽脑脊髓炎诊断技术
GB/T 27529-2011	马接触传染性子宫炎诊断技术
GB/T 27530-2011	牛出血性败血病诊断技术
GB/T 27532-2011	犬瘟热诊断技术
GB/T 27533-2011	犬细小病毒病诊断技术
GB/T 27640-2011	马痘诊断技术
GB/T 27641-2011	马螨病诊断技术
GB/T 27980-2011	马病毒性动脉炎诊断技术
GB/T 27982-2011	小反刍兽疫诊断技术
GB/T 34720-2017	山羊接触传染性胸膜肺炎诊断技术
NY/T 536-2017	鸡伤寒和鸡白痢诊断技术
NY/T 537-2002	猪放线杆菌胸膜肺炎诊断技术
NY/T 538-2015	鸡传染性鼻炎诊断技术
NY/T 539-2017	副结核病诊断技术
NY/T 544-2015	猪流行性腹泻诊断技术
NY/T 545-2002	猪痢疾诊断技术
NY/T 546-2015	猪传染性萎缩性鼻炎诊断技术
NY/T 548-2015	猪传染性胃肠炎诊断技术
NY/T 551-2017	鸡产蛋下降综合征诊断技术
NY/T 552-2002	流行性淋巴管炎诊断技术
NY/T 554-2002	鸭病毒性肝炎诊断技术
NY/T 556-2020	鸡传染性喉气管炎诊断技术
NY/T 557-2002	马鼻疽诊断技术
NY/T 559-2002	禽曲霉菌病诊断技术
NY/T 560-2018	小鹅瘟诊断技术
NY/T 561-2015	动物炭疽诊断技术
NY/T 562-2015	动物衣原体病诊断技术
NY/T 563-2016	禽霍乱(禽巴氏杆菌病)诊断技术
NY/T 564-2016	猪巴氏杆菌病诊断技术
NY/T 566-2019	猪丹毒诊断技术
NY/T 567-2017	兔出血性败血症诊断技术
NY/T 568-2002	肠病毒性脑脊髓炎诊断技术
NY/T 570-2002	马流产沙门氏菌病诊断技术
NY/T 571-2018	马腺疫诊断技术
NY/T 573-2002	弓形虫病诊断技术
NY/T 575-2019	牛传染性鼻气管炎诊断技术
NY/T 576-2015	绵羊痘和山羊痘诊断技术
NY/T 678-2003	猪伪狂犬病免疫酶试验方法
NY/T 683-2003	犬传染性肝炎诊断技术

NY/T 684-2003　犬瘟热诊断技术
NY/T 905-2004　鸡马立克氏病强毒感染诊断技术
NY/T 906-2004　牛瘟诊断技术
NY/T 908-2004　羊干酪性淋巴结炎诊断技术
NY/T 1185-2018　马流行性感冒诊断技术
NY/T 1186-2017　猪支原体肺炎诊断技术
NY/T 1187-2019　鸡传染性贫血诊断技术
NY/T 1188-2006　水泡性口炎诊断技术
NY/T 1244-2006　接触传染性脓疱皮炎诊断技术
NY/T 1247-2006　禽网状内皮增生病诊断技术
NY/T 1465-2007　牛羊胃肠道线虫检查技术
NY/T 1466-2018　动物棘球蚴病诊断技术
NY/T 1469-2007　尼帕病毒病诊断技术
NY/T 1470-2007　羊螨病(痒螨/疥螨)诊断技术
NY/T 1471-2017　牛毛滴虫病诊断技术
NY/T 1950-2010　片形吸虫病诊断技术规范
NY/T 1951-2010　蜜蜂幼虫腐臭病诊断技术规范
NY/T 1953-2010　猪附红细胞体病诊断技术规范
NY/T 2692-2015　奶牛隐性乳房炎快速诊断技术
NY/T 2838-2015　禽沙门氏菌病诊断技术
NY/T 3072-2017　禽结核病诊断技术
NY/T 3073-2017　家畜魏氏梭菌病诊断技术
NY/T 3074-2017　牛流行热诊断技术
NY/T 3188-2018　鸭浆膜炎诊断技术
NY/T 3190-2018　猪副伤寒诊断技术
NY/T 3235-2018　羊传染性脓疱诊断技术
NY/T 3463-2019　禽组织滴虫病诊断技术
NY/T 3464-2019　牛泰勒虫病诊断技术
NY/T 3465-2019　山羊关节炎脑炎诊断技术
NY/T 3790-2020　塞内卡病毒感染诊断技术
NY/T 3791-2020　鸡心包积液综合征诊断技术

三. 检测方法标准名录

GB/T 14926.1-2001　实验动物　沙门菌检测方法
GB/T 14926.3-2001　实验动物　耶尔森菌检测方法
GB/T 14926.4-2001　实验动物　皮肤病原真菌检测方法
GB/T 14926.5-2001　实验动物　多杀巴斯德杆菌检测方法
GB/T 14926.6-2001　实验动物　支气管鲍特杆菌检测方法
GB/T 14926.8-2001　实验动物　支原体检测方法
GB/T 14926.9-2001　实验动物　鼠棒状杆菌检测方法
GB/T 14926.10-2008　实验动物　泰泽病原体检测方法

GB/T 14926.11-2001 实验动物 大肠埃希菌0115a,c:K(B)检测方法
GB/T 14926.12-2001 实验动物 嗜肺巴斯德杆菌检测方法
GB/T 14926.13-2001 实验动物 肺炎克雷伯杆菌检测方法
GB/T 14926.14-2001 实验动物 金黄色葡萄球菌检测方法
GB/T 14926.15-2001 实验动物 肺炎链球菌检测方法
GB/T 14926.16-2001 实验动物 乙型溶血性链球菌检测方法
GB/T 14926.17-2001 实验动物 绿浓杆菌检测方法
GB/T 14926.18-2001 实验动物 淋巴细胞脉络丛脑膜炎病毒检测方法
GB/T 14926.19-2001 实验动物 汉坦病毒检测方法
GB/T 14926.20-2001 实验动物 鼠痘病毒检测方法
GB/T 14926.21-2001 实验动物 兔出血症病毒检测方法
GB/T 14926.22-2001 实验动物 小鼠肝炎病毒检测方法
GB/T 14926.23-2001 实验动物 仙台病毒检测方法
GB/T 14926.24-2001 实验动物 小鼠肺炎病毒检测方法
GB/T 14926.25-2001 实验动物 呼肠孤病毒Ⅲ型检测方法
GB/T 14926.26-2001 实验动物 小鼠脑脊髓炎病毒检测方法
GB/T 14926.27-2001 实验动物 小鼠腺病毒检测方法
GB/T 14926.28-2001 实验动物 小鼠细小病毒检测方法
GB/T 14926.29-2001 实验动物 多瘤病毒检测方法
GB/T 14926. 3-2001 实验动物 兔轮状病毒检测方法
GB/T 14926.31-2001 实验动物 大鼠细小病毒(KRV和H-1株)检测方法
GB/T 14926.32-2001 实验动物 大鼠冠状病毒/延泪腺炎病毒检测方法
GB/T 14926.41-2001 实验动物 无菌动物生活环境及粪便标本的检测方法
GB/T 14926.42-2001 实验动物 细菌学检测 标本采集
GB/T 14926.43-2001 实验动物 细菌学检测 染色法、培养基和试剂
GB/T 14926.44-2001 实验动物 念珠状链杆菌检测方法
GB/T 14926.45-2001 实验动物 布鲁杆菌检测方法
GB/T 14926.46-2001 实验动物 钩端螺旋体检测方法
GB/T 14926.47-2001 实验动物 志贺菌检测方法
GB/T 14926.48-2001 实验动物 结核分枝杆菌检测方法
GB/T 14926.49-2001 实验动物 空肠弯曲杆菌检测方法
GB/T 14926.50-2001 实验动物 酶联免疫吸附试验
GB/T 14926.51-2001 实验动物 免疫酶试验
GB/T 14926.52-2001 实验动物 免疫荧光试验
GB/T 14926.53-2001 实验动物 血凝试验
GB/T 14926.54-2001 实验动物 血凝抑制试验
GB/T 14926.55-2001 实验动物 免疫酶组织化学法
GB/T 14926.56-2001 实验动物 狂犬病病毒检测方法
GB/T 14926.57-2001 实验动物 犬细小病毒检测方法
GB/T 14926.58-2001 实验动物 传染性犬肝炎病毒检测方法

GB/T 14926.59-2001　实验动物　犬瘟热病毒检测方法
GB/T 17999.1-2008　SPF鸡　微生物学监测　第1部分:SPF鸡　微生物学监测总则
GB/T 17999.2-2008　SPF鸡　微生物学监测　第2部分:SPF鸡　红细胞凝集抑制试验
GB/T 17999.3-2008　SPF鸡　微生物学监测　第3部分:SPF鸡　血清中和试验
GB/T 17999.4-2008　SPF鸡　微生物学监测　第4部分:SPF鸡　血清平板凝集试验
GB/T 17999.5-2008　SPF鸡　微生物学监测　第5部分:SPF鸡　琼脂扩散试验
GB/T 17999.6-2008　SPF鸡　微生物学监测　第6部分:SPF鸡　酶联免疫吸附试验
GB/T 17999.7-2008　SPF鸡　微生物学监测　第7部分:SPF鸡　胚敏感试验
GB/T 17999.8-2008　SPF鸡　微生物学监测　第8部分:SPF鸡　鸡白痢沙门氏菌检验
GB/T 17999.9-2008　SPF鸡　微生物学监测　第9部分:SPF鸡　试管凝集试验
GB/T 17999.10-2008　SPF鸡　微生物学监测　第10部分:SPF鸡　间接免疫荧光试验
GB/T 18448.1-2001　实验动物　体外寄生虫检测方法
GB/T 18448.2-2001　实验动物　弓形虫检测方法
GB/T 18448.3-2001　实验动物　兔脑原虫检测方法
GB/T 18448.4-2001　实验动物　卡氏肺孢子虫检测方法
GB/T 18448.5-2001　实验动物　艾美耳球虫检测方法
GB/T 18448.6-2001　实验动物　蠕虫检测方法
GB/T 18448.7-2001　实验动物　疟原虫检测方法
GB/T 18448.8-2001　实验动物　犬恶丝虫检测方法
GB/T 18448.9-2001　实验动物　肠道溶组织内阿米巴检测方法
GB/T 18448.10-2001　实验动物　肠道鞭毛虫和纤毛虫检测方法
GB/T 18089-2008　蓝舌病病毒分离、鉴定及血清中和抗体检测技术
GB/T 18651-2002　牛无浆体病快速凝集检测方法
GB/T 18652-2002　致病性嗜水气单胞菌检验方法
GB/T 18653-2002　胎儿弯曲杆菌的分离鉴定方法
GB/T 19438.1-2004　禽流感病毒通用荧光RT-PCR检测方法
GB/T 19438.2-2004　H5亚型禽流感病毒荧光RT-PCR检测方法
GB/T 19438.3-2004　H7亚型禽流感病毒荧光RT-PCR检测方法
GB/T 19438.4-2004　H9亚型禽流感病毒荧光RT-PCR检测方法
GB/T 19439-2004　H5亚型禽流感病毒NASBA检测方法
GB/T 19440-2004　禽流感病毒NASBA检测方法
GB/T 19915.1-2005　猪链球菌2型平板和试管凝集试验操作规程
GB/T 19915.2-2005　猪链球菌2型分离鉴定操作规程
GB/T 19915.3-2005　猪链球菌2型PCR定型检测技术
GB/T 19915.4-2005　猪链球菌2型三重PCR检测方法
GB/T 19915.5-2005　猪链球菌2型多重PCR检测方法
GB/T 19915.6-2005　猪源链球菌通用荧光PCR检测方法
GB/T 19915.7-2005　猪链球菌2型荧光PCR检测方法
GB/T 19915.8-2005　猪链球菌2型毒力因子荧光PCR检测方法
GB/T 19915.9-2005　猪链球菌2型溶血素基因PCR检测方法

GB/T 21674-2008 猪圆环病毒聚合酶链反应试验方法
GB/T 22333-2008 日本乙型脑炎病毒反转录聚合酶链反应试验方法
GB/T 22915-2008 口蹄疫病毒荧光RT-PCR检测方法
GB/T 22916-2008 水泡性口炎病毒荧光RT-PCR检测方法
GB/T 22917-2008 猪水泡病病毒荧光RT-PCR检测方法
GB/T 25887-2010 奶牛脊椎畸形综合征检测PCR-RFLP法
GB/T 27517-2011 鉴别猪繁殖与呼吸综合征病毒高致病性与经典毒株复合RT-PCR方法
GB/T 27518-2011 西尼罗病毒病检测方法
GB/T 27521-2011 猪流感病毒核酸RT-PCR检测方法
GB/T 27528-2011 口蹄疫病毒实时荧光RT-PCR检测方法
GB/T 27535-2011 猪流感HI抗体检测方法
GB/T 27536-2011 猪流感病毒分离与鉴定方法
GB/T 27537-2011 动物流感检测 A型流感病毒分型基因芯片检测操作规程
GB/T 27538-2011 动物流感检测 A型H1N1流感病毒中HA、NA的焦磷酸测序检测方法
GB/T 27539-2011 动物流感检测 A型流感病毒通用荧光RT-PCR检测方法
GB/T 27540-2011 猪瘟病毒实时荧光RT-PCR检测方法
GB/T 27621-2011 马鼻肺炎病毒PCR检测方法
GB/T 27634-2011 传染性囊病病毒核酸检测方法
GB/T 27637-2011 副结核分枝杆菌实时荧光PCR检测方法
GB/T 27639-2011 结核病病原菌实时荧光PCR检测方法
GB/T 27644-2011 禽疱疹病毒2型荧光PCR检测方法
GB/T 27981-2011 牛传染性鼻气管炎病毒实时荧光PCR检测方法
GB/T 32945-2016 牛结核病诊断 体外检测γ干扰素法
GB/T 32948-2016 犬科动物感染细粒棘球绦虫粪抗原的抗体夹心酶联免疫吸附试验检测技术
GB/T 34739-2017 动物狂犬病病毒中和抗体检测技术
GB/T 34740-2017 动物狂犬病直接免疫荧光诊断方法
GB/T 34745-2017 猪圆环病毒2型 病毒SYBR Green Ⅰ实时荧光定量PCR检测方法
GB/T 34746-2017 犬细小病毒基因分型方法
GB/T 35806-2018 动物流感检测 H7N9亚型流感病毒双重荧光RT-PCR检测方法
GB/T 35900.1-2018 动物流感检测 第1部分:H1亚型流感病毒核酸荧光RT-PCR检测方法
GB/T 35900.2-2018 动物流感检测 第2部分:H3亚型流感病毒核酸荧光RT-PCR检测方法
GB/T 35900.3-2018 动物流感检测 第3部分:H1和H3亚型流感病毒核酸双重荧光RT-PCR检测方法
GB/T 35901-2018 猪圆环病毒2型荧光PCR检测方法
GB/T 35904-2018 旋毛虫实时荧光PCR检测方法
GB/T 35906-2018 猪瘟抗体间接ELISA检测方法
GB/T 35909-2018 猪肺炎支原体PCR检测方法
GB/T 35910-2018 猪圆环病毒2型阻断ELISA抗体检测方法
GB/T 35911-2018 伪狂犬病病毒荧光PCR检测方法
GB/T 35912-2018 猪繁殖与呼吸综合征病毒荧光RT-PCR检测方法

GB/T 35939-2018 脑心肌炎病毒间接ELISA抗体检测方法
GB/T 35942-2018 隐孢子虫套式PCR检测方法
GB/T 36789-2018 动物狂犬病病毒核酸检测方法
GB/T 36871-2018 猪传染性胃肠炎病毒、猪流行性腹泻病毒和猪轮状病毒多重RT-PCR检测方法
GB/T 36875-2018 猪瘟病毒RT-nPCR检测方法
NY/T 540-2002 鸡病毒性关节炎琼脂凝胶免疫扩散试验方法
NY/T 542-2002 茨城病和鹿流行性出血病琼脂凝胶免疫扩散试验方法
NY/T 543-2002 牛流行热微量中和试验方法
NY/T 547-2002 兔粘液瘤病琼脂凝胶免疫扩散试验方法
NY/T 549-2002 赤羽病细胞微量中和试验方法
NY/T 550-2002 动物和动物产品沙门氏菌检测方法
NY/T 553-2015 禽支原体PCR检测方法
NY/T 555-2002 动物产品中大肠菌群、粪大肠菌群和大肠杆菌的检测方法
NY/T 565-2002 梅迪-维斯纳病琼脂凝胶免疫扩散试验方法
NY/T 569-2002 马传染性贫血病琼脂凝胶免疫扩散试验方法
NY/T 572-2002 兔出血病血凝和血凝抑制试验方法
NY/T 574-2002 地方流行性牛白血病琼脂凝胶免疫扩散试验方法
NY/T 577-2002 山羊关节炎/脑炎琼脂凝胶免疫扩散试验方法
NY/T 678-2003 猪伪狂犬病免疫酶试验方法
NY/T 679-2003 猪繁殖与呼吸综合症免疫酶试验方法
NY/T 680-2003 禽白血病病毒P 27抗原酶联免疫吸附试验方法
NY/T 772-2013 禽流感病毒RT-PCR检测方法
NY/T 1467-2007 奶牛布鲁氏菌病PCR诊断技术
NY/T 1468-2007 丝状支原体山羊亚种检测方法
NY/T 1873-2010 日本脑炎病毒抗体间接检测 酶联免疫吸附法
NY/T 1949-2010 隐孢子虫卵囊检测技术改良抗酸染色法
NY/T 1954-2010 蜜蜂螨病病原检查技术规范
NY/T 2417-2013 副猪嗜血杆菌PCR检测方法
NY/T 2840-2015 猪细小病毒间接ELISA抗体检测方法
NY/T 2841-2015 猪传染性胃肠炎病毒RT-nPCR检测方法
NY/T 2960-2016 兔病毒性出血病病毒 PT-PCR 检测方法
NY/T 3234-2018 牛支原体PCR检测方法
NY/T 3237-2018 猪繁殖与呼吸综合征间接ELISA抗体检测方法
NY/T 3406-2018 家畜放线菌病病原体检验方法
NY/T 3468-2019 猪轮状病毒间接ELISA抗体检测方法
SN/T 1162-2020 传染性胰脏坏死病检疫技术规范
SN/T 1165.1-2002 蓝舌病竞争酶联免疫吸附试验操作规程
SN/T 1165.2-2002 蓝舌病琼脂免疫扩散试验操作规程
SN/T 1172-2015 鸡白血病检疫技术规范

SN/T 1223-2003　绵羊进行性肺炎抗体检测方法　琼脂免疫扩散试验
SN/T 1225-2003　住白细胞虫病诊断方法　显微镜检查法
SN/T 1350-2004　牛锥虫病补体结合试验方法
SN/T 1395-2015　禽衣原体病检疫技术规范
SN/T 1418-2004　鸭病毒性肝炎I炎型病毒血清中和试验
SN/T 1444-2004　大鼠流行性出血热间接免疫荧光试验
SN/T 1467-2020　小鹅瘟检疫技术规范
SN/T 1468-2004　鸡产蛋下降综合征血凝抑制试验操作规程
SN/T 1473-2004　兔粘液瘤病琼脂免疫扩散试验操作规程
SN/T 1488-2004　兔病毒性出血症血凝抑制试验操作规程
SN/T 1554-2016　SN/T 1554-2016 鸡法氏囊病检疫技术规范
SN/T 1555-2020　鸡传染性喉气管炎检疫技术规范
SN/T 1556-2020　鸡传染性鼻炎检疫技术规范
SN/T 1558-2017　禽脑脊髓炎检疫技术规范
SN/T 1574-2005　猪旋毛虫病酶联免疫吸附试验操作规程
SN/T 1575-2005　鸡包涵体肝炎酶联免疫吸附试验操作规程
SN/T 1693-2006　牛流行性热微量血清中和试验操作规程
SN/T 1699.1-2006　猪流行性腹泻微量血清中和试验操作规程
SN/T 1699.3-2006　猪流行性腹泻间接斑点酶联免疫吸附试验操作规程
SN/T 1944-2016　动物及其制品中细菌耐药性的测定 纸片扩散法
SN/T 2987-2011　猪囊尾蚴血清抗体胶体金斑点检测方法
SN/T 3327-2012　猪瘟病毒逆转录环介导等温核酸扩增检测方法
SN/T 3971-2014　小反刍兽疫免疫胶体金试纸卡检测方法
SN/T 1226-2015　禽痘检疫技术规范
SB/T 10463-2008　猪肺炎支原体检验方法
T/CVMA 5-2018　非洲猪瘟病毒实时荧光 PCR 检测方法
T/CVMA 6-2018　高致病性猪繁殖与呼吸综合征病毒微滴式数字RT-PCR检测方法
T/CVMA 7-2018　猪繁殖与呼吸综合征病毒微滴式数字RT-PCR检测方法
T/CVMA 8-2018　动物A型流感病毒微滴式数字RT-PCR检测方法
T/CVMA 9-2018　猪圆环病毒I型微滴式数字PCR检测方法
T/CVMA 10-2018　猪圆环病毒Ⅱ型微滴式数字PCR检测方法
T/CVMA 11-2018　伪狂犬病毒微滴式数字PCR检测方法
T/CVMA 12-2018　猪繁殖与呼吸综合征病毒实时荧光RT-PCR检测方法
T/CVMA 13-2018　H7N9亚型禽流感病毒双重实时荧光RT-PCR检测方法

四.检疫、监控与管理标准名录

GB 14922.1-2001　实验动物　寄生虫学等级及监测
GB 14922.2-2011　实验动物　微生物学等级及监测
GB 14925-2010　实验动物　环境及设施
GB/T 19525.1-2004　畜禽环境　术语
GB/T 19525.2-2004　畜禽场环境质量评价准则

GB/T 16568-2006　奶牛场卫生规范
GB/T 16569-1996　畜禽产品消毒规范
GB/T 16882-1997　动物鼠疫监测标准
GB/T 16883-1997　鼠疫自然疫源地及动物鼠疫流行判定标准
GB/T 17823-2009　集约化猪场防疫基本要求
GB/T 19441-2004　进出境禽鸟及其产品高致病性禽流感检疫规范
GB/T 19526-2004　羊寄生虫病防治技术规范
GB/T 22330.1-2008　无规定动物疫病区标准　第1部分:通则
GB/T 22330.2-2008　无规定动物疫病区标准　第2部分:无口蹄疫区
GB/T 22330.3-2008　无规定动物疫病区标准　第3部分:无猪水泡病区
GB/T 22330.4-2008　无规定动物疫病区标准　第4部分:无古典猪瘟(猪瘟)区
GB/T 22330.5-2008　无规定动物疫病区标准　第5部分:无非洲猪瘟区
GB/T 22330.6-2008　无规定动物疫病区标准　第6部分:无非洲马瘟区
GB/T 22330.7-2008　无规定动物疫病区标准　第7部分:无牛瘟区
GB/T 22330.8-2008　无规定动物疫病区标准　第8部分:无牛传染性胸膜肺炎区
GB/T 22330.9-2008　无规定动物疫病区标准　第9部分:无牛海绵状脑病区
GB/T 22330.10-2008　无规定动物疫病区标准　第10部分:无蓝舌病区
GB/T 22330.11-2008　无规定动物疫病区标准　第11部分:无小反刍兽疫区
GB/T 22330.12-2008　无规定动物疫病区标准　第12部分:无绵羊痘和山羊痘〔羊痘)区
GB/T 22330.13-2008　无规定动物疫病区标准　第13部分:无高致病性禽流感区
GB/T 22330.14-2008　无规定动物疫病区标准　第14部分:无新城疫区
GB/T 22468-2008　家禽及禽肉兽医卫生监控技术规范
GB/T 22469-2008　禽肉生产企业兽医卫生规范
GB/T 22914-2008　SPF猪病原的控制与监测
GB/T 25169-2010　畜禽粪便监测技术规范
GB/T 25171-2010　畜禽养殖废弃物管理术语
GB/T 25883-2010　瘦肉型种猪生产技术规范
GB/T 25886-2010　养鸡场带鸡消毒技术要求
GB/T 32149-2015　规模猪场清洁生产技术规范
GB/T 36195-2018　畜禽粪便无害化处理技术规范
GB/T 36873-2018　原种鸡群禽白血病净化检测规程
GB/T 37116-2018　后备奶牛饲养技术规范
T/CVMA 1-2018　禽白血病净化技术规范
T/CVMA 2-2018　牦牛健康养殖蠕虫病与外寄生虫病防治技术规范
T/CVMA 3-2018　兽医检测用核酸标准物质研制技术规范
NY/T 467-2001　畜禽屠宰卫生检疫规范
NY/T 472-2013　绿色食品　兽药使用准则
NY/T 764-2004　高致病性禽流感　疫情判定及扑灭技术规范
NY/T 765-2004　高致病性禽流感样品采集、保存及运输技术规范
NY/T 766-2004　高致病性禽流感　无害化处理技术规范

NY/T 767-2004 高致病性禽流感 消毒技术规范
NY/T 768-2004 高致病性禽流感 人员防护技术规范
NY/T 769-2004 高致病性禽流感 免疫技术规范
NY/T 770-2004 高致病性禽流感 监测技术规范
NY/T 771-2004 高致病性禽流感流行病学调查技术规范
NY/T 904-2004 马鼻疽控制技术规范
NY/T 907-2004 动物布氏杆菌病控制技术规范
NY/T 909-2004 生猪屠宰检疫规范
NY/T 938-2005 动物防疫耳标规范
NY/T 1167-2006 畜禽场环境质量及卫生控制规范
NY/T 1168-2006 畜禽粪便无害化处理技术规范
NY/T 1169-2006 畜禽场环境污染控制技术规范
NY/T 1620-2016 种鸡场动物卫生规范
NY/T 1892-2010 绿色食品 畜禽饲养防疫准则
NY/T 1947-2010 羊外寄生虫药浴技术规范
NY/T 1952-2010 动物免疫接种技术规范
NY/T 1955-2010 口蹄疫接种技术规范
NY/T 1956-2010 口蹄疫消毒技术规范
NY/T 1957-2010 畜禽寄生虫鉴定检索系统
NY/T 1958-2010 猪瘟流行病学调查技术规范
NY/T 1981-2010 猪链球菌病监测技术规范
NY/T 2074-2011 无规定动物疫病区高致病性禽流感监测技术规范
NY/T 2075-2011 无规定动物疫病区口蹄疫监测技术规范
NY/T 2835-2015 奶山羊饲养管理技术规范
NY/T 2842-2015 动物隔离场所动物卫生规范
NY/T 2843-2015 动物及动物产品运输兽医卫生规范
NY/T 3075-2017 畜禽养殖场消毒技术
NY/T 3189-2018 猪饲养场兽医卫生规范
NY/T 3191-2018 奶牛酮病诊断及群体风险监测技术
NY/T 3381-2018 生猪无害化处理操作规范
NY/T 3384-2018 屠宰企业消毒规范
NY/T 3387-2018 病害畜禽及其产品无害化处理人员技能要求
NY/T 3467-2019 牛羊饲养场兽医卫生规范
NY/T 5030-2016 无公害农产品 兽药使用准则
NY/T 5031-2001 无公害食品 生猪饲养兽医防疫准则
NY/T 5041-2001 无公害食品 蛋鸡饲养兽医防疫准则
NY/T 5047-2001 无公害食品 奶牛饲养兽医防疫准则
NY/T 5126-2002 无公害食品 肉牛饲养兽医防疫准则
NY/T 5131-2002 无公害食品 肉兔饲养兽医防疫准则
NY/T 5149-2002 无公害食品 肉羊饲养兽医防疫准则

SN/T 0764-2011　新城疫检疫技术规范
NY/T 5260-2004　无公害食品　蛋鸭饲养兽医防疫准则
NY/T 5263-2004　无公害食品肉鸭饲养兽医防疫准则
NY/T 5266-2004　无公害食品鹅饲养兽医防疫准则
SN/T 1084-2010　牛副结核病检疫技术规范
SN/T 1088-2010　布氏杆菌检疫技术规范
SN/T 1128-2007　赤羽病检疫技术规范
SN/T 1171-2011　山羊关节炎-脑炎和绵羊梅迪-维斯纳病检疫技术规范
SN/T 1172-2015　鸡白血病检疫技术规范
SN/T 1173-2015　鸡病毒性关节炎检疫技术规范
SN/T 1181-2010　口蹄疫检疫技术规范
SN/T 1182-2010　禽流感检疫技术规范
SN/T 1247-2007　猪繁殖和呼吸综合征检疫规范
SN/T 1315-2010　牛地方流行性白血病检疫技术规范
SN/T 1446-2010　猪传染性胃肠炎检疫规范
SN/T 1699-2017　猪流行性腹泻检疫技术规范
SN/T 1938-2007　蜜蜂白垩病检疫规范
SN/T 2472-2010　日本乙型脑炎检疫技术规范

五、养殖环节的建设和管理

GB/T 17824.1-2008　规模猪场建设
GB/T 17824.2-2008　规模猪场生产技术规程
GB/T 17824.3-2008　规模猪场环境参数及环境管理
NY/T 388-1999　畜禽场环境质量标准
NY/T 682-2003　畜禽场场地设计技术规范
NY/T 2078-2011　标准化养猪小区项目建设规范
NY/T 2169-2012　种羊场建设标准
NY/T 2774-2015　种兔场建设标准
NY/T 2661-2014　标准化养殖场　生猪
NY/T 2662-2014　标准化养殖场　奶牛
NY/T 2663-2014　标准化养殖场　肉牛
NY/T 2664-2014　标准化养殖场　蛋鸡
NY/T 2665-2014　标准化养殖场　肉羊
NY/T 2666-2014　标准化养殖场　肉鸡
NY/T 2967-2016　种牛场建设标准
NY/T 2968-2016　种猪场建设标准
NY/T 2969-2016　集约化养鸡场建设标准
NY/T 3023-2016　畜禽粪污处理场建设标准
NY/T 3240-2018　动物防疫应急物资储备库建设标准
NY/T 3402-2018　屠宰企业实验室建设规范
NY/T 3467-2019　牛羊饲养场兽医卫生规范

NY/T 3599.1-2020 从养殖到屠宰全链条兽医卫生追溯监管体系建设技术规范 第1部分:代码规范

NY/T 3599.2-2020 从养殖到屠宰全链条兽医卫生追溯监管体系建设技术规范 第2部分:数据字典

NY/T 3599.3-2020 从养殖到屠宰全链条兽医卫生追溯监管体系建设技术规范 第3部分:数据集模型

NY/T 3599.4-2020 从养殖到屠宰全链条兽医卫生追溯监管体系建设技术规范 第4部分:数交换格式

六、实验室建设和管理

CNAS-GL031-2018 动物检疫二级生物安全实验室认可指南
RB/T 010-2019 实验动物屏障和隔离装置评价通用要求
RB/T 028-2020 实验室信息管理系统管理规范
RB/T 029-2020 检测实验室信息管理系统建设指南
RB/T 035-2020 实验室认可领域分类
RB/T 040-2020 病原微生物实验室生物安全风险管理指南
RB/T 195-2015 实验室管理评审指南
RB/T 196-2015 实验室内部审核指南
RB/T 199-2015 实验室设备生物安全性能评价技术规范
RB/T 210-2017 实验室能力验证 动物检疫领域技术要求
RB/T 214-2017 检验检测机构资质认定能力评价 检验检测机构通用要求
RB/T 172-2018 实验动物机构标识系统要求
GB 19489-2008 实验室 生物安全通用要求
GB 24820-2009 实验室家具通用技术条件
GB/T 27025-2019 检测和校准实验室能力的通用要求
GB/T 27401-2008 实验室质量控制规范 动物检疫
GB/T 27416-2014 实验动物机构 质量和能力的通用要求
GB/T 27411-2012 检测实验室中常用不确定度评定方法与表示
GB 27421-2015 移动式实验室 生物安全要求
GB/T 27476.1-2014 检测实验室安全 第1部分:总则
GB/T 27476.2-2014 检测实验室安全 第2部分:电气因素
GB/T 27476.3-2014 检测实验室安全 第3部分:机械因素
GB/T 27476.4-2014 检测实验室安全 第4部分:非电离辐射因素
GB/T 27476.5-2014 检测实验室安全 第5部分:化学因素
GB/T 27476.6-2020 检测实验室安全 第6部分:电离辐射因素
GB/T 28043-2019 利用实验室间比对进行能力验证的统计方法
GB/T 29252-2012 实验室仪器和设备质量检验规则
GB/T 29253-2012 实验室仪器和设备常用图形符号
GB/T 29472-2012 移动实验室安全管理规范
GB/T 29473-2020 移动实验室分类、代号及标记
GB/T 29474-2012 移动实验室内部装饰材料通用技术规范

GB/T 29475-2012　移动实验室设计原则及基本要求
GB/T 29476-2012　移动实验室仪器设备通用技术规范
GB/T 29477-2012　移动实验室实验舱通用技术规范
GB/T 29478-2012　移动实验室有害废物管理规范
GB/T 29479-2012　移动实验室通用要求
GB/T 29479.2-2020　移动实验室第2部分:能力要求
GB/T 29600-2012　移动实验室用温湿度控制系统技术规范
GB/T 31016-2021　样品采集与处理移动实验室通用技术规范
GB/T 31017-2014　移动实验室术语
GB/T 31018-2014　移动实验室　模块化设计指南
GB/T 31019-2014　移动实验室 人类工效学设计指南
GB/T 31020-2014　移动实验室移动特性
GB/T 31023-2014　移动实验室 设备工况测试通用技术规范
GB/T 32146.1-2015E　检验检测实验室设计与建设技术要求 第1部分:通用要求
GB/T 32146.2-2015　检验检测实验室设计笥建筑技术要求 第2部分:电气实验室
GB/T 33246-2016　移动实验室 操作台通用技术规范
GB/T 33247-2016　移动实验室 供、排水系统设计指南
GB/T 33253-2016　移动实验室 载具通用技术规范
GB/T 33709-2017　移动实验室 仪器设备量值溯源与传递指南
GB/T 33710-2017　移动实验室 分类分级方法
GB/T 33711-2017　移动实验室 信息传输系统通用技术规范
GB/T 35823-2018　实验动物 动物实验通用要求
GB/T 36937-2018　实验室仪器及设备环境意识设计
GB/T 37140-2018　检验检测实验室技术要求验收规范
GB/T 39555-2020　智能实验室 仪器设备 气候、环境试验设备的数据接口
GB/T 39556-2020　智能实验室 仪器设备 通信要求
GB/T 39759-2021　实验动物　术语
GB/T 40024-2021　实验室仪器及设备　分类方法
GB 50346-2011　生物安全实验室建筑技术规范
GB 50447-2008　实验动物设施建筑技术规范
NY/T 1948-2010　兽医实验室生物安全要求通则
NY/T 2961-2016　兽医实验室 质量和技术要求
NY/T 3240-2018　动物防疫应急物资储备库建设标准
SN/T 2025-2016　动物检疫实验室生物安全操作规范
SN/T 2294.1-2009　检验检疫实验室管理　第1部分:总则
SN/T 2294.2-2009　检验检疫实验室管理　第2部分:信息系统
SN/T 2294.3-2009　检验检疫实验室管理　第3部分:分类
SN/T 2294.4-2011　检验检疫实验室管理　第4部分:事故处理规程
SN/T 2294.6-2011　检验检疫实验室管理　第6部分:放射源安全管理指南
SN/T 2294.7-2016　检验检疫实验室管理　第7部分:实验室命名规则

SN/T 2723.1-2010	实验室能力验证　第1部分:总则
SN/T 2723.2-2010	实验室能力验证　第2部分:名词和术语
SN/T 2723.3-2010	实验室能力验证　第3部分:能力验证报告的格式和内容
SN/T 2984-2011	检验检疫动物病原微生物实验活动生物安全要求细则
SN/T 2990-2011	质量控制与质量评价　实验室过程与测试能力指数评定方法
SN/T 3092-2012	实验室应对公共安全事件能力规范
SN/T 3509-2013	实验室样品管理指南
SN/T 3591-2013	实验室标准物质管理指南
SN/T 3902-2014	检验检疫二级生物安全实验室通用要求
SN/T 4494-2016	检验检疫实验室病原微生物风险评估指南
SN/T 4495-2016	检验检疫实验室危险品管理规范
SN/T 4834-2017	检验检疫实验室量值溯源参照物管理要求
SN/T 4835-2017	实验室生物废弃物管理要求
SN/T 4909-2017	检验检疫实验室风险管理通用要求
SN/T 5335-2020	非洲猪瘟检测实验室生物安全操作技术规范

第六部分　动物疫病防治技术规范

一、高致病性禽流感防治技术规范

高致病性禽流感(Highly Pathogenic Avian Influenza, HPAI)是由正粘病毒科流感病毒属A型流感病毒引起的以禽类为主的烈性传染病。世界动物卫生组织(OIE)将其列为必须报告的动物传染病,我国将其列为一类动物疫病。

为预防、控制和扑灭高致病性禽流感,依据《中华人民共和国动物防疫法》、《重大动物疫情应急条例》、《国家突发重大动物疫情应急预案》及有关的法律法规制定本规范。

1　适用范围

本规范规定了高致病性禽流感的疫情确认、疫情处置、疫情监测、免疫、检疫监督的操作程序、技术标准及保障措施。

本规范适用于中华人民共和国境内一切与高致病性禽流感防治活动有关的单位和个人。

2　诊断

2.1　流行病学特点

2.1.1　鸡、火鸡、鸭、鹅、鹌鹑、雉鸡、鹧鸪、鸵鸟、孔雀等多种禽类易感,多种野鸟也可感染发病。

2.1.2　传染源主要为病禽(野鸟)和带毒禽(野鸟)。病毒可长期在污染的粪便、水等环境中存活。

2.1.3　病毒传播主要通过接触感染禽(野鸟)及其分泌物和排泄物、污染的饲料、水、蛋托(箱)、垫草、种蛋、鸡胚和精液等媒介,经呼吸道、消化道感染,也可通过气源性媒介传播。

2.2　临床症状

2.2.1　急性发病死亡或不明原因死亡,潜伏期从几小时到数天,最长可达21天;

2.2.2　脚鳞出血;

2.2.3　鸡冠出血或发绀、头部和面部水肿;

2.2.4　鸭、鹅等水禽可见神经和腹泻症状,有时可见角膜炎症,甚至失明;

2.2.5　产蛋突然下降。

2.3　病理变化

2.3.1　消化道、呼吸道粘膜广泛充血、出血;腺胃粘液增多,可见腺胃乳头出血,腺胃和肌胃之间交界处粘膜可见带状出血;

2.3.2　心冠及腹部脂肪出血;

2.3.3　输卵管的中部可见乳白色分泌物或凝块;卵泡充血、出血、萎缩、破裂,有的可见"卵黄性腹膜炎";

2.3.4　脑部出现坏死灶、血管周围淋巴细胞管套、神经胶质灶、血管增生等病变;胰腺和心肌组织局灶性坏死。

2.4　血清学指标

2.4.1　未免疫禽H5或H7的血凝抑制(HI)效价达到2^4及以上(附件1);

2.4.2　禽流感琼脂免疫扩散试验(AGID)阳性(附件2)。

2.5 病原学指标

2.5.1 反转录-聚合酶链反应(RT-PCR)检测,结果H5或H7亚型禽流感阳性(附件4);

2.5.2 通用荧光反转录-聚合酶链反应(荧光RT-PCR)检测阳性(附件6);

2.5.3 神经氨酸酶抑制(NI)试验阳性(附件3);

2.5.4 静脉内接种致病指数(IVPI)大于1.2或用0.2ml 1:10稀释的无菌感染流感病毒的鸡胚尿囊液,经静脉注射接种8只4-8周龄的易感鸡,在接种后10天内,能致6~7只或8只鸡死亡,即死亡率≥75%;

2.5.5 对血凝素基因裂解位点的氨基酸序列测定结果与高致病性禽流感分离株基因序列相符(由国家参考实验室提供方法)。

2.6 结果判定

2.6.1 临床怀疑病例

符合流行病学特点和临床指标2.2.1,且至少符合其他临床指标或病理指标之一的;

非免疫禽符合流行病学特点和临床指标2.2.1且符合血清学指标之一的。

2.6.2 疑似病例

临床怀疑病例且符合病原学指标2.5.1、2.5.2、2.5.3之一。

2.6.3 确诊病例

疑似病例且符合病原学指标2.5.4或2.5.5。

3 疫情报告

3.1 任何单位和个人发现禽类发病急、传播迅速、死亡率高等异常情况,应及时向当地动物防疫监督机构报告。

3.2 当地动物防疫监督机构在接到疫情报告或了解可疑疫情情况后,应立即派员到现场进行初步调查核实并采集样品,符合2.6.1规定的,确认为临床怀疑疫情;

3.3 确认为临床怀疑疫情的,应在2个小时内将情况逐级报到省级动物防疫监督机构和同级兽医行政管理部门,并立即将样品送省级动物防疫监督机构进行疑似诊断;

3.4 省级动物防疫监督机构确认为疑似疫情的,必须派专人将病料送国家禽流感参考实验室做病毒分离与鉴定,进行最终确诊;经确认后,应立即上报同级人民政府和国务院兽医行政管理部门,国务院兽医行政管理部门应当在4个小时内向国务院报告;

3.5 国务院兽医行政管理部门根据最终确诊结果,确认高致病性禽流感疫情。

4 疫情处置

4.1 临床怀疑疫情的处置

对发病场(户)实施隔离、监控,禁止禽类、禽类产品及有关物品移动,并对其内、外环境实施严格的消毒措施(附件8)。

4.2 疑似疫情的处置

当确认为疑似疫情时,扑杀疑似禽群,对扑杀禽、病死禽及其产品进行无害化处理,对其内、外环境实施严格的消毒措施,对污染物或可疑污染物进行无害化处理,对污染的场所和设施进行彻底消毒,限制发病场(户)周边3公里的家禽及其产品移动(见附件9、10)。

4.3 确诊疫情的处置

疫情确诊后立即启动相应级别的应急预案。

4.3.1 划定疫点、疫区、受威胁区

由所在地县级以上兽医行政管理部门划定疫点、疫区、受威胁区。

疫点:指患病动物所在的地点。一般是指患病禽类所在的禽场(户)或其它有关屠宰、经营单位;如为农村散养,应将自然村划为疫点。

疫区:由疫点边缘向外延伸3公里的区域划为疫区。疫区划分时,应注意考虑当地的饲养环境和天然屏障(如河流、山脉等)。

受威胁区:由疫区边缘向外延伸5公里的区域划为受威胁区。

4.3.2 封锁

由县级以上兽医主管部门报请同级人民政府决定对疫区实行封锁;人民政府在接到封锁报告后,应在24小时内发布封锁令,对疫区进行封锁:在疫区周围设置警示标志,在出入疫区的交通路口设置动物检疫消毒站,对出入的车辆和有关物品进行消毒。必要时,经省级人民政府批准,可设立临时监督检查站,执行对禽类的监督检查任务。

跨行政区域发生疫情的,由共同上一级兽医主管部门报请同级人民政府对疫区发布封锁令,对疫区进行封锁。

4.3.3 疫点内应采取的措施

4.3.3.1 扑杀所有的禽只,销毁所有病死禽、被扑杀禽及其禽类产品;

4.3.3.2 对禽类排泄物、被污染饲料、垫料、污水等进行无害化处理;

4.3.3.3 对被污染的物品、交通工具、用具、禽舍、场地进行彻底消毒。

4.3.4 疫区内应采取的措施

4.3.4.1 扑杀疫区内所有家禽,并进行无害化处理,同时销毁相应的禽类产品;

4.3.4.2 禁止禽类进出疫区及禽类产品运出疫区;

4.3.4.3 对禽类排泄物、被污染饲料、垫料、污水等按国家规定标准进行无害化处理;

4.3.4.4 对所有与禽类接触过的物品、交通工具、用具、禽舍、场地进行彻底消毒。

4.3.5 受威胁区内应采取的措施

4.3.5.1 对所有易感禽类进行紧急强制免疫,建立完整的免疫档案;

4.3.5.2 对所有禽类实行疫情监测,掌握疫情动态。

4.3.6 关闭疫点及周边13公里内所有家禽及其产品交易市场。

4.3.7 流行病学调查、疫源分析与追踪调查

追踪疫点内在发病期间及发病前21天内售出的所有家禽及其产品,并销毁处理。按照高致病性禽流感流行病学调查规范,对疫情进行溯源和扩散风险分析(附件11)。

4.3.8 解除封锁

4.3.8.1 解除封锁的条件

疫点、疫区内所有禽类及其产品按规定处理完毕21天以上,监测未出现新的传染源;在当地动物防疫监督机构的监督指导下,完成相关场所和物品终末消毒;受威胁区按规定完成免疫。

4.3.8.2 解除封锁的程序

经上一级动物防疫监督机构审验合格,由当地兽医主管部门向原发布封锁令的人民政府申请发布解除封锁令,取消所采取的疫情处置措施。

4.3.8.3 疫区解除封锁后,要继续对该区域进行疫情监测,6个月后如未发现新病例,即可宣布该次疫情被扑灭。疫情宣布扑灭后方可重新养禽。

4.3.9 对处理疫情的全过程必须做好完整详实的记录,并归档。

5 疫情监测

5.1 监测方法包括临床观察、实验室检测及流行病学调查。

5.2 监测对象以易感禽类为主,必要时监测其他动物。

5.3 监测的范围

5.3.1 对养禽场户每年要进行两次病原学抽样检测,散养禽不定期抽检,对于未经免疫的禽类以血清学检测为主;

5.3.2 对交易市场、禽类屠宰厂(场)、异地调入的活禽和禽产品进行不定期的病原学和血清学监测。

5.3.3 对疫区和受威胁区的监测

5.3.3.1 对疫区、受威胁区的易感动物每天进行临床观察,连续1个月,病死禽送省级动物防疫监督机构实验室进行诊断,疑似样品送国家禽流感参考实验室进行病毒分离和鉴定。

解除封锁前采样检测1次,解除封锁后纳入正常监测范围;

5.3.3.2 对疫区养猪场采集鼻腔拭子,疫区和受威胁区所有禽群采集气管拭子和泄殖腔拭子,在野生禽类活动或栖息地采集新鲜粪便或水样,每个采样点采集20份样品,用RT-PCR方法进行病原检测,发现疑似感染样品,送国家禽流感参考实验室确诊。

5.5 在监测过程中,国家规定的实验室要对分离到的毒株进行生物学和分子生物学特性分析与评价,密切注意病毒的变异动态,及时向国务院兽医行政管理部门报告。

5.6 各级动物防疫监督机构对监测结果及相关信息进行风险分析,做好预警预报。

5.7 监测结果处理

监测结果逐级汇总上报至中国动物疫病预防控制中心。发现病原学和非免疫血清学阳性禽,要按照《国家动物疫情报告管理办法》的有关规定立即报告,并将样品送国家禽流感参考实验室进行确诊,确诊阳性的,按有关规定处理。

6 免疫

6.1 国家对高致病性禽流感实行强制免疫制度,免疫密度必须达到100%,抗体合格率达到70%以上。

6.2 预防性免疫,按农业部制定的免疫方案中规定的程序进行。

6.3 突发疫情时的紧急免疫,按本规范有关条款进行。

6.4 所用疫苗必须采用农业部批准使用的产品,并由动物防疫监督机构统一组织、逐级供应。

6.5 所有易感禽类饲养者必须按国家制定的免疫程序做好免疫接种,当地动物防疫监督机构负责监督指导。

6.6 定期对免疫禽群进行免疫水平监测,根据群体抗体水平及时加强免疫。

7 检疫监督

7.1 产地检疫

饲养者在禽群及禽类产品离开产地前,必须向当地动物防疫监督机构报检,接到报检后,必须及时到户、到场实施检疫。检疫合格的,出具检疫合格证明,并对运载工具进行消毒,出具消毒证明,对检疫不合格的按有关规定处理。

7.2 屠宰检疫

动物防疫监督机构的检疫人员对屠宰的禽只进行验证查物,合格后方可入厂(场)屠宰。宰后检疫合格的方可出厂,不合格的按有关规定处理。

7.3 引种检疫

国内异地引入种禽、种蛋时,应当先到当地动物防疫监督机构办理检疫审批手续且检疫合格。引入的种禽必须隔离饲养21天以上,并由动物防疫监督机构进行检测,合格后方可混群饲养。

7.4 监督管理

7.4.1 禽类和禽类产品凭检疫合格证运输、上市销售。动物防疫监督机构应加强流通环节的监督检查,严防疫情传播扩散。

7.4.2 生产、经营禽类及其产品的场所必须符合动物防疫条件,并取得动物防疫合格证。

7.4.3 各地根据防控高致病性禽流感的需要设立公路动物防疫监督检查站,对禽类及其产品进行监督检查,对运输工具进行消毒。

8 保障措施

8.1 各级政府应加强机构队伍建设,确保各项防治技术落实到位。

8.2 各级财政和发改部门应加强基础设施建设,确保免疫、监测、诊断、扑杀、无害化处理、消毒等防治工作经费落实。

8.3 各级兽医行政部门动物防疫监督机构应按本技术规范,加强应急物资储备,及时演练和培训应急队伍。

8.4 在高致病禽流感防控中,人员的防护按《高致病性禽流感人员防护技术规范》执行(附件12)。

附件1:

血凝抑制(HI)试验

流感病毒颗粒表面的血凝素(HA)蛋白,具有识别并吸附于红细胞表面受体的结构,HA试验由此得名。HA蛋白的抗体与受体的特异性结合能够干扰HA蛋白与红细胞受体的结合从而出现抑制现象。

该试验是目前WHO进行全球流感监测所普遍采用的试验方法。可用于流感病毒分离株HA亚型的鉴定,也可用来检测禽血清中是否有与抗原亚型一致的感染或免疫抗体。

HA-HI试验的优点是目前WHO进行全球流感监测所普遍采用的试验方法,可用来鉴定所有的流感病毒分离株,可用来检测禽血清中的感染或免疫抗体。它的缺点是只有当抗原和抗体HA亚型相一致时才能出现HI象,各亚型间无明显交叉反应;除鸡血清以外,用鸡红细胞检测哺乳动物和水禽的血清时需要除去存在于血清中的非特异凝集素,对于其它禽种,也可以考虑选用在调查研究中的禽种红细胞;需要在每次试验时进行抗原标准化;需要正确判读的技能。

1 阿氏(Alsevers)液配制

称量葡萄糖2.05g、柠檬酸钠0.8g、柠檬酸0.055g、氯化钠0.42g,加蒸馏水至100mL,散热溶解后调pH值至6.1,69kPa 15min高压灭菌,4℃保存备用。

2 10%和1%鸡红细胞液的制备

2.1 采血 用注射器吸取阿氏液约1mL,取至少2只SPF鸡(如果没有SPF鸡,可用常规试验证明体内无禽流感和新城疫抗体的鸡),采血约2~4mL,与阿氏液混合,放入装10mL阿氏液的离心管中混匀。

2.2 洗涤鸡红细胞 将离心管中的血液经1500~1800 r/min离心8分钟,弃上清液,沉淀物加入阿氏液,轻轻混合,再经1500~1800 r/min离心8分钟,用吸管移去上清液及沉淀红细胞上层的白细胞薄膜,再重复2次以上过程后,加入阿氏液20 mL,轻轻混合成红细胞悬液,4℃保存备用,不超过5天。

2.3 10%鸡红细胞悬液 取阿氏液保存不超过5天的红细胞,在锥形刻度离心管中离心1500~1800 r/min 8分钟,弃去上清液,准确观察刻度离心管中红细胞体积(mL),加入9倍体积(mL)的生理盐水,用吸管反复吹吸使生理盐水与红细胞混合均匀。

2.4 1%鸡红细胞液 取混合均匀的10%鸡红细胞悬液1 mL,加入9 mL生理盐水,混合均匀即可。

3 抗原血凝效价测定(HA试验,微量法)

3.1 在微量反应板的1孔~12孔均加入0.025mL PBS,换滴头。

3.2 吸取0.025mL病毒悬液(如感染性鸡胚尿囊液)加入第1孔,混匀。

3.3 从第1孔吸取0.025mL病毒液加入第2孔,混匀后吸取0.025mL加入第3孔,如此进行对倍稀释至第11孔,从第11孔吸取0.025mL弃之,换滴头。

3.4 每孔再加入0.025mL PBS。

3.5 每孔均加入0.025mL 体积分数为1%鸡红细胞悬液(将鸡红细胞悬液充分摇匀后加入)见附录B。

3.6 振荡混匀,在室温(20~25℃)下静置40min后观察结果(如果环境温度太高,可置4℃环境下反应1小时)。对照孔红细胞将呈明显的钮扣状沉到孔底。

3.7 结果判定 将板倾斜,观察血凝板,判读结果(见下表)。

表1:血凝试验结果判读标准

类别	孔 底 所 见	结果
1	红细胞全部凝集,均匀铺于孔底,即100%红细胞凝集	++++
2	红细胞凝集基本同上,但孔底有大圈	+++
3	红细胞于孔底形成中等大的圈,四周有小凝块	++
4	红细胞于孔底形成小圆点,四周有少许凝集块	+
5	红细胞于孔底呈小圆点,边缘光滑整齐,即红细胞完全不凝集	-

能使红细胞完全凝集(100%凝集,++++)的抗原最高稀释度为该抗原的血凝效价,此效价为1个血凝单位(HAU)。注意对照孔应呈现完全不凝集(-),否则此次检验无效。

4 血凝抑制(HI)试验(微量法)

4.1 根据3的试验结果配制4HAU的病毒抗原。以完全血凝的病毒最高稀释倍数作为终点,终点稀释倍数除以4即为含4HAU的抗原的稀释倍数。例如,如果血凝的终点滴度为1:256,则4HAU抗原的稀释倍数应是1:64(256除以4)。

4.2 在微量反应板的1孔~11孔加入0.025mL PBS,第12孔加入0.05mL PBS。

4.3 吸取0.025mL血清加入第1孔内,充分混匀后吸0.025mL于第2孔,依次对倍稀释至第10孔,从第10孔吸取0.025mL弃去。

4.4 1孔~11孔均加入含4HAU混匀的病毒抗原液0.025mL,室温(约20℃)静置至少30min。

4.5 每孔加入0.025mL体积分数为1%的鸡红细胞悬液混匀,轻轻混匀,静置约40min(室温约20℃,若环境温度太高可置4℃条件下进行),对照红细胞将呈现钮扣状沉于孔底。

4.6 结果判定

以完全抑制4个HAU抗原的血清最高稀释倍数作为HI滴度。

只有阴性对照孔血清滴度不大于21og2,阳性对照孔血清误差不超过1个滴度,试验结果才有效。HI价小于或等于21og2判定HI试验阴性;HI价等于31og2为可疑,需重复试验;HI价大于或等于41og2为阳性。

附件2:

琼脂凝胶免疫扩散(AGID)试验

A型流感病毒都有抗原性相似的核衣壳和基质抗原。用已知禽流感AGID标准血清可以检测是否有A型流感病毒的存在,一般在鉴定所分禽的病毒是否是A型禽流感病毒时常用,此时的抗原需要试验者自己用分离的病毒制备;利用AGID标准抗原,可以检测所有A型流感病毒产生的各个亚型的禽流感抗体,通常在禽流感监测时使用(水禽不适用),可作为非免疫鸡和火鸡感染的证据,其标准抗原和阳性血清均可由国家指定单位提供。流感病毒感染后不是所有的禽种都能产生沉淀抗体。

1 抗原制备

1.1 用含丰富病毒核衣壳的尿囊膜制备。从尿囊液呈HA阳性的感染鸡胚中提取绒毛尿囊膜,将其匀浆或研碎,然后反复冻融三次,经1000rpm离心10分钟,弃沉淀,取上清液用0.1%福尔马林或1%β-丙内酯灭活后可作为抗原。

1.2 用感染的尿囊液将病毒浓缩或者用已感染的绒毛尿囊膜的提取物,这些抗原用标准血清进行标定。将含毒尿囊液以超速离心或者在酸性条件下进行沉淀以浓缩病毒。

酸性沉淀法是将1.0mol/LHCl加入到含毒尿囊液中,调pH值到4.0,将混合物置于冰浴中作用1小时,经1000rpm,4℃离心10分钟,弃去上清液。病毒沉淀物悬于甘氨-肌氨酸缓冲液中(含1%十二烷酰肌氨酸缓冲液,用0.5 mol/L甘氨酸调pH值至9.0)。沉淀物中含有核衣壳和基质多肽。

2 琼脂板制备

该试验常用1g优质琼脂粉或0.8~1g琼脂糖加入100 mL0.01mol/L、pH值7.2的8%氯化钠-磷酸缓冲液中,水浴加热融化,稍凉(60~65℃),倒入琼脂板内(厚度为3mm),待琼脂凝固后,4℃冰箱保存备用。用打孔器在琼脂板上按7孔梅花图案打孔,孔径约3 mm~4mm,孔距为3mm。

3 加样

用移液器滴加抗原于中间孔,周围1、4孔加阳性血清,其余孔加被检血清,每孔均以加满不溢出为度,每加一个样品应换一个滴头,并设阴性对照血清。

4 感作

将琼脂板加盖保湿,置于37℃温箱。24~48小时后,判定结果。

5 结果判定

5.1 阳性。阳性血清与抗原孔之间有明显沉淀线时,被检血清与抗原孔之间也形成沉淀线,并与阳性血清的沉淀线末端吻合,则被检血清判为阳性。

5.2 弱阳性。被检血清与抗原孔之间没有沉淀线,但阳性血清的沉淀线末端向被检血清孔偏弯,此被检血清判为弱阳性(需重复试验)。

5.3 阴性。被检血清与抗原孔之间不形成沉淀线,且阳性血清沉淀线直向被检血清孔,则被检血清判为阴性。

附件3:

神经氨酸酶抑制(NI)试验

神经氨酸酶是流感病毒的两种表面糖蛋白之一,它具有酶的活性。NA与底物(胎球蛋白)混合,37℃温育过夜,可使胎球蛋白释放出唾液酸,唾液酸经碘酸盐氧化,经硫代巴比妥酸作用形成生色团,该生色团用有机溶剂提取后便可用分光光度计测定。反应中出现的粉红色深浅与释放的唾液酸的数量成比例,即与存在的流感病毒的数量成比例。

在进行病毒NA亚型鉴定时,当已知的标准NA分型抗血清与病毒NA亚型一致时,抗血清就会将NA中和,从而减少或避免了胎球蛋白释放唾液酸,最后不出现化学反应,即看不到粉红色出现,则表明血清对NA抑制阳性。

该试验可用于分离株NA亚型的鉴定,也可用于血清中NI抗体的定性测定。

1 溶液配置

1.1 胎球蛋白:48-50mg/ml;

1.2 过碘酸盐:4.28克过碘酸钠+38 ml无离子水+62 ml浓正磷酸,充分混合,棕色瓶存放;

1.3 砷试剂:10克亚砷酸钠+7.1克无水硫酸钠+100 ml无离子水+0.3 ml浓硫酸;

1.4 硫代巴比妥酸:1.2克硫代巴比妥酸+14.2克无水硫酸钠+200 ml无离子水,煮沸溶解,使用期一周。

2 操作方法

2.1 按下图所示标记试管

○	○	○	○
N1原液	N1 10倍	N1 100倍	N1 1000倍
○	○	○	○
N2原液	N2 10倍	N2 100倍	N2 1000倍
○	○	○	○
阴性血清原液	阴性血清10倍	阴性血清100倍	阴性血清1000倍

2.2 将N1、N2标准阳性血清和阴性血清分别按原液、10倍、100倍稀释,并分别加入标记好的相应试管中。

2.3 将已经确定HA亚型的待检鸡胚尿囊液稀释至HA价为16倍,每管均加入0.05ml,混匀37℃水浴1小时。

2.4 每管加入的胎球蛋白溶液(50mg/ml)0.1ml,混匀,拧上盖后37℃水浴16~18小时。

2.5 室温冷却后,每管加入0.1ml过碘酸盐混匀,室温静置20分钟。

2.6 每管加入1ml砷试剂,振荡至棕色消失乳白色出现。

2.7 每管加入2.5ml硫代巴比妥酸试剂,将试管置煮沸的水浴中15分钟,不出现粉红色的为神经氨酸酶抑制阳性,即待检病毒的神经氨酸酶亚型与加入管中的标准神经氨酸酶分型血清亚型一致。

附件4:

反转录-聚合酶链反应(RT-PCR)

反转录-聚合酶链反应(RT-PCR)适用于检测禽组织、分泌物、排泄物和鸡胚尿囊液中禽流感病毒核酸。鉴于RT-PCR方法的敏感性和特异性,引物的选择是最为重要的,通常引物是以已知序列为基础设计的,大量掌握国内分离株的序列是设计特异引物的前提和基础。利用RT-PCR的通用引物可以检测是否有A型流感病毒的存在,亚型特异性引物则可进行禽流感的分型诊断和禽流感病毒的亚型鉴定。

1 试剂/引物

1.1 变性液:见附录A.1

1.2 2M醋酸钠溶液(pH4.0):见附录A.2

1.3 水饱和酚(pH 4.0)

1.4 氯仿/异戊醇混合液:见附录A.3

1.5 M-MLV反转录酶(200u/μL)

1.6 RNA酶抑制剂(40u/μL)

1.7 Taq DNA聚合酶(5u/μL)

1.8 1.0% 琼脂糖凝胶:见附录A.4

1.9 50×TAE缓冲液:见附录A.5

1.10 溴化乙锭(10μg/μL):见附录A.6

1.11 加样缓冲液:见附录A.7

1.12 焦碳酸二乙酯(DEPC)处理的灭菌双蒸水:见附录A.8

1.13 5×反转录反应缓冲液(附录A.9)

1.14 2.5mmol dNTPs(附录A.10)

1.15 10×PCR Buffer(附录A.11)

1.16 DNA分子量标准

1.17 引物:见附录B

2 操作程序

2.1 样品的采集和处理:按照GB/T 18936中提供方法进行。

2.2 RNA的提取

2.2.1 设立阳性、阴性样品对照。

2.2.2 异硫氰酸胍一步法

2.2.2.1 向组织或细胞中加入适量的变性液,匀浆。

2.2.2.2 将混合物移至一管中,按每毫升变性液中立即加入0.1mL乙酸钠,1mL酚,0.2ml氯仿-异戊醇。加入每种组分后,盖上管盖,倒置混匀。

2.2.2.3 将匀浆剧烈振荡10s。冰浴15min使核蛋白质复合体彻底裂解。

2.2.2.4 12000r/min,4℃离心20min,将上层含RNA的水相移入一新管中。为了降低被处于水相和有机相分界处的DNA污染的可能性,不要吸取水相的最下层。

2.2.2.5 加入等体积的异丙醇,充分混匀液体,并在-20℃沉淀RNA 1h或更长时间。

2.2.2 6 4℃ 12000 r/min离心10 min,弃上清,用75%的乙醇洗涤沉淀,离心,用吸头彻底吸弃上清,自然条件下干燥沉淀,溶于适量DEPC处理的水中。-20℃贮存,备用。

2.2.3 也可选择市售商品化RNA提取试剂盒,完成RNA的提取。

2.3 反转录

2.3.1 取5μL RNA,加1μL反转录引物,70℃作用5min。

2.3.2 冰浴2min。

2.3.3 继续加入:

5×反转录反应缓冲液	4μL
0.1M DTT	2μL
2.5mmol dNTPs	2μL
M-MLV反转录酶	0.5μL
RNA酶抑制剂	0.5μL
DEPC水	11μL

37℃水浴1h,合成cDNA链。取出后可直接进行PCR,或者放于-20℃保存备用。试验中同时设立阳性和阴性对照。

2.4 PCR

根据扩增目的不同,选择不同的上/下游引物,M-229U/M-229L是型特异性引物,用于扩增禽流感病毒的M基因片段;H5-380U/H5-380L、H7-501U/H7-501L、H9-732U/H9-732L分别特异性扩增H5、H7、H9亚型血凝素基因片段;N1-358U/N1-358L、N2-377U/N2-377L分别特异性扩增N1、N2亚型神经氨酸酶基因片段。

PCR为50μL体系,包括:

双蒸灭菌水	37.5μL
反转录产物	4μL
上游引物	0.5μL
下游引物	0.5μL
10×PCR Buffer	5μL
2.5mmol dNTPs	2μL
Taq酶	0.5μL

首先加入双蒸灭菌水,然后按顺序逐一加入上述成分,每次要加入到液面下。全部加完后,混悬,瞬时离心,使液体都沉降到PCR管底。在每个PCR管中加入1滴液体石蜡(约20μL)。循环参数为95℃5min,94℃ 45s,52℃ 45s,72℃ 45s,循环30次,72℃延伸6min结束。设立阳性对照和阴性对照。

2.5 电泳

2.5.1 制备1.0%琼脂糖凝胶板,见附录A.4。

2.5.2 取5μL PCR产物与0.5μL加样缓冲液混合,加入琼脂糖凝胶板的加样孔中。

2.5.3 加入分子量标准。

2.5.4 盖好电泳仪,插好电极,5V/cm电压电泳,30~40min。

2.5.5 用紫外凝胶成像仪观察、扫描图片存档,打印。

2.5.6 用分子量标准比较判断PCR片段大小。

3 结果判定

3.1 在阳性对照出现相应扩增带、阴性对照无此扩增带时判定结果。

3.2　用M-229U/M-229L检测，出现大小为229bp扩增片段时，判定为禽流感病毒阳性，否则判定为阴性。

3.3　用H5-380U/H5-380L检测，出现大小为380bp扩增片段时，判定为H5血凝素亚型禽流感病毒阳性，否则判定为阴性。

3.4　用H7-501U/H7-501L检测，出现大小为501bp扩增片段时，判定为H7血凝素亚型禽流感病毒阳性，否则判定为阴性。

3.5　用H9-732U/H9-732L检测，出现大小为732bp扩增片段时，判定为H9血凝素亚型禽流感病毒阳性，否则判定为阴性。

3.6　用N1-358U/N1-358L检测，出现大小为358bp扩增片段时，判定为N1神经氨酸酶亚型禽流感病毒阳性，否则判定为阴性。

3.7　用N2-377U/N2-377L检测，出现大小为377bp扩增片段时，判定为N2神经氨酸酶亚型禽流感病毒阳性，否则判定为阴性。

附 录A

相关试剂的配制

A.1　变性液

4M　异硫氰酸胍

25mM　柠檬酸钠·2H2O

0.5%(m/V)　十二烷基肌酸钠

0.1M　β-巯基乙醇

具体配制：将250g异硫氰酸胍、0.75M(PH7.0)柠檬酸钠17.6ml和26.4ml 10%(m/V)十二烷基肌酸钠溶于293ml水中。65℃条件下搅拌、混匀，直至完全溶解。室温条件下保存，每次临用前按每50ml变性液加入14.4 mol/L的β-巯基乙醇0.36ml的剂量加入。变性液可在室温下避光保存数月。

A.2　2mol/L醋酸钠溶液(pH4.0)

乙酸钠	16.4 g
冰乙酸	调pH至4.0
灭菌双蒸水	加至100 mL

A.3　氯仿/异戊醇混合液

氯仿	49 mL
异戊醇	1 mL

A.4　1.0%琼脂糖凝胶的配制

琼脂糖	1.0 g
0.5×TAE电泳缓冲液	加至100 mL

微波炉中完全融化，待冷至50℃-60℃时，加溴化乙锭(EB)溶液5μL，摇匀，倒入电泳板上，凝固后取下梳子，备用。

A.5 50×TAE电泳缓冲液

A.5.1 0.5mol/L 乙二铵四乙酸二钠(EDTA)溶液（pH8.0）

二水乙二铵四乙酸二钠	18.61 g
灭菌双蒸水	80 mL
氢氧化钠	调pH至8.0
灭菌双蒸水	加至100 mL

A.5.2 TAE电泳缓冲液(50×)配制

羟基甲基氨基甲烷(Tris)	242 g
冰乙酸	57.1 mL
0.5mol/L乙二铵四乙酸二钠溶液(pH8.0)	100 mL
灭菌双蒸水	加至1 000 mL

用时用灭菌双蒸水稀释使用

A.6 溴化乙锭(EB)溶液

溴化乙锭	20 mg
灭菌双蒸水	加至20 mL

A.7 10×加样缓冲液

聚蔗糖	25 g
灭菌双蒸水	100 mL
溴酚蓝	0.1 g
二甲苯青	0.1 g

A.8 DEPC水

超纯水	100 mL
焦碳酸二乙酯(DEPC)	50μL

室温过夜，121℃高压15min，分装到1.5 mL DEPC处理过的微量管中。

A.9 M-MLV 反转录酶5×反应缓冲液

1moL Tris-HCl (pH 8.3)	5 mL
KCl	0.559 g
$MgCl_2$	0.029 g
DTT	0.154 g
灭菌双蒸水	加至100 mL

A.10 2.5mmol/LdNTP

dATP(10mmol/L)	20 μL
dTTP(10mmol/L)	20 μL
dGTP(10mmol/L)	20 μL
dCTP(10mmol/L)	20 μL

A.11 10×PCR缓冲液

1M Tris-HCl (pH8.8)	10 mL
1M KCl	50 mL
Nonidet P40	0.8 mL
1.5moL $MgCl_2$	1 mL
灭菌双蒸水	加至100 mL

附录B

禽流感病毒RT-PCR试验用引物

B.1　反转录引物

Uni 12:5′-AGCAAAAGCAGG-3′,引物浓度为20pmol。

B.2　PCR引物

见下表,引物浓度均为20pmol。

B.2　PCR过程中选择的引物

引物名称	引物序列	长度(bp)	扩增目的
M-229U	5′-TTCTAACCGAGGTCGAAAC-3′	229	通用引物
M-229L	5′-AAGCGTCTACGCTGCAGTCC-3′		
H5-380U	5′-AGTGAATTGGAATATGGTAACTG-3′	380	H5
H5-380L	5′-AACTGAGTGTTCATTTTGTCAAT-3′		
H7-501U	5′-AATGCACARGGAGGAGGAACT-3′	501	H7
H7-501L	5′-TGAYGCCCCGAAGCTAAACCA-3′		
H9-732U	5′-TCAACAAACTCCACCGAAACTGT-3′	732	H9
H9-732L	5′-TCCCGTAAGAACATGTCCATACCA-3′		
N1-358U	5′-ATTRAAATACAAYGGYATAATAAC-3′	358	N1
N1-358L	5′-GTCWCCGAAAACYCCACTGCA-3′		
N2-377U	5′-GTGTGYATAGCATGGTCCAGCTCAAG-3′	377	N2
N2-377L	5′-GAGCCYTTCCARTTGTCTCTGCA-3′		

W=(AT);Y=(CT);R=(AG)。

附件5:

禽流感病毒致病性测定

高致病性禽流感是指由强毒引起的感染,感染禽有时可见典型的高致病性禽流感特征,有时则未见任何临床症状而突然死亡。所有分离到的高致病性病毒株均为H5或H7亚型,但大多数H5或H7亚型仍为弱毒株。评价分离株是否为高致病性或者是潜在的高致病性毒株具有重要意义。

1 欧盟国家对高致病性禽流感病毒判定标准

接种6周龄的SPF鸡,其IVPI大于1.2的或者核苷酸序列在血凝素裂解位点处有一系列的连续碱性氨基酸存在的H5或H7亚型流感病毒均判定为高致病性病毒。

静脉接种指数(IVPI)测定方法:

收获接种病毒的SPF鸡胚的感染性尿囊液,测定其血凝价>1/16(24或lg24)将含毒尿囊液用灭菌生理盐水稀释10倍(切忌使用抗生素),将此稀释病毒液以0.1mL/羽静脉接种10只6周龄SPF鸡,2只同样鸡只接种0.1mL稀释液作对照(对照鸡不应发病,也不计入试验鸡)。每隔24小时检查鸡群一次,共观察10天。根据每只鸡的症状用数字方法每天进行记录:正常鸡记为0,病鸡记为1,重病鸡记为2,死鸡记为3(病鸡和重病鸡的判断主要依据临床症状表现。一般而言,"病鸡"表现有下述一种症状,而"重病鸡"则表现下述多个症状,如呼吸症状、沉郁、腹泻、鸡冠和/或肉髯发绀、脸和/或头部肿胀、神经症状。死亡鸡在其死后的每次观察都记为3)。

IVPI值=每只鸡在10天内所有数字之和/(10只鸡×10天),如指数为3.00,说明所有鸡24小时内死亡;指数为0.00,说明10天观察期内没有鸡表现临床症状。

当IVPI值大于1.2时,判定分离株为高致病性禽流感病毒(HPAIV)。

IVPI测定举例:

(数字表示在特定日期表现出临床症状的鸡只数量)

临床症状	1	D2	D3	D4	D5	D6	D7	D8	D9	D10	总计	数值
正常	10	10	0	0	0	0	0	0	0	0	20 x 0	= 0
发病	0	0	3	0	0	0	0	0	0	0	3 x 1	= 3
麻痹	0	0	4	5	1	0	0	0	0	0	10 x 2	= 20
死亡	0	0	3	5	9	10	10	10	10	10	67 x 3	= 201
											总计	= 224

上述例子中的IVPI为: 224/100 = 2.24>1.2

2 OIE对高致病性禽流感病毒的分类标准

2.1 取HA滴度>1/16的无菌感染流感病毒的鸡胚尿囊液用等渗生理盐水1:10稀释,以0.2mL/羽的剂量翅静脉接种8只4～8周龄SPF鸡,在接种10天内,能导致6只或6只以上鸡死亡,判定该毒株为高致病性禽流感病毒株。

2.2 如分离物能使1～5只鸡致死,但病毒不是H5或H7亚型,则应进行下列试验:将病毒接种于细胞培养物上,观察其在胰蛋白酶缺乏时是否引起细胞病变或形成蚀斑。如果病毒不能在细胞上生长,则分离物应被考虑为非高致病性禽流感病毒。

2.3 所有低致病性的H5和H7毒株和其它病毒,在缺乏胰蛋白酶的细胞上能够生长时,则应进行与血凝素有关的肽链的氨基酸序列分析,如果分析结果同其它高致病性流感病毒相似,这种被检验的分离物应被考虑为高致病性禽流感病毒。

附件6

禽流感病毒通用荧光RT-PCR检测

1 材料与试剂

1.1 仪器与器材

荧光RT-PCR检测仪

高速台式冷冻离心机(离心速度12000r/min以上)

台式离心机(离心速度3000r/min)

混匀器

冰箱(2~8℃和-20℃两种)

微量可调移液器(10μL、100μL、1000μL)及配套带滤芯吸头Eppendorf管(1.5mL)

1.2 试剂

除特别说明以外,本标准所用试剂均为分析纯,所有试剂均用无RNA酶污染的容器(用DEPC水处理后高压灭菌)分装。

氯仿;

异丙醇:-20℃ 预冷;

PBS:121±2℃,15min高压灭菌冷却后,无菌条件下加入青霉素、链霉素各10000 U/mL;

75%乙醇:用新开启的无水乙醇和DEPC水(符合GB 6682要求)配制,-20℃预冷。

禽流感病毒通用型荧光RT-PCR检测试剂盒:组成、功能及使用注意事项见附录。

2 抽样

2.1 采样工具

下列采样工具必须经(121±2)℃,15min高压灭菌并烘干:

棉拭子、剪刀、镊子、注射器、1.5ml Eppendorf管、研钵。

2.2 样品采集

1)活禽

取咽喉拭子和泄殖腔拭子,采集方法如下:

取咽喉拭子时将拭子深入喉头口及上颚裂来回刮3-5次取咽喉分泌液;

取泄殖腔拭子时将拭子深入泄殖腔转一圈并沾取少量粪便;

将拭子一并放入盛有1.0mL PBS的1.5mL Eppendorf管中,加盖、编号。

2)肌肉或组织脏器

待检样品装入一次性塑料袋或其它灭菌容器,编号,送实验室。

3)血清、血浆

用无菌注射器直接吸取至无菌Eppendorf管中,编号备用。

2.3 样品贮运

样品采集后,放入密闭的塑料袋内(一个采样点的样品,放一个塑料袋),于保温箱中加冰、密封,送实验室。

2.4 样品制备

1)咽喉、泄殖腔拭子

样品在混合器上充分混合后，用高压灭菌镊子将拭子中的液体挤出，室温放置30 min，取上清液转入无菌的1.5 mL Eppendorf管中，编号备用。

2)肌肉或组织脏器

取待检样品2.0 g于洁净、灭菌并烘干的研钵中充分研磨，加10mL PBS混匀，4℃，3000r/min离心15min，取上清液转入无菌的1.5mL Eppendorf管中，编号备用。

2.5 样本存放

制备的样本在2～8℃条件下保存应不超过24h，若需长期保存应置-70℃以下，但应避免反复冻融（冻融不超过3次）。

3 操作方法

3.1 实验室标准化设置与管理

禽流感病毒通用荧光RT—PCR检测的实验室规范。

3.2 样本的处理

在样本制备区进行。

(1)取n个灭菌的1.5mL Eppendorf管，其中n为被检样品、阳性对照与阴性对照的和(阳性对照、阴性对照在试剂盒中已标出)，编号。

(2)每管加入600μL裂解液，分别加入被检样本、阴性对照、阳性对照各200μL，一份样本换用一个吸头，再加入200μL氯仿，混匀器上振荡混匀5s(不能过于强烈，以免产生乳化层，也可以用手颠倒混匀)。于4℃、12000r/min离心15min。

(3)取与(1)相同数量灭菌的1.5mL Eppendorf管，加入500μL异丙醇(-20℃预冷)，做标记。吸取本标准(2)各管中的上清液转移至相应的管中，上清液应至少吸取500μL，不能吸出中间层，颠倒混匀。

(4)于4℃、12000r/min离心15 min(Eppendorf管开口保持朝离心机转轴方向放置)，小心倒去上清，倒置于吸水纸上，沾干液体(不同样品须在吸水纸不同地方沾干)；加入600μL 75%乙醇，颠倒洗涤。

(5)于4℃、12000 r/min离心10min(Eppendorf管开口保持朝离心机转轴方向放置)，小心倒去上清，倒置于吸水纸上，尽量沾干液体(不同样品须在吸水纸不同地方沾干)。

(6)4000 r/min离心10s(Eppendorf管开口保持朝离心机转轴方向放置)，将管壁上的残余液体甩到管底部，小心倒去上清，用微量加样器将其吸干，一份样本换用一个吸头，吸头不要碰到有沉淀一面，室温干燥3 min，不能过于干燥，以免RNA不溶。

(7)加入11 μL DEPC水，轻轻混匀，溶解管壁上的RNA，2000r/min离心5s，冰上保存备用。提取的RNA须在2h内进行PCR扩增；若需长期保存须放置-70℃冰箱。

3.3 检测

(1)扩增试剂准备

在反应混合物配制区进行。从试剂盒中取出相应的荧光RT-PCR反应液、Taq酶，在室温下融化后，2000r/min离心5s。设所需荧光RT-PCR检测总数为n，其中n为被检样品、阳性对照与阴性对照的和，每个样品测试反应体系配制如下：RT-PCR反应液15μL，Taq酶0.25μL。根据测试样品的数量计算好各试剂的使用量，加入到适当体积中，向其中加入0.25×n颗RT-PCR反转录酶颗粒，充分混合均匀，向每个荧光RT-PCR管中各分装15μL，转移至样本处理区。

(2)加样

在样本处理区进行。在各设定的荧光RT-PCR管中分别加入上述样本处理中制备的RNA溶液各

10μL，盖紧管盖，500r/min离心30s。

(3)荧光RT-PCR检测

在检测区进行。将本标准中离心后的PCR管放入荧光RT-PCR检测仪内，记录样本摆放顺序。

循环条件设置：第一阶段，反转录42℃/30 min；第二阶段，预变性92℃/3 min；第三阶段，92℃/10s，45℃/30s，72℃/1 min，5个循环；第四阶段，92℃/10s，60℃/30s，40个循环，在第四阶段每个循环的退火延伸时收集荧光。

试验检测结束后，根据收集的荧光曲线和Ct值判定结果。

4　结果判定

4.1　结果分析条件设定

直接读取检测结果。阈值设定原则根据仪器噪声情况进行调整，以阈值线刚好超过正常阴性样品扩增曲线的最高点为准。

4.2　质控标准

(1)阴性对照无Ct值并且无扩增曲线。

(2)阳性对照的Ct值应＜28.0，并出现典型的扩增曲线。否则，此次实验视为无效。

4.3　结果描述及判定

(1)阴性

无Ct值并且无扩增曲线，表示样品中无禽流感病毒。

(2)阳性

Ct值≤30，且出现典型的扩增曲线，表示样品中存在禽流感病毒。

(3)有效原则

Ct>30的样本建议重做。重做结果无Ct值者为阴性，否则为阳性。

附 录
试剂盒的组成

1　试剂盒组成

每个试剂盒可做48个检测，包括以下成分：

裂解液 30 mL×1盒

DEPC水 1 mL×1管

RT-PCR反应液（内含禽流感病毒的引物、探针）750 μL×1管

RT-PCR酶 1颗/管×12管

Taq酶 12 μL×1管

阴性对照 1 mL×1管

阳性对照（非感染性体外转录RNA）1 mL×1管

2　说明

2.1　裂解液的主要成分为异硫氰酸胍和酚，为RNA提取试剂，外观为红色液体，于4℃保存。

2.2　DEPC水，用1%DEPC处理后的去离子水，用于溶解RNA。

2.3　RT-PCR反应液中含有特异性引物、探针及各种离子。

3 功能

试剂盒可用于禽类相关样品(包括肌肉组织、脏器、咽喉拭子、泄殖腔拭子、血清或血浆等)中禽流感病毒的检测。

4 使用时的注意事项

4.1 在检测过程中,必须严防不同样品间的交叉污染。

4.2 反应液分装时应避免产生气泡,上机前检查各反应管是否盖紧,以免荧光物质泄露污染仪器。

RT-PCR酶颗粒极易吸潮失活,必须在室温条件下置于干燥器内保存,使用时取出所需数量,剩余部分立即放回干燥器中。

附件7：

样品采集、保存和运输

活禽病料应包括气管和泄殖腔拭子，最好是采集气管拭子。小珍禽用拭子取样易造成损伤，可采集新鲜粪便。死禽采集气管、脾、肺、肝、肾和脑等组织样品。

将每群采集的10份棉拭子，放在同一容器内，混合为一个样品；容器中放有含有抗菌素的pH值为7.0-7.4的PBS液。抗生素的选择视当地情况而定，组织和气管拭子悬液中应含有青霉素（2000IU/mL）、链霉素（2mg/mL），庆大霉素（50μg/mL），制霉菌素（1000IU/mL）。但粪便和泄殖腔拭子所有的抗生素浓度应提高5倍。加入抗生素后pH值应调至7.0~7.4。

样品应密封于塑料袋或瓶中，置于有制冷剂的容器中运输，容器必须密封，防止渗漏。

样品若能在24小时内送到实验室，冷藏运输。否则，应冷冻运输。

若样品暂时不用，则应冷冻（最好-70℃或以下）保存。

采 样 单

样品名称			
样品编号			
采样基数		采样数量	
采样日期		保存情况	冷冻（藏）
被采样单位			
通讯地址			
联系电话		邮　编	
被采样单位盖章或签名 年 月 日		采样单位盖章　采样人签名 年 月 日	
备注：（如禽流感的免疫情况以及20天内是否进行过其它免疫注射或异常刺激）			

此单一式三份，第一联存根，第二联随样品，第三联由被采样单位保存

附件8:

消毒技术规范

1 设备和必需品

1.1 清洗工具:扫帚、叉子、铲子、锹和冲洗用水管。

1.2 消毒工具:喷雾器、火焰喷射枪、消毒车辆、消毒容器等。

1.3 消毒剂:清洁剂、醛类、强碱、氯制剂类等合适的消毒剂。

1.4 防护装备:防护服、口罩、胶靴、手套、护目镜等。

2 圈舍、场地和各种用具的消毒

2.1 对圈舍及场地内外采用喷洒消毒液的方式进行消毒,消毒后对污物、粪便、饲料等进行清理;清理完毕再用消毒液以喷洒方式进行彻底消毒,消毒完毕后再进行清洗;不易冲洗的圈舍清除废弃物和表土,进行堆积发酵处理。

2.2 对金属设施设备,可采取火焰、熏蒸等方式消毒;木质工具及塑料用具采取用消毒液浸泡消毒;工作服等采取浸泡或高温高压消毒。

3 疫区内可能被污染的场所应进行喷洒消毒。

4 污水沟、水塘可投放生石灰或漂白粉。

5 运载工具清洗消毒

5.1 在出入疫点、疫区的交通路口设立消毒站点,对所有可能被污染的运载工具应当严格消毒。

5.2 从车辆上清理下来的废弃物按无害化处理。

6 疫点每天消毒1次连续1周,1周以后每两天消毒1次。疫区内疫点以外的区域每两天消毒1次。

附件9:

扑杀方法

1 窒息

先将待扑杀禽装入袋中,置入密封车或其它密封容器,通入二氧化碳窒息致死;或将禽装入密封袋中,通入二氧化碳窒息致死。

2 扭颈

扑杀量较小时采用。根据禽只大小,一手握住头部,另一手握住体部,朝相反方向扭转拉伸。

3 其它

可根据本地情况,采用其它能避免病原扩散的致死方法。

扑杀人员的防护符合NY/T 768《高致病性禽流感人员防护技术规范》的要求。

附件10：

无害化处理

所有病死禽、被扑杀禽及其产品、排泄物以及被污染或可能被污染的垫料、饲料和其它物品应当进行无害化处理。清洗所产生的污水、污物进行无害化处理。

无害化处理可以选择深埋、焚烧或高温高压等方法，饲料、粪便可以发酵处理。

1 深埋

1.1 选址

应当避开公共视线，选择地表水位低、远离学校、公共场所、居民住宅区、动物饲养场、屠宰场及交易市场、村庄、饮用水源地、河流等的地域。位置和类型应当有利于防洪。

1.2 坑的覆盖土层厚度应大于1.5米，坑底铺垫生石灰，覆盖土以前再撒一层生石灰。

1.3 禽类尸体置于坑中后，浇油焚烧，然后用土覆盖，与周围持平。填土不要太实，以免尸腐产气造成气泡冒出和液体渗漏。

1.4 饲料、污染物等置于坑中，喷洒消毒剂后掩埋。

2 工厂化处理

将所有病死牲畜、扑杀牲畜及其产品密封运输至无害化处理厂，统一实施无害化处理。

3 发酵

饲料、粪便可在指定地点堆积，密封彻底发酵，表面应进行消毒。

4 无害化处理应符合环保要求，所涉及到的运输、装卸等环节应避免洒漏，运输装卸工具要彻底消毒。

附件11：

高致病性禽流感流行病学调查规范

1　范围

本标准规定了发生高致病性禽流感疫情后开展的流行病学调查技术要求。

本标准适用于高致病性禽流感暴发后的最初调查、现地调查和追踪调查。

2　规范性引用文件

下列文件中的条款通过本标准的引用而成为本标准的条款。凡是注日期的引用文件，其随后所有的修改单位(不包括勘误的内容)或修订版均不适用于本标准。鼓励根据本标准达成协议的各方研究可以使用这些文件的最新版本。凡是不注日期的引用文件，其最新版本适用于本标准。

NY 764　高致病性禽流感疫情判定及扑灭技术规范

NY/T 768　高致病性禽流感人员防护技术规范

3　术语和定义

3.1　最初调查

兽医技术人员在接到养禽场/户怀疑发生高致病性禽流感的报告后，对所报告的养禽场/户进行的实地考察以及对其发病情况的初步核实。

3.2　现地调查

兽医技术人员或省级、国家级动物流行病学专家对所报告的高致病性禽流感发病场/户的场区状况、传染来源、发病禽品种与日龄、发病时间与病程、发病率与病死率以及发病禽舍分布等所作的现场调查。

3.3　跟踪调查

在高致病性禽流感暴发及扑灭前后，对疫点的可疑带毒人员、病死禽及其产品和传播媒介的扩散趋势、自然宿主发病和带毒情况的调查。

4　最初调查

4.1　目的

核实疫情、提出对疫点的初步控制措施，为后续疫情确诊和现地调查提供依据。

4.2　组织与要求

4.2.1　动物防疫监督机构接到养禽场/户怀疑发病的报告后，应立即指派2名以上兽医技术人员，携必要的器械、用品和采样用容器，在24 h以内尽快赶赴现场，核实发病情况。

4.2.2　被派兽医技术人员至少3 d内没有接触过高致病性禽流感病禽及其污染物，按NY/T 768要求做好个人防护。

4.3　内容

4.3.1　调查发病禽场的基本状况、病史、症状以及环境状况四个方面，完成最初调查表(见附录A)。

4.3.2　认真检查发病禽群状况，根据NY 764做出是否发生高致病性禽流感的初步判断。

4.3.3　若不能排除高致病性禽流感，调查人员应立即报告当地动物防疫监督机构并建议提请省级/国家级动物流行病学专家作进一步诊断，并应配合做好后续采样、诊断和疫情扑灭工作；

4.3.4　实施对疫点的初步控制措施，禁止家禽、家禽产品和可疑污染物品从养禽场/户运出，并限制人员流动；

4.3.5　画图标出疑病禽场/户周围10 km以内分布的养禽场、道路、河流、山岭、树林、人工屏障等，连同最初调查表一同报告当地动物防疫监督机构。

5　现地调查

5.1　目的

在最初调查无法排除高致病性禽流感的情况下，对报告养禽场/户作进一步的诊断和调查，分析可能的传染来源、传播方式、传播途径以及影响疫情控制和扑灭的环境和生态因素，为控制和扑灭疫情提供技术依据。

5.2　组织与要求

5.2.1　省级动物防疫监督机构接到怀疑发病报告后，应立即派遣流行病学专家配备必要的器械和用品于24h内赴现场，作进一步诊断和调查。

5.2.2　被派兽医技术人员应遵照4.2.2 的要求。

5.3　内容

5.3.1　在地方动物防疫监督机构技术人员初步调查的基础上，对发病养禽场/户的发病情况、周边地理地貌、野生动物分布、近期家禽、产品、人员流动情况等开展进一步的调查，分析传染来源、传播途径以及影响疫情控制和消灭的环境和生态因素。

5.3.2　尽快完成流行病学现地调查表(见附录B)并提交省和地方动物防疫监督机构。

5.3.3　与地方动物防疫监督机构密切配合，完成病料样品的采集、包装及运输等诊断事宜。

5.3.4　对所发疫病作出高致病性禽流感诊断后，协助地方政府和地方动物防疫监督机构扑灭疫情。

6　跟踪调查

6.1　目的

追踪疫点传染源和传播媒介的扩散趋势、自然宿主的发病和带毒情况，为可能出现的公共卫生危害提供预警预报。

6.2　组织

当地流行病学调查人员在省级或国家级动物流行病学专家指导下对有关人员、可疑感染家禽、可疑污染物品和带毒宿主进行追踪调查。

6.3　内容

6.3.1　追踪出入发病养禽场/户的有关工作人员和所有家禽、禽产品及有关物品的流动情况，并对其作适当的隔离观察和控制措施，严防疫情扩散。

6.3.2　对疫点、疫区的家禽、水禽、猪、留鸟、候鸟等重要疫源宿主进行发病情况调查，追踪病毒变异情况。

6.3.3　完成跟踪调查表(见附录C)并提交本次暴发疫情的流行病学调查报告。

附录A：

高致病性禽流感流行病学最初调查表

任务编号：		国标码：
调查者姓名：		电　话：
场/户主姓名：		电　话：
场/户名称:		邮　编：
场/户地址		
饲养品种		
饲养数量		
场址地形环境描述		
发病时天气状况	温度	
	干旱/下雨	
	主风向	
场区条件	□进场要洗澡更衣　□进生产区要换胶靴　□场舍门口有消毒池　□供料道与出粪道分开	
污水排向	□附近河流　□农田沟渠　□附近村庄　□野外湖区　□野外水塘　□野外荒郊　□其他	
过去一年曾发生的疫病	□低致病性禽流感　□鸡新城疫　□马立克氏病　□禽白血病　□ 鸡传染性喉气管炎　□鸡传染性贫血　□鸡传染性支气管炎　□鸡传染性发氏囊病	
本次典型发病情况	□急性发病死亡　□脚鳞出血　□鸡冠出血或发绀、头部水肿　□肌肉和其他组织器官广泛性严重出血　□神经症状　□绿色稀便　□其他（请填写）：	
疫情核实结论	□不能排除高致病性禽流感　□排除高致病性禽流感	
调查人员签字：		时间：

附录B:

高致病性禽流感现地调查表

疫情类型　　(1)确诊　　(2)疑似　　(3)可疑

B1　疫点易感禽与发病禽现场调查

B1.1　最早出现发病时间:　　　　年　　月　　日　　时,

发病数:　　只,死亡数:　　只,圈舍(户)编号:　　　。

B1.2　禽群发病情况

圈舍(户)编号	家禽品种	日龄	发病日期	发病数	开始死亡日期	死亡数

B1.3　袭击率

计算公式:袭击率=(疫情暴发以来发病禽数÷疫情暴发开始时易感禽数)×100%

B2　可能的传染来源调查

B2.1　发病前30d内,发病禽舍是否新引进了家禽?

(1)是　　　　(2)否

引进禽品种	引进数量	混群情况*	最初混群时间	健康状况	引进时间	来源
* 混群情况为:(1)同舍(户)饲养 (2)邻舍(户)饲养 (3)饲养于本场(村)隔离场,隔离场(舍)人员应单独隔离						

B2.2　发病前30d内发病禽场/户是否有野鸟栖息或捕获鸟?

(1)是　　　　(2)否

鸟 名	数 量	来 源	鸟停留地点*	鸟病死数量	与禽畜接触频率**
* 停留地点:包括禽场(户)内建筑场上、树上、存料处及料槽等; ** 接触频率:指鸟与停留地点的接触情况,分为每天、数次、仅一次。					

B2.3 发病前30d内是否运入可疑的被污染物品(药品)?

(1)是　　　　　　　　(2)否

物品名称	数　量	经过或存放地	运入后使用情况

B2.4 最近30d内是否有场外有关业务人员来场?(1)无 (2)有,请写出访问者姓名、单位、访问日期,并注明是否来自疫区。

来 访 人	来访日期	来访人职业/电话	是否来自疫区

B2.5 发病场(户)是否靠近其他养禽场及动物集散地?

(1)是　　　　　　　　(2)否

B2.5.1 与发病场的相对地理位置________________。

B2.5.2 与发病场的距离________________。

B2.5.3 其大致情况________________。

B2.6 发病场周围10公里以内是否有下列动物群?

B2.6.1 猪,________________。

B2.6.2 野禽,具体禽种:________________。

B2.6.3 野水禽,具体禽种:________________。

B2.6.4 田鼠、家鼠:________________。

B2.6.5 其它:________________。

B2.7 在最近25~30d内本场周围10公里有无禽发病?(1)无 (2)有,请回答:

B2.7.1 发病日期:________________。

B2.7.2 病禽数量和品种:________________。

B2.7.3 确诊/疑似诊断疾病:________________。

B2.7.4 场主姓名:________________。

B2.7.5 发病地点与本场相对位置、距离:________________。

B2.7.6 投药情况:________________。

B2.7.7疫苗接种情况:________________。

B2.8 场内是否有职员住在其他养殖场/养禽村?

(1)无　　　　　　　　(2)有

B2.8.1 该农场所处的位置:________________。

B2.8.2 该场养禽的数量和品种:________________。

B2.8.3 该场禽的来源及去向:________________。

B2.8.4 职员拜访和接触他人地点:________________。

B3 在发病前30d是否有饲养方式/管理的改变?

(1)无 (2)有,________________。

B4 发病场(户)周围环境情况

B4.1 静止水源 沼泽、池塘或湖泊:(1)是 (2)否

B4.2 流动水源 灌溉用水、运河水、河水:(1)是 (2)否

B4.3 断续灌溉区 方圆三公里内无水面:(1)是 (2)否

B4.4 最近发生过洪水:(1)是 (2)否

B4.5 靠近公路干线:(1)是 (2)否

B4.6 靠近山溪或森(树)林:(1)是 (2)否

B5 该养禽场/户地势类型属于:

(1)盆地(2)山谷(3)高原(4)丘陵(5)平原(6)山区

(7)其他(请注明)________________。

B6 饮用水及冲洗用水情况

B6.1 饮水类型:

(1)自来水 (2)浅井水 (3)深井水(4)河塘水 (5)其他

B6.2 冲洗水类型:

(1)自来水 (2)浅井水 (3)深井水 (4)河塘水(5)其他

B7 发病养禽场/户高致病性禽流感疫苗免疫情况:

(1)免疫 (2)不免疫

B7.1 疫苗生产厂家________________。

B7.2 疫苗品种、批号________________。

B7.3 被免疫鸡数量________________。

B8 受威胁区免疫禽群情况

B8.1 免疫接种一个月内禽只发病情况:

(1)未见发病(2)发病,发病率________________。

B8.2 异源亚型血清学检测和病原学检测

标本类型	采样时间	检测项目	检测方法	结 果
注:标本类型包括鼻咽、脾淋内脏、血清及粪便等。				

B9 解除封锁后是否使用岗哨动物

(1)否　　(2)是,简述结果________________。

B10 最后诊断情况:

B10.1 确诊HPAI,确诊单位________________。

B10.2 排除,其他疫病名称________________。

B11 疫情处理情况

B11.1 发病禽群及其周围三公里以内所有家禽全部扑杀:

(1)是　　(2)否,扑杀范围:________________。

B11.2 疫点周围3—5公里内所有家禽全部接种疫苗

(1)是　　(2)否

所用疫苗的病毒亚型:________________厂家________________。

附录C:

高致病性禽流感跟踪调查表

C1 在发病养禽场/户出现第1个病例前21d至该场被控制期间出场的(A)有关人员,(B)动物/产品/排泄废弃物,(C)运输工具/物品/饲料/原料,(D)其他(请标出)________________,养禽场被隔离控制日期________________。

出场日期	出场人/物 (A/B/C/D)	运输工具	人/承运人 姓名/电话	目的地/电话

C2 在发病养禽场/户出现第1个病例前21d至该场被隔离控制期间,是否有家禽、车辆和人员进出家禽集散地?(家禽集散地包括展览场所、农贸市场、动物产品仓库、拍卖市场、动物园等。)(1)无　(2)有,请填写下表,追踪可能污染物,做限制或消毒处理。

出入日期	出场人/物	运输工具	人/承运人 姓名/电话	相对方位/距离
注:家禽集散地包括展览场所、农贸市场、动物产品仓库、拍卖市场、动物园等。				

C3 列举在发病养禽场/户出现第1个病例前21d至该场被隔离控制期间出场的工作人员(如送料员、雌雄鉴别人员、销售人员、兽医等)3d内接触过的所有养禽场/户,通知被访场家进行防范。

姓名	出场人员	出场日期	访问日期	目的地/电话

C4 疫点或疫区水禽

C4.1 在发病后一个月发病情况

(1)未见发病 (2)发病,发病率______________。

C4.2 异源亚型血清学检测和病原学检测

标本类型	采样时间	检测项目	检测方法	结　果

C5　疫点或疫区留鸟

C5.1　在发病后一个月发病情况

(1)未见发病　　(2)发病,发病率____________。

C5.2　血清学检测和病原学检测

标本类型	采样时间	检测项目	检测方法	结　果

C6　受威胁区猪密切接触的猪只

C6.1　在发病后一个月发病情况

(1)未见发病　　(2)发病,发病率____________。

C6.2　血清学和病原学检测异源亚型血清学检测和病原学检测

标本类型	采样时间	检测项目	检测方法	结　果

C7 疫点或疫区候鸟

C7.1 在发病后一个月发病情况

(1)未见发病 (2)发病,发病率＿＿＿＿＿＿。

C7.2 血清学检测和病原学检测

标本类型	采样时间	检测项目	检测方法	结 果

C8 在该疫点疫病传染期内密切接触人员的发病情况＿＿＿＿＿＿。

(1)未见发病

(2)发病,简述情况:

接触人员姓名	性别	年龄	接触方式*	住址或工作单位	电话号码	是否发病及死亡
*接触方式:(1)本舍(户)饲养员(2)非本舍饲养员(3)本场兽医(4)收购与运输(5)屠宰加工(6)处理疫情的场外兽医(7)其他接触						

附件12：

高致病性禽流感人员防护技术规范

1 范围

本标准规定了对密切接触高致病性禽流感病毒感染或可能感染禽和场的人员的生物安全防护要求。

本标准适用于密切接触高致病性禽流感病毒感染或可能感染禽和场的人员进行生物安全防护。此类人员包括:诊断、采样、扑杀禽鸟、无害化处理禽鸟及其污染物和清洗消毒的工作人员,饲养人员,赴感染或可能感染场进行调查的人员。

2 诊断、采样、扑杀禽鸟、无害化处理禽鸟及其污染物和清洗消毒的人员

2.1 进入感染或可能感染场和无害化处理地点

2.1.1 穿防护服。

2.1.2 戴可消毒的橡胶手套。

2.1.3 戴N95口罩或标准手术用口罩。

2.1.4 戴护目镜。

2.1.5 穿胶靴。

2.2 离开感染或可能感染场和无害化处理地点

2.2.1 工作完毕后,对场地及其设施进行彻底消毒。

2.2.2 在场内或处理地的出口处脱掉防护装备。

2.2.3 将脱掉的防护装备置于容器内进行消毒处理。

2.2.4 对换衣区域进行消毒,人员用消毒水洗手。

2.2.5 工作完毕要洗浴。

3 饲养人员

3.1 饲养人员与感染或可能感染的禽鸟及其粪便等污染物品接触前,必须戴口罩、手套和护目镜,穿防护服和胶靴。

3.2 扑杀处理禽鸟和进行清洗消毒工作前,应穿戴好防护物品。

3.3 场地清洗消毒后,脱掉防护物品。

3.4 衣服须用70℃以上的热水浸泡5min或用消毒剂浸泡,然后再用肥皂水洗涤,于太阳下晾晒。

3.5 胶靴和护目镜等要清洗消毒。

3.6 处理完上述物品后要洗浴。

4 赴感染或可能感染场的人员

4.1 需备物品

口罩、手套、防护服、一次性帽子或头套、胶靴等。

4.2 进入感染或可能感染场

4.2.1 穿防护服。

4.2.2 戴口罩,用过的口罩不得随意丢弃。

4.2.3 穿胶靴,用后要清洗消毒。

4.2.4 戴一次性手套或可消毒橡胶手套。

4.2.5 戴好一次性帽子或头套。

4.3 离开感染或可能感染场

4.3.1 脱个人防护装备时，污染物要装入塑料袋内，置于指定地点。

4.3.2 最后脱掉手套后，手要洗涤消毒。

4.3.3 工作完毕要洗浴，尤其是出入过有禽粪灰尘的场所。

5 健康监测

5.1 所有暴露于感染或可能感染禽和场的人员均应接受卫生部门监测。

5.2 出现呼吸道感染症状的人员应尽快接受卫生部门检查。

5.3 出现呼吸道感染症状人员的家人也应接受健康监测。

5.4 免疫功能低下、60岁以上和有慢性心脏和肺脏疾病的人员要避免从事与禽接触的工作。

5.5 应密切关注采样、扑杀处理禽鸟和清洗消毒的工作人员和饲养人员的健康状况。

二、口蹄疫防治技术规范

口蹄疫(Foot and Mouth Disease, FMD)是由口蹄疫病毒引起的以偶蹄动物为主的急性、热性、高度传染性疫病,世界动物卫生组织(OIE)将其列为必须报告的动物传染病,我国规定为一类动物疫病。

为预防、控制和扑灭口蹄疫,依据《中华人民共和国动物防疫法》、《重大动物疫情应急条例》、《国家突发重大动物疫情应急预案》等法律法规,制定本技术规范。

1 适用范围

本规范规定了口蹄疫疫情确认、疫情处置、疫情监测、免疫、检疫监督的操作程序、技术标准及保障措施。

本规范适用于中华人民共和国境内一切与口蹄疫防治活动有关的单位和个人。

2 诊断

2.1 诊断指标

2.1.1 流行病学特点

2.1.1.1 偶蹄动物,包括牛科动物(牛、瘤牛、水牛、牦牛)、绵羊、山羊、猪及所有野生反刍和猪科动物均易感,驼科动物(骆驼、单峰骆驼、美洲驼、美洲骆马)易感性较低。

2.1.1.2 传染源主要为潜伏期感染及临床发病动物。感染动物呼出物、唾液、粪便、尿液、乳、精液及肉和副产品均可带毒。康复期动物可带毒。

2.1.1.3 易感动物可通过呼吸道、消化道、生殖道和伤口感染病毒,通常以直接或间接接触(飞沫等)方式传播,或通过人或犬、蝇、蜱、鸟等动物媒介,或经车辆、器具等被污染物传播。如果环境气候适宜,病毒可随风远距离传播。

2.1.2 临床症状

2.1.2.1 牛呆立流涎,猪卧地不起,羊跛行;

2.1.2.2 唇部、舌面、齿龈、鼻镜、蹄踵、蹄叉、乳房等部位出现水泡;

2.1.2.3 发病后期,水泡破溃、结痂,严重者蹄壳脱落,恢复期可见瘢痕、新生蹄甲;

2.1.2.4 传播速度快,发病率高;成年动物死亡率低,幼畜常突然死亡且死亡率高,仔猪常成窝死亡。

2.1.3 病理变化

2.1.3.1 消化道可见水泡、溃疡;

2.1.3.2 幼畜可见骨骼肌、心肌表面出现灰白色条纹,形色酷似虎斑。

2.1.4 病原学检测

2.1.4.1 间接夹心酶联免疫吸附试验,检测阳性(ELISA OIE 标准方法 附件一);

2.1.4.2 RT-PCR试验,检测阳性(采用国家确认的方法);

2.1.4.3 反向间接血凝试验(RIHA),检测阳性(附件二);

2.1.4.4 病毒分离,鉴定阳性。

2.1.5 血清学检测

2.1.5.1 中和试验,抗体阳性;

2.1.5.2 液相阻断酶联免疫吸附试验,抗体阳性;

2.1.5.3 非结构蛋白ELISA检测感染抗体阳性；

2.1.5.4 正向间接血凝试验(IHA)，抗体阳性(附件三)。

2.2 结果判定

2.2.1 疑似口蹄疫病例

符合该病的流行病学特点和临床诊断或病理诊断指标之一，即可定为疑似口蹄疫病例。

2.2.2 确诊口蹄疫病例

疑似口蹄疫病例，病原学检测方法任何一项阳性，可判定为确诊口蹄疫病例；

疑似口蹄疫病例，在不能获得病原学检测样本的情况下，未免疫家畜血清抗体检测阳性或免疫家畜非结构蛋白抗体ELISA检测阳性，可判定为确诊口蹄疫病例。

2.3 疫情报告

任何单位和个人发现家畜上述临床异常情况的，应及时向当地动物防疫监督机构报告。动物防疫监督机构应立即按照有关规定赴现场进行核实。

2.3.1 疑似疫情的报告

县级动物防疫监督机构接到报告后，立即派出2名以上具有相关资格的防疫人员到现场进行临床和病理诊断。确认为疑似口蹄疫疫情的，应在2小时内报告同级兽医行政管理部门，并逐级上报至省级动物防疫监督机构。省级动物防疫监督机构在接到报告后，1小时内向省级兽医行政管理部门和国家动物防疫监督机构报告。

诊断为疑似口蹄疫病例时，采集病料(附件四)，并将病料送省级动物防疫监督机构，必要时送国家口蹄疫参考实验室。

2.3.2 确诊疫情的报告

省级动物防疫监督机构确诊为口蹄疫疫情时，应立即报告省级兽医行政管理部门和国家动物防疫监督机构；省级兽医管理部门在1小时内报省级人民政府和国务院兽医行政管理部门。

国家参考实验室确诊为口蹄疫疫情时，应立即通知疫情发生地省级动物防疫监督机构和兽医行政管理部门，同时报国家动物防疫监督机构和国务院兽医行政管理部门。

省级动物防疫监督机构诊断新血清型口蹄疫疫情时，将样本送至国家口蹄疫参考实验室。

2.4 疫情确认

国务院兽医行政管理部门根据省级动物防疫监督机构或国家口蹄疫参考实验室确诊结果，确认口蹄疫疫情。

3 疫情处置

3.1 疫点、疫区、受威胁区的划分

3.1.1 疫点 为发病畜所在的地点。相对独立的规模化养殖场/户，以病畜所在的养殖场/户为疫点；散养畜以病畜所在的自然村为疫点；放牧畜以病畜所在的牧场及其活动场地为疫点；病畜在运输过程中发生疫情，以运载病畜的车、船、飞机等为疫点；在市场发生疫情，以病畜所在市场为疫点；在屠宰加工过程中发生疫情，以屠宰加工厂(场)为疫点。

3.1.2 疫区 由疫点边缘向外延伸3公里内的区域。

3.1.3 受威胁区 由疫区边缘向外延伸10公里的区域。

在疫区、受威胁区划分时，应考虑所在地的饲养环境和天然屏障(河流、山脉等)。

3.2 疑似疫情的处置

对疫点实施隔离、监控，禁止家畜、畜产品及有关物品移动，并对其内、外环境实施严格的消毒措施。

必要时采取封锁、扑杀等措施。

3.3 确诊疫情处置

疫情确诊后,立即启动相应级别的应急预案。

3.3.1 封锁

疫情发生所在地县级以上兽医行政管理部门报请同级人民政府对疫区实行封锁,人民政府在接到报告后,应在24小时内发布封锁令。

跨行政区域发生疫情的,由共同上级兽医行政管理部门报请同级人民政府对疫区发布封锁令。

3.3.2 对疫点采取的措施

3.3.2.1 扑杀疫点内所有病畜及同群易感畜,并对病死畜、被扑杀畜及其产品进行无害化处理(附件五);

3.3.2.2 对排泄物、被污染饲料、垫料、污水等进行无害化处理(附件六);

3.3.2.3 对被污染或可疑污染的物品、交通工具、用具、畜舍、场地进行严格彻底消毒(附件七);

3.3.2.4 对发病前14天售出的家畜及其产品进行追踪,并做扑杀和无害化处理。

3.3.3 对疫区采取的措施

3.3.3.1 在疫区周围设置警示标志,在出入疫区的交通路口设置动物检疫消毒站,执行监督检查任务,对出入的车辆和有关物品进行消毒;

3.3.3.2 所有易感畜进行紧急强制免疫,建立完整的免疫档案;

3.3.3.3 关闭家畜产品交易市场,禁止活畜进出疫区及产品运出疫区;

3.3.3.4 对交通工具、畜舍及用具、场地进行彻底消毒;

3.3.3.5 对易感家畜进行疫情监测,及时掌握疫情动态;

3.3.3.6 必要时,可对疫区内所有易感动物进行扑杀和无害化处理。

3.3.4 对受威胁区采取的措施

3.3.4.1 最后一次免疫超过一个月的所有易感畜,进行一次紧急强化免疫;

3.3.4.2 加强疫情监测,掌握疫情动态。

3.3.5 疫源分析与追踪调查

按照口蹄疫流行病学调查规范,对疫情进行追踪溯源、扩散风险分析(附件八)。

3.3.6 解除封锁

3.3.6.1 封锁解除的条件

口蹄疫疫情解除的条件:疫点内最后1头病畜死亡或扑杀后连续观察至少14天,没有新发病例;疫区、受威胁区紧急免疫接种完成;疫点经终末消毒;疫情监测阴性。

新血清型口蹄疫疫情解除的条件:疫点内最后1头病畜死亡或扑杀后连续观察至少14天没有新发病例;疫区、受威胁区紧急免疫接种完成;疫点经终末消毒;对疫区和受威胁区的易感动物进行疫情监测,结果为阴性。

3.3.6.2 解除封锁的程序:动物防疫监督机构按照上述条件审验合格后,由兽医行政管理部门向原发布封锁令的人民政府申请解除封锁,由该人民政府发布解除封锁令。

必要时由上级动物防疫监督机构组织验收。

4 疫情监测

4.1 监测主体:县级以上动物防疫监督机构。

4.2 监测方法:临床观察、实验室检测及流行病学调查。

4.3 监测对象:以牛、羊、猪为主,必要时对其他动物监测。

4.4　监测的范围

4.4.1　养殖场户、散养畜，交易市场、屠宰厂（场）、异地调入的活畜及产品。

4.4.2　对种畜场、边境、隔离场、近期发生疫情及疫情频发等高风险区域的家畜进行重点监测。

监测方案按照当年兽医行政管理部门工作安排执行。

4.5　疫区和受威胁区解除封锁后的监测　临床监测持续一年，反刍动物病原学检测连续2次，每次间隔1个月，必要时对重点区域加大监测的强度。

4.6　在监测过程中，对分离到的毒株进行生物学和分子生物学特性分析与评价，密切注意病毒的变异动态，及时向国务院兽医行政管理部门报告。

4.7　各级动物防疫监督机构对监测结果及相关信息进行风险分析，做好预警预报。

4.8　监测结果处理

监测结果逐级汇总上报至国家动物防疫监督机构，按照有关规定进行处理。

5　免疫

5.1　国家对口蹄疫实行强制免疫，各级政府负责组织实施，当地动物防疫监督机构进行监督指导。免疫密度必须达到100%。

5.2　预防免疫，按农业部制定的免疫方案规定的程序进行。

5.3　突发疫情时的紧急免疫按本规范有关条款进行。

5.4　所用疫苗必须采用农业部批准使用的产品，并由动物防疫监督机构统一组织、逐级供应。

5.5　所有养殖场/户必须按科学合理的免疫程序做好免疫接种，建立完整免疫档案（包括免疫登记表、免疫证、免疫标识等）。

5.6　各级动物防疫监督机构定期对免疫畜群进行免疫水平监测，根据群体抗体水平及时加强免疫。

6　检疫监督

6.1　产地检疫

猪、牛、羊等偶蹄动物在离开饲养地之前，养殖场/户必须向当地动物防疫监督机构报检，接到报检后，动物防疫监督机构必须及时到场、到户实施检疫。检查合格后，收回动物免疫证，出具检疫合格证明；对运载工具进行消毒，出具消毒证明，对检疫不合格的按照有关规定处理。

6.2　屠宰检疫

动物防疫监督机构的检疫人员对猪、牛、羊等偶蹄动物进行验证查物，证物相符检疫合格后方可入厂（场）屠宰。宰后检疫合格，出具检疫合格证明。对检疫不合格的按照有关规定处理。

6.3　种畜、非屠宰畜异地调运检疫

国内跨省调运包括种畜、乳用畜、非屠宰畜时，应当先到调入地省级动物防疫监督机构办理检疫审批手续，经调出地按规定检疫合格，方可调运。起运前两周，进行一次口蹄疫强化免疫，到达后须隔离饲养14天以上，由动物防疫监督机构检疫检验合格后方可进场饲养。

6.4　监督管理

6.4.1　动物防疫监督机构应加强流通环节的监督检查，严防疫情扩散。猪、牛、羊等偶蹄动物及产品凭检疫合格证（章）和动物标识运输、销售。

6.4.2　生产、经营动物及动物产品的场所，必须符合动物防疫条件，取得动物防疫合格证，当地动物防疫监督机构应加强日常监督检查。

6.4.3　各地根据防控家畜口蹄疫的需要建立动物防疫监督检查站，对家畜及产品进行监督检查，对运输工具进行消毒。发现疫情，按照《动物防疫监督检查站口蹄疫疫情认定和处置办法》相关规定处置。

6.4.4　由新血清型引发疫情时，加大监管力度，严禁疫区所在县及疫区周围50公里范围内的家畜及产品流动。在与新发疫情省份接壤的路口设置动物防疫监督检查站、卡实行24小时值班检查；对来自疫区运输工具进行彻底消毒，对非法运输的家畜及产品进行无害化处理。

6.4.5　任何单位和个人不得随意处置及转运、屠宰、加工、经营、食用口蹄疫病（死）畜及产品；未经动物防疫监督机构允许，不得随意采样；不得在未经国家确认的实验室剖检分离、鉴定、保存病毒。

7　保障措施

7.1　各级政府应加强机构、队伍建设，确保各项防治技术落实到位。

7.2　各级财政和发改部门应加强基础设施建设，确保免疫、监测、诊断、扑杀、无害化处理、消毒等防治技术工作经费落实。

7.3　各级兽医行政部门动物防疫监督机构应按本技术规范，加强应急物资储备，及时培训和演练应急队伍。

7.4　发生口蹄疫疫情时，在封锁、采样、诊断、流行病学调查、无害化处理等过程中，要采取有效措施做好个人防护和消毒工作，防止人为扩散。

附件一：

间接夹心酶联免疫吸附试验(I-ELISA)

1 试验程序和原理

1.1 利用包被于固相(I,96孔平底ELISA专用微量板)的FMDV型特异性抗体(AB,包被抗体,又称为捕获抗体),捕获待检样品中相应型的FMDV抗原(Ag)。再加入与捕获抗体同一血清型,但用另一种动物制备的抗血清(Ab,检测抗体)。如果有相应型的病毒抗原存在,则形成“夹心”式结合,并被随后加入的酶结合物/显色系统(*E/S)检出。

1.2 由于FMDV的多型性,和可能并发临床上难以区分的水泡性疾病,在检测病料时必然包括几个血清型(如O、A、亚洲-1型);及临床症状相同的某些疾病,如猪水泡病(SVD)。

2 材料

2.1 样品的采集和处理

见附件四。

2.2 主要试剂

2.2.1 抗体

2.2.1.1 包被抗体:兔抗FMDV-“O”、“A”、“亚洲-I”型146S血清;及兔抗SVDV-160S血清。

2.2.1.2 检测抗体:豚鼠抗FMDV-“O”、“A”、“亚洲-I”型146S血清;及豚鼠抗SVDV-160S血清。

2.2.2 酶结合物

兔抗豚鼠Ig抗体(Ig)-辣根过氧化物酶(HRP)结合物。

2.2.3 对照抗原

灭活的FMDV-“O”“A”“亚洲-I”各型及SVDV细胞病毒液。

2.2.4 底物溶液(底物/显色剂)

3%过氧化氢/3.3mmol/L邻苯二胺(OPD)。

2.2.5 终止液

1.25mol/L 硫酸。

2.2.6 缓冲液

2.2.6.1 包被缓冲液 0.05mol/L Na_2CO_3-$NaHCO_3$,pH9.6。

2.2.6.2 稀释液A 0.01mol/L PBS - 0.05%(v/v)Tween-20,pH7.2~7.4。

2.2.6.3 稀释液B 5%脱脂奶粉(w/v)— 稀释液A 。

2.2.6.4 洗涤缓冲液 0.002mol/L PBS — 0.01%(v/v)Tween-20。

2.3 主要器材设备

2.3.1 固相

96孔平底聚苯乙烯ELISA专用板。

2.3.2 移液器、尖头及贮液槽

微量可调移液器一套,可调范围0.5~5000μL(5~6支);多(4、8、12)孔道微量可调移液器(25~250μL);微量可调连续加样移液器(10~100μL);与各移液器匹配的各种尖头,及配套使用的贮液槽。

2.3.3 振荡器

与96孔微量板配套的旋转振荡器。

2.3.4 酶标仪，492nm波长滤光片。

2.3.5 洗板机或洗涤瓶，吸水纸巾。

2.3.6 37℃恒温温室或温箱。

3 操作方法

3.1 预备试验

为了确保检测结果准确可靠，必须最优化组合该ELISA，即试验所涉及的各种试剂，包括包被抗体、检测抗体、酶结合物、阳性对照抗原都要预先测定，计算出它们的最适稀释度，既保证试验结果在设定的最佳数据范围内，又不浪费试剂。使用诊断试剂盒时，可按说明书指定用量和用法。如试验结果不理想，重新滴定各种试剂后再检测。

3.2 包被固相

3.2.1 FMDV各血清型及SVDV兔抗血清分别以包被缓冲液稀释至工作浓度，然后按图3-1<Ⅰ>所示布局加入微量板各行。每孔50μL。加盖后37℃振荡2h。或室温（20～25℃）振荡30min，然后置湿盒中4℃过夜（可以保存1周左右）。

3.2.2 一般情况下，牛病料鉴定“O”和“A”两个型，某些地区的病料要加上“亚洲-I”型；猪病料要加上SVDV。

图3-1：定型ELISA微量板包被血清布局<Ⅰ>、对照和被检样品布局<Ⅱ>

<Ⅰ>	<Ⅱ> 1　2	3　4	5　6	7　8	9　10	11　12
A FMDV“O”	C++　C++	C+　C+	C-　C-	S1　1	S3　3	S5　5
B “A”	C++　C++	C+　C+	C-　C-	S1　1	S3　3	S5　5
C “Asia-I”	C++　C++	C+　C+	C-　C-	S1　1	S3　3	S5　5
D SVDV	C++　C++	C+　C+	C-　C-	S1　1	S3　3	S5　5
E FMDV“O”	C++　C++	C+　C+	C-　C-	S2　2	S4　4	S6　6
F “A”	C++　C++	C+　C+	C-　C-	S2　2	S4　4	S6　6
G “Asia-I”	C++　C++	C+　C+	C-　C-	S2　2	S4　4	S6　6
H SVDV	C++　C++	C+　C+	C-　C-	S2　2	S4　4	S6　6

试验开始，依据当天检测样品的数量包被，或取出包被好的板子；如用可拆卸微量板，则根据需要取出几条。在试验台上放置20min，再洗涤5次，扣干。

3.3 加对照抗原和待检样品

3.3.1 布局

空白和各阳性对照、待检样品在ELISA板上的分布位置如图3-1<Ⅱ>所示。

3.3.2 加样

3.3.2.1 第5和第6列为空白对照（C-），每孔加50μL稀释液A。

3.3.2.2 先将各型阳性对照抗原分别以稀释液A适当稀释，然后加入与包被抗体同型的各行孔中，C++为强阳性，C+为阳性，可以用同一对照抗原的不同稀释度。每一对照2孔，每孔50μL。

3.3.2.3 按待检样品的序号（S1、S2...）逐个加入，每份样品每个血清型加2孔，每孔50μL。37℃ 振荡1h，洗涤5次，扣干。

3.4 加检测抗体

各血清型豚鼠抗血清以稀释液A稀释至工作浓度，然后加入与包被抗体同型各行孔中，每孔50μL。37℃振荡1h。洗涤5次，扣干。

3.5　加酶结合物

酶结合物以稀释液B稀释至工作浓度，每孔50μL。

37℃振荡40min。洗涤5次，扣干。

3.6　加底物溶液

试验开始时，按当天需要量从冰箱暗盒中取出OPD，放在温箱中融化并使之升温至37℃。临加样前，按每6mL OPD加3%双氧水30μL（一块微量板用量），混匀后每孔加50μL。37℃振荡15min。

3.7　加终止液

显色反应15分钟，准时加终止液1.25mol/L H_2SO_4。50μL/孔。

3.8　观察和判读结果

终止反应后，先用肉眼观察全部反应孔。如空白对照和阳性对照孔的显色基本正常，再用酶标仪（492nm）判读OD值。

4　结果判定

4.1　数据计算

为了便于说明，假设表3-1所列数据为检测结果（OD值）。

利用表3-1所列数据，计算平均OD值和平均修正OD值（表3-2）

4.1.1　各行2孔空白对照（C-）平均OD值；

4.1.2　各行（各血清型）抗原对照（C++、C+）平均OD值；

4.1.3　各待检样品各血清型（2孔）平均OD值；

4.1.4　计算出各平均修正OD值（=［每个（2）或（3）值］-［同一行的（1）值］。

表3-1　定型ELISA结果（OD值）

	C++	C+	C-	S1	S2	S3
A FMDV“O”	1.84 1.74	0.56 0.46	0.06 0.04	1.62 1.54	0.68 0.72	0.10 0.08
B “A”	1.25 1.45	0.40 0.42	0.07 0.05	0.09 0.07	1.22 1.32	0.09 0.09
C “Asia-I”	1.32 1.12	0.52 0.50	0.04 0.08	0.05 0.09	0.12 0.06	0.07 0.09
D SVDV	1.08 1.10	0.22 0.24	0.08 0.08	0.09 0.10	0.08 0.12	0.28 0.34

	C++	C+	C-	S4	S5	S6
E FMDV“O”	0.94 0.84	0.24 0.22	0.06 0.06	1.22 1.12	0.09 0.10	0.13 0.17
F “A”	1.10 1.02	0.11 0.13	0.06 0.04	0.10 0.10	0.28 0.26	0.20 0.28
G“Asia-I”	0.39 0.41	0.29 0.21	0.09 0.09	0.10 0.09	0.10 0.10	0.35 0.33
H SVDV	0.88 0.78	0.15 0.11	0.05 0.05	0.11 0.07	0.09 0.09	0.10 0.12

表3-2 平均OD值/平均修正OD值

	C++	C+	C-	S1	S2	S3
A FMDV“O”	1.79/1.75	0.51/0.46	0.05	1.58/1.53	0.70/0.65	0.09/0.04
B “A”	1.35/1.29	0.41/0.35	0.06	0.08/0.02	1.27/1.21	0.09/0.03
C “Asia-I”	1.22/1.16	0.51/0.45	0.06	0.07/0.03	0.09/0.03	0.08/0.02
D SVDV	1.09/1.01	0.23/0.15	0.08	0.10/0.02	0.10/0.02	0.31/0.23

	C++	C+	C-	S4	S5	S6
E FMDV“O”	0.89/0.83	0.23/0.17	0.06	1.17/1.11	0.10/0.04	0.15/0.09
F “A”	1.06/1.01	0.12/0.07	0.05	0.10/0.05	0.27/0.22	0.24/0.19
G “Asia-I”	0.40/0.31	0.25/0.16	0.09	0.10/0.01	0.10/0.01	0.34/0.25
H SVDV	0.83/0.78	0.13/0.08	0.05	0.09/0.05	0.09/0.04	0.11/0.06

4.2 结果判定

4.2.1 试验不成立

如果空白对照(C-)平均OD值>0.10,则试验不成立,本试验结果无效。

4.2.2 试验基本成立

如果空白对照(C-)平均OD值≤0.10,则试验基本成立。

4.2.3 试验绝对成立

如果空白对照(C-)平均OD值≤0.10,C+ 平均修正OD值>0.10,C++ 平均修正OD值>1.00,试验绝对成立。如表2中A、B、C、D行所列数据。

4.2.3.1 如果某一待检样品某一型的平均修正OD值≤0.10,则该血清型为阴性。

如S1的“A”、“Asia-1”型和“SVDV”。

4.2.3.2 如果某一待检样品某一型的平均修正OD值>0.10,而且比其他型的平均修正OD值大2倍或2倍以上,则该样品为该最高平均修正OD值所在的血清型。如S1为“O”型;S3为“Asia-I”型。

4.2.3.3 虽然某一待检样品某一型的平均修正OD值>0.10,但不大于其他型的平均修正OD值的2倍,则该样品只能判定为可疑。该样品应接种乳鼠或细胞,并盲传数代增毒后再作检测。如S2“A”型。

4.2.4 试验部分成立

如果空白对照(C-)平均OD值≤0.10,C+平均修正OD值≤0.10,C++平均修正OD值≤1.00,试验部分成立。如表2中E、F、G、H行所列数据。

4.2.4.1 如果某一待检样品某一型的平均修正OD值≥0.10,而且比其他型的平均修正OD值大2倍或2倍以上,则该样品为该最高平均修正OD值所在的血清型。例如S4判定为“O”型。

4.2.4.2 如果某一待检样品某一型的平均修正OD值介于0.10~1.00之间,而且比其他型的平均修正OD值大2倍或2倍以上,该样品可以判定为该最高OD值所在血清型。例如S5判定为“A”型。

4.2.4.3 如果某一待检样品某一型的平均修正OD值介于0.10~1.00之间,但不比其他型的平均修正OD值大2倍,该样品应增毒后重检。如S6“亚洲-I”型。

注意:重复试验时,首先考虑调整对照抗原的工作浓度。如调整后再次试验结果仍不合格,应更换对照抗原或其他试剂。

附件二:

反向间接血凝试验(RIHA)

1 材料准备

1.1 96孔微型聚乙烯血凝滴定板(110度),微量振荡器或微型混合器,0.025 mL、0.05mL稀释用滴管、乳胶吸头或25μL、50μL移液加样器。

1.2 pH7.6、0.05mol/L磷酸缓冲液(pH7.6、0.05mol/L PB),pH7.6、50%丙三醇磷酸缓冲液(GPB),pH7.2、0.11mol/L磷酸缓冲液(pH7.2、0.11mol/L PB),配制方法见中华人民共和国国家标准(GB/T 19200-2003)《猪水泡病诊断技术》附录A(规范性附录)。

1.3 稀释液I、稀释液II,配制方法见中华人民共和国国家标准(GB/T 19200-2003)《猪水泡病诊断技术》附录B(规范性附录)。

1.4 标准抗原、阳性血清,由指定单位提供,按说明书使用和保存。

1.5 敏化红细胞诊断液:由指定单位提供,效价滴定见中华人民共和国国家标准(GB/T 19200-2003)《猪水泡病诊断技术》附录C(规范性附录)。

1.6 被检材料处理方法见中华人民共和国国家标准(GB/T 19200-2003)《猪水泡病诊断技术》附录E(规范性附录)。

2 操作方法

2.1 使用标准抗原进行口蹄疫A、O、C、Asia-I型及与猪水泡病鉴别诊断。

2.1.1 被检样品的稀释:把8只试管排列于试管架上,自第1管开始由左至右用稀释液I作二倍连续稀释(即1:6、1:12、1:24……1:768),每管容积0.5 mL。

2.1.2 按下述滴加被检样品和对照:

2.1.2.1 在血凝滴定板上的第一至五排,每排的第8孔滴加第8管稀释被检样品0.05 mL,每排的第7孔滴加第7管稀释被检样品0.05 mL,以此类推至第1孔。

2.1.2.2 每排的第9孔滴加稀释液I 0.05 mL,作为稀释液对照。

2.1.2.3 每排的第10孔按顺序分别滴加口蹄疫A、O、C、Asia-I型和猪水泡病标准抗原(1:30稀释)各0.05 mL,作为阳性对照。

2.1.3 滴加敏化红细胞诊断液:先将敏化红细胞诊断液摇匀,于滴定板第一至五排的第1~10孔分别滴加口蹄疫A、O、C、Asia-I型和猪水泡病敏化红细胞诊断液,每孔0.025 mL,置微量振荡器上振荡1分钟~2分钟,20℃~35℃放置1.5小时~2小时后判定结果。

2.2 使用标准阳性血清进行口蹄疫O型及与猪水泡病鉴别诊断。

2.2.1 每份被检样品作四排、每孔先各加入25μL稀释液II。

2.2.2 每排第1孔各加被检样品25μL,然后分别由左至右作二倍连续稀释至第7孔(竖板)或第11孔(横板)。每排最后孔留作稀释液对照。

2.2.3 滴加标准阳性血清:在第一、三排每孔加入25μL稀释液II;第二排每孔加入25μL稀释至1:20的口蹄疫O型标准阳性血清;第四排每孔加入25μL稀释至1:100的猪水泡病标准阳性血清;置微型混合器上振荡1分钟~2分钟,加盖置37℃作用30分钟。

2.2.4 滴加敏化红细胞诊断液:在第一和第二排每孔加入口蹄疫O型敏化红细胞诊断液25μL;第三和第四排每孔加入猪水泡病敏化红细胞诊断液25μL;置微型混合器上振荡1分钟~2分钟,加盖

20℃～35℃放置2小时后判定结果。

3 结果判定

3.1 按以下标准判定红细胞凝集程度："++++"—100%完全凝集，红细胞均匀的分布于孔底周围；"+++"—75%凝集，红细胞均匀的分布于孔底周围，但孔底中心有红细胞形成的针尖大的小点；"++"—50%凝集，孔底周围有不均匀的红细胞分布，孔底有一红细胞沉下的小点；"+"—25%凝集，孔底周围有不均匀的红细胞分布，但大部分红细胞已沉积于孔底；"–"—不凝集，红细胞完全沉积于孔底成一圆点。

3.2 操作方法2.1的结果判定：稀释液I对照孔不凝集、标准抗原阳性孔凝集试验方成立。

3.2.1 若只第一排孔凝集，其余四排孔不凝集，则被检样品为口蹄疫A型；若只第二排孔凝集，其余四排孔不凝集，则被检样品为口蹄疫O型；以此类推。若只第五排孔凝集，其余四排孔不凝集，则被检样品为猪水泡病。

3.2.2 致红细胞50%凝集的被检样品最高稀释度为其凝集效价。

3.2.3 如出现2排以上孔的凝集，以某排孔的凝集效价高于其余排孔的凝集效价2个对数（以2为底）浓度以上者即可判为阳性，其余判为阴性。

3.3 操作方法2.2的结果判定：稀释液II对照孔不凝集试验方可成立。

3.3.1 若第一排出现2孔以上的凝集（++以上），且第二排相对应孔出现2个孔以上的凝集抑制，第三、四排不出现凝集判为口蹄疫O型阳性。若第三排出现2孔以上的凝集（++以上），且第四排相对应孔出现2个孔以上的凝集抑制，第一、二排不出现凝集则判为猪水泡病阳性。

3.3.2 致红细胞50%凝集的被检样品最高稀释度为其凝集效价。

附件三：

正向间接血凝试验（IHA）

1 原理

用已知血凝抗原检测未知血清抗体的试验，称为正向间接血凝试验（IHA）。

抗原与其对应的抗体相遇，在一定条件下会形成抗原复合物，但这种复合物的分子团很小，肉眼看不见。若将抗原吸附（致敏）在经过特殊处理的红细胞表面，只需少量抗原就能大大提高抗原和抗体的反应灵敏性。这种经过口蹄疫纯化抗原致敏的红细胞与口蹄疫抗体相遇，红细胞便出现清晰可见的凝集现象。

2 适用范围

主要用于检测O型口蹄疫免疫动物血清抗体效价。

3 试验器材和试剂

3.1 96孔110°V型医用血凝板，与血凝板大小相同的玻板

3.2 微量移液器（50μL 25μL）取液塑咀

3.3 微量振荡器

3.4 O型口蹄疫血凝抗原

3.5 O型口蹄疫阴性对照血清

3.6 O型口蹄疫阳性对照血清

3.7 稀释液

3.8 待检血清(每头约0.5ml血清即可)56℃水浴灭活30分钟

4 试验方法

4.1 加稀释液

在血凝板上1-6排的1-9孔;第7排的1-4孔第6-7孔;第8排的1-12孔各加稀释液50μL。

4.2 稀释待检血清

取1号待检血清50μL加入第1排第1孔,并将塑咀插入孔底,右手拇指轻压弹簧1-2次混匀(避免产生过多的气泡),从该孔取出50μL移入第2孔,混匀后取出50μL移入第3孔……直至第9孔混匀后取出50μL丢弃。此时第1排1-9孔待检血清的稀释度(稀释倍数)依次为:1∶2(1)、1∶4(2)、1∶8(3)、1∶:16(4)、1∶32(5)、1∶64(6)、1∶128(7)、1∶256(8)、1∶512(9)。

取2号待检血清加入第2排;取3号待检血清加入第3排……均按上法稀释,注意!每取一份血清时,必须更换塑咀一个。

4.3 稀释阴性对照血清

在血凝板的第7排第1孔加阴性血清50μL,对倍稀释至第4孔,混匀后从该孔取出50μL丢弃。此时阴性血清的稀释倍数依次为1∶2(1)、1∶4(2)、1∶8(3)、1∶16(4)。第6-7孔为稀释液对照。

4.4 稀释阳性对照血清

在血凝板的第8排第1孔加阳性血清50μL,对倍数稀释至第12孔,混匀后从该孔取出50μL丢弃。此时阳性血清的稀释倍数依次为1∶2-1∶4096。

4.5 加血凝抗原

被检血清各孔、阴性对照血清各孔、阳性对照血清各孔、稀释液对照孔均各加O型血凝抗原(充分摇匀,瓶底应无血球沉淀)25μL。

4.6 振荡混匀

将血凝板置于微量振荡器上1~2分钟,如无振荡器,用手轻拍混匀亦可,然后将血凝板放在白纸上观察各孔红血球是否混匀,不出现血球沉淀为合格。盖上玻板,室温下或37℃下静置1.5-2小时判定结果,也可延至翌日判定。

4.7 判定标准

移去玻板,将血凝板放在白纸上,先观察阴性对照血清1∶16孔,稀释液对照孔,均应无凝集(血球全部沉入孔底形成边缘整齐的小圆点),或仅出现"+"凝集(血球大部沉于孔底,边缘稍有少量血球悬浮)。

阳性血清对照1∶2-1∶256各孔应出现"++"—"+++"凝集为合格(少量血球沉入孔底,大部血球悬浮于孔内)。

在对照孔合格的前提下,再观察待检血清各孔,以呈现"++"凝集的最大稀释倍数为该份血清的抗体效价。例如1号待检血清1-5孔呈现"++"—"+++"凝集,6-7孔呈现"++"凝集,第8孔呈现"+"凝集,第9孔无凝集,那么就可判定该份血清的口蹄疫抗体效价为1∶128。

接种口蹄疫疫苗的猪群免疫抗体效价达到1∶128(即第7孔)牛群、羊群免疫抗体效价达到1:256(第8孔)呈现"++"凝集为免疫合格。

5 检测试剂的性状、规格

5.1 性状

5.1.1 液体血凝抗原:摇匀呈棕红色(或咖啡色),静置后,血球逐渐沉入瓶底。

5.1.2　阴性对照血清:淡黄色清亮稍带粘性的液体。

5.1.3　阳性对照血清:微红或淡色稍混浊带粘性的液体。

5.1.4　稀释液:淡黄或无色透明液体,低温下放置,瓶底易析出少量结晶,在水浴中加温后即可全溶,不影响使用。

5.2　包装

5.2.1　液体血凝抗原:摇匀后即可使用,5ml/瓶。

5.2.2　阴性血清:1ml/瓶,直接稀释使用。

5.2.3　阳性血清:1ml/瓶,直接稀释使用。

5.2.4　稀释液:100 ml/瓶,直接使用,4~8℃保存。

5.2.5　保存条件及保存期

5.2.5.1　液体血凝抗原:4-8℃保存(切勿冻结),保存期3个月。

5.2.5.2　阴性对照血清:-15 ~ -20℃保存,有效期1年。

5.2.5.3　阳性对照血清:-15 ~ -20℃保存,有效期1年。

6　注意事项

6.1　为使检测获得正确结果,请在检测前仔细阅读说明书。

6.2　严重溶血或严重污染的血清样品不宜检测,以免发生非特异性反应。

6.3　勿用90°和130°血凝板,严禁使用一次性血凝板,以免误判结果。

6.4　用过的血凝板应及时在水龙头冲净血球。再用蒸馏水或去离子水冲洗2次,甩干水分放37℃恒温箱内干燥备用。检测用具应煮沸消毒,37℃干燥备用。血凝板应浸泡在洗液中(浓硫酸与重铬酸钾按1:1混合),48小时捞出后清水冲净。

6.5　每次检测只做一份阴性、阳性和稀释液对照。

“-”表示完全不凝集或0~10%血球凝集。

“+”表示10~25%血球凝集　“+++”表示75%血球凝集。

“++”表示50%血球凝集　“++++”表示90~100%血球凝集。

6.6　用不同批次的血凝抗原检测同一份血清时,应事先用阳性血清准确测定各批次血凝抗原的效价,取抗原效价相同或相近的血凝抗原检测待检血清抗体水平的结果是基本一致的,如果血凝抗原效价差别很大用来检测同一血清样品,肯定会出现检测结果不一致。

6.7　收到本试剂盒时,应立即打开包装,取出血凝抗原瓶,用力摇动,使粘附在瓶盖上的红细胞摇下,否则易出现沉渣,影响使用效果。

附件四：

口蹄疫病料的采集、保存与运送

采集、保存和运输样品须符合下列要求，并填写样品采集登记表。

1　样品的采集和保存

1.1　组织样品

1.1.1　样品的选择

用于病毒分离、鉴定的样品以发病动物（牛、羊或猪）未破裂的舌面或蹄部，鼻镜，乳头等部位的水泡皮和水泡液最好。对临床健康但怀疑带毒的动物可在扑杀后采集淋巴结、脊髓、肌肉等组织样品作为检测材料。

1.1.2　样品的采集和保存

水泡样品采集部位可用清水清洗，切忌使用酒精、碘酒等消毒剂消毒、擦拭。

1.1.2.1　未破裂水泡中的水泡液用灭菌注射器采集至少1毫升，装入灭菌小瓶中（可加适量抗菌素），加盖密封；尽快冷冻保存。

1.1.2.2　剪取新鲜水泡皮3～5克放入灭菌小瓶中，加适量（2倍体积）50%甘油/磷酸盐缓冲液（pH7.4），加盖密封；尽快冷冻保存。

1.1.2.3　在无法采集水泡皮和水泡液时，可采集淋巴结、脊髓、肌肉等组织样品3～5克装入洁净的小瓶内，加盖密封；尽快冷冻保存。

每份样品的包装瓶上均要贴上标签，写明采样地点、动物种类、编号、时间等。

1.2　牛、羊食道-咽部分泌物（O-P液）样品

1.2.1　样品采集

被检动物在采样前禁食（可饮水）12小时，以免反刍胃内容物严重污染O-P液。采样探杯在使用前经0.2%柠檬酸或2%氢氧化钠浸泡5分钟，再用自来水冲洗。每采完一头动物，探杯要重复进行消毒和清洗。采样时动物站立保定，将探杯随吞咽动作送入食道上部10～15cm处，轻轻来回移动2～3次，然后将探杯拉出。如采集的O-P液被反刍胃内容物严重污染，要用生理盐水或自来水冲洗口腔后重新采样。

1.2.2　样品保存

将探杯采集到的8～10mL O-P液倒入25 mL以上的灭菌玻璃容器中，容器中应事先加有8～10mL细胞培养液或磷酸盐缓冲液（0.04mol/L 、pH7.4），加盖密封后充分摇匀，贴上防水标签，并写明样品编号、采集地点、动物种类、时间等，尽快放入装有冰块的冷藏箱内，然后转往-60℃冰箱冻存。通过病原检测，做出追溯性诊断。

1.3　血清

怀疑曾有疫情发生的畜群，错过组织样品采集时机时，可无菌操作采集动物血液，每头不少于10mL。自然凝固后无菌分离血清装入灭菌小瓶中，可加适量抗菌素，加盖密封后冷藏保存。每瓶贴标签并写明样品编号，采集地点，动物种类，时间等。通过抗体检测，做出追溯性诊断。

1.4　采集样品时要填写样品采集登记表

2　样品运送

运送前将封装和贴上标签，已预冷或冰冻的样品玻璃容器装入金属套筒中，套筒应填充防震材

料,加盖密封,与采样记录一同装入专用运输容器中。专用运输容器应隔热坚固,内装适当冷冻剂和防震材料。外包装上要加贴生物安全警示标志。以最快方式,运送到检测单位。为了能及时准确地告知检测结果,请写明送样单位名称和联系人姓名、联系地址、邮编、电话、传真等。

送检材料必须附有详细说明,包括采样时间、地点、动物种类、样品名称、数量、保存方式及有关疫病发生流行情况、临床症状等。

附件五:

口蹄疫扑杀技术规范

1 扑杀范围:病畜及规定扑杀的易感动物。

2 使用无出血方法扑杀:电击、药物注射。

3 将动物尸体用密闭车运往处理场地予以销毁。

4 扑杀工作人员防护技术要求

4.1 穿戴合适的防护衣服

4.1.1 穿防护服或穿长袖手术衣加防水围裙。

4.1.2 戴可消毒的橡胶手套。

4.1.3 戴N95口罩或标准手术用口罩。

4.1.4 戴护目镜。

4.1.5 穿可消毒的胶靴,或者一次性的鞋套。

4.2 洗手和消毒

4.2.1 密切接触感染牲畜的人员,用无腐蚀性消毒液浸泡手后,在用肥皂清洗2次以上。

4.2.2 牲畜扑杀和运送人员在操作完毕后,要用消毒水洗手,有条件的地方要洗澡。

4.3 防护服、手套、口罩、护目镜、胶鞋、鞋套等使用后在指定地点消毒或销毁。

附件六：

口蹄疫无害化处理技术规范

所有病死牲畜、被扑杀牲畜及其产品、排泄物以及被污染或可能被污染的垫料、饲料和其他物品应当进行无害化处理。无害化处理可以选择深埋、焚烧等方法，饲料、粪便也可以堆积发酵或焚烧处理。

1　深埋

1.1　选址：掩埋地应选择远离学校、公共场所、居民住宅区、动物饲养和屠宰场所、村庄、饮用水源地、河流等。避免公共视线。

1.2　深度：坑的深度应保证动物尸体、产品、饲料、污染物等被掩埋物的上层距地表1.5米以上。坑的位置和类型应有利于防洪。

1.3　焚烧：掩埋前，要对需掩埋的动物尸体、产品、饲料、污染物等实施焚烧处理。

1.4　消毒：掩埋坑底铺2CM厚生石灰；焚烧后的动物尸体、产品、饲料、污染物等表面，以及掩埋后的地表环境应使用有效消毒药品喷洒消毒。

1.5　填土：用土掩埋后，应与周围持平。填土不要太实，以免尸腐产气造成气泡冒出和液体渗漏。

1.6　掩埋后应设立明显标记。

2　焚化

疫区附近有大型焚尸炉的，可采用焚化的方式。

3　发酵

饲料、粪便可在指定地点堆积，密封发酵，表面应进行消毒。

以上处理应符合环保要求，所涉及到的运输、装卸等环节要避免洒漏，运输装卸工具要彻底消毒后清洗。

附件七：

口蹄疫疫点、疫区清洗消毒技术规范

1　成立清洗消毒队

清洗消毒队应至少配备一名专业技术人员负责技术指导。

2　设备和必需品

2.1　清洗工具：扫帚、叉子、铲子、锹和冲洗用水管。

2.2　消毒工具：喷雾器、火焰喷射枪、消毒车辆、消毒容器等。

2.3　消毒剂：醛类、氧化剂类、氯制剂类等合适的消毒剂。

2.4　防护装备：防护服、口罩、胶靴、手套、护目镜等。

3 疫点内饲养圈舍清理、清洗和消毒

3.1 对圈舍内外消毒后再行清理和清洗。

3.2 首先清理污物、粪便、饲料等。

3.3 对地面和各种用具等彻底冲洗，并用水洗刷圈舍、车辆等，对所产生的污水进行无害化处理。

3.4 对金属设施设备，可采取火焰、熏蒸等方式消毒。

3.5 对饲养圈舍、场地、车辆等采用消毒液喷洒的方式消毒。

3.6 饲养圈舍的饲料、垫料等作深埋、发酵或焚烧处理。

3.7 粪便等污物作深埋、堆积密封或焚烧处理。

4 交通工具清洗消毒

4.1 出入疫点、疫区的交通要道设立临时性消毒点，对出入人员、运输工具及有关物品进行消毒。

4.2 疫区内所有可能被污染的运载工具应严格消毒，车辆内、外及所有角落和缝隙都要用消毒剂消毒后再用清水冲洗，不留死角。

4.3 车辆上的物品也要做好消毒。

4.4 从车辆上清理下来的垃圾和粪便要作无害化处理。

5 牲畜市场消毒清洗

5.1 用消毒剂喷洒所有区域。

5.2 饲料和粪便等要深埋、发酵或焚烧。

6 屠宰加工、储藏等场所的清洗消毒

6.1 所有牲畜及其产品都要深埋或焚烧。

6.2 圈舍、过道和舍外区域用消毒剂喷洒消毒后清洗。

6.3 所有设备、桌子、冰箱、地板、墙壁等用消毒剂喷洒消毒后冲洗干净。

6.4 所有衣服用消毒剂浸泡后清洗干净，其他物品都要用适当的方式进行消毒。

6.5 以上所产生的污水要经过处理，达到环保排放标准。

7 疫点每天消毒1次连续1周，1周后每两天消毒1次.疫区内疫点以外的区域每两天消毒1次。

附件八：

口蹄疫流行病学调查规范

1　范围

本规范规定了暴发疫情时和平时开展的口蹄疫流行病学调查工作。

本规范适用于口蹄疫暴发后的跟踪调查和平时现况调查的技术要求。

2　引用文件

下列文件中的条款通过本规范的引用而成为本规范的条款。凡是注日期的引用文件，其随后所有的修改单位（不包括勘误的内容）或修订版均不适用于本规范，根据本规范达成协议的各方研究可以使用这些文件的最新版本。凡是不注日期的引用文件，其最新版本适用于本规范。

NY×××× // 口蹄疫疫样品采集、保存和运输技术规范

NY×××× // 口蹄疫人员防护技术规范

NY×××× // 口蹄疫疫情判定与扑灭技术规范

3　术语与定义

NY××××的定义适用于本规范。

3.1　跟踪调查 Tracing investigation

当一个畜群单位暴发口蹄疫时，兽医技术人员或动物流行病学专家在接到怀疑发生口蹄疫的报告后通过亲自现场察看、现场采访，追溯最原始的发病患畜、查明疫点的疫病传播扩散情况以及采取扑灭措施后跟踪被消灭疫病的情况。

3.2　现况调查 cross-sectional survey

现况调查是一项在全国范围内有组织的关于口蹄疫流行病学资料和数据的收集整理工作，调查的对象包括被选择的养殖场、屠宰场或实验室，这些选择的普查单位充当着疾病监视器的作用，对口蹄疫病毒易感的一些物种（如野猪）可以作为主要动物群感染的指示物种。现况调查同时是口蹄疫防制计划的组成部分。

4　跟踪调查

4.1　目的 核实疫情并追溯最原始的发病地点和患畜、查明疫点的疫病传播扩散情况以及采取扑灭措施后跟踪被消灭疫病的情况。

4.2　组织与要求

4.2.1　动物防疫监督机构接到养殖单位怀疑发病的报告后，立即指派2名以上兽医技术人员，在24小时以内尽快赶赴现场，采取现场亲自察看和现场采访相结合的方式对疾病暴发事件开展跟踪调查；

4.2.2　被派兽医技术人员至少3天内没有接触过口蹄疫病畜及其污染物，按《口蹄疫人员防护技术规范》做好个人防护；

4.2.3　备有必要的器械、用品和采样用的容器。

4.3　内容与方法

4.3.1　核实诊断方法及定义"患畜"

调查的目的之一是诊断患畜，因此需要归纳出发病患畜的临床症状和用恰当的临床术语定义患畜，这样可以排除其他疾病的患畜而只保留所研究的患畜，做出是否发生疑似口蹄疫的判断；

4.3.2 采集病料样品、送检与确诊

对疑似患畜，按照《口蹄疫样品采集、保存和运输技术规范》的要求送指定实验室确诊。

4.3.3 实施对疫点的初步控制措施，严禁从疑似发病场/户运出家畜、家畜产品和可疑污染物品，并限制人员流动；

4.3.4 计算特定因素袭击率，确定畜间型

袭击率是衡量疾病暴发和疾病流行严重程度的指标，疾病暴发时的袭击率与日常发病率或预测发病率比较能够反映出疾病暴发的严重程度。另外，通过计算不同畜群的袭击率和不同动物种别、年龄和性别的特定因素袭击率有助于发现病因或与疾病有关的某些因素；

4.3.5 确定时间型

根据单位时间内患畜的发病频率，绘制一个或是多个流行曲线，以检验新患畜的时间分布。在制作流行曲线时，应选择有利于疾病研究的各种时间间隔（在x轴），如小时、天或周，和表示疾病发生的新患畜数或百分率（在y轴）；

4.3.6 确定空间型

为检验患畜的空间分布，调查者首先需要描绘出发病地区的地形图，和该地区内的和畜舍的位置及所出现的新患畜。然后仔细审察地形图与畜群和新患畜的分布特点，以发现患畜间的内在联系和地区特性，和动物本身因素与疾病的内在联系，如性别、品种和年龄。划图标出可疑发病畜周围20公里以内分布的有关养畜场、道路、河流、山岭、树林、人工屏障等，连同最初调查表一同报告当地动物防疫监督机构；

4.3.7 计算归因袭击率，分析传染来源

根据计算出的各种特定因素袭击率，如年龄、性别、品种、饲料、饮水等，建立起一个有关这些特定因素袭击率的分类排列表，根据最高袭击率、最低袭击率、归因袭击率（即两组动物分别接触和不接触同一因素的两个袭击率之差）以进一步分析比较各种因素与疾病的关系，追踪可能的传染来源；

4.3.8 追踪出入发病养殖场/户的有关工作人员和所有家畜、畜产品及有关物品的流动情况，并对其作适当的隔离观察和控制措施，严防疫情扩散；

4.3.9 对疫点、疫区的猪、牛、羊、野猪等重要疫源宿主进行发病情况调查，追踪病毒变异情况。

4.3.10 完成跟踪调查表（见附录A），并提交跟踪调查报告。

待全部工作完成以后，将调查结果总结归纳以调查报告的形式形成报告，并逐级上报到国家动物防疫监督机构和国家动物流行病学中心。

形成假设

根据以上资料和数据分析，调查者应该得出一个或两个以上的假设：①疾病流行类型，点流行和增殖流行；②传染源种类，同源传染和多源传染；③传播方式，接触传染，机械传染和生物性传染。调查者需要检查所形成的假设是否符合实际情况，并对假设进行修改。在假设形成的同时，调查者还应能够提出合理的建议方案以保护未感染动物和制止患畜继续出现，如改变饲料、动物隔离等；

检验假设

假设形成后要进行直观的分析和检验，必要时还要进行实验检验和统计分析。假设的形成和检验过程是循环往复的，应用这种连续的近似值方法而最终建立起确切的病因来源假设。

5 现况调查

5.1 目的 广泛收集与口蹄疫发生有关的各种资料和数据，根据医学理论得出有关口蹄疫分布、发生频率及其影响因素的合乎逻辑的正确结论。

5.2 组织与要求

5.2.1　现况调查是一项由国家兽医行政主管部门统一组织的全国范围内有关口蹄疫流行病学资料和数据的收集整理工作，需要国家兽医行政主管部门、国家动物防疫监督机构、国家动物流行病学中心、地方动物防疫监督机构多方面合作；

5.2.2　所有参与实验的人员明确普查的内容和目的，数据收集的方法应尽可能的简单，并设法得到数据提供者的合作和保持他们的积极性；

5.2.3　被派兽医技术人员要遵照4.2.2 和4.2.3的要求。

5.3　内容

5.3.1　估计疾病流行情况　调查动物群体存在或不存在疾病。患病和死亡情况分别用患病率和死亡率表示。

5.3.2　动物群体及其环境条件的调查　包括动物群体的品种、性别、年龄、营养、免疫等；环境条件、气候、地区、畜牧制度、饲养管理（饲料、饮水、畜舍）等。

5.3.3　传染源调查　包括带毒野生动物、带毒牛羊等的调查。

5.3.4　其他调查　包括其他动物或人类患病情况及媒介昆虫或中间宿主，如种类、分布、生活习性等的调查。

5.3.4　完成现况调查表（见附录B），并提交现况调查报告。

5.4　方法

5.4.1　现场观察、临床检查

5.4.2　访问调查或通信调查

5.4.3　查阅诊疗记录、疾病报告登记、诊断实验室记录、检疫记录及其他现成记录和统计资料。流行病学普查的数据都是与疾病和致病因素有关的数据以及与生产和畜群体积有关的数据。获得的已经记录的数据，可用于回顾性实验研究；收集未来的数据用于前瞻性实验研究。

一些数据属于观察资料；一些数据属于观察现象的解释；一些数据是数量性的，由各种测量方法而获得，如体重、产乳量、死亡率和发病率，这类数据通常比较准确。数据资料来源如下。

5.4.3.1　政府兽医机构

国家及各省、市、县动物防疫监督机构以及乡级的兽医站负责调查和防治全国范围内一些重要的疾病。许多政府机构还建立了诊断室开展一些常规的实验室诊断工作，保持完整的实验记录，经常报导诊断结果和疾病的流行情况。由各级政府机构编辑和出版的各种兽医刊物也是常规的资料来源。

5.4.3.2　屠宰场

大牲畜屠宰场都要进行宰前和宰后检验以发现和鉴定某些疾病。通常只有临床上健康的牲畜才供屠宰食用，因此屠宰中发现的病例一般都是亚临床症状的。

屠宰检验的第二个目的是记录所见异常现象，有助于流行性动物疾病的早期发现和人畜共患性疾病的预防和治疗。由于屠宰场的动物是来自于不同地区或不同的牧场，如果屠宰检验所发现的疾病关系到患畜的原始牧场或地区，则必须追查动物的来源。

5.4.3.3　血清库

血清样品能够提供免疫特性方面有价值的流行病学资料，如流行的周期性，传染的空间分布和新发生口蹄疫的起源。因此建立血清库有助于研究与传染病有关的许多问题：①鉴定主要的健康标准；②建立免疫接种程序；③确定疾病的分布；④调查新发生口蹄疫的传染来源；⑤确定流行的周期性；⑥增加病因学方面的知识；⑦评价免疫接种效果或程序；⑧评价疾病造成的损失。

5.4.3.4　动物注册

动物登记注册是流行病学数据的又一个来源。

根据某地区动物注册或免疫接种数量估测该地区的易感动物数，一般是趋于下线估测。

5.4.3.5 畜牧机构

许多畜牧机构记录和保存动物群体结构、分布和动物生产方面的资料，如增重、饲料转化率和产乳量等。这对某些实验研究也同样具有着流行病学方面的意义。

5.4.3.6 畜牧场

大型的现代化饲养场都有自己独立的经营和管理体制；完善的资料和数据记录系统，许多数据资料具有较高的可靠性。这些资料对疾病普查是很有价值的。

5.4.3.7 畜主日记

饲养人员（如猪的饲养者）经常记录生产数据和一些疾病资料。但记录者的兴趣和背景不同，所记录的数据类别和精确程度也不同。

5.4.3.8 兽医院门诊

兽医院开设兽医门诊，并建立患畜病志以描述发病情况和记录诊断结果。门诊患畜中诊断兽医感兴趣的疾病比例通常高于其他疾病。这可能是由于该兽医为某种疾病的研究专家而吸引该种疾病的患畜的原故。

5.4.3.9 其他资料来源

野生动物是家畜口蹄疫的重要传染源。野生动物保护组织和害虫防制中心记录和保存关于国家野生动物地区分布和种类数量方面的数据。这对调查实际存在的和即将发生的口蹄疫的感染和传播具有价值。

表A

口蹄疫暴发的跟踪调查表

1 可疑发病场/户基本状况与初步诊断结果

2 疫点易感畜与发病畜现场调查

2.1 最早出现发病时间：　　年　月　日　　时，

发病数：　　头，死亡数：　　头，圈舍（户）编号：

2.2 畜群发病情况

圈舍（户）编号	家畜品种	日龄	发病日期	发病数	开始死亡日期	死亡数

2.3 袭击率

计算公式：袭击率=（疫情暴发以来发病畜数÷疫情暴发开始时易感畜数）×100%

3 可能的传染来源调查

3.1 发病前15天内,发病畜舍是否新引进了畜?

(1)是 (2)否

引进畜品种	引进数量	混群情况※	最初混群时间	健康状况	引进时间	来源

注:※混群情况(1)同舍(户)饲养 (2)邻舍(户)饲养 (3)饲养于本场(村)隔离场,隔离场(舍)人员单独隔离

3.2 发病前15天内发病畜场/户是否有野猪、啮齿动物等出没?

(1)否 (2)是

野生动物种类	数量	来源处	与畜接触地点※	野生动物数量	与畜接触频率#

注:※与畜接触地点包括进入场/户场内、畜栏舍四周、存料处及料槽等;

#接触频率指野生动物与畜接触地点的接触情况,分为每天、数次、仅一次。

3.3 发病前15天内是否运入可疑的被污染物品(药品)?

(1)是 (2)否

物品名称	数量	经过或存放地	运入后使用情况

3.4 最近30天内的是否有场外有关业务人员来场?(1)无 (2)有,请写出访问者姓名、单位、访问日期和注明是否来自疫区。

来访人	来访日期	来访人职业/电话	是否来自疫区

3.5 发病场(户)是否靠近其他养畜场及动物集散地?

(1)是 (2)否

3.5.1 与发病场的相对地理位置________________________________。

3.5.2 与发病场的距离________________________________。

3.5.3 其大致情况________________________________。

3.6 发病场周围20公里以内是否有下列动物群?

3.6.1 猪________________________________。

3.6.2 野猪________________________________。

3.6.3 牛群________________________________。

3.6.4 羊群________________________________。

3.6.5 田鼠、家鼠________________________________。

3.6.6 其它易感动物________________________________。

3.7 在最近25~30天内本场周围20公里有无畜群发病?(1)无 (2)有,请回答:

3.7.1 发病日期:

3.7.2 病畜数量和品种:

3.7.3 确诊/疑似诊断疾病:

3.7.4 场主姓名:

3.7.5 发病地点与本场相对位置、距离:

3.7.6 投药情况:

3.7.7 疫苗接种情况:

3.8 场内是否有职员住在其他养畜场/养畜村?(1)无 (2)有,请回答:

3.8.1该场所处的位置:

3.8.2该场养畜的数量和品种:

3.8.3该场畜的来源及去向:

3.8.4职员拜访和接触他人地点:

4 在发病前15天是否有更换饲料来源等饲养方式/管理的改变?

(1)无 (2)有,______________。

5 发病场(户)周围环境情况

5.1 静止水源 沼泽、池塘或湖泊:(1)是 (2)否

5.2 流动水源 灌溉用水、运河水、河水:(1)是 (2)否

5.3 断续灌溉区 方圆三公里内无水面:(1)是 (2)否

5.4 最近发生过洪水:(1)是 (2)否

5.5 靠近公路干线:(1)是 (2)否

5.6 靠近山溪或森(树)林:(1)是 (2)否

6 该养畜场/户地势类型属于:

(1)盆地(2)山谷(3)高原(4)丘陵(5)平原(6)山区

(7)其他(请注明)。

7 饮用水及冲洗用水情况

7.1 饮水类型:

(1)自来水 (2)浅井水 (3)深井水(4)河塘水 (5)其他

7.2 冲洗水类型:

(1)自来水 (2)浅井水 (3)深井水 (4)河塘水(5)其他

8 发病养畜场/户口蹄疫疫苗免疫情况:

(1)不免疫 (2)免疫

8.1 免疫生产厂家__________________________。

8.2 疫苗品种、批号__________________________。

8.3 被免疫畜数量__________________________。

9 受威胁区免疫畜群情况

9.1 免疫接种一个月内畜群发病情况:

(1)未见发病(2)发病,发病率__________________________。

9.2 血清学检测和病原学检测

标本类型	采样时间	检测项目	检测方法	病毒亚型

注:标本类型包括水疱、水疱皮、脾淋、心脏、血清及咽腭分泌物等。

10 解除封锁后30天后是否使用岗哨动物

(1)否 (2)是,简述岗哨动物名称、数量及结果__________________________。

11 最后诊断情况

11.1 确诊口蹄疫,确诊单位______________________,病毒亚型______________________。

11.2 排除,其他疫病名称__________________________。

12 疫情处理情况

12.1 发病畜及其同群畜全部扑杀:

(1)是 (2)否,扑杀范围:__________________________。

12.2 疫点周围受威胁区内的所有易感畜全部接种疫苗

(1)是 (2)否

所用疫苗的病毒亚型:__________________,厂家:____________________。

13 在发病养畜场/户出现第1个病例前15天至该场被控制期间出场的(A)有关人员,(B)动物/产品/排泄废弃物,(C)运输工具/物品/饲料/原料,(D)其他(请标出)____________________,养畜场被控制日期____________________。

出场日期	出场人/物(A/B/C/D)	运输工具	人/承运人/电话	目的地/电话

14　在发病养畜场/户出现第1个病例前15天至该场被控制期间,是否有家畜、车辆和人员进出家畜集散地?(1)无　　(2)有,请填写下表,追踪可能污染物,做限制或消毒处理。

出入日期	出场人/物	运输工具	人/承运人/电话	相对方位/距离

注:家畜集散地包括展览场所、农贸市场、动物产品仓库、拍卖市场、动物园等。

15　列举在发病养畜场/户出现第1个病例前15天至该场被控制期间出场的工作人员(如送料员、销售人员、兽医等)3天内接触过的所有养畜场/户,通知被访场家进行防范。

姓名	出场人员	出场日期	访问日期	目的地/电话

16　疫点或疫区家畜

16.1　在发病后一个月发病情况

(1)未见发病　　(2)发病,发病率______________________________。

16.2　血清学检测和病原学检测

标本类型	采样时间	检测项目	检测方法	结果

17　疫点或疫区野生动物

17.1　在发病后一个月发病情况

(1)未见发病　　(2)发病,发病率______________________________。

17.2　血清学检测和病原学检测

标本类型	采样时间	检测项目	检测方法	结果

18 在该疫点疫病传染期内密切接触人员的发病情况______________________________。

(1)未见发病

(2)发病,简述情况:

接触人员姓名	性别	年龄	接触方式※	住址或 工作单位	电话号码	是否发病及死亡

注:※接触方式:(1)本舍(户)饲养员(2)非本舍饲养员(3)本场兽医(4)收购与运输(5)屠宰加工(6)处理疫情的场外兽医(7)其他接触

表B

口蹄疫暴发的现况调查表

1 某调查单位(省、地区、畜场、屠宰场或实验室等)家畜及野生动物口蹄疫的流行率

动物类别	记 录 数	阳 性 数	阳 性 率

2 某调查单位(省、地区、畜场、屠宰场或实验室等)家畜及野生动物口蹄疫的抗体阳性率

分区代号	病毒亚型	咽腭分泌物 病毒分离率	平均抗体阳性率(%)
1			
2			
3			
4			
5			

三、马传染性贫血防治技术规范

马传染性贫血(Equine Infectious Anemia，EIA,简称马传贫),是由反转录病毒科慢病毒属马传贫病毒引起的马属动物传染病。我国将其列为二类动物疫病。

为预防、控制和消灭马传贫,依据《中华人民共和国动物防疫法》及有关的法律法规,制定本规范。

1 适用范围

本规范规定了马传贫的诊断、疫情报告、疫情处理、防治措施、控制和消灭标准。

本规范适用于中华人民共和国境内从事马属动物饲养、经营,马属动物产品加工、经营,及从事动物防疫活动的单位和个人。

2 诊断

2.1 流行特点

本病只感染马属动物,其中,马最易感,骡、驴次之,且无品种、性别、年龄的差异。病马和带毒马是主要的传染源。主要通过虻、蚊、刺蝇及蠓等吸血昆虫的叮咬而传染,也可通过病毒污染的器械等传播。多呈地方性流行或散发,以7~9月份发生较多。在流行初期多呈急性型经过,致死率较高,以后呈亚急性或慢性经过。

2.2 临床特征

本病潜伏期长短不一,一般为20~40天,最长可达90天。

根据临床特征,常分为急性、亚急性、慢性和隐性四种类型。

急性型　高热稽留。发热初期,可视黏膜潮红,轻度黄染;随病程发展逐渐变为黄白至苍白;在舌底、口腔、鼻腔、阴道黏膜及眼结膜等处,常见鲜红色至暗红色出血点(斑)等。

亚急性型　呈间歇热。一般发热39℃以上,持续3~5天退热至常温,经3~15天间歇期又复发。有的患病马属动物出现温差倒转现象。

慢性型　不规则发热,但发热时间短。病程可达数月或数年。

隐性型　无可见临床症状,体内长期带毒。

2.3 病理变化

2.3.1 剖检变化

急性型　主要表现败血性变化,可视黏膜、浆膜出现出血点(斑),尤其以舌下、齿龈、鼻腔、阴道黏膜、眼结膜、回肠、盲肠和大结肠的浆膜、黏膜以及心内外膜尤为明显。肝、脾肿大,肝切面呈现特征性槟榔状花纹。肾显著增大,实质浊肿,呈灰黄色,皮质有出血点。

心肌脆弱,呈灰白色煮肉样,并有出血点。全身淋巴结肿大,切面多汁,并常有出血。

亚急性和慢性型　主要表现贫血、黄染和细胞增生性反应。脾中(轻)度肿大,坚实,表面粗糙不平,呈淡红色;有的脾萎缩,切面小梁及滤泡明显;淋巴小结增生,切面有灰白色粟粒状突起。不同程度的肝肿大,呈土黄或棕红色,质地较硬,切面呈豆蔻状花纹(豆蔻肝);管状骨有明显的红髓增生灶。

2.3.2 病理组织学变化

主要表现为肝、脾、淋巴结和骨髓等组织器官内的网状内皮细胞明显肿胀和增生。急性病例主要为组织细胞增生,亚急性及慢性病例则为淋巴细胞增生,在增生的组织细胞内,常有吞噬的铁血黄素。

2.4 实验室诊断

2.4.1 马传贫琼脂扩散试验(AGID)(见附件)。

2.4.2 马传贫酶联免疫吸附试验(ELISA)(见附件)。

2.4.3 马传贫病原分离鉴定(见附件)。

2.4.4 结果判定

具备马传贫流行特点、临床症状、病理变化,可做出初步诊断; 2.4.1或2.4.2或2.4.3结果阳性,即可确诊。

3 疫情报告

3.1 任何单位和个人发现疑似疫情,应当及时向当地动物防疫监督机构报告。

3.2 动物防疫监督机构接到疫情报告并确认后,按《动物疫情报告管理办法》及有关规定及时上报。

4 疫情处理

4.1 发现疑似马传贫病马属动物后,畜主应立即隔离疑似患病马属动物,限制其移动,并立即向当地动物防疫监督机构报告。动物防疫监督机构接到报告后,应及时派员到现场诊断,包括流行病学调查、临床症状检查、病理解剖检查、采集病料、实验室诊断等,并根据诊断结果采取相应防治措施。

4.2 在马属动物饲养地,确诊为马传贫病畜后,当地县级以上人民政府畜牧兽医行政管理部门应当划定疫点、疫区、受威胁区;县级以上地方人民政府根据需要组织有关部门和单位采取隔离、扑杀、销毁、消毒、限制易感动物和动物产品及有关物品出入等控制、扑灭措施。

若呈暴发流行时,由当地畜牧兽医行政管理部门,及时报请同级人民政府决定对疫区实行封锁,逐级上报国务院畜牧兽医行政管理部门。县级以上人民政府根据需要组织有关部门和单位采取隔离、扑杀等强制性控制和扑灭措施,并迅速通报毗邻地区。

4.2.1 划定疫点、疫区、受威胁区

疫点 指患病马属动物所在的地点,一般是指患病马属动物所在的养殖场(户);散养时,是指患病马属动物所在的自然村(屯);或其它有关屠宰、经营单位。

疫区 疫点外延3公里范围内的区域,包括病畜发病前3个月经常活动,可能污染的地区。疫区划分时注意考虑疫区的饲养环境和天然屏障(如河流、山脉等)。

受威胁区 是指疫区外延5公里范围内的区域。

4.2.2 封锁

疫区封锁期间,禁止染疫和疑似染疫的马属动物及其产品出售、转让和调群;繁殖马属动物要用人工授精方法进行配种;种用马属动物不得对疫区外马属动物配种;对可疑马属动物要严格隔离检疫;关闭马属动物交易市场。禁止非疫区的马属动物进入疫区,并根据扑灭疫情的需要对出入封锁区的人员、运输工具及有关物品采取消毒和其它限制性措施。

4.2.3 隔离

当发生马传贫时,要及时应用临床检查、血清学试验等方法对可疑感染马属动物进行检测,根据检测结果,将马属动物群分为患病群、疑似感染群和假定健康群三类。立即扑杀患病群,隔离疑似感染群、假定健康群,经过3个月观察,不再发病后,方可解除隔离。

4.2.4 监测

疫区内应对同群马属动物隔离饲养,所有马属动物每隔1个月进行一次血清学监测;受威胁地区每3个月进行一次血清学监测。

4.2.5 扑杀

患病马属动物、阳性马属动物在不放血条件下进行扑杀。

4.2.6　无害化处理

病畜和阳性畜及其胎儿、胎衣、排泄物等按照GB16548《畜禽病害肉尸及其产品无害化处理规程》进行。

4.2.7　消毒

对患病和疑似患病的马属动物污染的场所、用具、物品严格进行消毒；受污染的粪便、垫料等必须采用堆积密封发酵1个月等方法处理。

4.2.8　封锁的解除

封锁的疫区内最后一匹阳性马属动物扑杀处理后，并经彻底消毒等处理后，对疫区监测90天，未见新病例；且经血清学检查3次(每次间隔30天)，未检出阳性马属动物的，对所污染场所、设施设备和受污染的其它物品彻底消毒，经当地动物防疫监督机构检查合格后，方可由原发布封锁令机关解除封锁。

5　预防与控制

5.1　检疫

异地调入的马属动物，必须来自非疫区。

调出马属动物的单位和个人，应按规定报检，经当地动物防疫监督机构进行检疫(应包括血清学检查)，合格后方可调出。

马属动物需凭当地动物防疫监督机构出具的检疫证明运输。运输途中发现疑似马传贫病畜时，货主及运输部门应及时向就近的动物防疫监督机构报告，确诊后，由动物防疫监督机构就地监督畜主实施扑杀等处理措施。

调入后必须隔离观察30天以上，并经当地动物防疫监督机构两次临床综合诊断和血清学检查，确认健康无病，方可混群饲养。

5.2　监测和净化

5.2.1　马传贫控制区、稳定控制区　　采取“监测、扑杀、消毒、净化”的综合防治措施。每年对全县6～12月龄的幼驹，用血清学方法监测一次。如果检出阳性马属动物，除按规定扑杀处理外，应对疫区内的所有马属动物进行临床检查和血清学检查，每隔3个月检查一次，直至连续2次血清学检查全部阴性为止。

5.2.2　马传贫消灭区　　采取“以疫情监测为主”的综合性防治措施，每县每年抽查存栏马属动物的1%(存栏不足10000匹的，抽检数不少于100匹，存栏不足100匹的全检)，做血清学检查，进行疫情监测，及时掌握疫情动态。

6　控制和消灭标准

6.1　稳定控制标准

6.1.1　县级稳定控制标准

A、全县(市、区或旗)范围内连续5年没有马传贫临床病例；

B、全县(市、区或旗)停止注苗一年后，连续两年每年抽检300匹份马属动物血清(不满300匹全检)，经血清学检查，全部阴性。

6.1.2　市级稳定控制标准

全市(地、盟、州)所有县(市、区、旗)均达到稳定控制标准。

6.1.3　省级稳定控制标准

全省所有市(地、盟、州)均达到稳定控制标准。

6.1.4　全国稳定控制标准

全国所有省(市、自治区)均达到稳定控制标准。

6.2 马传贫消灭标准

6.2.1 县级达到消灭标准,在达到稳定控制标准的基础上,还应符合以下条件:

全县(市、区或旗)范围内在达到稳定控制标准后,连续两年每年抽检200匹份马属动物血清(不满200匹者全检),血清学检查全部为阴性。

6.2.2 市级马传贫消灭标准

全市(地、盟、州)所有县(市、区、旗)均达到消灭标准。

6.2.3 省级马传贫消灭标准

全省所有市(地、盟、州)均达到消灭标准。

6.2.4 全国马传贫消灭标准

全国所有省(市、自治区)均达到消灭标准。

附件1

马传染性贫血琼脂扩散反应试行操作方法

1 检验用琼脂板的制备

1.1 取高级琼脂糖1克或普通琼脂1.2克直接放入加有500mL蒸馏水的三角瓶中，配成2%的琼脂溶液，在沸水浴中煮沸，全融化后再冷凝，切成1～1.5cm^3小块，装入干净砂布袋中，用10倍量自来水冲漂两天，每天换水两次，然后改用无离子水冲漂1～2天，每天换水两次。将冲漂完毕的琼脂小块装入1000mL三角烧瓶中，同时加入500mL无离子水再加入相当于配制1000mL磷酸缓冲液(PBS液)或硼酸缓冲液(BBS液)的各种盐类用量，再加入1%硫柳汞溶液10mL，在沸水浴中使之全融化并混匀。

若是取优质琼脂1克时，可直接放入含有万分之一硫柳汞的100mL的PBS或BBS液中，用热水浴融化混匀。

1.2 融化后以两层纱布夹薄层脱脂棉过滤，除去不溶性杂质。

1.3 将直径90mm的平皿放在水平台上，每平皿倒入热融化琼脂液15～18mL，厚度约2.5mm左右，注意不要产生气泡，冷凝后加盖，把平皿倒置，防止水分蒸发，放在普通冰箱中可保存两周左右。根据受检血清样品多少亦可采用大、中、小三种不同规格的玻璃板。10×16cm的玻璃板加注热琼脂液40mL；6×7cm的加注11mL；32×7.6cm的加注6mL。

琼脂经处理后配成的琼脂液，可装瓶中用胶塞盖好，以防水分蒸发，待使用琼脂板时，现融化现倒。

1.4 打孔

反应孔现用现打。打孔器为外径5mm直径的薄壁型金属打孔器。在坐标纸上画好七孔型图案。把坐标纸放在带有琼脂板的平皿或玻璃板下面，照图案在固定位置上用金属管打孔，将切下的琼脂板取出，勿使琼脂膜与玻璃面离动。外周孔径为5mm，中央孔径为5mm，孔间距3mm，如图1所示。

图1　7孔型

	(1)		(2)	
(3)		G		(4)
	(5)		(6)	

当受检血清数量多时，可用如图2所示的检测40份血清的图案。

图2　40孔型

				01		02		03		04		05		06		
		+		G		+		G		+		G		+		
				07		08		09		10		11		12		
		13		14		15		16		17		18		19		20
+		G		+		G		+		G		+		G		+
		21		22		23		24		25		26		27		28
				29		30		31		32		33		34		
		+		G		+		G		+		G		+		
				35		36		37		38		39		40		

注解：图1、图2中的“G”字周围应有圆圈。

2 抗原

检验用抗原按马传贫琼扩抗原生产制造及检验规程进行生产。

3 血清

3.1 检验用标准阳性血清：能与合格抗原在12小时内产生明显致密的沉淀线的马传贫血清，做8倍以上的稀释仍保持阳性反应者为宜，小量分装，冻结保存，使用时要注意防止散毒。

3.2 受检血清：来自受检马的不腐败的血清，勿加防腐剂和抗凝剂。

4 抗原及血清的添加

打孔完毕，在琼脂板上端写上日期及编号等。在图1(7孔型)的中央孔加抗原，2、5孔加检验用标准阳性血清，其余1、3、4、6孔加入受检血清。在图2(40份血清)的孔型所有①②③……数字号孔分别加入受检马血清，G为加抗原孔，+为加检验用包被阳性血清孔，加至孔满为止。平皿加盖，待孔中液体吸干后，将平皿倒置，以防水分蒸发；琼脂板则放入铺有数层湿纱布的带盖搪瓷盘中。置15～30℃条件下进行反应，逐日观察3天并记录结果。

5 判定

阳性：当检验用标准阳性血清孔与抗原孔之间只有一条明显致密的沉淀线时，受检血清孔与抗原孔之间形成一条沉淀线；或者阳性血清的沉淀线末端向毗邻的受检血清的抗原侧偏弯者，此种受检血清判定为阳性。

阴性：受检血清与抗原孔之间不形成沉淀线，或者标准阳性血清孔与抗原孔之间的沉淀线向毗邻的受检血清孔直伸或向受检血清孔侧偏弯者，此种受检血清为阴性。

疑似：标准阳性血清孔与抗原孔之间的沉淀线末端，似乎向毗邻受检血清孔内侧偏弯，但不易判断时，可将抗原稀释2倍、4倍、6倍、8倍进行复试，最后判定结果。观察时间可延至5天。

判定结果时，应从不同折光角度仔细观察平皿上抗原孔与受检血清孔之间有无沉淀线。

判断时要注意非特异性沉淀线。例如当受检马匹近期注射过组织培养疫苗，如乙型脑炎疫苗等，可见与检验用标准阳性血清的沉淀线末端不是融合而为交叉状，两个血清间产生的自家免疫沉淀线等。

6 溶液的配制

6.1 pH7.4的0.01mol/L磷酸缓冲生理盐水(PBS液)

6.2 12水磷酸氢二钠(Na2HPO4·12H2O)	2.9克
磷酸二氢钾	0.3克
氯化钠	8.0克
无离子水或蒸馏水加至	1000mL

6.3 pH8.6硼酸缓冲液 (BBS液)

四硼酸钠	8.8克
硼酸	4.65克
无离子水或蒸馏水加至	1000mL

6.4 硫柳汞溶液

硫柳汞	1.0克
无离子水或蒸馏水	1000mL

附件2

马传染性贫血酶联免疫吸附试验(间接法)

1 总则

本规程所规定的酶联免疫吸附试验(ELISA)适用于马传染性贫血(以下简称马传贫)的检疫,也可以用于马传贫弱毒苗免疫马的抗体监测。

2 材料准备

2.1 器材

2.1.1 聚苯乙烯微量反应板

2.1.2 酶标仪

2.2 抗原、酶标记抗体和阴、阳性标准血清

2.3 试验溶液(配置方法见附录)

2.3.1 抗原稀释掖

2.3.2 冲洗液

2.3.3 酶标记抗体及血清稀释液

2.3.4 底物溶液

2.3.5 反应终止液

3 操作方法

3.1 包被抗原

用抗原稀释液将马传贫ELISA抗原作20倍稀释,用微量移液器将稀释抗原加到各孔内,每孔100μ1。盖好盖,置4℃冰箱放置24小时。

3.2 冲洗

甩掉孔内的包被液,注入冲洗液浸泡3分钟,甩干,再重新注入冲洗液,按此方法洗3次。

3.3 被检血清

每份被检血清及阳性对照血清、阴性对照血清均以血清稀释液作20倍稀释,每份被检血清依次加两孔,每孔加100μ1。每块反应板均需设阳性及阴性对照血清各两孔,盖好盖,置37℃水浴作用1小时。

3.4 冲洗

方法同“3.2”。

3.5 加酶标记抗体

将酶标记抗体用稀释液作1000倍稀释。每孔加100μ1,盖好盖,置37℃水浴作用1小时。

3.6 冲洗

方法同“3.2”。

3.7 加底物溶液

每孔加新配制的底物溶液100μ1,于25℃~30℃避光反应10分钟。

3.8 终止反应

每孔滴加终止剂25μ1。

3.9 比色

用酶标测试仪在波长492nm下，测各孔降解产物的吸收值。

4　结果判定

被检血清两孔的平均吸收值与同块板阴性对照血清两个孔的平均吸收值之比≥2，且被检血清吸收值≥0.2者，为马传贫阳性。

5　附录

5.1　聚苯乙烯微量板的处理

5.1.1　将聚苯乙烯微量板用温水反复冲洗，彻底冲掉灰尘。

5.1.2　用无离子水冲洗3～4遍，室温或37℃温箱晾干，置无尘干燥处保存备用。

5.2　试液的配制

5.2.1　抗原稀释液：0.1mol/L　pH9.5碳酸盐缓冲液。

甲液：0.1mol/L　pH9.5　碳酸钠溶液，称取无水$Na_2CO_3$10.6克，以无离子水溶液溶解至1000mL。

乙液：0.1mol/L　pH9.5碳酸氢钠溶液，称取$NaHCO_3$　8.4克，以无离子水溶液溶解至1000mL。

取甲液200mL、乙液700mL混合即成。

5.3　冲洗液：0.02mol/L　pH7.2　PBS-0.05%吐温-20。

5.3.1　0.02mol/L　pH7.2　PBS液

甲液：0.2mol/L　磷酸氢二钠溶液　称取$Na_2HPO_4.12H_2O$ 71.64克，以无离子水溶液溶解至1000mL。

乙液：0.2mol/L磷酸二氢钠溶液　称取$NaH_2PO_4.2H_2O$ 31.21克，以无离子水溶液溶解至1000mL。

取甲液360mL，乙液140mL，NaCl　38克，无离子水溶解至5000mL。

5.3.2　0.02mol/L　pH7.2　PBS液1000mL，加吐温-20液　0.5mL混匀即成。

5.3.3　酶标记抗体和血清稀释液：

0.02mol/L　pH7.2PBS-0.05%吐温-20，加0.1%明胶，加10%健康牛血清。

5.3.4　底物溶液：pH5.0磷酸盐-柠檬酸缓冲液，内含0.04%邻苯二胺和0.045%过氧化氢。

5.3.4.1　pH5.0磷酸盐-柠檬酸缓冲液：

甲液0.1mol/L柠檬酸溶液，称取柠檬酸（$C_6H_8O_7 \cdot H_2O$）21.01克以无离子水溶液溶解至1000mL。

乙液0.2mol/L磷酸氢二钠溶液。

取甲液243mL，乙液257mL混合即成。

5.3.4.2　称取邻苯二胺40mg溶于pH5.0磷酸盐-柠檬酸缓冲液100mL中。临用前加30%过氧化氢150μL即成。根据试验需要可按此比例增减。

5.3.5　反应终止剂：

2mol/L硫酸；取浓H_2SO_4（纯度95～98%）4mL加入32mL无离子水中混匀即成。

附件3

马传染性贫血病毒分离鉴定

通常是将病料接种于健康马驹或接种于马白细胞培养物,其中以接种马驹法更为敏感。

1 马匹接种试验

1.1 试验驹:选自非马传染性贫血(以下简称马传贫)疫区,1~2岁,经3周以上系统检查,确认健康者。

1.2 接种材料:无菌采取可疑马传贫马(最好是可疑性较大或高热期病马)的血液。如怀疑混合感染时,须用细菌滤器过滤血清,接种材料应尽可能低温保存,保存期不宜过长。接种前进行无菌和安全检查。

1.3 接种方法:常用2~3匹马的材料等量混合,接种2匹以上的试验驹,皮下接种0.2~0.3mL。

1.4 观察期3个月。每日早、晚定期测温两次,定期进行临床、血液学及抗体检查。当马驹发生典型马传贫的症状和病理变化,或血清中出现马传贫特异性抗体时,即证明被检材料中含有马传贫病毒。

2 用白细胞培养物分离病毒

培养驴白细胞1~2天后,细胞已贴壁并伸出突起,换入新鲜营养液,并在营养液中加入被检材料,接入被检材料的量应不大于营养液量的10%,否则可能使培养物发生非特异性病变。

也可在倾弃旧营养液后,直接接种被检材料,37℃吸附1~2小时后吸弃接种物,换入新鲜营养液。初代分离培养通常难以出现细胞病变,一般需盲传2~3代,甚至更多的代次(每代7~8天)。如果被检材料中有马传贫病毒存在,培养物将最终出现以细胞变圆、破碎、脱落为特征的细胞病变。为了证明细胞病变是由马传贫病毒而不是由其它原因引起的,应该以马传染性贫血酶联免疫吸附试验(间接法)等检查培养物的抗原性。如果引起白细胞出现细胞病变并具有明显的马传贫抗原性,则说明被检材料中含有马传贫病毒。

四、马鼻疽防治技术规范

马鼻疽(Glanders)是由假单胞菌科假单胞菌属的鼻疽假单胞菌感染引起的一种人兽共患传染病。我国将其列为二类动物疫病。

为预防、控制和消灭马鼻疽,依据《中华人民共和国动物防疫法》及有关的法律法规,特制定本规范。

1 适用范围

本规范规定了马鼻疽的诊断、疫情报告、疫情处理、防治措施、控制和消灭标准。

本规范适用于中华人民共和国境内从事马属动物的饲养、经营和马属动物产品加工、经营,以及从事动物防疫活动的单位和个人。

2 诊断

2.1 流行特点

以马属动物最易感,人和其它动物如骆驼、犬、猫等也可感染。鼻疽病马以及患鼻疽的其它动物均为本病的传染源。自然感染主要通过与病畜接触,经消化道或损伤的皮肤、黏膜及呼吸道传染。本病无季节性,多呈散发或地方性流行。在初发地区,多呈急性、暴发性流行;在常发地区多呈慢性经过。

2.2 临床特征

本病的潜伏期为6个月。

临床上常分为急性型和慢性型。

急性型 病初表现体温升高,呈不规则热(39~41℃)和颌下淋巴结肿大等全身性变化。肺鼻疽主要表现为干咳,肺部可出现半浊音、浊音和不同程度的呼吸困难等症状;鼻腔鼻疽可见一侧或两侧鼻孔流出浆液、黏液性脓性鼻汁,鼻腔黏膜上有小米粒至高粱米粒大的灰白色圆形结节突出黏膜表面,周围绕以红晕,结节坏死后形成溃疡,边缘不整,隆起如堤状,底面凹陷呈灰白色或黄色;皮肤鼻疽常于四肢、胸侧和腹下等处发生局限性有热有痛的炎性肿胀并形成硬固的结节。结节破溃排出脓汁,形成边缘不整、喷火口状的溃疡,底部呈油脂样,难以愈合。结节常沿淋巴管径路向附近组织蔓延,形成念珠状的索肿。后肢皮肤发生鼻疽时可见明显肿胀变粗。

慢性型 临床症状不明显,有的可见一侧或两侧鼻孔流出灰黄色脓性鼻汁,在鼻腔黏膜常见有糜烂性溃疡,有的在鼻中膈形成放射状斑痕。

2.3 病理变化

主要为急性渗出性和增生性变化。渗出性为主的鼻疽病变见于急性鼻疽或慢性鼻疽的恶化过程中;增生性为主的鼻疽病变见于慢性鼻疽。

肺鼻疽 鼻疽结节大小如粟粒,高粱米及黄豆大,常发生在肺膜面下层,呈半球状隆起于表面,有的散布在肺深部组织,也有的密布于全肺,呈暗红色、灰白色或干酪样。

鼻腔鼻疽 鼻中膈多呈典型的溃疡变化。溃疡数量不一,散在或成群,边缘不整,中央象喷火口,底面不平呈颗粒状。鼻疽结节呈黄白色,粟粒呈小豆大小,周围有晕环绕。鼻疽斑痕的特征是呈星芒状。

皮肤鼻疽 初期表现为沿皮肤淋巴管形成硬固的念珠状结节。多见于前驱及四肢,结节软化破溃后流出脓汁,形成溃疡,溃疡有堤状边缘和油脂样底面,底面覆有坏死性物质或呈颗粒状肉芽组织。

2.4 实验室诊断

2.4.1 变态反应诊断

变态反应诊断方法有鼻疽菌素点眼法、鼻疽菌素皮下注射法、鼻疽菌素眼睑皮内注射法,常用鼻疽菌素点眼法(见附件)。

2.4.2 鼻疽补体结合反应试验(见附件)。该方法为较常用的辅助诊断方法,用于区分鼻疽阳性马属动物的类型,可检出大多数活动性患畜。

2.5 结果判定

无临床症状慢性马鼻疽的诊断以鼻疽菌素点眼为主,血清学检查为辅;开放性鼻疽的诊断以临床检查为主,病变不典型的,则须进行鼻疽菌素点眼试验或血清学试验。

2.5.1 具有明显鼻疽临床特征的马属动物,判定为开放性鼻疽病畜。

2.5.2 鼻疽菌素点眼阳性者,判定为鼻疽阳性畜。

3 疫情报告

3.1 任何单位和个人发现疑似疫情,应当及时向当地动物防疫监督机构报告。

3.2 动物防疫监督机构接到疫情报告并确认后,按《动物疫情报告管理办法》及有关规定及时上报。

4 疫情处理

4.1 发现疑似患病马属动物后,畜主应立即隔离患病马属动物,限制其移动,并立即向当地动物防疫监督机构报告。动物防疫监督机构接到报告后,应及时派员到现场进行诊断,包括流行病学调查、临床症状检查、病理检查、采集病料、实验室诊断等,并根据诊断结果采取相应防治措施。

4.2 确诊为马鼻疽病畜后,当地县级以上人民政府畜牧兽医行政管理部门应当立即派人到现场,划定疫点、疫区、受威胁区;采集病料、调查疫源,及时报请同级人民政府对疫区实行封锁,并将疫情逐级上报国务院畜牧兽医行政管理部门。县级以上人民政府根据需要组织有关部门和单位采取隔离、扑杀、销毁、消毒等强制性控制、扑灭措施,并通报毗邻地区。

4.2.1 划定疫点、疫区、受威胁区

疫点 指患病马属动物所在的地点,一般是指患病马属动物的同群畜所在的养殖场(户)或其它有关屠宰、经营单位;散养情况下,疫点指患病马属动物所在的自然村(屯)。

疫区 由疫点外延3公里范围内的区域。疫区划分时注意考虑当地的饲养环境和天然屏障(如河流、山脉等)。

受威胁区 是指疫区外延5公里范围内的区域。

4.2.2 封锁

按规定对疫区实行封锁。疫区封锁期间,染疫和疑似染疫的马属动物及其产品不得出售、转让和调群,禁止移出疫区;繁殖马属动物要用人工授精方法进行配种;种用马属动物不得对疫区外马属动物配种;对可疑马属动物要严格隔离检疫;关闭马属动物交易市场。禁止非疫区的马属动物进入疫区,并根据扑灭疫情的需要对出入封锁区的人员、运输工具及有关物品采取消毒和其它限制性措施。

4.2.3 隔离

当发生马鼻疽时,要及时应用变态反应等方法在疫点对马属动物进行检测,根据检测结果,将马属动物群分为患病群、疑似感染群和假定健康群三类。立即扑杀患病群,隔离观察疑似感染群、假定健康群。经6个月观察,不再发病方可解除隔离。

4.2.4 检测

疫区内须对疑似感染马属动物和周围的马属动物隔离饲养，每隔6个月检测一次，受威胁区每年进行两次血清学（鼻疽菌素试验）监测，直至全部阴性为止；无疫区每年进行一次血清学检测。

4.2.5 扑杀

对临床病畜和鼻疽菌素试验阳性畜，均须在不放血条件下进行扑杀。

4.2.6 销毁处理

病畜和阳性畜及其胎儿、胎衣、排泄物等按照GB16548《畜禽病害肉尸及其产品无害化处理规程》进行无害化处理。焚烧和掩埋的地点应选择距村镇、学校、水源、牧场、养殖场等1公里以外的地方，挖深坑将尸体焚烧后掩埋，掩埋土层不得低于1.5米。

4.2.7 消毒

对患病或疑似感染马属动物污染的场所、用具、物品等严格进行消毒；污染的垫料及粪便等采取堆积泥封发酵、高温等方法处理后方可使用。

4.2.8 封锁的解除

疫区从最后一匹患病马属动物扑杀处理后，并经彻底消毒等处理后，对疫区内监测90天，未见新病例；且经过半年时间采用鼻疽菌素试验逐匹检查，未检出鼻疽菌素试验阳性马属动物的，并对所污染场所、设施设备和受污染的其它物品彻底消毒后，经当地动物防疫监督机构检查合格，由原当地县级以上兽医行政主管部门报请原发布封锁令人民政府解除封锁。

5 预防与控制

5.1 加强饲养管理，做好消毒等基础性防疫工作，提高马匹抗病能力。

5.2 检疫

异地调运马属动物，必须来自非疫区；出售马属动物的单位和个人，应在出售前按规定报检，经当地动物防疫监督机构检疫，证明马属动物装运之日无马鼻疽症状，装运前6个月内原产地无马鼻疽病例，装运前15天经鼻疽菌素试验或鼻疽补体结合反应试验，结果为阴性，并签发产地检疫证后，方可启运。

调入的马属动物必须在当地隔离观察30天以上，经当地动物防疫监督机构连续两次（间隔5～6天）鼻疽菌素试验检查，确认健康无病，方可混群饲养。

运出县境的马属动物，运输部门要凭当地动物防疫监督机构出具的运输检疫证明承运，证明随畜同行。运输途中发生疑似马鼻疽时，畜主及承运者应及时向就近的动物防疫监督机构报告，经确诊后，动物防疫监督机构就地监督畜主实施扑杀等处理措施。

5.3 监测

稳定控制区 每年每县抽查200匹（不足200匹的全检），进行鼻疽菌素试验检查，如检出阳性反应的，则按控制区标准采取相应措施。

消灭区 每县每年鼻疽菌素试验抽查马属动物100匹（不足100匹的全检）。

6 控制和消灭标准

6.1 控制标准

6.1.1 县级控制标准

控制县（市、区、旗）应达到以下三项标准：

A、全县（市、区、旗）范围内，连续两年无马鼻疽临床病例。

B、全县（市、区、旗）范围内连续两年检查，每年抽检200匹（不足200匹全检），经鼻疽菌素试验阳性率不高于0.5%。

C、鼻疽菌素试验阳性马属动物全部扑杀，并做无害化处理。

6.1.2 市级控制标准

全市(地、盟、州)所有县(市、区、旗)均达到控制标准。

6.1.3 省级控制标准

全省所有市(地、盟、州)均达到控制标准。

6.1.4 全国控制标准

全国所有省(市、自治区)均达到控制标准。

6.2 消灭标准

6.2.1 县级马鼻疽消灭标准必须具备以下两项条件:

A、达到控制标准后,全县(市、区、旗)范围内连续两年无马鼻疽病例。

B、达到控制标准后,全县(市、区、旗)范围内连续两年鼻疽菌素试验检查,每年抽检100匹(不足100匹者全检),全部阴性。

6.2.2 市级马鼻疽消灭标准

全市(地、盟、州)所有县(市、区、旗)均达到消灭标准。

6.2.3 省级马鼻疽消灭标准

全省所有市(地、盟、州)均达到消灭标准。

6.2.4 全国马鼻疽消灭标准

全国所有省(市、自治区)均达到消灭标准。

附件

马鼻疽诊断技术及判定标准

1　总则

1.1　为统一马鼻疽(以下简称鼻疽)检疫诊断技术及判定标准,并提高鼻疽诊断技术及判定标准的准确性,特制定鼻疽诊断技术及判定标准(以下简称本标准)。

1.2　对马、驴、骡进行鼻疽检疫时,统一按本标准规定办理。

1.3　本标准以鼻疽菌素点眼反应为主。必要时进行补体结合反应、鼻疽菌素皮下注射反应或眼睑皮内注射反应。

1.4　凡鼻疽临床症状显著的马、骡、驴,确认为开放性鼻疽的,可以不进行检疫。

1.5　各种检疫记录表(见7附件),须保存2年以上。

2　鼻疽菌素点眼操作方法

2.1　器材药品:

2.1.1　鼻疽菌素、硼酸、来苏尔、脱脂棉、纱布、酒精、碘酒、记录表。

2.1.2　点眼器、唇(耳)夹子、煮沸消毒器、镊子、消毒盘、工作服、口罩、线手套。

注意:在所盛鼻疽菌素用完或在点眼过程中被污染(接触结膜异物)的点眼器,必须消毒后再使用。

2.2　点眼前必须两眼对照,详细检查眼结膜和单、双瞎等情况,并记录。眼结膜正常者可进行点眼,点眼后检查颌下淋巴结,体表状况及有无鼻漏等。

2.3　规定间隔5~6日做两回点眼为一次检疫,每回点眼用鼻疽菌素原液3~4滴(0.2~0.3mL),两回点眼必须点于同一眼中,一般应点于左眼,左眼生病可点于右眼,并在记录中说明。

2.4　点眼应在早晨进行,最后第9小时的判定须在白天进行。

2.5　点眼前助手固定马匹,术者左手用食指插入上眼睑窝内使瞬膜露出,用拇指拨开下眼睑构成凹兜,右手持点眼器保持水平方向,手掌下缘支撑额骨眶部,点眼器尖端距凹兜约1cm,拇指按胶皮乳头滴入鼻疽菌素3~4滴。

2.6　点眼后注意系栓。防止风沙侵入、阳光直射眼睛及动物自行摩擦眼部。

2.7　判定反应。在点眼后3、6、9小时,检查3次,尽可能于注射24小时处再检查一次。判定时先由马头正面两眼对照观察,在第6小时要翻眼检查,其余观察必要时须翻眼。细查结膜状况,有无眼眦,并按判定符号记录结果。

2.8　每次检查点眼反应时均应记录判定结果。最后判定以连续两回点眼之中最高一回反应为准。

2.9　鼻疽菌素点眼反应判定标准:

2.9.1　阴性反应:点眼后无反应或结膜轻微充血及流泪,为阴性。记录为“—”。

2.9.2　疑似反应:结膜潮红,轻微肿胀,有灰白色浆液性及黏液性(非脓性)分泌物(眼眦)的,为疑似阳性。记录为“±”。

2.9.3　阳性反应:结膜发炎,肿胀明显,有数量不等脓性分泌物(眼眦)的为阳性。记录为“+”。

3　鼻疽菌素皮下注射(热反应操作方法)

3.1　药品器材

3.1.1 鼻疽菌素原液、来苏尔、酒精、碘酒、脱脂棉、纱布、记录表。

3.1.2 工作服、口罩、线手套、毛刷、毛剪、耳夹子、注射器、针头、体温计、煮沸消毒器、消毒盘、镊子。

3.2 皮下注射前一日做一般临床检查,早午晚分别测量并记录体温,体温正常的方可做皮下注射。

3.3 皮下注射前所测3次体温,其中如有一次超过39℃,或3次体温平均数超过38.5℃,或在前一次皮下注射后尚未经过一个半月以上的,均不得做皮下注射。

3.4 注射部位通常在左颈侧或胸部肩胛前,术部剪毛消毒后注射鼻疽菌素原液1mL。

3.5 牲畜在注射后24小时内不得使役,不得饮冷水。

3.6 注射通常在零点进行。注射后6小时起测温,每隔2小时测一次(即注射后6、8、10、12、14、16、18、20、22、24小时),连续测温10次后,再于36小时测温一次,详细记录并划出体温曲线,同时记录局部肿胀程度,以备判定。局部肿胀以手掌大(横径10cm)为明显反应。

3.7 皮下注射鼻疽菌素的马、驴、骡可发生体温反应及局部或全身反应。

3.7.1 体温反应:鼻疽病畜一般在皮下注射鼻疽菌素后6~8小时体温开始上升,12~16小时体温上升到最高,此后逐渐降低,有的在注射30~36小时后,体温再度轻微上升。

3.7.2 局部反应:注射部位发热,肿胀疼痛,以注射后24~36小时最为显著,直径可达10~20cm,并逐渐消散,有时肿胀可存在2~3天。

3.7.3 全身反应:注射后精神不振,食欲减少,呼吸短促,脉搏加快,步态踉跄、战栗,大小便次数增加,颌下淋巴结肿大。

3.8 鼻疽菌素皮下注射(热反应)判定标准如下:

3.8.1 阴性反应:体温升至摄氏39℃以下并无局部或全身反应。

3.8.2 疑似反应:体温升至39℃(不超过39.6℃),有轻微全身反应及局部反应者,或体温升至40℃以上稽留并无局部反应时,也可认为疑似反应。

3.8.3 阳性反应:体温升至40℃以上稽留及有轻微局部反应,或体温在39℃以上稽留并有显著的局部反应(肿胀横径10cm以上)或有全身反应。

4 鼻疽菌素眼睑皮内注射操作方法

4.1 药品及器材

4.1.1 鼻疽菌素(用前随时稀释,鼻疽菌素1份用0.5%石炭酸生理盐水3份充分混匀)。

4.1.2 1~2mL注射器、针头(用前煮沸消毒)、消毒盘、煮沸消毒器、镊子、耳夹子、工作服、口罩、线手套。

4.1.3 酒精、碘酒、硼酸、来苏尔、纱布、脱脂棉、记录表。

4.2 注射前检查结膜及眼睛是否单、双瞎等情况。注射后检查颌下淋巴结及有无鼻漏,并详细记录检查情况。

4.3 注射部位通常在左下眼睑边缘1~2cm内侧眼角三分之一处皮肤实质内,注射前用硼酸棉消毒注射部位。

4.4 注射前助手保定马匹,术者用食指、拇指捏住下眼睑,右手持注射器,手掌(小指外缘)支撑头部对左手捏起的眼睑皱襞术部斜向刺入下眼睑皮内,注入0.1mL鼻疽菌素,食指感觉注射液推进迟滞,局部呈现小包,即为药液已进入皮内。

4.5 注射一般在早晨。注射后第24、36、48小时分别进行检查。详细记录结果。

4.6 鼻疽菌素眼睑皮内注射反应判定标准:

4.6.1 阴性反应:无反应或下眼睑有极轻微肿胀、流泪的,为阴性反应。记录为"—"。

4.6.2 疑似反应:下眼睑稍肿胀,有轻微疼痛及发热,结膜潮红,无分泌物或仅有浆黏液性分泌物的,为疑似阳性,记录为"±"。

4.6.3 阳性反应:下眼睑肿胀明显,有显著的疼痛及灼热,结膜发炎畏光,有脓性分泌物的,为阳性。记录为"+"。

5 开放性鼻疽临床诊断鉴别要领

5.1 将病畜保定,术者和助手穿工作服(避免白色),带胶皮手套、口罩、风镜及保护面具,先用3%来苏儿水,洗净病畜鼻孔内外后,在病畜前侧面适当位置,术者用手打开鼻孔,助手用反射镜或手电筒照射鼻腔深部,仔细检查黏膜上有无鼻疽特有结节溃疡及星芒状瘢痕及其它异状。检查完毕将服装、器材分别进行消毒(用3%来苏儿水浸1小时或煮沸10分钟),避免交叉感染。

5.2 鼻腔鼻疽临床症状如下:

5.2.1 鼻汁:初在鼻孔一侧(有时两侧)流出浆液性或黏液性鼻汁,逐渐变为不洁灰黄色脓性鼻汁,内混有凝固蛋白样物质,有时混有血丝并带有臭味,呼吸带哮鸣音。

5.2.2 鼻黏膜发生结节及溃疡:在流鼻汁同时或稍迟,鼻腔黏膜尤其是鼻中膈黏膜上出现新旧大小不同灰白色或黄白色的鼻疽结节,结节破溃构成大小不等、深浅不一、边缘隆起的溃疡(结节与溃疡多发生于鼻腔深部黏膜上),已愈者呈扁平如星芒状、冰花状的瘢痕。

5.2.3 颌下淋巴结肿大:急性或慢性鼻疽的经过期颌下淋巴结肿胀,初有痛觉,时间长久,则变硬、触摸无痛感,附着于下颌骨内面不动,有时也呈活动性。

5.3 皮肤鼻疽临床症状如下:

皮肤鼻疽多发于四肢、胸侧及下腹部,在皮肤或皮下组织发生黄豆大小或胡桃、鸡蛋大结节,不久破裂流出黏稠灰黄或红色脓汁(有时带血)形成浅圆形溃疡或向外穿孔呈喷火状溃疡。结节和溃疡附近淋巴结肿大,附近淋巴管粗硬呈念珠状索肿,肿胀周围呈水肿浸润,皮肤肥厚,有时呈蜂窝织炎,橡皮腿,公畜并发睾丸炎。

5.4 开放性鼻疽判定标准:

5.4.1 凡有5.2.1、5.2.2、5.2.3病变的,均为开放性鼻疽。

5.4.2 凡有第5.2.1病状而无5.2.2、5.2.3病状的或有5.2.1、5.2.3项病状而无5.2.2病状的,可用鼻疽菌素点眼,呈阳性反应的为开放性鼻疽。

5.4.3 凡有5.3症状的,即为开放性鼻疽。

5.5 不具备5.4项症状,并有可疑鼻疽临床症状的,判定为可疑开放性鼻疽。

6 鼻疽补体结合反应试验操作办法

6.1 采取被检血清

6.1.1 药品器材:

6.1.1.1 来苏尔、石炭酸、酒精、碘酒、纱布、脱脂棉。

6.1.1.2 灭菌试管、试管架、试管签、送血箱、煮沸消毒器、消毒盘、镊子、毛刷、毛剪、采血针(带胶管、每针采一次后必须清洗煮沸消毒后,再行使用)。

6.1.2 在被检牲畜颈前三分之一处静脉沟部位剪毛消毒,将灭菌采血针刺入颈静脉,使血液沿管壁流入试管内,防止血液滴入产生泡沫,引起溶血现象。

6.1.3 采出的血液,冬季应放置室内防止血清冻结,夏季应放置阴凉之处并迅速送往实验室。如在3昼夜内不能送到,应先将血清倒入另一灭菌试管内,按比例每1mL血清加入1~2滴5%石炭酸生理盐水溶液,以防腐败。运送时使试管保持直立状态,避免振动。

6.2 预备试验(溶血素、补体、抗原等效价测定)

6.2.1 准备下列材料

6.2.1.1 标准血清:鼻疽阴、阳性马血清。

6.2.1.2 鼻疽抗原。

6.2.1.3 溶血素。

6.2.1.4 补体:采取健康豚鼠血清。采血前饥饿7~8小时,于使用前一日晚由心脏采血,如检查材料甚多,需大量补体时,亦可由颈动脉放血,放于培养皿或试管中,待血液凝固后再轻轻划破或剥离血块后移于冰箱,次日清晨分离血清。如当日采血,可直接盛于离心管中,置恒温箱20分钟,将血块搅拌后,在离心器中分出血清亦可。每次补体应由3~4个以上豚鼠血清混合。

6.2.1.5 绵羊红细胞:绵羊颈静脉采血,脱纤防止血液凝固,并离心3次,以清洗红细胞;第一次1500~2000rp/m离心15分钟,吸出上清液加入细胞量3~4倍的生理盐水轻轻混合后做第二次离心,方法同前。使用前将洗涤后的细胞做成2.5%细胞液(即1:40倍溶液)。稀释后的红细胞最多保存一天,但离心后的红细胞在冰箱中可保存3~4日。

6.2.1.6 生理盐水:1000mL蒸馏水中加入8.5g氯化钠,灭菌后使用。

6.2.2 溶血素效价测定,每一月左右测价一次,按下列方法进行(参照表一)。

6.2.2.1 将稀释成1:100~1:5000不同倍数的溶血素血清各0.5mL分别置于试管中。

6.2.2.2 将1:20倍补体及1:40绵羊红细胞各0.5mL分别加入上述试管中。

6.2.2.3 另外制作缺少补体、缺少溶血素的对照管,并补充等量生理盐水。

6.2.2.4 每管分别添加生理盐水1mL,置于摄氏37~38℃水浴箱中15分钟。

6.2.2.5 观察结果:能完全溶血的最少量溶血素,即为溶血素的效价,也称为1单位(对照管均不应溶血),当补体滴定和正式试验时,则应用2单位(或称为工作量)即减少1倍稀释。

表一 溶血素效价测定

溶血素稀释	1:100	1:500	1:1000	1:1500	1:2000	1:2500	1:3000	1:3500	1:4000	1:5000	对照		
溶血素	0.5	0.5	0.5	0.5	0.5	0.5	0.5	0.5	0.5	0.5	-	0.5	-
1:20补体	0.5	0.5	0.5	0.5	0.5	0.5	0.5	0.5	0.5	0.5	0.5	-	-
2.5%红细胞	0.5	0.5	0.5	0.5	0.5	0.5	0.5	0.5	0.5	0.5	0.5	0.5	0.5
生理盐水	1.0	1.0	1.0	1.0	1.0	1.0	1.0	1.0	1.0	1.0	1.5	1.5	2.0

6.2.3 补体效价测定

每次进行补体结合反应试验,应于当日测定补体效价。先用生理盐水,将补体做1:20稀释,然后按表二进行操作。

表二　补体效价测定

单位:mL

管号 / 成分	1	2	3	4	5	6	7	8	9	10	对照管		
											11	12	13
20倍补体	0.10	0.13	0.16	0.19	0.22	0.25	0.28	0.31	0.34	0.37	0.5		
生理盐水	0.40	0.37	0.34	0.31	0.28	0.25	0.22	0.19	0.16	0.13	1.5		
抗原(工作量)(不加抗原管加生理盐水)	0.5	0.5	0.5	0.5	0.5	0.5	0.5	0.5	0.5	0.5	1.5		
10倍稀释阳性血清或10倍稀释阴性血清	0.5	0.5	0.5	0.5	0.5	0.5	0.5	0.5	0.5	0.5	2.0		

振荡均匀后置37～38℃水浴20分钟

二单位溶血素	0.5	0.5	0.5	0.5	0.5	0.5	0.5	0.5	0.5	0.5	/	0.5	
2.5%红细胞悬液	0.5	0.5	0.5	0.5	0.5	0.5	0.5	0.5	0.5	0.5	0.5	0.5	0.5

振荡均匀后置37～38℃水浴20分钟

阳性血清加抗原	#	#	#	#	#	#	#	#	#	+++	#	
阳性血清未加抗原	#	#	#	+++	+	+	—	—	—	—	#	
阴性血清加抗原	#	#	#	+++	++	+	—	—	—	—	#	
阴性血清未加抗原	#	#	#	+++	++	+	—	—	—	—		

补体效价:是指在2单位溶血素存在的情况下,阳性血清加抗原的试管完全不溶血,而在阳性血清未加抗原及阴性血清不论有无抗原的试管发生完全溶血所需最少补体量,就是所测得补体效价,如表二中第7管20×稀释的补体0.28mL即为工作量补体按下列计算,原补体在使用时应稀释的倍数:

$$\frac{\text{补体稀释倍数}}{\text{测得效价}}\times\text{使用时每管加入量}=\text{原补体稀释倍数}$$

上列按公式计算为:20/0.28×0.5=35.7

即此批补体应作1∶35.7倍稀释,每管加0.5mL为一个补体单位。考虑到补体性质极不稳定,在操作过程中效价会降低,故使用浓度比原效价高10%左右。因此,本批补体应作1∶35稀释使用,每管加0.5mL。

6.2.4　抗原效价,最少每半年滴定一次,具体操作方法如下(参照表三):

6.2.4.1　将抗原原液稀释为1∶10至1∶500,各以0.5mL置于试管中,共作成12列。

6.2.4.2　在第1列不同浓度的抗原稀释液中,加入1∶10的阴性马血清0.5mL;在第2列不同浓度的抗原稀释液中,加入生理盐水0.5mL;在第3列到第7列不同浓度的抗原稀释液中,分别加入1∶10、1∶25、1∶50、1∶75及1∶100的强阳性马血清0.5mL。

表三　抗原效价测定

抗原稀释	1:10	1:50	1:75	1:100	1:150	1:200	1:300	1:400	1:500
抗原(mL)	0.5	0.5	0.5	0.5	0.5	0.5	0.5	0.5	0.5
阴(阳性)血清	0.5	0.5	0.5	0.5	0.5	0.5	0.5	0.5	0.5
补体(工作量)	0.5	0.5	0.5	0.5	0.5	0.5	0.5	0.5	0.5

37～38℃水浴箱中20分钟

2.5%红细胞	0.5	0.5	0.5	0.5	0.5	0.5	0.5	0.5	0.5	0.5
溶血素(工作量)	0.5	0.5	0.5	0.5	0.5	0.5	0.5	0.5	0.5	0.5

6.2.4.3　于前述各不同行列试管中,各加入补体(工作量)　0.5mL。

6.2.4.4　置37～38℃水浴箱中20分钟。

6.2.4.5　加温后,各溶液中再加入0.5mL的2.5%红细胞及2单位溶血素后,再置37～38℃水浴箱中20分钟。

6.2.4.6　选择在不同程度的阳性血清中,产生最明显的抑制溶血现象的,在阴性血清及无血清之抗原对照中则产生完全溶血现象的抗原最大稀释量为抗原的工作量。

抗原效价测定结果观察举例

抗原稀释		1:10	1:50	1:70	1:100	1:150	1:200	1:300	1:400	1:500
血清稀释	1:10	#	#	#	#	#	#	+++	+++	++
	1:25	#	#	#	#	#	#	+++	+++	+
	1:50	+++	#	#	#	#	+++	++	++	-
	1:75	+++	++	+++	+++	+++	++	+	+	-
	1:100	++	++	+++	+++	+++	+	-	-	-

根据以上举例的结果,抗原的效价为1:150的稀释量。

6.3　正式试验

6.3.1　在6.2.1至6.2.4的预备试验基础上,进行正式试验(参照表四)

6.3.1.1　排列试管加入1:10稀释被检血清,总量为0.5mL,此管准备加抗原。另一管总量为1mL,不加抗原作为对照。

6.3.1.2　马血清在58～59℃加温30分钟,骡、驴血清在摄氏36～64℃加温30分钟。

6.3.1.3　加入鼻疽抗原(工作量)0.5mL。

6.3.1.4　加入补体(工作量)0.5mL。

6.3.1.5　加温后各试管中再加入2.5%红细胞稀释液0.5mL及2单位溶血素0.5mL。

6.3.1.6　再置37～38℃水浴箱中20分钟。

6.3.2　为证实上述操作过程中是否正确,应同时设置对照试验。

6.3.2.1 健康马血清

6.3.2.2 阳性马血清

6.3.2.3 抗原(工作量)

6.3.2.4 溶血素(工作量)

表四 正式试验

正式试验			对照					
			阴性血清		阳性血清		抗原	溶血素
生理盐水	0.45	0.9	0.45	0.9	0.45	0.9	-	1.0
被检血清	0.05	0.1	0.05	0.1	0.05	0.1	-	-
58～59(或63～64)℃水浴箱中30分钟								
抗原(工作量)	0.5	—	0.5	—	0.5	—	1.0	—
补体(工作量)	0.5	0.5	0.5	0.5	0.5	0.5	0.5	0.5
37～38℃水浴箱中20分钟								
2.5%红细胞	0.5	0.5	0.5	0.5	0.5	0.5	0.5	0.5
溶血素(工作量)	0.5	0.5	0.5	0.5	0.5	0.5	0.5	0.5
37～38℃水浴箱中20分钟								
判定(举例)	#	-	-	-	#	-	-	-

6.3.3 加温完毕后，立即做第一次观察。阳性血清对照管须完全抑制溶血，其它对照管完全溶血，证明试验正确。静置室温12小时后，再做第二次观察，详细记录两次观察结果。

6.3.4 为正确判定反应结果，按下述办法制成标准比色管，以判定溶血程度(参照表五)。

6.3.4.1 置2.5%红细胞稀释液0.5、0.45～0.05(其参数为0.05)mL，于不同试管中，另一管不加。

6.3.4.2 选择6.3.1试验中完全溶血者数管混合(其参数为0.25)，按下表份量顺次加入前项各不同量的红细胞稀释液中。

6.3.4.3 再补充生理盐水(即2.0、1.8～0.2mL等)，使每管之总量为2.5mL。

表五

溶血程度(%)	0	10	20	30	40	50	60	70	80	90	100
2.5%红细胞	0.5	0.45	0.4	0.35	0.3	0.25	0.2	0.15	0.1	0.05	0
溶血素	0	0.25	0.5	0.75	1.0	1.25	1.5	1.75	2.0	2.25	2.5
生理盐水	2.0	1.8	1.6	1.4	1.2	1.0	0.8	0.6	0.4	0.2	0
总量	2.5	2.5	2.5	2.5	2.5	2.5	2.5	2.5	2.5	2.5	2.5

6.3.5 判定标准：

6.3.5.1 阳性反应

红细胞溶血0%～10%者为#；

红细胞溶血10%～40%者为+++；

红细胞溶血40%～50%者为++；

6.3.5.2 疑似反应

红细胞溶血50%～70%者为+；

红细胞溶血70%～90%者为±；

6.3.5.3 阴性反应

红细胞溶血90%～100%者为－。

7 附表

鼻疽菌素点眼检疫记录表

年 月 日

编号	畜别	性别	年龄	特征	第一次点眼反应						第二次点眼反应						综合判定
					临床检查	3	6	9	24	判定	临床检查	3	6	9	24	判定	

兽医： （签名）

鼻疽菌素反应性畜送血检血记录表

年 月 日

编号	畜别	临床症状	鼻疽菌素反应结果	采血日期	血管号码	补体结合反应			备注
						收血日期	检验日期	结果	

兽医： （签名）

五、布鲁氏菌病防治技术规范

布鲁氏菌病(Brucellosis,也称布氏杆菌病,以下简称布病)是由布鲁氏菌属细菌引起的人兽共患的常见传染病。我国将其列为二类动物疫病。

为了预防、控制和净化布病,依据《中华人民共和国动物防疫法》及有关的法律法规,制定本规范。

1 适用范围

本规范规定了动物布病的诊断、疫情报告、疫情处理、防治措施、控制和净化标准。

本规范适用于中华人民共和国境内一切从事饲养、经营动物和生产、经营动物产品,以及从事动物防疫活动的单位和个人。

2 诊断

2.1 流行特点

多种动物和人对布鲁氏菌易感。

布鲁氏菌属的6个种和主要易感动物见下表:

种	主要易感动物
羊种布鲁氏菌(Brucella melitensis)	羊、牛
牛种布鲁氏菌(Brucella abortus)	牛、羊
猪种布鲁氏菌(Brucella suis)	猪
绵羊附睾种布鲁氏菌(Brucella ovis)	绵羊
犬种布鲁氏菌(Brucella canis)	犬
沙林鼠种布鲁氏菌(Brucella neotomae)	沙林鼠

布鲁氏菌是一种细胞内寄生的病原菌,主要侵害动物的淋巴系统和生殖系统。病畜主要通过流产物、精液和乳汁排菌,污染环境。

羊、牛、猪的易感性最强。母畜比公畜,成年畜比幼年畜发病多。在母畜中,第一次妊娠母畜发病较多。带菌动物,尤其是病畜的流产胎儿、胎衣是主要传染源。消化道、呼吸道、生殖道是主要的感染途径,也可通过损伤的皮肤、黏膜等感染。常呈地方性流行。

人主要通过皮肤、黏膜、消化道和呼吸道感染,尤其以感染羊种布鲁氏菌、牛种布鲁氏菌最为严重。猪种布鲁氏菌感染人较少见,犬种布鲁氏菌感染人罕见,绵羊附睾种布鲁氏菌、沙林鼠种布鲁氏菌基本不感染人。

2.2 临床症状

潜伏期一般为14~180天。

最显著症状是怀孕母畜发生流产,流产后可能发生胎衣滞留和子宫内膜炎,从阴道流出污秽不洁、恶臭的分泌物。新发病的畜群流产较多;老疫区畜群发生流产的较少,但发生子宫内膜炎、乳房炎、关节炎、胎衣滞留、久配不孕的较多。公畜往往发生睾丸炎、附睾炎或关节炎。

2.3 病理变化

主要病变为生殖器官的炎性坏死,脾、淋巴结、肝、肾等器官形成特征性肉芽肿(布病结节)。有的可见关节炎。胎儿主要呈败血症病变,浆膜和黏膜有出血点和出血斑,皮下结缔组织发生浆液性、出血性炎症。

2.4 实验室诊断

2.4.1 病原学诊断

2.4.1.1 显微镜检查

采集流产胎衣、绒毛膜水肿液、肝、脾、淋巴结、胎儿胃内容物等组织，制成抹片，用柯兹罗夫斯基染色法染色，镜检，布鲁氏菌为红色球杆状小杆菌，而其它菌为蓝色。

2.4.1.2 分离培养

新鲜病料可用胰蛋白眎琼脂面或血液琼脂斜面、肝汤琼脂斜面、3%甘油0.5%葡萄糖肝汤琼脂斜面等培养基培养；若为陈旧病料或污染病料，可用选择性培养基培养。培养时，一份在普通条件下，另一份放于含有5~10%二氧化碳的环境中，37℃培养7~10天。然后进行菌落特征检查和单价特异性抗血清凝集试验。为使防治措施有更好的针对性，还需做种型鉴定。

如病料被污染或含菌极少时，可将病料用生理盐水稀释5~10倍，健康豚鼠腹腔内注射0.1~0.3mL/只。如果病料腐败时，可接种于豚鼠的股内侧皮下。接种后4~8周，将豚鼠扑杀，从肝、脾分离培养布鲁氏菌。

2.4.2 血清学诊断

2.4.2.1 虎红平板凝集试验(RBPT)(见GB/T 18646)

2.4.2.2 全乳环状试验(MRT)(见GB/T 18646)

2.4.2.3 试管凝集试验(SAT)(见GB/T 18646)

2.4.2.4 补体结合试验(CFT)(见GB/T 18646)

2.5 结果判定

县级以上动物防疫监督机构负责布病诊断结果的判定。

2.5.1 具有2.1、2.2和2.3时，判定为疑似疫情。

2.5.2 符合2.5.1，且2.4.1.1或2.4.1.2阳性时，判定为患病动物。

2.5.3 未免疫动物的结果判定如下：

2.5.3.1 2.4.2.1或2.4.2.2阳性时，判定为疑似患病动物。

2.5.3.2 2.4.1.2或2.4.2.3或2.4.2.4阳性时，判定为患病动物。

2.5.3.3 符合2.5.3.1但2.4.2.3或2.4.2.4阴性时，30天后应重新采样检测，2.4.2.1或2.4.2.3或2.4.2.4阳性的判定为患病动物。

3 疫情报告

3.1 任何单位和个人发现疑似疫情，应当及时向当地动物防疫监督机构报告。

3.2 动物防疫监督机构接到疫情报告并确认后，按《动物疫情报告管理办法》及有关规定及时上报。

4 疫情处理

4.1 发现疑似疫情，畜主应限制动物移动；对疑似患病动物应立即隔离。

4.2 动物防疫监督机构要及时派员到现场进行调查核实，开展实验室诊断。确诊后，当地人民政府组织有关部门按下列要求处理：

4.2.1 扑杀

对患病动物全部扑杀。

4.2.2 隔离

对受威胁的畜群(病畜的同群畜)实施隔离，可采用圈养和固定草场放牧两种方式隔离。

隔离饲养用草场，不要靠近交通要道，居民点或人畜密集的地区。场地周围最好有自然屏障或人工栅栏。

4.2.3 无害化处理

患病动物及其流产胎儿、胎衣、排泄物、乳、乳制品等按照GB16548-1996《畜禽病害肉尸及其产品无害化处理规程》进行无害化处理。

4.2.4 流行病学调查及检测

开展流行病学调查和疫源追踪;对同群动物进行检测。

4.2.5 消毒

对患病动物污染的场所、用具、物品严格进行消毒。

饲养场的金属设施、设备可采取火焰、熏蒸等方式消毒;养畜场的圈舍、场地、车辆等,可选用2%烧碱等有效消毒药消毒;饲养场的饲料、垫料等,可采取深埋发酵处理或焚烧处理;粪便消毒采取堆积密封发酵方式。皮毛消毒用环氧乙烷、福尔马林熏蒸等。

4.2.6 发生重大布病疫情时,当地县级以上人民政府应按照《重大动物疫情应急条例》有关规定,采取相应的扑灭措施。

5 预防和控制

非疫区以监测为主;稳定控制区以监测净化为主;控制区和疫区实行监测、扑杀和免疫相结合的综合防治措施。

5.1 免疫接种

5.1.1 范围 疫情呈地方性流行的区域,应采取免疫接种的方法。

5.1.2 对象 免疫接种范围内的牛、羊、猪、鹿等易感动物。根据当地疫情,确定免疫对象。

5.1.3 疫苗选择 布病疫苗S2株(以下简称S2疫苗)、M5株(以下简称M5疫苗)、S19株(以下简称S19疫苗)以及经农业部批准生产的其它疫苗。

5.2 监测

5.2.1 监测对象和方法

监测对象:牛、羊、猪、鹿等动物。

监测方法:采用流行病学调查、血清学诊断方法,结合病原学诊断进行监测。

5.2.2 监测范围、数量

免疫地区:对新生动物、未免疫动物、免疫一年半或口服免疫一年以后的动物进行监测(猪可在口服免疫半年后进行)。监测至少每年进行一次,牧区县抽检300头(只)以上,农区和半农半牧区抽检200头(只)以上。

非免疫地区:监测至少每年进行一次。达到控制标准的牧区县抽检1000头(只)以上,农区和半农半牧区抽检500头(只)以上;达到稳定控制标准的牧区县抽检500头(只)以上,农区和半农半牧区抽检200头(只)以上。

所有的奶牛、奶山羊和种畜每年应进行两次血清学监测。

5.2.3 监测时间

对成年动物监测时,猪、羊在5月龄以上,牛在8月龄以上,怀孕动物则在第1胎产后半个月至1个月间进行;对S2、M5、S19疫苗免疫接种过的动物,在接种后18个月(猪接种后6个月)进行。

5.2.4 监测结果的处理

按要求使用和填写监测结果报告,并及时上报。

判断为患病动物时,按第4项规定处理。

5.3 检疫

异地调运的动物,必须来自于非疫区,凭当地动物防疫监督机构出具的检疫合格证明调运。

动物防疫监督机构应对调运的种用、乳用、役用动物进行实验室检测。检测合格后,方可出具检疫合格证明。调入后应隔离饲养30天,经当地动物防疫监督机构检疫合格后,方可解除隔离。

5.4 人员防护

饲养人员每年要定期进行健康检查。发现患有布病的应调离岗位，及时治疗。

5.5 防疫监督

布病监测合格应为奶牛场、种畜场《动物防疫合格证》发放或审验的必备条件。动物防疫监督机构要对辖区内奶牛场、种畜场的检疫净化情况监督检查。

鲜奶收购点（站）必须凭奶牛健康证明收购鲜奶。

6 控制和净化标准

6.1 控制标准

6.1.1 县级控制标准

连续2年以上具备以下3项条件：

6.1.1.1 对未免疫或免疫18个月后的动物，牧区抽检3000份血清以上，农区和半农半牧区抽检1000份血清以上，用试管凝集试验或补体结合试验进行检测。

试管凝集试验阳性率：羊、鹿0.5%以下，牛1%以下，猪2%以下。

补体结合试验阳性率：各种动物阳性率均在0.5%以下。

6.1.1.2 抽检羊、牛、猪流产物样品共200份以上（流产物数量不足时，补检正常产胎盘、乳汁、阴道分泌物或屠宰畜脾脏），检不出布鲁氏菌。

6.1.1.3 患病动物均已扑杀，并进行无害化处理。

6.1.2 市级控制标准

全市所有县均达到控制标准。

6.1.3 省级控制标准

全省所有市均达到控制标准。

6.2 稳定控制标准

6.2.1 县级稳定控制标准

按控制标准的要求的方法和数量进行，连续3年以上具备以下3项条件：

6.2.1.1 羊血清学检查阳性率在0.1%以下、猪在0.3%以下；牛、鹿0.2%以下。

6.2.1.2 抽检羊、牛、猪等动物样品材料检不出布鲁氏菌。

6.2.1.3 患病动物全部扑杀，并进行了无害化处理。

6.2.2 市级稳定控制标准

全市所有县均达到稳定控制标准。

6.2.3 省级稳定控制标准

全省所有市均达到稳定控制标准。

6.3 净化标准

6.3.1 县级净化标准

按控制标准要求的方法和数量进行，连续2年以上具备以下2项条件：

6.3.1.1 达到稳定控制标准后，全县范围内连续两年无布病疫情。

6.3.1.2 用试管凝集试验或补体结合试验进行检测，全部阴性。

6.3.2 市级净化标准

全市所有县均达到净化标准。

6.3.3 省级净化标准

全省所有市均达到净化标准。

6.3.4 全国净化标准

全国所有省（市、自治区）均达到净化标准。

六、牛结核病防治技术规范

牛结核病(Bovine Tuberculosis)是由牛型结核分枝杆菌(Mycobacterium bovis)引起的一种人兽共患的慢性传染病,我国将其列为二类动物疫病。

为了预防、控制和净化牛结核病,根据《中华人民共和国动物防疫法》及有关的法律法规,特制定本规范。

1 适用范围

本规范规定了牛结核病的诊断、疫情报告、疫情处理、防治措施、控制和净化标准。

本规范适用于中华人民共和国境内从事饲养、生产、经营牛及其产品,以及从事相关动物防疫活动的单位和个人。

2 诊断

2.1 流行特点

本病奶牛最易感,其次为水牛、黄牛、牦牛。人也可被感染。结核病病牛是本病的主要传染源。牛型结核分枝杆菌随鼻汁、痰液、粪便和乳汁等排出体外,健康牛可通过被污染的空气、饲料、饮水等经呼吸道、消化道等途径感染。

2.2 临床特征

潜伏期一般为3~6周,有的可长达数月或数年。

临床通常呈慢性经过,以肺结核、乳房结核和肠结核最为常见。

肺结核:以长期顽固性干咳为特征,且以清晨最为明显。患畜容易疲劳,逐渐消瘦,病情严重者可见呼吸困难。

乳房结核:一般先是乳房淋巴结肿大,继而后方乳腺区发生局限性或弥漫性硬结,硬结无热无痛,表面凹凸不平。泌乳量下降,乳汁变稀,严重时乳腺萎缩,泌乳停止。

肠结核:消瘦,持续下痢与便秘交替出现,粪便常带血或脓汁。

2.3 病理变化

在肺脏、乳房和胃肠粘膜等处形成特异性白色或黄白色结节。结节大小不一,切面干酪样坏死或钙化,有时坏死组织溶解和软化,排出后形成空洞。胸膜和肺膜可发生密集的结核结节,形如珍珠状。

2.4 实验室诊断

2.4.1 病原学诊断

采集病牛的病灶、痰、尿、粪便、乳及其他分泌物样品,作抹片或集菌处理(见附件)后抹片,用抗酸染色法染色镜检,并进行病原分离培养和动物接种等试验。

2.4.2 免疫学试验

牛型结核分枝杆菌PPD(提纯蛋白衍生物)皮内变态反应试验(即牛提纯结核菌素皮内变态反应试验)(见GB/T 18646)。

2.5 结果判定

本病依据流行病学特点、临床特征、病理变化可做出初步诊断。确诊需进一步做病原学诊断或免疫学诊断。

2.5.1 分离出结核分枝杆菌(包括牛结核分枝杆菌、结核分枝杆菌)判为结核病牛。

2.5.2 牛型结核分枝杆菌PPD皮内变态反应试验阳性的牛，判为结核病牛。

3 疫情报告

3.1 任何单位和个人发现疑似病牛，应当及时向当地动物防疫监督机构报告。

3.2 动物防疫监督机构接到疫情报告并确认后，按《动物疫情报告管理办法》及有关规定及时上报。

4 疫情处理

4.1 发现疑似疫情，畜主应限制动物移动；对疑似患病动物应立即隔离。

4.2 动物防疫监督机构要及时派员到现场进行调查核实，开展实验室诊断。确诊后，当地人民政府组织有关部门按下列要求处理：

4.2.1 扑杀

对患病动物全部扑杀。

4.2.2 隔离

对受威胁的畜群（病畜的同群畜）实施隔离，可采用圈养和固定草场放牧两种方式隔离。

隔离饲养用草场，不要靠近交通要道，居民点或人畜密集的地区。场地周围最好有自然屏障或人工栅栏。

对隔离畜群的结核病净化，按本规范5.5规定进行。

4.2.3 无害化处理

病死和扑杀的病畜，要按照GB16548-1996《畜禽病害肉尸及其产品无害化处理规程》进行无害化处理。

4.2.4 流行病学调查及检测

开展流行病学调查和疫源追踪；对同群动物进行检测。

4.2.5 消毒

对病畜和阳性畜污染的场所、用具、物品进行严格消毒。

饲养场的金属设施、设备可采取火焰、熏蒸等方式消毒；养畜场的圈舍、场地、车辆等，可选用2%烧碱等有效消毒药消毒；饲养场的饲料、垫料可采取深埋发酵处理或焚烧处理；粪便采取堆积密封发酵方式，以及其他相应的有效消毒方式。

4.2.6 发生重大牛结核病疫情时，当地县级以上人民政府应按照《重大动物疫情应急条例》有关规定，采取相应的疫情扑灭措施。

5 预防与控制

采取以“监测、检疫、扑杀和消毒”相结合的综合性防治措施。

5.1 监测

监测对象：牛

监测比例为：种牛、奶牛100%，规模场肉牛10%，其他牛5%，疑似病牛100%。如在牛结核病净化群中（包括犊牛群）检出阳性牛时，应及时扑杀阳性牛，其他牛按假定健康群处理。

成年牛净化群每年春秋两季用牛型结核分枝杆菌PPD皮内变态反应试验各进行一次监测。初生犊牛，应于20日龄时进行第一次监测。并按规定使用和填写监测结果报告，及时上报。

5.2 检疫

异地调运的动物，必须来自非疫区，凭当地动物防疫监督机构出具的检疫合格证明调运。

动物防疫监督机构应对调运的种用、乳用、役用动物进行实验室检测。检测合格后，方可出具检疫合格证明。调入后应隔离饲养30天，经当地动物防疫监督机构检疫合格后，方可解除隔离。

5.3 人员防护

饲养人员每年要定期进行健康检查。发现患有结核病的应调离岗位,及时治疗。

5.4 防疫监督

结核病监测合格应为奶牛场、种畜场《动物防疫合格证》发放或审验的必备条件。动物防疫监督机构要对辖区内奶牛场、种畜场的检疫净化情况监督检查。

鲜奶收购点(站)必须凭奶牛健康证明收购鲜奶。

5.5 净化措施

被确诊为结核病牛的牛群(场)为牛结核病污染群(场),应全部实施牛结核病净化。

5.5.1 牛结核病净化群(场)的建立

5.5.1.1 污染牛群的处理:应用牛型结核分枝杆菌PPD皮内变态反应试验对该牛群进行反复监测,每次间隔3个月,发现阳性牛及时扑杀,并按照本规范4规定处理。

5.5.1.2 犊牛应于20日龄时进行第一次监测,100~120日龄时,进行第二次监测。凡连续两次以上监测结果均为阴性者,可认为是牛结核病净化群。

5.5.1.3 凡牛型结核分枝杆菌PPD皮内变态反应试验疑似反应者,于42天后进行复检,复检结果为阳性,则按阳性牛处理; 若仍呈疑似反应则间隔42天再复检一次,结果仍为可疑反应者,视同阳性牛处理。

5.5.2 隔离

疑似结核病牛或牛型结核分枝杆菌PPD皮内变态反应试验可疑畜须隔离复检。

5.5.3 消毒

5.5.3.1 临时消毒:奶牛群中检出并剔出结核病牛后,牛舍、用具及运动场所等按照4.2.5规定进行紧急处理。

5.5.3.2 经常性消毒:饲养场及牛舍出入口处,应设置消毒池,内置有效消毒剂,如3~5%来苏尔溶液或20%石灰乳等。消毒药要定期更换,以保证一定的药效。牛舍内的一切用具应定期消毒;产房每周进行一次大消毒,分娩室在临产牛生产前及分娩后各进行一次消毒。

附件

样品集菌方法

痰液或乳汁等样品，由于含菌量较少，如直接涂片镜检往往是阴性结果。此外，在培养或作动物试验时，常因污染杂菌生长较快，使病原结核分枝杆菌被抑制。下列几种消化浓缩方法可使检验标本中蛋白质溶解、杀灭污染杂菌，而结核分枝杆菌因有蜡质外膜而不死亡，并得到浓缩。

1 硫酸消化法

用4-6%硫酸溶液将痰、尿、粪或病灶组织等按1:5之比例加入混合，然后置37℃作用1-2小时，经3000-4000rpm离心30分钟，弃上清，取沉淀物涂片镜检、培养和接种动物。也可用硫酸消化浓缩后，在沉淀物中加入3%氢氧化钠中和，然后抹片镜检、培养和接种动物。

2 氢氧化钠消化法

取氢氧化钠35-40g，钾明矾2g，溴麝香草酚蓝20mg（预先用60%酒精配制成0.4%浓度，应用时按比例加入），蒸馏水1000mL混合，即为氢氧化钠消化液。

将被检的痰、尿、粪便或病灶组织按1:5的比例加入氢氧化钠消化液中，混匀后，37℃作用2-3小时，然后无菌滴加5~10%盐酸溶液进行中和，使标本的pH调到6.8左右（此时显淡黄绿色），以3000-4000rpm离心15~20分钟，弃上清，取沉淀物涂片镜检、培养和接种动物。

在病料中加入等量的4%氢氧化钠溶液，充分振摇5-10分钟，然后用3000rpm离心15-20分钟，弃上清，加1滴酚红指示剂于沉淀物中，用2N盐酸中和至淡红色，然后取沉淀物涂片镜检、培养和接种动物。

在痰液或小脓块中加入等量的1%氢氧化钠溶液，充分振摇15分钟，然后用3000rpm离心30分钟，取沉淀物涂片镜检、培养和接种动物。

对痰液的消化浓缩也可采用以下较温和的处理方法：取1N（或4%）氢氧化钠水溶液50mL，0.1mol/L柠檬酸钠50mL，N-乙酰-L-半胱氨酸0.5g，混合。取痰一份，加上述溶液2份，作用24-48小时，以3000rpm离心15分钟，取沉淀物涂片镜检、培养和接种动物。

3 安替福民（Antiformin）沉淀浓缩法

溶液A：碳酸钠12g、漂白粉8g、蒸馏水80mL。

溶液B：氢氧化钠15g、蒸馏水85mL。

应用时A、B两液等量混合，再用蒸馏水稀释成15-20%后使用，该溶液须存放于棕色瓶内。

将被检样品置于试管中，加入3-4倍量的15-20%安替福民溶液，充分摇匀后37℃作用1小时，加1-2倍量的灭菌蒸馏水，摇匀，3000-4000rpm离心20-30分钟，弃上清沉淀物加蒸馏水恢复原量后再离心一次，取沉淀物涂片镜检、培养和接种动物。

七、猪伪狂犬病防治技术规范

猪伪狂犬病(Pseudorabies,Pr),是由疱疹病毒科猪疱疹病毒I型伪狂犬病毒引起的传染病。我国将其列为二类动物疫病。

为了预防、控制猪伪狂犬病,依据《中华人民共和国动物防疫法》和其他有关法律法规,制定本规范。

1　适用范围

本规范规定了猪伪狂犬病的诊断、监测、疫情报告、疫情处理、预防与控制。

本规范适用于中华人民共和国境内从事饲养、加工、经营猪及其产品,以及从事相关动物防疫活动的单位和个人。

2　诊断

2.1　流行特点

本病各种家畜和野生动物(除无尾猿外)均可感染,猪、牛、羊、犬、猫等易感。本病寒冷季节多发。病猪是主要传染源,隐性感染猪和康复猪可以长期带毒。病毒在猪群中主要通过空气传播,经呼吸道和消化道感染,也可经胎盘感染胎儿。

2.2　临床特征

潜伏期一般为3~6天。

母猪感染伪狂犬病病毒后常发生流产、产死胎、弱仔、木乃伊胎等症状。青年母猪和空怀母猪常出现返情而屡配不孕或不发情;公猪常出现睾丸肿胀、萎缩、性功能下降、失去种用能力;新生仔猪大量死亡,15日龄内死亡率可达100%;断奶仔猪发病20%~30%,死亡率为10%~20%。育肥猪表现为呼吸道症状和增重滞缓。

2.3　病理变化

大体剖检特征不明显,剖检脑膜瘀血、出血。病理组织学呈现非化脓性脑炎变化。

2.4　实验室诊断

2.4.1　病原学诊断

2.4.1.1　病毒分离鉴定(见GB/T　18641—2002)

2.4.1.2　聚合酶链式反应诊断(见GB/T 18641—2002)

2.4.1.3　动物接种:采取病猪扁桃体、嗅球、脑桥和肺脏,用生理盐水或PBS液(磷酸盐缓冲液)制成10%悬液,反复冻融3次后离心取上清液接种于家兔皮下或者小鼠脑内,(用于接种的家兔和小白鼠必须事先用ELISA检测伪狂犬病病毒抗体阴性者才能使用)家兔经2~5天或者小鼠经2~10天发病死亡,死亡前注射部位出现奇痒和四肢麻痹。家兔发病时先用舌舔接种部位,以后用力撕咬接种部位,使接种部位被撕咬伤、鲜红、出血,持续4~6小时,病兔衰竭,痉挛,呼吸困难而死亡。小鼠不如家兔敏感,但明显表现兴奋不安,神经症状,奇痒和四肢麻痹而死亡。

2.4.2　血清学诊断

2.4.2.1　微量病毒中和试验(见GB/T 18641-2002)

2.4.2.2　鉴别ELISA(见GB/T 18641-2002)

2.5　结果判定

根据本病的流行特点、临床特征和病理变化可作出初步诊断,确诊需进一步做病原分离鉴定及血清学试验。

2.5.1 符合2.4.1.1或2.4.1.2或2.4.2.1或2.4.2.2阳性的,判定为病猪。

2.5.2 2.4.2.2 可疑结果的,按2.4.1之一或2.4.2.1所规定的方法进行确诊,阳性的判定为病猪。

3 疫情报告

3.1 任何单位和个人发现患有本病或者怀疑本病的动物,都应当及时向当地动物防疫监督机构报告。

3.2 当地动物防疫监督机构接到疫情报告并确认后,按《动物疫情报告管理办法》及有关规定及时上报。

4 疫情处理

4.1 发现疑似疫情,畜主应立即限制动物移动,并对疑似患病动物进行隔离。

4.2 当地动物防疫监督机构要及时派员到现场进行调查核实,开展实验室诊断。确诊后,当地人民政府组织有关部门按下列要求处理:

4.2.1 扑杀

对病猪全部扑杀。

4.2.2 隔离

对受威胁的猪群(病猪的同群猪)实施隔离。

4.2.3 无害化处理

患病猪及其产品按照GB16548-1996《畜禽病害肉尸及其产品无害化处理规程》进行无害化处理。

4.2.4 流行病学调查及检测

开展流行病学调查和疫源追踪;对同群猪进行检测。

4.2.5 紧急免疫接种

对同群猪进行紧急免疫接种。

4.2.6 消毒

对病猪污染的场所、用具、物品严格进行消毒。

4.2.7 发生重大猪伪狂犬病疫情时,当地县级以上人民政府应按照《重大动物疫情应急条例》有关规定,采取相应的疫情扑灭措施。

5 预防与控制

5.1 免疫接种

对猪用猪伪狂犬病疫苗,按农业部推荐的免疫程序进行免疫。

5.2 监测

对猪场定期进行监测。监测方法采用鉴别ELISA诊断技术,种猪场每年监测2次,监测时种公猪(含后备种公猪)应100%、种母猪(含后备种母猪)按20%的比例抽检;商品猪不定期进行抽检;对有流产、产死胎、产木乃伊胎等症状的种母猪100%进行检测。

5.3 引种检疫

对出场(厂、户)种猪由当地动物防疫监督机构进行检疫,伪狂犬病病毒感染抗体监测为阴性的猪,方出具检疫合格证明,准予出场(厂、户)。

种猪进场后,须隔离饲养30天后,经实验室检查确认为猪伪狂犬病病毒感染阴性的,方可混群。

5.4 净化

5.4.1 对种猪场实施猪伪狂犬病净化,净化方案见附件 。

5.4.2　种猪场净化标准

必须符合以下两个条件：

5.4.2.1　种猪场停止注苗后(或没有注苗)连续两年无临床病例。

5.4.2.2　种猪场连续两年随机抽血样检测伪狂犬病毒抗体或野毒感染抗体监测，全部阴性。

附件

种猪场猪伪狂犬病净化方案

一、轻度污染场的净化

猪场不使用疫苗免疫接种，采取血清学普查，如果发现血清学阳性，进行确诊，扑杀患病猪。

二、中度污染场的净化

(一)采取免疫净化措施。免疫程序按每4个月注射一次。对猪只每年进行两次病原学抽样监测，结果为阳性者按病畜淘汰。

(二)经免疫的种猪所生仔猪，留作种用的在100日龄时作一次血清学检查，免疫前抗体阴性者留作种用，阳性者淘汰。

(三)后备种猪在配种前后1个月各免疫接种一次，以后按种猪的免疫程序进行免疫。同时每6个月抽血样作一次血清学鉴别检查，如发现野毒感染猪只及时淘汰处理。

(四)引进的猪只隔离饲养7天以上，经检疫合格(血清学检测为阴性)后方可与本场猪混群饲养。每半年作一次血清学检查。对于检测出的野毒感染阳性猪实施淘汰。

三、重度污染场的净化

(一)暂停向外供应种猪。

(二)免疫程序按每4个月免疫接种一次。每次免疫接种后对猪只抽样进行免疫抗体监测，对免疫抗体水平不达标者，立即补免。持续两年。

(三)在上述措施的基础上，按轻度感染场净化方案操作处理。

四、综合措施

(一)猪场要对猪舍及周边环境定期消毒。

(二)禁止在猪场内饲养其他动物。

(三)在猪场内实施灭鼠措施。

八、猪瘟防治技术规范

猪瘟(Classical swine fever, CSF)是由黄病毒科瘟病毒属猪瘟病毒引起的一种高度接触性、出血性和致死性传染病。世界动物卫生组织(OIE)将其列为必须报告的动物疫病,我国将其列为一类动物疫病。

为及时、有效地预防、控制和扑灭猪瘟,依据《中华人民共和国动物防疫法》、《重大动物疫情应急条例》和《国家突发重大动物疫情应急预案》及有关的法律法规,制定本规范。

1 适用范围

本规范规定了猪瘟的诊断、疫情报告、疫情处置、疫情监测、预防措施、控制和消灭标准。

本规范适用于中华人民共和国境内一切从事猪(含驯养的野猪)的饲养、经营及其产品生产、经营,以及从事动物防疫活动的单位和个人。

2 诊断

依据本病流行病学特点、临床症状、病理变化可作出初步诊断,确诊需做病原分离与鉴定。

2.1 流行特点

猪是本病唯一的自然宿主,发病猪和带毒猪是本病的传染源,不同年龄、性别、品种的猪均易感。一年四季均可发生。感染猪在发病前即能通过分泌物和排泄物排毒,并持续整个病程。与感染猪直接接触是本病传播的主要方式,病毒也可通过精液、胚胎、猪肉和泔水等传播,人、其他动物如鼠类和昆虫、器具等均可成为重要传播媒介。感染和带毒母猪在怀孕期可通过胎盘将病毒传播给胎儿,导致新生仔猪发病或产生免疫耐受。

2.2 临床症状

2.2.1 本规范规定本病潜伏期为3-10天,隐性感染可长期带毒。

根据临床症状可将本病分为急性、亚急性、慢性和隐性感染四种类型。

2.2.2 典型症状

2.2.2.1 发病急、死亡率高;

2.2.2.2 体温通常升至41℃以上、厌食、畏寒;

2.2.2.3 先便秘后腹泻,或便秘和腹泻交替出现;

2.2.2.4 腹部皮下、鼻镜、耳尖、四肢内侧均可出现紫色出血斑点,指压不褪色,眼结膜和口腔黏膜可见出血点。

2.3 病理变化

2.3.1 淋巴结水肿、出血,呈现大理石样变;

2.3.2 肾脏呈土黄色,表面可见针尖状出血点;

2.3.3 全身浆膜、黏膜和心脏、膀胱、胆囊、扁桃体均可见出血点和出血斑,脾脏边缘出现梗死灶;

2.3.4 脾不肿大,边缘有暗紫色突出表面的出血性梗死;

2.3.5 慢性猪瘟在回肠末端、盲肠和结肠常见“纽扣状”溃疡。

2.4 实验室诊断

实验室病原学诊断必须在相应级别的生物安全实验室进行。

2.4.1 病原分离与鉴定

2.4.1.1 病原分离、鉴定可用细胞培养法(见附件1);

2.4.1.2 病原鉴定也可采用猪瘟荧光抗体染色法,细胞浆出现特异性的荧光(见附件2);

2.4.1.3 兔体交互免疫试验(附件3);

2.4.1.4 猪瘟病毒反转录聚合酶链式反应(RT-PCR):主要用于临床诊断与病原监测(见附件4)。

2.4.1.5 猪瘟抗原双抗体夹心ELISA检测法:主要用于临床诊断与病原监测(见附件5)。

2.4.2 血清学检测

2.4.2.1 猪瘟病毒抗体阻断ELISA检测法(见附件6);

2.4.2.2 猪瘟荧光抗体病毒中和试验(见附件7):

2.4.2.3 猪瘟中和试验方法(见附件8)。

2.5 结果判定

2.5.1 疑似猪瘟

符合猪瘟流行病学特点、临床症状和病理变化。

2.5.2 确诊

非免疫猪符合结果判定2.5.1,且符合血清学诊断2.4.2.1、2.4.2.2、2.4.2.3之一,或符合病原学诊断2.4.1.1、2.4.1.2、2.4.1.3、2.4.1.4、2.4.1.5之一的;

免疫猪符合结果2.5.1,且符合病原学诊断2.4.1.1、2.4.1.2、2.4.1.3、2.4.1.4、2.4.1.5之一的。

3 疫情报告

3.1 任何单位和个人发现患有本病或疑似本病的猪,都应当立即向当地动物防疫监督机构报告。

3.2 当地动物防疫监督机构接到报告后,按国家动物疫情报告管理的有关规定执行。

4 疫情处理

根据流行病学、临床症状、剖检病变,结合血清学检测做出的临床诊断结果可作为疫情处理的依据。

4.1 当地县级以上动物防疫监督机构接到可疑猪瘟疫情报告后,应及时派员到现场诊断,根据流行病学调查、临床症状和病理变化等初步诊断为疑似猪瘟时,应立即对病猪及同群猪采取隔离、消毒、限制移动等临时性措施。同时采集病料送省级动物防疫监督机构实验室确诊,必要时将样品送国家猪瘟参考实验室确诊。

4.2 确诊为猪瘟后,当地县级以上人民政府兽医主管部门应当立即划定疫点、疫区、受威胁区,并采取相应措施;同时,及时报请同级人民政府对疫区实行封锁,逐级上报至国务院兽医主管部门,并通报毗邻地区。国务院兽医行政管理部门根据确诊结果,确认猪瘟疫情。

4.2.1 划定疫点、疫区和受威胁区

疫点:为病猪和带毒猪所在的地点。一般指病猪或带毒猪所在的猪场、屠宰厂或经营单位,如为农村散养,应将自然村划为疫点。

疫区:是指疫点边缘外延3公里范围内区域。疫区划分时,应注意考虑当地的饲养环境和天然屏障(如河流、山脉等)等因素。

受威胁区:是指疫区外延5公里范围内的区域。

4.2.2 封锁

由县级以上兽医行政管理部门向本级人民政府提出启动重大动物疫情应急指挥系统、应急预案和对疫区实行封锁的建议,有关人民政府应当立即做出决定。

4.2.3 对疫点、疫区、受威胁区采取的措施疫点：扑杀所有的病猪和带毒猪，并对所有病死猪、被扑杀猪及其产品按照GB16548规定进行无害化处理；对排泄物、被污染或可能污染饲料和垫料、污水等均需进行无害化处理；对被污染的物品、交通工具、用具、猪舍、场地进行严格彻底消毒（见附件9）；限制人员出入，严禁车辆进出，严禁猪只及其产品及可能污染的物品运出。

疫区：对疫区进行封锁，在疫区周围设置警示标志，在出入疫区的交通路口设置动物检疫消毒站（临时动物防疫监督检查站），对出入的人员和车辆进行消毒；对易感猪只实施紧急强制免疫，确保达到免疫保护水平；停止疫区内猪及其产品的交易活动，禁止易感猪只及其产品运出；对猪只排泄物、被污染饲料、垫料、污水等按国家规定标准进行无害化处理；对被污染的物品、交通工具、用具、猪舍、场地进行严格彻底消毒。

受威胁区：对易感猪只（未免或免疫未达到免疫保护水平）实施紧急强制免疫，确保达到免疫保护水平；对猪只实行疫情监测和免疫效果监测。

4.2.4　紧急监测

对疫区、受威胁区内的猪群必须进行临床检查和病原学监测。

4.2.5　疫源分析与追踪调查

根据流行病学调查结果，分析疫源及其可能扩散、流行的情况。对可能存在的传染源，以及在疫情潜伏期和发病期间售出的猪只及其产品、可疑污染物（包括粪便、垫料、饲料等）等应当立即开展追踪调查，一经查明立即按照GB16548规定进行无害化处理。

4.2.6　封锁令的解除

疫点内所有病死猪、被扑杀的猪按规定进行处理，疫区内没有新的病例发生，彻底消毒10天后，经当地动物防疫监督机构审验合格，当地兽医主管部门提出申请，由原封锁令发布机关解除封锁。

4.2.7　疫情处理记录

对处理疫情的全过程必须做好详细的记录（包括文字、图片和影像等），并归档。

5　预防与控制

以免疫为主，采取“扑杀和免疫相结合”的综合性防治措施。

5.1　饲养管理与环境控制

饲养、生产、经营等场所必须符合《动物防疫条件审核管理办法》（农业部[2002]15号令）规定的动物防疫条件，并加强种猪调运检疫管理。

5.2　消毒

各饲养场、屠宰厂（场）、动物防疫监督检查站等要建立严格的卫生（消毒）管理制度，做好杀虫、灭鼠工作（见附件9）。

5.3　免疫和净化

5.3.1　免疫

国家对猪瘟实行全面免疫政策。

预防免疫按农业部制定的免疫方案规定的免疫程序进行。

所用疫苗必须是经国务院兽医主管部门批准使用的猪瘟疫苗。

5.3.2　净化

对种猪场和规模养殖场的种猪定期采样进行病原学检测，对检测阳性猪及时进行扑杀和无害化处理，以逐步净化猪瘟。

5.4　监测和预警

5.4.1　监测方法

非免疫区域:以流行病学调查、血清学监测为主,结合病原鉴定。

免疫区域:以病原监测为主,结合流行病学调查、血清学监测。

5.4.2 监测范围、数量和时间

对于各类种猪场每年要逐头监测两次;商品猪场每年监测两次,抽查比例不低于0.1%,最低不少于20头;散养猪不定期抽查。或按照农业部年度监测计划执行。

5.4.3 监测报告

监测结果要及时汇总,由省级动物防疫监督机构定期上报中国动物疫病预防控制中心。

5.4.4 预警

各级动物防疫监督机构对监测结果及相关信息进行风险分析,做好预警预报。

5.5 消毒

饲养场、屠宰厂(场)、交易市场、运输工具等要建立并实施严格的消毒制度。

5.6 检疫

5.6.1 产地检疫

生猪在离开饲养地之前,养殖场/户必须向当地动物防疫监督机构报检。动物防疫监督机构接到报检后必须及时派员到场/户实施检疫。检疫合格后,出具合格证明;对运载工具进行消毒,出具消毒证明,对检疫不合格的按照有关规定处理。

5.6.2 屠宰检疫

动物防疫监督机构的检疫人员对生猪进行验证查物,合格后方可入厂/场屠宰。检疫合格并加盖(封)检疫标志后方可出厂/场,不合格的按有关规定处理。

5.6.3 种猪异地调运检疫

跨省调运种猪时,应先到调入地省级动物防疫监督机构办理检疫审批手续,调出地进行检疫,检疫合格方可调运。到达后须隔离饲养10天以上,由当地动物防疫监督机构检疫合格后方可投入使用。

6 控制和消灭标准

6.1 免疫无猪瘟区

6.1.1 该区域首先要达到国家无规定疫病区基本条件。

6.1.2 有定期、快速的动物疫情报告记录。

6.1.3 该区域在过去3年内未发生过猪瘟。

6.1.4 该区域和缓冲带实施强制免疫,免疫密度100%,所用疫苗必须符合国家兽医主管部门规定。

6.1.5 该区域和缓冲带须具有运行有效的监测体系,过去2年内实施疫病和免疫效果监测,未检出病原,免疫效果确实。

6.1.6 所有的报告,免疫、监测记录等有关材料翔实、准确、齐全。

若免疫无猪瘟区内发生猪瘟时,最后一例病猪扑杀后12个月,经实施有效的疫情监测,确认后方可重新申请免疫无猪瘟区。

6.2 非免疫无猪瘟区

6.2.1 该区域首先要达到国家无规定疫病区基本条件。

6.2.2 有定期、快速的动物疫情报告记录。

6.2.3 在过去2年内没有发生过猪瘟,并且在过去12个月内,没有进行过免疫接种;另外,该地区在停止免疫接种后,没有引进免疫接种过的猪。

6.2.4　在该区具有有效的监测体系和监测区，过去2年内实施疫病监测，未检出病原。

6.2.5　所有的报告、监测记录等有关材料翔实、准确、齐全。

若非免疫无猪瘟区发生猪瘟后，在采取扑杀措施及血清学监测的情况下，最后一例病猪扑杀后6个月；或在采取扑杀措施、血清学监测及紧急免疫的情况下，最后一例免疫猪被屠宰后6个月，经实施有效的疫情监测和血清学检测确认后，方可重新申请非免疫无猪瘟区。

附件1

病毒分离鉴定

采用细胞培养法分离病毒是诊断猪瘟的一种灵敏方法。通常使用对猪瘟病毒敏感的细胞系如PK-15细胞等，加入2%扁桃体、肾脏、脾脏或淋巴结等待检组织悬液于培养液中。37℃培养48～72小时后用荧光抗体染色法检测细胞培养物中的猪瘟病毒。

步骤如下：

1. 制备抗生素浓缩液（青霉素10000IU/mL、链霉素10000IU/mL、卡那霉素和制霉菌素5000IU/mL），小瓶分装，-20℃保存。用时融化。

2. 取1～2g待检病料组织放入灭菌研钵中，剪刀剪碎，加入少量无菌生理盐水，将其研磨匀浆；再加入Hank'S平衡盐溶液或细胞培养液，制成20%（w/v）组织悬液；最后按1/10的比例加入抗生素浓缩液，混匀后室温作用1小时；以1000g离心15分钟，取上清液备用。

3. 用胰酶消化处于对数生长期的PK-15细胞单层，将所得细胞悬液以1000g离心10分钟，再用一定量EMEM生长液[含5%胎牛血清（无BVDV抗体），56℃灭活30分钟]、0.3%谷氨酰胺、青霉素100I U/mL、链霉素100I U/mL）悬浮，使细胞浓度为2×10^6/mL。

4. 9份细胞悬液与1份上清液混合，接种6～8支含细胞玻片的莱顿氏管（leighton's）（或其他适宜的细胞培养瓶），每管0.2mL；同时设3支莱顿氏管接种细胞悬液作阴性对照；另设3支莱顿氏管接种猪瘟病毒作阳性对照。

5. 经培养24、48、72小时，分别取2管组织上清培养物及1管阴性对照培养物、1管阳性对照培养物，取出细胞玻片，以磷酸缓冲盐水（PBS液，pH7.2，0.01M）或生理盐水洗涤2次，每次5分钟，用冷丙酮（分析纯）固定10分钟，晾干，采用猪瘟病毒荧光抗体染色法进行检测（见附件2）。

6. 根据细胞玻片猪瘟荧光抗体染色强度，判定病毒在细胞中的增殖情况，若荧光较弱或为阴性，应按步骤4将组织上清细胞培养物进行病毒盲传。

临床发病猪或疑似病猪的全血样是猪瘟早期诊断样品。接种细胞时操作程序如下：取-20℃冻存全血样品置37℃水浴融化；向24孔板每孔加300μl血样以覆盖对数生长期的PK-15单层细胞；37℃吸附2小时。弃去接种液，用细胞培养液洗涤细胞二次，然后加入EMEM维持液，37℃培养24至48小时后，采用猪瘟病毒荧光抗体染色法检测（见附件2）。

附件2

猪瘟荧光抗体染色法

荧光抗体染色法快速、特异，可用于检测扁桃体等组织样品以及细胞培养中的病毒抗原。操作程序如下：

1 样品的采集和选择

1.1 活体采样：利用扁桃体采样器(鼻捻子、开口器和采样枪)。采样器使用前均须用3%氢氧化钠溶液消毒后经清水冲洗。首先固定活猪的上唇，用开口器打开口腔，用采样枪采取扁桃体样品，用灭菌牙签挑至灭菌离心管并作标记。

1.2 其他样品：剖检时采取的病死猪脏器，如扁桃体、肾脏、脾脏、淋巴结、肝脏和肺等，或病毒分离时待检的细胞玻片。

1.3 样品采集、包装与运输按农业部相关要求执行。

2 检测方法与判定

2.1 方法：将上述组织制成冰冻切片，或待检的细胞培养片(见附件1)，将液体吸干后经冷丙酮固定5～10分钟，晾干。滴加猪瘟荧光抗体覆盖于切片或细胞片表面，置湿盒中37℃作用30分钟。然后用PBS液洗涤，自然干燥。用碳酸缓冲甘油(pH9.0～9.5，0.5 M)封片，置荧光显微镜下观察。必要时设立抑制试验染色片，以鉴定荧光的特异性。

2.2 判定：在荧光显微镜下，见切片或细胞培养物(细胞盖片)中有胞浆荧光，并由抑制试验证明为特异的荧光，判猪瘟阳性；无荧光判为阴性。

2.3 荧光抑制试验：将两组猪瘟病毒感染猪的扁桃体冰冻切片，分别滴加猪瘟高免血清和健康猪血清(猪瘟中和抗体阴性)，在湿盒中37℃作用30分钟，用生理盐水或PBS(pH7.2)漂洗2次，然后进行荧光抗体染色。经用猪瘟高免血清处理的扁桃体切片，隐窝上皮细胞不应出现荧光，或荧光显著减弱；而用阴性血清处理的切片，隐窝上皮细胞仍出现明亮的黄绿色荧光。

附件3

兔体交互免疫试验

本方法用于检测疑似猪瘟病料中的猪瘟病毒。

1 试验动物

家兔 1.5～2kg、体温波动不大的大耳白兔，并在试验前1天测基础体温。

2 试验操作方法

将病猪的淋巴结和脾脏，磨碎后用生理盐水作1:10稀释，对3只健康家兔作肌肉注射，5mL/只，另设3只不注射病料的对照兔，间隔5天对所有家兔静脉注射1:20的猪瘟兔化病毒(淋巴脾脏毒)，1mL/只，24h后，每隔6小时测体温一次，连续测96小时，对照组2/3出现定型热或轻型热，试验成立。

3 兔体交互免疫试验结果判定

接种病料后体温反应	接种猪瘟兔化弱毒后体温反应	结果判定
-	-	含猪瘟病毒
-	+	不含猪瘟病毒
+	-	含猪瘟兔化病毒
+	+	含非猪瘟病毒热原性物质

注:"+"表示多于或等于三分之二的动物有反应。

附件4

猪瘟病毒反转录聚合酶链式反应(RT-PCR)

RT-PCR方法通过检测病毒核酸而确定病毒存在,是一种特异、敏感、快速的方法。在RT-PCR扩增的特定基因片段的基础上,进行基因序列测定,将获得的基因信息与我国猪瘟分子流行病学数据库进行比较分析,可进一步鉴定流行毒株的基因型,从而追踪流行毒株的传播来源或预测预报新的流行毒株。

1 材料与样品准备

1.1 材料准备:本试验所用试剂需用无RNA酶污染的容器分装;各种离心管和带滤芯吸头需无RNA酶污染;剪刀、镊子和研钵器须经干烤灭菌。

1.2 样品制备:按1:5(W/V)比例,取待检组织和PBS液于研钵中充分研磨,4℃,1000 g离心15分钟,取上清液转入无RNA酶污染的离心管中,备用;全血采用脱纤抗凝备用;细胞培养物冻融3次备用;其他样品酌情处理。制备的样品在2℃~8℃保存不应超过24小时,长期保存应小分装后置-70℃以下,避免反复冻融。

2 RNA提取

2.1 取1.5mL离心管,每管加入800μL RNA提取液(通用Trizol)和被检样品200μL,充分混匀,静置5分钟。同时设阳性和阴性对照管,每份样品换一个吸头。

2.2 加入200μL氯仿,充分混匀,静置5分钟,4℃、12000 g离心15分钟。

2.3 取上清约500μL(注意不要吸出中间层)移至新离心管中,加等量异丙醇,颠倒混匀,室温静置10分钟,4℃、12000 g离心10分钟。

2.4 小心弃上清,倒置于吸水纸上,沾干液体;加入1000μL 75%乙醇,颠倒洗涤,4℃、12000g离心10分钟。

2.5 小心弃上清,倒置于吸水纸上,沾干液体;4000 g离心10分钟,将管壁上残余液体甩到管底部,小心吸干上清,吸头不要碰到有沉淀的一面,每份样品换一个吸头,室温干燥。

2.6 加入10μL DEPC水和10U RNasin,轻轻混匀,溶解管壁上的RNA,4000 g离心10分钟,尽快进行试验。长期保存应置-70℃以下。

3 cDNA合成

取200μL PCR专用管，连同阳性对照管和阴性对照管，每管加10μL RNA和50 pM下游引物P2（5'-CACAG(CT)CC(AG)AA(TC)CC(AG)AAGTCATC-3'），按反转录试剂盒说明书进行。

4 PCR

4.1 取200μLPCR专用管，连同阳性对照管和阴性对照管，每管加上述10μL cDNA和适量水，95℃预变性5分钟。

4.2 每管加入10倍稀释缓冲液5μL，上游引物P1(5'-TC(GA)(AT)CAACCAA(TC)GAGA-TAGGG-3')和下游引物P2各50pM，10 mol/L dNTP 2μL，Taq酶2.5U，补水至50μL。

4.3 置PCR仪，循环条件为95℃50sec，58℃ 60sec，72℃35sec，共40个循环，72℃延伸5分钟。

5 结果判定

取RT-PCR产物5μL，于1%琼脂糖凝胶中电泳，凝胶中含0.5μL/mL溴化乙锭，电泳缓冲液为0.5×TBE，80V 30分钟，电泳完后于长波紫外灯下观察拍照。阳性对照管和样品检测管出现251nt的特异条带判为阳性；阴性管和样品检测管未出现特异条带判为阴性。

附件5

猪瘟抗原双抗体夹心ELISA检测方法

本方法通过形成的多克隆抗体-样品-单克隆抗体夹心，并采用辣根过氧化物酶标记物检测，对外周血白细胞、全血、细胞培养物以及组织样本中的猪瘟病毒抗原进行检测的一种双抗体夹心ELISA方法。具体如下：

1 试剂盒组成

1.1 多克隆羊抗血清包被板条	8孔×12条(96孔)
1.2 CSFV阳性对照，含有防腐剂	1.5mL
1.3 CSFV阴性对照，含有防腐剂	1.5mL
1.4 100倍浓缩辣根过氧化物酶标记物(100×)	
辣根过氧化物酶标记抗鼠IgG，含防腐剂	200uL
1.5 10倍浓缩样品稀释液(10×)	55mL
1.6 底物液，TMB/H_2O_2溶液	12mL
1.7 终止液，1M HCl(小心，强酸)	12mL
1.8 10倍浓缩洗涤液(10×)	125mL
1.9 CSFV单克隆抗体，含防腐剂	4mL
1.10 酶标抗体稀释液	15mL

2 样品制备

注意：制备好的样品或组织可以在2℃～7℃保存7天，或-20℃冷冻保存6个月以上。但这些样品在应用前应该再次以1500g离心10分钟或10000g离心2～5分钟。

2.1 外周血白细胞

2.1.1 取10mL肝素或EDTA抗凝血样品，1500g离心15～20分钟。

2.1.2 再用移液器小心吸出血沉棕黄层,加入500uL样品稀释液(1×),在旋涡振荡器上混匀,室温下放置1小时,期间不时旋涡混合。然后直接进行步骤2.1.6操作。

2.1.3 假如样品的棕黄层压积细胞体积非常少,那么就用整个细胞团(包括红细胞)。将细胞加进10mL的离心管,并加入5mL预冷(2℃~7℃,下同)的0.17M NH_4Cl。混匀,静置10分钟。

2.1.4 用冷(2℃~7℃)超纯水或双蒸水加满离心管,轻轻上下颠倒混匀,1500g离心5分钟。

2.1.5 弃去上清,向细胞团中加入500uL样品稀释液(1×),用洁净的吸头悬起细胞,在旋涡振荡器上混匀,室温放置1小时。期间不时旋涡混合。

2.1.6 1500g离心5分钟,取上清液按操作步骤进行检测。

注意:处理好的样品可以在2℃~7℃保存7天,或-20℃冷冻保存6个月以上。但这些样品在使用前必须再次离心。

2.2 外周血白细胞(简化方法)

2.2.1 取0.5mL~2mL肝素或EDTA抗凝血与等体积冷0.17 M NH_4Cl加入离心管混合。室温放置10分钟。

2.2.2 1500g离心10分钟(或10000g离心2~3分钟),弃上清。

2.2.3 用冷(2~7℃)超纯水或双蒸水加满离心管,轻轻上下颠倒混匀,1500g离心5分钟。

2.2.4 弃去上清,向细胞团加入500ul样本稀释液(1×)。旋涡振荡充分混匀,室温放置1小时。期间不时旋涡混匀。取75ul按照"操作步骤"进行检测。

2.3 全血(肝素或EDTA抗凝)

2.3.1 取25uL 10倍浓缩样品稀释液(10×)和475uL全血加入微量离心管,在旋涡振荡器上混匀。

2.3.2 室温下孵育1小时,期间不时旋涡混合。此样品可以直接按照"操作步骤"进行检测。

或:直接将75uL全血加入酶标板孔中,再加入10uL 5倍浓缩样品稀释液(5×)。晃动酶标板/板条,使样品混合均匀。再按照"操作步骤"进行检测。

2.4 细胞培养物

2.4.1 移去细胞培养液,收集培养瓶中的细胞加入离心管中。

2.4.2 2500g离心5分钟,弃上清。

2.4.3 向细胞团中加入500uL样品稀释液(1×)。旋涡振荡充分混匀,室温孵育1小时。期间不时旋涡混合。取此样品75uL按照"操作步骤"进行检测。

2.5 组织

最好用新鲜的组织。如果有必要,组织可以在处理前于2℃~7℃冷藏保存1个月。每只动物检测1~2种组织,最好选取扁桃体、脾、肠、肠系膜淋巴结或肺。

2.5.1 取1~2g组织用剪刀剪成小碎块(2~5mm大小)。

2.5.2 将组织碎块加入10mL离心管,加入5mL样品稀释液(1×),旋涡振荡混匀,室温下孵育1~21小时,期间不时旋涡混合。

2.5.3 1500g离心5分钟,取75uL上清液按照"操作步骤"进行检测。

3 操作步骤

注意:所有试剂在使用前应该恢复至室温18℃~22℃;使用前试剂应在室温条件下至少放置1小时。

3.1 每孔加入25uLCSFV特异性单克隆抗体。此步骤可以用多道加样器操作。

3.2 在相应孔中分别加入75uL阳性对照、阴性对照,各加2孔。注意更换吸头。

3.3 在其余孔中分别加入75uL制备好的样品，注意更换吸头。轻轻拍打酶标板，使样品混合均匀。

3.4 置湿盒中或用胶条密封后室温(18℃～22℃)孵育过夜。也可以孵育4个小时，但是这样会降低检测灵敏度。

3.5 甩掉孔中液体，用洗涤液(1×)洗涤5次，每次洗涤都要将孔中的所有液体倒空，用力拍打酶标板，以使所有液体拍出。或者，每孔加入洗涤液250～300uL用自动洗板机洗涤5次。注意:洗涤酶标板要仔细。

3.6 每孔加入100uL稀释好的辣根过氧化物酶标记物，在湿盒或密封后置室温孵育1小时。

3.7 重复操作步骤3.5；每孔加入100uL底物液，在暗处室温孵育10分钟。第1孔加入底物液开始计时。

3.8 每孔加入100uL终止液终止反应。加入终止液的顺序与上述加入底物液的顺序一致。

3.9 在酶标仪上测量样品与对照孔在450nm处的吸光值，或测量在450nm和620nm双波长的吸光值(空气调零)。

3.10 计算每个样品和阳性对照孔的矫正OD值的平均值(参见“计算方法”)。

4 计算方法

首先计算样品和对照孔的OD平均值，在判定结果之前，所有样品和阳性对照孔的OD平均值必须进行矫正，矫正的OD值等于样本或阳性对照值减去阴性对照值。

矫正OD值=样本OD值—阴性对照OD值

5 试验有效性判定

阳性对照OD平均值应该大于0.500，阴性对照OD平均值应小于阳性对照平均值的20%，试验结果方能有效。否则，应仔细检查实验操作并进行重测。如果阴性对照的OD值始终很高，将阴性对照在微量离心机中10000g离心3～5分钟，重新检测。

6 结果判定

被检样品的矫正OD值大于或等于0.300，则为阳性；

被检样品的矫正OD值小于0.200，则为阴性；

被检样品的矫正OD值大于0.200，小于0.300，则为可疑。

附件6

猪瘟病毒抗体阻断ELISA检测方法

本方法是用于检测猪血清或血浆中猪瘟病毒抗体的一种阻断ELISA方法，通过待测抗体和单克隆抗体与猪瘟病毒抗原的竞争结合，采用辣根过氧化物酶与底物的显色程度来进行判定。

1 操作步骤

在使用时，所有的试剂盒组分都必须恢复到室温18℃～25℃。使用前应将各组分放置于室温至少1小时。

1.1 分别将50uL样品稀释液加入每个检测孔和对照孔中。

1.2 分别将50uL的阳性对照和阴性对照加入相应的对照孔中，注意不同对照的吸头要更换，以防污染。

1.3 分别将50uL的被检样品加入剩下的检测孔中，注意不同检样的吸头要分开，以防污染。

1.4 轻弹微量反应板或用振荡器振荡，使反应板中的溶液混匀。

1.5 将微量反应板用封条封闭置于湿箱中(18℃～25℃)孵育2小时，也可以将微量反应板用封条置于湿箱中孵育过夜。

1.6 吸出反应孔中的液体，并用稀释好的洗涤液洗涤3次，注意每次洗涤时都要将洗涤液加满反应孔。

1.7 分别将100uL的抗CSFV酶标二抗(即取即用)加入反应孔中，用封条封闭反应板并于室温下或湿箱中孵育30分钟。

1.8 洗板(见1.6)后，分别将100uL的底物溶液加入反应孔中，于避光、室温条件下放置10分钟。加完第一孔后即可计时。

1.9 在每个反应孔中加入100uL终止液终止反应。注意要按加酶标二抗的顺序加终止液。

1.10 在450nm处测定样本以及对照的吸光值，也可用双波长(450nm和620nm)测定样本以及对照的吸光度值，空气调零。

1.11 计算样本和对照的平均吸光度值。计算方法如下：

计算被检样本的平均值OD_{450}($=OD_{TEST}$)、阳性对照的平均值($=OD_{POS}$)、阴性对照的平均值($=OD_{NEG}$)。

根据以下公式计算被检样本和阳性对照的阻断率；

$$阻断率=\frac{OD_{NEG}-OD_{TEST}}{OD_{NEG}}\times100\%$$

2 试验有效性

阴性对照的平均OD_{450}应大于0.50。阳性对照的阻断率应大于50%。

3 结果判定

如果被检样本的阻断率大于或等于40%，该样本被判定为阳性(有CSFV抗体存在)。如果被检样本的阻断率小于或等于30%，该样本被判定为阴性(无CSFV抗体存在)。如果被检样本阻断率在30%～40%，应在数日后再对该动物进行重测。

附件7

荧光抗体病毒中和试验

本方法是国际贸易指定的猪瘟抗体检测方法。该试验是采用固定病毒稀释血清的方法。测定的结果表示待检血清中抗体的中和效价。具体操作如下：

将浓度为2×10^5细胞/mL的PK-15细胞悬液接种到带有细胞玻片的5cm平皿或莱顿氏管(leighton's)，也可接种到平底微量培养板中；

1.细胞培养箱中37℃培养至汇合率为70%～80%的细胞单层(1～2天)；

2.将待检血清56℃灭活30分钟，用无血清EMEM培养液作2倍系列稀释；

3.将稀释的待检血清与含200TCID50/0.1mL的猪瘟病毒悬液等体积混合，置37℃孵育1～2小时；

4.用无血清EMEM培养液漂洗细胞单层。然后，加入血清病毒混合物，每个稀释度加2个莱顿氏管或培养板上的2个孔，37℃孵育1小时；

5.吸出反应物，加入EMEM维持液[含2%胎牛血清（无BVDV抗体），56℃灭活30分钟]、0.3%谷氨酰胺、青霉素100IU/mL、链霉素100IU/mL），37℃继续培养48～72小时；最终用荧光抗体染色法进行检测（见附件2）。

6.根据特异荧光的有无来计算中和效价。

（中和效价值达到多少表示抗体阳性或抗体达到保护）

附件8

猪瘟中和试验方法

本试验采用固定抗原稀释血清的方法，利用家兔来检测猪体的抗体。

1 操作程序

1.1 先测定猪瘟兔化弱毒（抗原）对家兔的最小感染量。试验时，将抗原用生理盐水稀释，使每1mL含有100个兔的最小感染量，为工作抗原（如抗原对兔的最小感染量为10~5/mL，则将抗原稀释成1000倍使用）。

1.2 将被检猪血清分别用生理盐水作2倍稀释，与含有100个兔的最小感染量工作抗原等量混合，摇匀后，置10℃～15℃中和2小时，其间振摇2～3次。同时设含有相同工作抗原量加等量生理盐水（不加血清）的对照组，与被检组在同样条件下处理。

1.3 中和完毕，被检组各注射家兔1～2只，对照组注射家兔2只，每只耳静脉注射1mL，观察体温反应，并判定结果。

2 结果判定

2.1 当对照组2只家兔均呈定型热反应（++），或1只兔呈定型热反应（++），另一只兔呈轻热反应时，方能判定结果。被检组如用1只家兔，须呈定型热反应；如用2只家兔，每只家兔应呈定型热反应或轻热反应，被检血清判为阴性。

2.2 兔体体温反应标准如下：

2.2.1 热反应（+）：潜伏期24～72小时，体温上升呈明显曲线，超过常温1℃以上，稽留12～36小时。

2.2.2 可疑反应（±）：潜伏期不到24小时或72小时以上，体温曲线起伏不定，稽留不到12小时或超过36小时而不下降。

2.2.3 无反应（－）：体温正常。

附件9

消 毒

1 药品种类

消毒药品必须选用对猪瘟病毒有效的，如烧碱、醛类、氧化剂类、氯制剂类、双季铵盐类等。

2 消毒范围

猪舍地面及内外墙壁，舍外环境，饲养、饮水等用具，运输等设施设备以及其他一切可能被污染的场所和设施设备。

3 消毒前的准备

3.1 消毒前必须清除有机物、污物、粪便、饲料、垫料等；

3.2 消毒药品必须选用对猪瘟病毒有效的；

3.3 备有喷雾器、火焰喷射枪、消毒车辆、消毒防护用具(如口罩、手套、防护靴等)、消毒容器等。

4 消毒方法

4.1 金属设施设备的消毒，可采取火焰、熏蒸等方式消毒；

4.2 猪舍、场地、车辆等，可采用消毒液清洗、喷洒等方式消毒；

4.3 养猪场的饲料、垫料等，可采取堆积发酵或焚烧等方式处理；

4.4 粪便等可采取堆积密封发酵或焚烧等方式处理；

4.5 饲养、管理等人员可采取淋浴消毒；

4.6 衣、帽、鞋等可能被污染的物品，可采取消毒液浸泡、高压灭菌等方式消毒；

4.7 疫区范围内办公、饲养人员的宿舍、公共食堂等场所，可采用喷洒的方式消毒；

4.8 屠宰加工、贮藏等场所以及区域内池塘等水域的消毒可采取相应的方式进行，避免造成污染。

九、新城疫防治技术规范

新城疫（Newcastle Disease，ND），是由副粘病毒科副粘病毒亚科腮腺炎病毒属的禽副粘病毒Ⅰ型引起的高度接触性禽类烈性传染病。世界动物卫生组织（OIE）将其列为必须报告的动物疫病，我国将其列为一类动物疫病。

为预防、控制和扑灭新城疫，依据《中华人民共和国动物防疫法》《重大动物疫情应急条例》《国家突发重大动物疫情应急预案》及有关的法律法规，制定本规范。

1　适用范围

本规范规定了新城疫的诊断、疫情报告、疫情处理、预防措施、控制和消灭标准。

本规范适用于中华人民共和国境内的一切从事禽类饲养、经营和禽类产品生产、经营，以及从事动物防疫活动的单位和个人。

2　诊断

依据本病流行病学特点、临床症状、病理变化、实验室检验等可做出诊断，必要时由国家指定实验室进行毒力鉴定。

2.1　流行特点

鸡、火鸡、鹌鹑、鸽子、鸭、鹅等多种家禽及野禽均易感，各种日龄的禽类均可感染。非免疫易感禽群感染时，发病率、死亡率可高达90%以上；免疫效果不好的禽群感染时症状不典型，发病率、死亡率较低。

本病传播途径主要是消化道和呼吸道。传染源主要为感染禽及其粪便和口、鼻、眼的分泌物。被污染的水、饲料、器械、器具和带毒的野生飞禽、昆虫及有关人员等均可成为主要的传播媒介。

2.2　临床症状

2.2.1　本规范规定本病的潜伏期为21天。

临床症状差异较大，严重程度主要取决于感染毒株的毒力、免疫状态、感染途径、品种、日龄、其他病原混合感染情况及环境因素等。根据病毒感染禽所表现临床症状的不同，可将新城疫病毒分为5种致病型：

嗜内脏速发型（Viscerotropic velogenic）：以消化道出血性病变为主要特征，死亡率高；

嗜神经速发型（Neurogenic velogenic）：以呼吸道和神经症状为主要特征，死亡率高；

中发型（Mesogenic）：以呼吸道和神经症状为主要特征，死亡率低；

缓发型（Lentogenic or respiratory）：以轻度或亚临床性呼吸道感染为主要特征；

无症状肠道型（Asymptomatic enteric）：以亚临床性肠道感染为主要特征。

2.2.2　典型症状

2.2.2.1　发病急、死亡率高；

2.2.2.2　体温升高、极度精神沉郁、呼吸困难、食欲下降；

2.2.2.3　粪便稀薄，呈黄绿色或黄白色；

2.2.2.4　发病后期可出现各种神经症状，多表现为扭颈、翅膀麻痹等。

2.2.2.5　在免疫禽群表现为产蛋下降。

2.3　病理学诊断

2.3.1 剖检病变

2.3.1.1 全身黏膜和浆膜出血，以呼吸道和消化道最为严重；

2.3.1.2 腺胃黏膜水肿，乳头和乳头间有出血点；

2.3.1.3 盲肠扁桃体肿大、出血、坏死；

2.3.1.4 十二指肠和直肠黏膜出血，有的可见纤维素性坏死病变；

2.3.1.5 脑膜充血和出血；鼻道、喉、气管黏膜充血，偶有出血，肺可见淤血和水肿。

2.3.2 组织学病变

2.3.2.1 多种脏器的血管充血、出血，消化道黏膜血管充血、出血，喉气管、支气管黏膜纤毛脱落，血管充血、出血，有大量淋巴细胞浸润；

2.3.2.2 中枢神经系统可见非化脓性脑炎，神经元变性，血管周围有淋巴细胞和胶质细胞浸润形成的血管套。

2.4 实验室诊断

实验室病原学诊断必须在相应级别的生物安全实验室进行。

2.4.1 病原学诊断

病毒分离与鉴定（见GB 16550、附件1）

2.4.1.1 鸡胚死亡时间（MDT）低于90h；

2.4.1.2 采用脑内接种致病指数测定（ICPI），ICPI达到0.7以上者；

2.4.1.3 F蛋白裂解位点序列测定试验，分离毒株F1蛋白N末端117位为苯丙酸氨酸（F），F2蛋白C末端有多个碱性氨基酸的；

2.4.1.4 静脉接种致病指数测定（IVPI）试验，IVPI值为2.0以上的。

2.4.2 血清学诊断

微量红细胞凝集抑制试验（HI）（参见GB 16550）。

2.5 结果判定

2.5.1 疑似新城疫

符合2.1和临床症状2.2.2.1，且至少有临床症状2.2.2.2、2.2.2.3、2.2.2.4、2.2.2.5或/和剖检病变2.3.1.1、2.3.1.2、2.3.1.3、 2.3.1.4、2.3.1.5或/和组织学病变2.3.2.1、2.3.2.2之一的，且能排除高致病性禽流感和中毒性疾病的。

2.5.2 确诊

非免疫禽符合结果判定2.5.1，且符合血清学诊断2.4.2的；或符合病原学诊断2.4.1.1、2.4.1.2、2.4.1.3、2.4.1.4之一的；

免疫禽符合结果2.5.1，且符合病原学诊断2.4.1.1、2.4.1.2、2.4.1.3、2.4.1.4之一的。

3 疫情报告

3.1 任何单位和个人发现患有本病或疑似本病的禽类，都应当立即向当地动物防疫监督机构报告。

3.2 当地动物防疫监督机构接到疫情报告后，按国家动物疫情报告管理的有关规定执行。

4 疫情处理

根据流行病学、临床症状、剖检病变，结合血清学检测做出的临床诊断结果可作为疫情处理的依据。

4.1 发现可疑新城疫疫情时，畜主应立即将病禽（场）隔离，并限制其移动。动物防疫监督机构要及时派员到现场进行调查核实，诊断为疑似新城疫时，立即采取隔离、消毒、限制移动等临时性措施。同时要将病料及时送省级动物防疫监督机构实验室确诊。

4.2 当确诊新城疫疫情后，当地县级以上人民政府兽医主管部门应当立即划定疫点、疫区、受威胁区，并采取相应措施；同时，及时报请同级人民政府对疫区实行封锁，逐级上报至国务院兽医主管部门，并通报毗邻地区。国务院兽医行政管理部门根据确诊结果，确认新城疫疫情。

4.2.1 划定疫点、疫区、受威胁区

由所在地县级以上（含县级）兽医主管部门划定疫点、疫区、受威胁区。

疫点：指患病禽类所在的地点。一般是指患病禽类所在的禽场（户）或其他有关屠宰、经营单位；如为农村散养，应将自然村划为疫点。

疫区：指以疫点边缘外延3公里范围内区域。疫区划分时，应注意考虑当地的饲养环境和天然屏障（如河流、山脉等）。

受威胁区：指疫区边缘外延5公里范围内的区域。

4.2.2 封锁

由县级以上兽医主管部门报请同级人民政府决定对疫区实行封锁；人民政府在接到封锁报告后，应立即做出决定，发布封锁令。

4.2.3 疫点、疫区、受威胁区采取的措施

疫点：扑杀所有的病禽和同群禽只，并对所有病死禽、被扑杀禽及其禽类产品按照GB 16548规定进行无害化处理；对禽类排泄物、被污染或可能污染饲料和垫料、污水等均需进行无害化处理；对被污染的物品、交通工具、用具、禽舍、场地进行严格彻底消毒；限制人员出入，严禁禽、车辆进出，严禁禽类产品及可能污染的物品运出。

疫区：对疫区进行封锁，在疫区周围设置警示标志，在出入疫区的交通路口设置动物检疫消毒站（临时动物防疫监督检查站），对出入的人员和车辆进行消毒；对易感禽只实施紧急强制免疫，确保达到免疫保护水平；关闭活禽及禽类产品交易市场，禁止易感活禽进出和易感禽类产品运出；对禽类排泄物、被污染饲料、垫料、污水等按国家规定标准进行无害化处理；对被污染的物品、交通工具、用具、禽舍、场地进行严格彻底消毒。

受威胁区：对易感禽只（未免禽只或免疫未达到免疫保护水平的禽只）实施紧急强制免疫，确保达到免疫保护水平；对禽类实行疫情监测和免疫效果监测。

4.2.4 紧急监测

对疫区、受威胁区内的禽群必须进行临床检查和血清学监测。

4.2.5 疫源分析与追踪调查

根据流行病学调查结果，分析疫源及其可能扩散、流行的情况。对可能存在的传染源，以及在疫情潜伏期和发病期间售（运）出的禽类及其产品、可疑污染物（包括粪便、垫料、饲料等）等应当立即开展追踪调查，一经查明立即按照GB 16548规定进行无害化处理。

4.2.6 封锁令的解除

疫区内没有新的病例发生，疫点内所有病死禽、被扑杀的同群禽及其禽类产品按规定处理21天后，对有关场所和物品进行彻底消毒，经动物防疫监督机构审验合格后，由当地兽医主管部门提出申请，由原发布封锁令的人民政府发布解除封锁令。

4.2.7 处理记录

对处理疫情的全过程必须做好详细的记录（包括文字、图片和影像等），并完整建档。

5 预防

以免疫为主，采取“扑杀与免疫相结合”的综合性防治措施。

5.1 饲养管理与环境控制

饲养、生产、经营等场所必须符合《动物防疫条件审核管理办法》(农业部[2002]15号令)规定的动物防疫条件,并加强种禽调运检疫管理。饲养场实行全进全出饲养方式,控制人员、车辆和相关物品出入,严格执行清洁和消毒程序。

养禽场要设有防止外来禽鸟进入的设施,并有健全的灭鼠设施和措施。

5.2 消毒

各饲养场、屠宰厂(场)、动物防疫监督检查站等要建立严格的卫生(消毒)管理制度。禽舍、禽场环境、用具、饮水等应进行定期严格消毒;养禽场出入口处应设置消毒池,内置有效消毒剂。

5.3 免疫

国家对新城疫实施全面免疫政策。免疫按农业部制定的免疫方案规定的程序进行。

所用疫苗必须是经国务院兽医主管部门批准使用的新城疫疫苗。

5.4 监测

5.4.1 由县级以上动物防疫监督机构组织实施。

5.4.2 监测方法

未免疫区域:流行病学调查、血清学监测,结合病原学监测。

已免疫区域:以病原学监测为主,结合血清学监测。

5.4.3 监测对象:鸡、火鸡、鹅、鹌鹑、鸽、鸭等易感禽类。

5.4.4 监测范围和比例

5.4.4.1 对所有原种、曾祖代、祖代和父母代养禽场,及商品代养禽场每年要进行两次监测;散养禽不定期抽检。

5.4.4.2 血清学监测:原种、曾祖代、祖代和父母代种禽场的监测,每批次按照0.1%的比例采样;有出口任务的规模养殖场,每批次按照0.5%比例进行监测;商品代养禽场,每批次(群)按照0.05%的比例进行监测。每批次(群)监测数量不得少于20份。

饲养场(户)可参照上述比例进行检测。

5.4.4.3 病原学监测:每群采10只以上禽的气管和泄殖腔棉拭子,放在同一容器内,混合为一个样品进行检测。

5.4.4.3 监测预警

各级动物防疫监督机构对监测结果及相关信息进行风险分析,做好预警预报。

5.4.4.5 监测结果处理

监测结果要及时汇总,由省级动物防疫监督机构定期上报中国动物疫病预防控制中心。

5.5 检疫

5.5.1 按照GB 16550执行。

5.5.2 国内异地引入种禽及精液、种蛋时,应取得原产地动物防疫监督机构的检疫合格证明。到达引入地后,种禽必须隔离饲养21天以上,并由当地动物防疫监督机构进行检测,合格后方可混群饲养。

从国外引入种禽及精液、种蛋时,按国家有关规定执行。

6 控制和消灭标准

6.1 免疫无新城疫区

6.1.1 该区域首先要达到国家无规定疫病区基本条件。

6.1.2 有定期和快速(详实)的动物疫情报告记录。

6.1.3 该区域在过去3年内未发生过新城疫。

6.1.4 该区域和缓冲带实施强制免疫，免疫密度100%，所用疫苗必须符合国家兽医主管部门规定的弱毒疫苗(ICPI小于或等于0.4)或灭活疫苗。

6.1.5 该区域和缓冲带须具有运行有效的监测体系，过去3年内实施疫病和免疫效果监测，未检出ICPI大于0.4的病原，免疫效果确实。

6.1.6 若免疫无疫区内发生新城疫时，在具备有效的疫情监测条件下，对最后一例病禽扑杀后6个月，方可重新申请免疫无新城疫区。

6.1.7 所有的报告、记录等材料翔实、准确和齐全。

6.2 非免疫无新城疫区

6.2.1 该区域首先要达到国家无规定疫病区基本条件。

6.2.2 有定期和快速(翔实)的动物疫情报告记录。

6.2.3 在过去3年内没有发生过新城疫，并且在过去6个月内，没有进行过免疫接种；另外，该地区在停止免疫接种后，没有引进免疫接种过的禽类。

6.2.4 在该区具有有效的监测体系和监测带，过去3年内实施疫病监测，未检出ICPI大于0.4的病原或新城疫 HI 试验滴度小于23。

6.2.5 当发生疫情后，重新达到无疫区须做到：采取扑杀措施及血清学监测情况下最后一例病例被扑杀3个月后，或采取扑杀措施、血清学监测及紧急免疫情况下最后一只免疫禽被屠宰后6个月后重新执行(认定)，并达到6.2.3、6.2.4的规定。

6.2.6 所有的报告、记录等材料翔实、准确和齐全。

附件1

新城疫病原分离与鉴定

当临床诊断有新城疫发生时，应从发病禽或死亡禽采集病料，进行病原分离、鉴定和毒力测定。

1 样品的采集、保存及运输

1.1 样品采集

1.1.1 采集原则。采集样品时，必须严格按照无菌程序操作。采自于不同发病禽或死亡禽的病料应分别保存和标记。每群至少采集5只发病禽或死亡禽的样品。

1.1.2 样品内容

发病禽：采集气管拭子和泄殖腔拭子(或粪便)；

死亡禽：以脑为主；也可采集脾、肺、气囊等组织。

1.2 样品保存

1.2.1 样品置于样品保存液(0.01M PBS溶液，含抗生素且pH为7.0～7.4)中，抗生素视样品种类和情况而定。对组织和气管拭子保存液应含青霉素(1000IU/mL)、链霉素(1mg/mL)，或卡那霉素(50μg/mL)、制霉菌素(1000IU/mL)；对泄殖腔拭子(或粪便)保存液的抗菌素浓度应提高5倍。

1.2.2 采集的样品应尽快处理，如果没有处理条件，样品可在4℃保存4天；若超过4天，需置-20℃保存。

1.3 样品运输

所有样品必须置于密闭容器，并贴有详细标签，以最快捷的方式送检（如：航空快递等）。如果在24小时内无法送达，则应用干冰致冷送检。

1.4 样品采集、保存及运输按照《高致病性动物病原微生物菌（毒）种或者样本运输包装规范》（农业部公告第503号）执行。

2 病毒分离与鉴定

2.1 病毒分离与鉴定：按照GB 16550附录A3.3、A4.1、A4.2进行。

2.2 病原毒力测定

2.2.1 最小病毒致死量引起鸡胚死亡平均时间（MDT）测定试验

按照GB 16550附录A4.3进行；

依据MDT可将NDV分离株分为强毒力型（死亡时间≤60小时）；中等毒力型（60小时＜死亡时间≤90小时；温和型（死亡时间＞90小时）。

2.2.2 脑内致病指数（ICPI）测定试验

收获接种过病毒的SPF鸡胚的尿囊液，测定其血凝价>24，将含毒尿囊液用等渗灭菌生理盐水作10倍稀释（切忌使用抗生素），将此稀释病毒液以0.05mL/羽脑内接种出壳24～40小时的SPF雏鸡10只，2只同样雏鸡0.05mL/羽接种稀释液作对照（对照鸡不应发病，也不计入试验鸡）。每24小时观察一次，共观察8天。每次观察应给鸡打分，正常鸡记作0，病鸡记作1，死鸡记为2（死亡鸡在其死后的每日观察结果都记为2）。

ICPI值=每只鸡在8天内所有分值之和／（10只鸡×8天），如指数为2.0，说明所有鸡24小时内死亡；指数为0.0，说明8天观察期内没有鸡表现临床症状。

当ICPI达到0.7或0.7以上者可判为新城疫中强毒感染。

2.2.3 F蛋白裂解位点序列测定试验

NDV糖蛋白的裂解活性是决定NDV病原性的基本条件，F基因裂解位点的核苷酸序列分析，发现在112～117位点处，强毒株为112Arg-Arg-Gln-Lys（或Arg）-Arg-PHe117；弱毒株为112Gly-Arg（或Lys）-Gln-Gly-Arg-Leu117这是NDV致病的分子基础。个别鸽源变异株（PPMV-1）112Gly-Arg-Gln-Lys-Arg-PHe117，但ICPI值却较高。因此，在115、116位为一对碱性氨基酸和117位为苯丙氨酸（PHe）和113位为碱性氨基酸是强毒株特有结构。根据对NDV F基因112-117位的核苷酸序列即可判定其是否为强毒株。（Arg-精氨酸；Gly-甘氨酸；Gln-谷氨酰胺；Leu-亮氨酸；Lys-赖氨酸）。

分离毒株F1蛋白N末端117位为苯丙氨酸（F），F2蛋白C末端有多个碱性氨基酸的可判为新城疫感染。“多个碱性氨基酸”是指113至116位至少有3个精氨酸或赖氨酸（氨基酸残基是从后F0蛋白基因的N末端开始计数的，113至116对应于裂解位点的-4至-1位）。

2.2.4 静脉致病指数（IVPI）测定试验

收获接种病毒的SPF鸡胚的感染性尿囊液，测定其血凝价>24，将含毒尿囊液用等渗灭菌生理盐水作10倍稀释（切忌使用抗生素），将此稀释病毒液以0.1mL/羽静脉接种10只6周龄的SPF鸡，2只同样鸡只接种0.1mL稀释液作对照（对照鸡不应发病，也不计入试验鸡）。每24小时观察一次，共观察10天。每次观察后给试验鸡打分，正常鸡记作0，病鸡记作1，瘫痪鸡或出现其他神经症状记作2，死亡鸡记3（每只死亡鸡在其死后的每日观察中仍记3）。

IVPI值=每只鸡在10天内所有数字之和／（10只鸡×10天），如指数为3.00，说明所有鸡24小时内死亡；指数为0.00，说明10天观察期内没有鸡表现临床症状。

IVPI达到2.0或2.0以上者可判为新城疫中强毒感染。

附件2

消 毒

1 消毒前的准备

1.1 消毒前必须清除有机物、污物、粪便、饲料、垫料等；

1.2 消毒药品必须选用对新城疫病毒有效的，如烧碱、醛类、氧化剂类、氯制剂类、双季铵盐类等；

1.3 备有喷雾器、火焰喷射枪、消毒车辆、消毒防护用具(如口罩、手套、防护靴等)、消毒容器等；

1.4 注意消毒剂不可混用(配伍禁忌)。

2 消毒范围

禽舍地面及内外墙壁，舍外环境；饲养、饮水等用具，运输等设施设备以及其他一切可能被污染的场所和设施设备。

3 消毒方法

3.1 金属设施设备的消毒，可采取火焰、熏蒸等方法消毒；

3.2 棚舍、场地、车辆等，可采用消毒液清洗、喷洒等方法消毒；

3.3 养禽场的饲料、垫料等，可采取深埋发酵处理或焚烧等方法消毒；

3.4 粪便等可采取堆积密封发酵或焚烧等方法消毒；

3.5 饲养、管理人员可采取淋浴等方法消毒；

3.6 衣、帽、鞋等可能被污染的物品，可采取浸泡、高压灭菌等方法消毒；

3.7 疫区范围内办公室、饲养人员的宿舍、公共食堂等场所，可采用喷洒的方法消毒；

3.8 屠宰加工、贮藏等场所以及区域内池塘等水域的消毒可采取相应的方法进行，并避免造成有害物质的污染。

十、传染性法氏囊病防治技术规范

传染性法氏囊病(Infections Bursal Disease,IBD),又称甘布罗病(Gumboro Disease)、传染性腔上囊炎,是由双RNA病毒科禽双RNA病毒属病毒引起的一种急性、高度接触性和免疫抑制性的禽类传染病。我国将其列为二类动物疫病。

为预防、控制和消灭传染性法氏囊病,依据《中华人民共和国动物防疫法》和其他相关法律法规,制定本规范。

1 适用范围

本规范规定了传染性法氏囊病的诊断技术、疫情报告、疫情处理、预防措施、控制和消灭标准。

本规范适用于中华人民共和国境内的一切从事禽类饲养、经营和禽类产品生产、经营,以及从事动物防疫活动的单位和个人。

2 诊断

依据流行病学、临床症状和病理变化等作出初步诊断,确诊需要进行病毒分离或免疫学试验。

2.1 流行特点

主要感染鸡和火鸡,鸭、珍珠鸡、鸵鸟等也可感染。火鸡多呈隐性感染。在自然条件下,3~6周龄鸡最易感。本病在易感鸡群中发病率在90%以上,甚至可达100%,死亡率一般为20%~30%。与其它病原混合感染时或超强毒株流行时,死亡率可达60%~80%。

本病流行特点是无明显季节性、突然发病、发病率高、死亡曲线呈尖峰式;如不死亡,发病鸡多在1周左右康复。

本病主要经消化道、眼结膜及呼吸道感染。在感染后3~11天之间排毒达到高峰。由于该病毒耐酸、耐碱,对紫外线有抵抗力,在鸡舍中可存活122天,在受污染饲料、饮水和粪便中52天仍有感染性。

2.2 临床症状

本规范规定本病的潜伏期一般为7天。

临床表现为昏睡、呆立、翅膀下垂等症状;病禽以排白色水样稀便为主,泄殖腔周围羽毛常被粪便污染。

2.3 病理变化

2.3.1 剖检病变:感染发生死亡的鸡通常呈现脱水,胸部、腹部和腿部肌肉常有条状、斑点状出血,死亡及病程后期的鸡肾肿大,尿酸盐沉积。

法氏囊先肿胀、后萎缩。在感染后2~3天,法氏囊呈胶冻样水肿,体积和重量会增大至正常的1.5~4倍;偶尔可见整个法氏囊广泛出血,如紫色葡萄;感染5~7天后,法氏囊会逐渐萎缩,重量为正常的1/3~1/5,颜色由淡粉红色变为蜡黄色;但法氏囊病毒变异株可在72小时内引起法氏囊的严重萎缩。感染3~5天的法氏囊切开后,可见有多量黄色粘液或奶油样物,黏膜充血、出血,并常见有坏死灶。

感染鸡的胸腺可见出血点;脾脏可能轻度肿大,表面有弥漫性的灰白色的病灶。

2.3.2 组织学病变:主要是法氏囊、脾脏、哈德逊氏腺和盲肠扁桃体内的淋巴组织的变性和坏死。

2.4 实验室诊断

2.4.1 病原分离鉴定(见GB 19167)

2.4.2 免疫学诊断

琼脂凝胶免疫扩散试验、病毒血清微量中和试验、酶联免疫吸附试验(见GB 19167)

3 疫情报告

3.1 任何单位和个人发现患有本病或疑似本病的禽类,都应当立即向当地动物防疫监督机构报告。

3.2 当地动物防疫监督机构接到疫情报告后,按国家动物疫情报告管理的有关规定执行。

4 疫情处理

根据流行病学特点、临床症状、剖检病变,结合血清学检测做出的诊断结果可作为疫情处理的依据。

4.1 发现疑似传染性法氏囊病疫情时,养殖户应立即将病禽(场)隔离,并限制其移动。当地动物防疫监督机构要及时派员到现场进行调查核实,包括流行病学调查、临床症状检查、病理解剖、采集病料、实验室诊断等,根据诊断结果采取相应措施。

4.2 当疫情呈散发时,须对发病禽群进行扑杀和无害化处理(按照GB 16548进行)。同时,对禽舍和周围环境进行消毒(附件1),对受威胁禽群进行隔离监测。

4.3 当疫情呈暴发时按照以下要求处理

4.3.1 划定疫点、疫区、受威胁区

由所在地县级以上(含县级)兽医主管部门划定疫点、疫区、受威胁区。

疫点:指患病禽类所在的地点。一般是指患病禽类所在的禽场(户)或其他有关屠宰、经营单位;如为农村散养,应将自然村划为疫点。

疫区:指疫点外延3公里范围内区域。疫区划分时,应注意考虑当地的饲养环境和天然屏障(如河流、山脉等)。

受威胁区:指疫区外延5公里范围内的区域。

4.3.2 封锁

由县级以上(含县级)畜牧兽医行政主管部门报请同级人民政府决定对疫区实行封锁;人民政府在接到封锁申请报告后,应在24小时内发布封锁令,对疫区进行封锁,并采取下列处理措施:

疫点:出入口必须有消毒设施。严禁人、禽、车辆的进出和禽类产品及可能受污染的物品运出,在特殊情况下必须出入时,须经所在地动物防疫监督机构批准,经严格消毒后,方可出入。

疫区:交通要道建立临时动物防疫监督检查站,派专人监视动物和动物产品的流动,对进出人员、车辆须进行消毒。停止疫区内禽类及其产品的交易、移动。

4.3.3 扑杀

在动物防疫监督机构的监督指导下,扑杀发病禽群。

4.3.4 无害化处理

对所有病死禽、被扑杀禽及其禽类产品(包括禽肉、蛋、精液、羽、绒、内脏、骨、血等)按照GB 16548进行无害化处理;对于禽类排泄物和可能被污染的垫料、饲料等物品均需进行无害化处理。

禽类尸体需要运送时,应使用防漏容器,须有明显标志,并在动物防疫监督机构的监督下实施。

4.3.5 紧急免疫

对疫区和受威胁区内的所有易感禽类进行紧急免疫接种。

4.3.6 消毒

对疫点内禽舍、场地以及所有运载工具、饮水用具等必须进行严格彻底地消毒(见附件1)。

4.3.7　紧急监测

对疫区、受威胁区内禽类实施紧急疫情监测,掌握疫情动态。

4.3.8　疫源分析与追踪调查

根据流行病学调查结果,分析疫源及其可能扩散、流行的情况。

对仍可能存在的传染源,以及在疫情潜伏期和发病期间售出的禽类及其产品、可疑污染物(包括粪便、垫料、饲料等)等应立即开展追踪调查,一经查明立即按照GB 16548采取就地销毁等无害化处理措施。

4.3.9　封锁令的解除

疫点内所有禽类及其产品按规定处理后,在当地动物防疫监督机构的监督指导下,对有关场所和物品进行彻底消毒。最后一只病禽扑杀21天后,经动物防疫监督机构审验合格后,由当地兽医主管部门向原发布封锁令的当地人民政府申请发布解除封锁令。

疫区解除封锁后,要继续对该区域进行疫情监测,6个月内如未发现新的病例,即可宣布该次疫情被扑灭。

4.3.10　处理记录

对处理疫情的全过程必须做好完整的详细记录,以备检查。

5　预防与控制

实行"以免疫为主"的综合性防治措施。

5.1　加强饲养管理,提高环境控制水平

饲养、生产、经营等场所必须符合《动物防疫条件审核管理办法》(农业部15号令)的要求,并须取得动物防疫合格证。

饲养场实行全进全出饲养方式,控制人员出入,严格执行清洁和消毒程序。

5.2　加强消毒管理,做好基础防疫工作

各饲养场、屠宰厂(场)、动物防疫监督检查站等要建立严格的卫生(消毒)管理制度。

5.3　免疫

根据当地流行病史、母源抗体水平、禽群的免疫抗体水平监测结果等合理制定免疫程序、确定免疫时间及使用疫苗的种类,按疫苗说明书要求进行免疫。

必须使用经国家兽医主管部门批准的疫苗。

5.4　监测

由县级以上动物防疫监督机构组织实施。

5.4.1　监测方法

以监测抗体为主。可采取琼脂扩散试验、病毒中和试验方法进行监测。

5.4.2　监测对象

鸡、鸭、火鸡等易感禽类。

5.4.3　监测比例

规模养禽场至少每半年监测一次。父母代以上种禽场、有出口任务养禽场的监测,每批次(群)按照0.5%的比例进行监测;商品代养禽场,每批次(群)按照0.1%的比例进行监测。每批次(群)监测数量不得少于20份。

散养禽以及对流通环节中的交易市场、禽类屠宰厂(场)、异地调入的批量活禽进行不定期的监测。

5.4.4　监测样品

血清或卵黄。

5.4.5 监测结果及处理

监测结果要及时汇总，由省级动物防疫监督机构定期上报至中国动物疫病预防控制中心。监测中发现因使用未经农业部批准的疫苗而造成的阳性结果的禽群，一律按传染性法氏囊病阳性的有关规定处理。

5.5 引种检疫

国内异地引入种禽及其精液、种蛋时，应取得原产地动物防疫监督机构的检疫合格证明。到达引入地后，种禽必须隔离饲养7天以上，并由引入地动物防疫监督机构进行检测，合格后方可混群饲养。

附件1

消 毒

1 消毒前的准备

1.1 消毒前必须清除污物、粪便、饲料、垫料等有机物；

1.2 消毒药品必须选用对传染性法氏囊病病毒有效的，如烧碱、醛类、氧化剂类、酚制剂类、氯制剂类、双季铵盐类等。

1.3 备有喷雾器、火焰喷射枪、消毒车辆、消毒防护用具(如口罩、手套、防护靴、防护眼罩、防护服等)、消毒容器等。

1.4 注意消毒剂不可混用.

2 消毒范围

禽舍地面及内外墙壁，舍外环境；饲养、饮水等用具，运输等设施设备以及其他一切可能被污染的场所和设施设备。

3 消毒方法

3.1 金属设施设备的消毒，可采取火焰、熏蒸等方法消毒；

3.2 圈舍、场地、车辆等，可采用消毒液清洗、喷洒等方法消毒；

3.3 养禽场的饲料、粪便、垫料等，可采取深埋发酵处理或焚烧处理等方法消毒；

3.4 饲养、管理等人员可采取淋浴等方法消毒；

3.5 衣帽鞋等可能被污染的物品，可采取浸泡、高压灭菌等方法消毒；

3.6 疫区范围内办公、饲养人员的宿舍、公共食堂等场所，可采用喷洒的方法消毒；

3.7 屠宰加工、贮藏等场所以及区域内池塘等水域的消毒可采取相应的方法进行，并避免造成有害物质的污染。

十一、马立克氏病防治技术规范

马立克氏病(Marek's Disease,简称MD),是由疱疹病毒科α亚群马立克氏病病毒引起的,以危害淋巴系统和神经系统,引起外周神经、性腺、虹膜、各种内脏器官、肌肉和皮肤的单个或多个组织器官发生肿瘤为特征的禽类传染病。我国将其列为二类动物疫病。

为预防、控制和消灭马立克氏病,依据《中华人民共和国动物防疫法》和其他相关法律法规,制定本规范。

1 适用范围

本规范规定了马立克氏病的诊断技术、疫情报告、疫情处理和预防措施。

本规范适用于中华人民共和国境内的一切从事禽类饲养、经营和禽类产品生产、经营,以及从事动物防疫活动的单位和个人。

2 诊断

根据流行病学特点、临床症状、病理变化等可做出初步诊断,确诊须进行病原分离鉴定或血清学诊断。

2.1 流行病学

鸡是主要的自然宿主。鹌鹑、火鸡、雉鸡、乌鸡等也可发生自然感染。2周龄以内的雏鸡最易感。6周龄以上的鸡可出现临床症状,12~24周龄最为严重。

病鸡和带毒鸡是最主要的传染源。呼吸道是主要的感染途径,羽毛囊上皮细胞中成熟型病毒可随着羽毛和脱落皮屑散毒。病毒对外界抵抗力很强,在室温下传染性可保持4~8个月。

2.2 临床症状

本规范规定本病的潜伏期为4个月。

根据临床症状分为4个型,即神经型、内脏型、眼型和皮肤型。

神经型:最早症状为运动障碍。常见腿和翅膀完全或不完全麻痹,表现为“劈叉”式、翅膀下垂;嗉囊因麻痹而扩大。

内脏型:常表现极度沉郁,有时不表现任何症状而突然死亡。有的病鸡表现厌食、消瘦和昏迷,最后衰竭而死。

眼型:视力减退或消失。虹膜失去正常色素,呈同心环状或斑点状。瞳孔边缘不整,严重阶段瞳孔只剩下一个针尖大小的孔。

皮肤型:全身皮肤毛囊肿大,以大腿外侧、翅膀、腹部尤为明显。

本病的病程一般为数周至数月。因感染的毒株、易感鸡品种(系)和日龄不同,死亡率表现为2%~70%。

2.3 病理剖检变化

神经型:常在翅神经丛、坐骨神经丛、坐骨神经、腰荐神经和颈部迷走神经等处发生病变,病变神经可比正常神经粗2~3倍,横纹消失,呈灰白色或淡黄色。有时可见神经淋巴瘤。

内脏型:在肝、脾、胰、睾丸、卵巢、肾、肺、腺胃和心脏等脏器出现广泛的结节性或弥漫性肿瘤。

眼型:虹膜失去正常色素,呈同心环状或斑点状。瞳孔边缘不整,严重阶段瞳孔只剩下一个针尖大小的孔。

皮肤型:常见毛囊肿大,大小不等,融合在一起,形成淡白色结节,在拔除羽毛后尸体尤为明显。

2.4 实验室诊断

2.4.1 病原分离鉴定(见附件1)

2.4.2 病理组织学诊断

主要以淋巴母细胞、大、中、小淋巴细胞及巨嗜细胞的增生浸润为主,同时可见小淋巴细胞和浆细胞的浸润和雪旺氏细胞增生。

2.4.3 免疫学诊断

免疫琼脂扩散试验(见GB/T 18643)。

2.5 鉴别诊断

内脏型马立克氏病的病理变化易与禽白血病(LL)和网状内皮增生症(RE)相混淆,一般需要通过流行病学和病理组织学进行鉴别诊断。

2.5.1 与禽白血病(LL)的鉴别诊断

2.5.1.1 流行病学比较

禽白血病(LL)一般发生于16周龄以上的鸡,并多发生于24~40周龄之间;且发病率较低,一般不超过5%。MD的死亡高峰一般发生在10~20周龄之间,发病率较高。

2.5.1.2 病理组织学变化

禽白血病(LL)肿瘤病理组织学变化主要表现为大小一致的淋巴母细胞增生浸润。MD肿瘤细胞主要表现为大小不一的淋巴细胞。

2.5.2 与网状内皮增生症(RE)的鉴别诊断

网状内皮增生症(RE)在不同鸡群感染率差异较大,一般发病率较低。其病理组织学特点是:肿瘤细胞多以未分化的大型细胞为主,肿瘤细胞细胞质较多、核淡染。有些病例也表现为大小不一的淋巴细胞。

现场常见MDV和REV共感染形成的混合型肿瘤,需做病原分离鉴定。

2.6 结果判定

2.6.1 临床诊断为疑似马立克氏病

符合流行病学2.1、临床症状2.2和剖检病变2.3的。

2.6.2 确诊

符合结果判定2.6.1,且符合实验室诊断2.4.1;或符合2.4.2和2.4.3的。

3 疫情报告

3.1 任何单位和个人发现患有本病或疑似本病的禽类,应立即向当地动物防疫监督机构报告。

3.2 当地动物防疫监督机构接到疫情报告后,按国家动物疫情报告管理的有关规定执行。

4 疫情处理

根据流行病学特点、临床症状、剖检病变,结合病原分离鉴定、组织病理学和免疫学检测做出的诊断结果可作为疫情处理的依据。

4.1 发现疑似马立克病疫情时,养殖户应立即将发病禽群隔离,并限制其移动。当地动物防疫监督机构要及时派员到现场进行调查核实,包括流行病学调查、临床症状检查、病理解剖、采集病料、实验室诊断等,根据诊断结果采取相应措施。

4.2 当疫情呈散发时,须对病禽及同群禽进行扑杀和无害化处理(按照GB 16548进行)。同时,对禽舍和周围环境进行消毒,对受威胁禽群进行观察。

4.3 当疫情呈暴发流行时按照以下要求处理

4.3.1 划定疫点、疫区、受威胁区

由所在地县级以上(含县级)兽医主管部门划定疫点、疫区、受威胁区。

疫点:指患病禽类所在的地点。一般是指患病禽类所在的禽场(户)或其他有关屠宰、经营单位;如为农村散养,应将自然村划为疫点。

疫区:指疫点外延3公里范围内区域。疫区划分时,应注意考虑当地的饲养环境和天然屏障(如河流、山脉等)。

受威胁区:指疫区外延5公里范围内的区域。

4.3.2 处置要求

在动物防疫监督机构的监督指导下,扑杀发病禽及同群禽,并对被扑杀禽和病死禽只进行无害化处理;对环境和设施进行消毒;对粪便及其他可能被污染的物品,按照GB 16548进行无害化处理;禁止疫区内易感动物移动、交易。

禽类尸体需要运送时,应使用防漏容器,并在动物防疫监督机构的监督下实施。

4.3.3 进行疫源分析和流行病学调查

4.3.4 处理记录

对处理疫情的全过程必须做好完整的详细记录,以备检查。

5 预防与控制

实行"以免疫为主"的综合性防治措施。

5.1 加强饲养管理,提高环境控制水平

饲养、生产、经营等场所必须符合《动物防疫条件审核管理办法》(农业部15号令)的要求,并须取得动物防疫合格证。

饲养场实行全进全出饲养方式,控制人员出入,严格执行清洁和消毒程序。

5.2 加强消毒管理,做好基础防疫工作

各饲养场、屠宰厂(场)、动物防疫监督检查站等要建立严格的卫生(消毒)管理制度。

5.3 免疫

应于雏鸡出壳24小时内进行免疫。所用疫苗必须是经国务院兽医主管部门批准使用的疫苗。

5.4 监测

养禽场应做好死亡鸡肿瘤发生情况的记录,并接受动物防疫监督机构监督。

5.5 引种检疫

国内异地引入种禽时,应经引入地动物防疫监督机构审核批准,并取得原产地动物防疫监督机构的免疫接种证明和检疫合格证明。

附件1

马立克氏病病原分离

1 用细胞作为MDV分离和诊断的材料

1.1 细胞来源

应来自病鸡全血(抗凝血)的白细胞层或刚死亡鸡脾脏细胞。

1.2 方法

1.2.1 将白细胞或脾脏细胞制成含有106~107个活细胞/ml的细胞悬液。

1.2.2 将0.5ml样品,分别接种2瓶(大小25cm²)用SPF鸡胚制备的成纤维细胞。另取1瓶做空白对照。

1.2.3 将接种病料的和未接种病料的对照细胞培养瓶均置于含有5% CO_2的37.5℃的二氧化碳培养箱内。

1.2.4 每隔3天,换一次培养液。

1.2.5 观察有无细胞病变(CPE),即蚀斑,一般可在3~4天内出现。若没有,可按上述方法盲传1~2代。

2 用羽髓作为MDV分离和诊断的材料

这种方法所分离的病毒为非细胞性的,但不常用。

2.1 取长约5mm的羽髓或含有皮肤组织的羽髓,放入SPGA-EDTA缓冲液〔0.2180M蔗糖(7.462g);0.0038M磷酸二氢钾(0.052g);0.0072M磷酸二氢钠(0.125g);0.0049ML-谷氨酰胺(0.083g)、1.0%血清白蛋白(1g)和0.2%乙二胺四乙酸钠(0.2g),蒸馏水100ml,过滤除菌,调节pH值到6.3〕中。

2.2 病毒的分离与滴定方法

上述悬浮液经超声波处理,通过0.45μm微孔滤膜过滤后,接种于培养24小时的鸡肾细胞上,吸附40分钟后加入培养液,并按上述方法培养7天。

3 上述方法可以用于1型和2型MDV的分离

所分离的病毒如果是免疫禽群,也可以分离到疫苗毒。

有经验的工作人员可根据蚀斑出现的时间、发展速度和形态,即可对各型病毒引起的蚀斑作出准确鉴别。HVT蚀斑出现较早,而且比1型的要大,而2型的蚀斑出现晚,比1型的小。

附件2

消 毒

1 消毒前的准备

1.1 消毒前必须清除有机物、污物、粪便、饲料、垫料等；

1.2 必须选用对马立克氏病病毒有效的消毒药品，如烧碱、醛类、氧化剂类、酚制剂类、氯制剂类、双季铵盐类等。

1.3 备有喷雾器、火焰喷射枪、消毒车辆、消毒防护用具(如口罩、手套、防护靴等)、消毒容器等。

1.4 注意消毒剂不可混用。

2 消毒范围

禽舍地面及内外墙壁，舍外环境；饲养、饮水等用具，运输等设施设备以及其他一切可能被污染的场所和设施设备。

3 消毒方法

3.1 金属设施设备的消毒，可采取火焰、熏蒸等方法消毒；

3.2 圈舍、场地、车辆等，可采用消毒液清洗、喷洒等方法消毒；

3.3 养禽场的饲料、垫料等，可采取深埋发酵处理或焚烧处理等方法消毒；

3.4 粪便等可采取堆积密封发酵或焚烧处理等方法消毒；

3.5 饲养、管理等人员可采取淋浴等方法消毒；

3.6 衣帽鞋等可能被污染的物品，可采取浸泡、高压灭菌等方法消毒；

3.7 疫区范围内办公、饲养人员的宿舍、公共食堂等场所，可采用喷洒的方法消毒；

3.8 屠宰加工、贮藏等场所以及区域内池塘等水域的消毒可采取相应的方法进行，并避免造成有害物质的污染。

十二、绵羊痘/山羊痘防治技术规范

绵羊痘(Sheep Pox)和山羊痘(Goat Pox)分别是由痘病毒科羊痘病毒属的绵羊痘病毒、山羊痘病毒引起的绵羊和山羊的急性热性接触性传染病。世界动物卫生组织(OIE)将其列为必须报告的动物疫病,我国将其列为一类动物疫病。

为预防、控制和消灭绵羊痘和山羊痘,依据《中华人民共和国动物防疫法》和其他相关法律法规,制定本规范。

1 适用范围

本规范规定了绵羊痘和山羊痘的诊断、疫情报告、疫情处理、预防措施和控制标准。

本规范适用于中华人民共和国境内一切从事羊的饲养、经营及其产品生产、经营的单位和个人,以及从事动物防疫活动的单位和个人。

2 诊断

根据流行病学特点、临床症状和病理变化等可做出诊断,必要时进行实验室诊断。

2.1 流行特点

病羊是主要的传染源,主要通过呼吸道感染,也可通过损伤的皮肤或黏膜侵入机体。饲养和管理人员,以及被污染的饲料、垫草、用具、皮毛产品和体外寄生虫等均可成为传播媒介。

在自然条件下,绵羊痘病毒只能使绵羊发病,山羊痘病毒只能使山羊发病。本病传播快、发病率高,不同品种、性别和年龄的羊均可感染,羔羊较成年羊易感,细毛羊较其他品种的羊易感,粗毛羊和土种羊有一定的抵抗力。本病一年四季均可发生,我国多发于冬春季节。

该病一旦传播到无本病地区,易造成流行。

2.2 临床症状

本规范规定本病的潜伏期为21天。

2.2.1 典型病例:病羊体温升至40℃以上,2~5天后在皮肤上可见明显的局灶性充血斑点,随后在腹股沟、腋下和会阴等部位,甚至全身,出现红斑、丘疹、结节、水泡,严重的可形成脓包。欧洲某些品种的绵羊在皮肤出现病变前可发生急性死亡;某些品种的山羊可见大面积出血性痘疹和大面积丘疹,可引起死亡。

2.2.2 非典型病例:一过型羊痘仅表现轻微症状,不出现或仅出现少量痘疹,呈良性经过。

2.3 病理学诊断

2.3.1 剖检变化:咽喉、气管、肺、胃等部位有特征性痘疹,严重的可形成溃疡和出血性炎症。

2.3.2 组织学变化:真皮充血,浆液性水肿和细胞浸润。炎性细胞增多,主要是嗜中性白细胞和淋巴细胞。表皮的棘细胞肿大、变性、胞浆空泡化。

2.4 实验室诊断

实验室病原学诊断必须在相应级别的生物安全实验室进行。

2.4.1 病原学诊断

电镜检查和包涵体检查(见NY/T576)。

2.4.2 血清学诊断

中和试验(见NY/T576)。

3 疫情报告

3.1 任何单位和个人发现患有本病或者疑似本病的病羊,都应当立即向当地动物防疫监督机构报告。

3.2 动物防疫监督机构接到疫情报告后,按国家动物疫情报告的有关规定执行。

4 疫情处理

根据流行病学特点、临床症状和病理变化做出的临床诊断结果,可做为疫情处理的依据。

4.1 发现或接到疑似疫情报告后,动物防疫监督机构应及时派员到现场进行临床诊断、流行病学调查、采样送检。对疑似病羊及同群羊应立即采取隔离、限制移动等防控措施。

4.2 当确诊后,当地县级以上人民政府兽医主管部门应当立即划定疫点、疫区、受威胁区,并采取相应措施;同时,及时报请同级人民政府对疫区实行封锁,逐级上报至国务院兽医主管部门,并通报毗邻地区。

4.2.1 划定疫点、疫区、受威胁区

疫点:指病羊所在的地点,一般是指患病羊所在的养殖场(户)或其他有关屠宰、经营单位。如为农村散养,应将自然村划为疫点。

疫区:由疫点边缘外延3公里范围内的区域。在实际划分疫区时,应考虑当地饲养环境和自然屏障(如河流、山脉等)以及气象因素,科学确定疫区范围。

受威胁区:指疫区边缘外延5公里范围内的区域。

4.2.2 封锁

县级以上人民政府在接到封锁报告后,应立即发布封锁令,对疫区进行封锁。

4.2.3 扑杀

在动物防疫监督机构的监督下,对疫点内的病羊及其同群羊彻底扑杀。

4.2.4 无害化处理

对病死羊、扑杀羊及其产品的无害化处理按照GB 16548执行;对病羊排泄物和被污染或可能被污染的饲料、垫料、污水等均需通过焚烧、密封堆积发酵等方法进行无害化处理。

病死羊、扑杀羊尸体需要运送时,应使用防漏容器,须有明显标志,并在动物防疫监督机构的监督下实施。

4.2.5 紧急免疫

对疫区和受威胁区内的所有易感羊进行紧急免疫接种,建立免疫档案。

紧急免疫接种时,应遵循从受威胁区到疫区的顺序进行免疫。

4.2.6 紧急监测

对疫区、受威胁区内的羊群必须进行临床检查和血清学监测。

4.2.7 疫源分析与追踪调查

根据流行病学调查结果,分析疫源及其可能扩散、流行的情况。对可能存在的传染源,以及在疫情潜伏期和发病期间售(运)出的羊类及其产品、可疑污染物(包括粪便、垫料、饲料等)等应当立即开展追踪调查,一经查明立即按照GB 16548规定进行无害化处理。

4.2.8 封锁令的解除

疫区内没有新的病例发生,疫点内所有病死羊、被扑杀的同群羊及其产品按规定处理21天后,对有关场所和物品进行彻底消毒(见附件1),经动物防疫监督机构审验合格后,由当地兽医主管部门提出申请,由原发布封锁令的人民政府发布解除封锁令。

4.2.9 处理记录

对处理疫情的全过程必须做好详细的记录(包括文字、图片和影像等),并完整建档。

5 预防

以免疫为主,采取“扑杀与免疫相结合”的综合性防治措施。

5.1 饲养管理与环境控制

饲养、生产、经营等场所必须符合《动物防疫条件审核管理办法》(农业部[2002]15号令)规定的动物防疫条件,并加强种羊调运检疫管理。饲养场要控制人员、车辆和相关物品出入,严格执行清洁和消毒程序。

5.2 消毒

各饲养场、屠宰厂(场)、动物防疫监督检查站等要建立严格的卫生(消毒)管理制度。羊舍、羊场环境、用具、饮水等应定期进行严格消毒;饲养场出入口处应设置消毒池,内置有效消毒剂。

5.3 免疫

按操作规程和免疫程序进行免疫接种,建立免疫档案。

所用疫苗必须是经国务院兽医主管部门批准使用的疫苗。

5.4 监测

5.2.1 县级以上动物防疫监督机构按规定实施。

5.2.2 监测方法

非免疫区域:以流行病学调查、血清学监测为主,结合病原鉴定。

免疫区域:以病原监测为主,结合流行病学调查、血清学监测。

5.2.3 监测结果的处理

监测结果要及时汇总,由省级动物防疫监督机构定期上报中国动物疫病预防控制中心。

5.5 检疫

5.5.1 按照GB 16550执行。

5.5.2 引种检疫

国内异地引种时,应从非疫区引进,并取得原产地动物防疫监督机构的检疫合格证明。调运前隔离21天,并在调运前15天至4个月进行过免疫。

从国外引进动物,按国家有关进出口检疫规定实施检疫。

5.6 消毒

对饲养场、屠宰厂(场)、交易市场、运输工具等要建立并实施严格的消毒制度。

附件 1

消　毒

1　药品种类

烧碱、醛类、氧化剂类、氯制剂类、双链季铵盐类、生石灰等。

2　消毒范围

圈舍地面及内外墙壁,舍外环境,饲养、饮水等用具,运输等设施设备以及其他一切可能被污染的场所和设施设备。

3　消毒前的准备

3.1　消毒前必须清除有机物、污物、粪便、饲料、垫料等;

3.2　备有喷雾器、火焰喷射枪、消毒车、消毒防护用具(如口罩、手套、防护靴等)、消毒容器等。

4　消毒方法

4.1　金属设施设备的消毒,可采取火焰、熏蒸等方式消毒;

4.2　圈舍、场地、车辆等,可采用撒生石灰、消毒液清洗、喷洒等方式消毒;

4.3　羊场的饲料、垫料等,可采取焚烧或堆积发酵等方式处理;

4.4　粪便等可采取焚烧或堆积密封发酵等方式处理;

4.5　饲养、管理人员可采取淋浴消毒;

4.6　衣、帽、鞋等可能被污染的物品,可采取消毒液浸泡、高压灭菌等方式消毒。

4.7　疫区范围内办公、饲养人员的宿舍、公共食堂等场所,可采用喷洒的方式消毒;

4.8　屠宰加工、贮藏等场所以及区域内池塘等水域的消毒可采取相应的方式进行,避免造成污染。

十三、炭疽防治技术规范

炭疽(Anthrax)是由炭疽芽胞杆菌引起的一种人畜共患传染病。世界动物卫生组织(OIE)将其列为必须报告的动物疫病,我国将其列为二类动物疫病。

为预防和控制炭疽,依据《中华人民共和国动物防疫法》和其他相关法律法规,制定本规范。

1 适用范围

本规范规定了炭疽的诊断、疫情报告、疫情处理、防治措施和控制标准。

本规范适用于中华人民共和国境内一切从事动物饲养、经营及其产品的生产、经营的单位和个人,以及从事动物防疫活动的单位和个人。

2 诊断

依据本病流行病学调查、临床症状,结合实验室诊断结果做出综合判定。

2.1 流行特点

本病为人畜共患传染病,各种家畜、野生动物及人对本病都有不同程度的易感性。草食动物最易感,其次是杂食动物,再次是肉食动物,家禽一般不感染。人也易感。

患病动物和因炭疽而死亡的动物尸体以及污染的土壤、草地、水、饲料都是本病的主要传染源,炭疽芽胞对环境具有很强的抵抗力,其污染的土壤、水源及场地可形成持久的疫源地。本病主要经消化道、呼吸道和皮肤感染。

本病呈地方性流行。有一定的季节性,多发生在吸血昆虫多、雨水多、洪水泛滥的季节。

2.2 临床症状

2.2.1 本规范规定本病的潜伏期为20天。

2.2.2 典型症状

本病主要呈急性经过,多以突然死亡、天然孔出血、尸僵不全为特征。

牛:体温升高常达41℃以上,可视黏膜呈暗紫色,心动过速、呼吸困难。呈慢性经过的病牛,在颈、胸前、肩胛、腹下或外阴部常见水肿;皮肤病灶温度增高,坚硬,有压痛,也可发生坏死,有时形成溃疡;颈部水肿常与咽炎和喉头水肿相伴发生,致使呼吸困难加重。急性病例一般经24~36小时后死亡,亚急性病例一般经2~5天后死亡。

马:体温升高,腹下、乳房、肩及咽喉部常见水肿。舌炭疽多见呼吸困难、发绀;肠炭疽腹痛明显。急性病例一般经24~36小时后死亡,有炭疽痈时,病程可达3~8天。

羊:多表现为最急性(猝死)病症,摇摆、磨牙、抽搐,挣扎、突然倒毙,有的可见从天然孔流出带气泡的黑红色血液。病程稍长者也只持续数小时后死亡。

猪:多为局限性变化,呈慢性经过,临床症状不明显,常在宰后见病变。

犬和其他肉食动物临床症状不明显。

2.3 病理变化

死亡患病动物可视黏膜发绀、出血。血液呈暗紫红色,凝固不良,粘稠似煤焦油状。皮下、肌间、咽喉等部位有浆液性渗出及出血。淋巴结肿大、充血,切面潮红。脾脏高度肿胀,达正常数倍,脾髓呈黑紫色。

严禁在非生物安全条件下进行疑似患病动物、患病动物的尸体剖检。

2.4 实验室诊断

实验室病原学诊断必须在相应级别的生物安全实验室进行。

2.4.1 病原鉴定

2.4.1.1 样品采集、包装与运输

按照NY/T561 2.1.2、4.1、5.1执行。

2.4.1.2 病原学诊断

炭疽的病原分离及鉴定(见NY/T561)。

2.4.2 血清学诊断

炭疽沉淀反应(见NY/T561)。

2.4.3 分子生物学诊断

聚合酶链式反应(PCR)(见附件1)。

3 疫情报告

3.1 任何单位和个人发现患有本病或者疑似本病的动物,都应立即向当地动物防疫监督机构报告。

3.2 当地动物防疫监督机构接到疫情报告后,按国家动物疫情报告管理的有关规定执行。

4 疫情处理

依据本病流行病学调查、临床症状,结合实验室诊断做出的综合判定结果可做为疫情处理依据。

4.1 当地动物防疫监督机构接到疑似炭疽疫情报告后,应及时派员到现场进行流行病学调查和临床检查,采集病料送符合规定的实验室诊断,并立即隔离疑似患病动物及同群动物,限制移动。

对病死动物尸体,严禁进行开放式解剖检查,采样时必须按规定进行,防止病原污染环境,形成永久性疫源地。

4.2 确诊为炭疽后,必须按下列要求处理。

4.2.1 由所在地县级以上兽医主管部门划定疫点、疫区、受威胁区。

疫点:指患病动物所在地点。一般是指患病动物及同群动物所在畜场(户组)或其他有关屠宰、经营单位。

疫区:指由疫点边缘外延3公里范围内的区域。在实际划分疫区时,应考虑当地饲养环境和自然屏障(如河流、山脉等)以及气象因素,科学确定疫区范围。

受威胁区:指疫区外延5公里范围内的区域。

4.2.2 本病呈零星散发时,应对患病动物作无血扑杀处理,对同群动物立即进行强制免疫接种,并隔离观察20天。对病死动物及排泄物、可能被污染饲料、污水等按附件2的要求进行无害化处理;对可能被污染的物品、交通工具、用具、动物舍进行严格彻底消毒(见附件2)。疫区、受威胁区所有易感动物进行紧急免疫接种。对病死动物尸体严禁进行开放式解剖检查,采样必须按规定进行,防止病原污染环境,形成永久性疫源地。

4.2.3 本病呈暴发流行时(1个县10天内发现5头以上的患病动物),要报请同级人民政府对疫区实行封锁;人民政府在接到封锁报告后,应立即发布封锁令,并对疫区实施封锁。

疫点、疫区和受威胁区采取的处理措施如下:

4.2.3.1 疫点

出入口必须设立消毒设施。限制人、易感动物、车辆进出和动物产品及可能受污染的物品运出。对疫点内动物舍、场地以及所有运载工具、饮水用具等必须进行严格彻底地消毒。

患病动物和同群动物全部进行无血扑杀处理。其他易感动物紧急免疫接种。

对所有病死动物、被扑杀动物,以及排泄物和可能被污染的垫料、饲料等物品产品按附件2要求进行无害化处理。

动物尸体需要运送时,应使用防漏容器,须有明显标志,并在动物防疫监督机构的监督下实施。

4.2.3.2 疫区:交通要道建立动物防疫监督检查站,派专人监管动物及其产品的流动,对进出人员、车辆须进行消毒。停止疫区内动物及其产品的交易、移动。所有易感动物必须圈养,或在指定地点放养;对动物舍、道路等可能污染的场所进行消毒。对疫区内的所有易感动物进行紧急免疫接种。

4.2.3.3 受威胁区:对受威胁区内的所有易感动物进行紧急免疫接种。

4.2.3.4 进行疫源分析与流行病学调查

4.2.3.5 封锁令的解除

最后1头患病动物死亡或患病动物和同群动物扑杀处理后20天内不再出现新的病例,进行终末消毒后,经动物防疫监督机构审验合格后,由当地兽医主管部门向原发布封锁令的机关申请发布解除封锁令。

4.2.4 处理记录

对处理疫情的全过程必须做好完整的详细记录,建立档案。

5 预防与控制

5.1 环境控制

饲养、生产、经营场所和屠宰场必须符合《动物防疫条件审核管理办法》(农业部[2002]15号令)规定的动物防疫条件,建立严格的卫生(消毒)管理制度。

5.2 免疫接种

5.2.1 各省根据当地疫情流行情况,按农业部制定的免疫方案,确定免疫接种对象、范围。

5.2.2 使用国家批准的炭疽疫苗,并按免疫程序进行适时免疫接种,建立免疫档案。

5.3 检疫

5.3.1 产地检疫

按GB 16549和《动物检疫管理办法》实施检疫。检出炭疽阳性动物时,按本规范4.2.2规定处理。

5.3.2 屠宰检疫

按NY 467和《动物检疫管理办法》对屠宰的动物实施检疫。

5.4 消毒

对新老疫区进行经常性消毒,雨季要重点消毒。皮张、毛等按照附件2实施消毒。

5.5 人员防护

动物防疫检疫、实验室诊断及饲养场、畜产品及皮张加工企业工作人员要注意个人防护,参与疫情处理的有关人员,应穿防护服、戴口罩和手套,做好自身防护。

附件1

聚合酶链式反应(PCR)技术

1 试剂

1.1 消化液

1.1.1 1M 三羟甲基氨基甲烷-盐酸(Tris-HCl)(pH8.0)

三羟甲基氨基甲烷	12.11g
灭菌双蒸水	80mL
浓盐酸	调pH至8.0
灭菌双蒸水	加至100mL

1.1.2 0.5M 乙二铵四乙酸二钠(EDTA)溶液 (pH8.0)

二水乙二铵四乙酸二钠	18.61g
灭菌双蒸水	80mL
氢氧化钠	调pH至8.0
灭菌双蒸水	加至100mL

1.1.3 20% 十二烷基磺酸钠(SDS)溶液 (pH7.2)

十二烷基磺酸钠	20g
灭菌双蒸水	80mL
浓盐酸	调pH至7.2
灭菌双蒸水	加至100mL

1.1.4 消化液配制

1M 三羟甲基氨基甲烷-盐酸(Tris-HCl)(pH8.0)	2mL
0.5mol/L 乙二铵四乙酸二钠溶液(pH8.0)	0.4mL
20% 十二烷基磺酸钠溶液(pH7.2)	5mL
5M 氯化钠	4mL
灭菌双蒸水	加至200mL

1.2 蛋白酶K溶液

蛋白酶K	5g
灭菌双蒸水	加至250mL

1.3 酚/氯仿/异戊醇混合液

碱性酚	25mL
氯仿	24mL
异戊醇	1mL

1.4 2.5mmol/LdNTP

dATP(100mmol/L)	20μL
dTTP(100mmol/L)	20μL
dGTP(100mmol/L)	20μL
dCTP(100mmol/L)	20μL

灭菌双蒸水	加至800μL

1.5 8pmol/μL PCR引物

上游引物ATXU(2 OD)加入701μl灭菌双蒸水溶解,下游引物ATXD(2 OD)加入697μL灭菌双蒸水溶解,分别取ATXU、ATXD溶液各300μL,混匀即为8pmol/μL 扩增引物。

1.6 0.5单位Taq DNA聚合酶

5单位Taq DNA聚合酶	1μL
灭菌双蒸水	加至10μL

现用现配。

1.7 10×PCR缓冲液

1.7.1 1mol/L三羟甲基氨基甲烷-盐酸(Tris-HCl)(pH9.0)

三羟基甲基氨基甲烷	15.8g
灭菌双蒸水	80mL
浓盐酸	调pH至9.0
灭菌双蒸水	加至100mL

1.7.2 10倍PCR缓冲液

1mol/L三羟基甲基氨基甲烷-盐酸(Tris-HCl)(pH9.0)	1mL
氯化钾	0.373g
曲拉通X-100	0.1mL
灭菌双蒸水	加至100mL

1.8 溴化乙锭(EB)溶液

溴化乙锭	0.2g
灭菌双蒸水	加至20mL

1.9 电泳缓冲液(50倍)

1.9.1 0.5mol/L乙二铵四乙酸二钠(EDTA)溶液 (pH8.0)

二水乙二铵四乙酸二钠	18.61g
灭菌双蒸水	80mL
氢氧化钠	调pH至8.0
灭菌双蒸水	加至100mL

1.9.2 TAE电泳缓冲液(50倍)

三羟基甲基氨基甲烷(Tris)	242g
冰乙酸	57.1mL
0.5mol/L乙二铵四乙酸二钠溶液(pH8.0)	100mL
灭菌双蒸水	加至1000mL

用时用灭菌双蒸水稀释使用

1.10 1.5%琼脂糖凝胶

琼脂糖	3g
TAE电泳缓冲液(50倍)	4mL
灭菌双蒸水	196mL

微波炉中完全融化,加溴化乙锭(EB)溶液20μL。

1.11 上样缓冲液

溴酚蓝0.2g,加双蒸水10mL过夜溶解。50g蔗糖加入50ml水溶解后,移入已溶解的溴酚蓝溶液中,摇匀定容至100mL。

1.12 其他试剂

异丙醇(分析纯)

70%乙醇

15mmoL/L氯化镁

灭菌双蒸水

2 器材

2.1 仪器

分析天平、高速离心机、真空干燥器、PCR扩增仪、电泳仪、电泳槽、紫外凝胶成像仪(或紫外分析仪)、液氮或-70℃冰箱、微波炉、组织研磨器、-20℃冰箱、可调移液器(2μL、20μL、200μL、1000μL)。

2.2 耗材

眼科剪、眼科镊、称量纸、20mL一次性注射器、1.5mL灭菌离心管、0.2mL薄壁PCR管、琼脂糖、500mL量筒、500mL锥形瓶、吸头(10μL、200μL、1000μL)、灭菌双蒸水。

2.3 引物设计

根据GenBank上已发表的炭疽杆菌POX1质粒序列,设计并合成了以下两条引物:

ATXU:5'-AGAATGTATCACCAGAGGC-3' ATXD:5'-GTTGTAGATTGGAGCCGTC-3',此对引物扩增片段为394bp。

2.4 样品的采集与处理

2.4.1 样品的采集

病死或扑杀的动物取肝脏或脾;待检的活动物,用注射器取血5~10mL,2℃~8℃保存,送实验室检测。

2.4.2 样品的处理

每份样品分别处理。

2.4.2.1 组织样品处理

称取待检病料0.2g,置研磨器中剪碎并研磨,加入2mL消化液继续研磨。取已研磨好的待检病料上清100μL加入1.5mL灭菌离心管中,再加入500μL消化液和10μL蛋白酶K溶液,混匀后,置55℃水浴中4~16h。

2.4.2.2 待检菌的处理

取培养获得的菌落,重悬于生理盐水中。取其悬液100μL加入1.5mL灭菌离心管中,再加入500μL消化液和10μL蛋白酶K溶液,混匀后,置55℃水浴中过夜。

2.4.2.3 全血样品处理

待血凝后取上清放于离心管中,4℃ 8000g离心5分钟,取上清100μL,加入500μL消化液和10μL蛋白酶K溶液,混匀后,置55℃水浴中过夜。

2.4.2.4 阳性对照处理

取培养的炭疽杆菌,重悬于生理盐水中。取其悬液100μL,置1.5 mL灭菌离心管中,加入500μL消化液和10μL蛋白酶K溶液,混匀后,置55℃水浴中过夜。

2.4.2.5 阴性对照处理

取灭菌双蒸水100μL,置1.5 mL灭菌离心管中,加入500μL 消化液10μl蛋白酶K溶液,混匀后,置55℃水浴中过夜。

2.5　DNA模板的提取

2.5.1　取出已处理的样品及阴、阳对照，加入600μL酚/氯仿/异戊醇混合液，用力颠倒10次混匀，12000 g离心10分钟。

2.5.2　取上清置1.5mL灭菌离心管中，加入等体积异丙醇，混匀，置液氮中3分钟。取出样品管，室温融化，15000rpm离心15分钟。

2.5.3　弃上清，沿管壁缓缓滴入1ml 70%乙醇，轻轻旋转洗一次后倒掉，将离心管倒扣于吸水纸上1分钟，真空抽干15分钟（以无乙醇味为准）。

2.5.4　取出样品管，用50μL灭菌双蒸水溶解沉淀，作为模板备用。

2.6　PCR扩增

总体积20μl，取灭菌双蒸水8μl，2.5mmol/L dNTP、8pmol/μL扩增引物、15mmol/L氯化镁、10×PCR缓冲液、0.5单位TaqDNA聚合酶各2μL，2μL模板DNA。混匀，作好标记，加入矿物油20μL覆盖（有热盖的自动DNA热循环仪不用加矿物油）。扩增条件为94℃ 3 min后，94℃ 30s，58℃ 30s，72℃ 30s循环35次，72℃延伸5分钟。

2.7　电泳

将PCR扩增产物15μL混合3μL上样缓冲液，点样于1.5%琼脂糖凝胶孔中，以5V/cm电压于1×TAE缓冲液中电泳，紫外凝胶成像仪下观察结果。

2.8　结果判定

在阳性对照出现394bp扩增带、阴性对照无带出现（引物带除外）时，试验结果成立。被检样品出现394bp扩增带为炭疽杆菌阳性，否则为阴性。

附件2

无害化处理

1　炭疽动物尸体处理

应结合远离人们生活、水源等因素考虑，因地制宜，就地焚烧。如需移动尸体，先用5%福尔马林消毒尸体表面，然后搬运，并将原放置尸地及尸体天然孔出血及渗出物用5%福尔马林浸渍消毒数次，在搬运过程中避免污染沿途路段。焚烧时将尸体垫起，用油或木柴焚烧，要求燃烧彻底。无条件进行焚烧处理时，也可按规定进行深埋处理。

2　粪肥、垫料、饲料的处理

被污染的粪肥、垫料、饲料等，应混以适量干碎草，在远离建筑物和易燃品处堆积彻底焚烧，然后取样检验，确认无害后，方可用作肥料。

3　房屋、厩舍处理

开放式房屋、厩舍可用5%福尔马林喷洒消毒三遍，每次浸渍2小时。也可用20%漂白粉液喷雾，200mL/m^2作用2小时。对砖墙、土墙、地面污染严重处，在离开易燃品条件下，亦可先用酒精或汽油喷灯地毯式喷烧一遍，然后再用5%福尔马林喷洒消毒三遍。

对可密闭房屋及室内橱柜、用具消毒，可用福尔马林熏蒸。在室温18℃条件下，对每25 ~ 30m^3空间，用10%浓甲醛液（内含37%甲醛气体）约4000ml，用电煮锅蒸4小时。蒸前先将门窗关闭，通风孔隙用高粘胶纸封严，工作人员戴专用防毒面具操作。密封8～12小时后，打开门窗换气，然后使用。

熏蒸消毒效果测定，可用浸有炭疽弱毒菌芽孢的纸片，放在含组氨酸的琼脂平皿上，待熏后取出置37℃培养24小时，如无细菌生长即认为消毒有效。

也可选择其他消毒液进行喷洒消毒，如4%戊二醛（pH8.0～8.5）2小时浸洗、5%甲醛（约15%福尔马林）2小时、3% H_2O_2 2小时或过氧乙酸2小时。其中，H_2O_2和过氧乙酸不宜用于有血液存在的环境消毒；过氧乙酸不宜用于金属器械消毒。

4 泥浆、粪汤处理

猪、牛等动物死亡污染的泥浆、粪汤，可用20%漂白粉液1份（处理物2份），作用2小时；或甲醛溶液50～100ml/m^3比例加入，每天搅拌1～2次，消毒4天，即可撒到野外或田里，或掩埋处理（即作深埋处理）。

5 污水处理

按水容量加入甲醛溶液，使其含甲醛液量达到5%，处理10小时；或用3%过氧乙酸处理4小时；或用氯胺或液态氯加入污水，于pH4.0时加入有效氯量为4mg/L，30分钟可杀灭芽孢，一般加氯后作用2小时流放一次。

6 土壤处理

炭疽动物倒毙处的土壤消毒，可用5%甲醛溶液500mL/m^2消毒三次，每次2小时，间隔1小时。亦可用氯胺或10%漂白粉乳剂浸渍2小时，处理2次，间隔1小时。亦可先用酒精或柴油喷灯喷烧污染土地表面，然后再用5%甲醛溶液或漂白粉乳剂浸渍消毒。

7 衣物、工具及其他器具处理

耐高温的衣物、工具、器具等可用高压蒸汽灭菌器在121℃高压蒸汽灭菌1小时；不耐高温的器具可用甲醛熏蒸，或用5%甲醛溶液浸渍消毒。运输工具、家具可用10%漂白粉液或1%过氧乙酸喷雾或擦拭，作用1～2小时。凡无使用价值的严重污染物品可用火彻底焚毁消毒。

8 皮、毛处理

皮毛、猪鬃、马尾的消毒，采用97%～98%的环氧乙烷、2%的CO_2、1%的十二氟混合液体，加热后输入消毒容器内，经48小时渗透消毒，启开容器换气，检测消毒效果。但须注意，环氧乙烷的熔点很低（<0℃），在空气中浓度超过3%，遇明火即易燃烧发生爆炸，必须低温保存运输，使用时应注意安全。

骨、角、蹄在制作肥料或其他原料前，均应彻底消毒。如采用121℃高压蒸汽灭菌；或5%甲醛溶液浸泡；或用火焚烧。

十四、J-亚群禽白血病防治技术规范

J-亚群禽白血病(Avian Leukosis Virus-J Subgroup,简称ALV-J),是由反转录病毒ALV-J引起的主要侵害骨髓细胞,导致骨髓细胞瘤(ML)和其他不同细胞类型恶性肿瘤为特征的禽的肿瘤性传染性疾病。我国将其列为二类动物疫病。

为了预防、控制和消灭J-亚群禽白血病,依据《中华人民共和国动物防疫法》及有关的法律法规,特制定本规范。

1 适用范围

本规范规定了J-亚群禽白血病的诊断、疫情报告、疫情处理和预防措施。

本规范适用于中华人民共和国境内一切从事家禽饲养、经营及其产品的生产、经营,以及从事动物防疫活动的单位和个人。

2 诊断

根据本病流行病学特点、剖检病变和组织病理学变化可以做出初步诊断;确诊须进行病毒分离鉴定。

2.1 流行病学

所有品系的肉用型鸡都易感。蛋用型鸡较少发病。

病鸡或病毒携带鸡为主要传染源,特别是病毒血症期的鸡。与经典的ALV相似,ALV-J主要通过种蛋(存在于蛋清及胚体中)垂直传播,也可通过与感染鸡或污染的环境接触而水平传播。垂直传播而导致的先天性感染的鸡常可产生对病毒的免疫耐受,雏鸡表现为持续性病毒血症,体内无抗体并向外排毒。

2.2 临床症状:

潜伏期较长,因病毒株不同、鸡群的遗传背景差异等而不同。

最早可见5周龄鸡发病,但主要发生于18~25周龄的性成熟前后鸡群。总死亡率一般为2%~8%,但有时可超过10%。

2.3 剖检病变

特征性病变是肝脏、脾脏肿大,表面有弥漫性的灰白色增生性结节。在肾脏、卵巢和睾丸也可见广泛的肿瘤组织。有时在胸骨、肋骨表面出现肿瘤结节,也可见于盆骨、髋关节、膝关节周围以及头骨和椎骨表面。在骨膜下可见白色石灰样增生的肿瘤组织。

2.4 实验室诊断

2.4.1 病原分离鉴定(附件1)

2.4.2 组织病理学诊断

在HE染色切片中,可见增生的髓细胞样肿瘤细胞,散在或形成肿瘤结节。髓细胞样瘤细胞形体较大,细胞核呈空泡状,细胞浆较多,可见嗜酸性颗粒。

2.4.3 血清学诊断

采用J-亚群禽白血病酶联免疫吸附试验(ELISA)检测J-亚群禽白血病病毒抗体(附件2)。

2.5 结果判定

2.5.1 符合2.1、2.2和2.3的,临床诊断为疑似J-亚群禽白血病。

2.5.2 确诊

符合结果判定2.5.1,且符合实验室诊断2.4.1或2.4.2的。

采用2.4.3,检测为阳性,表明被检鸡群感染了J-亚群禽白血病病毒;检测为阴性,表明被检鸡群未感染J-亚群禽白血病病毒。

3 疫情报告

3.1 任何单位和个人发现患有本病或疑似本病的禽类,应及时向当地动物防疫监督机构报告。

3.2 当地动物防疫监督机构接到疫情报告后,按国家动物疫情报告管理的有关规定执行。

4 疫情处理

根据流行病学特点、临床症状、剖检病变,结合病原分离鉴定、组织病理学和血清学检测做出的诊断结果可作为疫情处理的依据。

4.1 发现疑似疫情时,养殖户应立即将病禽及其同群禽隔离,并限制其移动。当地动物防疫监督机构要及时派员到现场进行调查核实,包括流行病学调查、临床症状检查、病理解剖、采集病料、实验室诊断等,根据诊断结果采取相应措施。

4.2 当疫情呈散发时,须对发病禽群进行扑杀和无害化处理(按照GB 16548进行)。同时,对禽舍和周围环境进行消毒(附件3),对受威胁禽群进行观察。

4.3 当疫情呈暴发时按照以下要求处理

4.3.1 划定疫点、疫区、受威胁区

由所在地县级以上(含县级)兽医主管部门划定疫点、疫区、受威胁区。

疫点:指患病禽类所在的地点。一般是指患病禽类所在的禽场(户)或其他有关屠宰、经营单位;如为农村散养,应将自然村划为疫点。

疫区:指疫点外延3公里范围内区域。疫区划分时,应注意考虑当地的饲养环境和天然屏障(如河流、山脉等)。

受威胁区:指疫区外延5公里范围内的区域。

4.3.2 处置要求

在动物防疫监督机构的监督指导下,扑杀发病禽群,并对扑杀禽和病死禽只进行无害化处理;对环境和设施进行消毒;对粪便及其他可能被污染的物品,按照GB 16548进行无害化处理;禁止疫区内易感动物移动、交易。

禽类尸体需要运送时,应使用防漏容器,并在动物防疫监督机构的监督下实施。

4.3.3 进行疫源分析和流行病学调查

4.3.4 处理记录

对处理疫情的全过程必须做好完整的详细记录,以备检查。

5 预防与控制

实行净化种群为主的综合性防治措施。

5.1 加强饲养管理,提高环境控制水平

饲养、生产、经营等场所必须符合《动物防疫条件审核管理办法》(农业部15号令)的要求,并须取得动物防疫合格证。

饲养场实行全进全出饲养方式,控制人员出入,严格执行清洁和消毒程序。

5.2 加强消毒管理,做好基础防疫工作

各饲养场、屠宰厂(场)、动物防疫监督检查站等要建立严格的卫生(消毒)管理制度。

5.3 监测

养禽场应做好死亡鸡肿瘤发生情况的记录,并接受动物防疫监督机构监督。

5.4 引种检疫

国内异地引入种禽时,应经引入地动物防疫监督机构审核批准,并取得原产地动物防疫监督机构出具的无J-亚群禽白血病证明和检疫合格证明。

附件1

J-亚群禽白血病病原分离

1 鸡胚成纤维细胞(CEF)的制备

取10~12日龄SPF鸡胚按常规方法制备CEF,置于35~60mm平皿或小方瓶中。待细胞单层形成后,减少维持用培养液中的血清至1%左右。

2 病料的处理和接种

2.1 血清或血浆样品:从疑似病鸡无菌采血分离血清或血浆,于35~60mm带CEF的平皿或小方瓶中加入0.2~0.5mL血清或血浆样品。

肝、脾、肾组织样品:取一定量(1~2克)组织研磨成匀浆后,按1:1加入无菌的PBS,置于1.5mL离心管中10000 g离心20分钟,用无菌吸头取出上清液,移入另一无菌离心管中,再于10000 g离心20分钟,按10000IU/mL量加入青霉素后,在带有CEF的平皿或小方瓶中接种0.2~0.5mL。

2.2 接种后浆平皿或小方瓶置于37℃中培养3小时后,重新更换培养液,继续培养7天,其间应更换1次培养液。

2.3 以常规方法,用胰酶溶液将感染的CEF单层消化后,再作为第2代细胞接种于另一块带有3~4片载玻片的35~60mm平皿中,继续培养7天。

3 病毒的检测

用以下方法之一检测病毒。

3.1 IFA:将带有感染的CEF的载玻片取出,用丙酮—乙醇(7:3)混合液固定后,用ALV—J单克隆抗体或单因子血清及FITC标记的抗小鼠或抗鸡Ig标记抗体按通常的方法做间接荧光试验。在荧光显微镜下观察有关呈病毒特异性荧光的细胞。

3.2 PCR:从CEF悬液提取基因组DNA作为模板,以已发表的ALV-J特异性引物为引物,直接测序;或克隆后提取原核测序,将测序结果与已发表的ALV-J原型株比较,基因序列同源性应在85%以上。

注意:由于内源性ALV的干扰作用,按严格要求,病毒应接种在对内源性ALV有抵抗作用的CEF/E品系鸡来源的细胞或细胞系(如DF1)。但我国多数实验室无法做到这点,在结果判定时会有一点风险。如果3.1、3.2都做了,相互验证,可以大大减少风险。

附件2

J-亚群禽白血病酶联免疫吸附试验(ELISA)

本方法可检测鸡血清中J-亚群禽白血病病毒抗体。适用于J-亚群禽白血病病毒水平感染的群体普查。

1 样品准备

检测之前要用样品稀释液将被检样品进行500倍稀释(如:1μL的样品可以用样品稀释液稀释到500μL)。注意不要稀释对照。不同的样品要注意换吸头。在将样品加入检测板前要将样品充分混匀。

2 洗涤液制备

(10X)浓缩的洗涤液在使用前必须用蒸馏水或去离子水进行10倍稀释。如果浓缩液中含有结晶,在使用前必须将它融化。(如:30mL的浓缩洗涤液和270mL的蒸馏水或去离子水充分混合配成)。

3 操作步骤

将试剂恢复至室温,并将其振摇混匀后进行使用。

3.1 抗原包被板并在记录表上标记好被检样品的位置。

3.2 取100μL不需稀释的阴性对照液加入A1孔和A2孔中。

3.3 取100μL不需稀释的阳性对照液加入A3孔和A4孔中。

3.4 取100μL稀释的被检样品液加入相应的孔中。所有被检样品都应进行双孔测定。

3.5 室温下孵育30分钟。

3.6 每孔加约350μL的蒸馏水或去离子水进行洗板,洗3~5次。

3.7 每孔加100μL的酶标羊抗鸡抗体(HRPO)。

3.8 室温下孵育30分钟。

3.9 重复第6步。

3.10 每孔加100μL的TMB底物液。

3.11 室温下孵育15分钟。

3.12 每孔加100μL的终止液。

3.13 酶标仪空气调零。

3.14 测定并记录各孔于650nm波长的吸光值(A650)。

4 结果判定

4.1 阳性对照平均值和阴性对照平均值的差值大于0.10,阴性对照平均值小于或等于0.150,该检测结果才能有效。

4.2 被检样品的抗体水平由其测定值与阳性对照测定值的比值(S/P)确定。抗体滴度按下列方程式进行计算。

阴性对照平均值NC=[A1(A650)+A2(A650)]/2

阳性对照平均值PC=[A3(A650)+A4(A650)]/2

S/P比值=(样品平均值-NC)/(PC-NC)

4.3 S/P比值小于或等于0.6,判为阴性。

4.4 S/P值大于0.6,判为阳性,表明被检血清中存在J-亚群禽白血病病毒抗体。

附件3

消　毒

1　消毒前的准备

1.1　消毒前必须清除有机物、污物、粪便、饲料、垫料等；

1.2　消毒药品必须选用对J-亚群禽白血病病毒有效的，如烧碱、醛类、氧化剂类、酚制剂类、氯制剂类、双季铵盐类等。

1.3　备有喷雾器、火焰喷射枪、消毒车辆、消毒防护器械（如口罩、手套、防护靴等）、消毒容器等。

1.4　注意消毒剂不可混用.

2　消毒范围

禽舍地面及内外墙壁，舍外环境；饲养、饮水等用具，运输等设施设备以及其他一切可能被污染的场所和设施设备。

3　消毒方法

3.1　金属设施设备的消毒，可采取火焰、熏蒸等方法消毒；

3.2　圈舍、场地、车辆等，可采用消毒液清洗、喷洒等方法消毒；

3.3　养禽场的饲料、垫料等，可采取深埋发酵处理或焚烧处理等方法消毒；

3.4　粪便等可采取堆积密封发酵或焚烧处理等方法消毒；

3.5　饲养、管理等人员可采取淋浴等方法消毒；

3.6　衣帽鞋等可能被污染的物品，可采取浸泡、高压灭菌等方法消毒；

3.7　疫区范围内办公、饲养人员的宿舍、公共食堂等场所，可采用喷洒的方法消毒；

3.8　屠宰加工、贮藏等场所以及区域内池塘等水域的消毒可采取相应的方法进行，并避免造成有害物质的污染。

十五、高致病性猪蓝耳病防治技术规范

高致病性猪蓝耳病是由猪繁殖与呼吸综合征(俗称蓝耳病)病毒变异株引起的一种急性高致死性疫病。仔猪发病率可达100%、死亡率可达50%以上,母猪流产率可达30%以上,育肥猪也可发病死亡是其特征。

为及时、有效地预防、控制和扑灭高致病性猪蓝耳病疫情,依据《中华人民共和国动物防疫法》、《重大动物疫情应急条例》和《国家突发重大动物疫情应急预案》及有关的法律法规,制定本规范。

1 适用范围

本规范规定了高致病性猪蓝耳病诊断、疫情报告、疫情处置、预防控制、检疫监督的操作程序与技术标准。

本规范适用于中华人民共和国境内一切与高致病性猪蓝耳病防治活动有关的单位和个人。

2 诊断

2.1 诊断指标

2.1.1 临床指标

体温明显升高,可达41℃以上;眼结膜炎、眼睑水肿;咳嗽、气喘等呼吸道症状;部分猪后躯无力、不能站立或共济失调等神经症状;仔猪发病率可达100%、死亡率可达50%以上,母猪流产率可达30%以上,成年猪也可发病死亡。

2.1.2 病理指标

可见脾脏边缘或表面出现梗死灶,显微镜下见出血性梗死;肾脏呈土黄色,表面可见针尖至小米粒大出血点斑,皮下、扁桃体、心脏、膀胱、肝脏和肠道均可见出血点和出血斑。显微镜下见肾间质性炎,心脏、肝脏和膀胱出血性、渗出性炎等病变;部分病例可见胃肠道出血、溃疡、坏死。

2.1.3 病原学指标

2.1.3.1 高致病性猪蓝耳病病毒分离鉴定阳性。

2.1.3.2 高致病性猪蓝耳病病毒反转录聚合酶链式反应(RT-PCR)检测阳性。

2.2结果判定

2.2.1 疑似结果

符合2.1.1和2.1.2,判定为疑似高致病性猪蓝耳病。

2.2.2 确诊

符合2.2.1,且符合2.1.3.1和2.1.3.2之一的,判定为高致病性猪蓝耳病。

3 疫情报告

3.1 任何单位和个人发现猪出现急性发病死亡情况,应及时向当地动物疫控机构报告。

3.2 当地动物疫控机构在接到报告或了解临床怀疑疫情后,应立即派员到现场进行初步调查核实,符合2.2.1规定的,判定为疑似疫情。

3.3 判定为疑似疫情时,应采集样品进行实验室诊断,必要时送省级动物疫控机构或国家指定实验室。

3.4 确认为高致病性猪蓝耳病疫情时,应在2个小时内将情况逐级报至省级动物疫控机构和同级兽医行政管理部门。省级兽医行政管理部门和动物疫控机构按有关规定向农业部报告疫情。

3.5 国务院兽医行政管理部门根据确诊结果,按规定公布疫情。

4 疫情处置

4.1 疑似疫情的处置

对发病场/户实施隔离、监控,禁止生猪及其产品和有关物品移动,并对其内、外环境实施严格的消毒措施。对病死猪、污染物或可疑污染物进行无害化处理。必要时,对发病猪和同群猪进行扑杀并无害化处理。

4.2 确认疫情的处置

4.2.1 划定疫点、疫区、受威胁区

由所在地县级以上兽医行政管理部门划定疫点、疫区、受威胁区。

疫点:为发病猪所在的地点。规模化养殖场/户,以病猪所在的相对独立的养殖圈舍为疫点;散养猪以病猪所在的自然村为疫点;在运输过程中,以运载工具为疫点;在市场发现疫情,以市场为疫点;在屠宰加工过程中发现疫情,以屠宰加工厂/场为疫点。

疫区:指疫点边缘向外延3公里范围内的区域。根据疫情的流行病学调查、免疫状况、疫点周边的饲养环境、天然屏障(如河流、山脉等)等因素综合评估后划定。

受威胁区:由疫区边缘向外延伸5公里的区域划为受威胁区。

4.2.2 封锁疫区

由当地兽医行政管理部门向当地县级以上人民政府申请发布封锁令,对疫区实施封锁:在疫区周围设置警示标志;在出入疫区的交通路口设置动物检疫消毒站,对出入的车辆和有关物品进行消毒;关闭生猪交易市场,禁止生猪及其产品运出疫区。必要时,经省级人民政府批准,可设立临时监督检查站,执行监督检查任务。

4.2.3 疫点应采取的措施

扑杀所有病猪和同群猪;对病死猪、排泄物、被污染饲料、垫料、污水等进行无害化处理;对被污染的物品、交通工具、用具、猪舍、场地等进行彻底消毒。

4.2.4 疫区应采取的措施

对被污染的物品、交通工具、用具、猪舍、场地等进行彻底消毒;对所有生猪用高致病性猪蓝耳病灭活疫苗进行紧急强化免疫,并加强疫情监测。

4.2.5 受威胁区应采取的措施

对受威胁区所有生猪用高致病性猪蓝耳病灭活疫苗进行紧急强化免疫,并加强疫情监测。

4.2.6 疫源分析与追踪调查

开展流行病学调查,对病原进行分子流行病学分析,对疫情进行溯源和扩散风险评估。

4.2.7 解除封锁

疫区内最后一头病猪扑杀或死亡后14天以上,未出现新的疫情;在当地动物疫控机构的监督指导下,对相关场所和物品实施终末消毒。经当地动物疫控机构审验合格,由当地兽医行政管理部门提出申请,由原发布封锁令的人民政府宣布解除封锁。

4.3 疫情记录

对处理疫情的全过程必须做好完整详实的记录(包括文字、图片和影像等),并归档。

5 预防控制

5.1 监测

5.1.1 监测主体

县级以上动物疫控机构。

5.1.2 监测方法

流行病学调查、临床观察、病原学检测。

5.1.3 监测范围

5.1.3.1 养殖场／户，交易市场、屠宰厂/场、跨县调运的生猪。

5.1.3.2 对种猪场、隔离场、边境、近期发生疫情及疫情频发等高风险区域的生猪进行重点监测。

5.1.4 监测预警

各级动物疫控机构对监测结果及相关信息进行风险分析，做好预警预报。

农业部指定的实验室对分离到的毒株进行生物学和分子生物学特性分析与评价，及时向国务院兽医行政管理部门报告。

5.1.5 监测结果处理

按照《国家动物疫情报告管理办法》的有关规定将监测结果逐级汇总上报至国家动物疫控机构。

5.2 免疫

5.2.1 对所有生猪用高致病性猪蓝耳病灭活疫苗进行免疫，免疫方案见《猪病免疫推荐方案(试行)》。发生高致病性猪蓝耳病疫情时，用高致病性猪蓝耳病灭活疫苗进行紧急强化免疫。

5.2.2 养殖场/户必须按规定建立完整免疫档案，包括免疫登记表、免疫证、畜禽标识等。

5.2.3 各级动物疫控机构定期对免疫猪群进行免疫抗体水平监测，根据群体抗体水平消长情况及时加强免疫。

5.3 加强饲养管理，实行封闭饲养，建立健全各项防疫制度，做好消毒、杀虫灭鼠等工作。

6 检疫监督

6.1 产地检疫

生猪在离开饲养地之前，养殖场／户必须向当地动物卫生监督机构报检。动物卫生监督机构接到报检后必须及时派员到场／户实施检疫。检疫合格后，出具合格证明；对运载工具进行消毒，出具消毒证明，对检疫不合格的按照有关规定处理。

6.2 屠宰检疫

动物卫生监督机构的检疫人员对生猪进行验证查物，合格后方可入厂／场屠宰。检疫合格并加盖(封)检疫标志后方可出厂／场，不合格的按有关规定处理。

6.3 种猪异地调运检疫

跨省调运种猪时，应先到调入地省级动物卫生监督机构办理检疫审批手续，调出地按照规范进行检疫，检疫合格方可调运。到达后须隔离饲养14天以上，由当地动物卫生监督机构检疫合格后方可投入使用。

6.4 监督管理

6.4.1 动物卫生监督机构应加强流通环节的监督检查，严防疫情扩散。生猪及产品凭检疫合格证(章)和畜禽标识运输、销售。

6.4.2 生产、经营动物及动物产品的场所，必须符合动物防疫条件，取得动物防疫合格证。当地动物卫生监督机构应加强日常监督检查。

6.4.3 任何单位和个人不得随意处置及转运、屠宰、加工、经营、食用病(死)猪及其产品。

十六、猪链球菌病应急防治技术规范

猪链球菌病(Swine streptococosis)是由溶血性链球菌引起的人畜共患疫病,该病是我国规定的二类动物疫病。

为指导各地猪链球菌病防治工作,保护畜牧业发展和人的健康安全,根据《中华人民共和国动物防疫法》和《国家突发重大动物疫情应急预案》等有关规定,制定本规范。

1 适用范围

本规范规定了猪链球菌病的诊断、疫情报告、疫情处理、防治措施。

本规范适用于中华人民共和国境内的一切从事生猪饲养、屠宰、运输和生猪产品加工、储藏、销售、运输,以及从事动物防疫活动的单位和个人。

2 诊断

根据流行特点、临床症状、病理变化、实验室检验等作出诊断。

2.1 流行特点

猪、马属动物、牛、绵羊、山羊、鸡、兔、水貂等以及一些水生动物均有易感染性。不向年龄、品种和性别猪均易感。

猪链球菌也可感染人。

本菌除广泛存在于自然界外,也常存在于正常动物和人的呼吸道、消化道、生殖道等。感染发病动物的排泄物、分泌物、血液、内脏器官及关节内均有病原体存在。

病猪和带菌猪是本病的主要传染源,对病死猪的处置不当和运输工具的污染是造成本病传播的重要因素。

本病主要经消化道、呼吸道和损伤的皮肤感染。

本病一年四季均可发生,夏秋季多发。呈地方性流行,新疫区可呈暴发流行,发病率和死亡率较高。老疫区多呈散发,发病率和死亡率较低。

2.2 临床症状

2.2.1 本规范规定本病的潜伏期为7天。

2.2.2 可表现为败血型、脑膜炎型和淋巴结脓肿型等类型。

2.2.2.1 败血型:分为最急性、急性和慢性三类。

最急性型 发病急、病程短,常无任何症状即突然死亡。体温高达41℃-43℃,呼吸迫促,多在24小时内死于败血症。

急性型 多突然发生,体温升高40℃~43℃,呈稽留热。呼吸迫促,鼻镜干燥,从鼻腔中流出浆液性或脓性分泌物。结膜潮红,流泪。颈部、耳廓、腹下及四肢下端皮肤呈紫红色,并有出血点。多在1-3天死亡。

慢性型 表现为多发性关节炎。关节肿胀,跛行或瘫痪,最后因衰弱、麻痹致死。

2.2.2.2 脑膜炎型:以脑膜炎为主,多见于仔猪。主要表现为神经症状,如磨牙、口吐白沫,转圈运动,抽搐、倒地四肢划动似游泳状,最后麻痹而死。病程短的几小时,长的1-5天,致死率极高。

2.2.2.3 淋巴结脓肿型:以颌下、咽部、颈部等处琳巴结化脓和形成脓肿为特征。

2.3 病理变化

2.3.1 致血型:剖检可见鼻黏膜紫红色、充血及出血,喉头、气管充血,常有大量泡沫。肺充血肿胀。全身淋巴结有不同程度的肿大、充血和出血。脾肿大1-3倍,呈暗红色,边缘有黑红色出血性梗死区。胃和小肠黏膜有不同程度的充血和出血,肾肿大、充血和出血,脑膜充血和出血,有的脑切面可见针尖大的出血点。

2.3.2 脑膜炎型:剖检可见脑膜充血、出血甚至溢血,个别脑膜下积液,脑组织切面有点状出血,其他病变与败血型相同。

2.3.3 淋巴结脓肿型:剖检可见关节腔内有黄色胶胨样或纤维素性、脓性渗出物,琳巴结脓肿。有些病例心瓣膜上有菜花样赘生物。

2.4 实验室检验

2.4.1 涂片镜检:组织触片或血液涂片,可见革兰氏阳性球形或卵圆形细菌,无芽胞,有的可形成荚膜,常呈单个、双连的细菌,偶见短链排列。

2.4.2 分离培养:该菌为需氧或兼性厌氧,在血液琼脂平板上接种,37℃培养24小时,形成无色露珠状细小菌落,菌落周围有溶血现象。镜检可见长短不一链状排列的细菌。

2.4.3 必要时用PCR方法进行菌型鉴定。

2.5 结果判定

2.5.1 下列情况之一判定为疑似猪链球菌病

2.5.1.1 符合临床症状2.2.2.1、2.2.2.2、2.2.2.3之一的。

2.5.1.2 符合剖检病变2.3.1、2.3.2、2.3.3之一的。

2.5.2 确诊

符合2.5.1.1、2.5.1.2之一,且符合2.4.1、2.4.2、2.4.3之一的。

3 疫情报告

3.1 任何单位和个人发现患有本病或疑似本病的猪,都应当及时向当地动物防疫监督机构报告。

3.2 当地动物防疫监督机构接到疫情报告后,按国家动物疫情报告管理的有关规定上报。

3.3 疫情确诊后,动物防疫监督机构应及时上报同级兽医行政主管部门,由兽医行政主管部门通报同级卫生部门。

4 疫情处理

根据流行病学、临床症状、剖检病变,结合实验室检验做出的诊断结果可作为疫情处理的依据。

4.1 发现疑似猪链球菌病疫情时,当地动物防疫监督机构要及时派员到现场进行流行病学调查、临床症状检查等,并采样送检。确认为疑似猪链球菌病疫情时,应立即采取隔离、限制移动等防控措施。

4.2 当确诊发生猪链球菌病疫情时,按下列要求处理

4.2.1 划定疫点、疫区、受威胁区

由所在地县级以上兽医行政主管部门划定疫点、疫区、受威胁区。

疫点:指患病猪所在地点。一般是指患病猪及同群畜所在养殖场(户组)或其他有关屠宰、经营单位。

疫区:指以疫点为中心,半径1公里范围内的区域。在实际划分疫区时,应考虑当地饲养环境和自然屏障(如河流、山脉等)以及气象因素,科学确定疫区范围。

受威胁区:指疫区外顺延3公里范围内的区域。

4.2.2 本病呈零星散发时,应对病猪作无血扑杀处理,对同群猪立即进行强制免疫接种或用药物

预防,并隔离观察14天。必要时对同群猪进行扑杀处理。对被扑杀的猪、病死猪及排泄物、可能被污染饲料、污水等按有关规定进行无害化处理;对可能被污染的物品、交通工具、用具、畜舍进行严格彻底消毒。疫区、受威胁区所有易感动物进行紧急免疫接种。

4.2.3 本病呈暴发流行时(一个乡镇30天内发现50头以上病猪、或者2个以上乡镇发生),由省级动物防疫监督机构用PCR方法进行菌型鉴定,同时报请县级人民政府对疫区实行封锁;县级人民政府在接到封锁报告后,应在24小时内发布封锁令,并对疫区实施封锁。疫点、疫区和受威胁区采取的处理措施如下:

4.2.3.1 疫点:出入口必须设立消毒设施。限制人、畜、车辆进出和动物产品及可能受污染的物品运出。对疫点内畜舍、场地以及所有运载工具、饮水用具等必须进行严格彻底地消毒。

应对病猪作无血扑杀处理,对同群猪立即进行强制免疫接种或用药物预防,并隔离观察14天。必要时对同群猪进行扑杀处理。对病死猪及排泄物、可能被污染饲料、污水等按附件的要求进行无害化处理;对可能被污染的物品、交通工具、用具、畜舍进行严格彻底消毒。

4.2.3.2 疫区:交通要道建立动物防疫监督检查站,派专人监管动物及其产品的流动,对进出人员、车辆须进行消毒。停止疫区内生猪的交易、屠宰、运输、移动。对畜舍、道路等可能污染的场所进行消毒。对疫区内的所有易感动物进行紧急免疫接种。

4.2.3.3 受威胁区:对受威胁区内的所有易感动物进行紧急免疫接种。对猪舍、场地以及所有运载工具、饮水用具等进行严格彻底地消毒。

4.2.4 无害化处理

对所有病死猪、被扑杀猪及可能被污染的产品(包括猪肉、内脏、骨、血、皮、毛等)按照GB 16548《畜禽病害肉尸及其产品无害化处理规程》执行;对于猪的排泄物和被污染或可能被污染的垫料、饲料等物品均需进行无害化处理。猪尸体需要运送时,应使用防漏容器,并在动物防疫监督机构的监督下实施。

4.2.5 紧急预防

4.2.5.1 对疫点内的同群健康猪和疫区内的猪,可使用高敏抗菌药物进行紧急预防性给药。

4.2.5.2 对疫区和受威胁区内的所有猪按使用说明进行紧急免疫接种,建立免疫档案。

4.2.6 进行疫源分析和流行病学调查。

4.2.7 封锁令的解除

疫点内所有猪及其产品按规定处理后,在动物防疫监督机构的监督指导下,对有关场所和物品进行彻底消毒。最后一头病猪扑杀14天后,经动物防疫监督机构审验合格,由当地兽医行政管理部门向原发布封锁令的同级人民政府申请解除封锁。

4.2.8 处理记录

对处理疫情的全过程必须做好完整的详细记录,以备检查。

5 参与处理疫情的有关人员,应穿防护服、胶鞋,戴口罩和手套,做好自身防护。

十七、狂犬病防治技术规范

狂犬病(Rabies)是由弹状病毒科狂犬病毒属狂犬病毒引起的人兽共患烈性传染病。我国将其列为二类动物疫病。

为了预防、控制和消灭狂犬病,依据《中华人民共和国动物防疫法》和其他有关法律法规,制定本技术规范。

1 适用范围

本规范规定了动物狂犬病的诊断、监测、疫情报告、疫情处理、预防与控制。

本规范适用于中华人民共和国境内一切从事饲养、经营动物和生产、经营动物产品,以及从事动物防疫活动的单位和个人。

2 诊断

2.1 流行特点

人和温血动物对狂犬病毒都有易感性,犬科、猫科动物最易感。发病动物和带毒动物是狂犬病的主要传染源,这些动物的唾液中含有大量病毒。本病主要通过患病动物咬伤、抓伤而感染,动物亦可通过皮肤或粘膜损伤处接触发病或带毒动物的唾液感染。

本病的潜伏期一般为6个月,短的为10天,长的可在一年以上。

2.2 临床特征

特征为狂躁不安、意识紊乱,死亡率可达100%。一般分为两种类型,即狂暴型和麻痹型。

2.2.1 犬

2.2.1.1 狂暴型:可分为前驱期、兴奋期和麻痹期。

前驱期:此期约为半天到两天。病犬精神沉郁,常躲在暗处,不愿和人接近或不听呼唤,强迫牵引则咬畜主;食欲反常,喜吃异物,喉头轻度麻痹,吞咽时颈部伸展;瞳孔散大,反射机能亢进,轻度刺激即易兴奋,有时望空捕咬;性欲亢进,嗅舔自己或其他犬的性器官,唾液分泌逐渐增多,后躯软弱。

兴奋期:此期约2~4天。病犬高度兴奋,表现狂暴并常攻击人、动物,狂暴发作往往和沉郁交替出现。病犬疲劳时卧地不动,但不久又立起,表现一种特殊的斜视惶恐表情,当再次受到外界刺激时,又出现一次新的发作。狂乱攻击,自咬四肢、尾及阴部等。随病势发展,陷于意识障碍,反射紊乱,狂咬;动物显著消瘦,吠声嘶哑,眼球凹陷,散瞳或缩瞳,下颌麻痹,流涎和夹尾等。

麻痹期:约1~2天。麻痹急剧发展,下颌下垂,舌脱出口外,流涎显著,不久后躯及四肢麻痹,卧地不起,最后因呼吸中枢麻痹或衰竭而死。

整个病程为6~8天,少数病例可延长到10天。

2.2.1.2 麻痹型:该型兴奋期很短或只有轻微兴奋表现即转入麻痹期。

表现喉头、下颌、后躯麻痹、流涎、张口、吞咽困难和恐水等,经2~4天死亡。

2.2.2 猫

一般呈狂暴型,症状与犬相似,但病程较短,出现症状后2~4天死亡。在发病时常蜷缩在阴暗处,受刺激后攻击其他猫、动物和人。

2.2.3 其他动物

牛、羊、猪、马等动物发生狂犬病时,多表现为兴奋、性亢奋、流涎和具有攻击性,最后麻痹衰竭致死。

2.3 实验室诊断

实验室诊断可采用以下方法。

2.3.1 免疫荧光试验(见GB/T18639)

2.3.2 小鼠和细胞培养物感染试验(见GB/T18639)

2.3.3 反转录-聚合酶链式反应检测(RT-PCR)(见附件)

2.3.4 内基氏小体(包涵体)检查(见GB/T18639)

2.4 结果判定

县级以上动物防疫监督机构负责动物狂犬病诊断结果的判定。

2.4.1 被发病动物咬伤或符合2.2特征的动物,判定为疑似患病动物。

2.4.2 具有2.3.3和2.3.4阳性结果之一的,判定为疑似患病动物。

2.4.3 具有2.3.1和2.3.2阳性结果之一的,判定为患病动物。

2.4.4 符合2.4.1,且具有2.3.3和2.3.4阳性结果之一的,判定为患病动物。

3 疫情报告

3.1 任何单位和个人发现有本病临床症状或检测呈阳性结果的动物,应当立即向当地动物防疫监督机构报告。

3.2 当地动物防疫监督机构接到疫情报告并确认后,按《动物疫情报告管理办法》及有关规定上报。

4 疫情处理

4.1 疑似患病动物的处理

4.1.1 发现有兴奋、狂暴、流涎、具有明显攻击性等典型症状的犬,应立即采取措施予以扑杀。

4.1.2 发现有被患狂犬病动物咬伤的动物后,畜主应立即将其隔离,限制其移动。

4.1.3 对动物防疫监督机构诊断确认的疑似患病动物,当地人民政府应立即组织相关人员对患病动物进行扑杀和无害化处理,动物防疫监督机构应做好技术指导,并按规定采样、检测,进行确诊。

4.2 确诊后疫情处理

确诊后,县级以上人民政府畜牧兽医行政管理部门应当按照以下规定划定疫点、疫区和受威胁区,并向当地卫生行政管理部门通报。当地人民政府应组织有关部门采取相应疫情处置措施。

4.2.1 疫点、疫区和受威胁区的划分

4.2.1.1 疫点

圈养动物,疫点为患病动物所在的养殖场(户);散养动物,疫点为患病动物所在自然村(居民小区);在流通环节,疫点为患病动物所在的有关经营、暂时饲养或存放场所。

4.2.1.2 疫区

疫点边缘向外延伸3公里所在区域。疫区划分时注意考虑当地的饲养环境和天然屏障(如河流、山脉等)。

4.2.1.3 受威胁区

疫区边缘向外延伸5公里所在区域。

4.2.2 采取的措施

4.2.2.1 疫点处理措施扑杀患病动物和被患病动物咬伤的其他动物,并对扑杀和发病死亡的动物进行无害化处理;对所有犬、猫进行一次狂犬病紧急强化免疫,并限制其流动;对污染的用具、笼具、场所等全面消毒。

4.2.2.2 疫区处理措施

对所有犬、猫进行紧急强化免疫；对犬圈舍、用具等定期消毒；停止所有犬、猫交易。发生重大狂犬病疫情时，当地县级以上人民政府应按照《重大动物疫情应急条例》和《国家突发重大动物疫情应急预案》的要求，对疫区进行封锁，限制犬类动物活动，并采取相应的疫情扑灭措施。

4.2.2.3 受威胁区处理措施对未免疫犬、猫进行免疫；停止所有犬、猫交易。

4.2.2.4 流行病学调查及监测发生疫情后，动物防疫监督机构应及时组织流行病学调查和疫源追踪；每天对疫点内的易感动物进行临床观察；对疫点内患病动物接触的易感动物进行一次抽样检测。

4.2.3 疫点、疫区和受威胁区的撤销

所有患病动物被扑杀并做无害化处理后，对疫点内易感动物连续观察30天以上，没有新发病例；疫情监测为阴性；按规定对疫点、疫区进行了终末消毒。符合以上条件，由原划定机关撤销疫点、疫区和受威胁区。动物防疫监督机构要继续对该地区进行定期疫情监测。

5 预防与控制

5.1 免疫接种

5.1.1 犬的免疫对所有犬实行强制性免疫。对幼犬按照疫苗使用说明书要求及时进行初免，以后所有的犬每年用弱毒疫苗加强免疫一次。采用其他疫苗免疫的，按疫苗说明书进行。

5.1.2 其他动物的免疫可根据当地疫情情况，根据需要进行免疫。

5.1.3 所有的免疫犬和其他免疫动物要按规定佩带免疫标识，并发放统一的免疫证明，当地动物防疫监督部门要建立免疫档案。

5.2 疫情监测

每年对老疫区和其他重点区域的犬进行1～2次监测。采集犬的新鲜唾液，用RT-PCR方法或酶联免疫吸附试验(ELISA)进行检测。检测结果为阳性时，再采样送指定实验室进行复核确诊。

5.3 检疫

在运输或出售犬、猫前，畜主应向动物防疫监督机构申报检疫，动物防疫监督机构对检疫合格的犬、猫出具动物检疫合格证明；在运输或出售犬时，犬应具有狂犬病的免疫标识，畜主必须持有检疫合格证明。

犬、猫应从非疫区引进。引进后，应至少隔离观察30天，期间发现异常时，要及时向当地动物防疫监督机构报告。

5.4 日常防疫

养犬场要建立定期免疫、消毒、隔离等防疫制度；养犬、养猫户要注意做好圈舍的清洁卫生、并定期进行消毒，按规定及时进行狂犬病免疫。

十八、小反刍兽疫防治技术规范

小反刍兽疫(Peste des Petits Ruminants，PPR，也称羊瘟)是由副黏病毒科麻疹病毒属小反刍兽疫病毒(PPRV)引起的，以发热、口炎、腹泻、肺炎为特征的急性接触性传染病，山羊和绵羊易感，山羊发病率和病死率均较高。世界动物卫生组织(OIE)将其列为法定报告动物疫病，我国将其列为一类动物疫病。

2007年7月，小反刍兽疫首次传入我国。为及时、有效地预防、控制和扑灭小反刍兽疫，依据《中华人民共和国动物防疫法》、《重大动物疫情应急条例》、《国家突发重大动物疫情应急预案》和《国家小反刍兽疫应急预案》及有关规定，制定本规范。

1　适用范围

本规范规定了小反刍兽疫的诊断报告、疫情监测、预防控制和应急处置等技术要求。

本规范适用于中华人民共和国境内的小反刍兽疫防治活动。

2　诊断

依据本病流行病学特点、临床症状、病理变化可作出疑似诊断，确诊需做病原学和血清学检测。

2.1　流行病学特点

2.1.1　山羊和绵羊是本病唯一的自然宿主，山羊比绵羊更易感，且临床症状比绵羊更为严重。山羊不同品种的易感性有差异。

2.1.2　牛多呈亚临床感染，并能产生抗体。猪表现为亚临床感染，无症状，不排毒。

2.1.3　鹿、野山羊、长角大羚羊、东方盘羊、瞪羚羊、驼可感染发病。

该病主要通过直接或间接接触传播，感染途径以呼吸道为主。本病一年四季均可发生，但多雨季节和干燥寒冷季节多发。本病潜伏期一般为4-6天，也可达到10天，《国际动物卫生法典》规定潜伏期为21天。

2.2　临床症状

山羊临床症状比较典型，绵羊症状一般较轻微。

2.2.1　突然发热，第2-3天体温达40℃-42℃高峰。发热持续3天左右，病羊死亡多集中在发热后期。

2.2.2　病初有水样鼻液，此后变成大量的粘脓性卡他样鼻液，阻塞鼻孔造成呼吸困难。鼻内膜发生坏死。眼流分泌物，遮住眼睑，出现眼结膜炎。

2.2.3　发热症状出现后，病羊口腔内膜轻度充血，继而出现糜烂。初期多在下齿龈周围出现小面积坏死，严重病例迅速扩展到齿垫、硬腭、颊和颊乳头以及舌，坏死组织脱落形成不规则的浅糜烂斑。部分病羊口腔病变温和，并可在48小时内愈合，这类病羊可很快康复。

2.2.4　多数病羊发生严重腹泻或下痢，造成迅速脱水和体重下降。怀孕母羊可发生流产。

2.2.5　易感羊群发病率通常达60%以上，病死率可达50%以上。

2.2.6　特急性病例发热后突然死亡，无其他症状，在剖检时可见支气管肺炎和回盲肠瓣充血。

2.3　病理变化

2.3.1　口腔和鼻腔粘膜糜烂坏死。

2.3.2　支气管肺炎，肺尖肺炎。

2.3.3 有时可见坏死性或出血性肠炎，盲肠、结肠近端和直肠出现特征性条状充血、出血，呈斑马状条纹。

2.3.4 有时可见淋巴结特别是肠系膜淋巴结水肿，脾脏肿大并可出现坏死病变。

2.3.5 组织学上可见肺部组织出现多核巨细胞以及细胞内嗜酸性包含体。

2.4 实验室检测

检测活动必须在生物安全3级以上实验室进行。

2.4.1 病原学检测

2.4.1.1 病料可采用病羊口鼻棉拭子、淋巴结或血沉棕黄层；

2.4.1.2 可采用细胞培养法分离病毒，也可直接对病料进行检测；

2.4.1.3 病毒检测可采用反转录聚合酶链式反应（RT-PCR）结合核酸序列测定，亦可采用抗体夹心ELISA。

2.4.2 血清学检测

2.4.2.1 采用小反刍兽疫单抗竞争ELISA检测法。

2.4.2.2 间接ELISA抗体检测法。

2.5 结果判定

2.5.1 疑似小反刍兽疫

山羊或绵羊出现急性发热、腹泻、口炎等症状，羊群发病率、病死率较高，传播迅速，且出现肺尖肺炎病理变化时，可判定为疑似小反刍兽疫。

2.5.2 确诊小反刍兽疫

符合结果判定2.5.1，且血清学或病原学检测阳性，可判定为确诊小反刍兽疫。

3 疫情报告

3.1 任何单位和个人发现以发热、口炎、腹泻为特征，发病率、病死率较高的山羊或绵羊疫情时，应立即向当地动物疫病预防控制机构报告。

3.2 县级动物疫病预防控制机构接到报告后，应立即赶赴现场诊断，认定为疑似小反刍兽疫疫情的，应在2小时内将疫情逐级报省级动物疫病预防控制机构，并同时报所在地人民政府兽医行政管理部门。

3.3 省级动物疫病预防控制机构接到报告后1小时内，向省级兽医行政管理部门和中国动物疫病预防控制中心报告。

3.4 省级兽医行政管理部门应当在接到报告后1小时内报省级人民政府和国务院兽医行政管理部门。

3.5 国务院兽医行政管理部门根据最终确诊结果，确认小反刍兽疫疫情。

3.6 疫情确认后，当地兽医行政管理部门应建立疫情日报告制度，直至解除封锁。

3.7 疫情报告内容包括：疫情发生时间、地点，易感动物、发病动物、死亡动物和扑杀、销毁动物的种类和数量，病死动物临床症状、病理变化、诊断情况，流行病学调查和疫源追踪情况，已采取的控制措施等内容。

3.8 已经确认的疫情，当地兽医行政管理部门要认真组织填写《动物疫病流行病学调查表》，并报中国动物卫生与流行病学中心调查分析室。

4 疫情处置

4.1 疑似疫情的应急处置

4.1.1 对发病场（户）实施隔离、监控，禁止家畜、畜产品、饲料及有关物品移动，并对其内、外环境进行严格消毒。

必要时，采取封锁、扑杀等措施。

4.1.2 疫情溯源。对疫情发生前30天内，所有引入疫点的易感动物、相关产品来源及运输工具进行追溯性调查，分析疫情来源。必要时，对原产地羊群或接触羊群（风险羊群）进行隔离观察，对羊乳和乳制品进行消毒处理。

4.1.3 疫情跟踪。对疫情发生前21天内以及采取隔离措施前，从疫点输出的易感动物、相关产品、运输车辆及密切接触人员的去向进行跟踪调查，分析疫情扩散风险。必要时，对风险羊群进行隔离观察，对羊乳和乳制品进行消毒处理。

4.2 确诊疫情的应急处置

按照"早、快、严"的原则，坚决扑杀、彻底消毒，严格封锁、防止扩散。

4.2.1 划定疫点、疫区和受威胁区

4.2.1.1 疫点。相对独立的规模化养殖场（户），以病死畜所在的场（户）为疫点；散养畜以病死畜所在的自然村为疫点；放牧畜以病死畜所在牧场及其活动场地为疫点；家畜在运输过程中发生疫情的，以运载病畜的车、船、飞机等为疫点；在市场发生疫情的，以病死畜所在市场为疫点；在屠宰加工过程中发生疫情的，以屠宰加工厂（场）为疫点。

4.2.1.2 疫区。由疫点边缘向外延伸3公里范围的区域划定为疫区。

4.2.1.3 受威胁区。由疫区边缘向外延伸10公里的区域划定为受威胁区。

划定疫区、受威胁区时，应根据当地天然屏障（如河流、山脉等）、人工屏障（道路、围栏等）、野生动物栖息地存在情况，以及疫情溯源及跟踪调查结果，适当调整范围。

4.2.2 封锁

疫情发生地所在地县级以上兽医行政管理部门报请同级人民政府对疫区实行封锁，跨行政区域发生疫情的，由共同上级兽医行政管理部门报请同级人民政府对疫区发布封锁令。

4.2. 3 疫点内应采取的措施

4.2.3.1 扑杀疫点内的所有山羊和绵羊，并对所有病死羊、被扑杀羊及羊鲜乳、羊肉等产品按国家规定标准进行无害化处理，具体可参照《口蹄疫扑杀技术规范》和《口蹄疫无害化处理技术规范》执行；

4.2.3.2 对排泄物、被污染或可能污染饲料和垫料、污水等按规定进行无害化处理，具体可参照《口蹄疫无害化处理技术规范》执行；

4.2.3.3 羊毛、羊皮按（附件1）规定方式进行处理，经检疫合格，封锁解除后方可运出；

4.2.3.4 被污染的物品、交通工具、用具、禽舍、场地进行严格彻底消毒（见附件1）；

4.2.3.5 出入人员、车辆和相关设施要按规定进行消毒（见附件1）；

4.2.3.6 禁止羊、牛等反刍动物出入。

4.2.4 疫区内应采取的措施

4.2.4.1 在疫区周围设立警示标志，在出入疫区的交通路口设置动物检疫消毒站，对出入的人员和车辆进行消毒；必要时，经省级人民政府批准，可设立临时动物卫生监督检查站，执行监督检查任务。

4.2.4.2 禁止羊、牛等反刍动物出入；

4.2.4.3 关闭羊、牛交易市场和屠宰场，停止活羊、牛展销活动；

4.2.4.4 羊毛、羊皮、羊乳等产品按（附件1）规定方式进行处理，经检疫合格后方可运出；

4.2.4.5 对易感动物进行疫情监测，对羊舍、用具及场地消毒；

4.2.4.6　必要时,对羊进行免疫。

4.2.5　受威胁区应采取的措施

4.2.5.1　加强检疫监管,禁止活羊调入、调出,反刍动物产品调运必须进行严格检疫;

4.2.5.2　加强对羊饲养场、屠宰场、交易市场的监测,及时掌握疫情动态。

4.2.5.3　必要时,对羊群进行免疫,建立免疫隔离带。

4.2.6　野生动物控制

加强疫区、受威胁区及周边地区野生易感动物分布状况调查和发病情况监测,并采取措施,避免野生羊、鹿等与人工饲养的羊群接触。当地兽医行政管理部门与林业部门应定期进行通报有关信息。

4.2.7　解除封锁。

疫点内最后一只羊死亡或扑杀,并按规定进行消毒和无害化处理后至少21天,疫区、受威胁区经监测没有新发病例时,经当地动物疫病预防控机构审验合格,由兽医行政管理部门向原发布封锁令的人民政府申请解除封锁,由该人民政府发布解除封锁令。

4.2.8　处理记录

各级人民政府兽医行政管理部门必须完整详细地记录疫情应急处理过程。

4.2.9　非疫区应采取的措施

4.2.9.1　加强检疫监管,禁止从疫区调入活羊及其产品;

4.2.9.2　做好疫情防控知识宣传,提高养殖户防控意识;

4.2.9.3　加强疫情监测,及时掌握疫情发生风险,做好防疫的各项工作,防止疫情发生。

5　预防措施

5.1　饲养管理

5.1.1　易感动物饲养、生产、经营等场所必须符合《动物防疫条件审核管理办法》规定的动物防疫条件,并加强种羊调运检疫管理。

5.1.2　羊群应避免与野羊群接触。

5.1.3　各饲养场、屠宰厂(场)、交易市场、动物防疫监督检查站等要建立并实施严格的卫生消毒制度(见附件1)。

5.2　监测报告

县级以上动物疫病预防控制机构应当加强小反刍兽疫监测工作。发现以发热、口炎、腹泻为特征,发病率、病死率较高的山羊和绵羊疫情时,应立即向当地动物疫病预防控制机构报告。

5.3　免疫

必要时,经国家兽医行政管理部门批准,可以采取免疫措施:

5.3.1　与有疫情国家相邻的边境县,定期对羊群进行强制免疫,建立免疫带;

5.3.2　发生过疫情的地区及受威胁地区,定期对风险羊群进行免疫接种。

5.4　检疫

5.4.1　产地检疫

羊在离开饲养地之前,养殖场(户)必须向当地动物卫生监督机构报检。动物卫生监督机构接到报检后必须及时派员到场(户)实施检疫。检疫合格后,出具合格证明;对运载工具进行消毒,出具消毒证明,对检疫不合格的按照有关规定处理。

5.4.2　屠宰检疫

动物卫生监督机构的检疫人员对羊进行验证查物,合格后方可入厂(场)屠宰。检疫合格并加盖(封)检疫标志后方可出厂(场),不合格的按有关规定处理。

5.4.3 运输检疫

国内跨省调运山羊、绵羊时，应当先到调入地动物卫生监督机构办理检疫审批手续，经调出地按规定检疫合格，方可调运。

种羊调运时还需在到达后隔离饲养10天以上，由当地动物卫生监督机构检疫合格后方可投入使用。

5.5 边境防控

与疫情国相邻的边境区域，应当加强对羊只的管理，防止疫情传入：

5.5.1 禁止过境放牧、过境寄养，以及活羊及其产品的互市交易；

5.5.2 必要时，经国务院兽医行政管理部门批准，建立免疫隔离带；

5.5.3 加强对边境地区的疫情监视和监测，及时分析疫情动态。

附：

小反刍兽疫消毒技术规范

1 药品种类

碱类（碳酸钠、氢氧化钠）、氯化物和酚化合物适用于建筑物、木质结构、水泥表面、车辆和相关设施设备消毒。柠檬酸、酒精和碘化物（碘消灵）适用于人员消毒。

2 场地及设施消毒

2.1 消毒前的准备

2.1.1 消毒前必须清除有机物、污物、粪便、饲料、垫料等；

2.1.2 选择合适的消毒药品；

2.1.3 备有喷雾器、火焰喷射枪、消毒车辆、消毒防护用具（如口罩、手套、防护靴等）、消毒容器等。

2.2 消毒方法

2.2.1 金属设施设备的消毒，可采取火焰、熏蒸和冲洗等方式消毒；

2.2.2 羊舍、车辆、屠宰加工、贮藏等场所，可采用消毒液清洗、喷洒等方式消毒；

2.2.3 养羊场的饲料、垫料、粪便等，可采取堆积发酵或焚烧等方式处理；

2.2.4 疫区范围内办公、饲养人员的宿舍、公共食堂等场所，可采用喷洒的方式消毒；

3. 人员及物品消毒

3.1 饲养、管理等人员可采取淋浴消毒；

3.2 衣、帽、鞋等可能被污染的物品，可采取消毒液浸泡、高压灭菌等方式消毒。

4. 山羊绒及羊毛消毒

可以采用下列程序之一灭活病毒：

4.1 在18℃储存4周，4℃储存4个月，或37℃储存8天。

4.2 在一密封容器中用甲醛熏蒸消毒至少24小时。具体方法：将高锰酸钾放入容器（不可为塑料或乙烯材料）中，再加入商品福尔马林进行消毒，比例为每立方米加53ml福尔马林和35g高锰酸钾；

4.3 工业洗涤，包括浸入水、肥皂水、苏打水或碳酸钾等一系列溶液中水浴；

4.4 用熟石灰或硫酸钠进行化学脱毛;

4.5 浸泡在60℃~70℃水溶性去污剂中,进行工业性去污。

5. 羊皮消毒

5.1 在含有2%碳酸钠的海盐中腌制至少28天。

5.2 在一密闭空间内用甲醛熏蒸消毒至少24小时,具体方法参考4.2。

6. 羊乳消毒

采用下列程序之一灭活病毒:

6.1 两次HTST巴氏消毒(72℃至少15秒)

6.2 HTST巴氏消毒与其他物理处理方法结合使用,如在pH6的环境中维持至少1小时;

6.3 UHT结合物理方法。

十九、非洲猪瘟防治技术规范(试行)

农医发〔2015〕31号

非洲猪瘟(African Swine Fever,ASF)是由非洲猪瘟病毒引起的猪的一种急性、热性、高度接触性动物传染病,以高热、网状内皮系统出血和高死亡率为特征。世界动物卫生组织(OIE)将其列为法定报告动物疫病,我国将其列为一类动物疫病。

为防范、控制和扑灭非洲猪瘟疫情,依据《中华人民共和国动物防疫法》《重大动物疫情应急条例》《国家突发重大动物疫情应急预案》等法律法规,制定本规范。

1 适用范围

本规范规定了非洲猪瘟的诊断、疫情报告和确认、疫情处置、防范等防控措施。

本规范适用于中华人民共和国境内与非洲猪瘟防治活动有关的单位和个人。

2 诊断

2.1 流行病学

2.1.1 传染源

感染非洲猪瘟病毒的家猪、野猪(包括病猪、康复猪和隐性感染猪)和钝缘软蜱为主要传染源。

2.1.2 传播途径

主要通过接触非洲猪瘟病毒感染猪或非洲猪瘟病毒污染物(泔水、饲料、垫草、车辆等)传播,消化道和呼吸道是最主要的感染途径;也可经钝缘软蜱等媒介昆虫叮咬传播。

2.1.3 易感动物

家猪和欧亚野猪高度易感,无明显的品种、日龄和性别差异。疣猪和薮猪虽可感染,但不表现明显临床症状。

2.1.4 潜伏期

因毒株、宿主和感染途径的不同而有所差异。OIE《陆生动物卫生法典》规定,家猪感染非洲猪瘟病毒的潜伏期为15天。

2.1.5 发病率和病死率

不同毒株致病性有所差异,强毒力毒株可导致猪在4~10天内100%死亡,中等毒力毒株造成的病死率一般为30%~50%,低毒力毒株仅引起少量猪死亡。

2.1.6 季节性

该病季节性不明显。

2.2 临床表现

2.2.1 最急性:无明显临床症状突然死亡。

2.2.2 急性:体温可高达42℃,沉郁,厌食,耳、四肢、腹部皮肤有出血点,可视黏膜潮红、发绀。眼、鼻有黏液脓性分泌物;呕吐;便秘,粪便表面有血液和黏液覆盖;或腹泻,粪便带血。共济失调或步态僵直,呼吸困难,病程延长则出现其他神经症状。妊娠母猪流产。病死率高达100%。病程4~10天。

2.2.3 亚急性:症状与急性相同,但病情较轻,病死率较低。体温波动无规律,一般高于40.5℃。

仔猪病死率较高。病程5~30天。

2.2.4 慢性:波状热,呼吸困难,湿咳。消瘦或发育迟缓,体弱,毛色暗淡。关节肿胀,皮肤溃疡。死亡率低。病程2~15个月。

2.3 病理变化

浆膜表面充血、出血,肾脏、肺脏表面有出血点,心内膜和心外膜有大量出血点,胃、肠道粘膜弥漫性出血。胆囊、膀胱出血。肺脏肿大,切面流出泡沫性液体,气管内有血性泡沫样粘液。脾脏肿大,易碎,呈暗红色至黑色,表面有出血点,边缘钝网,有时出现边缘梗死。颌下淋巴结、腹腔淋巴结肿大,严重出血。

2.4 鉴别诊断

非洲猪瘟临床症状与古典猪瘟、高致病性猪蓝耳病等疫病相似,必须开展实验室检测进行鉴别诊断。

2.5 实验室检测

2.5.1 样品的采集、运输和保存(见附件1)

2.5.2 血清学检测

抗体检测可采用间接酶联免疫吸附试验、阻断酶联免疫吸附试验和间接荧光抗体试验等方法。

血清学检测应在符合相关生物安全要求的省级动物疫病预防控制机构实验室、中国动物卫生与流行病学中心(国家外来动物疫病研究中心)或农业部指定实验室进行。

2.5.3 病原学检测

2.5.3.1 病原学快速检测:可采用双抗体夹心酶联免疫吸附试验、聚合酶链式反应和实时荧光聚合酶链式反应等方法。

开展病原学快速检测的样品必须灭活,检测工作应在符合相关生物安全要求的省级动物疫病预防控制机构实验室、中国动物卫生与流行病学中心(国家外来动物疫病研究中心)或农业部指定实验室进行。

2.5.3.2 病毒分离鉴定:可采用细胞培养、动物回归试验等方法。

病毒分离鉴定工作应在中国动物卫生与流行病学中心(国家外来动物疫病研究中心)或农业部指定实验室进行,实验室生物安全水平必须达到BSL-3或ABSL-3。

2.6 结果判定

2.6.1 临床可疑疫情

符合非洲猪瘟的流行病学特点、临床表现和病理变化,判定为临床可疑疫情。

2.6.2 疑似疫情

对临床可疑疫情,经上述任一血清学方法或病原学快速检测方法检测,结果为阳性的,判定为疑似疫情。

2.6.3 确诊疫情

对疑似疫情,经中国动物卫生与流行病学中心(国家外来动物疫病研究中心)或农业部指定实验室复核,结果为阳性的,判定为确诊疫情。

3 疫情报告和确认

3.1 疫情报告

任何单位和个人发现家猪、野猪异常死亡,如出现古典猪瘟免疫失败,或不明原因大范围生猪死亡的情形,应当立即向当地兽医主管部门、动物卫生监督机构或者动物疫病预防控制机构报告。

当地县级动物疫病预防控制机构判定为非洲猪瘟临床可疑疫情的,应在2小时内报告本地兽医主管部门，并逐级上报至省级动物疫病预防控制机构。

省级动物疫病预防控制机构判定为非洲猪瘟疑似疫情时，应立即报告省级兽医主管部门、中国动物疫病预防控制中心和中国动物卫生与流行病学中心；省级兽医主管部门应在1小时内报告省级人民政府和农业部兽医局。

中国动物卫生与流行病学中心（国家外来动物疫病研究中心）或农业部指定实验室判定为非洲猪瘟疫情时，应立即报告农业部兽医局并抄送中国动物疫病预防控制中心，同时通知疫情发生地省级动物疫病预防控制机构。省级动物疫病预防控制机构应立即报告省级兽医主管部门，省级兽医主管部门应立即报告省级人民政府。

3.2　疫情确认

农业部兽医局根据中国动物卫生与流行病学中心（国家外来动物疫病研究中心）或农业部指定实验室确诊结果，确认非洲猪瘟疫情。

4　疫情处置

4.1　临床可疑和疑似疫情处置

4.1.1　接到报告后，县级兽医主管部门应组织2名以上兽医人员立即到现场进行调查核实，初步判定为非洲猪瘟临床可疑疫情的，应及时采集样品送省级动物疫病预防控制机构；省级动物疫病预防控制机构诊断为非洲猪瘟疑似疫情的，应立即将疑似样品送中国动物卫生与流行病学中心（国家外来动物疫病研究中心），或农业部指定实验室进行复核和确诊。

4.1.2　对发病场（户）的动物实施严格的隔离、监视，禁止易感动物及其产品、饲料及有关物品移动，并对其内外环境进行严格消毒（见附件2）。

必要时采取封锁、扑杀等措施。

4.2　确诊疫情处置

疫情确诊后，立即启动相应级别的应急预案。

4.2.1　划定疫点、疫区和受威胁区

4.2.1.1　疫点：发病家猪或野猪所在的地点。相对独立的规模化养殖场（户），以病猪所在的场（户）为疫点；散养猪以病猪所在的自然村为疫点；放养猪以病猪所在的活动场地为疫点；在运输过程中发生疫情的，以运载病猪的车、船、飞机等运载工具为疫点；在市场发生疫情的，以病猪所在市场为疫点；在屠宰加工过程中发生疫情的，以屠宰加工厂（场）为疫点。

4.2.1.2　疫区：由疫点边缘向外延伸3公里的区域。

4.2.1.3　受威胁区：由疫区边缘向外延伸10公里的区域。对有野猪活动地区，受威胁区应为疫区边缘向外延伸50公里的区域。

划定疫区、受威胁区时，应根据当地天然屏障（如河流、山脉等）、人工屏障（道路、围栏等）、野生动物分布情况，以及疫情追溯调查和风险分析结果，综合评估后划定。

4.2.2　封锁

疫情发生所在地县级以上兽医主管部门报请同级人民政府对疫区实行封锁，人民政府在接到报告后，应在24小时内发布封锁令。

跨行政区域发生疫情时，由有关行政区域共同的上一级人民政府对疫区实行封锁，或者由各有关行政区域的上一级人民政府共同对疫区实行封锁。必要时，上级人民政府可以责成下级人民政府对疫区实行封锁。

4.2.3　对疫点应采取的措施

4.2.3.1　扑杀并销毁疫点内的所有猪只，并对所有病死猪、被扑杀猪及其产品进行无害化处理。

4.2.3.2　对排泄物、被污染或可能被污染的饲料和垫料、污水等进行无害化处理。

4.2.3.3　对被污染或可能被污染的物品、交通工具、用具、猪舍、场地进行严格彻底消毒。出入人员、车辆和相关设施要按规定进行消毒(见附件2)。

4.2.3.4　禁止易感动物出入和相关产品调出。

4.2.4　对疫区应采取的措施

4.2.4.1　在疫区周围设立警示标志,在出入疫区的交通路口设置临时消毒站,执行监督检查任务,对出入的人员和车辆进行消毒(见附件2)。

4.2.4.2　扑杀并销毁疫区内的所有猪只,并对所有被扑杀猪及其产品进行无害化处理。

4.2.4.3　对猪舍、用具及场地进行严格消毒。

4.2.4.4　禁止易感动物出入和相关产品调出。

4.2.4.5　关闭生猪交易市场和屠宰场。

4.2.5　对受威胁区应采取的措施

4.2.5.1　禁止易感动物出入和相关产品调出,相关产品调入必须进行严格检疫。

4.2.5.2　关闭生猪交易市场。

4.2.5.3　对生猪养殖场、屠宰场进行全面监测和感染风险评估,及时掌握疫情动态。

4.2.6　野生动物控制

应对疫区、受威胁区及周边地区野猪分布状况进行调查和监测,并采取措施,避免野猪与人工饲养的猪接触。当地兽医部门与林业部门应定期相互通报有关信息。

4.2.7　虫媒控制

在钝缘软蜱分布地区,疫点、疫区、受威胁区的养猪场(户)应采取杀灭钝缘软蜱等虫媒控制措施。

4.2.8　疫情跟踪

对疫情发生前30天内以及采取隔离措施前,从疫点输出的易感动物、相关产品、运输车辆及密切接触人员的去向进行跟踪调查,分析评估疫情扩散风险。必要时,对接触的猪进行隔离观察,对相关产品进行消毒处理。

4.2.9　疫情溯源

对疫情发生前30天内,引入疫点的所有易感动物、相关产品及运输工具进行溯源性调查,分析疫情来源。必要时,对输出地猪群和接触猪群进行隔离观察,对相关产品进行消毒处理。

4.2.10　解除封锁

疫点和疫区内最后一头猪死亡或扑杀,并按规定进行消毒和无害化处理6周后,经疫情发生所在地的上一级兽医主管部门组织验收合格后,由所在地县级以上兽医主管部门向原发布封锁令的人民政府申请解除封锁,由该人民政府发布解除封锁令,并通报毗邻地区和有关部门,报上一级人民政府备案。

4.2.11　处理记录

对疫情处理的全过程必须做好完整详实的记录,并归档。

5　防范措施

5.1　边境防控

各边境省份畜牧兽医部门要加强边境地区防控,坚持内防外堵,切实落实边境巡查、消毒等各项防控措施。与发生过非洲猪瘟疫情的国家和地区接壤省份的相关县市,边境线50公里范围内,以及国际空、海港所在城市的机场和港口周边10公里范围内禁止生猪放养。严禁进口非洲猪瘟疫情国家和地区的猪、野猪及相关产品。

5.2 饲养管理

5.2.1 生猪饲养、生产、经营等场所必须符合《动物防疫条件审查办法》规定的动物防疫条件,建立并实施严格的卫生消毒制度。

5.2.2 养猪场(户)应提高场所生物安全水平,采取措施避免家养猪群与野猪、钝缘软蜱的接触。

5.2.3 严禁使用未经高温处理的餐馆、食堂的泔水或餐余垃圾饲喂生猪。

5.3 日常监测

充分发挥国家动物疫情测报体系的作用,按照国家动物疫病监测与流行病学调查计划,加强对重点地区重点环节的监测。加强与林业等有关部门合作,做好野猪和媒介昆虫的调查监测,摸清底数,为非洲猪瘟风险评估提供依据。

5.4 出入境检疫监管

各地兽医部门要加强与出入境检验检疫、海关、边防等有关部门协作,加强联防联控,形成防控合力。配合有关部门,严禁进口来自非洲猪瘟疫情国家和地区的易感动物及其产品,并加强对国际航行运输工具、国际邮件、出入境旅客携带物的检疫,对非法入境的猪、野猪及其产品及时销毁处理。

5.5 宣传培训

广泛宣传非洲猪瘟防范知识和防控政策,增强进出境旅客和相关从业人员的防范意识,营造群防群控的良好氛围。加强基层技术人员培训,提高非洲猪瘟的诊断能力和水平,尤其是提高非洲猪瘟和古典猪瘟等疫病的鉴别诊断水平,及时发现、报告和处置疑似疫情,消除疫情隐患。

附件:1. 非洲猪瘟样品的采集、运输与保存

2. 非洲猪瘟消毒技术

附件1

非洲猪瘟样品的采集、运输与保存

可采集发病动物或同群动物的血清学样品和病原学样品,病原学样品主要包括抗凝血、脾脏、扁桃体、淋巴结、肾脏和骨髓等。如环境中存在钝缘软蜱,也应一并采集。

样品的包装和运输应符合农业部《高致病性动物病原微生物菌(毒)种或者样本运输包装规范》规定。规范填写采样登记表,采集的样品应在冷藏和密封状态下运输到相关实验室。

一、血清学样品

无菌采集5ml血液样品,室温放置12~24h,收集血清,冷藏运输。到达检测实验室后,冷冻保存。

二、病原学样品

1. 抗凝血样品

无菌采集5ml抗凝血,冷藏运输。到达检测实验室后,-70℃冷冻保存。

2. 组织样品

2.1 首选脾脏,其次为扁桃体、淋巴结、肾脏、骨髓等,冷藏运输。

2.2 样品到达检测实验室后,-70℃保存。

3. 钝缘软蜱

3.1　将收集的钝缘软蜱放入有螺旋盖的样品瓶/管中，放入少量土壤，盖内衬以纱布，常温保存运输。

3.2　到达检测实验室后，-70℃冷冻保存或置于液氮中；如仅对样品进行形态学观察时，可以放入100%酒精中保存。

附件2

非洲猪瘟消毒技术

1　药品种类

最有效的消毒药是10%的苯及苯酚、去污剂、次氯酸、碱类及戊二醛。碱类（氢氧化钠、氢氧化钾等）、氯化物和酚化合物适用于建筑物、木质结构、水泥表面、车辆和相关设施设备消毒。酒精和碘化物适用于人员消毒。

2　场地及设施设备消毒

2.1　消毒前准备

2.1.1　消毒前必须清除有机物、污物、粪便、饲料、垫料等。

2.1.2　选择合适的消毒药品。

2.1.3　备有喷雾器、火焰喷射枪、消毒车辆、消毒防护用具（如口罩、手套、防护靴等）、消毒容器等。

2.2　消毒方法

2.2.1　对金属设施设备的消毒，可采取火焰、熏蒸和冲洗等方式消毒。

2.2.2　对圈舍、车辆、屠宰加工、贮藏等场所，可采用消毒液清洗、喷洒等方式消毒。

2.2.3　对养殖场（户）的饲料、垫料，可采取堆积发酵或焚烧等方式处理，对粪便等污物作化学处理后采用深埋、堆积发酵或焚烧等方式处理。

2.2.4　对疫区范围内办公、饲养人员的宿舍、公共食堂等场所，可采用喷洒方式消毒。

2.2.5　对消毒产生的污水应进行无害化处理。

3　人员及物品消毒

3.1　饲养管理人员可采取淋浴消毒。

3.2　对衣、帽、鞋等可能被污染的物品，可采取消毒液浸泡、高压灭菌等方式消毒。

4　消毒频率

疫点每天消毒3～5次，连续7天，之后每天消毒1次，持续消毒15天；疫区临时消毒站做好出入车辆人员消毒工作，直至解除封锁。

二十、非洲马瘟防治技术规范

非洲马瘟(African horse sickness,AHS)是由非洲马瘟病毒(African horse sickness virus,AHSV)引起的马属动物传染病。世界动物卫生组织(OIE)将其列为必须报告的动物疫病,我国将其列为一类动物疫病。

为预防、控制和扑灭非洲马瘟,依据《中华人民共和国动物防疫法》、《重大动物疫情应急条例》等法律法规,制定本规范。

1 适用范围

本规范规定了非洲马瘟的诊断、报告、处置、预防与控制等技术措施。

本规范适用于中华人民共和国境内一切与非洲马瘟防治活动有关的单位和个人。

2 诊断

2.1 流行病学

2.1.1 传染源

病马、带毒马及其血液、内脏、精液、尿、分泌物及其所脱落的组织是该病的传染源。

2.1.2 传播途径

该病主要通过媒介昆虫,如库蠓、伊蚊和库蚊的叮咬在易感动物之间传播,其中库蠓是最重要的传播媒介。

2.1.3 易感动物

马、骡、驴、斑马是该病的易感宿主。尤其幼龄马易感性最高,骡、驴依次降低。一般以马发病最严重,其次是骡、驴。

2.1.4 潜伏期

一般为3~14天。

2.1.5 发病率和病死率

最急性型致死性强,致死率95%以上,急性型致死率80%以上,亚急性型致死率50%以上。

2.1.6 季节性

该病呈季节性发生,一般在夏季库蠓等流行时发生。

2.2 临床症状

常见最急性型、急性型、亚急性型和温和型四种类型。

2.2.1 最急性型:潜伏期较短(3~5天)。通常有明显的精神沉郁和发热(39~),随后出现呼吸窘迫和严重的呼吸困难,痉挛性咳嗽,大量出汗,从鼻孔流出大量泡沫状液体,致死率95%以上,有的没有任何症状突然死亡。

2.2.2 急性型:潜伏期为5~7天。临床上多见,病畜头部和颈部出现明显的水肿,最后死于心力衰竭,致死率80%以上,死亡通常发生在发热开始后的3~6天内。

2.2.3 亚急性型:潜伏期7~14天。以发热并持续几个星期为特征。主要临床表现为皮下水肿,尤其是头部、颈部和胸部以及眶上窝。结膜充血,舌的腹侧面有出血斑。常见腹痛,致死率50%以上。

2.2.4 温和型:潜伏期5~14天,后期表现弛张型发热(39~),清晨体温较低,下午体温升高,持续5~8天。其他临床症状不明显。

2.3 病理变化

2.3.1 最急性型病例中,很少见到肉眼病变。

2.3.2 死后剖检常见皮下和肌肉间组织胶样浸润,咽、气管、支气管内充满黄色浆液和泡沫,心内膜和心包膜有出血点和出血淤斑,心肌变性。

2.3.3 胸膜腔积水明显,肺水肿严重。主动脉和气管周围常出现水肿性浸润和纵膈结节水肿。腹腔内有腹水,大小肠浆膜面发绀。胃底小腺充血、增大,肠系膜淋巴结水肿。

2.3.4 心包积水是该病亚急性型病例的特征变化。心包内有时可见左右淡黄色液体,沿冠状脉管和心瓣膜,常有斑点状和瘀斑状出血。

2.4 实验室检测

2.4.1 样品的采集、运输和保存

无菌采集发热期病畜抗凝血,采集被扑杀或刚死亡病畜的脾、淋巴结和肺等组织;无菌采集全血,用常规方法分离血清。样品采集后,置冰上冷藏尽快送至实验室检测。

2.4.2 血清学检测

应在省级动物疫病预防控制机构实验室、国家外来动物疫病研究中心或农业部指定实验室进行。

可用间接酶联免疫吸附试验(ELISA)、免疫印迹和微量补体结合实验进行抗体检测。

2.4.3 病原学检测

应在国家外来动物疫病研究中心或农业部指定实验室进行。

可用细胞接种、乳鼠接种等方法分离病毒,可采用抗原ELISA、反转录聚合酶链式反应(RT-PCR)和实时荧光RT-PCR进行病原学检测。可用病毒中和试验和分型RT-PCR方法进行病毒定型。

2.5 结果判定

2.5.1 临床可疑病例

符合流行病学特点,且至少符合2.2.1、2.2.2、2.2.3、2.2.4、2.3.1、2.3.2、2.3.3、2.3.4项之一,初步判定为临床可疑非洲马瘟病例。

2.5.2 疑似病例

临床可疑病例,且2.4.2项任一项血清学方法检测阳性,判定为疑似非洲马瘟病例。

2.5.3 确诊病例

疑似病例,且2.4.3项任一项病原学方法检测阳性,判定为确诊非洲马瘟病例。

3 疫情报告和确认

3.1 疑似疫情的报告

任何单位和个人,发现马属动物出现2.2的临床症状的,应当立即向当地兽医主管部门、动物卫生监督机构或者动物疫病预防控制机构报告。

当地县级动物疫病预防控制机构初步判定为非洲马瘟疫情的,应在2小时内报本地兽医主管部门,并逐级上报至省级动物疫病预防控制机构。

省级动物疫病预防控制机构诊断为疑似非洲马瘟疫情时,应立即报告省级兽医主管部门和中国动物疫病预防控制中心;省级兽医主管部门应在1小时内报省级人民政府和国务院兽医主管部门。

3.2 确诊疫情的报告

国家外来动物疫病研究中心或农业部指定实验室确诊为非洲马瘟疫情时,应立即通知疫情发生地省级动物疫病预防控制机构和兽医主管部门,同时报中国动物疫病预防控制中心和国务院兽医主管部门。

3.3 疫情确认

国务院兽医主管部门根据国家外来动物疫病研究中心或农业部指定实验室确诊结果,确认非洲马瘟疫情。

4 疫情处置

4.1 疑似疫情处置

4.1.1 接到报告后,县级兽医主管部门应组织2名以上兽医人员立即到现场进行调查核实。省级动物疫病预防控制机构判定为疑似非洲马瘟疫情的,及时采集样品送国家外来动物疫病研究中心或农业部指定实验室进行确诊。

4.1.2 对发病场(户)实施隔离、监视,禁止易感动物、畜产品、饲料及有关物品移动,并对其内、外环境进行严格消毒(见附件1),杀虫灭鼠。

4.2 确诊疫情处置

疫情确诊后,立即启动相应级别的应急预案。

4.2.1 划定疫点、疫区和受威胁区

4.2.1.1 疫点:病马所在的地点。相对独立的规模化养殖场(户),以病马所在的场(户)为疫点;散养马以病马所在的自然村为疫点;在运输过程中发生疫情的,以运载病马的车、船、飞机等运载工具为疫点;在市场发生疫情的,以病马所在市场为疫点。

4.2.1.2 疫区:由疫点边缘向外延伸3公里范围的区域。

4.2.1.3 受威胁区:由疫区边缘向外延伸10公里的区域。

划定疫区、受威胁区时,应根据当地天然屏障(如河流、山脉等)、野生动物栖息地存在情况,以及疫情溯源及跟踪调查结果,综合评估后划定。

4.2.2 封锁

疫情发生所在地县级以上兽医主管部门报请同级人民政府对疫区实行封锁,人民政府在接到报告后,应在24小时内发布封锁令。

跨行政区域发生疫情时,由有关行政区域共同的上一级人民政府对疫区实行封锁,或者由各有关行政区域的上一级人民政府共同对疫区实行封锁。必要时,上级人民政府可以责成下级人民政府对疫区实行封锁。

4.2.3 对疫点应采取的措施

4.2.3.1 扑杀并销毁疫点内的所有马匹及易感动物,并对所有病死动物、被扑杀动物及其制品按规定进行无害化处理。

4.2.3.2 对排泄物、被污染或可能污染的饲料和垫料、污水等按规定进行严格彻底消毒(见附件1)。

4.2.3.3 被污染的物品、交通工具、用具、马圈、场地进行严格彻底消毒。出入人员、车辆和相关设施要按规定进行消毒(见附件1)。

4.2.3.4 禁止易感动物及其产品出入。

4.2.3.5 开展杀虫灭鼠工作。

4.2.4 对疫区应采取的措施

4.2.4.1 在疫区周围设立警示标志,在出入疫区的交通路口设置临时动物检疫消毒站,执行监督检查任务,对出入的人员和车辆进行消毒。

4.2.4.2 对疫区内马属动物进行流行病学调查和感染风险评估。根据评估结果,确定持续监测时间或扑杀疫区内易感动物。

4.2.4.3 采取措施禁止易感动物及其产品出入。

4.2.4.4 暂停马属动物交易市场。

4.2.4.5 对马属动物的圈舍、用具及场地进行消毒。

4.2.5 对受威胁区应采取的措施

4.2.5.1 加强检疫监管,禁止易感动物出入,其相关制品调运必须进行严格检疫。

4.2.5.2 加强马属动物场地、交易市场的监测,及时掌握疫情动态。

4.2.6 野生动物控制

加强疫区、受威胁区及周边地区野生易感动物分布状况调查和发病情况监测,并采取措施,避免野生易感动物与人工饲养的马属动物接触。当地兽医部门与林业部门应定期相互通报有关信息。

4.2.7 虫媒控制

应在疫点、疫区、受威胁区实施昆虫控制计划,查清虫媒分布,避免与马属动物接触,并采取消杀库蠓等虫媒控制措施(见附件2)。

4.2.8 对非疫区应采取的措施

4.2.8.1 加强检疫监管,禁止从疫区调入马及其产品。

4.2.8.2 做好疫情防控知识宣传,提高养殖户防控意识。

4.2.8.3 加强疫情监测,及时掌握疫情发生风险,做好防疫的各项工作,防止疫情发生。

4.2.9 疫情跟踪

对疫情发生前14天内以及采取隔离措施前,从疫点输出的易感动物、相关产品、运输车辆及密切接触人员的去向进行跟踪调查,分析疫情扩散风险。必要时,对接触的马属动物进行隔离观察,对相关制品进行消毒等无害化处理。

4.2.10 疫情溯源

对疫情发生前14天内,所有引入疫点的易感动物、相关产品来源及运输工具进行追溯性调查,分析疫情来源。必要时,对输出地的马属动物或接触的马属动物进行隔离观察,对其制品进行消毒等无害化处理。

4.2.11 解除封锁

疫点和疫区内最后一匹马死亡或扑杀,并按规定进行消毒和无害化处理后14天后,再设置岗哨动物监测14天,经疫情发生所在地上级兽医主管部门组织验收合格后,由所在地县级以上兽医主管部门向原发布封锁令的人民政府申请解除封锁,由该人民政府发布解除封锁令,并通报毗邻地区和有关部门,报上一级政府备案。

4.2.12 处理记录

各级兽医主管部门必须完整详细地记录疫情应急处理过程。

5 预防控制

5.1 饲养管理

5.1.1 马属动物饲养、生产、经营等场所必须符合《动物防疫条件审查办法》规定的动物防疫条件,并加强种用马属动物调运检疫管理。

5.1.2 马属动物应避免与野生易感动物等接触,饲养场所应定期灭虫。

5.2 卫生消毒

各饲养场、交易市场、动物卫生监督检查站等要严格实施卫生消毒制度,消杀库蠓等虫媒(见附件2)。

5.3 检疫

开展产地检疫、引种检疫工作时应加强非洲马瘟检疫。

5.4 边境防控

各边境地区要加强边境地区防控,坚持内防外堵,切实落实边境巡查、消毒等各项防控措施。与曾发生和正在发生非洲马瘟疫情的国家和地区接壤省份的相关县市,应当禁止马属动物及其产品的贸易和交流,同时开展虫媒监测,防止疫情传入。

5.5 宣传培训

广泛宣传非洲马瘟的防控知识,增强边境地区群众和相关从业人员的防范意识,营造群防群控的良好氛围。加强基层管理和技术人员的培训,提高非洲马瘟的诊断能力和水平。

附件1

非洲马瘟消毒技术

1 药品种类

建议使用酸性消毒剂,如2%醋酸或柠檬酸。注意这些消毒剂对金属有轻微腐蚀性。

2 场地及设施消毒

2.1 消毒前的准备

2.1.1 消毒前必须清除有机物、污物、粪便、饲料、垫料等。

2.1.2 选择合适的消毒药品。

2.1.3 备有喷雾器、火焰喷射枪、消毒车辆、消毒防护用具(如口罩、手套、防护靴等)、消毒容器等。

2.2 消毒方法

2.2.1 金属设施的消毒,可采取火焰、熏蒸和冲洗等方式消毒。

2.2.2 马圈、车辆、贮藏等场所,可采用消毒液清洗、喷洒等方式消毒。

2.2.3 养马场的饲料、垫料、粪便等,可采取堆积发酵或焚烧等方式处理。

2.2.4 疫区范围内办公、饲养人员的宿舍、公共食堂等场所,可采用喷洒的方式消毒。

3 人员及物品消毒

3.1 饲养、管理等人员可采取淋浴消毒。

3.2 衣、帽、鞋等可能被污染的物品,可采取消毒液浸泡、高压灭菌等方式消毒。

4 马乳消毒

采用下列程序之一灭活病毒:

4.1 两次高温瞬时巴氏消毒法。

4.2 高温瞬时巴氏消毒法与其它物理处理方法结合使用,如在pH6的环境中维持至少1小时。

4.3 超高温巴氏消毒法结合物理方法。

附件2

灭虫技术

1 药品种类

有机磷和除虫菊酯类杀虫剂、家用气雾杀虫剂或者有机氯杀虫剂，如杀螟硫磷、马拉硫磷。

2 灭虫方法

杀灭成虫：在马、骡、驴饲养场所及其周围环境用5%杀螟硫磷、2.5%马拉硫磷或拟除虫菊酯类杀虫剂喷洒。

杀灭幼虫：在库蠓、蚊等幼虫的孳生场所可用0.3%～0.5%的敌百虫水剂300～500mL/m^2，0.2%马拉硫磷300～500mL/m^2，0.1%倍硫磷300～500mL/m^2，0.1%杀螟硫磷300～500mL/m^{2}喷洒处理。

3 灭虫频率

疫点每天喷洒灭虫剂1次连续1周，1周后每两天消毒1次。疫区内疫点以外的区域每两天喷洒1次，持续3周。

牛结节性皮肤病防治技术规范

农牧发〔2021〕30号

牛结节性皮肤病(Lumpy skin disease,LSD)是由痘病毒科山羊痘病毒属牛结节性皮肤病病毒引起的牛全身性感染疫病,临床以皮肤出现结节为特征,该病不传染人,不是人兽共患病。世界动物卫生组织(OIE)将其列为法定报告的动物疫病,农业农村部暂时将其作为二类动物疫病管理。

为防范、控制和扑灭牛结节性皮肤病疫情,依据《中华人民共和国动物防疫法》《重大动物疫情应急条例》《国家突发重大动物疫情应急预案》等法律法规,制定本规范。

1 适用范围

本规范规定了牛结节性皮肤病的诊断、疫情报告和确认、疫情处置、防范等防控措施。

本规范适用于中华人民共和国境内与牛结节性皮肤病防治活动有关的单位和个人。

2 诊断

2.1 流行病学

2.1.1 传染源

感染牛结节性皮肤病病毒的牛。感染牛和发病牛的皮肤结节、唾液、精液等含有病毒。

2.1.2 传播途径

主要通过吸血昆虫(蚊、蝇、蠓、虻、蜱等)叮咬传播。可通过相互舔舐传播,摄入被污染的饲料和饮水也会感染该病,共用污染的针头也会导致在群内传播。感染公牛的精液中带有病毒,可通过自然交配或人工授精传播。

2.1.3 易感动物

能感染所有牛,黄牛、奶牛、水牛等易感,无年龄差异。

2.1.4 潜伏期

《OIE陆生动物卫生法典》规定,潜伏期为28天。

2.1.5 发病率和病死率

发病率可达2%~45%。病死率一般低于10%。

2.1.6 季节性

该病主要发生于吸血虫媒活跃季节。

2.2 临床症状

临床表现差异很大,跟动物的健康状况和感染的病毒量有关。体温升高,可达41℃,可持续1周。浅表淋巴结肿大,特别是肩前淋巴结肿大。奶牛产奶量下降。精神消沉,不愿活动。眼结膜炎,流鼻涕,流涎。发热后48小时皮肤上会出现直径10~50mm的结节,以头、颈、肩部、乳房、外阴、阴囊等部位居多。结节可能破溃,吸引蝇蛆,反复结痂,迁延数月不愈。口腔黏膜出现水泡,继而溃破和糜烂。牛的四肢及腹部、会阴等部位水肿,导致牛不愿活动。公牛可能暂时或永久性不育。怀孕母牛流产,发情延迟可达数月。

牛结节性皮肤病与牛疱疹病毒病、伪牛痘、疥螨病等临床症状相似,需开展实验室检测进行鉴别诊断。

2.3 病理变化

消化道和呼吸道内表面有结节病变。淋巴结肿大,出血。心脏肿大,心肌外表充血、出血,呈现斑块状瘀血。肺脏肿大,有少量出血点。肾脏表面有出血点。气管粘膜充血,气管内有大量黏液。肝脏肿大,边缘钝圆。胆囊肿大,为正常2~3倍,外壁有出血斑。脾脏肿大,质地变硬,有出血状况。胃黏膜出血。小肠弥漫性出血。

2.4 实验室检测

2.4.1 抗体检测

采集全血分离血清用于抗体检测,可采用病毒中和试验、酶联免疫吸附试验等方法。

2.4.2 病原检测

采集皮肤结痂、口鼻拭子、抗凝血等用于病原检测。

2.4.2.1 病毒核酸检测:可采用荧光聚合酶链式反应、聚合酶链式反应等方法。

2.4.2.2 病毒分离鉴定:可采用细胞培养分离病毒、动物回归试验等方法。

病毒分离鉴定工作应在中国动物卫生与流行病学中心(国家外来动物疫病研究中心)或农业农村部指定实验室进行。

3 疫情报告和确认

按照动物防疫法和农业农村部规定,对牛结节性皮肤病疫情实行快报制度。任何单位和个人发现牛出现疑似牛结节性皮肤病症状,应立即向所在地畜牧兽医主管部门、动物卫生监督机构或动物疫病预防控制机构报告,有关单位接到报告后应立即按规定通报信息,按照"可疑疫情—疑似疫情—确诊疫情"的程序认定疫情。

3.1 可疑疫情

县级以上动物疫病预防控制机构接到信息后,应立即指派两名中级以上技术职称人员到场, 开展现场诊断和流行病学调查,符合牛结节性皮肤病典型临床症状的,判定为可疑病例,并及时采样送检。

县级以上地方人民政府畜牧兽医主管部门根据现场诊断结果和流行病学调查信息,认定可疑疫情。

3.2 疑似疫情

可疑病例样品经县级以上动物疫病预防控制机构或经认可的实验室检出牛结节性皮肤病病毒核酸的,判定为疑似病例。

县级以上地方人民政府畜牧兽医主管部门根据实验室检测结果和流行病学调查信息,认定疑似疫情。

3.3 确诊疫情

疑似病例样品经省级动物疫病预防控制机构或省级人民政府畜牧兽医主管部门授权的地市级动物疫病预防控制机构实验室复检,其中各省份首例疑似病例样品经中国动物卫生与流行病学中心(国家外来动物疫病研究中心)复核,检出牛结节性皮肤病病毒核酸的,判定为确诊病例。

省级人民政府畜牧兽医主管部门根据确诊结果和流行病学调查信息,认定疫情;涉及两个以上关联省份的疫情,由农业农村部认定疫情。

在牛只运输过程中发现的牛结节性皮肤病疫情,由疫情发现地负责报告、处置,计入牛只输出地。

相关单位在开展疫情报告、调查以及样品采集、送检、检测等工作时,应及时做好记录备查。疑似、确诊病例所在省份的动物疫病预防控制机构,应按疫情快报要求将疑似、确诊疫情及其处置情况、流行病学调查情况、终结情况等信息按快报要求,逐级上报至中国动物疫病预防控制中心,并将样品和流行病学调查信息送中国动物卫生与流行病学中心。中国动物疫病预防控制中心依程序向农业农村部报送疫情信息。

牛结节性皮肤病疫情由省级畜牧兽医主管部门负责定期发布,农业农村部通过《兽医公报》等方式按月汇总发布。

4 疫情处置

4.1 临床可疑和疑似疫情处置

对发病场(户)的动物实施严格的隔离、监视,禁止牛只及其产品、饲料及有关物品移动,做好蚊、蝇、蠓、虻、蜱等虫媒的灭杀工作,并对隔离场所内外环境进行严格消毒。必要时采取封锁、扑杀等措施。

4.2 确诊疫情处置

4.2.1 划定疫点、疫区和受威胁区

4.2.1.1 疫点:相对独立的规模化养殖场(户),以病牛所在的场(户)为疫点;散养牛以病 牛所在的自然村为疫点;放牧牛以病牛所在的活动场地为疫点;在运输过程中发生疫情的,以运载病牛的车、船、飞机等运载工具为疫点;在市场发生疫情的,以病牛所在市场为疫点;在屠宰加工过程 中发生疫情的,以屠宰加工厂(场)为疫点。

4.2.1.2 疫区:疫点边缘向外延伸3公里的区域。对运输过程发生的疫情,经流行病学调查和评估无扩散风险,可以不划定疫区。

4.2.1.3 受威胁区:由疫区边缘向外延伸10公里的区域。对运输过程发生的疫情,经流行病学调查和评估无扩散风险,可以不划定受威胁区。

划定疫区、受威胁区时,应根据当地天然屏障(如河流、山脉等)、人工屏障(道路、围栏等)、野生动物栖息地、媒介分布活动等情况,以及疫情追溯调查结果,综合评估后划定。

4.2.2 封锁

必要时,疫情发生所在地县级以上兽医主管部门报请同级人民政府对疫区实行封锁。跨行政区域发生疫情时,由有关行政区域共同的上一级人民政府对疫区实行封锁,或者由各有关行政区域的上一级人民政府共同对疫区实行封锁。上级人民政府可以责成下级人民政府对疫区实行封锁。

4.2.3 对疫点应采取的措施

4.2.3.1 扑杀并销毁疫点内的所有发病和病原学阳性牛,并对所有病死牛、被扑杀牛及其产品进行无害化处理。同群病原学阴性牛应隔离饲养, 采取措施防范吸血虫媒叮咬,并鼓励提前出栏屠宰。

4.2.3.2 实施吸血虫媒控制措施,灭杀饲养场所吸血昆虫及幼虫,清除滋生环境。

4.2.3.3 对牛只排泄物、被病原污染或可能被病原污染的饲料和垫料、污水等进行无害化处理。

4.2.3.4 对被病原污染或可能被病原污染的物品、交通工具、器具圈舍、场地进行严格彻底消毒。出入人员、车辆和相关设施要按规定进行消毒。

4.2.4对疫区应采取的措施

4.2.4.1 禁止牛只出入,禁止未经检疫合格的牛皮张、精液等产品调出。

4.2.4.2 实施吸血虫媒控制措施,灭杀饲养场所吸血昆虫及幼虫,清除滋生环境。

4.2.4.3 对牛只养殖场、牧场、交易市场、屠宰场进行监测排查和感染风险评估,及时掌握疫情动态。对监测发现的病原学阳性牛只进行扑杀和无害化处理,同群牛只隔离观察。

4.2.4.4 对疫区实施封锁的,还应在疫区周围设立警示标志,在出入疫区的交通路口设置临时检查站,执行监督检查任务。

4.2.5 对受威胁区应采取的措施

4.2.5.1 禁止牛只出入和未经检疫合格的牛皮张、精液等产品调出。

4.2.5.2 实施吸血虫媒控制措施，灭杀饲养场所吸血昆虫及幼虫，清除滋生环境。

4.2.5.3 对牛只养殖场、牧场、交易市场、屠宰场进行监测排查和感染风险评估，及时掌握疫情动态。

4.2.6 紧急免疫

疫情所在县和相邻县可采用国家批准的山羊痘疫苗（按照山羊的5倍剂量），对全部牛只进行紧急免疫。

4.2.7 检疫监管

扑杀完成后30天内，禁止疫情所在县活牛调出。各地在检疫监督过程中，要加强对牛结节性皮肤病临床症状的查验。

4.2.8 疫情溯源

对疫情发生前30天内，引入疫点的所有牛只及牛皮张等产品进行溯源性调查，分析疫情来源。当有明确证据表明输入牛只存在引入疫情风险时，对输出地牛群进行隔离观察及采样检测，对牛皮张等产品进行消毒处理。

4.2.9 疫情追踪

对疫情发生30天前至采取隔离措施时，从疫点输出的牛及牛皮张等产品的去向进行跟踪调查，分析评估疫情扩散风险。对有流行病学关联的牛进行隔离观察及采样检测，对牛皮张等产品进行消毒处理。

4.2.10 解除封锁

疫点和疫区内最后一头病牛死亡或扑杀，并按规定进行消毒和无害化处理30天后，经疫情发生所在地的上一级畜牧兽医主管部门组织验收合格后，由所在地县级以上畜牧兽医主管部门向原发布封锁令的人民政府申请解除封锁，由该人民政府发布解除封锁令，并通报毗邻地区和有关部门，报上一级人民政府备案。

4.2.11 处理记录

对疫情处理的全过程必须做好完整详实的记录，并归档。

5 防范措施

5.1 边境防控

各边境地区畜牧兽医部门要积极配合海关等部门，加强边境地区防控，坚持内防外堵，切实落实边境巡查、消毒等各项防控措施。与牛结节性皮肤病疫情流行的国家和地区接壤省份的相关县（市）建立免疫隔离带。

5.2 饲养管理

5.2.1 牛的饲养、屠宰、隔离等场所必须符合《动物防疫条件审查办法》规定的动物防疫条件，建立并实施严格的卫生消毒制度。

5.2.2 养牛场（户）应提高场所生物安全水平，实施吸血虫媒控制措施，灭杀饲养场所吸血昆虫及幼虫，清除滋生环境。

5.3 日常监测

充分发挥国家动物疫情测报体系的作用，按照国家动物疫病监测与流行病学调查计划，加强对重点地区重点环节监测。加强与林草等有关部门合作，做好易感野生动物、媒介昆虫调查监测， 为牛结节性皮肤病风险评估提供依据。

5.4 免疫接种

必要时，县级以上畜牧兽医主管部门提出申请，经省级畜牧兽医主管部门批准，报农业农村部备案后采取免疫措施。实施产地检疫时，对已免疫的牛只，应在检疫合格证明中备注免疫日期、疫苗批号、免疫剂量等信息。

5.5 出入境检疫监管

各地畜牧兽医部门要加强与海关、边防等有关部门协作，加强联防联控，形成防控合力。严禁进口来自牛结节性皮肤病疫情国家和地区的牛只及其风险产品，对非法入境的牛只及其产品按相应规定处置。

5.6 宣传培训

加强对各级畜牧兽医主管部门、动物疫病预防控制和动物卫生监督机构工作人员的技术培训，加大牛结节性皮肤病防控知识宣传普及力度，加强对牛只养殖、经营、屠宰等相关从业人员的宣传教育，增强自主防范意识，提高从业人员防治意识。

第七部分　基础兽医实验室生物安全管理常用表格范例

二级生物安全实验室常用表格及格式范例

6.1　体系审核

6.1.1　安全管理体系审核计划

6.1.2　年度内部审核计划

6.1.3　内审首(末)次会议签到表

6.1.4　内部审核首(末)次会议记录表

6.1.5　内部审核检查表

6.1.6　内部审核报告

6.1.7　内审不符合报告

6.2　文件管理

6.2.1　文件资料审批单

6.2.2　文件作废、销毁台账

6.2.3　部门/个人持有文件情况一览表

6.2.4　文件更改/更新申请单

6.2.5　文件作废/销毁审批单

6.2.6　文件更改台账

6.2.7　文件资料台账

6.2.8　文件借阅/查阅登记表

6.2.9　电子文档调阅单

6.2.10　记录借阅登记单

6.2.11　SOP发放登记表

6.2.12　SOP修改登记表

6.2.13　SOP作废单

6.3　人员培训与管理

6.3.1　________年实验室安全计划

6.3.2　年度人员培训计划

6.3.3　培训评估记录

6.3.4　培训记录和效果考核表

6.3.5　人员培训情况记录表

6.3.6　实验室人员健康管理记录表

6.3.7　事件、伤害、事故和职业性疾病的处理记录

6.4　设施设备管理

6.4.1　仪器设备档案登记表

6.4.2　二级生物安全实验室实验记录

6.4.3 隔离器运行记录
6.4.4 设备使用记录
6.4.5 仪器维修记录
6.4.6 仪器事故、异常情况记录
6.4.7 仪器设备购置计划(申请)表
6.4.8 仪器设备检定计划
6.4.9 设备功能检查记录
6.4.10 仪器设备交接详细资料清单
6.4.11 实验室防护物品一览表
6.4.12 设备期间核查计划
6.4.13 设备期间核查记录
6.5 废弃物处理
6.5.1 动物尸体处理记录
6.5.2 检测消毒记录
6.5.3 废水池废水处理记录
6.5.4 化学品废弃物处置记录
6.5.5 实验室废弃物处置记录
6.5.6 工作台面消毒记录
6.6 菌毒种保存
6.6.1 菌毒种保存登记卡
6.6.2 菌毒种保管台账
6.7 样品管理
6.7.1 样品运送等级、包装检查记录
6.7.2 送检样品登记单
6.7.3 样品保管登记表
6.7.4 样品销毁登记表

6.1 体系审核

6.1.1 安全管理体系审核计划

编号：　　　　　　　　　　　　　　　　　　　　　　　　　　第　页　共　页

<table>
<tr><td colspan="3">审核目的：</td></tr>
<tr><td colspan="3">审核部门：</td></tr>
<tr><td colspan="3">审核依据：</td></tr>
<tr><td colspan="3">审核时间：</td></tr>
<tr><td colspan="3">审核组成员：</td></tr>
<tr><td colspan="3">审核日程安排</td></tr>
<tr><td>日　期</td><td>时　间</td><td>审核内容及任务分配</td></tr>
<tr><td></td><td></td><td></td></tr>
<tr><td colspan="3">备注：</td></tr>
</table>

编制：　　　　日期：　　　　　　批准：　　　　日期：

6.1.2 年度内部审核计划

编号：

<table>
<tr><td colspan="4">审核目的：</td></tr>
<tr><td colspan="4">审核部门：</td></tr>
<tr><td colspan="4">审核依据：</td></tr>
<tr><td>审核安排</td><td>时　间</td><td>审核组长</td><td>内审员</td></tr>
<tr><td></td><td></td><td></td><td></td></tr>
<tr><td></td><td></td><td></td><td></td></tr>
<tr><td colspan="4">备注：</td></tr>
</table>

编制：　　　　　　审核：　　　　　　批准：

日期：　　　　　　日期：　　　　　　日期：

6.1.3 内审首(末)次会议签到表

编号：

<table>
<tr><td>会议名称</td><td colspan="2">□首次会议　　□末次会议</td></tr>
<tr><td>会议地点</td><td colspan="2"></td></tr>
<tr><td>会议日期</td><td colspan="2"></td></tr>
<tr><td>姓名</td><td>部门</td><td>职务</td></tr>
<tr><td></td><td></td><td></td></tr>
<tr><td></td><td></td><td></td></tr>
<tr><td></td><td></td><td></td></tr>
<tr><td></td><td></td><td></td></tr>
<tr><td></td><td></td><td></td></tr>
</table>

6.1.4 内部审核首(末)次会议记录表

编号：　　　　第 页 共 页

<table>
<tr><td>单位名称</td><td colspan="5"></td></tr>
<tr><td>会议名称</td><td colspan="5">□首次会议　　□末次会议</td></tr>
<tr><td>会议地点</td><td colspan="5"></td></tr>
<tr><td>会议日期</td><td colspan="5"></td></tr>
<tr><td>会议主持人(评审组长)</td><td></td><td>记录员</td><td></td><td>参加人数</td><td></td></tr>
<tr><td colspan="6">会议内容：</td></tr>
</table>

6.1.5 内部审核检查表

编号：

受审部门： 时间： 年 月 日

标准条款及要求	审核要点	事实记录

内审员：

6.1.6 内部审核报告

编号：

<table>
<tr><td>审核目的</td><td></td><td>审核日期</td><td>年 月 日</td></tr>
<tr><td>审核范围</td><td></td><td>审核组成员</td><td></td></tr>
<tr><td>审核依据</td><td colspan="3"></td></tr>
<tr><td colspan="2">编制人： 日期：</td><td colspan="2">审核人： 日期：</td></tr>
<tr><td colspan="4">审核综述：
1.不合格项统计与分析(包括：数量、严重程度、部门优缺点、标准条款执行情况、存在的 主要问题等)：</td></tr>
<tr><td colspan="4">2.对管理体系的评价：</td></tr>
<tr><td colspan="4">纠正措施要求：</td></tr>
<tr><td colspan="4">备注：附《不符合项报告》</td></tr>
<tr><td colspan="4">批准意见：

实验室负责人： 日期：</td></tr>
</table>

6.1.7　内审不符合报告

编号：

被审核部门(人)：	
被审员：	审核日期：

审核记录:______________________________

依据的文件:______________________________

详细情况:______________________________

结论:上述情况为一个______________________________

不符合项,与______________________________规定不符合。

建议纠正措施：

要求完成日期：

部门负责人签名：　　　　　　　　　　内审员签名：

日　期：　　　　　　　　　　　　　　日　期：

纠正措施的完成情况：

部门负责人签名：　　　　　　　　　　日　期：

纠正措施的验证情况：

内审员签名：　　　　　　　　　　　　日　期：

6.2 文件管理

6.2.1　文件资料审批单

编号：

文件名称						
文件编号						
拟发放部门(人)						
附件		共页	印制份数		存档份数	
发布日期			实施日期			
起草单位			编制部门(人)			
审　核			受控状态			
受控号			批　准			

6.2.2 文件作废、销毁台账

编号：

序号	文件名称	文件编号	作废、销毁份数	存档份数	作废日期	销毁日期

6.2.3 部门/个人持有文件情况一览表

编号：

部门/人员姓名：

文件名称	编号	受控状态	版本、修改号	领取确认及日期	作废回收 确认及日期

6.2.4　文件更改/更新申请单

编号：

<table>
<tr><td>文件名称</td><td colspan="5"></td></tr>
<tr><td rowspan="2">文件编号</td><td>原编号</td><td colspan="4"></td></tr>
<tr><td>新编号</td><td colspan="4"></td></tr>
<tr><td>变更日期</td><td colspan="5"></td></tr>
<tr><td>变更原因</td><td colspan="5"></td></tr>
<tr><td>申请人</td><td colspan="5"></td></tr>
<tr><td colspan="3">变更前：</td><td colspan="3">变更后：</td></tr>
<tr><td colspan="2">编制：</td><td colspan="2">审核：</td><td colspan="2">批准：</td></tr>
<tr><td colspan="2">日期：</td><td colspan="2">日期：</td><td colspan="2">日期：</td></tr>
<tr><td colspan="6">备注：</td></tr>
</table>

6.2.5　文件作废/销毁审批单

编号：

<table>
<tr><td>文件名称</td><td></td><td></td><td></td></tr>
<tr><td>文件编号</td><td></td><td>版本</td><td></td></tr>
<tr><td>作废、销毁原因</td><td></td><td></td><td></td></tr>
<tr><td>销毁份数</td><td></td><td></td><td></td></tr>
<tr><td colspan="4">文件有效期至　　年　　月　　日</td></tr>
<tr><td colspan="2">保留份数：</td><td colspan="2">存放地点：</td></tr>
<tr><td colspan="2">申请人签字：</td><td colspan="2">日　　期：</td></tr>
<tr><td colspan="4">审批意见：

批准人签名：　　　　日期：</td></tr>
</table>

6.2.6 文件更改台账

编号：

序号	文件号	文件名称	章节	更改内容	更改部门	更改日期	备注

编制：　　　　　　　　　　　　审核：　　　　　　　　　　　　批准：

6.2.7 文件资料台账

编号：

序号	文件号	文件名称	发布日期	受控号	编制部门	收文部门（人）	备注

6.2.8 文件借阅/查阅登记表

编号：

序号	文件名称	借/查阅人	借/查文件日期、签字	归还文件日期、签字

6.2.9 电子文档调阅单

编号：

文件名称		调阅人	
调阅日期			
调阅理由：			
批准人签字		批准日期	

6.2.10 记录借阅登记单

编号：

借阅人	记录名称	记录编号	借阅日期	归还日期	批准

6.2.11 SOP发放登记表

编号：

序号	文件名称	编号	发放人	发放份数	发放日期	领用者签字

6.2.12 SOP修改登记表

编号：

SOP原编号	修改日期	修改者	修改、增加、删除内容	SOP新编号

6.2.13 SOP作废单

编号：

SOP编号	
SOP文件名称	
作废理由	
作废日期： 年 月 日	
负责人意见	（签字） 年 月 日

6.3 人员培训与管理

6.3.1 ________年实验室安全计划

编号：

序号	工作内容	月份												负责人	完成情况	监督人
		一	二	三	四	五	六	七	八	九	十	十一	十二			

制定人： 年 月 日　　　　批准人： 年 月 日

6.3.2 ________________年度人员培训计划

编号：

一、培训计划：

二、培训计划表：

1.内部培训

培训时间	培训地点	培训对象	培训内容	授课教师	考核方式

2.外部培训

培训时间	培训地点	培训对象	培训内容	培训机构

编制：　　　　日期：　　　　批准：　　　　日期：

6.3.3 培训评估记录

编号：

<table>
<tr><td>受训人姓名</td><td></td><td>从事工作领域</td><td></td><td>考核成绩</td><td></td></tr>
<tr><td>总培训时间</td><td></td><td>授课教师</td><td></td><td>培训机构</td><td></td></tr>
<tr><td colspan="6">培训内容：</td></tr>
<tr><td colspan="6">受训人的总结：

签名：　　　　日期：</td></tr>
<tr><td colspan="6">评估记录：

评估人：　　　　日期：</td></tr>
</table>

6.3.4 培训记录和效果考核表

编号：

<table>
<tr><td>受训人姓名</td><td></td><td>工作岗位</td><td colspan="3"></td></tr>
<tr><td>时　间</td><td></td><td>地　点</td><td></td><td>培训方式</td><td></td></tr>
<tr><td colspan="6">培训内容摘要：</td></tr>
<tr><td colspan="6">培训效果考核：

培训教师：
日期：</td></tr>
</table>

6.3.5 人员培训情况记录表

编号：

<table>
<tr><td>主办单位</td><td colspan="2"></td><td>培训方式</td><td colspan="2"></td></tr>
<tr><td>培训时间</td><td colspan="2"></td><td>培训地点</td><td colspan="2"></td></tr>
<tr><td>培训教师</td><td colspan="2"></td><td>考核方式</td><td colspan="2"></td></tr>
<tr><td>培训内容</td><td colspan="5"></td></tr>
<tr><td>序号</td><td>部门</td><td>姓名</td><td>学时</td><td>考试/考核成绩</td><td>备注</td></tr>
<tr><td></td><td></td><td></td><td></td><td></td><td></td></tr>
<tr><td></td><td></td><td></td><td></td><td></td><td></td></tr>
<tr><td></td><td></td><td></td><td></td><td></td><td></td></tr>
<tr><td></td><td></td><td></td><td></td><td></td><td></td></tr>
</table>

记录人：　　　　　　　　　　　　日期：　年　月　日

6.3.6　实验室人员健康管理记录表

编号：

姓名	性别	出生年月	工作领域	查体时间	备注

记录人：　　　　　　　　　　　　日期：

6.3.7　事件、伤害、事故和职业性疾病的处理记录

编号：

发生时间	
发生地点	
受伤人员及在场人员	
过程描述	
事故的处理记录	
预防或纠正措施	

记录人：　　　　　　　　　　　　日期：

6.4设施设备管理

6.4.1 仪器设备档案登记表

编号：

<table>
<tr><td colspan="2">仪器设备编号</td><td colspan="2">仪器设备名称</td><td>仪器设备型号</td></tr>
<tr><td colspan="2"></td><td colspan="2"></td><td></td></tr>
<tr><td colspan="5">厂家及联系电话：</td></tr>
<tr><td rowspan="8">资料明细</td><td>序号</td><td>资料名称</td><td>序号</td><td>资料名称</td></tr>
<tr><td></td><td></td><td></td><td></td></tr>
<tr><td></td><td></td><td></td><td></td></tr>
<tr><td></td><td></td><td></td><td></td></tr>
<tr><td></td><td></td><td></td><td></td></tr>
<tr><td></td><td></td><td></td><td></td></tr>
<tr><td></td><td></td><td></td><td></td></tr>
<tr><td></td><td></td><td></td><td></td></tr>
</table>

6.4.2 二级生物安全实验室实验记录

编号：

<table>
<tr><td>实验室名称</td><td></td><td>日期</td><td></td></tr>
<tr><td colspan="4">实验内容：</td></tr>
</table>

实验人员： 共 页 第 页

6.4.3 隔离器运行记录

编号：

设备编号： 使用部门： ________号隔离器

日期	压差	温度	湿度	光照	风机工作情况	记录人

6.4.4 设备使用记录

编号：

设备编号： 名称： 管理人：

使用人	使用时间	实验内容	设备运行状态		日常保养记录	日常校验记录	备注
	起 止		正常	异常			

6.4.5 仪器设备维修记录

编号：

仪器设备编号： 名称： 管理人：

时间	故障描述	维修单位	维修人	维修项目	验证结果	验证人

6.4.6 仪器事故、异常情况记录

编号：

仪器编号：　　　　　　　　　　　　仪器名称：

记录人员	发生时间	事故责任人	事故(异常)状况	需处理内容	原因分析	处理意见		备注
						部门意见	主管部门意见	

6.4.7 仪器设备购置计划(申请)表

编号：

序号	仪器名称	仪器型号	用途	厂商名称	计划支出金额	付款方式	备注

申请部门：　　　　　　申请人：　　　　　　技术负责人：　　　　　　实验室负责人：

注：对单机购置费在×万元以上的仪器设备需附带可行性报告。

6.4.8 仪器设备检定计划

编号：

设备名称	型号	使用部门	上次鉴定日期	检定单位	拟鉴定日期	申请人	批准人

6.4.9 设备功能检查记录

编号：

设备编号：　　　　　　　　　　名称：　　　　　　　　　　管理人：

序号	功能检查项目	采用方法	结果	检验人及日期	复核人及日期

6.4.10 仪器设备交接详细资料清单

编号：

仪器设备名称：　　　　　　　　　　交接人：　　　　　　　　　　管理人：

序号	交接内容
1	购置时间
2	制造厂家
3	销售单位
4	购入价格
5	说明书、技术参数等资料
6	附属装置及数量
7	维护、保养周期
8	使用频率
9	是否做过改装或维修
10	改装或维修内容
11	维修单位及电话
12	其他情况
13	备注

6.4.11 实验室防护物品一览表

编号：

实验室：　　　　　　　　　　　　　　管理者：

序号	名称	数量	保管者	备注

6.4.12 设备期间核查计划

编号：

序号	设备名称	设备编号	规格型号	年份计划核查安排(月份)												核查执行部门
				1	2	3	4	5	6	7	8	9	10	11	12	

编制：　　　　　　　　　　　　　　批准：

6.4.13 设备期间核查记录

编号：

设备名称		编　　号	
型　　号		设备管理部门	
核查方法：		核查记录及处理意见： 记录人：　　　　　　日期：	

6.5废弃物处置

6.5.1 动物尸体处理记录

编号：

日期	尸体种类	数量(只)	处理原因	处理方式	处理人

6.5.2 检测消毒记录

编号：

<table>
<tr><td>实验室名称</td><td></td><td>操作样品或
病原体名称</td><td></td></tr>
<tr><td>消毒时间</td><td></td><td>消毒对象</td><td></td></tr>
<tr><td>消毒方法</td><td colspan="3"></td></tr>
<tr><td>操作人签字</td><td></td><td></td><td></td></tr>
</table>

6.5.3 废水池废水处理记录

编号：

日期	废水处理方法	消毒开始时间	消毒结束时间	操作人

6.5.4 化学品废弃物处置记录

编号：

日期	废弃物名称	处置方法	处置地点	执行人

6.5.5 实验室废弃物处置记录

编号：

废弃物名称	处置方法	处置日期	处置地点	执行人

6.5.6 工作台面消毒记录

编号：

消毒对象	消毒方法	消毒时间	执行者

6.6菌毒种保存

6.6.1　菌毒种保存登记卡

编号：

菌毒种名称		菌毒种编号	
代次		保存状态	
保存数量		繁殖日期	
效价情况			
鉴定人		鉴定日期	
提交人		提交日期	
接收人		接收日期	
备注：			

6.6.2　菌毒种保管台账

编号：

保管人：

菌毒种名称	编号	代次	保存状态	保存数量	提交日期	提交人	效价情况

6.7样品管理

6.7.1 样品运送等级、包装检查记录

编号：

样品名称		数　量	
储存方式		存在(或可疑)的生物因子	
目的地		接收单位	
包装人		运送人	
包装检查情况描述： 检查人：　　　　日期：			

6.7.2 运检样品登记单

编号：

样品编号：

<table>
<tr><td>样品编号</td><td></td><td>生产日期或批号</td><td></td><td>商标</td><td></td></tr>
<tr><td>生产企业</td><td></td><td>采样地点</td><td colspan="3"></td></tr>
<tr><td>送样数量</td><td></td><td>分包</td><td colspan="3">非标准方法</td></tr>
<tr><td>承检部门名称</td><td colspan="5"></td></tr>
<tr><td>样品状态</td><td colspan="5"></td></tr>
<tr><td>检验项目</td><td colspan="5"></td></tr>
<tr><td>检测依据</td><td colspan="5"></td></tr>
<tr><td>时间要求</td><td>□ 加急　□ 普通</td><td>报告领取方式</td><td colspan="3">□ 自取　□ 代邮</td></tr>
<tr><td>送检单位</td><td colspan="5"></td></tr>
<tr><td>通信地址</td><td colspan="5"></td></tr>
<tr><td>邮政编码</td><td></td><td>电话</td><td colspan="3"></td></tr>
<tr><td>送样人</td><td></td><td>送样日期</td><td colspan="3"></td></tr>
<tr><td colspan="2">客户检测项目明确</td><td colspan="4">检测费:□ 已交　□ 未交　□ 统交</td></tr>
<tr><td colspan="2">检测样品评审合格</td><td colspan="4">本合同评审合格</td></tr>
<tr><td>送样须知</td><td colspan="5"></td></tr>
<tr><td>接样人</td><td></td><td>取报告日期</td><td colspan="3">年　月　日</td></tr>
</table>

6.7.3 样品保管登记表

编号：

样品编号：

<table>
<tr><td>样品名称</td><td></td><td>实验室编号</td><td></td><td>存放地点</td><td></td></tr>
<tr><td colspan="2">收　样</td><td colspan="2">发　样</td><td colspan="2">样品交回</td></tr>
<tr><td>时　间</td><td></td><td>时　间</td><td></td><td>日　期</td><td></td></tr>
<tr><td>数　量</td><td></td><td>数　量</td><td></td><td>数　量</td><td></td></tr>
<tr><td>交样人</td><td></td><td>领样人</td><td></td><td>保存情况</td><td></td></tr>
<tr><td>接样人</td><td></td><td>发样人</td><td></td><td>交样人</td><td></td></tr>
<tr><td>备注</td><td colspan="3"></td><td>收样人</td><td></td></tr>
</table>

6.7.4 样品销毁登记表

编号：

<table>
<tr><td colspan="3">样品名称</td><td colspan="3"></td><td colspan="3">存放地点</td><td colspan="4"></td></tr>
<tr><td rowspan="2">样品编号</td><td colspan="4">样品保管情况</td><td colspan="8">销毁处置</td></tr>
<tr><td>时间</td><td>数量</td><td>样品状态</td><td>是否已检</td><td>数量</td><td>时间</td><td>方法</td><td>地点</td><td>销毁人</td><td>保管人</td><td>申请销毁人</td><td>批　准</td></tr>
<tr><td></td><td></td><td></td><td></td><td></td><td></td><td></td><td></td><td></td><td></td><td></td><td></td><td></td></tr>
<tr><td></td><td></td><td></td><td></td><td></td><td></td><td></td><td></td><td></td><td></td><td></td><td></td><td></td></tr>
<tr><td></td><td></td><td></td><td></td><td></td><td></td><td></td><td></td><td></td><td></td><td></td><td></td><td></td></tr>
<tr><td colspan="13">备注：</td></tr>
</table>

主要参考文献

[1] 康文彪,贺奋义.基础兽医实验室建设与管理.兰州:甘肃科学技术出版社,2016.

[2] 动物病原微生物实验室生物安全管理法律法规及文件汇编.农村农业部畜牧兽医局,2020.

[3] 农业部关于印发《高致病性禽流感防治技术规范》等14个动物疫病防治技术规范的通知.

[4] 农业部关于印发《猪链球菌病应急防治技术规范》的通知.

[5] 狂犬病防治技术规范.农明字[2006]第108号.

[6] 小反刍兽疫防控应急预案.农医发[2007] 16号.

[7] 非洲猪瘟防治技术规范(试行).

[8] 非洲马瘟检疫技术规范SN/T 2856-2011[S].

[9] 中华人民共和国生物安全法.

[10] GB 50346-2011 生物安全实验室建筑技术规范[S].

[11] GB/T 19489-2008 实验室生物安全通用要求[S].

[12] NY/T1948-2010 兽医实验室生物安全通则[S].

[13] 高致病性动物病原微生物实验室生物安全管理审批办法(中华人民共和国农业部令第52号).

[14] GB 27421-2015,移动式实验室生物安全要求[S].

[15] 动物病原微生物分类名录(中华人民共和国农业部令第53号).

[16] 农业部关于进一步规范高致病性动物病原微生物实验活动审批工作的通知(农医发[2008] 27号).

[17] 动物病原微生物菌(毒)种保藏管理办法(中华人民共和国农业部令第16号).

[18] 高致病性动物病原微生物菌(毒)种或者样本运输包装规范(农业部公告第503号).

[19] 中华人民共和国标准化法.

[20] 中华人民共和国标准化法实施条例(国务院第53号令).

[21] 中华人民共和国计量法.

[22] 中华人民共和国计量法实施细则.

[23] 检验检测机构资质认定管理办法(总局令第163号).

[24] GB/T 27025—2019/ISO/IEC 17025:2017,检测和校准实验室能力的通用要求[S].

[25] RB/T 214-2017,检验检测机构资质认定能力评价 检验检测机构通用要求[S].

[26] 兽医系统实验室考核管理办法(农医发[2009]15号).

[27] GB 14925-2010,实验动物 环境及设施[S].

[28] GB 50447-2008,实验动物设施建筑技术规划[S].

[29]《伯杰氏鉴定细菌学手册》(第九版).

[30] 姜海,崔步云,赵鸿雁,等. AMOS—PCR 对布鲁氏菌种型鉴定的应用[J]. 中国人兽共患病学报, 2009, 25(2): 107-109.

[31] 姜凤华,于刚. 布鲁氏菌 PCR 快速检测方法的建立[J]. 现代畜牧兽医, 2008 (2): 4-5.

[32] 韩冰,吴翠萍,赵芯,等. 数字 PCR 和荧光定量 PCR 诊断急性期布鲁菌病的灵敏度比较初步研究[J]. 传染病信息, 2019, 32(4): 312-316.

[33] 李燕平,王国艳,张国权,等. 兔源魏氏梭菌 16s rDNA 鉴定与耐药性分析[J]. 中国养兔, 2019 (4): 7-9.

[34] 吴静波,南文金,黄健强,等. 猪链球菌通用型和 2 型双重荧光定量 PCR 快速检测技术的建立和应用[J]. 畜牧兽医学报, 2018, 49(2): 368-377.

[35] 曾一凡,陈隽江,王妍格,等. 荧光定量 PCR 技术与微滴数字 PCR 技术检测无乳链球菌的比较[J]. 第九届中国临床微生物学大会暨微生物学与免疫学论坛论文集, 2018.

[36] 王素华,帅江冰,李舟,等. 炭疽杆菌双重荧光定量 PCR 检测技术的建立和应用[J]. 畜牧兽医学报, 2019, 50(8):1658-1665.

[37] 吕京《实验室生物安全通用要求》理解与实施. 北京:中国标准出版社,2010.

[38] 田克恭,李明,等. 动物疫病诊断技术——理论与应用. 北京:中国农业出版社,2014.

[39] 王君玮,王志亮,吕京,等. 二级生物安全实验室建设与运行控制指南. 北京:中国农业出版社.

[40]《实验室生物安全手册》第三版、世界卫生组织,2004.

[41] 王廷华,刘佳,等.PCR理论与技术[M]. 第三版. 北京:科学出版社,2013.6.

[42] 贺福初主译. 分子克隆实验指南[M]. 第四版. 北京:科学出版社,2017.3.

[43] 朱玉贤,李毅. 现代分子生物学[M]. 第五版. 北京:高等教育出版社,2019.6.

[44] 彭年才. 数字PCR--原理、技术及应用[M]. 北京:科学出版社,2017.4.

[45] 李金明. 实时荧光PCR技术[M]. 第二版. 北京:科学出版社,2016.10

[46] 黄留玉. 生物实验室系列:PCR最新技术原理、方法及应用[M]. 第二版. 北京:化学工业出版社,2011.1.

[47] 肖永红,李倩. 生物化学与分子生物学实验指导[M]. 北京:科学出版社,2017.1.

后 记

编写人员分工。康文彪:主编,负责全书修订的计划和审核校正,全书共计145万字。张登基负责完成第一章第一节、第二节、第三章第一节、第七章第六部分的一、四、八的编写,共计12万余字。曹丽萍负责完成第三章第二节、第六章第五节、第七章第六部分的三、五、六和七的编写,共计12万余字。豆玲负责完成第四章第一节和第二节、第七章第一部分的“移动式实验室生物安全要求”、第七章第六部分的十、十五的编写,共计8万余字。张莉负责第四章第五节、第七章第二部分的编写,共计8万余字。王雪莹负责第四章第六节、第六章第四节、第七章第四部分的“检测和校准实验室能力的通用要求”、第七章第六部分的十六的编写,共计8万余字。李昱辉负责第四章第三节、第七章第一部分的“中华人民共和国生物安全法”和“病原微生物实验室生物安全管理条例”、第七章第六部分的十七的编写,共计8万余字。卡召加负责第二章第一节、第五章第一节和第二节、第七章第六部分的九、十一、十二、十三、十四、十八、十九、二十和二十一、第七章第三部分中的“检验检测机构资质认定管理办法”等的编写,共计12万余字。张梅负责第二章第二节、第六章第一节、第七章第一部分的“生物安全实验室建筑技术规范”的编写,共计12万余字。刘剑鹏负责第五章第三节和第四节、第七章第一部分中“中华人民共和国国家标准 生物安全实验室建筑技术规范条文说明”和“实验室生物安全通用要求”的编写,共计12万余字。康新华负责第四章第四节、第七章第一部分中“高致病性动物病原微生物实验室生物安全管理审批办法”、第七章第四部分“实验动物设施建筑技术规范条文说明”的编写,总计8万余字。高小红负责第六章第一节、第七章第四部分中“实验动物环境与设施”和“实验动物设施建筑技术规范”的编写,共计12万余字。贺文负责第六章第三节、第七章第三部分中“检验检测机构资质认定能力评价 检验检测机构通用要求”和“兽医实验室考核管理办法”、第七章第三部分中“中华人民共和国标准化法”“中华人民共和国标准化法实施条例”的编写,共计8万余字。郝永玲负责第六章第六节、第七章第五部分、第七章第六部分二的编写,共计8万余字。张灵芝负责第六章第三节、第七章第三部分中“中华人民共和国计量法”和“中华人民共和国计量法实施细则”的编写,共计8万余字。